污水处理厂
工艺设计手册

第三版

王社平　高俊发　主编

化学工业出版社

·北京·

内 容 简 介

本书以城市（镇）污水处理厂工艺设计与计算为主线，共分12章，主要介绍了污水处理厂工艺设计时污水量计算、污水水质指标及设计污水水质的确定、物理处理单元工艺设计计算、生物处理单元工艺设计计算、污水深度处理单元工艺设计计算、污水自然处理法工艺设计计算、消毒设施工艺设计计算、污水处理厂物料平衡计算、污水处理厂的总体布置与高程水力计算、污泥处理单元工艺设计计算、臭气处理单元工艺设计计算、污水处理厂的技术经济分析等。另外，书后附有与污水处理厂设计有关的常用资料，以便于读者参考使用。

本书具有较强的综合性、系统性和实用性，可供污水处理处置及污染防控等领域的工程技术人员、科研人员和管理人员参考，也可供高等学校环境科学与工程、市政工程及其他相关专业师生参阅。

图书在版编目（CIP）数据

污水处理厂工艺设计手册/王社平，高俊发主编．—3版．—北京：化学工业出版社，2023.7（2024.7重印）

ISBN 978-7-122-42863-9

Ⅰ.①污…　Ⅱ.①王…②高…　Ⅲ.①污水处理厂-工艺设计-手册　Ⅳ.①X505-62

中国国家版本馆CIP数据核字（2023）第072383号

责任编辑：刘兴春　刘　婧　　装帧设计：韩　飞

责任校对：李　爽

出版发行：化学工业出版社（北京市东城区青年湖南街13号　邮政编码100011）

印　　装：北京盛通数码印刷有限公司

787mm×1092mm　1/16　印张38　字数947千字　2024年7月北京第3版第2次印刷

购书咨询：010-64518888　　售后服务：010-64518899

网　　址：http：//www. cip. com. cn

凡购买本书，如有缺损质量问题，本社销售中心负责调换。

定　　价：298.00元

《污水处理厂工艺设计手册》（第三版）

编委会

主　　编： 王社平　高俊发

副 主 编： 黄宁俊　杨利伟　王　静　马七一

编委成员： 王社平　高俊发　黄宁俊　杨利伟　王　静　马七一
高荣宁　张日霞　尹博涵　刘新安　李　磊　赵红梅
高　航　徐晓妮　邵军峰　王同悦　孙克军　李立军

参编单位： 西安市政设计研究院有限公司
长安大学
中国市政工程华北设计研究总院有限公司西安分公司
西安建筑科技大学
西安排水集团有限公司
中铁环境科技工程有限公司
郑州市市政工程勘测设计研究院
中联西北工程设计研究院有限公司

前言

2015 年 4 月，国务院印发《水污染防治行动计划》（简称“水十条”），开创以提高整体质量为目标的水环境保护新纪元。为全面做好长江生态环境保护修复工作，推动黄河流域生态保护和高质量发展，保护水生态，改善水环境，保障水安全，提高水资源承载力，维护公众健康，推进生态文明建设和可持续发展，“十三五”和“十四五”期间，城镇污水处理设施提标改造（提质增效）及配套收集管网建设是关键。国家相继出台了《“十三五”全国城镇污水处理及再生利用设施建设规划》《“十四五”城镇污水处理及资源化利用发展规划》《城镇生活污水处理设施补短板强弱项实施方案》《关于印发城镇污水处理提质增效三年行动方案（2019—2021 年）的通知》等规划和方案，同时城镇污水处理排放标准和《室外排水设计标准》（GB 50014—2021）的相继发布实施，以及污水处理四新技术及精准化科学设计等，都对污水处理处置及污染控制等提出新的要求。

正是在此背景下，笔者对《污水处理厂工艺设计手册》（第二版）进行了修订和增补。全书由 8 章增加为 12 章，并按《室外排水设计标准》（GB 50014—2021）修订了全书工艺设计参数和例题计算内容。其中：第 1 章中 1.2.2 更新了污水量标准和原表 1-12、表 1-17 中内容；增加了村镇污水量标准；修改了式（1-11），适用性更宽；更新了流量计算公式，新增加村庄计算公式和【例题 1-7】村庄污水量计算。第 2 章中 2.3.2 新增加了【例题 2-14】污水处理厂提标改造设计水质计算实例和【例题 2-15】农村污水处理水量水质确定计算实例。第 3 章中修订了格栅、沉砂池、沉淀池等相关工艺设计参数；3.3 部分增加了沉淀池中校核雨季设计流量内容；把原 3.3.7 污泥浓缩与方法章节移到本版第 8 章中。第 4 章中修订了原书中分段进水 A/O 脱氮工艺，并增加了计算实例；增加了“4.12　膜生物反应器”和“4.13　移动床生物膜反应器”。新增加了“第 5 章　污水深度处理单元工艺设计计算”“第 6 章　污水自然处理法工艺设计计算”“第 8 章　污泥处理单元工艺设计计算”和“第 9 章　臭气处理单元工艺设计计算”。原版第 7 章中新增加了“7.4　次氯酸钠消毒”。原版第 5 章改为第 10 章，补充了化学污泥量的计算、深度处理和污泥处理单元物料平衡计算内容。把原版第 6 章改为第 11 章，新增加了 C 市某污水处理厂总平面图。把原版第 8 章改为第 12 章，修订和补充了估算指标，增加了污水处理厂单元构筑物费用模型和某城市污水处理厂投资估算表，更新了污水处理厂处理成本分析计算实例。附录中更新了城市污水处理工程建设标准和相关水质标准，更新并增补了污水处理设备相关内容。另外，对参考文献进行了补充。

本书从污水处理厂设计水质与水量确定、常规污水、污泥处理工艺、污水深度处理的基本原理、工艺特点、设计参数、设计计算方法出发，结合污水厂实际设计经验，通过大量的计算实例具体介绍，使读者按照例题就可进行工艺设计计算。本书系统性、针对性和工程应用性有效结合，可供从事给排水科学与工程和环境工程等领域的设计人员、科研人员及管理人员参考，也可供高等学校环境科学与工程、市政工程及其他相关专业师生参阅。

本书由王社平、高俊发任主编，黄宁俊、杨利伟、王静、马七一任副主编，具体编写分工如下：第 1 章由高俊发、高航编写；第 2 章由王社平、尹博涵、徐晓妮、王同悦编写；第 3 章由高俊发、杨利伟、赵红梅和高航编写；第 4 章由黄宁俊、张日霞、高俊发和王社平编写；第 5 章由黄宁俊、尹博涵、王静、李磊和刘新安编写；第 6 章由刘新安、高荣宁和王同悦编写；第 7 章由高荣宁、尹博涵和王社平编写；第 8 章由王静、李磊和邵军峰编写；第 9 章和第 10 章由杨利伟、赵红梅和高航编写；第 11 章由王社平、徐晓妮、张日霞、王同悦和邵军峰编写；第 12 章由马七一、孙克军和王社平编写；附录由黄宁俊、王静、尹博涵、李磊编写整理。全书最后由王社平、高俊发统稿并定稿。另外，在本书再版的编写和校对过程中，还得到了中联西北工程设计研究院有限公司李立军等同志的帮助，在此表示衷心的感谢！在本书的编写过程中，参考和选用了国内外学者或工程师的部分著作和资料，在此谨向他们表示衷心的感谢。

限于编者水平和编写时间，书中难免存在不妥和疏漏之处，敬请读者批评指正。

编者

2022 年 8 月

第一版前言

按照建设部、科技部、国家环境保护总局对城市污水处理及污染防治技术政策的规定与要求，到2010年全国设市城市和建制镇的污水平均处理率不低于50%，设市城市的污水处理率不低于60%，重点城市的污水处理率不低于70%。由此可见，今后几年是污水处理事业大发展的黄金时期，污水处理工程的设计、施工及调试运行任务相当大。因此，迫切需要一部综合、系统和实用的污水处理工艺设计计算工具指南书。本书就是基于这一原则，从处理水量的推求与确定，处理水质的预测与确定，物理处理单元工艺设计计算，生物处理单元工艺设计计算，处理厂物料平衡计算，处理厂平面布置与高程计算以及处理厂的技术经济分析等方面对基本理论、基本原理、工艺设计计算进行了介绍。本书最大特点是通过计算例题的形式，对污水处理单元工艺设计参数的规定、计算公式、方法、内容和步骤进行了详细深入地阐述。

全书由长安大学高俊发、西安市市政设计研究院王社平主编，其中高俊发撰写本书的第1～5章，王社平撰写第6章，马七一撰写第7章，附录由朱海荣、黄宁俊编写、整理，并参加了部分章节插图绘制工作。

本书可供从事给水排水工程、市政工程、环境工程、环境科学、化学工程等专业的工程技术人员、科研人员以及有关管理人员使用，也可作为高等院校本科生、研究生的教材或参考书。

在本书编写中，参考和选用了一些单位和个人的著作和资料，在此谨向他们表示衷心的感谢。由于作者水平有限，书中不妥或错误之处敬请批评指正。

编者

2003.5

第二版前言

“十一五”期间，我国不断加大对城镇污水处理设施建设的投资力度，积极引入市场机制，城镇污水处理事业进入发展快车道。截至2010年年底，全国城市、县及部分重点建制镇累计建成城镇污水处理厂2832座，总处理能力达到1.25亿立方米/天，分别是“十五”末的3倍和2倍。目前我国正在建设的城镇污水处理项目1929个，可新增污水处理能力约4900万立方米/天。我国在建和已建项目处理能力总和预计可达1.6亿立方米，基本与美国的处理能力相当，将成为全世界污水处理能力最大的国家之一。“十二五”期间，我国污水处理将扩大到乡镇和农村，污水处理事业发展前景宽广。

正是在此背景下，作者对2003年出版的《污水处理厂工艺设计手册》进行了修订和增补。增补内容如下：第2章中“2.3.2 某市B污水处理厂进水水质预测与确定”重新编写；第4章中增加了“4.10.10.6 奥贝尔氧化沟工艺计算实例”“4.10.11 OCO工艺”“4.10.12 分点进水倒置A^2/O工艺”和“4.10.13 分段进水A/O脱氮工艺”；增加了第7章“消毒设施工艺设计计算”；原第7章改为第8章，并增加了“主要处理单元构筑物造价估算模型”；附录中增加了附录16“ 排水工程设计文件编制深度规定”。同时，对参考文献进行了补充。

全书从污水处理厂设计水质与水量确定、常规污水处理工艺的基本原理、工艺特点、设计参数、设计计算方法出发，结合污水厂实际设计经验，通过大量的计算实例具体介绍，以使读者按照例题就可进行工艺设计计算。本书可供从事给水排水工程和环境工程等领域的设计人员、科研人员以及相关管理人员使用，也可作为高等学校相关专业师生的教材或参考书。

全书共8章，此次再版，由王社平、高俊发主编，其中第1、第3、第5章由高俊发、张宝星编写，第2章由王社平、高俊发和朱海荣编写，第4章由高俊发、王社平和黄宁俊编写，第6章由王社平编写，第7章由王社平、高荣宁编写，第8章由马七一、王社平编写，附录由朱海荣、黄宁俊编写整理，并参加了部分章节插图绘制工作。在本书再版的编写和校对过程中，还得到西安市政设计研究院有限公司张日霞、关江两位同志的帮助，在此表示衷心的感谢！

在本书的编写过程中，参考和选用了国内外学者或工程师的著作和资料，在此谨向他们表示衷心的感谢。限于作者水平和编写时间，书中难免存在不妥和疏漏之处，敬请读者批评指正。

编者

2011年4月

目录

第1章　设计污水量计算

1.1　设计人口数的确定

设计人口数的确定是计算设计污水量的基础，因此必须在排水区域内按设计年限推求常住人口数。预测将来人口数有若干种方法，不同方法有不同的应用条件。

1.1.1　等差数列推算法

人口数的增加，可用等差数列计算。这种方法在多数情况下推算值可能偏低，其适用于人口增加较小的城市，或者发展缓慢的城市以及发达的较大的城市。

$$P_n = P_0 + na \tag{1-1}$$

$$a = \frac{P_0 - P_t}{t} \tag{1-2}$$

式中　P_n——n年后的人口数，人；

P_0——现在的人口数，人；

n——现在开始到设计年限的年数，年；

a——每年的增加人数，人/年；

P_t——现在开始到t年前的人口数，人。

上述是采用2个数据推算未来人口数。当统计人口资料较多时，可以采用最小二乘法求定，即：

$$y = ax + b \tag{1-3}$$

$$a = \frac{N\sum xy - \sum x \sum y}{N\sum x^2 - \sum x \sum x} \tag{1-4}$$

$$b = \frac{\sum x^2 \sum y - \sum x \sum xy}{N\sum x^2 - \sum x \sum x} \tag{1-5}$$

式中　x——从基准年开始经过的年数；

y——人口；

a、b——常数；

N——人口资料数。

1.1.2　等比数列推算法

该方法适用于在一定时期内人口增长率持续不变的发展中的城市。多数情况下，该种方法推算值可能偏大。

等比数列推算法可用下式表达：

$$P_n = P_0 (1 + r)^n \tag{1-6}$$

$$r=\left(\frac{P_0}{P_t}\right)^{\frac{1}{t}}-1 \tag{1-7}$$

式中 r——每年人口增加比率。

对式(1-6) 两边取常用对数，则变为：

$$\lg P_n=n\lg(1+r)+\lg P_0 \tag{1-8}$$

令 $\lg P_n=y$，$\lg(1+r)=a$，$n=x$，$\lg P_0=b$，则式(1-8) 变为 $y=ax+b$；该形式与式(1-3) 相同，当统计数据较多时可采用最小二乘法求定常数项 a 和 b，进而预测未来人口数。

1.1.3 幂函数推算法

人口变化可用幂函数表达，即符合式(1-9)。该法适用于大多数城市。

$$P_n=P_0+An^a \tag{1-9}$$

式中 A、a——常数。

式(1-9) 可变形为： $\lg(P_n-P_0)=a\lg n+\lg A$

令 $\lg(P_n-P_0)=y$，$\lg n=x$，$\lg A=b$，则上式变为 $y=ax+b$；该形式与式(1-3) 相同，可采用最小二乘法推算未来人口数。

1.1.4 罗基斯蒂曲线（S 形曲线）推算法

这种曲线变化规律是许多年前人口数为 0，随着时间逐渐增加，中间期增加率最大；随着增加率减小，许多年后人口数趋向饱和平稳。罗基斯蒂曲线方法是合理的人口数推算法，也是应用最多的方法。其数学表达式如下：

$$y=\frac{k}{1+e^{a-bx}} \tag{1-10}$$

式中 k——饱和人口；

a、b——由人口资料计算出的常数；

e——自然对数的底（e=2.7182）。

1.1.4.1 最小二乘法计算（k 已知，a、b 未知时）

将式(1-10) 变形为： $bx\lg e-a\lg e=\lg y-\lg(k-y)$

并令：$x\lg e=X$，$a\lg e=C$，$\lg y-\lg(k-y)=Y$，则上式变为 $Y=bX-C$，采用最小二乘法解之，即：

$$a=\frac{C}{\lg e}=\frac{1}{\lg e}\times\frac{\sum X\sum XY-\sum X^2\sum Y}{N\sum X^2-\sum X\sum Y}$$

$$b=\frac{N\sum XY-\sum X\sum Y}{N\sum X^2-\sum X\sum Y}$$

1.1.4.2 二点法计算（k、a、b 未知时）

已知过去的实际人口数（年数为等间隔）为 $y_{(0)}$、$y_{(1)}$、$y_{(2)}$，且满足 $0<y_{(0)}<y_{(1)}<y_{(2)}$ 和 $y_{(1)}^2>y_{(0)}y_{(2)}$ 时，可采用如下解法：

令 $$d_1=\frac{1}{y_{(0)}}-\frac{1}{y_{(1)}},\ d_2=\frac{1}{y_{(1)}}-\frac{1}{y_{(2)}}$$

则 $$k=\frac{y_{(0)}(d_1-d_2)}{d_1[1-d_1y_{(0)}]-d_2},\ a=\frac{1}{\lg e}\lg\frac{kd_1^2}{d_1-d_2}$$

$$b=\frac{\lg d_1-\lg d_2}{\lg e}$$

【例题1-1】 1999～2003年人口统计结果见表1-1，用等差数列法推算2012年人口数。

【解】

(1) 采用1999年和2003年两年数据，在式(1-1)中有$P_0=24272$，$P_t=20483$，$t=4$，$n=9$，则：

$$a=\frac{24272-20483}{4}=947$$

表1-1 1999～2003年人口统计结果

年度	人口数	年度	人口数
1999	20483	2002	23566
2000	22317	2003	24272
2001	22891		

将上述数据代入式(1-1)中，得2012年人口数P_n为：

$$P_n=24272+9\times947=32795\text{（人）}$$

(2) 采用最小二乘法，将表1-1制作成表1-2。

表1-2 人口统计结果(1)

年度	y	x	x^2	xy	备注
1999	20483	−2	4	−40966	采用最小二乘法，基准年选择合适时，$\Sigma x=0$，使计算变得简单
2000	22317	−1	1	−22317	
2001	22891	0	0	0	
2002	23566	1	1	23566	
2003	24272	2	4	48544	
合计	113529	0	10	8827	

由此知，$N=5$，$\Sigma x=0$，$\Sigma x^2=10$，$\Sigma xy=8827$，代入式(1-4)和式(1-5)，得：

$$a=\frac{5\times8827}{5\times10}=883$$

$$b=\frac{10\times113529}{5\times10}=22706$$

则有：
$$y=883x+22706$$

从2001年到2012年共有11年，即$x=11$，则2012年推算人口数为：

$$y=883\times11+22706=32419\text{（人）}$$

【例题1-2】 将例题1-1用等比数列法推算2012年人口数。

【解】

(1) 采用1999年和2003年两年数据推算，由式(1-7)得：

$$r=\left(\frac{24272}{20483}\right)^{\frac{1}{4}}-1=0.043$$

则：
$$P_n=24272\times(1+0.043)^9=35454\text{（人）}$$

(2) 采用最小二乘法，由表 1-1 计算，结果如表 1-3 所列。

表 1-3 人口统计结果 (2)

年度	P_n	$y=\lg P_n$	x	x^2	xy
1999	20483	4.311	−2	4	−8.623
2000	22317	4.349	−1	1	−4.349
2001	22891	4.360	0	0	0
2002	23566	4.372	1	1	4.372
2003	24272	4.385	2	4	8.770
合计		21.777	0	10	0.170

$$a=\lg(1+r)=\frac{5\times 0.170}{5\times 10}=0.017 \qquad 则 \quad 1+r=1.040$$

$$b=\lg P'_0=\frac{10\times 21.777}{5\times 10}=4.355 \qquad 则 \quad P'_0=22646$$

P'_0是以 2001 年为标准的计算人口数，因此，2012 年的人口数（$n=11$）为：

$$P_n=22646\times(1.040)^{11}=34862 \text{（人）}$$

【例题 1-3】 将例题 1-1 用幂函数法推算 2012 年人口数。

【解】

按最小二乘法要求计算，结果如表 1-4 所列。

表 1-4 人口统计结果 (3)

年度	n	$x=\lg n$	x^2	P_n	P_n-P_0	$y=\lg(P_n-P_0)$	xy
1999	0			20483	0		
2000	1	0	0	22317	1834	3.26340	0
2001	2	0.30103	0.09062	22891	2408	3.38166	1.01798
2002	3	0.47712	0.22764	23566	3083	3.48897	1.66466
2003	4	0.60206	0.36248	24272	3789	3.57852	2.15448
合计		1.38021	0.68074			13.71255	4.83712

$$a=\frac{4\times 4.83712-1.38021\times 13.71255}{4\times 0.68074-(1.38021)^2}=0.516$$

$$\lg A=b=\frac{0.68074\times 13.71255-1.38021\times 4.83712}{4\times 0.68074-(1.38021)^2}=3.250$$

则：$A=1778$

从 1999 年到 2012 年共 13 年，即 $n=13$，则：

$$P_n=20483+1778\times 13^{0.516}=27162 \text{（人）}$$

【例题 1-4】 A 市从 1980 年到 1988 年人口统计数据见表 1-5，试用直线方程和罗基斯蒂曲线（饱和人口 $k=400000$ 人）推算 2003 年、2008 年、2013 年人口数。

表 1-5　A 市人口统计数据

年度	人口数	年度	人口数
1980	139279	1985	167024
1981	143710	1986	179054
1982	147789	1987	188836
1983	151713	1988	194816
1984	161205		

【解】

（1）直线方程

按最小二乘法整理数据，为计算简单，取中间的 1984 年为基准年。另外，y 为从基准年开始 x 年后的人口数，x 为基准年开始所经过的年数，N 为人口资料数（本例为 $N=9$），数据统计结果见表 1-6。

表 1-6　数据统计结果

年度	y	x	x^2	xy
1980	139279	−4	16	−557116
1981	143710	−3	9	−431130
1982	147789	−2	4	−295578
1983	151713	−1	1	−151713
1984	161205	0	0	0
1985	167024	1	1	167024
1986	179054	2	4	358108
1987	188836	3	9	566508
1988	194816	4	16	779264
合计	1473426	0	60	435367

$$a=\frac{N\sum xy-\sum x\sum y}{N\sum x^2-(\sum x)^2}=\frac{9\times 435367-0}{9\times 60-0}=7256.1$$

$$b=\frac{\sum x^2\sum y-\sum x\sum xy}{N\sum x^2-(\sum x)^2}=\frac{60\times 1473426-0}{9\times 60-0}=163714$$

则回归直线方程为：

$$y=ax+b=7256.1x+163714$$

2003 年（$x=19$）推算人口数为：

$$y_{03}=7256.1\times 19+163714=301580\text{（人）}$$

2008 年（$x=24$）推算人口数为：

$$y_{08}=7256.1\times 24+163714=337860\text{（人）}$$

2013 年（$x=29$）推算人口数为：

$$y_{13}=7256.1\times 29+163714=374141\text{（人）}$$

（2）罗基斯蒂曲线

按最小二乘法（k 已知，a、b 未知）整理数据，统计计算结果见表 1-7。

表 1-7　统计计算结果

年度	Y	X	$x=X\lg e$	x^2	$y=-\lg(k-Y)+\lg Y$	xy
1980	139279	0	0	0	−0.27	0
1981	143710	1	0.4343	0.1886	−0.2512	−0.1183
1982	147789	2	0.8686	0.7545	−0.2321	−0.2016
1983	151713	3	1.3029	1.6975	−0.2139	−0.2787
1984	161205	4	1.7372	3.0179	−0.1706	−0.2964
1985	167024	5	2.1715	4.7154	−0.1445	−0.3138
1986	179054	6	2.6058	6.7902	−0.0913	−0.2379
1987	188836	7	3.0401	9.2422	−0.0485	−0.1474
1988	194816	8	3.4744	12.0715	−0.0225	−0.0782
合计			15.6348	38.4778	−1.4469	−1.6723

$$a=\frac{1}{\lg e}\times\frac{\sum x\sum xy-\sum x^2\sum y}{N\sum x^2-(\sum x)^2}$$

$$=\frac{1}{\lg e}\times\frac{15.6348\times(-1.6723)-38.4778\times(-1.4469)}{9\times38.4778-(15.6348)^2}=0.668$$

$$b=\frac{9\times(-1.6723)-15.6348\times(-1.4469)}{9\times38.4778-(15.6348)^2}=0.074$$

则罗基斯蒂方程式为（$k=400000$）：

$$Y=\frac{400000}{1+e^{0.668-0.074X}}$$

因此，2003年、2008年、2013年推算人口数，从1980年开始经历年数分别为 $X=23$、28、33，代入上式得：

2003年　$$Y_{03}=\frac{400000}{1+e^{0.668-0.074\times23}}=295076$$

2008年　$$Y_{08}=\frac{400000}{1+e^{0.668-0.074\times28}}=321127$$

2013年　$$Y_{13}=\frac{400000}{1+e^{0.668-0.074\times33}}=341982$$

1.2　污水设计流量的确定

1.2.1　污水流量调查及统计分析

废水的流量一般不稳定。在设计废水处理设施前，应仔细调查废水的流量及其变化。设计前需对废水流量进行实地测量；如果不能进行实地测量，则需通过估算来得到流量数据。

1.2.1.1　表示方法

废水流量变化情况可通过时间-流量曲线来表示。图1-1是某城市污水处理设施废水进水流量的日变化曲线。该废水流量为生活污水、工业废水、公共设施废水、地下水和渗滤水的总和，没有显示某一类废水的单独流量。在对废水流量变化做预测时，需对曲线和曲线与时间轴所包含的面积进行分析，以了解每一类废水的流量对废水总流量的贡献。

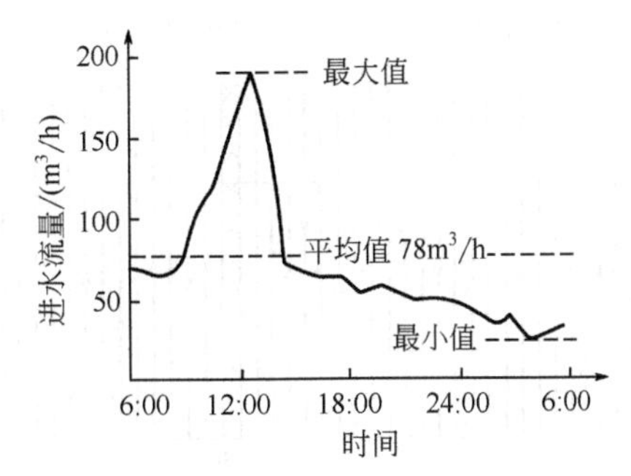

图 1-1　某城市污水处理设施废水进水流量日变化曲线

（最大值为平均值的 244%，最小值为平均值的 32%）

按图 1-1 所示的曲线可以确定 1d 内的最大时流量（190m^3/h）和平均时流量（78m^3/h）。根据废水的不同日流量数据可以得到设计所需的 2 个重要参数，即：a. 日平均最大时流量 $Q_{h,max}$(m^3/h)，可以根据一些最大时流量的值计算而得；b. 多日平均时流量 $Q_{h,av}$(m^3/h)。日平均最大时流量 $Q_{h,max}$ 用于设计污水管道口径或水池体积，多日平均时流量 $Q_{h,av}$ 或平均日流量 $Q_{d,av}$ 用于计算废水处理设施的运行费用。

1.2.1.2　统计方法

对数年或数月如图 1-1 所示的曲线进行统计分析，可以得到废水流量变化的数据。废水的日流量、日最大时流量、日最大秒流量等数据在 1 个月或 1 年内的变化一般呈正态分布或对数正态分布。废水流量的数据不会保持恒定，而是会随时间呈现一定变化，但若变化过大则可能是测量误差，此时需对数据进行处理。

流量分布图可用于表示废水流量的变化，如图 1-2 所示。在流量测量期间，60%的天数的流量在 30400m^3/d 以下，取平均负荷；而 85%的天数的流量在 42500m^3/d 以下，取最大负荷。

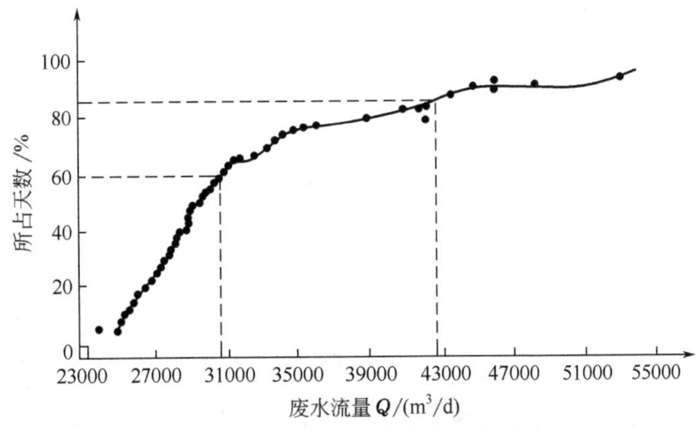

图 1-2　日废水流量变化的流量分布

将测量到的废水流量按时间排列，可发现其变化规律，如流量随时间的跳跃、升降或周期性变化。图 1-3 为某污水处理厂废水进水流量变化。由图 1-3 可以看出，当降雨量大于 4mm/d 时进水流量就会明显下降，同时周六和周日废水进水流量明显减少。

将废水的流量分布数据标绘在对数坐标纸上，可以发现数据是正态分布还是对数正态分

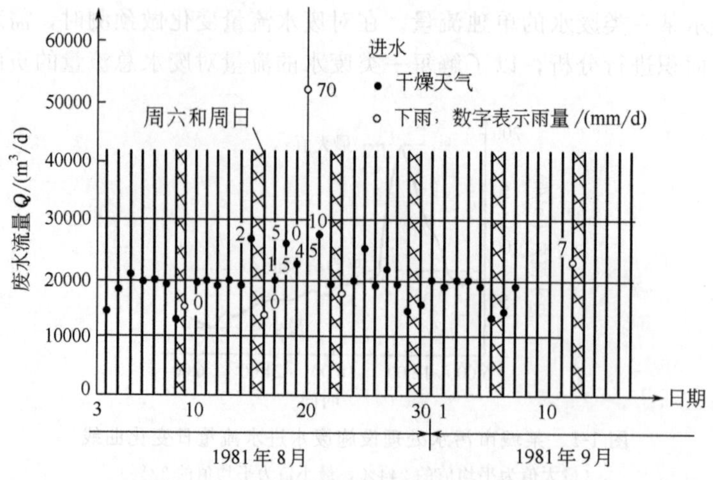

图 1-3　某污水处理厂废水进水流量变化

布。将数据绘制在半对数坐标纸（x 轴为直角坐标系，y 轴为对数系）上，若数据为正态分布则可得一条直线；将数据绘制在全对数坐标纸（x 轴、y 轴均为对数系）上，若数据为对数分布也可得一条直线。通过绘图，可以找到流量的平均值和变化范围。在对数正态分布中，流量的平均值与50％天数所对应的流量值不一定相同，需按表 1-8 中的公式进行计算。

表 1-8　在坐标纸上确定废水流量平均值和变化范围

项目	正态分布(在半对数坐标纸上为一直线)	对数正态分布(在全对数坐标纸上为一直线)
平均值	$\overline{X}=f(50\%)$	$\lg\overline{X}=\lg f(50\%)+1.1513s^2$
范围	$s=f(84\%)-f(50\%)$ 或 $s=f(50\%)-f(16\%)$	$s=\lg f(84\%)-\lg f(50\%)$ 或 $s=\lg f(50\%)-\lg f(16\%)$

注：f 表示流量分布；$f(50\%)$ 表示 50％天数的流量所低于的数值。

图 1-4 是某废水处理厂的进水流量与天数百分率之间的关系，在全对数坐标纸上绘制。可以看出，平均最大时流量 $Q_{h,max}$ 或日流量呈对数正态分布，而最大秒流量不存在对数正态分布关系。

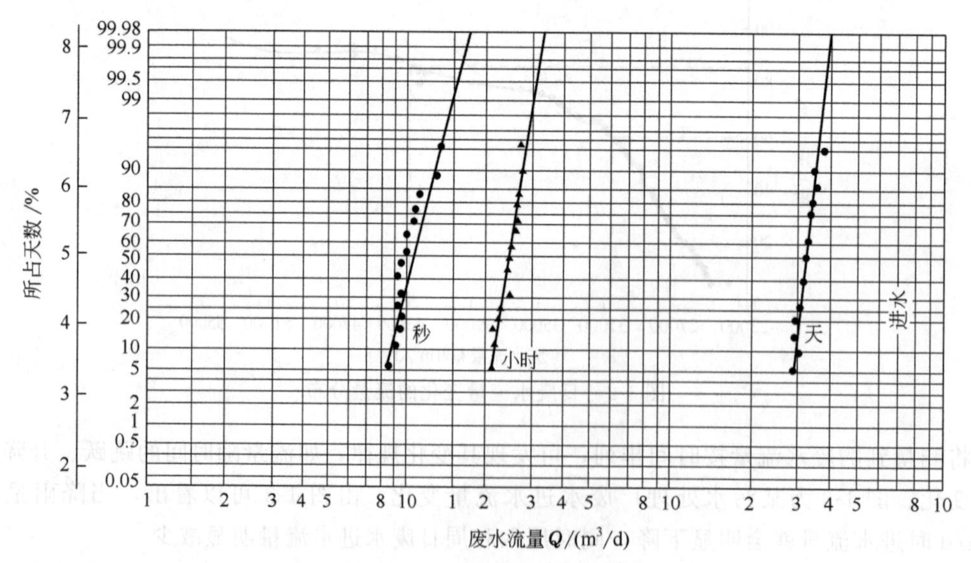

图 1-4　某废水处理厂的进水流量与天数百分率之间的关系

由图1-4可得（99.73%的水平）：最大日流量3800m^3/d；最大时流量320m^3/h；最大秒流量170L/s。

图1-5表示某废水处理厂在干燥季节若干天内废水进水流量分布情况。数据点在半对数坐标纸上呈线性，因此可以认为它是正态分布的。平均最大时流量 $Q_{h,max}$ 可由纵坐标50%所对应的值而得：$Q_{h,max}=3175m^3/h$。

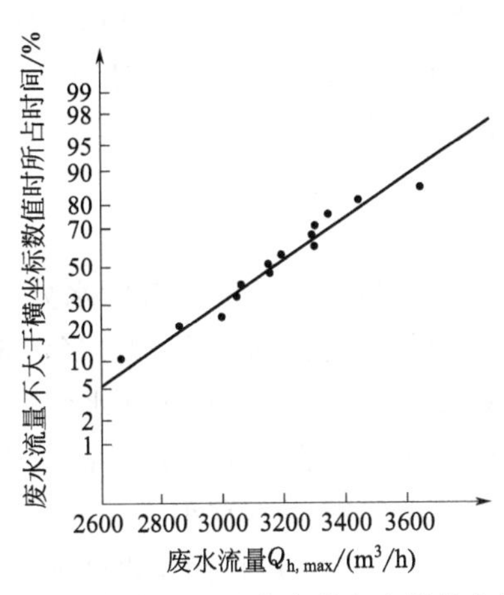

图1-5　某废水处理厂废水进水流量分布情况

【例题1-5】 试根据表1-1及图1-5确定某废水处理厂干燥季节平均最大时流量的散度值。若平均最大时流量低于3650m^3/h为干燥季节，问干燥季节天数占全年天数的百分率是多少？

【解】 由表1-8可知，散度值 $s=f(84\%)-f(50\%)=3525-3175=350$（m^3/h）

由图1-5可知，若平均最大时流量低于3650m^3/h为干燥季节，则干燥季节天数所占全年总天数的百分率是90%。

1.2.2　污水设计流量的确定

污水量包括生活污水量和工业生产废水量，在地下水位较高地区还应考虑入渗地下水量。污水设计流量与当地规划年限、发展规模有关，是污水管道系统和污水处理厂设计的基本参数。

污水量和排水体制密切相关。根据《室外排水设计标准》（GB 50014）规定，排水体制分为分流制和截留式合流制，在两种排水体制的污水处理厂设计中都应确定旱季设计流量和雨季设计流量。旱季设计流量应按下式计算：

$$Q_{dr}=KQ_d+K'Q_m+Q_u \tag{1-11}$$

式中　Q_{dr}——旱季设计流量，L/s；

K——综合生活污水量变化系数；

Q_d——设计综合生活污水量，L/s；

K'——工业废水量变化系数；

Q_m——设计工业废水量，L/s；

Q_u——入渗地下水量，L/s，在地下水位较高地区应予以考虑。

分流制雨季设计流量是在旱季设计流量上增加截流雨水量。鉴于保护水环境的要求，控制径流污染，将一部分雨水径流纳入污水系统，输送至污水厂处理。雨季设计流量应根据受纳水体的环境容量、雨水受污染情况、源头减排设施规模和排水区域大小等因素确定。但是根据目前实施的实际工程项目情况，截留雨水量尚未被普遍纳入设计流量计算。

对于截留式合流制污水处理厂，雨季设计流量就是截流后的合流污水量。截流的合流污水可输送至污水厂或调蓄设施。输送至污水厂时，设计流量应按下式计算：

$$Q'=(n_0+1)(Q_d+Q_m) \tag{1-12}$$

式中 Q'——截留后污水管道的设计流量，L/s；

n_0——截流倍数；

其余符号意义同前。

污水处理厂的规模应按平均日流量确定，同时各污水处理构筑物的设计应符合下列规定：a. 旱季设计流量应按分期建设的情况分别计算；b. 当污水为自流进入时应满足雨季设计流量下运行要求，当污水为提升进入时应按每期工作水泵的最大组合流量校核管渠配水能力；c. 提升泵站、格栅和沉砂池应按雨季设计流量计算；d. 初次沉淀池应按旱季设计流量设计，雨季设计流量校核，校核的沉淀时间不宜小于 30min；e. 二级处理构筑物应按旱季设计流量设计，雨季设计流量校核；f. 管渠应按雨季设计流量计算。

1.2.2.1 污水量标准

(1) 生活污水量定额

生活污水定额可分为居民生活污水定额和综合生活污水定额两种，前者是指居民每人每天日常生活中洗涤、冲厕、洗澡等产生的污水量；后者是指居民生活污水和公共设施（包括娱乐场所、宾馆、浴室、商业网点、医院、学校和机关等地方）排出污水两部分的总和。生活污水量的大小取决于生活用水量。人们在日常生活中，绝大多数用过的水都成为污水流入污水管道。因此，居民生活污水定额和综合生活污水定额应根据当地采用的用水量定额，结合建筑内部给排水设施水平确定。对于城镇地区，可按当地用水定额的 90% 采用，建筑内部给排水设施水平不完善的地区可适当降低。

城镇地区生活污水量定额取值可参考表 1-9 和表 1-10：

表 1-9 平均日城镇居民生活污水量定额 单位：L/(人·d)

分区＼城市规模	超大城市	特大城市	Ⅰ型大城市	Ⅱ型大城市	中等城市	Ⅰ型小城市	Ⅱ型小城市
一	126～252	117～225	108～198	99～180	90～162	81～153	72～144
二	90～135	81～126	72～117	63～108	54～99	45～90	36～81
三	—	—	—	63～99	54～90	45～81	36～72

注：1. 超大城市指城区常住人口 1000 万及以上的城市；特大城市指城区常住人口 500 万以上 1000 万以下的城市；Ⅰ型大城市指城区常住人口 300 万以上 500 万以下的城市；Ⅱ型大城市指城区常住人口 100 万以上 300 万以下的城市；中等城市指城区常住人口 50 万以上 100 万以下的城市；Ⅰ型小城市指城区常住人口 20 万以上 50 万以下的城市；Ⅱ型小城市指城区常住人口 20 万以下的城市。以上包括本数，以下不包括本数。

2. 一区包括湖北、湖南、江西、浙江、福建、广东、广西、海南、上海、江苏、安徽；二区包括重庆、四川、贵州、云南、黑龙江、吉林、辽宁、北京、天津、河北、山西、河南、山东、宁夏、陕西、内蒙古河套以东和甘肃黄河以东的地区；三区包括新疆、青海、西藏、内蒙古河套以西和甘肃黄河以西的地区。

3. 经济开发区和特区城市，根据用水实际情况，用水定额可酌情增加。

4. 当采用海水或污水再生水等作为冲厕用水时，用水定额相应减少。

表 1-10　平均日城镇居民综合生活污水量定额　　单位：L/(人·d)

分区＼城市规模	超大城市	特大城市	Ⅰ型大城市	Ⅱ型大城市	中等城市	Ⅰ型小城市	Ⅱ型小城市
一	189～360	162～324	135～297	126～270	117～252	108～234	117～216
二	135～207	117～289	99～171	81～153	72～144	63～135	54～126
三	—	—	—	81～144	72～135	63～126	54～117

注：表注同表 1-9。

对于服务人口在 50000 人以下的镇（乡）和村（以下称为镇区和村庄），综合生活污水量应由生活污水和公共建筑污水组成。

镇区设计综合生活污水量应根据实地调查数据确定。当缺乏实地调查数据时，设计污水量可根据人口规模和居民综合生活污水定额确定。考虑到镇区的城市化水平低于城镇地区，建筑物内部给排水设施水平也不及城镇地区，综合生活污水定额可按当地相关用水定额的 70%～90%采用。同时应统筹考虑镇所辖农村污水的处理需求。

村庄居民人均生活污水排放量宜按照行业标准《镇（乡）村给水工程技术标准》（CJJ 123）的用水定额（见表 1-11）并结合当地生活习惯、用水条件和经济发展规划等因素确定，不同来源、不同水质的污水宜分别测算。在没有调查数据的地区，村庄总排水量也可按总用水量的 60%～90%估算。各分项排水量可采取如下方法取值：卫生间洗涤洗浴污水和粪便污水排水量可按相应用水量的 50%～90%计算，如洗涤污水向室外泼洒的，应取下限值；厨房排水则需要询问村民是否有它用（如喂猪等），如果通过管道排放则按相应用水量的 60%～80%计算。

镇区和村庄的公共建筑污水量可按居民生活污水量的 8%～25%计算。

表 1-11　镇（乡）村生活用水定额　　单位：L/(人·d)

分区	集中式给水系统		分散式给水系统	
	最高日	平均日	最高日	平均日
一	100～200	80～160	50～80	30～50
二	50～130	40～90	30～50	20～30
三	50～120	40～80	20～30	10～20

注：一区包括湖北、湖南、江西、浙江、福建、广东、广西、海南、上海、江苏、安徽、重庆；二区包括四川、贵州、云南、黑龙江、吉林、辽宁、北京、天津、河北、山西、河南、山东、宁夏、陕西、内蒙古河套以东和甘肃黄河以东的地区；三区包括新疆、青海、西藏、内蒙古河套以西和甘肃黄河以西的地区。

农村生活污水排放量也可根据表 1-12 的数值和排放系数确定。

表 1-12　农村居民日用水量参考值和排放系数　　单位：L/(人·d)

村庄类型	用水量
有水冲厕所,有淋浴设施	100～180
有水冲厕所,无淋浴设施	60～120
无水冲厕所,有淋浴设施	50～80
无水冲厕所,无淋浴设施	40～60
排放系数取用水量的 40%～80%	

（2）工业企业内生活污水量和淋浴污水量标准

工业企业建筑管理人员的生活污水定额可取 27～45L/(人·班)，车间工人的生活污水定额应根据车间性质确定，宜采用27～45L/(人·班)。小时变化系数宜取2.5～1.5。

工业企业建筑淋浴污水定额，应根据国家标准《工业企业卫生设计标准》（GBZ 1）中车间的卫生特征分级确定，可采用36L/(人·次)或54L/(人·次)。可按表1-13选用。

表1-13 工业企业建筑淋浴污水定额

级别	车间卫生特征			污水量/[L/(人·d)]
	有毒物质	粉尘	其他	
1级	易经皮肤吸收引起中毒的剧毒物质(如有机磷、三硝基甲苯、四乙基铅等)		处理传染性材料，动物原料(如皮毛等)	54
2级	易经皮肤吸收或有恶臭的物质，或高毒物质(如丙烯腈、吡啶、苯酚等)	严重污染全身或对皮肤有刺激性的粉尘(如炭黑、玻璃棉等)	高温作业、井下作业	54
3级	其他毒物	一般粉尘(如棉尘)	体力劳动强度Ⅲ级或Ⅳ级	36
4级	不接触有毒物质或粉尘，不污染或轻度污染身体(如仪表、机械加工、金属冷加工等)			36

注：虽易经皮肤吸收，但易挥发的有毒物质（如苯等）可按3级确定。

(3) 工业生产废水量

工业生产废水量应根据单位产品耗水量、万元产值耗水量或工艺流程和设备排水量，结合企业所在地用水定额文件或相关行业用水标准确定。有实测水量数据的也可按实测数据确定。表1-14列举了部分工业门类污染物排放标准，其中规定了该行业的单位产品基准排水量，可作为工业生产废水量的参考依据。

表1-14 部分工业门类污染物排放标准

标准名称	标准号	标准名称	标准号
钢铁工业水污染物排放标准	GB 13456	肉类加工工业水污染物排放标准	GB 13457
合成氨工业水污染物排放标准	GB 13458	磷肥工业水污染物排放标准	GB 15580
畜禽养殖业污染物排放标准	GB 18596	味精工业污染物排放标准	GB 19431
啤酒工业污染物排放标准	GB 19821	煤炭工业污染物排放标准	GB 20426
电镀污染物排放标准	GB 21900	合成革与人造革工业污染物排放标准	GB 21902
中药类制药工业水污染物排放标准	GB 21906	化学合成类制药工业水污染物排放标准	GB 21904
制糖工业水污染物排放标准	GB 21909	淀粉工业水污染物排放标准	GB 25461
陶瓷工业污染物排放标准	GB 25464	铝工业污染物排放标准	GB 25465
铅、锌工业污染物排放标准	GB 25466	硫酸工业污染物排放标准	GB 26132
稀土工业污染物排放标准	GB 26451	橡胶制品工业污染物排放标准	GB 27632
毛纺工业水污染物排放标准	GB 28937	麻纺工业水污染物排放标准	GB 28938
电池工业污染物排放标准	GB 30484	制革及毛皮加工工业水污染物排放标准	GB 30486
石油炼制工业污染物排放标准	GB 31570	制浆造纸工业水污染物排放标准	GB 3544

若设计区域内无用水大户，可按500m^3/(d·km^2)估算工业区废水量。

镇区新建、改建、扩建工业企业产生的工业废水，不宜排入镇区污水收集和处理系统。镇区内的工业企业往往规模较小、污染较重、单位产品耗水量较大，所排放的废水中污染物含量和生活污水差别较大，甚至含有一些有毒有害、腐蚀性物质和重金属，原则上应自行进行处理，达到当地相关排放标准后单独排放，避免对镇区污水处理系统造成影响。

农村非生活污水（专业养殖户污水、工业废水）应单独收集、处理和排放；如需接入农村生活污水处理系统时，应采取安全有效措施，符合污水接入要求。

（4）入渗地下水量

入渗地下水量应根据地下水位情况和管渠性质经测算后确定，一般按单位管长和管径的入渗地下水量计，美国按 0.01～1.0m^3/(d·mm·km)（mm 为管径，km 为管长）计；也可按平均日综合生活污水和工业废水总量的 10%～15%计；还可按每天每单位服务面积入渗的地下水量计，美国按 0.2～28m^3/(hm^2·d) 计。也可参考表 1-10 计算。法国采用观测现有管道的夜间流量进行估算。

1.2.2.2 污水量变化系数

当污水平均日流量小于 34.7L/s（3000m^3/d）时，总变化系数可按照式(1-13)或表 1-15 确定。

$$K_Z=3.5829Q^{-0.124} \tag{1-13}$$

式中 K_Z——总变化系数；

Q——污水平均日流量，L/s。

表 1-15 综合生活污水量总变化系数（≤3000m^3/d）

平均日流量 Q/(m^3/d)	50	100	200	250	500	1000	2000	3000
平均日流量 Q/(L/s)	0.6	1.2	2.3	2.9	5.8	11.6	23.1	34.7
总变化系数 K_Z	4.0	3.5	3.2	3.0	2.8	2.7	2.5	2.3

注：当污水平均日流量为中间数值时，变化系数可用内插法求得，下同。

当污水平均日流量＜70L/s（6000m^3/d）时，总变化系数可按照式(1-14)或表 1-16 确定。

$$K_Z=3.2675Q^{-0.104} \tag{1-14}$$

表 1-16 综合生活污水量总变化系数（≤6000m^3/d）

平均日流量 Q/(m^3/d)	170	430	1300	2600	3500	6000
平均日流量 Q/(L/s)	2	5	15	30	40	70
总变化系数 K_Z	3.0	2.8	2.5	2.3	2.2	2.1

当污水平均日流量＞70L/s（6000m^3/d）时，总变化系数可按照式(1-15)或表 1-17 确定。

$$K_Z=3.216Q^{-0.112} \tag{1-15}$$

表 1-17 综合生活污水量总变化系数（≥6000m^3/d）

平均日流量 Q/(m^3/d)	430	1300	3500	6000	8600	17200	43200	≥86400
平均日流量 Q/(L/s)	5	15	40	70	100	200	500	≥1000
总变化系数 K_Z	2.7	2.4	2.1	2.0	1.9	1.8	1.6	1.5

污水量总变化系数也可以采用式(1-16)计算确定：

$$K_Z=3.5407Q^{-0.129} \tag{1-16}$$

1.2.2.3 生活用水量统计分析

（1）居住区

住宅生活用水定额及小时变化系数，根据住宅类别、建筑标准、卫生器具完善程度和地区条件，可按表1-18确定。

表1-18 住宅生活用水定额及小时变化系数

住宅类别	卫生器具设置标准	最高日用水定额/[L/(人·d)]	平均日用水定额/[L/(人·d)]	最高日小时变化系数 K_h
普通住宅	有大便器、洗脸盆、洗涤盆、洗衣机、热水器和沐浴设备	130～300	50～200	2.8～2.3
普通住宅	有大便器、洗脸盆、洗涤盆、洗衣机、集中热水供应(或家用热水机组)和沐浴设备	180～320	60～230	2.5～2.0
别墅	有大便器、洗脸盆、洗涤盆、洗衣机、洒水栓、家用热水机组和沐浴设备	200～350	70～250	2.3～1.8

注：1. 当地主管部门对住宅生活用水定额有具体规定时，应按当地规定执行。
2. 别墅生活用水定额中含庭院绿化用水和汽车抹车用水，不含游泳池补充水。

我国人均城市生活用水量结构见表1-19。

表1-19 我国人均城市生活用水量结构 单位：L/(人·d)

城市类别(人口数)	城市生活用水		居民住宅用水		公共市政用水	
	北方	南方	北方	南方	北方	南方
特大城市(>100万人)	177.1	260.8	102.9	160.8	74.2	94.0
大城市(50万～100万人)	179.2	204.0	98.8	103.0	80.4	101.0
中城市(20万～50万人)	136.7	208.0	96.8	148.9	39.9	59.1
小城市(<20万人)	138.0	187.6	79.3	148.5	58.7	39.1

注：南方、北方大致以淮河、秦岭为界。

表1-20、表1-21分别是我国若干城市居民住宅用水结构以及国外居民住宅用水结构与我国居民住宅用水结构的对比。

表1-20 我国一些城市居民住宅用水结构

用水类别	公共水栓	有给水无排水设施	有给排水设施、公厕	有给排水设施、无沐浴设施	有给排水、沐浴设施	有给排水、浴室、集中供热设施
冲洗卫生间/%				38	32.6	19.5
洗澡或洗漱/%	35.7	39.7	24	14.8	27.2	35.8
洗衣/%	20	15.9	24	14.8	12.8	7.6
烹调、洗碗/%	35.7	28.4	34.2	18.1	18.1	10.8
饮食/%	8.5	6.8	4.1	2.5	2.1	1.3
清扫卫生、浇园、洗车/%			8.2	5.1	4.3	2.6
其他损失/%		9	5.4	3.3	2.9	5.6
平均日用水量/[L/(人·d)]	78	53	75～90	130～145	140～165	230

表 1-21　国内外居民住宅用水结构对比

<table>
<tr><th rowspan="2">用水类别</th><th colspan="2">英国</th><th rowspan="2">美国</th><th rowspan="2">挪威</th><th rowspan="2">日本</th><th rowspan="2">北京市</th><th rowspan="2">河北省 12 个城市</th></tr>
<tr><th>某地</th><th>威尔士</th></tr>
<tr><td>冲洗卫生间/%</td><td>23.8</td><td>31.5</td><td>41</td><td>17.7</td><td>16</td><td>34</td><td>32</td></tr>
<tr><td>洗澡/%</td><td>20.8</td><td>31.5</td><td>37</td><td>23.8</td><td>20</td><td>约 30</td><td>27.2</td></tr>
<tr><td>洗衣/%</td><td>7.7</td><td>8.5</td><td>4</td><td>14.6</td><td>24</td><td></td><td>12.7</td></tr>
<tr><td>洗碗、烹调/%</td><td>6.5</td><td>8.5</td><td>6</td><td>11.5</td><td>24</td><td></td><td>18.1</td></tr>
<tr><td>饮食/%</td><td>4.8</td><td>2.9</td><td>5</td><td>4.6</td><td>18</td><td></td><td>2.1</td></tr>
<tr><td>清扫卫生、浇洒庭院/%</td><td></td><td></td><td>4</td><td></td><td>15</td><td></td><td>4.3</td></tr>
<tr><td>洗车/%</td><td>9.5</td><td>5.8</td><td>3</td><td>4.6</td><td>7</td><td></td><td></td></tr>
<tr><td>其他/%</td><td></td><td></td><td></td><td></td><td></td><td></td><td>2.9</td></tr>
<tr><td>损失/%</td><td>26.8</td><td>11.3</td><td></td><td></td><td></td><td></td><td></td></tr>
<tr><td>日用水量/[L/(人·d)]</td><td>168</td><td>175</td><td>195</td><td>130</td><td>250</td><td></td><td>138</td></tr>
</table>

表 1-22 是日本统计分析的观光旅游人员用水组成结构。

表 1-22　旅游人员用水组成结构

<table>
<tr><th>项目
用水类别</th><th>常住人口用水量比例/%</th><th>住宿人员用水量比例/%</th><th>当日返回人员(不住宿)用水量比例/%</th></tr>
<tr><td>饮料</td><td>1</td><td>1</td><td rowspan="2">2</td></tr>
<tr><td>烹调</td><td>4</td><td>4</td></tr>
<tr><td>洗餐具</td><td>9</td><td>4</td><td>2</td></tr>
<tr><td>盆浴</td><td>33</td><td>温泉浴</td><td>温泉浴</td></tr>
<tr><td>洗衣</td><td>18</td><td>6</td><td></td></tr>
<tr><td>清扫</td><td>2</td><td>2</td><td>1</td></tr>
<tr><td>洗手洗脸</td><td>2</td><td>2</td><td>2</td></tr>
<tr><td>水冲厕所</td><td>8</td><td>8</td><td>4</td></tr>
<tr><td>热冷空调</td><td>14</td><td>14</td><td></td></tr>
<tr><td>杂用</td><td>3</td><td>3</td><td>2</td></tr>
<tr><td>其他</td><td>6</td><td>6</td><td>2</td></tr>
<tr><td rowspan="2">合计</td><td rowspan="2">100</td><td>50</td><td>15</td></tr>
<tr><td colspan="2">65</td></tr>
</table>

(2) 商业、公共设施

《建筑给水排水设计标准》(GB 50015) 对集体宿舍、宾馆和公共建筑生活用水定额及小时变化系数做出规定，具体定额见表 1-23。

表 1-23　集体宿舍、宾馆和公共建筑生活用水定额及小时变化系数

<table>
<tr><th rowspan="2">序号</th><th rowspan="2" colspan="2">建筑物名称</th><th rowspan="2">单位</th><th colspan="2">生活用水定额/L</th><th rowspan="2">使用时数/h</th><th rowspan="2">最高日小时变化系数 K_h</th></tr>
<tr><th>最高日</th><th>平均日</th></tr>
<tr><td rowspan="2">1</td><td rowspan="2">宿舍</td><td>居室内设卫生间</td><td rowspan="2">每人每日</td><td>150～200</td><td>130～160</td><td rowspan="2">24</td><td>3.0～2.5</td></tr>
<tr><td>设公用盥洗卫生间</td><td>100～150</td><td>90～120</td><td>6.0～3.0</td></tr>
</table>

续表

序号	建筑物名称		单位	生活用水定额/L		使用时数/h	最高日小时变化系数 K_h
				最高日	平均日		
2	招待所、培训中心、普通旅馆	设公用卫生间、盥洗室	每人每日	50～100	40～80	24	3.0～2.5
		设公用卫生间、盥洗室、沐浴室		80～130	70～100		
		设公用卫生间、盥洗室、沐浴室、洗衣室		100～150	90～120		
		设单独卫生间、公用洗衣室		120～200	110～160		
3	酒店式公寓		每人每日	200～300	180～240	24	2.5～2.0
4	宾馆客房	旅客	每床位每日	250～400	220～320	24	2.5～2.0
		员工	每人每日	80～100	70～80	8～10	2.5～2.0
5	医院住院部	设公用卫生间、盥洗室	每床位每日	100～200	90～160	24	2.5～2.0
		设公用卫生间、盥洗室、沐浴室		150～250	130～200		
		设单独卫生间		250～400	220～320		
		医务人员	每人每班	150～250	130～200	8	2.0～1.5
	门诊部、诊疗所	病人	每病人每次	10～15	6～12	8～12	1.5～1.2
		医务人员	每人每班	80～100	60～80	8	2.5～2.0
	疗养院、休闲所住房部		每床位每日	200～300	180～240	24	2.0～1.5
6	养老院、托老所	全托	每人每日	100～150	90～120	24	2.5～2.0
		日托		50～80	40～60	10	2.0
7	幼儿园、托儿所	有住宿	每儿童每日	50～100	40～80	24	3.0～2.5
		无住宿		30～50	25～40	10	2.0
8	公共浴室	淋浴	每顾客每次	100	70～90	12	2.0～1.5
		浴盆、淋浴		120～150	120～150		
		桑拿浴（淋浴、按摩池）		150～200	130～160		
9	理发室、美容院		每顾客每次	40～100	35～80	12	2.0～1.5
10	洗衣房		每千克干衣	40～80	40～80	8	1.5～1.2
11	餐饮业	中餐酒楼	每顾客每次	40～60	35～50	10～12	1.5～1.2
		快餐店、职工及学生食堂		20～25	15～20	12～16	
		酒吧、咖啡馆、茶座、卡拉OK房		5～15	5～10	8～18	
12	商场	员工及顾客	每平方米营业厅面积每日	5～8	4～6	12	1.5～1.2
13	办公	坐班制办公	每人每班	30～50	25～40	8～10	1.5～1.2
		公寓式办公	每人每日	130～300	120～250	10～24	2.5～1.8
		酒店式办公		250～400	220～320	24	2.0

续表

<table>
<tr><th rowspan="2">序号</th><th colspan="2" rowspan="2">建筑物名称</th><th rowspan="2">单位</th><th colspan="2">生活用水定额/L</th><th rowspan="2">使用时数/h</th><th rowspan="2">最高日小时变化系数 K_h</th></tr>
<tr><th>最高日</th><th>平均日</th></tr>
<tr><td rowspan="4">14</td><td rowspan="4">科研楼</td><td>化学</td><td rowspan="4">每工作人员每日</td><td>460</td><td>370</td><td rowspan="4">8～10</td><td rowspan="4">2.0～1.5</td></tr>
<tr><td>生物</td><td>310</td><td>250</td></tr>
<tr><td>物理</td><td>125</td><td>100</td></tr>
<tr><td>药剂调剂</td><td>310</td><td>250</td></tr>
<tr><td rowspan="2">15</td><td rowspan="2">图书馆</td><td>阅览者</td><td>每座位每次</td><td>20～30</td><td>15～25</td><td rowspan="2">8～10</td><td rowspan="2">1.2～1.5</td></tr>
<tr><td>员工</td><td>每人每日</td><td>50</td><td>40</td></tr>
<tr><td rowspan="2">16</td><td rowspan="2">书店</td><td>顾问</td><td>每平方米营业厅每日</td><td>3～6</td><td>3～5</td><td rowspan="2">8～12</td><td rowspan="2">1.5～1.2</td></tr>
<tr><td>员工</td><td>每人每班</td><td>30～50</td><td>27～40</td></tr>
<tr><td rowspan="2">17</td><td rowspan="2">教学、实验楼</td><td>中小学校</td><td rowspan="2">每学生每日</td><td>20～40</td><td>15～35</td><td rowspan="2">8～9</td><td rowspan="2">1.5～1.2</td></tr>
<tr><td>高等院校</td><td>40～50</td><td>35～40</td></tr>
<tr><td rowspan="2">18</td><td rowspan="2">电影院、剧院</td><td>观众</td><td>每观众每场</td><td>3～5</td><td>3～5</td><td>3</td><td>1.5～1.2</td></tr>
<tr><td>演职员</td><td>每人每场</td><td>40</td><td>35</td><td>4～6</td><td>2.5～2.0</td></tr>
<tr><td>19</td><td colspan="2">健身中心</td><td>每人每次</td><td>30～50</td><td>25～40</td><td>8～12</td><td>1.5～1.2</td></tr>
<tr><td rowspan="2">20</td><td rowspan="2">体育场（馆）</td><td>运动员淋浴</td><td>每人每次</td><td>30～40</td><td>25～40</td><td rowspan="2">4</td><td>3.0～2.0</td></tr>
<tr><td>观众</td><td>每人每场</td><td>3</td><td>3</td><td>1.2</td></tr>
<tr><td>21</td><td colspan="2">会议厅</td><td>每座位每次</td><td>6～8</td><td>6～8</td><td>4</td><td>1.5～1.2</td></tr>
<tr><td rowspan="2">22</td><td rowspan="2">会展中心（展览馆、博物馆）</td><td>观众</td><td>每平方米展厅每日</td><td>3～6</td><td>3～5</td><td rowspan="2">8～16</td><td rowspan="2">1.5～1.2</td></tr>
<tr><td>员工</td><td>每人每班</td><td>30～50</td><td>27～40</td></tr>
<tr><td>23</td><td colspan="2">航站楼、客运站旅客</td><td>每人次</td><td>3～6</td><td>3～6</td><td>8～16</td><td>1.5～1.2</td></tr>
<tr><td>24</td><td colspan="2">菜市场地面冲洗及保鲜用水</td><td>每平方米每日</td><td>10～20</td><td>8～15</td><td>8～10</td><td>2.5～2.0</td></tr>
<tr><td>25</td><td colspan="2">停车库地面冲洗水</td><td>每平方米每次</td><td>2～3</td><td>2～3</td><td>6～8</td><td>1.0</td></tr>
</table>

注：1. 中等院校、兵营等宿舍设置公用卫生间和盥洗室，当用水时段集中时，最高日小时变化系数 K_h 宜取高值6.0～4.0；其他类型宿舍设置公用卫生间和盥洗室时，最高日小时变化系数 K_h 宜取低值3.5～3.0。

2. 除注明外，均不含员工生活用水，员工最高日用水定额为每人每班40～60L，平均日用水定额为每人每班30～45L。

3. 大型超市的生鲜食品区按菜市场用水。

4. 医疗建筑用水中已含医疗用水。

5. 空调用水应另计。

表1-24是我国公共建筑用水量调查结果。

表 1-24　我国公共建筑用水量调查汇总

用水部门		单位用水量	
		北方	南方
机关事业单位/[L/(人·d)]		158.1	226.8
宾馆、旅社/[L/(人·d)]	高档	950	1910
	中档	890	1510
	一般	730	690
医院/[L/(床·d)]		890	1390
大专院校/[L/(人·d)]		264.7	378.7
中小学校/[L/(人·d)]		18.3	36.0

表 1-25 是我国城市生活用水结构的一些情况。表 1-26 为我国部分公共市政用水量的比例。

表 1-25　我国城市生活用水结构　　单位：%

城市类别	居民住宅用水量/城市生活用水量		公共市政用水量/城市生活用水量	
	北方	南方	北方	南方
特大城市	58	62	42	38
大城市	55	50	45	50
中城市	71	72	29	38
小城市	57	79	43	21

表 1-26　部分城市公共市政用水量的比例　　单位：%

城市	公共市政用水量占城市生活用水量的比例(1987 年)	城市	公共市政用水量占城市生活用水量的比例(1987 年)
北京	75.3	太原	41.5
石家庄	42.6	大同	27.1
秦皇岛	65.1	青岛	58.5
沧州	40.2	淄博	25.2

1.2.2.4　工业污水排放量规定

对于已知工业企业类型和企业数量，又难以取得实测数据的，可根据相关行业标准中规定的单位产品基准排水量进行预测，或根据当地行业用水定额进行预测。如果既没有行业标准也没有地方标准，可以按《污水综合排放标准》(GB 8978) 中规定的最高允许排水量进行预测。表 1-27 是对 1998 年 1 月 1 日后建设的单位部分行业最高允许排放量的规定。

表 1-27　部分行业最高允许排水量

序号	行业类别			最高允许排水量或最低允许水重复利用率
1	矿山工业	有色金属系统选矿		水重复利用率 75%
		其他矿山工业		水重复利用率 90%(选煤)
		脉金选矿	重选	16.0 m^3/t(矿石)
			浮选	9.0 m^3/t(矿石)
			氰化	8.0 m^3/t(矿石)
			碳浆	8.0 m^3/t(矿石)

续表

序号	行业类别			最高允许排水量或 最低允许水重复利用率
2	焦化企业(煤气厂)			1.2m^3/t(焦炭)
3	有色金属冶金及金属加工			水重复利用率50%
4	石油炼制工业(不包括直排水炼油厂) 加工深度分类: A. 燃料型炼油厂 B. 燃料+润滑油型炼油厂 C. 燃料+润滑油型+炼油化工型炼油厂 (包括加工高含硫原油页岩油和石油添加剂生产基地的炼油厂)		A	$>500\times10^4$t,1.0m^3/t(原油) $(250\sim500)\times10^4$t,1.2m^3/t(原油) $<250\times10^4$t,1.5m^3/t(原油)
			B	$>500\times10^4$t,1.5m^3/t(原油) $(250\sim500)\times10^4$t,2.0m^3/t(原油) $<250\times10^4$t,2.0m^3/t(原油)
			C	$>500\times10^4$t,2.0m^3/t(原油) $(250\sim500)\times10^4$t,2.5m^3/t(原油) $<250\times10^4$t,2.5m^3/t(原油)
5	合成洗涤剂工业	氯化法生产烷基苯		200.0m^3/t(烷基苯)
		裂解法生产烷基苯		70.0m^3/t(烷基苯)
		烷基苯生产合成洗涤剂		10.0m^3/t(烷基苯)
6	合成脂肪酸工业			200.0m^3/t(产品)
7	湿法生产纤维板工业			30.0m^3/t(板)
8	制糖工业	甘蔗制糖		10.0m^3/t(甘蔗)
		甜菜制糖		4.0m^3/t(甜菜)
9	皮革工业	猪盐湿皮		60.0m^3/t(原皮)
		牛干皮		100.0m^3/t(原皮)
		羊干皮		150.0m^3/t(原皮)
10	发酵、酿造工业	酒精工业	以玉米为原料	100.0m^3/t(酒精)
			以薯类为原料	80.0m^3/t(酒精)
			以糖蜜为原料	70.0m^3/t(酒精)
		味精工业		600.0m^3/t(味精)
		啤酒工业(排水量不包括麦芽水部分)		16.0m^3/t(啤酒)
11	铬盐工业			5.0m^3/t(产品)
12	硫酸工业(水洗法)			15.0m^3/t(硫酸)
13	苎麻脱胶工业			500m^3/t(原麻)
				750m^3/t(精干麻)
14	黏胶纤维工业单吨纤维	短纤维(棉型中长纤维、毛型中长纤维)		300.0m^3/t(纤维)
		长纤维		800.0m^3/t(纤维)
15	化纤浆粕			本色 150m^3/t(浆);漂白 240m^3/t(浆)
16	制药工业医药原料药	青霉素		4700m^3/t(青霉素)
		链霉素		1450m^3/t(链霉素)
		土霉素		1300m^3/t(土霉素)
		四环素		1900m^3/t(四环素)
		林可霉素		9200m^3/t(林可霉素)

续表

序号	行业类别		最高允许排水量或最低允许水重复利用率
16	制药工业医药原料药	金霉素	$3000m^3/t$(金霉素)
		庆大霉素	$20400m^3/t$(庆大霉素)
		维生素C	$1200m^3/t$(维生素C)
		氯霉素	$2700m^3/t$(氯霉素)
		磺胺甲噁唑	$2000m^3/t$(磺胺甲噁唑)
		维生素 B_1	$3400m^3/t$(维生素 B_1)
		安乃近	$180m^3/t$(安乃近)
		非那西汀	$750m^3/t$(非那西汀)
		呋喃唑酮	$2400m^3/t$(呋喃唑酮)
		咖啡因	$1200m^3/t$(咖啡因)
17	有机磷农药工业①	乐果②	$700m^3/t$(产品)
		甲基对硫磷(水相法)②	$300m^3/t$(产品)
		对硫磷(P_2S_5 法)②	$500m^3/t$(产品)
		对硫磷($PSCl_3$ 法)②	$550m^3/t$(产品)
		敌敌畏(敌百虫碱解法)	$200m^3/t$(产品)
		敌百虫	$40m^3/t$(产品)(不包括三氯乙醛生产废水)
		马拉硫磷	$700m^3/t$(产品)
18	除草剂工业①	除草醚	$5m^3/t$(产品)
		五氯酚钠	$2m^3/t$(产品)
		五氯酚	$4m^3/t$(产品)
		2甲4氯	$14m^3/t$(产品)
		2,4-D	$4m^3/t$(产品)
		丁草胺	$4.5m^3/t$(产品)
		绿麦隆(以Fe粉还原)	$2m^3/t$(产品)
		绿麦隆(以 Na_2S 还原)	$3m^3/t$(产品)
19	火力发电工业		$3.5m^3/(MW·h)$
20	铁路货车洗刷		$5.0m^3$/辆
21	电影洗片		$5m^3/1000m$(35mm胶片)
22	石油沥青工业		冷却池的水循环利用率95%

① 产品按100%浓度计。

② 不包括 P_2S_5、$PSCl_3$、PCl_3 原料生产废水。

表1-28给出了部分工业企业产品的废水比产率及浓度。

表1-28 部分工业产品的废水比产率及浓度（1kgBOD$_7$ 相当于 0.85kgBOD$_5$）

工业	耗水量	比产品废水产率	比污染物产率	废水浓度	说明
牛奶业					
牛奶	$0.7\sim2.0m^3/t$	$0.7\sim1.7m^3/t$	$0.4\sim1.8kgBOD_7/t$	$500\sim1500gBOD_7/t$	t为吨奶，废水pH值可变
奶酪	$0.7\sim3.0m^3/t$	$0.7\sim2.0m^3/t$	$0.7\sim2.0kgBOD_7/t$	$1000\sim2000gBOD_7/t$	
奶制品	$0.7\sim2.5m^3/t$	$0.7\sim20m^3/t$	$0.7\sim2.0kgBOD_7/t$	$1000\sim2000gBOD_7/t$	

续表

工业	耗水量	比产品废水产率	比污染物产率	废水浓度	说明
屠宰场					tp为吨产品，废水气味强，杂毛多，含消毒剂，水量大
屠宰，屠宰＋肉类加工		3～8m^3/tp	7～16kgBOD_7/tp	500～2000gBOD_7/tp 10～20gTot-P/tp	
屠宰＋肉类加工		3～12m^3/tp	10～25kgBOD_7/tp	500～2000gBOD_7/tp	
肉类加工		1～15m^3/tp	6～15kgBOD_7/tp	500～1000gBOD_7/tp	
啤酒业					
啤酒＋软饮料	3～7m^3/m^3	3～7m^3/m^3	4～15kgBOD_7/m^3	1000～3000gBOD_7/m^3	m^3为产品体积，pH值高
罐头业					
土豆(干片)	2～4m^3/t		3～6kgBOD_7/t	1000～3000gBOD_7/m^3	t为吨原材料，有漂浮物
土豆(湿片)	4～8m^3/t		5～15kgBOD_7/t	2000～3000gBOD_7/m^3	
甜菜根	5～10m^3/t		20～40kgBOD_7/t	3000～5000gBOD_7/m^3	
胡萝卜	5～10m^3/t		5～15kgBOD_7/t	800～1500gBOD_7/m^3	
豌豆	15～30m^3/t		15～30kgBOD_7/t	1000～2000gBOD_7/m^3	
蔬菜	20～30m^3/tf				tf为吨产品
鱼	8～15m^3/t	4～8m^3/t	10～50kgBOD_7/t	5000～10000gBOD_7/m^3	
纺织业					
全行业	100～250m^3/t	100～250m^3/t		100～1000gBOD_7/m^3	t为吨原材料，废水温度高，极端pH值，含氯气、硫化氢，危险化学品
棉		100～250m^3/t	50～100kgBOD_7/t	200～600gBOD_7/m^3	
羊毛		50～100m^3/t	70～120kgBOD_7/t	500～1500gBOD_7/m^3	
合成纤维		150～250m^3/t	15～30kgBOD_7/t	100～300gBOD_7/m^3	
制革业					
各种制品	20～70m^3/t	20～70m^3/t	30～100kgBOD_7/t	1000～2000gBOD_7/m^3	t为吨原材料，含铬，pH值变化大，含污泥、杂毛
生皮	20～40m^3/t	20～40m^3/t	1～4kgCr/t	30～70gBOD_7/m^3	
毛皮	60～80m^3/t	60～80m^3/t	0～100kgS/t	0～100gBOD_7/m^3	
			10～20kgTot-N/t	200～400gBOD_7/m^3	
洗衣业					
湿洗	20～60m^3/t	20～60m^3/t	20～40kgBOD_7/t 10～20kgTot-P/t	300～800gBOD_7/m^3 10～50gTot-N/m^3	t为洗衣量，使用对流湿洗可节水70%，但污染物量不变
电镀业	20～200L/m^2	20～200L/m^2 <1m^3/h max. 10m^3/h	3～30ghm/m^2 2～20gCN/m^2	150ghm/m^3 100gCN/m^3 1～10ghm/m^3 0.1～0.5gCN/m^3	m^2为表面积，hm为重金属50%的电镀业废水小于1m^3/h，含溶剂、氰化物、重金属，极端pH值
电子线路业	0.5～1.5m^3/m^2	0.5～1.5m^3/m^2	100～200gCu/m^2 0～5gSn/m^2 0～5gPb/m^2	100～200gCu/m^3 0～5gSn/m^3 0～5gPb/m^3	m^2为镀层面积

续表

工业	耗水量	比产品废水产率	比污染物产率	废水浓度	说明
照相业	$0.5\sim1.5m^3/m^2$	$0.5\sim1.5m^3/m^2$	$200\sim400gBOD_7/m^2$	$400\sim700gBOD_7/m^3$ $50\sim100gEDTA/m^3$	m^2 为 m^2 胶片，污染物变化大，对皮肤有毒害作用
印刷业	$30\sim40m^3/d$	$30\sim40m^3/d$	7kgZn/d 0.04kgAg/d 0.03kgCr/d 0.01kgCd/d	$170\sim230gZn/m^3$ $1.0\sim1.3gAg/m^3$ $0.8\sim1.0gCr/m^3$ $0.2\sim0.3gCd/m^3$	印刷机平均耗水量为 30～40t/d，含溶剂、酸
修车洗车业 轿车 货车	400L/Lt 200L/Ht 1200L/Ht				Lt 为 t 低水压；Ht 为 t 高水压；含溶剂

1.2.2.5 污水量计算公式

城镇生活污水量和工业废水量计算公式见表 1-29。

表 1-29 城镇生活污水量和工业废水量计算公式

名称	计算公式	符号说明
居住区生活污水设计流量	$Q_1=\frac{nNK_Z}{86400}(L/s)$	n——生活污水定额，L/(人·d)； N——设计人口数，人； K_Z——生活污水量总变化系数
工业企业生活污水及淋浴污水设计最大流量	$Q_2=K_h\frac{(27\sim45)N_1+(27\sim45)N_2}{3600T}+\frac{54N_3+36N_4}{3600}(L/s)$	K_h——生活污水小时变化系数，2.5～1.5； N_1——工业企业建筑管理人员人数，人； N_2——车间工人数，人； N_3——1、2 级车间工人数，人； N_4——3、4 级车间工人数，人； T——每班工作时间，h
工业生产废水设计最大流量	$Q_3=\frac{mMK_g}{3600T}(L/s)$	m——单位产品的基准排水量，L/单位产品； M——产品的平均日产量； K_g——总变化系数； T——每日生产时间
入渗地下水量（在地下水位较高地区）	$Q_4=(0.1\sim0.15)Q_1$	Q_1——居住区生活污水设计流量
污水设计最大流量	$Q=Q_1+Q_2+Q_3+Q_4$	

村庄污水设计流量计算公式见表 1-30。

表 1-30 村庄污水设计流量计算公式

名称	计算公式	符号说明
生活污水设计流量	$Q_1=\frac{nNK_Z}{86400}(L/s)$	n——生活污水定额，L/(人·d)； N——设计人口数，人； K_Z——生活污水量总变化系数
公共建筑污水设计最大流量	$Q_2=(0.08\sim0.25)Q_1(L/s)$	Q_1——居住区生活污水设计流量
污水设计最大流量	$Q=Q_1+Q_2$	

【例题 1-6】 某城镇生活污水、工业生产污水、工厂内生活污水及淋浴污水设计流量的计算及城镇污水总流量综合计算见表 1-31～表 1-34。

表 1-31　城镇居住区生活污水设计流量计算表

居住区名称	排水流域编号	居住区面积/$hm^2$②②	人口密度/(人/hm^2)	居住人数/人	生活污水定额/[L/(人·d)]	平均污水量			总变化系数(K_Z)	设计流量	
						m^3/d	m^3/h	L/s		m^3/h	L/s
旧城区	Ⅰ	61.49	520	31975	100	3197.5	133.23	37	2.27	302.43	84.01
文教区	Ⅱ	41.19	440	18124	140	2537.36	105.72	29.37	2.39	252.67	70.19
工业区	Ⅲ	52.85	480	25368	120	3044.16	126.84	35.23	2.25	231.08	79.27
合计		155.51		75467		8779.02	365.79	101.60	1.90	695.00①	193.04①

① 此两项合计数字不是直接统计，而是合计平均流量与相对应的总变化系数的乘积。

② $1hm^2=10000m^2$。

表 1-32　工业生产污水设计流量计算表

工厂名称	班数	各班时数/h	单位产品/t	日产量/t	单位产品废水量/(m^3/t)	平均流量			总变化系数(K_Z)	设计流量	
						m^3/d	m^3/h	L/s		m^3/h	L/s
酿酒厂	3	8	酒	15	40	600	25	6.94	3	75	20.82
肉类加工厂	3	8	牲畜	162	5.8	939.6	39.15	10.88	1.7	66.56	18.50
造纸厂	3	8	白纸	12	20	240	10	2.78	1.45	14.5	4.03
皮革厂	3	8	皮革	34	65	2210	92.08	25.58	1.4	128.91	35.81
印染厂	3	8	布	36	140	5040	210	58.33	1.42	298.2	82.83
合计						9029.6	376.23	104.51		583.17	161.99

表 1-33　城镇污水总流量综合计算表

排水工程对象	平均日污水流量/(m^3/d)		最大时污水流量/(m^3/h)		设计流量/(L/s)	
	生活污水	进入城镇污水管道的生产污水	生活污水	进入城镇污水管道的生产污水	生活污水	进入城镇污水管道的生产污水
居住区	8779.02		695.00		193.04	
工厂	368.90	9029.6	87.49	583.17	24.26	161.99
合计	9147.92	9029.6	782.49	583.17	217.3	161.99
合计	$Q_{vd}=18177.52$		$Q_{maxh}=1365.66$		$Q_{maxs}=379.29$	

注：Q_{vd} 为平均日流量；Q_{maxh} 为最大时流量；Q_{maxs} 为最大平均流量。

表 1-34 各工厂生活污水及淋浴污水设计流量计算表

车间名称	班数	每班时数/h	生活污水								淋浴污水						合计		
			职工人数		污水标准量/L	日流量/m^3	最大班流量/m^3	时变化系数(K_h)	最大时流量/m^3	最大秒流量/L	使用淋浴的职工人数		污水标准量/L	日流量/m^3	最大时流量/m^3	最大秒流量/L	日流量/m^3	最大时流量/m^3	最大秒流量/L
			每日人数/(人/日)	最大班人数/人							每日人数/(人/日)	最大班人数/人							
酿酒厂	3	8	418	156	35	14.63	5.46	2.5	1.71	0.47	292	109	54	15.77	5.89	4.38	30.4	7.6	2.11
			256	108	25	6.40	2.70	3.0	1.01	0.28	89	38	36	3.2	1.37	0.38	9.6	2.38	0.66
肉类加工厂	3	8	520	168	35	18.20	5.88	2.5	1.84	0.51	364	116	54	19.66	6.26	1.74	37.86	8.1	2.25
			234	92	25	5.85	2.33	3.0	0.87	0.24	90	35	36	3.24	1.26	0.35	9.09	2.13	0.59
造纸厂	3	8	440	150	35	15.40	5.25	2.5	1.64	0.46	300	105	54	16.2	5.67	1.58	31.6	7.31	2.03
			422	145	25	10.55	3.63	3.0	1.36	0.38	148	50	36	5.33	1.8	0.5	15.88	3.16	0.88
皮革厂	3	8	792	274	35	27.72	9.50	2.5	2.99	0.83	440	156	54	23.76	8.42	2.34	51.48	11.41	3.17
			864	324	25	21.60	8.10	3.0	3.04	0.84	372	80	36	13.39	2.88	0.8	34.99	5.92	1.64
印染厂	3	8	1330	450	35	46.55	15.75	2.5	4.92	1.37	930	315	54	50.22	17.01	4.73	96.77	21.93	6.09
			1390	470	25	9.75	11.75	3.0	4.41	1.22	556	188	36	20.02	6.77	1.88	29.77	11.18	3.11
合计						176.65	70.44		23.79	6.6				170.79	57.33	18.68	347.44	81.12	22.53

【例题 1-7】 陕西省某地村庄生活污水设计流量的计算及污水总流量的综合计算见表 1-35、表 1-36。

表 1-35　村庄生活污水设计流量计算表

村庄名称	居住人数/人	供水方式	生活污水定额/[L/(人·d)]	平均污水量			总变化系数	设计流量	
				m^3/d	m^3/h	L/s		m^3/h	L/s
赵家村	2637	集中供水	80	210.96	8.79	2.44	3.15	27.69	7.69
李家村	1608	集中供水	80	128.64	5.36	1.49	3.42	18.33	5.09
	83	分散供水	30	2.49	0.104	0.029	5.56	0.577	0.160
合计	4328			342.09	14.25	3.96	2.93	41.76	11.60

赵家村主要的公共建筑有村委会办公楼、养老院、村卫生室等，公共建筑设计污水量按生活污水设计流量的 20%计算。李家村主要的公共建筑为村委会办公楼和村卫生室，公共建筑设计污水量按生活污水设计流量的 10%计算。

表 1-36　村庄污水总流量综合计算表

污水来源	平均日污水流量/(m^3/d)		最大时污水流量/(m^3/h)		设计流量/(L/s)
	赵家村	李家村	赵家村	李家村	
生活污水	210.96	131.13	27.69	18.91	12.94
公共建筑污水	42.19	13.11	5.54	1.89	2.06
合计	$Q_{vd}=397.40$		$Q_{maxh}=54.03$		$Q_{maxs}=15.01$

注：Q_{vd} 为平均日流量；Q_{maxh} 为最大时流量；Q_{maxs} 为最大平均流量。

1.2.3　日本《下水道设施计划·设计指针与解说》推荐方法

服务区内污水来自家庭排出的生活污水、食堂和事务所等排出的营业污水、工厂排出的工业污水、观光游客排出的观光污水、畜产业等排出的其他污水以及地下水的渗入等。污水量应以实测法来确定，当不能实测时可用原单位方式确定。

1.2.3.1　生活污水量

从家庭排出的生活污水量可由每人每日生活污水量定额乘以常住人口数求得。

生活污水量的确定可以将该服务区域的给水设计每人每日最高给水定额作为每人每日最大生活污水定额（或按 90%考虑）。但是，对于设计年限不一致时，不能盲目套用，应对下水道发展趋势进行分析，从而确定下水道的设计值。当一部分水源为自用井水时，在给水实际统计中可能不包括，因此，应该实际调查；也可以参考相关类似地区的每人每日生活污水量定额。

表 1-37 为给水量定额和每人每日最大污水量定额。

表 1-37　给水量定额与每人每日最大污水量定额

类别	城市名	给水人口/人	每人每日给水量/L			设计处理人口/人	每人每日最大污水量/L
			设计最大给水量	最大给水量	平均给水量		
大城市	东京都(区部)	8086815	574	512	434	10358000	320～680
	横滨市	3250047	486	478	406	4646000	520

续表

类别	城市名	给水人口/人	每人每日给水量/L			设计处理人口/人	每人每日最大污水量/L
			设计最大给水量	最大给水量	平均给水量		
大城市	名古屋市	2240477	615	537	411	2298800	350①
	大阪市	2603859	852	730	586	2781000	482～636
	神户市	1277480	691	485	410	1646900	431～559
	广岛市	1070817	652	488	403	902100	416～1047
中小城市	纹别市	27045	544	492	423	25800	460
	佐野市	76251	555	498	419	46000	490
	前桥市	285014	618	579	493	184700	330～600
	金市	432100	766	504	412	353300	630
	岐阜市	341751	556	575	442	339800	535～707
	瑞浪市	28775	500	431	358	19900	385
	吹田市	340119	486	508	411	315300	499～600
	姬路市	455309	621	448	388	392100	507～533
	东广岛市	67892	464	379	321	31000	558
	鹿览岛市	492269	491	422	360	470000	451
工业城市	堺市	806056	493	458	383	686700	445～570
	尼崎市	495942	663	557	447	580100	500
观光城市	热海市	46697	1650	1954	1244	30600	945
	伊东市	69194	1852	894	630	33600	1948

① 仅为污水量。

注：1. 本表以1991年《给水统计》和《下水道统计》为依据；

2. 其他污水量均包括生活污水量、营业污水量、工业污水量和观光污水量。

最大日污水量与平均日污水量之比，即日变化系数，可由给水量实际统计资料推求；在无资料时，可采用1.25～1.43。

最大时污水量与最大日污水量之比，即时变化系数，大中城市（人口在30万人以上）可采用1.3～1.8；小城镇［如人口为（2～5）万人］和旅游地等可采用1.5～2.0。

另外，设计最大时污水量的确定方法，可以采用巴比特（Babbit）公式。该方法是从小管径支路到大口径干管，按照排水人口相应的最大日污水量乘以巴比特系数 M 得出最大时污水量。

图1-6为巴比特 M 曲线。

1.2.3.2 营业污水量

营业污水是指由事务所、医院、学校、商店等场所排出的污水。营业污水量可参考给水工程设计中的营业用水量。在无资料时，可按用地性质的不同以生活污水量比率系数转换法求定。表1-38为不同用地性质的营业用水率。

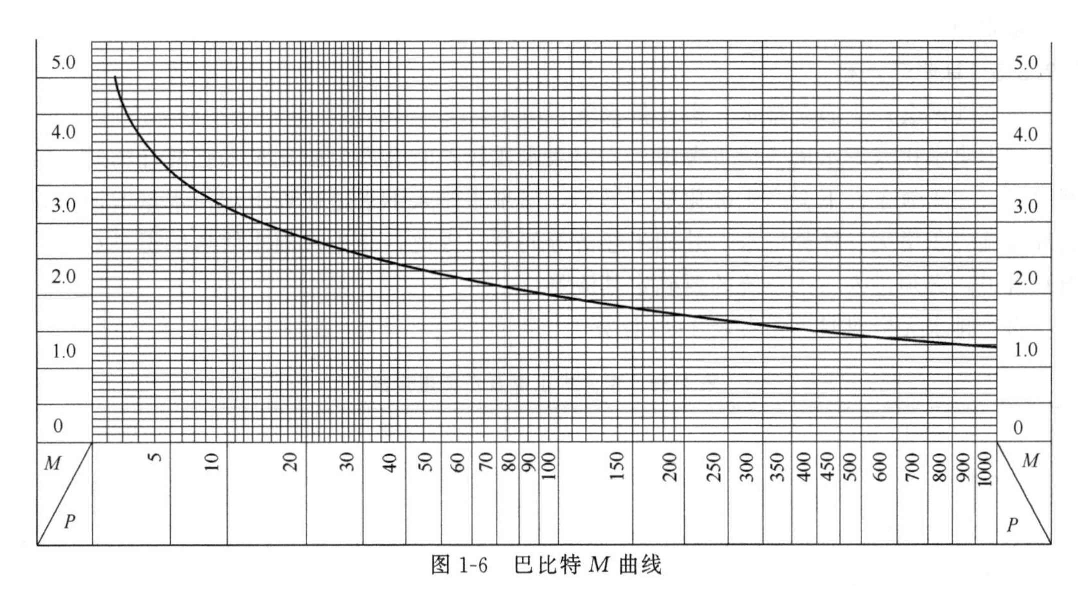

图 1-6　巴比特 M 曲线

$M=5\div P^{\frac{1}{5}}$，当 $P<1.0$（1000 人）时，$M=5$；$P>1000$（100 万人）时，$M=1.25$；P 为 1000 人的单位人口数

表 1-38　不同用地性质的营业用水率（日平均）

用地性质	营业用水率	备注
商业地区	0.6～0.8	根据不同性质用地面积占比，计算综合营业用水率
居住地区	0.3	
准工业地区	0.5	
工业地区	0.2	

注：营业用水率随城市规模大小有变化。

1.2.3.3　工业污水量

排入下水道工厂的污水量应以实测确定；当难以实测时，可按不同行业的单位产值、单位面积排水量或者单位产品用水量及重复利用率进行推算。对于排水大户应逐个进行调查。

对水产加工、印染、造纸等产业发达地区，其污水含有高浓度难分解物质，对这类工厂的水质水量应充分调查分析。

对于使用自来水的中小型工厂，其排水量确定应避免生活污水量与营业污水量的重复计算。

在无资料时，工业污水量的平均日、最大日和最大时的比值可采用 1∶1∶2。

1.2.3.4　观光污水量

观光污水是由观光旅游人员在游览地所产生的污水。观光者分为住宿者和不住宿者两类，将他们的人数分别乘以污水量定额可求得观光污水量。

观光人数按年最大预测，当观光者随季节变化大时，处理构筑物旅游富余量较大。因此，应充分掌握观光污水量随季节变化的规律。

观光人数应按过去统计人口、宾馆容量以及发展规划等因素综合考虑确定。

观光者每人每日产生的污水量与观光者、观光地的条件和设备状况等因素有关，应以观光人数和实际用水量为基础确定。该污水量定额随观光者增减而变化：观光者多时，该值变小；观光者少时，该值增大。当无用水量资料时，可参考类似观光地或城市中相似情况确定污水量定额。

1.2.3.5 其他污水量

有些地区会产生温泉排水、畜产排水等。

对温泉水排入下水道应慎重考虑。当温泉水质较差时会产生硫化氢和强酸性物质。硫黄型温泉，在厌氧条件下会产生硫化氢。另外，温泉水排入下水道还可引起污水量增加，导致处理设施容积增大、稀释污水、处理不经济等问题。因此，能排入雨水管道的温泉水可进入雨水管道，必须进入污水系统的要确定其流量。

畜产排水无资料时可参考表 1-39 计算。

表 1-39 家禽排水量及负荷量定额

项目	牛	猪	马
水量/[L/(d·头)]	45～135	135	
BOD/[g/(d·头)]	640	200	220
SS/[g/(d·头)]	3000	700	5000
TN/[g/(d·头)]	378	40	170
TP/[g/(d·头)]	56	25	40
COD/[g/(d·头)]	530	130	700

注：1. 鸡排泄物可作为肥料，故不考虑其负荷量。

2. 牛、马在野外排泄较多，流出率按 10%以下考虑。

1.2.3.6 入渗地下水量

入渗地下水量与地下水位、管道接口种类以及施工技术有关。其水量可按旱季进入处理厂总水量减去计收水费水量的差值计算；也可按生活污水量与营业污水量之和的每人每日最大污水量的 10%～20%计算。

最大日污水量是处理单元设计的基本参数，由上述 6 部分之和组成，即：

设计最大日污水量＝每人每日最大污水量×(1＋营业用水率)×设计人口＋工业排水量＋观光污水量＋其他污水量＋(0.1～0.2)×每人每日最大污水量×(1＋营业用水率)×设计人口

1.2.3.7 设计平均日污水量

用于统计污水处理厂年污水量、计算污水处理费用等。设计平均日污水量对于中小规模下水道采用设计最大日污水量的 70%，对于大规模下水道采用设计最大日污水量的 80%。

1.2.3.8 设计最大时污水量

用于确定管径及泵站容积等。污水量逐时变化，对小城市或小区等特殊地域变化较大，最大时污水量可按最大日污水量的 1.5～1.8 倍确定，有时可以达到 2.0 倍。对于大规模下水道，最大时污水量可按最大日污水量的 1.3 倍确定。

1.2.3.9 雨天时设计污水量

对于合流式排水体制，用于确定雨天时从截流井溢流水量以及泵站提升水量。通常，可按设计最大时污水量的 3～5 倍考虑。

表 1-40 列出了设计污水量与处理构筑物的关系。

表 1-40 处理单元所采用的污水量

处理方式	处理厂			泵站	管道	截流管
	导水管、沉砂池	初沉池、接触池	曝气池、二沉池			
分流式	最大时	最大日	最大日	最大时	最大时	
合流式	3×最大时	3×最大时	最大日	3×最大时	最大时	3×最大时

【例题 1-8】 某城市规划排水区域内用地性质面积见表 1-41，基础家庭污水量为 200～250L/(人·d)，试计算出最大日污水量和最大时污水量（不考虑工业污水量和入渗地下水量）。

表 1-41 用地性质面积统计

用途	面积/hm^2	比率/%	用途	面积/hm^2	比率/%
商业用地	338	26	工业用地	312	24
居住用地	533	41	合计	1300	100
准工业用地	117	9			

【解】 城市规划采用的不同性质用地的饱和人口密度见表 1-42。本例计算采用中间值，即商业用地 175 人/hm^2，居住用地 80 人/hm^2，准工业用地 35 人/hm^2，工业用地 10 人/hm^2。

表 1-42 不同性质用地的饱和人口密度 单位：人/hm^2

商业用地	150～200
居住用地 高层住宅地区 一般住宅地区 高级住宅地区	 100～120 60～80 40～60
准工业用地	30～40
工业用地	0～20

商业用地人口数： $338(hm^2)\times175(人/hm^2)=59150$ 人

居住用地人口数： $533(hm^2)\times80(人/hm^2)=42640$ 人

准工业用地人口数： $117(hm^2)\times35(人/hm^2)=4095$ 人

工业用地人口数： $312(hm^2)\times10(人/hm^2)=3120$ 人

$$
\begin{aligned}
家庭污水量&=基础家庭污水量+营业污水量\\
&=基础家庭污水量\times(1+营业用水率)
\end{aligned}
$$

因为不考虑工业污水量和入渗地下水量，则：

$$
\begin{aligned}
设计平均日污水量&=家庭污水量\\
&=(0.20\sim0.25)\times(59150\times1.7+42640\times1.3\\
&\quad+4095\times1.5+3120\times1.2)\\
&=33175\sim41468(m^3/d)
\end{aligned}
$$

$$
\begin{aligned}
设计最大日污水量&=设计平均日污水量/(0.7\sim0.8)\\
&=(33175\sim41468)/(0.7\sim0.8)\\
&=47393\sim59240(m^3/d)
\end{aligned}
$$

设计最大时污水量$=(1.5\sim1.8)\times$(设计最大日污水量)/24

$=(1.5\sim1.8)\times(47393\sim59240)/24$

$=2962\sim4443(m^3/h)$

【例题 1-9】 按以下所给资料，求定污水管道和处理厂的设计污水量。

① 基础家庭污水量标准为 250L/(人·d)。

② 用地性质人口数与营业用水率

居住地区	50300 人	0.3	准工业地区	2480 人	0.5
商业地区	12300 人	0.8	工业地区	4000 人	0.2

③ 工业产值预测及万元产值耗水量

食品	12170	0.361	家具	11215	0.212
	（百万日元）	（m^3/百万日元）	造纸	8816	0.152
轻工	1232	0.775	出版	2880	0.084
纺织	4840	0.162	金属	1720	0.102
服装	2410	0.015	电气	4325	0.062

④ 入渗地下水量按每人每日最大污水量的 15%考虑。

⑤ 变化系数：最大日为 1/0.7，最大时为 1/0.7×1.5。

【解】

(1) 最大日污水量

① 家庭污水量（q_1）

$$q_1=0.25\times(50300\times1.3+12300\times1.8+2480\times1.5+4000\times1.2)\times1/0.7$$
$$=34303(m^3/d)$$

② 工业污水量（q_2）

$$q_2=\text{工业产值}\times\text{万元产值耗水量}$$
$$=10571\ (m^3/d)$$

③ 入渗地下水量（q_3）

$$q_3=34303\times0.15=5145\ (m^3/d)$$

最大日污水量 $Q_1=q_1+q_2+q_3=50019\ (m^3/d)$

(2) 最大时污水量

$$Q_2=1.5Q_1=75028\ (m^3/d)$$

(3) 管道及污水处理厂设计污水量

管道及污水处理厂设计污水量如表 1-43 所列。

表 1-43 管道及污水处理厂设计污水量

管道	处理厂	
	沉砂池、泵	沉淀池、曝气池、接触池
最大日污水量	最大日污水量	最大日污水量
75028m^3/d	75028m^3/d	50019m^3/d

【例题 1-10】 试计算年洗衣为 15000t 洗衣房最大时废水流量。该洗衣房每年工作 350d，每天工作 8h。

【解】 从表1-22旅游人员用水组成结构和表1-27部分行业最高允许排水量分别查得洗衣房用水定额为40～80m^3/t和20～60m^3/t，取两者中值的平均值为50m^3/t，则：

$$年流量 Q_y=15000\times50=75\times10^4\ (m^3/a)$$

$$最高日流量 Q_d=75\times10^4/350=2143\ (m^3/d)$$

$$最高时流量 Q_h=2143/8=268\ (m^3/h)$$

1.2.4 某市A污水厂处理量预测（近期1995年，远期2000年）过程与解析

根据某市（1979～2000年）排水总体规划，A污水处理厂所接纳的流域范围是东起曲江池，西到皂河，南起丈八沟东路，北至大环河；共计流域面积53.47km^2。根据规划的人口密度，最终控制人口59.41万人。

A污水处理厂接纳处理的污水包括生活污水和工业废水两部分，其中工业废水主要包括制药、造纸、皮革、焦化、食品、机械、化工、电子工业、医院、纺织、电影制片等140余家企业的生产废水。

1.2.4.1 水量预测方法概述

污水量包括生活污水量与工业废水量，基本计算方法都是采取定额计算法，即按生活排水量定额和人口计算生活污水量，按工业万元产值排水量定额与工业产值计算工业废水量。对于计算的基本参数，如人口、生活用水排水率、工业产值、万元产值用水量、工业排水率等参数，都根据现有调查资料，做时序相关分析，用趋势外推法进行推求，水量预测程序见图1-7。

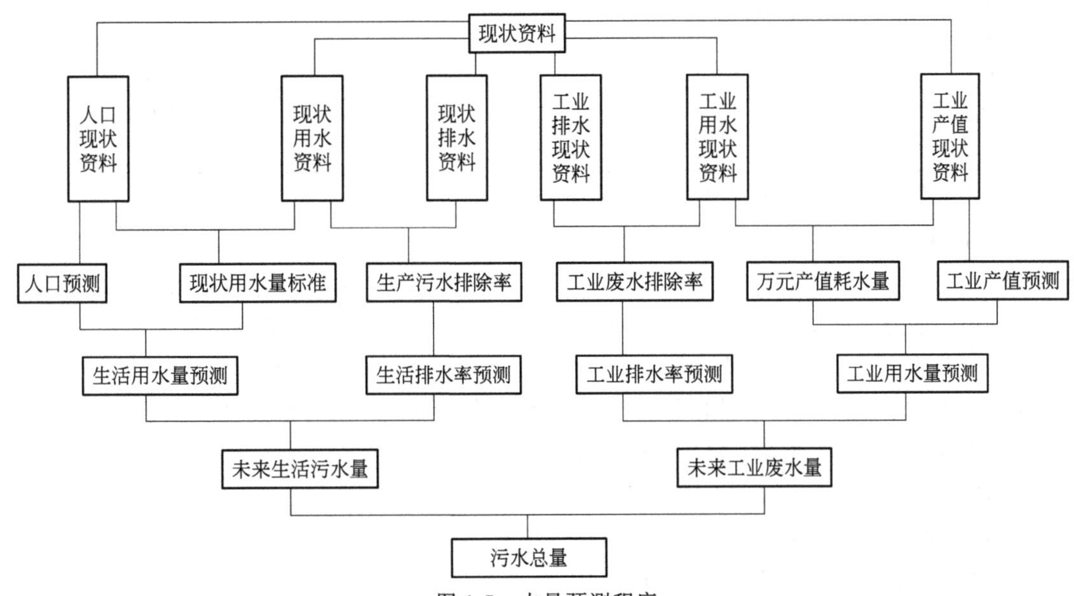

图1-7 水量预测程序

从图1-7可以看出，现状调查资料是整个预测的基础。本研究预测中，对人口、产值、给水量、排水量等进行广泛调查并收集资料，并与过去有关资料比较核对，以求获得尽量准确的数据。

1.2.4.2 现状资料统计分析

（1）接纳污水的流域面积

根据规划，A污水厂接纳污水的流域面积统计如表1-44所列。

表 1-44 接纳污水流域面积表

序号	地区名称	面积	占总面积比例/%
1	西郊药厂区	$4.07km^2=407hm^2$	7.61
2	小寨路地区	$6.5km^2=650hm^2$	12.2
3	大雁塔地区	$6.5km^2=650hm^2$	12.2
4	丈八沟地区 长延堡地区 山门口地区	$36.4km^2=3640hm^2$	67.99
合计		$53.47km^2=5347hm^2$	100

注：以雁塔区 1987 年统计资料为准。

(2) 现状人口统计计算

接纳流域范围内人口数量以 1986 年雁塔区及该市人口统计资料为准，采用 1986 年人口密度，调查统计计算如表 1-45 所列。

表 1-45 接纳流域范围内人口统计表

地区名称	计算面积/km^2	非农业人口/人	密度/(人/hm^2)	备注
丈八沟		1447		只计一部分
鱼花寨				不在接纳范围内
山门口		26519		只计一部分
长延堡		37159		计算大部分
曲江				不在接纳范围内
小计	36.4	65125	17.89	
大雁塔	6.5	37415	57.56	计为基本建成区
小寨路	6.5	51839	79.75	计为基本建成区
西郊药厂	4.07	32458	79.75	计为基本建成区
合计	53.47	186837	平均密度 34.94	

注：接纳流域人口 1986 年为 186837 人；平均密度 34.94 人/hm^2。

(3) 现状排水量与排水定额标准分析

根据本次调查资料和参阅 1979～2000 年该市排水总体规划制定时的原始资料，比较核对，以 1987 年为计算基数，对调查的 149 个单位的污水量综合并归类分析排水量标准。

1) 中小学及大专院校　大专院校共 24 所，人口 84000 人；中小学校共 53 所，人口 35121 人；合计 119121 人。根据调查资料进行综合性分析得出排水量标准：

大专院校：151.5L/(人·d)，包括学校实验室及实习工厂排水；

中学：35.5L/(人·d)；

小学：30.0L/(人·d)。

2) 居民　经统计居民人口总数为 75601 人，人均排水量标准为 52L/(人·d)。

居民与学校总人数为 194722 人，排水总量为 $18111.68m^3/d$，人均排水量为 93.013 L/(人·d)。

3) 医院排水　医院排水按集中流量计，医院共 8 所；排水总量 $1750m^3/d$。

4) 机关、宾馆排水　机关、宾馆排水也按集中流量计。据统计共 13 所，排水总量 $5473m^3/d$。

5) 工厂企业　调查厂家共 51 家，工业废水总量 $62295.194m^3/d$，生活污水总量 $13922.5m^3/d$。

另有，南郊电子城规划区，计划于1992年建成，将新增单位11个，总人口12722人，面积89.5hm^2，工业废水量4930.8m^3/d，生活污水量4054.6m^3/d，排除率均按79%计。

6）其他未计入的小单位排水量估算　根据该市自来水公司1985～2000年给水量资料反推该流域范围内未调查的小工厂、民办厂、乡镇企业等的排水量，按调查所得的工业生活水量的8%计，即工业排出废水量4983.62t/d。生活污水量：1113.8t/d。

7）流动人口排水量估算　该流域范围内的食堂、摊点、小旅社等流动人口所占比例按该市流动人口占全市总人口的1.74%计算，即流动人口3388人。

流动人口用水量标准，按该市用水量资料定为120L/(人·d)。污水排除率采用0.8。

流动人口用水总量：406.6t/d。

流动人口排水总量：325.2t/d。

8）现状排水量计算结果　现状总污水量107974.99m^3/d，其中生活污水量40696.18m^3/d，占37.7%；工业废水量67278.81m^3/d，占62.3%。

（4）现状用水量

根据调查资料统计，现状用水总量为128003.6m^3/d，其中生活用水量52409.4m^3/d；居民学生人均用水量120.3L/(人·d)；工业生产用水量75594.2m^3/d。

（5）现状排水率

根据上述调查计算的现状用水量与排水量，计算得生活污水与工业废水排除率为：

生活用水排除率$\phi=93/120.3=0.773$；

工业用水排除率$\phi=0.89$。

1.2.4.3 污水量预测计算

（1）生活污水量预测计算

生活污水量预测，采用的方法是先预测出人口；再根据已知的人均用水量，按预测的污水排除率得污水排放定额；然后，计算生活污水量。

1）人口预测　A污水厂接纳流域内1978～1987年10年人口统计数据，见表1-46。

表1-46　流域区人口逐年统计表

序号	年份	人口/万人	序号	年份	人口/万人
1	1978年	14.74	6	1983年	16.66
2	1979年	14.94	7	1984年	17.23
3	1980年	15.33	8	1985年	18.05
4	1981年	15.88	9	1986年	18.68
5	1982年	16.19	10	1987年	19.47

按表1-46中数据绘制人口散点图，见图1-8，散点分布近似抛物线，但S形曲线更符合城市发展规律。所以，用相关分析法分别推求抛物线方程与S曲线方程，得出：

抛物线方程（曲线见图1-9）：$Y=14.52+0.18X+0.032X^2$

S形曲线方程（曲线见图1-10）：

$$Y=59.41/(1+3.2275e^{-0.043X}) \tag{1-17}$$

式中　Y——人口，万人；

X——年（序号）；

e——常数，取2.718。

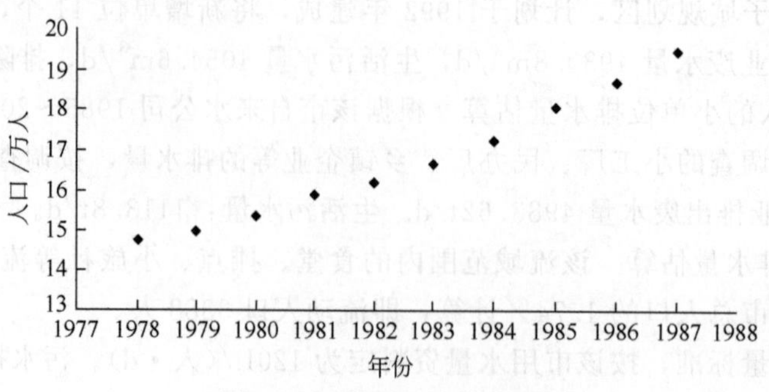

图 1-8　流域区人口散点图

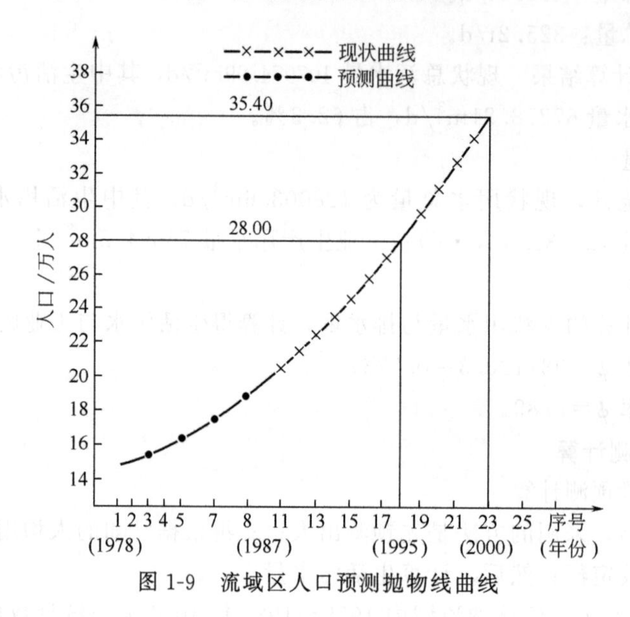

图 1-9　流域区人口预测抛物线曲线

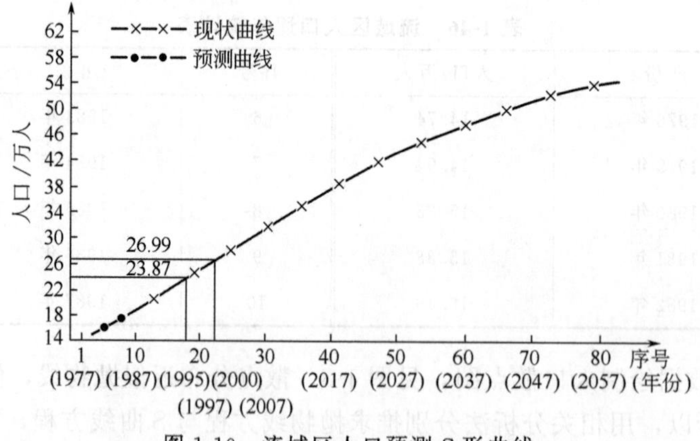

图 1-10　流域区人口预测 S 形曲线

对抛物线方程与 S 形曲线方程用 IBM-PC 计算机计算，并进行分析。上述公式系数的确定，符合曲线发展趋势；同时，抛物线方程均方差大于 S 形曲线。从人口增长情况看，按 1‰自然增长率计，抛物线增长速度快，且无极大值，与实际情况不符。故经分析选用 S 形曲线方程预测人口，即：

$$Y=59.41/(1+3.2275E^{-0.043X}) \tag{1-18}$$

式中　59.41——规划饱和人口，万人；

E——均方差，$E=8.47\times10^{-4}$。

按照上述方程预测结果：

近期 1995 年，23.87 万人；

远期 2000 年，2700 万人。

最终饱和控制人口密度 111.1 人/hm^2，人口 59.41 万人。

2）生活污水排水率与排水定额　由上述计算得出，现状生活污水的排除率只有 77%，随着城市居民住房条件、卫生设备的不断改善和市政排水设施的发展完善，生活污水的汇集排除率会不断提高。本预测中采用排水率：

1995 年按照 85%，即 $\phi=0.85$；

2000 年按照 90%，即 $\phi=0.90$。

根据该市自来水规划及该市 1988～1990 年环境综合整治规划，1995 年该市人均用水量为 150L/(人・d)，2000 年人均用水量为 200L/(人・d)。因此，按上述确定的排除率，则生活污水的排水量定额，1995 年为 127.5L/(人・d)，而 2000 年为 180L/(人・d)，基本上符合《室外排水设计规范》中的规定。

3）机关、医院、宾馆及工厂企业的生活污水　在现状生活污水量中，有 $2.26\times10^4m^3/d$ 的污水是来自机关单位、医院宾馆及工厂企业的集中生活污水。随着人口规模的发展、工厂企业的发展，这部分集中污水量也将不断增加。但是未来污水量预测是按排水量定额计算的，其中已经包括某些机关单位与医院等，工厂企业的生活用水相当一部分已经计入按人口与排水定额计算的污水量，所以，在排水量定额适当的情况下，经估算，集中排放污水量 1995 年按 $2.47\times10^4m^3/d$，2000 年按 $1.74\times10^4m^3/d$。

4）生活污水量预测值　根据上述预测的人口、排水定额和机关单位、医院宾馆、工厂企业的集中生活污水量，预测计算生活污水量汇总如表 1-47 所列。

表 1-47　生活污水量预测汇总表

年份	流域人口/万人	排水定额/[L/(人・d)]	生活排水量/($10^4m^3/d$)	集中污水量/($10^4m^3/d$)	生活污水总量/($10^4m^3/d$)
1987 年(现状)	19.47	93.0	1.81	2.26	4.07
1995 年(近期)	23.87	127.5	3.04	2.47	5.51
2000 年(远期)	26.99	180.0	4.86	1.74	6.60

（2）工业废水量预测计算

工业废水量预测，采用的方法是：先预测工业产值；再通过工业产值与用水量的相关分析预测出工业用水量；然后通过工业废水的回收率推求工业用水的排除率；最后计算出工业废水量。

1）该市工业产值预测　根据该市历年年鉴、工业产值统计资料，用平滑法建立模拟曲线的数学模型，计算预测年份的工业产值。

将 1987 年以前的 39 年工业产值资料逐年输入 IBM-PC 计算机，计算并比较选择各平滑系数，得出工业产值预测的计算方程（M 为预测年，是以 1987 年为基准的年数）为：

$$F(39+M)=826651.5+80208.05M+3300.32M^2\text{（万元）}$$

按此方程计算得：

1995 年工业产值预测值为 168 亿元；

2000 年工业产值预测值为 243 亿元。

2）A 污水厂接纳区域内工业产值　根据该市近几年的统计资料表明，A 污水厂接纳区域的工业产值平均占全市工业产值的 13.2%。本预测按照该区域的工业发展与全市同步，则该区域 1987～2000 年的工业产值预测值见表 1-48。该区域 1995 年预测的工业产值为 22.33 亿元，2000 年预测的工业产值为 32.29 亿元。

表 1-48　工业产值预测表

年份	产值/亿元	年份	产值/亿元
1987 年	11.05	1994 年	20.60
1988 年	12.09	1995 年	22.33
1989 年	13.29	1996 年	24.13
1990 年	14.58	1997 年	26.03
1991 年	15.95	1998 年	28.02
1992 年	17.41	1999 年	30.09
1993 年	18.96	2000 年	32.29

3）工业万元产值耗水量　在工业生产中，万元产值耗水量（指补充新水量）因生产工艺的改进、工业废水的循环使用而变化。该市近几年来万元产值耗水量统计资料见表 1-49。

表 1-49　某市万元产值耗水量表

年份	万元产值耗水量	年份	万元产值耗水量
1981 年	$396m^3$/万元	1985 年	$307m^3$/万元
1982 年	$367m^3$/万元	1986 年	$303m^3$/万元
1983 年	$331m^3$/万元	1987 年	$255m^3$/万元
1984 年	$328m^3$/万元		

表 1-49 中万元产值耗水量逐年下降的速度很快，这除了生产工艺本身的改进外，该市供水不足、给水量的增长赶不上工业产值的增长也是一个重要的原因。在供水条件得到改善的情况下，万元产值耗水量逐年减少的速度会变慢，并会逐渐趋于稳定。该市 1988～1990 年环境综合整治规划中提出的 $250.7m^3$/万元耗水量指标可作为最低限值来估算工业用水量。

4）工业废水排除率　生产用水 $Q_{总}$ 由两部分组成，即重复利用水量 $Q_{重}$ 与补充水量 $Q_{补}$，而 $Q_{补}$ 则包括生产耗水量 $Q_{耗}$ 与废水排水量 $Q_{排}$，即：

$$Q_{总}=Q_{重}+Q_{补}=Q_{重}+(Q_{耗}+Q_{排}) \tag{1-19}$$

令 $Q_{重}/Q_{总}=\eta$，η 为重复利用率；

$Q_{耗}/Q_{总}=\gamma$，γ 为耗水率；

$Q_{排}/Q_{总}=\rho$，ρ 为排水率。

则：

$$\eta+\gamma+\rho=1$$

令 $Q_{排}/Q_{补}=\phi$，ϕ 为废水排除率。

则：

$$\phi=\rho/(\rho+\gamma)=(1-\eta-\gamma)/(1-\eta)=1-[\gamma/(1-\eta)] \tag{1-20}$$

式中，γ 值对于稳定的生产工艺来说是近似不变的，故 ϕ 值与 η 值为双曲线函数关系。根据 1987 年资料，工业污水的重复利用率为 58.5%，排除率为 89%，则计算得 γ 为 0.04565。代入上面的关系式，则：

$$\phi = 1 - [0.04565/(1-\eta)]$$

其函数曲线见图 1-11。

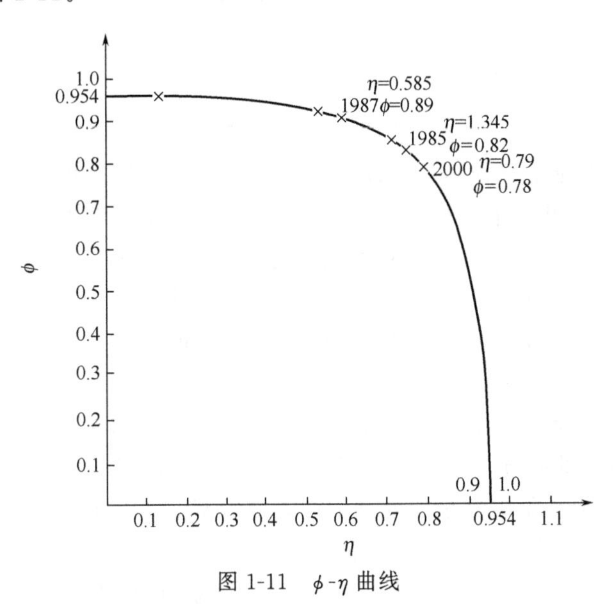

图 1-11　ϕ-η 曲线

根据该市 1988～1990 年环境综合治理规划中的参数，1985 年工业排水的重复利用率 η 值为 53.1%（即排除率 ϕ 为 0.9），1991 年 η 值应增至 71%（即排除率 ϕ 为 0.84）。从 1985 年、1987 年和 1991 年的 η 值看，相当于逐年增长 5%，但是重复利用率是有限度的，1991 年以后重复利用率将不可能再大幅度增长，这也与城市供水状况改善有关系。所以按逐年增长 1.2%预测以后的 η 值与 ϕ 值。汇总如表 1-50（据资料显示，2002 年该市工业用水重复利用率达到 78%）所列。

表 1-50　工业废水排除率预测表

年份	重复利用率 η/%	η 值年增长率/%	废水排除率 ϕ	备注
1985 年	53.1	5	0.9	资料值
1987 年(现状)	58.5	5	0.89	资料值
1991 年	71.0	5	0.84	资料值
1995 年(近期)	74.5	1.2	0.82	预测值
2000 年(远期)	79.0	1.2	0.78	预测值

5）工业废水排水预测结果　根据上述预测得出的工业产值、万元产值耗水量、工业废水排除率 ϕ 可以计算得到工业废水量，如表 1-51 所列。

表 1-51　工业废水量预测

年份	工业产值/(亿元/年)	万元产值耗水量/(m^3/万元)	废水排除率 ϕ	工业废水排放量/($10^4 m^3$/d)
1987 年(现状)	11.05	255	0.89	6.87
1995 年(近期)	22.33	250.7	0.82	12.6
2000 年(远期)	32.29	250.7	0.78	17.3

（3）污水总量预测结果和污水厂规模确定

污水总量预测结果见表 1-52。

表 1-52 污水总量预测结果

年份	生活污水量/($10^4m^3/d$)	工业废水量/($10^4m^3/d$)	污水总量/($10^4m^3/d$)
1987 年(现状)	4.07	6.87	10.94
1995 年(近期)	5.51	12.60	18.11
2000 年(远期)	6.60	17.30	23.90

经对生活污水、工业废水分别预测计算，A 污水厂接纳流域的污水总量到 1995 年将有 $18.11\times10^4m^3/d$，2000 年将有 $23.90\times10^4m^3/d$，这与 1988 年“该市东南、西南郊排水工程污水调整规划”中提出的 A 污水厂规划污水量 $32.8\times10^4m^3/d$（其中生活污水 $12.36\times10^4m^3/d$，集中流量 $20.4710\times10^4m^3/d$）有些差距。其主要原因有下述几点。

① 接纳流域面积计算上两者有误差，“规划”中按面积 $55.12km^2$ 计算，本次预测中计算面积 $53.47km^2$。

② 在人口计算上两者有差异，主要是居住面积差异（人口密度一样），即计算中存在对生活公共用地扣除与否的差异，“规划”中计算人口比“预测”中多 9.27 万人。

③ 对西南郊体育中心集中流量的处理上两者有差异，“规划”中计入了该集中流量 $3\times10^4m^3/d$，而“预测”视其为冲击负荷，不经常发生。

A 污水厂的规模应适当考虑“终期”污水量。根据预测结果绘制的“水量预测曲线”见图 1-12；曲线反映出大约在 2004 年污水量就可增加到 $30\times10^4m^3/d$。经有关部门讨论并经市政局同意，按 2004 年水量即 $30\times10^4m^3/d$ 作为最终规模，分期进行建设，一期规模按 $10\times10^4m^3/d$ 设计建设。

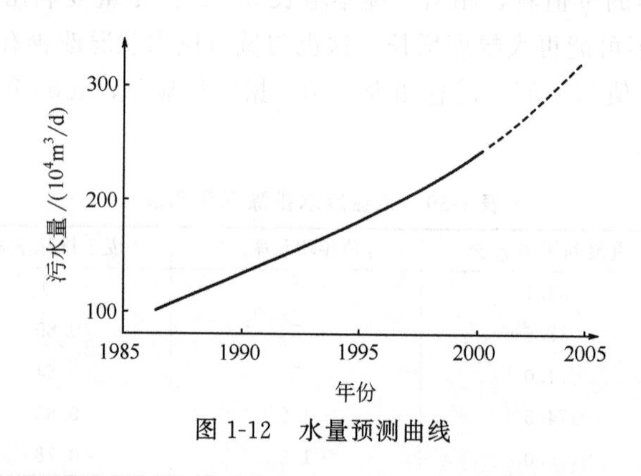

图 1-12 水量预测曲线

1.2.5 某市 B 污水厂处理量预测（近期 2005 年，远期 2020 年）过程与解析

1.2.5.1 污水处理厂服务范围

根据该市总体规划及排水规划，本污水厂将接纳产河东西两岸面积为 $2096hm^2$ 上的生产废水、生活污水。其中，产河东岸纺织城组团，服务面积为 $1174hm^2$，产河西岸西起幸福路，东至产河，南起南三环，北至西临高速公路，服务面积 $922hm^2$。

1.2.5.2 污水厂服务范围内排水管网现状

产河东侧纺织城组团现建成区 $720hm^2$，因纺织城地形起伏较大，雨水未形成管网系统，一部分的雨水排入了污水管网，另一部分雨水排入了防洪渠流入产河。大部分污水通过管道排入产河。现有污水管道长约 9km，排洪沟渠长约 5km，污水管网普及 40%左右。

产河西岸区域已形成了以东方渠、华山渠、昆仑渠、咸宁路排水管的排水系统，其中咸宁路排水管为雨水管道，其余多为雨污合流管渠。现有污水管（主要为合流管）19.94km，雨水管 3km，排水管网普及率约为 40%。

1.2.5.3　污水厂服务区域功能

产河东岸纺织城保持现有以纺织、印染业为主的格局，并沿产河开发旅游观光等产业。产河西岸维持现有机械加工企业布局，沿产河开发旅游度假、休闲等产业。

1.2.5.4　服务人口

产河东岸：近期 2005 年 12.5 万人；
　　　　　远期 2020 年 19.6 万人。
产河西岸：近期 2005 年 16.5 万人；
　　　　　远期 2020 年 22.4 万人。
总　　计：近期 2005 年 29.0 万人；
　　　　　远期 2020 年 42.0 万人。

1.2.5.5　污水排水量标准

生活污水量标准：
近期：195L/(人·d)；
远期：250L/(人·d)。
综合污水排放标准：
近期：0.70L/(s·hm^2)；
远期：0.93L/(s·hm^2)。

1.2.5.6　现状污水量

根据该市环保局 1999 年对排入产河出水口及多年来排入产河的各大中型企业污水量及水质监测资料，排入产河污染源见表 1-53。

表 1-53　排入产河污染源一览表

入河管渠	编号	污染源名称	废水排放量/(t/d)	污染物排放情况/[浓度/(mg/L)/折纯量/(kg/d)]		
				COD	SS	油
东方渠	1	东方机械厂	2390.9	100/239	23.10/55.23	1.64/3.94
	2	陕西钢厂	982.6	211.4/207.7	79/176.7	7.12/7
	3	秦川机械厂	2615.9	46.5/121.7	44.1/115.4	3.95/10.3
		合计	5989.4	94.9/580		
华山渠	4	华山机械厂	1453.3	117.9/171.4	100.0/145.3	
	5	长乐毛纺厂	600	535.9/321.5	117/24.5	29.59/6.18
		合计	2053.3	240.1/492.9		
闫家滩暗管	6	华秦棉织厂	13.3	125.6/1.67		
	7	红旗印染厂	23.8	827.3/19.69	378.2/1.90	

续表

入河管渠	编号	污染源名称	废水排放量/(t/d)	污染物排放情况/[浓度/(mg/L)/折纯量/(kg/d)]		
				COD	SS	油
闫家滩暗管	8	纺织城印染厂	32.0	75.3/2.41	4.17/0.13	
	9	第一奶牛场	14.7			
	10	纺织城个体印刷厂	10.7	345.8/3.7		
	11	纺织城普通机械厂	10.0	1000/10		
	12	纺织城个体化工厂	2.0	1650/3.3		
	13	有色金属加工厂	6.0	330/2.0		
	14	印刷线路板厂	20.0			
	15	红旗水泥制品厂	806	168/135	82	6.21
	16	延河水泥机械厂	320	37.4/11.9	82.5	
	17	电力机械厂	800	184.2/147.4	52/43.9	14.38/12.1
	18	产河化工厂	800			
	19	半坡印染厂	500			
	20	省纺织科研所	189	423/79.9	522	24.89
	21	国棉六厂	3258	115/375	69	1.59
	22	国棉五厂	3422.7	160/547.6	72	7.32
	23	国棉四厂	3545.5	88/312	130/460	2.9/10.6
	24	国棉三厂	1395.5	105/146.5	143	2.8
	25	西北第一印染厂	4078.6	1146/4673	606	6.97
	26	化工设备厂	53.6	76/4.1	8/0.4	0.2/0.01
	27	生活污水	10000	300/3000		
		合计	29301.4	323/9475		
昆仑渠	28	昆仑机械厂	1301.3	66.6/86.7		
	29	陕西汽车总厂	1066.6	99.4/106	24/25.6	6.28/6.7
	30	昆仑特波里容器有限公司	690.0	80/55	40/27.6	8.0/5.52
	31	光学仪器厂	200.0			
	32	十里铺废水				
		合计	3257.9	76.0/247.7		

续表

入河管渠	编号	污染源名称	废水排放量/(t/d)	污染物排放情况/[浓度/(mg/L)/折纯量/(kg/d)]		
				COD	SS	油
蒋退渠	33	西北电建器材厂	2.80	39/0.11	138.3/0.39	17.7/0.05
	34	电力树脂厂	1973	77.8/153.5	208/410.3	48.71/96
	35	坝桥热电厂	4000	49.6/198.4	26/104	0.75/3
	36	第四制药厂	140	112/15.68	713/10.0	5.51/0.77
	37	硅酸盐厂	33	5.5/0.18	39/1.29	7.88
	38	生活污水	5000	300/1500		
		合计	11148.8	167.5/1867.9		
辛家庙渠	39	胶鞋厂	452.7	39.7/18	144/65	
	40	油漆二分厂	450			
	41	陕西重型机械厂	450	152/68.4	220/99	15/6.75
	42	重型研究所	85	1450/123		
	43	汉斯啤酒厂	990	2089.5/2068.6	44.8/44.5	11
		合计	2427	939/2278		
		总计	54178			

目前，经管渠排入产河的总污水量约为 5.42×10^4t/d（其中工业废水量 2.88×10^4t/d，占 53%；生活污水量 2.54×10^4t/d，占 47%）。1985 年环保部门统计资料显示排入产河总污水量 9×10^4t/d（其中工业废水占 80%以上）。现状水量比 1985 年水量减少 3.58×10^4t/d，主要是因为近些年来纺织行业及部分重工业企业不景气，致使部分生产停产，用水量乃至排水量大幅度下降。

1.2.5.7　远期污水量预测

根据该市总体规划、给水规划及排水规划，并结合西部大开发形势，B 污水厂流域内雨、污水管网的普及率将有较大的提高，2005 年雨、污水管网普及率分别达 50%、70%；2020 年分别为 65%、85%。排水管网的完善将为污水的收集提供基础。

近期 2005 年，主要考虑沿产河两岸旅游业的发展、人口及排水量标准相应增大，生活污水量增加较大，而工业废水量由于快速启动已关停的一些生产线还需一个过程，故工业废水量增大较少。

远期 2020 年，在管网已基本形成的前提下，人口增多，人们生活水平大幅度提高，排水量标准增至 250L/(人・d)，旅游业及其他各行业均飞速发展，排水量增长较大。

(1) 生活污水量预测

近、远期生活污水量按规划人口及排水标准分产河东、西两岸两部分分别计算预测，如

表1-54、表1-55（近、远期生活污水量预测）所列。

表1-54 近期生活污水量预测

项目 区域	现状水量/(10^4t/d)	近期2005年				
		人口/万人	服务面积/hm^2	排水量标准/[L/(人·d)]	管网普及率/%	预测污水量/(10^4t/d)
西岸	1.10	16.5	7.54	195	0.75	2.41
东岸(纺织城)	1.44	12.5	720	195	0.70	1.71
合计	2.54	29.0	1474			4.12

表1-55 远期生活污水量预测

项目 区域	现状水量/(10^4t/d)	远期2020年				
		人口/万人	服务面积/hm^2	排水量标准/[L/(人·d)]	管网普及率/%	预测污水量/(10^4t/d)
西岸	1.10	22.4	922	250	85	4.76
东岸(纺织城)	1.44	19.6	1174	250	85	4.17
合计	2.54	42	2096			8.93

(2) 工业废水量预测

工业废水量预测按万元产值及万元产值排水量进行预测，预测分产河东、西两岸两部分分别进行，见表1-56（近、远期工业废水量预测）。

表1-56 近、远期工业废水量预测

项目 区域	现状废水量/(10^4t/d)	近期2005年			远期2020年		
		万元产值/亿元	废水排除率/(m^3废水/万元产值)	废水量/(10^4t/d)	万元产值/亿元	废水排除率/(m^3废水/万元产值)	废水量/(10^4t/d)
西岸	1.38	0.033	65	2.1	0.078	42.4	3.31
东岸(纺织城)	1.50	0.045	67	3.0	0.165	42.4	7.00
合计	2.88	0.078		5.1	0.243		10.31

(3) 总的污水量预测值

总的污水量预测值如表1-57所列。

表1-57 污水量预测汇总

项目 分区	现状/(10^4t/d)			近期2005年/(10^4t/d)			远期2020年/(10^4t/d)		
	生活污水	工业废水	合计	生活污水	工业废水	合计	生活污水	工业废水	合计
西岸	1.10	1.38	2.48	2.41	2.1	4.51	4.76	3.31	8.07
东岸(纺织城)	1.14	1.50	2.94	1.71	3.0	4.71	4.17	7.00	11.17
总计	2.54	2.88	5.42	4.12	5.1	9.22	8.93	10.31	19.24

1.2.5.8　设计采用水量

（1）近期 2005 年

二级生物处理水量为 10×10^4 t/d，其中工业废水占 55.3%，生活污水占 44.7%。深度处理水量为 5×10^4 t/d。

（2）远期 2020 年

二级生物处理水量为 20×10^4 t/d，其中工业废水占 53.6%，生活污水占 46.4%。深度处理水量为 10×10^4 t/d。

第 2 章　污水水质指标及设计污水水质的确定

2.1　污水水质指标

污水处理的前提条件是必须正确掌握污水的水质，而污水的组成成分极其复杂，难以用单一指标来表示其性质。因此，在众多的水质指标中按污水中杂质形态大小将其分为悬浮物质和溶解性物质两大类，每类按其化学性质又可分为有机物质和无机物质；按消耗水中溶解氧的有机污染物综合间接指标又分为生物化学需氧量（BOD）、化学需氧量（COD）等。这些是污水水质应用最多的指标。

通常在生活污水中不含有毒物质。当工业生产废水排入下水道进入处理厂时，往往含有毒物质，影响处理效果以及污泥处理，因此必须加强管理和监测。

常用污水水质指标、意义及平均浓度见表 2-1。

表 2-1　常用污水水质指标、意义及平均浓度

水质指标	污水平均浓度/(mg/L)	意义
BOD_5	200	生物化学需氧量(biochemical oxygen demand)的简写，表示在 20℃，5d 微生物氧化分解有机物所消耗水中溶解氧量。第一阶段为碳化(C-BOD)，第二阶段为硝化(N-BOD)。BOD 的意义：(a)表示生物能氧化分解的有机物量；(b)反映污水和水体的污染程度；(c)判定处理厂处理效果；(d)用于处理厂设计；(e)污水处理管理指标；(f)排放标准指标；(g)水体水质标准指标
COD_{Mn} COD_{Cr}	100 500	化学需氧量(chemical oxygen demand)的简写，表示氧化剂氧化水中有机物消耗氧化剂中的氧量。其结果随氧化剂的种类、浓度和酸性条件而不同，常用氧化剂有 $KMnO_4$ 和 $K_2Cr_2O_7$。COD 测定简便快速，不受水质限制，可以测定含有对生物有毒的工业废水，是 BOD 的代替指标。COD_{Cr} 可近似看作总有机物量，$COD_{Cr}-BOD$ 差值表示污水中难以被生物分解的有机物量，用 BOD/COD_{Cr} 值表示污水的可生化性，当 BOD/COD_{Cr} 值≥0.3 时，认为污水的可生化性较好；当 BOD/COD_{Cr} 值<0.3 时，认为污水的可生化性较差，不宜采用生物处理法
SS	200	悬浮物质(suspended solid)的简写。水中悬浮物质测定时用 2mm 的筛通过，并且用孔径为 1μm 的玻璃纤维滤纸截留的物质为 SS。胶体物质在滤液(溶解性物质)和截留悬浮物质中均含有，但大多数情况认为胶体物质和悬浮物质一样被滤纸截留 悬浮物质：无机性｛沉淀性、非沉淀性｝；有机性｛沉淀性、非沉淀性｝ 悬浮物质是常用污染指标，是污水处理的基本对象，与污泥生成量有直接关系
TS	700	蒸发残留物(total solid)的简写，反映水样经蒸发烘干后的残留量。溶解性物质量等于蒸发残留物减去悬浮物质量
灼烧减量(VTS) (VSS)	450 150	蒸发残留物或悬浮物质在 600℃±25℃经 30min 高温挥发的物质，表示有机物量(前者为 VTS，后者为 VSS)。蒸发残留物灼烧减量的差称为灼烧残渣，表示无机物部分

续表

水质指标	污水平均浓度/(mg/L)	意义
总氮 有机氮 氨氮 亚硝酸盐氮 硝酸盐氮	35 15 20 0 0	氮在自然界以各种形态进行着循环转换。有机氮如蛋白质经水解形成氨基酸，在微生物作用下分解为氨氮，氨氮在硝化细菌作用下转化为亚硝酸盐氮(NO_2^-)和硝酸盐氮(NO_3^-)；另外，NO_2^- 和 NO_3^- 在缺氧条件下由脱氮菌作用转化为 N_2 总氮＝有机氮＋无机氮 无机氮＝氨氮＋NO_2^-＋NO_3^- 有机氮＝蛋白性氮＋非蛋白性氮 凯氏氮＝有机氮＋氨氮 氮是细菌繁殖不可缺少的元素，当工业废水中氮量不足时，采用生物处理时需要人为补充氮；相反，氮也是引发水体富营养化污染的元素之一
总磷 有机磷 无机磷	10 3 7	在粪便、洗涤剂、肥料中含有较多的磷，污水中存在磷酸盐和聚磷酸等无机磷酸盐和磷脂等有机磷酸化合物。磷同氮一样，也是污水生物处理所必需的元素，但同时也是引发封闭性水体富营养化污染的元素
pH 值	6.5～7.5	生活污水 pH 值在 7 左右，强酸或强碱性的工业废水排入会引起 pH 值变化；异常的 pH 值或 pH 值变化很大，会影响生物处理效果。另外，采用物理化学处理时，pH 值是重要的操作条件
碱度($CaCO_3$)	100	碱度表示污水中和酸的能力，通常以 $CaCO_3$ 含量表示。污水中多为 $Ca(HCO_3)_2$ 和 $Mg(HCO_3)_2$ 碱度。碱度较高缓冲能力强，可满足污水消化反应碱度的消耗。在污泥消化中有缓冲超负荷运行引起的酸化的作用，有利于消化过程稳定

同污水量的变化一样，污水水质随场所、季节、时间等变化很大，因此要充分掌握污水水质，必须进行多次检测。另外，要确定污染负荷量，在测定水质时要同时测定其流量。图 2-1 为某城镇污水处理厂（服务人口为 25400 人）的进水流量、水质及细菌数随时间变化的曲线。

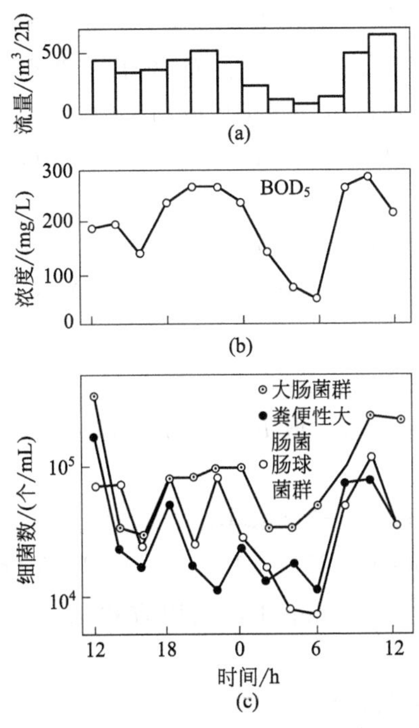

图 2-1　污水处理厂进水流量、水质及细菌数随时间的变化

【例题 2-1】 试对污水中所含物质进行分类说明。

【解】 污水中含有多种杂质物质，其浓度和颗粒直径变化较大。

图 2-2 表示污水中物质按其存在状态和化学性质的分类。

悬浮物质与溶解性物质并无严格的区分，污水分析时被孔径为 1μm 的玻璃纤维滤纸截留的物质为悬浮性物质，通过滤纸的物质为溶解性物质，因此溶解性物质中也含有微小的胶体物质。另外，有机物质与无机物质的区分是以 600℃高温灼烧来确定的；灼烧残留物为无机物质，灼烧减量（挥发物质）为有机物质。它们与污水处理的关系是，无机物质主要在沉砂池和初沉池去除，而有机物质则在生物处理单元去除。

污水
- 悬浮物质（200）
  - 无机物质（50）：砂、泥、金属片等
  - 有机物质（150）：食物、固体排泄物、生物尸体等
- 溶解性物质（500）
  - 无机物质（300）：Na^+、Ca^{2+}、Mg^{2+}、Cl^-、NH_4^+、NO_3^- 等
  - 有机物质（200）：碳水化合物（即糖类）、蛋白质、脂肪、有机酸等

图 2-2 污水中物质分类（单位：mg/L）

【例题 2-2】 试计算乙醇（C_2H_5OH）的理论需氧量 ThOD（总 BOD）及总有机碳 TOC。

【解】 乙醇完全氧化反应方程式如下：

$$C_2H_5OH+3O_2 \longrightarrow 2CO_2+3H_2O$$

即氧化 1mol 乙醇需要 3mol 的氧，则理论需氧量 ThOD 为：

$$\text{ThOD}=\frac{3\times32}{46}\times10^6=2.1\times10^6\ (\text{mg/L})$$

对于 TOC 值为：

$$\text{TOC}=\frac{24}{46}\times10^6=5.2\times10^5\ (\text{mg/L})$$

由上述理论计算可得 ThOD，但实际测定总 BOD 值要小于 ThOD。

其差值表示有部分有机物被微生物同化形成细胞物质而没有氧化分解。

【例题 2-3】 已知 2 日 BOD 值为 10mg/L，试以 BOD 与时间关系方程求定 5 日 BOD 值。

【解】 由 BOD 氧化曲线推导出的方程式为：

$$Y_t=\text{BOD}_t=L_0(1-10^{-K_1t}) \tag{2-1}$$

式中 Y_t——t 日 BOD，mg/L；

L_0——第一阶段总 BOD，mg/L；

K_1——速度常数，0.05～0.2，取 $K_1=0.1$ 计算；

t——培养时间，d。

由 $10=L_0(1-10^{-0.1\times2})$ 得 $L_0=27$mg/L。

则： $$Y_5=\text{BOD}_5=27(1-10^{-0.1\times5})=18.5\ (\text{mg/L})$$

【例题 2-4】 已知 $\text{BOD}_5^{20}=200$mg/L，试用方程 $L_{0(T)}=L_{0(20)}(0.02T+0.6)$ 求定 BOD_1^{37} 值。

【解】 BOD 与温度之间关系式为：

$$L_{0(T)}=L_{0(20)}(0.02T+0.6) \tag{2-2}$$

式中　$L_{0(T)}$——T℃时第一阶段 BOD；

$L_{0(20)}$——20℃时第一阶段 BOD；

T——温度，℃。

因为 $BOD_5^{20}=200mg/L$，$T=37$℃，所以：

$$BOD_5^{37}=200\times(0.02\times37+0.6)=268\ (mg/L)$$

耗氧常数与温度关系式为 $K_{1(T)}=K_{1(20)}\times1.047^{(T-20)}$，取 $K_{1(20)}=0.1$，则：

$$K_{1(37)}=0.1\times1.047^{(37-20)}=0.218$$

由式(2-1) 求定 BOD_1^{37} 值，即：

$$BOD_1^{37}=BOD_5^{37}(1-10^{-K_1t})=268(1-10^{-0.218\times1})=106\ (mg/L)$$

【例题 2-5】 计算苯（C_6H_6）的理论需氧量（ThOD），并进行分析。

【解】 苯完全氧化方程式为：

$$2C_6H_6+15O_2\longrightarrow12CO_2+6H_2O$$

$$2\times78\qquad15\times32$$

则：

$$ThOD=\frac{15\times32}{2\times78}\times10^6=3.08\times10^6(mg/L)$$

苯的 BOD_5、COD_{Mn}、COD_{Cr} 测定结果分别为 $BOD_5=0\%$，$COD_{Mn}=0\%$，$COD_{Cr}=17\%$，分析测定结果数据和氧化程度很低；而在例题 2-2 中乙醇的测定氧化程度为 $BOD_5=76\%$，$COD_{Mn}=11\%$，$COD_{Cr}=100\%$。上述表明，BOD 和 COD 对某些有机物而言不能被测定出来，因此环境的污染程度不能仅用 BOD 或 COD 表示。

【例题 2-6】 氨氮为 1mg/L，试计算将其氧化为硝酸盐氮需要多少氧量。

【解】 氨氮发生的硝化过程为：

$$NH_4^++\frac{3}{2}O_2\longrightarrow NO_2^-+2H^++H_2O$$

$$NO_2^-+\frac{1}{2}O_2\longrightarrow NO_3^-$$

则：

$$必需的氧量=\frac{2\times32}{14}=4.57(mg/L)$$

【例题 2-7】 某工厂将废水从下水道排入城市污水处理设施，废水流量为 $757m^3/d$。下水道的平均流量为 $7570m^3/d$，污水碱度以 $CaCO_3$ 计为 200mg/L，pH 值为 7.5。如果工业废水 pH 值为 3.5，城市污水的温度为 10℃，工业废水温度为 30℃，假定污水中的缓冲作用是由碳酸盐系统产生的，试计算污水与工业废水混合后的 pH 值。

【解】（1）加权平均法计算混合后污水温度

$$T=\frac{10\times7570+30\times757}{7570+757}=12\ (℃)$$

（2）由 Loewenthal 和 Marais 公式计算电离常数 K_1 和 K_2 值

$$PK_1=\frac{17052}{T}+215.21\lg T-0.12675T-545.56 \tag{2-3}$$

$$PK_2=\frac{2902.39}{T}+0.02379T-6.498 \tag{2-4}$$

式中　T——绝对温度；

$PK_1=\lg\frac{1}{K_1}$；

$PK_2=\lg\frac{1}{K_2}$。

则：$$PK_1=\frac{17052}{285}+215.21\times\lg 285-0.12675\times285-545.56=6.46$$

得：$$K_1=10^{-6.5}$$

$$PK_2=\frac{2902.39}{285}+0.02379\times285-6.498=10.46$$

得：$$K_2=10^{-10.5}$$

(3) 污水中 $[CO_3^{2-}]$ 浓度

$$[CO_3^{2-}]\text{浓度}=\frac{0.2\text{g/L}}{100}=2\times10^{-3}\text{mol/L}$$

(4) 计算 H^+ 浓度

$$[H^+]=10^{-pH}=10^{-7.5}$$

(5) 计算 OH^- 浓度

$$[OH^-]=K_w/[H^+]=10^{-14}/10^{-7.5}=10^{-6.5}$$

(6) 当酸性废水进入均匀水体的碳酸盐系统时，缓冲强度可由式(2-5) Weber-stumn 公式计算，即

$$\beta=2.3\left\{\frac{\alpha([alk]-[OH^-]+[H^+])\left([H^+]+\frac{K_1K_2}{[H^+]}+4K_2\right)}{K_1(1+2K_2/[H^+])}+[H^+]+[OH^-]\right\}\tag{2-5}$$

$$\alpha=\frac{K_1}{K_1+[H^+]+\frac{K_1K_2}{[H^+]}}\tag{2-6}$$

式中 β——缓冲强度，mol/L；

$[OH^-]$——OH^- 浓度，mol/L；

$[H^+]$——H^+ 浓度，mol/L；

[alk]——总碱度，mol/L。

则 $$\alpha=\frac{10^{-6.5}}{10^{-6.5}+10^{-7.5}+(10^{-6.5}\times10^{-10.5}/10^{-7.5})}=0.91$$

$$\beta=2.3\left[\frac{(0.9\times4\times10^{-3}-10^{-6.5}+10^{-7.5})(10^{-7.5}+10^{-6.5}\times10^{-10.5}/10^{-7.5}+4\times10^{-10.5})}{10^{-6.5}(1+2\times10^{-10.5}/10^{7.5})}+10^{-7.5}+10^{-6.5}\right]=8.37\times10^{-4}\text{mol/L}$$

$$\beta=8.37\times10^{-4}\times7570\times10^3=6.3\times10^3\text{mol/d}$$

(7) 由工业废水加入的氢离子浓度

$$\Delta[H^+]=10^{-3.5}\times757\times10^3=2.4\times10^2\text{mol/d}$$

(8) 利用式(2-7) 计算预计的 pH 值改变量

$$\beta=\Delta A/\Delta pH=\Delta[H^+]/\Delta pH\tag{2-7}$$

由上式可求解 ΔpH：

$$\Delta pH=\Delta[H^+]/\beta=2.4\times10^2/6.3\times10^3=0.038$$

因此，可得混合污水的最终 pH 值为：

$$pH=7.5-0.038=7.46$$

【例题 2-8】 含有硫酸的酸性废水流量为 $200m^3/d$，pH=2，试计算采用 90%氢氧化钠溶液中和每日需要消耗的量。

【解】 H_2SO_4 与 NaOH 中和反应式为：

$$2NaOH+H_2SO_4 \longrightarrow 2H_2O+Na_2SO_4$$

由 $pH=-\lg[H^+]$ 计算出 pH=2 时酸性废水中的氢离子浓度为 $[H^+]=10^{-2}mol/L$，因此，中和 pH=2 的流量为 $200m^3/d$ 酸性废水需要 NaOH 的量为：

$$200\times10^3\times10^{-2}=2000mol/d$$

NaOH 摩尔质量为 40g/moL，则 2000mol/d × 40g/mol = 80kg/d，换算为 90% 的 NaOH 溶液量为：

$$80kg/d\times100/90=89kg/d$$

【例题 2-9】 试分析 COD 与 BOD 之间的相关函数式。

【解】 对于 COD，有：

$$COD=COD_B+COD_{NB}$$

式中　COD_B——可生物降解部分的有机物；

　COD_{NB}——不可生物降解部分的有机物。

而
$$COD_B=K\,BOD_5$$

则
$$COD=K\,BOD_5+COD_{NB} \tag{2-8}$$

或
$$COD=a\,BOD_5+b \tag{2-9}$$

对同一种废水，存在着一定的常数 a、b 值，可以通过大量平行测试 COD 和 BOD 数据计算得到。

$$a=\frac{\sum xy-\dfrac{\sum x\cdot\sum y}{n}}{\sum x^2-\dfrac{(\sum x^2)}{n}};\qquad b=\frac{\sum y-a\sum x}{n} \tag{2-10}$$

式中　x——BOD 值；

y——COD 值；

n——平行测试的组数。

部分废水 COD 与 BOD 关系式中常数 a、b 值见表 2-2。

表 2-2　部分废水 COD 与 BOD 关系式中常数值

废水种类	a	b
生活污水	1.64	11.36
家禽废水	1.45	55.7
啤酒废水	2.32	46.2

【例题 2-10】 某废水含 150mg/L 乙二醇、100mg/L 酚、40mg/L 硫化物（S^{2-}）及 125mg/L 乙二胺的水合物（乙二胺为非生物降解物质）。试计算：（1）ThOD 和 TOC 值；

(2) BOD_5 值（设 K_1 为 0.2）；(3) 若处理后废水 BOD_5 为 25mg/L，请估算 COD 值（K_1 为 0.1）。

【解】 (1) ThOD 计算

乙二醇　$C_2H_6O_2+2.5O_2 \longrightarrow 2CO_2+3H_2O$

$$COD=\frac{2.5\times32}{62}\times150=194\ (mg/L)$$

酚　$C_6H_6+7.5O_2 \longrightarrow 6CO_2+3H_2O$

$$COD=\frac{7.5\times32}{94}\times100=255\ (mg/L)$$

乙二胺的水合物　$C_2H_{10}N_2O+2.5O_2 \longrightarrow 2CO_2+2H_2O+2NH_3$

$$COD=\frac{2.5\times32}{78}\times125=128\ (mg/L)$$

硫化物　$S^{2-}+2O_2 \longrightarrow SO_4^{2-}$

$$COD=\frac{2\times32}{32}\times40=80\ (mg/L)$$

总 COD 为 657mg/L。

TOC 计算如下：

乙二醇　$TOC=\frac{24}{62}\times150=58\ (mg/L)$

酚　$TOC=\frac{72}{94}\times100=77\ (mg/L)$

乙二胺的水合物　$TOC=\frac{24}{78}\times125=39\ (mg/L)$

总 TOC 为 174mg/L。

(2) COD 可以测出有机物总量的 92% 以上，由题知乙二胺的水合物为非生物降解物质，S^{2-} 的氧化会消耗溶解氧，因此，有：

$$BOD_u=COD=(194+255+80)\times0.92=487mg/L$$

而　$$\frac{BOD_5}{BOD_u}=1-10^{-K_1t}=1-10^{-0.2\times5}=0.9$$

所以　$$BOD_5=487\times0.9=438mg/L$$

(3) 处理后废水的总 BOD（BOD_u）

$$BOD_u=\frac{BOD_5}{1-10^{-K_1t}}=\frac{25}{1-10^{-0.1\times5}}=36mg/L$$

则　$$COD=\frac{BOD_u}{0.92}=\frac{36}{0.92}=39mg/L$$

2.2 设计污染负荷量与设计原水水质的确定

设计污染负荷量和设计原水水质同设计污水量流量一样，都是污水处理厂设计的基本参数，应根据设计区域实际情况尽可能通过实测确定。

影响城镇污水水质的主要因素有：a. 居民的生活水平与生活习惯；b. 排水管网的体制；

c. 污水管网的状态；d. 季节的变化；e. 所处的地域。

污水按物理性质、化学成分和微生物组分及来源，列于表 2-3。

表 2-3　污水的物理性质、化学成分和微生物组分及来源

特性			来源
物理性质		颜色	生活污水及工业废水、有机物的天然腐化
		气味	废水分解、工业废水
		固体	生活给水、生活污水及工业废水、土壤的冲刷、进水渗漏
		温度	生活污水及工业废水
化学成分	有机物	碳水化合物	生活污水、商业废水及工业废水
		脂肪、油脂、脂质	生活污水、商业废水及工业废水
		农药	农业废水
		酚类	工业废水
		蛋白质	生活污水及商业废水
		表面活性剂	生活污水及工业废水
		其他	有机物天然腐化
	无机物	碱度	生活污水、生活给水、地下水渗漏
		氧化物	生活给水、生活污水、地下水渗漏
		重金属	工业废水
		氮	生活污水及农业废水
		pH 值	工业废水
		磷	生活污水及工业废水、天然径流
		硫	生活给水、生活污水及工业废水
		有毒化合物	工业废水
	气体	硫化氢	生活污水的分解
		甲烷	生活污水的分解
		氧	生活给水、地表水吸入
微生物组分		动物	河道及处理厂
		植物	河道及处理厂
		原生生物	生活污水及处理厂
		病毒	生活污水

2.2.1　设计污染负荷量

设计污染负荷量的来源有生活污水、营业污水、工业废水、观光污水以及其他几类。通常，污水处理的基本去除对象是 BOD、SS 和大肠菌群，当接纳水体对水质 COD、N、NH_4^+-N、P 等指标有要求时（如湖泊、海湾等）应考虑其负荷量并选择适合的处理方式。另外，对难生物降解的有机物以及有毒有害物质，应充分调查污染源，采用就地处理，达到符合《污水排入城镇下水道水质标准》(GB/T 31962—2015) 方可排入市政下水道。

2.2.1.1 生活污水污染负荷量

我国《室外排水设计标准》指出，城市污水的设计水质，在无资料时，生活污水 BOD 按 40～60g/(人·d)，SS 按 40～70g/(人·d)，TN 按 8～12g/(人·d)，TP 按 0.9～2.5g/(人·d) 计算，可供设计参考。日本下水道设计指南将生活污水污染负荷分为粪便和杂排水分别进行统计分析，每人每日污染负荷量见表 2-4。粪便污染负荷量较稳定，而杂排水污染负荷量每年在增加。

表 2-4 每人每日污染负荷量 单位：g/(人·d)

项目	平均值	标准偏差	数据个数	平均值	
				粪便	杂排水
BOD_5	57	13	99	18	39
COD	28	6	96	10	18
SS	43	15	99	20	23
TN	12	2	9	9	3
TP	1.2	0.3	8	0.9	0.3

注：杂排水中 TP 逐年减少的原因是广泛使用了无磷洗衣粉。

生活污水污染负荷量等于每人每日污染负荷量乘以设计年限时的设计人口数。

通常，家庭排出的生活污水水质 BOD 在 150mg/L 左右，SS 在 160mg/L 左右；使用蔬菜等垃圾粉碎机的家庭 BOD 在 300mg/L 左右。

表 2-5 列出了典型的生活污水水质。

表 2-5 典型的生活污水水质

序号	水质指标	浓度/(mg/L)		
		高	中常	低
1	总固体(TS)	1200	720	350
2	溶解性总固体	850	500	250
3	非挥发性	525	300	145
4	挥发性	325	200	105
5	悬浮性(SS)固体	350	220	100
6	非挥发性	75	55	20
7	挥发性	275	165	80
8	可沉降物	20	10	5
9	生化需氧量(BOD_5)	400	200	100
10	溶解性	200	100	50
11	悬浮性	200	100	50
12	总有机碳(TOC)	290	160	80
13	化学需氧量	1000	400	250
14	溶解性	400	150	100
15	悬浮性	600	250	150
16	可生物溶解部分	750	300	200
17	溶解性	375	150	100
18	悬浮性	375	150	100
19	总氮(TN)	85	40	20
20	有机氮	35	15	8

续表

序号	水质指标	浓度/(mg/L)		
		高	中常	低
21	游离氨	50	25	12
22	亚硝酸盐	0	0	0
23	硝酸盐	0	0	0
24	总磷(TP)	15	8	4
25	有机磷	5	3	1
26	无机磷	10	5	3
27	氯化物(Cl^-)	200	100	60
28	碱度($CaCO_3$)	200	100	50
29	油脂	150	100	50

表 2-6 列出了我国南方污水水质数据。

表 2-6　我国南方污水水质数据　　单位：mg/L

项目	BOD	COD	SS	TN	TP
分流制	150～230	250～400	150～250	20～40	4～8
合流制	60～130	170～250	70～150	15～23	3～5

表 2-7 列出了典型生活污水中的营养物质及浓度。

表 2-7　典型生活污水中的营养物质及浓度

项目	废水浓度/(mg/L)			
	浓	中等	稀	极稀
总氮	80	50	30	20
氨氮①	50	30	18	12
亚硝态氮	0.1	0.1	0.1	0.1
硝态氮	0.5	0.5	0.5	0.5
有机氮	30	20	12	8
凯氏氮②	80	50	30	20
总磷	23(14)③	16(10)③	10(6)③	6(4)③
正磷盐酸	14(10)	10(7)	6(4)	4(3)
聚磷盐酸	5(0)	3(0)	2(0)	1(0)
有机磷	5(4)	3(3)	2(2)	1(1)

① $NH_3+NH_4^+$。
② $OrgN+NH_3+NH_4^+$。
③ 集水区域内不使用含磷洗涤剂。

表 2-8 列出了典型生活污水中的金属成分。

表 2-8　典型生活污水中的金属成分

项目	废水浓度			
	浓	中等	稀	极稀
铝/(mg/L)	1000	650	400	250

续表

项目	废水浓度			
	浓	中等	稀	极稀
砷/(mg/L)	5	3	2	1
镉/(mg/L)	4	2	2	1
铬/(mg/L)	40	25	15	10
钴/(mg/L)	2	1	1	0.5
铜/(mg/L)	100	70	40	30
铁/(mg/L)	1500	1000	600	400
铅/(mg/L)	80	65	30	25
锰/(mg/L)	150	100	60	40
汞/(mg/L)	3	2	1	1
镍/(mg/L)	40	25	15	10
银/(mg/L)	10	7	4	3
锌/(mg/L)	100	200	130	80

表 2-9 列出了生活污水在生物处理前、后水中细菌的浓度。

表 2-9　生活污水处理前、后水中细菌的浓度（100mL 中个数）　单位：个/100mL

种类	处理前	处理后	种类	处理前	处理后
大肠杆菌	10^7	10^4	大肠杆菌噬菌体	10^5	10^3
产气荚膜芽孢杆菌属	10^4	3×10^2	梨形虫属	10^3	20
粪链球菌	10^7	10^4	蛔虫	10	0.1
沙门氏菌属	200	1	肠道病毒	5000	500
弯曲杆菌属	5×10^4	5×10^2	轮状病毒	50	5
李斯特氏菌属	5×10^3	50	悬浮物质(mg/100mL)	30	2

废水中不同成分之间的比值对处理工艺的选择和功能会有影响，表 2-10 列出了一些典型的比值。COD/BOD 值高说明水中有机物难生物降解，COD/TN 值高有利于反硝化作用，VSS/SS 值高说明悬浮固体中有机物的百分率高。

表 2-10　生活污水中不同成分的比值

比值	低	典型	高
COD/BOD	1.5～2.0	2.0～2.5	2.5～3.5
COD/TN	6～8	8～12	12～16
COD/TP	20～35	35～45	45～60
BOD/TN	3～4	4～6	6～8
BOD/TP	10～15	15～20	20～30
COD/VSS	1.2～1.4	1.4～1.6	1.6～2.0
VSS/SS	0.4～0.6	0.6～0.8	0.8～0.9
COD/TOC	2～2.5	2.5～3	3～3.5

2.2.1.2　营业污水污染负荷量

该负荷量与业务的种类、职工人员工作形式、建筑物内有无处理等因素有关，应考察确定；当无资料时，营业污水污染负荷量可按同等浓度生活污水负荷量计算，也可参考表 2-11 计算。

表 2-11　商业地区等营业污水污染负荷量定额

调查单位＼项目	单位负荷量						浓度/(mg/L)					备注
	水量/[m³/(hm²·d)]	BOD	COD	SS	T-N	T-P	BOD	COD	SS	T-N	T-P	
建设省(1980 年)	38.7	6.6	2.9	2.5	0.82	0.39	171	75	64	21	10	桐生市
建设省(1981 年)	34.7	6.8	3.1	2.9	0.87	0.32	195	88	84	25	9.3	桐生市
建设省(1981 年)	151	20.7	15.4	29.9	4.4	1.6	136	102	197	29	10.7	仙台市
建设省(1981 年)	137	27.5	15.5	28.1	4.1	1.5	201	114	205	30	11	仙台市
建设省(1981 年)	65.8	8.1	4.5	5.2	2.1	0.17	124	68	79	32	2.6	西宫市
建设省(1981 年)	64.2	7.5	4.3	5.3	1.8	0.21	117	67	82	29	3.3	西宫市
土研(1987 年)	136.6	76.3	26.9	33.4	3.96	0.64	506	184	235	29	4.7	神户市
土研(1987 年)	94	39.9	14.2	17.4	3.07	0.35	425	151	186	33	3.8	丰中市

2.2.1.3　工业废水污染负荷量

排入城市下水道的工厂生产废水，对于排污大户，因对水质影响大，应以实测确定。对于实测有困难的工厂、小企业以及新建工厂，可以参考环保部门多年的监测资料确定，或者按单位产值污染负荷量计算，或者参考表 1-27 和表 1-28 确定。

工业生产废水应注意其可生化性问题。对排放难生物降解有机物量大的工业废水，应测定其可生化性。

2.2.1.4　观光污水污染负荷量

由观光者生产的污染负荷量与观光者的留宿与否、水利用方式等因素有关，应以实测为宜；当实测困难时，可参考条件类似旅游地确定；当调查和参考都困难时，可按表 2-12 确定。

表 2-12　观光者污染负荷量比率

项目＼种类	常住人口/%	住宿观光者/%	不住宿观光者/%
BOD	100	85	24
COD	100	85	24
SS	100	84	23
TN	100	95	40
TP	100	86	27

2.2.1.5　其他污染负荷量

设计区域内若有养猪场等畜产排水流入下水道时，应计算其负荷量。污染负荷量见表 1-39。表 2-13 为屠宰厂排水污染负荷量。

表 2-13 屠宰厂排水污染负荷量

项目	处理前	处理后	项目	处理前	处理后
水量/[L/(d·头)]	1166	1449	TOC/[g/(d·头)]	746	220
BOD/[g/(d·头)]	2186	355	TN/[g/(d·头)]	304	210
COD/[g/(d·头)]	695	216	TP/[g/(d·头)]	5	4
SS/[g/(d·头)]	300	123			

表 2-14 为单户家庭和多户家庭处理净化槽排水污染负荷量。

表 2-14 单户家庭及多户家庭处理净化槽排水污染负荷量

户型	水量/[L/(d·人)]	BOD	COD	SS	TN	TP
多户型	336	16.2	8.9	12.7	6.2	0.75
单户型	40～50	3.8～4.3	4.1～5.1	3.1～3.9	5.6～6.6	0.56～0.70

表 2-15 为平均降雨水质数据。

表 2-15 平均降雨水质

水质指标	单位	浓度	水质指标	单位	浓度
COD	mg/L	3.5	TP	mg/L	0.032
TN	mg/L	0.67			

表 2-16 为地面降雨径流污染负荷量。

表 2-16 地面降雨径流污染负荷量 单位：$kg/(hm^2 \cdot a)$

BOD	COD	SS	TN	TP
187	141	986	19.7	2.7

表 2-17 为农田、山地及森林雨水径流的污染负荷量。

表 2-17 农田、山地及森林雨水径流的污染负荷量

项目	N/[$kg/(hm^2 \cdot a)$]	P/[$kg/(hm^2 \cdot a)$]	项目	N/[$kg/(hm^2 \cdot a)$]	P/[$kg/(hm^2 \cdot a)$]
农业排水	2.25～45	0.28	森林流出水	46～3.36	0.336～0.9
地下水	0.56～11.25	0.0225	山地、森林	3.6	0.3

2.2.2 设计原水水质确定算例

【例题 2-11】 某污水处理服务区域内白天和晚上人口分别为 11 万人和 10.5 万人。该区域内 1 年工业总产值为 17.5 亿元。已知家庭污水、营业污水、工业排水的 BOD 负荷量分别为 57g/(人·d)、30g/(人·d) 和 8kg/万元。试计算 BOD 负荷总量（kg/d）。另外，当家庭污水量、营业污水量和工业排水量分别为 300L/(人·d)、240L/(人·d) 和 $30m^3$/万元时，试计算平均 BOD 值（mg/L）。

【解】 家庭污水 BOD 负荷量 $=10.5\times10^4$ 人 $\times57g/(人\cdot d)=5985kg/d$

营业污水 BOD 负荷量 $=(11-10.5)\times10^4$ 人 $\times30$g/(人·d)$=150$kg/d

工业排水 BOD 负荷量 $=8$kg/万元 $\times17.5\times10^4$ 万元/365d$=3836$kg/d

所以　　　BOD 负荷总量 $=5985+150+3836=9971$(kg/d)

另外　　　家庭污水量 $=300$L/(人·d)$\times10.5\times10^4$ 人 $=31500\text{m}^3$/d

家庭污水 BOD 浓度 $=5985/31500=190$mg/L

营业污水量 $=240$L/(人·d)$\times0.5\times10^4$ 人 $=1200\text{m}^3$/d

营业污水 BOD 浓度 $=150/1200=125$mg/L

工业排水量 $=17.5\times10^4$ 万元 $\times30\text{m}^3$/万元 $\div365$d$=14384\text{m}^3$/d

工业排水 BOD 浓度 $=3836/14384=47084(\text{m}^3/\text{d})$

因此　　　平均 BOD 浓度 $=9971/47084=212$(mg/L)

或用加权平均计算平均 BOD 浓度：

$$\frac{190\times31500+125\times1200+267\times14384}{31500+1200+14384}=212\text{mg/L}$$

【例题 2-12】 已知下述条件，试计算设计原水水质。

① 设计人口 69080 人，其中居民人口 50300 人，商业人口 12300 人，准工业人口 2480 人，工业人口 4000 人；

② 设计采用家庭污水量定额 180L/(人·d)；

③ 污染负荷量定额采用 BOD 为 57g/(人·d)，SS 为 43g/(人·d)；

④ 工业排水污染量 BOD 为 2337kg/d，SS 为 2093kg/d，排水量为 10500m^3/d；

⑤ 观光者、住宿者 500 人（按表 1-22 和表 2-12 采用常住人口的 BOD 85%，SS 84%，水量 50%），不住宿者 1000 人（BOD 24%，SS 23%，水量 15%）；

⑥ 入渗地下水量取最大日污水量的 15%；

⑦ 日变化系数为 $K_d=1.43$。

【解】 (1) 计算污染负荷量

① 生活污水污染负荷量（q_1）

营业用水率按表 1-38 采用，则：

$$q_{1(\text{BOD}_5)}=[50300\times(1+0.3)+12300\times(1+0.8)+2480\times(1+0.5)+4000\times(1+0.2)]\text{人}\times0.057\text{kg/(人·d)}=5475\text{kg/d}$$

$$q_{1\text{SS}}=[50300\times(1+0.3)+12300\times(1+0.8)+2480\times(1+0.5)+4000\times(1+0.2)]\text{人}\times0.043\text{kg/(人·d)}=4130\text{kg/d}$$

② 工业排水污染负荷量

$$q_2=2337\text{kg/d(BOD)},2093\text{kg/d(SS)}$$

③ 观光污染负荷量

$$q_3(\text{BOD})=500\times0.057\times0.85+1000\times0.057\times0.24=38(\text{kg/d})$$

$$q_3(\text{SS})=500\times0.043\times0.85+1000\times0.043\times0.233=28(\text{kg/d})$$

④ 总污染负荷量

$$\text{BOD}=5475+2337+38=7850(\text{kg/d})$$

$$\text{SS}=4130+2093+28=6251(\text{kg/d})$$

(2) 计算设计原水水质

流入水量为：

$$
\begin{aligned}
Q &= 0.18\times[50300\times(1+0.3)+12300\times(1+0.8)+2480\times(1+0.5)+4000\times(1+0.2)]\times 1.15\times \\
&\quad 1.43+10500+(500\times0.18\times0.5+1000\times0.18\times0.15)\times1.43 \\
&= 28431+10500+103 \\
&= 39034(\mathrm{m^3/d})
\end{aligned}
$$

$$
\text{设计原水水质 (mg/L)}=\frac{\text{污染负荷总量(kg/d)}}{\text{设计最大日污水量}(\mathrm{m^3/d})}\times10^3
$$

则：

$$
\mathrm{BOD}=\frac{7850}{39034}\times10^3=201(\mathrm{mg/L})
$$

$$
\mathrm{SS}=\frac{6251}{39034}\times10^3=160(\mathrm{mg/L})
$$

2.3 污水水质确定实例

2.3.1 某市A污水处理厂进水水质预测与确定

某市A污水处理厂所接纳的流域范围内厂矿企业、机关单位约200家，工业门类繁多，其生活污水、工业废水成分较为复杂。为了使A污水处理厂在设计中尽可能地使设计水质接近实际，有充分的科学依据，故采用水质预测的方法。对接纳水质进行调查测定，在现有充分资料的基础上使用加权平均方法得出其预测值。

2.3.1.1 现状资料调查

对A污水处理厂流域范围内的主要厂矿企业单位的水质进行调查核对，并对其中具有代表性的主要厂矿企业单位的水质进行实测。据统计调查数据约有1568个，实测数据有260多个。

2.3.1.2 水质归类

根据调查的各厂矿企业水质水量资料，按照生产废水的性质将其归纳为以下15个类别：

① 制药废水5242.4t/d；
② 钢铁厂生产废水1931.0t/d；
③ 焦化厂生产废水1971.4t/d；
④ 食品工业生产废水511.0t/d；
⑤ 机械工业生产废水5559.9t/d；
⑥ 化工工业生产废水29809.0t/d；
⑦ 皮革工业生产废水130.0t/d；
⑧ 电子仪表工业生产废水11854.11t/d；
⑨ 医院废水1930.0t/d；
⑩ 造纸工业废水5300.0t/d；
⑪ 纺织工业生产废水2679.0t/d；
⑫ 电影电视工业废水361.0t/d；
⑬ 宾馆废水2735.2t/d；
⑭ 学校生活污水17142.6t/d；
⑮ 机关、居民、工厂生活区生活污水20818.38t/d。

总计现状污水量107974.99t/d。

2.3.1.3　水质预测方法

水质预测是将各单位的水质，按类别项目进行加权平均，得出各类别废水水质（见表 2-18）；然后再将各类别废水水质二次加权平均归纳为生活污水水质和工业废水水质；最后再用加权平均值法计算出现状综合水质。在预测水质的过程中，除将收集到的水质项目逐项登记外，对于少量的缺项，则参考国内同类水质进行插补。

具体计算方法：

平均水质 $$N(\mathrm{mg/L})=\frac{Aq+BQ}{q+Q} \tag{2-11}$$

式中　A——生活污水水质单项平行值，mg/L；

B——工业废水水质单项平行值，mg/L；

q——生活污水量，m^3；

Q——工业废水量，m^3。

预测结果见表 2-19。

2.3.1.4　预测结果分析与决策值

由表 2-19 预测结果看，当水量在不同情况下（高峰、低峰）变化时，其水质的变化与平均值比较变化不大。例如，BOD_5 值，平均值为 177.9mg/L，其不同水量变化值为 174.88～180.86mg/L，故可以认为无变化。为此，在预测近期、远期水质中采用平均值预测结果。

从预测结果看，现状水质和近期、远期平均水质相比也无明显的变化。例如，BOD_5 值现状平均值为 177.9mg/L，近期平均值为 174.88mg/L，远期平均值为 173.66mg/L。

例如 COD 值，现状平均值为 426.11mg/L，近期平均值为 434.35mg/L，远期平均值为 437.66mg/L。由上述数值和表 2-19 中的重金属含量变化看，随着工业的发展，BOD_5 值呈下降趋势，而 COD 值、重金属值呈上升趋势。这种现状是正常的，但本次预测是按各工厂排水水质未经处理，未达到排放标准的现状情况预测的，所以各项指标均有所偏高。如果考虑各工厂达标排放，则预测进厂水质可能好些。考虑到 A 污水厂设计应尽量在水质参数的选用上偏安全一些，故取其现状排水水质作为设计参数较为合理，预测值见表 2-20。

A 污水厂水质决策值确定如下：BOD_5 180mg/L；COD 400mg/L；pH 值为 8；SS 250mg/L；NH_4^+-N 32mg/L。

2.3.2　某市 B 污水处理厂进水水质预测与确定

2.3.2.1　保证率确定设计进水水质方法

城市污水处理厂进水水质与水量是污水处理厂工程设计的基本参数，关系到处理厂的建设规模和处理工艺的选择，进而影响到整个工程建设投资、占地和运行费用等。因此，在进行城市污水处理厂设计之前必须对污水流量、水质及其变化规律进行调查，以便掌握水质和水量特点。

我国《室外排水设计标准 》(GB 50014—2021) 中规定，城市污水处理厂的设计水质应根据调查资料或参照邻近城镇类似工业区和居住区的水质确定。然而，对有关的调查方法及取得的数据如何处理等则未做详细规定。由于缺乏水质监测数据和有效的数据处理方法，加之污水水质受多种因素的影响，致使目前已建的部分城市污水处理厂实际进水水质与设计水质存在较大差异，严重影响了城市污水处理厂的运行和管理。

表 2-18　水质分析汇总表

序号	单位名称	污水水量/(t/d)	水质项目浓度														备注
			pH 值	BOD_5/(mg/L)	COD/(mg/L)	SS/(mg/L)	氨氮/(mg/L)	氰化物/(mg/L)	酚/(mg/L)	镉/(mg/L)	铬/(mg/L)	铅/(mg/L)	汞/(mg/L)	砷/(mg/L)	硫化物/(mg/L)	磷/(mg/L)	
1	制药厂(东厂)	5242	7.1	100.88	202.37	174	15.40	未检出	2.00	未检出	未检出	未检出	未检出	未检出	未检出		
2	石油化工厂	2680	14	308.00	3660.67	770	11.60	〃	未检出	〃	〃	0.30	〃	〃	0.20		
3	钢铁厂	1931	7.3	52.25	299.58	57	3.36	〃	0.54	〃	〃	0.15	〃	0.10	未检出		
4	焦化厂	1971.4	7.0		570.97	1415	未检出	〃	1.80	〃	〃	未检出	〃	未检出	0.59		
5	锅炉总厂 ①南口 ②北口	418.4	①8.2 ②7.8	①70.13 ②55.88	①138.88 ②178.56	①68 ②223	①7.00 ②2.24	①〃 ②〃	①0.64 ②1.76	①〃 ②〃	①〃 ②〃	①〃 ②〃	①〃 ②〃	①0.70 ②0.70	①未检出 ②未检出		
6	红星乳品厂	511	7.0	106.78	190.46	135	未检出	〃	未检出	〃	〃	〃	〃	0.12	未检出		
7	机床电器厂	396.8	7.5	12.45	54.35	50	0.45	〃	〃	〃	〃	0.16	〃	0.20	〃		
8	标准件总厂	516.6	7.1	55.76	198.40	151	9.80	〃	2.40	〃	〃	0.25	〃	0.16	〃		
9	氮肥厂	5000	10	329.28	387.03	201	329.79	0.029	未检出	〃	〃	未检出	〃	未检出	〃		
10	化学试剂厂	1229	10	72.15	294.60	251	204.40	未检出	〃	〃	〃	0.25	3.75×10^4	〃	〃		
11	3511 厂	1020	9.8	196.25	463.93	255	3.36	〃	〃	〃	〃	未检出	未检出	0.20	〃		
12	造纸厂	5300	7.2	331.25	973.48	720	4.48	〃	〃	〃	〃	0.30	未检出	1.06	〃		
13	化工厂 ①酸 ②碱 ③电石车间		①1 ②11 ③7.4	①16.40 ②67.78 ③270	①30.83 ②102.11 ③502.20	①9 ②56 ③255	①未检出 ②27.72 ③196	①〃 ②〃 ③〃	①〃 ②〃 ③0.62	①〃 ②〃 ③〃	①〃 ②〃 ③〃	①0.15 ②未检出 ③0.30	①〃 ②〃 ③〃	①0.06 ②未检出 ③0.05	①未检出 ②0.59 ③35.36		
14	日用化学工业公司	9	59.01	126.85	23	116.48	未检出	〃	未检出	未检出	未检出	未检出	未检出	未检出	未检出		
15	新华橡胶厂	6.8	6.55	14.92	20	未检出	〃	〃	〃	〃	〃	0.15	〃	〃	〃		
16	东风仪表厂	8.1		54.35	20	3.02	〃	〃	〃	〃	0.08	0.30	〃	〃	〃		
17	石油勘探仪器总厂	7.5	13.25	98.20	50	5.94	〃	〃	〃	未检出	未检出	0.50	2.5×10^{-4}	0.10	〃		
18	204 研究所		7.0	32.25	100.93	46	3.42	〃	0.98	未检出	未检出	未检出	未检出	未检出	未检出		
19	邮电部第十研究所		7.0	20.50	54.99	70	0.56	〃	未检出	〃	0.06	0.25	1×10^3	0.1	〃		
20	陕西宾馆		6.9	264.65	479.82	384	22.29	〃	未检出	〃	未检出	未检出	未检出	未检出	〃		

注：表中“〃”指同上。

表 2-19　水质分析预测结果

序号	污水分类	污水水量/(t/d)	水质项目浓度															备注
			pH 值	BOD_5/(mg/L)	COD/(mg/L)	SS/(mg/L)	氨氮/(mg/L)	氰化物/(mg/L)	酚/(mg/L)	镉/(mg/L)	铬/(mg/L)	铅/(mg/L)	汞/(mg/L)	砷/(mg/L)	硫化物/(mg/L)	油脂/(mg/L)	铜/(mg/L)	
1	制药废水	5242.4	7.1	100.9	202.5	174	15.4		2.00									工业废水
2	钢铁厂废水	1931	7.8	52.3	299.6	57	3.36		0.54			0.15		0.1		5.5		″
3	焦化厂废水	1971.4	7.0	171.3	571	1415			1.8						0.59			″
4	食品工业废水	511	7.0	106.8	190.5	135	20							0.12		11.2	0.15	″
5	机械工业废水	5559.4	7.4	40.7	111.5	100.7	5		1.092	0.2311	0.073	0.135	0.00758	0.15	0.0569	18.733		″
6	化工工业废水	29809.4	10.7	232.3	684.5	246.1	58	0.0243	1.12	0.002	0.047	0.292	0.02	0.06	30.02			″
7	皮革工业废水	130	8.0	61.8	103	103.1			0.024	0.043								″
8	电子、仪表工业废水	118541.1	7.3	21.55	76.1	53.4	3.26	1.33	0.0571		0.0573	0.358	0.0006	0.1	0.1			″
9	造纸工业废水	5300	7.2	331.51	973.47	720	4.47		0.4			0.3		1.0				″
10	医院废水	1930	7.2	144.24	356.64	291.43	8.0						0.004					″
11	纺织工业废水	2679	9.1	137.42	311.1	187.03	3.4		0.049									″
12	电影、电视制片厂废水	361	8.1	153.65	307.3	202.7			0.264						0.0061	0.067	0.00224	″
13	宾馆废水	2735.2	7.0	264.65	479.82	384	22.29											生活污水
14	学校生活污水	17142.6	7.0	200	400	220	40									70		″
15	机关、居民、工厂生活污水	20818.38	7.0	200	300	250	30									70		″
16	生活污水(平均水质)	40696.18	7.0	204.34	354.2	246.4	33.7									70		
17	工业废水(平均水质)	67278.81	8.8	161.92	469.6	258.3	30.9	0.24	0.492	0.02	0.037	0.231	0.0097	0.139	13.31	1.74	0.00112	

注：表中“″”指同上。

表 2-20　水质分析预测值

序号	污水分类	污水水量/(t/d)	水质项目浓度														
			pH 值	BOD_5/(mg/L)	COD/(mg/L)	SS/(mg/L)	氨氮/(mg/L)	氰化物/(mg/L)	酚/(mg/L)	镉/(mg/L)	铬/(mg/L)	铅/(mg/L)	汞/(mg/L)	砷/(mg/L)	硫化物/(mg/L)	油脂/(mg/L)	铜/(mg/L)
1	近期比较																
1-1	现状污水(生活平＋工业洪)	114702.871	8.2	176.97	428.66	254.08	31.9	0.155	0.552	0.013	0.024	0.149	0.0063	0.0897	8.607	25.958	0.0007
1-2	现状污水(生活洪＋工业平)	116114.226	8.0	179.76	421.06	253.30	32.1	0.139	0.496	0.012	0.021	0.134	0.0056	0.0805	7.729	30.449	0.00065
1-3	现状污水(生活洪＋工业洪)	122842.107	8.1	178.78	423.72	253.57	32.0	0.145	0.516	0.012	0.022	0.139	0.0058	0.0837	8.037	28.877	0.00068
1-4	现状污水(生活洪＋工业低)	109386.345	8.0	180.86	418.08	252.99	32.1	0.133	0.474	0.011	0.02	0.128	0.0054	0.0769	7.384	32.215	0.00062
1-5	现状污水(生活低＋工业洪)	106563.635	8.3	174.88	434.34	254.66	31.7	0.167	0.592	0.014	0.026	0.16	0.0067	0.097	9.264	22.595	0.00078
2	预测值																
2-1	现状平均污水(工业平＋生活平)	107974.99	8.1	177.9	426.11	253.81	31.96	0.15	0.533	0.0124	0.023	0.144	0.0060	0.0867	8.313	27.475	0.0007
2-2	近期平均污水(工业平＋生活平)	180346.04	8.3	174.88	434.35	254.67	31.75	0.167	0.595	0.0139	0.026	0.16	0.0067	0.097	9.266	22.588	0.00078
2-3	远期平均污水(工业平＋生活平)	238254.63	8.3	173.66	437.66	255.01	31.74	0.174	0.619	0.0145	0.027	0.168	0.007	0.101	9.647	20.636	0.00081

注：生活平——生活污水平均水质；
　　生活洪——生活污水高峰水质；
　　生活低——生活污水低峰水质；
　　工业平——工业废水平均水质；
　　工业洪——工业废水高峰水质；
　　工业低——工业废水低峰水质。

按水质浓度出现的频率来确定污水厂设计水质的方法，是概率分析方法在给水排水领域的新应用。根据实测数据按照保证率确定城市污水处理厂设计进水水质，就是对拟建污水处理厂服务区域内各监测点进行实测，获得大量的水量和水质浓度数据，并利用频率统计方法对这些数据进行处理，绘制水质浓度频率曲线并计算出进水中一定积累频率下各项污染物浓度，为拟建污水处理厂提供设计水质浓度参考值。

水质浓度频率曲线的具体绘制方法如下：将实测进水某项水质指标的浓度从小到大排序，按 $P=n/(n_{max}+1)$ 计算小于等于某一浓度出现的频率 P（其中 n_{max} 为实测数据的总数，n 为某一浓度值的排序号），以水质指标浓度为横坐标，频率为纵坐标，绘制浓度频率曲线。根据曲线，可以将某一频率下的最高浓度值作为设计水质，而这一频率被称为污水处理厂设计进水水质的保证率。

对城市生活污水中几种污染物的数理统计分析结果表明，实际污染物浓度变化基本遵从正态分布规律，或经过适当变换而渐进地遵从正态分布。标准正态分布的分布函数为：

$$P_N(x)=\int_{-\infty}^{x}\frac{1}{\sqrt{2\pi}}e^{\frac{x^2}{2}}dx \tag{2-12}$$

式中　x ——实数；

$P_N(x)$ ——标准正态分布的分布函数，即随机变量 ξ 不超过实数 x 的概率 $P_N(\xi\leqslant x)$。

如果实测数据遵从正态分布，则经过适当变换，可以转化成为标准正态分布。变换方法为：

$$x^*=\frac{x-\mu}{\sigma} \tag{2-13}$$

$$P_N^*(x)=n_x/n_{max} \tag{2-14}$$

式中　x ——实测水质指标的数值（或其自然对数的数值）；

x^* ——变换为标准正态分布的实测水质指标（或其自然对数值）的数值；

μ ——实测水质指标数值（或其自然对数值）的平均值；

σ ——实测水质指标数值（或其自然对数值）的标准差；

P_N^* ——利用实测数据累积个数渐进地拟合的标准正态分布的分布函数；

n_{max} ——实测水质指标数值的总计个数；

n_x ——某一浓度值的累积个数。

在大多数情况下，实测数据经适当变换，能够与标准正态分布曲线和标准对数正态分布曲线符合良好，且二者差别不大。有资料表明，污水处理厂进水水质的实测数值更接近于对数正态分布，即可将实测数据取对数后再按照正态分布进行分析。

如果污水处理厂汇流区域的污水由若干排污管渠汇入，则汇流后的水质应以一定保证率的水质与各监测点总平均流量为权重，按照下式计算：

$$C_i=\frac{\sum_{i=1}^{n}C_{ni}Q_n}{\sum_{i=1}^{n}Q_n} \tag{2-15}$$

式中　C_i ——污水厂进水某污染物的浓度，mg/L；

C_{ni} ——第 n 个监测点污染物的浓度，mg/L；

Q_n ——第 n 个监测点的平均流量，m^3/d。

按照保证率计算出的进水水质，还应结合当地的工商业、旅游、人口及生活习惯、排水体制等现状和发展趋势，给出合理的设计进水水质。

2.3.2.2 按保证率确定设计水质计算实例

【例题 2-13】 某市对拟建的污水处理厂进行了水质和水量实际监测，得到了该污水处理厂主要汇流区域的1号排污渠和2号排污渠两个监测点的污水平均流量、瞬时流量，目标污染物的平均浓度和瞬时浓度的监测数据。试利用实测数据累积个数渐进拟合正态分布曲线，按照保证率方法确定设计进水水质值。

【解】 采用频率统计方法对实际数据进行处理，绘制水质浓度频率曲线并计算出进水中一定积累频率下各项污染物浓度，为拟建污水处理厂提供设计水质浓度参考值。具体确定进水水质步骤如下。

(1) 污水水量监测

流量的测定采用流速仪法，即通过测量过水断面面积，以流速仪测量水流速度，然后通过计算求得对应的污水流量。

(2) 污水水量计算方法

瞬时流量 Q_i 按下式计算：

$$Q_i = 86400 \times V_i A_i \tag{2-16}$$

平均流量 Q 按下式计算：

$$Q = 86400 \times \left(\sum_{i=1}^{n} V_i A_i \right) \Big/ n \tag{2-17}$$

式中 Q_i、Q——污水瞬时或平均流量，m^3/d；

V_i——瞬时平均流速，m/s；

A_i——瞬时过水断面面积，m^2；

n——每天测量次数。

(3) 水量测定方法

通过监测断面过水断面面积 A 和断面平均流速 V，按式(2-16) 和式(2-17) 计算获得。

① 过水断面面积　结合排污渠设计图纸和现场实测，复核排污渠的宽度和坡度后（图 2-3），建立过水断面和深度之间的关系，通过污水渠深度的测量，获得实际过水断面面积 $A = h^2 + 3.6h$（单位：m^2）。深度通过南北两岸两个固定位置深度的读数取其平均值获得，即 $h = \frac{h_1 + h_2}{2}$。

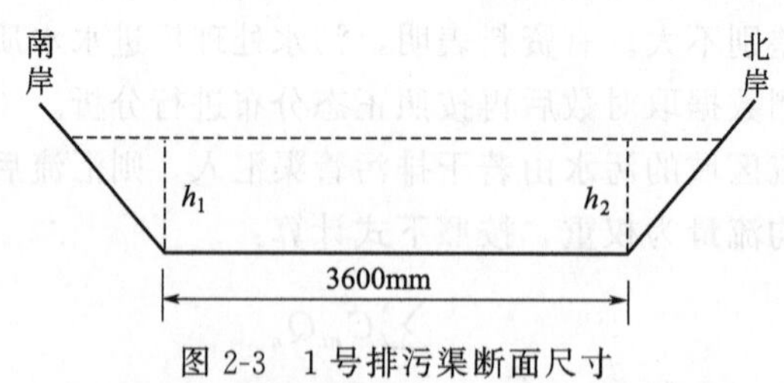

图 2-3　1号排污渠断面尺寸

② 断面平均流速 V　监测断面流速的测定理论上应该是选择能够代表监测断面平均流速的监测点，本实例现场监测中，为了便于仪器的操作和读数，选择距离南北岸边 40cm 处作为测量流速的横向位置，选择水深 20cm 处作为测量流速的纵向位置，两点测定的平均值作为测量流速 $V_{测}$。

2号排污渠污水流量测量方法和步骤同上。

(4) 水量监测结果与分析

① 1 号排污渠瞬时水量与平均流量　图 2-4 和图 2-5 分别为 1 号排污渠瞬时流量历时变化与平均流量变化曲线。

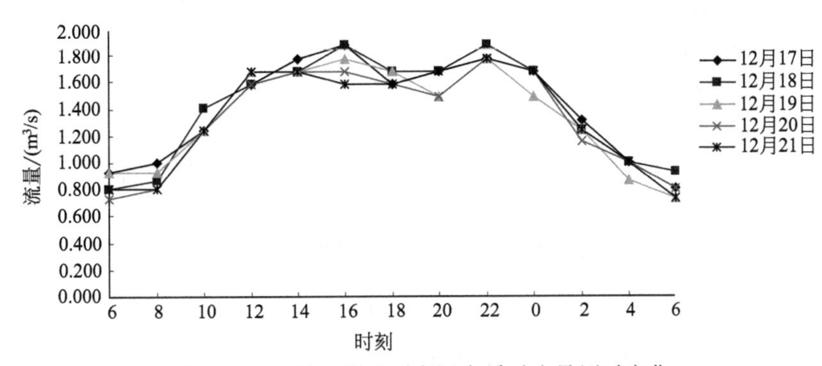

图 2-4　1 号排污渠监测点污水瞬时流量历时变化

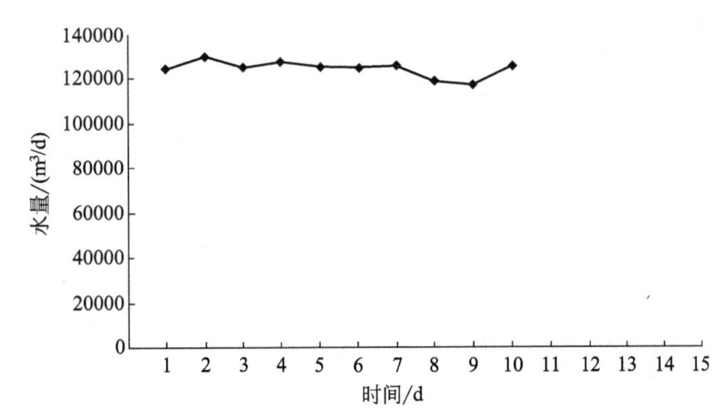

图 2-5　1 号排污渠监测点污水平均流量历时变化

从图 2-4 可以看出，1 号排污渠监测点污水瞬时秒流量变化范围为 0.7～1.9m^3/s，其中峰值流量出现在 16：00 和 22：00，最小流量出现在凌晨 6：00。

从图 2-5 可以看出，1 号排污渠监测点污水平均流量变化范围为 118467～129367m^3/d，日平均流量变化幅度较小。

② 2 号排污渠瞬时水量　图 2-6 和图 2-7 分别为 2 号排污渠瞬时流量历时变化与平均流量变化曲线。

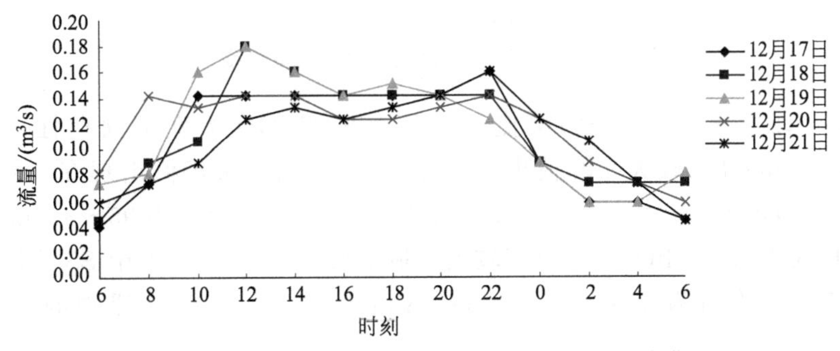

图 2-6　2 号排污渠监测点污水瞬时流量历时变化

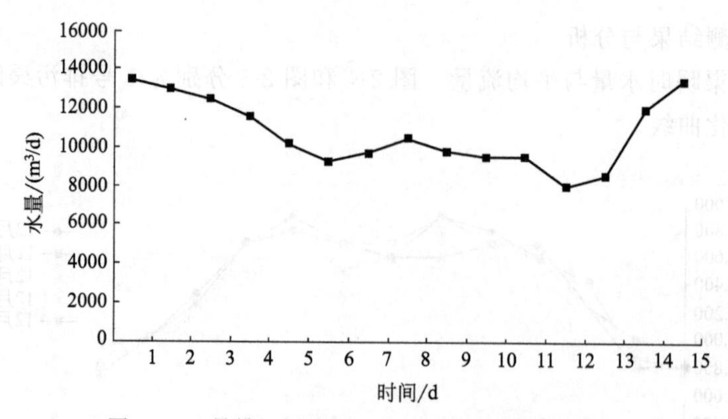

图 2-7　2 号排污渠监测点污水平均流量历时变化

从图 2-6 可以看出 2 号排污渠监测点污水瞬时秒流量变化范围为 0.04～0.18m^3/s，日间流量变化较小，流量峰值不明显，最小流量也出现在凌晨 6：00。

从图 2-7 可以看出，2 号排污渠监测点污水平均流量变化范围为 7870～13364m^3/d，日平均流量变化幅度较大。

（5）水质监测结果与分析

① 1 号排污渠监测点瞬时水质与平均水质　图 2-8 和图 2-9 为 1 号排污渠监测点连续 72h（12 月 19 日上午 6：00 至 12 月 22 日上午 6：00）的污水瞬时浓度变化。

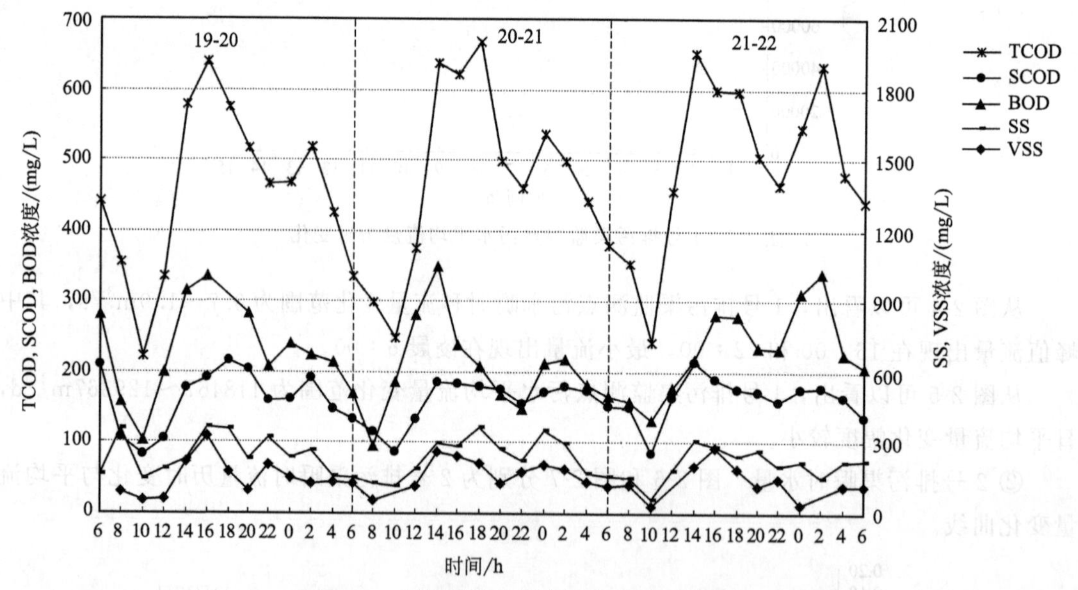

图 2-8　1 号排污渠监测点污水瞬时浓度变化-1

从图 2-8 可以看出，1 号排污渠监测点污水中 TCOD 浓度呈周期性变化，且幅度（221.03～667.39mg/L）较大，峰值出现在 16：00 左右，次峰值出现在 0：00～2：00；SCOD 浓度变化范围为 83.69～215.98mg/L，BOD 浓度变化范围为 95～349mg/L，且变化规律与 TCOD 成正相关；BOD/COD 值较大，最小值为 0.31。污水中 SS 浓度变化范围为 62～366mg/L，平均值为 243mg/L；VSS/SS 值为 0.64，说明悬浮物的组成以有机物为主。

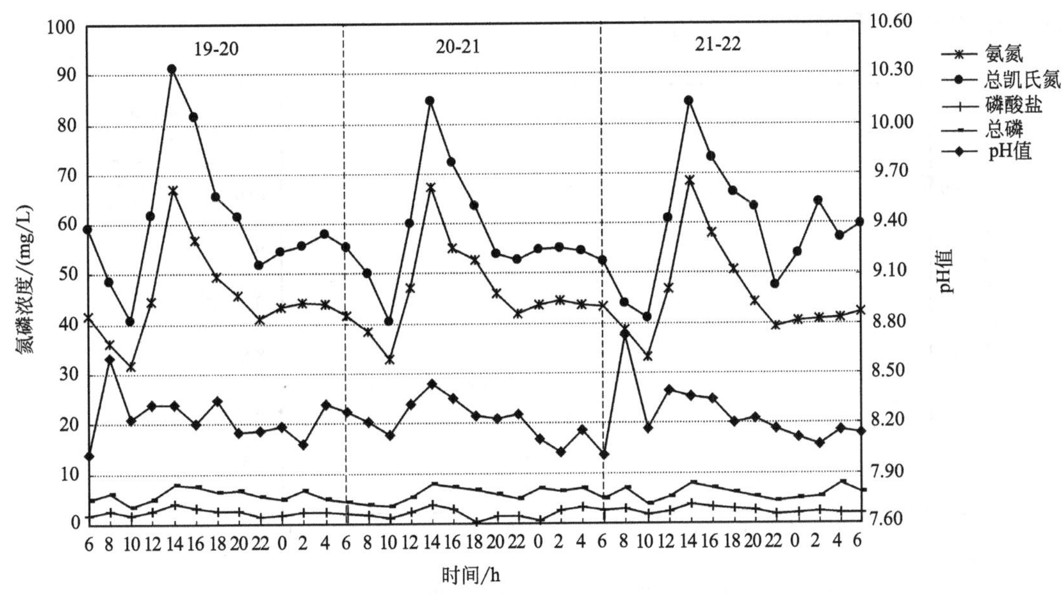

图 2-9　1 号排污渠监测点污水瞬时浓度变化-2

从图 2-9 可以看出，1 号排污渠监测点 pH 值变化范围为 8.01～8.73；TKN 变化范围为 40.61～91.31mg/L，氨氮变化范围为 31.89～68.41mg/L，变化幅度均较大，日最大值均出现在 14∶00，氨氮和总氮的变化规律与 TCOD 的变化规律几乎相同。PO_4^{3-}-P 与 TP 的变化范围分别为 0.19～3.94mg/L 和 3.51～7.94mg/L，变化规律与 COD 的相关性不十分明显。

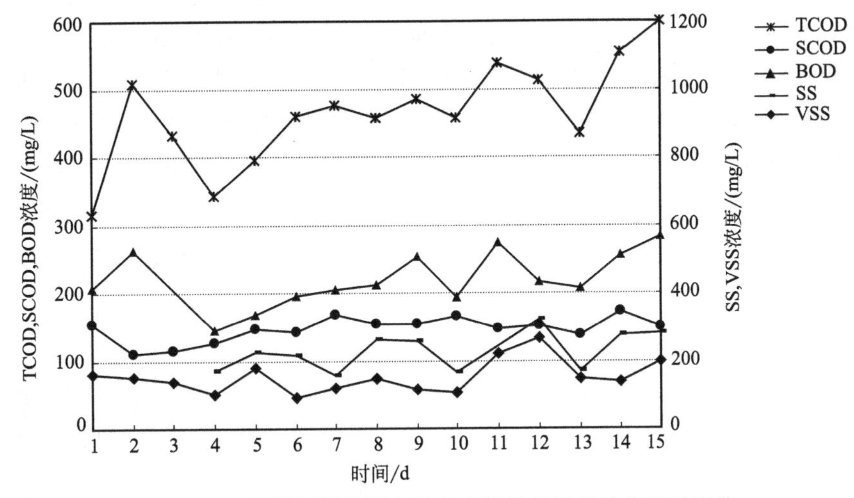

图 2-10　1 号排污渠监测点污水有机物日平均浓度历时变化

图 2-10 为 1 号排污渠监测点污水中有机物的日平均浓度历时变化。由图 2-10 可见，日平均 TCOD 变化范围为 314.66～600mg/L，BOD 变化范围 144～283mg/L，两者变化趋势相同。SCOD 变化范围为 109.8～171.67mg/L，变化幅度较小且与前两者相关性差。污水 SS 浓度波动较大，变化范围为 146～358mg/L，平均为 259mg/L；VSS/SS 最小值为 0.44。

图 2-11 为 1 号排污渠监测点污水中氮磷的日平均浓度历时变化。由图可见，日平均 TKN 变化范围为 52.88～67.32mg/L，日平均氨氮变化范围为 40.61～49.06mg/L，与瞬时水样相比变化幅度变小；磷的浓度变化幅度也明显减小，PO_4^{3-}-P 与 TP 的范围分别为

1.68～2.62mg/L 和 4.81～7.22mg/L。

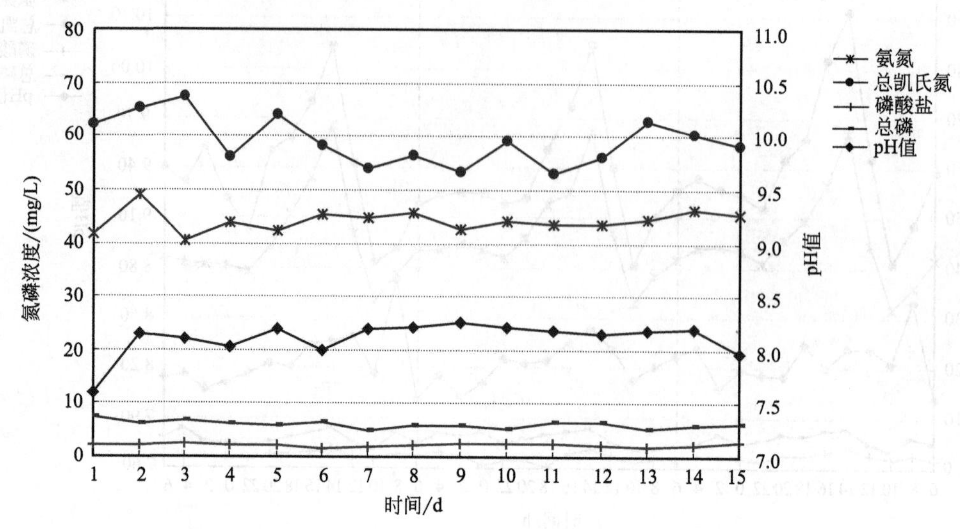

图 2-11　1号排污渠监测点污水中日平均氮磷浓度历时变化

总之，与瞬时水样相比，平均水样的浓度变化幅度明显变小。

② 2号排污渠监测点瞬时水质与平均水质　图 2-12 和图 2-13 为 2 号排污渠监测点连续 72h（12 月 19 日上午 6：00 至 12 月 22 日上午 6：00）的污水瞬时浓度变化。从图 2-12 可以看出，2 号排污渠监测点污水 TCOD 浓度变化幅度（124.46～712.74mg/L）比 1 号排污渠大，这是由于 2 号排污渠监测点汇水面积小，对于城市污水来说，汇水面积越小，水质变化幅度越大，这一规律在本次检测中得到了验证。同时，TCOD 在 1d 内的变化呈典型的周期性，峰值出现在 12：00 左右；SCOD 浓度变化范围为 57.93～267.24mg/L，BOD 浓度变化范围为 61～394mg/L，SCOD、BOD 的变化规律与 TCOD 相同。SS 浓度变化范围为 23～733mg/L，平均值为 192mg/L，VSS/SS 均值为 0.66，说明悬浮物的组成以有机物为主。

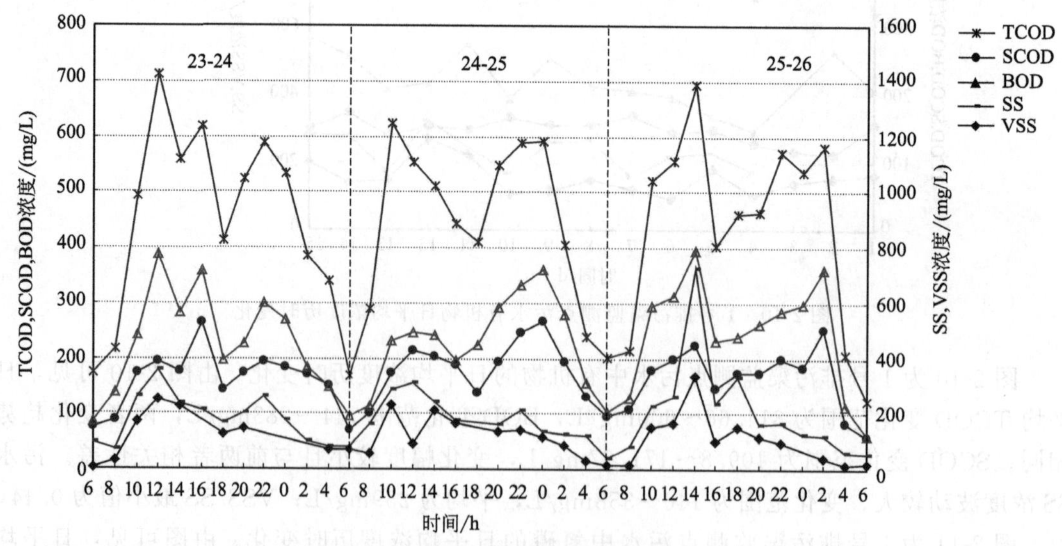

图 2-12　2号排污渠监测点污水瞬时浓度变化-1

从图 2-13 可以看出，2 号排污渠监测点 pH 值变化范围为 7.8～8.43，比 1 号排污渠监测点污水的 pH 值稍低；TKN 变化范围为 25.35～79.04mg/L，也小于 1 号排污渠监测点，同时也呈现周期性变化规律，峰值出现在 12：00 左右，次峰值稳定出现在 22：00；氨氮的变化规律与 TKN 类似，峰值与 TKN 对应，次峰值消失，变化范围为 19.35～62.96mg/L。正磷酸盐与 TP 的变化规律也与 TKN 类似，日最大值出现在 12：00 左右，PO_4^{3-}-P 与 TP 的变化范围分别为 1.00～4.02mg/L 和 1.67～8.08mg/L。

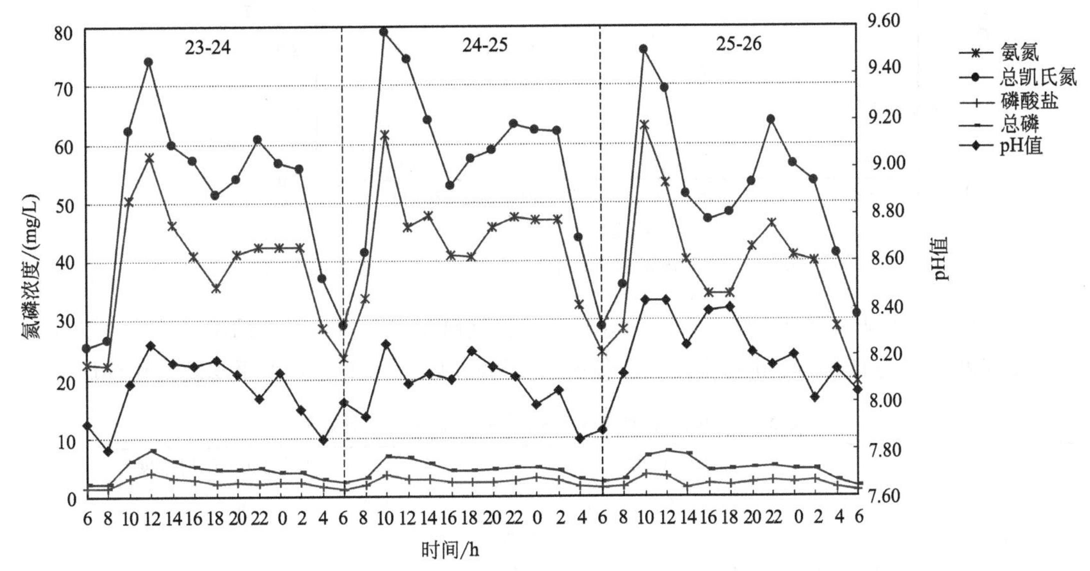

图 2-13　2 号排污渠监测点污水瞬时浓度变化-2

图 2-14 为 2 号排污渠监测点污水中有机物的日平均浓度历时变化。由图 2-14 可见，日平均 TCOD 变化范围为 356～493mg/L，日平均 BOD 变化范围为 129～257mg/L，两者相关性较好。SCOD 浓度变化范围较小，SS 及 VSS 浓度波动较大。

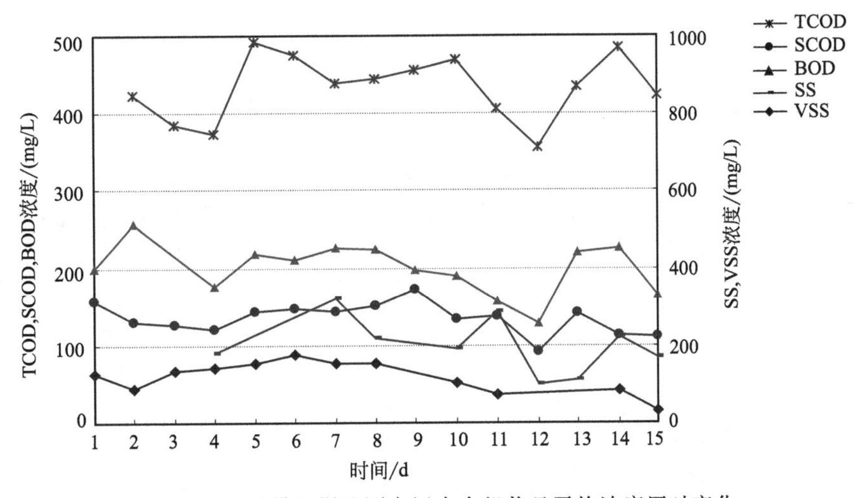

图 2-14　2 号排污渠监测点污水有机物日平均浓度历时变化

图 2-15 为 2 号排污渠监测点污水中氮磷的日平均浓度历时变化，由图可见，日平均 TKN 变化范围为 45.24～59.42mg/L，日平均氨氮变化范围为 32.98～43.88mg/L；磷的浓度变化幅度也明显减小，PO_4^{3-}-P 与 TP 的变化范围分别为 1.91～2.59mg/L 和 3.56～5.08mg/L。

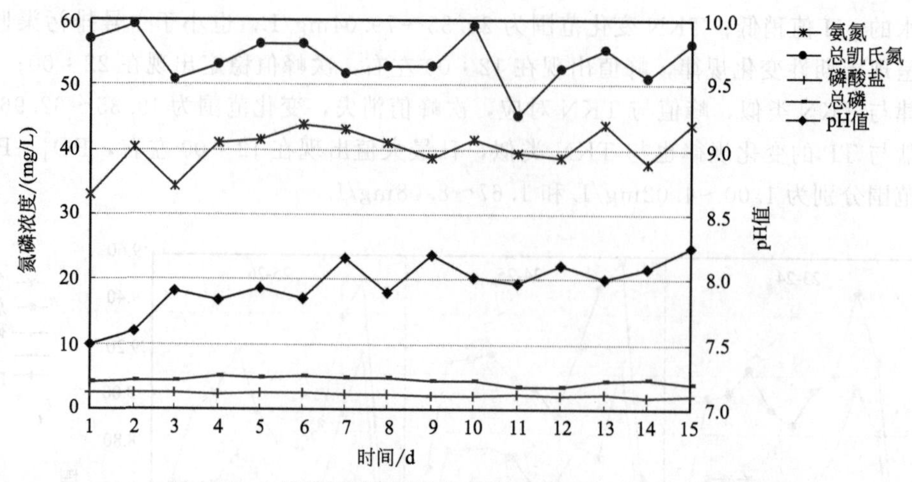

图 2-15　2 号排污渠监测点污水氮磷日平均浓度历时变化

由以上数据可见，两个监测点的日平均浓度的变化幅度小于各自对应的瞬时浓度变化幅度；表 2-21 和表 2-22 分别为两个排污渠监测点各项水质的瞬时浓度变化范围及平均值变化统计结果。

表 2-21　瞬时浓度变化范围及平均值变化统计结果

水质项目	1 号排污渠瞬时浓度			2 号排污渠瞬时浓度		
	最小	最大	平均	最小	最大	平均
pH 值	8.01	8.73	8.24	7.80	8.43	8.11
TCOD	221	667	473	125	713	445
SCOD	83.7	216	160	57.9	267	167
BOD_5	95	349	221	61	394	234
NH_4^+-N	31.9	68.4	45.7	19.4	63.0	40.1
TKN	40.6	91.3	59.4	25.4	79.0	53.2
PO_4^{3-}-P	0.19	3.94	2.30	1.00	4.02	2.38
TP	3.51	7.94	5.03	1.67	8.08	4.56
SS	62	366	231	38	724	187
VSS	30	329	153	3	339	127

注：除 pH 值外，其他项目单位均为 mg/L。

表 2-22　日平均浓度变化范围及平均值变化统计结果

水质项目	1 号排污渠监测点平均浓度			2 号排污渠监测点平均浓度		
	最小	最大	平均	最小	最大	平均
pH 值	8.26	7.60	8.11	7.50	8.25	7.95
TCOD	315	600	465	356	493	433
SCOD	110	172	146	91.3	172	135
BOD_5	144	283	219	129	257	200
NH_4^+-N	40.6	49.1	44.2	33.0	43.9	40.2
TKN	52.9	67.3	59.1	45.2	59.4	54.0
PO_4^{3-}-P	1.68	2.62	2.21	1.91	2.59	2.27
TP	4.81	7.22	5.98	3.56	5.08	4.43
SS	146	358	259	97	231	159
VSS	93	265	152	31	178	120

注：除 pH 值外，其他项目单位均为 mg/L。

（6）水质监测频率统计

瞬时水质和日平均水质的历时变化直接反映了各项水质的历时变化规律，对于认识未来城市污水处理厂的入流水质变化规律和运行控制具有重要的参考价值和指导意义。依据水质参数的或然性规律，通过概率统计，对相关数据进行处理，才能作为合理的水质设计指标。

① 瞬时浓度　图 2-16 和 2-17 分别给出了 1 号排污渠监测点和 2 号排污渠监测点污水瞬时浓度的频率分布。可见，各项水质指标呈现较好的概率分布规律。保证率为 85%和 90%时对应的各项污染物浓度值见表 2-23。

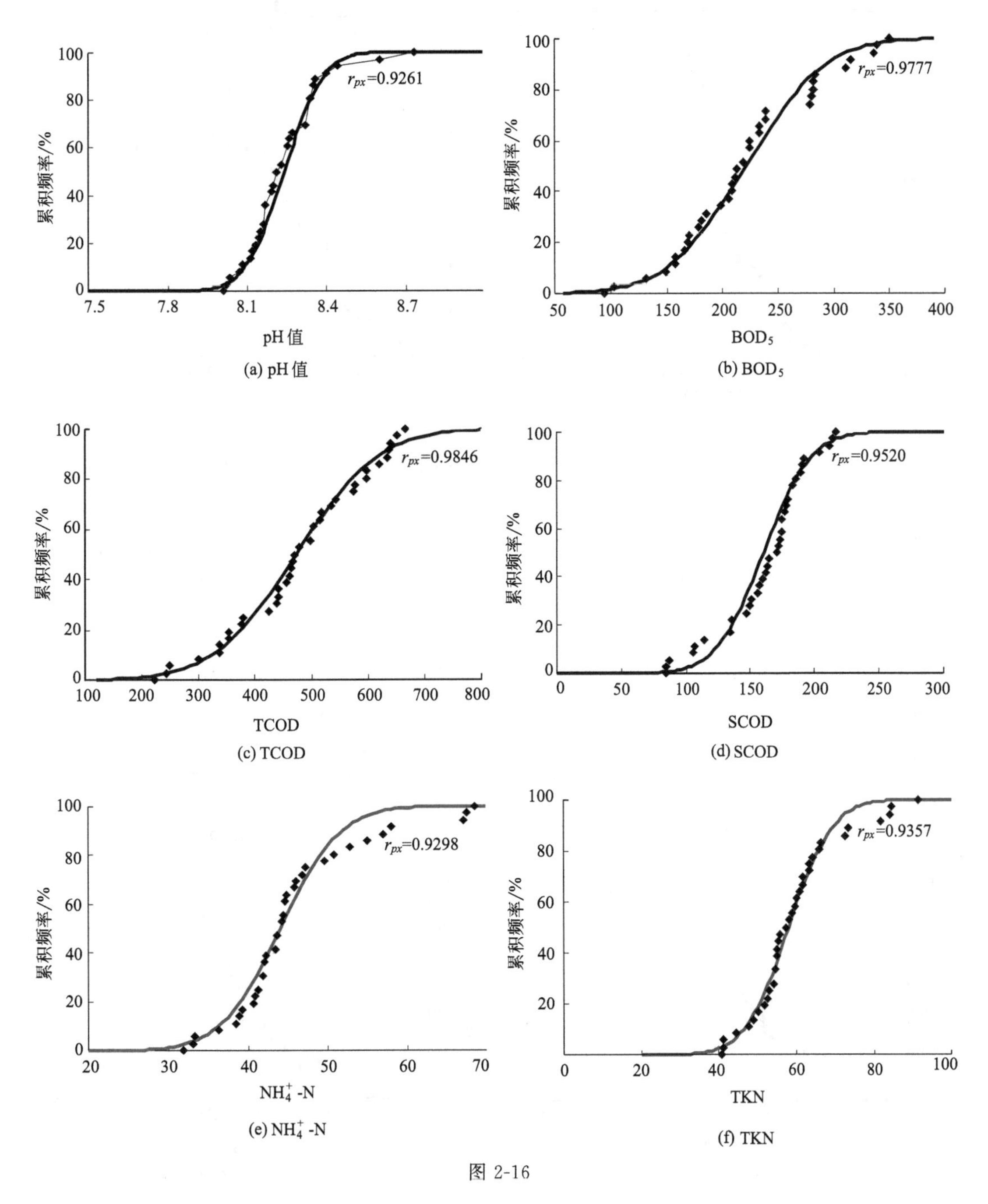

图 2-16

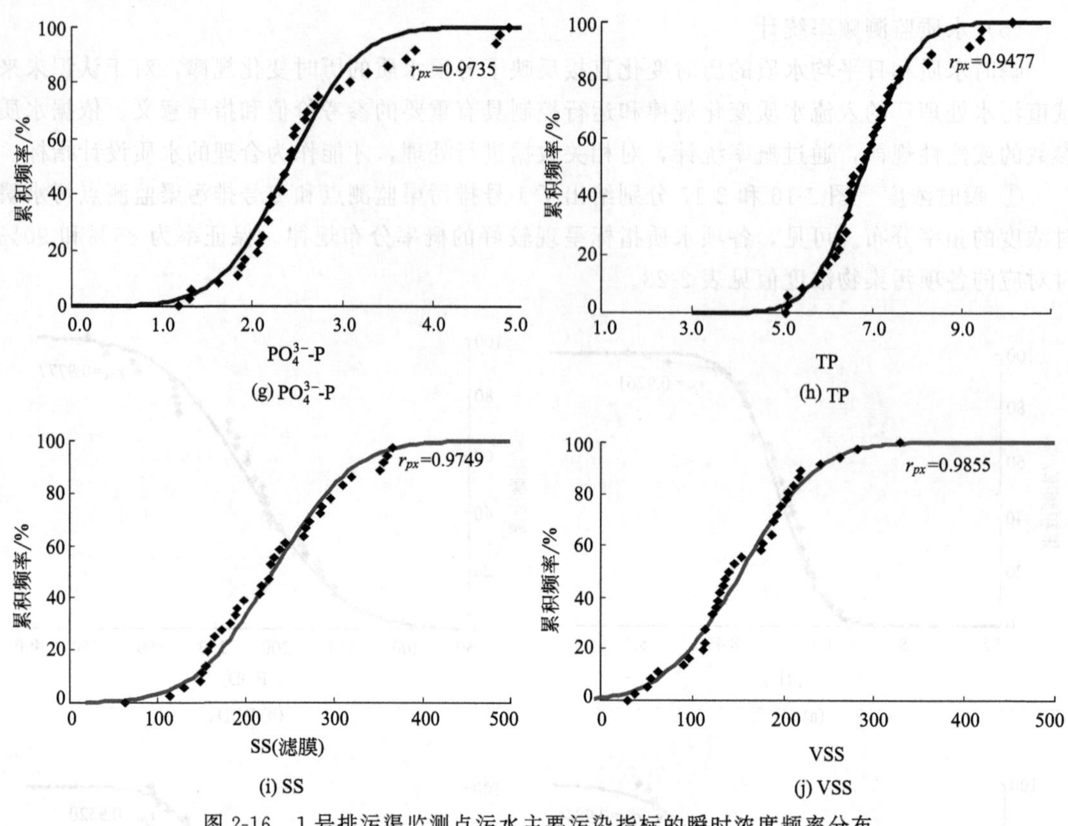

图 2-16　1 号排污渠监测点污水主要污染指标的瞬时浓度频率分布

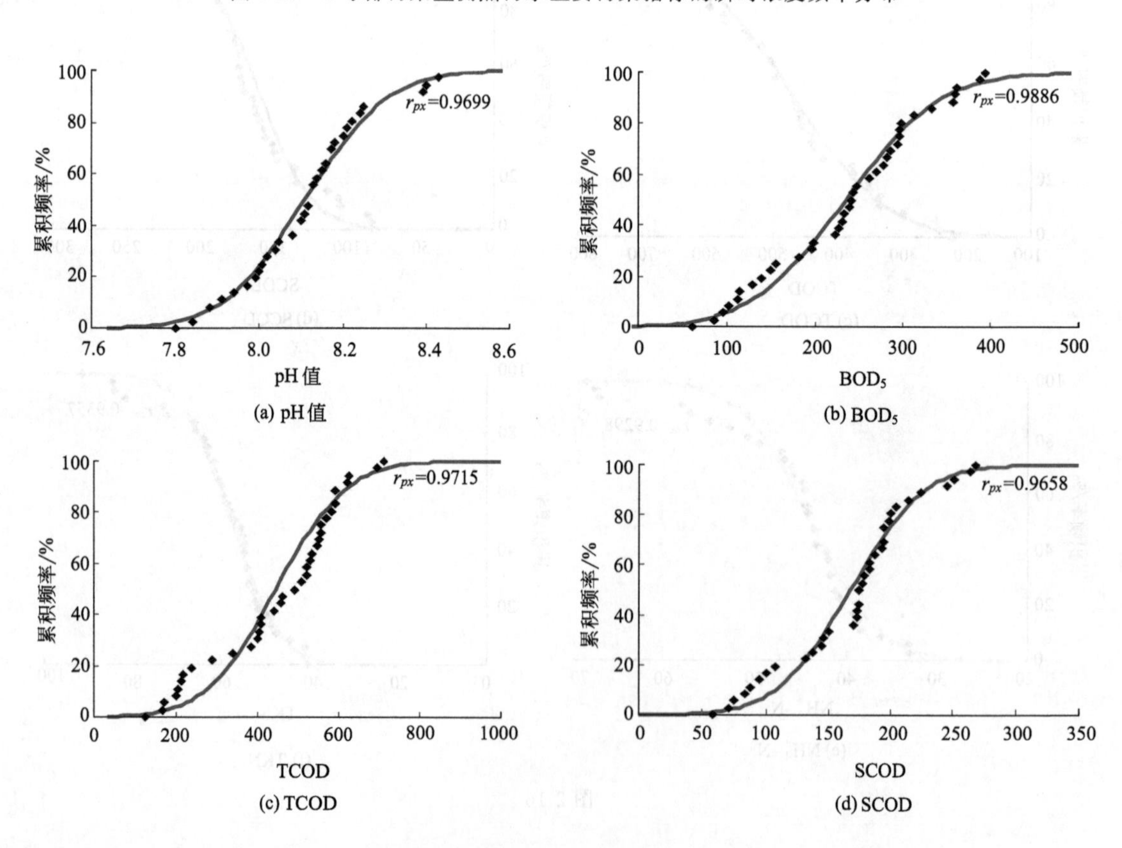

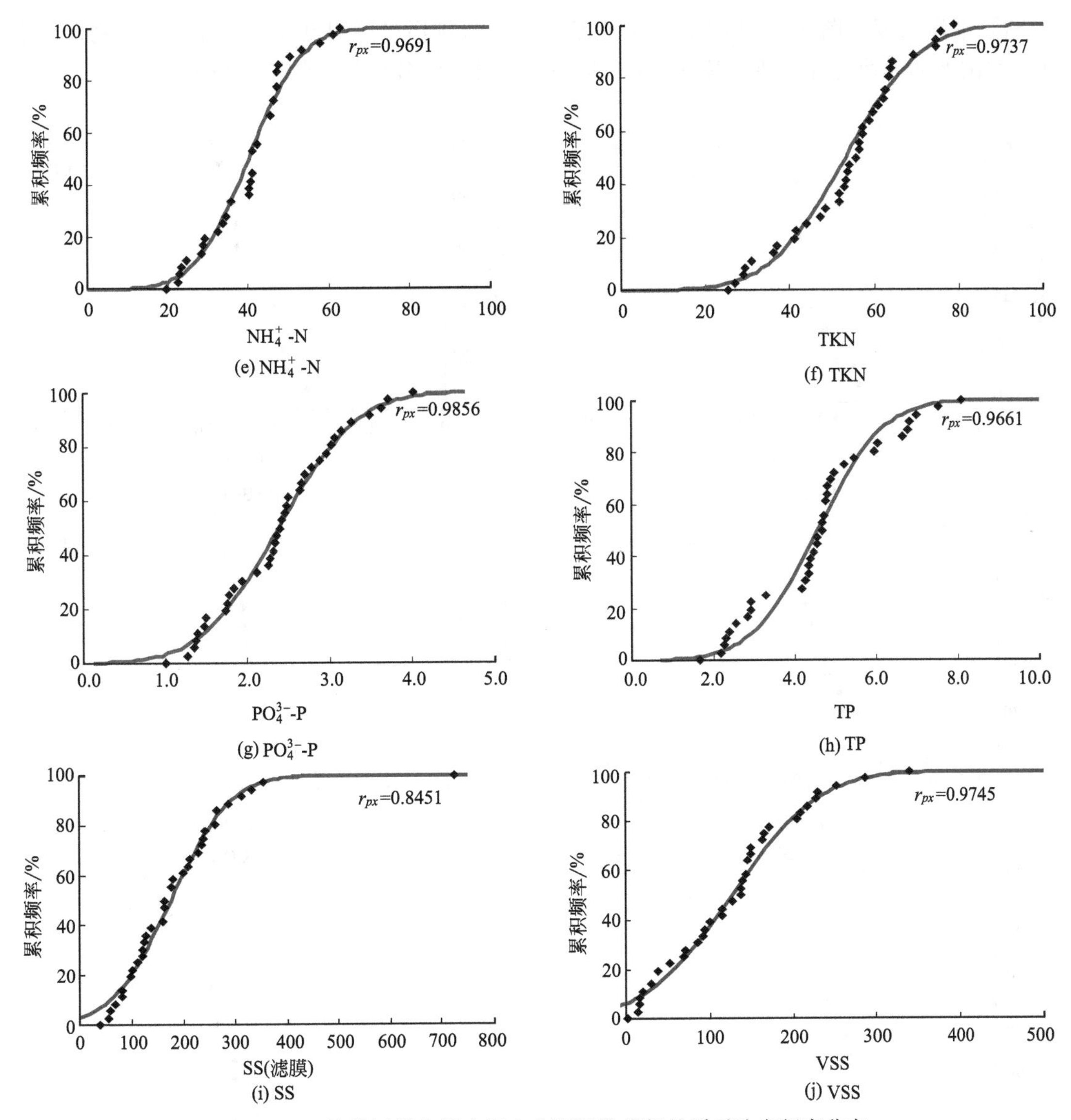

图 2-17　2 号排污渠监测点污水主要污染指标的瞬时浓度频率分布

表 2-23　保证率为 85%和 90%时各项污染指标对应的浓度

累计频率为 85%					累计频率为 90%				
参数	1 号渠平均浓度	2 号渠平均浓度	1 号渠瞬时浓度	2 号渠瞬时浓度	参数	1 号渠平均浓度	2 号渠平均浓度	1 号渠瞬时浓度	2 号渠瞬时浓度
pH 值	8.23	8.13	8.36	8.27	pH 值	8.25	8.17	8.39	8.31
TCOD	535.07	466.86	594.95	590.35	TCOD	551.69	475.04	623.69	624.22
SCOD	162.12	151.95	190.88	215.84	SCOD	165.91	155.95	198.07	227.22
BOD_5	254.07	227.44	279.86	323.02	BOD_5	261.63	233.96	293.67	343.98
NH_4^+-N	45.79	43.39	50.32	51.14	NH_4^+-N	46.16	44.15	51.81	53.74
TKN	63.78	56.91	67.40	67.82	TKN	64.89	57.61	69.61	71.28
PO_4^{3-}-P	2.44	2.47	3.08	3.16	PO_4^{3-}-P	2.49	2.52	3.26	3.35
TP	6.54	4.88	7.21	5.89	TP	6.67	4.99	7.54	6.20
SS	273.37	248.58	304.40	269.29	SS	287.29	262.75	321.70	291.53
VSS	189.67	156.75	222.42	212.46	VSS	199.02	165.32	238.68	232.51

注：除 pH 值外，其他项目单位均为 mg/L。

② 平均浓度　图 2-18 和图 2-19 分别给出了 1 号排污渠监测点和 2 号排污渠监测点污水日平均浓度的频率分布，保证率为 85%和 90%时对应的各项污染物浓度值见表 2-23。

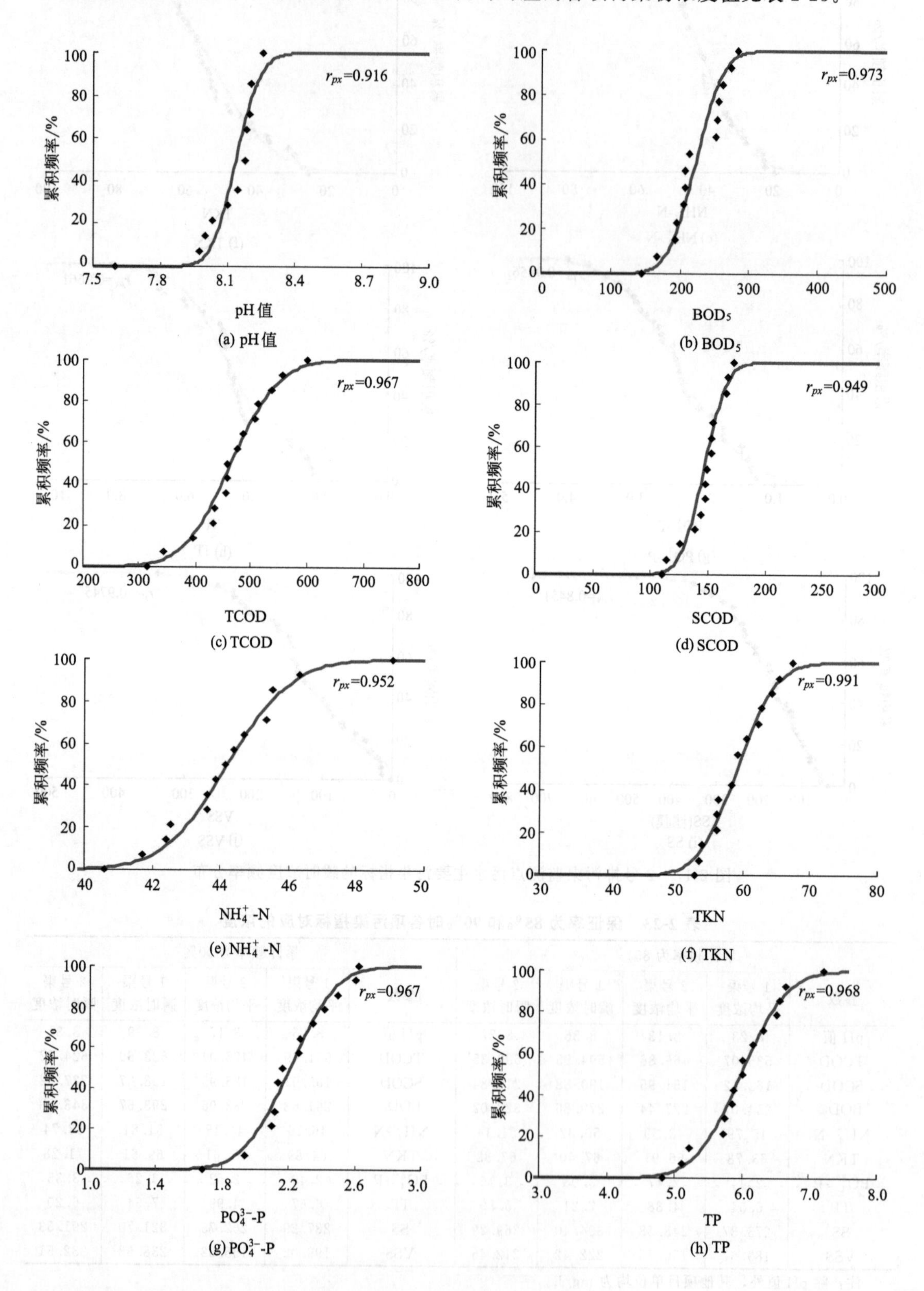

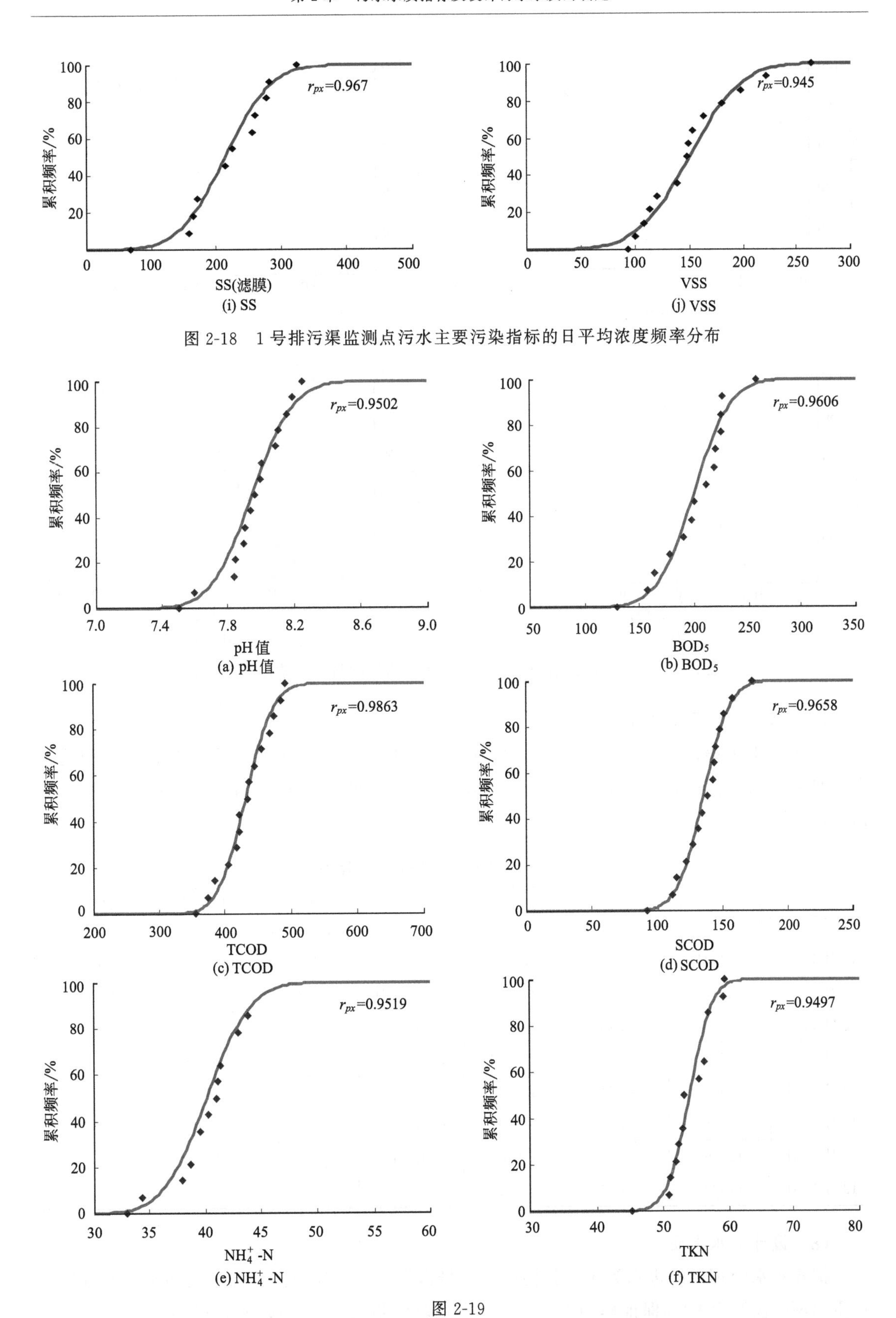

图 2-18　1 号排污渠监测点污水主要污染指标的日平均浓度频率分布

图 2-19

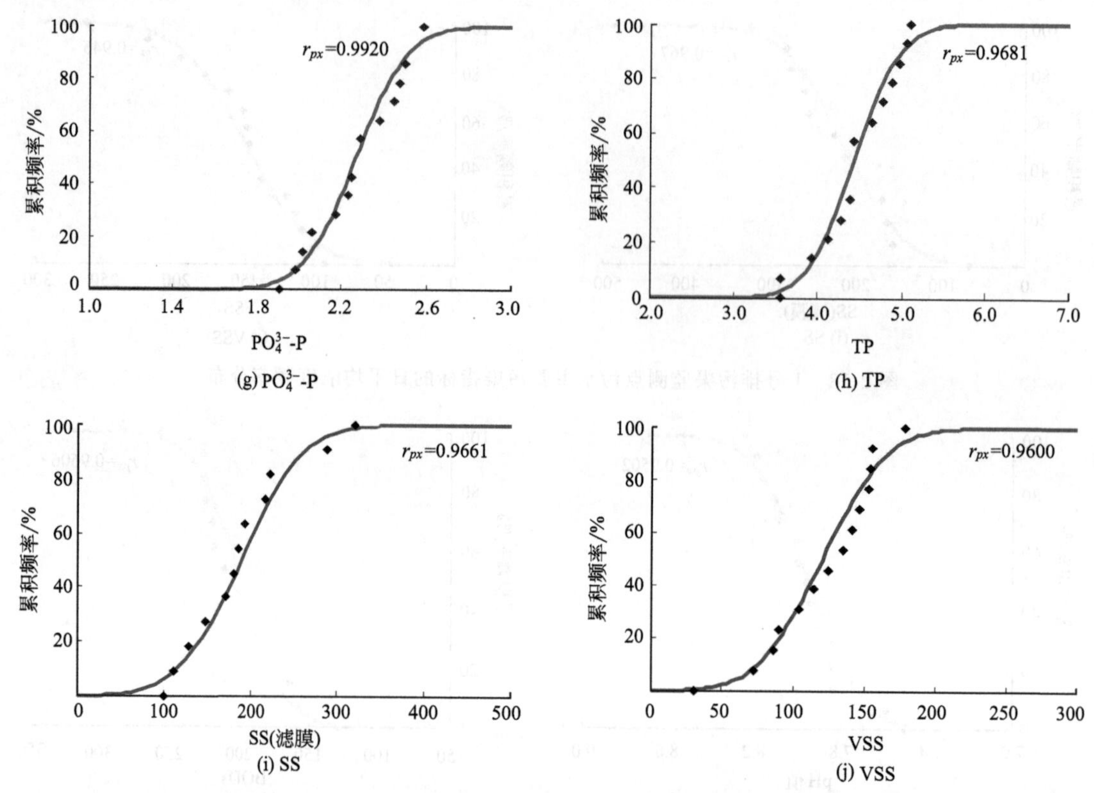

图 2-19　2 号排污渠监测点污水主要污染指标的日平均浓度频率分布

（7）污水厂日平均流量

将 1 号排污渠监测点和 2 号排污渠监测点日平均流量进行叠加，即可求得进入拟建污水处理厂污水的总日均流量，如表 2-24 所列。监测期间总的日平均流量为 128310～142341m^3/d。

表 2-24　污水厂日平均流量计算表

日期	1 号排污渠监测点/(m^3/d)	2 号排污渠监测点/(m^3/d)	总日平均流量/(m^3/d)	日期	1 号排污渠监测点/(m^3/d)	2 号排污渠监测点/(m^3/d)	总日平均流量/(m^3/d)
12 月 12 日	124041	13364	137405	12 月 20 日	118467	9843	128310
12 月 13 日	129367	12974	142341	12 月 21 日	125213	9527	134740
12 月 14 日	125833	12407	138240	12 月 22 日	—	9475	—
12 月 15 日	127119	11548	138667	12 月 23 日	—	7870	—
12 月 16 日	125034	10152	135186	12 月 24 日	—	8553	—
12 月 17 日	124585	9280	133865	12 月 25 日	—	11911	—
12 月 18 日	125862	9744	135606	12 月 26 日	—	13410	—
12 月 19 日	119270	10445	129715				

（8）设计进水水质

拟建污水处理厂的进水为 1 号排污渠和 2 号排污渠两个监测点汇流后的污水，汇流后的水质以两个监测点 90%保证率的水质与各点总平均流量为权重，按下式计算：

$$C_i = \frac{C_{1i}Q_1 + C_{2i}Q_2}{Q_1 + Q_2} \tag{2-18}$$

式中　C_i——拟建污水厂进水污染物浓度，mg/L；

C_{1i}——1 号排污渠污染物浓度，mg/L；

C_{2i}——2 号排污渠污染物浓度，mg/L；

Q_1——1 号排污渠平均流量，m^3/d；

Q_2——2 号排污渠平均流量，m^3/d。

计算结果见表 2-25。

表 2-25　污水处理厂计算进水水质及设计进水水质

项目	1 号排污渠	2 号排污渠	计算污水厂进水值	建议设计值	项目	1 号排污渠	2 号排污渠	计算污水厂进水值	建议设计值
pH 值	8.25	8.17	8.24	8.0	TKN	64.89	57.61	64.30	65
TCOD	551.69	475.04	545.50	550	PO_4^{3-}-P	2.49	2.52	2.49	2.5
SCOD	165.91	155.95	165.11	160	TP	6.67	4.99	6.53	6.5
BOD_5	261.63	233.96	259.40	260	SS	287.29	262.75	285.31	285
NH_4^+-N	46.16	44.15	46.00	45	VSS	199.02	165.32	196.30	200

注：除 pH 值外，其他项目单位均为 mg/L。

表 2-25 的数据略低于拟建污水处理厂所在城市近两年的平均进水水质，但高于现有报道的国内大多数城市污水处理厂的设计水质。考虑到该污水处理厂的汇水区域内人口稠密、工商业发展情况，建议的污水厂设计水质如表 2-25 所列。

2.3.2.3　污水处理厂提标改造设计水质计算实例

【例题 2-14】 某县城污水处理厂设计总规模为 $8.0\times10^4 m^3/d$，污水量总变化系数 1.4。已建成的一期工程设计出水标准执行《城镇污水处理厂污染物排放标准》（GB 18918—2002）中的一级 B 标准。已建成的一期工程污水处理采用 CAST 工艺，污泥处理采用带式浓缩脱水一体化工艺，消毒采用紫外线消毒工艺。处理工艺流程如图 2-20 所示。

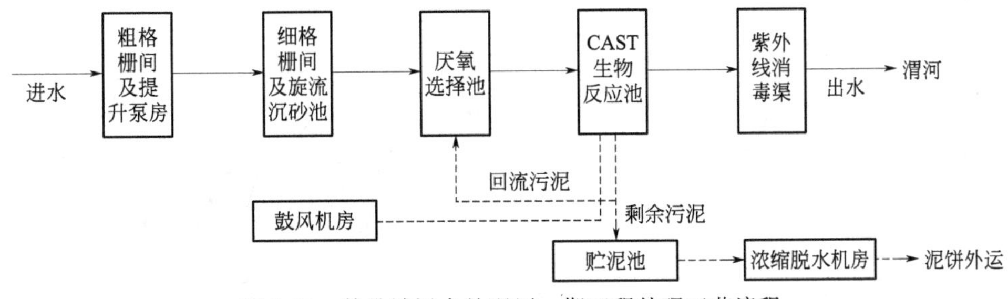

图 2-20　某县城污水处理厂一期工程处理工艺流程

为了满足全省现有和在建的城镇污水处理厂于 2013 年 1 月 1 日起，出水水质由现行的《城镇污水处理厂污染物排放标准》（GB 18918—2002）的一级 B 标准提高到一级 A 标准，必须对该污水处理厂工程进行提标改建，以减少排入水体的污染物排放量，保护水资源，提高水环境质量。提标改造工程建设规模为 $4.0\times10^4 m^3/d$，设计出水标准执行一级 A 标准。由于该污水处理厂一期已有实际运行水质资料，因此为提标改造设计水质确定提供了水质分析确定条件。

（1）现状进水水质分析

污水厂进出水水质对工艺选择和工程造价起着至关重要的作用，因此在该污水处理厂一期工程设计水质作为参考的基础上，收集了污水处理厂 2010 年 1 月至 2012 年 2 月的进水水质检测资料进行分析和预测，主要污染物指标月平均值变化如图 2-21 所示。

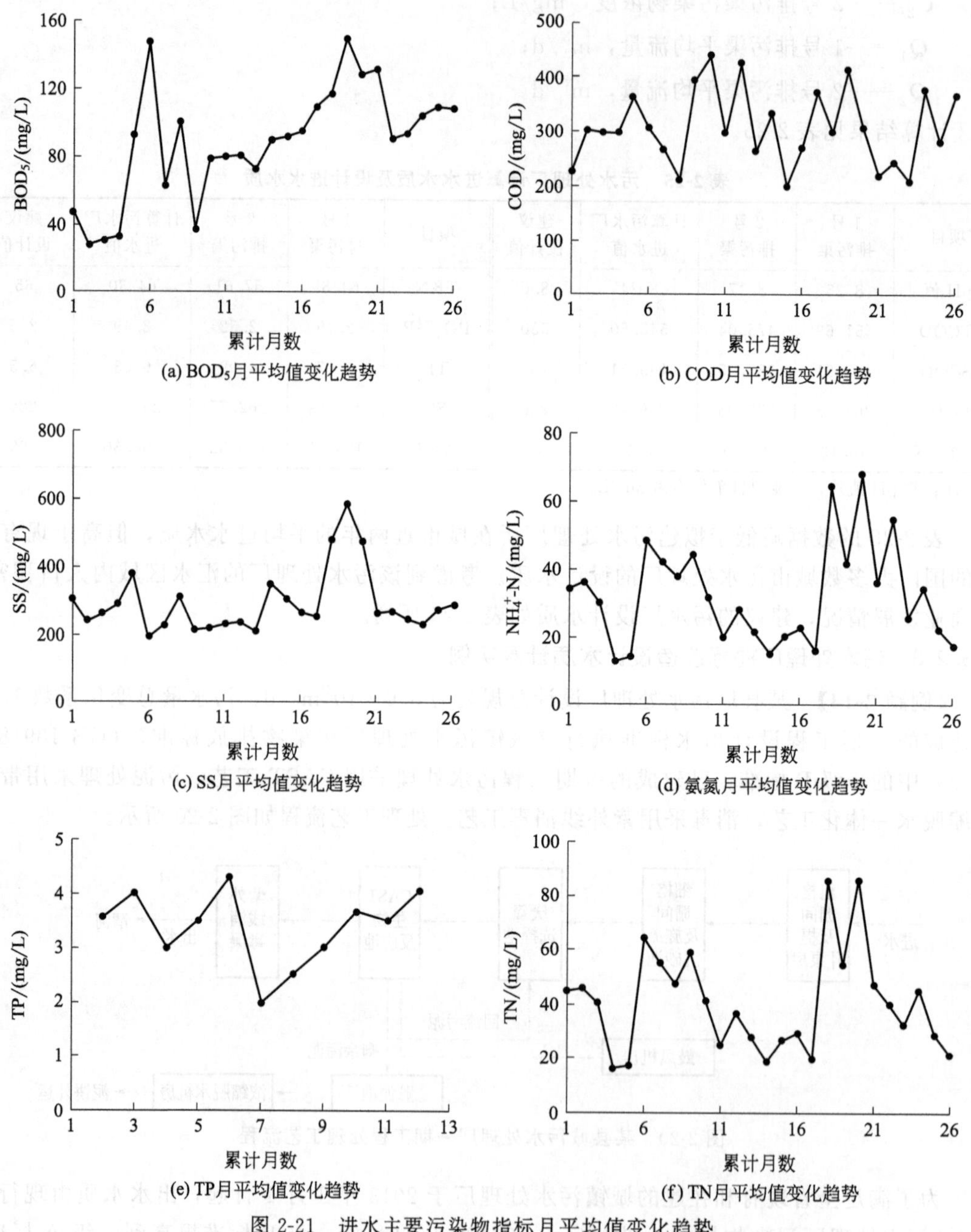

图 2-21　进水主要污染物指标月平均值变化趋势

从图 2-21 可以看出，该污水处理厂各月进水污染物浓度波动较为明显。其中 BOD_5 变化范围为 27.1～149mg/L，平均值为 88.3mg/L；COD 变化范围为 201～440mg/L，平均值为 308.5mg/L；SS 变化范围为 191～588mg/L，平均值为 292.9mg/L；氨氮变化范围为 12.8～68.2mg/L，平均值为 32.3mg/L；TP 变化范围为 1.96～4.31mg/L，平均值为 3.37mg/L；TN 变化范围为 16.6～85.3mg/L，平均值为 40.5mg/L。

对上述数据进行了统计学分析，按照各污染物质浓度出现频次绘制月平均值累积频率曲线，分别如图 2-22 所示。

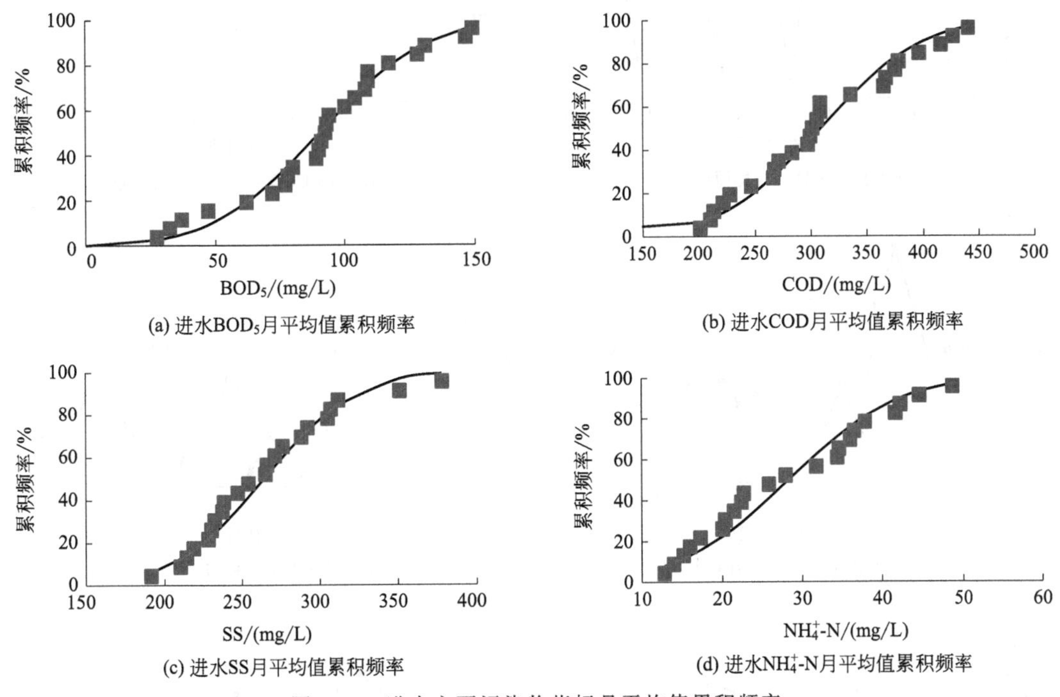

(a) 进水BOD_5月平均值累积频率　(b) 进水COD月平均值累积频率

(c) 进水SS月平均值累积频率　(d) 进水NH_4^+-N月平均值累积频率

图 2-22　进水主要污染物指标月平均值累积频率

由图 2-22 可以看出，按照 90%进水水质保证率计算，BOD_5 为 133mg/L，COD 为 400mg/L，SS 为 327mg/L，NH_4^+-N 为 43mg/L。与设计进水水质相比，BOD_5 低于设计进水水质 25%，COD 与设计进水水质基本相同，而 SS 和 NH_4^+-N 均高于设计进水水质，分别高出 63.5%和 43.3%。因为 TP 检测数据有限，平均值一般为 3～4.5mg/L，平均值为 3.51mg/L，因此采用 4.0mg/L。由于该地区生活条件、习惯的变化和工业企业的调整，使得设计进水水质与现状 90%保证率下的水质有一定差别。随着人们生活水平的提高和节水意识的增强，污水中有机物浓度可能上升；随着排水管网建设的完善，SS 值可能下降。根据现状水质保证率计算及未来水质预测，确定 90%保证率水质取值如表 2-26 所列。

表 2-26　90%保证率下进水水质取值

项目＼指标	COD /(mg/L)	BOD_5 /(mg/L)	SS /(mg/L)	NH_4^+-N /(mg/L)	TN /(mg/L)	TP /(mg/L)	pH 值
90%保证率	400	133	320	43	—	4.0	6～9
设计进水水质	400	180	200	30	40	4.0	6～9
出水水质（一级 B 标准）	≤60	≤20	≤20	≤8(15)①	≤20	≤1	6～9

① 括号外数值为水温>12℃时的控制指标，括号内数值为水温≤12℃时的控制指标。

（2）现状出水水质分析

出水污染物浓度月平均值变化趋势如图 2-23 所示。

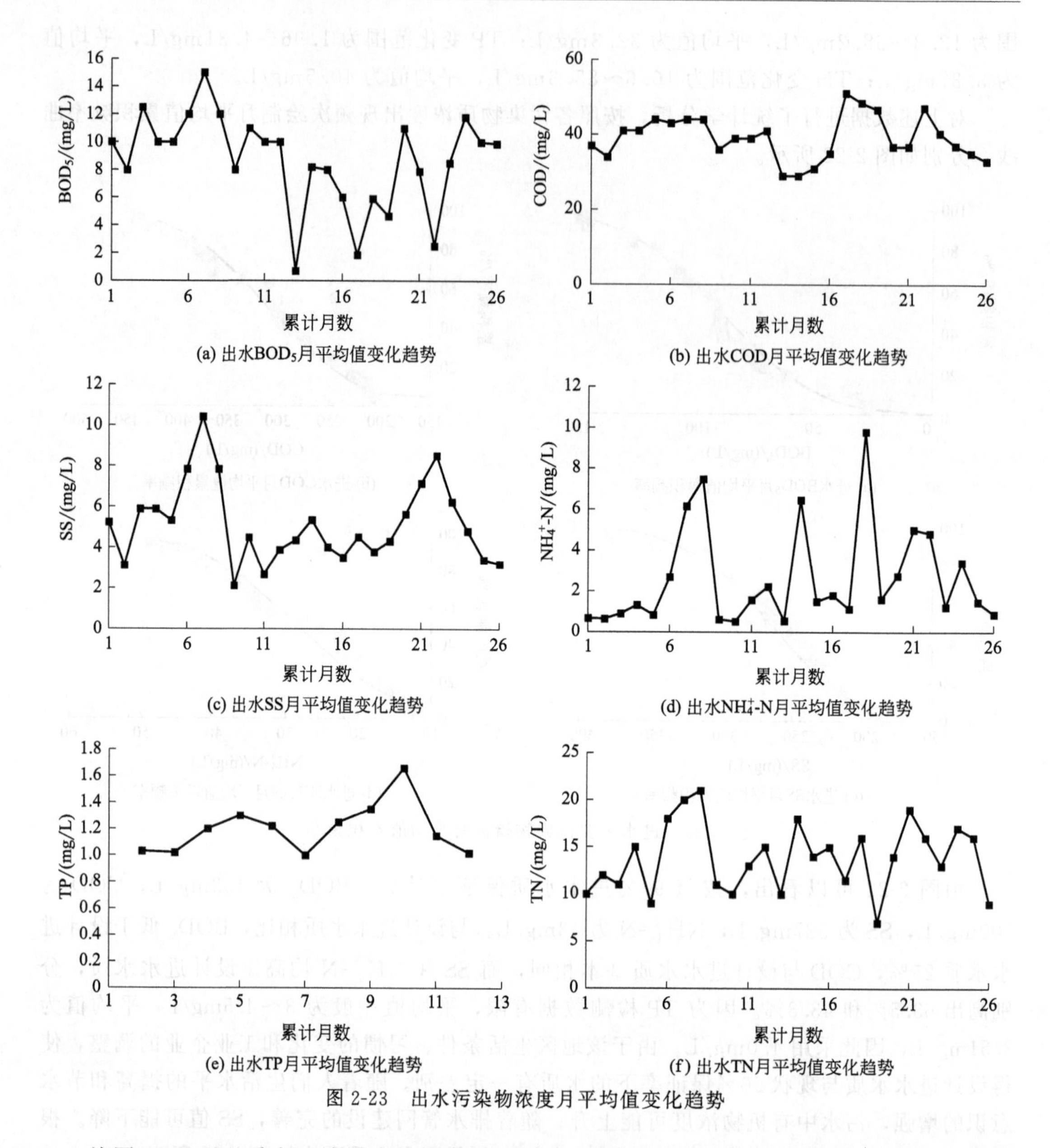

图 2-23　出水污染物浓度月平均值变化趋势

从图 2-23 可以看出，该污水处理厂现状出水 COD、SS、BOD_5 及 NH_4^+-N 月平均值能够满足设计标准，即《城镇污水处理厂污染物排放标准》(GB 18918—2002) 中的一级 B标准，TP 则超标。对于一级 A 标准，出水 BOD_5 达标率为 52%，COD 达标率为 83.3%，SS 达标率为 95%，NH_4^+-N 达标率为 75%，可见，CAST 工艺的处理能力不仅满足现状要求，且在进水水质发生较大波动的情况下仍然能够运行稳定、可靠，具有较强的抗冲击负荷能力。

出水污染物浓度月平均值累积频率如图 2-24 所示。由图 2-24 可见，90%保证率下的 BOD_5 为 13.65mg/L，COD 为 47mg/L，SS 为 7.6mg/L，NH_4^+-N 为 7.0mg/L，TP 均大于 1mg/L，平均值为 1.16mg/L。通过上述分析，结合该污水厂设计水质资料及实测水质资料，则 90%保证率下的出水水质如表 2-27 所列。

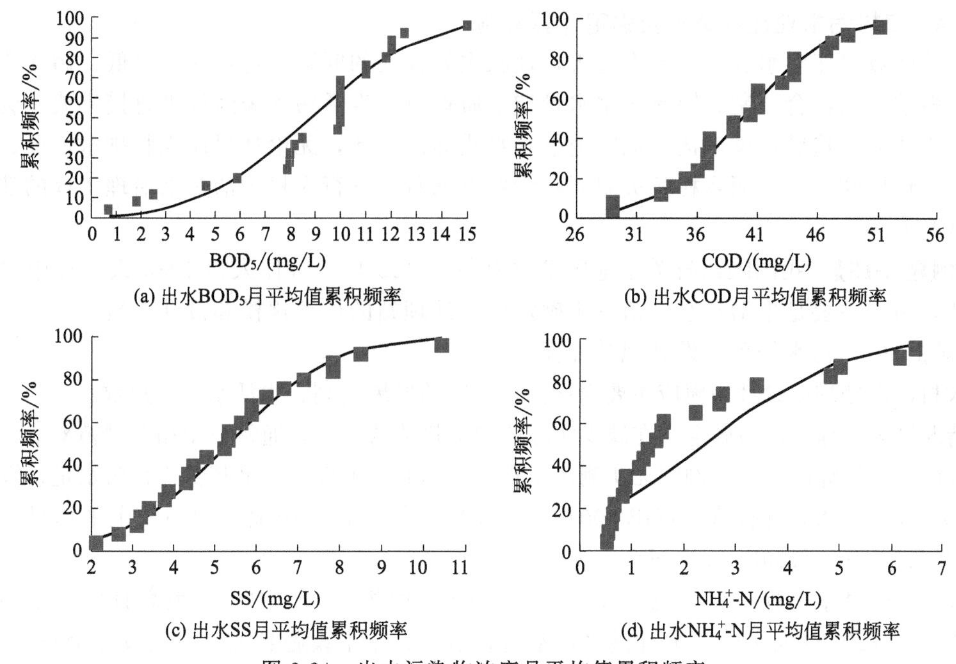

图 2-24　出水污染物浓度月平均值累积频率

表 2-27　90%保证率下出水水质

水质项目	COD /(mg/L)	BOD_5 /(mg/L)	SS /(mg/L)	TN /(mg/L)	NH_4^+-N /(mg/L)	TP /(mg/L)	pH 值
数值	47	14	7.6	≤15	5.0	1.7	6～9

(3) 提标改建工程出水水质确定

本工程出水水质标准执行《城镇污水处理厂污染物排放标准》(GB 18918—2002) 中的一级 A 标准，各指标参数如表 2-28 所列。

表 2-28　污水处理厂提标改建工程设计出水水质

水质项目	COD /(mg/L)	BOD_5 /(mg/L)	SS /(mg/L)	TN /(mg/L)	NH_4^+-N /(mg/L)	TP /(mg/L)	pH 值
数值	≤50	≤10	≤10	≤15	≤5(8)①	≤0.5	6～9

① 括号外数值为水温>12℃时的控制指标，括号内数值为水温≤12℃时的控制指标。

(4) 提标改建工艺方案论证

根据以上的工艺方案论证，确定本次提标改建工程工艺流程如图 2-25 所示。

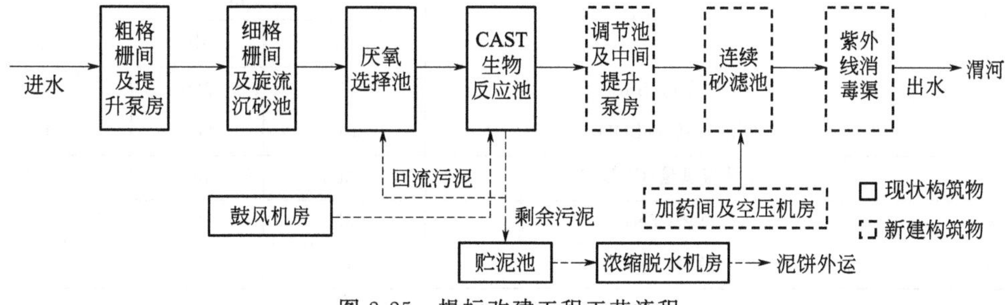

图 2-25　提标改建工程工艺流程

2.3.2.4 农村污水处理水量水质确定计算实例

目前多数村庄污水收集系统不完善，现状主要存在的问题有污水收集率低、污水收集系统绝大多数为雨污合流制、缺乏污水水量和水质资料。生活污水未经处理直接排放，会对村庄周边水体环境造成污染，甚至危害地下水水质等。因此，无论从村庄现状排水情况、区域人居生态环境改善、美丽乡村相关规划建设要求来看，进行农村生活污水治理工程的建设都是非常必要的。

【例题 2-15】 我国陕西省关中地区某村有住户 425 户，常住人口 1980 人，村中没有工业企业，污水主要是生活污水，请分析确定污水处理站的设计规模和设计水质。

【解】（1）污水处理站设计规模计算

农村污水处理站设计规模应主要根据当地村庄的发展规划、生活水平、户数、人口、居住分布情况等进行综合评估确定。在缺少实际监测资料的情况下，通常根据相关规范对农村用水量定额的规定计算确定。本例中无实测污水资料，因此依据以下标准规范进行污水量计算：

①《室外给水设计标准》（GB 50013—2018）中规定，关中地区中小城市平均日居民生活用水定额为 70～120L/(人·d)；

②《村镇供水工程技术规范》（SL 310—2019）中规定，关中地区最高日居民生活用水定额为 80～120L/(人·d)（全日供水，室内有给水、排水设施且卫生设施较齐全）；

③《行业用水定额》（陕西省地方标准 DB 61/T 943—2020）中规定，关中地区小城市居民平均日生活用水定额为 100L/(人·d)，关中地区农村居民平均日生活用水定额为 70L/(人·d)。

由于该村所属县处于关中地区，经济较为发达，居民生活水平较高，配套卫生器具齐全，考虑农村污水收集及处理系统建成后，农村用水设施进一步完善，预测用水量会小幅增加，因此结合区域内各村实际情况，最终确定本项目常住人口和流动人口平均日居民生活用水定额为 70L/(人·d)，污水排放系数取 0.85。

因此：

$$\text{污水量 } Q = 70\text{L/(人·d)} \times 1980\text{ 人} \times 0.85 = 117810\text{L/d} = 117.81\text{m}^3\text{/d}$$

实际污水处理站设计规模确定为 $120\text{m}^3/\text{d}$。

（2）污水处理站设计水质确定

本项目污水处理进水为生活污水。由于缺乏长期的实际排放污水水质统计资料，因此污水水质的预测采用参照类比的方法确定。

① 典型的城市生活污水水质。典型的城市生活污水水质指标，详见表 2-29。

表 2-29 典型城市生活污水水质指标

序号	污染物指标	浓度/(mg/L)		
		高	中	低
1	悬浮物(SS)	350	220	100
2	生化需氧量(BOD_5)	400	200	100
3	化学需氧量(COD_{Cr})	1000	400	250
4	总氮(TN)	85	40	20
5	总磷(TP)	15	8	4

② 西北地区农村生活污水水质参考值。

西北地区农村生活污水水质参考值详见表 2-30。

表 2-30　西北地区农村生活污水水质参考值

水质项目	COD/(mg/L)	BOD_5/(mg/L)	SS/(mg/L)	NH_4^+-N/(mg/L)	TP/(mg/L)	pH 值
数值	100～400	50～300	100～300	30～50	1～6	6.5～8.5

③ 周边地区农村污水处理工程实测。

关中地区某县中和村生活污水处理站进水实测指标如表 2-31 所列。

表 2-31　关中地区某县中和村生活污水处理站进水实测指标

水质项目	COD/(mg/L)	BOD_5/(mg/L)	SS/(mg/L)	NH_4^+-N/(mg/L)	TP/(mg/L)	pH 值
数值	175	85	185	38.5	3.9	7.16

关中地区某县水亭村生活污水处理站进水实测指标如表 2-32 所列。

表 2-32　关中地区某县水亭村生活污水处理站进水实测指标

水质项目	COD/(mg/L)	BOD_5/(mg/L)	SS/(mg/L)	TN/(mg/L)	NH_4^+-N/(mg/L)	TP/(mg/L)	pH 值
数值	165	—	155	32.1	18.5	2.5	6.78

本项目污水处理站进水为典型农村生活污水，参考关中地区已经实施的农村污水治理工程的实测进水水质，最终确定进水水质如表 2-33 所列。

表 2-33　本项目污水处理站设计进水水质指标

水质项目	COD/(mg/L)	BOD_5/(mg/L)	SS/(mg/L)	TN/(mg/L)	NH_4^+-N/(mg/L)	TP/(mg/L)	pH 值
数值	≤300	≤150	≤200	≤40	≤30	≤5	6～9

（3）污水处理站设计出水水质确定

本项目集中式污水处理站排水执行《城镇污水处理厂污染物排放标准》（GB 18918—2002）中的一级 A 标准，具体指标如表 2-34 所列：

表 2-34　本项目污水处理站设计出水水质指标

水质项目	COD/(mg/L)	BOD_5/(mg/L)	SS/(mg/L)	TN/(mg/L)	NH_4^+-N/(mg/L)	TP/(mg/L)	pH 值
数值	≤50	≤10	≤10	≤15	≤5(8)①	≤0.5	6～9

① 括号外数值为水温＞12℃时的控制指标，括号内数值为水温≤12℃时的控制指标。

2.4　污水的排放标准

自然水体是人类可持续发展的宝贵资源，必须严格保护，免受污染。因此，当污水需要排入受纳水体时应处理到允许排入受纳水体的排放标准，以降低对受纳水体的不利影响。我国有关部门为此制定了《污水综合排放标准》（GB 8978—1996），并于 1998 年 1 月开始实施。

目前，广泛使用的是《污水综合排放标准》（GB 8978—1996），该标准根据污水中污染物的危害程度把污染物分为两类：第一类污染物，不分行业和污水排放方式，也不分受纳水体的功能类别，一律在车间或车间处理设施排放口采样；第二类污染物，在排污单位总排放口采样。这两种污染物的最高允许排放浓度都应达到《污水综合排放标准》的要求。

上面提到的排放标准都是浓度标准。这类标准存在明显的缺陷，它不论污水受纳水体的大小和状况，不论污染源的大小，都采用同一个标准。因此，即使满足排放标准，如果排放总量大大超过接纳水体的环境容量，也会对水体造成不可逆的严重后果。科学的方法是以排污总量控制。

在实际中还要广泛收集各河流、湖泊等水体允许的纳污量或浓度要求，以及当地环保部门的规定，因为环保要求是地方标准高于国家或行业标准。

表 2-35 为部分一类污染物最高允许排放浓度（日均值），表 2-36 为 GB 18918—2002 中基本控制项目最高允许排放浓度（日均值）。

表 2-35　部分一类污染物最高允许排放浓度（日均值）　　单位：mg/L

序号	项目	标准值	序号	项目	标准值
1	总汞	0.001	5	六价铬	0.05
2	烷基汞	不得检出	6	总砷	0.1
3	总镉	0.01	7	总铅	0.1
4	总铬	0.1			

表 2-36　基本控制项目最高允许排放浓度（日均值）

序　号	基本控制项目		一级标准		二级标准	三级标准
			A 标准	B 标准		
1	化学需氧量(COD)/(mg/L)		50	60	100	120①
2	生化需氧量(BOD_5)/(mg/L)		10	20	30	60①
3	悬浮物(SS)/(mg/L)		10	20	30	50
4	动植物油/(mg/L)		1	3	5	20
5	石油类/(mg/L)		1	3	5	15
6	阴离子表面活性剂/(mg/L)		0.5	1	2	5
7	总氮(以 N 计)/(mg/L)		15	20		
8	氨氮(以 N 计)②/(mg/L)		5(8)	8(15)	25(30)	
9	总磷(以 P 计)/(mg/L)	2005 年 12 月 31 日前建设的	1	1.5	3	5
		2006 年 1 月 1 日起建设的	0.5	1	3	5
10	色度(稀释倍数)		30	30	40	50
11	pH 值		6～9			
12	粪大肠菌群数/(个/L)		10^3	10^4	10^4	

① 下列情况下按去除率指标执行：当进水 COD>350mg/L 时，去除率应大于 60%；BOD>160mg/L 时，去除率应大于 50%。

② 括号外数值为水温>12℃时的控制指标，括号内数值为水温≤12℃时的控制指标。

表 2-37 为《污水排入城镇下水道水质标准》（GB/T 31962—2015）。

表 2-37　污水排入城镇下水道水质标准（GB/T 31962—2015）

序号	控制项目名称	单位	A 级	B 级	C 级
1	水温	℃	40	40	40
2	色度	倍	64	64	64
3	易沉固体	mL/(L·15min)	10	10	10
4	悬浮物	mg/L	400	400	250
5	溶解性总固体	mg/L	1500	2000	2000
6	动植物油	mg/L	100	100	100
7	石油类	mg/L	15	15	10
8	pH 值	—	6.5～9.5	6.5～9.5	6.5～9.5
9	五日生化需氧量(BOD_5)	mg/L	350	350	150
10	化学需氧量(COD)	mg/L	500	500	300
11	氨氮(以 N 计)	mg/L	45	45	25
12	总氮(以 N 计)	mg/L	70	70	45
13	总磷(以 P 计)	mg/L	8	8	5
14	阴离子表面活性剂(LAS)	mg/L	20	20	10
15	总氰化物	mg/L	0.5	0.5	0.5
16	总余氯(以 Cl_2 计)	mg/L	8	8	8
17	硫化物	mg/L	1	1	1
18	氟化物	mg/L	20	20	20
19	氯化物	mg/L	500	800	800
20	硫酸盐	mg/L	400	600	600
21	总汞	mg/L	0.005	0.005	0.005
22	总镉	mg/L	0.05	0.05	0.05
23	总铬	mg/L	1.5	1.5	1.5
24	六价铬	mg/L	0.5	0.5	0.5
25	总砷	mg/L	0.3	0.3	0.3
26	总铅	mg/L	0.5	0.5	0.5
27	总镍	mg/L	1	1	1
28	总铍	mg/L	0.005	0.005	0.005
29	总银	mg/L	0.5	0.5	0.5
30	总硒	mg/L	0.5	0.5	0.5
31	总铜	mg/L	2	2	2
32	总锌	mg/L	5	5	5
33	总锰	mg/L	2	5	5
34	总铁	mg/L	5	10	10
35	挥发酚	mg/L	1	1	0.5
36	苯系物	mg/L	2.5	2.5	1
37	苯胺类	mg/L	5	5	2
38	硝基苯类	mg/L	5	5	3
39	甲醛	mg/L	5	5	2

续表

序号	控制项目名称	单位	A级	B级	C级
40	三氯甲烷	mg/L	1	1	0.6
41	四氯化碳	mg/L	0.5	0.5	0.06
42	三氯乙烯	mg/L	1	1	0.6
43	四氯乙烯	mg/L	0.5	0.5	0.2
44	可吸附有机卤化物(AOX,以Cl计)	mg/L	8	8	5
45	有机磷农药(以P计)	mg/L	0.5	0.5	0.5
46	五氯酚	mg/L	5	5	5

2.5 污水处理程度的确定

确定污水处理程度是比较复杂的，要考虑的因素很多，主要有受纳水体的功能、水环境质量要求、污染状况与自净能力，以及处理后的污水是否回用等。如果处理后的污水将回用，就必须使处理水的水质满足用户要求。根据水体自净能力来确定污水处理程度时，既要考虑利用水体的自净容量，又要防止水体的生态平衡遭到破坏；同时，还要全面地考虑水系流域污染物防治规划和区域的总体规划等。工业废水的处理程度也是主要根据它的出路来确定，如回用则以满足用水要求为准；如排入城市或地区排水系统，其处理程度应使处理水质达到“工业废水排入城市下水道系统的水质标准”（见表 2-34）；若需排入自然水体，则要根据 GB 8978—1996 按相应等级选择执行。

2.5.1 根据允许排放的悬浮物浓度计算

2.5.1.1 按水体中悬浮物允许增加量计算排放的悬浮物浓度

可用下式计算污水排放口处允许排放的 SS 浓度：

$$C_e = p\left(\frac{Q}{q}+1\right)+b \tag{2-19}$$

式中 C_e——污水排放口允许排放的 SS 浓度，mg/L；

p——污水排入水体与河水完全混合后，混合水中 SS 允许增加量，mg/L；

q——排入水体的污水流量，m^3/s；

b——污水排入河流前，河流中原有的 SS 浓度，mg/L；

Q——河流 95%保证率时月平均最小流量，m^3/s。

2.5.1.2 按《污水综合排放标准》计算排放的悬浮物浓度

根据《污水综合排放标准》（GB 8978—1996）中新建城镇二级污水处理工程一级排放标准，最高允许排放的悬浮物浓度为 $C_e=20$mg/L。

2.5.2 根据允许排放的 BOD_5 浓度计算

2.5.2.1 按水体中溶解氧的最低允许浓度，计算允许排放的 BOD_5 浓度

根据临界点溶解氧浓度不得低于 4mg/L 的要求，在已知条件下，利用式(2-20) 和式(2-21) 可求得未知数 L_0 和 t_c。由于解联立方程较烦琐，一般用试算法计算，也可应用计算机进行计算。

$$D_c = \frac{K_1}{K_2} L_0 10^{-K_1 t_c} \tag{2-20}$$

$$t_c = \frac{1}{K_2 - K_1} \lg \left\{ \frac{K_2}{K_1} \left[1 - \frac{D_0 (K_2 - K_1)}{K_1 L_0} \right] \right\} \tag{2-21}$$

式中　K_1——耗氧速率常数；

K_2——复氧速率常数；

L_0——起始点（排放口处）有机物浓度，mg/L；

t_c——临界时间，d；

D_0——在污水排放口处起始点亏氧量，mg/L。

2.5.2.2　按水体中 BOD_5 的最高允许浓度，计算允许排放的 BOD_5 浓度

根据水体和污水的实际温度，并将 K_1 值按温度做必要的调整后，再进行计算。有时为了简化计算，往往假定河水和污水温度皆为 20℃，然后进行粗略计算。这两种算法皆可应用下列公式表示：

$$L_{5e} = \frac{Q}{q} \left(\frac{L_{5ST}}{10^{-K_1 t}} - L_{5R} \right) \frac{L_{5ST}}{10^{-K_1 t}} \tag{2-22}$$

式中　L_{5e}——排放污水中 BOD_5 的允许浓度，mg/L；

L_{5R}——河流中原有的 BOD_5 浓度，mg/L；

L_{5ST}——水质标准中河水的 BOD_5 最高允许浓度，mg/L。

$$L_5 = L_0 \times 10^{-K_1 \cdot 5} \tag{2-23}$$

式中　L_5——BOD_5 的允许浓度，mg/L；

L_0——BOD_u 的允许浓度，mg/L；

K_1——好氧速率常数。

计算时往往按水体上某一验算点（水源地、取水口）进行计算，故式(2-22）中的 t 为由污水排放口流到计算断面的流行时间，其计算式为：

$$t = \frac{x}{v} \tag{2-24}$$

式中　t——流行时间，d；

x——由污水排放口至计算断面的距离，km；

v——河水平均流速，m/s。

2.5.2.3　按《污水综合排放标准》计算允许排放的 BOD_5 浓度

根据《污水综合排放标准》（GB 8978—1996）中新建城镇二级污水处理工程一级排放标准，最高允许排放的 BOD_5 浓度为 20mg/L。

2.5.3　污水处理程度计算实例

城市污水的水质与水体要求相比，一般至少要高出 1 个数量级，因此，在排放水体之前都必须进行适当程度的处理，使处理后的污水水质达到允许的排放浓度。

污水处理程度的计算式为：

$$E = \frac{C_i - C_e}{C_i} \times 100\% \tag{2-25}$$

式中　E——污水的处理程度，%；

C_i——未处理污水中某种污染物的平均浓度，mg/L；

C_e——允许排入水体的已处理污水中该种污染物的平均浓度，mg/L。

城市污水处理程度的主要污染物指标一般用 BOD_5 及 SS 表示。有时，当工业废水影响较大时，尚可辅以 COD 作为参考指标。

【例题 2-16】 某城市的城市污水总流量 $q=5.0m^3/s$，污水的 $BOD_5=450mg/L$，$SS=380mg/L$，污水温度 $T=20℃$，污水经二级处理后 $DO_{SW}=1.5mg/L$。处理后的污水拟排入城市附近的水体，在水体自净的最不利情况下，河水流量 $Q=19.5m^3/s$，河水平均流速 $v=0.6m/s$，河水温度 $T=25℃$，河水中原有溶解氧 $DO_R=6.0mg/L$，$BOD_5=3.0mg/L$，$SS=55mg/L$，SS 允许增加量 $p=0.75mg/L$，设河水与污水能很快地完全混合，混合后 20℃的 $K_1=0.1$，$K_2=0.2$。在污水总出水口下游 35km 处为集中取水口的卫生防护区，要求 BOD_5 不得超过 4mg/L。

【解】（1）求 SS 的处理程度

1）按水体中 SS 允许增加量计算排放的 SS 浓度

① 计算污水总出水口处 SS 的允许浓度

$$\{C_e\}_{mg/L}=p\left(\frac{Q}{q}+1\right)+b=0.75\left(\frac{19.5}{5.0}+1\right)+55=58.6$$

② 求 SS 的处理程度

$$\{E\}_{\%}=\frac{C_i-C_e}{C_i}\times100\%=\frac{380-58.6}{380}\times100\%=84.6\%$$

2）按《污水综合排放标准》（GB 8978—1996）计算排放的 SS 浓度

①《污水综合排放标准》（GB 8978—1996）中规定新建城镇二级污水处理工程的一级排放标准，最高允许排放的 SS 浓度为：

$$\{C_e\}_{mg/L}=20$$

② 求 SS 的处理程度：

$$\{E\}_{\%}=\frac{C_i-C_e}{C_i}\times100\%=\frac{380-20}{380}\times100\%=94.7\%$$

3）SS 的处理程度

取计算中处理程度高的值，SS 处理程度为：

$$E=94.7\%$$

（2）求 BOD_5 的处理程度

1）按水体中 DO 的最低允许浓度，计算允许排放的 BOD_5 浓度

① 求排放口处 DO 的混合浓度及混合温度

$$\{DO_m\}_{mg/L}=\frac{QC_R+qC_{SW}}{Q+q}=\frac{19.5\times6.0+5.0\times1.5}{19.5+5.0}=5.1$$

$$\{t_m\}_{℃}=\frac{19.5\times25+5.0\times20}{19.5+5.0}=24.0$$

② 求水温为 24.0℃时的常数 K_1 和 K_2 值

$$K_{1(24)}=K_{1(20)}\times\theta^{(24-20)}=0.1\times1.047^4=0.120$$

$$K_{2(24)}=K_{2(20)}\times1.024^{(24-20)}=0.2\times1.024^4=0.219$$

③ 求起始点的亏氧量 D_o 和临界点的亏氧量 D_c

查表得出 24℃时的饱和溶解氧 DO_s＝8.53mg/L，则可得：

$$\{D_o\}_{mg/L}=8.53-5.1=3.43$$

$$\{D_c\}_{mg/L}=8.53-4.0=4.53$$

④ 用试算法求起始点 L_o 和临界时间 t_c

a. 第一次试算。设临界时间 $t_c'=1.0$d，将此值及其他已知数值代入式(2-20)，即：

$$D_c=\frac{K_1}{K_2}L_o 10^{-K_1 t_c}$$

$$\{L_o\}_{mg/L}=D_c\frac{K_2}{K_1}10^{K_1 t_c}=4.53\times\frac{0.219}{0.120}\times 10^{0.12\times 1}=10.87$$

$$L_o=10.87\text{mg/L}$$

将 L_o＝10.87mg/L 代入式(2-21) 得：

$$\{t_c\}_d=\frac{1}{K_2-K_1}\lg\left\{\frac{K_2}{K_1}\left[1-\frac{D_o(K_2-K_1)}{K_1 L_o}\right]\right\}$$

$$=\frac{1}{0.219-0.120}\lg\left\{\frac{0.219}{0.120}\left[1-\frac{3.43(0.219-0.120)}{0.120\times 10.87}\right]\right\}$$

$$=1.316\text{d}>t_c'=1.0$$

b. 第二次试算。设临界时间 $t_c'=1.523$d，代入式(2-20)，得出：

$$L_o=12.59\text{mg/L}$$

将上值代入式(2-21)，得出：

$$t_c=1.523\text{d}=t_c'$$

符合要求 [一般$|(t_c-t_c')|\leqslant 0.001$ 即符合要求]。

⑤ 求起点容许的 20℃时 BOD_5

$$\{L_{5m}\}_{mg/L}=L_o(1-10^{-K_1 t})=12.59(1-10^{-0.1\times 5})=8.61$$

⑥ 求污水处理厂允许排放的 20℃时 BOD_5

$$\{L_{5e}\}_{mg/L}=L_{5m}\left(\frac{Q}{q}+1\right)-\frac{Q}{q}L_{5R}=8.61\left(\frac{19.5}{5.0}+1\right)-\frac{19.5}{5.0}\times 3.0=30.5$$

⑦ 求处理程度

$$\{E\}_{\%}=\frac{450-30.5}{450}\times 100\%=93.2$$

2）按水体中 BOD_5 最高允许浓度，计算允许排放的 BOD_5 浓度

① 计算由污水排放口流到 35km 处时间

$$\{t\}_d=\frac{x}{v}=\frac{1000\times 35}{86400\times 0.6}=0.675$$

② 将 20℃时，L_{5R}、L_{5ST} 的数值换算成 24℃时的数值

20℃时的 L_{5ST}＝4mg/L，则：

$$4=L_o(1-10^{-0.1\times 5})$$

$$\{L_o\}_{mg/L}=\frac{4}{0.684}=5.85$$

计算 24℃时的 L_{5ST}，即：

$$\{L_{5ST}\}_{mg/L}=5.85(1-10^{0.12\times5})=5.85\times0.749=4.38$$

又因为 20℃时的 $L_{5R}=3mg/L$，则：

$$\{L_o\}_{mg/L}=\frac{3}{0.684}=4.39$$

计算 24℃时的 L_{5R}，即：

$$\{L_{5R}\}_{mg/L}=4.39\times0.749=3.29$$

③ 求 24℃时的 L_{5e} 值

$$\begin{aligned}\{L_{5e}\}_{mg/L}&=\frac{Q}{q}\left(\frac{L_{5ST}}{10^{-K_1t}}-L_{5R}\right)+\frac{L_{5ST}}{10^{-K_1t}}\\&=\frac{19.5}{5.0}\left(\frac{4.38}{10^{-0.12\times0.675}}-3.29\right)+\frac{4.38}{10^{-0.12\times0.675}}\\&=13.5\end{aligned}$$

④ 将 24℃时的 L_{5e} 转换成 20℃时的数值

$$\{L_o\}_{mg/L}=\frac{13.5}{0.749}=18.02$$

其 20℃时的 L_{5e} 为：

$$\{L_{5e}\}_{mg/L}=18.02\times0.684=12.33$$

⑤ 计算处理程度

$$\{E\}_{\%}=\frac{450-12.33}{450}\times100\%=97.3$$

3）按《污水综合排放标准》（GB 8978—1996）计算排放的 BOD_5 浓度

①《污水综合排放标准》（GB 8978—1996）中规定的新建城镇二级污水处理工程的一级排放标准，最高允许排放的 BOD_5 浓度为：

$$L_{5e}=20mg/L$$

② 计算处理程度

$$\{E\}_{\%}=\frac{450-20}{450}\times100\%=95.5$$

4）BOD_5 的处理程度

取计算中处理程度高的值，BOD_5 处理程度 $E=97.3\%$。

【例题 2-17】 某市污水处理厂处理水排放点 A 上游河流水的 BOD 为 $C_1=1.8mg/L$，河水流量 $Q_1=50\times10^4m^3/d$，试计算并回答下列问题。

（1）污水处理厂进水流量 $Q_2=3\times10^4m^3/d$，BOD 浓度为 $C_2=200mg/L$，而排放点 A 下游河流水环境标准为二级（BOD 3mg/L）。为保证其水体环境质量标准，污水处理厂排放水质 BOD 最大可为多少？计算 BOD 去除率，并选择处理方法。

（2）按照规划，处理厂对岸为工业开发区，其排放点 B 恰好与 A 点相对称，该污水排放量 $Q_3=5\times10^4m^3/d$，BOD 浓度 $C_3=100mg/L$。而处理厂排放水质不变，试计算下游河水 BOD（C_4）上升到多少？

【解】（1）设处理厂排放水的 BOD 为 x mg/L，则：

$$\frac{Q_1C_1+Q_2x}{Q_1+Q_2}\leqslant3$$

所以：

$$Q_1C_1+Q_2x\leqslant 3(Q_1+Q_2)$$

$$x\leqslant\frac{3(Q_1+Q_2)-Q_1C_1}{Q_2}=\frac{3\times(50\times10^4+3\times10^4)-50\times10^4\times1.8}{3\times10^4}$$

$$=23\ (\text{mg/L})$$

则：

$$\text{BOD 去除率}=\frac{200-23}{200}\times100\%=88.5\%$$

根据 BOD 去除率为 88.5%，宜采用常规负荷或低负荷活性污泥法处理工艺。

(2) $C_4=\frac{C_1Q_1+23Q_2+100Q_3}{Q_1+Q_2+Q_3}=\frac{1.8\times50\times10^4+23\times3\times10^4+100\times5\times10^4}{50\times10^4+3\times10^4+5\times10^4}=11.36\text{mg/L}$

2.6　污水处理基本方法及处理厂处理效率

2.6.1　污水处理方法分类

污水处理方法可概括为三大类。

(1) 分离处理

通过各种外力的作用，使污染物从废水中分离出来。一般来说，在分离过程中并不改变污染物的化学本性。

(2) 转化处理

通过化学的或生物化学的作用，改变污染物的化学本性，使其转化为无害的物质或可分离的物质，后者再经分离予以除去。

(3) 稀释处理

通过稀释混合，降低污染物的浓度，达到无害的目的。

污水处理与利用的基本方法见表 2-38。

表 2-38　污水处理与利用的基本方法

分类	处理与利用的工艺		去除对象	作用
物理法一级处理	调节		使水质、水量均衡	预处理
	重力分离法	沉淀 隔油 气浮(浮选)	可沉物质 颗粒较大的油珠 乳状油、密度近于水的悬浮物	预处理 预处理 中间处理
	离心分离法	水力旋流器 离心机	密度大的悬浮物，如铁皮、砂等 乳状油、纤维、纸浆、晶体等	预处理 中间处理
	过滤	格栅 筛网 砂滤 布滤 微孔管 反渗透、超滤	粗大杂物 较小的杂物 悬浮物、乳状油 悬浮物、沉渣 极细小悬浮物 某些分子和离子	预处理 预处理 中间或最终处理 中间或最终处理 最终处理 最终处理
	热处理	蒸发 结晶	高浓度酸、碱废液 可结晶物质、硫酸亚铁、盐	最终处理 最终处理
	磁分离		弱磁性极细颗粒	最终处理

续表

分类	处理与利用的工艺		去除对象	作用
化学法	投药法	混凝	胶体、乳状油	中间处理
		中和	酸、碱	中间或最终处理
		氧化还原	溶解性有害物质，如 CN^-、Cr、Hg、Cd、S 等	最终处理
		化学沉淀		
	传质法	蒸馏	溶解性挥发物质，如单元酚	中间处理
		吹脱	溶解性气体，如 H_2S、CO_2 等	中间处理
		萃取	溶解性物质，如酚	中间处理
		吸附	溶解性物质，如酚、汞	最终处理
		离子交换	可离解物质、盐类物质等	最终处理
		电渗析	可离解物质、盐类物质等	最终处理
生物二级处理法	自然生物处理	土地处理	胶状体和溶解性有机物质	最终处理
		稳定塘	胶状体和溶解性有机物质	最终处理
	人工生物处理	生物膜法	胶状体和溶解性有机物质	最终处理
		活性污泥法	胶状体和溶解性有机物质	最终处理
深度处理	化学处理	混凝沉淀	剩余的悬浮物	最终处理
	物理处理	过滤	胶状体和溶解性有机物质	最终处理

注：表中“作用”一栏是不严格的分类，仅作一般的参考。

2.6.2 污泥处理方法分类

污泥的性质不同，回收和处置方法也各不相同。但污泥都含有水分，存在污泥脱水处理的任务。另外，有机污染物存在稳定化的处理任务。

（1）污泥脱水处理

污泥脱水即降低污泥含水率，使之便于贮存、运输和最终处置。

① 浓缩：将污泥含水率降到95%～98%的处理过程，叫作浓缩。

② 脱水：将污泥含水率进一步降到65%～85%的处理过程，叫作脱水。

③ 干化：将污泥含水率进一步降到40%～45%以下的处理过程，叫作干化。

（2）稳定处理

稳定处理是防止有机污泥腐败的措施。

① 化学稳定：投加石灰和氯等化学物质杀灭微生物，暂时使污泥不发生腐败。

② 生物稳定：通过微生物的作用，将有机物分解成无机物和稳定的有机物。

2.6.3 污水处理流程组合原则

污水的性质十分复杂，往往需要将几种单元处理操作联合成一个有机的整体，并合理配置其主次关系和前后次序，才能最经济有效地完成处理任务。这种由单元处理设备合理配置的整体，称为污水处理系统，或称为污水处理流程。

污水处理流程组合一般应遵循先易后难、先简后繁的规律，即首先去除大块垃圾和漂浮物质，然后再依次去除悬浮固体、胶体物质及溶解性物质。亦即，首先使用物理法，然后再使用化学法和生物法。

2.6.4 城市污水处理厂的处理效率

城市污水处理厂的处理效率，可按表2-39采用。

表 2-39　城市污水处理厂的处理效率

项目 资料来源	处理效率/%				备注
	一级处理		二级处理		
	SS	BOD_5	SS	BOD_5	
上海某污水厂	50	24	92	93	二级处理:活性污泥法(1982～1984 年运行资料)
北京某中试厂	50	20	80	92	二级处理:活性污泥法
北京某污水厂			93	95	二级处理:活性污泥法
日本指针	30～40	25～35	65～80	65～85	二级处理:生物过滤法
			80～90	85～95	二级处理:活性污泥法
我国规范	40～45	20～30	60～90	65～90	二级处理:生物膜法
			70～90	65～95	二级处理:活性污泥法

2.7　污水处理方式的确定

2.7.1　影响处理方式的因素

处理方式与处理人口数、处理水量、原水水质、排放标准、建设投资、运行成本、处理效果及稳定性、工程应用状况、维护管理是否简单方便，以及能否与深度处理组合等因素有关。具体可从以下几方面来考虑：a. 出水水质稳定、可靠、卫生、安全；b. 抗水质、水量变化能力强；c. 污泥处理与处置简单；d. 建设费和维护管理费低；e. 维护管理简单方便；f. 必要时可与深度处理工艺进行组合。

2.7.2　污水处理方式的选定

2.7.2.1　处理规模大小的划分

污水处理厂按处理水量划分为大、中、小三种规模。划分标准见图 2-26。

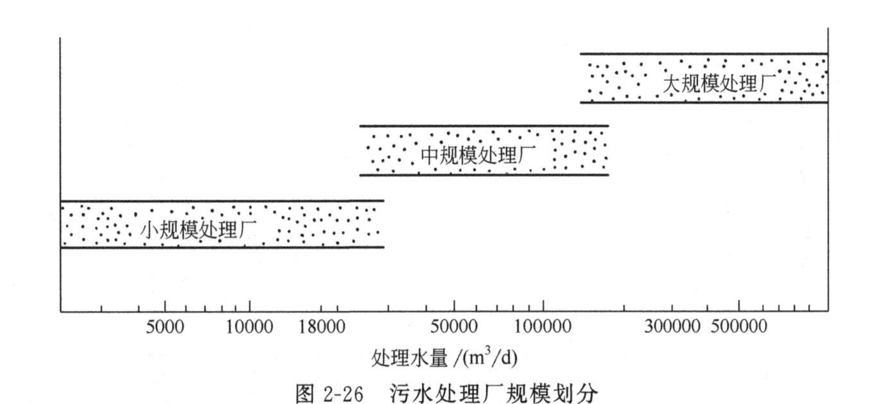

图 2-26　污水处理厂规模划分

2.7.2.2　污水处理方式的比较

污水处理方式的比较以小规模处理单元设施为例，采用列表比较法。具体比较项目和工艺见表 2-40。

表 2-40　污水处理方式比较（小规模处理单元设施）

序号	项目	标准活性污泥法	生物转盘法	氧化沟法	延时曝气法	接触曝气法	SBR 法
1	初沉池	表面负荷 35m^3/(m^2·d),HRT 1.5h	表面负荷 35m^3/(m^2·d),HRT 1.5h	可以不设	可以不设	表面负荷 30m^3/(m^2·d),HRT 2.0h	可以不设
	生物处理单元	BOD-SS 负荷 0.2～0.4kg/(kg·d),污泥回流比 20%～40%,HRT 3.0h	BOD 面积负荷 8g/(m^2·d),水力负荷 65L/(m^2·d)	BOD-SS 负荷 0.03～0.05kg/(kg·d),污泥回流比 100%,HRT 24h	BOD-SS 负荷 0.03～0.05kg/(kg·d),污泥回流比 100%,HRT 24h	BOD 容积负荷 0.2kg/(m^3·d),HRT 24h	BOD-SS 负荷 0.2kg/(kg·d)
	二沉池	表面负荷 25m^3/(m^2·d),HRT 3.0h	表面负荷 25m^3/(m^2·d),HRT 3.0h	表面负荷 15m^3/(m^2·d),HRT 4.0h	表面负荷 15m^3/(m^2·d),HRT 4.0h	表面负荷 25m^3/(m^2·d),HRT 3.0h	无
2	BOD 去除率 90%以上（200mg/L→20mg/L）	90%以上 △	85%（污泥沉淀效果差） ×	93%以上 ◎	93%以上 ◎	93%以上 ◎	90%以上 △
3	抗负荷变化的能力	抗水质、水量变化能力有限 △	抗水量变化能力差，抗浓度变化能力强 △	抗水量、浓度变化能力强 ○	抗水量变化能力较弱，抗浓度变化能力强 ○	抗水量、水质变化能力强 ○	抗水量变化能力强，抗浓度变化能力差 △
4	有无污泥膨胀发生	有 △	无 ○	有(调整简单) ○	有 △	无 ○	有(发生污泥膨胀少但处理困难) ×
5	污泥回流设备	需要 20%的调整 △	不需要 ○	100%泵动力大 △	100%泵动力大 △	不需要 ○	不需要 ○
6	污泥量	多 △	较少 ○	少 ◎	少 ◎	较少 ○	较多 △
7	气温、水温的影响	水温变化影响小 ○	水温变化影响大 ×	水温变化影响小 ○	水温变化影响小 ○	水温变化影响小 ○	水温变化影响小 ○
8	日常操作难易	为调节污泥回流量和空气量，需要每天测定SV（污泥沉降比）、MLSS、DO 等项目，日常操作多 △	几乎没有调整要素，日常操作简单 ○	几乎没有调整要素，日常操作简单 ○	几乎没有调整要素，日常操作简单 ○	接触曝气槽需每月 1 次反冲洗，其他操作简便 ○	自动化程度高时，日常管理容易，但有浮渣问题。手动运行是不可能的 △
9	设备的可靠性（故障时）	设有备用鼓风机，水中无驱动装置，可靠性高 ○	转盘故障时，高负荷运行，可靠性差 ×	每组设 2 台曝气机，每台与运行对应 ○	设有备用鼓风机，水中无驱动装置，可靠性高 ○	设有备用鼓风机，接触曝气槽的技术评价不明确 △	污泥膨胀后难以恢复，自动控制发生故障时，手动运行操作复杂 ×

续表

序号	项目	标准活性污泥法	生物转盘法	氧化沟法	延时曝气法	接触曝气法	SBR法
10	噪声	鼓风机房进行隔声处理，无其他机械噪声。污水搅拌声可加盖处理　○	无噪声问题，无污水搅拌声　○	有曝气机搅拌污水声　○	鼓风机房进行隔声处理，无其他机械噪声。污水搅拌声可加盖处理　○	无噪声问题，无污水搅拌声　○	无噪声问题，有间歇污水搅拌声，可加盖处理　○
	卫生以及泡沫、臭气的产生	有泡沫飞散和臭气产生，可加盖处理解决　○	有臭气产生，可加盖处理解决　○	有臭气产生，可加盖处理解决　○	有泡沫飞散和臭气产生，可加盖处理解决　○	有泡沫飞散和臭气产生，可加盖处理解决　○	有泡沫飞散和臭气产生，可加盖处理解决　○
	美观	可建成地下式或半地下式，上部空间可综合利用　○	可建成地下式或半地下式，上部空间可综合利用　○	可建成地下式或半地下式，上部空间可综合利用　○	可建成地下式或半地下式，上部空间可综合利用　○	可建成地下式或半地下式，上部空间可综合利用　○	可建成地下式或半地下式，上部空间可综合利用　○
11	设施面积	可增加水深，减少占地面积　○	不能增加水深，占地面积大　△	增加水深可减少占地面积，但比其他方法要大　△	同氧化沟法差不多　△	占地面积居中　○	不设调节池、初沉池和二沉池，占地面积小　◎
12	能耗	一般　○	少　◎	较少　○	大　△	较少　○	少　◎
13	脱氮运行	可以实现　△	容易实现　○	容易实现且脱氮率高　◎	容易实现　○	容易实现　○	容易实现　○
14	工程应用实绩	应用广泛　○	城市污水处理应用较少　△	应用广泛　○	多　○	应用较少　△	应用较少　△
	适用性 $Q<1000m^3/d$	○	◎	◎	◎	◎	◎
	适用性 $Q<5000m^3/d$	○	○	◎	◎	○	○
	适用性 $Q<10000m^3/d$	◎	○	◎	◎	○	△
	适用性 $Q>10000m^3/d$	◎	△	○	△	△	×
15	维护管理费	一般　○	少　○	较少　○	较多　△	较少　○	少　○
16	建设费	一般　○	大　×	较大　△	较大　△	较大　△	较少　○
17	总合评价	(1)活性污泥的维护管理比较敏感； (2)产泥量多； (3)其他项目居中　△	(1)工程应用实绩少； (2)冬季处理效果差； (3)转盘组数多，维护管理复杂； (4)建设费高　×	(1)占地面积大，建设费较高； (2)其他项目良好，特别是出水BOD稳定在20mg/L以下　◎	(1)占地面积大，建设费较高，耗能大； (2)其他指标良好，特别是出水BOD稳定在20mg/L以下　◎	各指标较好，但工程应用不多，技术发展趋势不明确　△	(1)工程应用实绩不多； (2)污泥膨胀时难以恢复； (3)技术发展、运行管理条件不明确　△

注：×为差；△为一般；○为良好；◎为优良。

2.7.3 污水处理工艺比较实例

① 具有脱氮除磷功能的污水处理工艺优缺点比较。

污水处理工艺比较如表 2-41 所列。

表 2-41 污水处理工艺比较

优缺点	氧化沟法	AB 法	A-A-O 法	SBR 法(序批式活性污泥法)	MSBR(改良型 SBR)	UNTIANK(一体化活性污泥法)
优点	(1)处理流程简单,构筑物少,基建费用较省; (2)处理效果好,有较稳定的脱氮除磷功能; (3)对高浓度工业废水有很大的稀释能力; (4)有抗冲击负荷的能力; (5)能处理不易降解的有机物,污泥生成少; (6)技术先进成熟,管理维护较简单; (7)国内工程实例多,容易获得工程管理经验	(1)曝气池的体积较小,基建费用相应降低; (2)污泥不易膨胀,可达到一定的脱氮、除磷效果; (3)抗冲击负荷的能力较强	(1)基建费用低,具有较好的脱氮、除磷功能; (2)具有改善污泥沉降性能,可减少污泥排放量; (3)具有提高对难降解生物有机物去除效果,运转效果稳定; (4)技术先进成熟,运行稳妥可靠; (5)管理维护简单,运行费用低; (6)国内工程实例多,工艺成熟,容易获得工程管理经验	(1)其脱氮除磷的厌氧、缺氧和好氧不是由空间划分,而是用时间控制的; (2)不需要回流污泥和回流混液,不设专门的二沉池,构筑物少; (3)占地面积少	(1)具有同时进行生物除磷及生物脱氮效果; (2)具有 A^2/O 法生物除磷脱氮功能; (3)具有 SBR 一体化及控制灵活等优点	(1)同时具有生物除磷脱氮的作用; (2)构筑物少,占地面积少; (3)运行灵活,水头损失少; (4)投资费用较省
缺点	(1)处理构筑物较多; (2)回流污泥溶解氧含量较高,对除磷有一定的影响; (3)容积及设备利用率不高	(1)构筑物较多; (2)污泥产生量较多	(1)处理构筑物较多; (2)需增加内回流系统	(1)容积及设备利用率较低(一般小于 50%); (2)操作、管理、维护较复杂; (3)自控程度高,对工人素质要求较高; (4)国内工程实例少; (5)脱氮除磷功能一般		缺乏专门的厌氧区,影响厌氧段磷的释放和除磷效果

② 某市 A 污水处理厂污水处理工艺技术经济比较。

A 污水厂污水处理方案技术经济优缺点对比如表 2-42 所列。

表 2-42 A 污水厂污水处理方案技术经济优缺点对比

评比项目		内容含义	污水处理方案	
			吸附/氧化法方案	氧化沟方案
技术可行性	技术适用情况	应用的广泛性,对大水量、各水质的适用程度	欧洲使用经验多,适用于工业废水量大,水质变化适应性强,耐冲击	适用于小水量或中等规模污水厂,适应水质变化能力强,用于大型水厂国内外均缺乏实例
水质目标	出水水质	出水水质满足排放标准的保证程度	出水水质好,COD 处理率较高	由于泥龄长,固液分离效果差,氨氮去除效果好
	对外界条件适应性	气温、水温、营养、水量变化等对出水水质的影响程度	出水水质稳定,对外界条件变化适应性好	出水水质较差,但水质稳定;寒冷地区冬季水温下降多

续表

评比项目		内容含义	污水处理方案	
			吸附/氧化法方案	氧化沟方案
费用指标	基建总投资	包括污水、污泥处理的一次性投资	16650 万元	17080 万元
	污水处理工程投资	不包括污泥处理及附属建筑	4782 万元	7978 万元(包含污泥稳定处理)
	运行费用	这里仅指运行电费	1155 万元	1298 万元
	费用总现值	投资与运行费用现值之和	24273.48 万元	25014.68 万元
工程实施	分步实施	分步实施及其出水水质	可分吸附段、氧化段实施,吸附段水质也较好	不可分步实施
	施工难易	施工难易程度与加快建设进度	一般	较难
环境影响	对周围环境影响	噪声与鼓风量有关	较小	噪声小
	污泥的影响	污泥对环境影响与产泥量	污泥量多,处理后卫生条件好	污泥量较少,处理后污泥卫生条件差
能源关系	耗能情况	这里仅指电耗	少	多
	沼气利用	污泥消化所产生的沼气量	较多	无(不消化)
运行管理条件	运转操作	运转操作	较复杂	较简单
	维修管理	设备维修工作量、难易程度	设备多,维修工作量大	设备在室外而且无备用,维修要求高

③ 某市 B 污水处理厂污水处理工艺技术经济比较。B 污水厂污水处理方案比较如表 2-43 所列。

表 2-43　B 污水厂污水处理工艺方案比较

评比项目		内容含义	方案 1　ORBAL 氧化沟工艺	方案 2　CAST 工艺	方案 3　A^2/O 工艺
技术可行性	技术适用情况	应用的广泛性 对水质、水量和规模的适应程度 先进、成熟性	先进、成熟,国内外已广泛应用,适于中、小规模,抗冲击能力强	先进、成熟,国外应用较多,国内近几年来逐渐推广采用,适合中、小规模,抗冲击能力强	成熟、可靠,国内外广泛应用,适于各种规模,有一定的耐冲击负荷的能力
水质指标	出水水质对外界条件的适应性	满足排放标准 深度处理的难易程度 气温、水温、营养物、水量、水质变化对出水水质的影响	出水水质好、稳定,易于深度处理,对外界条件变化的适应性较好	出水水质好,易于深度处理,出水水质稳定,对外界条件变化的适应性较好	出水水质好,较易于深度处理,出水水质稳定,对外界条件变化有一定的适应性
费用指标	基建总投资	污水、污泥处理总投资(万元)	近期 18826(1882.6 元/m^3 水)	远期 15963(1596.3 元/m^3 水)	远期 21048(2104.8 元/m^3 水)
	运行费用	电费/(元/m^3 水)	0.19	0.17	0.2
		药剂费/(元/m^3 水)	0.09	0.09	0.09
		单方水处理经营成本	0.48	0.33	0.50

续表

评比项目		内容含义	方案1　ORBAL氧化沟工艺	方案2　CAST工艺	方案3　A^2/O工艺
工程实施	分步实施	分步实施的可能性及出水水质	可分步实施并保证出水水质	可分步实施并保证出水水质	可分步及分级实施，分级实施时出水水质难以保证
	施工难易	施工难易程度	施工较难	施工难度不大	施工较难
环境影响	对周围环境的影响	噪声、臭味	噪声小，臭味较小	噪声较大，臭味较小	噪声较大，臭味较小
	污泥情况	污泥产量大小、稳定性	产泥量小且基本稳定	产泥量较小，基本稳定	产泥量较大，未稳定
物能消耗	电耗	电耗仅指动力消耗	较大	较小	较大
	占地	生产区占地大小	$21hm^2$，较小	$17hm^2$，较小	$23hm^2$，较大
	能源回收	能源回收可利用的热能、电能	无	无	可回用一部分热能、电能
运行管理	运转操作	操作单元多少和方便性	操作单元较少，方便	操作单元较少，方便	操作单元较多，较复杂
	维修管理	维修管理量和难易程度	设备少，维修量小	设备较少，维修量较小	设备较多，维修量较大
排序			1	2	3

2.7.4 污泥处理方案技术经济比较实例

某市污水处理厂污泥处理方案技术经济比较见表2-44。

表2-44　污泥处理方案技术经济优缺点比较

评价项目		内容含义	二级中温消化方案（方案1）	污泥焚烧方案（方案2）	污泥脱水方案（方案3）
工程技术可行性	技术适用性	应用的广泛性，对污泥性质的适用程度	应用广泛，对城市污水厂污泥适用性较强	国内城市污水厂尚未应用。对含水率高、无机物多的污泥不适用	适用于小型工业污水厂
	技术先进性	技术水平的先进性、可靠程度	技术成熟，可靠性高	技术先进，可靠性一般	技术成熟、可靠
费用目标	基建投资	工程建设一次性投资	3580万元	5994万元	877万元
	运行费用	电费	183.20万元	201.72万元	32.18万元
工程实施	工程分期	分期建设结合的条件	好	一般	一般
	施工进度	施工难易和进度	容易，施工周期短	较难，设备复杂	容易，施工周期短
环境评价	对外界影响	对大气的污染	污染小	污染大	污染小
	污泥最终处置	污泥最终出路解决的难易程度	困难	较易、彻底	困难

续表

评价项目		内容含义	二级中温消化方案（方案 1）	污泥焚烧方案（方案 2）	污泥脱水方案（方案 3）
能源利用	耗能	耗电、耗其他燃料	较少	较多	最少
	产能	沼气产生	产沼气	不产沼气	不产沼气
运行管理条件	操作运转	操作运转方便性	较方便	较难	较方便
	维护管理	维修工作量	较少	较多	最少

注：基建投资和运行费用只指污泥部分。

第3章　物理处理单元工艺设计计算

3.1　格栅

格栅用以去除废水中较大的悬浮物、漂浮物、纤维物质和固体颗粒物质，以保证后续处理单元和水泵的正常运行，减轻后续处理单元的处理负荷，防止阻塞排泥管道。按形状，可分为平面格栅和曲面格栅；按栅条净间隙，可分为粗格栅（16～100mm）、中格栅（10～16mm）和细格栅（1.5～10mm）；按清渣方式，可分为人工清除格栅和机械清除格栅。

3.1.1　设计参数及其规定

① 水泵前格栅栅条间隙应根据水泵要求确定。

② 污水处理系统前格栅栅条间隙应符合以下规定。

粗格栅：机械清除时宜为16～25mm，人工清除时宜为25～40mm。特殊情况下，最大间隙可为100mm。

细格栅：宜为1.5～10mm。

超细格栅：不宜大于1mm。

③ 栅渣量与地区的特点、格栅的间隙大小、污水流量以及下水道系统的类型等因素有关。在无当地运行资料时，可采用：a. 格栅间隙16～100mm，0.050～0.004$m^3/10^3m^3$（栅渣/污水）；b. 格栅间隙10～16mm，0.120～0.050$m^3/10^3m^3$（栅渣/污水）；c. 格栅间隙1.5～10mm，0.150～0.120$m^3/10^3m^3$（栅渣/污水）。

栅渣的含水率一般为80%～90%，容重为900～1100kg/m^3。

④ 在大型污水处理厂或泵站前的大型格栅（每日栅渣量大于0.2m^3），一般应采用机械清渣。

⑤ 机械格栅不宜少于2台，如为1台时应设人工清除格栅备用。

⑥ 过栅流速一般采用0.6～1.0m/s。俄罗斯规范为0.8～1.0m/s，日本指南为0.45m/s，美国手册为0.6～1.2m/s，法国手册为0.6～1.0m/s。

⑦ 格栅前渠道内水流速度一般采用0.4～0.9m/s。

⑧ 格栅倾角一般采用45°～75°。日本指南为人工清除45°～60°，机械清除70°左右；美国手册为人工清除30°～45°，机械清除40°～90°；我国国内一般采用60°～70°。

⑨ 通过粗格栅水头损失一般采用0.08～0.15m；通过中格栅水头损失一般采用0.15～0.25m；通过细格栅水头损失一般采用0.25～0.60m。

⑩ 格栅间必须设置工作台，台面应高出栅前最高设计水位0.5m。工作台上应有安全设施和冲洗设施。

⑪ 格栅间工作台两侧过道宽度宜采用0.7～1.0m。工作台正面过道宽度：a. 人工清除不应小于1.2m；b. 机械清除不应小于1.5m。

⑫ 机械格栅的动力装置一般宜设在室内，或采取其他保护设备的措施。

⑬ 设置格栅装置的构筑物，必须考虑设有良好的通风设施和硫化氢等有毒有害气体的

检测和报警装置。

⑭ 格栅间内应安设吊运设备，以进行格栅及其他设备的检修和栅渣的日常清除。

⑮ 格栅栅渣宜采用带式输送机输送；细格栅栅渣宜采用螺旋输送机输送。

3.1.2　格栅的计算公式

格栅计算尺寸见图 3-1。格栅计算公式见表 3-1。

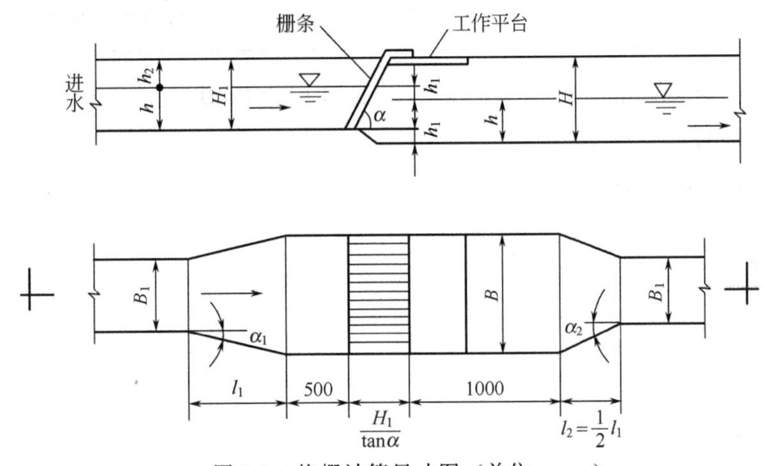

图 3-1　格栅计算尺寸图（单位：mm）

表 3-1　格栅计算公式

名称	公式	符号说明
栅槽宽度 B/m	$B=S(n-1)+bn$ $n=\frac{Q_{max}\sqrt{\sin\alpha}}{bhv}$①	S——栅条宽度，m； b——栅条间隙，m； n——栅条间隙数，个； Q_{max}——最大设计流量，m^3/s； α——格栅倾角，(°)； h——栅前水深，m； v——过栅流速，m/s
通过格栅的水头损失 h_1/m	$h_1=h_0k$ $h_0=\xi\frac{v^2}{2g}\sin\alpha$	h_0——计算水头损失，m； g——重力加速度，m/s^2； k——系数，格栅受污物堵塞时水头损失增大倍数，一般采用 3； ξ——阻力系数，其值与栅条断面形状有关，可按表 3-2 计算
栅后槽总高度 H/m	$H=h+h_1+h_2$	h_2——栅前渠道超高，m，一般采用 0.3m
栅槽总长度 L/m	$L=l_1+l_2+1.0+0.5+\frac{H_1}{\tan\alpha}$ $l_1=\frac{B-B_1}{2\tan\alpha_1}$ $l_2=\frac{l_1}{2}$ $H_1=h+h_2$	l_1——进水渠道渐宽部分的长度，m； B_1——进水渠宽，m； α_1——进水渠道渐宽部分的展开角度，(°)，一般可采用 20°； l_2——栅槽与出水渠道连接处的渐窄部分长度，m； H_1——栅前渠道深，m
每日栅渣量 W/(m^3/d)	$W=\frac{86400Q_{max}W_1}{1000K_Z}$	W_1——栅渣量，$m^3/10^3m^3$（污水），格栅间隙为 16～25mm 时，$W_1=0.10$～0.05；格栅间隙为 30～50mm 时，$W_1=0.03$～0.01； K_Z——生活污水流量总变化系数

① $\sqrt{\sin\alpha}$为考虑格栅倾角的经验系数。

表 3-2　阻力系数 ξ 计算公式

栅条断面形状	公式	说明	
锐边矩形	$\xi=\beta\left(\frac{S}{b}\right)^{4/3}$	形状系数	$\beta=2.42$
迎水面为半圆形的矩形			$\beta=1.83$
圆形			$\beta=1.79$
迎水、背水面均为半圆形的矩形			$\beta=1.67$
正方形	$\xi=\beta\left(\frac{b+S}{\varepsilon b}-1\right)^2$	ε——收缩系数，一般采用 0.64	

【例题 3-1】 已知某城市污水处理厂的最大设计污水量 $Q_{max}=0.2m^3/s$，总变化系数 $K_Z=1.50$，求格栅各部分尺寸。

【解】 格栅计算草图见图 3-1。

（1）栅条的间隙数（n）

设栅前水深 $h=0.4m$，过栅流速 $v=0.9m/s$，栅条间隙宽度 $b=0.021m$，格栅倾角 $\alpha=60°$。

$$n=\frac{Q_{max}\sqrt{\sin\alpha}}{bhv}=\frac{0.2\sqrt{\sin60°}}{0.021\times0.4\times0.9}\approx26\text{（个）}$$

（2）栅槽宽度（B）

设栅条宽度 $S=0.01m$。

$$B=S(n-1)+bn=0.01(26-1)+0.021\times26=0.8\text{（m）}$$

（3）进水渠道渐宽部分的长度（l_1）

设进水渠宽 $B_1=0.65m$，其渐宽部分展开角度 $\alpha_1=20°$（进水渠道内的流速为 0.77m/s）。

$$l_1=\frac{B-B_1}{2\tan\alpha_1}=\frac{0.8-0.65}{2\tan20°}\approx0.22\text{（m）}$$

（4）栅槽与出水渠道连接处的渐窄部分长度（l_2）

$$l_2=\frac{l_1}{2}=\frac{0.22}{2}=0.11\text{（m）}$$

（5）通过格栅的水头损失（h_1）

设栅条断面为锐边矩形断面。

$$h_1=\beta\left(\frac{S}{b}\right)^{4/3}\frac{v^2}{2g}\sin\alpha\cdot k=2.42\left(\frac{0.01}{0.021}\right)^{4/3}\times\frac{0.9^2}{19.6}\sin60°\times3=0.097\text{（m）}$$

（6）栅后槽总高度（H）

设栅前渠道超高 $h_2=0.3m$。

$$H=h+h_1+h_2=0.4+0.097+0.3\approx0.8\text{（m）}$$

（7）栅槽总长度（L）

$$L=l_1+l_2+0.5+1.0+\frac{H_1}{\tan\alpha}=0.22+0.11+0.5+1.0+\frac{0.4+0.3}{\tan60°}=2.24\text{（m）}$$

（8）每日栅渣量（W）

在格栅间隙 21mm 的情况下，设栅渣量为每 $1000m^3$ 污水产 $0.05m^3$。

$$W=\frac{86400Q_{max}W_1}{1000K_Z}=\frac{86400\times0.2\times0.05}{1000\times1.50}=0.58(m^3/d)$$

因 $W>0.2m^3/d$，所以宜采用机械清渣。

3.2 沉砂池

沉砂池的作用是从废水中分离密度较大的无机颗粒。它一般设在污水处理厂前端，保护水泵和管道免受磨损，缩小污泥处理构筑物容积，提高污泥有机组分的含量，提高污泥作为肥料的价值。

沉砂池的类型，按池内水流方向的不同，可以分为平流式沉砂池、竖流式沉砂池、曝气沉砂池、钟式沉砂池和多尔沉砂池。

3.2.1 沉砂池设计计算一般规定

① 城市污水处理厂一般均应设置沉砂池。

② 沉砂池按去除相对密度 2.65、粒径 0.2mm 以上的砂粒设计。

③ 设计流量应按分期建设考虑：a. 当污水为自流进入时，应按每期的最大设计流量计算；b. 当污水为提升进入时，应按每期工作水泵的最大组合流量计算；c. 在合流制处理系统中，应按降雨时的设计流量计算。

④ 沉砂池个数或分格数不应少于 2，并宜按并联系列设计。当污水量较小时，可考虑 1 格工作，1 格备用。

⑤ 城市污水的沉砂量可按 $10^6 m^3$ 污水沉砂 $30m^3$ 计算，其含水率为 60%，容重为 $1500kg/m^3$；合流制污水的沉砂量应根据实际情况确定。在无实测资料时，可按每 $10^6 m^3$ 污水 4～$180m^3$ 沉砂计算。

⑥ 砂斗容积应按不大于 2d 的沉砂量计算，斗壁与不平面的倾角不应小于 55°。

⑦ 除砂一般宜采用机械方法，并设置贮砂池或晒砂场。采用人工排砂时，排砂管直径不应小于 200mm。

⑧ 当采用重力排砂时，沉砂池和贮砂池应尽量靠近，以缩短排砂管长度，并设排砂闸门于管的首端，使排砂管畅通和易于养护管理。

⑨ 沉砂池的超高不宜小于 0.3m。

3.2.2 平流式沉砂池

平流式沉砂池是常用的形式，污水在池内沿水平方向流动。平流式沉砂池由入流渠、出流渠、闸板、水流部分及沉砂斗组成，见图 3-2。它具有截留无机颗粒效果较好、工作稳定、构造简单和排沉砂方便等优点。

(1) 设计参数

① 最大流速为 0.3m/s，最小流速为 0.15m/s。

② 最大流量时停留时间不应小于 45s。

③ 有效水深应不大于 1.5m，一般采用 0.25～1m；每格宽度不宜小于 0.6m。

④ 进水头部应采取消能和整流措施。

⑤ 池底坡度一般为 0.01～0.02，当设置除砂设备时可根据设备要求考虑池底形状。

(2) 计算公式

当无砂粒沉降资料时可按表 3-3 计算。

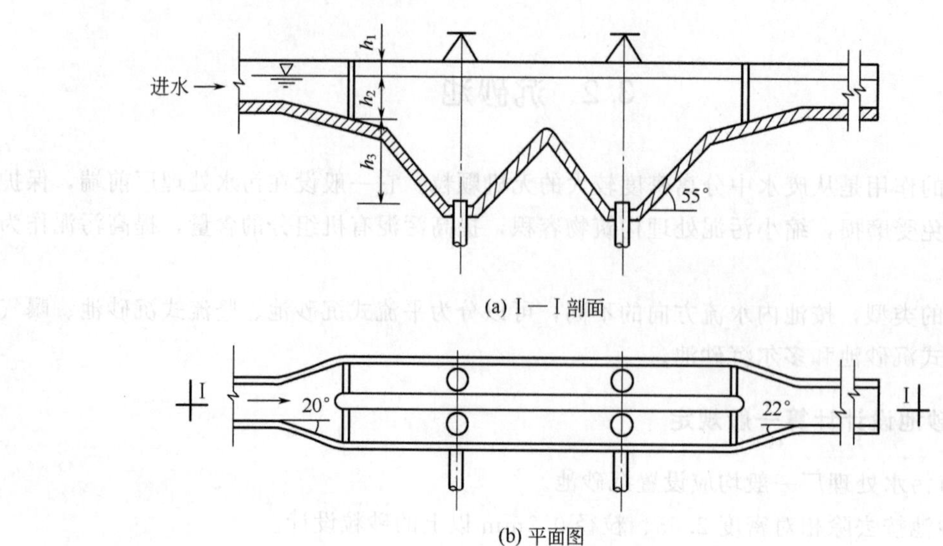

图 3-2　平流式沉砂池

表 3-3　无砂粒沉降资料时计算公式

名称	公式	符号说明
长度 L/m	$L=vt$	v——最大设计流量时的流速，m/s； t——最大设计流量时的流行时间，s
水流断面面积 A/m^2	$A=\frac{Q_{max}}{v}$	Q_{max}——最大设计流量，m^3/s
池总宽度 B/m	$B=\frac{A}{h_2}$	h_2——设计有效水深，m
沉砂室所需容积 V/m^3	$V=\frac{Q_{max}XT86400}{K_Z\times10^6}$	X——城市污水沉砂量，$m^3/10^6m^3$（污水），一般采用 $30m^3/10^6m^3$； T——清除沉砂的间隔时间，d； K_Z——生活污水流量总变化系数
池总高度 H/m	$H=h_1+h_2+h_3$	h_1——超高，m； h_3——沉砂室高度，m
验算最小流速 V_{min}/(m/s)	$V_{min}=\frac{Q_{min}}{n_1\omega_{min}}$	Q_{min}——最小流量，m^3/s； n_1——最小流量时工作的沉砂池数目，个； ω_{min}——最小流量时沉砂池中的水流断面面积，m^2

当有砂粒沉降资料时，可按表 3-4 计算。

表 3-4　有砂粒沉降资料时计算公式

名称	公式	符号说明
水面面积 F/m^2	$F=\frac{Q_{max}}{u}\times1000$ $u=\sqrt{u_0^2-\omega^2}$ $\omega=0.05v$	v——水平流速，m/s； Q_{max}——最大设计流量，m^3/s； n——沉砂池数目，个； ω——水流垂直分速度，mm/s； u——砂粒平均沉降速率，mm/s； u_0——水温 15℃时砂粒在静水压力下的沉降速率，mm/s，可按表 3-5 选用
水流断面面积 A/m^2	$A=\frac{Q_{max}}{v}\times1000$	
池总宽度 B/m	$B=\frac{A}{h_2}$	
设计有效水深 h_2/m	$h_2=\frac{uL}{v}$	
池的长度 L/m	$L=\frac{F}{B}$	
单个沉砂池宽度 b/m	$b=\frac{B}{n}$	

【例题 3-2】 已知某城市污水处理厂的最大设计流量为 $0.2m^3/s$，最小设计流量为 $0.1m^3/s$，总变化系数 $K_Z=1.50$，求沉砂池各部分尺寸。

【解】 见图 3-2。

表 3-5　u_0 值

砂粒径/mm	0.20	0.25	0.30	0.35	0.40	0.50
u_0/(mm/s)	18.7	24.2	29.7	35.1	40.7	51.6

(1) 长度（L）

设 $v=0.25m/s$，$t=30s$，则：

$$L=vt=0.25\times30=7.5\ (m)$$

(2) 水流断面面积（A）

$$A=\frac{Q_{max}}{v}=\frac{0.2}{0.25}=0.8\ (m^2)$$

(3) 池总宽度（B）

设 $n=2$ 格，每格宽 $b=0.6m$，则：

$$B=nb=2\times0.6=1.2\ (m)$$

(4) 有效水深（h_2）

$$h_2=\frac{A}{B}=\frac{0.8}{1.2}=0.67\ (m)$$

(5) 沉砂斗所需容积（V）

设 $T=2d$，则：

$$V=\frac{Q_{max}XT\times86400}{K_Z\times10^6}=\frac{0.2\times30\times2\times86400}{1.50\times10^6}=0.69\ (m^3)$$

(6) 每个沉砂斗容积（V_0）

设每一分格有 2 个沉砂斗，则：

$$V_0=\frac{0.69}{2\times2}=0.17\ (m^3)$$

(7) 沉砂斗各部分尺寸

设斗底宽 $a_1=0.5m$，斗壁与水平面的倾角为 55°，斗高 $h'_3=0.35m$，沉砂斗上口宽：

$$a=\frac{2h'_3}{\tan55°}+a_1=\frac{2\times0.35}{\tan55°}+0.5=1.0\ (m)$$

沉砂斗容积：

$$V_0=\frac{h'_3}{6}(2a^2+2aa_1+2a_1^2)=\frac{0.35}{6}(2\times1^2+2\times1\times0.5+2\times0.5^2)=0.2\ (m^3)$$

(8) 沉砂室高度（h_3）

采用重力排砂，设池底坡度为 0.06，坡向砂斗，则：

$$h_3=h'_3+0.06l_2=0.35+0.06\times2.65=0.51\ (m)$$

(9) 池总高度（H）

设超高 $h_1=0.3m$，则：

$$H=h_1+h_2+h_3=0.3+0.67+0.51=1.48\ (m)$$

(10) 验算最小流速（v_{min}）

在最小流量时，只用 1 格工作（$n_1=1$），则：

$$v_{\min}=\frac{Q_{\min}}{n_1\omega_{\min}}=\frac{0.1}{1\times0.6\times0.67}=0.25\ (\mathrm{m/s})>0.15\ (\mathrm{m/s})$$

日本设计指南采用水面积负荷法计算，并规定污水沉砂池为 $75\mathrm{m^3/(m^2\cdot h)}$，雨水沉砂池为 $150\mathrm{m^3/(m^2\cdot h)}$。平均流速为0.3m/s，停留时间为30～60s。池水深为有效水深与贮砂深之和，与沉砂量、排砂方式及频率有关，一般为有效水深的10%～30%，但至少要在30cm以上。

【例题 3-3】 从理论上推导平流式沉砂池平均流速为0.3m/s的根据。

【解】 当流速过小时，相对密度小的有机物颗粒也会沉淀；相反，当流速过大时，会超过去除目标砂粒的临界不淤力，使已经沉淀分离的砂粒再次浮起。

临界不淤力可采用达西（Darcy）流速公式计算：

$$V_{\mathrm{C}}=\sqrt{\frac{8\beta}{f}\cdot g(S-1)D}\tag{3-1}$$

式中 V_{C}——临界流速，m/s；

f——摩擦系数，约为0.03；

β——常数，约为0.06；

g——重力加速度，$9.8\mathrm{m/s^2}$；

S——颗粒相对密度；

D——颗粒直径，m。

对于颗粒直径为0.2mm的砂（相对密度2.65），根据式(3-1)计算其临界流速，约为0.23m/s；对于颗粒直径为0.4mm的砂，临界流速为0.32m/s。因此，沉砂池的平均流速采用0.3m/s左右较为合适。

【例题 3-4】 试计算完全去除0.2mm以上砂粒所需要的水面积负荷值为多少（按理想沉淀池考虑）。

【解】 已知砂粒密度为 $2650\mathrm{kg/m^3}$，其沉降速度按Stokes计算。

$$u=\frac{(\rho_s-\rho_f)g}{18\mu}D^2=\frac{(2650-1000)\times9.8}{18\times10^{-3}}\times(0.2\times10^{-3})^2=35.9\times10^{-3}(\mathrm{m/s})$$

雷诺数检验：$Re=\frac{\rho_f Du}{\mu}=\frac{1000\times0.2\times10^{-3}\times35.9\times10^{-3}}{10^{-3}}=7.18>1$

Re 数不在Stokes范围，而在艾伦（$1\leqslant Re\leqslant500$）范围内，故采用艾伦公式，即：

$$u=\left[\frac{4}{225}\frac{(\rho_s-\rho_f)^2g^2}{\mu\rho_f}\right]^{1/3}D=\left[\frac{4}{225}\frac{(2650-1000)^2\times9.8^2}{1000\times10^{-3}}\right]^{1/3}\times0.2\times10^{-3}$$
$$=33.4\times10^{-3}(\mathrm{m/s})$$

其雷诺数为：$Re=10^3\times33.4\times10^{-3}\times0.2\times10^{-3}/10^{-3}=6.7$（满足条件）

所以：水面积负荷$=\frac{Q}{A}=u=33.4\times10^{-3}\mathrm{m/s}=2890\mathrm{m/d}=120\mathrm{m/h}$

以上计算假设条件为砂粒为圆球形，沉淀条件为理想状态，与实际情况有差异。因此，设计采用水面积负荷为75m/h。

【例题 3-5】 已知最大设计流量为 $60000\mathrm{m^3/d}$，试用水面积负荷法计算沉砂池工艺尺寸。

【解】 设计参数取HRT=60s，水力表面负荷 $q=75\mathrm{m^3/(m^2\cdot h)}$。

则沉砂池容积 V 和表面积 A 为：

$$V=60000\times\frac{60}{86400}=41.7\ (\mathrm{m}^3)$$

$$A=\frac{60000}{24\times75}=33.3\ (\mathrm{m}^2)$$

所以：
$$\text{水深}\ H=\frac{41.7}{33.3}=1.25(\mathrm{m})$$

因此，沉砂池工艺尺寸为：2.5m×6.8m×1.2m(深)×2 池。

校核：
$$\mathrm{HRT}=\frac{2.5\times6.8\times1.2\times2\times86400}{60000}=58.8(\mathrm{s})(\text{满足}\ 30\sim60\mathrm{s})$$

$$\text{水面积负荷}\ q=\frac{60000}{2.5\times6.8\times2\times24}=73.5(\mathrm{m/h})(\text{接近}\ 75\mathrm{m/h})$$

$$\text{平均流速}\ V=\frac{60000}{2.5\times1.2\times86400}=0.23(\mathrm{m/s})(\text{接近}\ 0.3\mathrm{m/s})$$

【例题 3-6】 已知最大设计流量 $Q=12700\mathrm{m}^3/\mathrm{d}$ ($0.147\mathrm{m}^3/\mathrm{s}$)，采用平流式重力沉砂池，试进行工艺计算并求出去除率。

【解】

(1) 设计条件

最大设计流量 $Q=0.147\mathrm{m}^3/\mathrm{s}$。

除砂对象条件：砂颗粒 0.2mm，密度 $2.65\mathrm{t/m}^3$，去除率 50%，砂沉降速率 0.021m/s [水面积负荷 $75\mathrm{m}^3/(\mathrm{m}^2\cdot\mathrm{h})$]。

$$\text{砂临界流速}\ V_{\mathrm{C}}=\sqrt{\frac{8\beta}{f}\cdot g(S-1)D}=0.23\ (\mathrm{m/s})$$

(2) 沉砂池容积

$$\text{必要的水面积}\ A_1=\frac{\text{最大设计流量}(\mathrm{m}^3/\mathrm{s})}{\text{砂沉降速率}(\mathrm{m/s})}=\frac{0.147}{0.021}=7.0(\mathrm{m}^2)$$

$$\text{必要的断面面积}\ A_2=\frac{\text{最大设计流量}(\mathrm{m}^3/\mathrm{s})}{\text{砂临界流速}(\mathrm{m/s})}=\frac{0.147}{0.23}=0.64(\mathrm{m}^2)$$

取池数 $n=2$，有效水深 $H=0.36\mathrm{m}$，则：

$$\text{池宽}\ W=\frac{\text{必要断面面积}(\mathrm{m}^2)}{\text{池数}\times\text{有效水深}(\mathrm{m})}=\frac{0.64}{2\times0.36}=0.89(\mathrm{m}),\text{取}\ 0.9\mathrm{m}$$

$$\text{池长}\ L=\frac{\text{必要水面积}}{\text{池数}\times\text{池宽}}=\frac{7.0}{2\times0.9}=3.9(\mathrm{m}),\text{取}\ 4.0\mathrm{m}$$

所以，沉砂池工艺尺寸为 4.0m (长)×0.9m (宽)×0.36m(深)×2 池。

(3) 校核

水面积负荷：$q=\dfrac{\text{最大设计流量}(\mathrm{m}^3/\mathrm{h})}{\text{水面积}(\mathrm{m}^2)}=\dfrac{529.2}{0.9\times4\times2}=73.5[\mathrm{m}^3/(\mathrm{m}^2\cdot\mathrm{h})]<75\mathrm{m}^3/(\mathrm{m}^2\cdot\mathrm{h})$

水面积：　　池宽×池长×池数$=0.9\times4\times2=7.2(\mathrm{m}^2)>7.0\mathrm{m}^2$

断面面积：池宽×有效水深×池数$=0.9\times0.36\times2=0.65(\mathrm{m}^2)>0.64\mathrm{m}^2$

池内流速：
$$v=\frac{\text{最大设计流量}(\mathrm{m}^3/\mathrm{s})}{\text{断面面积}(\mathrm{m}^2)}=\frac{0.147}{0.9\times0.36\times2}=0.23(\mathrm{m/s})$$

砂的临界流速也可用 Camp 公式计算，即：

$$V=\frac{1}{n}R^{1/6}\sqrt{\psi\left(\frac{\rho_s-\rho_f}{\rho_f}\right)k} \tag{3-2}$$

式中 n——粗糙系数；

ρ_s——颗粒相对密度；

ρ_f——水的相对密度；

k——颗粒平均粒径，m；

ψ——颗粒形状系数，约为 0.06；

R——水力半径。

本例（池宽 0.9m，有效水深 0.36m）讨论如下。

$$R^{1/6}=\left(\frac{0.9\times0.36}{0.36\times2+0.9}\right)^{1/6}=0.765$$

$n=0.013$，$R=0.0002$m，代入式(3-2)，得：

$$v=\frac{1}{0.013}\times0.765\times\sqrt{0.06\times(2.65-1)\times0.0002}=0.26(\text{m/s})\text{(与达西公式计算吻合)}$$

（4）砂的去除率

采用 Hozen 去除理论公式：

$$\text{去除率 }E=1-\frac{1}{1+T/t} \tag{3-3}$$

式中 T——停留时间，s；

t——去除颗粒的沉降时间，$t=H/u$；

H——有效水深；

u——颗粒（砂）的沉降速率（相对密度 2.65，砂沉降速率 $u=0.021$m/s）。

$$\text{停留时间 }T=\frac{\text{池容积（m}^3\text{）}}{\text{最大设计流量（m}^3\text{/s）}}=\frac{4\times0.9\times0.36\times2}{0.147}=17.6\text{（s）}$$

$$\text{沉降时间 }t=\frac{\text{有效水深}}{\text{砂沉降速率}}=\frac{0.36}{0.021}=17.1\text{(s)}$$

所以

$$\text{去除率 }E=\left(1-\frac{1}{1+\frac{17.6}{17.1}}\right)\times100\%=51\%>50\%$$

3.2.3 竖流式沉砂池

竖流式沉砂池中污水由中心管进入池内后自下而上流动，无机物颗粒借重力沉于池底，处理效果一般较差。

（1）设计数据

① 最大流速为 0.1m/s，最小流速为 0.02m/s；

② 最大流量时停留时间不小于 20s，一般采用 30～60s；

③ 进水中心管最大流速为 0.3m/s。

（2）计算公式

计算公式见表 3-6。

表 3-6　计算公式

名称	公式	符号说明
中心管直径 d/m	$d=\sqrt{\frac{4Q_{\max}}{\pi v_1}}$	v_1——污水在中水管内流速，m/s； $Q_{\max}$——最大设计流量，m^3/s
池子直径 D/m	$D=\sqrt{\frac{4Q_{\max}(v_1+v_2)}{\pi v_1 v_2}}$	v_2——池内水流上升速度，m/s
水流部分高度 h_2/m	$h_2=v_2 t$	t——最大流量时的流行时间，s
沉砂部分所需容积 V/m^3	$V=\frac{Q_{\max}XT\times 86400}{K_Z\times 10^6}$	X——城市污水沉砂量，$m^3/10^6m^3$（污水），一般采用 $30m^3/10^6m^3$； T——两次清除沉砂相隔的时间，d； K_Z——生活污水流量总变化系数
沉砂部分高度 h_4/m	$h_4=(R-r)\tan\alpha$	R——池子半径，m； r——圆截锥部分下底半径，m； α——截锥部分倾角，(°)
圆截锥部分实际容积 V_1/m^3	$V_1=\frac{\pi h_4}{3}(R_2+Rr+r^2)$	h_4——沉砂池锥底部分高度，m
池总高度 H/m	$H=h_1+h_2+h_3+h_4$	h_1——超高，m； h_3——中心管底至沉砂砂面的距离，m，一般采用 0.25m

3.2.4　曝气沉砂池

普通平流沉砂池的主要缺点是沉砂中含有 15％的有机物，使沉砂的后续处理难度增加。采用曝气沉砂池可以克服这一缺点。图 3-3 所示为曝气沉砂池断面图。池断面呈矩形，池底一侧设有集砂槽；曝气装置设在集砂槽一侧，可使池内水流产生与主流垂直的横向旋流，在旋流产生的离心力作用下，密度较大的无机颗粒被甩向外部沉入集砂槽。另外，由于水的旋流运动，增加了无机颗粒之间相互碰撞与摩擦的概率，可把表面附着的有机物除去，使沉砂中的有机物含量低于 10％。曝气沉砂池的优点是通过调节曝气量，可以控制污水的旋流速度，使除砂效率较稳定，受流量变化的影响较小；同时，还对污水起预曝气作用。

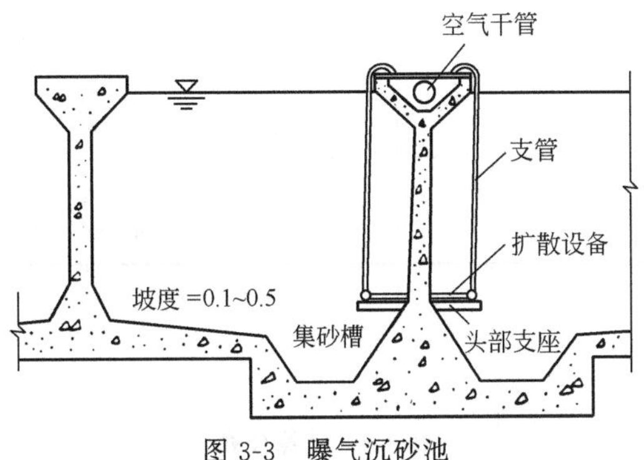

图 3-3　曝气沉砂池

（1）设计参数

① 旋流速度应保持 0.25～0.3m/s；

② 水平流速为 0.06～0.12m/s；

③ 最大流量时停留时间宜大于5min；

④ 有效水深为2～3m，宽深比一般采用1～2；

⑤ 长宽比可达5，当池长比池宽大得多时应考虑设置横向挡板；

⑥ 曝气量宜为5.0～12.0L/(m·s) 空气；

⑦ 空气扩散装置设在池的一侧，距池底0.6～0.9m，送气管应设置调节气量的闸门；

⑧ 池子的形状应尽可能不产生偏流或死角，在集砂槽附近可安装纵向挡板；

⑨ 池子的进口和出口布置应防止发生短路，进水方向应与池中旋流方向一致，出水方向应与进水方向垂直，并宜考虑设置挡板；

⑩ 池内应考虑设消泡装置；

⑪ 池内砂槽深度宜为0.5～0.9m，砂槽应有斜度较大的侧边，其位置应在池侧空气扩散器之下。

曝气沉砂池国内外设计数据见表3-7。

表3-7 曝气沉砂池国内外设计数据

设计数据 资料来源	旋流速度/(m/s)	水平流速/(m/s)	最大流量时停留时间/min	有效水深/m	宽深比	曝气量	进水方向	出水方向
上海某污水厂	0.25～0.3		2	2.1	1	0.07(m^3/m^3)	与池中旋流方向一致	与进水方向垂直，淹没式出水口
北京某污水厂	0.3	0.056	2～6	1.5	1	0.115(m^3/m^3)	与池中旋流方向一致	与进水方向垂直，淹没式出水口
北京某中试厂	0.25	0.075	3～15（考虑预曝气）	2	1	0.1(m^3/m^3)	与池中旋流方向一致	与进水方向垂直，淹没式出水口
天津某污水厂			6	3.6	1	0.2(m^3/m^3)	淹没孔	溢流堰
美国污水厂手册			1～3			16.7～44.6[$m^3/(m \cdot h)$]	使污水在空气作用下直接形成旋流	应与进水方向成直角，并在靠近出口处应考虑装设挡板
前苏联规范		0.08～0.12			1～1.5	3～5[$m^3/(m^2 \cdot h)$]	与水在沉砂池中的旋流方向一致	淹没式出水口
日本指针			1～2	2～3		1～2(m^3/m^3)		
我国规范		0.1	1～3	2～3	1～1.5	0.1～0.2(m^3/m^3)	应与池中旋流方向一致	应与进水方向垂直，并宜设置挡板

（2）计算公式

计算公式见表3-8。

表3-8 计算公式

名称	公式	符号说明
池子总有效容积 V/m^3	$V=Q_{max}t\times60$	Q_{max}——最大设计流量，m^3/s； t——最大设计流量时的流行时间，min

续表

名称	公式	符号说明
水流断面面积 A/m^2	$A=\frac{Q_{max}}{v_1}$	v_1——最大设计流量时的水平流速，m/s，一般采用 0.06～0.12m/s
池总宽度 B/m	$B=\frac{A}{h_2}$	h_2——设计有效水深，m
池长 L/m	$L=\frac{V}{A}$	
每小时所需空气量 $q/(m^3/h)$	$q=dQ_{max}\times 3600$	d——$1m^3$ 污水所需空气量，m^3/m^3，一般采用 $0.2m^3/m^3$

【例题 3-7】 已知某城市污水处理厂的最大设计流量为 $0.8m^3/s$，求曝气沉砂池的各部分尺寸。

【解】（1）池子总有效容积（V）

设 $t=2min$，则：

$$V=Q_{max}t\times 60=0.8\times 2\times 60=96\ (m^3)$$

（2）水流断面积（A）

设 $v_1=0.1m/s$，则：

$$A=\frac{Q_{max}}{v_1}=\frac{0.8}{0.1}=8\ (m^2)$$

（3）池总宽度（B）

设 $h_2=2m$，则：

$$B=\frac{A}{h_2}=\frac{8}{2}=4\ (m)$$

（4）每格池子宽度（b）

设 $n=2$ 格，则：

$$b=\frac{B}{n}=\frac{4}{2}=2\ (m)$$

（5）池长（L）

$$L=\frac{V}{A}=\frac{96}{8}=12\ (m)$$

（6）每小时所需空气量（q）

设 $d=0.2m^3/m^3$，则：

$$q=dQ_{max}\times 3600=0.2\times 0.8\times 3600=576\ (m^3/h)$$

沉砂室计算同平流式沉砂池。

3.2.5 旋流沉砂池

（1）设计数据

旋流沉砂池利用水力旋流，使泥砂和有机物分开，以达到除砂目的。污水从切线方向进入圆形沉砂池，进水渠道末端设一跌水堰，使可能沉积在渠道底部的砂子向下滑入沉砂池；还设有一个挡板，使水流及砂子进入沉砂池时向池底流行，并加强附壁效应。在沉砂池中间设有可调速的桨板，使池内的水流保持环流。桨板、挡板和进水水流组合在一起，在沉砂池内产生螺旋状环流（见图 3-4），在重力的作用下，使砂子沉下并向池中心移动，由于越靠中心水流断面越小，水流速度逐渐加快，最后将沉砂落入砂斗；而较轻的有机物，则在沉砂池中间部分与砂子分离。池内的环流在池壁处向下，到池中间则向上，加上桨板的作用，有机物在池中心部位向上升起，并随着出水水流进入后续构筑物。

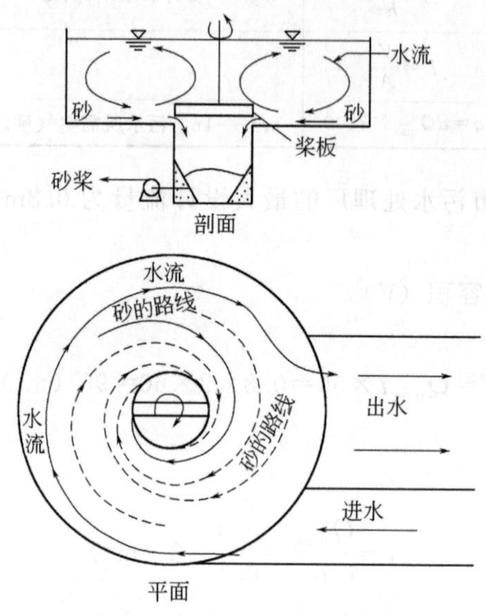

图 3-4 旋流沉砂池水砂的路线

（2）设计参数

① 最大流速为 0.1m/s，最小流速为 0.02m/s；

② 最大流量时，停留时间不应小于 30s，一般采用 30～60s；

③ 进水管最大流速为 0.3m/s；

④ 表面水力负荷宜为 150～200$m^3/(m^2 \cdot h)$；

⑤ 有效水深宜为 1.0～2.0m，池径与池深比宜为 2.0～2.5。

（3）计算公式

旋流沉砂池计算公式见表 3-9。

表 3-9 旋流沉砂池计算公式

名称	公式	符号说明
进水管直径	$d=\sqrt{\frac{4Q_{\max}}{\pi v_1}}$	d——进水管直径，m； v_1——污水在中心管内流速，m/s； $Q_{\max}$——最大设计流量，m^3/s
沉砂池直径	$D=\sqrt{\frac{4Q_{\max}(v_1+v_2)}{\pi v_1 v_2}}$	D——池子的直径，m； v_2——池内水流上升速度，m/s
水流部分高度	$h_2=v_2 t$	h_2——水流部分高度，m； t——最大流量时的流行时间，s
沉砂部分所需容积	$V=\frac{Q_{\max}XT\times 86400}{K_Z 10^6}$	V——沉砂部分所需容积，m^3； X——城市污水沉砂量； T——两次清除沉砂相隔的时间，d； K_Z——生活污水流量总变化系数

续表

名称	公式	符号说明
圆截锥部分实际容积	$V_1=\frac{\pi h_4}{3}(R^2+Rr+r^2)$	V_1——圆截锥部分容积，m^3； h_4——沉砂池锥底部分高度，m
池总高度	$H=h_1+h_2+h_3+h_4$	H——池总高度，m； h_1——超高，m； h_3——中心管底至沉砂面的距离，m，一般采用 0.25m

3.2.6　多尔沉砂池

3.2.6.1　多尔沉砂池的构造

多尔沉砂池由污水入口、整流器、沉砂池、出水溢流堰、刮砂机、排砂坑、洗砂机、有机物回流机和回流管以及排砂机组成。工艺构造见图 3-5。

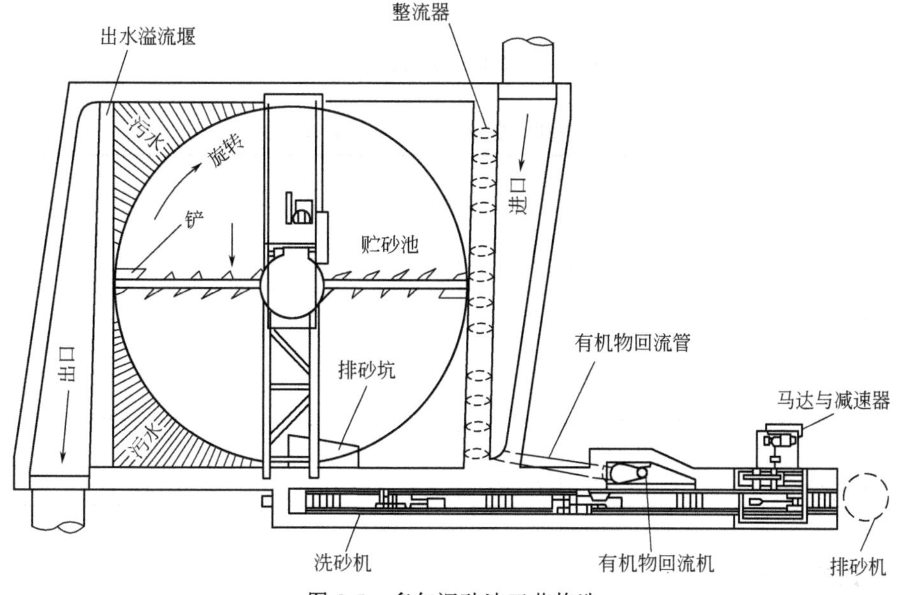

图 3-5　多尔沉砂池工艺构造

沉砂被旋转刮砂机刮至排砂坑，用往复齿耙沿斜面耙上，在此过程中，附在砂粒上的有机物被洗掉，洗下来的有机物经有机物回流机及回流管随污水一起回流至沉砂池，沉砂中的有机物含量低于 10%，达到清洁沉砂标准。

3.2.6.2　多尔沉砂池的设计

（1）沉砂池的面积

沉砂池的面积根据要求去除的砂粒直径及污水温度确定，可查图 3-6。

（2）沉砂池最大设计流速

最大设计流速为 0.3m/s。

（3）主要设计参数

见表 3-10。

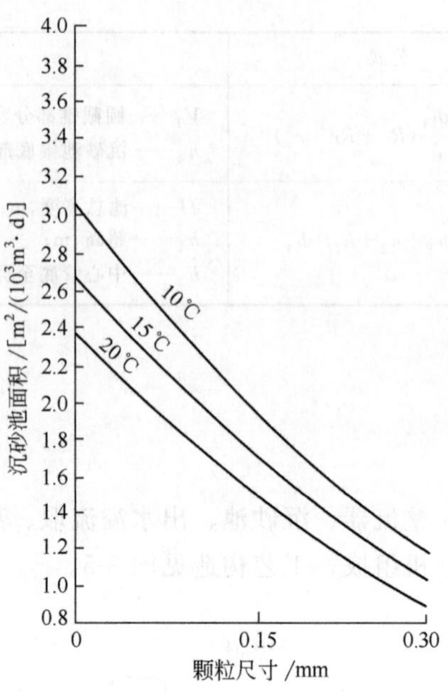

图 3-6　多尔沉砂池求面积图

表 3-10　多尔沉砂池设计参数

沉砂池直径/m	3.0	6.0	9.0	12.0
最大流量/(m^3/s)				
要求去除砂粒直径为 0.21mm	0.17	0.70	1.58	2.80
要求去除砂粒直径为 0.15mm	0.11	0.45	1.02	1.81
沉砂池深度/m	1.1	1.2	1.4	1.5
最大设计流量时的水深/m	0.5	0.6	0.9	1.1
洗砂机宽度/m	0.4	0.4	0.7	0.7
洗砂机斜面长度/m	8.0	9.0	10.0	12.0

3.2.7　钟式沉砂池

（1）钟式沉砂池的构造

钟式沉砂池是利用机械力控制水流流态与流速，加速砂粒的沉淀并使有机物随水流流走的沉砂装置。沉砂池由流入口、流出口、沉砂区、砂斗及带变速箱的电动机、传动齿轮、压缩空气输送管、砂提升管以及排砂管组成。污水由流入口切线方向流入沉砂区，利用电动机及传动装置带动转盘和斜坡式叶片，由于所受离心力的不同，砂粒被甩向池壁，掉入砂斗，有机物被送回污水中。调整转速，可达到最佳沉砂效果。沉砂用压缩空气经砂提升管、排砂管清洗后排出，清洗水回流至沉砂区，排砂达到清洁砂标准。钟式沉砂池工艺构造见图 3-7。

（2）钟式沉砂池的设计

钟式沉砂池的各部分尺寸标于图 3-8。根据设计污水流量的大小，有多种型号供设计选用。钟式沉砂池型号及尺寸见表 3-11。

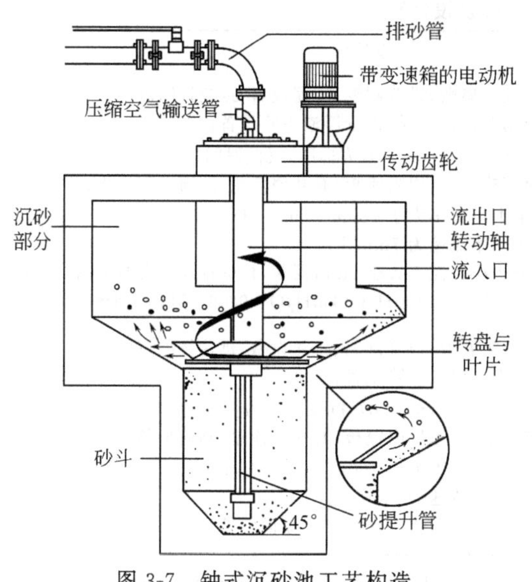

图 3-7 钟式沉砂池工艺构造

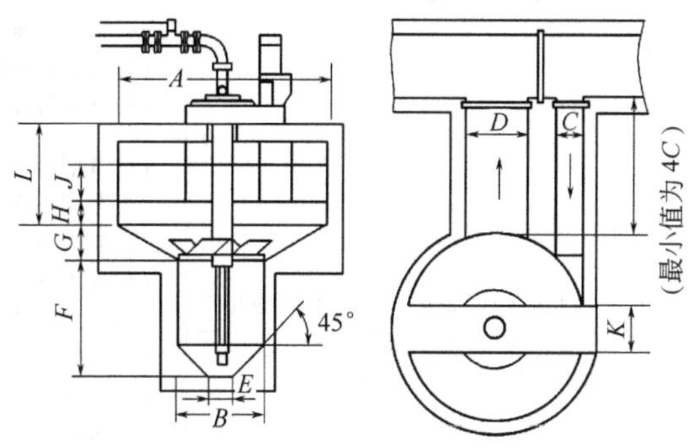

图 3-8 钟式沉砂池各部分尺寸

表 3-11 钟式沉砂池型号及尺寸 单位：m

型号	流量/(L/s)	*A*	*B*	*C*	*D*	*E*	*F*	*G*	*H*	*J*	*K*	*L*
50	50	1.83	1.0	0.305	0.610	0.30	1.40	0.30	0.30	0.20	0.80	1.10
100	110	2.13	1.0	0.380	0.760	0.30	1.40	0.30	0.30	0.30	0.80	1.10
200	180	2.43	1.0	0.450	0.900	0.30	1.35	0.40	0.30	0.40	0.80	1.15
300	310	3.05	1.0	0.610	1.200	0.30	1.55	0.45	0.30	0.45	0.80	1.35
550	530	3.65	1.5	0.750	1.50	0.40	1.70	0.60	0.51	0.58	0.80	1.45
900	880	4.87	1.5	1.00	2.00	0.40	2.20	1.00	0.51	0.60	0.80	1.85
1300	1320	5.48	1.5	1.10	2.20	0.40	2.20	1.00	0.61	0.63	0.80	1.85
1750	1750	5.80	1.5	1.20	2.40	0.40	2.50	1.30	0.75	0.70	0.80	1.95
2000	2200	6.10	1.5	1.20	2.40	0.40	2.50	1.30	0.89	0.75	0.80	1.95

3.3 沉淀池

密度大于水的悬浮物在重力作用下从水中分离出去的现象称为沉淀。根据水中杂质颗粒本身的性质及其所处外界条件的不同，沉淀可分为如下几种：

① 按水流状态，分为静水沉淀与动水沉淀；

② 按投加混凝药剂与否，分为自然沉淀与混凝沉淀；

③ 按颗粒受力状态及所处水力学等边界条件，分为自由沉淀与拥挤沉淀；

④ 按颗粒本身的物理、化学性状分为团聚稳定颗粒沉淀与团聚不稳定颗粒沉淀。

用于沉淀处理的构筑物称为沉淀池。沉淀池主要去除悬浮于污水中的可以沉淀的固体悬浮物。按在污水处理流程中的位置，沉淀池主要分为初次沉淀池和二次沉淀池，它们的适用条件及设计要点见表 3-12。

表 3-12　沉淀池适用条件及设计要点

池型	适用条件	设计要点
初次沉淀池	对污水中以无机物为主体的相对密度大的固体悬浮物进行沉淀分离	(1)考虑沉淀污泥发生腐败，设置刮泥、排泥设备，迅速排除沉泥； (2)考虑可浮悬浮物及污泥上浮，设置浮渣去除设备； (3)表面负荷以 25～50m³/(m²·d)为标准，沉淀时间以 1.0～2.0h 为标准； (4)进水端考虑整流措施，采用阻流板、有孔整流壁、圆筒形整流板； (5)采用溢流堰，堰上负荷不大于 250m³/(m²·d)； (6)长方形池，最大水平流速为 7mm/s； (7)污泥区容积，静水压排泥不大于 2d 污泥量，机械排泥时考虑 4h 排泥量； (8)排泥静水压大于等于 1.50mH_2O(1mH_2O=9806.65Pa，下同)
二次沉淀池	对污水中以微生物为主体的相对密度小的，且因水流作用易发生上浮的固体悬浮物进行沉淀分离	(1)考虑沉淀污泥发生腐败，设置刮泥、排泥设备，迅速排除沉泥； (2)考虑污泥上浮，设置浮渣去除设备； (3)表面负荷为 20～30m³/(m²·d)，沉淀时间为 1.5～3.0h； (4)进水端考虑整流措施，采用阻流板、有孔整流壁、圆筒形整流板； (5)采用溢流堰，堰上负荷不大于 150m³/(m²·d)； (6)长方形池，最大水平流速为 5mm/s； (7)注意溢流设备的布置，防止污泥上浮出流而使处理水恶化； (8)考虑 SVI 值增高引起的问题； (9)排泥静水压，生物膜法后大于等于 1.20mH_2O，曝气池后大于等于 0.9mH_2O

沉淀池按水流方向分有平流式、辐流式、竖流式、斜流式 4 种形式。每种沉淀池均包含 5 个区，即进水区、沉淀区、缓冲区、污泥区和出水区。沉淀池各种池型的优缺点和适用条件见表 3-13。

表 3-13　各种沉淀池比较

池型	优点	缺点	适用条件
平流式	(1)沉淀效果好； (2)对冲击负荷和温度变化的适应能力较强； (3)施工简易，造价较低	(1)池子配水不易均匀； (2)采用多斗排泥时，每个泥斗需单独设排泥管各自排泥，操作量大；采用链带式刮泥机排泥时，链带的支承件和驱动件都浸于水中，易锈蚀； (3)占地面积较大	(1)适用于地下水位高及地质较差地区； (2)适用于大、中、小型污水处理厂
竖流式	(1)排泥方便，管理简单； (2)占地面积较小	(1)池子深度大，施工困难； (2)对冲击负荷和温度变化的适应能力较差； (3)造价较高； (4)池径不宜过大，否则布水不匀	(1)适用于处理水量不大的小型污水处理厂； (2)常用于地下水位较低地区
辐流式	(1)多为机械排泥，运行较好，管理较简单； (2)排泥设备已趋定型	机械排泥设备复杂，对施工质量要求高	(1)适用于地下水位较高地区； (2)适用于大、中型污水处理厂
斜流式	(1)沉淀效率高； (2)池容积小，占地面积小	(1)斜管（板）耗用材料多，且价格较高； (2)排泥较困难； (3)易滋长藻类	(1)适用于旧沉淀池的改建、扩建和挖潜； (2)适用于用地紧张，需要压缩沉淀池面积时； (3)适用于初沉池，不宜用于二沉池

3.3.1　一般规定

① 设计流量应按分期建设考虑：a. 当污水为自流进入时，应按每期的最大设计流量计算；b. 当污水为提升进入时，应按每期工作水泵的最大组合流量计算；c. 初次沉淀池应按

旱季设计流量设计，用雨季设计流量校核，校核沉淀时间不宜小于 30min。

② 沉淀池的个数或分格数不应小于 2 个，并宜按并联系列考虑。

③ 当无实测资料时，城市污水沉淀池的设计数据可参照表 3-14 选用。

表 3-14　城市污水沉淀池设计数据

沉淀池类型		沉淀时间/h	表面水力负荷/[m^3/(m^2·h)]	每人每日污泥量/[g/(人·d)]	污泥含水率/%	固体负荷/[kg/(m^2·d)]
初次沉淀池		0.5～2.0	1.5～4.5	16～36	95.0～97.0	—
二次沉淀池	生物膜法后	1.5～4.0	1.0～2.0	10～26	96.0～98.0	≤150
	活性污泥法后	1.5～4.0	0.6～1.5	12～32	99.2～99.6	≤150

④ 池子的超高至少采用 0.3m。

⑤ 沉淀池的有效水深（H）、沉淀时间（t）与表面负荷（q'）的关系见表 3-15。当表面负荷一定时有效水深与沉淀时间之比亦为定值，即 $H/t=q'$。一般沉淀时间不小于 0.5h；有效水深多采用 2～4m，对辐流沉淀池指池边水深。

表 3-15　有效水深、沉淀时间与表面负荷的关系

表面负荷 q'/[m^3/(m^2·h)]	沉淀时间 t/h				
	H=2.0m	H=2.5m	H=3.0m	H=3.5m	H=4.0m
4.5	0.4	0.56	0.67	0.78	0.89
4.0	0.5	0.63	0.75	0.88	1.0
3.5	0.6	0.7	0.86	1.0	1.1
3.0	0.7	0.8	1.0	1.2	1.3
2.5	0.78	1.0	1.2	1.4	1.6
2.0	1.0	1.3	1.5	1.8	2.0
1.5	1.3	1.7	2.0	2.3	2.7
1.2	1.7	2.1	2.5	2.9	3.3
1.0	2.0	2.5	3.0	3.5	4.0
0.6	3.3	4.2	5.0		

⑥ 沉淀池的缓冲层高度，一般采用 0.3～0.5m。

⑦ 污泥斗的斜壁与水平面的倾角，方斗不宜小于 60°，圆斗不宜小于 55°。

⑧ 排泥管直径不应小于 200mm。

⑨ 沉淀池的污泥，采用机械排泥时可连续排泥或间歇排泥。不用机械排泥时应每日排泥，初次沉淀池的静水头不应小于 1.5m；二次沉淀池的静水头，生物膜法后不应小于 1.2m，曝气池后不应小于 0.9m。

⑩ 采用多斗排泥时，每个泥斗均应设单独的闸阀和排泥管。

⑪ 当每组沉淀池有 2 个池以上时，为使每个池的入流量均等，应在入流口设置调节阀门，以调整流量。

⑫ 当采用重力排泥时，污泥斗的排泥管一般采用铸铁管，其下端伸入斗内，顶端敞口，

伸出水面，以便于疏通。在水面以下1.5～2.0m处，由排泥管接出水平排出管，污泥借静水压力由此排出池外。

⑬ 进水管有压力时，应设置配水井，进水管应由池壁接入，不宜由井底接入，且应将进水管的进口弯头朝向井底。

⑭ 初次沉淀池的污泥区容积，宜按不大于2d的污泥量计算。曝气池后的二次沉淀池污泥区容积，宜按不大于2h的污泥量计算，并应有连续排泥措施。机械排泥的初次沉淀池和生物膜法处理后的二次沉淀池污泥区容积，宜按4h的污泥量计算。

3.3.2 平流式沉淀池

3.3.2.1 设计参数与数据

① 每格长度与宽度之比不小于4，长度与深度之比不宜小于8，池长不宜大于60m。

② 采用机械排泥时，宽度根据排泥设备确定；单池宽度不宜大于12m。

③ 池底纵坡不宜小于0.01；采用多斗时，每斗应设单独排泥管及排泥闸阀，池底横向坡度采用0.05。

④ 刮泥机的行进速度为0.3～1.2m/min，一般采用0.6～0.9m/min。

⑤ 一般按表面负荷计算，按水平流速校核。最大水平流速：初沉池为7mm/s；二沉池为5mm/s。

⑥ 进出口处应设置挡板，高出池内水面0.1～0.15m。挡板淹没深度：进口处视沉淀池深度而定，不小于0.25m，一般为0.5～1.0m；出口处一般为0.3～0.4m。挡板位置：距进水口为0.5～1.0m；距出水口为0.25～0.5m。

⑦ 泄空时间不超过6h，放空管直径d（m）可按式(3-4)计算。

$$d=\sqrt{\frac{0.7BLH^{1/2}}{t}} \tag{3-4}$$

式中 B——池宽，m；

L——池长，m；

H——池内平均水深，m；

t——泄空时间，s。

⑧ 池子进水端用穿孔花墙配水时，花墙距进水端池壁的距离应不小于1～2m，开孔总面积为过水断面面积的6%～20%。

3.3.2.2 计算公式

平流式沉淀池计算过程及公式见表3-16。

表3-16 计算过程及公式

名称	公式	符号说明
池子总表面积A/m²	$A=\frac{Q_{max}3600}{q'}$	Q_{max}——最大设计流量，m³/s； q'——表面负荷，m³/(m²·h)
沉淀部分有效水深h_2/m	$h_2=q't$	t——沉淀时间，h
沉淀部分有效容积V'/m³	$V'=Q_{max}t\times3600$ 或 $V'=Ah_2$	
池长L/m	$L=vt\times3.6$	v——最大设计流量时的水平流速，mm/s
池子总宽度B/m	$B=A/L$	

续表

名称	公式	符号说明
池子个数(或分格数)n/个	$n=\frac{B}{b}$	b——每个池子(或分格)宽度,m
污泥部分所需的容积V/m^3	$V=\frac{SNT}{1000}$ $V=\frac{Q_{max}(C_1-C_2)86400T100}{K_Z\gamma(100-p_0)}$	S——每人每日污泥量,L/(人·d),一般采用0.3～0.8L/(人·d); N——设计人口数,人; T——两次清除污泥间隔时间,d; C_1——进水悬浮物浓度,t/m^3; C_2——出水悬浮物浓度,t/m^3; K_Z——生活污水量总变化系数; γ——污泥容重,t/m^3,取1.0t/m^3; p_0——污泥含水率,%
池子总高度H/m	$H=h_1+h_2+h_3+h_4$	h_1——超高,m; h_3——缓冲层高度,m; h_4——污泥部分高度,m
污泥斗容积V_1/m^3	$V_1=\frac{1}{3}h''_4(f_1+f_2+\sqrt{f_1f_2})$	f_1——斗上口面积,m^2; f_2——斗下口面积,m^2; h''_4——泥斗高度,m
污泥斗以上梯形部分污泥容积V_2/m^3	$V_2=\left(\frac{l_1+l_2}{2}\right)h'_4b$	l_1——梯形上底长,m; l_2——梯形下底长,m; h'_4——梯形的高度,m

【例题 3-8】 某城市污水处理厂最大设计流量43200m^3/d，设计人口250000人，沉淀时间1.50h，采用链带式刮泥机，求沉淀池各部分尺寸。

【解】（1）池子总表面积

设表面负荷$q'=2.0m^3/(m^2\cdot h)$，最大设计流量为$0.5m^3/s$，则：

$$A=\frac{Q_{max}\times3600}{2}=900\ (m^2)$$

（2）沉淀部分有效水深

$$h_2=q'\times1.5=3.0\ (m)$$

（3）沉淀部分有效容积

$$V'=Q_{max}t\times3600=2700\ (m^3)$$

（4）池长

设水平流速$v=3.70mm/s$，则：

$$L=vt\times3.6=3.7\times1.5\times3.6=20\ (m)$$

（5）池子总宽度

$$B=A/L=900/20=45\ (m)$$

（6）池子个数

设每个池子宽4.5m，则：

$$n=B/b=45/4.5=10\text{个}$$

（7）校核长宽比

$$L/b=20/4.5=4.4>4.0\ (\text{符合要求})$$

（8）污泥部分需要的总容积

设 $T=2.0$d 污泥量为 25g/(人·d)，污泥含水率为 95%，则：

$$S=\frac{25\times100}{(100-95)\times1000}=0.5\text{L/(人·d)}$$

$$V=SNT/1000=0.5\times250000\times2.0/1000=250\ (\text{m}^3)$$

（9）每格池污泥所需容积

$$V''=\frac{V}{n}=250/10=25\ (\text{m}^3)$$

（10）污泥斗容积

采用污泥斗见图 3-9。

$$V_1=\frac{1}{3}h''_4(f_1+f_2+\sqrt{f_1f_2})$$

$$h''_4=\frac{4.5-0.5}{2}\tan60°=3.46\ (\text{m})$$

$$V_1=\frac{1}{3}\times3.46\times(4.5\times4.5+0.5\times0.5+\sqrt{4.5^2\times0.5^2}\ )=26\ (\text{m}^3)$$

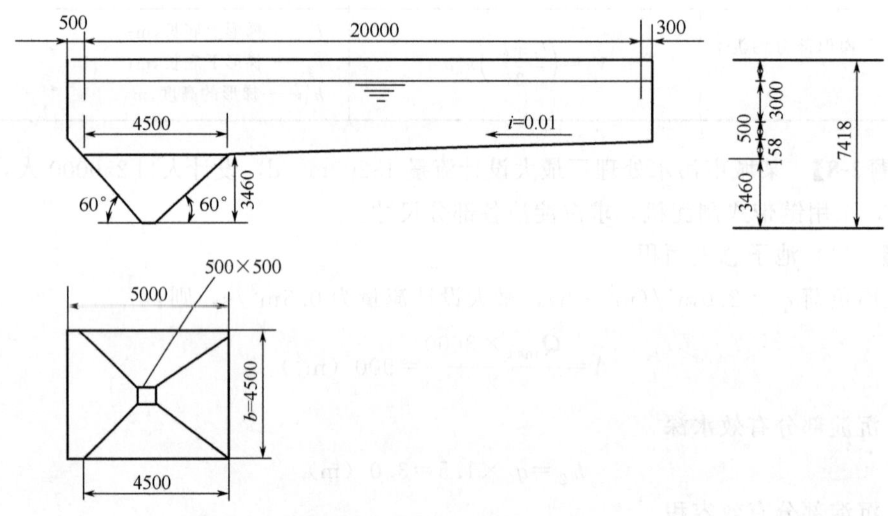

图 3-9　沉淀池及污泥斗工艺计算结果（单位：mm）

（11）污泥斗以上梯形部分污泥容积

$$V_2=\frac{l_1+l_2}{2}h'_4b$$

$$h'_4=(20+0.3-4.5)\times0.01=0.158\ (\text{m})$$

$$l_1=20+0.3+0.5=20.80\ (\text{m})$$

$$l_2=4.50\text{m}$$

$$V_2=\frac{20.80+4.50}{2}\times0.158\times4.5=9.0\ (\text{m}^3)$$

（12）污泥斗和梯形部分污泥容积

$$V_1+V_2=26+9=35.00(\text{m}^3)>25\text{m}^3$$

（13）池子总高度

设缓冲层高度 $h_3=0.50\text{m}$，则：

$$H=h_1+h_2+h_3+h_4$$

$$h_4=h_4'+h_4''=0.158+3.46=3.62\ (\text{m})$$

$$H=0.3+3.0+0.5+3.62=7.42\ (\text{m})$$

计算结果见图 3-9。

【例题 3-9】 已知最大设计流量为 $2\times10^4\text{m}^3/\text{d}$，试设计平流式初沉池。

【解】（1）采用设计参数值为：表面负荷 $40\text{m}^3/(\text{m}^2\cdot\text{d})$，长宽比 4，沉淀时间 1.5h，穿孔花墙开孔率 6%，超高 0.5m，堰口负荷 $200\text{m}^3/(\text{m}\cdot\text{d})$，池子 2 个。

（2）单池容积

$$V_1=Q_1t=\frac{2\times10^4}{2}\times\frac{1.5}{24}=625(\text{m}^3)$$

（3）单池表面积

$$A_1=\frac{Q}{q}=\frac{2\times10^4}{2}\times\frac{1}{40}=250(\text{m}^2)$$

（4）有效水深

$$h_2=\frac{V_1}{A_1}=625/250=2.5(\text{m})$$

（5）池宽

由 $4B^2=250$ 得 $B=7.9$，取 8.0m。

（6）池长

$$L=4B=32(\text{m})$$

（7）单池所需出水堰长

$$l=\frac{2\times10^4}{2}\times\frac{1}{200}=50(\text{m})$$

仅池宽 8m 不够，增加 4 根宽 30cm 两侧收水的集水支渠（见图 3-10），则每根支渠长度为 $l_1=(50-8-0.3\times4)/8=5.1\text{m}$。

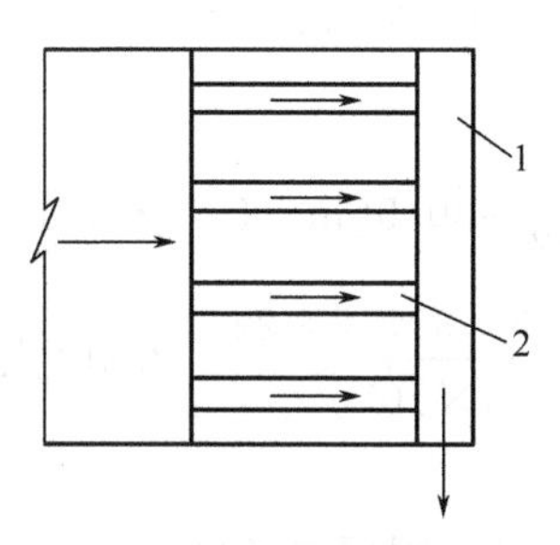

图 3-10　平流式沉淀池的集水槽形式

1—集水槽；2—集水支渠

（8）穿孔花墙孔的总面积

$$8\times2.5\times0.06=1.2\text{m}^2$$

采用直径为 100mm 的孔，则所需孔数为 $1.2/\left(\frac{1}{4}\pi\times0.1^2\right)=152.8$（个）；取 150 个孔，

横向 15 个，纵向（深）10 个。

【例题 3-10】 已知最大设计流量为 $5\times10^4m^3/d$，SS浓度 200mg/L。试设计计算平流式初沉池。

【解】

（1）设计标准

采用日本设计指针标准进行设计（见表 3-17）。

表 3-17　沉淀池设计规定

参数 \ 分类	初沉池	二沉池	参数 \ 分类	初沉池	二沉池
沉淀时间	1.5h	2.5h	超高	0.5m	0.5m
有效水深	2.5～4.0m	2.5～4.0m	堰口负荷	≤$250m^3/(m\cdot d)$	120～$150m^3/(m\cdot d)$
表面负荷	25～$50m^3/(m^2\cdot d)$	20～$30m^3/(m^2\cdot d)$	长宽比	3～5	3～5
平均流速	≤0.3m/min	≤0.3m/min	排泥管径	≥150mm	≥150mm

（2）池尺寸计算

$$\text{所需表面积}\ A_1=\frac{Q}{\text{OFR}}=\frac{5\times10^4}{25\sim50}=2000\sim1000(\text{m}^2)$$

取有效水深 $H=3$m，沉淀时间 $T=1.5$h，则所需面积为：

$$A_2=\frac{T}{H}\times\frac{Q}{24}=\frac{1.5}{3}\times\frac{5\times10^4}{24}=1042(\text{m}^2)$$

综合考虑并偏于安全，取 $A=1500\text{m}^2$，则表面负荷（OFR）为：

$$\text{OFR}=\frac{Q}{A}=\frac{5\times10^4}{1500}=33[\text{m}^3/(\text{m}^2\cdot\text{d})]$$

池内平均流速为 $v=0.3$m/min，则池长（L）为：

$$L=Tv=1.5\times60\times0.3=27(\text{m})$$

池总宽度（B）为：　$B=A/L=1500/27=55(\text{m})$

因此，沉淀池尺寸采用：27m（长）×5m（宽）×3m（深）×12 池。

[校核]

$$\text{表面负荷(OFR)}=\frac{5\times10^4}{5\times27\times12}=30.9[\text{m}^3/(\text{m}^2\cdot\text{d})][\text{在 }25\sim50\text{m}^3/(\text{m}^2\cdot\text{d})\text{之间}]$$

$$\text{沉淀时间}(T)=\frac{5\times27\times3\times12\times24}{5\times10^4}=2.3\text{h(大于 1.5h,偏于安全)}$$

（3）堰口长度计算

采用堰口负荷为 $250m^3/(m\cdot d)$，则堰口长度为：

$$L_2=5\times10^4/250=200\text{m}$$

每池设置 2 个出水堰，则每池所需堰长度为：

$$l=200\div12\div2=8.3(\text{m})\quad(\text{取 }10\text{m})$$

则堰口负荷为：

$$\frac{Q}{l}=\frac{5\times10^4}{10\times2\times12}=208[\text{m}^3/(\text{m}\cdot\text{d})]$$

（4）污泥斗设计

采用初沉池 SS 去除率为 40%，则每日产泥量为：

$$C_1 = 5\times10^4\times200\times10^{-6}\times0.4 = 4000(\text{kg/d})$$

污泥含水率为 98.5%，则每日排泥量为：

$$4000\times\frac{100}{100-98.5}=267(\text{m}^3/\text{d})\left(\text{或}\frac{4000\text{kg/d}}{15\text{kg/m}^3}=267\text{m}^3/\text{d}\right)$$

每池排泥量为：267/12=22.3[m^3/(d·池)]=0.015[m^3/(min·池)]

每池排泥时间取 10min，1 周期所需时间为：

$$T=10\text{min}\times12\text{ 池}=120\text{min}$$

因此，污泥斗容积（V）为：

$$V=0.015\times120=1.8(\text{m}^3/\text{池})$$

3.3.3　平流式沉淀池穿孔排泥管的计算

3.3.3.1　设计概述

在沉淀池底部设置穿孔管，靠静水头作用垂力排泥，具有排泥不停池、管理方便、结构简单等优点。它适用于原水浑浊度不大的中小型沉淀池，而对大型沉淀池，排泥效果不是很理想，主要问题是孔眼易堵塞，排泥作用距离不大。故往往需加设辅助冲洗设备，从而导致管理较复杂。

穿孔管的布置形式一般分两种：当积泥曲线较陡，大部分泥渣沉积在池前时，常采用纵向布置；当池子较宽，无积泥曲线资料时，可采用横向布置。

根据平流式沉淀池的积泥分布规律（沿水流方向逐渐减少），穿孔管排泥按沿程变流量（非均匀流）配孔。它的计算主要是确定穿孔管直径、条数、孔数、孔距及水头损失等。穿孔排泥管的计算方法有数种，此处仅介绍一种计算方法的设计要点。

① 穿孔管沿沉淀池宽度方向布置，一般设置在平流式沉淀池的前半部，即沿池长 1/3～1/2 处设置。积泥按穿孔管长度方向均匀分布计算。

② 穿孔管全长采用同一管径，一般为 150～300mm。为防止穿孔管淤塞，穿孔管管径不得小于 150mm。

③ 穿孔管末端流速一般采用 1.8～2.5m/s。

④ 穿孔管中心间距与孔眼的布置、孔眼作用水头及池底结构形式等因素有关。一般平底池子可采用 1.5～2m，斗底池子可采用 2～3m。

⑤ 穿孔管孔眼直径可采用 20～35mm。孔眼间距与沉泥含水率及孔眼流速有关，一般采用 0.2～0.8m。孔眼多在穿孔管垂线下侧成两行交错排列。平底池子时，两行孔眼可采用 45°或 60°夹角；斗底池子宜用 90°。全管孔眼按同一孔径开孔。

⑥ 孔眼流速一般为 2.5～4m/s。

⑦ 配孔比（即孔眼总面积与穿孔管截面积之比）一般采用 0.3～0.8。

⑧ 排泥周期与原水水质、泥渣粒径、排出泥浆的含水率及允许积泥深度有关。当原水浊度低时，一般每日至少排放 1 次，以避免沉泥积实而不易排出。

⑨ 排泥时间一般采用 5～30min，亦可按下式计算：

$$t\ (\text{min})=\frac{1000V}{60q} \tag{3-5}$$

式中　V——每根穿孔管在一个排泥周期内的排泥量，m^3；

q——单位时间排泥量，L/s。

⑩ 穿孔管的区段长度 L_y 一般采用 2～4m，首、尾两端的区段长度为 $L_y/2$，即 1～2m。穿孔管的计算段长度为 L_1，L_2，L_3，…，L_n，其关系为 $L_2=2L_1$，$L_3=3L_1$，…，$L_n=nL_1$（见图 3-11）。

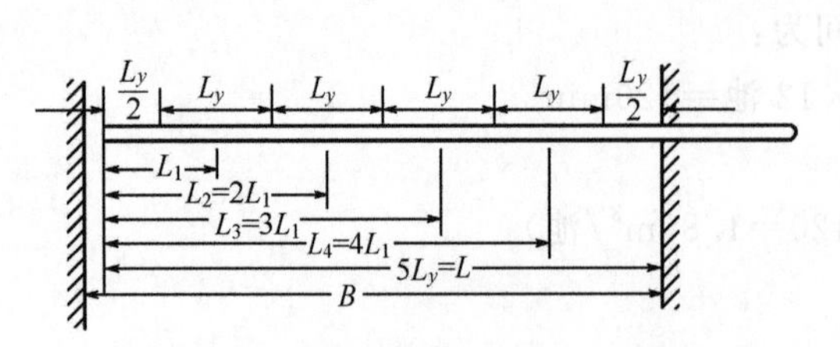

图 3-11　穿孔管计算长度划分示意

L_y—区段长度；L_1、L_2、L_3、L_4—计算段长度；

B—池宽；L—穿孔管池内长度

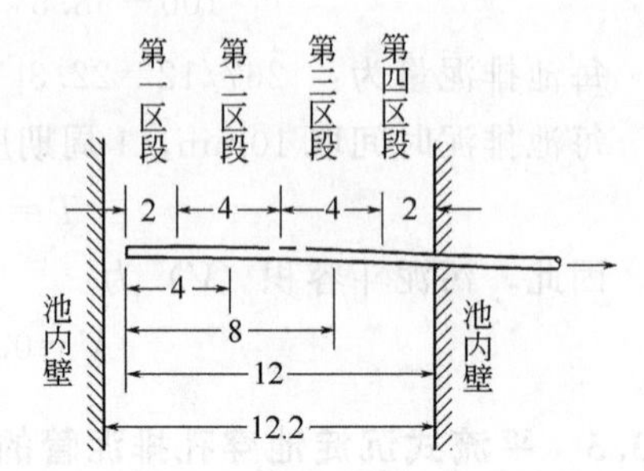

图 3-12　穿孔排泥管计算示意（单位：m）

3.3.3.2　设计算例

（1）已知条件

沉淀池宽度为 12.2m（见图 3-12）。穿孔排泥管作用水头为 $H_0=4$m（有效水深 3m，积泥槽深大于 1m）。穿孔排泥管沿沉淀池宽度布置，其有效长度 $L=12$m；输泥管长 5m。

（2）设计计算

1）穿孔管直径 D（m）

$$D=1.68d\sqrt{L} \tag{3-6}$$

式中　d——孔眼直径，mm，此处采用 32mm；

L——穿孔管长度，m，此处为 12m。

$D=1.68\times0.032\sqrt{12}=0.186$(m)，采用 200mm 铸铁管（壁厚 10mm）。

2）穿孔管上第一个孔眼（起端）处水头损失 H_1（mH_2O，$1mH_2O=9806.65Pa$）

$$H_1=\frac{K_A\rho v_1^2}{\mu^2\cdot 2g} \tag{3-7}$$

式中　K_A——水头损失修正系数，可采用 1.0～1.1，此处取 1.05；

ρ——泥浆密度，kg/L，取 1.05kg/L；

v_1——第一孔眼处水流速度，m/s，此处采用 2.5m/s；

μ——流量系数，此处采用 0.62。

$$H_1=\frac{1.05\times1.05\times2.5^2}{0.62^2\times19.62}=0.91\ (mH_2O)$$

3）穿孔管末端流速 v_n

$$v_n=\left[\frac{2g(H_0-H_1-H')}{K_A\rho K_n\left(2\alpha+K\cdot\dfrac{\lambda L}{3D}-\beta\right)+K_A\rho\left(\zeta+\dfrac{\lambda L'}{D}\right)}\right]^{\frac{1}{2}} \tag{3-8}$$

式中　H_0——池内必需的静水头（穿孔管作用水头），mH_2O，此处取 $4mH_2O$；

H'——储备水头，mH_2O，一般采用 $0.3\sim0.5mH_2O$，此处取 $0.3mH_2O$；

K_n——水头损失修正系数，当 $D=150\sim300mm$ 时，可采用 1.05～1.15（尚需生产验证），此处取 1.1；

α——计算段末端的流速修正系数，为 1.1；

K——系数，用以计算由于水从诸孔中流入而增加的长度损失；

λ——水管的摩擦系数，可按图 3-13 查得，此处按穿孔管径 $D=200mm$，糙率系数 $n_0=0.013$，查得 $\lambda=0.037$；

β——系数，用以计算水流入穿孔管中的条件，β 值可根据穿孔管管壁厚度 δ 与孔眼直径 d 之比而定，可按图 3-14 查得，此处据 $\delta/d=10/32=0.31$，取 $\eta_K=0.7$，查得 $\beta=0.8$；

L'——池内壁至排泥井出口段管长，m，此处 $L'=5m$；

ζ——水头损失系数，此处 $\zeta=0.1+0.3=0.4$（闸阀、45°弯头各 1 个）。

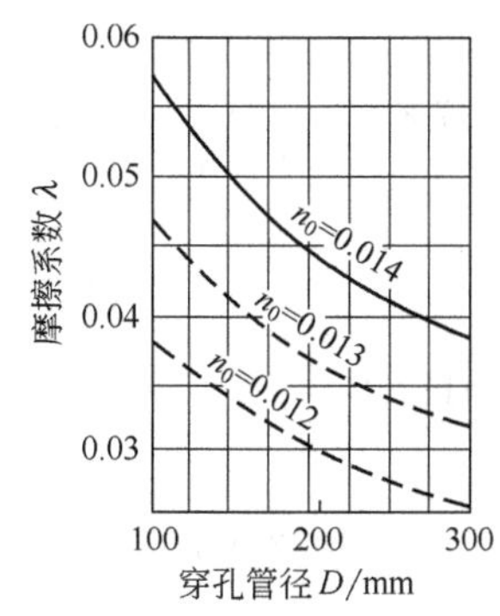

图 3-13　在不同糙率系数 n_0 时，摩擦系数 λ 与穿孔管径 D 的关系曲线

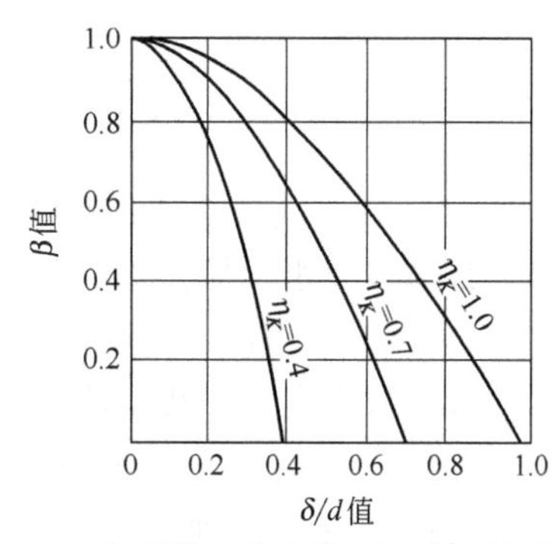

图 3-14　决定系数 β 的曲线（用铰刀铰成的孔眼采用 $\eta_K=0.7$ 和 $\eta_K=1.0$）

$$v_n=\left\{2\times[9.81\times(4-0.91-0.3)]/\left[1.05\times1.05\times1.1\times\left(2\times1.1+1.13\times\frac{0.037\times12}{3\times0.2}-0.8\right)+1.05\times1.05\times\left(0.4+\frac{0.037\times5}{0.2}\right)\right]\right\}^{\frac{1}{2}}=3.62\ (m/s)$$

4）穿孔管末端流量 Q_n

$$Q_n=\omega v_n=\frac{1}{4}\pi D^2v_n=\frac{1}{4}\times3.14\times0.2^2\times3.62=0.114\ (m^3/s)$$

式中　ω——穿孔管截面积，m^2。

5）比流量 q'

$$q'=\frac{Q_n}{L}=\frac{0.114}{12}=0.0095\ [m^3/(s\cdot m)]$$

6）第一区段孔数及孔距

① 穿孔管第一孔眼流量 q_1

孔眼面积按孔径 $d=32mm$ 计算，即 $\omega_0=0.000804m^2$，则：

$$q_1=v_1\omega_0=2.5\times0.000804=0.00201\ (m^3/s)$$

② 第一区段孔数 n_1

该区段长度 $L_y=2\text{m}$，则孔数：

$$n_1=\frac{q'L_y}{q_1}=\frac{0.0095\times 2}{0.00201}=9.45，采用 10 个$$

③ 第一区段孔距 l_1

$$l_1=\frac{L_y}{n_1}=\frac{2}{10}=0.2(\text{m})$$

7）第二区段孔数及孔距

① 第一计算段末端的水流速度 v_{n1}

$$v_{n1}=\frac{1}{3}v_n=\frac{1}{3}\times 3.62=1.2(\text{m/s})$$

② 第一计算段穿孔管沿程水头损失 H_n

该计算段的管长 $L=4\text{m}$，则：

$$\begin{aligned}H_n&=K_A\gamma K_n\left(2\alpha+K\ \frac{\lambda}{3}\times\frac{L}{D}-\beta\right)\frac{v_{n1}^2}{2g}\\&=1.05\times 1.05\times 1.1\left(2\times 1.1+1.13\ \frac{0.037\times 4}{3\times 0.2}-0.8\right)\frac{1.2^2}{19.62}\\&=0.14(\text{mH}_2\text{O})\end{aligned}$$

③ 第一计算段总水头损失 H

$$H=H_n+H_1=0.14+0.91=1.05\ (\text{mH}_2\text{O})$$

④ 第一计算段末端第一孔眼流量 q_n

$$q_n=\mu\omega_0\sqrt{2gH}=0.62\times 0.000804\times\sqrt{19.62\times 1.05}=0.0023\ (\text{m}^3/\text{s})$$

⑤ 第二区段孔数 n_2（即第一计算段末端所在区段）

第二区段长度 $L_x=4\text{m}$，则该段孔数为：

$$n_2=\frac{q'L_x}{q_n}=\frac{0.0095\times 4}{0.0023}=16.52，取 17 个$$

⑥ 第二区段孔距 l_2

$$l_2=\frac{L_x}{n_2}=\frac{4}{17}=0.235(\text{m})$$

8）第三区段孔数及孔距

① 第二计算段末端的水流速度 v_{n2}

$$v_{n2}=\frac{2}{3}v_n=\frac{2}{3}\times 3.62=2.4\ (\text{m/s})$$

② 第二计算段穿孔管沿程水头损失 H_n

该计算段的管长 $L=8\text{m}$，则：

$$\begin{aligned}H_n&=K_A\rho K_n\left(2\alpha+K\ \frac{\lambda}{3}\frac{L}{D}-\beta\right)\frac{v_{n1}^2}{2g}\\&=1.05\times 1.05\times 1.1\times\left(2\times 1.1+1.13\times\frac{0.037\times 8}{3\times 0.2}-0.8\right)\times\frac{2.4^2}{19.62}\\&=0.69(\text{mH}_2\text{O})\end{aligned}$$

③ 第二计算段总水头损失 H

$$H=H_n+H_1=0.69+0.91=1.60\ (mH_2O)$$

④ 第二计算段末端第一孔眼流量 q_n

$$q_n=\mu\omega_0\sqrt{2gH}=0.62\times0.000804\times\sqrt{19.62\times1.60}=0.0028\ (m^3/s)$$

⑤ 第三区段孔数 n_3

该区段管长 $L_x=4m$，则：

$$n_3=\frac{q'L_x}{q_n}=\frac{0.0095\times4}{0.0028}=13.57，取 14 个$$

⑥ 第三区段孔距 l_3

$$l_3=\frac{L_x}{n_3}=\frac{4}{14}=0.286(m)$$

9）第四区段孔数及孔距

① 第三计算段末端的水流速度 v_{n3}

$$v_{n3}=v_n=3.62m/s$$

② 第三计算段穿孔管沿程水头损失 H_n

该计算段的管长 $L=12m$，则：

$$H_n=1.05\times1.05\times1.1\times\left(2\times1.1+1.13\times\frac{0.037\times12}{3\times0.2}-0.8\right)\times\frac{3.62^2}{19.62}$$
$$=1.81\ (mH_2O)$$

③ 第三计算段总水头损失 H

$$H=H_n+H_1=1.81+0.91=2.72\ (mH_2O)$$

④ 第三计算段末端第一孔眼流量 q_n

$$q_n=\mu\omega_0\sqrt{2gH}=0.62\times0.000804\times\sqrt{19.62\times2.72}=0.00363\ (m^3/s)$$

⑤ 第四区段孔数 n_4

该区段管长 $L_x=2m$

$$n_4=\frac{q'L_x}{q_n}=\frac{0.0095\times2}{0.00363}=5.25，取 6 个$$

⑥ 第四区段孔距 l_4

$$l_4=\frac{L_x}{n_4}=\frac{2}{6}=0.33\ (m)$$

将穿孔排泥管的各区段及各计算管段的一些主要参数列于表 3-18 和表 3-19 中。

表 3-18　穿孔排泥管各区段参数

项目 \ 数值 \ 区段	区段			
	一	二	三	四
管径 D/mm	200	200	200	200
管长 L_y/m	2	4	4	2
孔径 d/mm	32	32	32	32
孔数 n/个	10	17	14	6
孔距 l/mm	200	235	286	330

表 3-19　穿孔排泥管各计算管段参数

项目　数值　管段	计算管段		
	一	二	三
管径 D/mm	200	200	200
管长 L_x/m	4	8	12
末端流速 v_n/(m/s)	1.2	2.4	3.62
末端孔眼流量 q_n/(m³/s)	0.0023	0.0028	0.00363
沿程水头损失 H_n/m	0.14	0.69	1.81
第一孔眼处水头损失 H_1/m	0.91	0.91	0.91
总水头损失 H/m	1.05	1.60	2.72

【例题 3-11】 对平流式沉淀的进水穿孔墙与出水三角堰进行水力计算。

【解】（1）已知条件

设计流量 $q=0.04\text{m}^3/\text{s}$，池宽 $B=2.4\text{m}$，有效水深 $H_0=2.5\text{m}$。

（2）进水穿孔墙计算

1）单个孔眼面积 A_1

采用砖砌进水穿孔墙，孔眼采用矩形的半砖孔洞，其尺寸为 0.125m×0.063m。

$$A_1=0.125\times0.063=0.00788(\text{m}^2)$$

2）孔眼总面积 A_0

孔眼流速采用 $v_1=0.2\text{m/s}$（一般宽口处为 0.2～0.3m/s；狭口处为 0.3～0.5m/s）

$$A_0=\frac{q}{v_1}=\frac{0.04}{0.2}=0.2(\text{m}^2)$$

3）孔眼总数 n_0

$$n_0=\frac{A_0}{A_1}=\frac{0.2}{0.00788}=25.4$$

n_0 取 24 个，则孔眼实际流速 v_1'为：

$$v_1'=\frac{q}{n_0A_1}=\frac{0.04}{24\times0.00788}=0.212(\text{m/s})$$

4）孔眼布置

① 孔眼布置成 6 排，每排孔眼数为 24÷6=4（个）。

② 水平方向孔眼间净距取 500mm（即两砖长），则每排 4 个孔眼时，其所占宽度为：

$$4\times63+4\times500=252+2000=2252(\text{mm})$$

剩余宽度为 $B-2252=2400-2252=148$（mm），其均分在各灰缝中。

③ 垂直方向孔眼净距取 252mm（即 6 块砖厚）。最上一排孔眼的淹没水深为 250mm，则孔眼的分布高度为

$$250+6\times125+6\times252=2512\approx2500(\text{mm})=H_0$$

（3）出水三角堰（90°）

① 堰上水头（即三角堰口底部至上游水面的高度） 采取 $H_1=0.1\text{mH}_2\text{O}$。

② 每个三角堰的流量 q_1

$$q_1=1.343H_1^{2.47}=1.343\times0.1^{2.47}=0.00455\ (m^3/s)$$

③ 三角堰个数 n_1

$$n_1=\frac{q}{q_1}=\frac{0.04}{0.00455}=8.8，取 9 个$$

堰口下缘与出水槽水面之距为 50～70mm。

④ 三角堰中距 l_1

$$l_1=\frac{B}{n_1}=\frac{2.4}{9}=0.267(m)$$

3.3.4　竖流式沉淀池

3.3.4.1　设计数据

① 池子直径（或正方形的一边）与有效水深的比值不大于 3.0。池子直径不宜大于 8.0m，一般采用 4.0～7.0m，最大可达 10m。

② 中心管内流速不大于 30mm/s。

③ 中心管下口应设有喇叭口和反射板（见图 3-15）：a. 反射板板底距泥面至少 0.3m；b. 喇叭口直径及高度为中心管直径的 1.35 倍；c. 反射板的直径为喇叭口直径的 1.30 倍，反射板表面积与水平面的倾角为 17°；d. 中心管下端至反射板表面之间的缝隙高在 0.25～0.50m 范围内时，缝隙中污水流速在初次沉淀池中不应大于 20mm/s，在二次沉淀池中不应大于 15mm/s。

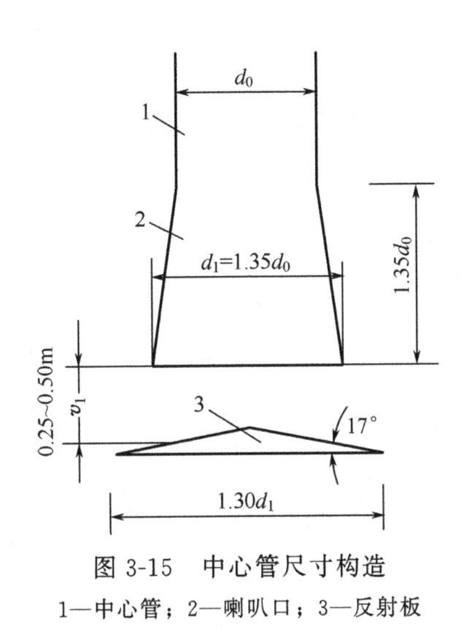

图 3-15　中心管尺寸构造

1—中心管；2—喇叭口；3—反射板

④ 当池子直径 D（或正方形的一边）小于 7.0m 时，澄清污水沿周边流出；当直径$D\geq$ 7.0m 时应增设辐射式集水支渠。

⑤ 排泥管下端距池底不大于 0.20m，管上端超出水面不小于 0.40m。

⑥ 浮渣挡板距集水槽 0.25～0.5m，高出水面 0.1～0.15m；淹没深度 0.3～0.4m。

3.3.4.2　计算公式

计算公式见表 3-20。

表 3-20　计算公式

名称	公式	符号说明
中心管面积 f/m^2	$f=\frac{q_{max}}{v_0}$	q_{max}——每池最大设计流量，m^3/s； v_0——中心管内流速，m/s； v_1——污水由中心管喇叭口与反射板之间的缝隙流出的速度，m/s； d_1——喇叭口直径，m； v——污水在沉淀池中流速，m/s； t——沉淀时间，h； S——每人每日污泥量，L/(人・d)，一般采用 0.3～0.8L/(人・d)； N——设计人口数； T——两次清除污泥相隔时间，d； C_1——进水悬浮物浓度，t/m^3； C_2——出水悬浮物浓度，t/m^3； K_Z——生活污水流量总变化系数； γ——污泥容量，t/m^3，约为 1t/m^3； p_0——污泥含水率，%； h_1——超高，m； h_4——缓冲层高，m； h_5——污泥室圆截锥部分的高度，m； R——圆截锥上部半径，m； r——圆截锥下部半径，m
中心管直径 d_0/m	$d_0=\sqrt{\frac{4f}{\pi}}$	
中心管喇叭口与反射板之间的缝隙高度 h_3/m	$h_3=\frac{q_{max}}{v_1 \pi d_1}$	
沉淀部分有效断面面积 F/m^2	$F=\frac{q_{max}}{v}$	
沉淀池直径 D/m	$D=\sqrt{\frac{4(F+f)}{\pi}}$	
沉淀部分有效水深 h_2/m	$h_2=vt3600$	
沉淀部分所需总容积 V/m^3	$V=\frac{SNT}{1000}$ $V=\frac{q_{max}(C_1-C_2)T86400\times100}{K_Z\gamma(100-p_0)}$	
圆截锥部分容积 V_1/m^3	$V_1=\frac{\pi h_5}{3}(R^2+Rr+r^2)$	
沉淀池总高度 H/m	$H=h_1+h_2+h_3+h_4+h_5$	

【例题 3-12】 竖流式沉淀池的计算。已知条件：某城市设计人口 $N=60000$ 人，设计最大污水量 $Q_{max}=0.13\text{m}^3/\text{s}$。

【解】 设计计算见图 3-16。

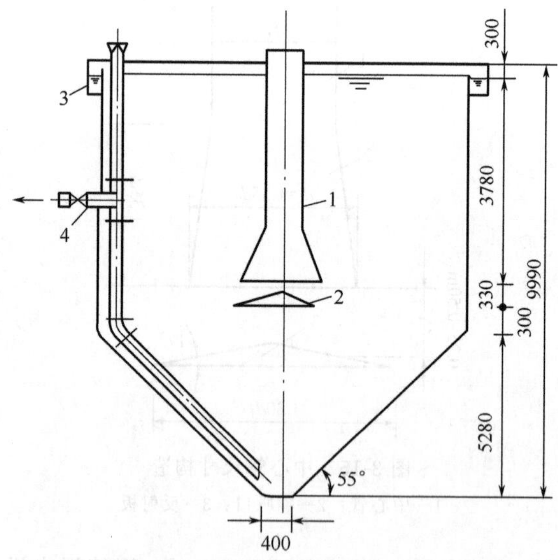

图 3-16　竖流式沉淀池计算草图（单位：mm）

1—中心管；2—反射板；3—集水槽；4—排泥管

(1) 每池最大设计流量及中心管面积

设中心管内流速 $v_0=0.03\text{m/s}$，采用池数 $n=4$，则每池最大设计流量为：

$$q_{max}=\frac{Q_{max}}{n}=\frac{0.13}{4}=0.0325\ (\text{m}^3/\text{s})$$

$$f=\frac{q_{max}}{v_0}=\frac{0.0325}{0.03}=1.08\ (m^2)$$

(2) 沉淀部分有效断面面积 (F)

设表面负荷 $q'=2.52m^3/(m^2\cdot h)$，则上升流速

$$v=v_0=2.52m/h=0.0007\ (m/s)$$

$$F=\frac{q_{max}}{v}=\frac{0.0325}{0.0007}=46.43\ (m^2)$$

(3) 沉淀池直径 (D)

$$D=\sqrt{\frac{4(F+f)}{\pi}}=\sqrt{\frac{4(46.43+1.08)}{\pi}}=7.8(m)(<8m)$$

(4) 沉淀池有效水深 (h_2)

设沉淀时间 $t=1.5h$，则：

$$h_2=vt\times3600=0.0007\times1.5\times3600=3.78(m)$$

(5) 校核池径水深比

$$D/h_2=7.8/3.78=2.06<3(\text{符合要求})$$

(6) 校核集水槽每米出水堰的过水负荷 (q_0)

$$q_0=\frac{q_{max}}{\pi D}=\frac{0.0325}{\pi\times7.8}\times1000=1.33(L/s)(<2.9L/s)$$

可见符合要求，可不另设辐射式水槽。

(7) 污泥体积 (V)

设污泥清除间隔时间 $T=2d$，每人每日产生的湿污泥量 $S=0.5L$，则：

$$V=\frac{SNT}{1000}=\frac{0.5\times60000\times2}{1000}=60\ (m^3)$$

(8) 每池污泥体积 (V_1')

$$V_1'=V/n=60/4=15\ (m^3)$$

(9) 池子圆截锥部分实有容积 (V_1)

设圆截锥底部直径 d' 为 0.4m，截锥高度为 h_5，截锥侧壁倾角 $\alpha=55°$，则：

$$h_5=(D/2-d'/2)\tan\alpha=\left(\frac{7.8}{2}-\frac{0.4}{2}\right)\tan55°=5.28(m)$$

$$V_1=\frac{\pi h_5}{3}(R^2+r^2+Rr)=\frac{\pi\times5.28}{3}\times(3.9^2+0.2^2+3.9\times0.2)=88.63(m^3)$$

可见池内足够容纳 2d 污泥量。

(10) 中心管直径 (d_0)

$$d_0=\sqrt{\frac{4f}{\pi}}=\sqrt{\frac{4\times1.08}{\pi}}=1.17\ (m)$$

(11) 中心管喇叭口下缘至反射板的垂直距离 (h_3)

设流过该缝隙的污水流速 $v_1=0.02m/s$，喇叭口直径为：

$$d_1=1.35d_0=1.35\times1.17=1.58\ (m)$$

则：

$$h_3=\frac{q_{max}}{v_1\pi d_1}=\frac{0.0325}{0.02\times\pi\times1.58}=0.33\ (m)$$

（12）沉淀池总高度（H）

设池子保护高度 $h_1=0.3\text{m}$，缓冲层高 $h_4=0$（因泥面很低），则：

$$H=h_1+h_2+h_3+h_4+h_5=0.3+3.78+0.33+0+5.28\approx10\ (\text{m})$$

3.3.5 辐流式沉淀池

3.3.5.1 设计数据

① 池子直径（或正方形一边）与有效水深的比值，一般采用 6～12。

② 池径不宜小于 16m，不宜大于 50m。

③ 坡向泥斗的底坡不宜小于 0.05。

④ 一般均采用机械刮泥，也可附有空气提升或静水头排泥设施，见图 3-17。

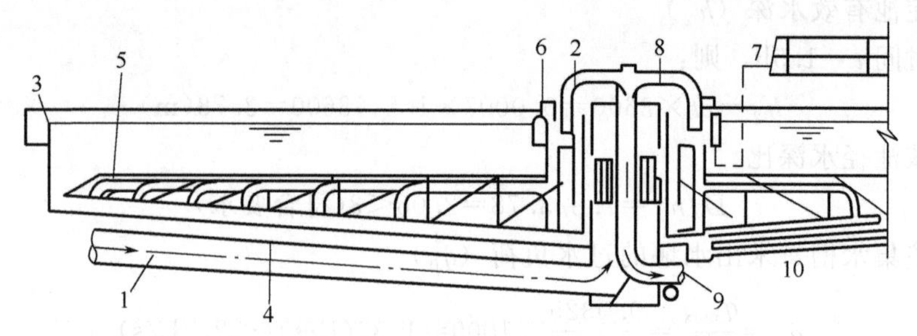

图 3-17 带有中央驱动装置的吸泥型辐流式沉淀池

1—进口；2—挡板；3—堰；4—刮板；5—吸泥管；6—冲洗管的空气升液器；7—压缩空气入口；8—排泥虹吸管；9—污泥出口；10—放空管

⑤ 当池径（或正方形的一边）较小（<20m）时，也可采用多斗排泥，见图 3-18。

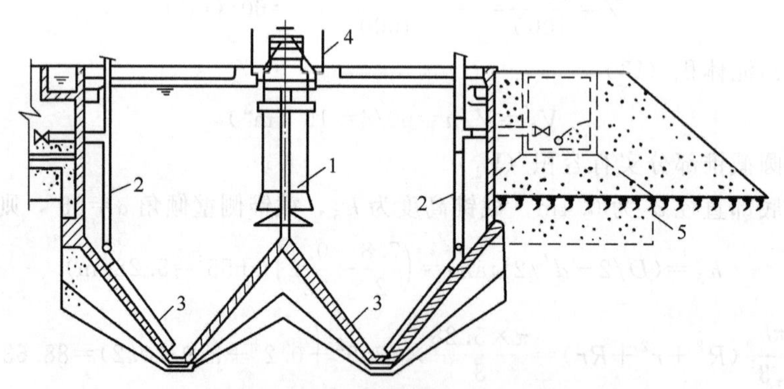

图 3-18 多斗排泥的辐流式沉淀池

1—中心管；2—污泥管；3—污泥斗；4—栏杆；5—砂垫

⑥ 进、出水的布置方式可分为：中心进水周边出水，见图 3-19；周边进水中心出水，见图 3-20；周边进水周边出水，见图 3-21。

⑦ 池径<20m，一般采用中心传动的刮泥机，其驱动装置设在池子中心走道板上，见图 3-22；池径>20m 时，一般采用周边传动的刮泥机，其驱动装置设在桁架的外缘，见图 3-23。

⑧ 刮泥机的旋转速度一般为 1～3r/h，外周刮泥板的线速度不超过 3m/min，一般采用 1.5m/min。

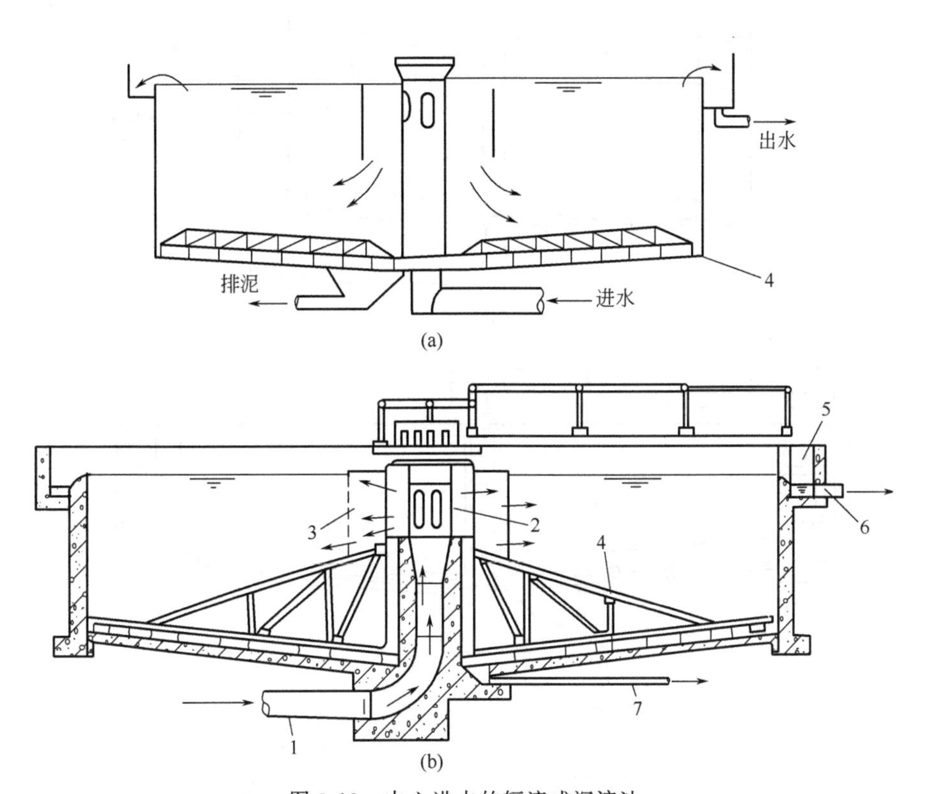

图 3-19　中心进水的辐流式沉淀池

1—进水管；2—中心管；3—穿孔挡板；4—刮泥机；5—出水槽；6—出水管；7—排泥管

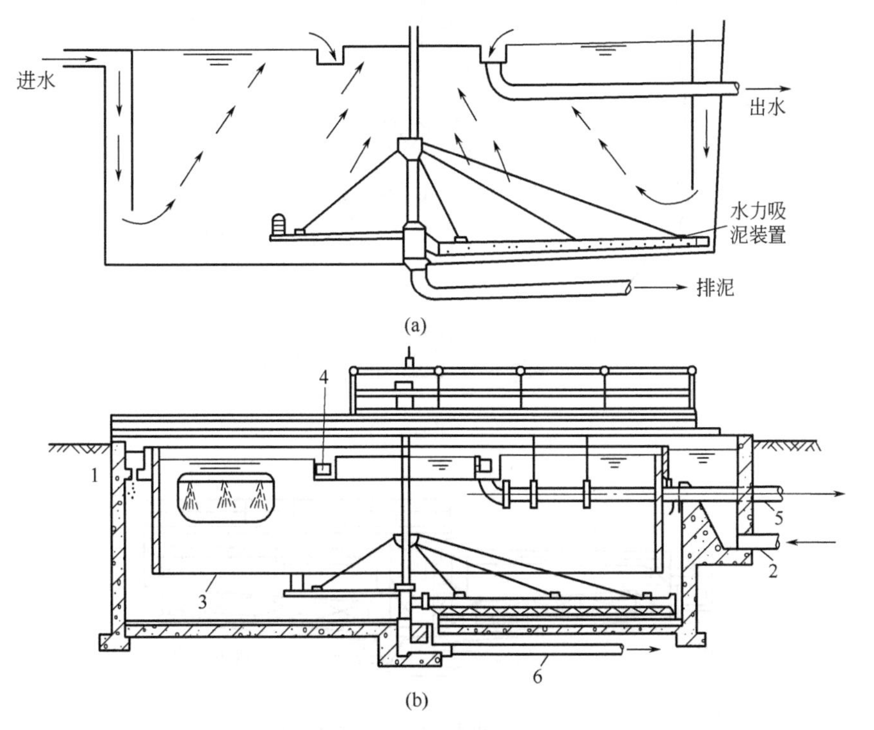

1—进水槽；2—进水管；3—挡板；4—出水槽；5—出水管；6—排泥管

图 3-20　周边进水中心出水的辐流式沉淀池

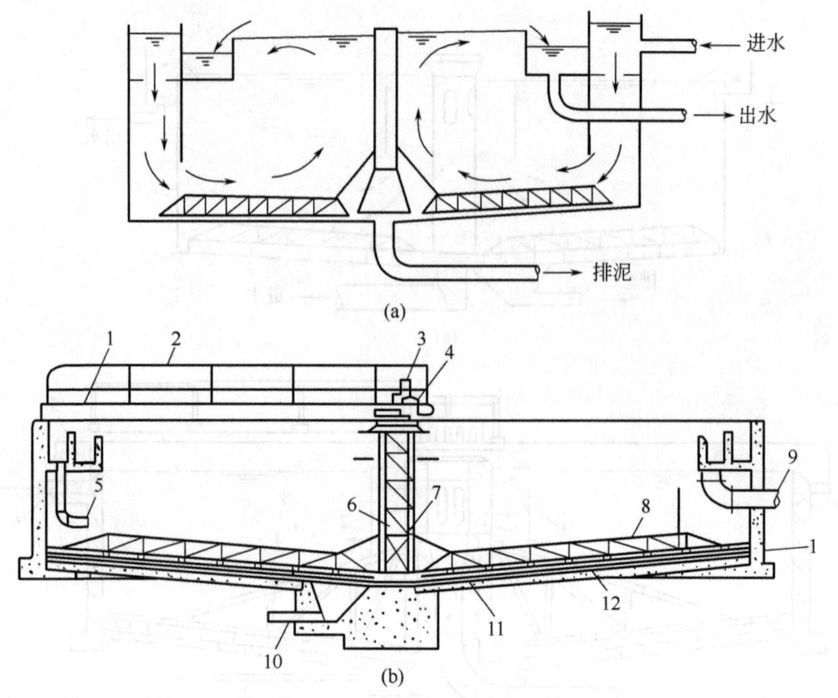

1—过桥；2—栏杆；3—传动装置；4—转盘；5—进水下降管；6—中心支架；7—传动器罩；8—桁架式耙架；9—出水管；10—排泥管；11—刮泥板；12—可调节的橡皮刮板

图 3-21　周边进水周边出水的辐流式沉淀池

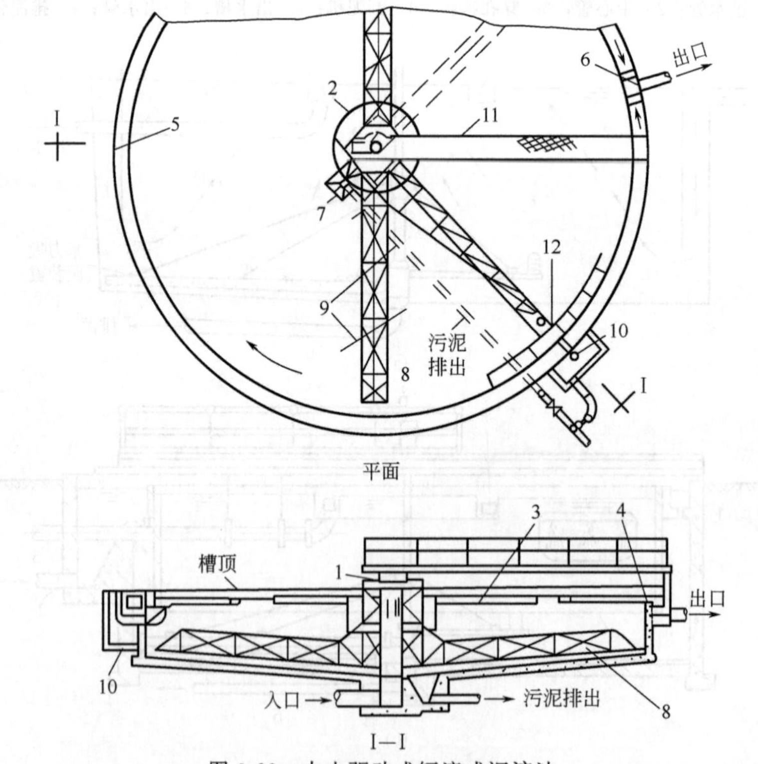

图 3-22　中央驱动式辐流式沉淀池

1—驱动装置；2—整流筒；3—撇渣挡板；4—堰板；5—周边出水槽；6—出水井；7—污泥斗；8—刮泥板桁架；9—刮板；10—污泥井；11—固定桥；12—球阀式撇渣机构

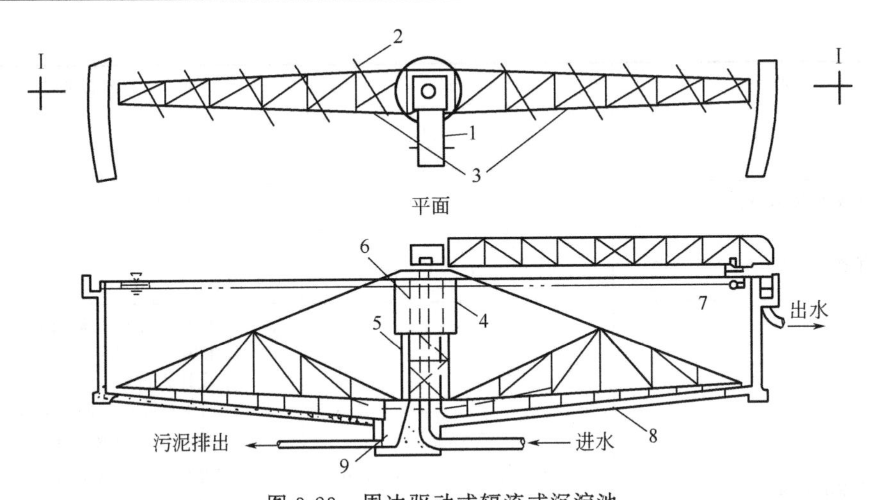

图 3-23　周边驱动式辐流式沉淀池

1—步道；2—弧形刮板；3—刮板旋壁；4—整流筒；5—中心架；
6—钢筋混凝土支承台；7—周边驱动；8—池底；9—污泥斗

⑨ 在进水口的周围应设置整流板，整流板的开口面积为过水断面面积的 6%～20%。

⑩ 浮渣用浮渣刮板收集，刮渣板装在刮泥机桁架的一侧，在出水堰前应设置浮渣挡板，见图 3-24。

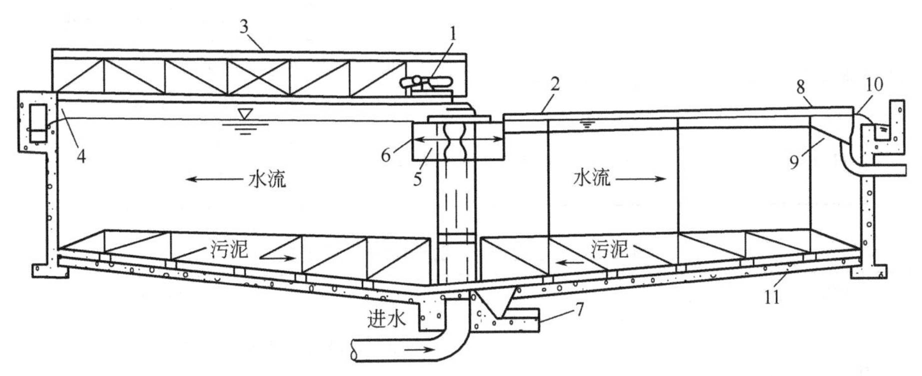

图 3-24　辐流式沉淀池（刮渣板装在刮泥机桁架的一侧）

1—驱动；2—装在一侧桁架上的刮渣板；3—桥；4—浮渣挡板；5—转动挡板；
6—转筒；7—排泥管；8—浮渣刮板；9—浮渣箱；10—出水堰；11—刮泥板

⑪ 周边进水的辐流式沉淀池是一种沉淀效率较高的池型，与中心进水、周边出水的辐流式沉淀池相比，其设计表面负荷可提高 1 倍左右。

3.3.5.2　计算公式

辐流式沉淀池取池子半径 1/2 处的水流断面作为计算断面，计算公式见表 3-21。周边进水沉淀池的计算公式见表 3-22。

表 3-21　辐流式沉淀池计算公式

名称	公式	符号说明
沉淀部分水面面积 F/m^2	$F=\frac{Q_{max}}{nq'}$	Q_{max}——最大设计流量，m^3/h； n——池数，个； q'——表面负荷，$m^3/(m^2 \cdot h)$

续表

名称	公式	符号说明
池子直径 D/m	$D=\sqrt{\frac{4F}{\pi}}$	
沉淀部分有效水深 h_2/m	$h_2=q't$	t——沉淀时间，h
沉淀部分有效容积 V'/m^3	$V'=\frac{Q_{max}}{n}t$ 或 $V'=Fh_2$	
污泥部分所需的容积 V/m^3	$V=\frac{SNT}{1000n}$ $V=\frac{Q_{max}(c_1-c_2)\times 24\times 100T}{K_Z\gamma(100-\rho_0)n}$ $V=\frac{4(1+R)QX}{X+X_R}$	S——每人每日污泥量，L/(人·d)，一般采用0.3～0.8L/(人·d)； N——设计人口数，人； T——两次清除污泥间隔时间，d； c_1——进水悬浮物浓度，t/m^3； c_2——出水悬浮物浓度，t/m^3； K_Z——生活污水量总变化系数； γ——污泥容重，t/m^3，取1.0t/m^3； ρ_0——污泥含水率，%； R——污泥回流比； X——混合液污泥浓度，mg/L； X_R——回流污泥浓度，mg/L
污泥斗容积 V_1/m^3	$V_1=\frac{\pi h_5}{3}(r_1^2+r_1r_2+r_2^2)$	h_5——污泥斗高度，m； r_1——污泥斗上部半径，m； r_2——污泥斗下部半径，m
污泥斗以上圆锥体部分污泥容积 V_1'/m^3	$V_1'=\frac{\pi h_4}{3}(R^2+Rr_1+r_1^2)$	h_4——圆锥体高度，m； R——池子半径，m
沉淀池总高度 H/m	$H=h_1+h_2+h_3+h_4+h_5$	h_1——超高，m； h_3——缓冲层高度，m

表 3-22　周边进水沉淀池的计算公式

名称	公式	符号说明
沉淀部分水面面积 F/m^2	$F=\frac{Q}{nq'}$	Q——最大设计流量，m^3/h； n——池数，个； q'——表面负荷，m^3/(m^2·h)，一般≤2.5m^3/(m^2·h)
池子直径 D/m	$D=\sqrt{\frac{4F}{\pi}}$	
校核堰口负荷 q_1'/[L/(s·m)]	$q_1'=\frac{Q_0}{3.6\pi D}$	Q_0——单池设计流量，m^3/h，$Q_0=Q/n$，一般 $q_1'\leqslant$ 4.34L/(s·m)
校核固体负荷 q_2'/[kg/(m^2·d)]	$q_2'=\frac{(1+R)Q_0N_W\times 24}{F}$	N_W——混合液悬浮物浓度(MLSS)，kg/m^3； R——污泥回流比； q_2'——一般可达150kg/(m^2·d)左右
澄清区高度 h_2'/m	$h_2'=\frac{Q_0t}{F}$	t——沉淀时间，h，一般采用1～1.5h
污泥区高度 h_2''/m	$h_2''=\frac{(1+R)Q_0N_Wt'}{0.5(N_W+C_u)F}$	t'——污泥停留时间，h； C_u——回流污泥浓度，kg/m^3
池边水深 h_2/m	$h_2=h_2'+h''_2+0.3$	0.3——缓冲层高度，m

续表

名称	公式	符号说明
沉淀池总高度 H/m	$H=h_1+h_2+h_3+h_4$	h_1——池子超高,m,一般采用0.3m; h_3——池中心与池边落差,m; h_4——污泥斗高度,m

【例题 3-13】 某污水处理厂的设计流量 $Q=4000\text{m}^3/\text{h}$，曝气池混合液悬浮物浓度 $N_W=2\text{kg/m}^3$，回流污泥浓度 $C_u=6\text{kg/m}^3$，污泥回流比 $R=0.5$，试求周边进水二次沉淀池的各部分尺寸。

【解】 计算草图见图3-25。

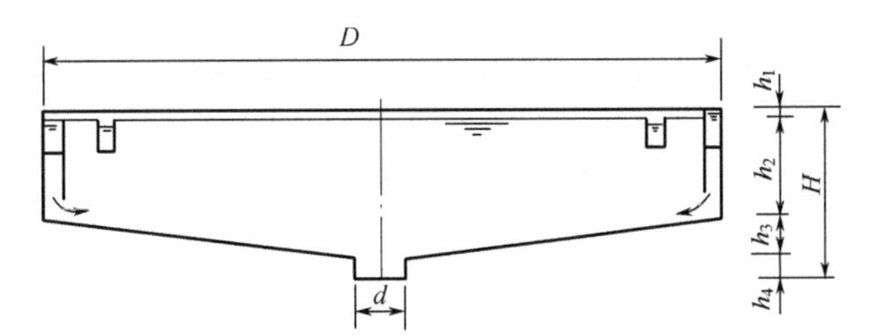

图3-25 周边进水二次沉淀池计算示意

(1) 沉淀部分水面面积（F'）

设池数 $n=2$ 个，表面负荷 $q'=2\text{m}^3/(\text{m}^2\cdot\text{h})$，则：

$$F'=\frac{Q}{nq'}=\frac{4000}{2\times2}=1000(\text{m}^2)$$

(2) 池子直径（D）

$$D=\sqrt{\frac{4F'}{\pi}}=\sqrt{\frac{4\times1000}{\pi}}=35.7(\text{m})\ (\text{取}\ D=36\text{m})$$

(3) 实际水面面积（F）

$$F=\frac{\pi D^2}{4}=\frac{\pi\times36^2}{4}=1017\ (\text{m}^2)$$

(4) 实际表面负荷（q'）

$$q'=\frac{Q}{nF}=\frac{4000}{2\times1017}=1.96\ [\text{m}^3/(\text{m}^2\cdot\text{h})]$$

(5) 单池设计流量（Q_0）

$$Q_0=Q/n=4000/2=2000\ (\text{m}^3/\text{h})$$

(6) 校核堰口负荷（q'_1）

$$q'_1=\frac{Q_0}{2\times3.6\pi D}=\frac{2000}{2\times3.6\times\pi\times36}=2.45\text{L}/(\text{s}\cdot\text{m})<4.34\text{L}/(\text{s}\cdot\text{m})$$

(7) 校核固体负荷（q'_2）

$$q'_2=\frac{(1+R)Q_0N_W\times24}{F}=\frac{(1+0.5)\times2000\times2\times24}{1017}=141\text{kg}/(\text{m}^2\cdot\text{d})<150\text{kg}/(\text{m}^2\cdot\text{d}),\text{符合要求}$$

(8) 澄清区高度（h'_2）

设 $t=1\text{h}$，则：

$$h_2'=\frac{Q_0 t}{F}=\frac{2000\times1}{1017}=1.96\ (\text{m})$$

按在澄清区最小允许深度 1.5m 考虑，$h_2'>1.5\text{m}$，符合要求。

（9）污泥区高度（h_2''）

设 $t'=1.5\text{h}$，则：

$$h_2''=\frac{(1+R)Q_0 N_W t'}{0.5(N_W+C_u)F}=\frac{(1+0.5)\times2000\times2\times1.5}{0.5(2+6)\times1017}=2.21(\text{m})$$

（10）池边深度（h_2）

$$h_2=h_2'+h_2''+0.3=1.96+2.21+0.3=4.47(\text{m})(\text{取 } h_2=4.5\text{m})$$

（11）沉淀池高度（H）

设池底坡度为0.06，污泥斗直径 $d=2\text{m}$，池中心与池边落差 $h_3=0.06\times\frac{D-d}{2}=0.06\times\frac{36-2}{2}=1.02(\text{m})$，超高 $h_1=0.3\text{m}$，污泥斗高度 $h_4=1.0\text{m}$，则：

$$H=h_1+h_2+h_3+h_4=0.3+4.5+1.02+1.0=6.82(\text{m})$$

3.3.6 斜流式沉淀池

斜流式沉淀池是根据“浅层沉淀”理论，在沉淀池中加设斜板或蜂窝斜管以提高沉淀效率的一种新型沉淀池。它具有沉淀效率高、停留时间短、占地少等优点。斜板（管）沉淀池应用于城市污水的初次沉淀池中，其处理效果稳定，维护工作量也不大；斜板（管）沉淀池应用于城市污水的二次沉淀池中，当固体负荷过大时其处理效果不太稳定，耐冲击负荷的能力较差。斜板（管）设备在一定条件下有滋生藻类等问题，给维护管理工作带来一定困难。

按水流与污泥的相对运动方向，斜板（管）沉淀池可分为异向流、同向流和侧向流 3 种形式。在城市污水处理中主要采用升流式异向流斜板（管）沉淀池。

3.3.6.1 设计数据

① 在需要挖掘原有沉淀池潜力，或需要压缩沉淀池占地面积等技术经济要求下，可采用斜板（管）沉淀池。

② 升流式异向流斜板（管）沉淀池的表面负荷，一般可比普通沉淀池的设计表面负荷提高 1 倍左右。对于二次沉淀池，应以固体负荷核算。

③ 斜管孔径（或斜板净距）宜为 50～80mm。

④ 斜板（管）斜长一般采用 1.0～1.2m。

⑤ 斜板（管）倾角一般采用 60°。

⑥ 斜板（管）区底部缓冲层高度宜为 1.0m。

⑦ 斜板（管）区上部水深宜为 0.7～1.0m。

⑧ 在池壁与斜板的间隙处应装设阻流板，以防止水流短路。斜板上缘宜向池子进水端倾斜安装，如图 3-26 所示。

⑨ 进水方式一般采用穿孔墙整流布水，出水方式一般采用多槽出水，在池面上增设几条平行的出水堰和集水槽，以改善出水水质，加大出水量。

⑩ 斜板（管）沉淀池一般采用重力排泥。每日排泥次数至少 1～2 次，或连续排泥。

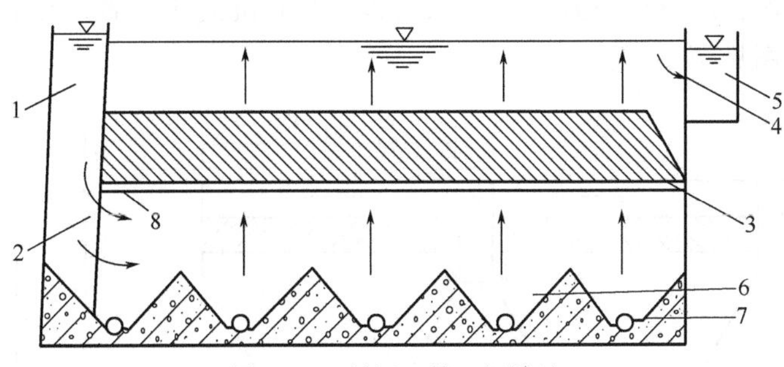

图 3-26　斜板（管）沉淀池

1—配水槽；2—穿孔墙；3—斜板或斜管；4—淹没孔口；5—集水槽；6—集泥斗；7—排泥管；8—阻流板

⑪ 池内停留时间：初次沉淀池不超过 30min，二次沉淀池不超过 60min。

⑫ 斜板（管）沉淀池应设斜板（管）冲洗设施。

3.3.6.2　计算公式

计算公式见表 3-23。

表 3-23　计算公式

名称	公式	符号说明
池子水面面积 F/m^2	$F=\dfrac{Q_{max}}{nq'\times 0.91}$	Q_{max}——最大设计流量，m^3/h； n——池数，个； q'——表面负荷，$m^3/(m^2\cdot h)$； 0.91——斜板区面积利用系数
池子平面尺寸 $D(a)/m$	原形池直径：$D=\sqrt{\dfrac{4F}{\pi}}$ 方形池边长：$a=\sqrt{F}$	
池内停留时间 t/min	$t=\dfrac{(h_2+h_3)60}{q'}$	h_2——斜板（管）区上部水深，m； h_3——斜板（管）高度，m
污泥部分所需的容积 V/m^3	$V=\dfrac{SNT}{1000}$ $V=\dfrac{Q_{max}(c_1-c_2)\times 24T\times 100}{K_Z\gamma(100-\rho_0)n}$	S——每人每日污泥量，L/(人·d)，一般采用 0.3～0.8L/(人·d)； N——设计人口数，人； T——污泥室储泥周期，d； c_1——进水悬浮物浓度，t/m^3； c_2——出水悬浮物浓度，t/m^3； K_Z——生活污水量总变化系数； γ——污泥容重，t/m^3，约为 $1.0t/m^3$； ρ_0——污泥含水率，%
污泥斗容积 V_1/m^3	$V_1=\dfrac{\pi h_5}{3}(R^2+Rr+r^2)$	h_5——污泥斗高度，m； R——污泥斗上部半径，m； r——污泥斗下部半径，m
沉淀池总高度 H/m	$H=h_1+h_2+h_3+h_4+h_5$	h_1——超高，m； h_4——斜板（管）区底部缓冲层高度，m

注：当斜板（管）沉淀池为矩形池时，其计算方法与方形池类同。

【例题 3-14】 某城市污水处理厂的最大设计流量 $Q_{max}=710m^3/h$，生活污水量总变化系数 $K_Z=1.50$，初次沉淀池采用升流式异向流斜管沉淀池，斜管斜长为 1m，斜管倾角为 60°，设计表面负荷 $q'=4m^3/(m^2\cdot h)$，进水悬浮物浓度 $c_1=250mg/L$，出水悬浮物浓度

$c_2=125mg/L$，污泥含水率平均为96%，求斜板（管）沉淀池各部分尺寸。

【解】 计算草图见图3-27。

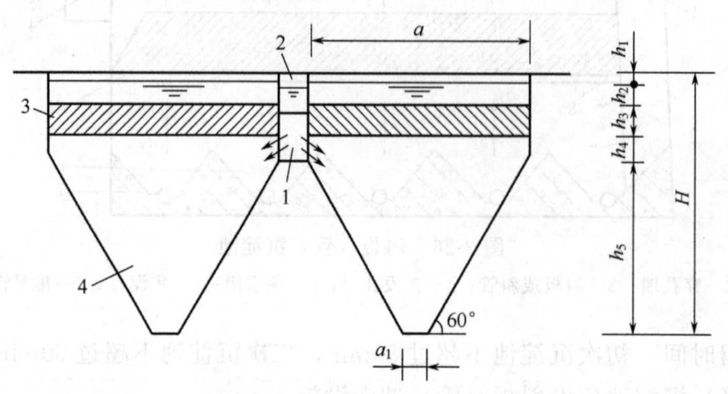

图3-27 斜管沉淀池计算示意

1—进水槽；2—出水槽；3—斜管；4—污泥斗

(1) 池子水面面积（F）

设 $n=4$ 个，则：

$$F=\frac{Q_{max}}{nq'\times 0.91}=\frac{710}{4\times 4\times 0.91}=49\ (m^2)$$

(2) 池子边长（a）

$$a=\sqrt{F}=\sqrt{49}=7.0\ (m)$$

(3) 池内停留时间（t）

设 $h_2=0.70m$，$h_3=1m\times\sin 60°=0.866\ (m)$，则：

$$t=\frac{(h_3+h_2)\times 60}{q'}=\frac{(0.7+0.866)\times 60}{4}=23.50\ (min)$$

(4) 污泥部分所需的容积（V）

设 $T=2.0d$，则：

$$V=\frac{Q_{max}(c_1-c_2)\times 24\times 100\times T}{K_Z\gamma(100-\rho_0)n}=\frac{710\times(0.00025-0.000125)\times 24\times 100\times 2}{1.50\times 1\times(100-96)\times 4}=17.70\ (m^3)$$

(5) 污泥斗容积（V_1）

设 $a_1=0.80m$，$h_5=\left(\frac{a}{2}-\frac{a_1}{2}\right)\tan 60°=\left(\frac{7}{2}-\frac{0.8}{2}\right)\tan 60°=5.37\ (m)$，则：

$$V_1=\frac{h_5}{6}(2a^2+2aa_1+2a_1^2)=\frac{5.37}{6}(2\times 7^2+2\times 7\times 0.8+2\times 0.8^2)=98.30(m^3)(>17.70m^3)$$

(6) 沉淀池总高度（H）

设 $h_1=0.30m$，$h_4=0.764m$，则：

$$H=h_1+h_2+h_3+h_4+h_5=0.30+0.70+0.866+0.764+5.37=8.0(m)$$

3.3.7 二次沉淀池工艺设计计算

前面有关沉淀池的规定，一般也都适用于二次沉淀池。本节根据二沉池特点再做若干补充。

3.3.7.1　二次沉淀池的特点

二次沉淀池有别于其他沉淀池，首先在作用上有其特点。它除了进行泥水分离外，还进行污泥浓缩；并由于水量、水质的变化，还要暂时贮存污泥。由于二次沉淀池需要完成污泥浓缩的作用，所需要的池面积大于只进行泥水分离所需要的池面积。

其次，进入二次沉淀池的活性污泥混合液在性质上也有其特点。活性污泥混合液的浓度高（2000～4000mg/L），具有絮凝性能，属于成层沉淀。沉淀时泥水之间有清晰的界面，絮凝体结成整体共同下沉，初期泥水界面的沉速固定不变，仅与初始浓度 C 有关 [$u=f(C)$]。

活性污泥的另一特点是质轻，易被出水带走，并容易产生二次流和异重流现象，使实际的过水断面远远小于设计的过水断面。因此，设计平流式二次沉淀池时，最大允许的水平流速要比初次沉淀池的小 1/2；池的出流堰常设在离池末端一定距离的范围内；辐流式二次沉淀池可采用周边进水的方式以提高沉淀效果；此外，出流堰的长度也要相对增加，以使单位堰长的出流量不超过 5～8m^3/(m·h)。

由于进入二次沉淀池的混合液是泥、水、气三相混合体，因此在中心管中的下降流速不应超过 0.03m/s，以利于气、水分离，提高澄清区的分离效果。曝气沉淀池的导流区，其下降流速还要小些（0.015m/s 左右），这是因为其气、水分离的任务更重。

由于活性污泥质轻、易腐败变质等，采用静水压力排泥的二次沉淀池，其静水头可降至 0.9m；污泥斗底坡与水平夹角不应小于 50°，以利于污泥顺利滑下和排泥通畅。

3.3.7.2　二次沉淀池的计算与设计

二次沉淀池计算公式见表 3-24。

表 3-24　二次沉淀池计算公式

项目	公式	符号说明
池表面积	$A=\frac{Q}{q}=\frac{Q}{3.6un}$ 或 $A=\frac{(1+R)QX}{q_s n}$	A——池表面积，m^2； Q——最大时污水量，m^3/h； q——水力表面负荷，m^3/(m^2·h)，一般为 0.5～1.5m^3/(m^2·h)； u——正常活性污泥成层沉淀的沉速，mm/s，一般为 0.2～0.5mm/s； R——污泥回流比，%； X——混合液污泥浓度，kg/m^3； q_s——固体负荷率，kg/(m^2·h)，一般为 120～150kg/(m^2·h)； n——池个数
池直径	$D=\sqrt{\frac{4A}{\pi}}$	D——池直径，m
沉淀部分有效水深	$H=Qt/A=qt$	H——池边有效水深，m，一般为 2.5～4m； t——水力停留时间，h，一般为 1.5～2.5h
污泥区容积	$V=\frac{4(1+R)QX}{X+X_R}$	X_R——回流污泥浓度，mg/L； $\frac{1}{2}(X+X_R)$——污泥斗中平均污泥浓度，mg/L
校核	出水堰最大负荷不宜大于 1.7L/(s·m)	

3.3.7.3　德国二次沉淀池计算方法及算例

1991 年 2 月，德国污水技术联合会（简称 ATV）颁布了“五千当量人口以上一级活性污泥法设施计算方法”（ABI），这是目前德国污水处理厂设计的主要依据之一。

二次沉淀池的效果首先是用固体物的截留率来评价的。二次沉淀池出水悬浮物的含量在德国曾经为 TSe≤30mg/L，而目前所执行的悬浮物出水标准为 TSe≤20mg/L。但德国许多污水厂的实际出水悬浮物含量小于 20mg/L。降低二次沉淀池出水悬浮物含量的意义是很大的，其主要表现在其他污染物含量的同时降低。据检测，在 1mg/L 出水悬浮物（TSe）中含有：0.3～1.0mg/L 的 BOD_5；0.8～1.6mg/L 的 COD；0.08～1.0mg/L 的总氮 $N_{总}$；0.02～0.04mg/L的总磷 $P_{总}$。

从以上数据可以看出，当出水中 TSe=20mg/L 时，相应所包含在悬浮物中的其他污染物浓度为：BOD_5=6.0～20.0mg/L；COD=16.0～32.0mg/L；$N_{总}$=1.6～2.0mg/L；$P_{总}$=0.4～0.8mg/L。这一组数据表明，二次沉淀池出水悬浮物含量对出水 BOD_5 的含量影响是极大的。

（1）计算的边界条件

矩形池长度应≤60m，圆形池直径应≤50m；

污泥指数 SVI≤180mL/g；

比污泥体积 VSV≤600mL/L；

回流污泥比 R，对于辐流池、平流池 R≤75%；对于竖流池 R≤100%。

（2）污泥指数 SVI

污泥指数是衡量污泥沉淀和浓缩的重要参数。对于活性污泥，当污泥指数 SVI≤100mL/g 时，活性污泥有较好的沉淀浓缩性能；当污泥指数 SVI>200mL/g 时，活性污泥的沉淀浓缩性能是很差的。正确选取污泥指数对于二次沉淀池的计算有重要意义，但是污泥指数是与污泥成分和曝气池 BOD_5 污泥负荷 B_{TS} 有关系的。一般而言，应结合实际情况来选取，当没有实际运行经验时，可按表 3-25 选取。

表 3-25　污泥指数与污水类型及 BOD_5 污泥负荷（B_{TS}）的关系

污水类型	污泥指数 SVI/(mL/g)	
	B_{TS}>0.5	B_{TS}≤0.05
含有少量有机工业废水	100～150	75～100
含有较多有机工业废水	150～180	100～150

（3）设计进水量 Q_m

设计进水量 Q_m 为雨季的最大进水量。对于德国多数的合流制系统而言，Q_m 是 2 倍的旱季污水量，即 $Q_m=2Q_t$。

（4）二次沉淀池的表面积 A

二次沉淀池表面积 A 可以用最大进水量 Q_m 和允许表面负荷 q_A 进行计算，见式(3-9)：

$$A=\frac{Q_m}{q_A}(\mathrm{m}^2) \tag{3-9}$$

允许表面负荷 q_A［$m^3/(m^2 \cdot h)$］是和池表面污泥体积负荷 q_{s1}［$L/(m^2 \cdot h)$］及比污泥体积 VSV（mL/L）有明确关系的，见式(3-10)：

$$q_A=\frac{q_{s1}}{\mathrm{VSV}} \tag{3-10}$$

为保证二沉池出水中 TSe≤20mg/L，辐流池、平流池要求 q_{SV}≤450L/(m² · h)；竖流池要求 q_{SV}≤600L/(m² · h)。

比污泥体积 VSV 在理论上是曝气池混合液浓度 TS_{BB} 和污泥指数 SVI 的乘积，这样式(3-10) 也可写为：

$$q_A = \frac{q_{SV}}{TS_{BB} \cdot SVI} \tag{3-11}$$

按照这一报告的要求，比污泥体积 VSV≤600mL/L。

另外需要注意的是，表面负荷 q_A 对于不同的池型有不同要求。对于辐流池、平流池，要求 $q_A \leqslant 1.6m^3/(m^2 \cdot h)$；对于竖流池要求 $q_A \leqslant 2.0m^3/(m^2 \cdot h)$。

对于辐流池、平流池而言，计算池表面积 A 就是池水面面积；对于竖流池而言，计算池表面积是进水口到池水面距离一半处的水平面面积。如果圆形池直径小于 20m，则应按竖流池计算和建造。

(5) 回流污泥量 Q_{RS} 和回流比 R

曝气池、二次沉淀池的运行是通过曝气池混合液浓度 TS_{BB}、回流污泥浓度 TS_{RS} 及回流比 R 来互相影响的。其三者间平衡关系见式(3-12)：

$$R = \frac{TS_{BB}}{TS_{RS} - TS_{BB}} \tag{3-12}$$

根据式(3-12)，在报告 A131 中给出了其三者间的关系曲线，如图 3-28 所示。报告 A131 对回流污泥比提出了限制，目的是防止因回流比过大，在二次沉淀池中产生涡流现象而影响出水水质。

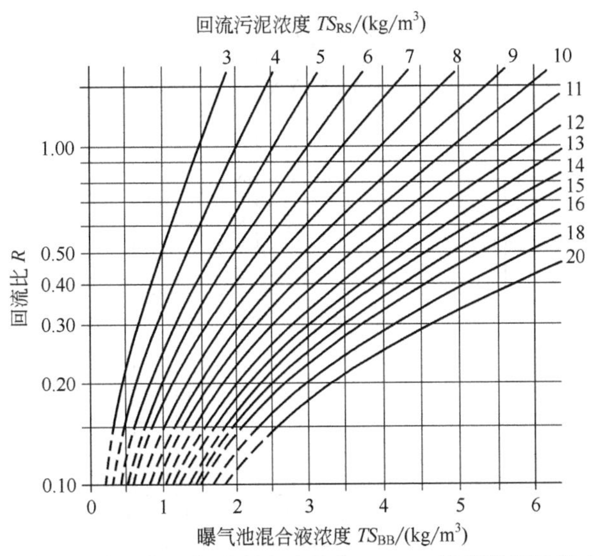

图 3-28　所要求的回流比与曝气池混合液浓度 TS_{BB}、回流污泥浓度 TS_{RS} 的关系

(6) 污泥浓缩时间 t_E

回流污泥可以达到的污泥浓度实质上取决于活性污泥的浓缩性能、二次沉淀池的浓缩条件及二次沉淀池刮排泥系统的性能。活性污泥的浓缩性能是用污泥指数 SVI 来衡量的，而活性污泥在二次沉淀池中的浓缩条件受到污泥浓缩层的厚度、污泥在这一污泥层中的停留时间 t_E 影响。

二次沉淀池中的活性污泥层越厚、污泥的浓缩时间越长，污泥浓缩的也就越好。但是，为了避免污染物在二次沉淀池中的再释放溶解产生污泥上浮现象和脱氮反应的发生，希望沉淀污泥的浓缩时间尽可能短。最佳污泥浓缩时间在德国目前仍是一个重要的研究课题。但是鉴于正确选择污泥的浓缩时间 t_E 有着特别的意义，因而 ATV 协会又补充了污泥浓缩时间的推荐值（见表 3-26）。表 3-26 中的污泥浓缩时间是根据污水不同的净化程度来确定的。

表 3-26　污泥浓缩时间 t_E 推荐值

污水净化方式	污泥浓缩时间 t_E/h	污水净化方式	污泥浓缩时间 t_E/h
无硝化（仅去除 BOD_5）	1.5～2.0	有脱氮（去除 BOD_5 和氮）	2.0～2.5
有硝化（无脱氮措施）	1.0～1.5	有生物除磷措施	1.0～1.5

（7）二次沉淀池池底污泥浓度 TS_{BS} 和回流污泥浓度 TS_{RS}

在二次沉淀池池底所能达到的污泥浓度 TS_{BS} 可以按与污泥指数 SVI 及浓缩时间有关的经验公式[见式(3-13)]进行计算。

$$TS_{BS}\ (\mathrm{kg/m^3}) = \frac{1000}{\mathrm{SVI}}\sqrt[3]{t_E} \tag{3-13}$$

其间的关系曲线如图 3-29 所示。

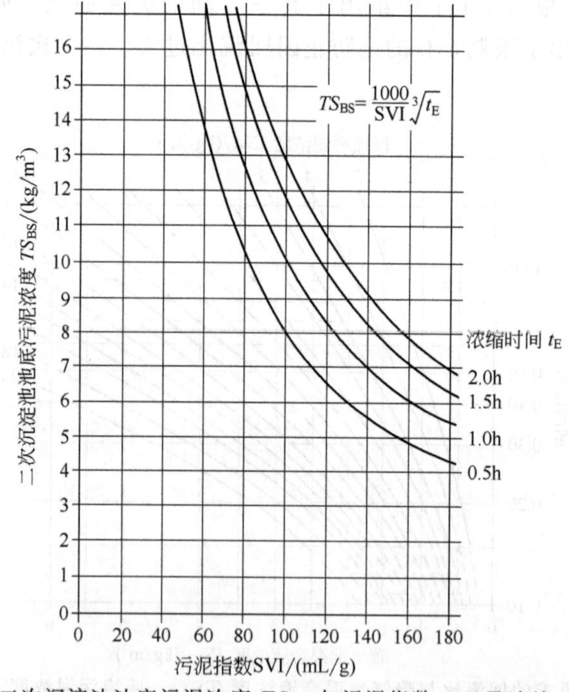

图 3-29　二次沉淀池池底污泥浓度 TS_{BS} 与污泥指数 SVI 及浓缩时间的关系

由于排泥体积流的影响，回流污泥浓度 TS_{RS} 是小于池底污泥浓度 TS_{BS} 的。回流污泥浓度的计算目前还没有准确的方法。报告 A131 给出了按不同刮排泥方式回流污泥浓度的近似计算方法：

刮板式刮泥机：　$TS_{RS}=0.7TS_{BS}$

吸泥机：　$TS_{RS}=0.5\sim0.7TS_{BS}$

污泥斗排泥：　$TS_{RS}=TS_{BS}$

(8) 二次沉淀池池深

基于二次沉淀池不同的任务要求，二次沉淀池需要有足够的运行容积空间。图 3-30、图 3-31 是不同池型二次沉淀池的功能区域和池深情况。

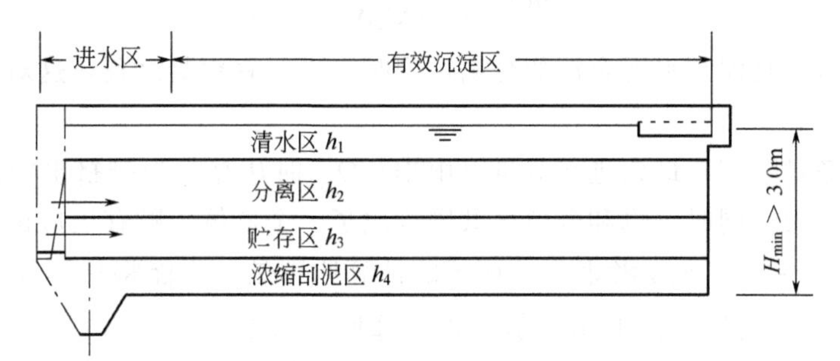

图 3-30　平流式沉淀池分区及池深示意

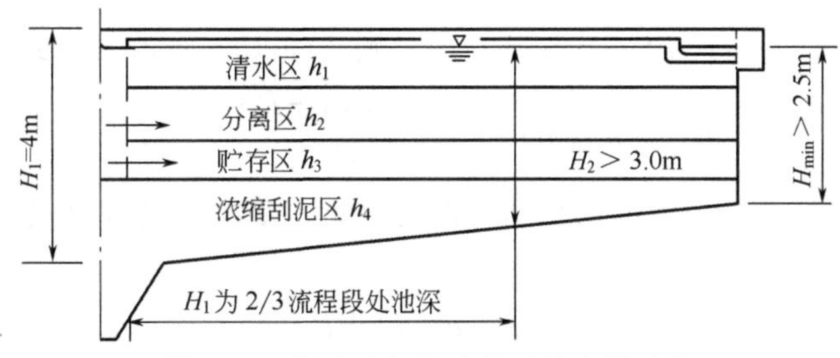

图 3-31　辐流式沉淀池分区及池深示意

图 3-30～图 3-32 是一种计算模式图。区域划分的目的是为了清楚地表示在不同区域所进行的不同过程。实际上这种水平层的界线是难以划分清楚的，仅仅是在絮凝体区的表面产生一水平的污泥和清水的分界线。

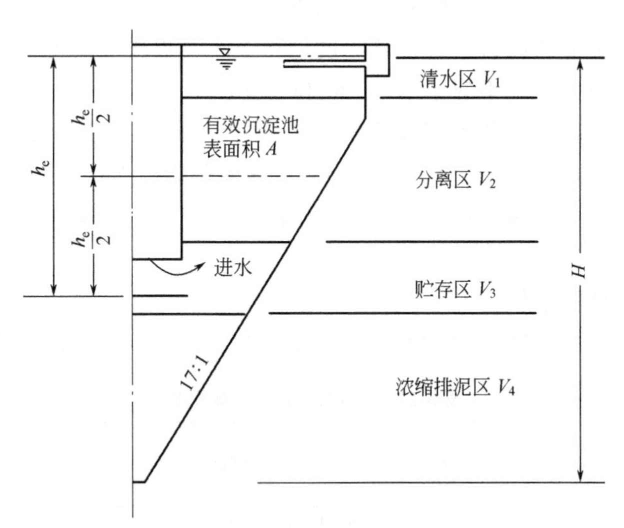

图 3-32　竖流式沉淀池分区及池深示意

清水区是一安全区，其最小深度为：

$$h_1 = 0.5\text{m}$$

在这一区域的出水堰要注意减轻风的影响，要注意减轻密度流及不均匀的表面负荷的影响。

分离区的计算原则是：进水包括回流污泥（其中净水成分部分）总量在这一区域停留0.5h所需的容积。其深度 h_2 计算见式(3-14)：

$$h_2(\mathrm{m})=\frac{0.5q_A(1+R)}{1-(\mathrm{VSV}/1000)} \tag{3-14}$$

在分离区进行的是泥与水混合液的分离，同时也进行着絮凝过程，这对于污泥的沉淀是有利的。

贮存区的任务是贮存在最大进水流量（雨季）Q_m 时从曝气池排挤出的活性污泥。贮存区也是分离区的扩大，同时它也和分离区共同构成了一个整体。贮存区应该按曝气池中混合液浓度变化 $\Delta TS_{\mathrm{BB}}=0.3TS_{\mathrm{BB}}$ 考虑。贮存区的计算原则是：应能将从曝气池额外排出的体积浓度为 $500\mathrm{L/m^3}$ 的污泥贮存1.5h。其深度计算见式(3-15)：

$$h_3(\mathrm{m})=\frac{0.3TS_{\mathrm{BB}}\cdot \mathrm{SVI}\cdot 1.5q_A(1+R)}{500} \tag{3-15}$$

由式(3-11) 可知，$q_{\mathrm{SV}}=TS_{\mathrm{BB}}\cdot \mathrm{SVI}\cdot q_A$，则式(3-15) 可改写为式(3-16)：

$$h_3(\mathrm{m})=\frac{0.45q_{\mathrm{SV}}(1+R)}{500} \tag{3-16}$$

在浓缩刮泥区进行的是污泥的浓缩和污泥的收集。浓缩区的高度是与浓缩时间有关的，其深度的计算见式(3-17)：

$$h_4(\mathrm{m})=\frac{q_{\mathrm{SV}}(1+R)t_{\mathrm{E}}}{C} \tag{3-17}$$

式中的浓缩区的污泥体积浓度 C 是一经验参数，可按式(3-18) 计算：

$$C(\mathrm{L/m^3})=300t_{\mathrm{E}}+500 \tag{3-18}$$

这样二次沉淀池总的池深为：

$$H(\mathrm{m})=h_1+h_2+h_3+h_4 \tag{3-19}$$

对于辐流式二次沉淀池而言，这一总深度是指2/3流程段处的池深。对于平流式沉淀池及辐流式沉淀池其池边深分别不应小于3.0m和2.5m。

对于竖流式沉淀池，其有效沉淀池表面积 A 是指水面与进水口之间一半处的面积。其池深 $h_2\sim h_4$ 也是按上述公式进行计算的，但需要注意的是，其各区的容积（$V_2\sim V_4$）是按计算池深与池有效表面积 A 的乘积计算的。这样对于池壁为斜墙的竖流式沉淀池而言，实际的池深是大于计算池深的。

（9）二次沉淀池计算举例

报告A131详细给出了二次沉淀池的计算方法，现给出一组例子，其计算结果见表3-27。

表3-27 二次沉淀池计算举例

计算内容	辐流式沉淀池和平流式沉淀池						竖流式沉淀池					
							污泥斗				刮泥机	
计算例子	1	2	3	4	5	6	7	8	9	10	11	12
池表面污泥体积负荷 q_{SV}/[L/(m²·h)]	300	300	450	450	450	600	600	600	600	600	600	600
水力表面负荷 q_A/[m³/(m²·h)]	1.00	0.75	1.20	1.50	1.50	1.40	1.11	1.33	1.50	1.33	1.67	2.00
曝气池混合液浓度 TS_{BB}/(kg/m³)	3.0	4.0	2.5	3.0	3.0	4.0	3.6	3.0	4.0	4.5	3.0	3.5
污泥指数 SVI/(mL/g)	100	100	150	100	100	80	150	150	100	100	120	85

续表

计算内容	辐流式沉淀池和平流式沉淀池						竖流式沉淀池					
							污泥斗				刮泥机	
回流污泥比 $R/\%$	0.75	1.00	0.75	0.50	0.75	0.75	0.75	0.75	0.75	0.75	0.75	0.50
回流污泥浓度 $TS_{RS}/(kg/m^2)$	7.0	8.0	5.8	9.0	7.0	9.5	8.5	7.0	9.5	10.5	7.0	10.5
二次沉淀池池底污泥浓度 TS_{BS} $/(kg/m^3)$	10.0	11.4	8.3	12.9	10.0	13.6	8.5	7.0	9.5	10.5	10.0	15.0
满足 TS_{BS} 所需求的浓缩时间 t_E/h	1	1.5	2.0	2.0	1.0	1.5	2.0	1.5	1.0	1.5	2.0	2.0
$h_1=0.5m$	0.5	0.5	0.5	0.5	0.5	0.5	0.5	0.5	0.5	0.5	0.5	0.5
$h_2(m)=\frac{0.5q_A(1+R)}{1-VSV/1000}$	1.25	1.25	1.68	1.61	1.88	1.80	2.11	2.12	2.19	2.12	2.28	2.14
$h_3(m)=\frac{0.45q_{SV}(1-R)}{500}$	0.47	0.54	0.71	0.61	0.71	0.95	0.95	0.95	0.95	0.95	0.95	0.81
$h_4(m)=\frac{q_{S1}(1-R)t_E}{C}$	0.66	0.95	1.43	1.22	0.98	1.24	1.91	1.66	1.31	1.66	1.91	1.63
$H(m)=h_1+h_2+h_3+h_4$	2.88	3.24	4.32	3.94	4.07	4.25	5.47①	523①	4.95①	5.23①	5.65	5.08
选择池深/m	3.00	3.30	4.30	4.00	4.40	4.30					5.70	5.10

① 其实际池深应按计算容积再进行核算。

【例题3-15】 对中心进水辐流式二沉池进行工艺设计。

已知条件：设计流量 $Q=2700m^3/h$；$K_Z=1.3$；水力表面负荷 $q'=1.0\sim1.5m^3/(m^2\cdot h)$，出水堰负荷设计规范规定为≤1.7L/(s·m)[146.88$m^3/(m\cdot d)$]；沉淀池个数 $n=2$；沉淀时间 $T=3h$。请设计计算二沉池主要尺寸。

【解】 (1) 主要尺寸计算

① 池表面积

$$A=\frac{Q}{q'}=\frac{2700}{1.1}=2454.55(m^2)$$

② 单池面积

$$A_{单池}=\frac{A}{n}=\frac{2454.55}{2}=1227.27(m^2)$$

③ 池直径

$$D=\sqrt{\frac{4A_{单池}}{\pi}}=39.54(m)(设计取 D=40m)$$

④ 沉淀部分有效水深

$$h_2=q'T=1.1\times3=3.3(m)$$

⑤ 沉淀部分有效容积

$$V=\frac{\pi D^2}{4}\times h_2=\frac{3.14\times40^2}{4}\times3.3=4144.8(m^3)$$

⑥ 沉淀池底坡落差

取池底坡度 $i=0.05$，则：

$$h_4=i\times\left(\frac{D}{2}-2\right)=0.05\times\left(\frac{40}{2}-2\right)=0.9(m)$$

⑦ 沉淀池周边（有效）水深

$$H_0=h_2+h_3+h_5=3.3+0.5+0.5=4.3\text{m}>4\text{m}$$

（$D/H_0=9.3$，规范规定辐流式二沉池 $D/H_0=6\sim12$）

式中 h_3——缓冲层高度，m，取 0.5m；

h_5——刮泥板高度，m，取 0.5m。

⑧ 沉淀池总高度

$$H=H_0+h_4+h_1=4.3+0.9+0.3=5.5\text{m}$$

式中 h_1——沉淀池超高，取 0.3m。

辐流式沉淀池的计算如图 3-33 所示。泥斗计算略。

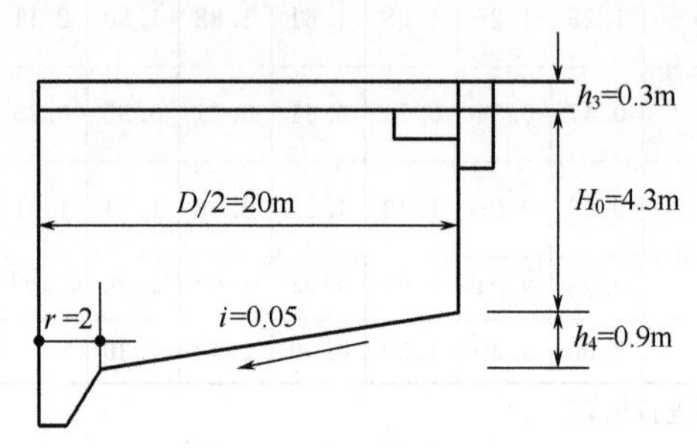

图 3-33　辐流式沉淀池的计算

（2）进水系统计算

1）进水管的计算

单池设计污水流量：

$$Q_{单}=\frac{Q}{2}=\frac{2700}{2}=1350(\text{m}^3/\text{h})=0.375(\text{m}^3/\text{s})$$

进水管设计流量：

$$Q_{进}=Q_{单}\times(1+R)=1350\times(1+0.5)=2025(\text{m}^3/\text{h})=0.5625(\text{m}^3/\text{s})$$

管径 $D_1=800\text{mm}$；$v_1=1.12\text{m/s}$；$1000i=1.83$（此处 i 指进水管道的水力坡度）。

2）进水竖井

进水井径采用 $D_2=1.5\text{m}$，出水口尺寸 $0.45\times1.5\text{m}^2$，共 6 个，沿井壁均匀分布，则出水口流速为：

$$v_2=\frac{0.563}{0.45\times1.5\times6}=0.139(\text{m/s})(\leqslant0.15\sim0.2\text{m/s})$$

3）稳流筒计算

筒中流速：

$$v_3=0.03\sim0.02\text{m/s}(取\ 0.03\text{m/s})$$

稳流筒过流面积：

$$f=\frac{Q_{进}}{v_3}=\frac{0.563}{0.03}=18.75(\text{m}^2)$$

稳流筒直径：

$$D_3=\sqrt{\frac{4f}{\pi}+D_2^2}=\sqrt{\frac{4\times18.75}{3.14}+1.5^2}=5.1(\text{m})$$

(3) 出水部分设计

1) 单池设计流量

$$Q_{单}=\frac{Q_{设}}{2}=\frac{2700}{2}=1350(m^3/h)=0.375(m^3/s)$$

2) 环形集水槽内流量

$$q_{集}=\frac{Q_{单}}{2}=\frac{0.375}{2}=0.188(m^3/s)$$

3) 环形集水槽设计

① 采用周边集水槽，单侧集水，每池只有1个总出水口。

集水槽宽度为：

$$b=0.9(kq_{集})^{0.4}=0.9\times(1.2\times0.188)^{0.4}=0.496(m)(取\ b=0.5m)$$

式中 k——安全系数，采用1.5～1.2。

集水槽起点水深为：

$$h_{起}=0.75b=0.75\times0.5=0.375(m)$$

集水槽终点水深为：

$$h_{终}=1.25b=1.25\times0.5=0.625(m)$$

槽深均取0.8m。

② 采用双侧集水环形集水槽计算。取槽宽 $b=1.0m$，槽中流速 $v=0.6m/s$，则：

槽内终点水深：

$$h_4=\frac{q}{vb}=\frac{0.375/2}{0.6\times1.0}=0.313m$$

槽内起点水深：

$$h_3=\sqrt[3]{\frac{2h_k^3}{h_4}+h_4^2}$$

$$h_k=\sqrt[3]{\frac{aq^2}{gb^2}}=\sqrt[3]{\frac{1.0\times\left(\frac{0.375}{2}\right)^2}{g\times1.0^2}}=0.153(m)$$

$$h_3=\sqrt[3]{\frac{2h_k^3}{h_4}+h_4^2}=\sqrt[3]{\frac{2\times0.153^3}{0.313}+0.313^2}=0.495(m)$$

③ 校核

当水流增加1倍时，$q=0.375m^3/s$，$v'=0.8m/s$，则：

$$h_4=\frac{q}{vb}=\frac{0.375}{0.8\times1.0}=0.47(m)$$

$$h_k=\sqrt[3]{\frac{aq^2}{gb^2}}=\sqrt[3]{\frac{1.0\times0.375^2}{g\times1.0^2}}=0.243(m)$$

$$h_3=\sqrt[3]{\frac{2h_k^3}{h_4}+h_4^2}=\sqrt[3]{\frac{2\times0.243^3}{0.47}+0.47^2}=0.66(m)$$

设计取环形槽内水深为0.6m，集水槽总高为0.6+0.3（超高)=0.9（m)，采用90°三角堰（见图3-34)，计算如下。

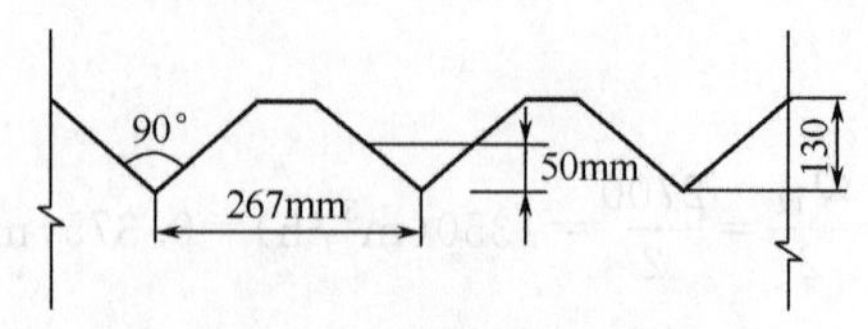

图 3-34　出水 90°三角堰

4）出水溢流堰的设计

采用出水三角堰（90°）。

① 堰上水头（即三角口底部至上游水面的高度）

$$H_1=0.05\mathrm{mH_2O}$$

② 每个三角堰的流量 q_1

$$q_1=1.343H_1^{2.47}=1.343\times0.05^{2.47}=0.0008213(\mathrm{m^3/s})$$

③ 三角堰个数 n_1

$$n_1=\frac{Q_{单}}{q_1}=\frac{0.375}{0.0008213}=456.59(个)(设计取 457 个)$$

④ 三角堰中心距（单侧出水）

$$L_1=\frac{L}{n_1}=\frac{\pi(D-2b)}{n_1}=\frac{3.14\times(40-2\times0.5)}{457}=0.267(\mathrm{m})$$

双侧出水三角堰中心距计算略。

（4）排泥部分设计

1）单池污泥量

总污泥量为回流污泥量加剩余污泥量。

回流污泥量：　$Q_R=Q_{设}\times R=2700\times0.5=1350\ (\mathrm{m^3/h})$

剩余污泥量：　$Q_S=\dfrac{\Delta X}{fX_r}=\dfrac{Y(S_o-S_e)Q-K_dVX_v}{fX_r}$

式中　Y——污泥产率系数，生活污水一般为 0.5～0.65，城市污水 0.4～0.5（取 0.5）；

K_d——污泥自身氧化率，生活污水一般为 0.05～0.1，城市污水 0.07 左右（取 0.065）。

$$X_v=fX=0.75\times3300=2475\approx2500(\mathrm{mg/L})=2.5(\mathrm{kg/m^3})$$

$$X_r=r\times\frac{10^6}{\mathrm{SVI}}=1.2\times\frac{10^6}{120}=10000(\mathrm{mg/L})=10(\mathrm{kg/m^3})$$

$$\begin{aligned}Q_S&=\frac{\Delta X}{fX_r}=\frac{Y(S_o-S_e)Q-K_dVX_v}{fX_r}\\&=\frac{0.5\times0.18\times2700\times24-0.065\times13091\times2.5}{1.3\times0.75\times10}\\&=380(\mathrm{m^3/d})=16(\mathrm{m^3/h})\end{aligned}$$

$$Q_{泥总}=Q_R+Q_S=1350+16=1366(\mathrm{m^3/h})$$

$$Q_{单}=\frac{Q_{泥总}}{2}=683(\mathrm{m^3/h})$$

2）集泥槽沿整个池径为两边集泥，故其设计泥量为：

$$q=\frac{Q_{单}}{2}=\frac{683}{2}=341.5(\mathrm{m^3/h})=0.095(\mathrm{m^3/s})$$

集泥槽宽：

$$b=0.9q^{0.4}=0.9\times0.095^{0.4}=0.351(\text{m})(\text{取 }b=0.4\text{m})$$

起点泥深：

$$h_1=0.75b=0.75\times0.4=0.3(\text{m})(\text{取 }h_1=0.4\text{m})$$

终点泥深：

$$h_2=1.25b=1.25\times0.4=0.5(\text{m})(\text{取 }h_2=0.6\text{m})$$

集泥槽深均取0.8m（超高0.2m）。

【例题3-16】 对周边进水周边出水辐流式二沉池进行工艺设计。

已知条件：设计流量 $Q=2700\text{m}^3/\text{h}$，水力表面负荷 $q'=1.0\sim1.5\text{m}^3/(\text{m}^2\cdot\text{h})$，出水堰负荷设计规范规定≤1.7L/(s·m) [$146.88\text{m}^3/(\text{m}\cdot\text{d})$]；沉淀池个数 $n=2$，沉淀时间 $T=3\text{h}$。

【解】 （1）二沉池主要尺寸

① 池表面积

$$A=\frac{Q_{\text{设}}}{q'}=\frac{2700}{1.1}=2454.55(\text{m}^2)$$

② 单池面积

$$A_{\text{单池}}=\frac{A}{n}=\frac{2454.55}{2}=1227.27(\text{m}^2)$$

③ 池直径

$$D=\sqrt{\frac{4A_{\text{单池}}}{\pi}}=39.54(\text{m})(\text{设计取 }D=40\text{m})$$

④ 沉淀部分有效水深

$$h_2=q'T=1.1\times3=3.3(\text{m})$$

⑤ 沉淀部分有效容积

$$V=\frac{\pi D^2}{4}\times h_2=\frac{3.14\times40^2}{4}\times3.3=4144.8(\text{m}^3)$$

⑥ 沉淀池底坡落差

取池底坡度 $i=0.05$，则：

$$h_4=i\times\left(\frac{D}{2}-2\right)=0.05\times(40/2-2)=0.9(\text{m})$$

⑦ 沉淀池周边（有效）水深

$$H_0=h_2+h_3+h_5=3.3+0.5+0.5=4.3(\text{m})>4\text{m}$$

（$D/H_0=40/4.3$，规范规定辐流式二沉池 $D/H_0=6\sim12$，符合规定）

式中 h_3——缓冲层高度，m，取0.5m；

h_5——刮泥板高度，m，取0.5m。

⑧ 沉淀池总高度

$$H=H_0+h_4+h_1=4.3+0.9+0.3=5.5(\text{m})$$

式中 h_1——沉淀池超高，m，取0.3m。

（2）进水系统计算

① 进水配水槽的计算

单池设计污水流量：

$$Q_{单}=\frac{Q_{设}(1+R)}{2}=\frac{2700(1+0.5)}{2}=2025(m^3/h)=0.563(m^3/s)$$

出水端槽宽：

$$B_1=0.9\left(\frac{Q}{2}\right)^{0.4}=0.9\left(\frac{0.563}{2}\right)^{0.4}=0.54(m)(取\ 0.6m)$$

槽中流速取 0.6m/s。

进水端水深：

$$H_1=\frac{Q}{vB_1}=\frac{\frac{0.563}{2}}{0.6\times0.6}=0.78(m)$$

出水端水深：

$$H_2=\sqrt{H_1^2+\frac{Q^2}{2gB_1^2H_1}}=\sqrt{0.78^2+\frac{\left(\frac{0.563}{2}\right)^2}{2g\times0.6^2\times0.78}}=0.79(m)$$

② 校核

当水流增加 1 倍时 $Q=0.563m^3/s$，$v=0.8m/s$。

槽宽 B_1 为：

$$B_1=0.9\times(0.563)^{0.4}=0.72(m)(取\ 0.8m)$$

$$H_1=\frac{Q}{vB_1}=\frac{0.563}{0.8\times0.8}=0.88(m)$$

$$H_2=\sqrt{H_1^2+\frac{Q^2}{2gB_1^2H_1}}=\sqrt{0.88^2+\frac{0.563^2}{2g\times0.8^2\times0.88}}=0.9(m)$$

取槽宽 $B_1=0.8m$；槽深 $H=1.1m$。

(3) 出水部分计算

环形集水槽计算同上。

【例题 3-17】 固体通量计算法算例。

已知处理水量 $0.25m^3/s$，一级出水 BOD_5 250mg/L，采用完全混合式活性污泥法处理，处理水质 BOD_5 20mg/L，SS 20mg/L，水温 20℃，回流污泥浓度 MLSS 10000mg/L，MLVSS 3500mg/L，泥龄 10d，最大时流量为平均流量的 2.5 倍。试验得出 MLSS 沉淀数据如表 3-28 所列。

表 3-28 试验得出的 MLSS 数据

MLSS/(mg/L)	1600	2500	2600	4000	5000	8000
等速沉淀速率/(m/h)	3.35	2.44	1.52	0.61	0.30	0.09

试采用固体通量法计算二沉池的尺寸。

【解】

(1) 由沉淀试验数据作重力固体通量曲线

① 在坐标纸上绘出沉淀试验曲线（见图 3-35）

② 以图 3-35 为依据，得到表 3-29 所列数据。

表 3-29　以图 3-35 为依据得到的数据

固体浓度/(mg/L)	1000	1500	2000	2500	3000	4000	5000	6000	7000	8000	9000
等速沉淀速率/(m/h)	4.02	3.15	2.80	1.74	1.23	0.55	0.30	0.20	0.13	0.09	0.07
固体通量/[kg/(m^2·h)]	4.02	4.73	5.60	4.35	3.69	2.20	1.50	1.20	0.91	0.72	0.63

③ 以表 3-29 为依据，作污泥浓度与固体通量关系图（见图 3-36）。

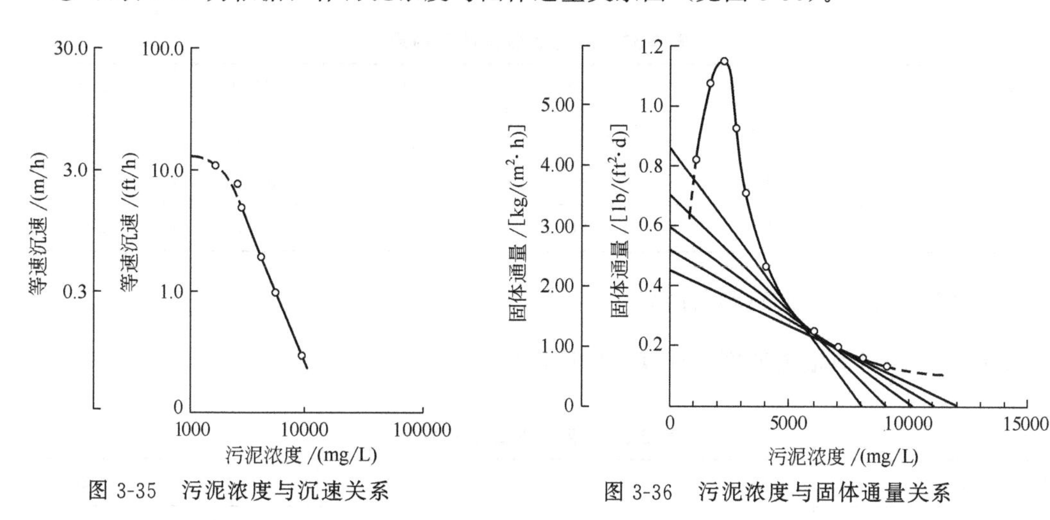

图 3-35　污泥浓度与沉速关系　　图 3-36　污泥浓度与固体通量关系

（2）二沉池底流浓度在 8000～12000mg/L 范围内，从图 3-36 由底流浓度作切线相交于纵坐标，得出各对应的固体通量数值，如表 3-30 所列。

表 3-30　底流浓度与极限固体通量

底流浓度/(mg/L)	8000	9000	10000	11000	12000
极限固体通量/[kg/(m^2·d)]	101.2	82.36	68.24	60.00	50.59

（3）MLSS 浓度为 4375mg/L（3500/0.8）所对应的回流比确定

① 由物料平衡方程知：

$$QX_0+RQX_u=(1+R)Q\times 4375$$

式中　Q——污水流量，m^3/d；

X_0——进水 VSS 浓度，mg/L，约为 0；

X_u——底流浓度，mg/L。

因此：

$$R=\frac{4375}{X_u-4375}$$

② 与底流浓度对应的回流比计算见表 3-31。

表 3-31　与底流浓度对应的回流比计算

X_u/(mg/L)	8000	9000	10000	11000	12000
X_u-4375/(mg/L)	3625	4642	5625	6625	7525
R	1.21	0.95	0.78	0.66	0.57

（4）沉淀池面积计算

$$G_L=\frac{(1+R)QX}{24A}$$

式中 G_L——极限固体通量，$kg/(m^2 \cdot h)$；

X——MLSS 浓度，mg/L；

A——沉淀面积，m^2。

计算结果见表 3-32。

表 3-32 沉淀池面积计算结果

X_u/(mg/L)	8000	9000	10000	11000	12000
G_L/[$kg/(m^2 \cdot h)$]	101.2	82.36	68.24	60.00	50.59
R	1.21	0.95	0.78	0.66	0.57
A/m^2	2072	2258	2492	2611	2945

（5）溢流速度（表面负荷）计算

按 $u=q=\frac{Q}{A}$计算溢流速度，计算结果见表 3-33。

表 3-33 溢流速度计算结果

X_u/(mg/L)	8000	9000	10000	11000	12000
固体负荷/[$kg/(m^2 \cdot h)$]	101.2	82.36	68.24	60.00	50.59
溢流速度/[$m^3/(m^2 \cdot d)$]	10.43	9.57	8.76	8.27	7.33

（6）底流浓度 10000mg/L 时沉淀安全性校核

① 由表 3-33 可知，底流浓度 10000mg/L 对应的溢流速度为 $8.76m^3/(m^2 \cdot d)$，即沉淀速度为 0.37m/h。

② 由沉淀曲线求得沉淀速度为 0.37m/h 时的污泥浓度为 4700mg/L，小于 10000mg/L。证明安全性良好。

（7）污泥浓缩所需的深度确定

沉淀池沉淀区最小水深 $h_1=1.5m$。

① 正常情况下，二沉池中污泥量约占曝气池中污泥量的 30%。污泥区的平均浓度为 7000mg/L［(4000＋10000)/2mg/L］。

② 曝气池中污泥量计算：

$$曝气池中污泥量=VX=4698\times4375/1000=20554(kg)$$

③ 沉淀池中污泥量＝0.3×20554＝6166(kg)。

④ 沉淀池污泥区深度 h_1 可由下列物料平衡方程确定：

$$A(m^2)\times h_2(m)\times7kg/m^3=6166kg$$

得：

$$h_2=\frac{6166}{7\times2492}=0.35(m)$$

⑤ 设定高峰流量时多出污泥必须在二沉池内贮存，因此要考虑沉淀区的调节容量。假设高峰流量按平均流量的 2 倍，且贮存 2d 以及 BOD 负荷增加 1.5 倍来设计。

高峰时污泥量 P_x 为：

$$P_x=Y_0Q(S_o-S_e)$$

式中，$Y_0=0.3215$，$Q=2.5\times21600=54000(\mathrm{m^3/d})$，$S_o=1.5\times250=375(\mathrm{mg/L})$，$S_e=1.5\times20=30(\mathrm{mg/L})$。

则：

$$P_x=0.3215\times54000\times(375-30)=5990(\mathrm{kg})$$

高峰流量持续 2d，则 2d 总污泥量为 $2\times5990=11980(\mathrm{kg})$。

因而知沉淀池在高峰时总污泥量为 $11980\times6166=18146(\mathrm{kg})$。

所以高峰时贮泥深度 h_2 为：

$$h_2=\frac{18146\mathrm{kg}}{7\mathrm{kg/m^3}\times2611\mathrm{m^2}}=1.0(\mathrm{m})$$

⑥ 沉淀池总深 $H=h_1+h_2+h_3=1.5+0.35+1.0=2.85(\mathrm{m})$。

(8) 高峰流量期表面负荷校核

① 高峰流量 $Q_P=2.5\times21600=54000(\mathrm{m^3/d})$。

② 高峰期表面负荷 $q=\frac{54000}{2492}=21.7[\mathrm{m^3/(m^2\cdot d)}]=0.9[\mathrm{m^3/(m^2\cdot h)}]<1.5\mathrm{m^3/(m^2\cdot h)}$。

(9) 沉淀池直径确定

取沉淀池面积 $A=2611\mathrm{m^2}$，池数 $n=2$，则每池直径 D 为：

$$D=\sqrt{\frac{4A}{2\pi}}=\sqrt{\frac{2\times2611}{3.14}}=40.78(\mathrm{m})(\text{取 }40\mathrm{m})$$

第 4 章　生物处理单元工艺设计计算

污水生物处理的基本目的是去除有机物、悬浮物和氮、磷营养物质。为达到这些目的，近年来城市污水处理新工艺、新技术得到了广泛的应用，并取得了良好的效果。本章以这些新工艺、新技术为中心，重点介绍其工艺设计计算。

4.1　普通活性污泥法

4.1.1　工艺流程

活性污泥系统主要由曝气池、曝气系统、二沉池、污泥回流系统和剩余污泥排放系统组成。其工艺流程如图 4-1 所示。

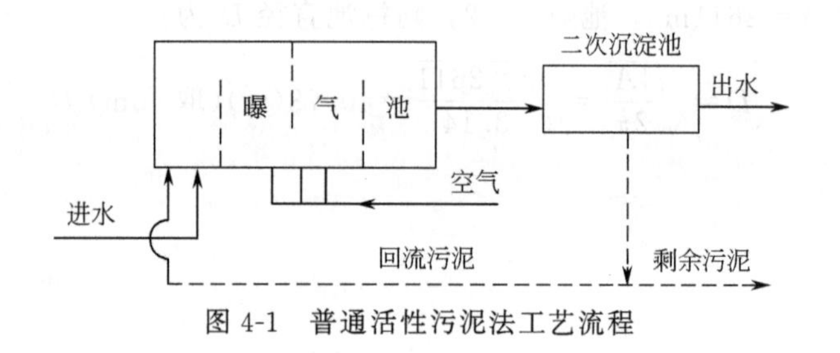

图 4-1　普通活性污泥法工艺流程

4.1.2　运行方式、设计参数及规定

活性污泥法有多种运行方式，各种运行方式及设计参数见表 4-1。

表 4-1　曝气池主要设计数据

类别	污泥负荷 BOD_5 /[kg/(kg · d)]	污泥浓度 /(g/L)	容积负荷 /[kg/(m^3 · d)]	污泥回流比/%	总处理效率/%
普通曝气	0.2～0.4	1.5～2.5	0.4～0.9	25～75	90～95
阶段曝气	0.2～0.4	1.5～3.0	0.4～1.2	25～75	85～95
吸附再生曝气	0.2～0.4	2.5～6.0	0.9～1.8	50～100	80～90
合建式完全混合曝气	0.25～0.5	2.0～4.0	0.5～1.8	100～400	80～90
延时曝气(包括氧化沟)	0.03～0.08	2.5～5.0	0.15～0.3	75～150	95 以上
高负荷曝气	1.5～3.0	0.5～1.5	1.5～3	10～30	65～75

4.1.3　污泥龄 (θ_c)、水温与出水 BOD 浓度 (S_e) 的相关关系式

根据多个污水处理厂运行数据，采用曲线拟合法得出它们之间的相关关系方程为：

温度大于25℃时，$S_e=11.54\theta_c^{-0.744}$ （相关系数 $r=0.74$）；

温度为20～25℃时，$S_e=9.75\theta_c^{-0.674}$ （相关系数 $r=0.60$）；

温度为15～20℃时，$S_e=10.42\theta_c^{-0.519}$ （相关系数 $r=0.55$）；

温度小于15℃时，$S_e=13.73\theta_c^{-0.554}$ （相关系数 $r=0.64$）。

4.1.4 计算公式

活性污泥法基本计算公式见表4-2。

表4-2 活性污泥法基本计算公式

项目	公式	符号说明
处理效率	$\eta=\frac{S_a-S_e}{S_a}\times100\%$	η——BOD去除效率，%； S_a——进水BOD浓度，kg/m^3； S_e——出水BOD浓度，kg/m^3
曝气池容积 混合液污泥浓度	$V(m^3)=\frac{Q(S_a-S_e)}{N_sX}$ $X=\frac{R}{1+R}\times X_r$	Q——污水设计流量，m^3/d； N_s——BOD-污泥负荷，kgBOD$_5$/(kgMLSS·d)； X——污泥浓度MLSS，kg/m^3； R——污泥回流比； X_r——回流污泥浓度，mg/L
水力停留时间	$T(h)=\frac{V}{Q}$	T——水力停留时间，h
污泥产量	干泥量 $\Delta X_V(kg/d)=aQS_r-bVX_V$ 湿泥量 $Q_s(m^3/d)=\frac{\Delta X_V}{fX_r}$ $X_r(mg/L)=\frac{10^6}{SVI}\times r$	ΔX_V——系统每日排除剩余污泥量，kg/d； S_r——去除BOD浓度，kg/m^3； a——污泥增值系数，0.5～0.7； b——污泥自身氧化率，0.04～0.1； X_V——挥发性悬浮固体浓度MLVSS，kg/m^3；且满足$X_V=fX=0.75X$； X_r——回流污泥浓度，mg/L； SVI——污泥指数
泥龄	$\theta_c(d)=\frac{X_VV}{\Delta X_V}$	θ_c——泥龄，生物固体平均停留时间，d
曝气池需氧量	$O_2=a'QS_r+b'VX_V$	O_2——混合液每日需氧量，kgO$_2$/d； a'——氧化每千克BOD需氧千克数，kgO$_2$/kgBOD，一般取0.42～0.53kgO$_2$/kgBOD； b'——污泥自身氧化需氧率，kgO$_2$/(kgMLVSS·d)，一般取0.188～0.11kgO$_2$/(kgMLVSS·d)

4.1.5 设计计算实例

某城市日设计排污水量30000m^3，原污水BOD$_5$浓度为225mg/L，要求处理后水BOD$_5$浓度为25mg/L，拟采用活性污泥系统处理。

① 计算、确定曝气池主要部位尺寸；

② 计算、设计鼓风曝气系统。

4.1.5.1 污水处理程度的计算及曝气池的运行方式

(1) 污水处理程度的计算

原污水的BOD$_5$值（S_o）为225mg/L，经初次沉淀池处理，BOD$_5$按降低25%考虑，则进入曝气池的污水，其BOD_5值（S_a）为：

$$S_a = 225(1-25\%) = 168.75(\mathrm{mg/L})$$

计算去除率，对此，首先按下式计算处理水中非溶解性BOD_5值：

$$BOD_5 = 7.1bX_aC_e \tag{4-1}$$

式中　C_e——处理水中悬浮固体浓度，mg/L，取值为25mg/L；

　　b——微生物自身氧化率，一般介于0.05～0.1之间，取值0.09；

　　X_a——活性微生物在处理水中所占比例，取值0.4。

代入各值，得：

$$BOD_5 = 7.1 \times 0.09 \times 0.4 \times 25 = 6.39 \approx 6.4(\mathrm{mg/L})$$

处理水中溶解性BOD_5值为：

$$25 - 6.4 = 18.6(\mathrm{mg/L})$$

去除率为：

$$\eta = \frac{168.75 - 18.6}{168.75} = \frac{150.15}{168.75} = 0.889 \approx 0.90$$

（2）曝气池的运行方式

在本设计中应考虑曝气池运行方式的灵活性和多样化，即以传统活性污泥法系统作为基础，可按阶段曝气系统和再生-曝气系统运行。

4.1.5.2 曝气池的计算与各部位尺寸的确定

曝气池按BOD-污泥负荷法计算。

（1）BOD-污泥负荷率的确定

拟定采用的BOD-污泥负荷率为$0.3\mathrm{kgBOD_5/(kgMLSS \cdot d)}$，但为稳妥需加以校核。

$$N_s = \frac{K_2 S_e f}{\eta}$$

K_2值取0.0185，$S_e = 18.6\mathrm{mg/L}$，$\eta = 0.90$，$f = \frac{\mathrm{MLVSS}}{\mathrm{MLSS}} = 0.75$，代入各值，得：

$$N_s = \frac{0.0185 \times 18.6 \times 0.75}{0.90} = 0.29[\mathrm{kgBOD_5/(kgMLSS \cdot d)}]$$

计算结果确定，N_s值取0.3是适宜的。

（2）确定混合液污泥浓度（X）

根据已确定的N_s值，查相关资料得SVI值为100～120，取值120。

计算确定混合液污泥浓度值X，对此$r = 1.2$，$R = 50\%$，代入各值，得：

$$X = \frac{R \times r \times 10^6}{(1+R)\mathrm{SVI}} = \frac{0.5 \times 1.2}{1+0.5} \times \frac{10^6}{120} = 3333(\mathrm{mg/L}) \approx 3300(\mathrm{mg/L})$$

（3）曝气池容积计算

曝气池容积按下式计算：

$$V = \frac{Q(S_a - S_e)}{N_s X}$$

式中，$S_a = 168.75\mathrm{mg/L}$，近似取值169.0mg/L；$S_e = 18.6\mathrm{mg/L}$，近似取值19mg/L。代入各值，得：

$$V = \frac{30000 \times (169-19)}{0.3 \times 3300} = \frac{4500000}{990} = 4545(\mathrm{m^3})$$

(4) 确定曝气池各部位尺寸

设 2 组曝气池，每组容积为：

$$\frac{4545}{2}=2273(m^3)$$

池深取 4.2m，则每组曝气池的面积为：

$$F=\frac{2273}{4.2}=541(m^2)$$

池宽取 4.5m，$\frac{B}{H}=\frac{4.5}{4.2}=1.07$，介于 1～2 之间，符合规定。

池长：

$$\frac{F}{B}=\frac{541}{4.5}=120.3$$

$$\frac{L}{B}=\frac{120.3}{4.5}=27>10,符合规定$$

设五廊道式曝气池，廊道长：

$$L_1=\frac{L}{5}=\frac{120.3}{5}=24.06(m)\approx 24(m)$$

取超高 0.5m，则池总高度为：

$$4.2+0.5=4.7(m)$$

在曝气池面对初次沉淀池和二次沉淀池的一侧各设横向配水渠道，并在池中部设纵向中间配水渠道，与横向配水渠道相连接。在两侧横向配水渠道上设进水口，每组曝气池共有 5 个进水口（见图 4-2）。

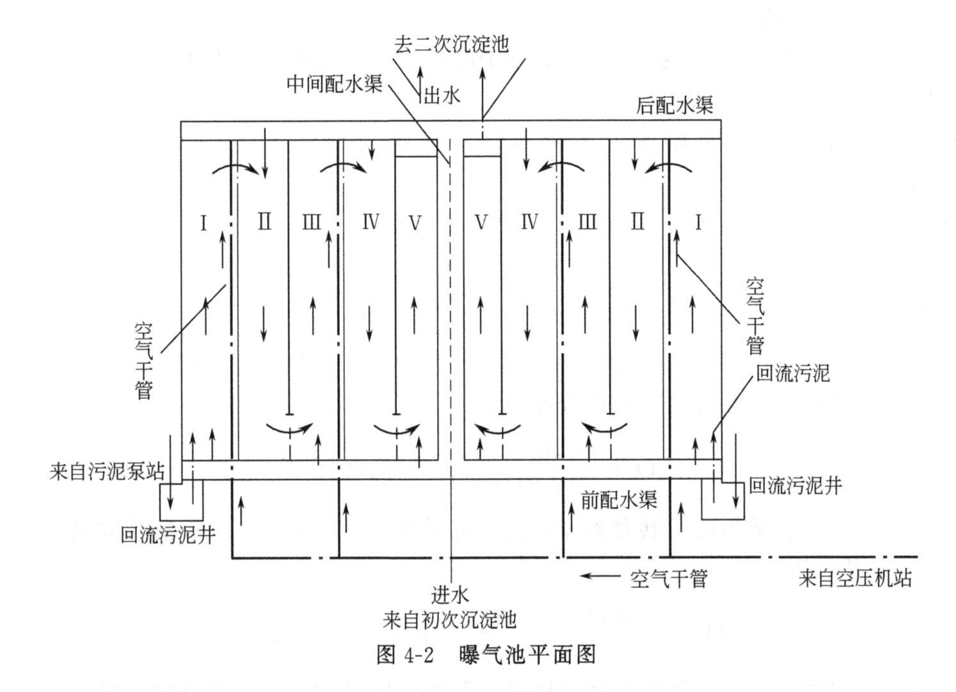

图 4-2　曝气池平面图

在面对初次沉淀池的一侧（前侧），在每组曝气池的一端，廊道 I 进水口处设回流污泥井，井内设污泥空气提升器，回流污泥由污泥泵站送入井内，由此通过空气提升器回流至曝气池。

按图 4-2 所示的平面布置，该曝气池可有多种运行方式：a. 按传统活性污泥法系统运行，污水及回流污泥同步从廊道Ⅰ的前侧进水口进入；b. 按阶段曝气系统运行，回流污泥从廊道Ⅰ的前侧进入，而污水则分别从两侧配水渠道的 5 个进水口均量地进入；c. 按再生-曝气系统运行，回流污泥从廊道Ⅰ的前侧进入，以廊道Ⅰ作为污泥再生池，污水则从廊道Ⅱ的后侧进水口进入，在这种情况下，再生池为全部曝气池的 20%，或者以廊道Ⅰ及廊道Ⅱ作为再生池，污水则从廊道Ⅲ的前侧进水口进入，此时再生池为 40%。

还可能有其他的运行方式，可灵活运用。

4.1.5.3 曝气系统的计算与设计（本设计采用鼓风曝气系统）

① 需氧量的计算

$$O_2=a'QS_r+b'VX_V$$

取 $a'=0.5$，$b'=0.15$，$X_V=fX=0.75\times3300=2475\approx2500(\text{mg/L})$，代入各值，得：

$$O_2=0.5\times30000\left(\frac{169-25}{1000}\right)+0.15\times5121\times\frac{2500}{1000}$$

$$=4080.4(\text{kg/d})=170(\text{kg/h})$$

② 每日去除的 BOD_5 值

$$BOD_5=\frac{30000\times(169-25)}{1000}=4320(\text{kg/d})$$

③ 去除每千克 BOD_5 的需氧量

$$\Delta O_2=\frac{4080.4}{4320}=0.945\approx0.95[\text{kgO}_2/\text{kgBOD}_5]$$

4.1.5.4 供气量的计算

采用网状膜型中微孔空气扩散器，敷设于距池底 0.2m 处，淹没水深 4.0m，计算温度定为 30℃。

查氧在蒸馏水中的饱和度表得水中溶解氧饱和度：$C_{s(20)}=9.17\text{mg/L}$；$C_{s(30)}=7.63\text{mg/L}$。

① 空气扩散器出口处的绝对压力(P_b)按下式计算，即：

$$P_b=1.013\times10^5+9.8\times10^3H(\text{Pa})$$

代入各值，得：

$$P_b=1.013\times10^5+9.8\times4.0\times10^3=1.405\times10^5(\text{Pa})$$

② 空气离开曝气池面时，氧的百分比按下式计算，即：

$$O_t=\frac{21(1-E_A)}{79+21(1-E_A)}\times100\% \tag{4-2}$$

式中 E_A——空气扩散器的氧转移效率，%，对网状膜型中微孔空气扩散器取值 12%。

代入 E_A 值，得：

$$O_t=\frac{21(1-0.12)}{79+21(1-0.12)}\times100\%=18.96\%$$

③ 曝气池混合液中平均氧饱和度（按最不利的温度条件考虑）按下式计算，即：

$$C_{sb(T)}=C_s\left(\frac{P_b}{2.026\times10^5}+\frac{O_t}{42}\right)$$

最不利温度条件，按 30℃考虑，代入各值，得：

$$C_{sb(30)}=7.63\left(\frac{1.405\times10^5}{2.026\times10^5}+\frac{18.96}{42}\right)$$

$$=8.74(\mathrm{mg/L})$$

④ 换算为在 20℃条件下，脱氧清水的充氧量，按下式计算，即：

$$R_0=\frac{RC_{s(20)}}{\alpha[\beta\rho C_{sb(T)}-C]\times1.024^{T-20}}$$

取值 $\alpha=0.82$；$\beta=0.95$；$C=2.0$；$\rho=1.0$，代入各值，得：

$$R_0=\frac{170\times9.17}{0.82[0.95\times1.0\times8.74-2.0]\times1.024^{(30-20)}}$$

$$=238(\mathrm{kg/h})(\text{取 }250\mathrm{kg/h})$$

⑤ 曝气池供气量按下式计算，即：

$$G_s=\frac{R_0}{0.3E_A}\times100$$

代入各值，得：

$$G_s=\frac{250}{0.3\times0.12}\times100=6946(\mathrm{m^3/h})$$

⑥ 考虑 1.20 的安全系数曝气池最大供气量

$$G_{s(\max)}=6946\times1.20=8335(\mathrm{m^3/h})$$

⑦ 去除每 $kgBOD_5$ 的供气量：

$$\frac{6946}{4320}\times24=38.60(\mathrm{m^3}\text{ 空气}/\mathrm{kgBOD_5})$$

⑧ 每立方米污水的供气量：

$$\frac{6946}{30000}\times24=5.56(\mathrm{m^3}\text{ 空气}/\mathrm{m^3}\text{ 污水})$$

⑨ 本系统的空气总用量。除采用鼓风曝气外，本系统还采用空气在回流污泥井提升污泥，空气量按回流污泥量的 8 倍考虑，污泥回流比 R 取值 60%，这样，提升回流污泥所需空气量为：

$$\frac{8\times0.6\times30000}{24}=6000(\mathrm{m^3/h})$$

总需气量：

$$8335+6000=14335(\mathrm{m^3/h})$$

4.1.5.5 空气管系统计算

按图 4-3(a) 所示的曝气池平面图布置空气管道，在相邻 2 个廊道的隔墙上设 1 根干管，共 5 根干管。在每根干管上设 5 对配气竖管，共 10 条配气竖管。全曝气池共设 50 条配气竖管。每根竖管的供气量为：

$$\frac{8335}{50}=167(\mathrm{m^3/h})$$

曝气池平面面积为：

$$24\times45=1080(\mathrm{m^2})$$

每个空气扩散器的服务面积按 $0.43\mathrm{m^2}$ 计，则所需空气扩散器的总数为：

$$\frac{1080}{0.43}=2512(\text{个})$$

本设计采用2500个空气扩散器，每个竖管上安设的空气扩散器的数目为：

$$\frac{2500}{50}=50(\text{个})$$

每个空气扩散器的配气量为：

$$\frac{8335}{2500}=3.33(\text{m}^3/\text{h})$$

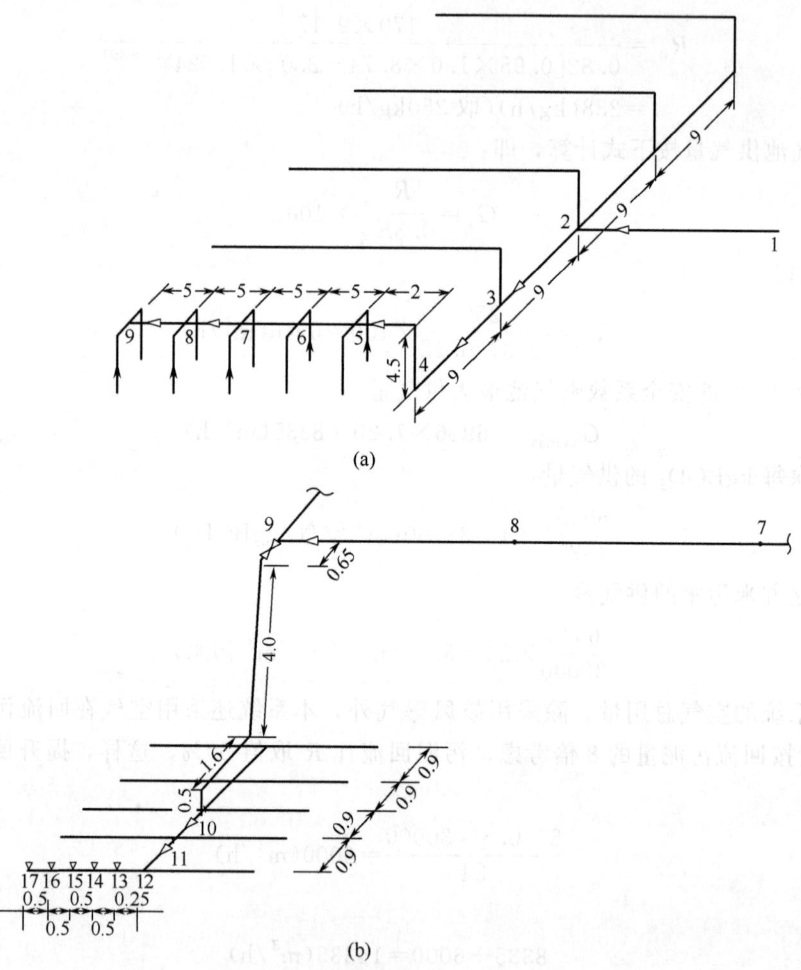

图 4-3 空气管路计算图（单位：m）

将已布置的空气管路及布设的空气扩散器绘制成空气管路计算图（见图 4-3），用以进行计算。

选择1条从鼓风机房开始的最远最长的管路作为计算管路，在空气流量变化处设计算节点，统一编号后列表进行空气管道计算。

空气干管和支管以及配气竖管的管径，根据通过的空气量和相应的流速查表加以确定。计算结果列入表 4-3 中第 6 项。

空气管路的局部阻力损失，根据配件的类型按折算成当量长度损失 l_0，并计算出管道

的计算长度 $l+l_0$（m）（l 为管段长度），计算结果列入表 4-3 中的第 8、9 两项。

空气管道的沿程阻力损失，根据空气管的管径（mm）、空气量（m^3/min）、计算温度（℃）和曝气池水深，查表求得，结果列入表 4-3 的第 10 项。

第 9 项与第 10 项相乘，得压力损失 h_1+h_2，结果列入表 4-3 第 11 项。

表 4-3　空气管道计算

管段编号	管段长度 L/m	空气流量 /(m^3/h)	空气流量 /(m^3/min)	空气流速 v/(m/s)	管径 D/mm	配件	管段当量长度 l_0/m	管段计算长度 l_0+l/m	压力损失 h_1+h_2 9.8/(Pa/m)	压力损失 h_1+h_2 9.8/Pa
1	2	3	4	5	6	7	8	9	10	11
17～16	0.5	3.37	0.06		32	弯头 1 个	0.62	1.12	0.18	0.2
16～15	0.5	6.74	0.11		32	三通 1 个	1.18	1.68	0.32	0.54
15～14	0.5	10.11	0.17		32	三通 1 个	1.18	1.68	0.65	1.09
14～13	0.5	13.48	0.22		32	三通 1 个	1.18	1.68	0.90	1.51
13～12	0.25	16.85	0.28		32	三通 1 个,异形管 1 个	1.27	1.52	1.25 0.38	1.90
12～11	0.9	33.70	0.56	4.5	50	三通 1 个,异形管 1 个	2.18	3.08	0.50	1.54
11～10	0.9	67.40	1.12	3.2	80	四通 1 个,异形管 1 个	3.83	4.73	0.38	1.80
10～9	6.75	168.50	2.81	5.0	100	闸门 1 个,弯头 3 个,三通 1 个	11.30	18.05	0.70	12.33
9～8	5	337.0	5.62	12.5	100	四通 1 个,异形管 1 个	6.41	11.41	2.50	28.53
8～7	5	674.0	11.23	11.5	150	四通 1 个,异形管 1 个	10.25	15.25	0.90	13.73
7～6	5	1011.0	16.85	9.5	200	四通 1 个,异形管 1 个	14.48	19.48	0.45	8.77
6～5	5	1348.0	22.47	12.0	200	四通 1 个,异形管 1 个	14.48	19.48	0.80	15.58
5～4	6	1685.0	28.08	13.0	200	四通 1 个,弯头 2 个,异形管 1 个	20.92	26.92	1.25	33.65
4～3	9.0	4685.0	78.10	11.0	400	三通 1 个,异形管 1 个	33.27	42.27	0.28	11.28
3～2	9.0	6370.0	106.16	14.0	400	三通 1 个,异形管 1 个	33.27	42.27	0.70	29.59
2～1	30	14333	238.9	15.0	600	四通 1 个,异形管 1 个	54.12	84.12	0.40	33.65
		合计								195.69

将表 4-3 中第 11 项各值累加，得空气管道系统的总压力损失为：

$$\sum(h_1+h_2)=195.69\times9.8=1.918(\text{kPa})$$

网状膜空气扩散器的压力损失为 5.88kPa，则总压力损失为：

$$5.88+1.918=7.798\text{kPa}$$

为安全起见，设计取值 9.8kPa。

4.1.5.6　空压机的选定

空气扩散装置安装在距曝气池池底 0.2m 处，因此，空压机所需压力为：

$$P=(4.2-0.2+1.0)\times9.8=49(\text{kPa})$$

空压机供气量

最大时：

$$8333+6000=14333(\text{m}^3/\text{h})=238.9(\text{m}^3/\text{min})$$

平均时：

$$6946+6000=12946(m^3/h)=215.76(m^3/min)$$

根据所需压力及空气量，决定采用 LG60 型空压机 5 台。该型空压机风压 50kPa，风量 $60m^3/min$。

正常条件下，3 台工作，2 台备用；高负荷时 4 台工作，1 台备用。

4.2 阶段曝气活性污泥法

4.2.1 工艺流程

阶段曝气活性污泥法也称为分段（多点）进水曝气活性污泥法，其工艺流程见图 4-4。

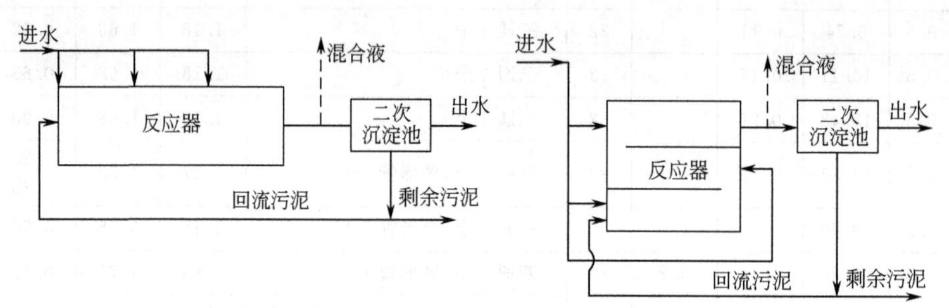

图 4-4 多点进水曝气活性污泥法工艺流程

4.2.2 设计反应器模型及假设条件

现以三点进水为例分析基质的降解与微生物增长的关系。用完全混合反应器模拟三点进水曝气的流程，如图 4-5 所示。

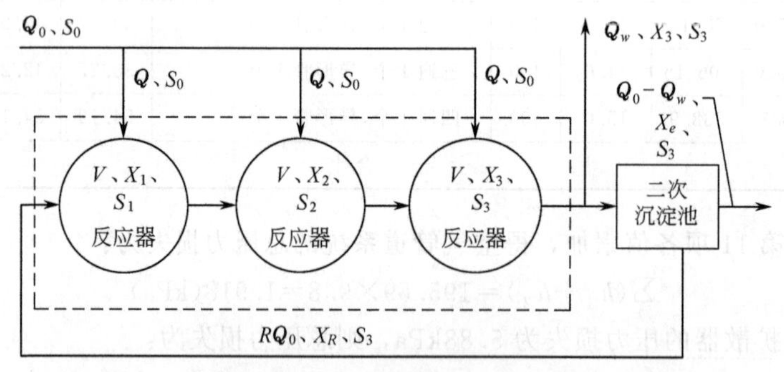

图 4-5 用完全混合反应器模拟三点进水曝气的流程

Q—流量，m^3/d；S—有机物浓度，mg/L；X—反应器混合液浓度，mg/L；

R—污泥回流比；X_R—回流污泥浓度，mg/L

分析时，做以下 3 点假设：

① 进水 Q_0 均匀分配在 3 个反应器内；

② 3 个反应器容积相等；

③ 计算时，采用系统中的平均污泥浓度 X_a，即 $X_1\approx X_a$，$X_2\approx X_a$，$X_3\approx X_a$，这里 $X_a=\dfrac{X_1+X_2+X_3}{3}$，这样做误差不大。

4.2.3 阶段法计算公式

阶段法计算公式见表 4-4（以三点进水为例）。

表 4-4 阶段法计算公式

名称	公式	符号说明
反应器容积	$V=\dfrac{YQ(S_o-S_e)}{3X_a\left(\dfrac{1}{\theta_c}+K_d\right)}$	V——反应器容积，m^3； Y——产率系数，kg/kg； Q——处理总水量，m^3/d； S_o——进反应器 BOD_5 值，mg/L； S_e——出水 BOD_5 值，mg/L； X_a——反应器平均污泥浓度，mg/L； θ_c——泥龄，d； K_d——衰减系数，d^{-1}
表观产率系数	$Y_0=\dfrac{Y}{1+K_d\theta_c}$	Y_0——表观产率系数
回流污泥浓度	$X_R=\dfrac{10^6}{SVI}\times m$	X_R——回流污泥浓度，mg/L； SVI——污泥体积指数； m——沉淀影响因子，一般为 0.7～1.2
回流比	$R=\dfrac{Y_0(S_o-S_e)-X_a}{X_a-X_R}$	R——污泥回流比
第一反应器平均 BOD_5 浓度	$S_1=\dfrac{QS_o+RQS_e}{KX_aV+Q\left(\dfrac{1}{3}+R\right)}$	K——速率常数，L/(mg・d)
第二反应器平均 BOD_5 浓度	$S_2=\dfrac{QS_o+Q\left(\dfrac{1}{3}+R\right)S_1}{KX_aV+Q\left(\dfrac{2}{3}+R\right)}$	

【例题 4-1】 设计流量 $Q=38000m^3/d$，进水 $BOD_5=S_o=269mg/L$，出水 $BOD_5=S_e=8mg/L$，$X_a=2200mg/L$，$m=0.78$，SVI$=98$，MLVSS$=0.78$MLSS，$Y=0.5$，$K_d=0.05d^{-1}$，$K=0.032L/(mg\cdot d)$，设计四点进水反应器，用图 4-6 进行分析和计算。

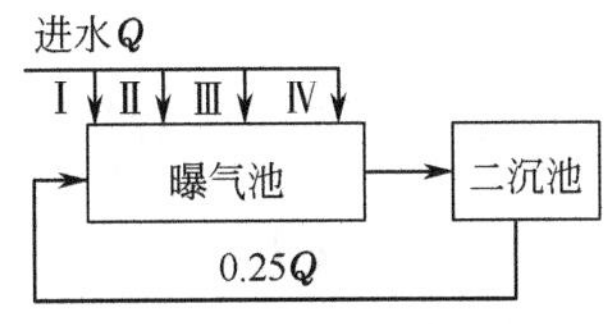

图 4-6 阶段法运行方式

【解】

(1) 计算 V

$$V=\frac{YQ(S_o-S_e)}{3X_a\left(\dfrac{1}{\theta_c}+K_d\right)}$$

如 $\theta_c=6d$，则：

$$V=\frac{0.5[38000\times(269-8)]}{3\times2200\left[\dfrac{1}{6}+0.05\right]}=3468(m^3)$$

(2) 计算 Y_0

$$Y_0=\frac{0.5}{1+0.05\times 6}=0.39$$

(3) 计算 R

$$X_R=\frac{10^6}{\mathrm{SVI}}\times 0.78=\frac{10^6}{98}\times 0.78=7959[\mathrm{mg/L\ (VSS)}]$$

$$R=\frac{0.39(269-8)-2200}{2200-7959}=0.37$$

(4) 计算 S_1

$$S_1=\frac{\frac{38000}{3}\times 269+0.37\times 38000\times 8}{0.032\times 2200\times 3468+38000\left(\frac{1}{3}+0.37\right)}$$

$$=13(\mathrm{mg/L})$$

(5) 计算 S_2

$$S_2=\frac{\frac{38000}{3}\times 269+38000\left(\frac{1}{3}+0.37\right)\times 13}{0.032\times 2200\times 3468+38000\left(\frac{2}{3}+0.37\right)}$$

$$=13.5(\mathrm{mg/L})$$

(6) 计算 v（最后一级所需的比基质利用速度）

$$v=KS_3=0.032\times 8=0.26(\mathrm{d}^{-1})$$

(7) 计算最后一级进水、进泥刚完全混合时的基质浓度 S_0'

$$S_0'=\frac{Q\left(\frac{2}{3}+R\right)S_2+\frac{Q}{3}\times S_o}{Q\left(\frac{2}{3}+R\right)+\frac{Q}{3}}$$

$$=\frac{\left(\frac{2}{3}+0.37\right)\times 13.5+\frac{1}{3}\times 269}{\left(\frac{2}{3}+0.37\right)+\frac{1}{3}}$$

$$=76.7(\mathrm{mg/L})$$

(8) 计算最后一级实际的比基质利用率 v'

$$v'=\frac{(1+R)Q(S_0'-S_3)}{X_aV}$$

$$=\frac{(1+0.37)\times 38000\times(76.7-8)}{2200\times 3468}$$

$$=0.47(\mathrm{d}^{-1})$$

【例题 4-2】 已知条件：设计人口 $N=160000$ 人；污水定额：每人每日最大污水量 400L/(人·d)，每人每日最大时污水量 720L/(人·d)（400×1.8），地下水量 80L(400×0.20)；工业排水量 $3200\mathrm{m}^3/\mathrm{d}$；原水水质：BOD 200mg/L，SS 250mg/L；排水标准：BOD 20mg/L；SS 70mg/L。

试设计普通活性污泥法工艺，并可实现阶段法运行。

【解】

(1) 设计水量

$$最大日污水量=(0.4+0.08)\times160000+3200=80000(m^3/d)$$

$$最大时污水量=(0.72+0.08)\times160000+3200=131200(m^3/d)$$

(2) 设计污泥量

设 SS 去除率，初沉池为 40%（含水率 98%），二沉池为 80%（含水率 99.2%），则：

$$初沉池污泥量=80000\times250\times10^{-6}\times0.4=8.0(t/d)$$

$$污泥体积=8.0\times\frac{100}{100-98}=400m^3/d$$

$$二沉池污泥量=80000\times150\times0.8\times10^{-6}=9.6(t/d)$$

$$污泥体积=9.6\times\frac{100}{100-99.2}=1200(m^3/d)$$

(3) 沉砂池容积计算

沉砂池除砂对象为砂，即相对密度 2.65、粒径 0.2mm、沉速 21mm/s 以上的砂。

$$水表面负荷=0.021m/s\times86400=1800m/d$$

$$沉砂池表面积(A)=\frac{131200}{1800}=72.9(m^2)$$

取池内平均流速 0.3m/s，有效水深 1.0m，则池宽 B 为：

$$B=\frac{131200}{86400}\times\frac{1}{1.0\times0.3}=5.1(m)$$

分 2 格，每格宽为 2.5m，则池长 L 为：

$$L=\frac{A}{B}=\frac{72.9}{2.5\times2}=14.6(m)(取 15m)$$

取砂斗深 $h=0.5m$。

沉砂池尺寸为：2.5m(宽)×15m(长)×1.0m(有效水深)×2 格。

沉砂池平均流速：$$v=\frac{131200}{86400}\times\frac{1}{2.5\times2\times1.0}=0.31(m/s)$$

停留时间：$$T=\frac{L}{v}=\frac{15m}{0.31m/s}=50s$$

去除对象砂粒从水表面沉淀到池底所需时间 t 为：

$$t=\frac{H}{v}=\frac{1.0m}{0.021m/s}=47.6s$$

去除率为：$$T_2=1-\frac{1}{1+\frac{T}{t}}=1-\frac{1}{1+\frac{50}{47.6}}=51\%$$

(4) 初沉池容积计算

从污泥处理设施返回污水量按入流水的 5% 选定，则初沉池设计污水量为：

$$Q=131200\times(1+0.05)=137760(m^3/d)$$

表面负荷取 $30m^3/(m^2\cdot d)$，则沉淀面积 A 为：

$$A=\frac{Q}{q}=\frac{137760}{30}=4592(m^2)$$

采用16个矩形平流式沉淀池，有效水深3.0m，宽6.5m（与刮泥机匹配），则池长L为：

$$L=\frac{4592}{6.5\times16}=44.15(\text{m})(\text{取}44\text{m})$$

实际沉淀面积：　$6.5\times44\times16=4576(\text{m}^2)$

表面负荷：　$$q=\frac{Q}{A}=\frac{137760}{4576}=30.1[\text{m}^3/(\text{m}^2\cdot\text{d})]$$

沉淀时间：　$$T=4576\times3.0\times\frac{24}{137760}=2.4(\text{h})$$

堰口负荷取240m³/(m·d)，则需出水堰长为：

$$L=\frac{137760}{240}=574(\text{m})$$

集水槽采用池两边设置的三角堰，每侧长18m，则出水堰总长L为：

$$L=18\text{m}\times2\times16=576\text{m}>574\text{m}$$

每池污泥量：　$$400\text{m}^3/\text{d}\times\frac{1}{16}=25.0\text{m}^3/\text{d}$$

污泥按10min排出，则每池污泥斗容积为：

$$10\text{min}\times25\text{m}^3/\text{d}\times\frac{1}{24\times60}=0.17\text{m}^3$$

(5) 曝气池容积计算

最大日污水量131200m³/d；

初沉淀BOD去除率为30%，SS去除率为40%，则：

进入曝气池BOD浓度＝200×(1－0.3)＝140(mg/L)

进入曝气池SS浓度＝250×(1－0.4)＝150(mg/L)

回流污泥浓度X_R＝8000mg/L，回流比R＝25%，曝气池内MLSS浓度为：

$$X=\frac{X_0+RX_R}{1+R}=\frac{150+0.25\times8000}{1+0.25}=1720(\text{mg/L})$$

式中　X_0——进水SS浓度。

BOD-SS负荷L_s取0.20kg/(SSkg·d)，则曝气池容积为：

$$V=\frac{QL_a}{L_sX}=\frac{131200\times140}{1720\times0.2}=53395(\text{m}^3)$$

每日去除BOD量＝(140－20)×131200×10⁻³＝15744(kg/d)

采用扩散板曝气头，去除1kgBOD需要40～70m³空气，则：

所需空气量为：　55×15744＝865920(m³)

气水比为：　865920/131200＝6.6

(6) 按阶段法运行的计算

按图4-6的4点进水考虑。

断面Ⅰ的MLSS浓度：$$X_1=\frac{\frac{1}{4}X_0+RX_R}{\frac{1}{4}+R}=\frac{\frac{1}{4}\times150+0.25\times8000}{\frac{1}{4}+0.25}=4075(\text{mg/L})$$

断面Ⅱ的 MLSS 浓度：$X_2=\dfrac{\dfrac{2}{4}X_0+RX_R}{\dfrac{2}{4}+R}=2767(\text{mg/L})$

断面Ⅲ的 MLSS 浓度：$X_3=\dfrac{\dfrac{3}{4}X_0+RX_R}{\dfrac{3}{4}+R}=2113(\text{mg/L})$

断面Ⅳ的 MLSS 浓度　$X_4=\dfrac{\dfrac{4}{4}X_0+RX_R}{\dfrac{4}{4}+R}=1720(\text{mg/L})$

曝气池平均 MLSS 浓度$=\dfrac{X_1+X_2+X_3+X_4}{4}=2669(\text{mg/L})$

因此，所需容积：$V_S=\dfrac{QL_a}{XL_s}=\dfrac{131200\times140}{2669\times0.2}=34410\ (\text{m}^3)$

与普通法相比较，阶段法所需容积是普通法的$\dfrac{34410}{53395}=64\%$，容积减少 36%。在相同负荷条件下，处理水量可以达到 $Q=\dfrac{0.20\times2669\times53395}{140}=203588(\text{m}^3/\text{d})$，是原处理水量的1.55 倍。

（7）二沉池容积计算

二沉池进水最大日污水量 131200m^3/d，采用表面负荷 $q=36\text{m}^3/(\text{m}^2\cdot\text{d})$，则沉淀池面积 A 为：

$$A=\frac{Q}{q}=\frac{131200}{30}=3644(\text{m}^2)$$

采用矩形平流式沉淀池，尺寸为：4.0m(宽)×59.0m(长)×3.0m(有效水深)×16 池。

（8）接触消毒池容积计算

采用接触时间 15min，则所需容积为：

$$V=QT=\frac{131200}{24\times60}\times15=1367(\text{m}^3)$$

工艺尺寸为：2.0m(宽)×30.0m(长)×1.5m(深)×16 格。

4.3　生物吸附（吸附再生或接触稳定）法

4.3.1　工艺流程

该方法适宜于处理悬浮和胶体性有机物含量较高的污水。其工艺流程如图 4-7 所示。

4.3.2　设计参数及规定

设计参数及规定如下：

BOD 负荷：0.2～0.6kg/(kg・d)；

容积负荷：1.0～1.2kg/(m^3・d)；

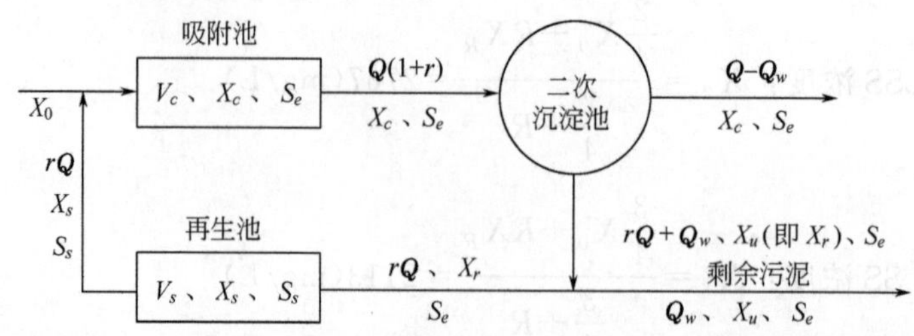

图 4-7 生物吸附法工艺流程（在图中假定吸附池和再生池都采用完全混合的运行方式）

污泥龄：5～15d；

MLSS浓度：吸附池 1000～3000mg/L，再生池 4000～6000mg/L；

反应停留时间：吸附池 0.5～1.0h；再生池 3～6h；

污泥回流比：25%～100%；

BOD去除率：80%～90%。

4.3.3 计算公式

吸附再生法计算公式见表 4-5。

表 4-5 吸附再生法计算公式

项目	公式	符号说明
吸附池容积	$V_c=t_cQ$	V_c——吸附池容积，m^3； Q——设计流量，m^3/h； t_c——最佳吸附时间，h，可通过实验求得，也可取0.5～1.0h
表观产率系数	$Y_0=\frac{Y}{1+K_d\theta_c}$	Y——系数，kg/kg； Y_0——表观产率系数，kg/kg； K_d——衰减系数，d^{-1}； θ_c——污泥龄，d
污泥量	$\Delta X=Y_0Q(S_o-S_e)$	S_o——进水 BOD_5 浓度，mg/L； S_e——出水 BOD_5 浓度，mg/L
再生池污泥浓度	$X_s=X_r+\Delta X$ $=\frac{10^6}{SVI}\times 0.8+\Delta X$	X_r——回流污泥浓度，mg/L； SVI——污泥体积指数
污泥回流比	$R=\frac{X_c}{X_s-X_c}$	X_c——吸附池污泥浓度，mg/L； X_s——再生池污泥浓度，mg/L
再生池容积	$V_s=\frac{RQ(X_r-X_s+YS_e)+YQfS_o}{K_dX_s}$	f——进水中不溶性 BOD_5 比值

【例题 4-3】 某城市废水的 BOD_5 为 150mg/L。实验表明，与活性污泥（2000mg/L MLVSS）混合 45min 后，BOD_5 降至 15mg/L。根据下列设计数据，确定吸附和再生两个池子的容积：

$$X_c=2000\text{mg/L}$$

$$\theta_c=8\text{d}$$

$$f=0.8$$
$$SVI=110$$
$$MLVSS=0.8MLSS$$
$$S_e=15mg/L$$
$$Q=7600m^3/d$$
$$Y=0.5$$
$$K_d=0.1d^{-1}$$

【解】

（1）计算吸附池容积

$$V_c=t_cQ=45\times\frac{1}{60\times24}\times7600=237.5\ (m^3)$$

（2）计算 Y_0

$$Y_0=\frac{Y}{1+K_d\theta_c}=\frac{0.5}{1+0.1\times8}=0.28$$

（3）计算生物增长量

$$\begin{aligned}\Delta X&=QY_0(S_o-S_e)\\&=7600\times1000\times0.28(150-15)\\&=287280000(mg/d)=287.28(kg/d)\end{aligned}$$

（4）计算 X_s

假定微生物的合成全部在再生池内完成，则：

$$\begin{aligned}X_s&=X_r+\Delta X=\frac{10^6}{SVI}\times0.8+\Delta X=\frac{10^6}{110}\times0.8+\frac{287280000}{7600\times1000\times R}\\&=7273+\frac{38}{R}\end{aligned}$$

而

$$R=\frac{X_c}{X_s-X_c}=\frac{2000}{\left(7273+\frac{38}{R}\right)-2000}=0.37$$

所以

$$X_s=7273+\frac{38}{0.37}=7376(mg/L)$$

（5）计算再生池容积

$$\begin{aligned}V_s&=\frac{RQ(X_r-X_s+YS_e)+YQfS_o}{K_dX_s}\\&=\frac{0.37\times7600\left(\frac{10^6}{110}\times0.8-7376+0.5\times15\right)+0.5\times7600\times0.8\times150}{0.1\times7376}\\&=254m^3\end{aligned}$$

4.4　完全混合活性污泥法

4.4.1　工艺流程及特点

完全混合式曝气池是废水进入曝气池后与池中原有的混合液充分混合，因此池内混合液的组成、F/M 值、微生物群的量和质是完全均匀一致的。整个过程在污泥增长曲线上的位置仅是一个点，这意味着在曝气池中所有部位的生物反应都是同样的，氧吸收率都是相同的。工艺流程如图 4-8 所示。

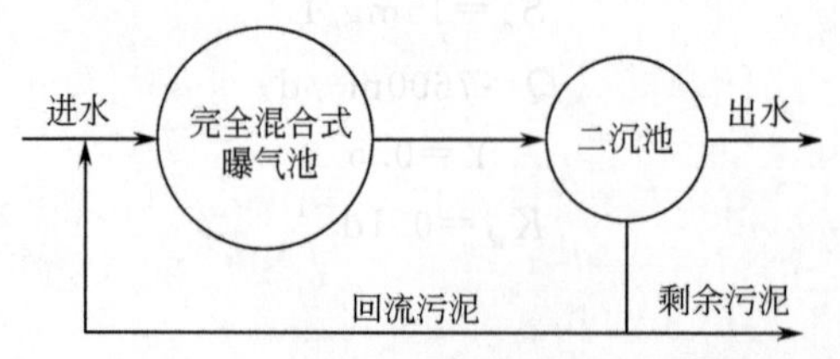

图 4-8　完全混合活性污泥法工艺流程

完全混合式曝气池的特点是：a. 承受冲击负荷的能力强，池内混合液能对废水起稀释作用，对高峰负荷起削弱作用；b. 由于全池需氧要求相同，能节省动力；c. 曝气池和沉淀池可合建，不需要单独设置污泥回流系统，便于运行管理。

完全混合式曝气池的缺点是：a. 连续进水、出水可能造成短路；b. 易引起污泥膨胀。

本工艺适于处理工业废水，特别是高浓度的有机废水；也可以处理城市污水。

4.4.2　设计参数及规定

用于处理城市污水，完全混合曝气池各项设计参数见表 4-6。

表 4-6　完全混合曝气池设计参数

项目	数值
BOD 负荷(N_s)/[$kgBOD_5$/(kgMLSS·d)]	0.25～0.5
容积负荷(N_V)/[$kgBOD_5$/(m^3·d)]	0.5～1.8
污泥龄(生物固体平均停留时间)(θ_c)/d	5～15
混合液悬浮固体浓度(MLSS)/(mg/L)	3000～6000
混合液挥发性悬浮固体浓度(MLVSS)/(mg/L)	2400～4800
污泥回流比(R)/%	100～400
曝气时间(t)/h	3～6
BOD_5 去除率/%	80～90

4.4.3　计算公式

完全混合活性污泥法设计计算公式见表 4-7。

表 4-7　完全混合活性污泥法设计计算公式

项目	公式	符号说明
出水中溶解性 BOD_5 浓度	$S_{eNS}=0.69C_e$ $S_{es}=C_e-S_{eNS}$	S_{eNS}——出水中 SS 性有机物浓度,mg/L; C_e——出水 SS 浓度,mg/L; S_{es}——出水溶解性 BOD_5 浓度,mg/L
BOD_5 去除率	$E=\frac{S_o-S_e}{S_o}\times100\%$	S_o——进水 BOD_5 浓度,mg/L; S_e——出水 BOD_5 浓度,mg/L

续表

项目	公式	符号说明
曝气池容积	$V=\frac{\theta_c QY(S_o-S_e)}{X_V(1+K_d\theta_c)}$	θ_c——污泥龄，d； Q——设计水量，m^3/d； Y——合成系数，kg/kg； X_V——混合液挥发性悬浮固体平均浓度，mgMLVSS/L； K_d——衰减系数，d^{-1}； V——曝气池容积，m^3
剩余活性污泥量	$Y_0=\frac{Y}{1+K_d\theta_c}$ $\Delta X_V=Y_0Q(S_o-S_{es})$ $\Delta X=\frac{\Delta X_V}{f}$ 每日剩余污泥量＝ΔX－出水流失 SS 量	Y_0——表观产率系数，kg/kg； $f=\frac{MLVSS}{MLSS}$，一般为 0.7～0.8； ΔX_V——MLVSS 每日增长量，kg/d； ΔX——MLSS 每日增长量，kg/d
每日排出污泥体积	$Q_W=\frac{VX-QX_e\theta_c}{\theta_c X}$	X_e——出水中 VSS 含量，一般为 SS 的 80%左右； Q_W——排出污泥体积，m^3/d
污泥回流比	$R=\frac{X}{X_R-X}$	X_R——回流污泥浓度，mg/L
曝气池水力停留时间	$t=\frac{V}{Q}$	t——停留时间(HRT)，h
计算污泥负荷	$F/M=\frac{S_o}{tX}$	F/M——污泥负荷，kg/(kg·d)
计算容积负荷	$N_V=\frac{S_oQ}{V}$	N_V——容积负荷，kgBOD/(m^3·d)
需氧量计算	$O_2=a'Q(S_o-S_{es})+b'VX-1.42\Delta X$	a'——活性污泥微生物每代谢 1kgBOD 的需氧量，kgO_2/kgBOD； b'——每千克污泥自身氧化需氧量，kgO_2/kgMLVSS
供风量	$G_s=\frac{KO_2}{0.28E_A}$	G_s——供风量，m^3/h； E_A——氧转移效率，%； K——安全系数，一般为 1.5～2.5

【例题 4-4】 某污水厂设计流量 21600m^3/d，进水 BOD_5 值 250mg/L，生物反应处理后水 BOD_5 值 20mg/L，拟采用完全混合曝气池设计。

【解】（1）出水中溶解性 BOD_5 浓度

$$S_{eNS}=0.69C_e=0.69\times 20=13.8mg/L$$

$$S_{es}=C_e-S_{eNS}=20-13.8=6.2mg/L$$

（2）BOD_5 去除率计算

BOD_5 去除率 E 为：

$$E=\frac{250-20}{250}=92\%$$

（3）曝气池容积计算

取 $\theta_c=10d$，$Y=0.5kg/kg$，$X=3500mg/L$，$K_d=0.06d^{-1}$，$f=0.8$，则：

$$V=\frac{\theta_c QY(S_o-S_e)}{X_V(1+K_d\theta_c)}=\frac{10\times 21600\times 0.5\times(250-20)}{3500\times 0.8\times(1+0.06\times 10)}$$

$$=5545m^3$$

（4）每日剩余活性污泥量计算

① $Y_0=\frac{Y}{1+K_d\theta_c}=\frac{0.5}{1+0.06\times 10}=0.3125$

② $\Delta X_V = Y_0 Q(S_o - S_{es}) = 0.3125 \times 21600 \times (250 - 6.2)/1000$
$= 1646(\text{kg/d})$

③ $\Delta X = \dfrac{\Delta X_V}{f} = 1646/0.8 = 2057(\text{kg/d})$

④ 剩余污泥量$= 2057 - 21600 \times 20 \times 10^{-3} = 1625(\text{kg/d})$

（5）剩余污泥体积

$$Q_W = \frac{VX - QX_e\theta_c}{\theta_c X} = \frac{5545 \times 3.5 - 21600 \times 20 \times 0.8 \times 10^{-3} \times 10}{10 \times 3.5}$$
$$= 456(\text{m}^3/\text{d})$$

（6）污泥回流比 R

$$R = \frac{X}{X_R - X} = \frac{3500}{7000 - 3500} = 100\%$$

（7）HRT 计算

$$t = \frac{V}{Q} = \frac{5545}{900} = 6.2(\text{h})$$

（8）F/M 计算

$$F/M = \frac{S_o}{tX} = \frac{250}{6.2 \times 3500} = 0.0115[\text{kg/(kg·h)}]$$

（9）容积负荷计算

$$W_V = \frac{S_o Q}{V} = \frac{250 \times 10^{-3} \times 21600}{5545} = 0.97[\text{kg/(m}^3\text{·d)}]$$

（10）需氧量计算（略）

4.5 缺氧(厌氧)/好氧活性污泥生物脱氮工艺(A_N/O 工艺)

4.5.1 绝氧、厌氧、缺氧及好氧定义

生物脱氮与除磷都利用厌氧状态，但其生化反应的过程有着本质差别，工程上也有着悬殊的技术经济效果，因此对不同的厌氧状态应予明确的定义。

厌氧与好氧是指在生化反应池中溶解氧的浓度变化，混合液中溶解氧浓度趋近于零即厌氧状态，有充足的溶解氧即好氧状态，而介于二者之间如溶解氧浓度低于 0.5mg/L 为缺氧状态。绝氧是指混合液中游离溶解氧趋于零、硝酸态氧也趋于零的绝对厌氧状况。

4.5.2 生物脱氮原理

典型的城市污水中，TN 的含量为 20～85mg/L，平均值为 40mg/L，一般城市污水 TN 的含量在 20～50mg/L 之间。

城市污水中的氮主要以有机氮、氨氮两种形式存在，硝态氮含量很低，其中，有机氮为 30%～40%，氨氮为 60%～70%，亚硝酸盐氮和硝酸盐氮仅为 0～5%。水环境污染和水体富营养化问题的尖锐化迫使越来越多的国家和地区制定严格的污水排放标准。

在自然界中存在着氮循环的自然现象，当采取适当的运行条件后城市污水中的氮会发生

氨化反应、硝化反应和反硝化反应。

（1）氨化反应

在氨化菌的作用下，有机氮化合物分解、转化为氨态氮，以氨基酸为例，其反应式为：

$$RCHNH_2COOH+O_2 \xrightarrow{\text{氨化菌}} RCOOH+CO_2+NH_3$$

（2）硝化反应

在硝化菌的作用下，氨态氮分两个阶段分解、氧化，首先在亚硝化菌的作用下，氨（NH_4^+）转化为亚硝酸氮，其反应式为：

$$NH_4^+ + \frac{3}{2}O_2 \xrightarrow{\text{亚硝化菌}} NO_2^- + H_2O + 2H^+ - \Delta F$$

$$(\Delta F = 278.42kJ)$$

继之，亚硝酸氮（NO_2^--N）在硝化菌的作用下，进一步转化为硝酸氮，其反应式为：

$$NO_2^- + \frac{1}{2}O_2 \xrightarrow{\text{硝化菌}} NO_3^- - \Delta F$$

$$(\Delta F = 72.27kJ)$$

硝化的总反应式为：

$$NH_4^+ + 2O_2 \longrightarrow NO_3^- + H_2O + 2H^+ - \Delta F$$

$$(\Delta F = 350.69kJ)$$

（3）反硝化反应

在反硝化菌的代谢活动下，NO_3^--N 有两个转化途径：同化反硝化（合成），最终产物为有机氮化合物，成为菌体的组成部分；异化反硝化（分解），最终产物为气态氮。其反应式见图 4-9。

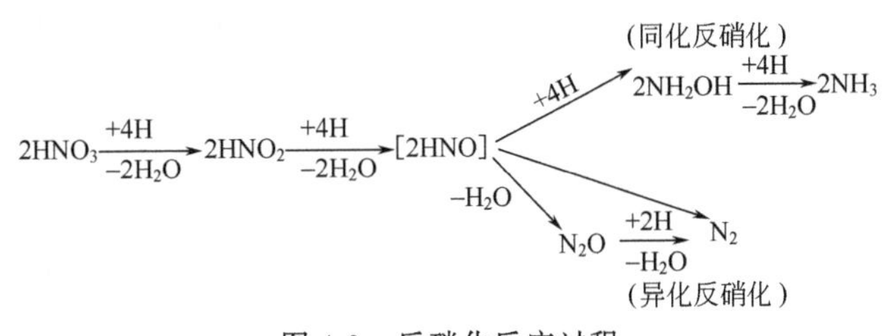

图 4-9　反硝化反应过程

4.5.3　A_N/O 工艺流程

A_N/O 法脱氮是于 20 世纪 80 年代初期开创的工艺流程，又称为“前置式反硝化生物脱氮系统”，这是目前采用较为广泛的一种脱氮工艺（见图 4-10）。

A_N/O 法脱氮工艺流程的反硝化反应器在前，BOD 去除、硝化两项反应的综合反应器在后。反硝化反应是以原污水中的有机物为碳源的。在硝化反应器内含有大量硝酸盐的硝化液回流到反硝化反应器，进行反硝化脱氮反应。

4.5.4　结构特点

A_N/O 工艺由缺氧段与好氧段两部分组成，两段可分建，也可合建于一个反应器中，但中间应用隔板隔开，其中，缺氧段的水力停留时间为 0.5～1h，溶解氧浓度小于 0.5mg/L。

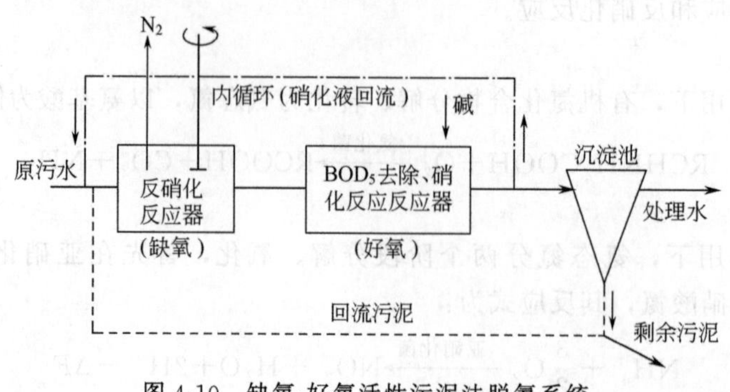

图 4-10　缺氧-好氧活性污泥法脱氮系统

同时，为加强搅拌混合作用，防止污泥沉积，应设置搅拌器或水下推流器，功率一般为$10W/m^3$。而好氧段的结构同普通活性污泥法相同，水力停留时间为 2.5～6h，溶解氧浓度为 1～2mg/L。

另外，缺氧段与好氧段可建成生物膜处理构筑物组成生物膜 A_N/O 脱氮系统。在生物膜脱氮系统中，应进行混合液回流以提供缺氧反应器所需的 NO_3^--N，但污泥不需要回流。

4.5.5　设计参数

A_N/O 工艺设计参数见表 4-8。

表 4-8　A_N/O 工艺设计参数

名称	数值
水力停留时间 HRT/h	9～20，其中缺氧段 2～10 A_N：O=1：(2～4)
溶解氧浓度/(mg/L)	O 段 1～2，A 段趋近于 0
pH 值	A_N 段 8.0～8.4；O 段 6.5～8.0
温度/℃	20～30
污泥龄 θ_c/d	11～23
污泥负荷 N_s/[$kgBOD_5$/(kgMLSS·d)]	0.05～0.50
污泥浓度 X/(mg/L)	2500～4500
总氮负荷/[kgTN/(kgMLSS·d)]	≤0.05
混合液回流比 R_N/%	100～400
污泥回流比 R/%	50～100
BOD_5/TKN 值	≥4
反硝化池 S-BOD_5/NO_x^--N 值	≥4

4.5.6　计算方法及公式

4.5.6.1　按 BOD_5 污泥负荷计算

A_N/O 工艺设计计算公式见表 4-9。

表 4-9　A_N/O 工艺设计计算公式

名称	公式	符号说明
生化反应池容积比	$\frac{V_1}{V_2}=2\sim4$	V_1——好氧段容积，m^3； V_2——缺氧段容积，m^3
生化反应池总容积	$V=V_1+V_2=\frac{24QL_r}{N_sX}$	Q——污水设计流量，m^3/h； L_r——生物反应池去除 BOD_5 浓度，kg/m^3； N_s——BOD_5 污泥负荷，$kgBOD_5/(kgMLSS \cdot d)$； X——污泥浓度，kg/m^3
水力停留时间	$t=\frac{V}{Q}$	t——水力停留时间，h
剩余污泥量	$W=aQ_{平}L_r-bVX_v+cQ_{平}S_r$ $X_v=fX$	W——剩余污泥量，kg/d； a——污泥产率系数，$kg/kgBOD_5$，一般为 0.3～0.8$kg/kgBOD_5$； b——衰减系数，d^{-1}，一般为 0.05d^{-1}； L_r——生物反应池去除 BOD_5 浓度，kg/m^3； $Q_{平}$——平均日污水流量，m^3/d； X_v——挥发性悬浮固体浓度，kg/m^3； S_r——反应器去除的 SS 浓度，kg/m^3，且满足 $S_r=S_0-S_e$； S_0、S_e——生化反应池进出水的 SS 浓度，kg/m^3； c——SS 的污泥转换率，一般取 0.5～0.7； f——系数，取 0.75
剩余活性污泥量	$X_W=aQ_{平}L_r-bVX_v$	X_W——剩余活性污泥量，kg/d
湿污泥量	$Q_S=\frac{W}{1000(1-P)}$	Q_S——湿污泥量，m^3/d； P——污泥含水率，%
污泥龄	$\theta_c=\frac{VX_v}{X_W}$	θ_c——污泥龄，d，泥龄与水温关系（硝化率大于 80%）为 $\theta_c=20.65e\times P(-0.0639t)$，其中 t 为水温，℃
最大需氧量	$O_2=a'QL_r+b'N_r-b'N_D-c'X_W$	a'、b'、c'——系数，分别为 1、4.6、1.42； N_r——氨氮去除量，kg/m^3； N_D——硝态氮去除量，kg/m^3； X_W——剩余活性污泥量，kg/d
回流污泥浓度	$X_r=\frac{10^6}{SVI}\cdot r$	X_r——回流污泥浓度，kg/d； r——与停留时间、池身、污泥浓度有关的系数，一般 $r=1.2$
曝气池混合液浓度	$X=\frac{R}{1+R}\cdot X_r$	R——污泥回流比，%
内回流比	$R_N=\frac{\eta_{TN}}{1-\eta_{TN}}\times100\%$	R_N——内回流比，%； η_{TN}——总氮去除率，%

4.5.6.2　按活性污泥法反应动力学模式计算

A_N/O 工艺动力学模式设计计算公式见表 4-10。动力学常数 Y、K_d 的参考值如表 4-11 所列。

表 4-10　A_N/O 工艺动力学模式设计计算公式

名称	公式	符号说明
污泥龄	$\theta_c\approx f(t)$	θ_c——硝化菌最小世代时间，由图 4-11 确定

续表

名称	公式	符号说明
硝化区容积	$V=\frac{YQ(L_o-L_e)\theta_c}{X(1+K_d\theta_c)}$ 或 $V=\frac{Y_0Q(L_o-L_e)\theta_c}{X}$	V——硝化区容积，m^3； K_d——内源呼吸系数，d^{-1}，由表 4-9 确定； Y——污泥产率系数，$kgVSS/kgBOD_5$，由表 4-9 确定； Q——废水流量，m^3/d； L_o——原污水 BOD_5 浓度，mg/L； L_e——处理水 BOD_5 浓度，mg/L； θ_c——好氧区设计污泥龄，d； Y_0——污泥总产率系数，$kgSS/kgBOD_5$； $Y_0=\frac{Y}{1+K_d\theta_c}$
反硝化区容积	$V_D=\frac{N_T\times1000}{DNR\times X}$ $N_T=N_o-N_w-N_e$	V_D——反硝化区（池）所需容积，m^3； X——混合液悬浮固体浓度，mg/L； DNR——反硝化速率，kgN/(kgMLSS·d)，反硝化速率与温度关系密切，其关系见图 4-12； N_T——需要去除的硝酸氮量，kg(NO_3-N)/d； N_o——原污水中的含氮量，kg/d； N_w——随剩余污泥排放而去除的氮量，kg/d（细菌细胞含氮量为 12.4%）； N_e——随处理水排放挟走的氮量，kg/d

表 4-11　动力学常数 Y、K_d 的参考值

动力学常数	脱脂牛奶废水	合成废水	造纸与制浆废水	生活污水	城市废水
$Y/(kgVSS/kgBOD_5)$	0.48	0.65	0.47	0.5～0.67	0.35～0.45
K_d/d^{-1}	0.045	0.18	0.20	0.048～0.06	0.05～0.10

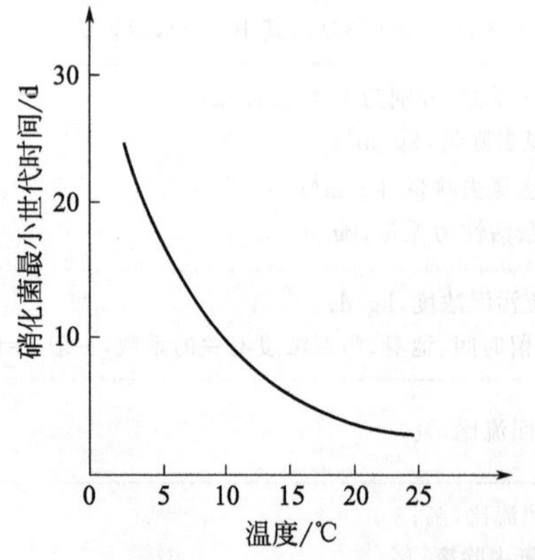

图 4-11　硝化菌最小世代时间与温度的关系

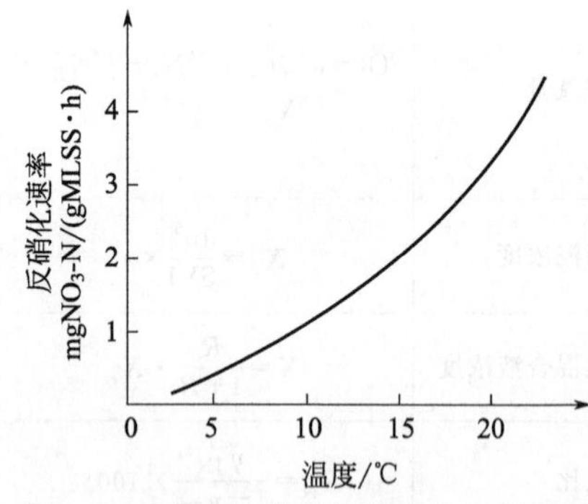

图 4-12　反硝化速率与温度之间的关系

4.5.6.3 按污泥龄和硝化速率法计算

A_N/O 工艺硝化速率法计算公式见表 4-12。

表 4-12　A_N/O 工艺硝化速率法计算公式

名称	公式	符号说明
硝化菌最大比增长速率	$\mu_{N,max}=0.47\exp[0.098(T-15)]$	$\mu_{N,max}$——硝化菌最大比增长速率，d^{-1}； T——水温度，℃

续表

名称	公式	符号说明
硝化菌比增长速率	$\mu_N=\mu_{N,max}\times\frac{N}{K_N+N}$	μ_N——硝化菌比增长速率，d^{-1}； K_N——硝化菌氧化氨氮饱和常数，mg/L，一般为 1.0mg/L； N——硝化出水 NH_4^+-N 浓度，mg/L
最小污泥龄	$\theta_c^m=1/\mu_{N,max}$	θ_c^m——最小污泥龄，d
设计污泥龄	$\theta_c^d=S_F P_F\theta_c^m=D_F\theta_c^m$	S_F——安全系数； P_F——峰值系数； D_F——设计因数，$D_F=S_F P_F$，一般为 1.5～3.0
表观产率系数	$Y_0=\frac{Y}{1+K_d\theta_c^d}$	Y——合成系数，一般为 0.5～0.7； K_d——衰减系数，d^{-1}，一般为 0.06～0.24d^{-1}
含碳有机物去除速率	$q_{OBS}=\frac{1}{\theta_c^d Y_0}$	q_{OBS}——含碳有机物去除速率，kg/(kg·d)
好氧池水力停留时间	$t=\frac{S_o-S_e}{q_c X}$	S_o——进水有机物浓度，mg/L； S_e——出水有机物浓度，mg/L； X——混合液污泥浓度，mg/L
好氧池容积	$V=QT$	V——好氧池容积，m^3
硝态氮去除量	$m=Q(NO_o-NO_e)$	m——脱氮量，kg/d； Q——设计流量，m^3/d； NO_o——硝化产生 NO_3^--N 量，mg/L； NO_e——出水中 NO_3^--N 含量，mg/L
反硝化速率	$q_{DNR}=0.3(F/M)+0.029$	q_{DNR}——反硝化速率，kgNO_3^--N/(kgVSS·d)，一般为 0.05～0.15kgNO_3^--N/(kgVSS·d)； F/M——污泥负荷，kg/(kg·d)
温度 T℃时反硝化速率	$q_{D,T}=q_{D,20}\cdot\theta^{T-20}$	$q_{D,T}$——温度 T℃时反硝化速率，kg/(kg·d)； $q_{D,20}$——20℃时反硝化速率，kg/(kg·d)； θ——温度系数，一般为 1.09～1.15； T——水温，℃
缺氧池 MLSS 总质量	$W=\frac{mP_F}{q_{D,T}}$	W——MLVSS 总质量，kgVSS
缺氧池容积	$V_{AN}=\frac{W}{Xf}$	$f=\frac{MLVSS}{MLSS}=0.6\sim0.8$
污泥回流比	$R=\frac{X}{X_R-X}$	X_R——回流污泥浓度，mg/L
反硝化脱氮率	$\eta_N=\frac{R+I}{1+R+I}$	η_N——反硝化脱氮率，%； I——内循环比
需氧量	$O_2=D_1+D_2-D_3$	D_1——含碳有机物氧化需氧量，kg/d； D_2——硝化需氧量，kg/d； D_3——反硝化减少需氧量，kg/d

【例题 4-5】 某城市污水平均日流量为 $15\times10^4 m^3/d$，总变化系数为 1.5。一次沉淀池出水水质为 $BOD_5=150mg/L$，$SS=120mg/L$，$TKN_2=25mg/L$。要求二级出水水质为 $BOD_5=20mg/L$，$SS=30mg/L$，NH_4^+-N≈0，NO_T-N＜5mg/L，试设计 A/O 脱氮曝气池。

【解】

(1) 设计参数计算

① BOD 污泥负荷：$N_s=0.10\text{kgBOD}_5/(\text{kgMLSS}\cdot\text{d})$。

② 污泥指数：SVI=150。

③ 回流污泥浓度

$$X_r=\frac{10^6}{\text{SVI}}\times r\ (r=1)$$

$$X_r=\frac{10^6}{150}\times 1\approx 6600(\text{mg/L})$$

④ 污泥回流比：$R=100\%$。

⑤ 曝气池内混合液污泥浓度

$$X=\frac{R}{1+R}\times X_r=\frac{1}{1+1}\times 6600=3300(\text{mg/L})$$

⑥ TN 去除率

$$\eta_{\text{N}}=\frac{\text{TN}_o-\text{TN}_e}{\text{TN}_o}=\frac{25-5}{25}\times 100=80\%$$

⑦ 内回流比

$$R_{内}=\frac{\eta_{\text{TN}}}{1-\eta_{\text{TN}}}=\frac{0.8}{1-0.8}\times 100\%=400\%$$

(2) $\text{A}_\text{N}/\text{O}$ 池主要尺寸计算

① 有效容积

$$V=\frac{QL_r}{N_sX}=\frac{15\times 10^4\times 1.5\times(150-20)}{0.10\times 3300}=88636(\text{m}^3)$$

② 有效水深 $H_1=5.8\text{m}$

③ 曝气池总面积 $A=\dfrac{V}{H_1}=15282(\text{m}^2)$

④ 分 3 组，每组面积 $A_\text{N}=\dfrac{A}{3}=5094(\text{m}^2)$

⑤ 设 5 廊道式曝气池，廊道宽 $b=10\text{m}$，则每组曝气池长度为：

$$L_1=\frac{A_\text{N}}{5b}=\frac{5094}{5\times 10}=102(\text{m})$$

⑥ 污水停留时间

$$t=\frac{V}{Q}=\frac{88636}{6250\times 1.5}=9.45(\text{h})$$

⑦ 采用 $\text{A}_\text{N}:\text{O}=1:3$，则 A_N 段停留时间为 $t_1=2.36\text{h}$，O 段停留时间为 $t_2=7.08\text{h}$。

(3) 剩余污泥量

$$W=aQ_{平}L_r-bVX_V+cQ_{平}S_r$$

① 降解 BOD 生成污泥量

$$W_1=aQ_{平}L_r=0.55\times 15\times 10^4\times(0.15-0.02)=10725(\text{kg/d})$$

② 内源呼吸分解泥量

$$X_V=fX=0.75\times 3300=2475(\text{mg/L})$$

$$W_2=bVX_V=0.05\times 68182\times 2.475=8438(\text{kg/d})$$

③ 不可生物降解和惰性悬浮物量（NVSS）

取 $c=0.5$，则

$$W_3=cQ_{平}S_r=0.5\times 15\times 10^4\times(0.12-0.03)=6750(\text{kg/d})$$

④ 剩余污泥量为

$$W=W_1-W_2+W_3=10725-8438+6750=9037(\text{kg/d})$$

每日生成活性污泥量

$$X_W=W_1-W_2=10725-8438=2287(\text{kg/d})$$

⑤ 湿污泥体积

污泥含水率 $P=99.2\%$，则：

$$Q_S=\frac{W}{1000(1-P)}=\frac{9037}{1000(1-0.992)}=1130(\text{m}^3/\text{d})$$

⑥ 污泥龄

$$\theta_c=\frac{VX_V}{X_W}=\frac{68182\times 2.475}{2287}=73.8(\text{d})>11\text{d}$$

（4）最大需氧量

$$\begin{aligned}O_2&=a'QL_r+b'N_r-b'N_D-c'X_W\\&=a'Q(L_o-L_e)+b'[Q(N_{k_o}-N_{k_e})-0.12X_W]-b'[Q(N_{k_o}-N_{k_e}-NO_e)-\\&\quad 0.12X_W]\times 0.56-c'X_W\end{aligned}$$

式中　NO_e——出水硝酸盐（NO_T-N）浓度，mg/L；

N_{k_o}、N_{k_e}——进、出水凯氏氮浓度，mg/L。

$$\begin{aligned}O_2&=1\times 15\times 10^4\times 1.5\times(0.15-0.02)+4.6[15\times 10^4\times 1.5(0.025-0)-0.12\times 2287]-4.6\times\\&\quad[15\times 10^4\times 1.5\times(0.025-0-0.005)-0.12\times 2287]\times 0.56-1.42\times 2287\\&=33926(\text{kg/d})\end{aligned}$$

【例题 4-6】 城市污水平均旱天流量 10500m³/d，最大旱天流量 19000m³/d。初沉池出水及二级生化处理出水水质列于表 4-13。要求经生物脱氮处理后 NH_4^+-N 浓度不大于 2mg/L，TN 浓度不大于 10mg/L；设计按 NH_4^+-N 1mg/L、TN 8mg/L 考虑。生物处理出水中生物不可降解溶解性有机氮和出水 VSS 中含有有机氮总量为 2mg/L，NO_3^--N 为 5mg/L。

表 4-13　水质资料

水质指标	初沉池出水/(mg/L)	生化处理出水/(mg/L)	水质指标	初沉池出水/(mg/L)	生化处理出水/(mg/L)
VSS	60	10	SCOD	110	20
SS	85	15	TN	29.5	26.5
BOD_5	100	4	碱度(以 $CaCO_3$ 计)	125	
COD	190	35			

设计条件如下：水温 15℃；MLVSS/MLSS 0.63；MLSS 3000mg/L；pH 值为 7.0～7.6；好氧池溶解氧最低浓度 2mg/L。

【解】 根据本例中处理出水水质要求，系统应完全硝化，TN 去除率为：(29.5−8)/29.5=

73%。采用 A_N/O 工艺。

假定污水 TKN 由于同化去除百分数为 10%，则由于微生物同化从剩余污泥排除去除的 TN 为 29.5×10%＝3mg/L，系统的负荷为：

① BOD_5 去除量＝19000×(100－4)/1000＝1824(kg/d)。

② TN 去除量＝19000×(29.5－8)/1000＝409(kg/d)。

③ 同化 TN 去除量＝19000×3/1000＝57(kg/d)。

④ 硝化/反硝化 TN 去除量＝409－57＝352(kg/d)。

A_N/O 工艺设计计算步骤如下。

(1) 好氧区容积计算

按式(4-3) 计算硝化菌最大比增长速率。

$$\mu_{N,max}=0.47e^{0.098(T-15)} \tag{4-3}$$

$T=15℃$时，$\mu_{N,max}=0.47d^{-1}$

按式(4-4) 计算稳定运行状态下硝化菌的比增长速率：

$$\mu_N=\mu_{N,max}\frac{N_N}{K_N+N_N} \tag{4-4}$$

$N_N=1.0mg/L$，$K_N=1.0mg/L$ 时，$\mu_N=0.23d^{-1}$。

计算最小泥龄 θ_c^m：

$$\theta_c^m=1/\mu_N=1/0.23=4.35(d)$$

计算设计泥龄，峰值系数 $P_F=1.80$，安全系数 $S_F=1.65$：

$$\theta_c^d=S_F P_F \theta_c^m=1.65\times1.80\times4.35=12.9(d)$$

按式(4-5) 计算含碳有机物去除速率，$\theta_c^d=12.9d$，取 $Y_{NET}=0.24$，则：

$$q_{OBS}=\frac{1}{\theta_c^d Y_{NET}} \tag{4-5}$$

$$q_{OBS}=0.32gCOD/(gMLVSS\cdot d)$$

按式(4-6) 计算好氧池水力停留时间 t：

$$t=\frac{S_o-S_e}{q_{OBS}X} \tag{4-6}$$

$$t=\frac{190-20}{0.32\times3000\times0.63}=0.28(d)=6.75(h)$$

$$好氧池容积\ V_N=Qt=19000\times0.28=5320(m^3)$$

计算 F/M：

$$F/M=\frac{19000\times100}{5320\times3000\times0.63}=0.19[gBOD/(gMLVSS\cdot d)]$$

计算好氧池生物硝化产生 NO_3^--N 总量 TKN_{OX}：

$$TKN_{OX}=29.5-3-2.0-1.0=23.5(mg/L)$$

好氧池平均硝化速率 SNR 为：

$$SNR=\frac{19000\times23.5}{5320\times3000\times0.63}=0.044[gNH_4^+\text{-}N/(gMLVSS\cdot d)]$$

负荷峰值时最大硝化速率 SNR 为：

$$SNR=0.044\times1.8=0.0792gNH_4^+\text{-}N/(gMLVSS\cdot d)$$

本例中 $\theta_c^d=12.9$d，COD/TKN＝6.3，BOD/TKN＝3.4，当无硝化速率导试结果时上述设计所得的好氧池硝化速率 SNR 与文献中类似的结果相比较，如果比导试结果和文献值偏高，应调整设计因数，重新计算设计泥龄和好氧池容积。

（2）缺氧池容积计算

硝化产生 NO_3^--N 为 23.5mg/L，出水 NO_3^--N 为 5mg/L，反硝化去除 NO_3^--N 为 23.5－5＝18.5（mg/L），去除 NO_3^--N 量为 352kg/d。

反硝化速率可以根据导试结果或文献报道值确定，也可按式(4-7）计算：

$$S_{DNR1}=0.3F/M+0.029 \tag{4-7}$$

负荷 F/M 取 0.20gBOD_5/(gMLVSS・d)，20℃时反硝化速率为：0.09gNO_3^--N/(gMLVSS・d)，按式(4-8）计算 15℃时反硝化速率 $q_{D,T}$(S_{DNR15})：

$$q_{D,T}=q_{D,20}\theta^{(T-20)} \tag{4-8}$$

取温度系数 $\theta=1.05$，则：

$$S_{DNR15}=0.09\times1.05^{15-20}=0.071[\text{g}NO_3^-\text{-N/(gMLVSS}\cdot\text{d)}]$$

高峰负荷时缺氧池 MLVSS 总量为：

$$352\times1.8\div0.071=8924(\text{kgVSS})$$

缺氧池容积为：

$$V_{AN}=(8924\times1000)\div(3000\times0.63)=4722(\text{m}^3)$$

缺氧池水力停留时间：

平均流量时 $t=4722\div16500=0.45(\text{d})=10.79(\text{h})$

高峰流量时 $t=10.79\div1.8=6.00(\text{h})$

系统总设计泥龄＝好氧池泥龄＋缺氧池泥龄＝12.9＋12.9×4722÷5320＝24.35(d)

（3）计算污泥回流比

设二沉池回流污泥浓度 $X_R=7000$mg/L，按式(4-9）计算污泥回流比 R：

$$X=\frac{R}{1+R}X_R \tag{4-9}$$

$$R=0.75$$

（4）计算好氧池混合液回流比（内回流比）I

根据前述计算结果，好氧池产生 NO_3^--N 的量为 23.5mg/L，最终出水 NO_3^--N 的量为 5mg/L，反硝化率 f_{NO_3} 为：

$$f_{NO_3}=78.7\%$$

由式(4-10)：

$$f_{NO_3}=\frac{R+I}{R+I+1} \tag{4-10}$$

得：

$$I=2.95=295\%$$

（5）计算好氧池补充碱度投加量

硝化消耗碱度＝7.14×23.5＝168(mg/L)

反硝化产生碱度＝1/2×7.14×(23.5－5)＝66(mg/L)

当处理出水剩余碱度为 50mg/L（以 $CaCO_3$ 计）时需要补充碱度＝168＋50－125－66＝27(mg/L)。

（6）缺氧池搅拌功率

设缺氧池单位容积搅拌功率为 10W/m^3，则搅拌机输入功率为 31.5kW。

（7）计算剩余污泥排放速率

根据式(4-11）计算每日从系统中排出VSS的质量S：

$$\theta_c^d=\frac{IA}{S} \tag{4-11}$$

$$S=\frac{IA}{\theta_c^d}=\frac{3000\times0.63\times(5320+4722)}{1000\times16.3}=1164.38(\text{kgVSS/d})$$

出水VSS＝10mg/L，每日从二沉池剩余污泥排出VSS质量为570kg，MLVSS/MLSS＝0.63，剩余污泥排放速率为905kgVSS/d。

（8）计算需氧量

高峰流量时BOD_5去除量＝19000×(100－4)÷1000＝1824(kg/d)

NH_4^+-N氧化量＝19000×23.5÷1000＝446(kg/d)

生物硝化系统，含碳有机物氧化需氧量与泥龄和水温有关，每去除1kgBOD_5需氧1.0～1.3kg。本例中设氧化1kgBOD_5需氧1.1kg，则碳氧化硝化需氧量＝1.1×1824＋4.6×446＝4058(kgO_2/d)。

每还原1gNO_3^--N需2.9gBOD_5，由于利用污水中BOD_5作碳源反硝化减少需氧量＝2.9×(23.5－5)×19000÷1000＝1019(kg/d)。

实际需氧量＝4058－1019＝3039(kg/d)

4.6 厌氧(绝氧)/好氧活性污泥生物除磷工艺(A_P/O工艺)

4.6.1 污水中磷的存在形式及含量

城市污水中总磷含量在4～10mg/L之间，其中有机磷为35%左右，无机磷为65%左右，通常都是以有机磷、磷酸盐或聚磷酸盐的形式存在于污水中。应该注意的是，由于推广应用无磷洗涤粉（剂），废水中含磷浓度有减少趋势。

4.6.2 A_P/O工艺流程

A_P/O工艺由前段厌氧池和后段好氧池串联组成，如图4-13所示。

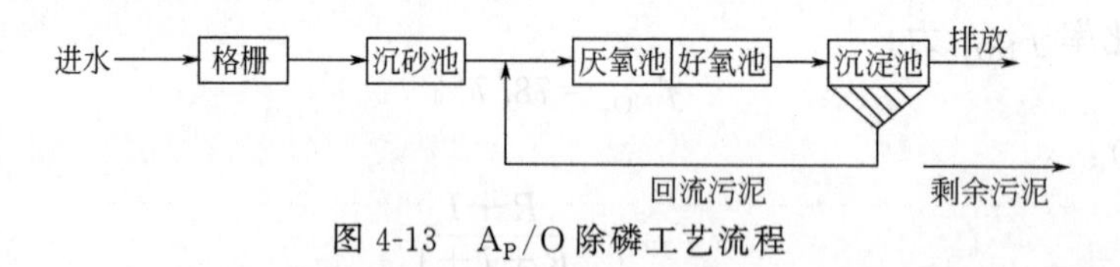

图4-13 A_P/O除磷工艺流程

在A_P/O工艺系统中，微生物在厌氧条件下将细胞中的磷释放，然后进入好氧状态，并在好氧条件下摄取比在厌氧条件下所释放的更多的磷，即利用其对磷的过量摄取能力将含磷污泥以剩余污泥的方式排出处理系统之外，从而降低处理出水中磷的含量；尤其对于进水中磷与BOD比值很低的情况能取得很好的处理效果。但在磷与BOD比值较高的情况下，由于BOD负荷较低，剩余污泥量较少，因而，比较难以达到稳定的运行效果。

4.6.3 生物除磷原理

生物除磷是依靠回流污泥中聚磷菌的活动进行的，聚磷菌是活性污泥在厌氧、好氧交替过程中大量繁殖的一种好氧菌，虽竞争能力很差，却能在细胞内储存聚 β-羟基丁酸（PHB）和聚磷酸盐（Poly-p）。在厌氧-好氧过程中，聚磷菌在厌氧池中为优势菌种，构成了活性污泥絮体的主体，它吸收有机物；同时，将储存在细胞中聚磷酸盐中的磷通过水解而释放出来，并提供必需的能量。而在随后的好氧池中，聚磷菌所吸收的有机物将被氧化分解并提供能量，同时能从污水中摄取比厌氧条件所释放的更多的磷，在数量上远远超过其细胞合成所需磷量，其将磷以聚磷酸盐的形式储藏在菌体内而形成高磷污泥，通过剩余污泥系统排出，因而可获得相当好的除磷效果。

由于生物除磷系统的除磷效果与排放的剩余污泥量直接相关，剩余污泥量又取决于系统的泥龄。据有关数据显示，当泥龄为 30d 时，除磷率为 40%；泥龄为 17d 时，除磷率为 50%；泥龄降至 5d 时，除磷率可提高到 87%。所以，一般认为泥龄在 5～10d 时除磷效果是比较好的。另外，将生物除磷与化学除磷相结合的 phosenp 工艺也有很高的除磷效果。

4.6.4　结构特点

A_P/O 工艺由厌氧段和好氧段组成，两段可分建，也可合建，合建时两段应以隔板隔开。厌氧池中必须严格控制厌氧条件，使其既无分子态氧，也无 NO_3^- 等化合态氧，厌氧段水力停留时间为 1～2h。好氧段结构形式与普通活性污泥法相同，且要保证溶解氧含量不低于 2mg/L，水力停留时间 2～4h。

4.6.5　设计参数及规定

A_P/O 工艺设计参数及规定见表 4-14。

表 4-14　A_P/O 工艺设计参数

名称	数值
污泥负荷率 N_s/[kgBOD$_5$/(kgMLSS·d)]	0.4～0.7
TN 污泥负荷/[kgTN/(kgMLSS·d)]	0.05
水力停留时间/h	5～8,其中厌氧段 1～2
污泥龄/d	3.5～7.0(5～10)
污泥指数 SVI	≤100
污泥回流比 R/%	40～100
混合液浓度 MLSS/(mg/L)	2000～4000
溶解氧 DO/(mg/L)	A_P 段≈0、O 段=2
温度/℃	5～30(≥13)
pH 值	6～8
BOD$_5$/TP 值	>17
COD/TN 值	≥10
进水中易降解有机物浓度/(mg/L)	≥60

注：括号内数据供参考。

4.6.6　计算方法与公式

计算方法分为污泥负荷法和劳-麦模式方程法。计算公式分别见表 4-15 和表 4-16。

4.6.6.1 按 BOD_5 污泥负荷计算

A_P/O 工艺设计计算公式(污泥负荷法) 见表 4-15。

表 4-15 A_P/O 工艺设计计算公式(污泥负荷法)

名称	公式	符号说明
生化反应容积比	$\frac{V_1}{V_2}=2.5\sim3$	V_1——好氧段容积，m^3； V_2——厌氧段容积，m^3
生化反应池总容积	$V=V_1+V_2=\frac{24Q(L_o-L_e)}{N_sX}$	V——生化反应池总容积，m^3； Q——污水设计流量，m^3/h； L_o——生化反应池进水 BOD_5 浓度，kg/m^3； L_e——生化反应池出水 BOD_5 浓度，kg/m^3； X——污泥浓度，kg/m^3； N_s——BOD 污泥负荷，$kgBOD_5/(kgMLSS \cdot d)$
水力停留时间	$t=\frac{V}{Q}$	t——水力停留时间，h
剩余污泥量	$W=aQ_{平}L_r-bVX_v+cQ_{平}S_r$	a——污泥产率系数，$kg/kgBOD_5$，一般为 $0.5\sim0.7kg/kgBOD_5$； b——衰减系数，d^{-1}，一般为 $0.05d^{-1}$； c——SS 的污泥转换率，取 $0.5\sim0.7$； W——剩余污泥量，kg/d； L_r——生化反应池去除 BOD_5 浓度，kg/m^3； $Q_{平}$——平均日污水流量，m^3/d； S_r——反应器去除的 SS 浓度，kg/m^3； X_v——挥发性悬浮固体浓度，kg/m^3，$X_v=0.75X$
剩余活性污泥量	$X_W=aQ_{平}L_r-bVX_v$	X_W——剩余活性污泥量，kg/d
湿污泥量	$Q_s=\frac{W}{1000(1-P)}$	Q_s——湿污泥量，m^3/d； P——污泥含水率，%
污泥龄	$\theta_c=\frac{VX_v}{X_W}$	θ_c——污泥龄，d
最大需氧量	$O_2=a'QL_r-b'X_W$	a'、b'——系数，值分别为 1.4、1.42
回流污泥浓度	$X_r=\frac{10^6}{SVI}\times r$	X_r——回流污泥浓度，mg/L
混合液回流污泥浓度	$X=\frac{R}{1+R}X_r$	R——污泥回流比，%

4.6.6.2 采用劳-麦模式方程计算

A_P/O 工艺设计计算公式(劳-麦模式方程法) 见表 4-16。

表 4-16 A_P/O 工艺设计计算公式(劳-麦模式方程法)

名称	公式	符号说明
污泥龄	$\frac{1}{\theta_c}=YN_s-K_d$ $\frac{1}{\theta_c}=\frac{Q}{V}\left(1+R-R\frac{X_r}{X_v}\right)$	θ_c——污泥龄，d； Y——污泥产率系数，$kgVSS/kgBOD_5$； N_s——污泥负荷，$kgBOD_5/(kgMLSS \cdot d)$； K_d——内源呼吸系数，d^{-1}； Q——污水设计流量，m^3/d； V——反应器容积，m^3； R——回流比，%

续表

名称	公式	符号说明
曝气池内污泥浓度	$X=\frac{\theta_c}{t}\times\frac{Y(L_o-L_e)}{(1+K_d\theta_c)}$	X——曝气池内活性污泥浓度，kg/m^3； t——水力停留时间，h； L_o——原废水 BOD_5 浓度，mg/L； L_e——处理水 BOD_5 浓度，mg/L
最大回流污泥浓度	$X_{max}=\frac{10^6}{SVI}\times r$	X_{max}——最大回流污泥浓度，mg/L
最大回流挥发性悬浮固体浓度	$X_r=fX_{max}$	X_r——最大回流挥发性悬浮固体浓度，mg/L； f——系数，一般为 0.75

【例题 4-7】 城市污水峰值设计流量 $5400m^3/h$，污水综合变化系数为 1.5，一级出水 COD＝265mg/L，BOD_5＝180mg/L，SS＝130mg/L，TN＝25mg/L，TP＝5mg/L，要求二级出水达到 BOD_5＝20mg/L，SS＝30mg/L，NH_4^+-N＝0，TP≤1mg/L 的情况下，设计 A_P/O 除磷曝气池。

【解】 首先判断水质是否可采用 A_P/O 法：COD/TN 值＝265/25＝10.6＞10；BOD_5/TP 值＝180/5＝36＞17，可采用 A_P/O 法。

按劳-麦方程式计算。

(1) 设计参数

产率系数：$Y=0.5$，$K_d=0.05$，SVI＝70，MLVSS＝0.75MLSS，泥龄 $\theta_c=7d$。

① 计算系统污泥负荷

取 $\theta_c=7d$，由：

$$\frac{1}{\theta_c}=YN_s-K_d\ (取\ Y=0.5,\ K_d=0.05)$$

得：

$$N_s=0.38kgBOD_5/(kgMLSS\cdot d)$$

② 计算曝气池内活性污泥浓度 X_a

$$X_a=\frac{\theta_c}{t}\times\frac{Y(L_o-L_e)}{1+K_d\theta_c}$$

$$X_a\times V=\theta_c\times Q\times\frac{Y(L_o-L_e)}{1+K_d\theta_c}=7\times5400\times24\times\frac{0.5(0.18-0.02)}{1+0.05\times7}=53760$$

$$X_a=\frac{53760}{V}$$

③ 根据已定 SVI 值，估算可能达到的最大回流污泥浓度

$$X_{r(max)}=\frac{10^6}{SVI}\times r=\frac{10^6}{70}\times1=14285.0(mg/L)$$

$$X_r=0.75\times14285=10714(mg/L)=10.71(kg/m^3)$$

④ 计算回流比（试算法）

由 $\frac{1}{\theta_c}=\frac{Q}{V}\left(1+R-R\frac{X_r}{X_a}\right)$ 得：

$$\frac{1}{7}=\frac{5400\times24}{V}\left(1+R-\frac{10.71}{53760}RV\right)$$

得：

$$V=\frac{129600(1+R)}{\frac{1}{7}+24.11R}=\frac{129600(1+R)}{0.14+24.11R}$$

设 $R=0.4$，得 $V=18545m^3$。

⑤ 计算 X_a 及停留时间 t

$$X_a=\frac{53760}{V}=\frac{53760}{18545}=2.9(kg/m^3)=2900(mg/L)$$

$$t=\frac{V}{Q}=\frac{18545}{5400}=3.43(h)$$

⑥ 取 $R=0.5$、0.6、1.0，重复④、⑤两步的计算

计算结果见表 4-17。

表 4-17　不同 R 取值时的计算结果

R	V/m^3	$X_a/(kg/m^3)$	t/h
0.4	18545	2.9	3.43
0.5	15941	3.4	2.95
0.6	14197	3.8	2.63
1.0	10689	5.0	2.0

（2）确定曝气池容积

① 曝气池有效容积从表 4-17 可得出，随 R 的提高，曝气池内混合液浓度也增高，而曝气池容积下降，根据 HRT 的要求选 $R=0.4$，则：

$$V=18545m^3$$

$$t=3.43h$$

② 曝气池有效水深 $H_1=4.2m$。

③ 曝气池总有效面积

$$S_{总}=\frac{V}{H_1}=\frac{18545}{4.2}=4416(m^2)$$

④ 曝气池分两组，每组有效面积

$$S=\frac{S_{总}}{2}=2208(m^2)$$

⑤ 设 5 廊道式曝气池廊道宽为 $b=8m$，则单组曝气池池长：

$$L_1=\frac{S}{5\times b}=\frac{2208}{40}=56(m)$$

曝气池总长 $L=5\times L_1=280m$，则 $L\geqslant(5\sim10)b$，符合要求。

$b=(1\sim2)H$，$b/H=8/4=2$，符合要求。

⑥ A_P ∶ O 为 1 ∶ 2.5，则 A_P 段、O 段停留时间分别为：

$$t_1=0.98h$$

$$t_2=2.45h$$

（3）剩余污泥量

$$W=a(L_o-L_e)Q_{平}-bVX_v+cQ_{平}S_r$$

① 降解 BOD 生成污泥量为

$$W_1=a(L_o-L_e)Q_{平}=0.55\times\frac{180-20}{1000}\times\frac{5400\times24}{1.5}=7603(\text{kg/d})$$

② 内源呼吸分解泥量

$$X_v=Xf=2200\times0.75=1650(\text{mg/L})=1.65(\text{kg/m}^3)$$

$$W_2=bVX_v=0.05\times18545\times1.65=1530(\text{kg/d})$$

③ 不可生物降解和惰性悬浮物量（NVSS）

该部分取 $c=0.5$，则：

$$W_3=cQ_{平}S_r=\frac{5400\times24}{1.5}\times\frac{130-30}{1000}\times0.5$$

$$=86400\times0.1\times0.5$$

$$=4320(\text{kg/d})$$

④ 剩余污泥量

$$W=W_1-W_2+W_3=7603-1530+4320=10393(\text{kg/d})$$

每日生成活性污泥量：

$$X_W=W_1-W_2=7603-1530=6073(\text{kg/d})$$

⑤ 湿污泥量（剩余污泥含水率 $P=99.2\%$）

$$Q_s=\frac{W}{(1-P)\times1000}=\frac{10393}{(1-0.992)\times1000}=1299(\text{m}^3/\text{d})$$

【例题 4-8】 某一 A/O 污水处理厂的设计条件及设计参数值分别见表 4-18、表 4-19。

表 4-18　设计条件

水质项目	反应器进水水质	出水水质
BOD/(mg/L)	110(其中溶解性 BOD 为 77)	11
SS/(mg/L)	55	
TP/(mg/L)	2.6	0.5
溶解性 TP/(mg/L)	2.0	
PO_4^{3-}-P/(mg/L)	1.7	

表 4-19　设计参数值

项目	设计值
回流污泥浓度/(mg/L)	6000
污泥回流比/%	43
MLSS 浓度/(mg/L)	2000
HRT/h	6.5
厌氧池 HRT/h	1.5
好氧池 HRT/h	5.0
污泥龄/d	4.5

4.7 生物法脱氮除磷工艺（A^2/O 工艺）

4.7.1 生物脱氮除磷原理

生物脱氮除磷将生物脱氮和除磷组合在一个流程中同步操作。其工艺流程方法较多，但它们的共性是都具有厌氧、缺氧和好氧池（区）；最先研究以生物除磷为目的，后来改良成生物脱氮除磷于一体。

在生物脱氮除磷工艺流程中，厌氧池的主要功能为释放磷，使污水中磷的浓度升高，溶解性有机物被微生物细胞吸收而使污水中 BOD 浓度下降；另外，NH_4^+-N 因细胞的合成而被去除一部分，使污水中 NH_4^+-N 浓度下降，但 NO_3^--N 含量没有变化。

在缺氧池中，反硝化菌利用污水中的有机物作碳源，将回流混合液中带入的大量 NO_3^--N 和 NO_2^--N 还原为 N_2 释放至空气中，因此，BOD_5 浓度下降，NO_3^--N 浓度大幅度下降，而磷的变化很小。

在好氧池中，有机物被微生物生化降解，其含量继续下降；有机氮被氨化继而被硝化，使 NO_3^--N 浓度显著下降，但随着硝化过程，NO_3^--N 的浓度却增加，磷含量随着聚磷菌的过量摄取也以比较快的速度下降。所以，A^2/O 等工艺可以同时完成有机物的去除、硝化脱氮、磷的过量摄取而将其去除等功能，脱氮的前提是 NO_3^--N 应完全硝化，好氧池能完成这一功能，厌氧池则完成脱氮功能。厌氧池和好氧池联合完成除磷功能。

4.7.2 脱氮除磷基本工艺流程

脱氮除磷基本工艺流程如下：

① A^2/O 工艺；

② Bardenpho 工艺；

③ phoredox 工艺；

④ UCT 工艺；

⑤ VIP 工艺；

⑥ 氧化沟法；

⑦ SBR 法等。

图 4-14 为各种脱氮除磷工艺流程。

4.7.2.1 A^2/O 工艺

A^2/O 是 A/O 的变形，为脱氮而增设了厌氧池，见图 4-14(a)、图 4-14(g)。厌氧池 HRT 为 1.0h，DO 浓度为 0。好氧池内富硝基（NO_3^- 和 NO_2^-）液回流到缺氧池实现脱氮。出水磷浓度小于 2mg/L，经过滤后出水磷浓度小于 1.5mg/L。

4.7.2.2 Bardenpho 工艺（5 段）

该工艺反应器配置和混合液回流方法与 A^2/O 不同，见图 4-14(b)。第二个缺氧池是为脱氮而设置的，并以 NO_3^- 为电子受体，有机磷为电子供体；最终好氧池用于吹脱溶液中残留的 N_2，并防止二沉池磷的释放。5 段 Bardenpho 工艺污泥龄比 A^2/O 工艺要长（见表 4-20），有利于有机碳的氧化。

4.7.2.3　UCT 工艺

UCT 工艺是由开普敦大学开发的一种类似于 A^2/O 工艺的除磷脱氮技术，它与 A^2/O 有两点不同。该工艺的回流污泥是回流到缺氧池而不是厌氧池，再把缺氧池的混合液回流到厌氧池。把活性污泥回流到缺氧池，消除了硝酸盐对厌氧池厌氧环境的影响，这样就改善了厌氧池磷释放的环境，并且增加了厌氧段有机物的利用率。缺氧池向厌氧池回流的混合液含有较多的溶解性 BOD，而硝酸盐很少。缺氧混合液的回流为厌氧段内所进行的发酵等提供了最优的条件，见图 4-14(d)、图 4-14(e)。

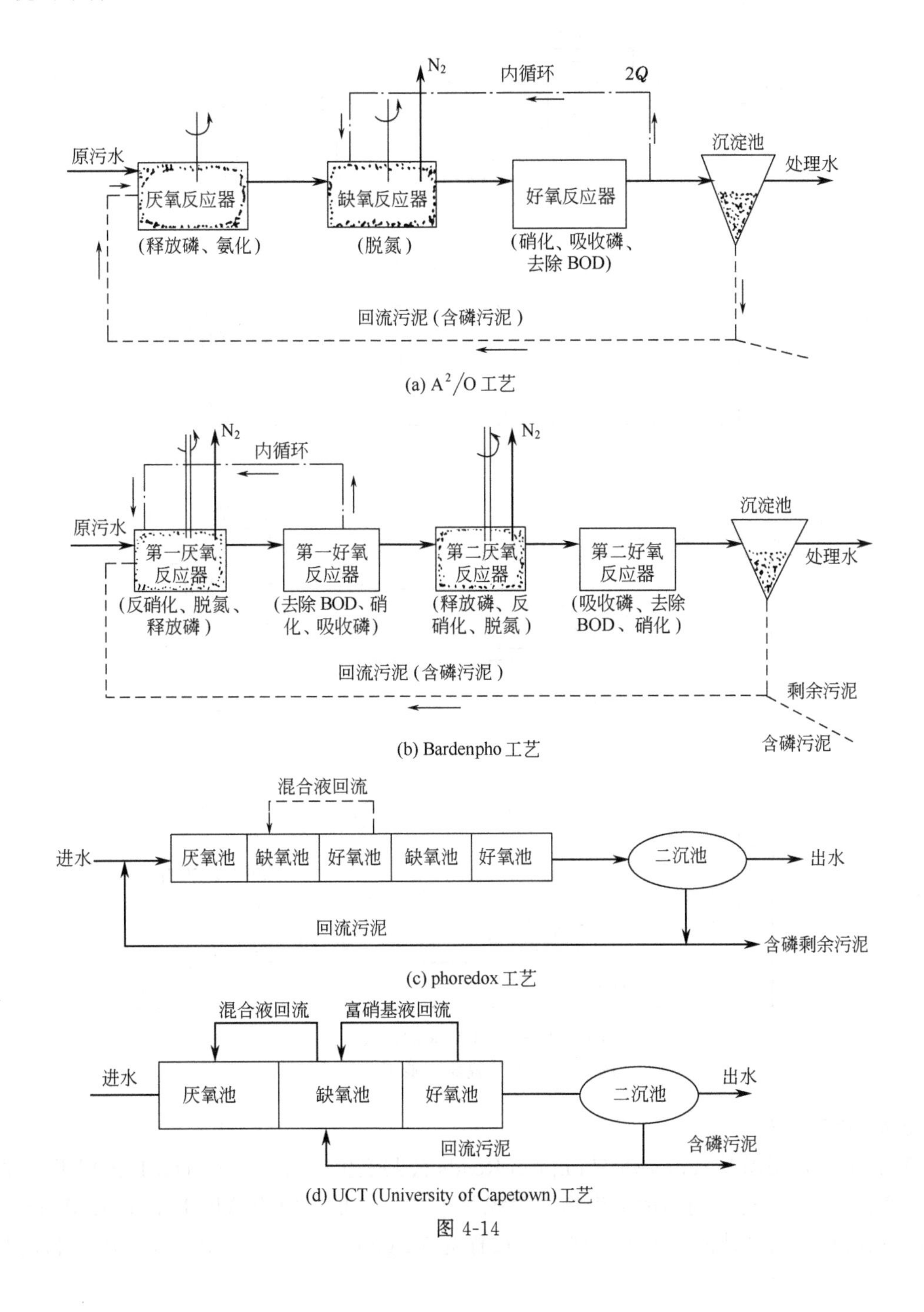

图 4-14

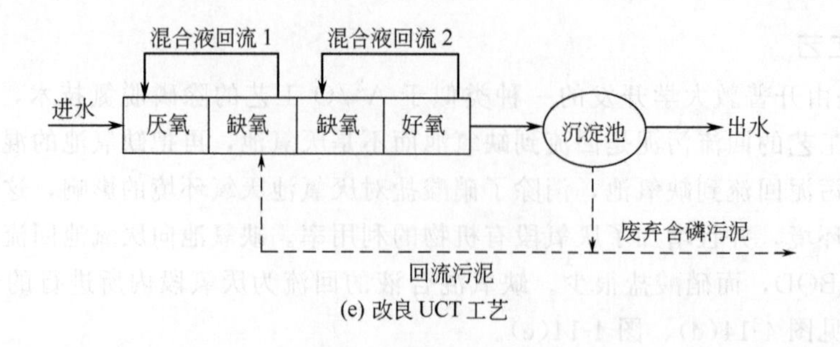

(e) 改良 UCT 工艺

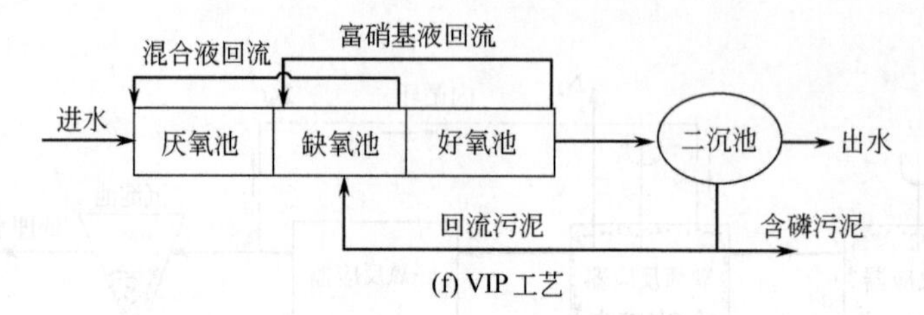

(f) VIP 工艺

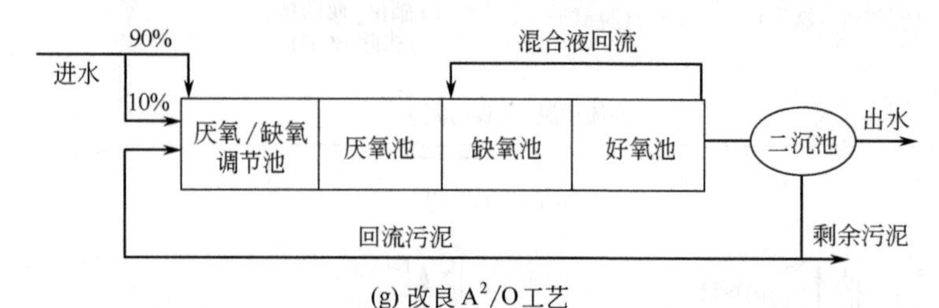

(g) 改良 A^2/O 工艺

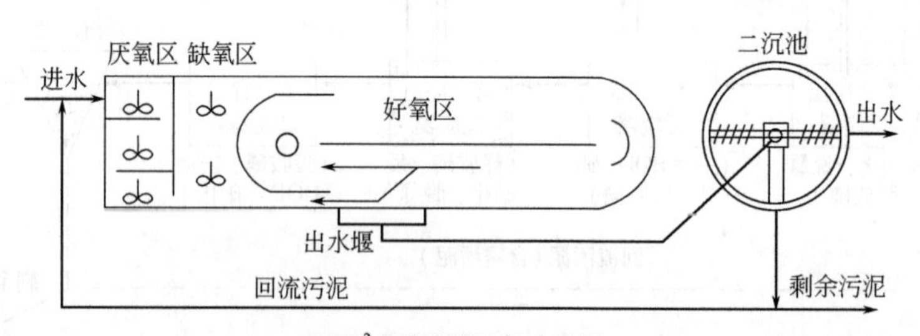

(h) A^2/O 与氧化沟结合工艺

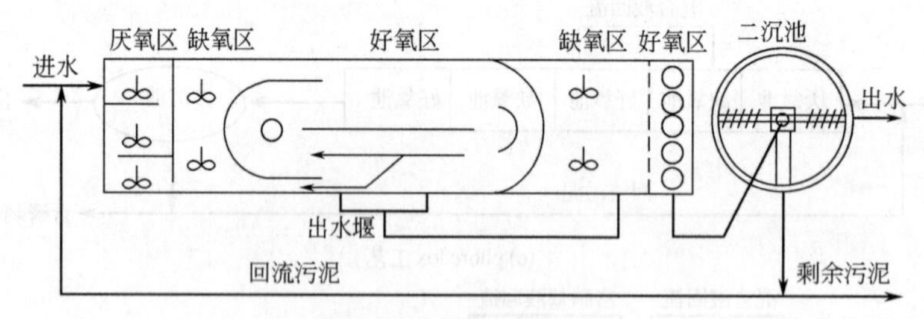

(i) 五段 Carrousel Bardenpho 工艺

图 4-14　各种脱氮除磷工艺流程

4.7.2.4　VIP 工艺

VIP 工艺是美国 Virginia 州 Hampton Roads 公共卫生区与 CH2M HILL 公司于 20 世纪 80 年代末开发并获得专利的污水生物除磷脱氮工艺。它是专门为该区 Lamberts Point 污水处理厂的改扩建而设计的，该改扩建工程被称为 Virginia Initiative Plant（VIP），目的是采用生物处理取得经济有效的氮磷去除效果。由于 VIP 工艺具有普遍适用性，在其他污水处理厂也得到了应用。VIP 工艺与 UCT、A^2/O 工艺相似，但内循环不同。回流污泥和好氧池硝化液一并进入缺氧池起端，缺氧池混合液回流到厌氧池起端，见图 4-14(f)。

建设规模为 80000m^3/d 的青岛市李村河污水处理厂采用了类似 VIP 的池型构造，主导运行方式为 A/O 生物脱氮，也可以按 VIP、A^2/O 方式运行。不曝气段的停留时间为 5.2h，好氧段停留时间为 10.2h。

4.7.2.5　改良 A^2/O 工艺

改良 A^2/O 工艺的提出起源于泰安市污水处理厂工程的设计和建设，为了合理地确定泰安市污水处理厂的工艺流程和设计参数，中国市政工程华北设计研究院在泰安市进行了现场试验。针对泰安城市污水的水质水量特征，通过综合 A^2/O 工艺和改良 UCT 的优点，提出了如图 4-14(g) 所示的改良 A^2/O 工艺。

4.7.3　生物脱氮除磷工艺的比较

各种生物脱氮除磷工艺比较见表 4-20。不论哪种工艺，其共同的优点是产泥量与标准活性污泥法相当，不需投加药剂就可除磷。

表 4-20　生物脱氮除磷工艺优缺点

工艺	优点	缺点
A^2/O	剩余污泥含磷量 3%～5%，肥效高；脱氮能力高于 A_N/O 法	低温时性能不稳定，比 A^2/O 法复杂
Bardenpho	是生物除磷法中产泥量最少的工艺，剩余污泥中磷浓度较高，有肥料价值；出水 TN 含量比其他工艺低；补充碱度用药量少或无需使用药剂。该工艺在南非使用广泛，运行经验多	内循环量大，耗电多，维护管理复杂。美国应用不多。投药量不确定。反应器容积比 A^2/O 大，设置初沉池降低了 N、P 去除能力，需要较高的 BOD/P 值，处理效率受温度影响
UCT	厌氧池良好的厌氧条件，保证磷的充分释放和好氧池的过量吸收。UCT 法与 Bardenpho 法相比反应池容积较小	美国应用实例较少。内循环量大，泵耗电多，维护管理复杂。投药量不确定，需要较高的 BOD/P 值，温度对处理效率的影响不明显
VIP	富硝基液回流到缺氧池减少了氧量和碱度的消耗。缺氧池回流到厌氧池减少了好氧池硝酸盐负荷对厌氧条件的影响。氮磷去除与季节水温成正比	内循环量大，泵耗电多，维护管理复杂。美国应用实例较少。低温时，脱氮效果降低

4.7.4　工艺参数及规定

4.7.4.1　污水的特性指标

① BOD_5/COD 值＞0.35，表明污水可生化性较好。

② BOD_5/TN 值＞4.0，COD/TN 值＞7，满足反硝化需求；若 BOD_5/TN 值＞5，氮去除率大于 60%。

③ BOD_5/TP 值＞17，COD/TP 值＞30，表明生物除磷效果较好。

4.7.4.2　生物脱氮除磷工艺设计参数及规定

生物脱氮除磷工艺设计参数及规定见表 4-21。

表 4-21 生物脱氮除磷工艺设计参数及规定

项目	F/M/[kgBOD/(kgMLVSS·d)]	SRT/d	MLSS/(mg/L)	HRT/h					污泥回流比/%	混合比/%
				厌氧区	缺氧区1	好氧区1	缺氧区2	好氧区2		
A^2/O	0.15～0.7 (0.15～0.25)	4～27 (5～10)	3000～5000	0.5～1.5	0.5～1.0	3.0～6.0			40～100	100～300
Phoredox	0.1～0.2	10～40	2000～4000	1～2	2～4	4～12	2～4	0.5～1	50～100	400
UCT	0.1～0.2	10～30	2000～4000	1～2	2～4	4～12	2～4		50～100	100～600
VIP	0.1～0.2	5～10	1500～3000	1～2	1～2	2～4			50～100	200～400

注：括号内为推荐数据。

4.7.5 A^2/O 工艺设计参数及计算过程

表 4-22 为 A^2/O 工艺设计参数及规定。

表 4-22 A^2/O 工艺设计参数及规定

名称	数值
BOD 污泥负荷 N_s/[$kgBOD_5$/(kgMLSS·d)]	0.05～0.10
TN 负荷/[kgTN/(kgMLSS·d)]	<0.05
TP 负荷/[kgTP/(kgMLSS·d)]	0.003～0.006
污泥浓度/(mg/L)	2500～4500
水力停留时间/h	10～23,其中厌氧段 1～2,缺氧段 2～10,好氧段 7～16
污泥回流比/%	20～100
混合液回流比/%	≥200
泥龄 θ_c/d	10～22
溶解氧浓度/(mg/L)	好氧段 DO=2 缺氧段 DO≤0.5 厌氧段 DO<0.2
TP/BOD_5 值	<0.06
COD/TN 值	>8
反硝化 BOD_5/NO_3^- 值	>4
温度/℃	13～18(≤30)

注：括号内数据供参考。

A^2/O 工艺计算过程如下：

① 确定进水性质和出水水质要求；

② 保证进水 pH 值（碱度>100mg/L）和营养物（C∶N∶P=100∶16∶1）水平；

③ 计算在硝化时消耗的碱度和脱氮时产生的碱度，反应器中能保持 100mg/L 碱度，便可维持适于硝化的 pH 值；

④ 计算硝化的反应器体积和水力停留时间；

⑤ 选择反硝化速率，根据前面所给出的反硝化区容积计算公式确定所需的缺氧反应器体积；

⑥ 根据选定的停留时间计算厌氧区体积；

⑦ 计算需氧量。

4.7.6　设备与装置

脱氮除磷工艺需要大量的设备和装置来保证微生物生长的适宜环境。除了曝气装置外，主要还有一些搅拌和混合设备，用于保证反应器的厌氧和缺氧状态。

（1）搅拌器

一般竖直轴多用于完全混合式反应器中。设计时搅拌功率一般为 10W/m^3。

（2）水下推流器

水下电机通过减速机传动，带动螺旋桨转动，产生大面积的推流作用，提高池内（底）的水流速度，加强搅拌混合作用，防止污泥沉积。

设计时选用的个数和安装距离应以保证污泥不沉积和所需的厌（缺）氧状态为原则。

4.7.7　脱氮除磷技术应用实例

4.7.7.1　山东省某污水处理厂

该污水处理厂处理能力为 50000t/d，总体采用 AB 法，B 段采用 A^2/O 工艺进行除磷脱氮。A^2/O 工艺设计参数和出水水质如表 4-23 和表 4-24 所列。

表 4-23　山东省某污水处理厂 A^2/O 工艺设计参数

HRT/h				污泥回流比/%	混合液回流比/%	SRT/d	MLSS/(mg/L)	污泥负荷/[kgBOD/(kgMLSS·d)]
厌氧区	缺氧区	好氧区	沉淀池					
1.0	2.37	7.0	5.0	100	300	15～22	3000～4000	0.1

表 4-24　山东省某污水处理厂出水水质　　单位：mg/L

BOD	COD	SS	NH_4^+-N	TN	TP
≤20	≤80	≤20	≤5	≤10	≤1

4.7.7.2　广东省某污水处理厂

该厂采用 A^2/O 工艺，设计流量 150000m^3/d。工艺设计参数和进、出水水质如表 4-25 和表 4-26 所列。

表 4-25　广东省某污水处理厂 A^2/O 工艺设计参数

HRT/h			污泥回流比/%	混合液回流比/%
厌氧区	缺氧区	好氧区	25～100	200
1	2	7		

表 4-26　广东省某污水处理厂进、出水水质　　单位：mg/L

监测项目	BOD_5	SS	TN	TP
进水	200	250	40	5
出水	<20	<30	<15	<1

【例题 4-9】 设城市污水设计流量为 6300m^3/h，K_Z=1.5，COD=280mg/L，BOD_5=180mg/L；SS=150mg/L，TN=25mg/L，TP=5mg/L，水温 10～25℃。要求处理后二级

出水 BOD_5＝20mg/L，SS＝30mg/L，TN＜5mg/L，TP≤1mg/L。

试根据以上水质情况设计 A^2/O 处理工艺流程。

【解】 首先判断是否可采用 A^2/O 法。

$BOD_5/TN=180/25=7.2>4.0$，$BOD_5/TP=180/5=36>17$，符合条件。

（1）设计参数计算

① 水力停留时间 HRT 为 $t=10h$。

② BOD 污泥负荷为 $N_s=0.10kgBOD_5/(kgMLSS \cdot d)$。

③ 回流污泥浓度为 $X_r=10000mg/L$。

④ 污泥回流比为50%。

⑤ 曝气池混合液浓度为：

$$X=\frac{R}{R+1}\times X_r=\frac{0.5}{1+0.5}\times 10000=3333(mg/L)\approx 3.3(kg/m^3)$$

（2）求内回流比 R_N

TN 去除率为：

$$\eta_{TN}=\frac{TN_o-TN_e}{TN_o}=\frac{25-5}{25}\times 100\%=80\%$$

$$R_N=\frac{\eta_{TN}}{1-\eta_{TN}}=\frac{0.8}{1-0.8}\times 100\%=400\%$$

（3）A^2/O 曝气池容积计算

① 有效容积

$$V=Qt=6300\times 10=63000(m^3)$$

② 池有效深度

$$H_1=6.0m$$

③ 曝气池有效面积

$$S_{总}=\frac{V}{H_1}=\frac{63000}{6}=10500m^2$$

④ 分两组，每组有效面积

$$S=\frac{S_{总}}{2}=5250m^2$$

⑤ 设5廊道曝气池，廊道宽8m。

单组曝气池长度：

$$L_1=\frac{S}{5\times b}=\frac{5250}{40}=131m$$

⑥ 各段停留时间

$$A_1:A^2:O=1:1.5:4$$

则厌氧池停留时间为 $t_1=1.53h$；缺氧池停留时间为 $t_2=2.31h$；好氧池停留时间为$t_3=6.15h$。

（4）剩余污泥量 W

$$W=aQ_{平}L_r-bVX_v+cS_rQ_{平}$$

① 降解 BOD 产生的污泥量

$$W_1 = aQ_{平} L_r = 0.55 \times \frac{6300 \times 24}{1.5} \times (0.18 - 0.02) = 8870(\mathrm{kg/d})$$

② 内源呼吸分解泥量

$$X_V = fX = 0.75 \times 3300 = 2475 = 2.48(\mathrm{kg/m^3})$$

$$W_2 = bVX_V = 0.05 \times 63000 \times 2.48 = 7812(\mathrm{kg/d})$$

③ 不可生物降解和惰性悬浮物（NVSS）

$$W_3 = cS_r Q_{平} = 0.5 \times (0.15 - 0.03) \times \frac{6300 \times 24}{1.5} = 6048\mathrm{kg/d}$$

④ 剩余污泥量

$$W = W_1 - W_2 + W_3 = 8870 - 7812 + 6048 = 7106\mathrm{kg/d}$$

【例题 4-10】 巴顿甫工艺设计计算。城市污水处理厂生化池旱季设计流量为 $5.0 \times 10^4 \mathrm{m^3/d}$，初沉池出水及生化处理出水水质见表 4-27。要求经生化脱氮处理后 NH_4^+-N 浓度不大于 1.5mg/L，TN 浓度不大于 12mg/L。生物处理出水中生物不可降解溶解性氮和出水 VSS 中含有有机氮总量为 4mg/L，NO_3^--N 为 6.5mg/L。设计条件如下：水温 15℃；MLSS= 4500mg/L；MLVSS/MLSS = 0.7；pH= 7.0 ～ 7.6；好氧池最低溶解氧浓度 2mg/L。

表 4-27　进出水水质　　单位：mg/L

项目	COD_{Cr}	BOD_5	SS	NH_4^+-N	TN	TP	碱度(以 $CaCO_3$ 计)
初沉池出水	610	300	490	55	65	8.5	125
生化处理出水	≤30	≤6	≤10	≤1.5	≤12	≤0.3	

【解】 根据对处理出水水质要求，采用双缺氧池的单级活性污泥系统。

Bardenpho 工艺五段系统由厌氧池、第一缺氧池、第一好氧池、第二缺氧池、第二好氧池组成。第一缺氧池利用污水中碳源有机物进行反硝化，第二缺氧池利用好氧段所产硝酸盐作为电子受体，利用内源碳作为电子供体，进行反硝化。最后的好氧池可用以吹脱剩余的氮气。

$$生化池设计流量\ Q_{max} = 5.0 \times 10^4 \mathrm{m^3/d}$$

$$BOD_5\ 去除量 = 50000 \times (300 - 6)/1000 = 14700(\mathrm{kg/d})$$

$$TN\ 去除量 = 50000 \times (65 - 12)/1000 = 2650(\mathrm{kg/d})$$

假定污水 TN 由于同化去除百分数为 10%，则由微生物同化从剩余污泥排除去除 TN 量为 65×10%=6.5(mg/L)，故同化每日去除 TN 总量=50000×6.5/1000=325(kg/d)。硝化/反硝化 TN 去除量=2650−325=2325(kg/d)。

工艺设计计算步骤如下所述。

(1) 第一好氧池容积计算

① 硝化菌最大比增长速率

由公式 $\mu = 0.47 \dfrac{N_a}{K_n + N_a} e^{0.098(T-15)}$ 可知，当 T=15℃时，由 $\mu_{max} = 0.47 \dfrac{N_a}{K_n + N_a}$ 计算稳定运行条件下硝化菌比增长速率。

式中　μ——硝化细菌比生长速率，$\mathrm{d^{-1}}$；

N_a——生物反应池中氨氮浓度，mg/L；

K_n——硝化作用中氮的半速率常数，mg/L，典型值为 1.0mg/L；

T——设计温度，℃；

0.47——15℃时硝化细菌最大比生长速率，d^{-1}。

则：

$$\mu_{max}=0.47\times\frac{1.5}{1.5+1}=0.282(d^{-1})$$

② 好氧池设计污泥龄

$$\theta_{co}=F\frac{1}{\mu} \tag{4-12}$$

式中 F——安全系数，宜为 1.5～3.0；

θ_{co}——好氧区（池）设计污泥龄，d。

$$\theta_{co}=2.5\times\frac{1}{0.282}=8.87(d)$$

③ 第一好氧池容积

$$V_{O1}=\frac{Q_{max}(S_o-S_e)\theta_{co}Y_t}{1000X} \tag{4-13}$$

式中 V_{O1}——第一好氧池容积，m^3；

Q_{max}——生物反应池旱季设计流量，m^3/d；

S_o——生物反应池进水五日生化需氧量浓度，mg/L；

S_e——生物反应池出水五日生化需氧量浓度，mg/L；

Y_t——污泥总产率系数，$kgMLSS/kgBOD_5$，宜根据试验资料确定，当无试验资料时，系统有初沉池时宜取 0.3～0.6$kgMLSS/kgBOD_5$，无初沉池时宜取 0.8～1.2$kgMLSS/kgBOD_5$；

X——生物反应池内混合液悬浮物固体平均浓度，gMLSS/L。

$$V_{O1}=\frac{50000\times(300-6)\times8.87\times0.50}{1000\times4.5}=14487(m^3)$$

④ 第一好氧池水力停留时间

$$t=\frac{V_O}{Q_{max}}=\frac{24\times14487}{50000}=6.95(h)$$

⑤ 计算 BOD 污泥负荷

$$L_s=\frac{Q_{max}(S_o-S_e)}{XV_O}=\frac{50000\times(300-6)}{4500\times14487}=0.23[kgBOD/(kgMLSS\cdot d)]$$

⑥ 计算第一好氧池生物硝化产生 NO_3^--N 总量 TKN_{OX}

$$TKN_{OX}=65-6.5-4-1.5=53(mg/L)$$

⑦ 第一好氧池硝化速率

$$SNR=\frac{50000\times53}{14487\times4500\times0.7}=0.058[kgNH_4^+\text{-}N/(kgMLVSS\cdot d)]$$

（2）第一缺氧池容积计算

第一好氧池产生 NO_3^--N 为 53mg/L，最终出水 NO_3^--N 为 6.5mg/L，则两个缺氧池反硝化去除 NO_3^--N 量为 53－6.5＝46.5(mg/L)，或 2325kg/d。

第一好氧池混合液回流进入第一缺氧池 NO_3^--N 浓度为 53mg/L，第一缺氧池反硝化去除 NO_3^--N 量由内回流比大小确定。对于串联两级缺氧池 Bardenpho 工艺，由于第二缺氧池内源碳反硝化，回流污泥进入第一缺氧池的 NO_3^--N 含量很小，可以忽略不计。

$$第一缺氧池\ NO_3^-\text{-N}\ 去除率=\frac{r+R}{1+r+R} \tag{4-14}$$

式中　R——污泥回流比，%；

r——内循环回流比，%。

设二沉池回流污泥浓度 $X_R=9000\text{mg/L}$，则按公式 $X=\frac{R}{1+R}X_R$，得 $R=100\%$。

设内循环回流比 300%，则第一缺氧池 NO_3^--N 去除率＝80%。则第一缺氧池 NO_3^--N 去除量为 53×80%＝42.4(mg/L)，或 2120kg/d。

20℃时第一缺氧池反硝化速率为：

$$S_{DNR1}=0.3\times F/M_1+0.029$$

F/M_1 为第一缺氧池 BOD 污泥负荷，取 0.2kgBOD/(kgMLVSS·d)，则 20℃反硝化速率为 0.089kgNO_3^--N/(kgMLVSS·d)　[一般 $S_{DNR1}=0.05\sim0.15$kgNO_3^--N/(kgVSS·d)]。则：15℃反硝化速率 $K_{de(T)}=0.089\times1.08^{(15-20)}=0.06$[kg$NO_3^-$-N/(kgMLVSS·d)]。

$$第一缺氧池\ MLVSS\ 总量=2120/0.06=35333(\text{kg})$$

$$V_{N1}=\frac{35333\times1000}{4500\times0.7}=11217(\text{m}^3)$$

第一缺氧池 HRT：　　$t=11217\times24/50000=5.38(\text{h})$

(3) 第二缺氧池容积计算

第二缺氧池利用内源代谢物质作为碳源，反硝化速率为第一缺氧池反硝化速率的 20%～50%，并与污泥龄有关。

$$S_{DNR2}=0.12\theta_c^{-0.706} \tag{4-15}$$

式中　S_{DNR2}——20℃时第二缺氧池中反硝化速率，kgNO_3^--N/(kgMLVSS·d)；

θ_c——系统污泥龄，d。

经过反复试算，系统污泥龄 $\theta_c=18\text{d}$，则 $S_{DNR2}=0.12\times18^{-0.706}=0.0156$[kg$NO_3^-$-N/(kgMLVSS·d)]。

在 15℃时第二缺氧池反硝化速率 $K_{de(T)}=0.0156\times1.08^{(15-20)}=0.011$[kg$NO_3^-$-N/(kgMLVSS·d)]。

第二缺氧池 NO_3^--N 去除量为 2325－2120＝205(kg/d)。

第二缺氧池 MLVSS 总量为 205/0.011＝18636(kg)。

$$V_{N2}=\frac{18636\times1000}{4500\times0.7}=5916(\text{m}^3)$$

第二缺氧池 HRT：　　$t=5916\times24/50000=2.83(\text{h})$

(4) 第二好氧池容积计算

设第二好氧池水力停留时间 HRT 为 1.0h，则：

$$V_{O2}=50000\times1.0/24=2083(\text{m}^3)$$

(5) 计算剩余污泥每日排放量

$$\Delta X_V = Y\frac{Q_{max}(S_o - S_e)}{1000} \tag{4-16}$$

式中　ΔX_V——排除生物反应池系统的微生物量，kgMLVSS/d；

Q_{max}——生物反应池旱季设计流量，m^3/d；

S_o——生物反应池进水五日生化需氧量浓度，mg/L；

S_e——生物反应池出水五日生化需氧量浓度，mg/L；

Y——污泥产率系数，$kgVSS/kgBOD_5$，宜根据试验资料确定，当无试验资料时可取 0.3～0.6$kgVSS/kgBOD_5$。

$$\Delta X_V = 0.58\times\frac{50000\times(300-6)}{1000} = 8526(kgMLVSS/d)$$

排泥体积为：　$$Q_S = \frac{1000\times\Delta X_V}{X_R} = \frac{1000\times 8526}{9000} = 947(m^3/d)$$

系统污泥龄

$$\theta_c = \frac{(V_{O1}+V_{O2}+V_{N1}+V_{N2})X}{1000\Delta X_V} = \frac{(14487+2083+11217+5916)\times 4500}{1000\times 8526} = 18(d)$$

（6）厌氧池容积计算

$$V_P = \frac{t_P Q_{max}}{24}$$

式中　V_P——厌氧池容积，m^3；

t_P——厌氧池停留时间，h，宜为 1～2h。

$$V_P = \frac{2\times 50000}{24} = 4167(m^3)$$

生物池改造平面图如图 4-15 所示。

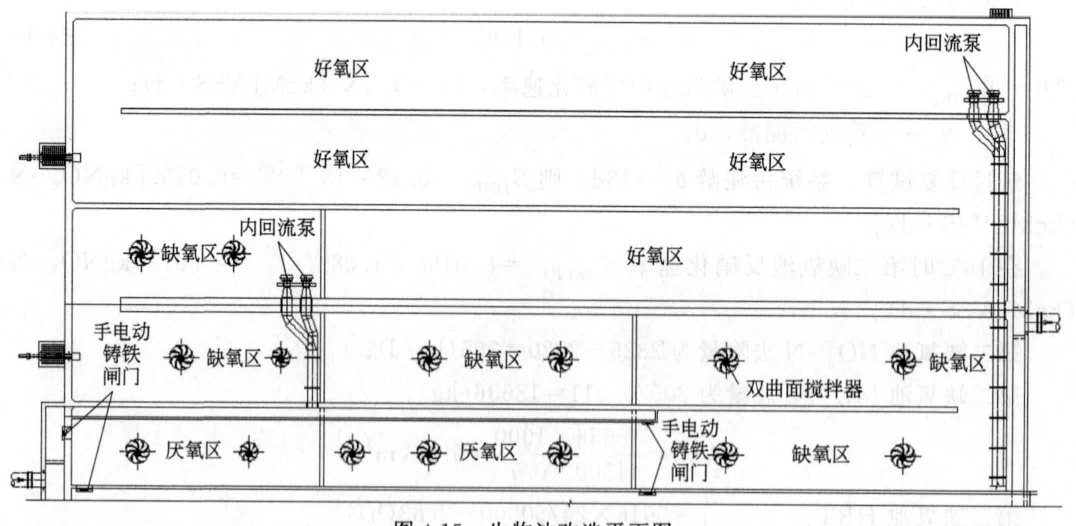

图 4-15　生物池改造平面图

（7）计算第一好氧池补充碱度投加量

亚硝酸菌将氨氮氧化为亚硝酸盐和硝酸菌将亚硝酸盐氧化为硝酸盐的反应可用下式表示：

$$2NH_4^+ + 3O_2 \longrightarrow 2NO_2^- + 2H_2O + 4H^+$$

从上式可知，硝化反应每氧化 1g 氨氮需要消耗碱度 7.14g（以 $CaCO_3$ 计）。

$$硝化消耗碱度 = 7.14 \times 53 = 378(mg/L)$$

$$反硝化产生碱度 = 3.57 \times 42.4 = 151(mg/L)$$

当第一好氧池出水剩余碱度为 70mg/L 时，需要补充碱度为：

$$378 + 70 - 151 - 125 = 172(mg/L)$$

（8）搅拌功率

根据《室外排水设计标准》（GB 50014—2021）第 7.6.6 条可知：当好氧区采用机械曝气器时，混合全池污水所需功率不宜小于 $25W/m^3$；缺氧区（池）、厌氧区（池）应采用机械搅拌，混合功率宜采用 $2 \sim 8W/m^3$。

则好氧池所需搅拌功率为：

$$第一好氧池所需搅拌功率 = 11487 \times 25 = 287175(W)$$

$$第二好氧池所需搅拌功率 = 2083 \times 25 = 52075(W)$$

$$厌氧池所需搅拌功率 = 4167 \times 6 = 25002(W)$$

缺氧池所需搅拌功率为：

$$第一缺氧池所需搅拌功率 = 11217 \times 6 = 67302(W)$$

$$第二缺氧池所需搅拌功率 = 5916 \times 6 = 35496(W)$$

（9）气水比

① 设计需氧量

去除五日生化需氧量、氨氮的硝化和除氮的需氧量，按下式计算：

$$O_2 = 0.001aQ_{max}(S_o - S_e) - c\Delta X_V + b[0.001Q_{max}(N_k - N_{ke}) - 0.12\Delta X_V] - 0.62b[0.001Q_{max}(N_t - N_{ke} - N_{oe}) - 0.12\Delta X_V] \tag{4-17}$$

式中　O_2——污水需氧量，kgO_2/d；

a——碳的氧当量，当含碳物质以 BOD_5 计时，应取 1.47；

Q_{max}——生物反应池旱季设计流量，m^3/d；

S_o——生物反应池进水五日生化需氧量浓度，mg/L；

S_e——生物反应池出水五日生化需氧量浓度，mg/L；

c——常数，细菌细胞的氧当量，应取 1.42；

ΔX_V——排出生物反应池系统的微生物量，kgMLVSS/d；

b——常数，氧化每千克氨氮所需氧量，kgO_2/kgN，应取 $4.57kgO_2/kgN$；

N_k——生物反应池进水总凯氏氮浓度，mg/L；

N_{ke}——生物反应池出水总凯氏氮浓度，mg/L；

N_t——生物反应池进水总氮浓度，mg/L；

N_{oe}——生物反应池出水硝态氮浓度，mg/L；

$0.12\Delta X_V$——排出生物反应池系统的微生物中含氮量，kg/d。

$$O_2 = 0.001 \times 1.47 \times 50000 \times (300 - 6) - 1.42 \times 8526 + 4.57 \times [0.001 \times 50000 \times (61 - 5.5) - 0.12 \times 8526] - 0.62 \times 4.57 \times [0.001 \times 50000 \times (65 - 5.5 - 6.5) - 0.12 \times 8526]$$

$$= 12898(kgO_2/d)$$

② 标准需氧量

$$O_s=\frac{O_2C_{s(20)}}{\alpha[\beta\rho C_{\mathrm{sb}(T)}-C]\times1.024^{(T-20)}} \tag{4-18}$$

$$C_{sb}=\frac{C_s}{2}\left(\frac{P_b}{1.013\times10^5}+\frac{O_t}{21}\right) \tag{4-19}$$

$$P_b=P+9.8\times10^3H \tag{4-20}$$

式中　O_s——标准状态下生物反应池污水需氧量，kgO_2/d；

$C_{s(20)}$——20℃水中溶解氧饱和浓度，mg/L；

α——污水修正系数，范围0.50～0.95；

β——污水修正系数，范围0.90～0.97；

ρ——压力修正系数；

$C_{sb(T)}$——生物反应池内混合液溶解氧饱和度的平均值，mg/L；

C——曝气池平均溶解氧浓度，mg/L；

P_b——空气扩散装置出口处的绝对压力，Pa；

H——空气扩散的安装深度，m；

P——大气压力，Pa，取值1.013×10^5Pa；

O_t——气泡在离开曝气生物反应池水面时氧的百分比，%。

采用鼓风曝气，曝气器敷设于池底，淹没深度5.8m。

$$P_b=P+9.8\times10^3H=1.013\times10^5+9.8\times10^3\times5.8=1.5814\times10^5(\mathrm{Pa})$$

$$O_t=\frac{21(1-E_A)}{79+21(1-E_A)}\times100\% \tag{4-21}$$

式中　E_A——空气扩散装置氧转移效率，取20%。

$$O_t=\frac{21(1-0.2)}{79+21(1-0.2)}\times100\%=17.54\%$$

水温在20℃和25℃条件下的饱和溶解氧值$C_{s(20℃)}=9.17$mg/L，$C_{s(25℃)}=8.38$mg/L。故：

$$C_{sb(25)}=\frac{8.38}{2}\left(\frac{1.5814\times10^5}{1.013\times10^5}+\frac{17.54}{21}\right)=10.04(\mathrm{mg/L})$$

式中，$C=2$mg/L，$\alpha=0.85$，$\beta=0.90$，$\rho=1.0$，则：

$$O_s=\frac{12898\times9.17}{0.85\times[0.90\times1\times10.04-2]\times1.024^{(25-20)}}=17565(\mathrm{kgO_2/d})$$

③ 标准状态下供气量

$$G_s=\frac{O_s}{0.28E_A} \tag{4-22}$$

式中　G_s——标准状态下供气量，m^3/h；

0.28——标准状态下每立方米空气中含氧量，kgO_2/m^3。

$$G_s=\frac{17565}{24\times0.28\times0.2}=13069(\mathrm{m^3/h})$$

④ 气水比

$$气水比=\frac{G_s}{Q_{\max}}=\frac{24\times13069}{50000}=6.3$$

【例题 4-11】 已知设计条件：设计污水量 $Q_{in}=389000m^3/d$，$K_Z=1.5$。

初沉池出水水质：BOD=130mg/L，SS=150mg/L，TN=30mg/L，TP=4.3mg/L。

排放出水水质：BOD≤8mg/L，SS≤12mg/L，TN≤12.5mg/L，TP≤0.5mg/L。

设计水温为13℃。处理方式采用 A^2/O 法，试对其工艺进行设计计算。

【解】 (1) 污泥回流比的确定

取反应器内 MLSS 浓度 $X=3000mg/L$，回流污泥浓度 $X_R=9000mg/L$，则：

$$R=\frac{X}{X_R-X}=\frac{3000}{9000-3000}=0.5$$

(2) 内循环比 (r) 的确定

$$r=\frac{\alpha \cdot C_{TN \cdot in}}{C_{NO_x \cdot A}}-1 \tag{4-23}$$

式中 α——总氮发生硝化所占的比例，一般为0.7～0.8；

$C_{TN \cdot in}$——生物反应器进水的TN浓度，mg/L，本例为30mg/L；

$C_{NO_x \cdot A}$——二沉池出水 NO_T-N 浓度，mg/L，本例为 12.5×0.8=10(mg/L)。

因此：

$$r=\frac{0.8\times 30}{10}-1=1.4$$

(3) 污泥龄(θ_c)

$$\begin{aligned}\theta_c &=K_Z\times 20.6e^{-0.0627T}\\ &=1.5\times 20.6\times e^{-0.0627\times 13}=14(d)\end{aligned}$$

(4) 好氧池容积(V_A)

$$V_A=Q_{in}t_A=Q_{in}\times\frac{\theta_c(aC_{S\text{-}BOD,in}+bC_{SS,in})}{(1+c\theta_c)X} \tag{4-24}$$

式中 Q_{in}——设计污水量，m^3/d；

t_A——好氧池HRT，d；

$C_{S\text{-}BOD,in}$——反应器进水中溶解性BOD浓度，mg/L；

$C_{SS,in}$——反应器进水中SS浓度，mg/L；

a——溶解性BOD的污泥产率系数，kgMLSS/kgS-BOD，一般为0.5～0.6kgMLSS/kgS-BOD；

b——SS的污泥转化系数，kgMLSS/kgSS，一般为0.9～1.0kgMLSS/kgSS；

c——污泥自身分解系数，d^{-1}，一般为0.025～0.035d^{-1}。

因此

$$V_A=389000\times\frac{14\times(0.55\times 88+0.95\times 150)}{(1+0.03\times 14)\times 3000}=244000(m^3)$$

(5) 厌氧池容积 (V_{AN})

厌氧池中HRT取1～2h，本例取2h，则：

$$V_{AN}=\frac{389000\times 2}{24}=32400(m^3)$$

(6) 缺氧池容积 (V_{DN})

反应器容积：

$$V=V_A+V_{DN}=\frac{C_{BOD,in}Q_{in}}{N_S X} \tag{4-25}$$

式中 $C_{BOD,in}$——反应器进水BOD浓度，mg/L；

N_S——BOD-SS 负荷，kgBOD/(kgMLSS·d)，一般为 0.05～0.07kgBOD/(kgMLSS·d)。

因此： $V_{DN}=V-V_A=\frac{130\times389000}{0.05\times3000}-244000=93100(m^3)$

(7) 脱氮速率常数 K_{DN}

$$K_{DN}=\frac{L_{NO_x,DN}\times10^3}{24\cdot V_{DN}\cdot X} \tag{4-26}$$

式中 $L_{NO_x,DN}$——回流 NO_T-N 负荷量，kg/d。

$$L_{NO_x,DN}=C_{NO_x,A}rQ\times10^{-3}=10\times389000\times1.4\times10^{-3}=5446(kg/d)$$

因此： $K_{DN}=\frac{5446\times10^3}{24\times93100\times3}=0.81[mgN/(gMLSS\cdot h)]$

(8) 生物反应器总容积与停留时间

生物反应器总容积 $V=V_{AN}+V_{DN}+V_A=32400+93100+244000$
$=369500(m^3)$

停留时间： $t_A=\frac{24V}{K_ZQ_{in}}=\frac{24\times369500}{1.5\times389000}=15.2(h)$(取 15.5h)

槽容积为： $583500\times\frac{15.5}{24}=376844(m^3)$

工艺尺寸：9m(宽)×88m(长)×10m(深)×2组。

池数：24 个。

容积为： $9.0\times88\times10.0\times2\times24=380160(m^3)$

(9) 必要空气量计算

① BOD 氧化需氧量（D_B）计算

$$D_B=[(C_{BOD,in}-C_{BOD,eff})Q_{in}\times10^{-3}-(L_{NO_x,DN}-L_{NO_x,A})\times2.0]\times0.45 \tag{4-27}$$

式中 $C_{BOD,in}$——反应器进水 BOD 浓度，mg/L，取值 130mg/L；

$C_{BOD,eff}$——反应器出水 BOD 浓度，mg/L，取值 8mg/L；

$L_{NO_x,DN}$——缺氧池 NO_T-N 负荷量，kg/d，取值 5446kg/d；

$L_{NO_x,A}$——缺氧池 NO_T-N 流出量，kg/d，取值 0；

2.0——单位 NO_T-N 脱氮所需的 BOD 量，kgBOD/kgNO_T-N；

0.45——去除单位 BOD 需氧量。

所以 $D_B=[(130-8)\times389000\times10^{-3}-5446\times2.0]\times0.45$
$=16455(kgO_2/d)$

② 硝化需氧量（D_N）

$$D_N=\alpha\cdot C_{TN,in}\cdot Q_{in}\times10^{-3}\times4.57$$
$$=0.8\times30\times389000\times10^{-3}\times4.57=42666(kgO_2/d)$$

③ 污泥内源呼吸需氧量（D_E）

$$D_E=0.12\times V_A=0.12\times3.0\times244000=87840(kgO_2/d)$$

④ 维持溶解氧浓度所需要的供氧量（D_o）

$$D_o=C_{o,A}\cdot(Q_{in}+RQ_{in}+rQ_{in})\times10^{-3} \tag{4-28}$$

式中　$C_{o,A}$——好氧池出口处溶解氧浓度，mg/L，取 1.5mg/L。

$$D_o = 1.5\times(389000+0.5\times389000+1.4\times389000)\times10^{-3}$$
$$=1692(kgO_2/d)$$

因此，必要氧量为：

$$\sum D = D_B+D_N+D_E+D_o = 16455+42666+87840+1692$$
$$=148653(kgO_2/d)$$

（10）供风量（N）

$$N(m^3/d)=\frac{需氧量(kgO_2/d)}{E_A\times10^{-2}\times P\times O_w} \tag{4-29}$$

式中　E_A——氧转移效率，%，取 7.5%；

P——空气密度，kg 空气/m^3，为 1.293kg 空气/m^3；

O_w——空气含氧量，kgO_2/kg 空气，为 0.233kgO_2/kg 空气。

因此：

$$N=\frac{148653}{7.5\times10^{-2}\times1.293\times0.233\times24\times60}=4569(m^3/min)$$

选用 14 台风机，其中 2 台备用，则每台鼓风机风量为：

$$4569/12=381[m^3/(min\cdot 台)]$$

4.8　AB 法工艺

4.8.1　AB 法处理原理

AB 工艺是在传统两段活性污泥法和高负荷活性污泥法的基础上开发的新工艺，是吸附生物降解工艺的简称。是由 A 段曝气池、中间沉淀池、B 段曝气池和二次沉淀池组成的，两段污泥各自回流。AB 法不设初沉池，但其 A 段 SS 及 BOD_5 的去除率大大高于初沉池，原因是进入 AB 工艺 A 段的污水是直接由排水管网来的，其中含有大量且活性很强的细菌及其他微生物群落。AB 工艺是根据微生物生长繁殖及其基质代谢的关系而确立的，并充分考虑了污水收集、输送系统中高活性微生物的作用，通常维持 A 段在极高负荷下，使微生物处于快速增长期以发挥其对有机物的快速吸附作用；维持 B 段在很低的负荷下运行，利用长世代期微生物的作用，保证出水水质。AB 法与传统生物处理方法相比，在处理效率、运行稳定性、工程的投资和运行费用等方面均有明显优势。

4.8.2　AB 法工艺流程

AB 法工艺流程如图 4-16 所示。

在处理过程中，A 段通常在缺氧环境中运行，A 段对于水质、水量、pH 值和有毒物质等的冲击负荷有巨大的缓冲作用，能为其后面的 B 段创造一个良好的进水条件。AB 两段的 BOD_5 去除率为 90%～95%，COD 去除率为 80%～90%，TP 去除率可达 50%～70%，TN 的去除率为 30%～40%。若想提高 AB 工艺脱氮除磷效果，可将 B 段设计为脱氮、除磷工艺，如按 A_N/O、A_P/O 工艺进行设计。

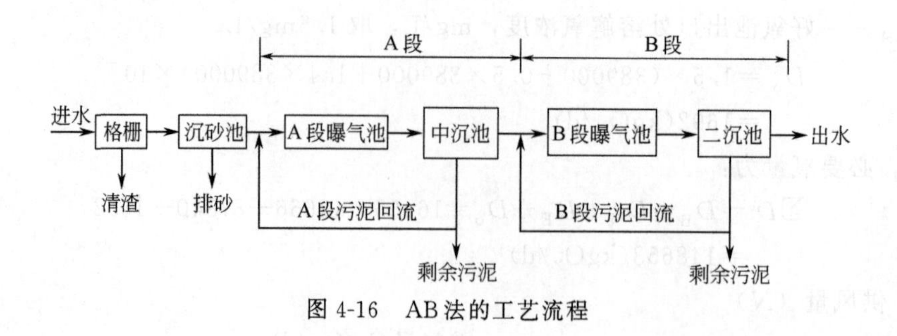

图 4-16　AB 法的工艺流程

4.8.3　构造特点

AB 法为两段活性污泥法，即分为 A 段和 B 段，两段污泥各自回流。A 段曝气池可与曝气沉砂池合建，也可分建。A 段具有很高的有机负荷，在缺氧（兼性）环境下工作，溶解氧含量一般为 0.3～0.7mg/L，水力停留时间通常只有 30～40min；B 段属传统活性污泥法，溶解氧含量一般为 2～3mg/L，水力停留时间 2～4h；AB 工艺的中沉池 HRT 可以取 1～1.5h，终沉池 HRT 可取 1.5h，均低于传统一段法工艺。

4.8.4　AB 工艺设计参数

AB 工艺设计参数见表 4-28。

表 4-28　AB 工艺设计参数

名称	A 段	B 段
污泥负荷 N_s/[$kgBOD_5$/(kgMLSS·d)]	3～4(2～6)	0.15～0.3(<01.5)
容积负荷 N_v/[$kgBOD_5$/(m^3·d)]	6～10(4～12)	≤0.9
污泥浓度 MLSS/(mg/L)	2000～3000(1500～2000)	2000～4000(3000～4000)
污泥龄 SRT/d	0.4～0.7(0.3～0.5)	15～20(10～25)
水力停留时间 HRT/h	0.5～0.75	2.0～6.0
污泥回流比/%	<70(20～50)	50～100
溶解氧 DO/(mg/L)	0.3～0.7(0.2～1.5)	2～3(1～2)
气水比	(3～4)∶1	(7～10)∶1
SVI/(mL/g)	60～90	70～100
沉淀池沉淀时间/h	1～2	2～4
沉淀池表面负荷 q'/[m^3/(m^2·h)]	1～2	0.5～1.0
需氧量系数 a'/[kgO_2/($kgBOD_5$)]	0.4～0.6	1.23
NH_4^+-N 硝化需氧量系数 b'/[kgO_2/($kgNH_4^+$-N)]		4.57
污泥增殖系数 a/[kg/$kgBOD_5$]	0.3～0.5	0.5～0.65
污泥含水率/%	98～98.7	99.2～99.6

注：括号内数据供参考。

4.8.5　计算公式

AB 法工艺设计公式见表 4-29。

表 4-29　AB 法工艺设计公式

项目	公式		符号说明
	A	B	
曝气池容积	$V=\frac{24L_rQ}{N_sX_V}$	$V=\frac{24L_rQ}{N_sX_V}$	V——曝气池容积，m^3； Q——设计流量，m^3/h； L_r——去除 BOD_5 浓度，kg/m^3； N_s——BOD_5 污泥负荷率，$kgBOD_5/(kgMLSS \cdot d)$； X_V——MLVSS 浓度，kg/m^3
水力停留时间	$t=\frac{V}{Q}$	$t=\frac{V}{Q}$	t——水力停留时间，h
最大总需氧量 $O_2=O_A+O_B$	$O_A=a'QL_r$	$O_B=a'QL_r+b'QN_r$ $L_r=L_a-L_t$	O_2——最大需氧量，kg/h； a'——需氧量系数，$kgO_2/kgBOD_5$； L_r、L_a、L_t——各段曝气池去除 BOD_5 浓度，$kgBOD_5/m^3$； b'——NH_4^+-N 去除需氧量系数，$kgO_2/(kgNH_4^+\text{-N})$； N_r——需要硝化的氮量，kg/m^3
沉淀池面积	$A=\frac{Q}{q'}$	$A=\frac{Q}{q'}$	A——沉淀池面积，m^2； q'——沉淀池表面负荷率，$m^3/(m^2 \cdot h)$
沉淀池高度设计	$H=h_1+h_2+h_3+h_4+h_5$		h_1——超高，m； h_2——有效水深，m，为 2～4m； h_3——缓冲层高度，m； h_4——圆锥体高度，m； h_5——污泥斗高度，m
剩余污泥量	$W_A=Q_{平}S_r+aQL_r$ $S_r=S_a-S_t$	$W_B=aQ_{平}L_r$	$Q_{平}$——平均流量，m^3/d； W_A——剩余污泥量，kg/d； S_r——A 段 SS 的去除浓度，kg/m^3，A 段 SS 的去除率为 70%～80%； a——污泥增长系数
污泥龄 θ_c	$\theta_{cA}=\frac{1}{a_A \times N_{sA}}$	$\theta_{cB}=\frac{1}{a_B \times N_{sB}}$	θ_c——污泥龄，d； N_{sA}——A 段污泥负荷，$kgBOD_5/(kgMLSS \cdot d)$； N_{sB}——B 段污泥负荷； a_A、a_B——A、B 段污泥增长系数
干污泥换算湿污泥	$Q_{sA}=\frac{W_A}{(1-P_A)\times 10^3}$	$Q_{sB}=\frac{W_B}{(1-P_B)\times 10^3}$	Q_{sA}、Q_{sB}——A、B 段湿污泥体积，m^3/d； P_A、P_B——A、B 段污泥含水率，%
回流污泥浓度	$X_R=\frac{10^6}{SVI}\times r$		$r=1.0$～1.2

【例题 4-12】 某城市污水设计水量 $\theta=6\times 10^4 m^3/d$，原水 $BOD_5=250mg/L$，COD=400mg/L，SS=220mg/L，NH_4^+-N=30mg/L，TN=40mg/L。要求处理后二级出水 $BOD_5 \leqslant 15mg/L$，COD≤50mg/L，SS≤15mg/L，NH_4^+-N≤10mg/L。试设计 AB 法处理工艺。

【解】 (1) 设计参数确定

A 段污泥负荷：$N_{sA}=3kgBOD_5/(kgMLSS \cdot d)$；

混合液污泥浓度：$X_A=2000mg/L$；

污泥回流比：$R_A=50\%$；

B 段污泥负荷：$N_{sB}=0.15kgBOD_5/(kgMLSS \cdot d)$；

混合液污泥浓度：$X_B=3500\text{mg/L}$；

污泥回流比：$R_B=100\%$。

(2) 处理程度计算

BOD$_5$ 总去除率：$$E=\frac{L_a-L_t}{L_a}=\frac{250-15}{250}=94\%$$

A 段去除率 E_A 取 60%，则 A 段出水 BOD$_5$ 为 $L_{tA}=100\text{mg/L}$。

B 段去除率：$$E_B=\frac{L_{tA}-L_t}{L_{tA}}=\frac{100-15}{100}=85\%$$

(3) 曝气池容积计算

A 段曝气池容积：$$V_A=\frac{QL_r}{N_{sA}X_A}=\frac{6\times10^4\times(250-100)}{3\times2000}=1500(\text{m}^3)$$

B 段曝气池容积：$$V_B=\frac{QL_r}{N_{sB}X_B}=\frac{6\times10^4\times(100-15)}{0.15\times3500}=9714(\text{m}^3)$$

(4) 曝气时间计算

A 段曝气时间：$$T_A=\frac{V_A}{Q}=\frac{1500}{2500}=0.6(\text{h})(\text{符合要求})$$

B 段曝气时间：$$T_B=\frac{V_B}{Q}=\frac{9714}{2500}=3.88(\text{h})(\text{符合要求})$$

(5) 剩余污泥量计算

① A 段剩余污泥量计算

设 A 段 SS 去除率为 75%，污泥产率系数 $a=0.5\text{kgSS/kgBOD}_5$，则：

$$\begin{aligned}W_A&=QS_r+aQL_r\\&=6\times10^4\times0.22\times0.75+0.5\times6\times10^4\times(0.250-0.10)\\&=14400(\text{kg/d})\end{aligned}$$

湿污泥体积（污泥含水率为 98.5%）为：

$$Q_{sA}=\frac{W_A}{1000\times(1-P_A)}=\frac{14400}{1000\times(1-0.985)}=960(\text{m}^3/\text{d})$$

② B 段剩余污泥量计算

干污泥质量为：

$$\begin{aligned}W_B&=aQL_{rB}=0.5\times6\times10^4\times(100-15)/1000\\&=2550(\text{kg/d})\end{aligned}$$

湿污泥体积（污泥含水率为 99.2%）为：

$$Q_{sB}=\frac{W_B}{1000\times(1-P_B)}=\frac{2550}{1000\times(1-0.992)}=318.75(\text{m}^3/\text{d})$$

③ 总污泥量

$$Q_s=Q_{sA}+Q_{sB}=960+318.75=1278.75(\text{m}^3/\text{d})$$

(6) 污泥龄 θ_c 计算

A 段污泥龄：

$$\theta_{cA}=\frac{1}{a_A N_{sA}}=\frac{1}{0.5\times3}=0.67(d)$$

B 段污泥龄：

$$\theta_{cB}=\frac{1}{a_B N_{sB}}=\frac{1}{0.5\times0.15}=13.33(d)$$

（7）最大需氧量计算

A 段最大需氧量：

$$O_A=a'QL_r=0.6\times6\times10^4\times(250-100)/1000=5400(kg/d)$$

B 段最大需氧量：

$$O_B=a'QL_r+b'QL_r=1.23\times6\times10^4\times(0.10-0.015)+4.57\times6\times10^4\times(0.03-0.01)$$
$$=11757(kg/d)$$

二段总需氧量为

$$O_2=Q_A+Q_B=5400+11757=17157(kg/d)$$

4.8.6　设计实例简介

山东省某污水处理厂采用 AB 法处理工艺，工艺设计简介如下。

4.8.6.1　工程概况

（1）污水厂设计规模

设计流量 $14\times10^4 m^3/d$，最大流量 $7233m^3/h$，平均流量 $5833m^3/h$。

（2）进、出水水质

进、出水水质如表 4-30 所列。

表 4-30　进、出水水质　　单位：mg/L

项目	进水	出水
COD_{Cr}	500～600	50
BOD_5	200～225(其中可沉降 75,可溶解 112.5,不可沉降 37.5)	15
SS	250～280(其中可沉降 225,不可沉降 55)	15
NH_4^+-N		15
TKN	60(其中 NH_4^+-N 50,有机氮 10)	

（3）曝气池的设计参数

1）A 段曝气池　污泥负荷 4.5kgBOD/(kgMLSS·d)；容积负荷 $10kgBOD/(m^3·d)$；停留时间 36min（平均流量时），或 29min（高峰流量时）；混合液浓度 $1.5～2.0kg/m^3$；溶解氧含量 0.3～0.5mg/L；污泥龄 4～5.5h；污泥回流比 50%～75%；污泥指数约 60mL/g；BOD 去除率约 50%（其中吸附絮凝约 85%，生物降解约 15%）；O_2/C 负荷 $0.4kgO_2/kgBOD_{5去除}$，污泥中生物相主要由好氧细菌和兼性细菌组成。

2）B 段曝气池　污泥负荷 0.125kgBOD/(kgMLSS·d)；容积负荷 $0.525kgBOD/(m^3·d)$；停留时间 6.26h（平均流量时），或 5.05h（高峰流量时）；混合液浓度 $3.45kg/m^3$；溶解氧含量 0.7～2.0mg/L；污泥龄约 21d；污泥回流比 100%；污泥指数约 150mL/g；O_2/C 负荷 $1.23kgO_2/kgBOD_{5去除}$；去除氮负荷 $4.40kgO_2/kgNH_4^+\text{-}N_{去除}$；污泥中生物相主要由专性好

氧微生物及原生动物组成。

（4）其他构筑物的设计参数

曝气沉砂池为平流式；停留时间 10min（平均流量时），或 8min（高峰流量时）；空气量 1～1.24m^3/(m^3 池容·h)。

中间沉淀池为圆形辐流式，机械刮泥；水力负荷 1.49～1.84m^3/(m^2·h)；停留时间 1.9～2.4h；出水堰负荷 30～60m^3/(m·h)。

最终沉淀池为圆形辐流式，机械刮泥；水力负荷 0.74～0.92m^3/(m^2·h)；停留时间 4.7～3.8h；出水堰负荷 10m^3/(m·h)。

污泥浓缩池表面负荷 49.2kgDS/(m^2·d)；停留时间预浓缩 9.9h，后浓缩 3.4d。

污泥消化池停留时间 20d；温度 33～35℃；有机负荷 1.25～3.0kgVSS/(m^3·d)；池内沼气搅拌 0.0933m^3/(m^3 池容·h)；产沼气量 0.4m^3/kgVSS（合 10m^3/m^3 泥）。

4.8.6.2 设计特点

① 污水厂承担处理服务范围内以工业废水为主的城市污水，进厂污水水质浓，变化幅度大，处理难度高，一般活性污泥法不能达到国家排放标准。经各方面研究后采用 AB 法新工艺，污泥采用中温消化，沼气综合利用。

② 采用 AB 法，曝气池容积比传统方法可减少 30%左右，全厂占地面积节省 20%左右，每吨污水电耗可节省 20%～30%（一般情况鼓风机房可节能 30%左右）。

③ 污水厂厂址地质较差，与土建合作在工艺上采用了一些新的技术措施（如 DN1800 橡胶接头），使地基处理节约 200 余万元。

④ 污水厂总平面布置及竖向布置在总结以往经验的基础上采取了一些新措施，改善了操作条件。

⑤ 该污水厂自然地面以下 8m 左右含有大量有机质淤泥质土，该土层具流塑、高压缩性，沉降大，承载力低，而该厂储气柜高 20m，要求沉降小，沉降偏差 0.02%左右；消化池高 23m，荷重大；B 段曝气池平面尺寸 80m×80m，高 8.5m，埋入地下又很深，使该层土承载力、构筑物抗浮和沉降均不能满足设计要求。因此，地基处理采用了钢筋混凝土夯扩大头桩，将钢筋放到底；该桩既能抗压又能抗拔。采用夯扩桩与钢筋混凝土预制桩或灌注桩相比节约造价 50 余万元。

⑥ 该地区气候干燥，季节变化明显，最低温度－23℃，最高温度 40℃，ϕ50m 直径的圆形沉淀池（6 座）高 4～5m，入土很浅，如按整体设计，池壁内钢筋用量很大，根本放不下，故在池壁及底板设置引发缝。这种释放温度应力的新设计，既保证了工程质量又使每池节约 10t 钢材，总共节约了 100t 钢材。

⑦ 在 B 段曝气池纵向横向中间设沉降缝，其余设引发缝，止水带采用十字接头，池壁采用角式挡土墙，结构先进合理。

⑧ 消化池高 23m，内径 ϕ28m，池内常温 35℃以上，冬季池外最低温度－23℃，如按常规采用整体现浇钢筋混凝土结构，池壁厚达 1.2m 且容易出现裂缝，工程质量得不到保证，故采用预应力结构，池壁薄，节省了 750m^3 混凝土和 25t 钢筋。

4.8.6.3 设计说明

几年来的运行情况说明，AB 法处理这类高浓度城市污水效果较好，利用沼气于污泥加热及驱动鼓风机，能耗可节省 20%～30%以上。目前总的能耗约为 0.4kW·h/m^3，夏、秋季用沼气发电带动鼓风机，能耗降为 0.25～0.3kW·h/m^3，折合成 BOD 的能耗为 1.6kW·

h/kgBOD 及 1～1.2kW・h/kgBOD。

4.9　SBR 及其改良间歇式活性污泥法工艺

4.9.1　处理原理及工艺特征

SBR 法是污水生物处理方法的最初模式。由于进、出水切换复杂，变水位出水，供气系统易堵塞，以及设备等方面的原因，限制了其应用和发展。当今，随着计算机和自动控制技术及相关设备的发展和使用，SBR 法在城市污水和各种有机工业废水处理中越来越得到广泛的应用。SBR 法基本工艺流程为：预处理→SBR→出水。其操作程序是在一个反应器内的一个处理周期内依次完成进水、生化反应、泥水沉淀分离、排放上清液和闲置等 5 个基本过程（见图 4-17）。这种操作周期周而复始进行以达到不断进行污水处理的目的。

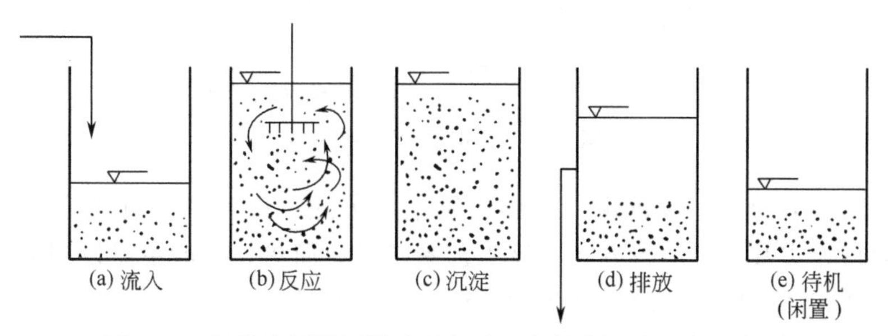

图 4-17　间歇式活性污泥法曝气池运行操作 5 个工序示意图

SBR 法的工艺设备是由曝气装置、上清液排出装置（滗水器），以及其他附属设备组成的反应器。SBR 对有机物的去除机理为：在反应器内预先培养驯化一定量的活性微生物（活性污泥），当废水进入反应器与活性污泥混合接触并有氧存在时，微生物利用废水中的有机物进行新陈代谢，将有机污染物转化为 CO_2、H_2O 等无机物；同时，微生物细胞增殖，最后将微生物细胞物质（活性污泥）与水沉淀分离，废水得到处理。

SBR 法不同于传统活性污泥法，在流态及有机物降解上具有空间推流的特点。该法在流态上属完全混合型，而在有机物降解方面，有机基质含量是随时间的进展而降低的。

SBR 法具有以下几个特征。

① 可省去初次沉淀池、二次沉淀池和污泥回流设备等，与标准活性污泥法比较，设备构成简单，布置紧凑，基建和运行费用低，维护管理方便。

② 大多数情况下，不需要设置流量调节池。

③ 泥水分离沉淀是在静止状态或在接近静止状态下进行的，故固液分离稳定。

④ 不易产生污泥膨胀。特别是在污水进入生化处理装置期间，维持在厌氧状态下，使得 SVI 降低，而且还能节减曝气的动力费用。

⑤ 在反应器的一个运行周期中，能够设立厌氧、好氧条件，实现生物脱氮、除磷的目的；即使在没有设立厌氧段的情况下，在沉淀和排出工序中，由于溶解氧浓度低，也会产生一定的脱氮作用。

⑥ 加深池深时，与同样的 BOD-SS 负荷的其他方式相比较，占地面积较小。

⑦ 耐冲击负荷，处理有毒或高浓度有机废水的能力强。

⑧ 理想的推流过程使生化反应推力大、效率高。

⑨ SBR 法中微生物的 RNA 含量是标准污泥法中的 3～4 倍，故 SBR 法处理有机物效率高。

⑩ SBR 法系统本身适用于组件式构造方法，有利于废水处理厂的扩建与改造。

综上所述，SBR 法的工艺特征顺应了当代污水处理所要求的简易、高效、节能、灵活、多功能的发展趋势，也符合“三低一少”技术要求，即低建设费用、低运行费用、低操作管理需求，二次污染物排放少。

4.9.2 工艺流程

SBR 法的一般流程如图 4-18 所示。

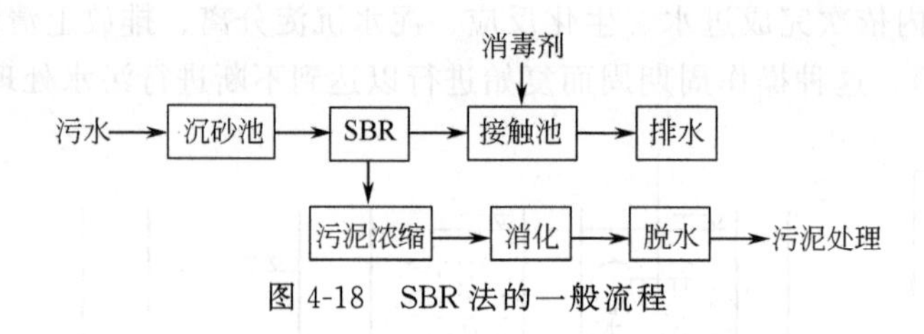

图 4-18 SBR 法的一般流程

SBR 按进水方式分为间歇进水方式和连续进水方式；按有机物负荷分为高负荷运行方式、低负荷运行方式及其他运行方式。该工艺系统组成简单，一般不需设调节池，可省去初沉池，无二沉池和污泥回流系统，基建费、运行费较低且维护管理方便。该工艺耐冲击负荷能力强，一般不会产生污泥膨胀且运行方式灵活，可同时具有去除 BOD 和脱氮除磷功能。近年来，各种新型工艺如 ICEAS 工艺、CASS 工艺、IDEA 工艺等陆续得到了开发和应用。

4.9.3 构造特点

SBR 工艺的主要设备如下。

（1）鼓风设备

SBR 工艺多采用鼓风曝气系统提供微生物生长所需空气。

（2）曝气装置

SBR 工艺常用的曝气设备为微孔曝气器，微孔曝气器可分为固定式和提升式两大类。

（3）滗水器

SBR 工艺最根本的特点是单个反应器均采用静止沉淀、集中排水的方式运行；为了保证排水时不会扰动池中各水层，使排出的上清液始终位于最上层，这就要求使用一种能随水位变化而可调节的出水堰，又叫滗水器或撇水器。

滗水器有多种类型，其组成为收水装置、排水装置及传动装置。

（4）水下推进器

水下推进器的作用是搅拌和推流，一方面使混合液搅拌均匀；另一方面，在曝气供氧停止，系统转至兼氧状态下运行时，能使池中活性污泥处于悬浮状态。

（5）自动控制系统

SBR 采用自动控制技术，把用人工操作难以实现的控制通过计算机、软件、仪器设备的有机结合自动完成，并创造满足微生物生存的最佳环境。

（6）SBR 反应池可建成长方形、圆形和椭圆形。排水后池内水深 3～4m，最高水位时池内水深 4.3～5.5m，超高 1m。

4.9.4　设计概要及设计参数

① 设计污水量采用最大日污水量计算。

② 污水进水量的逐时变化应调查并讨论研究。

③ 设计进水水质应按设计规划年内污染物负荷量，并参考其原单位量来决定，并考虑负荷的变动；对于分流制下水道的生活污水，其原水水质典型值为 BOD_5、SS 为 200mg/L，TN 为 30～40mg/L，P 为 4～6mg/L。

④ 原则上可不设置流量调节池。

⑤ 反应池数原则上不少于 2 个。

⑥ 水深为 4～6m，池宽与池长之比为 1∶(1～2)。

⑦ 设计参数典型值见表 4-31。

表 4-31　SBR 工艺设计参数

名称			高负荷运行	低负荷运行
			间歇进水	间歇进水或连续进水
BOD-污泥负荷/[kgBOD/(kgMLSS・d)]			0.1～0.4	0.03～0.1
MLSS/(mg/L)			1500～5000	
周期数			3～4	2～3
排除比(每一周期的排水量与反应池容积之比)			1/4～1/2	1/6～1/3
安全高度(活性污泥界面以上最小水深)/cm			50 以上	
需氧量/(kgO_2/kgBOD)			0.5～1.5	1.5～2.5
污泥产量/(kgMLSS/kgSS)			约 1	约 0.75
溶解氧/(mg/L)	好氧工序		≥2.5	
	缺氧工序	进水	0.3～0.5	
		沉淀、排水	<0.7	
反应池数/个			≥2($Q<500m^3/d$ 时可取 1)	

⑧ 上清液排出方式可采用重力式或水泵排出，但活性污泥不能发生上浮，并应设置挡浮渣装置。

4.9.5　设计计算方法、公式及实例

4.9.5.1　污泥负荷计算法

(1) 设计条件

SBR 工艺 1 个周期的运行，如图 4-19 所示。由进水、曝气、沉淀及排出等工序组成。1 个周期所需要的时间就是由这些工序所要时间的合计。

对于 1 个系列 N 个反应池，连续依次地进入污水进行处理，并设定在进水期中不进行沉淀和排水工序，则各工序所需要的时间必须满足下列条件：

$$T_C \geqslant T_A + T_S + T_D \tag{4-30}$$

$$T_F = T_C / N \tag{4-31}$$

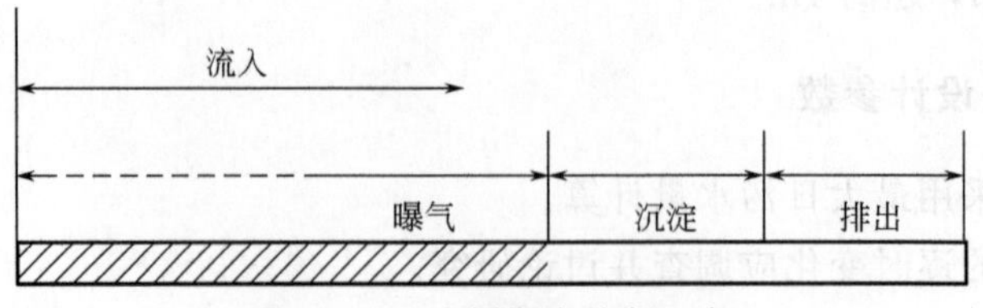

图 4-19　1个周期内的各工序

$$T_S+T_D\leqslant T_C-T_F \tag{4-32}$$

式中　T_C——1个周期所需时间，h；

T_A——曝气时间，h；

T_S——沉淀时间，h；

T_D——排水时间，h；

T_F——进水时间，h；

N——1个系列反应池数量。

（2）各工序所需时间的计算

1）曝气时间　SBR反应器污泥负荷计算公式为：

$$L_S[\mathrm{kg/(kg \cdot d)}]=\frac{QS_o}{eXV} \tag{4-33}$$

$$e=nT_A/24$$

式中　Q——处理污水量，m^3/d；

S_o——进水平均 BOD_5 浓度，mg/L；

X——反应器内混合液平均MLSS浓度，mg/L；

V——反应器容积，m^3；

e——曝气时间比；

n——周期数；

T_A——1个周期内的曝气时间。

将 $Q=V\times\frac{1}{m}\times n$ 代入式(4-33) 可得到$\left(其中\frac{1}{m}为排水比\right)$：

$$L_S=\frac{nS_o}{emX} \tag{4-34}$$

将 $e=nT_A/24$ 代入式(4-33)，并整理可得式(4-35)：

$$T_A=\frac{24S_o}{L_SmX} \tag{4-35}$$

2）沉淀时间　活性污泥界面的沉降速度与MLSS浓度、水温的关系，可以用式(4-36)、式(4-37) 计算。

$$V_{max}=7.4\times10^4\times t\times X_0^{-1.7}\quad(\mathrm{MLSS}\leqslant3000\mathrm{mg/L}) \tag{4-36}$$

$$V_{max}=4.6\times10^4\times X_0^{-1.26}\quad(\mathrm{MLSS}>3000\mathrm{mg/L}) \tag{4-37}$$

式中　V_{max}——活性污泥界面的初始沉降速度；

t——水温，℃；

X_0——沉降开始时的MLSS浓度，mg/L。

必要的沉淀时间（T_S）可用式(4-38) 求得。

$$T_S=\frac{H\times(1/m)+\varepsilon}{V_{max}} \tag{4-38}$$

式中　H——反应器的水深，m；

$1/m$——排水比；

ε——活性污泥界面上的最小水深；

V_{max}——活性污泥界面的初始沉降速度，m/h。

3）排水时间　在排水期间，就单次必须排出的处理水量来说，每一周期的排水时间可以通过增加排水装置的台数或扩大溢流负荷来缩短。另外，为了减少排水装置的台数和加氯混合池或排放槽的容量，必须将排水时间尽可能延长。实际工程设计时，具体情况具体分析，一般排水时间可取0.5～3.0h。

（3）反应器容积的计算

设每个系列的处理污水量为 q，则在各个周期内进入各反应器的污水量为 $q/(nN)$，各反应器容积可按式(4-39) 求得。

$$V=\frac{m}{nN}\times q \tag{4-39}$$

式中　V——各反应器容积，m^3；

$1/m$——排水比；

n——周期数；

N——每1系列的反应器数量；

q——每1系列的污水处理量（最大日污水量）。

由于1个周期的最小所需时间按 $T_A+T_S+T_D$ 计算，故周期数 n 可按式(4-40) 进行设定：

$$n=\frac{24}{T_A+T_S+T_D} \tag{4-40}$$

式中，周期数 n 最好采用如1、2、3、4整数值。

（4）对进水流量的讨论

从已求得的1个周期所需时间和反应器数量可求得进水时间。由流入污水量变化资料可计算出，在最小进水时间下各周期的进水量的变化情况，即在1个周期中最大流量的变化系数 r，r 值一般可取1.2～1.8。

这里所说的最大流量变化系数是在1个周期的最大污水量与平均污水量的比值。

由于存在最大流量的变化这一原因，故应在式(4-39) 计算反应器容积（V）的基础上再增加 Δq 这一安全调节容积。其计算式为：

$$\frac{\Delta q}{V}=\frac{r-1}{m} \tag{4-41}$$

式中　Δq——超出反应器容量的污水进水量；

r——1个周期内最大流量变化系数。

以式(4-41) 为依据，绘成图4-20。

对于最大流量的变化，如果其他的反应器在沉淀和排水工序中能接纳，则式(4-39) 所求定的容积是充足的；反之，如果其他的反应器在沉淀和排水工序中不能接纳时，就必须要增加安全容积量了。其计算公式为式(4-42)、式(4-43)，反应器的修正容量计算可采用

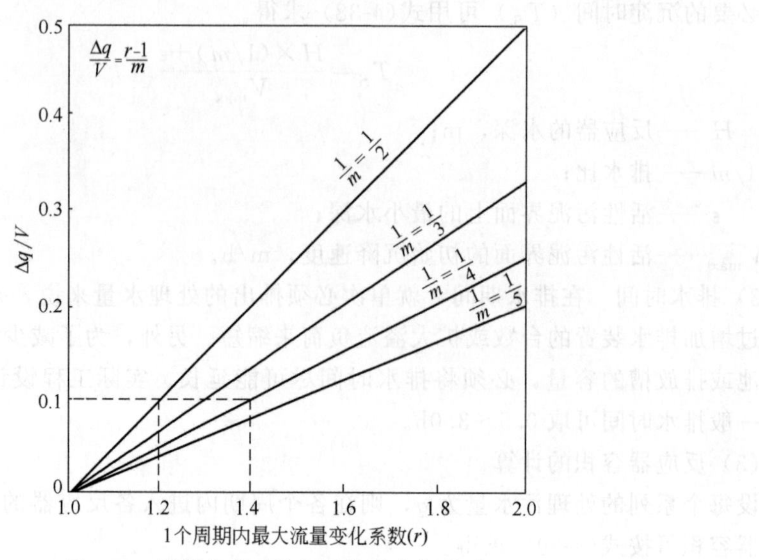

图 4-20 周期变化系数与超流量水位关系

式(4-44)。需要说明的是，反应器的安全容量可以留在高度方向和水平方向，如果沉降时间没有问题，要求占地面积小，把安全容量留在高度方向是比较经济的。

$$\Delta V=\Delta q-\Delta q' \quad \text{（安全量留在高度方向时）} \tag{4-42}$$

$$\Delta V=m(\Delta q-\Delta q') \quad \text{（安全量留在水平方向时）} \tag{4-43}$$

$$V'=V+\Delta V \tag{4-44}$$

式中 V'——各反应器修正后的容积，m^3；

ΔV——反应器必要的安全容积，m^3；

$\Delta q'$——在沉淀、排水期可能接纳的容积，m^3。

反应器水位概念如图 4-21 所示。

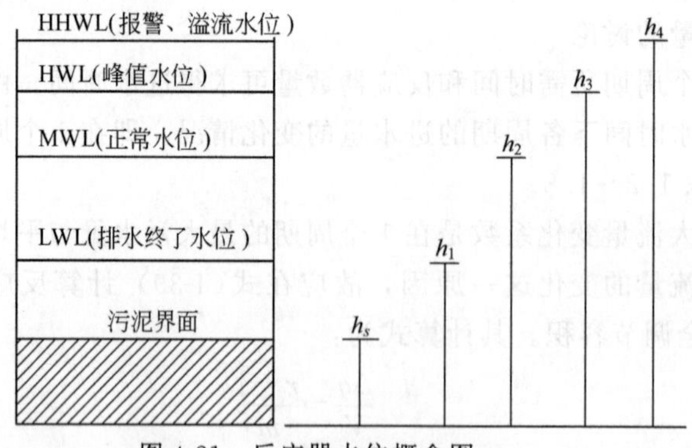

图 4-21 反应器水位概念图

LWL——排水结束后的水位；MWL——1个周期的平均进水量（最大日污水量的日平均量）进水结束后的水位；HWL——1个周期的最大污水量进水结束后的水位；

HHWL——超过1个周期最大污水量的报警、溢流水位；

安全高度 ε（活性污泥沉淀后界面上的水深）$=h_1-h_s$；

排水比 $1/m=\frac{h_2-h_1}{h_2}$；高度方向上的安全量$=h_3-h_2$

(5) 需氧量、供氧量及供气量

生化需氧量与 BOD_5 去除量、反应器内生物量和硝化量成正比，而与生化脱氮量成反比，SBR 需氧量 (O_D) 可按式(4-45) 计算：

$$O_D = aL_r + b\sum MLVSS \times T_A + 4.57N_o - 2.86N_D \tag{4-45}$$

式中　O_D——每周期需氧量，kgO_2/周期；

L_r——BOD 去除量，kgBOD/周期；

$\sum MLVSS$——反应器内的生物量，kg；

T_A——曝气时间，h/周期；

N_o——硝化量，kgN/周期；

N_D——脱氮量，kgN/周期；

a——系数，$kgO_2/kgBOD_5$；

b——污泥自身氧化需氧率，$kgO_2/(kgMLVSS \cdot h)$。

曝气装置的供氧能力 (SOR) 可按式(4-46) 计算：

$$SOR(kgO_2/h) = \frac{O_D C_{S(20)}}{1.024^{T-20}\alpha(\beta r C_{S(T)} - C_L)} \times \frac{760}{P} \times \frac{1}{t} \tag{4-46}$$

式中　$C_{S(20)}$——清水 20℃时饱和溶解氧浓度，mg/L；

$C_{S(T)}$——清水 T℃时饱和溶解氧浓度，mg/L；

T——混合液的水温 (7～8 月的平均水温)，℃；

C_L——混合液的溶解氧浓度，mg/L；

α——K_{La} 的修正系数，高负荷法取 0.83，低负荷法取 0.93；

β——饱和溶解氧修正系数，高负荷法取 0.95，低负荷法取 0.97；

P——处理厂位置的大气压，mmHg；

t——1d 的曝气时间；

r——曝气头水深的修正，且满足 $r = \frac{1}{2} \times \left(\frac{10.33 + H_A}{10.33} + 1\right)$，式中 H_A 为曝气头水深，m。

鼓风机的供风量可按式(4-47) 计算：

$$G_S(m^3/min) = \frac{SOR}{0.28E_A} \times 100 \times \frac{293}{273} \times \frac{1}{60} \tag{4-47}$$

式中　E_A——氧利用率，%。

(6) 污泥量计算

污泥量的计算可采用以下两种方法。

1) 第一种方法　采用进水 SS 量为基础来计算，计算公式见式(4-48)。

$$\text{污泥干固体量(kg/d)} = \text{设计流水量}(m^3/d) \times \text{进水 SS 浓度(mg/L)} \times \text{污泥干固体产率系数}/1000 \tag{4-48}$$

各工艺的污泥干固体产率系数为：标准活性污泥法 0.85；延时曝气法 0.75；纯氧曝气法 0.85；氧化沟法 0.75；高负荷 SBR 1.0；低负荷 SBR 0.75；生物转盘 0.85。

2) 第二种方法　污泥合成系数法，计算公式为式(4-49)、式(4-50)：

$$S = C + \Delta X \tag{4-49}$$

$$\Delta X = aL_r - bX_A \tag{4-50}$$

式中 S——剩余污泥干固体量，kg/d；

C——非分解性悬浮物质量，kg/d；

ΔX——生物污泥积累量，kgVSS/d；

a——污泥产率系数，kgVSS/kgBOD；

L_r——去除 BOD 量，kgBOD/d；

b——污泥衰减系数，1/d；

X_A——反应器内 MLVSS 量，kgMLVSS。

（7）设计计算顺序

SBR 反应器容积的求定顺序如图 4-22 所示。

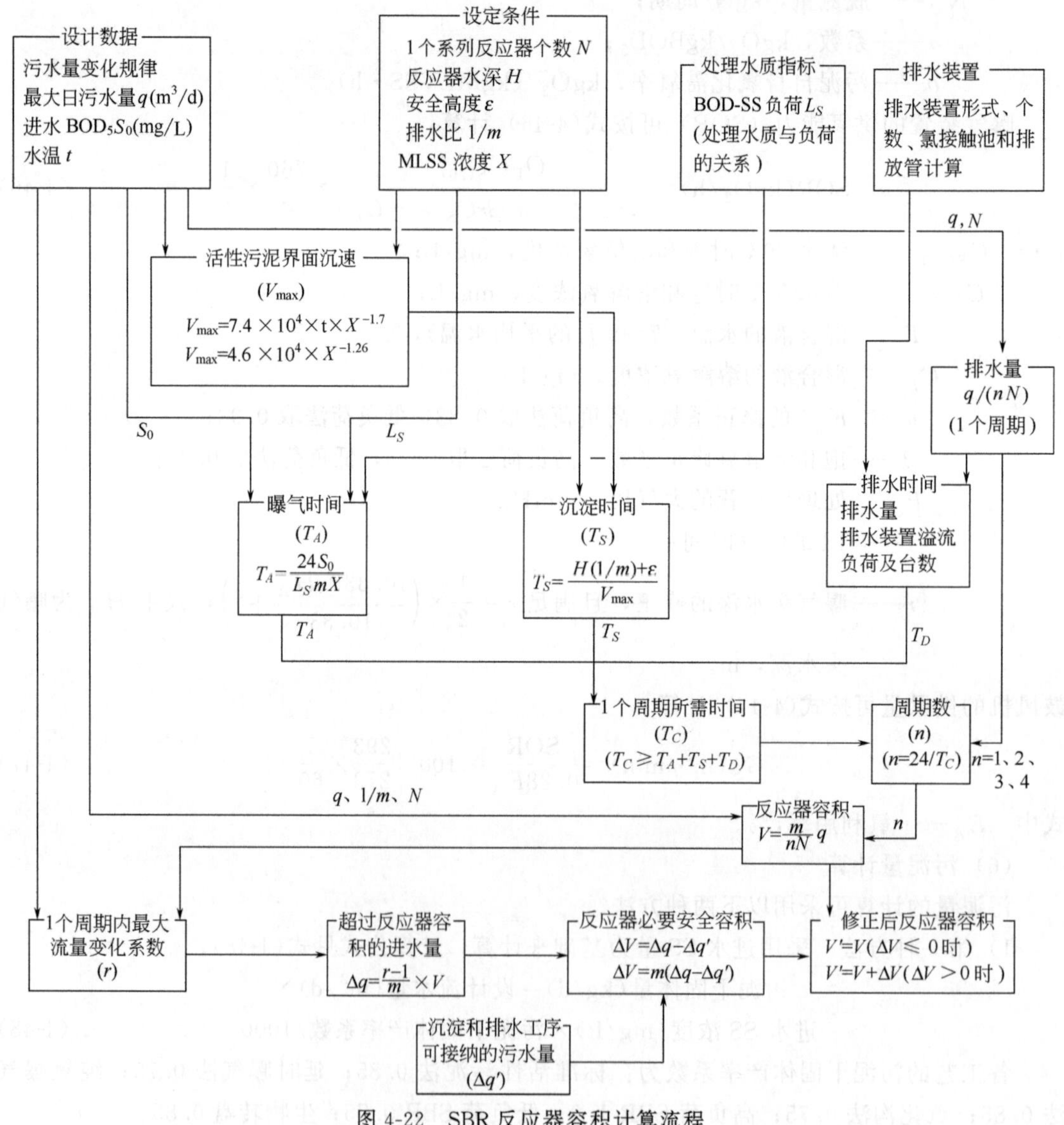

图 4-22 SBR 反应器容积计算流程

（8）SBR 工艺设计计算公式汇总

SBR 工艺设计计算公式汇总见表 4-32。

表 4-32 SBR 工艺设计计算公式汇总表

名称	公式	符号说明
BOD-污泥负荷	$L_S=\frac{QS_o}{eXV}$	L_S——BOD-污泥负荷，kgBOD/(kgMLSS·d)； Q——污水进水量，m^3/d； S_o——进水的平均 BOD_5 浓度，mg/L； X——曝气池内 MLSS 浓度，mg/L； V——曝气池容积，m^3； e——曝气时间比，$e=nT_A/24$
曝气时间	$T_A=\frac{24S_o}{L_SmX}$	T_A——1 个周期的曝气时间，h； $1/m$——排水比
沉淀时间	$T_S=\frac{H(1/m)+\varepsilon}{V_{max}}$	T_S——沉淀时间，h； H——反应池内水深，m； ε——安全高度，m； V_{max}——活性污泥界面的初期沉降速度，m/h；$V_{max}=7.4\times10^4\times t\times C_A^{-1.7}$(MLSS≤3000mg/L)，或 $V_{max}=4.6\times10^4\times C_A^{-1.26}$(MLSS>3000mg/L)； C_A——高水位时混合液污泥浓度，mgMLSS/L； t——水温，℃
1 个周期所需时间	$T_C\geqslant T_A+T_S+T_D$	T_C——1 个周期所需时间，h； T_D——排水时间，h
周期数	$n=24/T_C$	
曝气池容积	$V=\frac{m}{nN}\times Q$	N——池的个数，个； n——周期，d
超过曝气池容量的污水进水量	$\Delta q=\frac{r-1}{m}\times V$	Δq——超过曝气池容量的污水进水量，m^3； r——1 个周期内最大进水量的变化系数，一般采用 1.2～1.8
曝气池的必需安全容量	$\Delta V=\Delta q-\Delta q'$ 或 $\Delta V=m(\Delta q-\Delta q')$	ΔV——曝气池的必需安全容量，m^3； $\Delta q'$——在沉淀和排水期中可接纳的污水量，m^3
修正后的曝气池容量	$V'=V(\Delta V\leqslant0$ 时) $V'=V+\Delta V(\Delta V>0$ 时)	V'——修正后的曝气池容量，m^3
曝气装置的供氧能力	$R_0=\frac{O_DC_{S(20)}}{1.024^{(T-20)}\alpha[\beta r'C_{S(T)}-C_L]}\times\frac{760}{P}\times\frac{1}{t}$	O_D——每小时需氧量，kg/h； $C_{S(20)}$——清水 20℃时氧饱和浓度，mg/L； $C_{S(T)}$——清水 T℃时氧饱和浓度，mg/L； r'——曝气装置水深修正系数； T——混合液的水温，℃； C_L——混合液的溶解氧浓度，mg/L； R_0——曝气装置的供氧能力，kg/h； α——K_{La} 的修正系数，高负荷法为 0.83，低负荷法为 0.93； β——氧饱和温度的修正系数，高负荷法为 0.95，低负荷法为 0.97； P——处理厂的大气压，mmHg

(9) 算例 1（高负荷 SBR 列表计算法）

计算流程及结果如表 4-33 所列。

表 4-33 计算流程及结果

项目	结果	计算
(1)设计条件 设计最大日污水量 进水 BOD 进水 SS 出水 BOD 出水 SS	$2500m^3/d$ 200mg/L 160mg/L 20mg/L 20mg/L	(1)曝气时间 T_A $T_A=\frac{24S_o}{L_S mX}=\frac{24\times200}{0.25\times2.5\times2000}=3.8(h)$ (2)沉淀时间 T_S 水温10℃时 $V_{max}=7.4\times10^4\times t\times C_A^{-1.7}$ $=7.4\times10^4\times10\times2000^{-1.7}$ $=1.8(m/h)$ 水温20℃时 $V_{max}=7.4\times10^4\times20\times2000^{-1.7}=3.6(m/h)$
(2)反应器设计计算 进水流量 进水水质 BOD-SS负荷 MLSS 反应器内污泥总量 沉淀污泥浓度 反应器个数 反应器水深 安全高度 排水比	最大日 $2500m^3/d(q_1)$ 最大时 $3500m^3/d(q_2)$ BOD 200mg/L(S_0) SS 160mg/L 0.25kg/(kg·d)(L_S) 2000mg/L(X) HWL时MLSS 2000mg/L，污泥量2500kg 沉淀时污泥平均浓度4000～8000mg/L 2池(N) 5.0m(H) 0.5m(ε) 1/2.5($1/m$)	$T_S=\frac{H\times(1/m)+\varepsilon}{V_{max}}$ $T_{S(10)}=\frac{5\times1/2.5+0.5}{1.8}=1.4(h)$ $T_{S(20)}=\frac{5\times1/2.5+0.5}{3.6}=0.7(h)$ 取1.4h (3)周期数的确定(n) 1个周期所需时间 $T_C\geqslant T_A+T_S+T_D$ $=3.8+1.4+2.0=7.2(h)$ $n=\frac{24}{T_C}=\frac{24}{7.2}=3.3$，取3次 则1个周期为8h (4)进水时间 T_F $T_F=\frac{T_C}{N}=\frac{8}{2}=4(h)$
(3)计算结果 曝气时间 T_A 沉淀时间 T_S 排水时间 T_D 周期数 n 进水时间 T_F 容积及有效水深 需氧量	4h 2.0h 2.0h 3次/d，1周期8h 4h $1250m^3$/池 $208m^2\times6.0m$(高) 尺寸：8.0m×26.5m×6.0m $450kgO_2/d$	(5)反应器容积 V $V=\frac{m}{nN}\times q_1=\frac{2.5}{3\times2}\times2500$ $=1042(208m^2\times5.0m$ 高) 根据实测资料知，高峰流量时的安全容积为时最大流量乘以4h，即： $\Delta V_{max}=q_2\times4/24=3500\times4/24=583.3(m^3)$ 峰值水平为： $H_{max}=\frac{\Delta V_{max}}{q_1\times4/24}\times H\times\frac{1}{m}+H\left(1-\frac{1}{m}\right)$ $=\frac{583.3}{2500\times4/24}\times5.0\times\frac{1}{2.5}+5.0\left(1-\frac{1}{2.5}\right)$ $=5.8(m)$(取6.0m) (6)需氧量 AOR 按去除1kgBOD需要 $1kgO_2$ 计算，则： $AOR=2500\times(200-20)\times10^{-3}\times1.0$ $=450(kgO_2/d)$
供氧量	① $490kgO_2/d$ ($20.4kgO_2/h$)	(7)供氧量 $SOR=\frac{AOR\times C_{S(20)}}{1.024^{(T-20)}\alpha[\beta r C_{S(T)}-C_L]}$ $=\frac{450\times9.17}{1.024^{(20-20)}\times0.9\times(0.95\times1.19\times9.17-1.0)}$ $=490(kgO_2/d)=20.4(kgO_2/h)$ 取计算温度20℃、$C_L=1.0mg/L$、$\alpha=0.9$、$\beta=0.95$、$E_A=10\%$ 设曝气头距池底0.2m，则淹没水深为4.8m，空气离开反应器时氧的百分浓度为： $O_t=\frac{21(1-E_A)}{79+21(1-E_A)}\times100\%=\frac{21(1-0.1)}{79+21(1-0.1)}\times100\%$ $=19.3\%$

续表

项目	结果	计算
供风量	② 曝气阶段时 20.4kgO_2/(h·池) 13.0m^3/min	$r=\frac{1}{2}\left(\frac{10.33+4.8}{10.33}+\frac{19.3}{21}\right)$ $=1.19$ 每池供氧量：$SOR=\frac{490}{2}=245(kgO_2/d)=10.21(kgO_2/h)$ 曝气阶段应该供给的氧量为： $SOR\times\frac{1}{T_A/T_C}=10.21\times\frac{1}{12/24}=20.4[kgO_2/(h\cdot池)]$ (8)供风量 $G_S=\frac{SOR}{0.28E_A}\times100\times\frac{293}{273}\times\frac{1}{60}$ $=\frac{20.4}{0.28\times10}\times100\times\frac{293}{273}\times\frac{1}{60}$ $=13.0(m^3/min)$

(10) 设计算例 2（低负荷 SBR 工艺）

a. 设计条件

设计污水量：1000m^3/d；

进水 BOD_5：200mg/L；

水温：10～20℃。

b. 计算条件

反应器个数：2 池；

水深：5m；

污泥界面上最小水深：0.5m；

排水比：1/4；

MLSS 浓度：4000mg/L。

c. 处理水质标准

BOD≤20mg/L；BOD-SS 负荷 $L_S=0.08$kg/(kg·d)（脱氮率 70%）。

① 曝气时间

$$T_A=\frac{24S_o}{L_SmX}=\frac{24\times200}{0.08\times4\times4000}=3.8(h)$$

② 沉淀时间

$$V_{max}=4.6\times10^4\times C_A^{-1.7}=4.6\times10^4\times4000^{-1.7}=1.3(m/h)$$

沉淀时间

$$T_S=\frac{H\times(1/m)+\varepsilon}{V_{max}}=\frac{5\times(1/4)+0.5}{1.3}=1.3(h)$$

③ 排水时间　$T_D=2.0h$

④ 1 个周期所需时间　$T\geqslant T_A+T_S+T_D=7.1(h)$

周期次数为

$$n=\frac{24}{T}=\frac{24}{7.1}=3.4(个)$$

取 $n=3$，则每 1 周期为 8h。

⑤ 进水时间

$$T_F=\frac{8}{2}=4(h)$$

⑥ 反应器容积

$$V=\frac{m}{nN}\times q=\frac{4}{3\times 2}\times 1000=667(m^3)$$

⑦ 进水变动的讨论

根据进水时间为 4h 和进水流量变化规律，求出 1 个周期最大流量变化系数 $r=1.5$，则：

$$\frac{\Delta q}{V}=\frac{r-1}{m}=\frac{1.5-1}{4}=0.125$$

考虑到流量的变动，反应器修正的容积 V' 为：

$$V'=V\left(1+\frac{\Delta q}{V}\right)=667\times 1.125=750(m^3)$$

以反应器水深为 5m，则所需水面积为：

$$750\div 5=150(m^2)$$

反应器的运行水位计算如下：

$$h_1=5\times\frac{1}{1.125}\times\frac{4-1}{4}=3.33(m)$$

$$h_2=5\times\frac{1}{1.125}=4.44(m)$$

$$h_3=5.0(m)$$

$$h_4=5.0+0.5=5.5(m)$$

$$h_s=h_1-0.5=3.33-0.5=2.83(m)$$

⑧ 需氧量

按去除 1kgBOD_5 需氧 2kg 计算，则：

$$O_D=1000\times 200\times 10^{-3}\times 2.0=400(kgO_2/d)$$

周期数 $n=3$，反应器个数为 2，则单个 SBR 1 个周期的需氧量为：

$$O_D=\frac{400}{3\times 2}=67(kgO_2/\text{周期})$$

曝气时间 $T_A=4h$，则每小时需氧量为：

$$O_D=\frac{67}{4}=16.7(kgO_2/h)$$

⑨ 供氧量

设计算水温为 20℃，混合液浓度为 1.5mg/L，池水深 5m，曝气头距池底 0.2m，则淹没水深为 4.8m，$E_A=15\%$，空气离开反应器时氧的百分浓度为：

$$O_t=\frac{21(1-E_A)}{79+21(1-E_A)}\times 100\%=\frac{21(1-0.15)}{79+21(1-0.15)}\times 100\%=18.4\%$$

则曝气装置水深修正系数为：

$$r'=\frac{1}{2}\left(\frac{10.33+4.8}{10.33}+\frac{18.4}{21}\right)=\frac{1}{2}(1.46+0.88)=1.17$$

供氧能力为：

$$SOR=\frac{16.7\times 9.17}{1.024^{20-20}\times 0.93\times(0.97\times 1.17\times 9.17-1.5)}=18.5(kgO_2/h)$$

⑩ 供风量

根据供氧能力，求得鼓风空气量 G_S 为：

$$G_S=\frac{\mathrm{SOR}}{0.28E_A}\times\frac{293}{273}\times\frac{1}{60}=\frac{18.5}{0.28\times0.15}\times\frac{293}{273}\times\frac{1}{60}$$
$$=7.9(\mathrm{m^3/min})$$

⑪ 上清液排出装置

日处理污水量 $Q=1000\mathrm{m^3/d}$，池数 $N=2$，周期数 $n=3$，排水时间 $T_D=2\mathrm{h}$，则每池的排水负荷为：

$$Q_D=\frac{Q}{NnT_D}=\frac{1000}{2\times3\times2}\times\frac{1}{60}=1.4(\mathrm{m^3/min})$$

每池设置 1 台滗水器，则排水负荷为 $1.4\mathrm{m^3/min}$，考虑到流量的变化 $r=1.5$，则滗水器最大排水负荷为：$1.4\times1.5=2.1$（$\mathrm{m^3/min}$）。

⑫ 氯接触池

氯接触时间按 15min 计算，则池容积为：

$$V=1.4\times15=21(\mathrm{m^3})$$

4.9.5.2 容积负荷计算法

（1）反应池有效容积

$$V=\frac{nQ_0C}{L_v}\times\frac{T_C}{T_A} \tag{4-51}$$

式中 n——1d 之内的周期数，周期/d；

Q_0——周期内的进水量，$\mathrm{m^3}$/周期；

C——平均进水水质，$\mathrm{kgBOD/m^3}$；

L_v——BOD 容积负荷，$\mathrm{kgBOD/(m^3 \cdot d)}$，取值范围在 0.1～1.3$\mathrm{kgBOD/(m^3 \cdot d)}$ 之间，多用 0.5$\mathrm{kgBOD/(m^3 \cdot d)}$ 左右来设计；

T_C——1 个处理周期的时间，h；

T_A——1 个处理周期内反应的有效时间，h。

当 $L_v=0.5\mathrm{kgBOD/(m^3 \cdot d)}$、$n=1$ 时，反应池容积可用下式计算：

$$V=2Q_0(C<1.0\mathrm{kg/m^3}) \tag{4-52}$$

$$V=2Q_0C(C>1.0\mathrm{kg/m^3}) \tag{4-53}$$

（2）反应池内最小水量计算

SBR 反应池的最大水量为反应池的有效容积 V，而池内最小水量 $V_{\min}$ 即为有效容积 V 与周期进水量 Q_0 之差：

$$V_{\min}=V-Q_0 \tag{4-54}$$

SBR 反应池也是终沉池。在沉淀工序中，活性污泥在最大水量下静止沉淀。沉淀结束后，若污泥界面高于最小水量对应的水位时，污泥的一部分就随上清液流失。最小水量和周期进水量要考虑活性污泥的沉降性能，通过计算决定。最小水量计算公式为：

$$V_{\min}>\frac{\mathrm{SVI}\times\mathrm{MLSS}}{10^6}\times V \tag{4-55}$$

周期进水量计算公式为：

$$Q_0 < \left(1 - \frac{\text{SVI} \times \text{MLSS}}{10^6}\right) \times V \tag{4-56}$$

式中　SVI——污泥体积指数，是活性污泥混合液经 30min 静沉后，1g 干污泥所占的容积，mL。

（3）设计算例 3

设计条件与参数：设计水量 $Q = 5000\text{m}^3/\text{d}$，$\text{BOD}_5 = 170\text{mg/L}$，$L_V = 0.5\text{kgBOD}/(\text{m}^3 \cdot \text{d})$；SVI=90，周期 $T_C = 6\text{h}$，1d 内周期数 $n = \frac{24}{6} = 4$（周期/d）；池数 $N = 3$；进水时间 $T_F = \frac{T_C}{N} = \frac{6}{3} = 2(\text{h})$；曝气（进水 1h 后开始）时间 3.0h；沉淀时间 1.0h；排水时间 0.5h；待机时间 0.5h。

周期进水量：　　$Q_0 = 5000 \times \frac{1}{3} \times \frac{1}{4} = 417(\text{m}^3/\text{周期})$

混合液 MLSS=3000mg/L。

反应池有效容积 V：

$$V = \frac{nQ_0C}{L_V} \times \frac{T_C}{T_A} = \frac{4 \times 417 \times 170}{0.5 \times 1000} \times \frac{6}{3}$$
$$= 1134(\text{m}^3)$$

反应池内最小水量：

$$V_{\min} = \frac{\text{SVI} \times \text{MLSS}}{10^6} \times V = \frac{90 \times 3000}{10^6} \times 1134$$
$$= 306(\text{m}^3)$$

校核周期进水量：

$$Q_0 < \left(1 - \frac{\text{SVI} \times \text{MLSS}}{10^6}\right) V = (1 - 0.27) \times 1134 = 828(\text{m}^3)\text{满足要求。}$$

4.9.5.3 静态动力学设计法（适用于脱氮除磷的 SBR 设计）

（1）污泥龄和剩余污泥量的确定

为使系统具有硝化功能，必须保证一定的好氧污泥龄以使硝化细菌能在系统中生存下来。硝化所需最低好氧污泥龄的计算公式为：

$$\theta_{S \cdot N} = (1/\mu) \times 1.103^{(15-T)} \times f_s \tag{4-57}$$

式中　$\theta_{S \cdot N}$——硝化所需最低好氧污泥龄，d；

μ——硝化菌比生长速率，d^{-1}，当 $T = 15$℃时，$\mu = 0.47\text{d}^{-1}$；

f_s——安全系数，为保证出水氨氮浓度小于 5mg/L，f_s 取值范围为 2.3～3.0；

T——污水温度，℃。

缺氧阶段，即反硝化阶段所经历的时间取决于系统的进水水质、系统的进水方式、脱氮要求以及系统中活性污泥的耗氧能力。活性污泥在溶解氧存在时，将优先利用溶解氧作为最终电子受体；而当在缺氧条件下（只有硝态氮存在而无自由溶解氧存在）时，则将利用硝态氮中的氧作为最终电子受体。一般认为约有 75%的异养型微生物有能力利用硝态氮中的氧进行呼吸。为安全考虑，一般也假定活性污泥在缺氧阶段的呼吸率将有所下降，其值约为好氧呼吸的 80%。据此可求得活性污泥利用硝态氮中的氧的能力（即反硝化能力）。

$$\frac{NO_3^- \text{-} N_D}{BOD_5}=0.8\times\frac{0.75\times OC}{2.9}\times\frac{t_{anox}}{t_a+t_{anox}}\times a \tag{4-58}$$

$$OC=\frac{0.144\times\theta_{S\cdot R}\times 1.072^{(T-15)}}{1+\theta_{S\cdot R}\times 0.08\times 1.072^{(T-15)}}+0.5 \tag{4-59}$$

$$\theta_{S\cdot R}=\theta_{S\cdot N}\times(t_{anox}+t_a)/t_a \tag{4-60}$$

式中　OC——活性污泥在好氧条件下每去除 1kgBOD_5 所耗氧量，kg，OC 的设计最大值为 1.6kg；

$\theta_{S\cdot R}$——包括硝化和反硝化阶段的有效污泥泥龄，d；

t_a——曝气阶段所用时间，h；

t_{anox}——缺氧阶段所用时间，h；

a——修正系数；

$\frac{NO_3^- \text{-} N_D}{BOD_5}$——反硝化能力，即每利用 1kg$BOD_5$ 所能反硝化的氮量，kg；

其他符号意义同上。

当池子交替连续进水时，$a=1.0$；当系统在反硝化阶段开始前快速进水时，由于基质浓度提高，故活性污泥耗氧能力提高，需进行修正；其值为：

$$a=2.95\times[100\times t_{anox}/(t_{anox}+t_a)]^{-0.235} \tag{4-61}$$

系统所需反硝化的氮量可根据氮量平衡求得：

$$NO_3^- \text{-} N_D=TN_o-TN_e-BOD_5\times 0.04 \tag{4-62}$$

式中　$BOD_5\times 0.04$——微生物增殖过程中结合到体内的氮量，随剩余污泥排出系统，mg/L；

TN_o——进水总氮浓度，mg/L；

TN_e——出水总氮浓度，mg/L。

根据式(4-58)～式(4-62) 即可求得硝化和反硝化时间的比例以及包括硝化和反硝化阶段的有效污泥龄 $\theta_{S\cdot R}$。

SBR 系统的运行可包括厌氧、缺氧、好氧、沉淀和排水等过程，沉淀和排水等过程所需的设计时间较为固定，故当系统的有效污泥龄确定后，系统的总污泥龄即可求得：

$$\theta_{S\cdot T}=\theta_{S\cdot R}\times t_c/t_R \tag{4-63}$$

$$t_c=t_{bio\text{-}p}+t_{anox}+t_a+t_s+t_d \tag{4-64}$$

式中　$\theta_{S\cdot T}$——SBR 总污泥龄，d；

t_R——有效反应时间，h，$t_R=t_a+t_{anox}$；

t_c——周期时间，h，一般根据经验或试验确定；

$t_{bio\text{-}p}$——用于生物除磷的厌氧阶段所需时间，h，一段为 0.5～1.0h；

t_s——沉淀时间，h，一般为 1.0h 左右；

t_d——排水时间，h，一般为 0.5～1.0h；

其他符号意义同上。

周期时间的确定对系统的设计具有重要影响。由于在一次循环过程中，沉淀和排水时间较为固定，故周期时间 t_c 长，则有效反应时间也长；其比值 t_c/t_R 一般减小，故系统所需的总污泥龄可降低，但周期时间长，则一次循环中进入 SBR 的水量增加，亦即池子的贮水容量需提高，因此周期时间 t_c 必须仔细研究。

根据所求定的有效污泥龄可求得系统的剩余污泥量，剩余污泥主要包括进水中 BOD_5 增殖部分、微生物内源呼吸残留物质、进水中惰性固体三部分。如系统为除磷尚需加入化学药剂，则需计入所产生的化学污泥量。若以干固体计的剩余污泥量 ΔX（kg/d）可用下式计算：

$$\Delta X = QS_o\left(Y_H - \frac{0.9b_H Y_H f_{T\cdot H}}{\frac{1}{\theta_{S\cdot R}} + b_H f_{T\cdot H}}\right) + Y_{SS}Q(SS_i - SS_e) + \Delta X_{P,\text{chem}} \tag{4-65}$$

式中　Q——进水设计流量，m^3/d；

S_o——进水有机物浓度，mg/L；

SS_i、SS_e——反应器进出水 SS 浓度，kg/m^3；

Y_H——异养型微生物的增殖率，$kgDS/kgBOD_5$，一般取 $0.5\sim0.6kgDS/kgBOD_5$；

Y_{SS}——不能溶解的惰性悬浮固体部分，$Y_{SS}=0.5\sim0.6$；

$\theta_{S\cdot R}$——有效污泥龄，d；

b_H——异养型微生物自身氧化率，d^{-1}，一般取 $0.08d^{-1}$；

$f_{T\cdot H}$——异养型微生物生长温度修正系数，$f_{T\cdot H}=1.072^{(T-15)}$，其中 T 为温度（℃）；

$\Delta X_{P,\text{chem}}$——加药所产生的污泥量（以干固体计），kg/d。

根据所求得的剩余污泥量 ΔX 和系统的总污泥龄，即可求得每个 SBR 反应器的污泥总量：

$$S_{T\cdot P} = \Delta X \cdot \theta_{S\cdot T}/n \tag{4-66}$$

式中　$\theta_{S\cdot T}$——SBR 反应器污泥龄，d；

$S_{T\cdot P}$——SBR 反应器中的 MLSS 总量，kg；

ΔX——剩余污泥量，kg；

n——SBR 反应器个数。

(2) SBR 反应池贮水容积的确定

每个 SBR 反应池贮水容积 ΔV 是指池子最低水位至最高水位之间的容积，贮水容积的大小主要取决于池子个数、每一周期所经历的时间以及在此循环时间内可能出现的最大进水量等因素。在已知进水流量变化曲线后，贮水容积 ΔV 可用下式计算：

$$\Delta V = \int_0^t Q_{\max}(t)\,dt \tag{4-67}$$

式中　$Q_{\max}(t)$——进水时间内的最大进水量，m^3/h；

t——进水时间，h。

实际在污水处理厂运行之前往往缺乏流量变化规律曲线，为安全起见，可设定在整个进水时间段内持续出现最大设计流量计算 SBR 反应器的贮水容积：

$$\Delta V = Q_{\max} \times t = Q_{\max} \times t_c/n \tag{4-68}$$

式中　n——SBR 反应器个数；

$Q_{\max}$——污水处理厂设计最大进水流量，m^3/h。

在确定贮水容积 ΔV 后，则每个 SBR 反应器的总容积 V 为：

$$V = V_{\min} + \Delta V \tag{4-69}$$

式中　$V_{\min}$——SBR 反应器最低水位以下的池子容积，m^3。

SBR 池子贮水容积 ΔV 所占整个池子的容积 V 的比例取决于池子形状、污泥沉降性能、撇水器的构造等，一般 $\Delta V/V$ 的比例以不超过40%为宜。

(3) 污泥沉降速度的计算和池子尺寸的确定

在SBR系统中，生物过程和泥水分离过程在同一个池子中进行，在曝气等生物处理过程结束后，即进入沉淀分离过程。在沉淀过程初期，曝气结束后的残余混合能量可用于生物絮凝过程，至池子趋于平静时正式开始沉淀，一般持续10min左右；沉淀过程从沉淀开始后一直延续至撇水阶段结束，故沉淀时间应为沉淀阶段和撇水阶段的时间总和。为避免在撇水过程中将活性污泥随处理出水夹带出系统，需要在撇水水位和污泥泥面之间保持一最小的安全距离 H_S。污泥泥面的位置则主要取决于污泥的沉降速度，污泥沉速主要与污泥浓度、SVI等因素有关。在SBR系统中，污泥的沉降速度 V_S 可用下式计算：

$$V_S=650/(\mathrm{MLSS_{TWL}}\times \mathrm{SVI}) \tag{4-70}$$

式中　V_S——污泥沉速，m/h；

$\mathrm{MLSS_{TWL}}$——在最高水位 H_{TWL} 时MLSS浓度，kg/m^3；

SVI——污泥体积指数，mL/g。

为保持撇水水位和污泥泥面之间的最小安全距离，污泥经沉淀和撇水阶段后，其污泥沉降距离应≥$\Delta H+H_S$，期间所经历的实际沉淀时间为 $(t_S+t_d-10/60)$h，故可得下式：

$$V_S\times(t_S+t_d-10/60)=\Delta H+H_S \tag{4-71}$$

式中　ΔH——最高水位和最低水位之间的高度差，也称撇水高度，m，ΔH 一般不超过池子总高的40%，与撇水装置的构造有关，一般其值最多在2.0～2.2m。

将式(4-70)代入式(4-71)得：

$$\frac{650}{\mathrm{MLSS_{TWL}}\times \mathrm{SVI}}(t_S+t_d-10/60)=\Delta H+H_S \tag{4-72}$$

$\mathrm{MLSS_{TWL}}$ 可由式(4-73)求得：

$$\mathrm{MLSS_{TWL}}=S_{T\cdot P}/V=S_{T\cdot P}/(A\times H_{TWL}) \tag{4-73}$$

式中　$S_{T\cdot P}$——反应器中的MLSS总量，kg/池；

V——反应器容积，m^3；

A——反应器面积，m^2；

H_{TWL}——最高水位，m。

将式(4-73)代入式(4-72)可得：

$$\frac{650\times A\times H_{TWL}}{S_{T\cdot P}\times \mathrm{SVI}}\times(t_S+t_d-10/60)=\Delta V/A+H_S \tag{4-74}$$

式中，沉淀时间 t_S、撇水时间 t_d 可预先设定，根据水质条件和设计经验可选择一定的SVI值；安全高度 H_S 一般在0.6～0.9m；ΔV 可由式(4-67)或式(4-68)求得，这样式(4-74)中只有池子高度 H_{TWL} 和面积 A 未定。根据边界条件用试算法即可求得式(4-74)中的池子高度和面积。具体过程为可先假定池子高度为 H_{TWL}，用式(4-74)求得面积 A，从而可求得撇水高度 ΔH；如撇水高度超过允许的范围，则重新设定池子高度，重复上述过程。

在求得 H_{TWL} 和池子面积 A 后，即可求得最低水位 H_{BWL}：

$$H_{BWL}=H_{TWL}-\Delta H=H_{TWL}-\Delta V/A \tag{4-75}$$

最高水位时的MLSS浓度 $\mathrm{MLSS_{TWL}}$ 可根据式(4-73)求得，最低水位时的 $\mathrm{MLSS_{BWL}}$ 浓度则可由式(4-76)求得：

$$\text{MLSS}_{\text{BWL}}(\text{kg/m}^3)=\frac{H_{\text{TWL}}}{H_{\text{BWL}}}\times\text{MLSS}_{\text{TWL}} \tag{4-76}$$

最低水位时的设计 MLSS 浓度一般不大于 6.0kg/m³。

（4）曝气系统和撇水系统的设计

SBR 系统所需供氧量可按连续流活性污泥法去除有机物、硝化与反硝化所需氧量计算，所不同的是，SBR 系统为间歇曝气，其鼓风机和曝气头的设计能力应在所设定的曝气时间内向系统提供足够的氧量。另外，尚需特别注意鼓风机的运行和各个 SBR 反应器运行的相互配合，使曝气系统既能灵活运行，又能最大限度地降低风机台数。

SBR 系统处理出水由撇水系统排出，对撇水系统要求其在撇水过程中避免将沉淀污泥和表面浮渣随水排出。撇水器设计和选择一般需与专业咨询公司或生产厂家联合进行。

（5）进水贮水池的设计

对于设置进水贮水池的 SBR 系统，其进水贮水池的容积设计同一般调节池，可按贮水池的进出水量平衡求得。在缺乏进水流量变化规律曲线的条件下，如 SBR 池子为在每一周期开始时一次性进水，则进水贮水池的容积设计可按贮存 1 个 SBR 池子在一次循环过程中的最大进水量计算，见式(4-68)。

如 SBR 池子在 1 周期中分批多次进水，且在沉淀和撇水阶段不安排进水，则进水贮水池的水力停留时间 t_R 和池子容积可设计为：

$$t_R=(t_c-t_S-t_d)/(n+Z)+t_S+t_d \tag{4-77}$$

贮水池容积：

$$V_S=Q_{\max}\times t_R \tag{4-78}$$

式中　Z——1 个周期内的进水次数。

4.9.5.4 动态模拟设计法

（1）SBR 设计基本关系式的推导

基本思路是，首先建立反映底物在 SBR 反应器中变化的基本关系式，根据原水情况和处理要求即可计算出运行各阶段的时间分配，从而求得反应器的有效容积和确立运行模式。

1）理论基础　Braha 等认为 Monod 公式能够较好地反映 SBR 中有机物的降解规律，通过试验可以精确地确定有机物降解的几个动力学参数。因此，理论推导也是以 Monod 公式为基础进行的。

为了应用动力学模式和简化计算，有必要引入以下假设。

假设 1：在 1 个周期内，合成的微生物量与总的生物量相比可以忽略不计，即反应器中微生物总量近似不变。

假设 2：1 个周期开始前，反应器中底物浓度（即上 1 周期出水浓度）与原水浓度相比可以忽略不计。

假设 3：在进水期，进水底物浓度积累占主导地位，Monod 公式中 $K_S \ll S$；反应期中 $K_S \gg S$。

假设 4：进水流量不变。

SBR 按基本运行模式(分进水、反应、沉淀、排水、闲置等 5 个阶段）操作时，废水中底物的降解主要发生在进水期和反应期。为了计算这两个阶段的时间分配，需要确定联系两阶段的中间变量——进水期末或反应期始的底物浓度（以 S_F 表示），这是建立基本关系式的关键。

2）进水期底物的变化　SBR 反应器在 1 个周期内底物浓度随时间变化规律曲线见图 4-23。

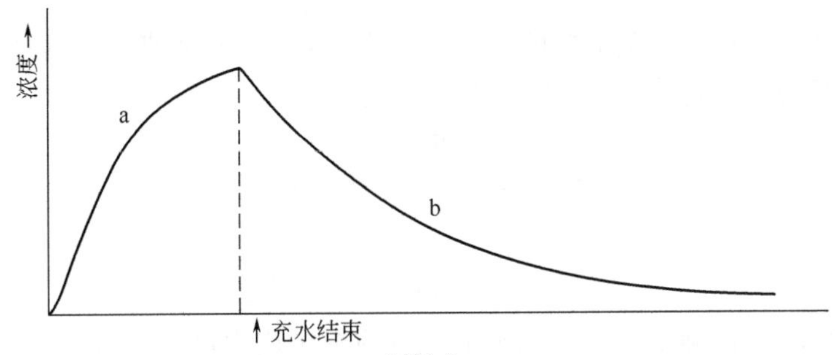

图 4-23　SBR 法混合液中污染物浓度随时间的变化规律

根据物料平衡和 Monod 模式，进水过程反应器中底物的变化符合以下关系式：

$$\frac{\mathrm{d}(VS)}{\mathrm{d}t}=q_oS_o-\frac{KXSV}{K_S+S} \tag{4-79}$$

式中　V——反应器中混合液体积；

S——反应器中底物浓度；

t——时间；

X——反应器中微生物浓度；

q_o——进水流量；

S_o——进水底物浓度；

K——反应速率常数；

K_S——半速率常数。

假设 1 表明，生物总量 XV=定值，或者：

$$XV=X_vV_o \tag{4-80}$$

式中　X_v——混合液体积最大时污泥浓度，以 MLVSS 计；

V_o——混合液最大体积或反应器有效容积。

由假设 3，$K_S \ll S$，则 $K_S+S\approx S$，那么，由式(4-79)、式(4-80) 得：

$$\frac{\mathrm{d}(VS)}{\mathrm{d}t}=q_oS_o-KX_vV_o \tag{4-81}$$

当进水开始时（$t=0$），根据假设 2，有：

$$VS=(V_o-V_F)S_e\approx 0 \tag{4-82}$$

式中　V_F——进水体积；

S_e——出水底物浓度。

当进水结束时（$t=t_F$）：

$$VS=V_oS_F \tag{4-83}$$

式中　S_F——进水期结束或反应期开始时底物浓度；

t_F——进水时间。

在以上边界条件下，对式(4-81) 积分求得：

$$S_F=(q_oS_o-KX_vV_o)t_F/V_o \tag{4-84}$$

流量：

$$q_o=V_F/t_F \tag{4-85}$$

充水比：

$$\lambda=V_F/V_o \tag{4-86}$$

由式(4-85)、式(4-86) 可以将式(4-84) 变化为：

$$S_F = \lambda S_o - K X_v t_F \tag{4-87}$$

在此，引入“进水期污泥负荷”的概念，它的含义为“进水期单位活性污泥微生物量在单位时间内所承受的有机物数量”。用公式表示为：

$$L_F = \frac{V_F S_o}{t_F X_v V_o} = \lambda \frac{S_o}{t_F X_v} \tag{4-88}$$

并定义底物降解度 $\alpha = S_F / S_o$，则：

$$\alpha = \lambda - (K\lambda)/L_F \tag{4-89}$$

3）反应期时间 t_R 的确定　Monod 模式在反应期中应用可表示为：

$$-V_o \frac{dS}{dt} = \frac{KS}{K_S + S} V_o \tag{4-90}$$

用反应期始、末浓度表示上式可近似为：

$$\frac{S_F - S_e}{t_R} = k_1 X_v S_e \tag{4-91}$$

式中　t_R——反应期时间；

k_1——常数，$k_1 = \dfrac{K}{K_S + S}$。

这是因为，根据假设 3，在反应期，$K_S \gg S$，则 $K_S + S \approx K_S$。

一般情况下，污水处理的要求是，S_e 等于某一数值很小的目标值，因而不妨设 $S_e \ll S_F$，且 S_e 为定值。则式(4-91) 可近似表达为：

$$\frac{S_F}{t_R X_v} = k_1 S_e = \text{定值} \tag{4-92}$$

将这一定值定义为“反应期污泥负荷”，其含义是“反应期单位活性污泥微生物量在单位时间内所承受的有机物数量。”用公式表示为：

$$L_R = \frac{S_F V_o}{t_R X_v V_o} = k_1 S_e \tag{4-93}$$

式(4-93) 的意义是，对于不同的运行条件，如果处理要求一样，那么选择的反应期污泥负荷是一样的。因此，可以通过选定反应期污泥负荷经验值的方法设计反应时间 t_R。

(2) 设计计算步骤

以“进水期污泥负荷 L_F”和“反应期污泥负荷 L_R”的概念设计 SBR 的池容积和操作方式。

1）确定某些参数

① 明确原水情况，如进水流量 q_o、进水水质 S_o 等；

② 设定运行条件，如充水比 λ、污泥浓度 X_v、进水时间 t_F 等；

③ 根据原水和处理目标确定参数，如反应期污泥负荷、反应速率常数 k 等。

2）计算进水期污泥负荷 L_F，利用式(4-88)。

3）计算进水期末（或反应期始）的底物浓度 S_F，利用式(4-91)。该公式表示一条直线，可以计算或作图求得。

(3) 确定反应时间 t_R

$$t_R = \frac{S_F}{L_R X_v} \tag{4-94}$$

（4）确定沉淀时间 t_S

沉淀时间 t_S 一般取 0.5～2.0h，可根据试验或经验确定。

（5）排水时间

$$t_D=(q_o/q_D)t_F \tag{4-95}$$

式中　q_D——排水流量。

（6）闲置时间 t_I

可根据实际情况调整。

（7）计算周期 T

$$T=t_F+t_R+t_S+t_D+t_I \tag{4-96}$$

（8）确定 SBR 池数

$$N=T/t_F \tag{4-97}$$

（9）每池有效容积 V_o

$$V_o=q_o t_F/\lambda \tag{4-98}$$

4.9.5.5　其他设计法

根据开始曝气的时间与充水过程时序的不同，可分为 3 种不同的曝气方式，即：

① 非限量曝气，一边充水一边曝气；

② 限量曝气，充水完毕后再开始曝气；

③ 半限量曝气，在充水阶段的后期开始曝气。

工艺设计包括确定运行周期（T）、反应器容积、污水贮水池最小容积以及进水流量等。

（1）运行周期（T）的确定

SBR 的运行周期由充水时间、反应时间、沉淀时间、排水排泥时间和闲置时间来确定。充水时间（t_F）应有一个最优值。如上所述，充水时间应根据具体的水质及运行过程中所采用的曝气方式来确定。当采用限量曝气方式及进水中污染物的浓度较高时，充水时间应适当取长一些；当采用非限量曝气方式及进水中污染物的浓度较低时，充水时间可适当取短一些。充水时间一般取 1～4h。反应时间（t_R）是确定 SBR 反应器容积的一个非常主要的工艺设计参数，其数值的确定同样取决于运行过程中污水的性质、反应器中污泥的浓度及曝气方式等因素。对于像生活污水这样的易处理废水，反应时间可取短一些；反之对那些含有难降解物质或有毒有害物质的废水，反应时间应适当取长一些，一般在 2～8h 之间。沉淀排水时间（t_S+t_D）一般按 2～4h 设计，闲置时间（t_E）一般按 0～2h 设计。因此，SBR 工艺的运行周期一般为 4～16h。

（2）反应器容积的设计

SBR 为序列间歇式活性污泥处理过程，其运行周期依次由充水(F)→反应(R)→沉淀(S)→排水排泥(D)→闲置(E)5 个工序组成。按充水和曝气反应时间的分配，可将其运行过程演化为如图 4-24 所示的 4 种基本运行方式。

1）限量曝气方式　按限量曝气方式运行时，充水流量最大。按此方式设计的 SBR 系统可灵活地按其他方式运行，因而大多情况下按此方式设计 SBR 系统。图 4-25 是限量曝气方式运行的池 1 个周期内污泥浓度和基质浓度的变化情况。由图 4-25 可知，充水期内污泥浓度 MLSS 的增长甚少，充水期结束时基质浓度达到最大值。反应期开始时混合液中的营养丰富，污泥呈现对数增长，曝气结束时基质浓度达到设计出水浓度值，迫使污泥逐步进入内源呼吸阶段。因此，SBR 生物降解所需的时间主要由充水时间和反应时间决定。图 4-26 反

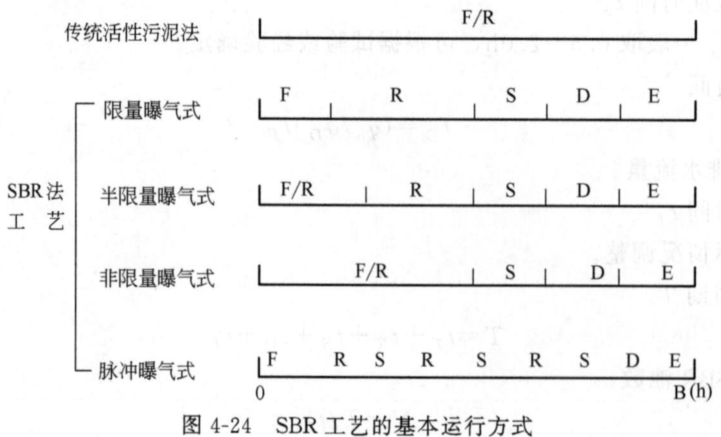

图 4-24　SBR工艺的基本运行方式

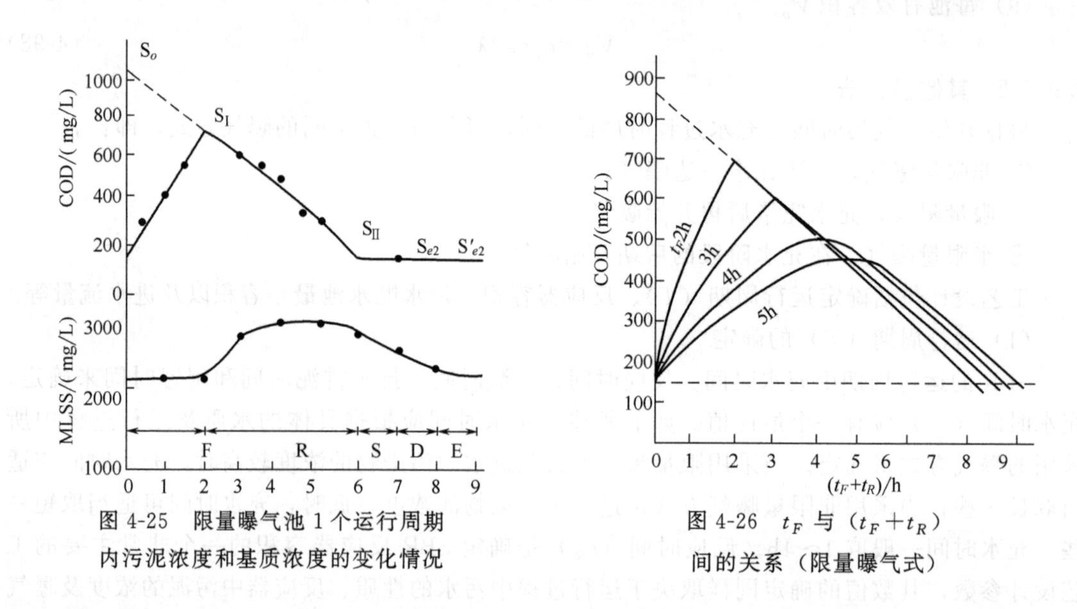

图 4-25　限量曝气池 1 个运行周期内污泥浓度和基质浓度的变化情况

图 4-26　t_F 与（t_F+t_R）间的关系（限量曝气式）

映了 t_F 与（t_F+t_R）间的关系。当进水和出水有机物浓度保持不变时，（t_F+t_R）随 t_F 的增长而延长；若保持运行周期 T 不变时，t_F 超过一定限度，则出水有机物浓度将增加，所以 $t_F/(t_F+t_R)$ 应由试验确定。SBR反应器的容积可由式(4-99)～式(4-104) 确定。

$$V_o(\text{m}^3/\text{池})=qS_ot_F/[X(k_0+k_1t_RS_e)] \tag{4-99}$$

$$L_m[\text{kgBOD}/(\text{kgMLSS}\cdot\text{d})]=S_om/(e\lambda X) \tag{4-100}$$

$$V(\text{m}^3/\text{池})=V_o/\lambda \tag{4-101}$$

$$n(\text{个})=24Q_o/(mV_o) \tag{4-102}$$

$$q(\text{m}^3/\text{h})=Q_o/(nmV_ot_F) \tag{4-103}$$

$$m(\text{次})=24/T \tag{4-104}$$

式中　V_o、V——单池充水容积和单池总容积，其中 V 为充水容积 V_o 和存留沉淀污泥容积 V_m 之和[V_o/V_m 一般为1：(1～4)]；

S_o、S_e——进水和反应结束时的污染物浓度；

Q_o、q——原污水和SBR池充水流量；

n、m——SBR 池数和每天的运行周期数；

e、λ——曝气时间比和充水比，且满足 $e=t_R/T$，$\lambda=V_o/V$（一般取 0.2～0.5）；

k_0、k_1——零级、一级反应动力学常数，mol/(L·min)、min^{-1}；

t_F、t_R——充水、反应时间，h；

X、L_m——SBR 反应器中的污泥浓度和污泥负荷。

2）非限量曝气方式　非限量曝气方式运行时充水和曝气同时进行。由于进水速度远大于进水过程中反应器内污染物的降解速度，从而使 SBR 反应器内出现污染物的积累。在充水结束时，池内污染物浓度达到最大；反应期结束时，池内污染物浓度恢复至充水前的水平。每个曝气池的总有效容积 V 应为充水容积 V_o 和存留沉淀污泥容积 V_S 之和。曝气池的充水容积应保证系统停止充水时贮存入调节池的污水量和该充水时间内进入系统的污水量进入曝气池，故非限量曝气方式运行时 SBR 的容积可由式(4-105)～式(4-108) 确定：

$$V_o(\mathrm{m^3/池})=(T-nt_F)q/n+qt_F\approx qT/n \tag{4-105}$$

$$V(\mathrm{m^3/池})=V_o/\lambda=Tq/(n\lambda) \tag{4-106}$$

$$X(\mathrm{mg/L})=(1-\lambda-h_2/H)X' \tag{4-107}$$

$$\lambda=1-X/X'-h_2/H$$

$$L_m=[\lambda/(1-\lambda)]\ S_o/(t_FX_o) \tag{4-108}$$

式中　h_2、H——SBR 反应器中沉淀污泥层上的保护层高度和总有效高度，m，h_2 一般为 0.5m，主要考虑在排水的过程中为了不排走污泥而设置的一个保护高度；

X'——SBR 中沉淀后污泥的浓度（一般在 10～12g/L）；

其余符号意义同前。

由以上各表达式可见，当污水水质、水量确定后，只要控制好活性污泥特性，就能控制 X'、X；只要选定适宜的充水时间 t_F 及充水比 λ，即可控制 S_{max}、X 及 t_R，同时也可控制 SBR 反应器的运行周期 T。因此，充水时间 t_F 和充水比 λ 将成为 SBR 工艺设计的主要参数。

（3）污水贮水池最小容积的设计

由于 SBR 法反应器能将若干小时的污水在池内混合，对原水有一定的均化作用，如果多个曝气池顺序进水，能将较长时间的高负荷污水进行分割，让几个池子来承担高负荷，使曝气池有较好的工作稳定性，从而减小调节池的容积。但是，由于 SBR 法由几个池子顺序进水，在安排各池运行周期及进水时间时，可能出现各池不处在充水阶段，这样进水系统的原污水就应贮存起来，待下一个曝气池充水开始时再抽入曝气池。这部分贮存容积视运行周期的具体安排而定。

假定 SBR 的运行周期为 T，充水时间为 t_F，SBR 反应器的池数为 n（见图 4-27）。各曝气池都不处于充水阶段的时间（t_P）及最小贮存容积（V_p）应为：

$$t_P=(T-nt_F)/n \tag{4-109}$$

$$V_p=qt_P=q(T-nt_F)/n \tag{4-110}$$

（4）SBR 反应器进水流量的设计

SBR 曝气池可采用重力自流进水，但若需要进行污水贮存时一般只能用水泵供水。此时水泵的输水流量应按式(4-111) 计算，所得的 Q_o 值应保证大于 q_o；如果采用的充水时间 t_F 值不适宜或反应器数 n 过多，Q_o 小于 q，说明可能出现 2 个以上的曝气池同时充水，这是不正常的。

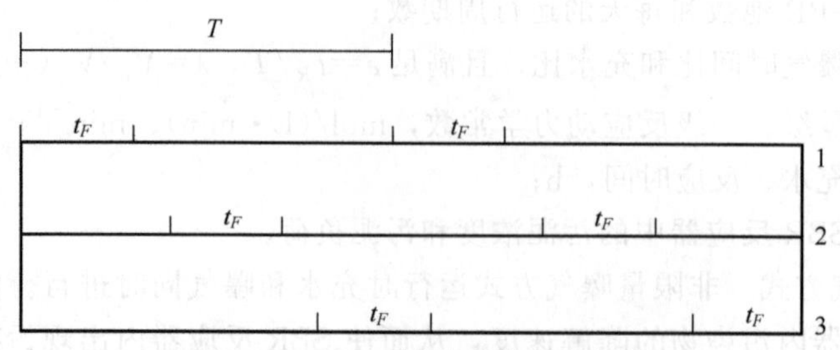

图 4-27　SBR 系统各池的运行周期

$$Q_o = V_o / t_F = qT/(nt_F) \tag{4-111}$$

（5）排水系统的设计

排水系统是 SBR 处理工艺设计的重要内容，也是其设计中最具特色和关系到该系统运行成败的关键部分。目前，国内外报道的 SBR 排水装置大致可归纳为以下几种：a. 潜水泵单点或多点排水，这种方式电耗大且容易吸出沉淀污泥；b. 池端（侧）多点固定阀门排水，由上自下开启阀门，但其操作不方便，排水容易带泥；c. 浮子式软管排水，这种方式易在排水初期带泥。理想的排水装置应满足以下几个条件：a. 单位时间内出水量大，流速小，不会使沉淀污泥重新翻起；b. 集水口随水位下降，排水期间始终保持反应池当中的静止沉淀状态；c. 排水设备坚固耐用且排水量可无级调控，自动化程度高。

由于多种形式的 SBR 工艺均是周期排水，且排水时池中水位是不断变化的。为了保证排水时不扰动池中各层清水，且排出的总是上层清液，同时为了防止水面上的浮渣外排，则要求排水堰口处于淹没流状态。因此，SBR 工艺要求使用浮动式排水堰，即滗水器。

滗水器浮在反应池内水面上，排水时要迅速、稳定、均匀地将处理后的上层清液排出池外。从滗水器堰口到池外连有一段特殊的输水管道，它要保证随堰体的升降而自由变化，需要排水时堰口下降至液面以下，池内上清液不断涌入堰口，通过上述管道排出池外。此时，堰体自重与浮力形成平衡，堰口满足一定的水力负荷，并保持水流均衡。池内水面下降时，堰口亦不断下降，堰体的连接管道也应以同样的速率变化，无论其变化的轨迹如何，最终应实现同样的目的。

随着 SBR 工艺在国外的广泛应用，滗水器形式也有多种。目前在工程上已被采用的滗水器形式有虹吸式、旋转式、套筒式和软管式 4 种。

4.9.6　改良 SBR 工艺简介与比较

传统或经典的 SBR 工艺形式在工程应用中存在一定的局限性。例如，在进水流量较大的情况下，对反应系统需要进行调节，但这会相应增大投资；若对出水水质有特殊要求，如脱氮、除磷等，则需对 SBR 工艺进行适当的改进。因而在工程应用实践中，SBR 传统工艺逐渐发展成了各种新的形式，以下分别介绍几种主要的 SBR 最新形式。

4.9.6.1　间歇式循环延时曝气活性污泥法

间歇式循环延时曝气活性污泥法（ICEAS）于 20 世纪 80 年代初在澳大利亚兴起，是变形的 SBR 工艺，其基本的工艺流程如图 4-28 所示。

ICEAS 与传统的 SBR 相比，最大的特点是：在反应器的进水端增加了一个预反应区（生物选择器），运行方式为连续进水（沉淀期和排水期仍保持进水），间歇排水，没有明显的反应阶段和闲置阶段。这种系统在处理市政污水和工业废水方面比传统的 SBR 系统费用更省、管理更方便。但是，由于进水贯穿于整个运行周期的每个阶段，沉淀期进水在主反应

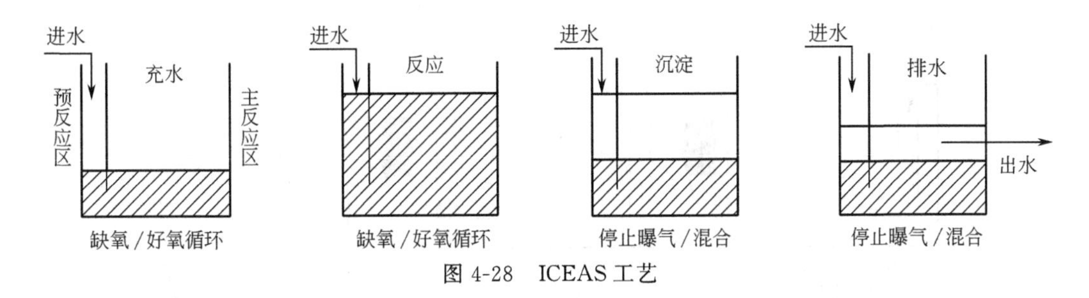

图 4-28　ICEAS 工艺

区底部造成水力紊动而影响泥水分离时间，因此，进水量受到了一定限制。通常水力停留时间较长。由于 ICEAS 工艺设施简单，管理方便，国内外均广泛应用。

设置生物选择器的主要目的是使系统选择出适应废水中有机物降解、絮凝能力更强的微生物，生物选择器容积约占整个池子的 10%。生物选择器的工艺过程遵循活性污泥的基质积累-再生理论，使活性污泥在选择器中经历一个高负荷的吸附阶段（基质积累），随后在主反应区经历一个较低负荷的基质降解阶段，以完成整个基质降解的全过程。

污泥膨胀的主要原因是丝状菌的过量繁殖。生物选择器是根据活性污泥反应动力学原理而设置的。Chadoba 等于 20 世纪 70 年代中期提出的选择性原则，是基于不同种群的微生物的生长动力学参数不同而提出的。Chadoba 提出，具有低半饱和常数（K_S）和最大比生长速率的丝状菌，在低基质浓度下具有较高的生长速率，从而具有竞争优势。这样可利用基质作为推动力选择性地培养菌胶团细菌，使其成为曝气池中的优势菌。所以，在 ICEAS 池进水端合理设计的生物选择器，可以有效地抑制丝状菌的生长和繁殖，防止污泥膨胀，提高系统的运行稳定性。

ICEAS 工艺集反应、沉淀、排水于一体，使污水在好氧-缺氧-厌氧不断交替的条件下完成对有机污染物的降解，同时达到脱氮除磷的目的。

综上所述，ICEAS 工艺流程简单，具有 SBR 的优点，实现了连续进水，使其在大中型污水处理厂中的应用成为现实。但该工艺强调延时曝气，污泥负荷很低［0.04～0.05kgBOD_5/(kgMLSS·d)］，使得 ICEAS 工艺投资低（无初沉池、二沉池、污泥回流设备等）的优点在实际工程中没有得到充分体现，因此，影响了该工艺在我国的广泛应用。

4.9.6.2　循环式活性污泥系统（CAST/CASS/CASP）

(1) CAST 工艺

循环式活性污泥法（CAST）是 SBR 工艺的一种新的形式。CAST 方法在 20 世纪 70 年代开始得到研究和应用。与 ICEAS 相比，其预反应区容积较小，且设计了更加优化合理的生物选择器。该工艺将主反应区中部分剩余污泥回流至选择器中，在运作方式上沉淀阶段不进水，使排水的稳定性得到保障。通行的 CAST 一般分为三个反应区：一区为生物选择器；二区为缺氧区；三区为好氧区。各区容积之比一般为 1∶5∶30。图 4-29 为 CAST 的运行工序示意。

CAST 预反应区（生物选择器）的设置和污泥回流的措施保证了活性污泥不断地在选择器中经历一个高絮体负荷（S_o/X_o）阶段，从而有利于系统中絮凝性细菌的生长，并可以提高污泥活性，使其快速地去除废水中溶解性易降解基质，进一步有效地抑制丝状菌的生长和繁殖；同时沉淀阶段不进水，保证了污泥沉降无水力干扰，在静止环境中进行，可以进一步保证系统有良好的分离效果。以上这些特点使 CAST 系统的运行不取决于水处理厂的进水情况，可以在任意进水速率并且反应器在完全混合条件下运行而不发生污泥膨胀。

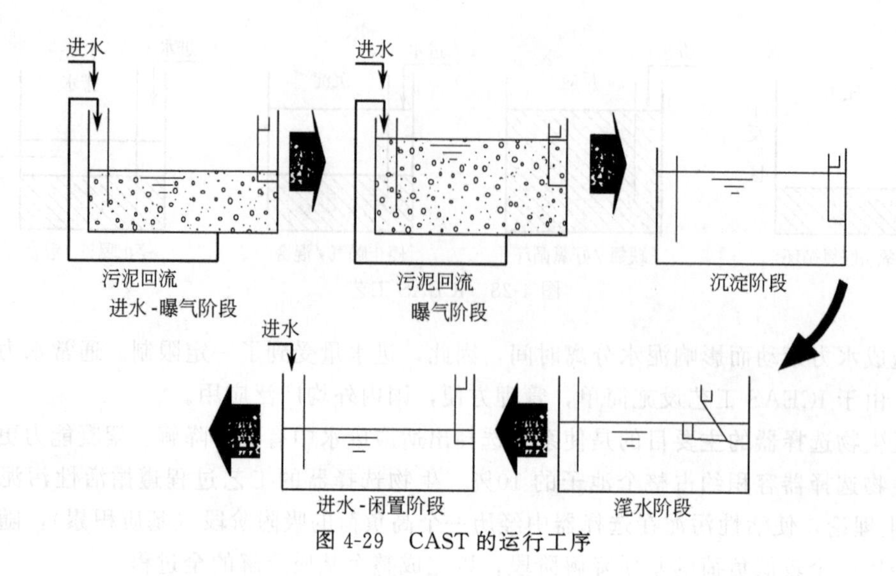

图 4-29　CAST 的运行工序

CAST 方法的主要优点：

① 工艺流程非常简单，土建和设备投资低（无初沉池和二沉池以及规模较大的回流污泥泵站）；

② 能很好地缓冲进水水质、水量的波动，运行灵活；

③ 在进行生物除磷脱氮操作时，整个工艺的运行得到良好的控制，处理出水水质尤其是除磷脱氮的效果显著优于传统活性污泥法；

④ 运行简单，无需进行大量的污泥回流和内回流。

由于上述优点，近几年 CAST 在全世界范围内得到了广泛的推广。目前，在美国、加拿大、澳大利亚等国已有 270 多家污水处理厂应用此法，其中 70 多家用于处理工业废水，其日处理规模从几千立方米到几十万立方米，均运行良好。

CAST 不同于 SBR 和 ICEAS，在沉淀阶段不进水，并增加了污泥回流，因此，系统较为复杂，但其优点是脱氮除磷效果较好。

(2) CASS 工艺

CASS (cyclic activated sludge system) 工艺与 ICEAS 在工艺流程上差别不大，只是污泥负荷不同。ICEAS 属周期循环延时曝气范畴，污泥负荷通常控制在 0.04～0.05kgBOD_5/(kgMLSS·d) 之间。实践证明，如果以此负荷进行设计，其工程投资与其他生物处理方法相比几乎没有优势。先进技术失去经济优势后，推广应用自然受到很大限制，这正是 ICEAS 工艺在我国推广有一定难度的原因所在。而 CASS 工艺是结合研究成果和实际工作经验总结出来的，与其他参考资料提到的 CASS 工艺有所不同；它没有污泥回流，污泥负荷有时在延时曝气范围内，有时则较高，而参数选择的依据是实现污水的达标排放。研究和应用表明，在负荷为 0.1～0.2kgBOD_5/(kgMLSS·d) 或再高一些时，CASS 工艺仍能达到与 ICEAS 工艺相当的去除效果，而且有利于形成絮凝性能好的污泥；而负荷的提高使 CASS 工艺的工程投资比 ICEAS 节省 25%以上。

1) CASS 工艺与传统活性污泥法的比较

① 建设费用低，由于省去了初次沉淀池、二次沉淀池及污泥回流设备，建设费用可节省 20%～30%。工艺流程简洁，污水厂主要构筑物为集水池、沉砂池、CASS 曝气池、污泥

池，布局紧凑，占地面积可减少 35%。

② 运行费用省，由于曝气是周期性的，池内溶解氧的浓度也是变化的，沉淀阶段和排水阶段溶解氧浓度降低，重新开始曝气时，氧浓度梯度大，传递效率高，节能效果显著，运行费用可节省 10%～25%。

③ 有机物去除率高，出水水质好，不仅能有效去除污水中有机碳源污染物，而且具有良好的脱氮除磷功能。

④ 管理简单，运行可靠，不易发生污泥膨胀，污水处理厂设备种类和数量较少，控制系统简单，运行安全可靠。

⑤ 污泥产量低，性质稳定，便于进一步处理与处置。

2）CASS 工艺与间歇进水的 SBR 或 CAST 的比较

① CASS 反应池由预反应区和主反应区组成，预反应区控制在缺氧状态，因此，提高了对难降解有机物的去除效果。

② CASS 进水是连续的，因此进水管道上无电磁阀等控制元件，单个池子可独立运行，而 SBR 或 CAST 进水过程是间歇的，应用中一般要 2 个或 2 个以上池子交替使用，增加了控制系统的复杂程度。

③ CASS 每个周期的排水量一般不超过池内总水量的 1/3，而 SBR 则为 1/4～1/2；CASS 抗冲击能力较好。

④ CASS 比 CAST 系统简单，但脱氮除磷效果不如后者。

4.9.6.3　DAT-IAT 工艺

DAT-IAT 工艺主体构筑物由需氧池（DAT）和间歇曝气池（IAT）组成，一般情况下 DAT 连续进水，连续曝气，其出水进入 IAT，在此可完成曝气、沉淀、滗水和排出剩余污泥工序，是 SBR 的又一种变型，工艺流程见图 4-30。

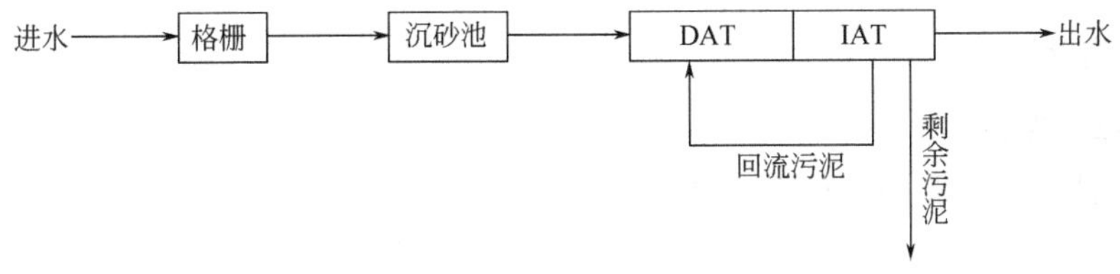

图 4-30　DAT-IAT 工艺流程

处理水首先经 DAT 的初步生化后再进入 IAT，由于连续曝气起到了水力均衡作用，提高了整个工艺的稳定性；进水工序只发生在 DAT，排水工序只发生在 IAT，使整个生化系统的可调节性进一步增强，有利于去除难降解有机物。一部分剩余污泥由 IAT 回流到 DAT。与 CAST 和 ICEAS 相比，DAT 是一种更加灵活、完备的预反应区，从而使 DAT 与 IAT 能够保持较长的污泥龄和很高的 MLSS 浓度，对有机负荷及毒物有较强的抗冲击能力。

4.9.6.4　间歇排水延时曝气工艺（IDEA）

间歇排水延时曝气工艺（IDEA）基本保持了 CAST 工艺的优点，运行方式采用连续进水、间歇曝气、周期排水的形式。与 CAST 相比，预反应区（生物选择器）改为与 SBR 主体构筑物分立的预混合池，部分剩余污泥回流入预混合池，且采用反应器中部进水。预混合池的设立可以使污水在高絮体负荷下有较长的停留时间，保证高絮凝性细菌的选择。其工艺流程如图 4-31 所示。目前，在澳大利亚吉朗市建成的 IDEA 污水处理厂，其规模达 70000m^3/d。

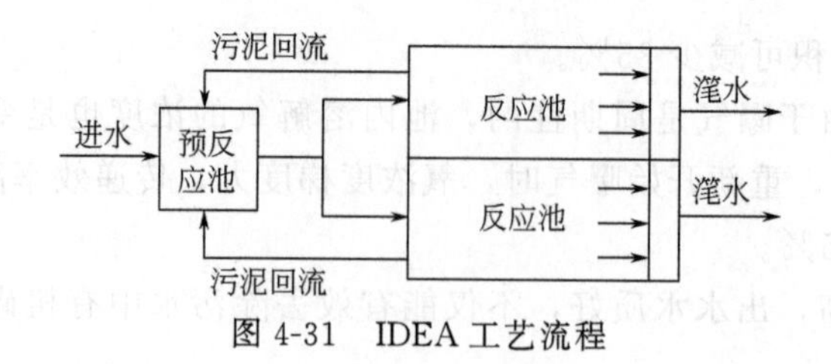

图 4-31　IDEA工艺流程

4.9.6.5　UNITANK系统

典型的UNITANK系统，其主体为三格池结构，三池之间为连通形式，每池设有曝气系统，既可采用鼓风曝气，也可采用机械表面曝气，并配有搅拌设备，外侧两池设出水堰（或滗水器）以及污泥排放装置，两池交替作为曝气和沉淀池，污水可进入三池中的任意一个。UNITANK的工作原理如图4-32所示。在1个周期内，原水连续不断进入反应器，通过时间和空间的控制，形成好氧、厌氧或缺氧的状态。UNITANK系统除保持原有SBR的自控特点以外，还具有滗水简单、池子构造简化、出水稳定、不需回流等特点，而通过进水点的变化可达到回流和脱氮除磷目的。

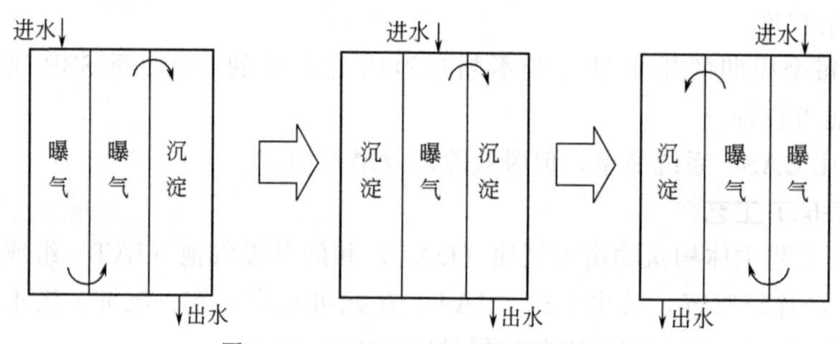

图 4-32　UNITANK系统流程示意

4.9.7　生物选择器

4.9.7.1　选择性理论

在研究活性污泥膨胀中，捷克学者Chudoba在1973年提出了选择性理论。选择性理论根据对丝状菌和絮状菌的动力学分析，认为丝状菌在低的基质浓度下有比菌胶团细菌高的比增长速率。选择性理论可以用图4-33来说明。

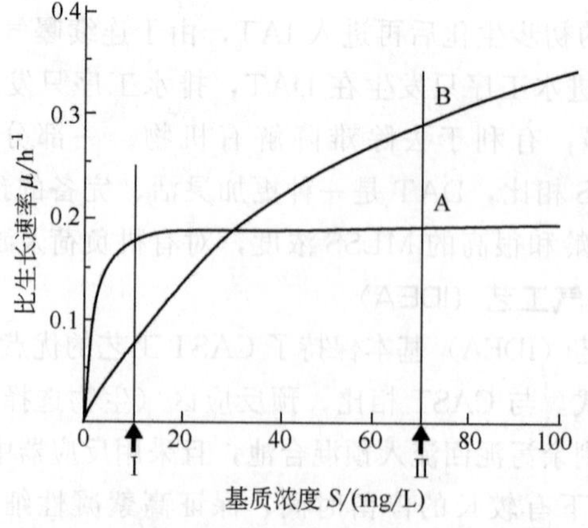

图 4-33　两种不同类型微生物的比生长速率与废物浓度关系

A—丝状菌；B—菌胶团细菌

活性污泥是菌胶团细菌和丝状菌的共生系统。丝状菌的菌胶团细菌平衡生长时不会产生膨胀问题；当丝状菌生长超过菌胶团细菌时，就会出现膨胀问题。如图 4-33 所示，当废物浓度低时，丝状菌的比生长速率超过菌胶团细菌的比生长速率；当废物浓度高时，菌胶团细菌的比生长速率超过丝状菌的比生长速率。丝状菌和菌胶团细菌性质对比归纳于表 4-34。

表 4-34　丝状菌与菌胶团细菌性质对比

性质	菌胶团细菌	参考值	丝状菌	参考值
基质亲和力	低		高	
最大比生长速率	高		低	
溶解氧亲和力	低		高	
内源代谢率	高		低	
硝酸盐还原率	高	20	低	0.05～0.25
多聚磷酸盐解释速率	高		低	
积累能力(Ac)	高		低	
耐饥饿能力	高		非常低	
最大基质利用率及储存物质能力	非常高		非常低	

在 Chudoba 的选择性理论的指导下，开发了用生物选择器控制污泥膨胀的技术。生物选择器，是使选择器内的生态环境有利于选择性地发展菌胶团细菌，应用生物竞争机制抑制丝状菌的过度生长和繁殖，从而控制污泥的发生和发展。生物选择器即在完全混合或推流式曝气池前增加的 1 个小的反应池，其利用两类细菌不同的比生长速率选择性地培养和发展菌胶团细菌，使其成为曝气池中的优势菌。

4.9.7.2　生物选择器的类型与设计原则

前已述及，在低负荷和低基质浓度条件下丝状菌的生长超过菌胶团细菌的生长。选择器的出发点就是造成曝气池中有利于选择性地发展菌胶团细菌的生态环境，应用生物竞争机制抑制丝状菌的过度增殖，从而达到控制丝状菌过度繁殖引起的污泥膨胀。其具体做法是在曝气池前加 1 个停留时间与曝气池相比短得多的小反应池，即生物选择器。在生物选择器内，起始基质浓度很高，局部地提高 F/M 值，按照图 4-33 所说明的选择性理论，菌胶团细菌迅速在选择器中增殖，这样利用基质作为推动力选择性地培养和发展了菌胶团细菌，使菌胶团细菌成为曝气池中的优势菌种。

根据选择器内部的运转条件不同将选择器分为好氧选择器、缺氧选择器和厌氧选择器。

(1) 好氧选择器

好氧选择器实质上是一个推流式的预曝气池。选择器中初始 F/M 值很高，菌胶团可以迅速地摄取、转化并储存污水中大部分可溶性有机物，夺取丝状菌的营养源。在后续的曝气池中，丝状菌因缺乏营养而受到抑制。

设计好氧选择器的关键是确定水力停留时间，停留时间过长，初始 F/M 值不高，进水的溶解性基质被稀释到很低浓度，反而形成有利于丝状菌生长的环境条件；停留时间过短，进水中的大部分溶解性基质依然会进入主曝气池中，从而造成适于丝状菌生长的条件。好氧选择器的水力停留时间为 5～30min。

(2) 缺氧选择器

在缺氧条件下（有硝态氮，没有溶解氧），菌胶团细菌可以利用硝酸盐作为最终电子受体，实现有机物的吸收、储存和降解利用，而丝状菌则缺乏这种能力。在主曝气池中，菌胶团细菌可以氧化内源储存物质得到增殖，而丝状菌则由于缺少食料而受到抑制，从而在缺氧选择器中菌胶团细菌占优势，抑制了丝状菌生长。在缺氧选择器的设计方面，除了要在反应器中保持基质浓度梯度外，还应使实际溶解氧浓度尽可能接近零值，反应器的水力停留时间取值尽可能保证反硝化的完成。

（3）厌氧选择器

在厌氧条件下（没有溶解氧和硝态氮存在），在厌氧/好氧交替循环的工艺过程中，部分菌胶团细菌具有较高的存储和分解多聚磷酸盐的能力，因此这些菌胶团细菌可以通过聚磷的分解获得能量，从而得以在厌氧条件下吸收、转化溶解性有机物并以聚 β-羟基丁酸的形式存储起来，获得基质竞争的优势，而丝状菌则缺乏这种能力；在随后的好氧过程中，菌胶团细菌通过聚 β-羟基丁酸的降解获得能量而继续增殖，而丝状菌由于厌氧条件下存储有机物的能力非常低，在后续曝气池中受到抑制。

目前，对好氧选择器的设计研究较多，而对缺氧、厌氧反应器研究较少。关于选择器设计的原则如下：

① 选择器内应具有明显的可溶性有机物浓度梯度；

② 选择器出水的溶解性基质浓度应尽可能降低，在选择器中应去除 90%以上的可溶性有机物；

③ 在整个选择器内，由基质利用速率所确定的微生物活性应尽可能保持较高水平。

4.9.8 ICEAS 出水水质及设计实例简介

ICEAS 工艺出水水质如表 4-35 所列。

表 4-35 ICEAS 工艺出水水质

项目	进水	出水	去除率/%
BOD_5/(mg/L)	250	<10	94
SS/(mg/L)	152	<10	93
TN/(mg/L)	45	<10	78
NH_4^+-N/(mg/L)	15	<1	96
NO_3^--N/(mg/L)	11	<5	55
TP/(mg/L)	7	<2	71

昆明市某污水处理厂采用 ICEAS 工艺，污水处理厂设计规模旱季平均为 150000m^3/d，旱季高峰 200000m^3/d，雨季高峰 300000m^3/d；出水水质标准为 BOD_5≤15mg/L（力争≤10mg/L），SS≤15mg/L（力争≤10mg/L），TN≤7～8mg/L（NH_4^+-N≤2mg/L）；TP≤1.0mg/L（力争 0.5～1.0mg/L）。主要设计参数如下（以近期 BOD_5＝100mg/L 计算）。

ICEAS 池数目：14 座并联运行，每池尺寸 44m×32m×5m；

污泥负荷（F/M 值）：0.06kgBOD_5/(kgMLSS · d)；

MLSS：4600/2980mg/L；

水力停留时间：13.7h；

正常周期：4.8h（暴雨期 2.5h）；

工艺部分装机功率：3013.6kW（共96台设备）；

工艺部分单位耗电：0.19kW·h/m^3 污水（远期 BOD_5=180mg/L 时为 0.30kW·h/m^3 污水）；

工艺部分占地面积：0.24m^2/m^3 污水；

沉淀和排水阶段仍保持连续进水。

4.9.9 CASS 工艺设计

4.9.9.1 设计参数及规定

CASS 工艺设计参数如表 4-36 所列。

表 4-36 CASS 工艺设计参数

项目	数值
污泥负荷率/[kgBOD_5/(kgMLSS·d)]	0.05～0.5
污泥浓度/(kg/m^3)	2.5～4.0
主预反应区容积比	9∶1
池内最大水深/m	3～5

4.9.9.2 计算公式

计算公式见表 4-37。

表 4-37 CASS 工艺计算公式表

项目	公式	符号说明
污泥负荷率/[kg-BOD_5/(kgMLSS·d)]	$N_s=\frac{K_2S_ef}{\eta}$	N_s——BOD-SS负荷率，kgBOD_5/(kgMLSS·d)； K_2——有机质降解速率常数，L/(mg·d)； S_e——混合液残存 BOD_5 浓度，mg/L； η——有机物去除率，%； $f=\frac{MLVSS}{MLSS}$，一般为0.7～0.8
CASS 池容积/m^3	$V=\frac{Q(S_o-S_e)}{N_sX}$	Q——设计流量，m^3/d； S_o——进入 CASS 池的污水有机物浓度，mg/L； S_e——CASS 池排放有机物浓度，mg/L； X——混合液污泥浓度，mg/L
CASS 池各部分容积组成/m^3，最高水位/m	$V=n_1(V_1+V_2+V_3)$ $H=H_1+H_2+H_3$	n_1——CASS 池子个数； V_1、H_1——变动容积和水深，是指池内设计最高水位至滗水后最低水位之间的容积和水深； V_2、H_2——撇水水位和泥面之间容积和水深； V_3、H_3——活性污泥最高泥面至池底之间容积和水深
H_1 水深/m	$H_1=\frac{Q}{n_1n_2A}$	n_2——1日内循环周期数； A——单格 CASS 池平面面积，m^2
H_3 水深/m	$H_3=HX\times SVI\times10^{-3}$	SVI——污泥体积指数
H_2 水深/m	$H_2=H-(H_1+H_3)$	
CASS 池外形尺寸	$L\times B\times H=\frac{V}{n_1}$	L——池长，m，L/B=4～6； B——池宽，m，B/H=1～2
CASS 池总高/m	$H_0=H+0.5$	0.5m 为超高

续表

项目	公式	符号说明
预反应区长度/m	$L_1=(0.16\sim0.25)L$	L_1——预反应区长度,m
隔墙底部连通孔口尺寸	$A_1=\dfrac{Q}{24n_1n_3u^2}+\dfrac{BL_1H_1}{u}$	n_3——连通孔个数,个,可取1～5个； u——孔口流速,m/h,一般为20～50m/h
需氧量/(kgO_2/d)	$O_2=a'Q(S_o-S_e)+b'VX$	a'——活性污泥微生物每代谢1kgBOD需氧量,生活污水为0.42～0.53； b'——1kg活性污泥每天自身氧化所需要的氧量,生活污水为0.11～0.188
标准条件下,脱氧清水充氧量R_o	$R_o=\dfrac{RC_{S(20)}}{\alpha[\beta\rho C_{S(T)}-C_L]1.024^{T-20}}$	R_o——标准条件下,转移到曝气池混合液的总氧量,kg/h； $C_{S(20)}$——20℃时水的饱和溶解氧量,mg/L； α——污水中杂质影响修正系数,一般为0.78～0.99； β——污水中含盐量影响修正系数； C_L——混合液DO浓度,mg/L； T——水温,℃； R——实际条件下,转移到曝气池混合液的总氧量,kg/h； ρ——气压修正系数； $C_{S(T)}$——T℃时曝气池内DO饱和度的平均值,mg/L
供气量/(m^3/h)	$G=\dfrac{R_o}{0.28E_A}$	G——供风量,m^3/h； E_A——曝气头氧转移效率,%

表4-38为隔离墙底部连通孔数量设置参考表。

表4-38　连通孔数量设置参考表

池宽B/m	连通孔个数n_3/个	池宽B/m	连通孔个数n_3/个
≤4	1	10	4
6	2	12	5
8	3		

孔口间距单孔时设在隔墙中央，多孔时沿墙均匀分布。孔口宽度0.4～0.6m，孔口高度不宜大于1.0m。

4.9.9.3　设计实例Ⅰ

（1）设计水量

近期$Q=7200m^3/d$；远期$Q=14400m^3/d$。

（2）设计水质

污水处理厂设计进水、出水水质及排放标准如表4-39所列。

表4-39　污水处理厂设计进水、出水水质及排放标准

项目	COD/(mg/L)	BOD_5/(mg/L)	SS/(mg/L)	pH值	矿物油/(mg/L)
进水	350	250	220	6.5～8.5	5.8
出水	<50	<15	<30	6.0～8.5	<3
排放标准	60	20	50	6.0～8.5	4

（3）处理工艺流程

处理工艺流程如下所示：

进水→格栅→集水池→提升泵→沉砂池→CASS池→出水

(4) 主要处理单元及设备的设计参数

1) 格栅　选用旋转式格栅除污机 SGS-1000 型 2 台，栅条间隙 15mm，栅条间设有 1 台电动葫芦，以方便格栅检修。

2) 集水池　集水池位于泵房下部，具有调节水质水量的作用，可避免负荷冲击对生化处理系统造成不良影响。集水池设计兼顾一期和二期建设需要，设计尺寸为 9.80m×7.40m×5.30m (最大水深)，有效容积 384.4m^3。

集水池内设立式潜污泵 3 台 (2 用 1 备)，$Q=150\sim240m^3/h$，$H=15\sim20m$，$N=30kW$。在污水提升干管上设有超声波流量计，直接指示瞬时流量，还可记录累积流量。

3) 平流式沉砂池　考虑到污水处理厂的规模不大，设计采用管理简单的平流式沉砂池，沉砂定期从池底排入晒砂池，晒干后定期清理。平流式沉砂池设计尺寸为 16.70m×4.20m×3.20m(H)。

4) CASS 池　CASS 池是本工艺的关键构筑物，设计有效容积 2880m^3，池体沿宽度方向分 4 格，每格可独立运行，主反应区和预反应区长度分别为 19.25m 和 3.75m；池深 5m，有效水深 4.5m (污泥区高 1.3m，缓冲区高 1.7m)；周期排水比 1/3。污泥负荷设计为 0.11kgBOD_5/(kgMLSS·d)。

CASS 池运行周期 4h，其中曝气 2.0h，沉淀 1.0h，撇水 0.5h，延时 0.5h。

5) 水下曝气机　处理厂分两期建设，一期工程选用水下曝气机 24 台，每台功率 5.5kW，设计服务面积 24m^2，向 CASS 池中污水充氧。该曝气机具有充氧效率高、无噪声的优点，克服了鼓风曝气机噪声大、占地面积大、管道布置复杂的缺点，而且安装维修方便，一台发生故障，单独维修，其他仍可正常运行。此外，还可以根据进水水质的变化调整泵的开启台数，在不影响处理效率的情况下达到经济运行的目的。

6) 滗水器　CASS 工艺的特点是程序工作制，它可依据进水及出水水质变化来调整工作程序，保证出水效果。滗水器是 CASS 工艺中的关键设备，本工程采用的滗水器是原总装备部工程设计研究院环保中心和北京四达水处理工程公司联合研制的，克服了过去关键设备依靠进口的困难，降低了成本，为 CASS 工艺在我国推广应用创造了条件。每次滗水阶段开始时，滗水器以事先设定的速度由原始位置降到水面，然后随水面缓慢下降，下降过程为下降 10s，静止滗水 30s，再下降 10s，静止撇水 30s……，如此循环运行，直至到达设计最低排水位，上清液通过滗水器排出。滗水器排水均匀，不会扰动已沉淀的污泥层。滗水器上升过程是由最低排水位连续升至最高位置，即原始位置。滗水器在运行过程中设有线位开关，保证滗水器在安全行程内工作。

7) 污泥浓缩罐　根据实验结果，去除 1kgCOD_{Cr} 产生的剩余污泥约 0.2kg，污水处理厂每天排放的污泥量约 417.6kg (干污泥)，含水率以 99%计，其体积为 42m^3，污泥浓缩罐选用 ϕ2600mm×3000mm，2 台。

8) 污泥脱水机　选用上海宝山化工厂生产的 GGT-1000 型转鼓辊压式污泥脱水机 2 台，脱水能力 1.5～2.0m^3/h，含水率约 80%，体积 2m^3。

9) 污水厂自动控制系统　CASS 工艺之所以在国外得到广泛应用，得益于自动化技术发展及在污水处理工程中的应用。CASS 工艺的特点是程序工作制，可根据进水水质及出水水质变化来调整工作程序，保证出水效果。污水厂根据工艺流程和厂区设备分布情况，采用集散式分布系统。整套控制系统采用现场可编程控制 (PLC) 与微机集中控制，在中心监控室设有 1 台工控机和模拟显示屏。现场控制机可独立完成相应的参数设置 (可自动或手动控制)，中央控制机通过总线向现场控制机传输指令和进行数据采集，发现问题及时报警。

10）污水处理厂直接运行成本 0.2元/m^3。

污水处理厂平面布置见图4-34。

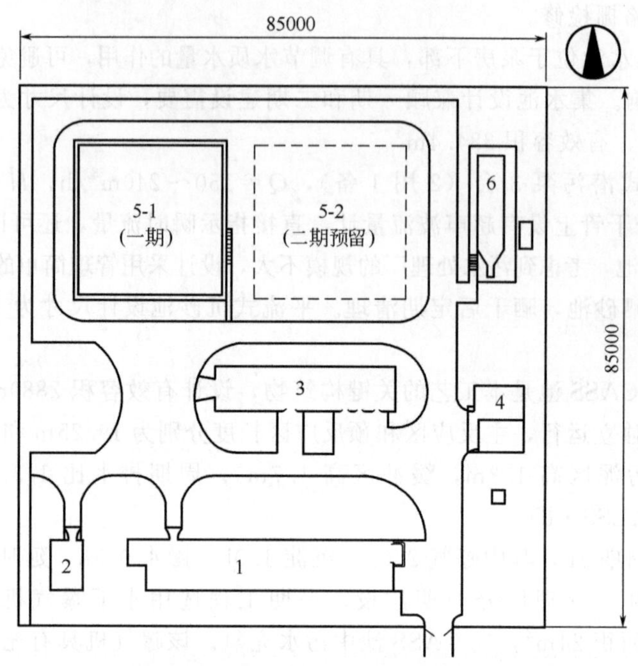

图4-34 污水处理厂平面布置图

1—办公、化验室；2—锅炉房；3—配电、值班室、污泥脱水机房；4—格栅间、污水提升泵房；5—CASS池；6—曝气沉砂池

（5）工程投资估算

1）设备部分投资估算 设备部分投资估算如表4-40所列。

表4-40 设备部分投资估算

序号	名称	数量	单价/万元	一期价/万元	序号	名称	数量	单价/万元	一期价/万元
1	格栅	1	8.0	8.0	7	反应罐	2	4.5	9.0
2	提升泵	3	2.4	7.2	8	脱水机	2	6.5	13.0
3	撇水器	4	10.0	40.0	9	电控部分			30.0
4	污泥泵	6	1.0	6.0	10	管道及附件			40.0
5	水下曝气机	24	2.0	48.0	11	其他			20.0
6	污泥浓缩罐	2	5.0	10.0		合计			231.2

2）土建部分投资估算 土建部分投资估算如表4-41所列。

表4-41 土建部分投资估算

序号	名称	数量	单价	一期价/万元	序号	名称	数量	单价	一期价/万元
1	集水池及泵房			45.0	5	辅助用房	500m^2	1000元/m^2	50.0
2	曝气池	2880m^3	300元/m^3	86.4	6	其他			20.0
3	沉砂池	200m^3	400元/m^3	8.0		合计			216.4
4	闸门井			7.0					

3）工程总投资估算　工程总投资估算如表 4-42 所列。

表 4-42　工程总投资估算

项目	一期价/万元	项目	一期价/万元	项目	一期价/万元
设备部分	231.2	设计费	24.5	不可预见费	20.0
土建部分	216.4	安装费	30.0	合计	587.1
调试费	15.0	综合取费	50.0		

由表 4-41 可知，工程一期投资 587.1 万元，这里指污水处理厂围墙以内所有必备项目所需的费用；此外，需要征地费 150 万元。

4.9.9.4　设计实例 II

（1）设计处理污水流量　$Q=10000\text{m}^3/\text{d}$。

（2）污水处理工艺确定

为适应小城镇的功能特点，确保出水水质，污水处理工艺必须考虑除磷脱氮且总体布置应合理美观。在以活性污泥法为基础的二级处理流程中，可供选择的具有明显脱氮除磷效果的流程有 A^2/O 工艺、VIP 工艺、UCT 工艺、Bardenpho 工艺、A/O＋Phostrip 工艺、CASS 工艺等。经过审慎地比较本工程最终选择了 CASS 工艺作为本工程污水处理工艺。

CASS（cyclic activated sludge system）工艺作为 SBR 处理技术的一个改进，不仅具备 SBR 法工艺简单可靠、运行方式灵活、自动化程度高的特点，而且具有明显的除磷脱氮功能，这一功能的实现在于 CASS 池通过隔墙将反应区分为功能不同的几个区域，因在各分格中溶解氧、污泥浓度和有机负荷不同，各池中占优势的生物相亦不同。尽管单池为间隙操作运行，但整个过程达到连续进水、连续出水。同时，在传统 SBR 池前或池中设选择器及厌氧区，相当于厌氧、缺氧、好氧阶段串联起来，提高了除磷脱氮效果。

CASS 工艺主要优点如下所述。

① 生化池中由于曝气和静止沉淀间歇运行，使基质 BOD_5 和生物体 MLVSS 浓度随时间的变化梯度加大，保持较高的活性污泥浓度，增加了生化反应推动力，提高了处理效率。静止沉淀时，活性污泥处于缺氧状态，氧化合成大为减弱，但生物体内源呼吸在进行，保证了出水水质。

② 工艺流程简单，运行方式灵活，无二次沉淀池，取消了大型贵重的刮泥机械和污泥回流设备，扩建方便。

③ 生化池分生物选择器、厌氧区和主曝气区，利用生物选择器及厌氧区对磷的释放、反硝化作用以及对进水中有机底物的快速吸附及吸收作用，增强了系统的稳定性；同时，曝气和静止沉淀的过程中都同时进行着硝化和反硝化反应，因而具有除磷脱氮的作用。

④ 生物选择器的作用，是集中接纳含有高浓度有机物的来水和处于“饥饿”状态的回流活性污泥，具有抑制专性好氧丝状菌生长的作用，可有效地防止污泥膨胀。

⑤ 进水水量、水质的波动可用改变曝气时间的简单方法予以缓冲，具有较强的适应性。

⑥ 自动化程度高，可保证出水水质。

⑦ 半静止状态沉淀，表面水力和固体负荷低，沉淀效果好。

⑧ 特别适合于中小城市污水处理厂的建设。

CASS 法主要缺点为：设备闲置率较高，因采用降堰排水，水头损失大；由于自动化程度高，故对操作人员的素质要求也高。

(3) 工艺设计特点

该污水处理厂在设计中紧紧围绕着居住小区内建设的特殊情况，以占地小、美观、同周围景观相协调、运行管理方便、运行费用低和保证除磷脱氮为原则进行设计。经过周密严谨的设计，采用以下多种手段以期达到上述效果。

1) 构筑物高度设计　考虑到本污水处理厂在生活小区之内，对环境不能造成不利的影响，因此，在进水泵房后设置了调节池。由潜污泵将调节池内的污水提升到CASS池。设计时必须考虑CASS法在排水时最低水位高出河床的最高水位时，整个厂区的构筑物就可以全部降低了，调节池采用地下式，CASS池采用半地下式。

2) 降低噪声设计　为了最大限度地降低噪声，CASS池的曝气采用台湾产 TR 型水下曝气机，极大地降低了污水处理的噪声。

3) 除臭设计　除CASS池为半地下式外，其余均设为地下式，并尽可能加盖，因此，污水处理过程中产生的臭味，可得到有效控制。

4) CASS生化池设计　本工程另外一个有特色和创新之处是CASS池设计为圆形利浦罐结构。CASS池沿塘布置，具有一定的视觉冲击效果，施工周期明显缩短。为了达到相同的脱氮除磷效果，将圆形池设计成3个同心圆；从内到外分别为选择器、厌氧区、主曝气区，它们的容积比为1∶5∶30。选择器设在内环，其最基本的功能是防止污泥膨胀。在选择器，污水中溶解性有机物质能通过生物吸附作用得到迅速去除。回流污泥中的硝酸盐也可在此选择器中得以反硝化。厌氧区设置在池子的中环，主要是创造生物反硝化的条件，同时在此区内污泥中的嗜磷菌充分地释放出已吸收的磷，为在好氧区内再吸磷创造条件。池子的外环为曝气区，主要进行BOD_5降解和硝化过程；同时，嗜磷菌在此区内大量吸收污水中的磷而进入污泥中，通过剩余污泥的外排而实现除磷。为保证污水经处理后总磷浓度小于0.5mg/L，设计中增加了在生化系统中投加化学混凝剂的系统，使化学法除磷与生化法除磷同时进行。污泥回流、剩余污泥排放系统设在池子的外环；采用潜污泵，污泥不断地从主曝气区抽送至生物选择器中。污泥回流约为进水量的20%。滗水器设于反应池的外环。

5) 污泥处理工艺设计　为防止随污泥排出系统的磷的复漏，污泥处理采用带式浓缩脱水一体机。脱水后的污泥根据其污水的特性，采用脱水后加工制成花卉肥料进行消化，这样既可解决污泥出路，也可取得一定的经济效益。

6) 自动控制设计　污水处理厂具有较高的自动化水平，PLC和仪表全部选用进口品牌，并且在进出水口的必要位置设置在线检测仪表，将检测结果信号送至中控室，操作人员在中控室即可观测到每个构筑物内的水质状况，了解每个步骤的运行情况，并可在中控室操作，当然也可在现场操作。自动控制设计改善了操作人员的工作环境。

7) 构筑物及建筑物设计　该厂的建筑物主要包括综合楼、配电间和机修车库，在建筑结构和风格上充分与小区建筑物特点协调一致。关键构筑物CASS池采用德国LIPP筒仓技术，其制作方法简单，工期较短，美观，占地少。

4.10 氧化沟（OD）工艺

4.10.1 工艺流程、工艺特征及类型

4.10.1.1 工艺流程

氧化沟又称“循环曝气池”，污水和活性污泥的混合液在环状曝气渠道中循环流动，属

于活性污泥法的一种变形，氧化沟的水力停留时间可达 10～30h，污泥龄 20～30d，有机负荷很低 [0.03～0.08kgBOD_5/(kgMLSS·d)]，实质上相当于延时曝气活性污泥系统。其运行成本低，构造简单，易于维护管理，出水水质好，耐冲击负荷，运行稳定，并可脱氮除磷，可用于处理水量为 (72～200)×10^4 m^3/d。

氧化沟的基本工艺流程如图 4-35 所示。

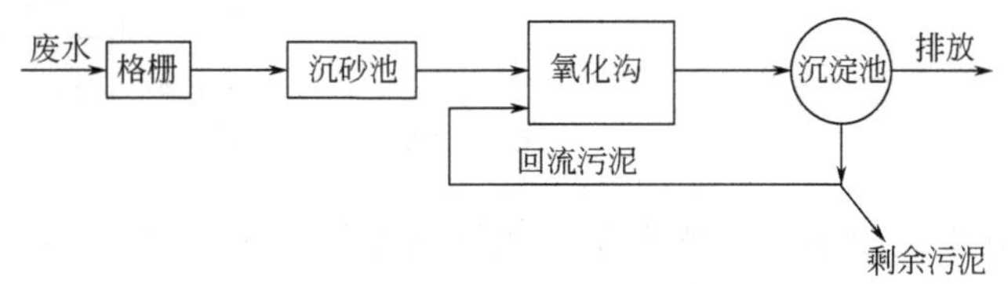

图 4-35　氧化沟的基本工艺流程

氧化沟出水水质好，一般情况下，BOD_5 去除率可达 95%～99%，脱氮率达 90%左右，除磷效率达 50%左右；如在处理过程中，适量投加铁盐，则除磷效率可达 95%。一般的出水水质为 BOD_5=10～15mg/L；SS=10～20mg/L；NH_4^+-N=1～3mg/L；P<1mg/L。运行费用较常规活性污泥法低 30%～50%，基建费用较常规活性污泥法低 40%～60%。

4.10.1.2　工艺特征

氧化沟是常规活性污泥法的一种改型和发展。它的基本特征是曝气池呈封闭的沟渠形，污水和活性污泥的混合液在其中做不停地循环流动，其水力停留时间长达 10～30h；污泥龄 20～30d；有机负荷则很低，仅为 0.03～0.08kgBOD_5/(kgMLSS·d) (故其本质上属于延时曝气法)；容积负荷 0.2～0.4kgBOD_5/(m^3·d)；活性污泥浓度为 2500～4500mg/L；出水 BOD_5 为 10～15mg/L；SS 为 10～20mg/L；NH_4^+-N 为 1～3mg/L。

采用氧化沟处理污水时，可不设初次沉淀池。二次沉淀池可与曝气部分分设，此时需设污泥回流系统；也可与曝气部分合建在同一沟渠中，如侧渠式氧化沟、交替工作氧化沟 (见下述)，此时可省去二次沉淀池及污泥回流系统。氧化沟中的水流速度一般为 0.3～0.5m/s，水流在环形沟渠中完成一个循环需 10～30min。由于此工艺的水力停留时间为 10～30h，因而可知污水在其整个停留时间内要完成 20～120 个循环不等；这就赋予了氧化沟一种独特的水流特征，即氧化沟兼有完全混合式和推流式的特点，在控制适宜的条件下，沟内同时具有好氧区和缺氧区，从而使得这一技术具有净化深度高、耐冲击和能耗低的特点。此外，氧化沟还具有良好的脱氮效果。

如果着眼于整个氧化沟，并以较长的时间间隔为观察基础，可以认为氧化沟是一个完全混合曝气池，其中的浓度变化极小，甚至可以忽略不计，进水将迅速得到稀释，因此它具有很强的抗冲击负荷能力。如果着眼于氧化沟中的一段，即以较短的时间间隔为观察基础，就可以发现沿沟长存在着溶解氧浓度的变化，在曝气器下游溶解氧浓度较高，但随着与曝气器距离的增加，溶解氧浓度将不断降低，呈现出由好氧区→缺氧区→好氧区→缺氧区→……的交替变化。氧化沟的这种特征，使沟渠中相继进行硝化和反硝化的过程，达到脱氮的效果；同时，使出水中活性污泥具有良好的沉降性能。

由于氧化沟采用的污泥龄很长，剩余污泥量较一般的活性污泥法少得多，而且已经得到好氧硝化的稳定，因而不再需要消化处理，可在浓缩、脱水后加以利用或最后处置。

4.10.1.3　氧化沟的类型

(1) 基本型氧化沟

基本型氧化沟如图 4-36 所示。

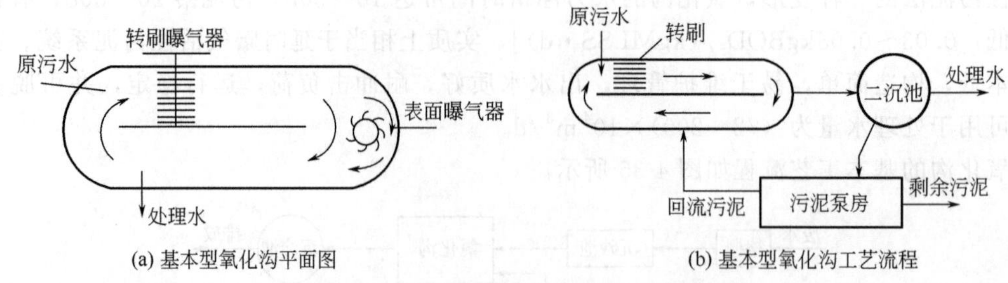

图 4-36　基本型氧化沟及其工艺流程

基本型氧化沟处理规模小，一般采用卧式转刷曝气；水深为 1～1.5m；氧化沟内污水水平流速 0.3～0.4m/s。为了保持流速，其循环量为设计流量的 30～60 倍。此种池结构简单，往往不设二沉池。

(2) 卡鲁塞尔（Carrousel）式氧化沟

Carrousel 原指游艺场中的循环转椅，如图 4-37 所示。它是卡鲁塞尔氧化沟的典型布置，为一个多沟串联系统，进水与活性污泥混合后沿箭头方向在沟内不停地循环流动；采用表面机械曝气器，每沟渠的一端各安装 1 个，靠近曝气器下游的区段为好氧区，处于曝气器上游和外环的区段为缺氧区，混合液交替进行好氧反应和缺氧反应，这不仅提供了良好的生物脱氮条件，而且有利于生物絮凝，使活性污泥易于沉淀。

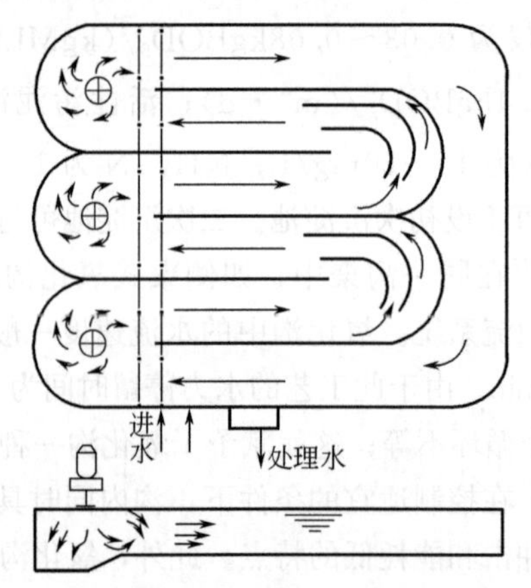

图 4-37　卡鲁塞尔式氧化沟典型布置形式

此类氧化沟由于采用了表面曝气器，其水深可采用 4～4.5m，沟内水流速度为 0.3～0.4m/s。如果有机负荷较低时，可停止某些曝气器的运行，在保证水流搅拌混合循环流动的前提下，减少能量消耗。

除此典型布置之外，卡鲁塞尔还有许多其他布置形式。

(3) 交替工作式氧化沟

交替工作式氧化沟由丹麦 Kruger 公司发明，有双沟交替（DE）型和三沟交替（T）型两种类型。

双沟交替工作氧化沟脱氮系统由 2 个串联的氧化沟组成。通过改变进水出水顺序和曝气转刷转速使两沟交替在缺氧和好氧条件下运行。由于两沟交替工作，避免了 A/O 生物脱氮系统中的混合液内回流。DE 型氧化沟系统及工作过程分别见图 4-38 和图 4-39。

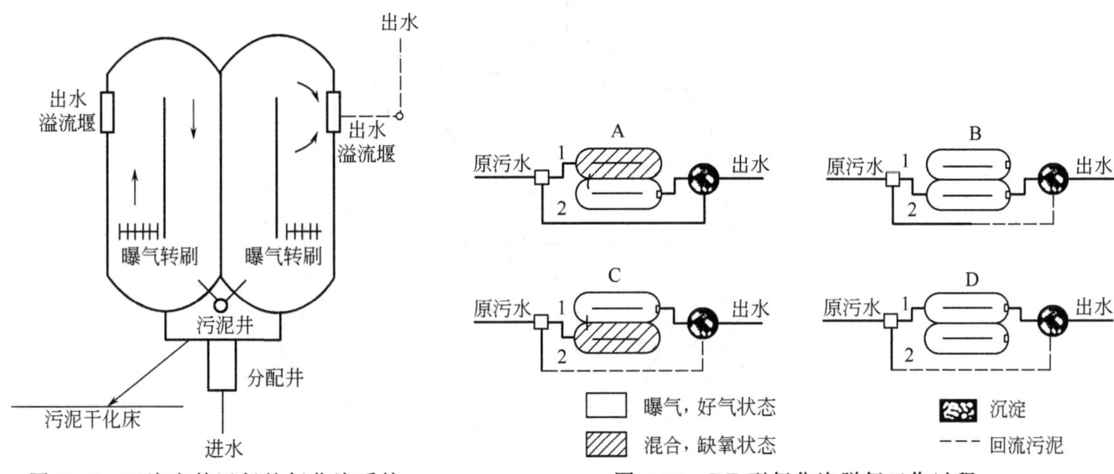

图 4-38　双沟交替运行的氧化沟系统

图 4-39　DE 型氧化沟脱氮工作过程

三沟式氧化沟属于交替工作式氧化沟，由丹麦 Kruger 公司创建，如图 4-40 所示。其由 3 条同容积的沟槽串联组成，两侧的 A、C 池交替作为曝气池和沉淀池，中间的 B 池一直为曝气池。原污水交替地进入 A 池或 C 池，处理出水则相应地从作为沉淀池的 C 池或 A 池流出，这样提高了曝气转刷的利用率（达 59%左右），另外也有利于生物脱氮。

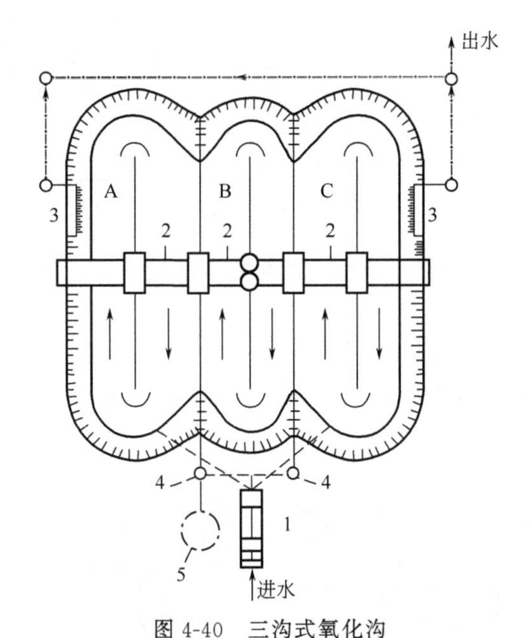

图 4-40　三沟式氧化沟

1—沉砂池；2—曝气转刷；3—出水堰；4—排泥井；5—污泥井

三沟式氧化沟的水深为 3.5m 左右。一般采用水平轴转刷曝气，两侧沟的转刷是间歇曝气，以使污水处于缺氧状态，中间沟的转刷是连续曝气。

三沟式氧化沟基本运行方式大体分为 6 个阶段，工作周期为 8h，如图 4-41 所示。它由自动控制系统根据其运行程序自动控制进出水的方向、溢流堰的升降以及曝气转刷的开动和停止。

(4) Orbal（奥贝尔）型氧化沟

Orbal 型氧化沟由多个同心的椭圆形或圆形沟渠组成，污水与回流污泥均进入最外一条

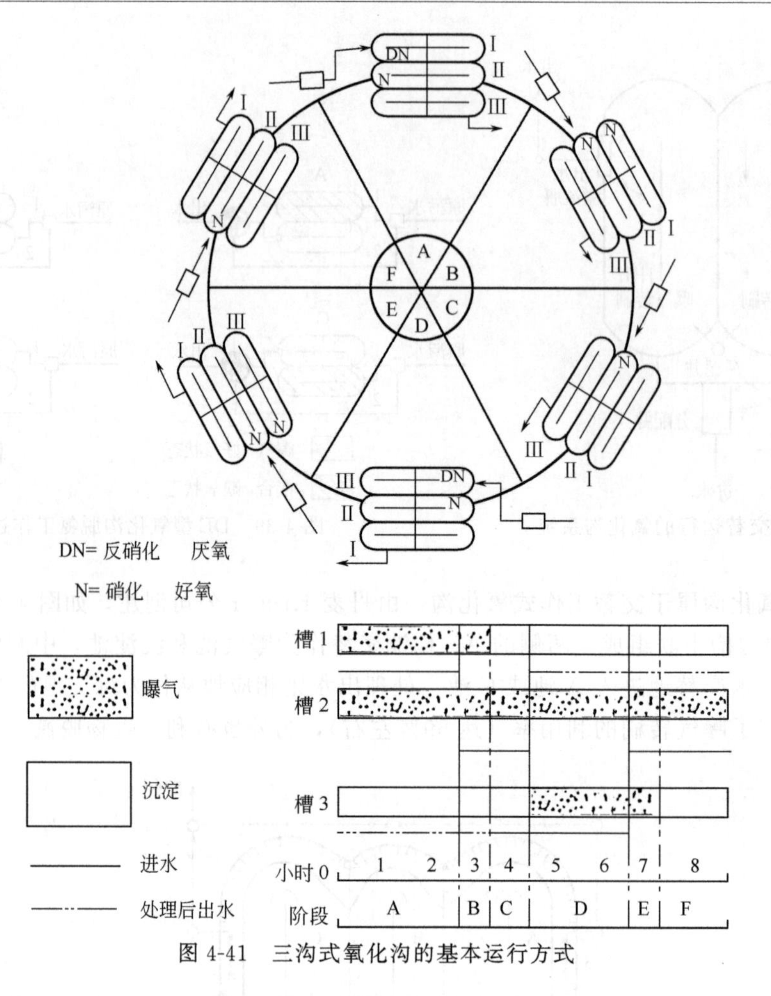

图 4-41　三沟式氧化沟的基本运行方式

沟渠，在不断循环的同时，依次进入下一个沟渠；它相当于一系列完全混合反应池串联而成，最后混合液从内沟渠排出。

Orbal 型氧化沟常分为 3 条沟渠，外沟渠的容积约为总容积的 60%～70%；中沟渠容积为总容积的 20%～30%；内沟渠容积仅占总容积的 10%。如图 4-42 所示。

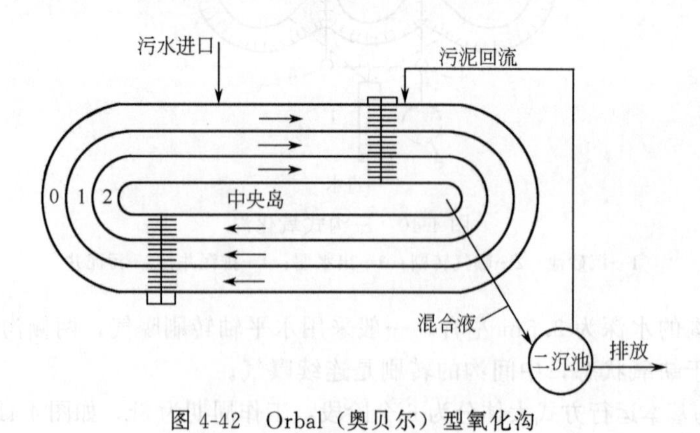

图 4-42　Orbal（奥贝尔）型氧化沟

Orbal 型氧化沟曝气设备一般采用曝气转盘，水深可采用 2～3.6m，并应保持沟底流速为 0.3～0.9m/s，在运行时，外、中、内沟渠的溶解氧分别为厌氧、缺氧、好氧状态，使溶解氧保持较大的梯度，有利于提高充氧效率，同时有利于有机物的去除和脱氮除磷。

4.10.1.4　氧化沟工艺设施（备）及构造

氧化沟工艺设施（备）由氧化沟沟体、曝气设备、进出口设施、系统设施等组成，各部要求分述如下。

（1）沟体

氧化沟主要分两种布置形式，即单沟式和多沟式。氧化沟一般呈环状沟渠形，也可呈长方形、椭圆形、马蹄形、同心圆形、平行多渠道和以侧渠作二沉池的合建形等。其四周池壁可以钢筋混凝土建造，也可以原土挖沟，衬素混凝土或三合土砌成。

氧化沟的断面形式如图 4-43 所示，有梯形和矩形等。

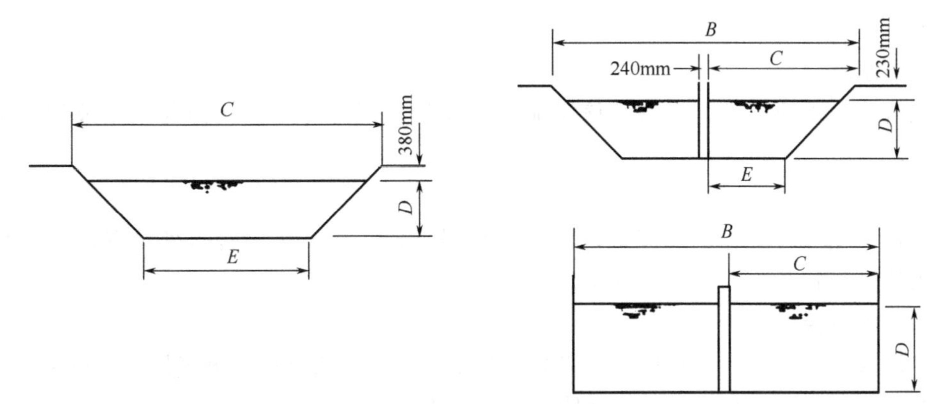

图 4-43　氧化沟的断面形式

氧化沟的单廊道宽度 C 一般为 5～10m，水深 D 宜为 3.5～4.5m，水深的确定应考虑曝气、混合、推流的设备性能。

（2）曝气设备

它具有供氧、充分混合、推动混合液不停地循环流动和防止活性污泥沉淀的功能，常用的有水平轴曝气转刷（或转盘）和垂直表面曝气器，均有定型产品。

1）水平轴曝气设备　水平轴曝气设备旋转方向与沟中水流方向同向，并安装在直道上，在其下游一定距离内，在水面下应设置导流板；有的还设置淹没式搅拌器，增加水下流速强度，防止沟底积泥。水平轴曝气设备在基本型、Orbal 型、一体化氧化沟中被普遍采用。

2）曝气转刷　曝气转刷充氧能力约为 2kg/(kW·h)，调节转速和淹没深度，可改变其充氧量。因转刷的提升能力小，所以氧化沟水深应不超过 2.5～3.0m。

3）曝气转盘　曝气转盘充氧能力为 1.8～2.0kg/(kW·h)，氧化沟内水深可为 3.5m 左右。

4）垂直轴表面曝气器　垂直轴表面曝气器具有较大的提升能力，故一般氧化沟水深为 4～4.5m，垂直轴表面曝气叶轮一般安装在弯道上，它在卡鲁塞尔型氧化沟中得到普遍应用。

（3）进出水位置

如图 4-44 所示，污水和回流污泥流入氧化沟的位置应与沟内混合液流出位置分开，其中污水流入位置应设在缺氧区的始端附近，以使硝化反应利用其污水中的碳源。回流污泥流入位置应设置在曝气设备后面的好氧部位，以防止沉淀池污泥厌氧，确保处理水中的溶解氧含量。

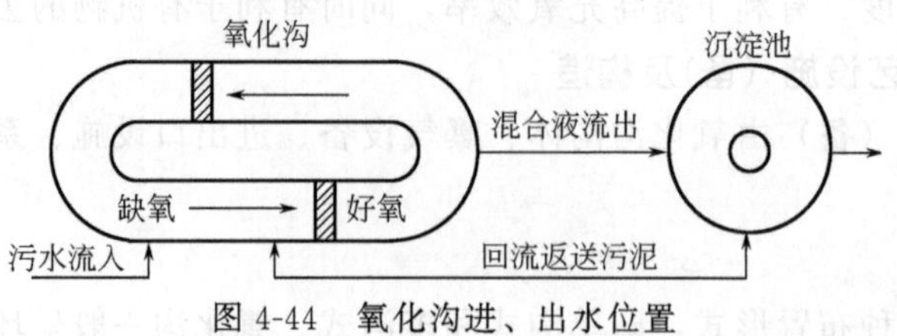

图 4-44 氧化沟进、出水位置

（4）配水井

两个以上氧化沟并行工作时，应设配水井以保证均匀配水。三沟式氧化沟则应在进水配水井内设自动控制阀门，按原设计好的程序用定时器自动启闭各自的进水孔，以变换氧化沟内的水流方向。

（5）出水堰

氧化沟的出水处应设出水堰，该溢流堰应设计成可升降的，从而起到调节沟内水深的作用。

（6）导流墙

为保持氧化沟内具有不淤流速，减少水头损失，需在氧化沟转折处设置薄壁结构导流墙，使水流平稳转弯，维持一定流速。

（7）溶解氧探头

为经济有效地运行，在氧化沟内好氧区和缺氧区应分别设置溶解氧探头，以在好氧区内维持＞2mg/L 的 DO，在缺氧区内维持＜0.5mg/L 的 DO。

4.10.2 氧化沟设备和装置

4.10.2.1 水平轴曝气转刷或转盘

（1）曝气设备的功能

水平轴曝气机包括曝气转刷和曝气转盘，是应用最广的一类氧化沟充氧设备。它充氧效率高，结构简单，安装维修方便。整个系统由电机、调速装置和主轴等组成，主轴上装有放射状的叶片或由两个半圆组成的盘片。采用曝气转刷时，曝气沟渠水深 2.5～3.5m。采用转盘时，曝气沟渠水深可达 3.5m 以上。氧化沟曝气设备的主要功能包括：a. 供氧；b. 推动水流不停地循环流动；c. 防止活性污泥沉淀；d. 使有机物、微生物及氧三者充分混合、接触。

（2）曝气转刷

曝气转刷主要有可森尔转刷、笼形转刷和 Manmmoth 转刷三种，其他产品均是这三种的派生型。可森尔转刷的水平轴上装有许多放射性的钢片，动力效率可达 $2.0kgO_2/(kW \cdot h)$。笼形转刷沿中心轴周围装有径向分布的 T 形钢或角钢，动力效率可达 $2.5kgO_2/(kW \cdot h)$。采用上述两种转刷氧化沟设计水深一般在 1.5m 以下。

（3）转刷的布置和混合效果的校核

Manmmoth 转刷是为增加单位长度的推动力和充氧能力而开发的。叶片通过彼此连接直接紧箍在水平轴上，沿圆周均布成一组，每组叶片之间有间隔，叶片沿轴长呈螺旋状分布。转刷直径主要有 0.7m 和 1.0m 两种，转速为 70～80r/min，浸没深度为 0.3m，水平轴跨度可达 9.0m，充氧能力可达 $8.0kgO_2/(m \cdot h)$，动力效率在 $1.5 \sim 2.5kgO_2/(kW \cdot h)$ 之间。氧化沟水深为 3.5m。表 4-43 是国内外一些生产厂家曝气转刷的参数，可供设计参考。

表 4-43　曝气转刷技术参数

转刷直径/mm	规格		有效长度/mm	转速/(r/min)	电机功率/kW	叶片浸深/mm	动力效率/[kgO_2/(kW·h)]	充氧能力/(kgO_2/h)
700			1500	70	5.5	15～25	1.8	6
700			2500	70		15～25	1.8	10
700	双速	高速	3000	83～85	7.5	150～200	1.8	12
		低速					1.8	
	单　速			83～85	7.5		1.8	12
700	双速	高速	4500	83～85	11	150～200	1.8	17.5
		低速					1.8	
	单　速			83～85	11		1.8	17.5
700	双速	高速	6000	83～85	15	150～200	1.8	23
		低速					1.8	
	单　速			83～85	15		1.8	23
1000	双速	高速	3000	72～74	13/16	200～300	1.8	24
		低速		48～50			1.8	10
	单　速			72～74	15		1.8	24
1000	双速	高速	4500	72～74	18.5/22	200～300	1.8	35
		低速		48～50			1.8	15
	单　速			72～74	22		1.8	35
1000	双速	高速	6000	72～74	22/28	200～300	1.8	46
		低速		48～50			1.8	21
	单　速			72～74	30		1.8	46
1000	双速	高速	7500	72～74	26/32	200～300	1.8	56
		低速		48～50			1.8	28
	单　速			72～74	37.5		1.8	56
1000	双速	高速	9000	72～74	30/45	200～300	1.8	74
		低速		48～50			1.8	35
	单　速			72～74	45		1.8	74

为提高转刷的充氧能力，转刷的上下游应根据具体情况设置导流板，如不设挡水板或压水板，转刷之间的距离宜为 40～50m。对于反硝化混合，通常用设置数台可调转速的转刷来完成。此时应校核低速转动时能否满足混合的功率要求，一般混合液功率输入应大于 $10W/m^3$；如果不满足，可以设置一定数量的水下搅拌器来加强混合。

(4) 曝气转盘

曝气转盘上有大量的曝气孔和三角形凸出物，用以充氧和推进混合液。盘片尽管很薄(盘厚 12.5mm)，但具备良好的混合功能。两个盘片之间间距最少为 25mm。曝气转盘直径约 1400mm，厚 12.5mm，曝气孔直径 12.5mm。为了使盘片便于从轴上卸脱或重新组装，盘片由两个半圆断面构成。转盘的标准转速为 45～60r/min。如同转刷一样，转盘具有良好的氧传输效率，在标准条件下，可以达到1.86～2.10kg/(kW·h)。曝气转盘的一个优点是可以借助配置在各槽中曝气盘数目的不同，变化输入每个槽的供氧量。

（5）曝气转盘的参数

表4-44是美国Envirex公司和国内厂家生产的单个曝气转盘的充氧特性，表4-45是国外生产厂家曝气转盘参数，可供设计参考。

表4-44 美国Envirex公司和国内厂家生产的单个曝气转盘的充氧特性

Envirex公司数据

转速/(r/min)	下转①			上转②		
	kgO_2/(盘·h)	制动/(kW/盘)	kgO_2/(kW·h)	kgO_2/(盘·h)	制动/(kW/盘)	kgO_2/(kW·h)
43	0.753	0.353	2.13	0.567	0.265	2.14
46	0.848	0.412	2.06	0.635	0.301	2.11
49	0.943	0.478	1.97	0.703	0.345	2.02
52	1.04	0.544	1.91	0.771	0.382	2.02
55	1.13	0.610	1.85	0.839	0.426	1.97

国内公司技术参数

浸没深度/mm	轴功率/(kW/盘)	输入功率/(kW/盘)	配用功率/(kW·h/盘)
350	0.365	0.507	0.530
400	0.414	0.575	0.590
460	0.467	0.648	0.678
500	0.500	0.694	0.733
530	0.518	0.719	0.763

① 指旋转过程中三角块的面先与水接触，因而充氧能力最大。
② 指旋转过程中三角块的角先与水接触，因而动力效率最大。

表4-45 国外公司氧化沟曝气转盘技术参数

水平轴跨度/m	转盘数	充氧能力/(kg/h)		轴功率/(kW/盘)
		浸没深度400～530mm	浸没深度500mm	
3.0	12	12.6～19.56	18.96	7.5
4.0	17	17.85～27.71	26.86	11
5.0	21	22.05～34.23	33.18	15
6.0	25	26.65～40.75	39.50	18.5
7.0	33	34.65～53.79	52.14	22

曝气转盘技术性能：

曝气转盘直径1400mm；

适用转速50～55r/min，经济转速50r/min；

适用浸没深度400～530mm，经济浸没深度500mm；

单盘标准清水充氧能力0.82～1.63kg/(h·盘)；

充氧效率（动力效率）2.54～3.16kg/(kW·h)（以轴功率计）；

适用工作水深≤5.2m；

水平轴跨度单轴≤9m，双轴在 9～14m 之间；

曝气盘安装密度<5 盘/m；

设计功率密度 10～12.5W/m^3。

4.10.2.2　立式低速表曝机

立式低速表面曝气叶轮与活性污泥法中表曝机的原理是一样的。一般每条沟安装 1 台，置于池的一端。它的充氧能力随叶轮直径增加而增大，动力效率一般为 1.8～2.3kgO_2/(kW·h)。其主要特点是具有较大的提升能力，因此氧化沟水深可达到 4～5m，减少占地面积。

采用立式表曝机的氧化沟存在两种混合状态：一种是与曝气或混合装置有关的高能区；另一种是沿沟流动的低能区。高能区的平均速度梯度（G）一般超过 100/s，经验表明，高 G 值区有利于提高传氧效率。低能区的平均速度梯度一般低于 30/s，低的 G 值适于混合液的生物絮凝。与传统的氧化沟不同，表曝系统氧化沟采用立式低速表曝机作为主要设备，尽管分散到整个曝气池后的动力密度比较低，但表曝机实际上是在局部区域内工作，其局部动力密度非常高（为 96～192W/100m^3）；而一般氧化沟的动力密度为 18～24W/100m^3。卡鲁塞尔工艺最大限度地利用了这一原理，它的表曝机传氧效率在标准状态下达到平均至少 2.1kgO_2/(kW·h)。

立式低速表曝机单机功率大（可达 150kW），设备数量少，在不使用任何辅助推进器的情况下氧化沟沟深可达到 5m 以上，较传统的氧化沟节省占地 10%～30%，土建费用相应减少。由于采用立式低速表曝机有很强的输入动力调节能力，而且在调节过程中不损失其混合搅拌的功能，节能效果明显。一般情况下，表曝机的输出功率可以在 25%～100%的范围内调节，而不影响混合搅拌功能和氧化沟渠道流速。DHV 公司新开发的双叶轮卡鲁塞尔曝气机，上部为曝气叶轮，下部为水下推进叶轮，采用同一电机和减速机驱动。其动力调节范围为 15%～100%，调节范围较标准表曝机扩大 10%。双叶轮曝气机可使氧化沟的沟深加大到 6m 以上。对表曝系统，表 4-46 是国内某生产厂家立式低速表面曝气叶轮的参数，可供设计参考。

表 4-46　立式低速表面曝气机产品规格及技术参数

型号	叶轮直径/mm	转速/(r/min)	清水充氧量/(kg/h)	提升力/kgf①	电机功率/kW	叶轮升降动程/mm	质量/t
普通	400	167～252	2.5～8.0	42～142	2.2	+120 −80	0.6
调速		216	5	68	1.5	+120 −80	0.6
普通	760	88～126	8.4～23	153～453	7.5	±140	2.0
调速		110	15.5	301	5.5	±140	2.0
普通	1000	67～95	14～39	269～782	15	±140	2.2
调速		85	27	556	11	±140	2.2
普通	1240	54～79.5	21～62.5	418～1347	22	±140	2.4
调速		70	43.5	916	18.5	±140	2.4
普通	1500	44.2～53.9	30～82.5	618～1828	30	±140	2.6
调速		55	54.5	1168	22	±140	2.6

续表

型号	叶轮直径 /mm	转速 /(r/min)	清水充氧量 /(kg/h)	提升力 /kgf①	电机功率 /kW	叶轮升降动程 /mm	质量/t
普通	1720	39～54.8	38～102	819～2299	45	±140	2.8
调速		49	74	1626	30	+180 −100	2.8
普通	1930	34.5～49.3	48～130	1037～2993	55	+180 −100	3.0
调速		45	96	2247	45	+180 −100	3.0

① 1kgf＝9.8N。

4.10.2.3 射流曝气器

射流曝气器一般设在氧化沟的底部，吸入的压缩空气与加压水充分混合，沿水平方向喷射，推动沟中液体并达到曝气充氧的目的。射流器形成的水流冲力造成了水平方向的混合，然后又由于水流上升而形成了垂直方向的混合，因而沟宽和沟深彼此无关，可采用较深的沟，水深可至8m。射流过程中产生很小的气泡，因此氧的转移效率较高。Lecompte根据试验认为射流器存在最佳气-液流量比，并且试验表明在每个射流器0.60m^3/min的流量下充氧能力最高。可以根据标准需氧量（SOR，kg/d）、单个射流器的流量（Q，m^3/min）和氧的利用率（E，%）计算射流器的数量（n）。显然，不同的射流器的参数是不相同的，需要根据射流器厂家提供的参数计算相关的参数。

4.10.2.4 其他曝气装置

导管式曝气机又是表曝机和上吸式鼓风管，也称U形鼓风曝气系统。在氧化沟中提高叶轮转速调节沟内流速，调节空气压缩机供气量则可控制供氧量。氧化沟沟深可达4～5m，占地面积较传统氧化沟少。由于所有废水都经过导管，废水、循环液、氧化微生物充分混合，传质效果好，有利于废水处理。缺点是动力效率较低［0.67～0.73kgO_2/(kW·h)］，设备系统较复杂，氧化沟施工也较复杂。混合曝气系统原理，是用置于沟底的固定式曝气器（如微孔曝气器）和淹没式水平叶轮或射流以及利用抽吸和表面射流来分别进行充氧和推进液体。这种系统不常用，原因是设备复杂，动力消耗也较大。

4.10.2.5 导流和混合装置

导流和混合装置包括导流墙和导流板。在弯道设置导流墙可以减少水头损失，防止弯道停滞区的产生和防止弯道过度冲刷。通常在曝气转刷上下游设置导流板，主要是为了使表面的较高流速转入池底，同时降低混合液表面流速，提高传氧速率。为了保持沟内的流速可以根据需要设置水下推进器。

4.10.3 氧化沟设计要点

4.10.3.1 总则

氧化沟一般由沟体、曝气设备、进水分配井、出水溢流堰和导流装置等部分组成。氧化沟进水水温宜为10～25℃，pH值宜为6～9，有害物质严禁超过规定的允许浓度。

4.10.3.2 预处理及一级处理

原则上氧化沟所需要的预处理设施与其他处理系统相同，即进水应该有粗格栅、沉砂池和提升泵房。粗格栅去除对设备或管道可能产生损害或堵塞的大颗粒物质。氧化沟之前是否设置沉砂池去除粗砂，要依情况而定。

4.10.3.3　选择器

由于低负荷（或高负荷）状态下的氧化沟容易产生污泥膨胀，所以在氧化沟的体内或体外需要设置选择器。选择器的类型有好氧选择器、缺氧选择器和厌氧选择器。

4.10.3.4　氧化沟详细设计要求

（1）氧化沟沟体

氧化沟一般建为环状沟渠形，其平面可为圆形和椭圆形或与长方形的组合形。其四周池壁可为钢筋混凝土直墙，也可根据土质情况挖成斜坡并衬砌。二次沉淀池、厌氧区与缺氧区、好氧区可合建，也可分建。选择器可以与氧化沟合建，也可分建。

（2）氧化沟的几何尺寸

氧化沟的渠宽、有效水深视占地、氧化沟的分组和曝气设备性能等情况而定。当采用曝气转刷时，有效水深为 2.6～3.5m；当采用曝气转盘时，有效水深为 3.0～4.5m；当采用表面曝气机时，有效水深为 4.0～5.0m；当同时配备搅拌设施时，水深尚可加大。氧化渠直线段的长度最小 12m 或最少是水面处渠宽的 2 倍（不包括奥贝尔氧化沟）。

所有的氧化沟超高不应小于 0.5m。氧化沟的超高与选用的曝气设备性能有关，当采用曝气转刷、曝气转盘时，超高可为 0.5m；当采用表面曝气机时，其设备平台宜高出设计水面 1.0～1.2m。同时应该设置控制泡沫的喷嘴或其他控制泡沫的有效方法。

（3）进、出水管

当两组以上氧化沟并联运行时，或采用交替式氧化沟时，应设进水配水井，其中可设（自动控制）配水堰或配水闸，以保证均匀（自动）配水和控制流量。

氧化沟的进水和回流污泥进入点应该在曝气器的上游，使得与沟内混合液立即相混合。氧化沟的出水应该在曝气器的上游，并且应离进水点和回流活性污泥点足够远，以避免短流。

（4）污泥龄（θ_c）

根据去除对象不同而不同：

① 只要求去除 BOD_5 时，θ_c 采用 5～8d，污泥产率系数 Y 为 0.6；

② 要求有机碳氧化和氨的硝化时，θ_c 取 10～20d，污泥产率系数 Y=0.5～0.55；

③ 要求去除 BOD_5 加脱氮时，θ_c=30d，Y=0.48。

（5）进、出水可调堰

氧化沟的水位由可调堰控制，以改变曝气设备的浸没深度，适应不同需氧量的运行要求。堰的长度采用设计流量加上最大回流量计算，以防曝气器浸没过深。当采用交替工作氧化沟时，配水井中的配水堰或配水闸宜采用自动控制装置，以便控制流量和变换进水方向。根据多沟氧化沟工作状态的转换，其溢流堰应采用自动控制装置，以使出水方向随之变换。

（6）导流墙和导流板

在氧化沟所有曝气器的上、下游应设置横向的水平挡板。上游导流板高 1.0～2.0m，垂直安装于曝气转刷上游 2.0～5.0m 处。在曝气器下游 2.0～3.0m 应该设置水平挡板，与水平呈 60°角倾斜放置，顶部在水面下 150mm，挡板要超过 1.8m 水深，以保证在整个池深适当的混合。

为了保持氧化沟内具有污泥不沉积的流速，减少能量损失，需设置导流墙与导流板。一般在氧化沟转折处设置导流墙，使水流平稳转弯并维持一定流速。由于氧化沟中分隔内侧沟的弧度半径变化较快，其阻力系统也较高，为了平衡各分隔弯道间的流量，导流板可在弯道内偏置。导流墙应设于偏向弯道的内侧，以使较多的水流向内汇集，避免弯道出口靠中心隔墙一侧流速过低，造成回水，引起污泥下沉。设置导流墙则有利于水流平稳转弯，减少回水产生，防止由于内圈流速小而使污泥沉淀和减少有效容积（见图 4-45）。

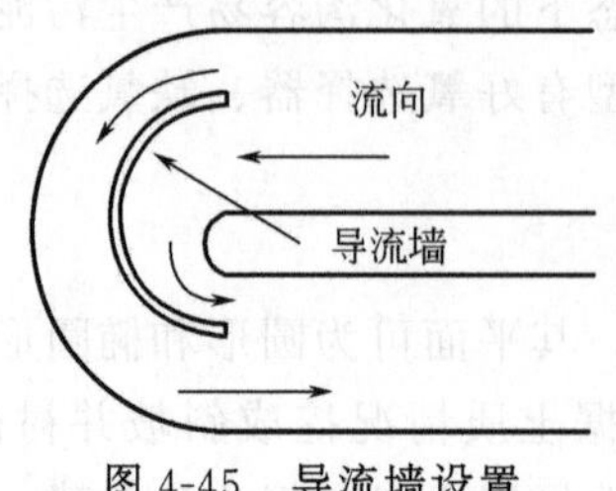

图 4-45　导流墙设置

在弯道处应设置导流墙，导流墙应设于偏向弯道的内侧，以使较多的水流向内汇集。可根据沟宽确定导流墙的数量，在只有一道导流墙时可设在内壁 1/3 处（两道导流墙时外侧渠道宽为 $W/2$）。为了避免弯道出口靠中心隔墙一侧流速过低造成回水，引起污泥下沉，导流墙在下游方向需延伸一个沟宽（W）的长度。

（7）曝气器的位置

曝气转刷（或转盘）应该正好位于弯道下游直线段氧化沟 4～5m 处。立式表曝机应该设在弯道处。转刷（或转盘）的淹没深度应该在 100～300mm 之间，转刷（转盘）应该在整个沟宽度方向满布，并且有足够安装轴承的位置。

（8）走道板和防飞溅控制

氧化沟的走道以能够进行曝气器的维修为原则，一般是在曝气器之上。应该采用防飞溅挡板，以免曝气器溅水到走道上。

（9）测量装置

应该设置对原废水和回流污泥的流量测量装置。测量装置应该可以累计流量并有记录。当设计中所有回流污泥与原废水在一点混合时，那么应该测量各个氧化沟的混合液流量。

4.10.4　设计参数及规定

氧化沟工艺设计参数及规定见表 4-47。

表 4-47　氧化沟工艺设计参数

名称		数值
污泥负荷 N_s/[kgBOD$_5$/(kgMLSS·d)]		0.03～0.08
水力停留时间 t/h		≥16
污泥龄 θ_c/d		>15
污泥回流比 R/%		75～150
污泥浓度 X/(mg/L)		2500～4500
容积负荷/[kgBOD$_5$/(m^3·d)]		0.2～0.4
出水水质/(mg/L)	BOD_5	10～15
	SS	10～20
	NH_4^+-N	1～3
必要需氧量/(kgO$_2$/kgBOD)		1.5～2.0

4.10.5 计算公式

氧化沟工艺计算公式见表 4-48。

表 4-48　氧化沟工艺计算公式

名称	公式	符合说明
碳氧化氮硝化容积(好氧区容积)	$V_1=\frac{YQ(L_o-L_e)\theta_c}{X(1+K_d\theta_c)}=\frac{YQL_r\theta_c}{X(1+K_d\theta_c)}$ 或 $V_1=\frac{Q(L_o-L_e)}{N_sX}$	V_1——碳氧化氮硝化容积,m^3; Q——污水设计流量,m^3/d; X——污泥浓度,kg/m^3; L_o、L_e——进、出水 BOD_5 浓度,mg/L; L_r——去除的 BOD_5 浓度,mg/L,$L_r=L_0-L_e$; θ_c——污泥龄,d; Y——污泥净产率系数,$kgMLSS/kgBOD_5$; K_d——污泥自身氧化率,d^{-1},对于城市污水一般为 0.05~0.1d^{-1}; N_s——污泥负荷,$kgBOD_5/(kgMLVSS \cdot d)$
污泥龄确定	$\theta_c=\frac{X}{YL_r}=\frac{0.77}{K_df_b}$	f_b——可生物降解的 VSS 占总 VSS 的比例
Y 与污泥龄的关系	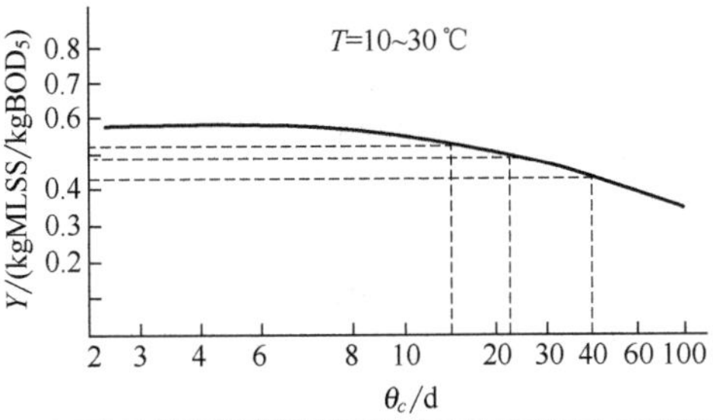 T=10~30℃ $Y/(kgMLSS/kgBOD_5)$: 0.2, 0.3, 0.4, 0.6, 0.7, 0.8 θ_c/d: 2, 3, 4, 6, 8, 10, 20, 30, 40, 60, 100	
最大需氧量	$O_2=a'QL_r+b'N_r-b'N_D-c'X_W$	O_2——需氧量,kg/d; a'、b'、c'——系数,分别取值 1.47、4.6、1.42; N_r——氨氮的去除量,kg/m^3; N_D——硝态氮去除量,kg/m^3; X_W——剩余活性污泥量,kg/d
剩余活性污泥量	$X_W=\frac{Q_{平}L_r}{1+K_d\theta_c}$	$Q_{平}$——污水平均日流量,m^3/d
水力停留时间	$t=\frac{24V}{Q}$	V——氧化沟容积,m^3; t——水力停留时间,h
污泥回流比	$R=\frac{X}{X_R-X}\times 100\%$	R——污泥回流比,%; X_R——二沉池底污泥浓度,mg/L
污泥负荷	$N_s=\frac{Q(L_o-L_e)}{VX_V}$	N_s——污泥负荷,$kgBOD_5/(kgMLSS \cdot d)$; X_V——MLVSS 浓度,mg/L
反硝化区脱氮量	$W=Q_{平}N_{L_r}-0.124YQ_{平}L_r=Q_{平}(N_o-N_e)-0.124YQ_{平}L_r$	W——反硝化区脱氮量,kg/d; N_{L_r}——去除的总氮浓度,mg/L; N_o——进水总氮浓度,mg/L; N_e——出水总氮浓度,mg/L
反硝化区所需污泥量	$G=\frac{W}{V_{DN}}$	G——反硝化区所需污泥量,kg; V_{DN}——反硝化速率,$kgNO_3^--N/(kgMLSS \cdot d)$
反硝化区容积	$V_2=\frac{G}{X}$	V_2——反硝化区容积,m^3

续表

名称	公式	符合说明
氧化沟容积	$V=\frac{V_1+V_2}{K}$	K——具有活性作用的污泥占总污泥量的比例，$K=0.55$

4.10.6 单沟式氧化沟设计算例

【例题 4-13】 已知条件：设计污水量 $Q=5000\text{m}^3/\text{d}$，进水 BOD 浓度 $L_o=200\text{mg/L}$。回流污泥浓度为 $X_R=7000\text{mg/L}$，污泥回流比 $R=100\%$。BOD-SS 负荷 $N_s=0.04\text{kgBOD/(kgSS}\cdot\text{d)}$；池数 $n=4$；曝气方式为间歇式。

试求定氧化沟的容积及工艺尺寸。

【解】（1）采用 BOD-SS 负荷法求定池容积

首先确定氧化沟内混合液平均污泥浓度 X，即：

$$X=\frac{\text{进水 SS 浓度}+\text{回流污泥浓度}\times\text{污泥回流比}}{1+\text{污泥回流比}}$$

$$=\frac{200+7000\times1.0}{1+1}=3600(\text{mg/L})$$

因此，氧化沟池容积为：$V=\frac{QL_o}{N_sX}=\frac{5000\times200}{0.04\times3600}=6944(\text{m}^3)$

（2）采用停留时间确定池容积

氧化沟水力停留时间为 HRT＝24～48h 时对应池容积为：

$$V=QT=208.33\times(24\sim48)=5000\sim10000(\text{m}^3)$$

（3）采用硝化、反硝化法计算池容积

硝化区容积：

$$V_{\text{N}}=\frac{mC_{\text{kin}}Q\times10^3}{24K_{\text{N}}X} \tag{4-112}$$

反硝化区容积：

$$V_{\text{DN}}=\frac{nC_{\text{N}}Q\times10^3}{24K_{\text{DN}}X} \tag{4-113}$$

式中 K_{N}——硝化速率，mgN/(gMLSS·h)，一般为 0.2～0.7mgN/(gMLSS·h)，本例取 0.7mgN/(gMLSS·h)；

C_{kin}——进水中 TKN 浓度，mg/L，取 35mg/L；

X——池内 MLSS 浓度，mg/L，取 3600mg/L；

K_{DN}——反硝化（脱氮）速率，mgN/(gMLSS·h)，一般为 0.1～0.4mgN/(gMLSS·h)，本例取 0.4mgN/(gMLSS·h)；

C_{N}——硝化 TKN，mg/L，$C_{\text{N}}=mC_{\text{kin}}$，本例中 $m=0.9$，$C_{\text{kin}}=35\text{mg/L}$；

m——硝化率，$0<m\leqslant1$，取 0.9；

n——脱氮率，$0<n\leqslant1$，取 0.7。

因此：

$$V_{\text{N}}=\frac{0.9\times35\times5000\times10^3}{24\times0.7\times3600}=2604(\text{m}^3)$$

$$V_{\text{DN}}=\frac{0.7\times0.9\times35\times5000\times10^3}{24\times0.4\times3600}=3190(\text{m}^3)$$

池总容积为：

$$V=V_{\text{N}}+V_{\text{DN}}=5794(\text{m}^3)$$

以上计算结果表明，池总容积最小为 $V=6944m^3$。

(4) 池平面尺寸确定

池数为 4 个，则每池容积为：$V_1=V/4=6944/4=1736(m^3)$

池长 L 计算公式为：

$$L=\frac{V_1-\pi W^2D}{2WD}+2W \tag{4-114}$$

式中　V_1——单池容积，m^3；

W——池宽，m，一般为 4～5.5m，本例取 4.5m；

D——水深，m，一般为 2～3m，本例取 2m。

因此，$L=\frac{1736-3.14\times4.5^2\times2}{2\times4.5\times2}+2\times4.5=98.4(m)$，取 100m。

工艺尺寸为：4.5m(宽)×100m(长)×2m(深)×4 池。

(5) 校核

池容积：　$[(2\times4.5\times2\times91)+\pi\times4.5^2\times2]m^3/池\times4池=7060m^3>6944m^3$

BOD-SS 负荷：　$\frac{5000\times200}{3600\times7060}=0.04kgBOD/(kgMLSS\cdot d)$

曝气时间：　$t=\frac{V}{Q}=\frac{7060}{5000}\times24=33.9(h)$(在 24～48h 之间)

污泥回流比：　$R=\frac{MLSS-进水SS}{X_R-X}=\frac{3600-200}{7000-3600}=1.0$

污泥龄：　$\theta_c=\frac{VX}{进水SS\times Q}=\frac{7060\times3600}{200\times5000}=25.4(d)$

BOD-容积负荷：　$\frac{QL_o}{V}=\frac{5000\times200\times10^{-3}}{7060}=0.14[kgBOD/(m^3\cdot d)]$

(6) 曝气设备必要的需氧量

按去除 1kgBOD 需氧 2kg 计算，则每日实际需氧量（AOR）为：

$$AOR=200\times5000\times2\times10^{-3}=2000(kg/d)$$

硝化时间每日按 12h。

标准条件下必要的供氧量（SOR）为：

$$SOR=\frac{(AOR)C_{SW}}{1.024^{T-20}\cdot\alpha(\beta C_S-C_A)}\times\frac{760}{P}\times\frac{1}{24} \tag{4-115}$$

式中　C_{SW}——20℃时清水饱和溶解氧量，mg/L，取值 8.84mg/L；

C_S——T℃时清水饱和溶解氧量，mg/L，20℃时为 8.84mg/L；

T——混合液水温（一般为 7 月和 8 月的平均水温），℃，本例为 20℃；

C_A——混合液的 DO 浓度，mg/L，一般可取 1.5mg/L；

α——K_{L_a} 的修正系数，对于延时曝气法、OD 法可取 0.93；

β——饱和溶解氧浓度修正系数，对于延时曝气法可取 0.97；

P——处理厂地域的大气压强，mmHg，本例为 760mmHg。

因此：　$SOR=\frac{2000\times8.84\times2}{1.024^{20-20}\times0.93\times(0.97\times8.84-1.5)}\times\frac{760}{760}\times\frac{1}{24}=224(kg/h)$

4.10.7　DE 型氧化沟设计计算例

西安市某污水处理厂采用 DE 型氧化沟工艺，污泥不经消化直接脱水，第一期工程设计

流量为 $14\times10^4m^3/d$；远期设计流量为 $30\times10^4m^3/d$。污水中工业废水占30%，生活污水占70%。规划人口60万人，流域面积53.5km²。设计进水水质指标为：$BOD_5=180mg/L$，SS=255mg/L，COD=400mg/L，NH_4^+-N=32mg/L，TN=40～50mg/L。排放标准为：$BOD_5\leqslant20mg/L$，SS≤20mg/L，COD≤100mg/L，NH_4^+-N≤15mg/L（温度>12℃）。

4.10.7.1 厌氧混合池（生物选择池）容积计算

$V_{AN}=Qt_{AN}$，取 $t_{AN}=0.25h$，1座2格，则单池容积为：

$$V_{AN}=\frac{140000}{2\times24}\times0.25=729(m^3)$$

工艺尺寸为：12m×12m×5m（水深）×2格。

实际单池容积为 $12\times12\times5=720(m^3)$。

HRT为：
$$t_{AN}=\frac{720}{2916.7}=0.25(h)$$

生物选择池采用高负荷完全混合式，其污泥负荷（F/M）为：

$$F/M=\frac{QL_a}{VX} \tag{4-116}$$

式中 L_a——进水BOD浓度，mg/L，取180mg/L；

X——污泥浓度，mg/L，取4500mg/L。

则：
$$F/M=\frac{7\times10^4\times180}{720\times4500}=3.9[kgBOD/(kgMLSS\cdot d)]$$

4.10.7.2 DE型氧化沟工艺设计计算

污泥负荷 F/M 采用0.05～0.10kgBOD/(kgMLSS·d)，污泥龄为12～30d，MLSS浓度为3500～5500mg/L。

采用污泥负荷法进行工艺计算，取 $F/M=0.08kg/(kg\cdot d)$，$X=4500mg/L$，池数为3组6池。则每池容积为：

$$V=\frac{QL_a}{(F/M)Xn}=\frac{14\times10^4\times180}{0.08\times4500\times6}=11667(m^3)$$

工艺尺寸为：22m(池宽)×116.5m(池长)×4.5m(水深)×6池。

DE型氧化沟平面尺寸如图4-46所示。

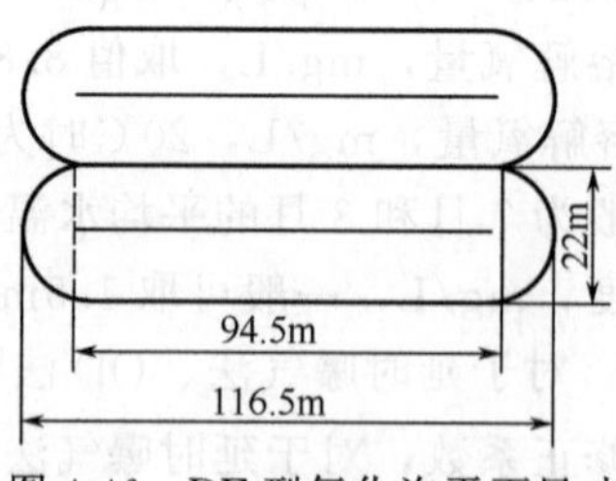

图4-46 DE型氧化沟平面尺寸

每池实际容积为：$45\times(11^2\times3.14+22\times94.5)=11066(m^3)$。

DE氧化沟设有Maxi 9型转刷共60套，直径 ϕ1000mm，长度9.0m，转速73r/min，电机功率45kW，标准状态充氧能力 $67kgO_2/h$。氧化沟还设有SK4430淹没式搅拌器18台，功率4.0kW，以保证氧化沟在缺氧状态下（转刷停止运转）混合液将不致发生沉淀。氧化沟出水设有DC35型可调节堰板12套，宽5.0m。

整个DE型氧化沟系统设备包括厌氧混合池搅拌器2套，出水调节堰6套，氧化沟转刷60套，搅拌器18套，还有二沉池回流污泥泵6台；全部由中心控制室按预定程序集中控制，以保证氧化沟系统始终处于良好的工作状况。

4.10.8　三沟式（T形）氧化沟的设计

4.10.8.1　三沟式氧化沟生物脱氮运行方式

三沟式氧化沟生物脱氮运行方式如表4-49所列。

表4-49　三沟式氧化沟生物脱氮运行方式

运行阶段	A			B			C			D			E			F		
沟别	Ⅰ沟	Ⅱ沟	Ⅲ沟	Ⅰ沟	Ⅱ沟	Ⅲ沟	Ⅰ沟	Ⅱ沟	Ⅲ沟	Ⅰ沟	Ⅱ沟	Ⅲ沟	Ⅰ沟	Ⅱ沟	Ⅲ沟	Ⅰ沟	Ⅱ沟	Ⅲ沟
各沟状态	反硝化	硝化	沉淀	硝化	硝化	沉淀	沉淀	硝化	沉淀	沉淀	硝化	反硝化	沉淀	硝化	硝化	沉淀	硝化	沉淀
延续时间/h	2.5			0.5			1			2.5			0.5			1		

4.10.8.2　三沟式氧化沟的设计

考虑到三沟式氧化沟有一条边沟总是作为沉淀池来使用，需要引进三沟式氧化沟参与工艺反应（硝化、反硝化）的有效性系数（f_a）。f_a 为一个周期内以参与反应时间为权污泥浓度与以1个周期各个停留时间为权的污泥浓度之比，并且假设三沟是等体积的，则：

$$f_a=\frac{X_{s1}t_{s1}+X_m t_m+X_{s2}t_{s1}}{X_{s1}t_s+X_m t_m+X_{s2}t_s} \tag{4-117}$$

式中　X_{s1}、X_{s2}——边沟的平均MLSS浓度；

X_m——中沟的平均MLSS浓度；

t_s——边沟1个周期的时间；

t_{s1}——边沟1个周期内的工作时间；

t_m——中沟在0.5个周期内的工作时间。

假设污泥在氧化沟内分布均匀，则 f_a 如下所示：

$$f_a=\frac{Xt_{s1}+Xt_m+Xt_{s1}}{Xt}=\frac{2t_{s1}+t_m}{t} \tag{4-118}$$

式中　X——系统内平均MLSS浓度；

t——3个沟在1个周期的总停留时间（包括沉淀）之和。

所以根据选择的运行周期即可确定有效性系数（f_a），由 f_a 计算氧化沟的总污泥量 $(VX)_T$：

$$(VX)_T=[(XV)+(VX)_{dn}]/f_a$$

由选择的污泥浓度确定三沟式氧化沟的总容积：

$$V_T=(XV)_T/(f_aX)$$

三沟式氧化沟一条边沟总处于沉淀期，沉淀期有1h的静止澄清过程。根据硝化和反硝化时间比确定具体的操作模式，可计算得 $f_a=0.58$；这是三沟式氧化沟的设备利用率只有58%的原因。另外，在实际的氧化沟中，因活性污泥浓度在三沟中的分布不同，f_a 数值与上述的理想状态相差很大。在邯郸污水处理厂测得MLSS在三沟中的浓度分布为5.3kg/m³、2.0kg/m³、5.0kg/m³，按公式计算 $f_a=0.40$。因此，f_a 值的大小与运行及设计密切相关。

提高容积和设备利用率的方法是在三沟式氧化沟的设计中扩大中沟的比例，中沟的容积可占50%～70%或更多，单个边沟的容积占30%～50%。在边沟较小时，需要校核其沉淀功能可否满足。中沟可采用加大的池子或做成等体积的2个沟。这时公式可采用下面的修正式：

$$f_a=\frac{X_{s1}V_{s1}f+X_mV_m+X_{s2}V_{s2}f}{X_{s1}V_{s1}+X_mV_m+X_{s2}V_{s2}} \quad (4\text{-}119)$$

式中 f——边沟反应时间与1个周期时间的比值；

V_{s1}、V_{s2}——边沟的体积；

V_m——中沟的体积。

如果采用50%和70%的数据，则可以得出 f_a 分别为0.69和0.80，从而使设备的利用率和污泥分布均匀性提高。

4.10.8.3 T形沟设计实例

(1) 设计条件及参数

设计流量 $Q=100000m^3/d$（按三个系列，一个系列设计流量 $Q_1=33000m^3/d$）；碱度=280mg/L（以 $CaCO_3$ 计）；$BOD_5=130mg/L$；氨氮=22mg/L（$T=10℃$）；TN=42mg/L；SS=160mg/L；最低温度=10℃；最高温度=25℃。

出水要求：$BOD_5<15mg/L$；SS<20mg/L；氨氮<3mg/L（$T=10℃$）；TN<12mg/L（$T=10℃$）；TN=6～8mg/L（$T=25℃$）。处理后的污泥要求适合于直接脱水，做到完全消化。

(2) 确定设计采用的有关参数

$Y=0.6$；$K_d=0.05$；假设 $f_b=0.63$；$f=0.7$；MLSS=4000mg/L；曝气器形式为曝气转刷；曝气器动力效率 $2.0kgO_2/(kW \cdot h)$；DO=2.0mg/L；$\alpha=0.90$；$\beta=0.98$；$q_{dn}=0.02kgNO_3^--N/(kgMLVSS \cdot d)$；残留碱度100mg/L（以 $CaCO_3$ 计），保持 pH≥7.2；脱氮温度修正系数 $\theta=1.08$。

(3) 去除 BOD_5 的设计计算

① 计算污泥龄

$$\theta_c=\frac{0.77}{K_df_b}=\frac{0.77}{0.05\times0.63}=24.6(d)(\text{取}25d)$$

② 计算出水 BOD_5 和去除率

$$S=\frac{1}{k'Y}\left(\frac{1}{\theta_c}+K_d\right)=\frac{1}{0.038\times0.6}\left(\frac{1}{25}+0.05\right)=3.95(mgBOD_5/L)$$

假设出水SS=20mg/L，VSS/SS=0.7，则：

$$\text{VSS的}BOD_5=0.63\times0.7\times20=8.82(mg/L)$$

总出水 $BOD_5=13mg/L$（达到排放标准），BOD_5 的去除率=100%(130−13)/130=90%，则：

$$BOD_5\text{去除量}=(130-4)\times33000\times10^{-3}=4158\ (kg/d)$$

③ 计算曝气池体积

$$X_V=\frac{Y\theta_cQ(S_o-S)}{1+K_d\theta_c}=\frac{0.6\times25\times33000(0.130-0.004)}{1+0.05\times25}=27720\ (kg/d)$$

取MLSS=4000mg/L,则：

$$V=X_V/Xf=27720/(4\times0.7)=9900\ (m^3)$$

④ 校核停留时间和污泥负荷

$$t=7.2\text{h}$$

$$F/M=0.15\text{kgBOD}_5/\text{kgMLVSS}$$

⑤ 计算剩余污泥量　每天产生的剩余污泥按下式计算：

$$\Delta X=Q\Delta S\left(\frac{Y}{1+K_d\theta_c}\right)+X_1Q-X_eQ$$

$$=33000\times0.126\left(\frac{0.6}{1+0.05\times25}\right)+0.3\times0.16\times33000-0.02\times33000$$

$$=1108.8+1584-660=2032.8\ (\text{kg/d})$$

如果沉淀部分污泥浓度为 1%，每天排泥 $Q_W=203\text{m}^3/\text{d}$。

⑥ 校核 VSS 产率

$$\text{VSS 产率}=\frac{4435}{4158}=1.07(\text{kgVSS/kgBOD}_5)$$

⑦ 复核可生物降解 VSS 比例（f_b）

$$f_b=\frac{YS_r+K_dX-\sqrt{(YS_r+K_dX)^2-4K_dX(0.77YS_r)}}{2K_dX}=0.64$$

其中　$YS_r+K_dX=0.6\times4158+0.05\times27720=3881$

如果 f_b 值与最初的假设值相差较大，则①～⑦步需要重新试算。

（4）脱氮的设计计算

1）氧化的氨氮量　假设总氮中非氨态氮没有硝酸盐，而是大分子中的化合态氮，其在生物氧化过程中需要经过氨态氮这一形态。所以氧化的氨氮=42−12−3=27（mg/L）。

2）需要脱氮量　需扣除生物合成的氮量，生物中的含氮量为 7%，总计为 310.5kg/d。

$$\text{脱氮量}=27-310450/33000=17.5\ (\text{mg/L})$$

3）碱度平衡　每去除 1mgBOD_5 所产生的碱度大约是 0.3mg。

残留碱度=280−7.14×27+3.5×17.5+0.3×126=186.25（mg/L）（以 $CaCO_3$ 计）>100mg/L

4）计算脱氮所需的体积（停留时间）

在 $T=20℃$ 时取脱氮率为 $0.03\text{kgNO}_3\text{-N}^-/(\text{kgVSS}\cdot\text{d})$。

在 $T=10℃$ 时：$N_{dn}=0.03\times1.08^{-10}=0.024\text{kgNO}_3^-\text{-N}/(\text{kgVSS}\cdot\text{d})$

则：$$V_2=\frac{Q(N_o-N_W-N)}{N_{dn}X}=\frac{33000(42-15-9.5)}{0.024\times4000}=6015\ (\text{m}^3)$$

$$\text{脱氮水力停留时间}(\theta)=\frac{6015}{33000}\times24=4.4(\text{h})$$

5）计算总体积（停留时间）

$$V_T=(V+V_2)/f_a=(9900+6015)/0.58=27440\ (\text{m}^3)$$

（5）曝气设备的设计计算

1）需氧量计算

① 碳源需氧量

$$D_1=a'Q(S_o-S)+b'VX=0.52\times33000\times(0.13-0.004)\times10^{-3}$$
$$+0.12\times76832=11382(\text{kg/d})=474(\text{kg/h})$$

② 硝化需氧量

$$D_2=4.6(42-12-3)\times 33000\times 10^{-3}=4098.6(\text{kg/d})=170.8(\text{kg/h})$$

③ 脱氮产生的需氧量

$$D_3=2.86(42-12-3-9.5)\times 33000\times 10^{-3}=1651(\text{kg/d})$$
$$=68.8(\text{kg/h})$$

④ 总需氧量

$$D=D_1+D_2-D_3=13830\text{kg/d}=576\text{kg/h}$$

2）标准需氧量（SOR）计算

$$\text{SOR}=\frac{\text{AORC}_{s(20℃)}}{\alpha[\beta\rho C_{s(T)}-C]\times 1.024^{(T-20)}}=\frac{576\times 8.4}{0.9(0.98\times 1-2)\times 1.024^{2.5}}=812\ (\text{kg/h})$$

3）配置曝气设备

$$需要配置的功率数(N)=\frac{812}{2.1}=384(\text{kW})$$

需要选用电机功率为32kW、直径1000mm、轴长9.0m的曝气转刷12台。

4.10.8.4　T形沟设计计算例题

【例题4-14】 城市污水设计流量$12\times 10^4\text{m}^3/\text{d}$，$K_Z=1.5$，进水水质$\text{BOD}_5=130\text{mg/L}$，COD=210mg/L，SS=120mg/L，TN=38mg/L，TP=8.0mg/L，NH_4^+-N=22mg/L。设计三沟式氧化沟，要求脱氮。处理出水水质为$\text{BOD}_5\leqslant 15\text{mg/L}$，SS≤20mg/L，$\text{NH}_4^+$-N=0，TN≤6mg/L。

【解】

（1）设计参数

污泥龄$\theta_c=15\text{d}$；污泥浓度$X=4000\text{mg/L}$；$K_d=0.05$，查图知当$\theta_c=15\text{d}$时$Y=0.56$。

（2）氧化沟总容积（V）计算

① 碳氧化、氮硝化区容积V_1

$$V_1=\frac{YQL_r\theta_c}{X(1+K_d\theta_c)}=\frac{0.56\times 12\times 10^4\times(130-15)\times 15}{4000\times(1+0.05\times 15)}=16560(\text{m}^3)$$

② 反硝化区脱氮量W

$$W=进水总氮量-(剩余污泥排放的氮量+随水带走的氮量)$$
$$=Q_平(N_o-N_e)-0.124YQ_平\ L_r$$
$$=\frac{12\times 10^4}{1.5}\left(\frac{38-6}{1000}-0.124\times 0.56\times\frac{130-15}{1000}\right)$$
$$=1921(\text{kg/d})$$

③ 反硝化区所需污泥量

$$G=\frac{W}{V_{\text{DN}}}=\frac{1921}{0.026}=73900(\text{kg})$$

④ 反硝化区容积

$$V_2=\frac{G}{X}=\frac{73900}{4}=18475(\text{m}^3)$$

⑤ 澄清沉淀区容积　T形沟二条边沟可以轮换作澄清沉淀用。

⑥ 氧化沟总容积V

$$V=\frac{V_1+V_2}{K}=\frac{16560+18475}{0.55}=63700(m^3)$$

氧化沟分三组，则每组容积为$\frac{V}{3}$，即：

$$V'=\frac{V}{3}=21233(m^3)$$

氧化沟水深取 $H=3m$，则每组氧化沟平面面积为：

$$A_1=V'/H=21233/3=7078(m^2)$$

三条沟中每条沟的平面面积为：

$$A_{11}=A_1/3=2359(m^2)$$

取氧化沟为矩形断面，且单沟宽 $B=22m$，则单沟直线段长度为：

$$L_1=\frac{2359-121\times3.14}{22}=90.0\ (m)$$

平面尺寸如图 4-47 所示。

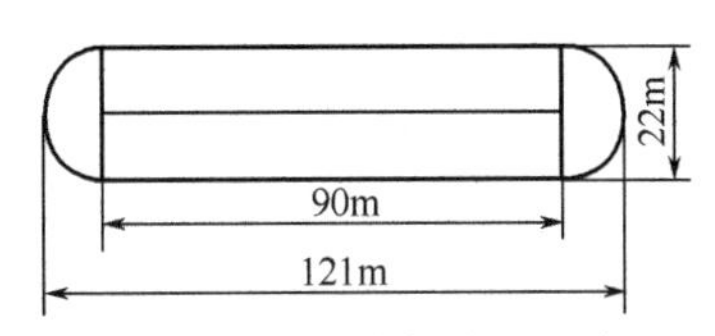

图 4-47　T 形沟平面尺寸

(3) 剩余污泥量计算

$$\Delta X=\frac{YQ_{平}L_r}{1+K_d\theta_c}=\frac{0.56\times12\times10^4\times(0.13-0.015)}{1.5\times(1+0.05\times15)}=2944(kg/d)$$

湿污泥量：　$Q_s=\frac{\Delta X}{(1-P)\times1000}=\frac{2944}{(1-0.992)\times1000}=368(m^3/d)$

(4) 校核

水力停留时间：$t=\frac{24V}{Q}=\frac{24\times63700}{12\times10^4}=12.74(h)$(在 10～30h 之间)

污泥负荷：$N_s=\frac{Q(L_o-L_e)}{VX}=\frac{12\times10^4\times\ (130-15)}{63700\times4000}=0.05\ [kgBOD_5/(kgMLSS\cdot d)]$

[在 0.03～0.08kgBOD$_5$/(kgMLSS・d) 之间]。

(5) 最大需氧量计算

$$\begin{aligned}O_2&=a'Q(L_o-L_e)+b'[Q(NK_o-NK_e)-0.12\Delta X]-\\&\quad b'[Q(NK_o-NK_e-NO_e)-0.12\Delta X]\times0.56-c'\Delta X\\&=1\times12\times10^4(0.130-0.015)+4.6[12\times10^4\times(0.038-0)-0.12\times3397]-\\&\quad 4.6[12\times10^4\times(0.038-0.006-0)-0.12\times3397]\times0.56-1.42\times3397\\&=36919(kgO_2/d)\end{aligned}$$

4.10.9　卡鲁塞尔（Carrousel）式氧化沟的设计与计算

4.10.9.1　延时曝气设计计算方法

(1) 氧化沟的设计

氧化沟的设计可用延时曝气池的设计方法进行，即从污泥产量 $W_v=0$ 出发，导出曝气池体积，然后按氧化沟工艺条件布置成环状循环混合式或 Carrousel 式。氧化沟中循环流速为 0.3～0.6m/s，有效深度 1～5m。

【例题 4-15】 氧化沟的计算。已知条件：某工业废水设计流量 $Q=2000m^3/d$；进入氧化沟的 $BOD_5=1200mg/L$；氧化沟出水的 $BOD_5=20mg/L$；氧化沟中挥发固体浓度 $x=4000mg/(L\cdot VSS)$；二沉池底流挥发固体浓度 $x_r=12370mg/(L\cdot VSS)$；产率系数 $y=0.4$；微生物自身衰减系数 $K_d=0.1d^{-1}$；反应速率常数 $K=0.1L/(mg\cdot d)$；BOD_5/BOD_u 值＝0.7。

【解】 设计计算

1）氧化沟所需容积 $V(W_v=0)$

$$V=\frac{yQ(L_o-L_e)}{xK_d}=\frac{0.4\times2000\times(1200-20)}{4000\times0.1}=2360(m^3)$$

2）曝气时间 T_b

$$T_b=\frac{V}{Q}=\frac{2360}{2000}=1.18(d)=28.32(h)$$

3）回流比 R

$$R=\frac{x}{x_r-x}=\frac{4000}{12370-4000}=0.48$$

4）需氧量 G　在延时曝气氧化沟中，由微生物去除的全部底物都作为能源被氧化而 $W_v=0$，故系统中每天的需氧量为：

$$G=Q(L_o-L_e)=2000\times(1200-20)\times10^{-3}=2360(kg/d)$$

折合最终生化需氧量为 L_T

$$L_T=2360\div0.7=3771(kg/d)=157.13(kg/h)$$

去除单位质量 BOD_5 的需氧量为：

$$L_T/G=3771\div2360=1.43(kgO_2/kgBOD_5)$$

5）复合污泥负荷 N_s

$$N_s=\frac{Q(L_o-L_e)}{xV}=\frac{2000\times(1200-20)}{4000\times2360}=0.25[kgBOD_5/(kgMLSS\cdot d)]$$

6）氧化沟的主要尺寸

① 已知氧化沟的容积为 $2360m^3$，取水深 $H=2.0m$，沟宽 $B=4.0m$，则氧化沟的长度为：

$$L=\frac{V}{HB}=\frac{2360}{2\times4}=295(m)$$

② 选直径为 700mm 的转刷，浸深为 240mm、转速为 80r/min 时，充氧能力为 $5.6kgO_2/(h\cdot m)$。

③ 已知每小时的需氧量为 157.13kg，则转刷的总长度为 157.13÷5.6≈28(m)。

④ 每个转刷的长度与沟同宽，则需转刷个数为 28÷4＝7(个)。

⑤ 转刷的间距为 295÷7≈42(m)。

7）氧化沟的平面布置　见图 4-48。

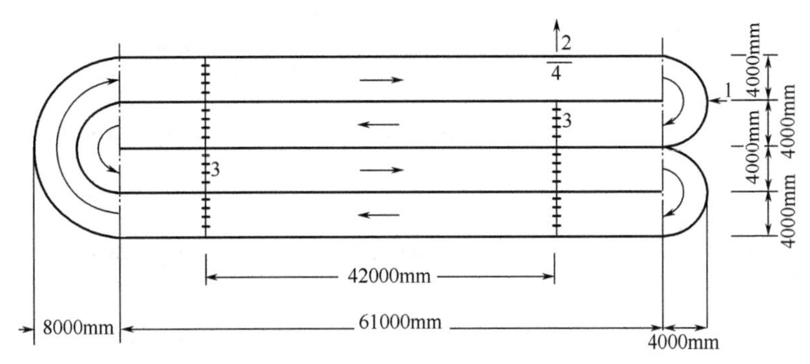

图 4-48　氧化沟平面布置草图

1—进水；2—出水；3—转刷；4—出水堰

8）转刷功率　转刷所需功率为 28×1.6＝44.8(kW)。每个转刷所需功率为 4×1.6＝6.4(kW)。

9）处理污水功率　处理 1.0m^3 污水所需功率为 44.8÷2000＝0.0224(kW)。

（2）氧化沟尺寸

采用倒伞形叶轮曝气机时，氧化沟尺寸参见表 4-50。

表 4-50　氧化沟系统处理城市污水时设计计算确定的氧化沟尺寸及曝气机尺寸

人口当量	曝气机			氧化沟				
	数量	尺寸/m	功率/kW	单宽/m	总宽/m	水深/m	池长/m	容积/m^3
4000	1	2.00	7.4	4.5	9.0	2.25	27.0	500
8000	1	2.286	14.8	5.0	10.0	2.50	42.0	1000
12000	1	2.50	22.1	5.5	11.0	2.75	52.0	1500
20000	2	2.50	18.4	5.5	22.0	2.75	56.0	2500
30000	2	2.80	22.1	6.0	24.0	3.00	56.0	3750
40000	2	2.80	29.4	6.0	24.0	3.00	74.0	5000
60000	2	3.20	44.1	7.0	28.0	3.5	84.0	7600
100000	2	3.60	73.6	8.0	32.0	4.0	103.0	12500
140000	3	3.60	73.6	8.0	48.0	4.0	103.0	18750
200000	4	3.60	73.6	8.0	64.0	4.0	102.0	25000

注：人口当量按每人每天产出 BOD_5 35g 计，污水量按 150L/(人・d) 计；曝气机采用倒伞形叶轮表面曝气机。

（3）氧化沟曝气设备的选择

氧化沟的沟形与曝气设备的发展，反映了氧化沟工艺的发展。目前曝气设备的种类有：a. 机械曝气机，分为水平轴曝气机、垂直轴表面曝气机、自吸螺旋曝气机等；b. 射流曝气机；c. 导管式曝气机；d. 混合曝气系统。

常见的水平轴曝气机有曝气转刷和曝气转盘，垂直轴表面曝气机有倒伞形曝气机。

曝气机的性能和特点见表 4-51。

表 4-51 曝气机的性能和特点

名称	适应条件	技术性能		备注
		充氧能力	动力效率	
曝气转刷	$D=400\sim1000$mm $h=0.1\sim0.3$m $n=50\sim80$r/min	$4\sim8kgO_2/(m\cdot h)$	$1.5\sim2.5kgO_2/(kW\cdot h)$	D——转刷直径，mm； h——浸没深度，m； n——转速，r/min
曝气转盘	$D=1000\sim1300$mm $h=0.2\sim0.4$m $n=43\sim75$r/min	$0.26\sim0.86kgO_2/(盘\cdot h)$	$0.9\sim1.5kgO_2/(kW\cdot h)$	
垂直轴表面曝气机			$1.8\sim2.3kgO_2/(kW\cdot h)$	
自吸螺旋曝气机			$1.8\sim2.0kgO_2/(kW\cdot h)$	
射流曝气机			$0.6\sim0.8kgO_2/(kW\cdot h)$	
导管式曝气机				

4.10.9.2 动力学法计算法之一

（1）污水处理厂处理规模及处理程度

该污水处理厂的主要构筑物拟分为 3 组，每组设计流量为 $24912m^3/d$；近期建 2 组，远期再建 1 组。

污水处理厂的实测水质和设计进水水质及所要达到的标准见表 4-52。

表 4-52 污水处理厂的实测水质、设计进水水质及出水标准

项目	实测水质/(mg/L)	设计进水水质/(mg/L)	出水标准/(mg/L)	去除率/%
BOD_5	150～250	220	≤20	>95
COD_{Cr}	230～370	340	≤60	>80
SS	200～350	320	≤20	>90
TN	45～55	55	≤15	>70
磷酸盐(以 P 计)	6.8～9.9	9.4	≤0.5	>70

注：出水水质标准执行《污水综合排放标准》(GB 8978—1996) 中的城市二级污水处理厂的一级标准。

（2）设计参数

氧化沟设计为 3 组，近期为 2 组，远期为 1 组，总设计流量为 $74736m^3/d$。每个氧化沟设计流量为 280L/s，即 $24912m^3/d$；总污泥龄一般为 10～30d，取 18d；曝气池溶解氧浓度 DO=2mg/L。

（3）设计计算

1）碱度平衡计算

① 由于设计的出水 BOD_5 为 20mg/L，处理水中非溶解性 BOD_5 值可用下列公式求得，此公式仅适用于氧化沟。

$$\begin{aligned}BOD_{5f}&=0.7\times C_e\times1.42(1-e^{-0.23\times5})\\&=0.7\times20\times1.42(1-e^{-0.23\times5})\\&=13.6(mg/L)\end{aligned}$$

式中 C_e——出水中 BOD_5 的浓度，mg/L。

因此，处理水中溶解性 BOD_5 为 20－13.6＝6.4(mg/L)。

② 采用污泥龄18d，则日产泥量根据下式计算：

$$\frac{aQL_r}{1+bt_m}=\frac{0.6\times24912\times(220-6.4)}{1000\times(1+0.05\times18)}=1680.4(\text{kg/d})$$

式中　Q——氧化沟设计流量，m^3/d；

a——污泥增长系数，kg/kg，一般为0.5～0.7kg/kg，这里取0.6kg/kg；

b——污泥自身氧化率，d^{-1}，一般为0.04～0.1d^{-1}，这里取0.05d^{-1}；

L_r——$L_r=L_o-L_e$，为去除的BOD_5浓度，mg/L；

t_m——污泥龄，d；

L_o——进水BOD_5浓度，mg/L；

L_e——出水溶解性BOD_5浓度，mg/L。

一般情况下，其中有12.4%为氮，近似等于总凯氏氮（TKN）中用于合成部分，为：

$$0.124\times1680.4=208.37(\text{kg/d})$$

即TKN中有$\frac{208.37\times1000}{24192}=8.6$(mg/L）用于合成；需用于还原的$NO_3^-$-N=29.6－11.1=18.5(mg/L)；需用于氧化的NH_4^+-N=40－8.6－2=29.4(mg/L)。

③ 一般去除BOD_5所产生的碱度（以$CaCO_3$计）约为去除1mgBOD_5产生1mg碱度，进水中碱度为280mg/L。所需碱度一般为7.1mg碱度/mgNH_4^+-N氧化，还原为硝酸盐；氮所产生碱度3.0mg碱度/mgNO_3^--N还原。

$$\text{剩余碱度}=280-7.1\times29.6+3.0\times18.5+0.1\times2.14=146.74(\text{mg/L})$$

2）硝化区容积计算　硝化所需的氧量NOD=4.6mg/mgNH_4^+-N氧化，可利用氧2.6mg/mgNO_3^--N还原。

脱氮速率：　$q_{DN}=0.0312\text{kg}NO_3^-\text{-N/(kgMLVSS}\cdot\text{d)}$

硝化速率为：

$$\mu_N=[0.47e^{0.098(T-15)}]\times\left(\frac{2}{2+10^{0.05\times15-1.158}}\right)\times\left(\frac{2}{2+1.3}\right)=0.204(\text{L/d})$$

故：

$$t_{\infty}^{-}=\frac{1}{0.204}=4.9(\text{d})$$

采用安全系数为3.5，故设计污泥龄=3.5×4.9=17.15(d)。

原假定污泥龄为18d，则硝化速率$\mu_N=\frac{1}{18}=0.056$(L/d)。

单位基质利用率为：

$$\mu=\frac{\mu_N+b}{a}=\frac{0.056+0.05}{0.6}=0.177\text{kg/(kg}\cdot\text{d)}$$

式中　μ_N——硝化速率，1/d；

a——污泥增长系数，一般为0.5～0.7，取0.6；

b——污泥自身氧化率，d^{-1}，一般为0.04～0.1d^{-1}，取0.05d^{-1}。

活性污泥浓度MLSS一般为2000～4000mg/L（也可采用高达6000mg/L），这里取MLSS=4000mg/L。在一般情况下，MLVSS（混合液可挥发性悬浮固体浓度）与MLSS的比值是比较固定的，在0.75左右，在这里取0.7。

故MLVSS=0.7×4000=2800(mg/L)；

所需 MLVSS 总量$=\dfrac{214\times 24192}{0.177\times 1000}=29249.1(\text{kg})$；

硝化容积 $V_N=\dfrac{29249.1}{2800}\times 1000=10446.1(\text{m}^3)$；

水力停留时间 $t_N=\left(\dfrac{10446.1}{24192}\right)\times 24=10.36(\text{h})$。

3）反硝化区容积　12℃时，反硝化速率为：

$$q_{DN}=\left[0.03\left(\frac{F}{M}\right)+0.029\right]\theta^{(T-20)}=\left[0.03\left(\frac{220}{4\times 10^3\times\dfrac{16}{24}}\right)+0.029\right]1.08^{(12-20)}$$

$$=0.017[\text{kg}/(\text{kg}\cdot\text{d})]$$

式中　F——有机物降解量，即 BOD_5 的浓度，mg/L；

M——微生物量，mg/L；

θ——脱硝温度修正系数，取 1.08。

还原 NO_3^--N 的总量$=\dfrac{18.5}{1000}\times 24192=447.55(\text{kg})$；

脱氮所需 MLSS$=\dfrac{447.55}{0.017}=26326.59(\text{kg})$；

脱氮所需池容 $V_{DN}=\dfrac{26326.59}{2.8}=9402.35(\text{m}^3)$；

水力停留时间 $t_{DN}=\dfrac{9402.35}{24192}\times 24=9.33(\text{h})$。

4）氧化沟总容积　总水力停留时间为 $t=t_N+t_{DN}=10.36+9.33=19.69(\text{h})$，与一般取值在 10～24h 之间相一致。

总池容为 $V=V_N+V_{DN}=10446.1+9402.35=19848.45(\text{m}^3)$。

5）氧化沟的尺寸　采用 6 廊道式卡鲁塞尔氧化沟，根据所采用曝气设备，池深为 2.5～8m，氧化沟由于采用表面曝气器，故取池深 4m，宽 8m。

则总沟长为$=\dfrac{19848.45}{4\times 8}=620.26(\text{m})$，其中好氧段长度 326.44(m)，缺氧段长度 293.82(m)，弯道处长度$=5\times\pi\times 4+16+\pi\times 2=163(\text{m})$，则单个直道长$=\dfrac{620.26-163}{6}=76(\text{m})$，故氧化沟总池长$=76+8+16=100(\text{m})$。总宽度$=6\times 8=48(\text{m})$。

6）需氧量计算　采用如下经验公式计算。

$$\text{需氧量}=A\times L_r+B\times \text{MLSS}+4.6\times N_r-2.6\times NO_3$$

式中　A——经验系数，取 0.5；

L_r——去除的 BOD_5 浓度，mg/L；

B——经验系数，取 0.1；

MLSS——混合液悬浮固体浓度，mg/L；

N_r——需要硝化的氮量为 $29.6\times 24192\times 10^{-3}=716.08$。

其中第 1 项为合成污泥需氧量，第 2 项为活性污泥内源呼吸需氧量，第 3 项为硝化污泥需氧量，第 4 项为反硝化污泥需氧量。

$R_{O_2}=0.5\times 24192(0.22-0.0064)+0.1\times 10\,446.1\times 4+4.6\times 716.08-2.6\times 447.55$

$=8892.48(kg/d)=370.523(kg/h)$

20℃时脱氮的充氧量为：

$$R_0=\frac{RC_{s(20)}}{\alpha[\beta\rho C_{s(30)}-C]\times1.024^{(T-20)}}=\frac{370.52\times9.17}{0.8(0.9\times7.63-2)\times1.024^{(T-20)}}$$

$=687.74(kg/h)$

式中　α——经验系数，取 0.8；

β——经验系数，取 0.9；

ρ——相对密度，取 1.0；

$C_{s(20)}$——20℃时水中溶解氧饱和度，mg/L，取值 9.17mg/L；

$C_{s(30)}$——30℃时水中溶解氧饱和度，mg/L，取值 7.63mg/L；

C——混合液中溶解氧浓度，mg/L，取 2mg/L；

T——温度，℃，取 30℃。

7）回流污泥量　可由下式求得：

$$240\times24192+10000\times R\times24192=(1+R)\times24192\times4000$$

$$R=62.7\%$$

考虑到回流至厌氧池的污泥回流液浓度 $X_R=10$g/L，则回流比计算为：

$$R=\frac{X}{X_R-X}=\frac{3}{10-3}=0.42$$

式中　X——氧化沟中混合液污泥浓度，mg/L；

X_R——二沉池回流液污泥浓度，mg/L。

回流污泥量：

$$Q_R=RQ=0.42\times280\times10^{-3}\times86400=10160(m^3/d)$$

则回流到氧化沟的污泥总量为 51.7%Q。

8）剩余污泥量

$$Q_\omega^-=\frac{1680.4}{0.7}+\frac{240\times0.25}{1000}\times24192=3852.09(kg/d)$$

若由池底排除，二沉池排泥浓度为 10g/L，则每个氧化沟产泥量 $=\frac{3852.09}{10}=$ 385.21(m^3/d)。

（4）其他

① 为了考虑平面布置的紧凑，氧化沟和厌氧池合建为一个处理单元。

② 因为采用的是 A^2/O 方法，对溶解氧的控制要求很高，处理构筑物之间用暗管连接。

③ 计算过程中采用的参数所依据的标准为《地面水环境质量标准》（GB 3838—2002）、《污水综合排放标准》（GB 8978—1996）、《室外排水设计标准》（GB 50014—2021）。

4.10.9.3　动力学法计算法之二

污水设计流量 10000m^3/d，$BOD_5=240$mg/L，SS＝240mg/L，VSS＝180mg/L，TKN＝35mg/L，碱度 240mg/L（以 $CaCO_3$ 计），高峰流量/平均流量＝1.5，月平均最低水温15℃。处理要求为最终出水 $BOD_5<20$mg/L，SS＜20mg/L，NH_4^+-N＜0.5mg/L，NO_3^--N＜10mg/L。

污水厂不设污泥消化池，污泥在氧化沟中进行稳定处理。采用 Carrousel 氧化沟。

（1）计算出水溶解性 BOD_5 浓度

出水中 BOD_5 包括溶解性 BOD_5 和微生物形式 BOD_5。假定微生物的经验式为 $C_5H_7NO_2$，则每克微生物（VSS）相当于 142gBOD_5。假定出水 VSS/TSS＝0.7，出水 VSS 产生的 BOD_5 可用下式计算：

$$\text{VSS产生的BOD}_5=\frac{\text{VSS}}{\text{TSS}}\times \text{TSS}\times 1.42(1-e^{kt}) \tag{4-120}$$

式中 k——BOD 速率常数，可取 $k=0.23$；

t——BOD 反应时间，d。

对于本例，VSS 产生的 $BOD_5=0.7\times 20\times 1.42\times(1-e^{-0.23\times 5})=13.6$(mg/L)。

出水溶解性 $BOD_5=20-13.6=6.4$(mg/L)。

（2）计算氧化沟好氧部分水力停留时间和容积

按下式计算硝化菌的最大比增长速率：

$$\mu_{N,\max}=0.47\left[e^{0.098(T-15)}\right]$$

$T=15$℃时，由上式计算完成硝化所需最小泥龄 θ_c^m，假定 $b_N=0$，则：

$$\theta_c^m=\frac{1}{\mu_N}=\frac{1}{0.47}=2.13(\text{d})$$

取安全系数 $S_F=2$，峰值系数 $P_F=1.5$，设计泥龄 $\theta_c^d=2\times 1.5\times 2.13=6.39$(d)。

本例中污水厂不进行污泥消化，要求污泥在氧化沟内达到稳定，根据污泥稳定的要求设计泥龄 θ_c^d 取 30d，在该泥龄下，氧化沟好氧部分硝化菌与异养菌的比增长速率相等，为：

$$\mu_N=\mu_b=\frac{1}{\theta_c^d}=\frac{1}{30}=0.033\text{d}^{-1}$$

用下式计算有机物好氧部分 BOD_5 去除速率 q_{OBS}，当泥龄 $\theta_c=30$d 时，取 $Y_{NET}=0.25$gVSS/gBOD_5，则：

$$q_{OBS}=\frac{1}{\theta_c^d Y_{NET}}$$

$$=\frac{1}{30\times 0.25}=0.133\ [\text{gBOD}_5/(\text{gVSS}\cdot\text{d})]$$

用下式计算氧化沟内好氧部分容积与水力停留时间 t，MLSS 取 3600mg/L，MLVSS＝0.75MLSS＝2700mg/L，则：

$$t=\frac{S_o-S_e}{Xq_{OBS}}$$

$$=\frac{240-6.4}{2700\times 0.133}=0.65(\text{d})=15.6(\text{h})$$

氧化沟好氧部分容积 $V=Qt=10000\times 0.65=6500(\text{m}^3)$

（3）计算氧化沟好氧部分活性污泥微生物净增长量

用下式计算氧化沟好氧部分活性污泥微生物净增长量 ΔX：

$$\Delta X=Y_{NET}Q(S_o-S_e)$$

$$\Delta X=0.25\times 10000\times\frac{240-6.4}{1000}\times 1000=584(\text{kgVSS/d})$$

（4）计算用于氧化的总氮和用于合成的总氮

假定活性污泥微生物干重中氮的含量为 12.5%，则用于合成的总氮量为：

$$0.125\times584=73(\text{kg/d})$$

即进水中用于合成的总氮浓度为73mg/L。

按下式计算稳定运行状态下出水NH_4^+-N浓度N，即$K_N=1.0$：

$$\mu_N=\mu_{N,\max}\frac{N}{K_N+N}$$

计算得：　　$N=0.15\text{mg/L}$

氧化沟好氧部分氧化的总氮浓度$TKN_{OX}=35-7.3-0.15=27.6(\text{mg/L})$。

出水NO_3^--N=10mg/L，所需反硝化去除NO_3^--N浓度=27.6−10=17.6mg/L。

(5) 碱度标准

校核氧化沟混合液的碱度，以确定pH值是否符合要求（pH>7.2）。当泥龄长时，碳源有机物氧化会产生碱度，本例中泥龄$\theta_c=30\text{d}$，可以假定去除BOD_5产生的碱度（以$CaCO_3$计，下同）为0.1mg/mgBOD_5。氧化NH_4^+-N消耗的碱度为7.14mg/mgNH_4^+-N，NO_3^--N反硝化产生的碱度理论值为3.57mg/mgNO_3^--N，设计计算时可取3.0mg/mg NO_3^--N，因此可根据原水碱度和前述计算结果计算剩余碱度。

$$剩余碱度=240-7.14\times27.6+3.0\times17.6+0.1\times(240-6.4)=119(\text{mg/L})$$

可以满足氧化沟内混合液pH值大于7.2的要求。

(6) 计算氧化沟缺氧区水力停留时间和容积

在延时完全混合式反应器的氧化沟中，碳源有机物浓度很低，大约与出水碳源有机物浓度相当。取15℃时反硝化速率$q_D=0.013\text{mg}NO_3^-\text{-N}/(\text{mgVSS}\cdot\text{d})$。

由下式计算氧化沟缺氧区水力停留时间t'：

$$t'=\frac{D_0-D_1}{Xq_D}$$

式中　D_0——污水中氧化为NO_3^--N的TKN_{OX}浓度，mg/L；

D_1——出水中NO_3^--N浓度，mg/L；

X——MLVSS，mg/L；

q_D——反硝化速率，mgNO_3^--N/(mgVSS·d)。

$$t'=\frac{27.6-10}{2700\times0.013}=0.5(\text{d})=12(\text{h})$$

$$缺氧区容积\ V'=Qt'=10000\times0.5=5000(\text{m}^3)$$

(7) 计算氧化沟的总容积及其尺寸

氧化沟总容积为好氧部分体积与缺氧部分容积之和，即6500+5000=11500(m^3)。

氧化沟深度取3.44m，宽度取7.31m，所需氧化沟长度为457m。

(8) 计算实际需氧量、标准需氧量和选择曝气设备

在计算氧化沟实际需氧量时假定除了用于合成的BOD_5以外，所有的BOD_5完全氧化。同样，除了用于合成的NH_4^+-N以外，所有的NH_4^+-N也都被氧化，NO_3^--N反硝化过程中也可获得氧。因此实际需氧量AOR可以表示为：

$$AOR=BOD_{5去除}-BOD_{5剩余污泥}+NH_4^+\text{-}N_{氧化需氧量}-NH_4^+\text{-}N_{剩余污泥需氧量}-NO_3^-\text{-}N_{反硝化中所获得的氧}$$

假定活性污泥微生物氮含量为12.5%，NH_4^+-N氧化需氧量为4.6mgO_2/mgNH_4^+-N，NO_3^--N反硝化获得氧量为2.9mgO_2/mgNO_3^--N。上式可以改写为：

$$AOR=\frac{Q(S_o-S_e)}{1-e^{-kt}}-1.42\Delta X+4.6Q\Delta NH_4^+\text{-N}-0.125\times4.6\Delta X-2.9Q\Delta NO_3^-\text{-N} \tag{4-121}$$

式中　ΔNH_4^+-N——氧化沟中NH_4^+-N去除量，mg/L；

ΔNO_3^--N——氧化沟中NO_3^--N去除量，mg/L。

$$AOR=\frac{10000\times(240-6.4)}{1000\times(1-e^{-0.23\times5})}-1.42\times584+4.6\times10000\times\frac{27.6}{1000}-0.125\times4.6\times584$$

$$-2.9\times10000\times\frac{17.6}{1000}=3012(kgO_2/d)=125.5(kgO_2/h)$$

采用机械表面曝气，按下式将实际需氧量AOR转变为标准需氧量SOR：

$$SOR=\frac{AORC_s}{\alpha[\beta\rho C_{s(25)}-C_L]1.02^{(T-20)}} \tag{4-122}$$

式中　C_s——20℃、1atm（1atm=101325Pa）下氧的饱和度，9.07mg/L；

α——污水中传氧速率与清水中传氧速率之比，取$\alpha=0.9$；

β——污水中饱和溶解氧与清水中饱和溶解氧之比，取$\beta=0.98$；

ρ——所在地区实际气压与标准大气压比值，为简化计算，本例中设$\rho=0.85$；

C_L——氧化沟中好氧部分DO值，mg/L，取DO=2mg/L；

T——设计最不利水温，℃；

$C_{s(25)}$——25℃时1大气压下氧的饱和度，8.24mg/L。

$$SOR=\frac{125.5\times9.07}{0.9[0.98\times0.85\times8.24-2]\times1.02^{(25-20)}}=235.4(kgO_2/h)$$

当表面曝气机动力效率为1.85kgO_2/(kW·h)时，所需功率为127kW，选择2台75kW低速机械曝气器即可满足要求。

4.10.9.4 日本式计算方法（通过实例计算介绍）

（1）设计条件

已知某污水处理厂规划处理人口13100人，服务面积约588hm^2，日平均污水量$Q_平$=3900m^3/d，最大时污水量8200m^3/d。原水水质BOD=200mg/L，SS=200mg/L，排放标准BOD≤20mg/L，SS≤30mg/L。污水处理采用Carrousel氧化沟，污泥处理采用浓缩+脱水法。

（2）氧化沟设计参数及取值

OD工艺设计参数及采用值见表4-53。

（3）池容积

$$V=Qt=8200\times\frac{24}{24}=8200(m^3)$$

（4）单池容积

池数$n=4$，则每池容积$V_1=\frac{V}{4}=2050(m^3)$，取2100$m^3$。

（5）氧化沟参数确定

采用Carrousel马蹄形氧化沟，有效水深为2.5m，池宽5.0m，水流长度169.2m；有效容积为2128×4=8512(m^3)；曝气时间为$\frac{8512}{8200}\times24=24.9h$。

表 4-53　OD 工艺设计参数及采用值

项目	下水道设施设计指针(1994 年版)	事业团施工基准(1992 年修订)	立项批准采用值	本次设计采用值
BOD-SS 负荷/[kg/(kg·d)]	0.03～0.05	0.03～0.07	0.05	0.05
曝气时间/h	24～48	24～36	24	24
MLSS/(mg/L)	3000～4000	2500～5000	4000	4000
污泥回流比/%	100～200	100～200	100～200	100～200
有效水深/m	1.0～3.0	1.0～3.0	2.5	2.5
水流宽度/m	2.0～6.0	2.0～5.5	5.0	5.0
必要需氧量/[kgO_2/kgBOD]	1.4～2.2	1.8～2.2(按去除 BOD 计算)	2.0	1.6
硝化速率/(mgN/gMLSS)		0.2～0.5	0.45	0.5
脱氮速率/(mgN/gMLSS)		0.1～0.5	0.30	0.4

(6) 池长的计算

池宽 $W=5.0$m，有效水深 $D=2.5$m，单池容积 $V_1=2100\text{m}^3$，则池断面积 A：

$$A=WD-\frac{1}{2}\times0.3\times0.3\times2=5\times2.5-\frac{1}{2}\times0.3\times0.3\times2=12.41\text{m}^2$$

$$\begin{aligned}\text{池长计算值 } L&=\frac{V_1-\pi(3.0W+0.75)A}{4A}+3W+0.5\\&=\frac{2100-\pi\times(3.0\times5.0+0.75)\times12.41}{4\times12.41}+3\times5.0+0.5\\&=45.4(\text{m})(\text{取 }46\text{m})\end{aligned}$$

$$\text{水流长度计算值 } I=\frac{V_1}{A}=\frac{2100}{12.41}=169.2(\text{m})$$

$$\begin{aligned}\text{水流实际长度 } I'&=4(L-3W-0.5)+(3.0W+0.75)\pi\\&=4(46-3\times5-0.5)+(3\times5+0.75)\times3.14\\&=171.5(\text{m})\end{aligned}$$

$$\text{实际单池容积 } V_1'=A\times I'=12.41\times171.5=2128(\text{m}^3)$$

(7) 曝气装置确定

必要需氧量 (AOR)，按进水 1kgBOD 需氧 1.6kg 计算，则：

$$\text{AOR}=1.6\times8200\times200\times10^{-3}=2624(\text{kgO}_2/\text{d})$$

$$\begin{aligned}\text{标准条件下供氧量 SOR}&=\text{AOR}\times\frac{8.84}{1.024^{(20-20)}\times0.93\times(0.97\times8.84-0.5)}\\&=3089(\text{kgO}_2/\text{d})\end{aligned}$$

曝气装置的氧转移速率 (SOTR)：

$$\begin{aligned}\text{SOTR}&=(\text{SOR}/24)\times(24/\text{运行时间})\\&=(3089/24)\times(24/24)=129(\text{kgO}_2/\text{h})\end{aligned}$$

按每池装 2 台，1 台用于好氧区，1 台用于缺氧区，则：

$$\text{SOTR}=\frac{129}{4}=32.25[\text{kgO}_2/(\text{h}\cdot\text{台})]$$

曝气装置电动机轴功率计算，即：

$$P_s = \text{SOTR}/(E\rho)$$

式中 P_s——轴功率，kW；

E——供氧效率，kgO_2/kW，取 $2.0kgO_2/kW$；

ρ——减速率效率，取 0.85～0.967。

电动机功率：

$$P = P_s \times \frac{1}{\eta}(1+\alpha)$$

式中 P——电动机功率，kW；

η——马达效率，取 0.9；

α——余量率，取 0.15。

因此：

$$P_s = 32.25/(2.0\times0.967) = 16.7(\text{kW})$$

$$P = 16.7\times\frac{1}{0.9}\times(1+0.15) = 21.3(\text{kW})(\text{取 } 22.1\text{kW})$$

表曝机叶轮直径为 $d=2.5$m。

(8) 氧化沟断面校核（或确定）

水深 $D=(1.0\sim1.3)d=2.5\sim3.25$(m)，取 2.5m（与上述吻合）。

水流宽 $W=(1.5\sim2.6)d=3.75\sim6.5$(m)，取 5.0m（与上述吻合）。

4.10.9.5 设计实例简介

我国昆明市某污水处理厂采用的氧化沟池型类似于 Carrousel 系统。该厂旱季污水流量 55000m^3/d，雨季部分处理构筑物最大处理量达 165000m^3/d，生物处理构筑物最大处理量 89500m^3/d，污水中生活污水和工业废水各半。

该污水厂按脱氮除磷目标进行设计。该厂 1991 年建成投产。表 4-54 所列为设计的进出水水质，实际运行后进水各项水质指标低于设计值。

表 4-54 某污水厂设计进出水水质

水质指标		pH 值	温度/℃	BOD_5/(mg/L)	COD/(mg/L)	TN/(mg/L)	TP/(mg/L)	SS/(mg/L)
进水	旱季	6.5～9.0	20	180	350～400	30	2～4	200
	雨季			120	250～300	20		150
出水				<15	<50	<10①	<1.0	<15

① 出水 NH_4^+-H<1.0mg/L，TKN<6.0mg/L；出水水质均能达到设计要求。

氧化沟主要设计参数如下：

BOD_5 污泥负荷 0.05kgBOD_5/(kgMLSS·d)；

BOD_5 容积负荷 0.2kgBOD_5/(m^3·d)；

MLSS=4g/L；

泥龄>30d；

污泥回流比>100%；

氧化沟溶解氧值：厌氧池 0mg/L，氧化沟Ⅰ0.5～1.0mg/L，氧化沟Ⅱ0～0.5mg/L，氧化沟Ⅲ>2.0mg/L。

污水厂处理构筑物工艺特征如下所述。

厌氧池，每组 3 池串联，总容积 1695m^3。每池直径 $D=12$m，有效水深 $H_0=5.0$m，水力停留时间旱季为 2.2h，雨季为 1.4h。主要功能为释放回流污泥中的磷。

氧化沟Ⅰ，每组1座，6条渠道，每条宽7.0m，深3.5m，总长515.6m；每条渠道总容积12700m^3，水力停留时间旱季为16.7h，雨季为10.4h。曝气装置为5台倒伞形叶轮，其中3台直径为3.25m，功率为55kW；2台直径为2.25m，功率为22kW；1m^3污水装机功率为16.5W。

氧化沟Ⅱ，每组1座，4条渠道，每条宽5.0m，有效水深2.5m，总长151.6m；每条渠道有效容积2000m^3，水力停留时间旱季2.6h，雨季1.6h。曝气装置为2台倒伞形叶轮，其直径为2.25m，功率为22kW，装机功率为22W/m^3污水。

富氧池，每组1座，直径14m，有效水深4.5m，有效容积692m^3，装直径3.25m、功率55kW倒伞形曝气机1台，水力停留时间旱季为0.91h。

污水通过厌氧/好氧生物处理构筑物全程水力停留时间旱季为22h，雨季为14h。

二沉池，为直径40m周边进水辐流沉淀池，设计固体负荷为140kgMLSS/(m^2·d)，水力停留时间旱季5.0h，雨季1.7h。

该污水厂运行后发现由于氧化沟单位容积污水装机功率小等原因，对氧化沟混合液的搅拌推动力不够，使沟中出现污泥沉淀现象，最大积泥高度超过1.0m，并有污泥成团上翻。

4.10.10　奥贝尔（Orbal）氧化沟

4.10.10.1　Orbal型氧化沟

Orbal型氧化沟是美国Envirex公司的专有技术。Orbal型氧化沟是由若干同心渠道组成的多渠道氧化沟系统，渠道呈圆形或椭圆形。污水先引入最里面或最外面的沟渠，在其中不断循环流动的同时可以通过淹没式输水口从一条渠道顺序流入下一条渠道。每一条渠道都是一个完全混合的反应池，整个系统相当于若干个完全混合反应池串联在一起。污水最后从最外面或中心的渠道流出。

Orbal型氧化沟多采用曝气转盘，水深3～3.6m，需要时也可达到4.5m，渠道中污水流速0.3～0.9m/s，具有脱氮功能的Orbal型氧化沟由3条渠道组成，按延时曝气模式运行。污水从第1渠道进入氧化沟系统，从第3渠道流出混合液进入二沉池。氧化沟系统包括从第3渠道至第1渠道的内回流。第1渠道由于有机物浓度高，供氧量小于需氧量，在曝气设备的上游出现缺氧区，因此在第1渠道内同时有硝化和反硝化作用。这种氧化沟的脱氮功能可以用图4-49来说明。

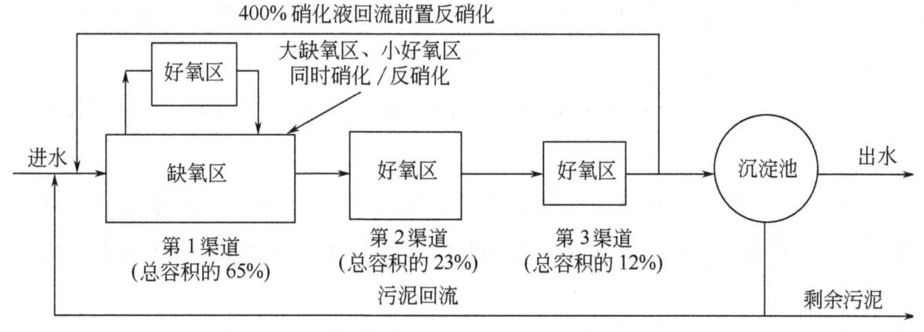

图4-49　3条渠道Orbal型氧化沟脱氮功能图示

4.10.10.2　奥贝尔氧化沟的特点

① 呈圆形或椭圆形的平面形状，渠道较长的氧化沟更能利用水流惯性，可节省推动水

流的能耗；

② 多渠串联的形式可减少水流短路现象；

③ 用曝气转盘，氧利用率高，水深可达3.5～4.5m，沟底流速为0.3～0.9m/s。

4.10.10.3 奥贝尔氧化沟的设计

奥贝尔典型设计参数是：MLSS＝3000～6000mg/L，沟深为2.0～3.6m，为简化曝气设备，各沟沟深不超过沟宽。直线段以尽可能短为宜，使沟宽处于最佳。弯曲部分占总体积的80％～90％，甚至相等；有做成圆形的氧化沟。在三条沟的系统中：

容积分配为50∶33∶17，一般第一沟占50％～70％；

溶解氧的控制比例为(0～0.5)∶(1.0～1.5)∶(1.5～3.0)；

充氧量的分配为65∶25∶10。

曝气量与转速、浸没深度和转动方向有关。每个曝气盘的曝气能力是一定的，曝气盘的间距至少250mm。确定了沟宽与每条沟的需氧量之后，就可以计算每台转盘的盘数，从而可以确定每条沟需要的台数。电机的型号和规格可由每台安装的盘数和盘转动效率计算。从混合角度讲，1.0kW能混合250～500m^3的混合液，并使固体保持悬浮。

4.10.10.4 国内应用情况

Orbal型氧化沟系统在我国也得到应用，处理对象有城镇污水和石油化工废水，表4-55所列举的是采用本氧化沟系统的一部分城镇和工厂。

表4-55 我国较早采用Orbal型氧化沟系统的部分城镇及厂家（2000年以前）

厂（站）名	处理对象	规模/(m^3/d)
四川成都市天彭镇污水处理厂	城镇污水	4000
辽宁抚顺石油二厂废水处理站	石化废水	28800
广州石化厂废水处理站	石化废水	20000

4.10.10.5 工程应用实例简介

Orbal型氧化沟是一种多渠道的氧化沟系统，20世纪60年代在美国已开始应用，至今已建有200多座。在我国燕山石化污水厂、抚顺石油厂都已采用并投产，效果良好；在黄村污水厂采用Orbal型氧化沟，其作为大型城市污水处理厂，在国内尚属首例。

(1) 北京某县污水厂概况

该县是国务院批准的第一批北京卫星城，城市人口12万；建成区面积18km^2，是全国综合实力百强县之一。污水厂处理规模第一期为$8\times10^4m^3/d$。

进水水质：COD_{Cr}＝300mg/L；BOD_5＝150mg/L；SS＝160mg/L；TKN＝35mg/L；NH_4^+-N＝25mg/L。

污水经处理后排入碱河。北京市环保局规划该段水体功能为农业灌溉及景观用水，并从保护地下水源考虑，要求处理后水质为：COD_{Cr}＝60mg/L；BOD_5＝20mg/L；SS＝30mg/L；NH_4^+-N＝15mg/L。

(2) 方案选择

根据出水水质要求，必须采用二级生化处理工艺，并要求具有部分脱氮的功能，因此在可行性研究中提出了3个处理工艺进行比较：a. Orbal型氧化沟工艺；b. 合建式三沟氧化沟工艺；c. A/O缺氧好氧工艺。

经工艺论证及经济比较，归纳如表 4-56 所列。

表 4-56　方案技术经济比较

项目	Orbal 方案	三沟式方案	A/O 方案
基建投资/万元	8600	9400	11100
处理成本/(元/m^3)	0.45	0.50	0.58
总装机容量/kW	1340	1920	2100
总实耗功率/kW	1005	1100	—
占地/hm^2	5.30	7.04	6.94
运行管理	设备少，管理简单，不需要复杂控制，计算机故障时，手动操作仍可维持正常运行	设备多，闲置量大，管理简单，但必须由计算机控制。由于周期性地变换进出水位置及启闭转刷，一旦控制失灵，无法由人工操作	工艺复杂，配置设备多，运行管理复杂，抗冲击负荷能力较差

通过上述论证，Orbal 型氧化沟具有节省投资、运行费、能耗、占地等优点，且操作管理简单，故决定采用 Orbal 型氧化沟工艺。

(3) Orbal 型氧化沟工艺简介

① Orbal 型氧化沟由 3 个椭圆形沟道组成，来自沉砂池的污水与回流污泥混合后首先进入外沟道，又分别进入中沟道和内沟道，最后经中心岛的出水堰排至二次沉淀池。在各沟道上安装有曝气转盘数套，其控制溶解氧：外沟为 0mg/L；中沟为 1mg/L；内沟为 2mg/L。

曝气转盘由聚乙烯（或玻璃钢）制成，盘面密布凸起齿结，在盘面与水体接触时，可将污水打碎成细密水花，具有较高的混合和充氧能力。

② 供氧量可通过改变转盘的旋转方向、转速、浸水深度和转盘安装个数等进行调节，以调节整个供氧能力和电耗水平。该污水处理厂采用的是调节转盘旋转速度和浸水深度，使池内 DO 量维持在最佳工况。

③ 根据停留时间的长短，污水在外沟道内流动 150～250 圈才能进入中间沟道；经过有氧无氧区的交换达 500～1000 次，从而完成了有氧无氧的快速交替。由于外沟道 DO 很低，接近于 0，氧的传递作用在亏氧条件下进行，细菌呼吸作用加速，故提高了氧的传递效率，达到了节能的目的。外沟道容积为整个氧化沟容积的 50%～60%，主要的生物氧化和 80% 的脱氮在外沟完成。

由于原污水中的初沉污泥作为核心，经外沟快速的有氧-无氧循环交换，增强了聚凝吸附作用，使污泥增多，颗粒直径变大；在颗粒中心有形成缺氧或厌氧区的可能。当颗粒外部硝化菌完成氨氮氧化后，而颗粒内部反硝化菌就可能把扩散进来的 NO_x-N 还成氮气，排入大气，达到脱氮的目的。因此在 Orbal 型氧化沟的外沟道具有同时硝化和反硝化的作用。

(4) Orbal 型氧化沟的特点

综上所述，Orbal 型氧化沟的特点如下。

① 沟内流速大（一般为 0.6～0.7m/s），沟内不发生沉淀，其有氧-无氧高频率交替是其他生化处理系统难以达到的；污泥成颗粒状，沉降性能好，不发生丝状菌膨胀。

② 池内 DO 以外、中、内沟形成 0mg/L、1mg/L、2mg/L 的梯度，既提高了氧的利用率，也保证了高质量的出水。根据资料介绍，实际运行表明，与其他氧化沟相比可节能 20%以上。

③ 池深大（水深可达 4.2m），混合液浓度高（一般 4～6kg/m³），可大幅度节省用地和减少池容，在大、中型污水厂选择处理工艺时颇有吸引力。

（5）主要设计参数

污泥负荷 0.08kg/(kgMLSS · d)；

混合液浓度 4500mg/L；

泥龄 19d；

污泥产率 0.6kg/kgBOD$_5$。

Orbal 型氧化沟用于大型城市污水处理厂在国内较少，有些技术理论问题有待进一步探讨和深化。

4.10.10.6 奥贝尔氧化沟工艺计算实例

【例题 4-16】 奥贝尔氧化沟计算实例。已知条件：设计水量 $Q=110000\text{m}^3/\text{d}$，污泥产率系数 $Y=0.55$，污泥浓度 $X=4000\text{mg/L}$，挥发性污泥浓度 $X_V=2800\text{mg/L}$，污泥龄 $\theta_c=20\text{d}$，$K_d=0.055$，设计进出水水质如表 4-57 所列，$q_{DN}=0.035\text{kgNO}_3^-\text{-N/(kgMLVSS}\cdot\text{d)}$。试计算奥贝尔氧化沟主要尺寸。

表 4-57 设计进出水水质 单位：mg/L

项目	COD_{Cr}	BOD_5	NH_4^+-N	SS	TP	TN
设计进水水质	500	250	40	400	4	55
设计出水水质	60	6.41	8(15)	20	0.5	20

【解】 工艺计算

（1）奥贝尔氧化沟容积计算

① 好氧区容积 V_1

$$V_1=\frac{Y\theta_c Q(L_o-L_e)}{X_V(1+K_d\theta_c)}=\frac{0.55\times20\times110000\times(0.25-0.00641)}{2.80\times(1+0.055\times20)}$$

$$=50126.51(\text{m}^3)$$

② 好氧区水力停留时间 t_1

$$t_1=\frac{V_1}{Q}=\frac{50126.51}{110000}=0.46(\text{d})=10.94(\text{h})$$

③ 剩余污泥量 ΔX

$$\Delta X=Q(L_o-L_e)\frac{Y}{1+K_d\theta_c}+Q(X_1-X_e)$$

式中 X_1——进水悬浮固体惰性部分（进水 TSS－进水 VSS）的浓度；

X_e——出水 TSS 的浓度，本式中 $X_e=20\text{mg/L}=0.02\text{kg/m}^3$，其中进水 TSS 为 400mg/L，进水 VSS 为 $400\times0.7=280(\text{mg/L})$，则 $X_1=400-280=120(\text{mg/L})=0.12(\text{kg/m}^3)$。

其余参数见已知条件。

$$\Delta X=Q(L_o-L_e)\frac{Y}{1+K_d\theta_c}+Q(X_1-X_e)$$

$$=110000\times(0.25-0.00641)\times\frac{0.55}{1+0.055\times 20}+110000\times(0.12-0.02)$$

$$=18017.71(\mathrm{kg/d})$$

去除每 1kgBOD$_5$ 产生的干污泥量：

$$\frac{\Delta X}{Q(L_o-L_e)}=\frac{18017.71}{110000\times(0.25-0.00641)}=0.67(\mathrm{kgDs/kgBOD_5})$$

(2) 脱氮计算

① 氧化的氨氮量　假设总氮中非氨氮没有以硝酸盐的形式存在，而是大分子中的化合态氮，其在生物氧化过程中需要经过氨态氮这一形式。另外，氧化沟产生的剩余生物污泥中含氮率为 12.4%。则用于生物合成的总氮为：

$$N_0=0.124\times\frac{Y(L_o-L_e)}{1+K_d\theta_c}\times 1000$$

$$=0.124\times\frac{0.55\times(0.25-0.00641)}{1+0.055\times 20}\times 1000$$

$$=7.91(\mathrm{mg/L})$$

需要氧化的氨氮量 N_1＝进水 TKN－出水 NH_4^+-N－生物合成所需氮量 N_0

即：$$N_1=55-8-7.91=39.09(\mathrm{mg/L})$$

② 脱氮量 N_r　需要的脱氮量 N_r＝进水总氮量－出水总氮量－生物合成所需的氮量

即：$$N_r=55-20-7.91=27.09(\mathrm{mg/L})$$

③ 碱度平衡　氧化 1mgNH_4^+-N 需消耗 7.14mg/L 碱度；每氧化 1mgBOD$_5$ 产生 0.1mg/L 碱度，每还原 1mgNO_3^--N 产生 3.57mg/L 碱度。剩余碱度为：

$$S_{ALK1}=\text{原水碱度}-\text{硝化消耗碱度}+\text{反硝化产生碱度}+\text{氧化 BOD}_5\text{ 产生碱度}$$

$$=280-7.14\times 39.09+3.57\times 27.09+0.1\times(250-6.41)$$

$$=121.97$$

④ 计算脱氮所需池容 V_2 及停留时间 t_2

$$\text{脱硝率 } q_{\mathrm{DN}(t)}=q_{\mathrm{DN}}=q_{\mathrm{DN}(20)}\times 1.08^{(T-20)}$$

14℃时：$q_{\mathrm{DN}(14)}=0.035\times 1.08^{(14-20)}=0.022(\mathrm{kgNO_3^-\text{-}N/kgMLVSS})$

脱氮所需的容积：

$$V_2=\frac{QN_r}{X_v q_{\mathrm{DN}}}=\frac{110000\times 27.09}{2800\times 0.022}=48375(\mathrm{m^3})$$

停留时间　$t_2=\frac{V_2}{Q}=\frac{48375}{110000}=0.44(\mathrm{d})=10.55(\mathrm{h})$

(3) 氧化沟总容积 V 及停留时间 t

$$V=V_1+V_2=50126.51+48375=98501.51(\mathrm{m^3})$$

$$t=t_1+t_2=10.94+10.55=21.49(\mathrm{h})$$

校核污泥负荷 $N=\frac{QL_o}{XV}=\frac{110000\times 0.25}{4.0\times 98501.51}=0.0997[\mathrm{kgBOD_5/(kgSS\cdot d)}]$

设计规程规定氧化沟污泥负荷应为 0.05～0.1kgBOD$_5$/(kgSS·d)，该值在范围内。

(4) 需氧量计算

1) 设计需氧量 AOR　氧化沟设计需氧量由 5 部分组成，分别是 D_1(去除 BOD$_5$ 需氧量）、D_2（剩余污泥中 BOD_5 的需氧量）、D_3（去除 NH_4^+-N 耗氧量）、D_4（剩余污泥中 NH_4^+-N 的耗氧量）、D_5（脱氮产氧量）。即：$AOR = D_1 + D_2 - D_3$。

① 去除 BOD_5 需氧量 D_1：

$$D_1 = aQ(L_o - L_e) + bVX_V$$

式中 a——微生物对有机底物氧化分解的需氧量，取 0.52；

b——活性污泥微生物自身氧化的需氧率，取 0.12。

$$D_1 = aQ(L_o - L_e) + bVX_V = 0.52 \times 110000 \times (0.25 - 0.00641) + 0.12 \times 98501.51 \times 2.8$$
$$= 47029.86(\text{kg/d})$$

② 去除氨氮的需氧量 D_2。每 $1kgNH_4^+$-N 硝化需要消耗 $4.6kgO_2$。

$$D_2 = 4.6 \times (\text{进水 TKN} - \text{出水 } NH_4^+\text{-N}) = 4.6 \times (0.055 - 0.008) \times 110000$$
$$= 23782(\text{kg/d})$$

③ 脱氮产氧量 D_3。每还原 $1kgNO_3^-$-N 产生 $2.86kgO_2$。

$$D_3 = 2.86 \times \frac{N_r Q}{1000} = 2.86 \times \frac{27.09 \times 110000}{1000} = 8522.51(\text{kg/d})$$

总需氧量为 $AOR = D_1 + D_2 - D_3 = 47029.86 + 23782 - 8522.51 = 62289.35$（kg/d）

考虑安全系数 1.05，则：

$$AOR = 1.05 \times 62289.35 = 65403.82\ (\text{kg/d})$$

校核去除每 $1kgBOD_5$ 的需氧量

$$\frac{65403.82}{110000 \times (0.25 - 0.00641)} = 2.44(kgO_2/kgBOD_5)$$

2）标准状态下需氧量 SOR

$$SOR = \frac{AOR \times C_{s(20)}}{\alpha[\beta\rho C_{s(25)} - C] \times 1.024^{(T-20)}} = 2.34(\text{kg/d})$$

式中 $C_{s(20)}$——20℃时氧的饱和度，取 $C_{s(20)} - 9.17$mg/L；

$C_{s(25)}$——25℃时氧的饱和度，取 $C_{s(25)} = 8.38$mg/L；

C——溶解氧浓度；

α——清污氧传递速率修正系数，对生活污水 $\alpha = 0.5 \sim 0.95$，取 0.85；

β——清污氧饱和度修正系数，对生活污水 $\beta = 0.90 \sim 0.957$，取 0.95；

T——进水最高温度，℃。

$$\rho = \frac{\text{所在地区实际气压}}{1.013 \times 10^5} = \frac{0.921 \times 10^5}{1.031 \times 10^5} = 0.909$$

氧化沟采用三沟通道系统，计算溶解氧浓度 C 按照外沟：中沟：内沟 = 0.2：1：2，充氧量分配按照外沟：中沟：内沟 = 65：25：10 来考虑，则供氧量分别为：

$$\text{外沟道 } AOR_1 = 0.65AOR = 0.65 \times 65403.82 = 42512.40(\text{kg/d})$$

$$\text{中沟道 } AOR_2 = 0.25AOR = 0.25 \times 65403.82 = 16350.96(\text{kg/d})$$

$$\text{内沟道 } AOR_3 = 0.1AOR = 0.1 \times 65403.82 = 6540.38(\text{kg/d})$$

各沟道标准需氧量分别为：

$$SOR_1 = \frac{42512.40 \times 9.17}{0.85 \times (0.95 \times 0.909 \times 8.38 - 0.2) \times 1.024^{(25-20)}}$$
$$= 57890.40(kgO_2/d) = 2412.10(kgO_2/h)$$

$$SOR_2=\frac{16350.96\times 9.17}{0.85\times(0.95\times 0.909\times 8.38-1)\times 1.024^{(25-20)}}$$
$$=25121.73(kgO_2/d)=1046.74(kgO_2/h)$$

$$SOR_3=\frac{6540.38\times 9.17}{0.85\times(0.95\times 0.909\times 8.38-2)\times 1.024^{(25-20)}}$$
$$=11967.69(kgO_2/d)=498.65(kgO_2/h)$$

总标准需氧量：

$$SOR=SOR_1+SOR_2+SOR_3=57890.40+25121.73+11967.69$$
$$=94979.82(kgO_2/d)=3957.49(kgO_2/h)$$

校核去除每 $1kgBOD_5$ 的标准需氧量为：

$$\frac{94979.82}{110000\times(0.25-0.00641)}=3.54(kgO_2/kgBOD_5)$$

(5) 氧化沟尺寸计算

设置氧化沟 4 座，则：

$$单座氧化沟容积\ V=\frac{V_{总}}{4}=\frac{98501.51}{4}=24625.38(m^3)$$

氧化沟弯道部分按占总容积的 35%考虑，直线部分按占总容积的 65%考虑。

$$V_{弯}=V_{总}\times 0.26=24625.38\times 0.35=8618.88(m^3)$$
$$V_{直}=V_{总}\times 0.74=24625.38\times 0.65=16006.50(m^3)$$

氧化沟有效水深 h 取 4.5m，超高 0.5m；外、中、内三沟道之间隔墙厚度为 0.3m。则：

$$A_{弯}=\frac{V_{弯}}{h}=\frac{8618.88}{4.5}=1915.31(m^2)$$

$$A_{直}=\frac{V_{直}}{h}=\frac{16006.50}{4.5}=3557(m^2)$$

① 设直线段长度 L。取内沟、中沟、外沟宽度分别为 5.8m、7.5m、9.2m。则：

$$L=\frac{A_{直}}{2\times(B_{外}+B_{中}+B_{内})}=\frac{3557}{2\times(5.8+7.5+9.2)}=79.04(m^2)$$

② 设中心岛半径 $r=2m$。

③ 校核各沟道的比例。

$$V_{内}=[2\times B_{内}\times L+3.14\times(B_{内}^2-r^2)]\times 4.5=4929.27(m^3)$$

$$V_{中}=\{2\times B_{中}\times L+3.14\times[(B_{中}+0.3+B_{内}+r)^2-(0.3+B_{内}+r)^2]\}\times 4.5$$
$$=7847.11(m^3)$$

$$V_{外}=\left\{2\times B_{外}\times L+3.14\times\begin{bmatrix}(B_{外}+0.3+B_{中}+0.3+B_{内}+r)^2-\\(0.3+B_{中}+0.3+B_{内}+r)^2\end{bmatrix}\right\}\times 4.5$$
$$=11874.71(m^3)$$

$$V_{总}=V_{外}+V_{中}+V_{内}=24651.09(m^3)>24625.38\ (m^3)$$

$V_{外}:V_{中}:V_{内}=48.2:31.8:20.0$，基本符合要求。

(6) 进出水管及调节堰计算

① 进出水管　污泥回流比 $R=100\%$，单池进出水管流量 $Q=\frac{2\times 27500}{86400}=0.637\ (m^3/s)$；

进出水管控制流速 $v \leqslant 1\text{m/s}$。

进出水管直径 $d=\sqrt{\dfrac{4Q}{\pi v}}=\sqrt{\dfrac{4\times 0.637}{3.14\times 1.0}}=0.90(\text{m})$，取 0.9m（900mm）。

校核进出水管流速 $v=\dfrac{Q}{A}=\dfrac{0.637}{0.45^2\times 3.14}=1.00(\text{m/s})$（满足要求）。

② 出水堰计算　为了能够调节曝气转盘的淹没深度，氧化沟出水处设置出水竖井，竖井内安装电动可调节堰。初步估计为 $v=\delta/H<0.67(\text{m/s})$，因此按照薄壁堰来计算。

$$Q=1.86bH^{3/2}$$

取堰上水头高 $H=0.2\text{m}$。则堰 $b=\dfrac{Q}{1.86H^{3/2}}=\dfrac{0.637}{1.86\times 0.2^{3/2}}=3.83\text{m}$，取 $b=3.8\text{m}$。

考虑可调节堰的安装要求（每边留 0.3m），则出水竖井长度为：

$$L=0.3\times 2+b=0.6+3.8=4.4\ (\text{m})$$

出水竖井宽度 B 取 1.2m（考虑安装高度），则出水竖井平面尺寸为 $L\times B=4.4\text{m}\times 1.2\text{m}$。

出水井出水孔尺寸为 $b\times h=3.8\text{m}\times 0.5\text{m}$。正常运行时，堰顶高出孔口底边 0.1m，调节堰上下调节范围为 0.3m。出水竖井位于中心岛曝气转盘上游。

（7）曝气设备选择

曝气设备选用转盘式氧化沟曝气机，转盘直径 $D=1400\text{mm}$，单盘充氧能力为 $2.35\text{kgO}_2/(\text{h}\cdot\text{d})$，每米轴安装转盘片不大于 5 片。

① 外沟道

外沟道标准需氧量 $SOR_1=\dfrac{2412.10}{4}=603.03(\text{kgO}_2/\text{d})$。

所需碟片数量 $n=\dfrac{603.03}{2.35}=256.61$(片)，取 257 片。

每米轴安装盘片数为 4 个（最外侧盘片距池内壁 0.25m）。

则所需要曝气转盘组数 $=\dfrac{257}{9.2\times 4-1}=7.18$(组)，取 8 组。

每组转盘安装的盘片数 $=\dfrac{257}{8}=32.1$(片)，取 33 片。

校核每米轴安装盘片数 $=\dfrac{33}{9.2-0.254\times 2}=3.80$(片) <5 片，满足要求。

故外沟道共安装 8 组曝气转盘，每组上共有盘片 33 片。单机功率为 37kW。

总充氧能力为 $603.03\text{kgO}_2/\text{d}$，满足要求。

② 中沟道

中沟道标准需氧量 $SOR_2=\dfrac{1046.74}{4}=261.69(\text{kgO}_2/\text{d})$。

所需盘片数量 $n=\dfrac{SOR_2}{2.35}=111.36$(片)，取 112 片。

每米轴安装盘片数为 2 个（最外侧盘片距池内壁 0.25m）。

则所需要曝气转盘组数 $=\dfrac{112}{7.5\times 2-1}=8$(组)，取 8 组。

每组转盘安装的盘片数 $=\dfrac{112}{8}=14$(片)，取 14 片。

校核每米轴安装盘片数$=\frac{14}{7.5-0.254\times 2}=2.00$(片)<5 片，满足要求。

故中沟道共安装 8 组曝气转盘，每组上共有盘片 14 片，单机功率为 18.7kW。总充氧能力为 264.32kgO_2/d，满足要求。

③ 内沟道

内沟道标准需氧量 $SOR_3=\frac{498.65}{4}=124.66(kgO_2/d)$。

所需盘片数量 $n=\frac{SOR_3}{2.35}=53.05$(片)，取 54 片。

每米轴安装盘片数为 2 个（最外侧盘片距池内壁 0.25m）。

则所需要曝气转盘组数$=\frac{54}{5.8\times 2-1}=5.09$(组)，取 6 组。

每组转盘安装的盘片数$=\frac{54}{6}=9$(片)，取 9 片。

校核每米轴安装盘片数$=\frac{9}{5.8-0.254\times 2}=1.7$(片)<5 片，满足要求。

故内沟道共安装 6 组曝气转盘，每组上共有盘片 9 片，电机功率为 30kW。总充氧能力为 127.44kgO_2/d，满足要求。

设置水下推进器共 6 台，每沟道设置 2 台，叶轮直径 1800mm，电机功率 4.0kW。结合转盘曝气机运行，节省运行能耗，正常运行不需要开启水下推进器，在进水水质比设计水质低时，停开部分转盘曝气机，开启水下推进器，减少运行能耗。

4.10.11　OCO 工艺

4.10.11.1　OCO 工艺技术原理

OCO 工艺得名于生物处理装置的几何形状。OCO 池呈圆形，内圈、外圈隔墙为圆形，中圈为半圆形。典型的 OCO 工艺流程如图 4-50 所示，原污水经预处理系统（格栅、沉砂池）后进水和二沉池回流污泥均由 1 区（厌氧区）流入，在此与沉淀池回流进入的活性污泥混合，1 区具有有机物水解与吸附、磷的释放、反硝化的功能；随后与循环的硝态液在 2 区（缺氧区）混合，进行反硝化和部分有机物质的降解；3 区为好氧区，在这里进行磷的吸收、有机物氧化降解和硝化反应。在工艺过程中，混合液在缺氧和好氧状态下可循环 20～30 次。潜水搅拌推流装置使水流在好氧区及缺氧区间同向流动，以形成一定水平流速而不发生污泥沉淀。在紊流作用下与硝化液在 4 区（混合区）混合，实现自动回流至缺氧区进行反硝化。

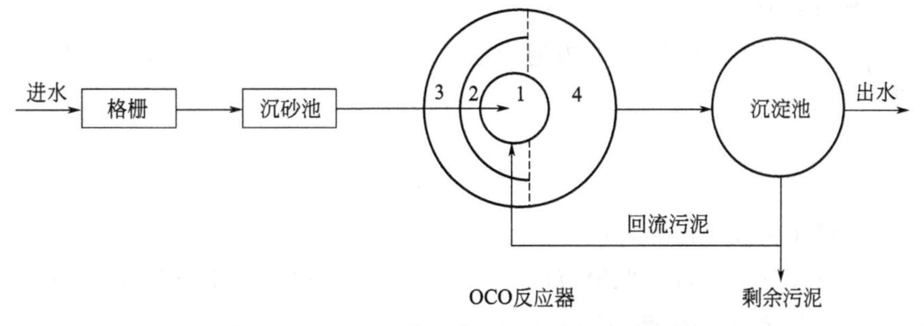

图 4-50　OCO 工艺流程（图中虚线为分区线）

1—厌氧区；2—缺氧区；3—好氧区；4—混合区

OCO工艺较强的脱氮除磷功能在于污水在反应池内连续并交替进行混合、好氧、缺氧反应；从工艺流程上，其原理相当于A^2/O与一系列A/O或O/A生化装置的串联，类似氧化沟呈推流式(见图4-51)；从池形结构上，环状结构和混合区使其在流态上又具完全混合式特征，因此可实现有机物去除率95%～99%，完全硝化和90%～95%的反硝化。

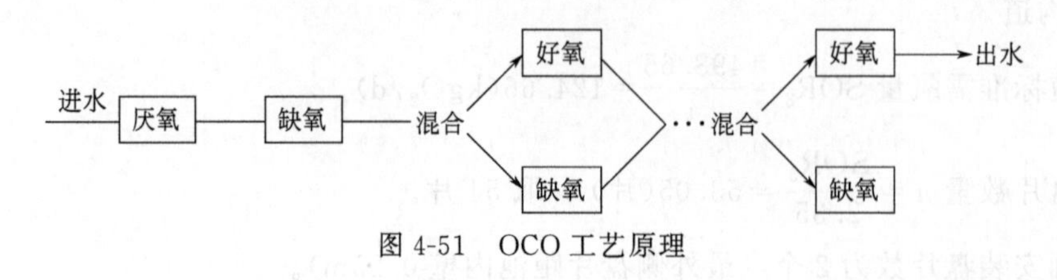

图4-51　OCO工艺原理

4.10.11.2　OCO工艺的特点

OCO工艺的主要特点是：圆形池相对于矩形池在土建造价、水下推流的动力方面均具有较好的条件，可节省投资及电耗；好氧区与缺氧区之间的污水交换，即内回流不需泵送，以上两个区域之间有一段是相通的。两者之间的交换形式及量的大小依靠搅拌器的控制来实施，因此节省能耗。好氧区与缺氧区的区分明显，OCO反应池的构造和搅拌器的循环工作可保证好氧区和缺氧区之间有很高的回流比，这种频繁的变化是该工艺有效脱氮的关键之一。回流的控制还可以改变好氧区与缺氧区的容积。当夏季暴雨造成冲击负荷，可将2、3区均调为好氧区；夜间低负荷，可将3区用来脱氮。因此OCO工艺中好氧区与缺氧区容积的分配是动态的。可以根据特定的时间和污水组分进行调节，以适应不同进水水质与水量的要求。因此，OCO工艺具有节能、高效、运行灵活等特点。

4.10.11.3　OCO工艺设计计算

水力停留时间法、负荷法和生化反应动力学法等是污水处理工艺设计中常用的计算方法。结合OCO工艺的特点，采用以硝化菌和反硝化菌的泥龄为依据的动力学设计计算法。

由于OCO池形的特殊性，在计算各区的体积前，对各区的界线应先说明：如图4-50所示，3区为好氧区（硝化区）；1区为厌氧区；对于缺氧区（反硝化区）划分应是2区和4区之和，有资料表明在4区溶解氧量下降，2区（反硝化区）污水的流入保持了4区的低氧环境，也为反硝化提供了充足的碳源。

(1) 好氧区体积V_1计算

① 硝化菌比生长速率μ_o

$$\mu_o = 0.47 \times 1.103^{(t-15)} \tag{4-123}$$

式中　μ_o——硝化菌比生长速率，d^{-1}；

t——设计污水温度，℃，北方地区通常取10℃，南方地区可取11～12℃。

② 硝化菌泥龄θ_{dcN}

$$\theta_{dcN} = F\frac{1}{\mu_o} \tag{4-124}$$

式中　θ_{dcN}——硝化菌设计泥龄，d；

F——设计安全系数，取值范围为1.5～2.5，一般设计中取值为2.3；

$1/\mu_o$——硝化菌世代周期，d。

③ 污泥产率系数Y

$$Y = K \times 0.6\left(\frac{N_j}{L_j}+1\right) - \frac{0.072 \times 0.6\theta_{dcN}F_T}{1+0.08\theta_{dcN}F_T} \tag{4-125}$$

$$F_T = 1.072^{(t-15)} \tag{4-126}$$

式中　Y——污泥产率系数，mgMLVSS/mgBOD；

N_j——进水悬浮固体浓度，mg/L；

F_T——温度修正系数；

L_j——硝化进水中 BOD 浓度，mg/L；

t——设计水温，℃，与前面的计算取相同数值；

K——系数，一般取 0.8～0.9。

④ 硝化过程所需要的水力停留时间 HRT_1

$$HRT_1 = \frac{\theta_{dcN}Y(L_j - L_c)}{X_v} \tag{4-127}$$

式中　HRT_1——硝化过程所需要的水力停留时间，d；

X_v——好氧区内污泥的浓度，mg/L，一般反应器内的污泥浓度为 3000～5000mg/L；

L_c——好氧区出水中 BOD 浓度，mg/L。

⑤ 好氧区体积 V_1

$$V_1 = HRT_1 \times Q \tag{4-128}$$

式中　V_1——好氧区体积，m^3；

Q——设计污水流量，m^3/d。

(2) 缺氧区体积 V_2 计算

① 考虑温度校正时的反硝化速率 q_{DT}

$$q_{DT} = q_{D20} \times \theta^{(t-20)} \tag{4-129}$$

式中　q_{DT}——t℃时反硝化速率，$mgNO_3^-$-N/(gMLVSS・d)；

q_{D20}——以污水为碳源时反硝化速率，$mgNO_3^-$-N/(gMLVSS・d)，取值范围为 0.03～0.11$mgNO_3^-$-N/(gMLVSS・d)，一般设计中取 0.05$mgNO_3^-$-N/(gMLVSS・d)；

t——取值与前同；

θ——温度系数，可取 $\theta=1.09$。

② 反硝化率 f_{DN}

$$f_{DN} = \frac{R+r}{R+r+1} \tag{4-130}$$

污泥回流比 R 一般为 50%～100%，内回流比 r 工程上通常采用 100%～400%。由此可得反硝化率 f_{DN} 最小值为 0.6，最大值为 0.85。

③ 反硝化过程所需要的水力停留时间 HRT_2

$$HRT_2 = \frac{N_D - N_2}{q_{DT}X_{DN}} \tag{4-131}$$

式中　HRT_2——反硝化过程所需要的水力停留时间，d；

N_D——缺氧区进水中 NO_3^--N 浓度，mg/L，由 OCO 工艺流程可知，进入缺氧池

的 NO_3^--N 为硝化后未排出系统的，即 N_D 为脱氮率乘总氮；

N_2——缺氧区出水中 NO_3^--N 浓度，mg/L，为（1－脱氮率）倍的总氮；

X_{DN}——反硝化池中污泥浓度，mgMLVSS/L。

④ 缺氧区体积 V_2

$$V_2=\mathrm{HRT}_2\times Q \tag{4-132}$$

式中 V_2——反硝化池体积，m^3；

其余符号意义同前。

（3）厌氧区体积 V_3 计算

厌氧区不仅有生物除磷的功能，也具脱氮的功能，因此，其体积应由两部分组成：用于生物除磷的体积 V'_A 和用于脱氮的体积 V_{AD}。厌氧区需满足的 2 个条件：a. 实际停留时间 $T_A\geqslant0.75$h（0.03d）；b. 厌氧污泥量占反应池总污泥量的比值不小于 10%。由于厌氧池在缺氧池之前，其含碳有机物浓度特别是易降解含碳有机物浓度高于缺氧池，因而其反硝化速率高于缺氧池，据有关文献报道，厌氧池的反硝化速率约为缺氧池反硝化速率的 2～3 倍。反硝化池的池容与氮负荷成正比，与反硝化速率成反比，厌氧池与缺氧池反硝化速率的比值按 2.5∶1 考虑。

$$V_{AD}:V_2=[(1-f_{DN})\,\mathrm{TN}]:(2.5\times f_{DN}\,\mathrm{TN}) \tag{4-133}$$

$$V'_A=0.03Q(1+R) \tag{4-134}$$

$$V_3=V'_A+V_{AD} \tag{4-135}$$

式中 V'_A——用于生物除磷的体积，m^3；

V_{AD}——用于去除回流污泥中硝态氮的体积，m^3；

V_3——厌氧池总体积，m^3。

（4）各区体积比计算与分析

由式(4-123)～式(4-128) 可看出好氧区体积与进水悬浮固体浓度 N_j、进出水 BOD、设计污水温度 t、好氧区内污泥的浓度 X_v 有关，对于城市污水这些参数是可确定的；由式(4-129)～式(4-135) 可看出缺氧区和厌氧区体积与进出水总氮、反硝化率 f_{DN}、反硝化池中污泥浓度 X_{DN}、设计污水温度 t 有关，除反硝化率 f_{DN} 需根据具体工艺特征确定外，其余参数也是可根据处理污水性质确定的。因此对于某城市污水厂而言，OCO 工艺的体积是由反硝化率来确定的。某城市污水处理厂进水 BOD_5 为 200mg/L，TN 为 40mg/L，水温为 10℃，进水悬浮固体浓度 N_j 为 200mg/L；出水 BOD_5 要求为 20mg/L，Q 为设计流量，由硝化率 f_{DN} 最小值为 0.6，最大值为 0.85，可得出各区的体积比。

① 各区体积比计算　当硝化率 f_{DN} 取最小值 0.6 时，即污泥回流比 R 为 50%，内回流比 r 为 100%：

$$\begin{aligned}&\text{好氧区体积}\,V_1:\text{缺氧区体积}\,V_2:\text{厌氧区体积}\,V_3\\&=(0.41\times Q):(0.13\times Q):(0.045\times Q+0.13\times Q\times0.27)\\&=1:0.32:0.19\end{aligned} \tag{4-136}$$

当硝化率 f_{DN} 取最大值 0.85 时，即污泥回流比 R 为 100%，内回流比 r 为 400%：

$$\begin{aligned}&\text{好氧区体积}\,V_1:\text{缺氧区体积}\,V_2:\text{厌氧区体积}\,V_3\\&=(0.41\times Q):(0.44\times Q):(0.06\times Q+0.44\times Q\times0.07)\\&=1:1.07:0.22\end{aligned} \tag{4-137}$$

式(4-137)、式(4-136) 中：V_1 计算见式(4-123)～式(4-128)；V_2 计算见式(4-129)～式(4-132)；V_3 计算见式(4-133)～式(4-135)。

② 各区体积比的分析　上述计算中得出：$V_1:V_2:V_3=1:(0.32\sim1.07):(0.19\sim0.22)$，并且厌氧区的体积保持为好氧区的 1/5 左右。从 $V_2\leqslant V_1$ 可知，圆形池缺氧区所占扇形角度 θ 取值不宜大于 180°，也不宜过小以免破坏缺氧环境，取值应根据体积比合理确定。

【例题 4-17】 OCO 工艺尺寸计算实例。已知条件：某城市污水处理厂设计水量 $Q=5000m^3/d$，进水水质 $BOD_5=200mg/L$，TN=40mg/L，进水悬浮固体浓度 $N_j=200mg/L$，水温为 10℃，硝化率 f_{DN} 为 0.85；出水 BOD_5 要求为 20mg/L，试计算 OCO 反应池主要尺寸。

【解】 圆形池型具有良好的水力特性，又节约工程造价，一般工程中圆形池的径高比为 5∶1。如图 4-52 所示，体积比［见式(4-136)］和半径比计算如下：

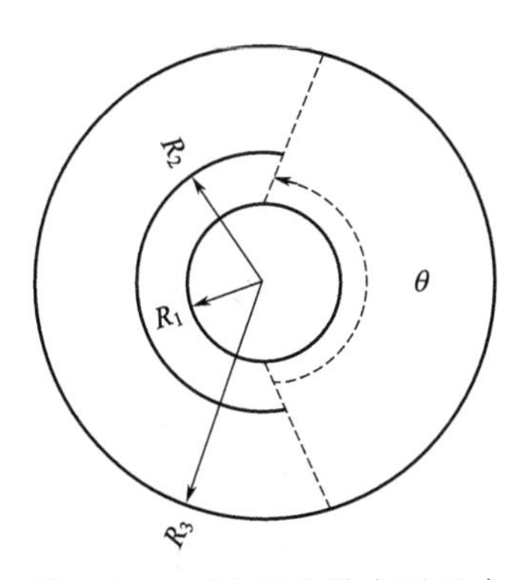

图 4-52　OCO 反应池主要尺寸

$$V_1:V_2:V_3=(0.41\times5000):(0.44\times5000):(0.06\times5000+0.44\times5000\times0.07)$$
$$=2050:2200:454=1:1.07:0.22$$

本例中 θ 取 120°，不难算出：

$R_3=15.8m$；$R_2=8.7m$；$R_1=4.8m$；

$R_3:R_2:R_1=3.3:1.8:1$。

【例题 4-18】 OCO 工艺设计计算。已知条件：某城市污水处理厂雨季设计流量 $Q=3840m^3/d$（$160m^3/h$），进水水质 $BOD_5=200mg/L$，TN =53mg/L，TP=16mg/L，SS=200mg/L；出水 $BOD_5\leqslant15mg/L$，TN≤8mg/L，NH_4^+-N（冬季）≤4mg/L，NH_4^+-N（夏季）≤2mg/L，TP≤1.2mg/L，SS≤30mg/L。试计算 OCO 反应池主要尺寸。

【解】（1）OCO 工艺设计参数

① 水力停留时间 HRT=7.5～12.5h，本例计算取 7.5h，停留时间分布为，厌氧区∶好氧区∶缺氧区=1∶2.3∶3。

② 回流污泥浓度：$X_r=10000mg/L$。

③ 污泥回流比 50%。

④ 求内回流比 R_N。

TN 去除率：

$$\eta_{TN}=\frac{TN_o-TN_e}{TN_o}=\frac{53-8}{53}\times100\%=84.9\%\approx85\%$$

$$R_N=\frac{\eta_{TN}}{1-\eta_{TN}}=\frac{0.85}{1-0.85}\times100\%=567\%$$

⑤ 混合液污泥浓度

$$X=\frac{R}{R+1}\times X_r=\frac{0.56}{1+0.56}\times10000=3600(\text{mg/L})\approx3.6(\text{kg/m}^3)$$

(2) OCO 反应池子尺寸计算

① 有效容积

$$V=Qt=160\times7.5=1200(\text{m}^3)$$

② 池子有效深度

$$H=3.6\text{m}$$

③ 池子有效面积

$$S=\frac{V}{H}=\frac{1200}{3.6}=333.3(\text{m}^2)$$

④ 各段停留时间（h）

$$\text{厌氧区：好氧区：缺氧区}=1:2.3:3$$

$$T_{\text{厌}}=1.19\text{h};T_{\text{好}}=2.74\text{h};T_{\text{缺}}=3.57\text{h}$$

⑤ 池子各区容积及半径

$$V_{\text{厌}}=QT_{\text{厌}}=160\times1.19=190.4(\text{m}^3)\approx191(\text{m}^3)$$

$$V_{\text{好}}=QT_{\text{好}}=160\times2.74=438.4(\text{m}^3)\approx438(\text{m}^3)$$

$$V_{\text{缺}}=QT_{\text{缺}}=160\times3.57=571.2(\text{m}^3)\approx571(\text{m}^3)$$

$$r_{\text{厌}}=\sqrt{\frac{191}{3.6\pi}}=4.1(\text{m})$$

$$r_{\text{厌}}+r_{\text{好}}=\sqrt{\frac{191+438}{3.6\pi}}=7.5(\text{m})$$

$$r_{\text{总}}=\sqrt{\frac{1200}{3.6\pi}}=10.3(\text{m})$$

(3) 剩余污泥量 W 计算

$$W=a(L_o-L_e)Q-bVX_V+c(S_o-S_e)Q$$

① 降解 BOD 生成污泥量

$$W_1=a(L_o-L_e)Q=0.55\times(0.2-0.015)\times160\times24=390.72(\text{mg/L})$$

② 内源呼吸分解泥量

$$X_V=fX=0.75\times3600=2.77(\text{kg/m}^3)$$

$$W_2=bVX_V=0.05\times1200\times2.77=166.2(\text{kg/d})$$

③ 不可生物降解和惰性悬浮物量（NVSS）

$$W_3=c(S_o-S_e)Q=0.5\times(0.13-0.03)\times160\times24=192(\text{kg/d})$$

④ 剩余污泥量

$$W=W_1-W_2+W_3=390.72-166.2+192=416.52(\text{kg/d})$$

每日生成活性污泥量：

$$X_w = W_1 - W_2 = 390.72 - 166.2 = 224.52(\text{kg/d})$$

⑤ 泥龄 θ_c

$$\theta_c = \frac{XV}{W} = \frac{3.6 \times 1200}{416.52} = 10.37(\text{d})$$

由设计计算可知：原水水质为 $BOD_5 = 200\text{mg/L}$，处理后出水水质达到 15mg/L 以下，符合处理要求，此时污水的处理效率为 93%。

4.11　分点进水及分段进水工艺

4.11.1　分点进水倒置 A^2/O 工艺

4.11.1.1　分点进水倒置 A^2/O 工艺脱氮除磷原理

为了克服传统 A^2/O 工艺过程的缺点，提出了分点进水倒置 A^2/O 工艺，如图 4-53 所示。分点进水倒置 A^2/O 工艺，即将缺氧池置于厌氧池前面，厌氧池后设置好氧池。进入生化反应系统的污水和回流污泥一起进入缺氧区，污泥中的硝酸盐在反硝化菌的作用下进行反硝化反应，将硝酸盐氮转化为氮气，实现了系统的前置脱氮。在不同进水方式下，系统进水全部或大部分直接进入缺氧区，优先满足了反硝化的碳源要求，故提高了处理系统的脱氮效率。

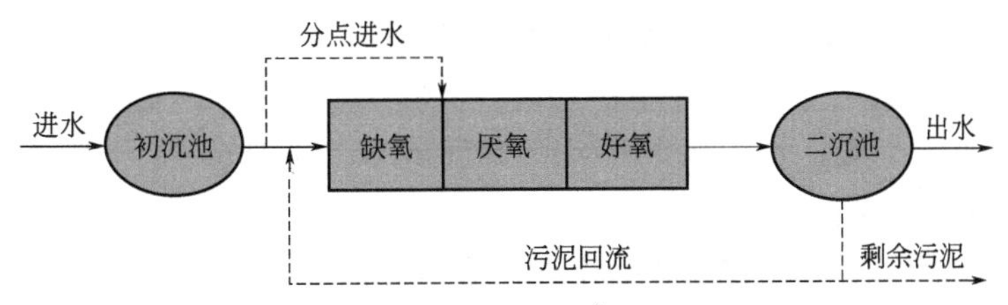

图 4-53　分点进水倒置 A^2/O 工艺流程

回流污泥和混合液在缺氧池内进行反硝化之后，再进入厌氧段，避免了硝酸盐对厌氧环境的不利影响，保证了厌氧池的厌氧状态，以强化除磷效果。在厌氧区，聚磷菌将污水中的碳源转化为 PHB 等储能物质积聚吸磷动力。在好氧区，有机污染物进一步被降解，硝化菌将污水中存在的氨氮转化为硝酸氮，微生物厌氧释磷后直接进入生化效率较高的好氧环境，其在厌氧条件下形成的吸磷动力得到更有效的利用。活性污泥混合液在二沉池进行泥水分离，一部分污泥回流到系统前端，另一部分富含磷的剩余污泥从系统中排出，从而实现生物除磷的目的。再根据不同进水水质，不同季节情况下，生物脱氮和生物除磷所需碳源的变化，调节分配至缺氧段和厌氧段的进水比例，使反硝化作用和除磷效果均得到有效保证。

4.11.1.2　分点进水倒置 A^2/O 工艺的主要特点

① 系统优先满足微生物脱氮的碳源要求，反硝化容量充分，系统脱氮能力得到显著加强，同时也避免了回流污泥中携带的硝酸盐对厌氧区的不利影响。

② 聚磷微生物经历厌氧环境之后直接进入生化效率较高的好氧段，其在厌氧环境下形成的吸磷动力得到了更有效的利用，具有“饥饿效应”优势。

③ 参与回流的所有污泥全部经历完整的释磷、吸磷过程，具有一种“群体效应”优势，

故其排放的剩余污泥含磷更高，系统的除磷效果也更好。

④ 将常规 A^2/O 工艺的污泥回流系统与混合液内循环系统合二为一，流程简捷，便于管理，节约了基建投资与运行费用。

⑤ 采用分点进水方式，在满足反硝化碳源需求的同时，部分污水直接进入厌氧区，增强厌氧压抑状态，聚磷菌的过渡吸磷动力得到加强，可以进一步强化系统除磷功能。

4.11.1.3 分点进水倒置 A^2/O 工艺计算实例

【例题 4-19】 某城市污水厂设计流量为 $275000m^3/d$，进水 $COD_{Cr}=304mg/L$，$BOD_5=190mg/L$，$SS=260mg/L$，$NH_4^+\text{-}N=34mg/L$，$TN=45mg/L$，$TP=4.2mg/L$，要求二级出水达到 $BOD_5\leqslant 20mg/L$，$SS\leqslant 20mg/L$，$NH_4^+\text{-}N\leqslant 8mg/L$，$TN\leqslant 15mg/L$，$TP\leqslant 1.5mg/L$ 的情况下，试设计计算倒置 A^2/O 生物反应池相关参数，厌氧、缺氧区同时进水流量可调节。

【解】 根据该项目工艺参数模型试验，一级处理各污染物去除率情况为：BOD_5 和 COD_{Cr} 均为 20%，SS 为 50%，$NH_4^+\text{-}N$ 及 TN 均为 7%，TP 为 8%。经计算，一级处理后 $COD_{Cr}=304mg/L$，$BOD_5=152mg/L$，$SS=130mg/L$，$NH_4^+\text{-}N=32mg/L$，$TN=42mg/L$，$TP=3.9mg/L$。

判断水质是否可采用 A^2/O 法：

$\dfrac{BOD_5}{TN}=\dfrac{152}{42}=3.62>2.85$（$A^2/O$ 法碳氮比理论值），$\dfrac{BOD_5}{TP}=\dfrac{152}{3.9}=39>17$，可采用 A^2/O 法，由于 $BOD_5/TN<4$，必要时可投加碳源。

(1) 进生化池水量

$$Q_{设}=275000m^3/d=11458m^3/h=3.18m^3/s$$

(2) 生化池总容积 $V_{总}$

BOD 负荷 N_s 取 0.11，混合液污泥浓度 X 取 3040mg/L，则：

$$V_{总}=\frac{Q_{设}L_o}{N_sX}=\frac{275000\times 152}{0.11\times 3040}=125000(m^3)$$

(3) 生化池总停留时间 $t_{总}$

$$t_{总}=\frac{V_{总}}{Q_{设}}=\frac{125000}{11458}=10.9(h)$$

(4) 各反应区容积确定

1) 硝化菌生长速率　生物反应池中氨氮浓度 N_a 取 8mg/L，硝化作用中氮的半速率常数 K_N 取 1mg/L，15℃硝化菌最大生长速率取 $0.47d^{-1}$，设计最低水温 t 取 13℃，则：

$$\mu=\frac{0.47N_a}{K_N+N_a}e^{0.098(t-15)}=\frac{0.47\times 8}{1+8}e^{0.098(13-15)}=0.343$$

2) 好氧区设计泥龄 $\theta_{好}$

安全系数 F 取 3.55，则：

$$\theta_{好}=F\frac{1}{\mu}=3.55\times\frac{1}{0.343}=10.35(d)$$

3) 好氧区容积　污泥产率系数 Y_t：模型试验数值为 $0.4573kgVSS/kgBOD_5$，由于 $\dfrac{MLVSS}{MLSS}=0.6$，取 $Y_t=0.73kgSS/kgBOD_5$，则：

$$V_{好}=\frac{Q_{设}(L_o-L_e)\theta_{好}Y_t}{X}=\frac{275000\times(152-20)\times10.35\times0.73}{3040}=90217(m^3)$$

4）缺氧、厌氧区容积确定

① 厌氧区容积 $V_{厌}$

设厌氧区停留时间 1.0h，则厌氧区容积为：

$$V_{厌}=11458m^3/h\times1.0h=11458m^3$$

② 缺氧区容积 $V_{缺}$

$$V_{缺}=V_{总}-V_{厌}-V_{好}=12500-11458-90217=23325(m^3)$$

（5）生物反应池尺寸设计

设有效水深 6m，共分 4 池。

① 好氧区每池分 5 廊道，廊道长 84.2m，宽 9m，则：

每池好氧区容积：

$$V_{好1}=n\times l\times b\times h_{有效}=5\times84.2\times9\times6=22734(m^3)$$

实际好氧区总容积：

$$V_{好}=22734\times4=90936(m^3)$$

$$t_{好}=7.94h\approx8h$$

② 每池缺氧区容积：

$$\begin{aligned}V_{缺1}&=L_{缺}B_{缺}h_{有效}\\&=46.6\times20.3\times6\\&=5676(m^3)\end{aligned}$$

实际缺氧区容积：

$$V_{缺}=5676\times4=22704(m^3)$$

$$t_{缺}=1.98h\approx2h$$

③ 每池厌氧区容积：

$$\begin{aligned}V_{厌1}&=L_{厌}B_{厌}h_{有效}\\&=46.6\times10.2\times6\\&=2852(m^3)\end{aligned}$$

实际厌氧区容积：

$$V_{厌}=2852\times4=11408(m^3)$$

$$t_{厌}=1h$$

④ 生化池实际总容积及总停留时间：

$$\begin{aligned}V_{总}&=V_{厌}+V_{缺}+V_{好}\\&=11408+22704+90936\\&=125046(m^3)\end{aligned}$$

$$T_{总}=7.94+1.98+1=10.92(h)$$

⑤ 生化池总泥龄 $\theta_{总}$ 确定：

$$\theta_{好}=10.2d$$

$$\theta_{总}=\theta_{好}\times\frac{10.92}{7.94}=14.03(d)$$

（6）回流污泥量 Q_r 确定

污泥回流比 $R_{\max}=100\%$，$X=3040\text{mg/L}$，则：

$$X=\frac{R}{1+R}X_r$$

即：

$$3040=\frac{1}{1+1}X_r$$

回流污泥浓度 $X_r=6080\text{mg/L}$。

回流污泥量，按物料平衡计算：

$$Q_{设}X_o+Q_rX_{ro}=(Q_{设}+Q_r)X_r \tag{4-138}$$

式中 X_o——进入生化池的 VSS 浓度，mg/L；

X_{ro}——回流污泥中 VSS 浓度，mg/L；

X_r——生化池中混合液挥发悬浮固体浓度，mg/L；

Q_r——回流污泥量，m^3/d。

其中 $\frac{\text{MLVSS}}{\text{MLSS}}=0.6$。

$$275000\times(130\times0.6)+Q_r\times6080\times0.6=(275000+Q_r)\times3040\times0.6$$

$$Q_r=263240\text{m}^3/\text{d}=10968\text{m}^3/\text{h}$$

（7）剩余污泥量确定

剩余污泥干重 $W=aQ_{设}L_r-bVX_r+cS_rQ_{设}$ (4-139)

=降解 BOD_5 生成污泥量－内源呼吸分解泥量＋不可降解和惰性悬浮物量

污泥产率 a，模型试验数值为 0.4573kgVSS/kgBOD$_5$，衰减系数 b 为 0.0125d^{-1}。结合其他城市污水厂经验数值和规范、手册取值，取 $a=0.6\text{kgVSS/kgBOD}_5$，$b=0.05\text{d}^{-1}$，$c=0.5$，则：

$$W=0.6\times275000\times\frac{152-20}{1000}-\frac{0.05\times125046\times3040\times0.6}{1000}+\frac{(130-20)\times275000\times0.5}{1000}$$

$$=21780-11404+15125$$

$$=25501(\text{kg/d})$$

污泥含水率为 99.4%，则 $Q_{剩余}=\frac{25501}{1000(1-0.994)}=4250(\text{m}^3/\text{d})=177(\text{m}^3/\text{h})$。

（8）内回流量确定

生化池总氮去除率 $\eta=\frac{T_{No}-T_{Ne}}{T_{No}}=\frac{42-15}{42}=0.64=64\%$

① 内回流比

$$R_{内}=\frac{0.64}{1-0.64}\times100\%=1.79\approx200\%$$

② 内回流量 $Q_{内}=Q_{设}\times200\%=11458\times2=22916(\text{m}^3/\text{h})$

每池 $Q_{内1}=Q_{内}/4=5729(\text{m}^3/\text{h})=1591(\text{L/s})$

每池设内回流泵 3 台，每台 $Q=1591/3=530\text{L/s}$。

每池选 PP4660.410 泵 4 台，3 用 1 备，$Q=532\text{L/s}$，$H=0.7\text{m}$，$N=10\text{kW}$。

4.11.2 分段进水多级 A/O 脱氮除磷工艺

4.11.2.1 分段进水多级 A/O 脱氮工艺技术原理

在各种城市污水处理的 A/O 工艺中，最大脱氮率是总回流比（混合液回流量加上回流污泥量和进水量之比）的函数，增大总回流比可提高脱氮效果，但是总回流比为 4 时，再增加回流比则对脱氮效果的提高不大。总回流比过大，会使系统由推流式趋于完全混合式，导致污泥性状变差，也势必增大能耗，而且混合液回流会给缺氧区带入大量的溶解氧，导致大量消耗污水中的易降解有机基质，从而影响脱氮效率。为了克服传统 A/O 工艺的缺点，Carrio 等提出分段进水多级 A/O 工艺（step-feed anoxic-oxic activated sludge process，SAOASP）。

分段进水多级 A/O 工艺流程如图 4-54 所示。

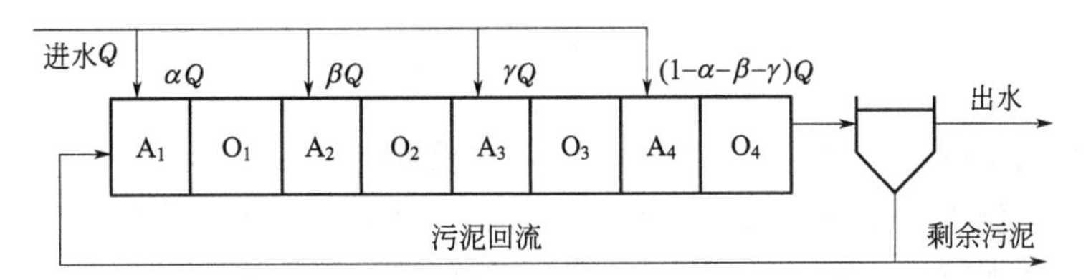

图 4-54 分段进水多级 A/O 脱氮工艺流程

原污水按设定的进水分配比例分流进入各级缺氧池，在各缺氧池内以进水中的有机物为碳源进行反硝化，未降解的有机物进入后续好氧池进行硝化反应，各级好氧池的硝化液直接进入下一级的缺氧池进行反硝化，整个系统没有混合液内回流，污泥回流至反应器第一级缺氧池。分段进水 A/O 脱氮工艺属于单级活性污泥脱氮系统，由于进水沿反应器投配，而污泥回流至第一级首端，系统的污泥龄比相同池容的推流系统长，可见分段进水系统在不增加反应器出流 MLSS 浓度的情况下使污泥龄得以增加，而终沉池的水力负荷和固体负荷均没有变化，因此这一工艺对污水厂的新建和改建都甚为适用。工程实际应用中多采用 2～4 段。

若有除磷需求，可在系统前端设置厌氧池以实现同步脱氮除磷。

4.11.2.2 分段进水多级 A/O 脱氮工艺主要特点

（1）为生物脱氮过程提供足够的碳源

该工艺采用分段进水至各级缺氧区，为各级反硝化提供足够的碳源，不需提供外加碳源，提高了生化系统的脱氮效率。

（2）脱氮效率高

根据工艺流程，脱氮效率计算公式基于：前一段硝化产生的硝态氮在随后的缺氧段完全反硝化，假设所有步骤反应完全，则工艺最后出水硝态氮的含量仅与末端进水比例有关。反硝化率与末端进水比例成反比，可表示为：

$$\eta=\left(1-\frac{\alpha_n}{1+r+R}\right)\times 100\% \tag{4-140}$$

式中 α_n——最后一段进水比例；

r——污泥回流比；

R——系统最后一段的内回流比。

当不考虑末端内回流时，式(4-140) 也可简化为：

$$\eta=\left(1-\frac{\alpha_n}{1+r}\right)\times 100\% \tag{4-141}$$

理论脱氮效率的计算通常用于估算工程处理效果及工艺分段数，但需要分成以下两种情况讨论。

① 当工艺为等比例进水时，式(4-141) 可变为：

$$\eta=\left(1-\frac{1}{N}\times\frac{1}{1+r}\right)\times 100\% \tag{4-142}$$

则工艺分段数为：

$$N=\frac{1}{(1+r)(1-\eta)} \tag{4-143}$$

② 当工艺为变比例进水时，通常需要设置末端内回流，此时可采用任一分段数，而理论脱氮效率计算仅与末端内回流比的选取有关，则末端内回流比：

$$R=\frac{\alpha_n}{1-\eta}-r-1 \tag{4-144}$$

(3) 污泥平均浓度高、泥龄长、池容小、基建投资省

由于采用分段进水，使混合液在系统中形成了一个浓度梯度，整个反应器在不增加容积的情况下，活性污泥浓度增加，而二沉池的水力负荷与固体负荷没有变化，不影响二沉池运行的稳定性。

对分段进水多级 A/O 工艺反应器进行 MLSS 质量平衡计算，最后一段的污泥浓度由下式表达：

$$X_n=\frac{r}{1+r}\times X_r \tag{4-145}$$

同理，反应器其余段混合液浓度的表达式如下：

$$X_i=\frac{r}{r+\sum_{m=1}^{i}\frac{Q_m}{Q}}X_r \tag{4-146}$$

式中 n——反应器段数；

X_n——最后一段好氧池的 MLSS 浓度，即进入终沉池的 MLSS 浓度，mg/L；

X_r——回流污泥 MLSS 浓度，mg/L；

X_i——第 i 段好氧池的 MLSS 浓度，mg/L；

r——污泥回流比，%；

Q——流入反应器的水量，m^3/d；

Q_m——流入第 m 段反应器的水量，m^3/d。

由式(4-144) 和式(4-145) 可知，在最后一段反应器 MLSS 不变的情况下，分段进水 A/O 工艺比一般前置反硝化工艺的污泥平均浓度要高，在其他条件不变时反应器容积可减小，因而可节省基建投资。

(4) 节省能耗，减少运行费用

由于好氧区硝化液直接进入下一级缺氧区，不需要设置混合液回流设施。但对于单级 A/O 工艺，除了 50%～100%污泥回流外，还需 200%～300%的混合液内回流。由于分段进水 A/O 工艺不需混合液内回流，仅需 50%左右的污泥回流即可达到较高的污染物去除效率，因此可大大降低反应器回流系统能耗，节省运行费用。

（5）承受冲击负荷能力强

由于分段进水反应器中液体的流态接近完全混合，因此可承受水质变化和避免冲击负荷的影响。另外，由于系统固体存储量的大部分是在分段进水的前几段，故在暴雨季节可将后几段的进水比例提高以减少活性污泥的流失。

（6）易于操作运行

分段进水多级 A/O 脱氮工艺提高了系统的可控性，可以根据进水水质和环境条件的变化，灵活调整运行方式，从而得到稳定的出水效果。

4.11.2.3　工艺设计中几个重要参数的确定

（1）反应器段数

反应器段数对系统运行的稳定性、脱氮效率有着非常重要的影响，反应器段数越多，脱氮效率越高，系统越稳定，但是工艺设计与运行也会随之变复杂。根据进水水质和出水要求，运用式(4-143) 可估测分段进水生物脱氮工艺的最大理论脱氮率以及能否达到预期的脱氮目标。工程实际应用中多采用 2～4 段。

（2）进水流量分配

在确定工艺分段数后，需要根据水质处理要求确定每段进水比例，通常可采用等比例进水法或变比例进水法。其中变比例进水法的流量分配比（定义为 $\alpha x=Q_x/Q$）与污水的性质，尤其是碳氮比密切相关。设进水水质中 TN 和 BOD_5 的浓度为 N_0、S_0，则第一段缺氧区进水硝酸氮浓度 $N_1=rN_c/(r+\alpha_1)$，BOD_5 浓度为 $S_1=\alpha_1 S_0/(r+\alpha_1)$，这里假设出水中不含 BOD_5，进水中不含硝态氮，N_c 为出水硝态氮浓度。则根据反硝化比例关系有 $S_1=kN_1$ 成立，其中 k 为反硝化单位硝态氮所需要的有机物的量，通常由试验确定。将 N_1 和 S_1 公式代入，则有 $\alpha_1=krN_c/S_0$。

第一段缺氧区将回流污泥中的硝态氮全部反硝化，且第一段进水中的 BOD_5 刚好完全用于反硝化，而第一段好氧区将进水的 TKN 全部氧化为硝态氮，其数量为 $\alpha_1 N_0$；与第二段进水混合后，第二段缺氧区进水硝态氮浓度可表示为 $N_2=\alpha_1 N_0/(r+\alpha_1+\alpha_2)$，第二段 BOD_5 浓度可表示为 $S_2=\alpha_2 S_0/(r+\alpha_1+\alpha_2)$，根据反硝化比例关系有 $S_2=k\alpha_1 N_2$ 成立，代入后则有 $\alpha_2=k\alpha_1 N_0/S_0$。

依此类推，第 n 段缺氧区进水硝态氮浓度可表示为 $N_n=\alpha_{n-1}N_0/(r+\alpha_1+\alpha_2+\cdots+\alpha_n)$，第 n 段 BOD_5 浓度可表示为 $S_n=S_0/(r+\alpha_1+\alpha_2+\cdots+\alpha_n)$。代入反硝化比例关系式后有 $\alpha_n=k\alpha_{n-1}N_0/S_0$。

而出水硝态氮浓度为末端进水的 TKN，可表示为 $N_c=\alpha_n N_0/(r+\alpha_1+\alpha_2+\cdots+\alpha_n)=\alpha_n N_0/(r+1)$。将 N_c 代入后有 $\alpha_1=krN_c/S=kr\alpha_n N_0/(r+1)S_0$。

从上述关系式可见，除了第一段进水比例与出水配水比例和污泥回流比有关外，其余进水比例均与前一段进水比例有关，因此可先根据出水水质要求，确定 α_n，其余配水比例可依次算出，并根据 $\alpha_1+\alpha_2+\cdots+\alpha_n=1$ 微调后确定各段流量分配比例。

（3）反应器各段容积比

对于新建污水厂，可根据水力停留时间来确定反应器各段的容积。n 级反应器串联所需总的水力停留时间为：

$$T=\frac{n}{K}\left[\left(\frac{C_0}{C_n}\right)^{\frac{1}{n}}-1\right] \tag{4-147}$$

式中　T——总水力停留时间，h；

K——反应速率常数（与水温、水的pH值及细菌种类等有关，通过试验确定），mg/(g·h)；

C_0——进水有机物浓度，mg/L；

C_n——出水有机物浓度，mg/L。

随着反应器段数的增加，单个反应器内的流态接近完全混合式，整个反应器系统的流态接近推流式。第1级反应器在高浓度下进行反应，反应推动力较大，反应速率最快，而后浓度逐渐降低，反应推动力减小，反应速率也逐渐降低。因此，水力停留时间沿反应器逐级增加。对于城市生活污水，反硝化速率 KDN 一般为0.27mg/(g·h)左右，硝化速率 KN 一般为0.4mg/(g·h)左右。对于新建污水厂，可根据水力停留时间来确定各段容积，各级缺氧段与好氧段的比值可采用1∶1.5，后1级缺氧段与前1级好氧段可采用相同的水力停留时间。

（4）污泥回流比

分段进水多级A/O生物脱氮工艺中，回流污泥通常回流到系统首端。污泥回流比的大小对TN去除率及系统平均MLSS具有一定的影响。由于污泥回流比对脱氮效率的影响比对传统的前置反硝化系统要小，且回流比增大会使反应器中沿程的MLSS的质量浓度梯度降低，所以工艺中不宜采用过大的污泥回流比，一般取50%左右。

4.11.2.4 工艺设计实例

【例题4-20】 分段进水多级A/O脱氮工艺设计计算。某污水处理厂生物池设计流量为 $3\times10^4 m^3/d$，设计进、出水水质见表4-58，污泥回流比为50%，温度20℃，试计算分段进水A/O反应池主要尺寸。

表4-58 设计进、出水水质 单位：mg/L

项目	BOD_5	COD_{Cr}	SS	TN	TP
进水水质	200	350	200	35	4
出水水质	≤20	≤60	≤20	≤10	≤1

【解】 根据表4-58中有关设计进水水质值，可知：

要求脱氮率达到 $\frac{35-10}{35}=71.4\%$。

由式(4-143)估测其分级数为3。

采用3级进水A/O生物脱氮工艺，2组。6池总水力停留时间为10h，等比例进水。各池水力停留时间之比为 $T(A_1):T(O_1):T(A_2):T(O_2):T(A_3):T(O_3)=1:1.5:1.5:2.3:2.3:3.4$，每组反应池总容积为：

$$V=\frac{15000\times10}{24}=6250(m^3)$$

分段进水各池的设计计算尺寸见表4-59。

表4-59 分段进水各池的设计计算尺寸

项目	$15000m^3/d$(一组)			
	有效长/m	有效宽/m	有效深/m	容积/m^3
A_1	5.8	15	6	522

续表

项目	15000m³/d(一组)			
	有效长/m	有效宽/m	有效深/m	容积/m³
O_1	8.7	15	6	783
A_2	8.7	15	6	783
O_2	13.3	15	6	1197
A_3	13.3	15	6	1197
O_3	20	15	6	1800
合计				6282

【例题 4-21】 分段进水多级 A^2/O 脱氮除磷工艺案例简介。某城镇污水处理厂生化池设计水量为 $2500m^3/d$，生化池设计进出水水质要求见表 4-60，采用分段进水多级 A^2/O 脱氮除磷工艺（见图 4-55），即在分段进水多级 A/O 的系统前端设置厌氧池，具有同步脱氮除磷功能。根据该工艺参数，进行相关的设计计算。

表 4-60　污水处理厂设计进水水质及排放标准

项目	COD	BOD_5	SS	NH_4^+-N	TN	TP
进水/(mg/L)	400	200	800	35	40	4.5
出水/(mg/L)	≤30	≤6	≤10	≤1.5(3)	≤10	≤0.3
去除率/%	92.5	97	98.75	95.70	75	93.3

注：表中出水水质（　）外数值为水温 $T>12$℃时的控制指标；（　）内数值为水温 $T\leqslant12$℃时的控制指标。

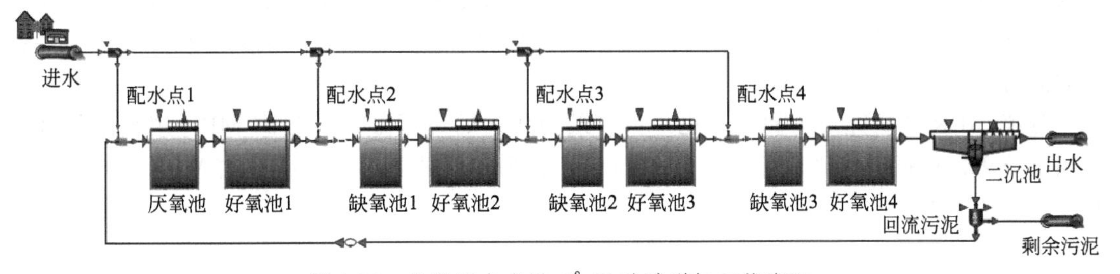

图 4-55　分段进水多级 A^2/O 除磷脱氮工艺流程

【解】

（1）反应器段数的确定

池内分厌氧区、好氧区 1、缺氧区 1、好氧区 2、缺氧区 2、好氧区 3、缺氧区 3、好氧区 4，实现多级 A/O 系统的串联。根据反应器理论，在 3 级以上的串联反应器中，可有效实现对 COD、BOD_5、N 的去除，同时也可以部分去除磷。

（2）进水流量分配

厌氧区和各级缺氧区的配水比分别为 30%、20%、40%、10%。

（3）反应器各段停留时间

水力停留时间：厌氧区为 1.2h，好氧区 1 为 2.0h，缺氧区 1 为 1.2h，好氧区 2 为 2.4h，缺氧区 2 为 1.8h，好氧区 3 为 2.4h，缺氧区 3 为 1.8h，好氧区 4 为 2.8h。污泥回流比 $R=90\%$。

4.12 膜生物反应器

4.12.1 MBR 工艺技术原理

膜生物反应器（membrane bioreactor，MBR）是将生物反应与膜过滤相结合，利用膜作为分离介质替代常规重力沉淀进行固液分离获得出水的污水处理系统。不同于活性污泥法，MBR 不使用沉淀池进行固液分离，而是使用膜分离技术替代传统活性污泥法的沉淀池和常规过滤单元，使水力停留时间（HRT）和泥龄（SRT）完全分离，因此具有高效固液分离性能。同时利用膜的特性，使活性污泥不随出水流失，在生化池中形成 5000～12000mg/L 超高浓度的活性污泥，使污染物分解彻底，因此出水水质良好、稳定，出水细菌、悬浮物和浊度接近于零，并可截留粪大肠菌等生物性污染物，可同时去除污染物和实现污（废）水再生回用。

4.12.2 MBR 工艺类型及特点

根据膜组件在 MBR 中的作用，MBR 通常分为无泡曝气 MBR、萃取 MBR 和分离 MBR 三类。无泡曝气 MBR 是使空气或 O_2 进入传质阻力很小的透气性膜后，在浓差推动力的作用下向膜外的活性污泥扩散，O_2 的传质效率很高，是传统曝气的 5～7 倍，并且不会产生气泡，因而特别适合处理含挥发性有毒有机物或发泡剂的废水；萃取 MBR 用膜组件将废水与活性污泥隔离，避免了废水与微生物直接接触，污染物透过膜后被微生物吸附降解，当废水中酸度、碱度、盐浓度高或含有毒、难生物降解的有机物时，用萃取 MBR 可获得较好的处理效果；分离 MBR 用膜分离技术代替传统污水处理过程中的沉淀和过滤，使得泥水分离更加彻底和高效，因而可以在生物反应器中保持极高的微生物浓度，在大大缩小生物反应器容积的同时可获得高质量的出水。

分离 MBR 的研究最为深入，也是目前最为普遍的应用形式。分离 MBR 用膜组件来进行固液分离，根据膜组件所处的位置不同，可分为分置式 MBR 和一体式 MBR（浸没式），其模式见图 4-56。

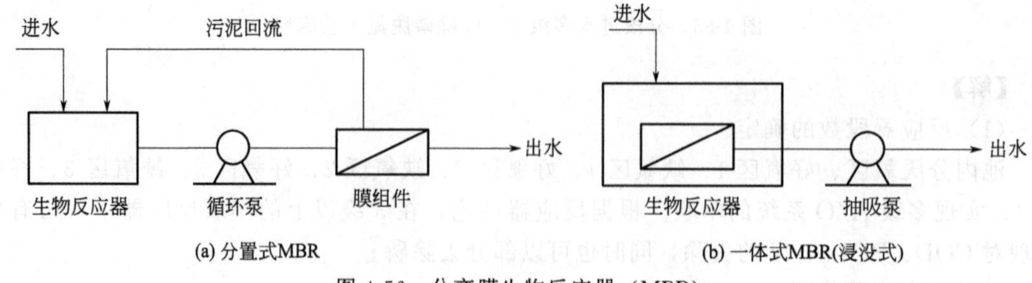

图 4-56 分离膜生物反应器（MBR）

图 4-56(a) 为分置式 MBR，采用错流式膜组件，即过滤液体平行于膜表面与滤液交错流动，产生的剪切力或湍流减轻了悬浮物在膜表面的沉积。该反应器运行稳定可靠，操作管理简单。其优点是化学清洗方便且彻底，清洗时不影响系统运行，膜的使用寿命长；缺点是占地面积大，运行电耗高。图 4-56(b) 为一体式 MBR，也称浸没式 MBR，膜组件置于生物

反应器内，滤液由泵吸出，曝气装置设在膜组件下方，除具有充氧功能外，造成的强烈搅拌作用减轻了混合液中悬浮物在膜表面的吸附。与分置式膜生物反应器相比，一体式膜生物反应器能耗小，结构紧凑，体积小；缺点是化学清洗时需要停止运行，且清洗操作很不方便。

由于泥和水的分离采用了膜分离技术，使得 MBR 具有以下 3 个突出的优点：

① 膜能将活性污泥完全截留在反应器内，这样污泥在反应器内的浓度非常高，反应速率大大提高，系统的耐冲击力得到增强，污泥的产生量减少；

② 实现了污泥龄和 HRT 的分别控制，这有利于其自动化控制和提高污染物停留时间，且一些难降解的大分子颗粒状成分和活性大分子化合物可被膜截留下来；

③ 增加了世代时间较长的细菌，如硝化菌和亚硝化菌等，因此 MBR 脱氮除磷效果比传统活性污泥法大为增强。

MBR 也有 3 个明显的缺点：

① 目前膜的造价还比较高，导致建设费用居高不下；

② 运行电耗较高；

③ 膜在运行过程中容易受到污染，造成膜通量下降，直接影响膜组件的效率和使用寿命。

一旦 MBR 工艺成功解决膜污染与高成本的问题，其在水处理领域将发挥出巨大的作用，也势必会带动水处理技术飞跃式发展。

4.12.3　设计参数

① 膜生物反应器工艺的主要设计参数如表 4-61 所列。

表 4-61　膜生物反应器主要设计参数

名称	单位	典型值或范围
膜池内污泥浓度（MLSS①）X	g/L	6～15（中空纤维膜） 10～20（平板膜）
生物反应池的五日生化需氧量污泥负荷 L_s	$kgBOD_5$/（kgMLSS·d）	0.03～0.10
总污泥龄 θ_c	d	15～30
缺氧区（池）至厌氧区（池）混合液回流比 R_1	%	100～200
好氧区（池）至缺氧区（池）混合液回流比 R_2	%	300～500
膜池至好氧区（池）混合液回流比 R_3	%	400～600

① 其他反应区（池）的设计 MLSS 可根据回流比计算得到。

② 膜生物反应器工程中膜系统运行通量的取值应小于临界通量。临界通量的选取应考虑膜材料类型、膜组件和膜组器形式、污泥混合液性质、水温等因素，可实测或采用经验数据。同时，应根据生物反应池设计流量校核膜的峰值通量和强制通量。

③ 浸没式膜生物反应器平均通量的取值范围宜为 15～25L/（m^2·h），分置式膜生物反应器平均通量的取值范围宜为 30～45L/（m^2·h）。

④ 布设膜组器时，应留 10%～20%的富余膜组器空位作为备用。

⑤ 膜生物反应器工艺应设置化学清洗设施。

⑥ 膜离线清洗的废液宜采用中和等措施处理，处理后的废液应返回污水处理构筑物进行处理。

4.12.4 MBR 工艺计算实例

【例题 4-22】 浸没式 MBR 设计计算。生物池设计流量 $Q=500m^3/d$，生物池设计进出水水质见表 4-62。生物反应池设计采用具有脱氮除磷功能的（A^2/O 工艺）浸没式的 MBR。

表 4-62 生化处理系统设计进出水水质

项目	COD_{Cr}	BOD_5	SS	NH_4^+-N	TN	TP
进水/(mg/L)	350	250	200	35	50	5
出水/(mg/L)	≤30	≤6	≤10	≤1.5(3)	≤12	≤0.3
去除率/%	91.4	97.6	95.0	95.7	96.0	94.0

注：出水水质括号外数值是水温 $T>12℃$ 时的控制指标；括号内数值为水温 $T\leqslant 12℃$ 时的控制指标。

【解】

(1) 判断是否可采用 A^2/O 法

$BOD_5/TN=250/50=5>4$，$BOD_5/TP=250/5=50>17$，C/N 值与 C/P 值均满足《室外排水设计标准》(GB 50014—2021) 第 4.2 条的要求，可采用 A^2/O 法生物同步脱氮除磷工艺。

(2) 好氧-膜池设计

膜组件运行时间 $T=24h$；

膜通量 $F=10.4L/(m^2 \cdot h)$；

单帘膜面积 $A=18m^2$；

所需膜片数量 $N=\frac{1000Q}{24FA}=\frac{1000\times 500}{24\times 10.4\times 18}=112$（帘）；

每个膜组件的膜片数量 $n=28$ 帘/组；

膜组件数量 $U=N/n=4$ 组；

膜池数量 $Z=1$ 个；

每个膜池膜组件数量 $U_0=4$ 组/个；

膜组件布置横向数量 $X=1$ 组；

膜组件布置纵向数量 $Y=4$ 组；

备用膜组件数量 $Y'=20\%$；

膜组件位置数量 $Y''=5$ 个；

膜组件长度 $l=2m$；

膜组件宽度 $b=0.65m$；

膜组件高度 $h=2.60m$；

膜组件与池壁的距离 $d=0.5m$；

抽吸管侧膜组件与池壁的距离 $\Delta d=0.5m$；

水流方向膜组件前后长度 $s=0.80m$；

膜组件长边之间距离 $d''=0.4m$；

膜组件短边之间距离 $d''=0.4m$。

好氧-膜池平面图如图 4-57 所示。

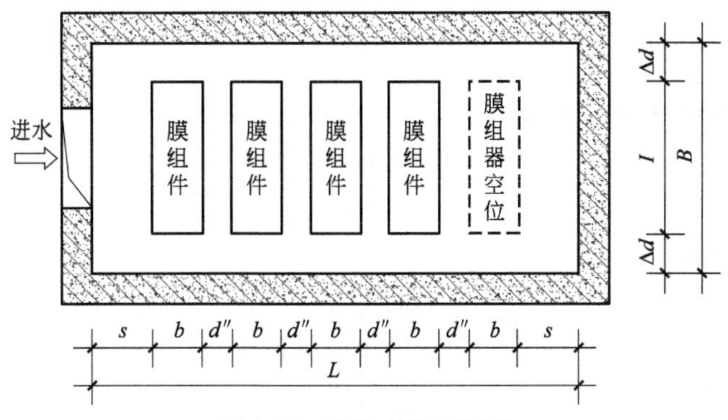

图 4-57　好氧-膜池平面图

单格膜池宽度 $B=2\Delta d+l=2\times0.5\text{m}+2\text{m}=3.0\text{m}$；

单格膜池长度 $L=5b+2s+4d''=6.45(\text{m})\approx6.5(\text{m})$；

膜组件距离液面高度 $h_1=0.5\text{m}$；

曝气管中心与膜组件下部中心之间的距离 $h_2=0.2\text{m}$；

曝气管底面与膜池底面之间的距离 $h_3=0.3\text{m}$；

膜池水深 $H=h_1+h_2+h_3+h=3.6(\text{m})$；

膜池有效容积 $V=B\times L\times H=70.20(\text{m}^3)$。

(3) 工艺参数复核

① 好氧池水力停留时间

$$\text{好氧池水力停留时间 } \text{HRT}_\text{O}=24V/Q=3.37(\text{h})$$

② BOD 容积负荷

$$\text{BOD容积负荷 } N_s=\frac{Q(S_o-S_e)}{1000V} \tag{4-148}$$

式中　S_o——生物反应池进水五日生化需氧量浓度，mg/L；

S_e——生物反应池出水五日生化需氧量浓度，mg/L。

$$N_s=\frac{500\times(250-6)}{1000\times70.2}=1.74[\text{kgBOD}_5/(\text{m}^3\cdot\text{d})]$$

③ 设计污泥龄 θ_c

$$\mu_\text{N}=0.47\text{e}^{0.098(T-15)}\times\left(\frac{N}{N+10^{0.05T-1.158}}\right)\times\left(\frac{\text{O}_2}{k_{\text{O}_2}+\text{O}_2}\right)\times[1-0.833\times(7.2-\text{pH})] \tag{4-149}$$

式中　μ_N——硝化细菌比生长速率，d^{-1}；

N——生物反应池出水氨氮浓度，mg/L；

K_{O_2}——氧的半速率常数，mg/L。

式中设计水温 $T=12℃$，$N=1.5\text{mg/L}$，好氧池溶解氧 $\text{O}_2=2\text{mg/L}$，氧的半速率常数 $K_{\text{O}_2}=1.3\text{mg/L}$，设计最低 pH=7.0，则：

$$\mu_\text{N}=0.47\text{e}^{0.098(12-15)}\times\left(\frac{1.5}{1.5+10^{0.05\times12-1.158}}\right)\times\left(\frac{2}{1.3+2}\right)\times[1-0.833\times(7.2-7)]$$
$$=0.15(\text{d}^{-1})$$

$$\theta_c = F\frac{1}{\mu_N} \tag{4-150}$$

式中　F——设计安全系数，取3.5。

$$\theta_c = 3.5\times\frac{1}{0.15}=23.43(\mathrm{d})$$

④ 好氧池污泥浓度

$$X_{OV}=\frac{QY\theta_c(S_o-S_e)}{1000V(1+K_d\theta_c)} \tag{4-151}$$

$$X=\frac{X_{OV}}{0.7} \tag{4-152}$$

$$L_s=\frac{N_s}{X} \tag{4-153}$$

式中　X_{OV}——生物反应池内混合液挥发性悬浮固体平均浓度，gMLVSS/L；

Y——污泥产率系数，kgMLSS/kgBOD_5，宜根据试验资料确定，当无试验资料时可取0.4～0.8kgMLSS/kgBOD_5；

K_d——污泥衰减系数，d^{-1}，20℃的数值为0.040～0.075d^{-1}；

X——生物反应池内混合液悬浮物固体平均浓度，gMLSS/L；

L_s——生物反应池的五日生化需氧量污泥负荷，kgBOD_5/(kgMLSS·d)；

其余符号意义同前。

$$X_{OV}=\frac{500\times0.6\times23.43\times(250-6)}{1000\times70.20\times(1+0.05\times23.43)}=11.25(\mathrm{gMLVSS/L})=11250(\mathrm{mgMLVSS/L})$$

$$X=\frac{X_{OV}}{0.7}=16(\mathrm{gMLSS/L})=16000(\mathrm{mgMLSS/L})$$

$$L_s=\frac{N_s}{X}=\frac{1.74}{16}=0.109[\mathrm{kgBOD_5/(kgMLSS\cdot d)}]$$

⑤ 确定回流比

$$R=\frac{N_o-N_e}{N_e}\times100\% \tag{4-154}$$

式中　R——回流比（100%）；

N_o——生物池反应池进水TN浓度，mg/L；

N_e——生物池反应池出水TN浓度，mg/L。

$$R=\frac{50-12}{12}\times100\%=317\%(取400\%)$$

缺氧池至厌氧池混合液回流比$R_1=100\%$；

好氧池至缺氧池混合液回流比$R_2=300\%$。

⑥ 厌氧池污泥浓度

$$厌氧池污泥浓度\ X_{A1}=\frac{R_1}{1+R_1}\cdot X=\frac{16000}{1+1}=8000(\mathrm{mg/L})$$

$$缺氧池污泥浓度\ X_{A2}=\frac{(1+R_1)X_{A1}+R_2X}{1+R_1+R_2}=\frac{(1+1)\times8000+3\times16000}{1+1+3}=12800(\mathrm{mg/L})$$

(4) 厌氧池计算

$$V_P=\frac{HRT_{A1}Q}{24} \tag{4-155}$$

式中 V_P——厌氧池容积，m^3；

HRT_{A1}——厌氧池停留时间，h，宜为1～2h。

$$V_P=\frac{1.5\times500}{24}=31.25(m^3)$$

厌氧池有效水深同好氧池，取3.6m，厌氧池宽度同好氧池保持一致，取3.0m，则厌氧池长度$L=2.89$m，取3.0m。

(5) 缺氧池计算

$$V_n=\frac{0.001Q(N_k-N_{te})-0.12\Delta X_V}{K_{de}X} \tag{4-156}$$

$$K_{de(T)}=K_{de(20)}1.08^{(T-20)} \tag{4-157}$$

$$\Delta X_V=Y\frac{Q(S_o-S_e)}{1000} \tag{4-158}$$

式中 V_n——缺氧池容积，m^3；

N_k——生物反应池进水总凯氏氮浓度，mg/L；

N_{te}——生物反应池出水总凯氏氮浓度，mg/L；

ΔX_V——排出生物反应池系统的微生物量，kgMLVSS/d；

K_{de}——脱氮速率，$kgNO_3^-$-N/(kgMLSS·d)，宜根据试验资料确定，当无试验资料时20℃的K_{de}值可采用0.03～0.06$kgNO_3^-$-N/(kgMLSS·d)，并按式(4-157)进行温度修正；

$K_{de(T)}$、$K_{de(20)}$——T℃和20℃时的脱氮速率；

T——设计温度，℃。

$$K_{de(12)}=0.035\times1.08^{(12-20)}=0.0189[kgNO_3^--N/(kgMLSS\cdot d)]$$

$$\Delta X_V=0.6\times\frac{500\times(250-6)}{1000}=73.2(kgMLVSS/d)$$

$$V_n=\frac{0.001Q(N_k-N_{te})-0.12\Delta X_V}{K_{de}X}=\frac{0.001\times500\times(50-1.5)-0.12\times73.2}{0.0189\times16}=80(m^3)$$

缺氧池有效水深同好氧池，取3.6m，缺氧池宽度同好氧池保持一致，取3.0m，则缺氧池长度$L=7.4$m，取7.5m。

缺氧池水力停留时间$HRT_{A2}=3.89$h。

(6) 生物池总水力停留时间

$$HRT=HRT_O+HRT_{A1}+HRT_{A2}=3.37+1.5+3.89=8.76(h)$$

(7) 曝气量计算

溶解氧由三部分组成，即有机物降解需氧量、氨氮硝化需氧量、硝态氮反硝化需氧量，其中反硝化需氧量为负值。

① 有机物降解需氧量

$$O_1=0.001aQ(S_o-S_e) \tag{4-159}$$

式中 O_1——污水需氧量，kgO_2/d；

a——碳的氧当量，当含碳物质以 BOD_5 计时，应取1.47；

Q——生物反应池旱季设计流量，m^3/d；

S_o——生物反应池进水五日生化需氧量浓度，mg/L；

S_e——生物反应池出水五日生化需氧量浓度，mg/L。

$$O_1=0.001\times1.47\times500\times(250-6)=179.34(kgO_2/d)$$

② 氨氮硝化需氧量

$$O_2=b[0.001Q(N_k-N_{ke})-0.12\Delta X_V] \tag{4-160}$$

式中 b——常数，氧化每千克氨氮所需氧量，kgO_2/kgN，应取 $4.57kgO_2/kgN$；

N_k——生物反应池进水总凯氏氮浓度，mg/L；

N_{ke}——生物反应池出水总凯氏氮浓度，mg/L；

ΔX_V——排出生物反应池系统的微生物量，kgMLVSS/d。

$$O_2=4.57\times[0.001\times500\times(50-1.5)-0.12\times73.2]=70.68(kgO_2/d)$$

③ 反硝化需氧量

$$O_3=c\Delta X_V+0.62b[0.001Q(N_t-N_{ke}-N_{oe})-0.12\Delta X_V] \tag{4-161}$$

式中 c——常数，细菌细胞的氧当量，应取1.42；

N_t——生物反应池进水总氮浓度，mg/L；

N_{oe}——生物反应池出水硝态氮浓度，mg/L；

$0.12\Delta X_V$——排出生物反应池系统的微生物含氮量，kg/d。

$$O_3=1.42\times73.2+0.62\times4.57\times[0.001\times500\times(50-1.5-10.5)-0.12\times73.2]$$
$$=132.89(kgO_2/d)$$

④ 生物池需氧量

$$O=O_1+O_2-O_3=179.34+70.68-132.89=117.13(kgO_2/d)=4.88(kgO_2/h)$$

⑤ 按生物反应需要计算曝气量

标准需氧量与设计需氧量之比为1.6，标准需氧量 $O_S=7.808kgO_2/h$。

$$G_S=\frac{O_S}{0.28E_A} \tag{4-162}$$

式中 G_S——标准状态下（0.1MPa、20℃）下供气量，m^3/h；

O_S——标准状态下生物反应池污水需氧量，kgO_2/h；

0.28——标准状态下每立方米空气中含氧量，kgO_2/m^3；

E_A——曝气器氧的利用率，取0.07。

则：
$$G_S=\frac{7.808}{0.28\times0.07}=399(m^3/h)$$

4.13 移动床生物膜反应器

4.13.1 MBBR工艺技术原理

移动床生物膜反应器（moving bed biofilm reactor，MBBR）是依靠在水流和气流作用下处于流化态的载体表面的生物膜对污染物吸附、氧化和分解，使污水得以净化的污水处理构筑物。

MBBR 工艺原理如图 4-58 所示。其核心就是向曝气池内投加悬浮填料，这些填料作为微生物的载体可以明显提升曝气池中有效生物的含量。因为悬浮填料密度与水的密度较为接近，在曝气过程中与水呈完全混合的状态，因此转变了微生物的生长环境，将其从最初的气体与液体两相生长状态转变为气体、液体及固体三相生长状态。悬浮填料在水中不断碰撞和剪切，促使气泡细化，氧气的利用效率提升作用明显。同时各种类型微生物附着在悬浮填料上，一些兼性细菌、厌氧细菌生长在填料内部，好氧细菌则主要生长在填料外部，所以悬浮填料作为微型反应器，同时具备硝化作用与反硝化作用，处理效率进一步提升。自 20 世纪 80 年代以来 MBBR 工艺已发展成为简单、稳健、灵活、紧凑的污水处理工艺，运行中的 MBBR 池与载体如图 4-59 所示。MBBR 工艺能够与 A/O、A^2/O 及其变形工艺、氧化沟等工艺进行组合，广泛应用于污水处理提标改造工程中，具有节约占地面积、可实现不停产改造、处理效果好等明显优势。

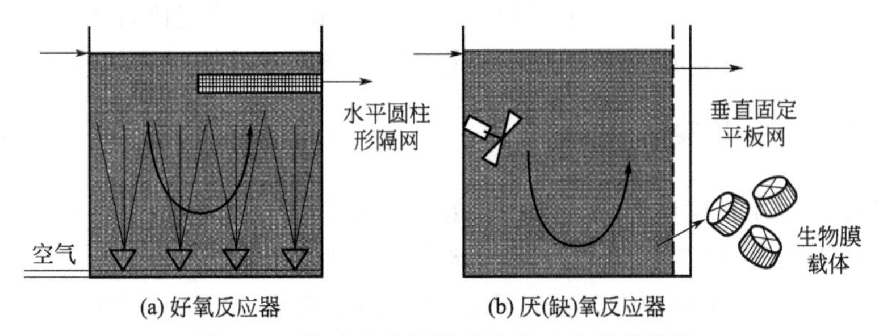

图 4-58　移动床生物膜反应器工艺原理示意

图 4-59　运行中的 MBBR 池与载体

4.13.2　工艺特点

相较于传统固定床生物膜以及活性污泥法等工艺，MBBR 的特点如下：

① 该种反应器体积相对较小，微生物种类复杂且数量较多，因此其反应器的耐冲击负荷能力相对较高；

② 通过对悬浮填料的应用，可以使污泥膨胀现象得到有效缓解，从而使其剩余污泥量进一步降低；

③ 其水头损失相对较小，不易被堵塞，无回流且无需反冲洗，具有运行、投资费用低

且操作简单等特点；

④ 悬浮填料具有较大的比表面积，可以使微生物生长空间进一步增加，使微生物的环境应变能力和抗毒性进一步提高，通常有厌氧和好氧两种微生物，可以使COD得到有效去除；

⑤ 在改造过程中具有维护和安装便捷的优点，可以实现不停产改造。

4.13.3 设计参数

① 移动床生物膜反应器应采用悬浮填料的表面负荷进行设计。表面负荷宜根据试验资料确定；当无试验资料时，在20℃的水温条件下，五日生化需氧量表面有机负荷宜为5～15gBOD_5/(m^2·d)，表面硝化负荷宜为0.5～2.0gNH_4^+-N/(m^2·d)。

② 悬浮填料应满足宜于流化、微生物附着性好、有效比面积大、耐腐蚀、抗机械磨损的要求。悬浮填料的填充率不应超过反应池容积的2/3。

③ 悬浮填料投加区域应设拦截筛网。

④ 移动床生物膜反应器池内水平流速不应大于35m/h，长宽比宜为（2∶1)～(4∶1)；当不满足此条件时应增设导流隔墙和弧形导流隔墙，强化悬浮填料的循环流动。

4.13.4 MBBR工艺计算实例

【例题4-23】 MBBR设计计算。某污水处理厂设计处理水量5.0×$10^4$$m^3$/d，原设计为$A^2$/O工艺，生物池容积37010$m^3$，其中厌氧区4140.0$m^3$，缺氧区12756$m^3$，好氧区20114$m^3$。生物池设计MLSS为4500mg/L，冬季污水温度10℃。生物反应池进水水质为：COD_{Cr}=560mg/L，BOD_5=260mg/L，TN=56mg/L，NH_4^+-N=48mg/L，TP=9.0mg/L，SS=463mg/L。

升级改造方案：厌氧池保持原样，不做改造；缺氧池和好氧池增加悬浮填料，改为MBBR工艺。升级改造后生物池设计出水水质：COD_{Cr}≤30mg/L，BOD_5≤6mg/L，TN≤12mg/L，NH_4^+-N≤1.5mg/L，TP≤0.3mg/L，SS≤10mg/L。

【解】

(1) 缺氧池设计

① 需要反硝化的硝态氮量

$$\Delta N_1 = 0.001Q(N_k - N_{ne}) - 0.12\Delta X_V \tag{4-163}$$

$$\Delta X_V = Y_t \frac{Q(S_o - S_e)}{1000} \tag{4-164}$$

式中 ΔN_1——需要反硝化的硝态氮量，kg/d；

N_k——生物反应池进水总凯氏氮浓度，mg/L；

N_{ne}——生物反应池出水总氮浓度，mg/L；

ΔX_V——排出生物反应池系统的微生物量，kgMLVSS/d；

S_o——生物反应池进水五日生化需氧量浓度，mg/L；

S_e——生物反应池出水五日生化需氧量浓度，mg/L；

Y_t——污泥产率系数，kgMLSS/kgBOD_5，现状污泥总产率系数Y_t取0.90kgMLSS/kgBOD_5。

$$\Delta X_V = 0.9 \times \frac{50000 \times (260-6)}{1000} = 11430(\text{kgMLVSS/d})$$

$$\Delta N_1 = 0.001 \times 50000 \times (56-12) - 0.12 \times 11430 = 828.4(\text{kg/d})$$

② 现状缺氧池悬浮活性污泥反硝化去除氮的量

$$\Delta N_2 = \frac{K_{de(12)} X V_N}{1000} \tag{4-165}$$

式中　$K_{de(12)}$——12℃时的脱氮速率，$kgNO_3^-$-N/(kgMLSS·d)，本工程脱氮速率 $K_{de(12)}=0.024kgNO_3^-$-N/(kgMLSS·d)；

X——生物反应池内混合液悬浮物固体平均浓度，mgMLSS/L；

V_N——现状缺氧池容积，m^3。

$$\Delta N_2 = \frac{0.024 \times 4500 \times 12756}{1000} = 1378(\text{kg/d})$$

③ 悬浮填料反硝化去除氮的量

$$\Delta N_3 = \Delta N_1 < \Delta N_2 \tag{4-166}$$

故本工程不需要对缺氧池改造。

(2) 好氧池设计

① 现状好氧池所能处理的污水量

$$Q' = \frac{1000 V_O X}{Y_t \theta_{co} (S_o - S_e)} \tag{4-167}$$

式中　Q'——现状好氧池所能处理的污水量，m^3/d；

V_O——现状好氧生物池容积，m^3；

θ_{co}——好氧池污泥龄，d，式中 θ_{co} 为 12d。

$$Q' = \frac{1000 \times 20114 \times 4.5}{0.9 \times 12 \times (260-6)} = 32995(m^3/d) \tag{4-168}$$

② 需要填料生物膜承担去除的氨氮的量计算

$$\Delta N_4 = 0.001(Q-Q')(N_k - N_{ne}) - 0.12 \times 0.001 Y_t (Q-Q')(S_o - S_e)$$

式中　ΔN_4——需要硝化的氨氮量，kg/d；

N_{ne}——生物反应池出水氨氮浓度，mg/L；

其余符号意义同前。

$$\Delta N_4 = 0.001 \times (50000-32995) \times (56-1.5) - 0.12 \times 0.001 \times 0.9 \times (50000-32995) \times (260-6) = 460(\text{kg/d})$$

③ 反硝化需要悬浮填料的量

10℃的悬浮填料表面硝化负荷取值 $q_2 = 0.5gNH_4^+$-N/(m^2·d)，则：

$$\text{有效生物膜面积为 } A_O = \frac{\Delta N_4}{q_2} = \frac{1000 \times 460}{0.5} = 9.2 \times 10^5 (m^2)$$

④ 消化需要悬浮填料的量

填料的折合有效比表面积为 $800m^2/m^3$，则：

$$\text{需要填料的体积 } V_n = \frac{A_O}{800} = \frac{9.2 \times 10^5}{800} = 1150(m^3)$$

⑤ 填料填充率

$$n_2 = \frac{V_n}{V_O} \times 100\% = \frac{1150}{20114} = 5.8\%$$

第5章 污水深度处理单元工艺设计计算

污水深度处理是指进一步去除二级处理出水（二沉池出水）中特定污染物的净化过程。污水深度处理作为二级处理的后续处理，其处理流程的选择取决于二级处理系统的出水水质和深度处理出水的用途。国内外大量工程实践表明：一般在长泥龄、较完善的生化系统后，采用常规的深度处理流程就能达到较好的处理效果；而在高负荷、短泥龄的生化处理流程后进行深度处理，则往往需要采用较复杂的处理流程才能达到较满意的处理效果。其主要原因是生化处理越完善，二级处理系统出水中的有机污染物质含量就越低。而高负荷的生化处理系统尾水中往往含有大量的溶解性有机物质，这类污染物质采用常规的深度处理手段是难以去除的。

深度处理的对象与目标主要包括：a. 去除水中残存的悬浮物（包括活性污泥颗粒），脱色、除臭，使水进一步得到澄清；b. 进一步降低水中的 BOD_5、COD、TP 等含量，使水进一步稳定；c. 进行脱氮、除磷，消除能够导致水体富营养化的因素。

因此在进行污水深度处理工艺选择时，应根据出水水质标准来统筹考虑二级处理系统与深度处理系统的相互关系。

污水深度处理典型工艺流程如图 5-1 所示。

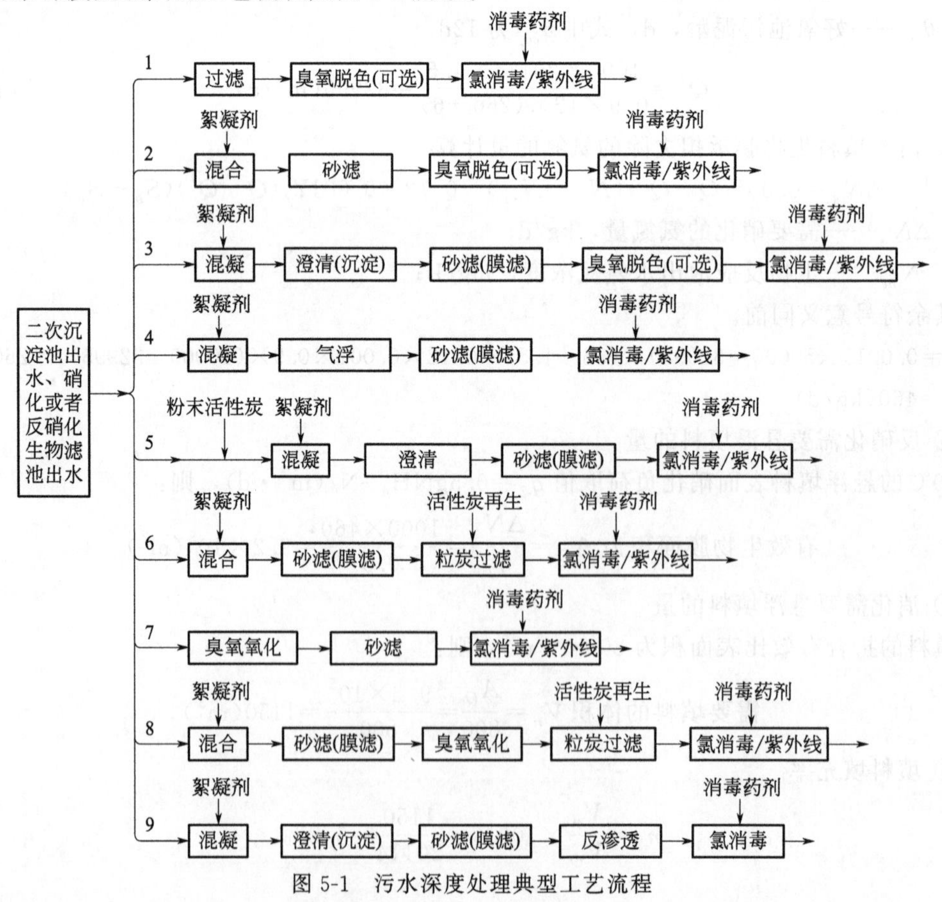

图 5-1 污水深度处理典型工艺流程

污水深度处理工艺一般有混凝沉淀法、粒状材料过滤法、活性炭吸附法、膜处理法和离子交换法等。本章仅对目前实践应用较为广泛且技术成熟的部分工艺进行描述并列举案例，如高效沉淀池、反硝化深床滤池及气水反冲洗滤池等。

5.1　高效沉淀池

5.1.1　构造与工作原理

高效沉淀池是混凝沉淀工艺的总结与发展，该工艺将澄清技术与污泥浓缩技术结合起来，能够进一步去除二级出水中的 SS、TP 以及部分 COD 等污染物。高效沉淀池分为反应区、沉淀区、出水区三个区域。在反应区，搅拌机以达到 10 倍进水的内循环率进行搅拌，使水中原有的悬浮物重新形成大的易于沉降的絮凝体。在沉淀区，易于沉淀的絮凝体快速沉降，而微小絮体被斜管捕获，最终高质量的出水通过池顶集水槽收集排出。

高效沉淀池工艺原理如图 5-2 所示。

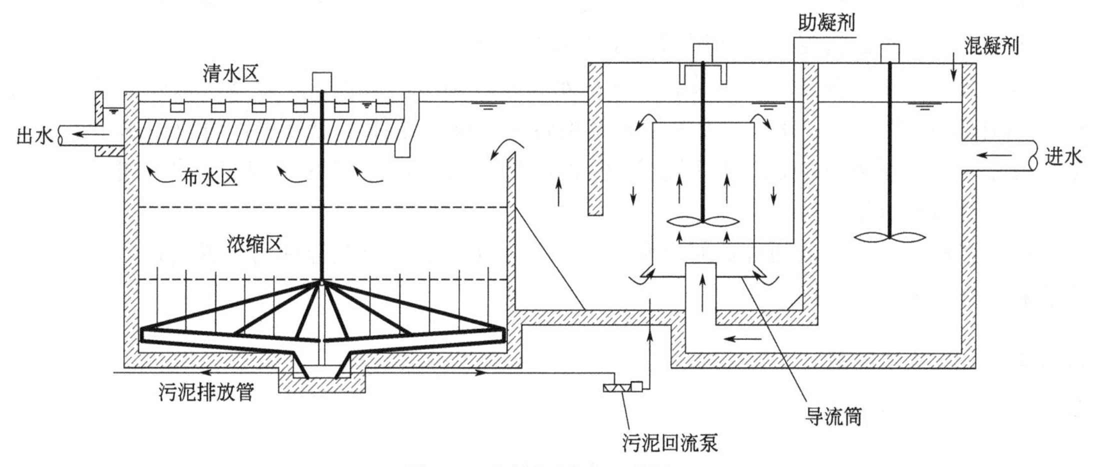

图 5-2　高效沉淀池工艺原理

污水首先进入快速混合池，与投加的混凝剂进行快速混合，混凝剂可采用铝盐或铁盐。混合之后，污水流入絮凝反应池，投加高分子絮凝剂，通常采用聚丙烯酰胺，并与沉淀池回流的污泥进行慢速搅拌，完成絮凝反应，循环固体加速絮凝过程并促进密实、均匀的絮体颗粒形成。随后水流经推流区从絮凝池进入污泥浓缩区，清水通过斜管/斜板流入池顶集水槽；大部分悬浮固体在泥水分离区直接分离，剩余的絮凝颗粒在斜板/斜管中被拦截沉淀。底部设带栅条浓缩刮泥机，浓缩后污泥一部分回流到快速混合池出水端，其余污泥排放。

为了控制斜板/斜管上生物附着而产生的堵塞，可考虑设置冲洗系统进行周期性冲刷或人工定期冲洗。

与传统沉淀池相比，高效沉淀池有以下特点。

① 设有污泥回流，回流量占处理水量的 2%～10%，具有接触絮凝作用。

② 在絮凝区和回流污泥中使用助凝剂及有机高分子絮凝剂作为促凝药剂，可提高整体凝聚效果，加快泥水分离。

③ 沉淀区设置斜管，提高表面水力负荷，可进一步分离出水中细小杂质颗粒。

④ 可以通过监控关键部位的工况，实现整个系统的自动化调控。如通过调整絮凝搅拌机速度、投加药量、回流污泥量以及弃置污泥量等手段实现不同工况下的最佳效果。

⑤ 快速混合池与絮凝池均采用机械方式搅拌，便于对应不同运行工况下调控。

⑥ 池内设置栅条式浓缩刮泥机，可有效提高排泥浓度，沉淀、浓缩在一池内完成，排泥活性好、浓度高，可直接进入污泥脱水设备。

决定高效沉淀池工艺是否成功的关键部位和技术是池体结构的设计，加药量和泥渣回流量控制，搅拌提升机械设备工况调节，泥渣排放的时机和持续时间等。

布水配水要均匀、平稳。在池内应合理设置配水设施和挡板，使各部分布水均匀，水流平稳有序。特别是絮凝区与沉淀区之间的过渡衔接段设计，在构造上要设法保持水流以缓慢平稳的层流状态过渡，以使絮凝后的水流均匀稳定地进入沉淀区。

沉淀池斜管区下部的池容空间为布水预沉和泥渣浓缩区，即沉淀分两个阶段进行：首先是在斜管下部巨大容积内进行的深层拥挤沉淀（大部分泥渣絮体在此得以下沉去除），而后为斜管中的“浅池”沉淀（去除剩余的絮体绒粒）。其中，拥挤沉淀区的分离过程应是沉淀池几何尺寸计算的基础。

沉淀区下部池体应按泥渣浓缩池合理设计，以提高泥渣的浓缩效果。浓缩区可以分为两层：上层用于提供汇流泥渣；下层用于泥渣浓缩外排。

絮凝搅拌机械设备工况的调节，是池内水力条件调节的关键。该设备一般按设计水量的8～10倍配置提升能力，并采用变频装置调整转速以改变池体水力条件，适应原水水质和水量的变化。泥渣循环泵的流量按照设计水量的10%配置，采用变频调速电机，根据水量、水质条件调节回流量。

严格调控浓缩区泥渣的排放时机和持续时间，使泥渣面处在合理的位置上，以保证出水浊度和泥渣浓缩效果。

5.1.2 工艺设计参数

高效沉淀池设计参数见表5-1。

表5-1 高效沉淀池设计参数

参数		典型值	范围
快速混合池	水力停留时间/min	2.0～3.5	1.5～5
	单位消耗功率/(W/m^3)	120～170	100～300
	速度梯度 G/s^{-1}		300～500
絮凝池	水力停留时间/min	7～10	6～12
	单位消耗功率/(W/m^3)	30～55	25～70
	GT值		$(18\sim36)\times10^4$
	涡轮提升量/原污水量	8～12	7～15
	导流筒筒内流速/(m/s)	0.4～1.2	
	导流筒筒外流速/(m/s)	0.1～0.3	
	出水区(上升区)流速/(m/s)	0.01～0.1	
	出水区水力停留时间/min	2.0～4.0	1.5～5.0
	污泥回流量	2%～5%原污水流量	2%～10%原污水流量

续表

参数		典型值	范围
沉淀浓缩池	斜管表面负荷/[$m^3/(m^2 \cdot h)$]		12～25
	斜管直径/mm	60～80	50～100
	斜管倾角/(°)	60	
	斜管斜长/mm		600～1500
	清水区高度/m		0.5～1.0
	污泥浓缩时间/h		5～10
	储泥区高/m		0.65～1.05

5.1.3　设计计算案例

【例题 5-1】 某省会城市新建污水处理厂设计规模 $1.0\times10^5 m^3/d$，总变化系数 $K_Z=1.5$，试根据以上情况对高效沉淀池进行设计。

【解】

(1) 设计流量

设计采用 2 个系列高效沉淀池，每个系列设计规模 $5.0\times10^4 t/d$，峰值流量 $0.868m^3/s$。后续设计均对应单个系列进行计算。

(2) 配水区

设计采用非淹没式矩形堰对 2 个系列进水进行分配，堰上水头 $H=0.3m$，堰高 2.0m，查《给水排水设计手册》(第一册) 表 16-4，流量系数 $m=0.418$，代入式(5-1)：

$$Q(m^3/s)=mb\sqrt{2g}H^{\frac{3}{2}} \tag{5-1}$$

式中　b——堰宽，m；

H——堰上水头，m；

g——重力加速度，为 $9.81m/s^2$。

得出：$b=2.9m$。

(3) 混合池

进水在混凝池内通过机械搅拌与混凝剂充分反应。根据《给水排水设计手册》(第五册) 8.3.2 部分相关内容，设计混合时间采用 2.0min，由混合时间确定混合池水深为 6.9m，长和宽均为 3.9m，混合池有效容积为 $105.0m^3$。

查《给水排水设计手册》(第五册) 8.3.2 部分相关内容，投药混合设施中平均速度梯度宜采用 $300s^{-1}$，代入式(5-2)：

$$G(s^{-1})=\sqrt{\frac{1000N_Q}{\mu Qt}} \tag{5-2}$$

式中　N_Q——混合功率，kW；

Q——混合搅拌池流量，m^3/s；

t——混合时间，s；

μ——水的黏度，Pa·s。

得出：$N_Q=14.3kW$。

（4）絮凝池

经混凝后的进水在絮凝反应区内与絮凝剂混合。絮凝区内装有导流筒将絮凝反应分为两部分，每部分的絮凝能量有所差别。导流筒内部絮凝速度快，由一个轴流叶轮进行搅拌。导流筒外壁和池壁间的推流状况导致慢速絮凝，保证了矾花的增大和密实。

根据《给水排水设计手册》（第五册）8.3.2部分相关内容，设计絮凝时间采用10.0min，由絮凝时间确定设计絮凝池水深为6.9m，长和宽均为8.7m，混合池有效容积为522.3m^3。

（5）沉淀出水池

1）沉淀浓缩区　进入面积较大沉淀区时矾花的移动速度放缓。这样可以避免造成矾花的破裂及避免涡流的形成，也使绝大部分的悬浮固体在该区沉淀并浓缩。

浓缩区可分为两层：一层在锥形循环筒上面；另一层在锥形循环筒下面。部分浓缩污泥在浓缩池抽出并泵送回反应池入口，其余浓缩污泥作为剩余污泥排至污泥处理系统。

2）斜管澄清区　经泥水分离，污水流经斜管澄清区除去剩余矾花。出水经收集槽系统收集，经渠道流至后续处理单元。

① 沉淀浓缩区表面水力负荷采用13$m^3/(m^2 \cdot h)$，确定沉淀池平面尺寸$L \times B =$ 15m×15m。

② 斜管区面积为114m^2，经计算其上升流速采用27.5$m^3/(m^2 \cdot h)$。

③ 采用小梯形出水堰集水槽，单个堰壁高度$P=0.1$m，堰槛宽$B=0.05$m，出水区布置集水槽12个，单个集水槽设梯形堰80个，总梯形堰个数$n=960$个，单个小梯形堰流量$q=3.3m^3/h$，流量系数$m=1.86$，代入式(5-3)：

$$q=1.86Bh^{\frac{3}{2}} \tag{5-3}$$

得出过堰水深$h=0.046$m。

单个集水槽水量$q'=0.072m^3/s$。

④ 出水渠宽$b=1.2$m，水深0.65m，流速1.1m/s。

（6）污泥泵

污泥回流比约4%，结合污泥回流管道布置，确定污泥泵流量$Q=110m^3/h$，扬程$H=20$m。

（7）加药

① 化学品投加设施包括混凝剂和絮凝剂的投加装置、液态药剂贮存设施、固态药剂溶解设施及所需的投加装置系统。混凝剂总贮存量一般按5d考虑，絮凝剂干粉总贮存量一般按30d考虑。

② 混凝剂选择PAC，湿式投加，可采用10%的PAC溶液，投加量一般为7～10mg/L。

③ 絮凝剂选择PAM。粉末PAM聚合物将用于絮凝剂的配制和投加。粉末聚合物存放在一个料斗内，一个螺旋进料器从这个料斗内将其加入配制室与水混合。聚合物从该配制室流入饱和室，然后进入投加室进行适当的配制和投加。通过计量泵投加，经在线稀释10倍后投加到各加药点，稀释用水为厂区服务水。投加量一般为0.3～0.6mg/L。

5.1.4　加介质高效沉淀池

近年来，出现了一些加介质的高效沉淀池，如加砂高效沉淀池和加磁粉高效沉淀池等。加介质高效沉淀池具有沉淀速度更快、处理效果更好、更耐冲击负荷和占地面积更小等优点，但同时也有工艺较复杂、运行费用高等缺点。

加介质高效沉淀池是在混合池内投加混凝剂，在絮凝池内投加絮凝剂和介质微粒，以形成有利于絮凝的絮凝接触面积，提高矾花絮体的密度、粒度和浓度，加速水中杂质与水的分离速度，达到高效沉淀分离的目的（工艺原理见图5-3）。加介质高效沉淀池中水流的上升流速一般为40～100m/h，效率为常规沉淀池的10倍。

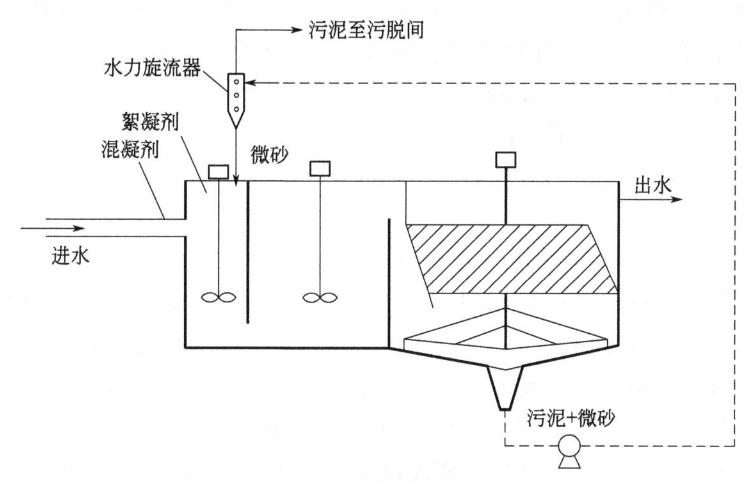

图5-3　加介质高效沉淀池工艺原理

加介质高效沉淀池中，需要设置介质投加装置和介质分离回收装置。补充介质投加方式通常采用干式重力投加。

【例题5-2】　西北地区某污水处理厂设计规模$1.7\times10^5m^3/d$，总变化系数1.5，深度处理采用了加砂高效沉淀池，其设计情况如下。

（1）混凝池

① 数量2座，单座工艺尺寸$L\times W\times H=4.2m\times4.2m\times8.6m$，有效水深7.33m。混凝池入口处设斜45°导流墙以确保水力条件及混凝效果。每座混凝池内设置桨叶式快速搅拌器1台，桨叶直径$D=2.10m$，材质为不锈钢304L，配用电机功率$P=5.5kW$。池顶设$L\times W=0.3m\times0.3m$回流污泥进泥孔，同时PAC混凝药剂亦通过此处投加。

② 混合时间：86s。

③ 速度梯度G：$150s^{-1}$。

（2）絮凝池

① 数量2座，单座工艺尺寸$L\times B\times H=7.00m\times7.00m\times8.60m$，有效水深7.30m。絮凝池内均设置桨叶式慢速搅拌器1台，桨叶直径3.0m，三片桨叶，材质为不锈钢304L，配用电机功率$P=15kW$（变频）。絮凝池中心设整流器、导流筒及导流板。池内设置导流墙和压力平衡孔，以增强絮凝效果。絮凝池顶设$L\times W=0.30m\times0.30m$微砂投加孔和$L\times W=2.00m\times0.60m$的微砂回流孔，PAM絮凝剂（自厂区附属设施用房内的加药间）亦通过微砂回流孔投加。絮凝反应后污水经过水堰进入沉淀池，堰前设置出水堰导流板，以确保出水流态。

② 反应时间：3.9min。

③ GT值：3.5×10^4。

（3）沉淀池

① 数量2座，单座工艺尺寸$L\times W\times H=14.00m\times14.00m\times8.60m$，有效水深7.07m。沉淀池分为污泥浓缩区和斜板分离区。絮凝池出水首先进入污泥浓缩区，大部分污

泥沉降至集泥斗后排出，污水和少量悬浮污泥上升，经斜板后实现泥水分离，分离后上清液经集水槽和集水渠后进入中间渠道，并由“T”形中间渠道输送至后续处理单元。

每座沉淀池内设置刮泥机一台，刮板直径 $D=13.80$m，水下部分材质为不锈钢 304L，配用电机功率 $P=5.5$kW（变频）。污泥浓缩区上部为斜板分离区，单池设置斜板组件 145m^2，斜板为 PVC 材质，长 1.04m，板间隙 40mm，安装倾角 60°，支撑高度 80mm。斜板下部设有冲洗管道，上部设有集水槽，单池设置 12 个 $L\times W\times H=6.10\text{m}\times 0.40\text{m}\times 0.40\text{m}$ 集水槽，集水槽材质为不锈钢 304。

② 表面负荷：38.0m^3/(m^2·h)。

③ 停留时间：14.4min。

（4）污泥泵房

① 数量 1 座，工艺尺寸 $L\times W\times H=28.60\text{m}\times 5.90\text{m}\times 9.30\text{m}$。泵房内设污泥泵 6 台（4 用 2 备），单泵流量 $Q=130\text{m}^3/\text{h}$，扬程 $H=18.5$m，电机功率 $P=18.5$kW。

正常运行时，沉淀池排出的污泥（含微砂）经污泥泵提升进入水力旋流器，经泥砂分离后，微砂返回至絮凝池前端，污泥排至厂区贮泥池（亦可通过污泥回流管道实现部分污泥回流至混凝池）。设水力旋流器共 6 台，设计在絮凝池上部。

根据进出水水质实际情况，加砂高密度沉淀池也可按不加砂运行，此时通过切换阀门，部分污泥回流，部分污泥排出。

② 回流污泥率：6%（其中 20%为微砂，回流进入絮凝池，80%为污泥，排至厂区）。

③ 排泥浓度：99.9%。

（5）药剂投加

① 微砂维持浓度 8g/L，补砂量 1～3mg/L；

② PAC 投加量 47mg/L（对应 10%PAC 溶液）；

③ PAM 投加量 1.0mg/L。

5.2 气水反冲洗滤池

5.2.1 工艺原理及特点

（1）工艺原理

V 形滤池为法国得利满公司（DEGREMONT）设计的一种气、水反冲洗重力式快滤池，鉴于良好的过滤效果和成熟的运行经验，其越来越多地应用于污水深度处理中。其主要工作过程如下。

1）进、配水　原水经澄清处理后进入总进水渠道，通过闸门控制向配水槽配水，再通过溢流堰向进水槽均匀进水，最后经 V 形槽进口进入滤池。该过程进水闸门全程开启。

2）过滤　原水自上而下依次通过滤料、承托层，经滤头缝隙流入滤板下部空间，进入滤后水收集槽，通过出水控制阀门及管（渠）输送至清水池。该过程反冲洗水管，反冲洗气管，初滤水管阀门关闭，出水管阀门开启。

3）反冲洗　反冲洗采用气冲→气水同时反冲→水冲三个步骤，具体如下：

① 单独气冲。首先启动鼓风机，反冲洗进气阀开启，压缩空气通过滤头向上以气泡形式均匀地通过滤床，将滤料表面杂质擦洗下来并使其悬浮于水中。此时，V 形槽少量进水

通过底部扫洗孔产生均匀的横向水流，形成表面扫洗，将杂质推向排水槽。

② 气水同时反冲洗。启动反冲洗水泵，反冲洗水阀开启，大量清水（一般采用滤后水）对滤床进行气水同时反冲洗，使滤料得到进一步冲洗。此时，表面扫洗过程继续进行。

③ 单独水冲。关闭反冲洗进气管阀门，单独水冲，辅以表面扫洗将杂质全部冲入反冲洗排水槽。

4）初滤水排放　反冲洗结束后即进入上述 1）、2）过滤过程，最初几分钟过滤的水仍有一些杂质，该阶段的滤后水通过初滤水管阀门开启排放，此时反冲洗进水、气及出水阀门均关闭。值得注意的是，初滤水排放设施设置与否需根据过滤后出水水质要求确定。

（2）工艺特点

① 使用单一较均匀石英砂滤料，可在气洗并配合较低强度水洗的同时保持其稳定，而不使滤床膨胀及导致水力分层现象。反冲洗时滤池表面保持一定的水头，砂层不易因微膨胀而流失。

② 滤层具有孔隙大、截污能力强、过滤周期长、滤速高、水头损失小及反冲洗耗水率低等优点，实现了深层截污，其处理效果相当于双层或三层滤料滤池。

③ 反冲洗时采用气水同时反冲洗，利用压缩空气冲刷砂层，使所需反冲水量大为减少，因此所有反洗设备，如阀门、水泵和管道等的设计能力均可大为减少。

④ 采用气水反冲洗同时滤池入口允许部分原水进入滤池进行表面横向扫洗，除能加强冲洗效果外，又能减轻对其他滤池超负荷的影响。

⑤ 滤板下部设有较大空间，在过滤和反冲洗过程中，它可确保滤板下任何点压力相近，减少了复杂的配水系统的水头损失，使布水、布气均匀，同时消除了局部阻塞现象。

⑥ 在过滤周期内，利用滤池出水管上配有的气动调节蝶阀，通过控制过滤水头损失来保证过滤水位恒定、过滤水量恒定及过滤速度恒定。由于滤池工作周期内的水头损失控制值小于滤池内水位高度，可以避免砂层内产生负压，避免发生气阻现象，从而可保证滤池过滤效果。

⑦ 滤池运行有计算机系统自动控制、中央控制室遥控和现场手动控制三种方式。进水、冲洗排水用气动启闭闸阀，冲洗水、空气及滤后水均用气动蝶阀。

5.2.2　设计参数及要点

V 形滤池的主要工艺设计参数及设计要点如下。

（1）主要运行控制参数

① 滤速 7～20m/h，一般为 12.5～15m/h。

② 过滤周期一般为 24～48h。

③ 反冲洗控制参数。反冲洗过程一般持续 10～15min，气水反冲洗强度及冲洗时间，如表 5-2 所列。

表 5-2　气水反冲洗强度及冲洗时间

程序	冲洗强度/[L/(m^2·s)]	冲洗时间/min
单独气冲	15～20	2～3
气冲加水冲	气冲 13～17；水冲 2.5～3.0	4～5
单独水冲	4～6	2～3
表冲	1.4～2.3	全程

（2）滤料、承托层

① 滤层厚度一般为0.95～1.5m。

② 滤料有效粒径d_{10}=0.95～1.35mm，不均匀系数K_{80}=1.2～1.6，K_{40}≤1.4为宜。

（3）进水、布水系统

① 进水槽底面不应低于V形槽槽底，以减少泥砂沉积。

② 斜面与池壁的倾斜度宜采用45°～50°，过滤水位应高于V形槽顶，使之处于淹没状态；槽内始端流速不大于0.6m/s。槽底部扫洗孔过孔流速2.0m/s左右，孔中心一般低于用水单独冲洗时滤池水面50～150mm。冲洗时槽内水位低于槽顶50～100mm。

（4）配水、配气系统

① 滤头缝隙面积与滤池面积比0.9%～1.6%，每平方米滤板上的滤头数量36～60个。

② 同时反冲洗通过长柄滤头的损失较单独水反冲洗时的损失大，两者之间的水头损失差值可根据生产厂家的实测数据确定，无实测数据时，可按式(5-4)计算：

$$\Delta h=n(0.01-0.01v_1+0.12v_1^2) \tag{5-4}$$

式中　Δh——长柄滤头在气水反冲洗时较单独水冲时多出的水头损失，m；

　　n——气水比；

　　v_1——滤杆中水的流速，m/s。

③ 中央配气、配水渠起点空气流速不大于5m/s，水流速不大于1.5m/s。中央配气、配水渠向滤板下气层配气管流速取10～15m/s，向滤板下配水孔流速取1～1.5m/s。配气孔宜与滤板底平，布置应避开滤梁；配水孔洞底与池底平，洞顶淹没水深不低于250mm。

④ 滤梁顶部应设置气压平衡孔，布置在每块滤板之间，孔高20～50mm。

⑤ 滤池池底以上、滤板以下空间称为气水室，当采用气冲（或气水同时反冲洗）时，较轻的空气从滤杆上部的进气孔进入，水从滤杆下部的进水孔进入，此时气水室上部会形成稳定的空气层。气垫层厚度一般为100～200mm。滤杆插入水中的深度为60～80mm。

（5）反冲洗排水系统

① 排水槽顶面宜高出滤料层表面500mm。排水槽底部以≥2%的坡度坡向排水口。底板最高处应高出滤板0.4～0.5m，最低处高出约0.1m；槽内最高水位宜低于排水槽顶面50～100mm。

② 排水槽堰上水深可按下式计算。

$$h_1=\left[\frac{(q_1+q_3)B}{0.42\sqrt{2g}}\right]^{\frac{2}{3}} \tag{5-5}$$

式中　h_1——排水槽堰上水深，m；

　　q_1——表面扫洗水强度，$m^3/(s\cdot m^2)$；

　　q_3——水冲洗强度，$m^3/(s\cdot m^2)$；

　　B——单边滤床宽度，m；

　　g——重力加速度，9.81m/s^2。

（6）反冲洗水泵扬程与鼓风机风压的计算

① 反冲洗水泵的扬程采用下式计算。

$$H_p=H_0+h_1+h_2+h_3+h_4+h_5 \tag{5-6}$$

式中　H_p——水泵扬程，m；

H_0——滤池反冲洗排水槽排水位置水泵吸水池水面的高度，m；

h_1——水泵吸水管口至滤池输水管道的水头损失，m；

h_2——滤池配水系统的总水头损失，m；

h_3——承托层的水头损失，m；

h_4——滤料层的水头损失，m；

h_5——富余水头，m。

② 反冲洗鼓风机出口静压采用下式计算。

$$H_A = h_1 + h_2 + h_3 + h_4 + h_5 \tag{5-7}$$

式中　H_A——鼓风机出口静压，m；

h_1——输气管路的压力损失，m；

h_2——滤池配气系统的压力损失，m；

h_3——滤板下反冲洗水层的水压，m；

h_4——鼓风机出流至输气管路起端压力损失，m；

h_5——富余压力，m。

V 形滤池主要部位构造如图 5-4 所示。

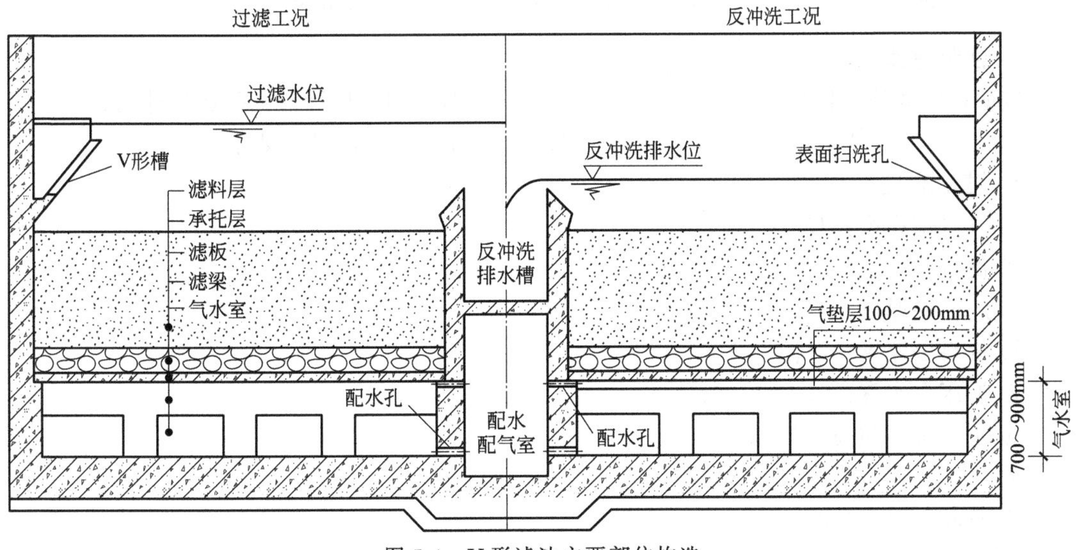

图 5-4　V 形滤池主要部位构造

5.2.3　设计计算案例

【例题 5-3】 某污水处理厂设计处理规模 150000m³/d，出水执行《城镇污水处理厂污染物排放标准》中的一级 A 标准，为满足当地提标后的排放标准，深度处理拟采用“高效沉淀池＋V 形滤池＋臭氧接触氧化”工艺。试对 V 形滤池进行工艺计算。

【解】

(1) 基础资料

V 形滤池座数 $n=2$ 座；

综合污水量变化系数 $K_Z=1.5$；

单座滤池设计进水水量 $Q_1=\frac{QK_Z}{n}=150000\times1.5/2=112500$ （m^3/d）；

设计反冲洗周期 $T=24h$；

滤速 $v=8m/h$；

滤池冲洗时间 $t=11min=0.183h$。

（2）设计计算

1）滤池面积与尺寸

① 滤池的实际工作时间 $T'=24-0.18=23.82$ （h）。

② 滤池过滤面积 $F=\frac{Q_1}{vT'}=590.37$ （m^2）。

③ 每个过滤单元面积 f。全厂设 2 座滤池，采用双格滤池形式，每系列设 4 个过滤单元，每个过滤单元 2 个滤床，共 16 个滤床。

$$f=F/16=590.37/16=36.90(m^2)$$

④ 采用过滤单元尺寸 L(长)$\times W$(宽)$=2\times11\times3.5=77(m^2)$。

⑤ 滤池实际面积 $F'=38.5\times16=616$ （m^2）。

⑥ 实际滤速 $v'=\frac{Q_1}{F'T'}=112500/(616\times23.82/24)=7.67m/h$。

⑦ 强制滤速 $V_{强}$

按照每座滤池 1 格反冲洗、1 格检修，即全厂同时停用 2 格计，则强制滤速为：

$$V_{强}=(V'\times8)/(8-2)=10.22m/h<12m/h，满足要求$$

2）滤池高度

① 气水室高度：$H_1=0.9m$。

② 滤板厚度：$H_2=0.1m$。

③ 粗砂层厚度：$H_3=0.05m$。

④ 滤料层厚度：$H_4=1.20m$。

⑤ 滤床上水深：$H_5=1.20m$。

⑥ 进水总渠超高：$H_6=0.35m$。

⑦ 进水系统水头损失（含过堰跌差）：$H_7=0.4m$。

⑧ 总高：$H=4.20m$。

（3）进水系统

滤池进水系统平面布置如图 5-5 所示。

1）进水总渠

进水渠道起始端流量 Q_2。每个进水总渠给 4 个过滤单元配水，则 $Q_2=112500/4=28125(m^3/d)=0.326(m^3/s)$。

进水渠起始端流速 $v=0.4m/s$，则渠道断面面积 $A=Q_2/v=0.326/0.4=0.815m^2$。

进水总渠断面尺寸 $A'=W\times H=0.8m\times1.0m=0.8m^2$。

实际流速 $v'=Q_2/A'=0.326/0.8=0.41m/s$。

水力半径 $R=0.8\times1.0/(0.8+2\times1.0)=0.286(m)$。

进水总渠沿渠长方向依次进入 4 个过滤单元，流量逐步减少，故分段计算渠道沿程损失。各段沿程损失计算如表 5-3 所列。

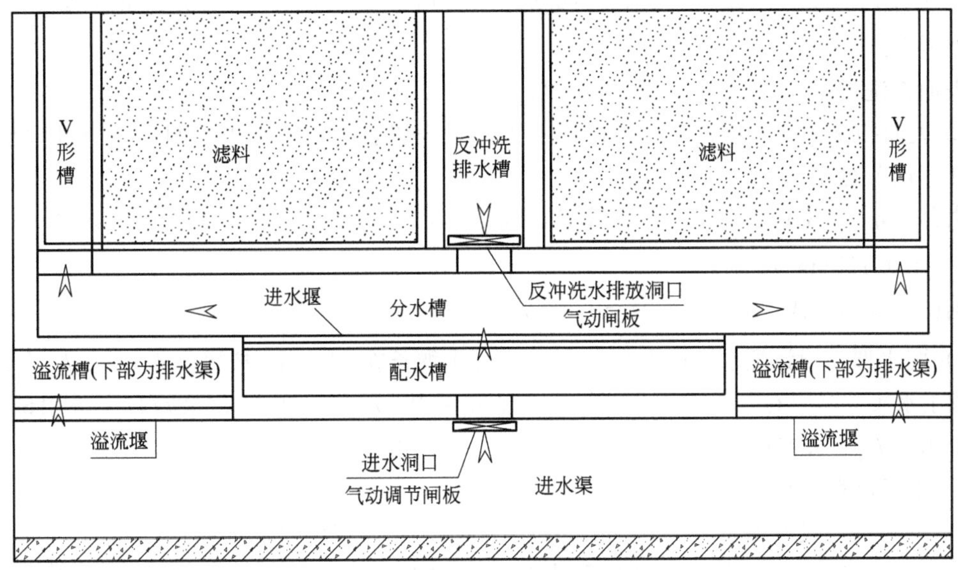

图 5-5　滤池进水系统平面布置图

表 5-3　各段沿程损失计算

渠道分段	L /m	q /(m^3/s)	i /%	h /m
渠道起始端～第 1 个进水单元	1.75	0.326	0.0149	0.0003
第 1 个进水单元～第 2 个进水单元	8.3	0.250	0.0088	0.0007
第 2 个进水单元～第 3 个进水单元	8.3	0.163	0.0037	0.0003
第 3 个进水单元～第 4 个进水单元	8.3	0.082	0.0009	0.0001

注：L 为进水总渠内渠道起始端至第 1 个进水单元以及两个过滤单元进口之间的渠道长度；q 为进水总渠内起始端至第 1 个进水单元以及各过滤单元进水口之前的渠道流量；i 为进水总渠内起始端至第 1 个进水单元以及两个过滤单元之间计算的水力坡降；h 为进水总渠内起始端至第 1 个进水单元以及两个过滤单元之间计算的水头损失。

其中各段沿程损失 $h=iL$，$i=nv/R^{2/3}$，渠道内粗糙系数 n 取 0.013。

经计算，总进水渠道水头损失 $h_1=0.002$m，可以忽略。

2）进水闸孔　每个过滤单元（2 个滤床）设置一个进水孔，采用调节闸板，过滤时闸板全开；冲洗时调节中间闸板开度，进水用于表面扫洗，强度按 1.5L/(m^2·s) 计。

① 过水孔计算。初步设定过孔水头损失 $h=0.1$m。

闸孔均匀进水量按照强制过滤时的流量计算，即由 3 个过滤单元承担正常过滤时 4 个过滤单元的待滤水，强制过滤时 1 个过滤单元的水量：

$$q_{强}=q/(4-1)=0.326/3=0.109(m^3/s)$$

过孔流量按照公式 $q_{强}=KA\times(2gh)^{0.5}$ 计算，其中 $K=0.62$。

闸孔面积 $A=q_{强}/[K\times(2gh)^{0.5}]=0.109/[0.62\times(2\times9.81\times0.1)^{0.5}]=0.126(m^2)$。

取进水闸孔宽 $W=0.5$m，则进水孔高 $H=A/W=0.25$(m)，取孔高=0.4m，则实际闸孔面积 $A'=0.2m^2$。

则实际强制过滤时过孔流速 $v'=q_{强}/A'=0.109/0.2=0.545$(m/s)。

强制过滤时过孔水头损失按照公式 $q_{强}=KA'\times(2gh)^{0.5}$ 反算。

$h'=(q_{强}/KA')^2/(2g)=[0.109/(0.62\times0.2)]^2/(2\times9.81)=0.0394(m)$，取过水孔洞水头损失 $h_2=0.05m$。

表面扫洗流量 $q_{扫}=1.5\times74/1000=0.111(m^3/s)$。

② 表面扫洗闸孔开度计算。本设计不再另行设置表面扫洗水进水洞口，通过调整进水闸门开度调节进水。

由公式 $q_{扫}=KA_1'\times(2gh)^{0.5}$ 反算 $A_1'=q_{扫}/[K\times(2gh)^{0.5}]=0.111/[0.62\times(2\times9.81\times0.1)^{0.5}]=0.127(m^2)$。

闸门开度 $A_1'/A'=0.127/0.2=0.635$，取 0.65。

3）配水堰　设计配水槽宽取 $W=0.5m$，配水堰长 $b=4.5m$，按照公式 $Q=mb\sqrt{2g}H^{3/2}$ 计算堰上水头。其中 $Q=q_{强}=0.109m^3/s$，流量系数 $m=0.405+0.0027/H$。采用试算法，得堰上水头 $h_3=0.05m$。

4）堰后跌落　取 $h_4=0.1m$。

5）分水槽　设计槽宽 $W=0.4m$，槽长 $L=8.4m$，有效水深 $h=1.2-0.002-0.05-0.05-0.1=0.998(m)$，则分水槽沿程水头损失按 $h=i\times L$ 计算，其中 $i=nv/R^{2/3}$，渠道内粗糙系数 n 取 0.013，计算得 $h_5=0.0015m$。

以上计算结果相加得滤池进水系统水头损失：

$$h=h_1+h_2+h_3+h_4+h_5=0.002+0.05+0.05+0.1+0.0015=0.204(m)$$

6）排水槽　排水集水槽顶高出滤料顶面 0.5m，气水分配渠起端高度 1.5m。

单床反冲洗设计排水流量 q 为表面扫洗流量与单独水冲流量之和，即 $(1.5+5)L/(m^2\cdot s)\times38.5m^2=250.25L/s=0.25m^3/s$；单滤床长度 $L=11m$，按照公式 $h=\left[\frac{(q_{扫}+q_{水})B}{0.42\sqrt{2g}}\right]^{2/3}$ 计算得排水槽堰上水头 $h=0.053m$。

排水槽宽度取 0.5m，起端水深 h 取 0.6m。起始端过水断面 $A-0.5m\times0.6m=0.3m^2$，湿周 $\chi=2\times0.5+0.6=1.6(m)$，水力半径 $R=A/\chi=0.188(m)$，渠底坡 i 取 0.008，过水流量 $q=Av$。

渠内流速按公式 $v=\frac{R^{2/3}i^{1/2}}{n}$ 计算，计算得 $v=2.26m/s$，过水能力 $q=Av=0.68m^3/s>2\times0.25m^3/s=0.50m^3/s$，满足反冲洗水排水流量要求。

7）V 形槽

① V 形槽尺寸。表面扫洗单个 V 形槽配水流量 $q=q_{扫}/2=0.111/2=0.0555(m^3/s)$，V 形槽与池壁夹角为 50°，槽长 10m，槽顶低于过滤水位取 0.2m。V 形槽起始端流速按 0.6m/s 计。

计算 V 形槽水深 $h=\sqrt{\frac{2q}{v}}=\sqrt{\frac{2\times0.0555}{0.6}}=0.43(m)$。V 形槽取超高 0.1m，则 V 形槽高度为 0.43m，取 0.45m。

另取槽底宽 0.12m，计算槽上顶宽 0.498m。进水口高于 V 形槽顶取 0.25m，则 V 形槽进水口面积为 $A=0.263m^2$，过进水口流速 $v=q/A=0.0555/0.263=0.21(m/s)$。

V 形槽进口处急转弯水头损失 $h_1=\xi\frac{v^2}{2g}=1.2\times\frac{0.21^2}{2\times9.81}=0.003(m)$。

过孔水头损失 $h_2=\frac{\left(\frac{v}{K}\right)^2}{2g}=\frac{\left(\frac{0.21}{0.62}\right)^2}{2\times9.81}=0.0058(\mathrm{m})$。

V 形槽进口处水头损失 $=h_1+h_2=0.0088(\mathrm{m})$。实际计算中亦可忽略该部分水头损失。

② 扫洗孔。取过水孔流速 $v=2.5\mathrm{m/s}$，则：

单侧 V 形槽扫洗孔面积 $F=q/v=0.0555/2.5=0.0222(\mathrm{m}^2)$；

扫洗孔选用孔径 φ25mm 圆孔，单个圆孔面积 $a=\frac{3.14\times0.025^2}{4}=0.0005(\mathrm{m}^2)$；

单侧所需扫洗孔个数 $n=F/a=0.0222/0.0005=44.4\approx44$(个)，取 45 个；

扫洗孔间距 $l=L/n=11\mathrm{m}/45=0.244(\mathrm{m})$，取 $l=0.25\mathrm{m}$。

(4) 配水配气系统

1) 滤板、滤头

① 滤板。滤头在滤板上按照行列形式布设，每块滤板安装滤头 49 块，单块滤板尺寸 $L\times W=0.974\mathrm{m}\times0.847\mathrm{m}$。全厂滤板需要 $88\times8=704$(块)。

② 滤头。单个过滤单元滤头 $88\times49=4312$(个)。

根据设备供货单位提供的数据，单个滤头过滤单元缝隙面积 $S_{头}=256.5\mathrm{mm}^2$，则每个单位过滤单元滤头总开孔面积 $S_{总}=0.0002565\times4312=1.11\mathrm{m}^2$。

2) 配水孔、配气孔

① 配水孔。在配水渠两侧侧壁底部布置方形配水孔，取配水孔流速 $v=1.2\mathrm{m/s}$。

配水孔总面积 F 按单独反冲洗水过流计算，$F=q_{水}/v=\frac{5\times77}{1000\times1.2}=0.32(\mathrm{m}^2)$。

配水孔尺寸 $0.08\mathrm{m}\times0.08\mathrm{m}$，单个配水孔面积 $a=0.064\mathrm{m}^2$，则配水孔数 $n=F/a=50$ 个，单侧配水孔 25 个。

② 配气孔。在配水渠两侧侧壁上部布置圆形配气孔，孔顶部与滤板底平。取配气孔流速 $v=12\mathrm{m/s}$。

配气孔总面积 F 按单独气反冲洗过流计算，$F=q_{气}/v=\frac{15\times77}{1000\times12}=0.096(\mathrm{m}^2)$。

配气孔直径取 0.05m，单个配气孔面积 $a=0.00196\mathrm{m}^2$，则配水孔数 $n=F/a=49$ 个，取 $n=50$ 个，单侧配气孔 25 个，实际过孔流速 $v'=\frac{15\times77}{1000\times50\times0.00196}=11.79\mathrm{m/s}$。

(5) 滤池反冲洗系统

1) 反冲洗水量、气量

① 单个滤池气水同时反冲洗时反冲洗水量

$$q_{水1}=2.5[\mathrm{L/(m^2\cdot s)}]\times77\mathrm{m}^2=192\mathrm{L/s}=0.192\mathrm{m}^3/\mathrm{s}$$

② 单个滤池单独水反冲洗时反冲洗水量

$$q_{水2}=5[\mathrm{L/(m^2\cdot s)}]\times77\mathrm{m}^2=385\mathrm{L/s}=0.385\mathrm{m}^3/\mathrm{s}$$

③ 单个滤池气水同时反冲洗时反冲气量

$$q_{气1}=4[\mathrm{L/(m^2\cdot s)}]\times77\mathrm{m}^2=308\mathrm{L/s}=0.308\mathrm{m}^3/\mathrm{s}$$

④ 单个滤池单独气反冲洗时反冲气量

$$q_{气2}=15[\mathrm{L/(m^2\cdot s)}]\times77\mathrm{m}^2=1155\mathrm{L/s}=1.155\mathrm{m}^3/\mathrm{s}$$

2) 气、水同时反冲洗时的压力损失计算　根据长柄滤头采用气水同时反冲洗方式时，滤板下部的气层气压与水层水压相等的条件，则气水反冲洗时，滤头出口以上压力损失$h_{头上}$为：

① $h_{头上}$=反冲洗时砂面以上水深+滤料层厚度+承托层厚度=0.5+1.2+0.1=1.8(m)。

② 滤头本身压力损失$h_{头}=\frac{V_{头}^2}{2ga}$。式中，$V_{头}=\frac{q_{水2}+q_{气2}}{S_{总}}=\frac{0.385+1.155}{1.11}=1.387(m/s)$；$a$为流量系数，0.5。

计算$h_{头}=\frac{V_{头}^2}{2ga}=\frac{1.387^2}{2\times9.81\times0.5}=0.196m$。

③ 取底部配水、配气空间及中间集水渠水头损失$h_{配}=0.2m$，则每个过滤单元压力损失为$h_{单}=h_{头上}+h_{头}+h_{配}=1.8+0.196+0.2=2.196(m)$。

3）单独水冲洗时的压力损失

① 滤料层水头损失$h_{料}$：

$$h_{料}=(\gamma_s-1)(1-m_0)l_0 \tag{5-8}$$

式中 γ_s——滤料的相对密度，取2.65；

m_0——滤层膨胀前孔隙率，一般为0.41～0.45，本例采用均质滤料，取0.41；

l_0——滤层膨胀前厚度，m，取值1.2m。

计算$h_{料}=(2.65-1)\times(1-0.41)\times1.2=1.17(m)$。

② 承托层水头损失：

$$h_{承}=0.022q_{水}H \tag{5-9}$$

式中 $q_{水}$——单独水反冲洗强度，$L/(m^2\cdot s)$，本例中为$q_{水}=5L/(m^2\cdot s)$；

H——承托层厚度，m，本例为$H=0.1m$。

计算$h_{承}=0.022q_{水}H=0.022\times5\times0.1=0.011(m)$。

③ 滤头损失：

$$h_{头}=\frac{V_{头}^2}{2ga}$$

计算得$h_{头}=\frac{V_{头}^2}{2ga}=\frac{\left(\frac{1.155}{1.11}\right)^2}{2\times9.81\times0.5}=0.106(m)$。

④ 取底部配水、配气空间及中间集水渠水头损失$h_{配}=0.2m$，则每个过滤单元压力损失为$h_{单}=h_{料}+h_{承}+h_{头}+h_{配}=1.17+0.011+0.106+0.2=1.487(m)$。

4）反冲洗水泵扬程

单个滤池单独水反冲洗时反冲洗水量$q_{水2}=0.308m^3/s$，采用DN500钢管，则管内流速$v=1.57m/s$。

沿程损失h_s：查表得$1000i=12m$，池内管道长度$L=30m$（最远一个滤池）。

则$h_s=iL=0.012\times12.5=0.36(m)$。

局部损失h_f：最远一个滤池反冲洗水管路局部阻力系数之和$\sum\xi$为：

$$\sum\xi=\xi_{进口}+4\xi_{90°弯头}+\xi_{蝶阀}+\xi_{等径三通}+\xi_{异径三通}$$
$$=1+4\times0.78+0.15+0.1+1.5=5.87$$

则：

$$h_f=\frac{5.87\times1.57^2}{2\times9.81}=0.737(m)$$

滤池内反冲洗水管管路损失$h_{管}=h_s+h_f=0.36+0.737=1.097(m)$。

滤池内部反冲洗总水头损失 $h_{总}=h_{单}+h_{管}=1.487+1.097=2.584(m)$。

假定反冲洗排水水位与冲洗水吸水池水位差 $H_0=2.3m$。

吸水管路（至滤池管廊入口处）水头损失 $h_1=3.0m$（该部分管路水头损失另行计算，此处从略）。

水泵富余水头 h_2 取 1.0m。

计算得水泵扬程 $H_p=H_0+h_1+h_2+h_{总}=2.3+3+1+2.584=8.884(m)$，取 9.0m。

选用 3 台泵，流量 $Q=0.2m^3/s$，扬程 $H=9.0m$。单独水冲洗时开 2 台，气水同时反冲洗时开 1 台。

5）鼓风机出口风压

① 按照最不利考虑，计算两个过滤单元同时反冲时的供气量 q。

$$q=2q_{气2}=2\times1.155=2.31(m^3/s)=8316(m^3/h)$$

② 输气管路沿程压力损失 h_1

输气管路：管路流速 $v=10\sim15m/s$，供气量 $q=2.31m^3/s$，选取输气管路管径 DN500，管内实际流速为 $v'=11.77m/s$。

查表得 $i=0.45mmH_2O$（$1mmH_2O=9.80665Pa$），管道长度 $L=30m$（最远一个滤池），则 $h_1=iL=0.45\times30=13.5$（mmH_2O）。

③ 配气管路沿程及局部损失 h_2

管路流速 $v=10\sim15m/s$，供气量 $q_{气2}=1.155m^3/s$，选取输气管路管径 DN350，管内实际流速为 $v'=12.01m/s$。查表得 $i=0.55mmH_2O$，管道长度 $L=28m$（最远一个滤池）。则 $h_{j1}=iL=0.55\times28=15.4$（$mmH_2O$）。

配气管路局部损失 h_j：最远一个滤池反冲洗水管路局部阻力系数之和 $\sum\xi$ 为

$$\sum\xi=\xi_{出口}+3\xi_{90°弯头}+\xi_{蝶阀}+\xi_{等径三通}=2.7+3\times0.23+1+0.09=4.48$$

$$h_{j2}=\sum\xi\frac{v^2}{2g}\gamma,\quad \gamma=1.12$$

则：

$$h_{j2}=\frac{4.48\times12.01^2}{2\times9.81}\times1.12=36.89(mmH_2O)$$

故配气管路压力损失 $h_2=h_{j1}+h_{j2}=15.4+36.89=52.29(mmH_2O)$。

④ 滤板下反冲洗水层的水压力 h_3，即为 $h_{头上}=1.8mH_2O$。

⑤ 富余压力 h_4，取 $h_4=0.5mH_2O$。

⑥ 假定鼓风机出流至本例计算输气管路起端压力损失 $h_5=0.85mH_2O$（该部分管路压力损失另行计算，此处从略），则鼓风机出口净压 $H_A=h_1+h_2+h_3+h_4+h_5=0.0135+0.0523+1.8+0.5+0.85=3.216$（$mH_2O$）。

选用 2 台鼓风机，流量 $Q=140m^3/min$，出口风压 $P=40kPa$。

5.3 反硝化深床滤池

5.3.1 构造与工作原理

反硝化深床滤池是在曝气生物滤池（BAF）基础上改进的生物滤池，早期该工艺被当作具有反硝化作用的 BAF，随着近年来该工艺在污水处理厂升级改造和再生水深度处理中的作用越来越重要，才作为一种工艺单独提出。

反硝化深床滤池一般采用石英砂或陶粒作为反硝化生物的挂膜介质，是保障硝态氮和悬浮物去除的构筑物。

在悬浮物处理方面，由于石英砂介质的比表面积较大，具有一定深度的深床可以避免穿透现象，即使前段处理工艺发生污泥膨胀或异常情况也可取得较好的悬浮物截留效果。悬浮物不断地被截留会增加水头损失，当达到设计数值时需要反冲洗来去除截留的固体物质。由于固体物质负荷高，床体深，因此需要较高强度的反冲洗。滤池采用气、水协同进行反冲洗。

在生物脱氮方面，深床滤池利用适量的碳源，附着生长在石英砂表面上的反硝化细菌将 NO_x-N 转化为 N_2 完成脱氮反应过程。在反硝化过程中，由于硝态氮不断被还原为氮气，深床滤池中会聚集大量的氮气，这些气体会使污水绕窜于介质之间，增强了微生物与水流的接触，同时也提高了过滤效率。但是当池体内积聚过多的氮气气泡时则会造成水头损失，这时就需要驱散氮气，恢复水头，每次持续 2～5min，扰动频率从 2h 一次到 4h 一次不等。

通常情况下，根据系统控制选择部分滤池逐一进行驱氮。当下一个滤池的出水阀关闭，并开启反冲洗水阀时，下一个滤池便准备就绪。上个滤池的这些阀门随即会关闭。重复该程序，通过反冲洗水泵，直至所有选择的滤池都完成驱氮。

通常每毫克 SS 中的 BOD_5 为 0.4～0.5mg，因此在去除固体悬浮物的同时也降低了出水中的 BOD_5。

反硝化深床滤池作为一种新型污水处理技术，具有以下优点：a. 占地面积小，基建投资低；b. 出水水质好；c. 抗冲击负荷能力强，耐低温；d. 易挂膜，启动快；e. 模块化，自动化操作性强。

反硝化深床滤池也有一定的缺点：a. 水头损失较大，水的总提升高度较大；b. 因设计或运行管理不当会造成滤料流失等问题；c. 部分情况下，尤其是深度处理过程中，需外加碳源提高脱氮效率，运行成本高。

5.3.2 工艺设计参数

反硝化深床滤池的主要工艺参数包括进水水质、负荷和 HRT、滤料层、布水系统、反冲洗系统、碳源投加系统和氮气释放等。

（1）进水水质

一般要求进入反硝化深床滤池的污水进行充分的预处理。进水的悬浮物浓度过高，易造成滤池堵塞，需要频繁地更新滤床和增加反冲洗次数。

进水中溶解氧对反硝化深床滤池运行有较大影响。对于下向流反硝化滤池，多数通过变水位控制运行，进水瀑流过进水堰槽，此方式会增加进水的溶解氧含量，降低反硝化效果。对于上向流反硝化滤池，污水通过淹没在滤床中的布水系统进入，很少增加溶解氧含量。

（2）负荷和 HRT

反硝化深床滤池的负荷是一个集中反映其工作性能的参数。通常，为了达到 75%～85%的脱氮率，前置反硝化滤池的容积负荷一般为 1.0～1.2kgNO_3^--N/(m^3·d)，水力负荷为 10～30m^3/(m^2·h)。

由于进水水质的差异，后置反硝化滤池的容积负荷范围比较宽泛，在 0.8～4.0kgNO_3^--N/(m^3·d)之间。下向流反硝化滤池的平均水力负荷为 4～9m^3/(m^2·h)，峰值水力负荷

不超过 $18m^3/(m^2 \cdot h)$。上向流反硝化滤池由于所用滤料粒径较大，其水力负荷与下向流反硝化滤池相比明显要高，一般为 $10 \sim 35m^3/(m^2 \cdot h)$，但对SS的截污稳定性及脱氮效率则略逊一筹。

HRT也是影响反硝化深床滤池运行效果的重要因素。HRT和反硝化效果呈正相关性，反硝化深床滤池的HRT比BAF短得多，但处理效率高，一般控制HRT为0.25～1.0h。

(3) 滤料层

反硝化深床滤池多采用火山岩、陶粒、沸石和膨胀黏土等无机滤料，通常要求滤料具备以下特性：较好的生物附着能力，较大的比表面积，孔隙率大，截污能力强；形状规则，尺寸均一，以球形或菱形为佳；阻力小，强度大，磨损率低，具有较好的生物和化学稳定性。

反硝化深床滤池的滤料特性要求如表5-4所列。

表5-4 反硝化深床滤池所用滤料的特性要求

特性	范围	特性	范围
外观	球形或菱形	比表面积/(cm^2/g)	$(1 \sim 4) \times 10^4$
粒径范围/mm	2～8	孔隙率/%	0.3～0.4
均匀系数	<1.5	磨损率/%	<3
干堆积密度/(kg/m^3)	700～2000	酸可溶率/%	<1.5

反硝化深床滤池所需滤料体积可采用下式计算：

$$V=\frac{Q \times (N_o - N_e)}{1000 \times q} \tag{5-10}$$

式中 V——反硝化深床滤池所需滤料体积，m^3；

Q——进入滤池的污水量，m^3/d；

N_o——进水中 NO_3^--N浓度，mg/L；

N_e——出水中 NO_3^--N浓度，mg/L；

q——滤料的反硝化负荷，$kgNO_3^-$-N/($m^3 \cdot d$)，一般为 $0.8 \sim 4.0kgNO_3^-$-N/($m^3 \cdot d$)。

(4) 反冲洗系统

反冲洗过程是保证反硝化深床滤池高效稳定运行的关键性因素，由于滤料表面附着生物膜的不断生长和悬浮物的累积，导致滤床逐渐堵塞，为确保生物活性，反硝化深床滤池需定期反冲洗。反冲洗期间，滤料上的部分生物膜会流出滤池，导致刚刚反冲洗后滤池脱氮能力有所下降，但运行一段时间后随着生物膜的累积又会恢复初始的功能。

反冲洗周期和所采用的滤料、水力负荷、进水特性有关，随水力负荷和硝酸盐去除率的增加，反冲洗周期逐渐缩短。正常情况下反硝化深床滤池的反冲洗周期为24～36h，反冲洗通常采用降水→气冲→气水冲→水冲的运行方式，反冲洗过程如下：

① 降水：降低水位至过滤层10cm以上。

② 气冲：气冲强度50～70m/h，时间2～5min。

③ 气水冲：气冲强度50～70m/h，水冲强度25～40m/h，时间5～10min。

④ 水冲：水冲强度25～40m/h，时间5～10min。

(5) 碳源投加系统和氮气释放

碳源投加的控制对反硝化滤池非常重要，碳源投加既可以采用手动控制方式，也可以采用与进水流量和硝酸盐浓度相匹配的自动控制方式。手动控制方式无法知道进水流量和硝酸盐的变化，不可避免地会出现投加量过高或过低的现象，投加量过低难以保证反硝化效果，投加量过高直接导致出水 COD 过高。碳源自动投加系统包括碳源储存和全自动加药系统，通常在滤池进水分布前将碳源投加于进水管路。碳源投加量根据进水流量和进、出水硝酸盐浓度调整，通过在线仪表控制。

碳源投加量可按下式计算：

$$c_m = 2.86([NO_3^- \text{-N}]_o - [NO_3^- \text{-N}]_e) + 1.71([NO_2^- \text{-N}]_o - [NO_2^- \text{-N}]_e) + [DO] \tag{5-11}$$

式中 c_m——反硝化所需的有机物量，mg/L；

$[NO_3^- \text{-N}]_o$、$[NO_3^- \text{-N}]_e$——进、出水 NO_3^--N 的浓度，mg/L；

$[NO_2^- \text{-N}]_o$、$[NO_2^- \text{-N}]_e$——进、出水 NO_2^--N 的浓度，mg/L；

[DO] ——污水中 DO 浓度，mg/L。

反硝化过程中，产生的氮气在滤床中不断累积，污水被迫绕过气泡，增加滤池水头损失，因此氮气必须定期释放到大气中。通过短暂的几分钟的反冲洗可以将氮气从滤料中释放，在这期间滤池需要暂停运行。氮气的释放频率和脱氮效率有关，通常一个滤池每 4～8h 进行一次氮气释放，每次氮气释放时间一般不超过 1h。氮气释放之后，滤池的水头损失会降低，但是当滤池的液位达到设计的最高液位时，氮气释放不能有效降低水头损失，需要反冲洗恢复滤池的性能。

5.3.3 设计计算案例

【例题 5-4】 某省会城市新建污水处理厂设计规模 $1.0\times10^5 m^3/d$，总变化系数 $K_Z=1.5$，拟采用反硝化深床滤池对 TN 进行进一步去除，设计进水硝酸盐浓度为 15.0mg/L，出水硝酸盐浓度为 10.0mg/L，试根据以上情况对反硝化深床滤池进行设计计算。

【解】

(1) 所需滤料总体积

$$V(m^3) = \frac{Q\times(N_a - N_t)}{1000\times q_{NO_3^- \text{-N}}} \tag{5-12}$$

式中 Q——设计流量，采用最高日最高时污水量计算，m^3/d；

N_a——设计进入滤池的 NO_3^--N 浓度，mg/L；

N_t——设计流出滤池的 NO_3^--N 浓度，mg/L；

$q_{NO_3^- \text{-N}}$——设计 NO_3^--N 容积负荷，$kgNO_3^-\text{-N}/(m^3\cdot d)$，取 $0.8kgNO_3^-\text{-N}/(m^3\cdot d)$。

代入公式得所需滤料总体积 $V=937.5m^3$。

(2) 所需滤池总面积

计算一：

$$A(m^2) = \frac{V}{H_0} \tag{5-13}$$

式中 A——设计滤池总面积，m^2；

V——设计所需滤料总体积，m^3；

H_0——设计滤料装填高度，m，取 1.5m。

代入公式得设计滤池总面积 $A=625m^2$。

计算二：

$$A(\mathrm{m}^2)=\frac{Q}{24\times q_{\mathrm{w}}} \tag{5-14}$$

式中　Q——设计流量，$\mathrm{m^3/d}$；

q_{w}——设计水力负荷，$\mathrm{m^3/(m^2 \cdot h)}$，取 $9.0\mathrm{m^3/(m^2 \cdot h)}$。

代入公式得设计滤池总面积 $A=694.4\mathrm{m}^2$。

取计算一和计算二结果的较大值，$A=694.4\mathrm{m}^2$。

（3）单格面积

$$a(\mathrm{m}^2)=\frac{A}{n} \tag{5-15}$$

式中　a——滤池单格面积，m^2；

n——设计滤池格数，格，宜为6～12格，本设计为8格；

代入公式得滤池单格面积 $a=86.8\mathrm{m}^2$。设计每格平面尺寸为 $L\times B=3.56\mathrm{m}\times 24.4\mathrm{m}$。

（4）空床水力停留时间

$$t(\mathrm{min})=\frac{H_0}{q_{\mathrm{w}}} \tag{5-16}$$

式中　t——设计空床水力停留时间，min。

代入公式得空床水力停留时间 $t=10\mathrm{min}$。

（5）滤速

平均滤速 $6.0\mathrm{m^3/(m^2 \cdot d)}$；最大强制滤速 $8.9\mathrm{m^3/(m^2 \cdot d)}$。

（6）反冲洗系统

反硝化滤池滤床上悬浮物和氮气的积聚会导致滤池压力损失逐渐累积，这要求定期反冲洗所捕获的固体，并对滤池滞留氮气进行驱除。

反冲洗频率24.0h；反冲洗水洗强度 $20.0\mathrm{m^3/(m^2 \cdot d)}$；反冲洗气洗强度 $100.0\mathrm{m^3/(m^2 \cdot d)}$；反洗历时30.0min；单格反冲洗水量 $868.6\mathrm{m^3}$；设计反冲洗清水池容积 $388.7\mathrm{m^3}$；反冲洗水泵流量 $0.48\mathrm{m^3/s}$。

5.4　微絮凝过滤

5.4.1　工艺原理

微絮凝过滤（micro-coagulation）亦称接触过滤或直接过滤，是混凝与过滤过程有机结合形成的处理过程，即在原水中投加少量混凝剂，经混合设施快速均匀地混合后，胶体颗粒脱稳形成很小的絮状（10～50μm）即进入滤池过滤，在水进入滤层之前和流过滤层的过程中进行混凝反应，产生的细小絮凝体被截留在滤层中。其中接触过滤过程为原水加入絮凝剂后直接进入滤池，全部絮凝反应过程在滤池内完成；直接过滤过程为滤池前设置适当的絮凝反应池，部分絮凝反应过程在滤池内完成。

接触过滤和直接过滤实际是微絮凝-过滤过程，其将滤料作为大而静止的微粒，使混合产生的微小颗粒与之接触碰撞的概率显著增大，既节约絮凝剂用量，也能满足低悬浮物水质对附加微粒的要求。水流进入滤池后微絮体向滤层深部透入，增加了同滤料表面的接触时机，形成与滤料的全外表附着，且不易脱落，提升了滤料的纳污能力。

5.4.2　特点及适用范围

微絮凝过滤简化了处理单元，不需要建造沉淀池和较大的絮凝反应池，节省了基建投资，同时絮凝过程形成的絮体颗粒不需很大，故絮凝剂投加量也可较传统工艺显著减少。有研究表明，减少的絮凝剂用量为10%～30%。受截污量限制，微絮凝过滤不适宜处理高浊度、高色度水；同时由于原水经混合（或微絮凝）后直接过滤，没有传统沉淀池的缓冲作用，滤床熟化慢且停留时间短，对絮凝及化学条件要求严格，故设计中应进行大量试验，精确控制絮凝过程及选择药剂投加量。

5.4.3　设计要点

在污水处理中，絮凝、过滤常用于污水深度处理。采用微絮凝过滤工艺时一般应满足以下条件：

① 二级出水水质稳定，浊度不超过10NTU，经过滤出水后浊度可达2NTU；

② 进入滤池前不需要形成较大的絮凝体，以免很快堵塞滤层表面孔隙，混凝剂投加量不宜过大；

③ 为保证截留效果，一般需设置双层或三层滤料，滤料的粒径和厚度也应适当增加；

④ 助凝药剂的选择及投加量宜通过试验确定，为提高絮体强度和黏附力，可投加有机高分子助凝剂。

一般情况下，两种过滤方式的混凝剂投加量均较低，一般在15mg/L以内（以Al_2O_3计）；有机高分子投加量视投加点而定，二级出水为0.5～1.5mg/L，滤池进水为0.05～0.15mg/L。过量投加会在滤池内造成泥球堵塞，对运行不利。

5.5　碳源投加

5.5.1　工艺原理

污水中的氮除少量经同化作用（约5%）进入污泥系统外，主要依靠反硝化反应去除。反硝化指硝酸盐氮（NO_3^--N）和亚硝酸盐氮（NO_2^--N）在反硝化菌的作用下，被还原为气态氮（N_2）的过程。反硝化细菌属于异养型兼性厌氧菌，以硝酸盐氮（NO_3^--N）为电子受体，以有机物为电子供体。反硝化过程可用下式表示：

$$NO_2^- + 3H(\text{供氢体——有机物}) \longrightarrow 1/2N_2 + H_2O + OH^-$$

$$NO_3^- + 5H(\text{供氢体——有机物}) \longrightarrow 1/2N_2 + 2H_2O + OH^-$$

由上式可以计算得，去除1g氮，需要相当于1.71g(NO_2^--N)或2.86g（NO_3^--N）的有机物（均以BOD计）。该反应是在水中溶解氧（DO）趋于0的条件下进行的。当水中含有溶解氧时，为使得反硝化反应完全，尚需一定量的有机物消耗水中的溶解氧。因此，反硝化所需的碳源有机物（以BOD计）总量可用下式表示：

$$C = 2.86[NO_3^- \text{-N}] + 1.71[NO_2^- \text{-N}] + 0.87DO \tag{5-17}$$

式中　C——反硝化所需的有机物（以BOD表示），mg/L；

$[NO_3^-$-N]、$[NO_2^-$-N]——硝酸盐氮、亚硝酸盐氮浓度，mg/L；

DO——污水中溶解氧浓度，mg/L。

当原污水中碳源不足，即 NO_3^--N 浓度远远超过可被利用的供氢体（有机物）浓度时，反硝化过程产生的 N_2 量不足，并导致反硝化反应生成大量 N_2O。在原水中碳源不足的条件下，为取得理想的生物反硝化脱氮效果，需要投加外部碳源。

许多有机物都可以作为反硝化所需的外加碳源，不同有机物被反硝化菌利用的程度、代谢产物不同，其反硝化效率和成本也不尽相同。目前被广泛采用的外加碳源大体可分为两类：一类是以葡萄糖、甲醇、乙醇、乙酸、乙酸钠等液态有机物及混合物为主的传统碳源；另一类是以价格低廉的固体有机物为主的碳源，包括含纤维素类物质的天然植物及一些可生物降解的聚合物等。近年来，一些污水处理考虑成本问题，将工业废料特别是从食品工业废水（如糖蜜、啤酒生产废液等）中分离的溶液或废渣作为碳源，既减少了工业废液的处理成本，也减少了碳源投加的成本，取得了良好的经济效益和环境效益。目前，大多数污水脱氮碳源首选采用易于被生物降解、极易被反硝化菌利用的有机物。

常用外加碳源 COD 值如表 5-5 所列。

表 5-5　常用外加碳源 COD 值

参数	甲醇	乙酸	乙酸钠	葡萄糖
密度/(kg/L)	0.796	1.049		
COD 值/(kgCOD/kg)	1.5	1.07	0.68	0.6
COD 值/(kg/L)	1.194	1.122		

5.5.2　工艺设计参数及计算方法

式(5-17) 中 2.86 和 1.71 是基于多段活性污泥法反硝化脱氮反应计算得出的理论值，对目前普遍采用的 A/O、A^2/O、SBR 和氧化沟等生物脱氮工艺来说不能完全适用。借鉴德国 ATV-A131E “单段活性污泥污水处理厂的设计”，给出一种碳源投加量的简单计算方法，供参考。

$$C_m = 5N \tag{5-18}$$

式中　C_m——必须投加的外部碳源（以 COD 表示），mg/L；

5——反硝化 1kg 硝态氮需要外部碳源量（以 COD 计），kgCOD/kgNO_3^--N；

N——需要外部碳源反硝化去除的氮量，mg/L。

生物脱氮平衡示意见图 5-6。

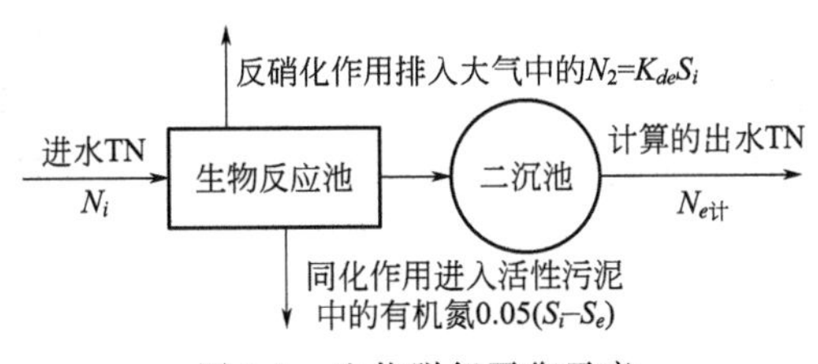

图 5-6　生物脱氮平衡示意

德国 ATV-A131E 中提出将反硝化的硝态氮浓度与进水 BOD_5 浓度之比表示为 K_{de}（kgNO_3^--N/kgBOD_5），由此可算出反硝化去除的硝态氮 [NO_3^--N] $=K_{de}S_i$。理论上讲，消耗 2.86kgBOD_5 可反硝化 1kg 硝态氮，即 $K_{de}=0.35$kgNO_3^--N/kgBOD_5，但在实际工程

中，K_{de} 远小于 0.35kgNO_3^--N/kgBOD_5。ATV-A131E 标准通过总结实际工程的数据，提出了可实际应用的反硝化设计参数，见表 5-6。

表 5-6 反硝化设计参数（T=10～12℃）

反硝化工艺		K_{de}/(kgNO_3^--N/kgBOD_5)	
		缺氧区的反硝化	间歇或同步反硝化
V_D/V (θ_d/θ_c)	0.2	0.11	0.06
	0.3	0.13	0.09
	0.4	0.14	0.12
	0.5	0.15	0.15

注：T 为设计水温，V_D/V 为缺氧池容积与总容积（缺氧池容积＋好氧池容积）之比，θ_d/θ_c 为缺氧池泥龄与总泥龄（缺氧池泥龄＋好氧池泥龄）之比。

$$N_i = K_{de}S_i + 0.05(S_i - S_e) + N_{e计} \tag{5-19}$$

$$N_{e计} = N_i - K_{de}S_i - 0.05(S_i - S_e) \tag{5-20}$$

式中 $N_{e计}$——按照缺氧池进水水质计算可达到的出水总氮值；

N_i——缺氧池进水 TN 值；

S_i——缺氧池进水 BOD_5 值；

S_e——设计出水 BOD_5 值；

K_{de}——反硝化的硝态氮浓度与进水 BOD_5 之比，通过表 5-6 计算；

0.05——经同化作用进入活性污泥中的氮，一般为 5%左右。

5.5.3 设计计算案例

【例题 5-5】 某城镇污水处理厂设计规模 $2.0\times10^5 m^3/d$，单座生物池 $5\times10^4 m^3/d$。生化处理单元采用 A^2/O 工艺，缺氧区停留时间 5.01h，好氧区停留时间 8.87h。其中缺氧池进水 BOD_5 值 S_i=165mg/L，TN 值 N_i=49mg/L。设计最不利水温 12℃，现要求出水 BOD_5 值 S_e<10mg/L，TN 值 N_e<12mg/L，请计算外加碳源量。

【解】

① 计算缺氧池容积与总池容积比 V_D/V，确定 K_{de} 值。

单座生物池缺氧池容积 $V_D=10437m^3$，好氧池容积 $V_O=18480m^3$，则：

$V_D/V=V_D/(V_D+V_O)=10437/(10437+18480)=0.36$，采用内插法计算 $K_{de}=0.136$。

② 计算 $N_{e计}=N_i-K_{de}S_i-0.05(S_i-S_e)=49-0.136\times165-0.05\times(165-10)=18.81$(mg/L)，则需要投加外部碳源反硝化去除的总氮 $N=N_{e计}-N_e=18.81-12=6.81$(mg/L)。

③ 每日需外加碳源量（以 COD 计）。

$$C_m=5N=5\times6.81=34.05(mgCOD/L)$$

每日外加碳源 $C_d=C_mQ=34.05\times200000/1000=6810$(kgCOD/d)

按照表 5-5 常用外加碳源 COD 当量值选取：

当采用甲醇为外加碳源时，每日所需量为 $C_d=6810/1.5=4540$(kg)。

当采用乙酸钠为外加碳源时，每日所需量为 $C_d=6810/0.68=10014.7$(kg)。

5.6　化学除磷工艺

污水经二级处理后，其出水总磷不能达到要求时可采用化学除磷工艺处理。污水一级处理以及污泥处理过程中产生的液体有除磷要求时也可采用化学除磷工艺。

5.6.1　化学除磷原理

与生物除磷相比，化学除磷不会由于污泥处理过程中停留时间较长而发生磷酸盐的二次释放，因此也不会产生内部磷酸盐负荷。与完全通过化学沉淀除磷的方法相比，进行生物法和化学法的复合除磷工艺能够减少化学试剂的用量，缓解化学除磷方法的一些弊端。通常以生物除磷法为主、化学除磷法为辅的组合复合工艺进行除磷。当检测的磷酸盐浓度超过了标准值时再投加化学试剂。

化学除磷设计中，药剂的种类、剂量和投加点宜根据试验资料确定。

化学除磷的药剂可采用铝盐、铁盐，也可采用石灰。铝盐有硫酸铝、铝酸钠和聚合铝等，其中硫酸铝较常用。铁盐有三氯化铁、氯化亚铁、硫酸铁和硫酸亚铁等，其中三氯化铁最常用。用铝盐或铁盐作混凝剂时，宜投加离子型聚合电解质作为助凝剂。

硫酸铝与磷的反应如下：

$$Al_2(SO_4)_3 \cdot 18H_2O + 2PO_4^{3-} \longrightarrow 2AlPO_4 \downarrow + 3SO_4^{2-} + 18H_2O$$

当水中存在 HCO_3^- 时，会消耗 Al^{3+}，有如下反应：

$$Al^{3+} + 3HCO_3^- \longrightarrow Al(OH)_3 \downarrow + 3CO_2$$

铝铁盐和磷的物质的量比为理论值的两倍以上。从沉淀物的溶解度看，最适宜的 pH 值范围是：铝盐 pH 值为 6，亚铁盐及铁盐 pH 值分别为 8 和 4.5。

正磷酸在 OH^- 存在的条件下，与 Ca^{2+} 反应生成羟基磷酸钙沉淀：

$$3HPO_4^{2-} + 5Ca^{2+} + 4OH^- \longrightarrow Ca_5(OH)(PO_4)_3 \downarrow + 3H_2O$$

此反应中，pH 值越高，磷的去除率越高。应考虑污水中的碱度、镁与石灰反应而消耗的石灰用量。

$$Ca(OH)_2 + Ca(HCO_3)_2 \longrightarrow 2CaCO_3 \downarrow + 2H_2O$$

$$Ca(OH)_2 + Mg^{2+} \longrightarrow Mg(OH)_2 + Ca^{2+}$$

生成的 $CaCO_3$ 能提高絮凝体的沉淀性能，而 $Mg(OH)_2$ 能形成羟基磷酸镁去除磷，所以磷的总去除率是较高的。

这种方法主要是投加石灰而使污水 pH 值升高，随 pH 值的上升，处理水中总磷量减少，当 pH 值为 11 左右时总磷浓度可以小于 0.5mg/L。为了使 pH 值达到所要求的数值，必须投加石灰消除碱度所带来的污水缓冲能力，投加石灰量主要取决于污水的碱度。

化学除磷过程，依据投加点可划分为几种不同的化学沉淀工艺，主要有预沉淀、协同沉淀、后沉淀、直接沉淀几种：a. 预沉淀是在初次沉淀池之前投药，投药点可设在沉砂池、初次沉淀池进水处，投药点应选在所形成的絮凝体不会被打破之处，其形成的沉淀物将在初次沉淀池中被去除；b. 协同沉淀应用最为广泛，投药点设在曝气池中、曝气池出水处或二次沉淀池进水处；c. 后沉淀，投药点设在处于二次沉淀池之后的混合池中，沉淀、絮凝及其絮凝体的分离将在生物处理段之后的一个单独单元中完成；d. 直接沉淀是直接进行混凝、沉淀反应，无生物处理反应，这种处理方法主要用于强化一级处理工艺。

如采用协同沉淀方式，投加化学试剂有两种可选投加点：a. 正磷酸盐浓度最高的厌氧段末端；b. 进入到二次沉淀池的溢流液中（好氧区）。选择二次沉淀池前投加比在厌氧段末端投加具有一定的优势，例如可改善污泥沉淀性能，可以根据在线监测出水中磷酸盐浓度直接控制投加量。无论在任何投加点，金属盐与活性污泥的充分混合都是十分必要的。

5.6.2 化学药剂投加量

在进行化学除磷时，去除 1mol（31g）P 至少需要 1mol（56g）Fe 或 1mol（27g）Al，即去除 1.0g P 至少需要 1.8g Fe 或者 0.9g Al。

由于在污水化学除磷的实际工程中，除磷药剂和正磷酸离子之间的反应并不是 100%有效进行的，加之污水中的碱度（HCO_3^-）会与金属离子竞争反应，生成相应的氢氧化物，所以实际化学除磷药剂投加一般需要超量投加，以保证达到所需要的出水 P 浓度，因此引入了投加系数 β。

$$\beta=\frac{n_{\mathrm{Fe}}\text{或}n_{\mathrm{Al}}}{n_{\mathrm{P}}} \tag{5-21}$$

式中 n_{Fe}、n_{Al}、n_{P}——Fe、Al、P 的物质的量，mol。

投加系数 β 受多种因素影响，如投加地点、混合条件等。如果条件许可，对特定污水的药剂投加量最好通过烧杯试验或生产性验证加以确定。如果过量投加药剂不仅会使药剂费增加，产生的污泥体积也大，且难脱水。

若用石灰作为化学除磷药剂，则不能采用这种计算方法，因为其要求投加的污水 pH 值大于 10，而且投加量受污水碱度（缓冲能力）的影响，所以其投加量必须针对污水性质通过试验确定。

从严格意义上讲，投加系数 β 值只适用于后置投加，对于前置投加和同步投加在计算时还应考虑：①回流污泥中含有未反应的药剂；②在初次沉淀池中及生物过程去除的磷。

5.6.3 设计计算案例

【例题 5-6】 某新建污水处理厂设计规模 2.0×10^4t/d，进水 TP 浓度为 8.5mg/L，出水 TP 要求≤0.3mg/L，经一级和二级生物处理 TP 可去除 7mg/L，深度处理拟采用化学除磷法，除磷药剂采用 $AlCl_3$ 时（Al 有效成分为 6%，密度为 1.3kg/L），投加系数 β 采用 1.5，试根据以上情况计算药剂投加量。

【解】

（1）化学除磷 TP 去除量

$$P_{负荷}=20000\mathrm{m^3/d}\times(8.5-7-0.3)\times10^{-3}\mathrm{kg/m^3}=24\mathrm{kg/d}$$

（2）设计 Al 的投加量

$$\mathrm{Al}_{投加量}=1.5\times27/31\times24=31.35(\mathrm{kg/d})$$

（3）对应 $AlCl_3$ 的投加量

$$\mathrm{AlCl}_{3投加量}=31.35/(6\%\times1.3)=401.92(\mathrm{L/d})$$

5.7　膜过滤工艺

5.7.1　超滤膜概述

超滤在污水深度处理中用以去除水中的大分子物质和微粒，其机理是膜表面孔径机械筛分作用。超滤的工作原理是在一定压力差的作用下，被分离溶液从高压侧透过超滤膜进入低压侧，而溶液中的高分子物质、微粒以及微生物等被超滤膜截留。

(1) 超滤膜运行模式

超滤膜有全量过滤和错流过滤两种运行模式，如图 5-7 所示。

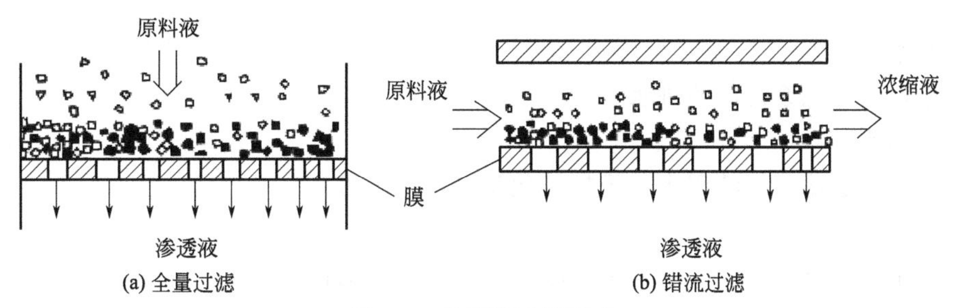

图 5-7　超滤膜运行模式

(2) 超滤膜通量的影响因素

超滤膜在外部压力的作用下，一定温度条件时，单位时间、单位面积透过水的量即为超滤膜通量，它是超滤膜一项重要的指标参数，其影响因素有以下几个方面。

① 温度。操作温度取决于所处理介质的物理、化学性质，由于高温可以降低液体的黏度，增加传质效率，提高通量，因此温度是选择超滤膜通量的一个重要指标。

② 待处理介质浓度。随着分离过程的进行，进液侧浓度增高，黏度增大，凝胶层厚度增大，影响通量。

③ 操作压力。膜通量与压力成正比（但同时应注意进入超滤膜的最大压力限值)。

④ 运行周期。通常产水→反冲洗→排空→产水是一个运行周期，控制超滤膜运行周期的可以是时间或跨膜压差等参数。

5.7.2　超滤膜设计输入条件

超滤膜系统的设计由超滤膜运行方式、进水水质种类、进水和出水水质指标、前置处理和后续处理工艺、超滤膜类型和参数等多方面的因素来决定。在设计时应分析如下设计输入条件。

(1) 设计能力和预处理

包括总设计流量、峰值流量条件、设计水温（最高值、最低值)、要求的回收率、前段处理工艺（工艺单元、投加药剂种类）等。

(2) 进水和产水水质指标

① 进水水质指标：有机物浓度（COD_{Cr}、BOD_5、TOC、SS、油类、pH 值)；无机物浓度（TDS、Fe、Mn、SiO_2、Ca 等)。

② 产水水质指标：TSS、浊度。

(3) 后处理工艺和运行方式

① 后处理：如 RO 工艺段或消毒氧化工艺段。

② 运行方式：连续运行、间断运行。

5.7.3 超滤膜系统

超滤膜系统包括超滤膜进水系统、超滤膜主机系统、反冲洗系统、加药系统、压缩空气系统（工艺用空气和仪表用空气）、废水排放系统、配套的管阀系统、自控系统、配电系统等。

5.7.4 超滤膜相关术语及定义

(1) 原水

原水指进入超滤系统前的进水。

(2) 自用水

自用水包括超滤膜反洗用水、维护性化学清洗用水等。

(3) 回收率

回收率指扣除自用水的产水水量与膜系统总进水量的比值。

(4) 产水能力

产水能力指超滤膜系统在指定温度条件下、任何正常运行条件下（主要指反冲洗、维护性化学清洗），扣除自用水后系统的净产水量。

(5) 设计膜通量（即平均膜通量）

设计膜通量指正常设计条件下，单位膜面积在单位时间内通过的进水流量，膜通量的单位为 $L/(m^2 \cdot h)$，单位缩写为 LMH。

$$设计膜通量(平均膜通量)=每日设计进水量(m^3)\times 1000/[总有效膜面积(m^2)\times 24(h)] \tag{5-22}$$

(6) 瞬时膜通量

超滤膜系统在单个维护性清洗周期内或每日内，系统的净产水量、反洗耗水量和维护性清洗水量之和除以这个周期内或每日内的净过滤时间及膜面积所得的通量值，即为瞬时膜通量，单位为 LMH。

$$瞬时膜通量=[每日设计净产水量(m^3)+自用水量(m^3)]\times 1000/[膜面积(m^2)\times 每日净过滤时间(h)] \tag{5-23}$$

(7) 净产水通量

净产水通量是指单个维护性清洗周期内，系统设计的净产水能力除以每个周期系统运行时间（包括反洗、化学清洗占时）及总膜面积所得到的通量值，单位为 LMH。

(8) 膜组件

膜组件是由膜丝、流道间隔体、滤后水收集管、膜壳等构成的膜分离单元。

(9) 膜堆

膜堆是指超滤膜处理工艺系统中的可进行独立运行的过滤单元，包括膜架和阀架。

(10) 公称孔径

公称孔径是指超滤膜平均孔径，即过滤精度。

(11) 膜使用寿命

膜使用寿命是指在正常的使用条件下，膜元件维持预定性能的时间。

(12) 跨膜压差

跨膜压差是指超滤膜进水和出水两侧的压力差值，即进水压力－产水压力。

(13) 化学清洗

化学清洗是采用化学药剂清洗膜表面污物的办法，分为维护性化学清洗和恢复性化学清洗。其中，维护性化学清洗（CEB）是指为恢复膜通量、保证膜稳定运行而采用的浓度较低、浸泡时间较短的化学清洗方式；恢复性化学清洗（CIP）是指通过维护性化学清洗难以恢复膜通量时，采用多种清洗液，浸泡加长时间循环的清洗方式。

5.7.5 超滤膜系统设计

某污水处理厂深度处理工艺段平均日流量 $5\times10^4 m^3/d$，变化系数 $K_Z=1.2$，进水水质为：COD≤30mg/L，BOD≤6mg/L，TP≤0.3mg/L，SS≤8mg/L。出水水质要求：SS≤1mg/L，浊度≤0.1NTU（在线测量值）。超滤膜系统设计介绍如下。

(1) 超滤膜系统描述

超滤膜系统结构如图 5-8 所示。

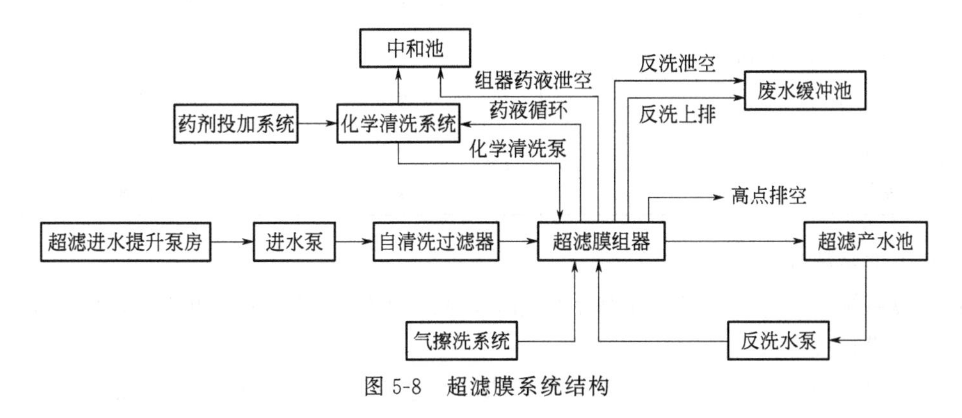

图 5-8　超滤膜系统结构

(2) 设计参数确定

1) 进水　经过污水厂深度处理段混凝沉淀＋好氧滤池处理出水。

2) 出水　膜系统寿命期内运行时间内出水需满足以下要求：

① 产水能力：$5\times10^4 m^3/d$（7℃），含超滤系统自用水。

② 产水水质：SS≤1mg/L，浊度≤0.1NTU。

3) 超滤膜组件

① 超滤膜为中空纤维压力式膜组件；外压式操作。

② 膜最大孔径≤0.1μm。

4) 超滤膜组件参数　如表 5-7 所列。

表 5-7　超滤膜组件参数

序号	项目	技术参数	备注
1	膜材质	PVDF	随品牌变化
2	膜孔径/μm	0.1	随品牌变化

续表

序号	项目	技术参数	备注
3	中空纤维膜的膜丝外径/mm	1.2	随品牌变化
4	中空纤维膜的膜丝内径/mm	0.7	随品牌变化
5	单支膜元件面积/m^2	65	随品牌可变
6	设计膜通量/[L/(m^2·h)]	45.7	考虑低温
7	总有效膜面积/m^2	54600	
8	膜组件总数量	960	
9	预期膜寿命/年	7	
10	膜架数量	10	
11	最大处理水量/(m^3/h)	278.4	
12	跨膜压力范围/kPa	20～300	
13	过滤时最高跨膜压力/kPa	200	
14	设计 pH 值操作范围	1～10	由膜性能决定
15	进水温度范围/℃	5～25	本工程低温
16	清洗方式	自动气水反洗＋正冲	
17	气水清洗持续时间/s	60	随膜品牌和系统设计变化
18	气水清洗水流量/(m^3/h)	211.2	
19	废水排放量/(m^3/d)	4248	
20	系统回收率/%	约 93	随膜品牌和系统设计变化

（3）膜堆系统计算

超滤膜系统设计与所选择的品牌密切相关，品牌不同，基础参数也不同，本项工程设计中采用上述膜相关参数。

1）超滤系统运行方式(30min 为一个周期)　过滤（1670s)→反洗/气洗（60s)→正冲(70s)→返回。以上时间包括开、关阀门时间。

2）产水频率计算

设计产水周期：30min。

每天化学清洗时间：24min（清洗频率为 1 次/d)。

产水频率：(24×60－24)÷30＝47.2，因此取 47 个产水周期。

反洗：反洗方式为气水反冲洗；反洗频率为 47 次/d；反洗时擦洗空压压力为 200kPa；反洗气体流量为 $5m^3$/(h·支)；反洗通量为 1.0 倍产水通量；反洗耗时为 1～1.5min/次。

3）每天实际产水时间

$$24-47\times(60+70)/3600=22.3(\text{h})$$

4）瞬时膜通量（以日计）

瞬时膜通量＝(产水量＋日反洗用水量＋日放空水量＋日化学清洗用水量)×1000/(实际产生时间×总膜面积)

$$\text{瞬时膜通量}=(55680+1566+264+2490)\times1000/(22.3\times58500)=49.3[\text{L}/(\text{m}^2\cdot\text{h})]$$

5）回收率　　系统回收率=（系统产水量/系统进水量）×100%

=92.8%

（4）化学清洗系统

化学清洗参数见表 5-8。

表 5-8　化学清洗参数

项目	化学药品	浓度	频率	持续时间
维护性清洗	次氯酸钠	500mg/L [10%(质量分数)]	1 天 1 次	60min/次
	盐酸	0.3%(质量分数) [30%(质量分数)]	6 次碱 1 次酸	
恢复性清洗	柠檬酸	1% [99.5%(质量分数)]	1 月 1 次或当跨膜压差达到 150～200kPa 时	8h/次
	盐酸	1% [30%(质量分数)]		
	次氯酸钠	3000mg/L [10%(质量分数)]		
	氢氧化钠	1% [30%(质量分数)]		

维护清洗和恢复清洗后的清洗液不能直接排放，需经过中和系统处理后再处置。

化学清洗系统由化学清洗贮罐，贮药罐，各种化学药剂的进药、加药系统，化学清洗泵及配套阀门等组成。化学药剂通过计量泵输送至化学清洗贮罐内，化学清洗贮罐上面配置有补水阀，将药剂调配到所需浓度，再通过化学清洗泵将药剂注入膜系统进行循环药液清洗。清洗完毕后将废液排至中和池。同时，为应对低温清洗效果不佳的情况在化学清洗贮罐上应配置电加热器（加药系统设计参照相应章节）。

（5）主要设备配置

主要设备如表 5-9 所列。

表 5-9　主要设备

设备	类型	规格
进水泵	离心泵	流量：待处理水规模
		扬程：20～25m(考虑管道损失后)
自清洗过滤器		流量：待处理水规模
		过滤精度：＜200μm
反洗泵	离心泵	膜堆入口处流量：反洗通量×膜面积
		扬程：20～25m(考虑管道损失后)
清洗水泵	离心泵	流量：1m^3/(h·支)×每组膜堆膜支数
		扬程：膜堆入口处 15～20m
药剂投加泵	隔膜计量泵	根据每种需用药剂选择

续表

设备	类型	规格
空压机 1 （工艺用）	无油空压机	气量：$5m^3$/（h·支）×每组膜堆膜支数
		压力：膜堆入口处 200kPa
空压机 2 （仪表用）	无油空压机	满足阀门前压力（0.4～0.6MPa）

5.8 高级氧化工艺

5.8.1 高级氧化工艺概述

高级氧化技术又称深度氧化技术，近年来被广泛应用于污水处理厂的深度处理段，也是目前应用于深度处理段的最强氧化技术。Glaze 于 1987 年提出任何以产生羟基自由基（·OH）为目的的过程均是高级氧化。

高级氧化技术主要有以下特点：

① 氧化能力强。高级氧化技术以·OH 为主要氧化剂参与氧化过程，·OH 具有极强的氧化性，标准氧化还原电位高达 2.80V，仅次于氟（标准氧化还原电位 2.87V）。

② 低选择性，可快速反应。·OH 与有机物氧化反应的速率常数相差不大，基本在 10^8～10^{10} mol/(L·s)，因此·OH 是一种选择性很小的氧化剂；同时该速率常数远高于直接氧化速率常数，·OH 可与有机物以很快的速率反应。

③ 氧化效率高。可将水体中难降解的大分子有机物氧化成低毒或无毒小分子物质，甚至直接降解成为 CO_2 和 H_2O。

根据产生·OH 的方式和反应条件的不同，高级氧化技术分为 Fenton 氧化法、臭氧高级氧化法、电化学氧化法、光化学氧化法、声化学氧化法、催化湿式氧化法等。高级氧化技术应用于水处理，称为高级氧化工艺。目前，污水处理采用的高级氧化工艺以 Fenton 氧化工艺和臭氧高级氧化工艺为主，主要用于降低出水中 COD_{Cr} 浓度。

5.8.2 Fenton 氧化工艺

Fenton 氧化工艺是利用 Fenton 试剂进行化学氧化的污水深度处理工艺。Fenton 试剂主要由亚铁离子（Fe^{2+}）与过氧化氢组成，当水体 pH 值调整至 2～4 时，Fe^{2+} 可催化分解过氧化氢从而产生·OH 来氧化水体中难降解的大分子有机物。同时氧化过程中 Fe^{2+} 被氧化成 Fe^{3+}，形成 $Fe(OH)_3$ 胶体，经过絮凝作用，可进一步降低水体中的悬浮物，达到净化水体的目的。

Fenton 试剂反应需要在较低的 pH 值条件下进行，会产生大量含铁污泥，出水中 Fe^{2+} 含量高，需要额外增加处理工艺；同时反应过程中投加的催化剂难以分离和重复使用，后续处理的难度和成本大大增加。因此 Fenton 氧化工艺不适用于大中型污水处理厂，目前的应用业绩大多在医药、化工、印染废水处理方面。

5.8.3 臭氧高级氧化工艺

臭氧高级氧化工艺是通过化学物理方法使臭氧分解产生·OH 进行氧化有机物的污水深

度处理工艺。根据促使臭氧分解发生的方式不同，臭氧高级氧化工艺主要分为 O_3+UV 工艺、$O_3+H_2O_2$ 工艺和臭氧催化氧化工艺。

5.8.3.1　O_3+ UV 工艺

O_3+UV 工艺产生 $\cdot OH$ 的机理有两种，其中一种是水中溶解的臭氧分子在紫外线（$\lambda=254nm$）的激发下会分裂生成激发态氧自由基（$O^{\cdot}$），激发态氧自由基与水反应生成 H_2O_2，过氧化氢在光照下可直接生成羟基自由基，反应过程如下：

$$O_3+hv \longrightarrow O_2+O^{\cdot}$$

$$O^{\cdot}+H_2O \longrightarrow H_2O_2$$

$$H_2O_2+hv \longrightarrow 2\cdot OH$$

另一种是激发态氧自由基与水反应生成的 H_2O_2 分解成过氧化氢阴离子和氢离子，过氧化氢阴离子与臭氧反应生成自由基，最终生成羟基自由基，反应过程如下：

$$H_2O_2 \longrightarrow HO_2^-+H^+$$

$$HO_2^-+H^++2O_3 \longrightarrow 2\cdot OH+3O_2$$

过氧化氢在光照下直接生成羟基自由基的速度很慢，而过氧化氢阴离子与臭氧反应速率很快，所以 O_3+UV 工艺中主要以第二种方式产生 $\cdot OH$，该工艺适用于降解在紫外线区有强烈吸收的难降解有机物。

O_3+UV 工艺如图 5-9 所示。

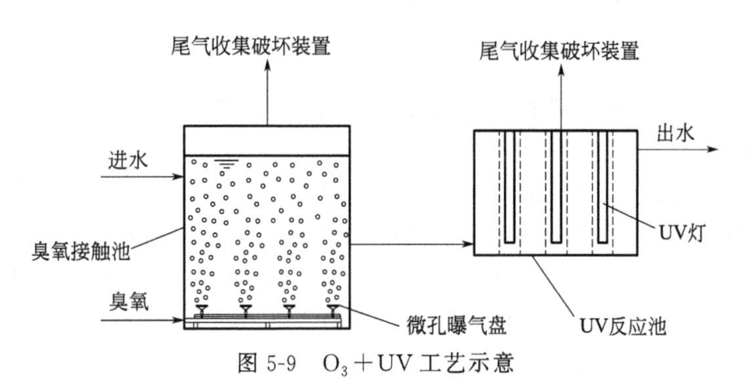

图 5-9　O_3+UV 工艺示意

5.8.3.2　$O_3+H_2O_2$ 工艺

过氧化氢与臭氧产生 $\cdot OH$ 的机理与 O_3+UV 工艺类似，当 H_2O_2 遇到水后会部分分解为过氧化氢阴离子，过氧化氢阴离子与臭氧反应生成自由基，最终生成 $\cdot OH$，反应过程如下：

$$H_2O_2+H_2O \longrightarrow HO_2^-+H_3O^+$$

$$HO_2^-+H^++2O_3 \longrightarrow 2\cdot OH+3O_2$$

过氧化氢与臭氧产生 $\cdot OH$ 的总反应式如下：

$$H_2O_2+2O_3 \longrightarrow 2\cdot OH+3O_2$$

该工艺适用于降解不能吸收紫外辐射的难降解有机物，$O_3+H_2O_2$ 工艺如图 5-10 所示。

5.8.3.3　臭氧催化氧化工艺

臭氧催化氧化工艺是臭氧在催化剂催化作用下生成 $\cdot OH$，从而氧化水体中难降解的大分子有机物的污水深度处理工艺。臭氧催化氧化工艺如图 5-11 所示。

根据催化剂的相态催化可分为均相催化和多相催化。通过制备不同类型的催化剂，可实

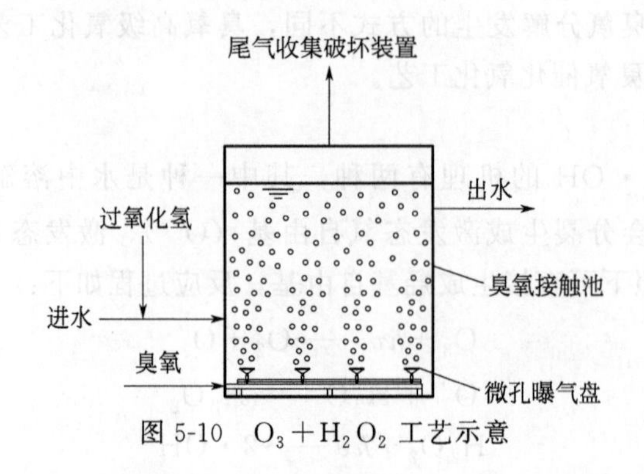

图 5-10　$O_3+H_2O_2$ 工艺示意

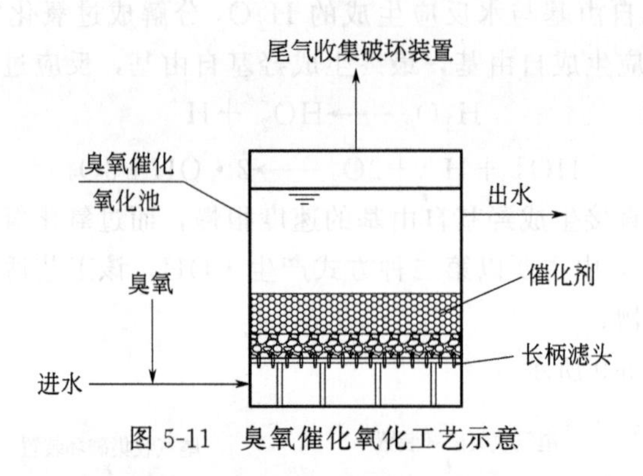

图 5-11　臭氧催化氧化工艺示意

现不同种类的高稳定性有机污染物的彻底降解，同时可有效控制氧化副产物的产生。

5.8.3.4　设计参数

污水深度处理单元——臭氧高级氧化工艺主要用来去除难降解的大分子有机物，因此需要根据进水中有机污染物种类来确定臭氧高级氧化工艺类型，根据有机污染物浓度来确定臭氧投加量及接触时间，同时选择合适的接触池池型。臭氧投加量及接触时间应通过相关试验来确定，或者参考类似污水处理厂的实际运行经验。在没有任何资料的情况下，污水深度处理的臭氧高级氧化单元可参考如下经验参数进行设计。

① 投加量：降解 1mg/L COD，需要消耗 2～4.5mg/L O_3。

② 接触时间：15～60min。

【例题 5-7】 某污水处理厂设计规模 20000m^3/d，综合变化系数为 1.2，二级出水 COD=50mg/L，要求三级出水达到 COD=30mg/L，拟采用臭氧催化氧化工艺，试设计臭氧催化氧化池。

【解】 采用矩形臭氧催化氧化池，分两座（合建）。

(1) 设计计算水量 Q

$$20000m^3/d\times1.2=24000m^3/d=1000m^3/h=0.278m^3/s$$

(2) 臭氧投加量

采用高效臭氧溶气装置，以提高臭氧气体在水中的溶解效率，从而减少臭氧投加量。根据工程经验，臭氧投加比例（COD∶O_3）按 1∶1.2 计，则臭氧投加量 a 为：

$$a=(\text{进水 COD}-\text{出水 COD})\times1.2=(50-30)\times1.2=24(mg/L)$$

所需臭氧量 D 为：

$$D=1.06a\times Q=1.06\times24\times1000=25.44(kg/h)$$

考虑一定的安全余量，并结合《水处理用臭氧发生器技术要求》（GB/T 37894—2019）中 4.3 表 1 臭氧发生器额定臭氧产量规格表，共设 3 台臭氧发生器（2 用 1 备），单台额定臭氧产量为 15kg/h。

（3）设计接触时间

考虑臭氧在水中的半衰期仅有 20min 左右，为大幅度降解 COD，臭氧催化氧化池共设 3 段，每段接触时间取 20min，则总接触时间为 60min。反应池第一、二、三段臭氧投加比例为 2∶1∶1。

（4）有效池容

$$V_{总}=24000\times1/24=1000(\mathrm{m}^3)$$

单池池容：

$$V=1000/2=500(\mathrm{m}^3)$$

采用钢筋混凝土结构，每池分 3 段，每段池长 5.4m，宽 5.0m，平均水深 6.4m，则单池净尺寸：$L\times B\times H=16.2\mathrm{m}\times5.0\mathrm{m}\times6.4\mathrm{m}$。

臭氧催化氧化池平面布置如图 5-12 所示。

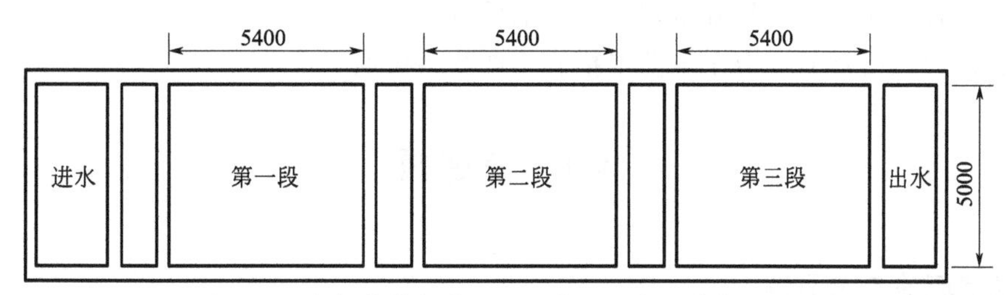

图 5-12　臭氧催化氧化池平面布置示意（单位：mm）

臭氧催化氧化池剖面如图 5-13 所示。

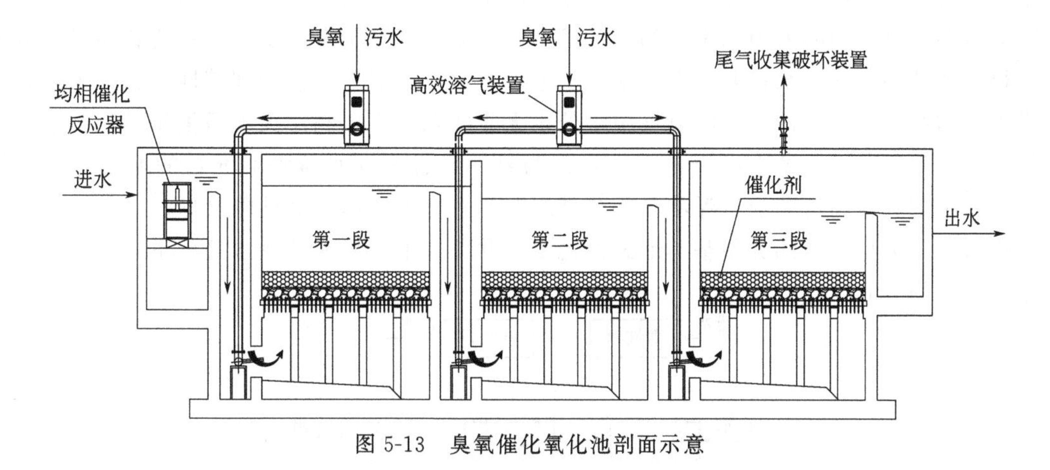

图 5-13　臭氧催化氧化池剖面示意

第6章　污水自然处理法工艺设计计算

污水自然处理法主要依靠自然的净化能力，因此必须严格进行环境影响评价，通过技术经济比较后确定；污水自然处理对环境的依赖性强，所以从规模上考虑一般仅应用在污水量较小的城镇。

污水自然处理法是指由稳定塘或人工湿地等为主要处理设施组成的污水处理工艺，包括预处理设施、稳定塘或人工湿地和附属设施等，其中预处理设施相关内容已包含在前述章节，本章主要内容为稳定塘和人工湿地设施理论和设计计算。

选择污水自然处理方式时，应根据地区特点选择适宜的自然处理方式；选择时需考虑对周围环境及水体的影响，不得降低周围环境的质量。

采用污水自然处理时，应采取防渗措施，严禁污染地下水。

6.1　稳定塘

6.1.1　稳定塘的工艺原理

稳定塘是以塘为主要构筑物，主要依靠水域自然生态系统净化污水的处理设施，按照塘内水中溶解氧的含量，分为好氧塘、兼性塘和厌氧塘，采用机械充氧的塘为曝气塘；以水生植物为主要生物种群的塘为水生植物塘。其中好氧塘中水处于有氧状态，主要利用好氧微生物、藻类和植物净化污水；兼性塘中水处于上层有氧、底层无氧、中间兼性状态，主要利用多类微生物和藻类净化污水；厌氧塘中水处于无氧状态，主要利用厌氧微生物净化污水；曝气塘靠机械曝气充氧，塘水中全部生物污泥为悬浮状且全塘水溶解氧充足的塘为好氧曝气塘，塘水中部分生物污泥为悬浮状且部分塘水溶解氧充足的塘为兼性曝气塘。

由多个同类型或不同类型基本形式的稳定塘并联或串联构成的污水处理系统称为组合型稳定塘，如图6-1所示。

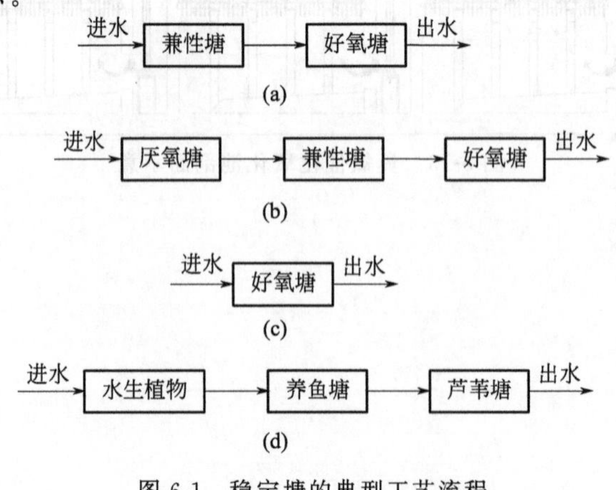

图6-1　稳定塘的典型工艺流程

不同类型稳定塘的生态系统是不一样的，因此对污水的净化机理也不完全相同。图 6-2 为典型的兼性稳定塘生态系统，其中包括好氧区、厌氧区及两者之间的兼性区。好氧区即为好氧塘的功能模式，厌氧区能够代表厌氧塘内的反应。

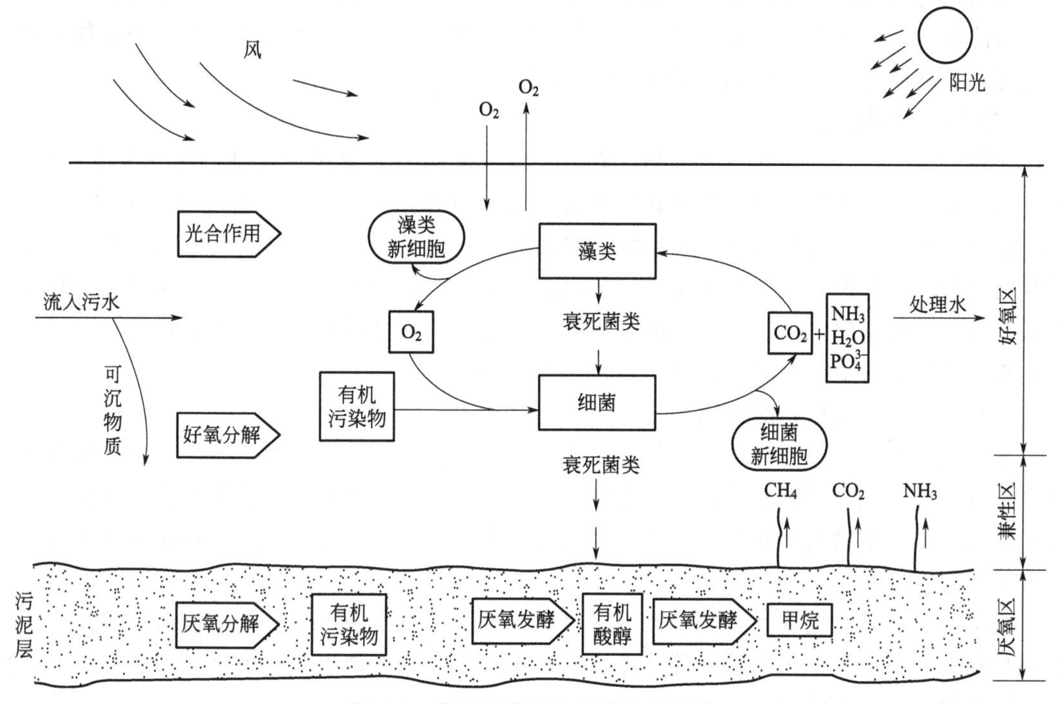

图 6-2　典型的兼性稳定塘生态系统

总体来说，稳定塘对污水产生净化作用主要表现在以下 6 个方面。

（1）稀释作用

污水进入稳定塘后，在风力、水流以及污染物的扩散作用下与塘内已有塘水进行一定程度的混合，使进水得到稀释，降低了其中各项污染物指标的浓度。

稀释作用是一种物理过程，稀释作用并没有改变污染物的性质，但却为进一步的净化作用创造条件，如降低有害物质的浓度，使塘水中生物净化过程能够正常进行。

（2）沉淀和絮凝作用

污水进入稳定塘后，由于流速降低，其所挟带的悬浮物质在重力作用下沉于塘底，从而使污水中的 SS、BOD_5、COD 等各项指标都得到降低。此外，在稳定塘的塘水中含有大量的生物分泌物，这些物质一般都具有絮凝作用，小颗粒聚集成大颗粒，沉于塘底成为沉积层。沉积层则通过厌氧分解进行稳定。自然沉淀与絮凝沉淀对污水在稳定塘的净化过程起到一定的作用。

（3）好氧微生物的代谢作用

在稳定塘内，污水净化最关键的作用仍是在好氧条件下异养型好氧菌和兼性菌对有机污染物的代谢作用，绝大部分的有机污染物都是在这种作用下得以去除的。

当稳定塘内生态系统处于良好的平衡状态时，细菌的数目能够得到自然的控制。当采用多级稳定塘系统时，细菌数目将随着级数的增加而逐渐减少。

稳定塘由于好氧微生物的代谢作用，能够取得很高的有机物去除率，BOD_5 可去除 90%

以上，COD去除率也可达80%。

(4) 厌氧微生物的代谢作用

在兼性塘的塘底沉积层和厌氧塘内，溶解氧全无，厌氧细菌得以存活，并对有机污染物进行厌氧发酵分解，这也是稳定塘净化作用的一部分。在厌氧塘和兼性塘的塘底，有机污染物一般能够经历厌氧发酵三个阶段的全过程，即水解阶段、产氢产乙酸阶段和产甲烷阶段的全过程，最终产物主要是 CH_4、CO_2 以及硫醇等。

(5) 浮游生物的作用

在稳定塘内存活着多种浮游生物，它们各自从不同的方面对稳定塘的净化发挥着作用。藻类的主要功能是供氧，形成菌藻共生系统；同时也起到从塘水中去除某些污染物，如氮、磷的作用。原生动物及枝角类浮游动物在稳定塘内的主要功能是吞食游离细菌以及细小的悬浮状污染物和污泥颗粒，可使塘水进一步澄清。此外，它们还分泌能够产生生物絮凝作用的黏液。各种生物形成稳定塘内主要的食物链网，能够建立良好的生态平衡，使污水中有机污染物得到降解，污水得到净化，其产物得到充分利用。

(6) 水生维管束植物的作用

水生植物吸收氮磷等营养，使稳定塘去除氮、磷的能力有所提高；水生植物的根部具有富集重金属的功能，可提高重金属的去除率；每一株水生植物都像一台小型的供氧机，可向塘水供氧；水生植物的根和茎，为微生物提供生长介质，使稳定塘去除 BOD_5 和 COD 的功能有所提高。

稳定塘具有基建投资和运转费用低、维护和维修简单、便于操作、能有效去除污水中的有机物和病原体、无需污泥处理等优点。在我国，特别是在缺水干旱的地区，稳定塘是实施污水资源化利用的有效方法。

6.1.2 工艺设计参数及要点

① 稳定塘有效表面积与有效容积可采用污染物负荷法计算。兼性塘、好氧塘、曝气塘宜按 BOD_5 面积负荷法计算，厌氧塘宜按照 BOD_5 容积负荷法计算，设计结果应满足水力停留时间要求。

Ⅰ. 污染物面积负荷计算公式：

$$N_A=\frac{Q(S_0-S_1)}{A} \tag{6-1}$$

式中 N_A——污染物面积负荷（以 BOD_5 计），$g/(m^2 \cdot d)$；

Q——稳定塘污水设计处理流量，m^3/d；

S_0——进水污染物容积负荷，g/m^3；

S_1——出水污染物容积负荷，g/m^3；

A——稳定塘的表面积，m^2。

Ⅱ. 污染物容积负荷计算公式：

$$N_V=\frac{Q(S_0-S_1)}{V} \tag{6-2}$$

式中 N_V——污染物容积负荷（以 BOD_5 计），$g/(m^3 \cdot d)$；

V——稳定塘的有效容积，m^3。

Ⅲ. 水力停留时间计算公式：

$$T=\frac{V}{Q} \tag{6-3}$$

式中　T——水力停留时间，d。

② 稳定塘宜建在自然坡度≤2%的场地，坡度＞2%时可采用分级阶梯连接方式保持水深。

③ 单塘长宽比不小于 3∶1，当满足要求时应设置避免短流、滞流的导流措施。

④ 稳定塘的总深度包含污泥层深、有效水深和超高。厌氧塘污泥层设计深度不小于 0.5m，其他类型塘污泥层设计深度不小于 0.2m，超高宜＞0.5m 且满足风浪爬高要求。同时在寒冷地区塘深还应考虑冰盖厚度。

⑤ 厌氧塘宜采用多塘并联运行模式，兼性塘、好氧塘宜采用多级串联或并联运行模式，也可采用单级塘。

⑥ 稳定塘工艺设计参数，如表 6-1 所列。

表 6-1　稳定塘工艺设计参数

项目		BOD_5 面积负荷/[g/(m²·d)] [厌氧塘为 BOD_5 容积负荷，单位为 g/(m³·d)]			有效水深/m	水力停留时间/d			处理效率/%
		Ⅰ区	Ⅱ区	Ⅲ区		Ⅰ区	Ⅱ区	Ⅲ区	
厌氧塘		4.0～8.0	7.0～11.0	10.0～15.0	3.0～6.0	≥8	≥6	≥4	30～60
兼性塘		2.5～5.0	4.5～6.5	6.0～8.0	1.5～3.0	≥30	≥20	≥10	50～75
好氧塘	常规处理	1.0～2.0	1.5～2.5	2.0～3.0	0.5～1.5	≥30	≥20	≥10	60～85
	深度处理	0.3～0.6	0.5～0.8	0.7～1.0	0.5～1.5	≥30	≥20	≥10	30～50
曝气塘	兼性曝气	5.0～10.0	8.0～16.0	14.0～25.0	3.0～5.0	≥20	≥14	≥8	60～80
	好氧曝气	10～25	20～35	30～45	3.0～5.0	≥10	≥7	≥4	70～90
水生植物塘	常规处理	1.5～3.5	3.0～5.0	4.0～6.0	0.3～2.0（视植物而定）	≥30	≥20	≥15	40～75
	深度处理	1.0～2.5	1.5～3.5	2.5～4.5		≥20	≥15	≥10	30～60

注：Ⅰ区，年平均气温低于 8℃；Ⅱ区，年平均气温为 8～16℃；Ⅲ区，年平均气温高于 16℃。

⑦ 进出水系统。厌氧塘进水口应设在高于塘底 0.6～1.0m 处，且在水面 0.3m 以下。当塘底宽＜6m 时可设置 1 个进水口，＞6m 时应设置多个进水口。出水口应采用淹没式，并应设置除渣挡板。除渣挡板底边应位于水面下 0.6m 以下。

6.1.3　设计计算案例

【例题 6-1】 陕西省某区域生活污水量 4500m³/d，进水 BOD_5 值 $S_0=120$mg/L，要求

出水 BOD_5 值 S_1＜20mg/L。拟采用好氧塘处理，试确定好氧塘的尺寸。

【解】 ① 该区属Ⅱ区，按照表 6-1 中工艺设计参数选取。设置两座好氧塘并联运行，好氧塘有效面积 BOD_5 面积负荷取 2.5g/(m^2·d)，好氧塘有效面积：

$$A=\frac{Q(S_0-S_1)}{N_A}=\frac{4500\times(120-20)}{2.5}=180000(m^2)$$

单塘有效面积 $A_1=90000m^2$。

② 单塘平面尺寸塘长宽比采用 3∶1，则塘深 1/2 处池长为：

$$L_1=\sqrt{9\times3\times10^4}=519.6(m)$$

取 L_1 为 520m，则塘深 1/2 处池宽：$B_1=520/3=173.3$（m），取 B_1 为 174m。

设边坡系数 $S=2$，塘有效深度 $h=0.5$m，则塘底池长为 $520-2\times2\times0.25=519$(m)，塘底池宽为 $174-2\times2\times0.25=173$(m)，水面处池长为 $520+2\times2\times0.25=521$(m)，水面处池宽为 $174+2\times2\times0.25=175$(m)。

③ 单塘有效容积根据台体的计算公式得：

$$V_1=[521\times175+\sqrt{(521\times175)(519\times173)}+519\times173]\times0.5/3$$
$$=45240(m^3)$$

④ 水力停留时间为：

$$t=\frac{2V_1}{Q}=\frac{2\times45240}{4500}=20.1(d)$$

⑤ 单塘上口长度、宽度。

塘的超高采用 1.0m，则塘总深 $H=1.5$m。单塘上口长度 $L=519+2\times2\times1.5=525$(m)，单塘上口宽度 $B=173+2\times2\times1.5=179$(m)。

⑥ 单塘容积为：

$$V=[525\times179+\sqrt{(525\times179)(519\times173)}+519\times173]\times0.5/3$$
$$=200796.6(m^3)$$

【例题 6-2】 某镇区远离城镇集中污水处理厂，拟采用稳定塘对生活污水进行处理。已知污水量为 1500m^3/d，污水中 BOD_5＝165mg/L，SS＝200mg/L，要求出水 BOD_5＜20mg/L，SS＜20mg/L。

1）经预处理后的污水：BOD_5＝135mg/L，SS＝100mg/L。

2）设计采用兼性塘、厌氧塘工艺比选进行污水处理。该镇区属Ⅱ区，按照表 6-1 中工艺设计参数选取。

① 兼性塘采用污染物（BOD_5）面积负荷计算

$$A=\frac{Q(S_0-S_1)}{N_A}=\frac{1500\times(135-20)}{5}=34500(m^2)$$

有效水深选 $h_1=1.5$m，则兼性塘有效容积为 51750m^3。

水力停留时间 $T=\frac{V}{Q}=\frac{51750}{1500}=34.5(d)>20d$，满足要求。

兼性塘高度 H：污泥层厚度取 $h_2=0.3$m，超高取 $h_3=0.5$m，则兼性塘总高为 $H=h_1+h_2+h_3=1.5+0.3+0.5=2.3$(m)。

② 厌氧塘采用污染物（BOD_5）容积负荷计算

$$V=\frac{Q(S_0-S_1)}{N_V}=\frac{1500\times(135-20)}{9.5}=18158(\text{m}^3)$$

有效水深取 $H=4.5\text{m}$，则面积 $A=\frac{V}{H}=\frac{18158}{4.5}=4035(\text{m}^2)$。

水力停留时间 $T=\frac{V}{Q}=\frac{18158}{1500}=12.1\text{d}>6\text{d}$。

取污泥层厚度 $h_2=0.6\text{m}$，超高 $h_3=0.5\text{m}$，则兼性塘总高为 $H=h_1+h_2+h_3=4.5+0.6+0.5=5.6(\text{m})$。

6.2　人工湿地

6.2.1　人工湿地的工艺原理

人工湿地是指通过模拟天然湿地的结构与功能，人为建造的用于污水处理的设施。根据水流形态分为表面流人工湿地和潜流人工湿地两种基本形式。在潜流人工湿地中，根据水流的流动方向，又可将其分为水平潜流人工湿地（见图6-3）和垂直潜流人工湿地（见图6-4)。表面流人工湿地中，水面在表层填料以上，污水从进水端水平流向出水端；水平潜流人工湿地中，水面在表层填料以下，污水从进水端水平流向出水端；垂直潜流人工湿地中，污水向下或向上垂直通过滤料，再由出水端出水。组合式人工湿地则由多个同类型或不同类型的人工湿地组成。

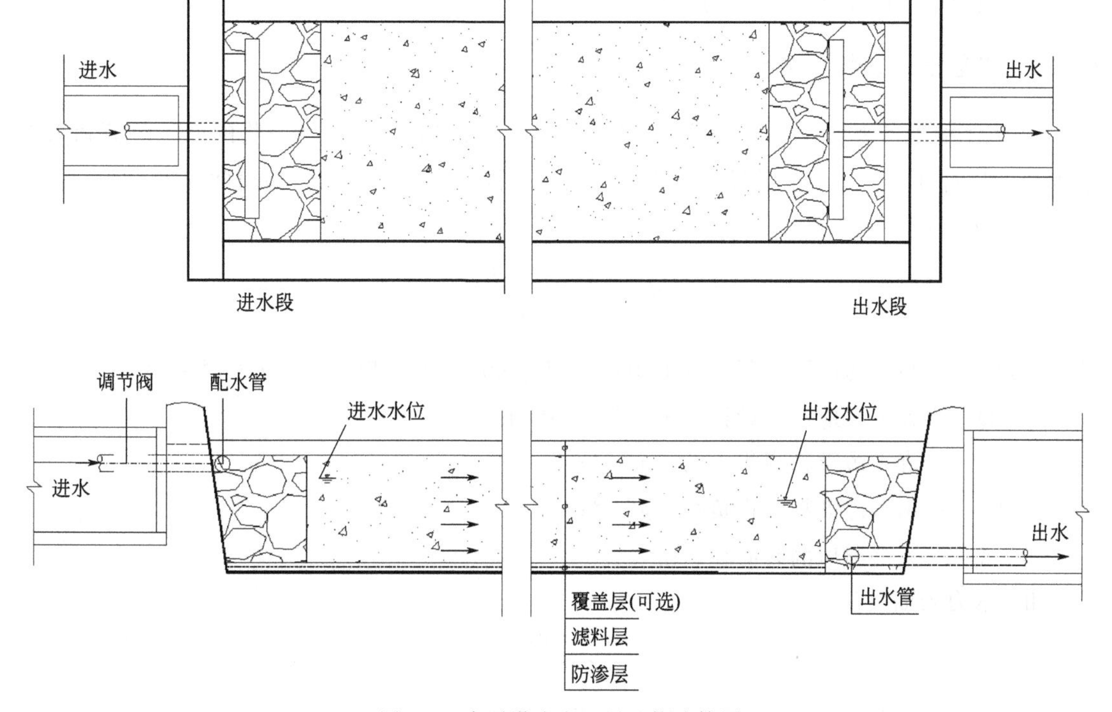

图6-3　水平潜流人工湿地构造简图

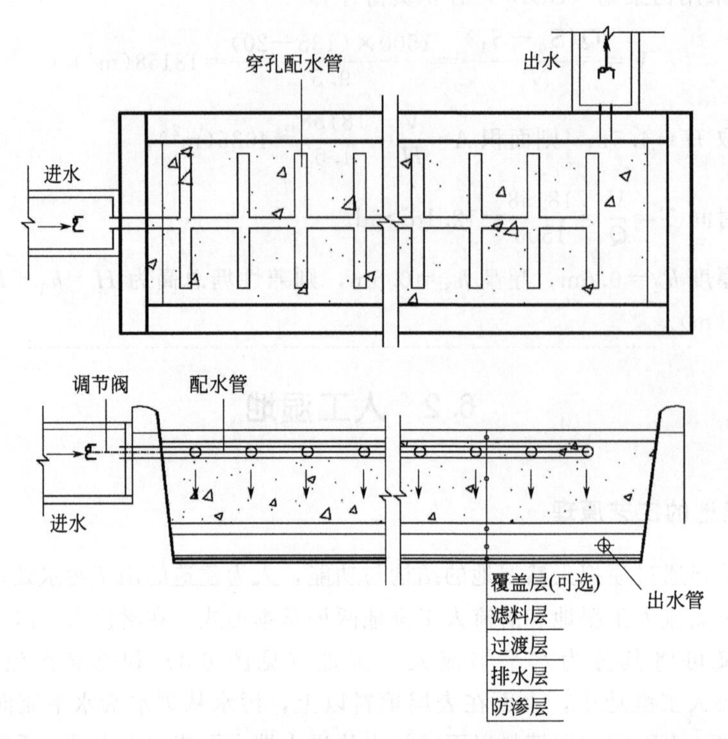

图 6-4　垂直潜流人工湿地构造简图

人工湿地是一个综合的生态系统，可充分发挥资源的再生潜力，防止环境的再污染，获得污水处理与资源化的最佳效益，是一种较好的生态处理方式，比较适合处理水量不大、管理水平要求不高的城镇污水和较分散的农村污水。

6.2.2　工艺设计参数及要点

① 人工湿地的表面积可按 BOD_5、NH_4^+-N、TN、TP 等主要污染物的面积负荷和水力表面负荷进行计算，并应取其计算结果的最大值，同时应满足水力停留时间要求。

Ⅰ. 污染物面积负荷

$$N_A=\frac{Q(S_0-S_1)}{A} \tag{6-4}$$

式中　N_A——污染物面积负荷（以 BOD_5、NH_4^+-N、TN、TP 计），$g/(m^2 \cdot d)$；

Q——人工湿地污水设计处理流量，m^3/d；

S_0——进水污染物容积负荷，g/m^3；

S_1——出水污染物容积负荷，g/m^3；

A——人工湿地的表面积，m^2。

Ⅱ. 水力表面负荷

$$q=\frac{Q}{A} \tag{6-5}$$

式中　q——水力表面负荷，$m^3/(m^2 \cdot d)$。

Ⅲ. 水力停留时间

$$T=\frac{Vn}{Q} \tag{6-6}$$

式中　T——水力停留时间，d；

V——人工湿地有效容积，m^3；

n——潜流人工湿地填料孔隙率，%，表面流人工湿地取 $n=1$。

② BOD_5 去除校核潜流湿地面积：

$$A=\frac{Q(\ln S_0-\ln S_1)}{K_T H n} \tag{6-7}$$

$$K_T=K_{20}\times 37.31\times n^{4.172}\times 1.1^{T-20}$$

式中　A——人工湿地面积，m^2；

Q——人工湿地污水设计处理流量，m^3/d；

S_0——进水 BOD_5 浓度，mg/L；

S_1——出水 BOD_5 浓度，mg/L；

K_T——设计水温条件下的反应速率常数，d^{-1}；

K_{20}——水温为 20℃条件下的反应速率常数，d^{-1}；

T——设计水温，℃；

H——人工湿地水深，m；

n——填料孔隙率，%。

③ 人工湿地处理单元的长宽比应符合下列规定：a. 表面流人工湿地宜大于 3∶1；b. 水平潜流人工湿地宜为（3∶1）～（10∶1）；c. 垂直潜流人工湿地宜为（1∶1）～（3∶1）。

④ 水平潜流人工湿地进水区长度宜为 1.0～1.5m，出水区长度宜为 0.8～1.0m。

6.2.3　设计计算案例

【例题 6-3】　某地区生活污水量为 $800m^3/d$，拟采用水平潜流人工湿地。已知进水 BOD_5 为 60mg/L，出水 BOD_5<10mg/L；进水 TN 为 35mg/L，出水 TN<15mg/L；设计冬季最不利温度为 12℃；填料孔隙率 $n=0.5$。拟采用水平潜流人工湿地进行处理。

（1）按照污染物（BOD_5、TN）负荷法计算

BOD_5 表面负荷 N_A 参照Ⅱ区推荐值 5～8g/(m^2·d)，取 6.5g/(m^2·d)，TN 表面负荷 N_A 参照Ⅱ区推荐值 2.5～5.5g/(m^2·d)，取 3.0g/(m^2·d)。计算面积如下：

$$A_{BOD}=\frac{Q(S_0-S_1)}{N_A}=\frac{800\times(60-10)}{6.5}=6153(m^2)$$

$$A_{TN}=\frac{Q(S_0-S_1)}{N_A}=\frac{800\times(35-15)}{3}=5333(m^2)$$

（2）按照水力负荷法计算

水力负荷 q 参照Ⅱ区推荐值≤0.25g/(m^2·d)，取 0.1m^3/(m^2·d)，计算面积为：

$$A=\frac{Q}{q}=\frac{800}{0.1}=8000(m^2)$$

取水力停留时间 $T=4d$，则填料容积 $V=QT/n=800\times 4/0.5=6400(m^3)$。

填料高度 $H=V/A=6400/8000=0.8(m)$。

(3) BOD_5 去除校核潜流湿地面积

$$K_{12}=K_{20}\times 37.31\times n^{4.172}\times 1.1^{12-20}$$

式中 n——填料孔隙率，取 0.5。

中砂填料，最大粒径 1mm 占 10%时，$K_{20}=1.84d^{-1}$；粗砂填料，最大粒径 2mm 占 10%时，$K_{20}=1.35d^{-1}$；砂砾填料，最大粒径 8mm 占 10%时，$K_{20}=0.86d^{-1}$。本设计选用粗砂填料，$K_{20}=1.35d^{-1}$，计算得 $K_{12}=1.303d^{-1}$。则：

$$A=\frac{Q(\ln S_0-\ln S_1)}{K_T H n}=\frac{800\times(\ln 60-\ln 10)}{1.303\times 0.8\times 0.5}=2750(m^2)$$

经校核，按照污染物负荷、水力负荷计算人工湿地面积满足要求。湿地面积按照 6200m² 确定。

(4) 人工湿地尺寸计算

设计拟采用多级式(三级) 水平潜流人工湿地处理系统进行处理。污水由泵站提升依次进入一、二、三级湿地，处理后的出水排入景观水池。为调节水量变化，在处理设施前端设置一座调节池。经流量调节后的湿地设计流量 Q 按 $800m^3/d=0.0093m^3/s$ 计算。

① 第一级、第二级湿地。面积按 1800m² 计算，单个池体长 60m，宽 30m，单个池体在宽度方向上分为对称的 2 组，则每组池体长 60m，宽 15m，长宽比为 4∶1（如图 6-5 所示）。

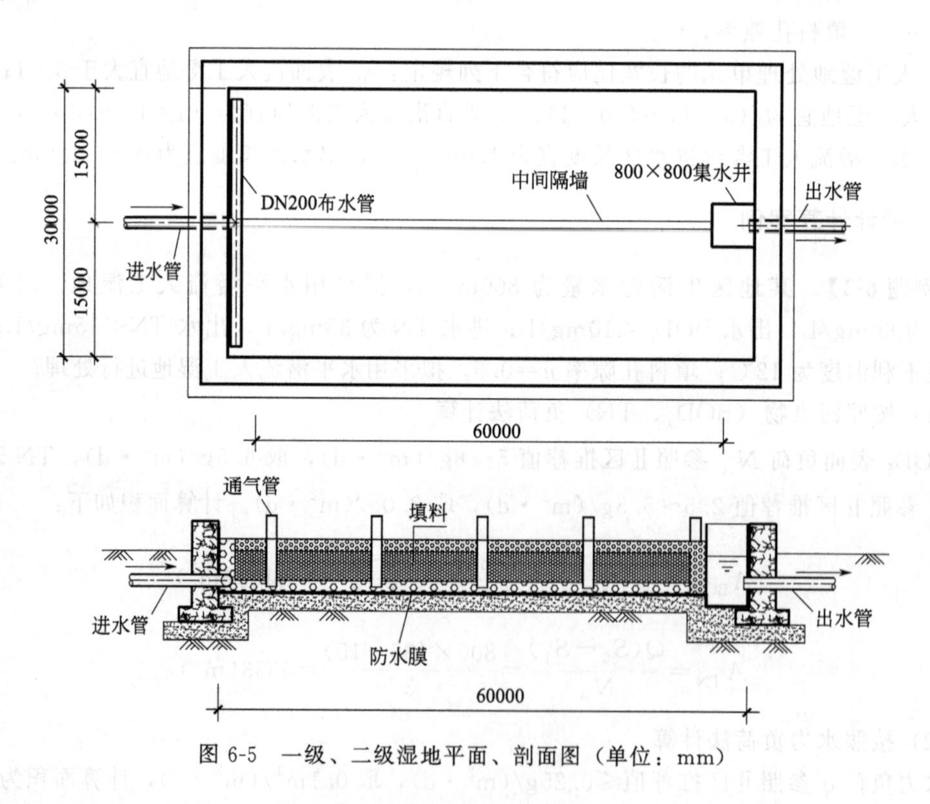

图 6-5 一级、二级湿地平面、剖面图（单位：mm）

② 第三级湿地。按 2600m² 计算，单个池体长 86m，宽 30m，单个池体在宽度方向上分为对称的 2 组，则每组池体长 86m，宽 15m，长宽比为 5.7∶1，池形同图 6-5。

③ 进、出水管道及布水管道。进、出水管道流速按 $v=0.5\text{m/s}$ 计，则管径 $D=\sqrt{\frac{4Q}{\pi v}}=0.154(\text{m})$，取 $D=200\text{mm}$。

布水管道扩散孔流速 $v=0.6\text{m/s}$，则扩散孔总面积为 $A=Q/v=0.0155(\text{m}^2)$。

扩散孔分 $f=2$ 排，孔直径初定 $d=20\text{mm}$，则每排扩散孔 $n=\frac{4A}{f\pi d^2}=\frac{4\times0.0155}{2\times3.14\times0.02^2}=25$(个)。

第 7 章　消毒设施工艺设计计算

城市生活污水中含有大量的微生物，其中包含对人类有害的细菌、原生动物的卵囊虫及胞囊、蠕虫、病毒等，所以消毒是水处理工艺的重要组成部分。随着城市的发展和人居环境质量要求的提高，城市供水的安全性、供水系统的优化以及污水处理厂出水的安全问题引起了人们的广泛关注。特别是 2003 年严重急性呼吸综合征（曾称传染性非典型肺炎）及 2019 年新冠肺炎的突然爆发，使人们充分认识到控制城市生活污水中致病性传染微生物是污水处理的重要内容；城市污水经过二级处理后，虽然水质改善，细菌、病毒含量大幅度减少，但细菌的绝对值仍很可观，并具有存在致病细菌和病毒的可能。因此，为防止对人类健康产生危害和对生态造成污染，在污水排入水体前应进行消毒灭活致病细菌和病毒处理。

目前，城市污水厂中最常用的消毒剂为液氯、二氧化氯、次氯酸钠、臭氧和紫外线等。

污水消毒程度应根据污水性质、排放标准或再生水要求确定。正确选择消毒剂是影响工程投资和运行成本的重要因素，也是保证出水水质的关键。

几种常用消毒剂的性能比较见表 7-1。

表 7-1　常用消毒剂的性能

项目	液氯	次氯酸钠	二氧化氯	臭氧	紫外线
杀菌有效性	较强	强	强	最强	强
效能 对细菌 对病毒 对芽孢	 有效 部分有效 无效	 有效 部分有效 无效	 有效 部分有效 无效	 有效 有效 无效	 有效 部分有效 无效
一般投加量	5～15mg/L	5～15mg/L	5～15mg/L	10mg/L	
接触时间	30～60min	30～60min	30～60min	5～10min	10～100s
一次投资	低	低	较高	高	高
运行成本	便宜	贵	贵	最贵	较便宜
优点	技术成熟，效果可靠，设备简单，价格便宜，有后续消毒作用	可现场制备，也可购买商品次氯酸钠，使用方便，投量容易控制	杀菌效果好，无气味，使用安全可靠，有定型产品	杀菌、除色、除臭效果好，不产生残留的有害物质，可增加溶解氧含量	快速，无化学药剂，杀菌效果好，无残留有害物质，节省用地
缺点	有臭味、残毒，余氯对水生生物有害，可能产生致癌物质，安全措施要求高	现场制备需次氯酸钠发生器和投配设备，设备复杂，维修管理要求高	需现场制备，维修管理要求较高	需现场制备，投资大，成本高，设备管理复杂，剩余臭氧需进行消除处理	耗能较大，对浊度要求高，消毒效果受出水水质影响较大，设备衰减程度大

续表

项目	液氯	次氯酸钠	二氧化氯	臭氧	紫外线
使用条件	适用于大、中型污水处理厂	适用于大、中、小型污水处理厂	适用于中、小型污水处理厂	适用于要求出水水质较好、排入水体的卫生条件高的污水厂	适用于中、小型污水处理厂

7.1　液氯消毒

7.1.1　液氯消毒原理与工艺流程

液氯消毒是国内外最主要的消毒技术，也是历史上最早采用的消毒技术。直到今天，液氯消毒仍因其投资省、运行成本低、设计和运行管理方便而广受青睐。液氯的消毒效果与水温、pH 值、接触时间、混合程度、污水浊度、所含干扰物质及有效氯浓度有关。氯气消毒主要是氯气水解生成的次氯酸的作用，当 HClO 分子到达细菌内部时与有机体发生氧化作用而使细菌死亡。

但在长期使用液氯消毒过程中，自 20 世纪 70 年代人们发现氯与水中有机物反应产生大量氯代消毒副产物，如三卤甲烷、卤乙酸、卤代腈、卤代醛等在消毒过程中被发现。这些副产物对人体健康有较大影响。越来越多的消毒副产物三卤甲烷和卤乙酸由于其强致癌性已成为控制的主要目标，而且也分别代表了挥发性和非挥发性的两类消毒副产物。同时，水中不断发现新型的抗氯致病性微生物，如兰伯氏贾第虫、隐孢子虫。这些致病性微生物对氯有较强的抵抗作用，而且会直接导致人群大面积获传染性疾病，必须采用很高的消毒剂量或是新型的消毒技术才能有效控制。

液氯消毒工艺流程如图 7-1 所示。

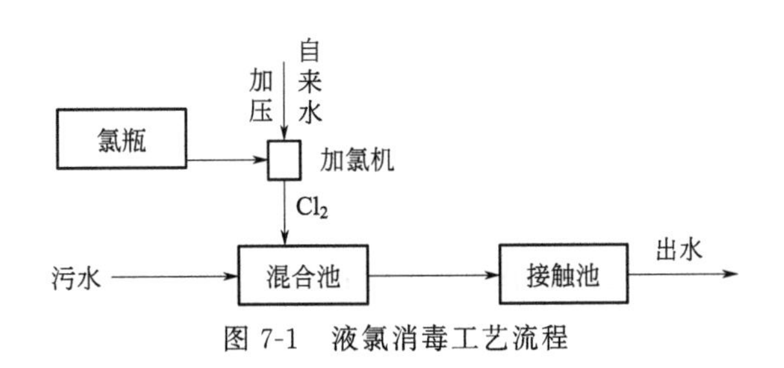

图 7-1　液氯消毒工艺流程

7.1.2　设计参数及规定

（1）投加量

对于城市污水，一级处理后投加量为 15～25mg/L；不完全二级处理后为 10～15mg/L。污水厂出水的加氯量应根据试验资料或类似运行经验确定；当无试验资料时，污水厂出水可采用 5～15mg/L，再生水的加氯量应按卫生学指标和余氯量确定。

（2）接触时间

对于城市污水液氯消毒接触时间不应小于 30min。水和氯应充分混合，保证余氯量不小于0.5mg/L。混合方式可采用机械混合、管道混合、静态混合器混合、跌水混合、鼓风混合、隔板混合。

（3）加氯量W(kg/h)计算

$$W=0.001aQ_0 \tag{7-1}$$

式中　a——最大投氯量，mg/L；

　　Q_0——需消毒的水量，m^3/h。

7.1.3　平流式接触消毒池设计

（1）单池流量

$$Q=\frac{Q_0}{N} \tag{7-2}$$

式中　Q_0——设计流量，m^3/s；

　　Q——单池设计流量，m^3/s；

　　N——消毒池个数。

（2）接触消毒池容积

$$V=Qt \tag{7-3}$$

式中　V——接触池单池容积，m^3；

　　Q——单池污水设计流量，m^3/s；

　　t——消毒接触时间，h。

（3）接触消毒池表面积

$$F=\frac{V}{h_2} \tag{7-4}$$

式中　F——接触消毒池单池表面积，m^2；

　　h_2——接触消毒池有效水深，m。

（4）接触消毒池池长

$$L'=\frac{F}{B} \tag{7-5}$$

式中　L'——接触消毒池廊道总长，m；

　　B——接触消毒池廊道单宽，m。

接触消毒池采用n廊道，则接触消毒池池长：

$$L=\frac{L'}{n} \tag{7-6}$$

（5）池高

$$H=h_1+h_2 \tag{7-7}$$

式中　h_1——超高，m，一般采用0.5m；

　　h_2——有效水深，m。

（6）出水部分

$$h=\left[\frac{Q}{mb\times\sqrt{2g}}\right]^{\frac{2}{3}} \tag{7-8}$$

式中　h——堰上水头，m；

m——流量系数，一般采用 0.42；

b——堰宽，数值等于池宽，m。

平流式接触消毒池示意如图 7-2 所示。

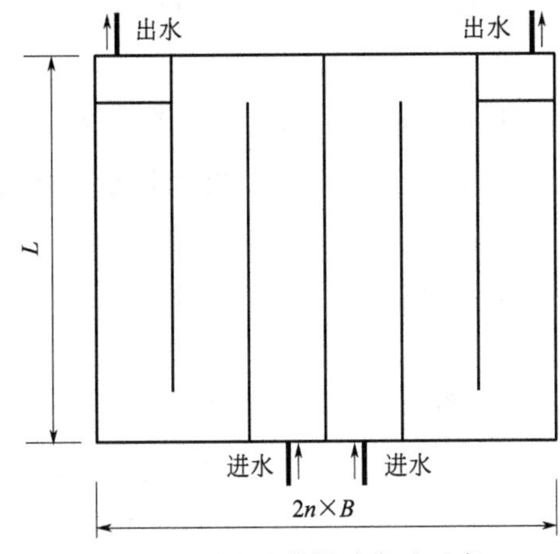

图 7-2　平流式接触消毒池示意

7.1.4　液氯消毒设计算例

【例题 7-1】 某城市污水处理厂设计处理水量为 $250000m^3/d$，综合变化系数为 1.5，拟采用液氯消毒，试计算接触消毒池工艺设计主要尺寸。

【解】 采用矩形接触消毒池，分两座（合建），出水巴氏计量槽设在两座池消毒中间。

1）设计计算水量：$25\times10^4m^3/d\times1.5=37.5\times10^4m^3/d=4.340m^3/s$。

2）设计接触时间：$T=30min$。

3）有效池容：

$$V_{总}=\frac{37.5\times10000\times0.5}{24}=7812.5(m^3)$$

单池池容：$V=3906.25m^3$。

采用钢筋混凝土结构，每池分 6 个廊道，每廊道宽 4.50m，水深 3.30m。

单池净尺寸：$L\times B\times h_2=44.20m\times27.00m\times3.30m$。

4）接触池进口流速及尺寸。

进口流速：取 $v=0.60m/s$。

孔口过水断面：$A=\frac{Q/2}{v}=3.62(m^2)$。

孔口尺寸：1.903m×1.903m，取 1.90m×1.90m。

选用 SFZ 型制水闸门及启闭机，1900mm×1900mm，共两套。

5）出水采用矩形薄壁溢流堰，数量 2 个。

堰上水头 $h_a=0.42m$。

$$Q_0=mb_ah_a\sqrt{2gh_a}$$

式中：

$$m=0.405+\frac{0.0027}{h}=0.405+\frac{0.0027}{0.42}=0.411$$

$$Q_0=4.34/2=2.17(m^3/s)$$

得出堰宽为 $b_a=4.38m$，取 $b_a=4.50m$。

6）巴氏计量槽计算。设计水量 $Q=4.34m^3/s$，取喉宽 $b=3.05m$，流量公式为 $Q=7.463h^{1.6}$，适用流量范围为 $0.16\sim8.28m^3/s$。当计量槽上游水深 $h=0.713m$ 时，$Q=4.34m^3/s$。

巴氏计量槽长度为 $L_0=4.27+0.91+1.83=7.01$（m）。

7）出水明渠计算。

上游渠道：宽 $B_1=5.0m$，水深 $h_s=0.72m$。则：

$$A_1=B_1h_s=5.00\times0.72=3.60(m^2)$$

$$流速\ v_{上}=Q/A_1=4.34/3.60=1.21(m/s)$$

上游渠道长度应不小于渠宽的2～3倍，$L_1=3\times5.00=15.00(m)$。

下游渠道：宽 $B_1=5.00m$，下游与上游水深的比值应不大于0.8，取0.7，则下游渠道水深 $h_x=0.72\times0.7=0.504(m)$，取0.50m。则：

$$A_2=B_1h_x=5.00\times0.50=2.50(m^2)$$

$$v_{下}=Q/A_2=4.34/2.50=1.74(m/s)$$

下游渠道长度应不小于渠宽的4～5倍，$L_2=5\times5.00=25.00(m)$。

上下游渠道及巴氏计量槽总长度 $L=L_0+L_1+L_2=7.01+15.00+25.00=47.01(m)$，取 $L=50m$，则 $L/B=50/5=10$，符合巴氏计量槽渠道直线段不小于渠道宽度8～10倍的要求。

7.2 二氧化氯消毒

7.2.1 二氧化氯消毒原理与工艺流程

二氧化氯是一种随浓度升高颜色由黄绿色到橙色的气体，具有与氯气相似的刺激性气味。纯二氧化氯的液体与气体性质极不稳定，在空气中二氧化氯的浓度超过10%时就有很高的爆炸性，故不易贮存，应进行现场制备和使用，其氧化能力仅次于臭氧，可氧化水中多种无机物和有机物。

二氧化氯的消毒机理为：二氧化氯与微生物接触时对细胞壁有很强的吸附与穿透能力，能有效地氧化细胞内含硫基的酶，使微生物蛋白质中的氨基酸氧化分解，导致氨基酸链断裂、蛋白质失去功能，致使微生物死亡。它的作用既不是蛋白质变性也不是氯化作用，而是很强的氧化作用的结果。它的主要优点是，具有较好的广谱消毒效果，用量少、作用快、消毒作用持续时间长，对pH影响不敏感，可除臭、去色，能同时控制水中铁、锰，不产生三卤甲烷和卤乙酸等副产物，不产生致突变物质。但是其缺点也很明显，二氧化氯消毒产生无机消毒副产物亚氯酸根离子和氯酸根离子，其本身也有毒害；并且，由于二氧化氯不能贮存，需现场制备，其在制备、使用上还存在一些技术问题，操作过程复杂，试剂价格偏高，运输、贮藏安全性较差。

化学制备二氧化氯的工艺流程如图 7-3 所示。

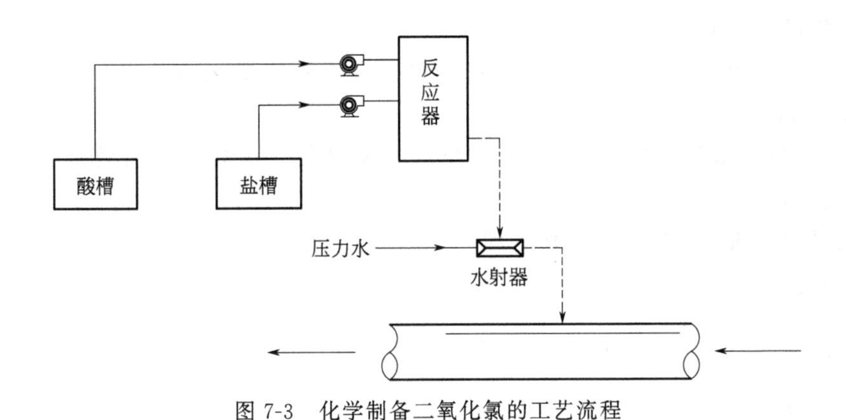

图 7-3　化学制备二氧化氯的工艺流程

7.2.2　设计参数及规定

（1）投加量

《室外排水设计标准》（GB 50014—2021）中 7.13.9 条规定：污水厂出水的加氯量应根据试验资料或类似运行经验确定；当无试验资料时，可采用 5～15mg/L，再生水的加氯量应按卫生学指标和余氯量确定。

加氯量 W(kg/h) 计算：

$$W = 0.001aQ_0 \tag{7-9}$$

式中　a——最大投氯量，mg/L；

Q_0——需消毒的水量，m^3/h。

（2）消毒接触时间

《室外排水设计标准》中 7.13.10 条规定：二氧化氯、次氯酸钠或氯消毒后应进行混合和接触，接触时间不应小于 30min。

（3）投加方式

在水池中投加，采用扩散器或扩散管。

（4）投加二氧化氯特别注意事项

二氧化氯化学性质活泼、易分解，生产后不便贮存，必须在使用地点就地制取，因此制取及投加往往是连续的。在二氧化氯设备的建设和运转过程中，必须有特殊的安全防护措施，因为盐酸和亚氯酸钠等药剂如果使用不当，或二氧化氯水溶液浓度超过规定值，会引起爆炸。因而其水溶液的质量浓度应不大于 6～8mg/L，并应避免与空气接触。

7.2.3　二氧化氯消毒设计算例

【例题 7-2】 某城市污水处理厂设计处理水量为 $100000m^3/d$，综合变化系数为 1.5，拟采用二氧化氯消毒，试进行加药间及接触消毒池工艺设计。

【解】 设计采用加氯量：a = 14g 有效氯/m^3 水，消毒接触时间取 30min。

（1）设计计算水量

$$Q_0 = 1.5 \times 10 \times 10^4 = 1.736 (m^3/s)$$

（2）加氯量

$W = 1.5 \times 100000m^3/d \div 24h/d \times 14g$ 有效氯$/m^3$ 水$=87500g$ 有效氯$/h$

（3）加氯设备选型

采用 4 台二氧化氯发生器（3 用 1 备），单台有效氯产量 29500g/h，$P=12.0kW$。电源：220V，50Hz。

实际有效氯产量$=29500 \times 3 = 88500g$ 有效氯$/h > 87500g$ 有效氯$/h$

（4）原料消耗计算

化学法复合二氧化氯发生器工作原理：

$$NaClO_3 + 2HCl = NaCl + ClO_2 + 1/2Cl_2 + H_2O$$

$NaClO_3$	$2HCl$	$NaCl$	ClO_2	$1/2Cl_2$	H_2O
106.45	2×36.46	58.44	67.46	35.45	18

从杀菌消毒能力上 1g $ClO_2 = 2.63g$ Cl_2；

二氧化氯产生有效氯$=67.46 \times 2.63 = 177.42(g)$；

合计有效氯$=177.420 + 35.45 = 212.87(g)$；

纯氯酸钠$=1g$ 有效氯$/212.870 \times 106.45 = 0.50g$；

纯 $HCl = 1g$ 有效氯$/212.870 \times 72.92 = 0.3426g$；

依上述方程式每产生 1g 有效氯需 0.50g 纯氯酸钠和 0.3426g 纯 HCl。

氯酸钠的纯度为 99%，HCl 为 31%水溶液，故每克有效氯理论上需 0.505g 氯酸钠和 1.105g 盐酸。

考虑到正常运行时原料转化率≥85%，故每生成 1g 有效氯消耗 99%氯酸钠 0.60g（33%氯酸钠 1.783g）和 31%盐酸 1.3g。

故 3 台二氧化氯发生器 24h 运行时，每天消耗 33%氯酸钠用量为 $87500 \times 1.783 \times 24 = 3744300(g) = 3744.3(kg)$，每天需消耗 99%氯酸钠用量为 $87500 \times 0.60 \times 24 = 1260000(g) = 1260(kg)$，每天需消耗 31%盐酸用量为 $87500 \times 1.3 \times 24 = 2730000(g) = 2730(kg)$。

二氧化氯制备与投加工艺设备平面布置如图 7-4 所示。

（5）原料设备选型

1）盐酸设备　盐酸贮罐容积按贮存 8d 的 31%盐酸用量考虑，31%盐酸的密度为 1.154kg/L，则：8d 的 31%盐酸用量$=2730 \div 1.154 \times 8 = 18925(L) = 18.93(m^3)$，故采用两台 $10m^3$ 盐酸贮罐。

考虑卸酸，同时配备盐酸卸料泵 1 台，流量 10t/h，扬程 20m，电机功率 $P=3.0kW$。

每台二氧化氯发生器需配备盐酸计量泵 1 台，盐酸计量泵投加量为 50L/h，最大压力 1.0MPa，电机功率 $P=0.25kW$。

2）氯酸钠设备　正常运行时投加的氯酸钠为 33%的氯酸钠，33%氯酸钠的密度为 1.26kg/L，氯酸钠贮罐贮量按贮存 4d 的 33%氯酸钠用量考虑。

4d 的 33%氯酸钠用量$=3744.3 \div 1.26 \times 4 = 11887(L) = 11.88m^3$，故采用 1 台 $10m^3$ 氯酸钠贮罐。

考虑 33%氯酸钠的制备，配备氯酸钠化料器 1 台及化料泵 2 台（1 开 1 备），化料器容积为 $2m^3$；化料泵流量 15t/h，扬程 20m，电机功率 $P=3.0kW$。

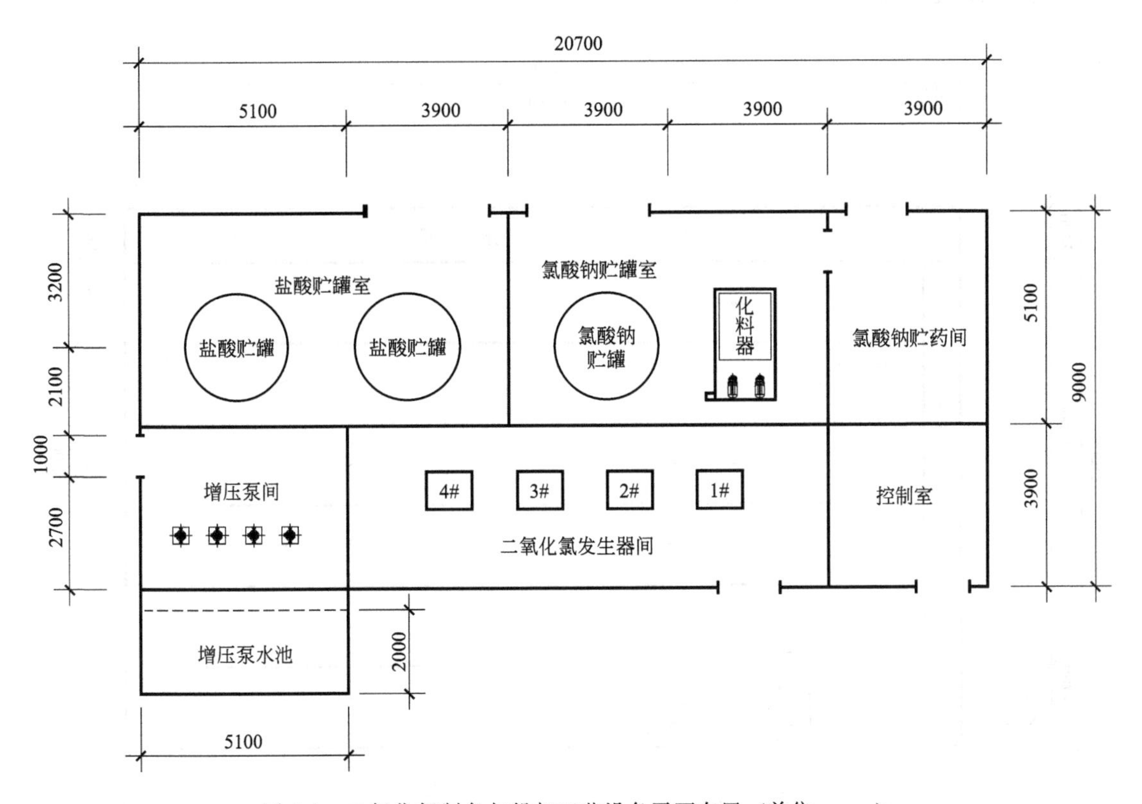

图 7-4　二氧化氯制备与投加工艺设备平面布置（单位：mm）

每台二氧化氯发生器需配备氯酸钠计量泵各 1 台，氯酸钠计量泵投加量为 50L/h，最大压力 1.0MPa，电机功率 $P=0.25$kW。

（6）氯酸钠库房

氯酸钠库房贮量按贮存 8d 的 99％氯酸钠用量考虑，99％氯酸钠的密度为 2.49kg/m^3。

8d 的 99％氯酸钠用量＝1260×8＝10080(kg)。氯酸钠包装贮运用内衬聚乙烯塑料袋的铁桶包装，桶口密封牢固，每桶净重 50kg，共需贮放量＝10080÷50≈202(桶)。

（7）原料成本核算

99％工业级氯酸钠固体最高为 5000 元/t，31％工业级盐酸液体最高为 800 元/t，经济上核算为：0.505g÷10^6g/t×5000 元/g＋1.105g÷10^6g/t×800 元/g＝0.00341 元/g 有效氯；另外化学反应实际得率以 85％计，即运行成本为 0.00401 元/g 有效氯；一般投加二氧化氯时，每立方米污水消耗有效氯在 12g 左右，则消毒药耗成本为每立方米水 0.0481 元人民币。

（8）接触消毒池计算

接触消毒池有效容积按接触时间不小于 30min 计算，则：

有效容积 $V=100000\times1.5\div24\div60\times30=3125(m^3)$；

接触消毒池有效水深 $h=3.50$m，渠道宽采用 3.80m，则需接触消毒渠道长＝3125÷3.5÷3.80＝234.96(m)。

接触消毒池工艺尺寸为 $L\times B\times h=39.20m\times22.80m\times3.50m$(6 廊道)。

接触消毒池平面布置示意如图 7-5 所示。

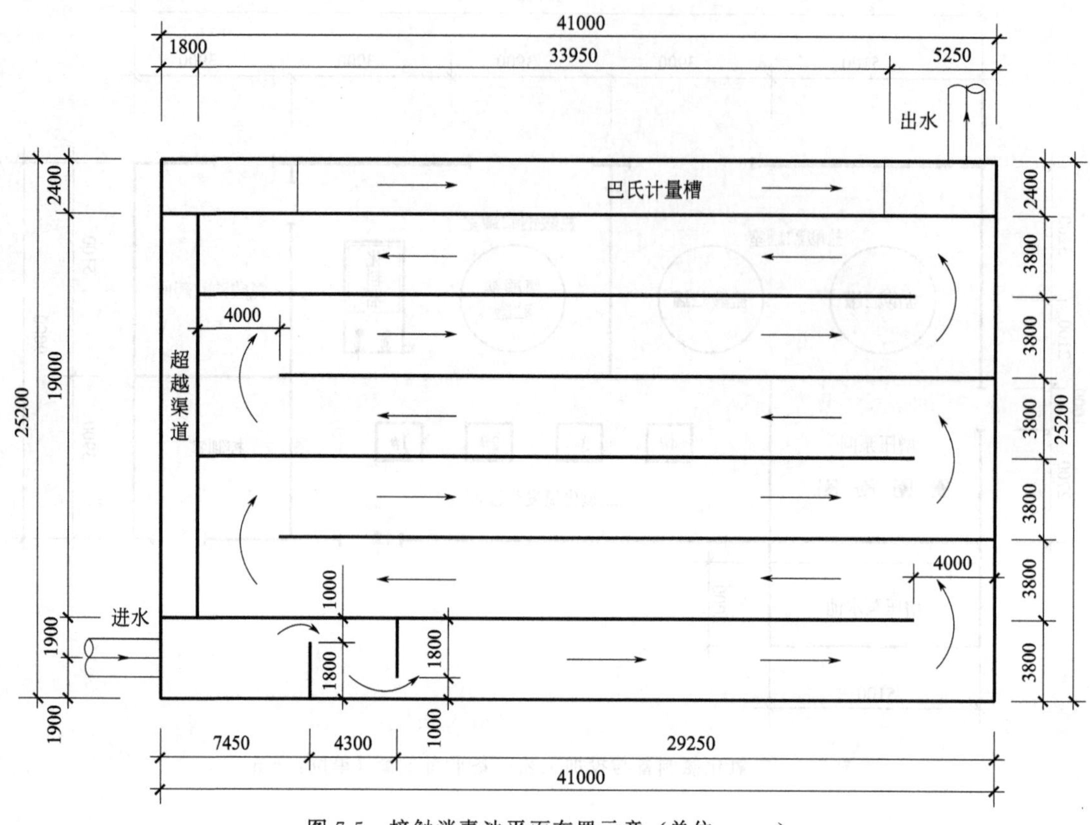

图 7-5 接触消毒池平面布置示意（单位：mm）

7.3 紫外线消毒

7.3.1 紫外线消毒原理与工艺流程

紫外线（UV）是波长在 100～400nm 之间的电磁波，按照其波长范围的不同又可以分为 UVA(320～400nm)、UVB(280～320mm)、UVC(200～275nm）和真空紫外线（100～200nm)，其中具有杀菌作用的主要是位于 C 波段的紫外线。紫外线具有杀菌能力主要是因为紫外线对微生物的核酸可以产生光化学损伤。微生物细胞核中的核酸可以分为核糖核酸(RNA）和脱氧核糖核酸（DNA)，两者的共同点是由磷酸二酯键按嘌呤和嘧啶碱基配对原则而连接起来的多糖核苷酸链，细胞核中的这两种核酸能够吸收高能量的短波紫外辐射(DNA 和 RNA 对紫外线的吸收光谱范围为 240～280nm，在 260nm 时达到最大值)，对紫外光能的这种吸收可以使相邻的核苷酸之间产生新的键，从而形成双分子或二聚物。相邻嘧啶分子，尤其是胸腺嘧啶的二聚作用是紫外线所引起的最普遍的光化学损害。细菌中的 DNA 和病毒中的 RNA 中众多的胸腺嘧啶形成二聚物阻止了 DNA 或 RNA 的复制和蛋白质的合成，从而使细胞死亡。简而言之，紫外线消毒的机理就是破坏细菌和病毒的繁衍能力，从而最终达到去除的目的。

紫外线消毒的优点有：a. 对致病性微生物具有广谱消毒效果，消毒效率高；b. 对隐孢子虫卵囊有特效消毒作用；c. 不产生有毒、有害副产物；d. 能降低臭味及其他异味，能降解微量有机污染物；e. 占地面积小，消毒效果受水温、pH 影响小。

缺点有：a. 消毒效果受水中 SS 和浊度影响较大；b. 没有持续消毒效果；c. 管壁易结垢，降低消毒效果；d. 存在光复活、暗复活现象。

随着对紫外线消毒机理的深入研究、技术的不断发展以及消毒装置设备设计上的日益完善，紫外线消毒法有望成为代替传统氯化消毒法的主要方法。

7.3.2　紫外线消毒系统

紫外线消毒系统主要组成部分为紫外灯、放置紫外灯的石英套管、系统支撑结构、为紫外灯提供稳定电源的镇流器和为镇流器提供能量的电源。紫外线消毒器按水流边界的不同分为敞开式和封闭式。

(1) 敞开式紫外线消毒器

在敞开式紫外线消毒器中，水体在重力作用下流经紫外线消毒器从而达到灭活水中微生物的目的。敞开式紫外线消毒器分为浸没式和水面式两种，其中浸没式应用最为广泛。

浸没式又称为水中照射法，其典型构造如图 7-6 所示。浸没式紫外线消毒器是将装有石英套管的紫外灯置入水中，水体从石英套管的周围流过并接受紫外线照射，当紫外灯管需要更换时，可将其抬高从而进行操作。该模式构造比较复杂，但紫外辐射能的利用率高、灭菌效果好且易于管理维修。要使系统能够正常运行，维持消毒器中恒定的水位是至关重要的。若水位太高，则紫外线难以照射到灯管上方的部分进水，有可能造成消毒不彻底；若水位太低，则上排灯管会暴露在空气之中，造成灯管过热，而且还减少了紫外线对水体的辐射，浪费了部分紫外线剂量。为了克服这一缺点，在图 7-6 中采用了自动水位控制器（滑动闸门）来控制水位，可以很好地解决这一问题。

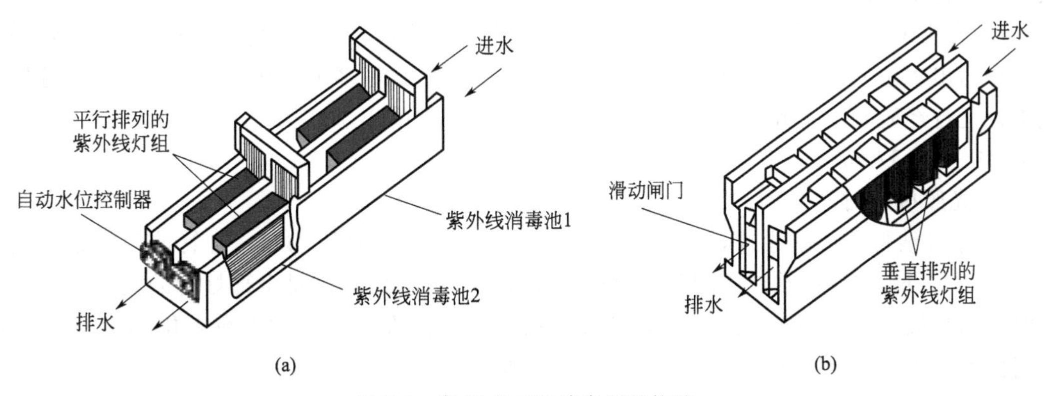

图 7-6　敞开式 UV 消毒器的构造

(2) 封闭式紫外线消毒器

封闭式紫外线消毒器属于承压型，被消毒的水体流经由金属筒体和带石英套管的紫外线灯包裹的空间，接受紫外线照射，从而达到消毒目的。其具体结构形式如图 7-7 所示。

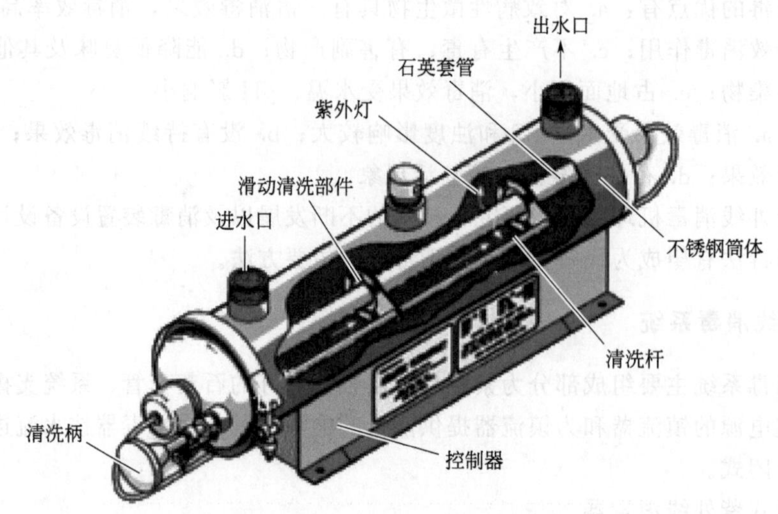

图 7-7 封闭式 UV 消毒器的构造

封闭式紫外线消毒器筒体常用不锈钢或铝合金制造，为了提高对紫外线的反射能力和增强辐射强度，其内壁多做抛光处理，筒体内安装带有石英套管的紫外灯，根据处理水量的大小调整紫外灯的数量。有的紫外线消毒器在筒体内壁加装了螺旋形叶片，其优点主要有：可以改变水流的运动状态，从而避免出现死水区域，并且其所产生的紊流以及叶片的边缘会打碎悬浮固体，使附着在其表面的微生物暴露于紫外线的辐射下，从而提高了消毒效率。

敞开式紫外线消毒器适用于大、中水量的处理，因此多用于污水处理厂。封闭式紫外线消毒器一般适用于中、小水量的处理或需要施加压力的消毒器。

7.3.3 设计参数及规定

① 污水厂出水采用紫外线消毒时，宜采用明渠式紫外线消毒系统，清洗方式宜采用在线机械加化学清洗的方式。

② 紫外线消毒剂量：是所有紫外线辐射强度和曝光时间的乘积。紫外线消毒有效剂量的大小与出水水质、水中所含物质种类、灯管的结垢系数等多种因素有关，宜根据试验资料或类似运行经验确定；并宜按以下标准确定：二级处理的出水宜为 15～25mJ/cm^2；再生水宜为 24～30mJ/cm^2。

③ 光照接触时间：10～100s。

④ 紫外线照射渠的设计，应符合以下要求：a. 照射渠水流均布，灯管前后的渠长度不宜小于 1m；b. 渠道设水位探测和水位控制装置，设计水深应满足全部灯管的淹没要求，当同时应满足最大流量要求时最上层紫外灯管顶以上水深在灯管有效杀菌范围内；c. 紫外线照射渠不宜少于两条，当采用一条时应设置超越渠。

⑤ 消毒器中水流流速最好不小于 0.3m/s，以减少套管结垢，可采用串联运行，以保证所需接触时间。

⑥ 紫外线消毒模块组应具备不停机维护检修的条件，应能维持消毒系统的持续运行。

7.3.4 紫外线消毒设计算例

【例题 7-3】 某污水处理厂日处理水量 10000m^3/d，$K_Z=1.88$，二级处理出水拟采用紫外线消毒，试设计计算紫外线消毒系统主要工艺尺寸。

【解】 (1) 峰值流量

$$Q_{峰}=10000\times1.88=18800(m^3/d)$$

(2) 灯管数

选用 UV3000PLUS 紫外线消毒设备，每 $3800m^3/d$ 需 14 根灯管，故：

$$n_{平}=\frac{10000}{3800}\times14=2.63\times14\approx37(根)$$

$$n_{峰}=\frac{18800}{3800}\times14=4.96\times14\approx69(根)$$

拟选用 6 根灯管为一个模块，则模块数 N：

$$6.17(个)<N<11.5(个)$$

(3) 消毒渠设计

按设备要求渠道水深为 1.29m，设渠中水流速度为 0.3m/s。

① 渠道过水断面面积 A

$$A=\frac{Q_{峰}}{v}=\frac{18800}{0.3\times24\times3600}=0.73(m^2)$$

② 渠道宽度 B

$$B=\frac{A}{H}=\frac{0.73}{1.29}=0.57(m)，取 0.6m$$

③ 复核流速

$$v_{峰}=\frac{Q_{峰}}{A}=\frac{18800}{1.29\times0.6\times24\times3600}=0.28(m/s)$$

若灯管间距为 88.9mm，沿渠道宽度可安装 6 个模块，故选用 UV3000PLUS，2 个 UV 灯组，每个 UV 灯组 6 个模块。

④ 渠道长度　每个模块长度为 2.46m，两个灯组间距为 1.0m，渠道出水设堰板调节控制水位，调节堰与灯组间距 1.5m，则渠道总长 L 为 $2\times2.46+1.0+1.5=7.42(m)$。

⑤ 复核辐射时间

$$t_{峰}=\frac{2\times2.46}{0.28}=17.57(s)(符合要求)$$

紫外线消毒渠道工艺布置如图 7-8 所示。

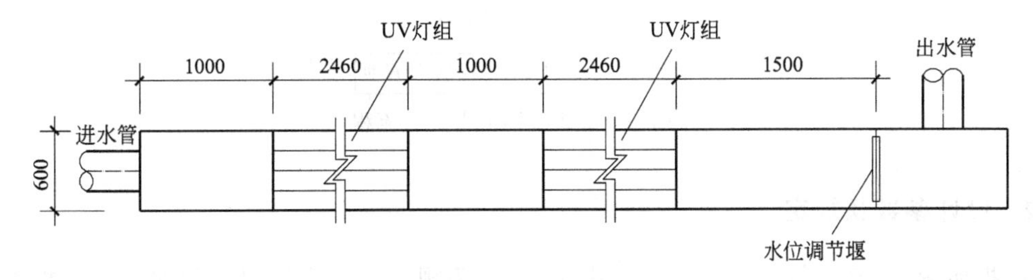

图 7-8　紫外线消毒渠道工艺布置（单位：mm）

7.4 次氯酸钠消毒

污水厂的消毒方式有多种，例如加氯消毒、二氧化氯消毒、次氯酸钠消毒、臭氧消毒、紫外线消毒等，在各个污水厂的设计中都有采用。这些类型的消毒方式，其消毒原理各自不同，各有各的优势和缺点，经过严重急性呼吸综合征以后随着监管部门对危险品运输及使用的严格要求，包括从原料的采购、使用的便宜性、安全性、运营费用等多个角度来看，越来越多的污水厂愿意接受甚至改造使用次氯酸钠作为污水厂的消毒剂。

7.4.1 次氯酸钠消毒原理与工艺流程

次氯酸钠（NaClO），分子量为 74.44，属于高效的含氯消毒剂。其消毒杀菌最主要的作用方式是通过它的水解作用形成次氯酸，次氯酸再进一步分解形成新生态氧［O］，新生态氧的极强氧化性使菌体和病毒的蛋白质变性，从而使病原微生物致死。根据化学测定，次氯酸钠的水解会受 pH 值的影响，当 pH 值超过 9.5 时就会不利于次氯酸的形成。而绝大多数水的 pH 值都在 6～8.5 之间，对于 10^{-6} 浓度级的次氯酸钠在水里几乎可完全水解成次氯酸，其效率高于 99.99％；其过程如下：

$$NaClO + H_2O = HClO + NaOH$$

$$HClO \longrightarrow HCl + [O]$$

此外，次氯酸在杀菌、杀病毒过程中，不仅可作用于细胞壁、病毒外壳，而且因次氯酸分子小，不带电荷，还可渗透入细菌、病毒体内与其体内蛋白质、核酸和酶等发生氧化反应或破坏其磷酸脱氢酶，使糖代谢失调而致细胞死亡，从而杀死病原微生物。

$$R{-}NH{-}R + HClO \longrightarrow R_2NCl + H_2O \text{（细菌蛋白质与次氯酸的反应）}$$

同时，次氯酸产生出的氯离子还能显著改变细菌和病毒体的渗透压，使其细胞丧失活性而死亡。

次氯酸钠一般由电解冷的稀食盐溶液或由漂白粉与纯碱作用后滤去碳酸钙而制得，一般污水厂都是将工厂制备好的次氯酸钠直接运输到厂内进行投加。作为一种真正高效、广谱、安全的强力灭菌、杀病毒药剂，次氯酸钠同水的亲和性很好，能与水以任意比互溶，它不存在液氯、二氧化氯等药剂的安全隐患，且其消毒杀菌效果被公认为和氯气相当。次氯酸钠消毒效果好，投加准确，操作安全，使用方便，易于贮存，对环境无毒害，不存在跑气泄漏，可以在任意环境工作状况投加。

次氯酸钠消毒工艺流程如图 7-9 所示。

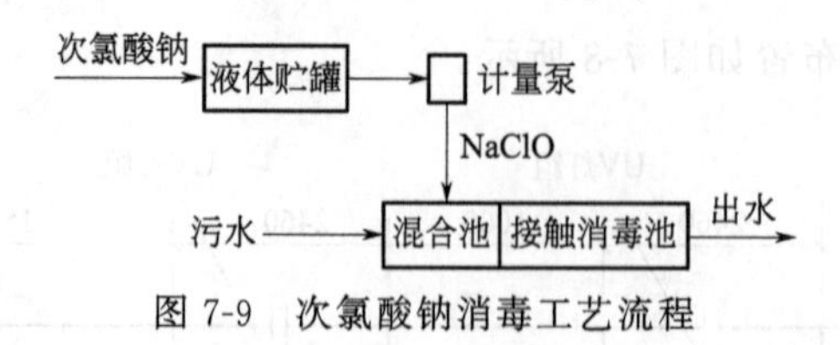

图 7-9 次氯酸钠消毒工艺流程

7.4.2 设计参数及规定

① 投加量。《室外排水设计标准》中 7.13.9 条规定：污水厂出水的加氯量应根据试验

资料或类似运行经验确定；当无试验资料时，可采用 5～15mg/L，再生水的加氯量应按卫生学指标和余氯量确定。

② 接触时间。《室外排水设计标准》中 7.13.10 条规定：二氧化氯、次氯酸钠或氯消毒后应进行混合和接触，接触时间不应小于 30min。

③ 次氯酸钠投加量 W 计算。在氯消毒剂中常用有效氯的说法来进行消毒效果的衡量，氯气消毒的作用机理是氯气在水中通过夺取生物体内电子变成 Cl^- 来进行消毒，所以有效氯是指氯气生成 Cl^- 的数量，而次氯酸钠（NaClO）中的氯离子为＋1 价位，变为－1 价位，要夺两个电子，也就是两个当量的氯，因此次氯酸钠的有效氯含量就是：

$$\text{Cl(有效)}=(\text{Cl 当量})\times(\text{Cl 实际百分数})=2\times M_{Cl}\div M_{NaClO}\times 100\%$$
$$=2\times 35.5\div(23+35.5+16)\times 100\%=95.3\%$$

在一些文献资料中，对氯的消毒都是采用有效氯来计算的，次氯酸钠的有效氯含量就是 95.3%。

成品次氯酸钠溶液的浓度在 11%～13%之间，换算成有效氯就是 10%～12%之间，pH＝9.3～10；污水厂在使用过程中的次氯酸钠一般以 10%的有效氯含量来计算。

$$W(\text{kg/d})=0.001\times\frac{aQ_0}{bc} \tag{7-10}$$

式中　Q_0——需消毒的水量，m^3/d；

a——最大投氯量，mg/L；

b——次氯酸钠溶液的浓度，%；

c——有效氯含量，%，取 95.3%。

④ 次氯酸钠与水的混合越激烈，接触越彻底，消毒的效果越明显，消毒剂的使用量也就越少。常用的混合措施为在深度处理出水管上安装消毒剂投加管，在接触池内设置上下隔板加大水的紊流状态等。

⑤ 次氯酸钠溶液极易挥发，贮存量不宜过多，且宜低温、避光贮存，一般控制在 5～7d 用量。不同批次的次氯酸钠有效氯含量有略微差异，所以在每次到货后需对次氯酸钠进行取样并测定其有效氯含量，以调节控制投加量。在贮存期间，次氯酸钠很容易挥发导致浓度降低，在贮存罐顶部要注意留有氯气释放孔，贮存空间要强制排风，防止有毒气体的积攒。

⑥ 次氯酸钠废液应设有专用的收集池，由相关单位或制造生产厂商处理，不得随意外排。

7.4.3　次氯酸钠消毒设计算例

【例题 7-4】 某城市污水处理厂日处理水量为 $1.0\times 10^5 m^3/d$，综合变化系数为 1.5，拟采用浓度为 10%的成品次氯酸钠溶液进行消毒，试进行加药间工艺设计。

【解】 设计有效氯投加量：$a=14g/m^3$ 水，次氯酸钠溶液的有效氯含量是 95.3%，次氯酸钠溶液的浓度以 10%来计算；消毒接触时间取 30min。

① 设计日处理水量：$Q_{平}=1.0\times 10^5 m^3/d=4166.67m^3/h=1.157m^3/s$。

② 峰值流量：$Q_{峰}=1.0\times 10^5\times 1.50=1.5\times 10^5(m^3/d)=6250.00(m^3/h)=1.736(m^3/s)$。

③ 峰值流量时有效氯投加量：

$$W_{峰}=0.001\times\frac{14\times 150000}{10\%\times 95.3\%}=22036(\text{kg/d})$$

④ 设备选型：采用 4 座次氯酸钠贮罐，单个次氯酸钠贮罐有效容积为 12m^3，可贮存 2d 的次氯酸钠用量。

考虑卸料，同时配备次氯酸钠卸料泵 1 台，流量 $Q=30m^3/h$，扬程 $H=20m$，电机功率 $P=5.5kW$。

在次氯酸钠计量泵间内安装 6 台次氯酸钠计量泵（4 用 2 备），单台流量 $Q=400L/h$，电机功率 $P=0.37kW$，出口压力 0.3MPa；手动自动双调节，含背压阀、安全阀、逆止阀等。

次氯酸钠加药间为矩形框架建筑，建筑尺寸为 $L\times W\times H=16.0m\times10.6m\times6.2m$。

图 7-10 为次氯酸钠加药间设备布置图。

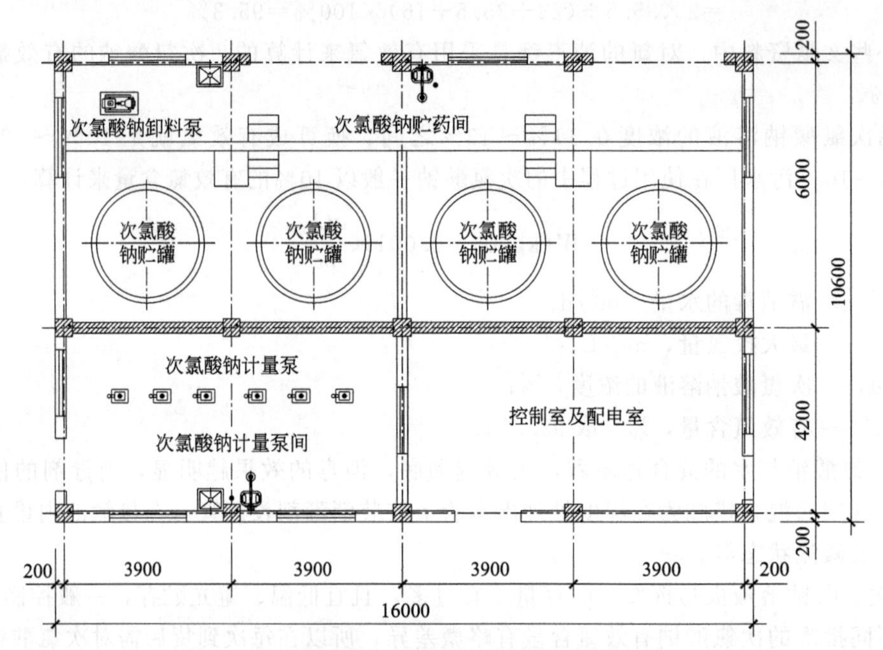

图 7-10　次氯酸钠加药间平面布置图（单位：mm）

第 8 章　污泥处理单元工艺设计计算

8.1　污泥处理的目标、原则

污泥处理的目标是实现污泥的减量化、稳定化和无害化，鼓励回收和利用污泥中的能源和资源，在安全、环保和经济的前提下实现污泥的处理处置和综合利用，达到节能减排和发展循环经济的目的。污泥处理包括处理与处置两个阶段：一是污泥处理，是指实现污泥稳定化、减量化和无害化的过程；二是污泥处置，是指对处理后的污泥进行消纳的过程。污泥处理处置应符合“安全环保、循环利用、节能降耗、因地制宜、稳妥可靠”的原则。

8.2　污泥分类与性质

8.2.1　污泥分类

城镇污水处理厂污泥主要由有机物、无机物及水组成。其中有机物成分较为复杂，含有大量的蛋白质、氨基酸、脂肪、维生素、矿物油、洗涤剂、腐殖质、细菌及其代谢物、各种含氮与含硫物质、挥发性异臭物、寄生虫和致病微生物等；无机物主要由矿物盐（硝酸盐、亚硝酸盐、铵盐等）、砂（SiO_2）等物质组成。

污泥来源及水处理方法不同，污泥性质也不同，一般可以按以下方法分类：

① 按污水来源特性的不同，污泥可分为生活污水污泥和工业废水污泥；

② 按组成成分，污泥可分为有机污泥和无机污泥；

③ 按亲疏水性质，污泥可分为亲水性污泥和疏水性污泥；

④ 按不同处理阶段，污泥可分为初次沉淀污泥、剩余活性污泥、腐殖污泥、浓缩污泥、消化污泥、脱水污泥、干化污泥、化学污泥。

8.2.2　污泥性质指标

在城镇污水生物处理中，产生的污泥主要为初次沉淀污泥和剩余活性污泥。这两种污泥的理化性质比较如表 8-1 所列。

表 8-1　污泥理化性质比较

项目	初次沉淀污泥	剩余活性污泥
干固体总量/%	3～8	0.5～1
挥发性固体总量/%	60～90	60～80
固体颗粒密度/(g/cm^3)	1.3～1.5	1.2～1.4
相对密度	1.02～1.03	1.0～1.005
BOD_5/VS 值	0.5～1.1	

续表

项目	初次沉淀污泥	剩余活性污泥
COD/VS值	1.2～1.6	2.0～3.0
碱度/(mg/L)	500～1500	200～500
pH值	5.0～8.0	6.5～8.0

正常运行情况下初次沉淀污泥为棕褐色，略带灰色，含固率在2%～4%之间，有机成分一般在55%～70%之间；剩余活性污泥为黄褐色，含固率在0.5%～0.8%之间，有机成分常在70%～85%之间。一般常用含水率和含固率、湿污泥与干污泥相对密度、可压缩性和水力特性等指标来表征污泥物理性质，污泥来源不同，其物理性质也有较大差别。

(1) 污泥含水率与含固率

污泥中所含水分的质量与湿污泥总质量之比的百分数为污泥含水率；污泥中所含固体物质的质量与湿污泥总质量之比的百分数为污泥含固率。污泥含水率决定了污泥体积，含水率越大，相对密度越接近于1。

污泥含水率可按式(8-1) 求得：

$$C_W=\frac{W}{W+S}\times 100\% \tag{8-1}$$

式中 C_W——污泥含水率，%；

W——污泥中所含水分质量，kg；

S——污泥中所含固体物质质量，kg。

污泥含固率可按式(8-2) 求得：

$$C_S=\frac{S}{W+S}\times 100\% \tag{8-2}$$

式中 C_S——污泥含固率，%；

W——污泥中所含水分质量，kg；

S——污泥中所含固体物质质量，kg。

同一湿污泥（含水率＞65%）的体积、质量及所含固体物质的浓度之间的关系可见式(8-3)：

$$\frac{V_1}{V_2}=\frac{W_1}{W_2}=\frac{100-C_{W_2}}{100-C_{W_1}}=\frac{C_2}{C_1} \tag{8-3}$$

式中 C_W——污泥含水率，%；

W——污泥中所含水分质量，kg；

V——湿污泥体积，m^3；

C——污泥中所含固体物质的浓度，mg/L。

当湿污泥含水率＜65%时会有大量气泡存在于污泥体内，污泥体积、质量关系不再符合式(8-3)。

(2) 湿污泥与干污泥相对密度

湿污泥质量与同体积水的质量之比为湿污泥相对密度；干污泥质量与同体积水的质量之比为干污泥相对密度。

湿污泥相对密度可按式(8-4) 求得：

$$\gamma=\frac{\gamma_s}{\gamma_s C_W/100+(1-C_W/100)} \tag{8-4}$$

式中　γ——湿污泥相对密度；

C_W——污泥含水率，%；

γ_s——干污泥相对密度。

干污泥相对密度可按式(8-5) 求得：

$$\gamma_s=\frac{\gamma_i\gamma_v}{\gamma_v+p_v(\gamma_i-\gamma_v)/100} \tag{8-5}$$

式中　γ_s——干污泥相对密度；

p_v——干污泥中有机物所占百分比,%；

γ_v——有机物相对密度；

γ_i——无机物相对密度。

有机物相对密度一般等于 1，无机物相对密度为 2.5～2.65，取 2.50，则式(8-5) 可简化为式(8-6)：

$$\gamma_s=\frac{2.50}{1+1.5p_v/100} \tag{8-6}$$

将式(8-6) 代入式(8-4)，则湿污泥相对密度为：

$$\gamma=\frac{2.50}{2.50C_W/100+(1+1.5p_v/100)(1-C_W/100)} \tag{8-7}$$

【例题 8-1】 某城市污水处理厂，由二沉池进入污泥浓缩池的污泥体积为 $V_1=500\text{m}^3$，含水率为 99.5%，浓缩后污泥含水率为 97.5%，有机物含量为 65%，求污泥经过浓缩后的体积 V_2 及湿污泥与干污泥相对密度 γ 和 γ_s。

【解】 由式(8-3) 得：

$$V_2=V_1\frac{100-C_{W_1}}{100-C_{W_2}}=500\times\frac{100-99.5}{100-97.5}=100(\text{m}^3)$$

由式(8-6) 得：

$$\gamma_s=\frac{2.50}{1+1.5p_v/100}=\frac{2.50}{1+1.5\times65/100}=1.27$$

由式(8-4) 得：

$$\gamma=\frac{\gamma_s}{\gamma_s C_W/100+(1-C_W/100)}=\frac{1.27}{1.27\times0.975+0.025}=1.005$$

故污泥经过浓缩后体积为 100m^3，干污泥相对密度为 1.27，湿污泥相对密度为 1.005。

8.3 污泥浓缩

8.3.1 设计概述

污泥浓缩是污泥处理和处置的第一阶段，污泥浓缩的主要目的是使污泥缩小体积，减小污泥后续处理构筑物的规模和处理设备的容量。

污泥中含有大量的水分，所含水分大致分 4 类：颗粒间的孔隙水，约占总水分的 70%；

毛细水，即颗粒间毛细管内的水，约占20%；污泥颗粒吸附水和颗粒内部水，约占10%。污泥颗粒中水特征示意图如图8-1所示。

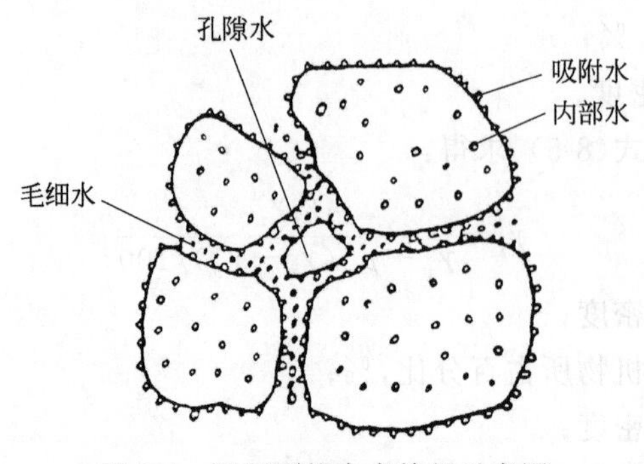

图8-1　污泥颗粒中水特征示意图

降低污泥的含水率，可以采用污泥浓缩的方法来降低污泥的孔隙水。通过降低污泥的含水率减少污泥体积，能够减少池容积和处理所需的投药量，缩小用于输送污泥的管道和泵的尺寸。具有一定规模的污泥处理工程中常用的污泥浓缩方法主要有重力浓缩、气浮浓缩、机械浓缩等。

重力浓缩适用于活性污泥、活性污泥与初沉污泥的混合体以及消化污泥的浓缩，不宜用于脱氮除磷工艺产生的剩余污泥。腐殖污泥与高负荷腐殖污泥经长时间浓缩后，比阻将增加，上清液BOD_5升高，不利于机械脱水，因此也不宜采用重力浓缩。

气浮浓缩适用于相对密度接近1.0的疏水性污泥，如好氧消化污泥、接触稳定污泥、延时曝气活性污泥和一些工业的含油废水等，可将含水率为99.5%的活性污泥浓缩到94%～96%。气浮浓缩由于在好氧状态中完成，而且持续时间较短，因此适用于脱氮除磷系统的污泥浓缩。初沉污泥、腐殖污泥、厌氧消化污泥等，由于相对密度较大，沉降性能好、絮凝性能差，不适于气浮浓缩。

机械浓缩通过机械设备对污泥混合液施加外力，辅以滤网等设施进行固液分离，使污泥得以浓缩。表8-2所列为主要污泥浓缩方法的优缺点比较。

表8-2　主要污泥浓缩方法的优缺点比较

序号	方法	优点	缺点
1	重力浓缩	(1)结构简单； (2)操作管理方便，不需要经常现场操作； (3)对沉降性能好的污泥浓缩效果好； (4)使用设备少，消耗的电力最省； (5)一般不需要使用絮凝剂； (6)运行成本低	(1)占地面积大； (2)对污泥性能要求高，不适合沉降性能差的污泥浓缩，也不能用于脱氮除磷工艺的污泥浓缩； (3)浓缩后固体的浓度有一定限度； (4)存在臭气问题
2	气浮浓缩	(1)结构相对简单； (2)对沉降性能差的污泥浓缩效果好； (3)浓缩时间短； (4)一般不需要使用絮凝剂； (5)可用于脱氮除磷工艺的污泥浓缩	(1)占地面积大； (2)运行管理相对复杂； (3)电力消耗较高； (4)不适合沉降性能好的污泥浓缩； (5)浓缩固体的浓度有一定限度； (6)存在臭气问题，如果使用封闭厂房，存在腐蚀问题

续表

序号	方法	优点	缺点
3	离心浓缩	(1)空间要求省； (2)浓缩时间短； (3)对污泥的适应性强； (4)设备封闭运行，现场清洁，气味很少； (5)一般不需要使用絮凝剂； (6)浓缩固体浓度较高	(1)造价较高； (2)电力消耗最高，运行成本高； (3)维护管理要求高； (4)最适合于连续运行
4	重力带式浓缩	(1)空间要求省； (2)浓缩时间短； (3)对污泥的适应性强； (4)浓缩固体浓度较高； (5)运行成本略低于离心浓缩	(1)造价较高； (2)电力消耗较高，运行成本较高； (3)维护管理要求较高； (4)存在臭味问题，如果使用封闭厂房，存在腐蚀问题，会产生现场清洁问题； (5)需要添加絮凝剂

8.3.2　重力浓缩池

重力浓缩池按其运转方式分为连续式和间歇式两种，前者主要用于大、中型污水处理厂；后者主要用于小型污水处理厂或工业企业的污水处理厂。

(1) 构造与特点

间歇式重力浓缩池是间歇进泥，因此在投入污泥前必须先排除浓缩池已澄清的上清液，腾出池容，故在浓缩池不同高度上应设多个上清液排出管。间歇式操作管理麻烦，且单位处理污泥所需的池体积比连续式的大。图 8-2 所示为间歇式重力浓缩池。

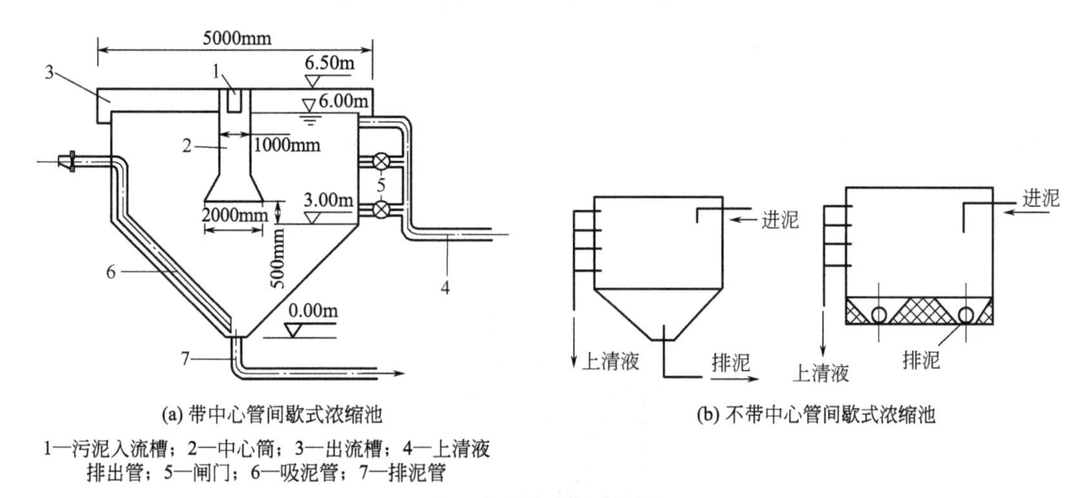

(a) 带中心管间歇式浓缩池

1—污泥入流槽；2—中心筒；3—出流槽；4—上清液排出管；5—闸门；6—吸泥管；7—排泥管

(b) 不带中心管间歇式浓缩池

图 8-2　间歇式重力浓缩池

连续式重力浓缩池可采用竖流式、辐流式沉淀池的形式，一般都是直径 5～20m 圆形或矩形钢筋混凝土构筑物；可分为有刮泥机与污泥搅动装置的浓缩池、不带刮泥机的浓缩池以及多层浓缩池 3 种。

有刮泥机与搅拌装置的连续式浓缩池见图 8-3。其池底面倾斜度很小，为圆锥形沉淀池，池底坡度为 1%～10%。进泥口设在池中心，周围有溢流堰。为提高浓缩效果和浓缩时间，可在刮泥机上安装搅拌装置，刮泥机与搅拌装置的旋转速度应很慢，不至于使污泥受到搅动，其旋转周速度一般为 0.02～0.20m/s。搅拌作用可使浓缩时间缩短 4～5h。

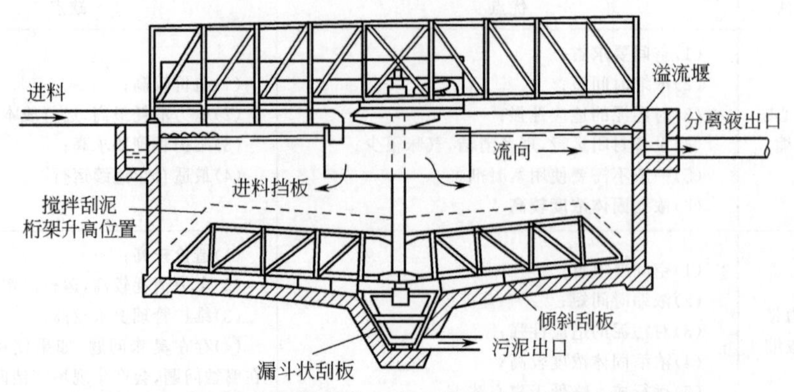

图 8-3　有刮泥机与搅拌装置的连续式重力浓缩池构造示例

有刮泥机及搅拌栅的连续式浓缩池如图 8-4 所示。刮泥机上设置的垂直搅拌栅随刮泥机转动的线速度为 1m/min，每条栅条后面可形成微小涡流，造成颗粒絮凝变大，并可造成空穴，使颗粒间的间隙水与气泡逸出，浓缩效果可提高 20％以上。

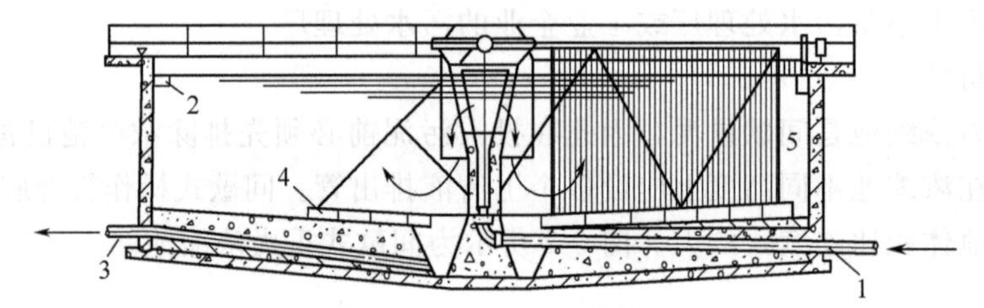

图 8-4　有刮泥机及搅拌栅的连续式重力浓缩池

1—中心进泥管；2—上清液溢流堰；3—排泥管；4—刮泥机；5—搅拌栅

对于土地紧缺的地区，可考虑采用多层辐射式浓缩池，如图 8-5 所示。

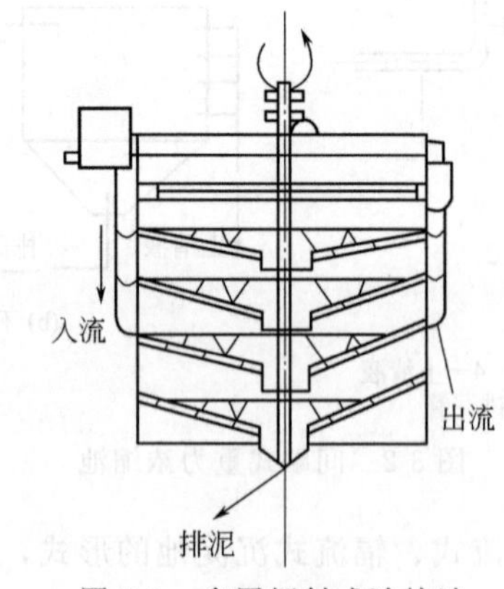

图 8-5　多层辐射式浓缩池

如不用刮泥机，可采用多斗连续式浓缩池，见图 8-6，采用重力排泥，污泥斗锥角大于 55°，并设置可根据上清液液面位置任意调动的上清液排出管，排泥管从污泥斗底排出。通常，重力浓缩池进泥可用离心泵，排泥则需要用活塞式隔膜泵、柱塞泵等压力较高的泥浆泵。重力浓缩法操作简便，维修、管理及动力费用低，但占地面积较大。

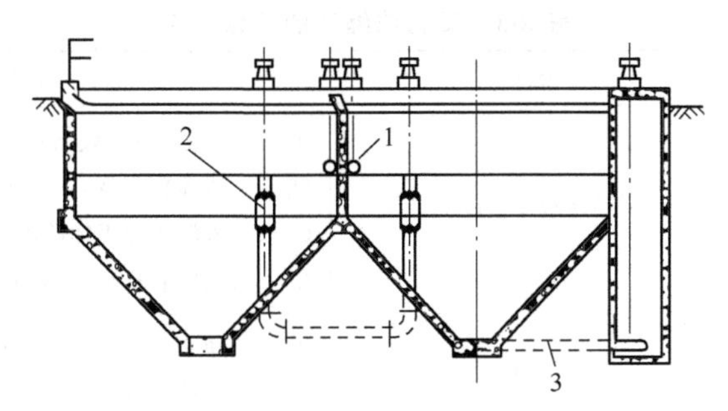

图 8-6　多斗连续式浓缩池

1—进口；2—可升降的上清液排出管；3—排泥管

(2) 设计参数

① 进泥含水率。当为初沉污泥时，其含水率一般为 95％～97％；当为剩余活性污泥时，其含水率一般为 99.2％～99.6％；当为混合污泥时，其含水率一般为 98％～99.5％。

② 污泥固体负荷。当为初沉污泥时，污泥固体负荷宜采用 80～120kg/(m^2·d)；当为剩余活性污泥时，污泥固体负荷宜采用 30～60kg/(m^2·d)；当为混合污泥时，污泥固体负荷宜采用 25～80kg/(m^2·d)。

③ 浓缩后污泥含水率。由曝气池后二次沉淀池进入污泥浓缩池的污泥含水率，当采用 99.2％～99.6％时浓缩后污泥含水率宜为 97％～98％。

④ 浓缩停留时间。浓缩时间不宜小于 12h，但也不宜超过 24h，以防止污泥厌氧腐化。

⑤ 有效水深。一般为 4m，最低不小于 3m。

⑥ 污泥室容积和排泥时间。应根据排泥方法和二次排泥间隔时间而定，当采用定期排泥时两次排泥间隔一般可采用 8h。

⑦ 集泥设施。辐流式污泥浓缩池的集泥装置，当采用吸泥机时，池底坡度可采用 0.003；当采用刮泥机时，池底坡度不宜小于 0.01。不设刮泥设备时，池底一般设有污泥斗，其污泥斗与水平面的倾角应不小于 55°。刮泥机的回转速度为 0.75～4r/h，吸泥机的回转速度为 1r/h，其外缘线速度一般宜为 1～2m/min。同时，在刮泥机上可安设栅条，以便提高浓缩效果，在水面设除浮渣装置。

⑧ 构造。浓缩池采用水密性钢筋混凝土建造。设污泥投入管、排泥管、排上清液管等管道，最小管径采用 150mm，一般采用铸铁管。

⑨ 竖流式浓缩池。当浓缩池较小时，可采用竖流式浓缩池，一般不设刮泥机；污泥室的截锥体斜壁与水平面所形成的角度应不小于 55°，中心管按污泥流量计算。沉淀区按浓缩分离出来的污水流量进行设计。

⑩ 上清液。浓缩池的上清液，应重新回流到初沉池前进行处理；其数量和有机物含量应参与全厂的物料平衡计算。

⑪ 二次污染。污泥浓缩池一般均散发臭气，必要时应考虑防臭或脱臭措施。臭气控制可以从以下 3 个方面着手，即封闭、吸收和掩蔽。封闭，是指用盖子或其他设备封住臭气发生源或用引风机将臭气送入曝气池内吸收氧化；吸收，是指用化学药剂来氧化或净化臭气；掩蔽，是指采用掩蔽剂使臭气暂时不向外扩散。

(3) 计算公式

重力浓缩池的计算公式如表 8-3 所列。

表 8-3　重力浓缩池的计算公式

名称	公式	符号说明
浓缩池总面积	$A=Q_0C_0/G$	A——浓缩池设计表面积，m^2； Q_0——入流污泥量，m^3/d； C_0——入流污泥固体浓度，kg/m^3； G——固体通量，$kg/(m^2 \cdot d)$
单池面积	$A_1=A/n$	A_1——单个浓缩池设计表面积，m^2； n——浓缩池个数，个
浓缩池直径	$D=(4A_1/\pi)^{1/2}$	D——浓缩池直径，m
浓缩池工作部分高度	$h_2=TQ_0/24A$	h_2——浓缩池工作部分高度，m； T——设计浓缩时间，h
池底坡产生的高度	$h_4=(D/2-D_2/2)\times i$	h_4——池底坡产生的高度，m； D_2——泥斗上口直径，m； i——底坡坡度
泥斗部分高度	$h_5=(D_2/2-D_1/2)\times\tan\theta$	h_5——泥斗部分高度，m； D_1——泥斗下口直径，m； θ——泥斗与水平面的夹角
浓缩池设计高度	$H=h_1+h_2+h_3+h_4+h_5$	H——浓缩池总高度，m； h_1——超高，m，一般为 0.3m； h_3——缓冲层高度，m
浓缩后污泥体积	$V_n=Q_0(1-P_0)/(1-P_u)$	V_n——浓缩后污泥体积，m^3； P_0——进泥浓度； P_u——出泥浓度

【例题 8-2】 某污水处理厂规模为 $2.0\times10^5 m^3/d$，设计剩余污泥量 35800kg/d，含水率 99.3%（即固体浓度 $7kg/m^3$），污泥体积 $5114.3m^3/d$，浓缩后含水率 97%（即固体浓度 $30kg/m^3$），计算重力式浓缩池的工艺尺寸。

【解】 (1) 浓缩池面积 A

浓缩污泥为剩余污泥，重力浓缩池污泥固体通量采用 $50kg/(m^2 \cdot d)$，则：

$$A=Q_0C_0/G=5114.3\times7/50=716(m^2)$$

(2) 单池面积 A_1

设计 $n=2$ 个圆形辐流式浓缩池，则 $A_1=A/n=716/2=358(m^2)$。

(3) 浓缩池直径 D

$$D=(4A_1/\pi)^{1/2}=(4\times358/\pi)^{1/2}=21.35(m)，取 D=21m$$

(4) 浓缩池高度 (m)

超高 $h_1=0.3m$，浓缩时间 $T=15h$，浓缩池工作部分高度 h_2 为：

$$h_2=TQ_0/24A=15\times5114.3/24/716=4.46(m)$$

缓冲层高度 $h_3=0.30m$；

取 $i=0.003$，池底坡产生的高度 h_4 为：

$$h_4=(D/2-D_2/2)\times i=(21/2-2.4/2)\times0.003=0.28(m)$$

泥斗部分高度 h_5 为：

$$h_5=(D_2/2-D_1/2)\times\tan\theta=(2.4/2-1.0/2)\times\tan60°=1.21(\text{m})$$

$$H=h_1+h_2+h_3+h_4+h_5=0.30+4.46+0.30+0.28+1.21=6.55(\text{m})$$

上述有关重力式浓缩池的工艺尺寸示意如图 8-7 所示。

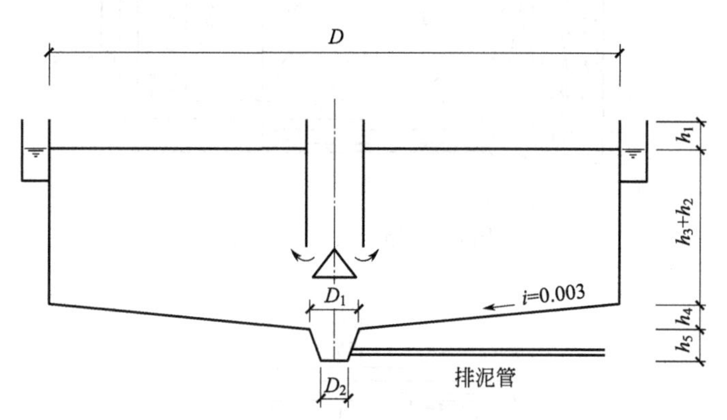

图 8-7　重力式浓缩池工艺尺寸示意

8.3.3　气浮浓缩池

在一定温度下，空气在液体中的溶解度与空气受到的压力成正比，即服从亨利定理，当压力恢复到常压后，所溶空气即变成微细气泡从液体中释放出去，若液体中有细小颗粒，这些大量的微细气泡附着在颗粒的周围，可使颗粒相对密度减少而被强制上浮，达到气浮浓缩的目的。污泥气浮浓缩主要采用溶气气浮法。按气浮原理，污水中的絮凝体由于吸附了大量的微细气泡，使絮凝体的浮力加大，一起随气泡上浮，上浮后的污泥絮凝体被设备刮除，澄清水从浓缩池底部排出。气浮浓缩适用于粒子易于上浮的疏水性污泥，或悬浊液很难沉降且易于凝聚的场合。例如，好氧消化污泥、接触稳定污泥、不经初次沉淀的延时曝气污泥和一些工业的废油脂及废油适于气浮浓缩。

气浮浓缩池工艺流程如图 8-8 所示。

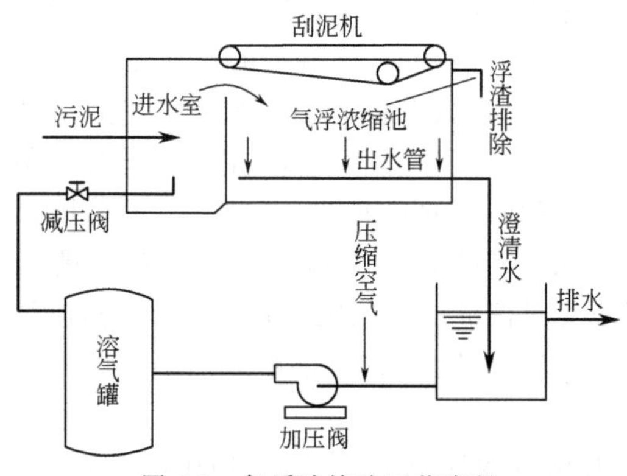

图 8-8　气浮浓缩池工艺流程

(1) 构造特点

气浮浓缩池的形状有矩形和圆形两种，如图 8-9 和图 8-10 所示。

(2) 设计参数

① 系统的进泥量。当为活性污泥时，其进泥浓度不应超过 5g/L，即含水率为 99.5%

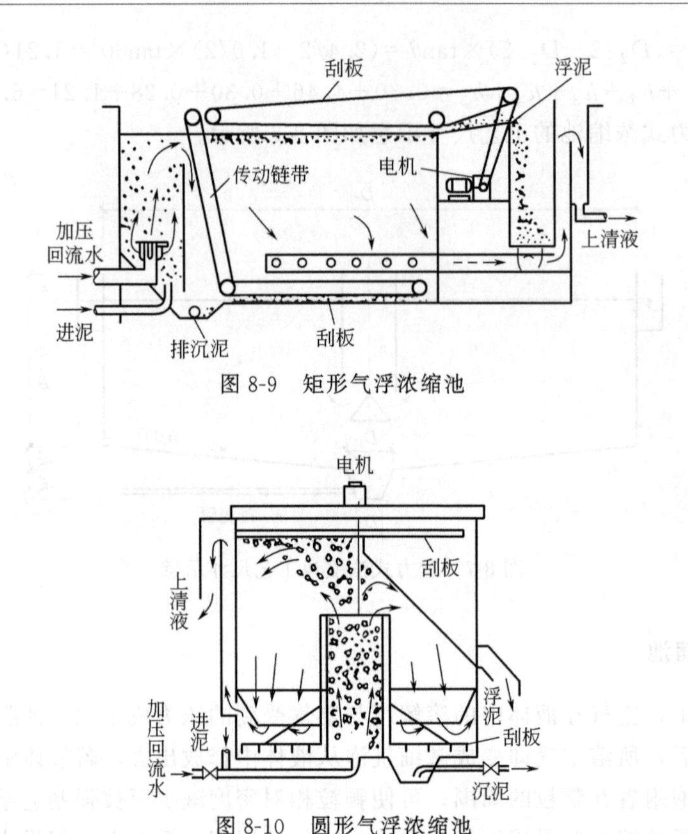

图 8-9　矩形气浮浓缩池

图 8-10　圆形气浮浓缩池

(包括气浮池的回流)。

② 气浮浓缩池所需的面积。当不投加化学混凝剂时，设计水力负荷范围为 1～3.6m³/(m²·h)，一般采用的水力负荷为 1.8m³/(m²·h)，固体负荷为 1.8～5.0kg/(m²·h)。

当活性污泥指数 SVI 为 100 左右时，固体负荷采用 5.0kg/(m²·h)，气浮后污泥含水率一般为 95%～97%。当投加化学混凝剂时，其负荷一般可提高 50%～100%，浮渣浓度也可提高 1%左右；投加聚合电解质或无机混凝剂时，其投加量一般为 2%～3%（干污泥重）。混凝剂的反应时间一般不小于 5～10min。助凝剂的投加点一般在回流与进泥的混合点处。池子的容积应按停留 2h 进行核算，当投加化学混凝剂时应计入混凝剂的反应时间。

③ 刮渣刮泥设备。污泥颗粒上浮在水面形成的浮渣层厚度一般控制在 0.15～0.3m，利用出水设置的堰板进行调节。刮渣机的刮板移动速度，一般采用 0.5m/min，并应有调节的可能，使其速度有减少或增加 1 倍的幅度。下沉污泥颗粒的泥量，一般可按进泥量的 1/3 计算，池底刮泥机的设计数据参见沉淀池刮泥机的有关参数。刮出的浮渣，即气浮后的污泥，由于含有空气，其起始相对密度一般为 0.7，需贮存几小时后才恢复正常；若立即抽送时，应选用合适的泵型。

④ 加压溶气装置。加压溶气的气固比，一般采用 0.03～0.04（质量比），溶气效率通常取 50%。溶气罐的容积一般按加压水停留 1～3min 计算，其绝对压力一般采用 $(2.94 \sim 4.90) \times 10^5$Pa；罐体高与直径之比，常用 2～4。加压泵的出水管压力，不应低于溶气罐的压力，一般采用 $(2.94 \sim 4.90) \times 10^5$Pa。

(3) 计算公式

气浮浓缩池的计算公式如表 8-4 所列。

表 8-4　气浮浓缩池的计算公式

名称	公式	符号说明
加压水回流量	$Q_r=QC_0(A/S)1000/\{\gamma C_s[\eta p/(9.81\times10^4)-1]\}$	Q_r——加压水回流量，m^3/d； Q——气浮处理的污泥量，m^3/d； C_0——气浮污泥浓度，kg/m^3； p——容器罐的绝对压力，Pa； η——溶气效率； C_s——在一定温度、标准大气压下的空气溶解度，mL/L； A——标准大气压时释放的空气量，kg/d； S——污泥干重，kg/d； A/S——气固比； γ——空气密度，g/L
回流比	$R=Q_r/Q$	R——回流比
总流量	$Q_T=Q(1+R)$	Q_T——总流量，m^3/h
气浮池表面积	$A=QC_0/M$	A——气浮池表面积，m^2； M——固体通量，$kg/(m^2\cdot d)$
过水断面面积	$w=Q_T/v$	w——过水断面面积，m^2； v——水平流速，m/h
气浮池高度	$H=h_1+h_2+h_3$	H——气浮池总高度，m； h_1——分离区高度，由过水断面面积 w 计算，m； h_2——浓缩区高度，m，一般采用 1.2m 或池宽的 3/10； h_3——死水区高度，m，一般采用 0.1m
水力复核(校核)	$q=Q_T/A$	q——水力负荷，$m^3/(m^2\cdot d)$； A——气浮池表面积
停留时间(校核)	$t=AH/Q_T$	t——停留时间，h； A——气浮池表面积
容器罐容积	$V=tQ_r/Q_T$	V——容器罐容积，m^3； t——停留时间，h
容器罐高度	$H=4V/(\pi D^2)$	H——容器罐高度，m

【例题 8-3】 某污水处理厂剩余活性污泥量为 $1650m^3/d$，污泥浓度 C_0 为 $5kg/m^3$，即含水率为数 95%。根据气浮试验确定在不投加混凝剂的条件下气固比 $A/S=0.005$，污泥温度为 20℃，要求将剩余活性污泥浓缩到含水率为 97%，加压溶气的绝对压力为 49.0×10^4Pa。

【解】 采用出水部分回流加压气浮流程。

(1) 回流比 R

设计 2 座气浮池，每座气浮池流量 $Q=1650/2=825(m^3/d)=34.4m^3/h<100m^3/h$，所以采用矩形沉淀池；以下均按单个气浮池计算。查空气在水中溶解度表知，当污泥温度为 20℃时空气溶解度 $C_s=18.7mL/L$，空气密度 $\gamma=1.164g/L$，溶气效率 $\eta=0.5$。

加压水回流量 $Q_r = QC_0(A/S)1000/\{\gamma C_s[\eta p/(9.81\times10^4)-1]\}$

$=825\times5\times0.005\times1000/\{1.164\times18.7\times[0.5\times49.0\times10^4/(9.81\times10^4)-1]\}$

$=632.7(m^3/d)=26.4(m^3/h)$

回流比 $R=Q_r/Q=632.7/825=0.77$

总流量 $Q_T=Q(1+R)=825\times(1+0.77)=1460.3(m^3/d)=60.85(m^3/h)$

(2) 所需理论空气量

$$A=\gamma C_s[\eta p/(9.81\times10^4)-1]Q_r/1000$$
$$=1.164\times18.7[0.5\times49.0\times10^4/(9.81\times10^4)-1]\times632.7/1000$$
$$=20.6(kg/d)$$

当温度为20℃时，1个大气压下空气的密度为1.164kg/m³，所需空气体积 $V=20.6/1.164=17.7(m^3/d)$。实际空气需要量为理论值的2倍，即实际空气需要量 $=17.7\times2=35.4(m^3/d)$。

(3) 气浮浓缩池表面积

固体通量按不加混凝剂考虑，$M=100kg/(m^2\cdot d)$。

污泥干重 $W=QC_0=825\times5=4125(kg/d)$

气浮浓缩池表面积 $A=W/M=4125/100=41.25(m^2)$

设气浮池长宽比 $L/B=4$，则 $B=(A/4)^{1/2}=(41.25/4)^{1/2}=3.21(m)$，$L=4B=4\times3.21=12.85(m)$。

(4) 气浮池高度

取水平流速 $v=4mm/s=14.4m/h$，则：

过水断面面积 $w=Q_T/v=60.85/14.4=4.23(m^2)$

$$h_1=w/B=4.23/3.21=1.32(m)$$

取 $h_2-1.6m$，$h_3-0.1m$，则：

$$H=h_1+h_2+h_3$$
$$=1.32+1.6+0.1=3.02(m)$$

按水力负荷进行核算：$q=Q_T/A=60.85/41.25=1.48[m^3/(m^2\cdot h)]$(符合设计规定)。

按停留时间进行核算：$T=AH/Q_T=41.25\times3.02/60.85=2.05(h)$(符合设计规定)。

(5) 溶气罐容积

按停留时间3min计算，则 $V=Q_r\times3/60=26.4\times3/60=1.32(m^3)$。

取罐直径 $D=0.9m$，罐高为：

$$H=4V/(\pi D^2)=4\times1.32/3.14/0.9^2=2.08(m)$$

罐高与直径比 $H/D=2.08/0.9=2.31$（符合设计规定）。

8.3.4 机械浓缩

机械浓缩对污泥的适用范围较广，其主要特点是污泥浓缩时间短、效率高、设备构造紧凑、需用场地较小、卫生条件好，但能耗较大，运行和维护费用较高，适用于建设用地紧张，需要在较短时间进行污泥浓缩时，如脱氮除磷工艺系统的污泥浓缩。用于污泥浓缩的机械设备种类很多，根据机械设备的性质和运行方式可分为离心浓缩机、重力带式浓缩机等。

离心浓缩机是最早用于污泥浓缩的机械设备，经过几代人的更换发展，现在普遍采用卧螺式离心浓缩机。离心浓缩机是污水处理厂常用的污泥机械浓缩设备，其原理和形式与离心脱水机基本相同，差别在于用于污泥浓缩一般不需要加絮凝剂，而用于脱水必须加入絮凝剂。离心浓缩机适用于不同性质的污泥，不同规模的污水厂均可使用。

重力带式浓缩机的使用条件与离心浓缩机基本相似，但卫生条件较离心浓缩机差。带式浓缩机主要用于浓缩脱水一体化设备的浓缩段。

（1）离心浓缩机

离心浓缩法主要用于场地狭小的场合，适于污泥浓缩的离心机主要是连续式卧式圆锥形和圆筒形离心机、间歇式离心机，其次是盘式和篮式离心机；后者主要是为胶体颗粒等物料研制的，并不太适用于污泥的浓缩。卧式圆锥形离心机和圆筒形离心机的工作原理相同，前者在结构上除了没有圆筒形离心机的转筒以外，其他方面完全一致。卧式圆锥形离心机分离室为圆锥形，在分离室内，液体越接近澄清液排出口离心力越大，浓缩脱水效果就越好。间歇式离心机主要用于少量污泥和回收物料的浓缩。

离心浓缩的最大不足是能耗高，一般达到同样的浓缩效果，其电耗为气浮法的 10 倍。

离心浓缩的主要参数有入流污泥浓度、排出污泥含固率、固体回收率、高分子聚合物的投加量等。离心浓缩的设计工作很困难，通常参考相似工程实例。

表 8-5 列出了离心机的运行参数，可供参考。

表 8-5 用于污泥浓缩的离心机运行参数

<table>
<tr><th>污泥种类</th><th>入流污泥浓度/%</th><th>排泥含固率/%</th><th>高分子聚合物投加量/(g/kg 干污泥)</th><th>固体物质回收率/%</th><th>离心机类型</th></tr>
<tr><td>剩余活性污泥</td><td>0.5～1.5</td><td>8～10</td><td>0
0.5～1.5</td><td>85～90
90～95</td><td rowspan="5">转筒式</td></tr>
<tr><td>厌氧消化污泥</td><td>1～3</td><td>8～10</td><td>0
0.5～1.5</td><td>80～90
90～95</td></tr>
<tr><td>普通生物滤池污泥</td><td>2～3</td><td>9～10</td><td>0
0.75～1.5</td><td>90～95
95～97</td></tr>
<tr><td>厌氧消化的初沉污泥</td><td></td><td>8～9</td><td>0</td><td>84～97</td></tr>
<tr><td>生物滤池混合污泥</td><td>2～3</td><td>7～9</td><td>0.75～1.5</td><td>94～97</td></tr>
<tr><td>剩余活性污泥</td><td>0.75～1.0</td><td>5.0～5.5</td><td>0</td><td>90</td><td rowspan="3">转盘式</td></tr>
<tr><td>剩余活性污泥</td><td></td><td>4.0</td><td>0</td><td>80</td></tr>
<tr><td>剩余活性污泥(经粗滤后)</td><td>0.7</td><td>5.0～7.0</td><td>0</td><td>93～87</td></tr>
<tr><td>生物活性污泥</td><td>0.7</td><td>9～10</td><td>0</td><td>90～70</td><td>蓝式</td></tr>
</table>

注：离心机规格可参考有关手册和产品说明书。

（2）带式浓缩机

对污泥进行带式浓缩的设备是带式浓缩机，其发展源于带式压滤机对污泥的脱水。这种浓缩设备主要由重力带构成，重力带在由变速装置驱动的辊子上移动，将用聚合物调理过的污泥投加到设于端部的进泥分布箱内，然后使污泥均匀分布在移动的带子上。沿着带子的移动方向设置一系列类似犁刀的装置（也称梳水犁），将污泥犁为“垄沟”，使污泥中释放出来的水排出。在浓缩污泥排走后，需要对带子进行冲洗。带式浓缩机通常在污泥含水率大于98%的情况下使用，常用于剩余污泥的浓缩。通常与带式脱水机装为一体作为带式浓缩脱水机的浓缩单元，可将剩余污泥的含水率从99.2%～99.5%浓缩至93%～95%。

带式浓缩机具有电耗少、噪声低、避免磷释放等优点，但其易造成现场清洁问题，车间空气环境差。

【例题8-4】 某污水处理厂剩余污泥产量10.55t/d，污泥含水率为99.2%，污泥量为1319m^3/d。污泥主要来自生物池剩余污泥，污泥含水率较高，需要先进行浓缩处理，然后进行脱水。采用带式浓缩机浓缩，采用板框进行脱水。试进行带式浓缩机的计算。

【解】 配套絮凝剂制备系统、药剂投加泵、冲洗系统设备。每天按运行12h计。

设计采用2台带式浓缩机，1用1备，则单台带式浓缩机处理污泥量：

$$Q_0=Q/n_t=1319/12=110(m^3/h)$$

根据产品处理能力，选用2台带式浓缩机进行脱水，单台最大处理能力140m^3/h，1用1备；每天运行时间可适当调整。浓缩后污泥含水率为97%。

8.4 污泥厌氧消化

厌氧消化是利用兼性菌和厌氧菌进行厌氧生化反应，分解污泥中有机物的一种污泥处理工艺。厌氧消化是使污泥实现“四化”（减量化、稳定化、无害化、资源化）的主要环节。第一，有机物被厌氧消化分解，可使污泥稳定化，使之不易腐败。第二，大部分病原菌或蛔虫卵被杀灭或作为有机物被分解，使污泥无害化。第三，随着污泥被稳定化，将产生大量高热值的甲烷（沼气），可作为能源利用，使污泥资源化；另外，污泥经厌氧消化以后，其中的部分有机氮转化成氨氮，提高了污泥的肥效。第四，污泥的减量化虽然主要借浓缩脱水，但有机物被厌氧分解，转化成沼气，这也是一种减量过程。主要的厌氧消化处理构筑物是消化池，在处理过程中加热搅拌，保持泥温，达到使污泥加速消化分解的目的。

按照消化温度的不同，消化常分为：高温消化、中温消化和常温消化三类。中温消化的温度可控制在29～38℃之间，常采用35℃；高温消化的温度可控制在50～56℃之间，常采用55℃；常温消化一般不加热，不控制消化温度，常在15～25℃之间，但停留时间较长。高温消化的有机物分解率和沼气产量会略高于中温消化，但所需的热能较大，总体比较，得不偿失，因而采用较少。当污泥的温升指标要求较高时，高温消化具有优势。实际普遍采用的是中温消化，池温控制在35℃。当卫生标准有特殊要求或需高速消化、减少消化天数时，可根据情况采用高温消化。具体采用哪种形式较好，设计上应做技术、经济比较确定。

按照消化过程产气的规律，消化可分为一级消化和二级消化。在消化的前8d，产生的沼气量约为全部沼气量的80%，若把消化池设计成两级，第一级消化池有加温、搅拌设备，并收集沼气，然后把排出的污泥送入第二级消化池；第二级消化池没有加温、搅拌设备，依靠余热继续消化，消化温度为20～25℃，产气量约占20%，可收集或不收集，由于不搅拌，所以第二级消化池有浓缩功能。因此，厌氧消化分成了一级消化和二级消化两种类型。中温消化常采用二级消化，称为中温二级消化。设计运行中一般只考虑一级消化池的消化效果，二级消化池常用于以下几个目的：

① 作为消化污泥的贮存池，缓冲污泥量与脱水污泥量之间的失衡。

② 作为一级消化池的备用池，当一级消化池容积不足时，二级消化池作一级消化池用。

③ 作为消化污泥浓缩池，进行浓缩分离，提高消化污泥浓度，减少污泥调质的加药量。

④ 作为消化种污泥贮存池。当一级消化池检修重新启动时，可直接将二级消化池的污

泥注入，为其接种。二级消化池内不加热、不搅拌，基本不产沼气。一些污水处理厂采用后浓缩池代替二级消化池，原因是二级消化池浓缩分离效果差，上清液水质极差。

由于厌氧消化分为三个阶段，即水解与发酵阶段、产氢产乙酸阶段、产甲烷阶段，各阶段的菌种、消化速度、对环境的要求及消化产物等都不同。采用两相消化法，即把第一、第二阶段与第三阶段分别在两个消化池中进行，使各自都有最佳环境条件。两相消化的优点有：池容小，加温与搅拌能耗少，运行管理方便，消化更彻底。

8.4.1　设计概述

（1）单级厌氧消化

传统厌氧消化工艺也即单级厌氧消化工艺。单级厌氧消化只设置一座消化池，污泥在一座消化池内进行搅拌和加热完成消化。

单级厌氧消化工艺流程如图 8-11 所示。

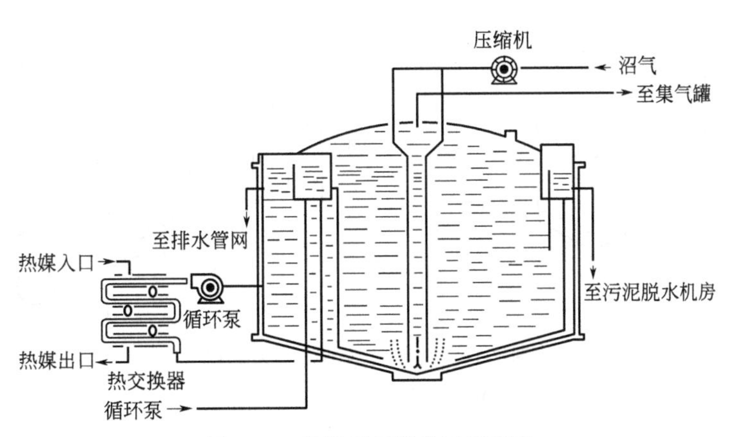

图 8-11　单级厌氧消化工艺流程

（2）两级厌氧消化

两级厌氧消化工艺流程如图 8-12 所示。根据消化时间和产气率的关系，将消化过程分开在两个串联的消化池内进行，污泥先在一级消化池（设有加温、搅拌装置，并有集气罩收集沼气）进行消化，经过 7～12d 旺盛的消化反应后，排出的污泥进入二级消化池。一级消化池消化温度 33～35℃，产气率达 80%。二级消化池不设加温和搅拌装置，利用来自第一座消化池污泥的余热继续消化，消化温度可保持在 20～26℃，消化时间 20d 左右，产气量仅占总产气量的 20%，可收集或不收集，由于不搅拌，二级消化兼具有浓缩功能。采用两级厌氧消化时，一级消化池和二级消化池的容积比应根据二级消化池的运行操作方式，通过技术、经济比较确定，多采用 2∶1，不宜大于 4∶1。

（3）两相厌氧消化

两相厌氧消化将污泥厌氧消化三个阶段（即水解与发酵阶段、产氢产乙酸阶段、产甲烷阶段）中的前两个阶段在一个反应器内完成，该反应器称为酸相反应器；第三阶段在另一个反应器内完成，该反应器称为甲烷相反应器。两相厌氧消化可使各自都在最佳的环境中完成反应，达到提高反应速率，缩短反应时间，减小消化池体积的目的。两相厌氧消化工艺流程如图 8-13 所示。

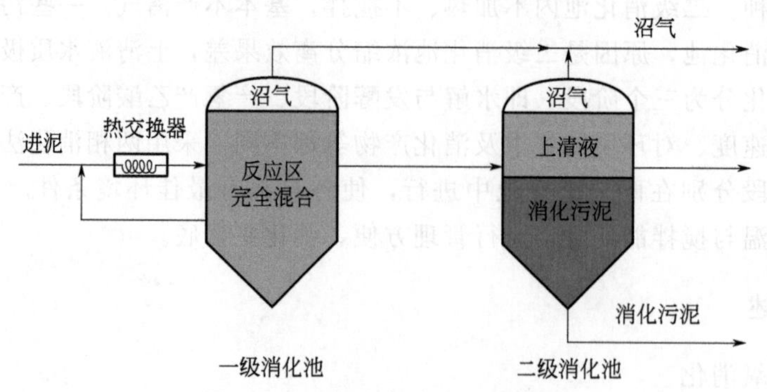

图 8-12　两级厌氧消化工艺流程

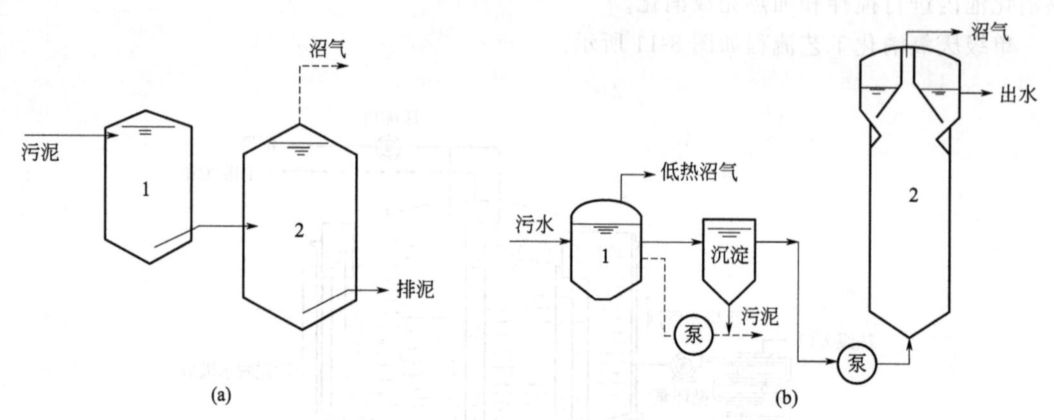

图 8-13　两相厌氧消化工艺流程

1—酸相反应器；2—甲烷相反应器

8.4.2　一般规定

（1）新鲜污泥量

城市污水处理厂的新鲜污泥一般包括初沉污泥及剩余活性污泥，其污泥量视污水水质、处理工艺的类型及污泥含水率而不同。

（2）污泥性质

新鲜污泥和消化污泥的性质可用物理、化学或生物特性表示。物理性质包括含水率、挥发性固体、密度、色、臭、流动性和可塑性等。化学性质包括总氮、磷、蛋白质、碳水化合物、脂肪、碱度、挥发性脂肪酸、pH 值等。生物指标包括大肠杆菌、细菌、蛔虫卵等。各类污泥性质的有关数据相差很大，设计时应做水质化验或借鉴类似污水的实测资料，进行具体分析。

（3）消化池投配率和消化时间

当为中温消化时，池中温度控制在 33～36℃（最佳温度 35℃），其消化时间根据进泥的含水率及要求有机物分解的程度而定，一般为 25～30d，即总投配率为 3%～4%。当采用两级消化时，一级消化与二级消化的停留时间的比值可采用 1∶1、2∶1 或 3∶2。当新鲜污泥的含水率为 96%～97%，要求污泥中的有机物经厌氧消化分解 50%以上时，总消化时间一般采用 25～30d。当一级消化池的产气率为总产气率的 90%，二级消化池的产气率为剩余的

10%时，其消化时间的比值一般采用2∶1。

(4) 污泥浓度

进入消化池的新鲜污泥含水率应尽量降低，即加入消化池的污泥应尽可能地进行浓缩，一方面可以减少消化池的容积，降低耗热量；另一方面可以提高污泥中的产甲烷菌浓度，加速并提前生化反应。虽然希望投配较浓的污泥，但根据污泥中有机物的含量及污泥泵抽送的困难和保持消化池的充分混合要求，污泥固体含量设计值采用3%～4%，目前最大可行的污泥固体浓度范围为10%～12%。二级消化后的污泥含水率一般可达92%左右。

(5) 消防、安全措施

消化池设计中，要注重对污泥消化系统的安全防护和消防工作；设计中除需考虑消化池顶部为防爆区域外，与其相关的建筑物和处理设施（如沼气锅炉房、沼气脱硫系统、沼气贮存系统和沼气燃烧设施等）均应设有一定的防护距离并装备消防设施；应设有显著的标识明确污泥消化区域为禁火、禁烟区；进入消化池区域可安装静电消除设施。

8.4.3 计算公式

8.4.3.1 设计参数

① 消化温度：中温消化温度33～38℃，高温消化温度50～55℃，允许的温度变动范围为±(0.5～2.0)℃。

② 消化时间：中温消化20～30d（即投配率3.33%～5%），高温消化10～15d（即投配率10%～6.67%）。

③ 有机负荷和产气量：中温消化挥发性有机负荷0.6～1.5kg/(m^3·d)，产气量1.0～1.3m^3/(m^3·d)；高温消化挥发性有机负荷2.0～2.8kg/(m^3·d)。

④ 两级消化中一级、二级消化池的容积比可采用1∶1、2∶1或3∶2，常采用的是2∶1。

⑤ 厌氧消化池池形有圆柱形、龟甲形、椭圆形、蛋形等，多采用圆柱形和蛋形。池顶盖有浮动式或固定式，多采用固定式顶盖。

⑥ 消化池尺寸：消化池直径一般为6～35m，总高与直径之比取0.8～1.0，内径与圆柱高之比取2∶1，底坡取$i=8\%$。池顶部距污泥面的高度大于1.5m。顶部的集气罩直径取2m，高度为1～2m。池内泥位必须保证一级消化池污泥能自流入二级消化池，池底宜高于地下水位。

⑦ 消化池管道布置：消化池设置的管道有进泥管、出泥管、循环搅拌管、溢流管、取样管、上清液排出管等。

8.4.3.2 计算公式

厌氧消化的工艺设计主要包括消化池容积计算、热工计算、搅拌方式与功率计算、沼气产量及贮气柜设计计算等，其计算公式如表8-6所列。

表8-6 厌氧消化工艺设计的计算公式

名称	公式	符号说明
池容积	$V=Qt$ $V=V'/P$	V——消化池容积，m^3； Q——投入一级或二级消化池的污泥量，m^3/d； V'——每日投入消化池的新鲜污泥量，m^3/d； P——投配率，%

续表

名称	公式	符号说明
每个池的容积	$V_0=V/N$	V_0——单池容积，m^3； N——消化池个数
池顶圆截锥部分高度	$h_1=(D/2-d_1/2)\tan\alpha$	h_1——池顶圆截锥部分高度，m； D——消化池直径，m； d_1——集气罩的直径，m； α——消化池池顶倾角，(°)
池顶圆截锥部分体积	$V_1=1/3\pi h_1(R^2+Rr_1+r_1^2)$	V_1——池顶圆截锥部分体积，m^3； R——消化池半径，m； r_1——集气罩的半径，m
池底圆截锥部分高度	$h_3=(D/2-d_2/2)\tan\alpha_1$	h_3——池底圆截锥部分高度，m； d_2——池底直径，m； α_1——消化池池底倾角，(°)
池底圆截锥部分体积	$V_3=1/3\pi h_3(R^2+Rr_2+r_2^2)$	V_3——池底圆截锥部分体积，m^3； r_2——池底半径，m
池圆柱部分体积	$V_2=V_0-V_3$	V_2——池圆柱部分体积，m^3
池圆柱部分高度	$h_2=4V_2/(\pi D^2)$	h_2——池圆柱部分高度，m
消化池总高度	$H=h_1+h_2+h_3+h_4$	H——消化池总高度，m； h_4——集气罩安全保护高度，m，一般取1.5～2m
提高新鲜污泥温度的耗热量	$Q_1=V'/86400\times(T_D-T_S)\times4184$	Q_1——新鲜污泥的温度升高到消化温度的耗热量，W； V'——每日投入消化池的新鲜污泥量，m^3/d； T_D——消化温度，℃； T_S——新鲜污泥原有温度，℃
池体的耗热量	$Q_2=\sum FK(T_D-T_A)\times1.2$ $K=1/(1/a_1+\sum\delta/\lambda+1/a_2)$	Q_2——池子向外界散发的热量，W； F——池盖、池壁及池底的散热面积，m^2； T_A——池外介质（空气或土壤）温度，℃； K——池盖、池壁和池底的传热系数，$W/(m^2\cdot K)$； a_1——内表面热转移系数，$W/(m^2\cdot K)$，污泥传到钢筋混凝土池壁为300$W/(m^2\cdot K)$，气体传递到钢筋混凝土池壁为8.7$W/(m^2\cdot K)$； a_2——外表面热转移系数，$W/(m^2\cdot K)$，即池壁到介质的热转移系数，如介质为空气时取3.48～9.28$W/(m^2\cdot K)$，如介质为土壤时取3.48～9.28$W/(m^2\cdot K)$； δ——池体各部分结构层、保温层厚度，m； λ——池体各部分结构层、保温层导热系数，$kJ/(m^2\cdot h\cdot ℃)$，混凝土或钢筋混凝土池壁的λ值为5.54$kJ/(m^2\cdot h\cdot ℃)$

续表

名称	公式	符号说明
加热管、蒸汽管、热交换器等散发的热量	$Q_3=\sum(FK)(T_m-T_A)\times1.2$	Q_3——加热管、蒸汽管、热交换器等向外界散发的热量，W； F——加热管、蒸汽管、热交换器等的表面积，m^2； K——加热管、蒸汽管、热交换器等的传热系数，$W/(m^2\cdot K)$； T_m——锅炉出口和入口的热水温度平均值，或锅炉出口和池子入口蒸汽温度的平均值，℃
热水循环量 Q_W	$Q_W=Q_{max}/(T_R-T_C)/1000$	Q_W——热水循环量，m^3/h； Q_{max}——最大耗热量，kJ/h，$Q_{max}=Q_1+Q_2+Q_3$； T_R——热交换器入口热水温度，℃； T_C——热交换器出口热水温度，℃
锅炉的加热面积	$F_3=(1.1\sim1.2)Q_{max}/E$	F_3——锅炉的加热面积，m^2； E——锅炉加热面的发热强度，$kJ/(m^2\cdot K)$，根据锅炉样本选用
锅炉容量	$G_w=Q_{max}/[(T_4-T)\gamma_水\ \eta]$	G_w——锅炉容量，kg/h； T——锅炉供水温度，℃； T_4——锅炉内热水温度，℃，约 90℃； $\gamma_水$——水的比热容，1.0kcal/(kg·℃)； η——锅炉的热效率，%
套管式泥水热交换器的长度	$L=Q_{max}/(\pi DK\Delta T_m)\times1.2$ $K=1/(1/a_1+1/a_2+\delta_1/\lambda_1+\delta_2/\lambda_2)$ $\Delta T_m=(\Delta T_1-\Delta T_2)/\ln(\Delta T_1/\Delta T_2)$	L——套管的总长度，m； D——内管的外径，m； K——传热系数，$W/(m^2\cdot K)$，取值 697.5$W/(m^2\cdot K)$； a_1——加热体至管壁的热转移系数，$W/(m^2\cdot K)$，可选 3364$W/(m^2\cdot K)$； a_2——管壁至被加热体的热转移系数，$W/(m^2\cdot K)$，可选 5452$W/(m^2\cdot K)$； δ_1——管壁厚度，m； δ_2——水垢厚度，m； λ_1——管道的导热系数，$W/(m^2\cdot K)$，钢管为 45～48$W/(m^2\cdot K)$； λ_2——水垢的导热系数，$W/(m^2\cdot K)$，一般选用 2.32～3.48$W/(m^2\cdot K)$； ΔT_m——平均温差系数，℃； ΔT_1——热交换器入口的污泥温度（T_A）和出口的热水温度（T'_W）之差，℃； ΔT_2——热交换器出口的污泥温度（T'_n）和入口的热水温度（T_W）之差，℃
直接注入蒸汽量	$G=Q'_{max}/(I-I_D)$	G——蒸汽量，kg/h； Q'_{max}——污泥消化池最大耗热量，kJ/h； I——饱和蒸汽的含热量，kJ/kg； I_D——消化温度的污泥含热量，kJ/kg

续表

名称	公式	符号说明
沼气管道的气压损失	$H=9.8Q'^2\gamma L$	H——沼气管道的气压损失，Pa； Q'——相当于气体密度 $\gamma=0.6kg/m^3$ 时的气体流量，m^3/h； L——管道长度，m； γ——在温度为0℃，压力为101.3kPa(760mmHg)下的气体密度，kg/m^3，一般取0.85～1.26kg/m^3
气体流量	$Q'=Q'_1(\gamma_1/\gamma)^{1/2}$	Q'——相当于气体密度 $\gamma=0.6kg/m^3$ 时的气体流量，m^3/h； Q'_1——密度为 γ_1 的气体流量，m^3/h； γ_1——现状气体密度，kg/m^3
管道的局部损失	$h=\varepsilon\gamma v^2/(2g)$	h——管道的局部损失，m； ε——局部阻力系数； v——沼气流速，m/s
单座搅拌气量	$q=aV/60$	q——单座消化池搅拌气体用量，m^3/s； a——单位体积搅拌气量，$m^3/(1000m^3 \cdot min)$，一般按5～7$m^3/(1000m^3 \cdot min)$计； V——消化池容积，m^3
干管、竖管管径	$d_1=[4q/(\pi v_1)]^{1/2}$	d_1——干管或竖管管径，m； v_1——管道气体流速，循环搅拌系统干管和配气环管流速一般为10～15m/s，竖管为5～7m/s
竖管长度	$H'=h_1+h_2+h_3/2$ $h=2/3H'$	H'——消化池有效深度，m； h——竖管长度，m
压缩机功率	$N=VW$	N——沼气压缩机功率，W； V——一级消化池容积，m^3； W——单位池容所需功率，W/m^3，一般取5～8W/m^3
沼气产量	$G_1=G_sV_s$ $G=nG_1$	G——气体产生的总体积，m^3； G_1——单座消化池气体产生的体积，m^3； n——消化池数量，座； V_s——有机物降解量，kg； G_s——给定其他产率，$m^3/kgVSS$，取值0.8～1.1$m^3/kgVSS$
集气管管径	$d_2=[4(q+G_1)/(\pi v_2)]^{1/2}$	q——单座消化池搅拌气体用量，m^3/s，一般一级消化池采用； d_2——集气管管径，m； v_2——集气管流速，m/s，一般取7～8m/s
贮气柜容积	$V_z=(25\%\sim40\%)G$	V_z——贮气柜容积，m^3，沼气贮柜的容积应按产气量与用气量的时变化曲线来确定，当无资料时按平均产气量的25%～40%，即6～10h的平均产气量计算；大型污水厂处理取小值，小型污水处理厂取大值

注：1kcal=4.2J。

【例题 8-5】 某城镇污水处理厂规模为 $2.0\times10^5 m^3/d$，初沉污泥量为 $750m^3/d$，含水率为 96.00%，剩余污泥经浓缩后污泥量为 $1193.3m^3/d$，含水率为 97%，初沉污泥有机物含量为 50%，剩余污泥有机物含量为 65%，试进行消化池容积计算、中温污泥消化系统热平衡计算、消化池污泥气循环搅拌计算、污泥消化池沼气收集贮存系统设计。

【解】 (1) 消化池容积

根据投配率计算厌氧消化池容积 V：

$$V=V'/P$$

取投配率 $P=5\%$，则 $V=V'/P=(750+1193.3)/5\%=38867(m^3)$。

(2) 池体设计

采用中温一级消化，消化池池数 $N=3$，则每座消化池容积为 $V_0=V/N=38867/3=12955.6(m^3)$。

消化池直径 D 取 25m，集气罩直径 d_1 取 2m，集气罩高度 h_4 取 2m，池底锥底直径 d_2 取 2m，上锥角采用 15°，下锥角采用 2.5°，故：

池顶圆截锥部分高度 $h_1=(D/2-d_1/2)\tan\alpha=(25/2-2/2)\times\tan10°=2(m)$；

池顶圆截锥部分体积 $V_1=1/3\pi h_1(R^2+Rr_1+r_1^2)=1/3\times3.141\times2\times(12.5^2+12.5\times1+1^2)=355.5(m^3)$。

池底圆截锥部分高度 $h_3=(D/2-d_2/2)\tan\alpha_1=(25/2-2/2)\times\tan2.5°=0.5(m)$。

池底圆截锥部分体积 $V_3=1/3\pi h_3(R^2+Rr_2+r_2^2)=1/3\times3.141\times0.5\times(12.5^2+12.5\times1+1^2)=88.9m^3$。

池圆柱部分体积 $V_2=V_0-V_3=12955.6-88.9=12866.7(m^3)$。

池圆柱高度 $h_2=4V_2/(\pi D^2)=4\times12866.7/(3.141\times25^2)=26.2(m)$，取 26m。

消化池总高度 $H=h_1+h_2+h_3+h_4=2+26+0.5+2=30.5(m)$。

消化池各部分表面积计算如下：

集气罩表面积 $F_4=\pi/4d_1^2+\pi d_1h_1=3.141/4\times2^2+3.141\times2\times2=15.7(m^2)$；

上盖表面积 $F_1=\pi(4h_1^2+d^2)/4=3.141\times(4\times2^2+26^2)/4=543.4(m^2)$；

地面以上池壁面积 $F_2=\pi dh_5=3.141\times26\times23=1878.3(m^2)$，其中地面以上为 23m；

地面以下池壁面积 $F_3=\pi dh_6=3.141\times26\times3=244.9(m^2)$；

下锥体表面积 $F_5=\pi(4h_3^2+d^2)/4=3.141\times(4\times0.5^2+26^2)/4=531.6(m^2)$；

故消化池总面积 $F=F_1+F_2+F_3+F_4+F_5=543.4+1878.3+244.9+15.7+531.6=3213.9(m^2)$。

(3) 中温污泥消化系统热平衡计算

采用 3 座消化池，采用中温一级消化工艺，消化温度为 36℃，污泥的年平均温度为 17.4℃，日平均最低温度为 14.4℃；处理厂所在地年平均气温 14.6℃，冬季室外计算气温，最低日平均气温−0.5℃；土壤全年平均温度为 13.3℃，冬季计算温度为 9.8℃。

1) 提高新鲜污泥温度的耗热量

全年平均耗热量：$Q_1=V'/24\times(T_D-T_S)\times1000=647.8/24\times(36-17.4)$

$=5.02\times10^5(kcal/h)$

最大耗热量为：$Q_1'=647.8/24\times(36-14.4)=5.83\times10^5(kcal/h)$

2）消化池池体的耗热量　消化池各部分传热系数采用：池盖为 $K=0.8\mathrm{W/(m^2 \cdot ℃)}$；池壁在地面以上部分为 $K=0.7\mathrm{W/(m^2 \cdot ℃)}$；池壁在地面以下部分及池底为 $K=0.52\mathrm{W/(m^2 \cdot ℃)}$。

① 池盖热损失 Q_{21}。池盖面积为 $F_4+F_1=543.4+15.7=559.1$（$\mathrm{m^2}$），则全年平均耗热量为：

$$Q_{21}=FK(T_D-T_A)\times1.2=559.1\times0.7\times(36-14.6)\times1.2=8375.3(\mathrm{W})$$

最大耗热量为：

$$Q'_{21}=FK(T_D-T_A)\times1.2=559.1\times0.7\times[36-(-0.5)]\times1.2=17142.0(\mathrm{W})$$

② 池壁（地面以上）热损失 Q_{22}。池壁面积为 $F_2=1878.3\mathrm{m^2}$，池壁在地面以上部分全年平均耗热量为：

$$Q_{22}=F_2K(T_D-T_A)\times1.2=1878.3\times0.7\times(36-14.6)\times1.2=33764.3(\mathrm{W})$$

最大耗热量为：

$$Q'_{22}=F_2K(T_D-T_A)\times1.2=1878.3\times0.7\times[36-(-0.5)]\times1.2=57588.7(\mathrm{W})$$

③ 池壁（地面以下）的热损失 Q_{23}。池壁面积为 $F_3=244.9\mathrm{m^2}$，池壁在地面以下部分全年平均耗热量为：

$$Q_{23}=F_3K(T_D-T_A)\times1.2=244.9\times0.7\times(36-13.3)\times1.2=4669.8(\mathrm{W})$$

最大耗热量为：

$$Q'_{23}=F_3K(T_D-T_A)\times1.2=244.9\times0.7\times(36-9.8)\times1.2=5389.8(\mathrm{W})$$

④ 池底的热损 Q_{24}。池底面积为 $F_5=531.6\mathrm{m^2}$，全年平均耗热量为：

$$Q_{24}=F_5K(T_D-T_A)\times1.2=531.6\times0.7\times(36-13.3)\times1.2=10136.8(\mathrm{W})$$

最大耗热量为：

$$Q'_{24}=F_5K(T_D-T_A)\times1.2=531.6\times0.7\times(36-9.8)\times1.2=11699.5(\mathrm{W})$$

⑤ 每座消化池的总热损失计算如下。

全年平均耗热量为：

$$Q_2=Q_{21}+Q_{22}+Q_{23}+Q_{24}=8375.3+33764.3+4669.8+10136.8$$
$$=56946.2(\mathrm{W})=0.57\times10^5(\mathrm{kcal/h})$$

最大耗热量为：

$$Q'_2=Q'_{21}+Q'_{22}+Q'_{23}+Q'_{24}=17142.0+57588.7+5389.8+11699.5$$
$$=91820(\mathrm{W})=0.92\times10^5(\mathrm{kcal/h})$$

3）输泥管道与热交换器耗热量 Q_3　输泥管道与热交换器的耗热量可取前两项热损耗和的5%～15%，设计取15%。

输泥管道与热交换器全年平均耗热量为：

$$Q_3=(Q_1+Q_2)\times15\%=(5.02\times10^5+0.57\times10^5)\times15\%=0.84\times10^5(\mathrm{kcal/h})$$

输泥管道与热交换器最大耗热量为：

$$Q'_3=(Q'_1+Q'_2)\times15\%=(5.83\times10^5+0.92\times10^5)\times15\%=1.01\times10^5(\mathrm{kcal/h})$$

每座消化池总耗热量为：

全年平均耗热量：

$$Q_T=Q_1+Q_2+Q_3=5.02\times10^5+0.57\times10^5+0.84\times10^5=6.43\times10^5(\mathrm{kcal/h})$$

最大耗热量为：

$Q_{max}=Q_1'+Q_2'+Q_3'=5.83\times10^5+0.92\times10^5+1.01\times10^5=7.76\times10^5$(kcal/h)

每座消化池总耗热量为：

全年平均耗热量 $Q_T'=n\times Q_T=3\times6.43\times10^5=1.93\times10^6$(kcal/h)

最大耗热量 $Q_{max}'=n\times Q_{max}=3\times7.76\times10^5=2.33\times10^6$(kcal/h)

(4) 热交换器的计算

污泥加热的方法有池内加热和池外加热两种，目前常用的方法是采用泥-水热交换器池外加热兼混合的方式。

热交换器的计算包括热交换器管长、热源、消化污泥循环量计算。

① 污泥循环量确定。设计采用一座消化池对应一台热交换器，全天均匀投配。

每座消化池生污泥量 $Q_{S_1}=1943.3/3/24=27(m^3/h)$。

生污泥进入消化池前，与回流的消化污泥先混合再进入热交换器，生污泥与回流污泥的比为 1∶2。回流的污泥量为 $Q_{S_2}=27.0\times2=54(m^3/h)$。

污泥循环总量 $Q_S=Q_{S_1}+Q_{S_2}=27+54=81(m^3/h)$。

② 计算污泥出口温度 T_n'。已知生污泥日平均最低温度为 14.4℃。生污泥与消化污泥混合后的温度为：

$$T_A=(1\times14.4+2\times36)/3=28.8(℃)$$

污泥出口温度　$T_n'=T_A+Q_{max}/(Q_S\times1000)=28.8+(7.76\times10^5)/(81\times1000)$
$=38.4(℃)$

③ 热水循环量 Q_W。热交换器入口热水温度采用 $T_W=85℃$，出口温度 $T_W'=75℃$，则热水循环量为：

$$Q_W=Q_{max}/[(T_W-T_W')\times1000]=(7.76\times10^5)/[(85-75)\times1000]=77.6(m^3/h)$$

④ 热交换器口径确定。

选用套管管式泥-水热交换器，内管通污泥，管径 DN125，内管外径 $D=133$mm，污泥在管内流速为：

$$v=81/(3.141/4\times0.125^2\times3600)=1.44(m/s)$$

外管管径 DN200，热水在外管间流速为：

$$V_1=77.6/[3.141/4\times0.2^2-(3.141/4\times0.133^2)\times3600]=1.23(m/s)$$

⑤ 热交换器长度 L。

热交换器入口的污泥温度（T_A）和出口的热水温度（T_W'）之差 $\Delta T_1=T_A-T_W'=28.8-75=-46.2(℃)$；

热交换器出口的污泥温度（T_n'）和入口的热水温度（T_W）之差 $\Delta T_2=T_n'-T_W=38.4-85=-46.6℃$；则：

$$\Delta T_m=(\Delta T_1-\Delta T_2)/\ln(\Delta T_1/\Delta T_2)=(46.2-46.6)/\ln(46.2/46.6)=46.4(℃)$$

故热交换器长度为：

$$L=Q_{max}/(\pi DK\Delta T_m)\times1.2=(7.76\times10^5)/(3.141\times0.133\times697.5\times46.4)\times1.2=68.87(m)$$

设计取每根热交换器长 7m，则共有根数 $N=68.87/7=9.83$(根)，取 10 根。

(5) 锅炉容量计算

设计选用常压热水锅炉，则锅炉容量为：

$$G_w = Q_{max}/[(T_4 - T)\gamma_{水}\ \eta]$$
$$= (2.33\times10^6)/[(90-5)\times1.0\times80\%] = 34264(kg/h)$$

其中锅炉进水温度 T 取 5℃；锅炉热效率 η 取 80%。

(6) 消化池污泥气循环搅拌计算

① 搅拌气量。消化池搅拌气量一般按 $5\sim7m^3/(1000m^3\cdot min)$ 计，设计取 $6m^3/(1000m^3\cdot min)$。

每座消化池搅拌气体用量 $q=6\times12955.6/1000=77.7m^3/min=1.30m^3/s$。

② 干管、竖管管径。循环搅拌系统干管和配气环管流速一般为 10～15m/s，竖管流速为 5～7m/s。取干管流速 $v_1=12m/s$，干管管径 $d_1=[4q/(\pi v_1)]^{1/2}=[4\times1.3/(3.141\times12)]^{1/2}=0.371(m)$，取 $d_1=400mm$。

每座消化池设 30 条竖管，竖管流速 $v_2=7m/s$，竖管管径 $d_2=[4q/(30\pi v_2)]^{1/2}=[4\times1.3/30/(3.141\times7)]^{1/2}=0.089(m)$，取 $d_2=90mm$。

③ 竖管长度。消化池有效深度 $H'=H=h_1/2+h_2+h_3=2/2+26+0.5=27.5(m)$。

竖管插入污泥面以下的长度 $h=2/3H'=18.3(m)$。

④ 压缩机功率。通常一台压缩机对应一座消化池，所需压缩机功率为：

$$N=VW=12955.6\times5=64778(W)=64.8(kW)$$

(7) 污泥消化池沼气收集贮存系统设计计算

① 沼气产量计算。污泥消化的产气量主要与污泥中挥发性有机物的含量及各种有机物的比例有关。甲烷产量按 $0.62m^3/kgVSS$ 计，污泥含固率为 3.39%。初沉污泥量 30t/d，有机物（VSS）含量 50%；剩余污泥量为 35.8t/d，有机物（VSS）含量 65%，则：

$$VSS=30\times50\%+35.8\times65\%=38.27(t/d)=38270(kg/d)$$

VSS 的消化降解率为 50%，所以 $VSS=38270\times50\%=19135(kg/d)$。

甲烷产量为 $0.62\times19135=11863.7(m^3/d)$，按甲烷体积占沼气体积的 54.5%计，则沼气产量 $=11863.7/0.545=21768.3(m^3/d)$。

② 集气管管径的确定。污泥一级消化产气量占总气量的 80%，所以一级消化总产气量 $=21768.3\times80\%=17414.6(m^3/d)$。

每个消化池产气量 $=17414.6/n=17414.6/3=5804.9(m^3/d)=0.067(m^3/s)$。

一级消化池中设置沼气搅拌，搅拌气量为 $0.4m^3/s$，所以一级消化池集气管的集气量 $q_1=0.4+0.067=0.467(m^3/s)$。

集气管内平均流速 v_3 取 5m/s，最大不超过 7～8m/s，所以集气管管径 $d_3=[4q/(\pi v_3)]^{1/2}=[4\times0.467/(3.141\times5)]^{1/2}=0.0.331(m)$，取 $d_3=400mm$。

对最大产气量进行校核，最大产气量为平均产气量的 1.5～3.0 倍，取 2.0 倍。则：$v_3=2q_1/(\pi d_3^2/4)=2\times0.467/(3.141\times0.4^2/4)=7.4(m/s)$。

③ 贮气柜容积计算。沼气贮柜的容积应按产气量与用气量的时变化曲线来确定，当无资料时按平均产气量的 25%～40%，即 6～10h 的平均产气量计算。所以贮气柜容积为：

$$V=17414.6\times30\%=5224.38(m^3)$$

8.5 污泥脱水

8.5.1 设计概述

污泥中所含水分的存在形式有 3 种：

① 游离水：存在于污泥颗粒间隙中的水，又称为间隙水，约占污泥水分的 70%。这部分水一般借助外力可以与泥粒分离。

② 毛细水：存在于污泥颗粒间的毛细管中，约占污泥中水分的 20%，也有可能用物理方法分离出来。

③ 内部水：黏附于污泥颗粒表面的附着水和存在于其内部的内部水，约占污泥中水分的 10%，只有干化才能分离。

目前，国外有些学者试图从污泥絮体结构变化来解释污泥脱水性能的变化，并做了大量的工作。另外，絮体的粒径、密度、分形尺寸、污泥的电势等都能反映污泥絮体之间的相互作用，对脱水性也有影响。

污泥比阻和毛细吸水时间是广泛应用的衡量污泥脱水性能的指标，然而这两个指标只是反映污泥的过滤性，只能间接反映污泥的离心性，因此有时还需考虑脱水泥饼的含固率。为了直接反映污泥的离心性，可以用离心后上层清液的体积和离心后上层清液的浊度两个指标来衡量污泥脱水性能，但这两个指标没有标准的测试方法。

污泥经浓缩、消化后，其含水率仍在 95%以上，呈流动状，体积很大。浓缩污泥经消化后，如果排放上清液，其含水率与消化前基本相当或略有降低；如不排放上清液，则含水率会升高。总之，污泥经浓缩、消化后仍为液态，难以处置消纳，因此需要进行污泥脱水。

污泥的机械脱水具有脱水效果好、效率高、占地少、恶臭少、对环境影响小等优点，但运行维护费用相对较高。国内外大中型污水处理厂一般都选用机械脱水。污泥在机械脱水前一般应进行预处理，也称为污泥的调理或调质。因为城镇污水处理系统产生的污泥，尤其是活性污泥的脱水性能一般都较差。污泥调质就是通过对污泥进行预处理，改善其脱水性能，提高脱水设备的生产能力，以获得较好的技术经济效果。污泥调质方法有物理调质和化学调质两大类：物理调质有淘洗法、冷冻法和热调质法等；化学调质指在污泥中投加化学药剂，以改善其脱水性能。以上调质方法在实际中都有采用，以化学调质为主，原因在于化学调质流程简单，操作不复杂，且调质效果稳定。

目前，国际上流行的污泥脱水机械有带式压滤机、离心脱水机、板框压滤机和螺旋压榨式脱水机。4 种脱水机械的性能比较如表 8-7 所列。

表 8-7　污泥脱水机械性能比较表

序号	比较项目	带式压滤机	离心脱水机	板框压滤机	螺旋压榨式脱水机
1	脱水设备部分配置	进泥泵、带式压滤机、滤带清洗系统、卸料系统、控制系统	进泥螺杆泵、离心脱水机、卸料系统、控制系统	进泥泵、板框压滤机、冲洗水泵、空压系统、卸料系统、控制系统	进泥泵、螺旋压榨脱水机、冲洗水泵、空压系统、卸料系统、控制系统

续表

序号	比较项目	带式压滤机	离心脱水机	板框压滤机	螺旋压榨式脱水机
2	进泥含固率要求	3%～5%	2%～3%	1.5%～3%	0.8%～5%
3	脱水污泥含固率	20%	25%	30%	25%
4	运行状态	可连续运行	可连续运行	间歇式运行	可连续运行
5	操作环境	开放式	封闭式	开放式	封闭式
6	脱水设备占地面积	大	小	大	小
7	冲洗水量	大	小	大	很小
8	实际设备运行需要更换的磨损件	滤布	基本无	滤布	基本无
9	噪声	小	较大	较大	基本无
10	机械脱水设备部分设备费用	低	较贵	贵	较贵

8.5.2 计算公式

8.5.2.1 离心脱水工艺

（1）设计参数

① 采用卧螺离心机脱水时，其分离因数宜小于 3000g（g 为重力加速度）；

② 离心脱水机前应设污泥切割机，切割后的污泥粒径不宜大于 8mm；

③ 离心脱水机进机污泥含固率一般不宜小于 3%，脱水后泥饼含固率不应小于 20%；

④ 离心脱水机对各种污泥的脱水效果如表 8-8 所列。

表 8-8 各种污泥的脱水效果

污泥种类		污泥含固率/%	固体回收率/%	干污泥加药量/(kg/t)
生污泥	初沉污泥	18～20	90～95	2～3
	活性污泥	14～18	90～95	6～10
	混合污泥	17～20	90～95	3～7
厌氧消化污泥	初沉污泥	18～20	90～95	2～3
	活性污泥	14～18	90～95	6～10
	混合污泥	17～20	90～95	3～8

（2）计算公式

离心脱水机计算公式如表 8-9 所列。

表 8-9　离心脱水机计算公式

名称	公式	符号说明
小时处理能力 Q_h	$Q_h = Q_f C_f / t$	Q_h——小时处理能力，kgDS/h； Q_f——给泥量，m^3/d； C_f——进入污泥的含固率，kg/m^3； t——实际操作时间
压滤机数量	$N = Q_h / F$	N——台数，台； F——单台压滤机最大固体负荷，kgDS/h
水力负荷校核	$F_S = Q_f / lN$	F_S——单台压滤机最大固体负荷，m^3/h； l——实际操作时间

8.5.2.2　板框脱水工艺

（1）设计参数

① 过滤压力不小于 0.4MPa；

② 过滤周期不应大于 4h；

③ 每台压滤机可设 1 台污泥压入泵；

④ 污泥进入板框压滤机前的含固率不宜小于 2%，脱水后的泥饼含固率一般不应小于 30%；

⑤ 压缩空气量为每立方米滤室不应小于 2m^3/min（按标准工况计）；

⑥ 板框压滤机投料泵宜采用容积式泵，自灌式启动。

（2）计算公式

压滤机可分为人工板框脱水机和自动板框脱水机两种。人工板框脱水需要一块一块地卸下，剥离泥饼并清洗滤布后，再逐块装上，劳动强度大，效率低；而自动板框脱水过程自动进行，效率较高，劳动强度低，目前常采用自动板框脱水机。

板框脱水机计算公式如表 8-10 所列。

表 8-10　板框脱水机计算公式

名称	公式	符号说明
过滤面积 A	$A = Q_f C_f / (Vl)$	A——过滤面积，m^2； Q_f——给泥量，m^3/d； C_f——进入污泥的含固率，kg/m^3； V——过滤能力，kgDS/(m^2·h)，根据污泥特性及设备性能试验确定，一般取 2～4kgDS/(m^2·h)； l——实际操作时间
单台压滤机过滤面积	$a = L^2 \times 2 \times (n-1)$	a——单台压滤机过滤面积，m^2； L——按正方形计算板的边长，m； n——滤板数量
压滤机数量	$N = A / a$	N——台数，台

8.5.2.3　带式压滤机脱水工艺

（1）设计参数

① 带式压滤机应配置空气压缩机，并至少应有 1 台备用；

② 应配置冲洗泵，其压力宜采用 0.4～0.6MPa，其流量可按 5.5～11m^3/[m(带宽)·h] 计

算，至少1台备用；

③ 带式压滤机脱水的性能数据如表8-11所列。

表8-11 带式压滤机脱水性能

污泥种类		进泥含固率/%	进泥固体负荷/[kg/(m·h)]	PAM投加量/(kg/t)	泥饼含固率/%
生污泥	初沉污泥	3～10	200～300	1～5	28～44
	活性污泥	0.5～4	40～150	1～10	20～35
	混合污泥	3～6	100～200	1～10	20～35
厌氧消化污泥	初沉污泥	3～10	200～400	1～5	25～36
	活性污泥	3～4	40～135	2～10	12～22
	混合污泥	3～9	150～250	2～8	18～44
好氧污泥	混合污泥	1～3	50～200	2～8	12～20

(2) 计算公式

带式压滤机的计算公式如表8-12所列。

表8-12 带式压滤机计算公式

名称	公式	符号说明
所需总带宽	$B=Q_fC_f/V$	B——所需总带宽，m； Q_f——给泥量，m^3/d； C_f——进入污泥的含固率，kg/m^3； V——滤布过滤能力，$kgDS/(m^2 \cdot h)$，根据污泥特性及设备性能由试验确定
设备台数	$N=B/b$	N——设备台数，台，一般不少于2台； b——每台带式压滤机带宽，m，一般0.75～3m

【例题8-6】 离心脱水案例。某污水处理厂消化后污泥量（DS）为61.8t/d，污泥含水率为97.5%，拟采用离心脱水机脱水，脱水污泥含水率不高于80%，试计算离心脱水机设计参数。

【解】 采用24h连续工作，则每小时处理能力为：

$$Q_h=Q_fC_f/t=61800/24=2475(kgDS/h)$$

选用4台离心脱水机，3用1备，则单台离心脱水机固体负荷为：

$$F=Q_h/N=2745/3=915(kgDS/h)$$

【例题8-7】 板框脱水案例。某污水处理厂一期工程$1.0\times10^5m^3/d$，剩余污泥量为26.9tDS/d。剩余污泥经过重力浓缩池后采用板框脱水，进入板框脱水机污泥含水率为97%，脱水后要求含水率为60%以下。

【解】 (1) 投药量计算

本工程采用$FeCl_3$（水剂，38%）及消石灰作为脱水污泥的调理剂，依次投加$FeCl_3$、消石灰。$FeCl_3$的投加量取污泥干重的5%，消石灰投加量取污泥干重的20%。$FeCl_3$的库存量按15d计算，消石灰的库存量按10d计算。

则$FeCl_3$总投加量为1.345t/d，消石灰总投加量为5.38t/d。

（2）板框脱水机计算

进入压滤机的绝干污泥量 $W_1=26.9+1.345+5.38=33.625$（t/d）。

本工程选用压滤机滤板尺寸为1.5m×1.5m，滤室高度为40mm。根据生产运行经验，含水率60%污泥的容重 C 为1.15～1.25kg/L，本次取 $C=1.25$kg/L。

① 单个滤室容积

$$V_1=1.5\times1.5\times0.04=0.09(\mathrm{m^3})$$

板框压滤机处理之后，泥饼含水率60%，含固率40%，固体质量33.625t，则泥饼总质量 $W_2=33.625\mathrm{t}/0.4=84.0625\mathrm{t}$。

② 本工程需要处理的绝干污泥体积

$$V_2=W_1/C=33.625\times1000/1.25/0.4=67.25(\mathrm{m^3})$$

设计中采用3台隔膜式板框压滤机，其中2用1备，工作时间定为20h，工作周期设为5个批次。

则每台压滤机每个批次需处理的绝干污泥体积为：

$$V_3=V_2/10=67.25/10=6.725(\mathrm{m^3})$$

③ 压滤机参数计算

滤室容积 $V_4=6.725/80\%=8.4(\mathrm{m^3})$，需要滤室数量 $=V_4/V_1=8.4/0.09=93$（个）。

过滤面积＝滤室数量×1.5×1.5×2＝93×1.5×1.5×2＝420($\mathrm{m^2}$)。

本工程选用过滤面积450$\mathrm{m^2}$的压滤机。

【例题8-8】 带式脱水案例。某污水处理厂处理水量 $5.0\times10^4\mathrm{m^3/d}$，剩余污泥量为1.62tDS/d。污泥含水率为99.2%，进泥量为1328$\mathrm{m^3/d}$，要求经机械脱水后使污泥含水率由99.2%降低至70%～80%。试进行带式浓缩脱水一体机参数计算。

【解】 ① 污泥调理所用絮凝剂选用固体阳离子型高分子聚丙烯酰胺（PAM），投加量按污泥干重的0.3%～0.5%设计，即3～5kg/tDS，絮凝剂药液制备浓度为0.1%～0.3%。平均每日最大投加量为10622kg/d×0.5%＝53.1kg/d。

② 根据产品处理能力，选用2台GNY2000型带式浓缩脱水一体机进行脱水，有效带宽2.0m，单台处理能力35～42$\mathrm{m^3/h}$，每天运行12h。

8.6 污泥干化

8.6.1 干化工艺概述

污泥干化是应用人工热源通过工业化专业设备对脱水污泥（含水率60%～80%）进行更进一步脱水的处理方法。污泥干化处理的产物，其含水率可控制在40%以下，当含水率低于20%时达到抑制污泥中微生物活动的水平，因此污泥干化处理可同时改变污泥的物理、化学和生物特性。污泥干化操作的温度效应与干化后污泥的低含水条件相配合，可使污泥达到较彻底的卫生学无害化水平。

根据热源的不同，污泥干化技术分为热干化技术、太阳能干化技术、微波加热干化技术、超声波干化技术及热泵干化技术等；根据热量传递方式的不同，污泥干化技术分为直接干化技术、间接干化技术和联合干化技术；根据干化处理产物含水率的不同，污泥干化技术分为全干化技术（含水率10%以下）和半干化技术（含水率约40%）。

目前应用范围最广，技术最成熟的干化技术是热干化技术，采用的热源按照成本由低到高依次是高温烟气、燃煤、蒸汽、燃油、天然气。各种能源均可以应用于间接干化技术，但不一定全部适用于直接干化技术，例如燃煤炉、焚烧炉的高温烟气含大量腐蚀性污染物，无法被直接干化工艺使用。

8.6.2 干化设备

干化工艺是一种综合性、实验性和经验性很强的生产技术，其核心在于干化机本身。干化机的正确选择需要从安全性、能耗、抗波动能力、处理附着性污泥能力、灵活性五个方面进行比选，较为常用的干化工艺有桨叶式干化工艺、转盘式干化工艺、带式干化工艺、薄层干化工艺及两段式组合型干化工艺。

(1) 桨叶式干化工艺

桨叶式干化工艺属于间接干化工艺，主要原理是利用高温介质间接地将活性污泥的水分蒸发掉，从而达到干化的目的。桨叶式干化机里面有两个互相啮合的反向旋转的搅拌器，每个搅拌器都有很多桨叶片，搅拌轴和桨叶都是中空结构。热蒸汽在搅拌轴和桨叶中反复进出，把轴和桨叶加热，湿污泥在搅拌轴和桨叶的外部通过，从而被间接加热干化。通过调节轴的转动速度，可实现污泥全干化或污泥半干化。

桨叶式干化工艺污泥颗粒温度＜80℃，系统氧含量＜8%，热媒（又称供热介质）温度150～220℃，单机设备蒸发水量最高可达8000kg/h，单机污泥处理能力约达250t/d（含水率以80%计）。该工艺具有设备结构紧凑、传热效率高、操作简单、安全性高等特点，但也存在干化机在停机清空时难度大，针对高含砂量污泥存在磨损风险，换热面容易结垢等缺点。桨叶式干化机构造示意如图8-14所示。

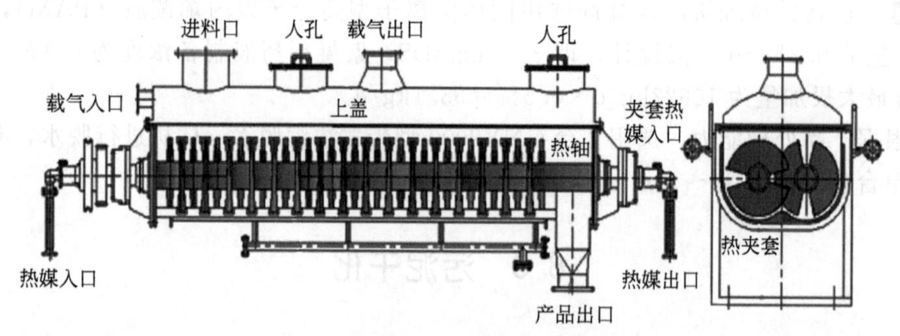

图8-14 桨叶式干化机构造示意

(2) 转盘式干化工艺

转盘式干化工艺属于间接干化工艺，该工艺核心设备由一根缓慢旋转的转轴和一组固定于其上的空心圆盘片构成，盘片边缘布置刮刀推动污泥在盘片之间移动，轴和盘片的空腔引入饱和蒸汽或导热油，盘片传导热媒的热量加热盘片间移动的污泥，污泥水分被蒸发而去除。

转盘式干化工艺可实现污泥全干化或半干化，全干化污泥颗粒温度105℃，半干化污泥颗粒温度100℃，系统氧含量＜8%，热媒温度150～180℃，单机设备蒸发水量为1000～7500kg/h，单机污泥处理能力为30～225t/d（含水率以80%计）。该工艺运行时氧含量、温度和粉尘浓度低，安全性高；结构紧凑，传热面积大，搅拌效果好；所需辅助空气少，尾气处理设备小。为了防止干化过程中一些物料会黏附在换热面上和叶片上，很多转盘干化机的形状和结构非常复杂，设备加工难度大。转盘式干化工艺如图 8-15 所示。

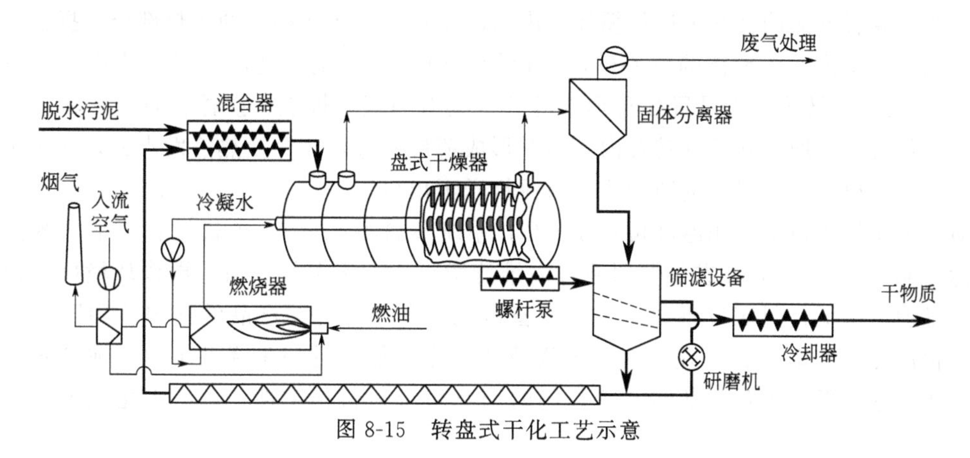

图 8-15　转盘式干化工艺示意

(3) 带式干化工艺

带式干化工艺属于直接干化工艺，脱水污泥经过造粒装置后由分配带均匀铺设在输送带上，缓慢进入带式干化机内，与循环热空气直接接触，从而使污泥中的水分被蒸发。根据组合形式的不同，带式干化机可分为单层带式干化机和多层带式干化机；根据烘干温度的不同，带式干化机可分为低温带式干化机和中温带式干化机。带式干化机由若干个独立的单元段组成，每个单元段包括独立的加热装置、空气循环装置。通过调节输入的污泥量、输送带输送速度、烘干空气温度等参数，可实现带式干化机安全、稳定、可靠运行。

带式干化工艺可实现污泥全干化或半干化，系统氧含量＜8%，低温带式干化单机设备蒸发水量一般＜1000kg/h，单机污泥处理能力一般＜30t/d（含水率以 80%计）；中温带式干化单机设备蒸发水量可达 5000kg/h，单机污泥处理能力可达 120t/d（含水率以 80%计）。带式干化机物料与输送带一同运行，运行速度低，磨损小，设备维修简单，可根据处理量灵活调整干化模块的数量，同时运行中温度和粉尘浓度低，安全性好；但设备占地面积大，能耗较高，需配套内部热量回收系统降低能耗。带式干化机构造如图 8-16 所示。

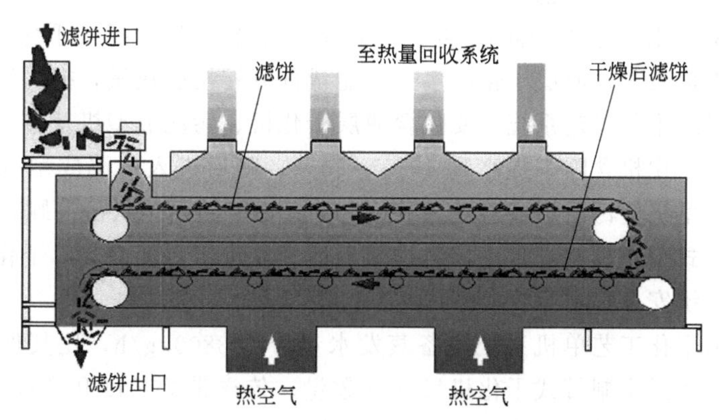

图 8-16　带式干化机构造示意

（4）薄层干化工艺

薄层干化工艺属于间接干化工艺，主要通过热对流和热传导两种热交换方式对污泥进行干化。薄层干化机由外壳、转子（叶片）和驱动装置三部分构成，其中外壳为圆柱形，双层结构，蒸汽或者导热油在其中进行循环，内筒内壁作为与污泥接触的传热部分，提供主要的换热面积；转子为一根整体的空心轴，高速转动时不会产生挠度，可保证叶片与内筒内壁5～10mm间距，转子上面设置多种形式叶片，具有布层、推进、搅拌、破碎的功能。湿污泥进入干化机后，通过转子旋转在内筒内壁形成薄层并进行充分换热蒸发水分，转子上的叶片对薄层进行更新，同时将逐渐干化的污泥推送至出口。

薄层干化机出口干污泥温度可达100℃，系统氧含量＜5%，单机设备每平方米蒸发水量可达45kg/h以上。该工艺运行时系统内维持微负压，无臭气外溢，操作环境好；蒸发效率高，维护成本低；附属设备数量少，设备占地空间小；污泥产品的均匀性和颗粒化程度高。干化污泥含水率为30%左右时，较为节能稳定，如果进一步降低干化污泥含水率，干化机传热效率降低，单位耗热量增加，同时影响系统运行稳定性。薄层干化工艺如图8-17所示。

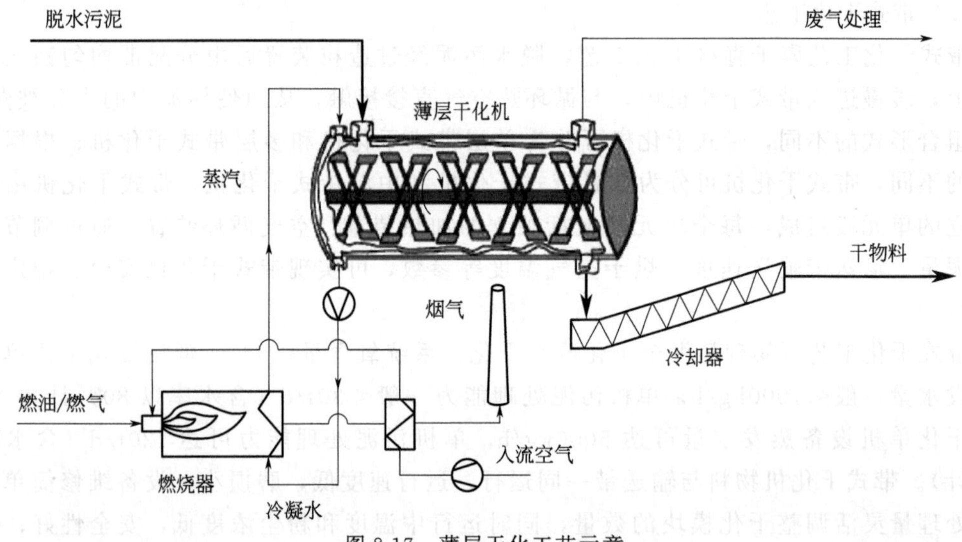

图8-17　薄层干化工艺示意

（5）两段式组合型干化工艺

两段式组合型干化工艺属于间接-直接联合干化工艺，其中间接干化为薄层干化工艺，直接干化为带式干化工艺，薄层干化段多余的能量部分转换成热量，提供给带式干化段，节约能源消耗。两段式干化工艺系统主要包含薄层干化机、污泥成型机及带式干化机。

污泥通过薄层干化机含固率提高到45%～50%，随后进入污泥成型机，此时污泥处于塑性阶段，污泥成型机使污泥形成直径为8mm或10mm的面条状污泥颗粒，然后被均匀分布在缓慢移动的带式干化机输送带上。输送带最后一段进行污泥冷却，干化污泥温度下降到40℃以下，确保系统安全稳定运行。

两段式组合型干化工艺单机系统设备蒸发水量可达3800kg/h，比其他干化系统可节约20%的能源消耗，通过定制带式干化机尺寸（数量、传送带的长度和宽度），可以实现出泥不同含固率的要求。两段式组合型干化工艺流程如图8-18所示。

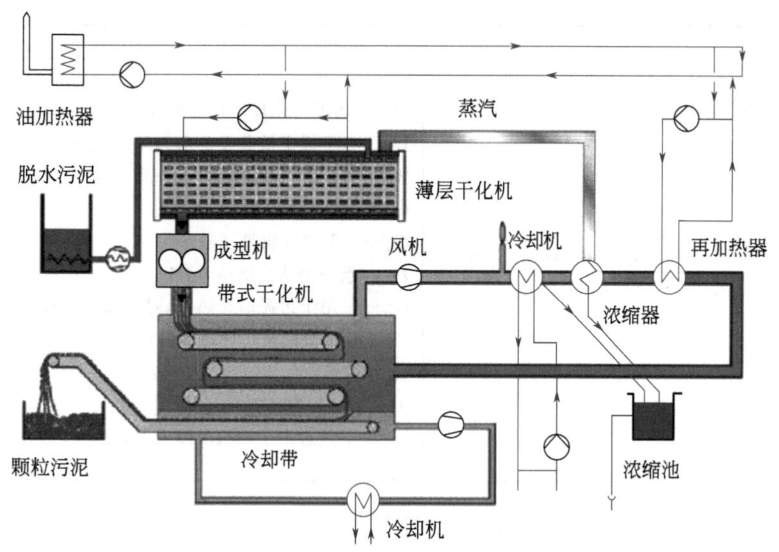

图 8-18　两段式组合型干化工艺流程

8.6.3　干化工艺流程

脱水污泥（含水率 80%）送至卸料站接收仓后，由污泥螺杆泵输送至污泥料仓，再由污泥料仓螺杆泵输送至污泥干化生产线。污泥干化生产线利用人工热源将污泥干化至要求标准后暂时贮存于卸料斗，随后装车外运。

污泥干化工艺流程如图 8-19 所示。

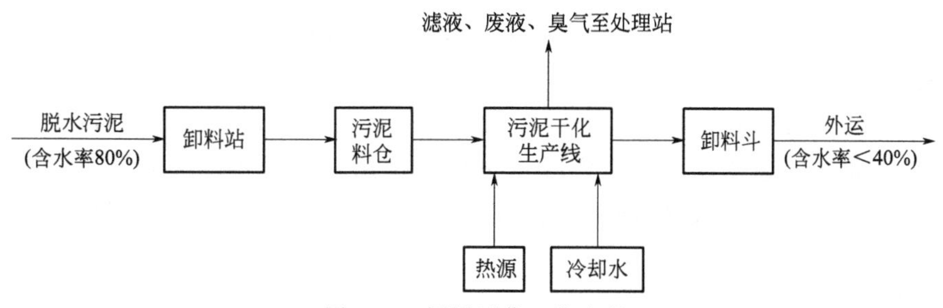

图 8-19　污泥干化工艺流程

8.6.4　计算公式

污泥干化参数的计算公式如表 8-13 所列。

表 8-13　污泥干化参数的计算公式

名称	公式	符号说明
蒸发量	$W^1=Q_W\times(C_{W_1}-C_{W_2})/(100-C_{W_2})$	W^1——干燥中被蒸发的水分质量，kg； Q_W——干燥前湿污泥质量，kg； C_{W_1}——干燥前污泥含水率，%； C_{W_2}——干燥后污泥含水率，%

续表

名称	公式	符号说明
干化耗热量	$Q=W^1\times i+G_c\times C_m\times\theta+W^2\times C_g\times\theta+W^1\times C_g\times\theta+G_n\times C_n\times t$	Q——污泥干化理论耗热量，kJ； W^1——干燥中被蒸发的水分质量，kg； W^2——干燥后污泥所含水分质量，kg； G_c——绝干污泥质量，kg； G_n——干空气质量，kg； i——水分的蒸发潜热，kJ/kg； C_m——绝干污泥的比热容，kJ/(kg·℃)； C_g——水分的液态比热容，kJ/(kg·℃)； C_n——干空气比热容，kJ/(kg·℃)； θ——污泥进出干燥机的温度差，℃； t——空气进出干燥机的温度差，℃

【例题 8-9】 某城市污泥处理处置厂处理规模为 100t/d（含水率 80%），拟采用两段式组合型干化工艺，干化后污泥含固率 90%，试对该工艺进行设计计算。

【解】 (1) 蒸发量（W^1）

$$W^1=100\times(80-15)/(100-15)=76.47(\text{t})$$

(2) 干化耗热量（Q）

水（0～100℃）的比热容取 4.187kJ/(kg·℃)，绝干污泥比热容取 1.26kJ/(kg·℃)，干空气比热容取 1.09kJ/(kg·℃)，100℃蒸发潜热取 2257.6kJ/kg，污泥进出干燥机的温度差取 25℃，空气进出干燥机的温度差取 57℃，干空气质量取 4051kg，则：

$$Q=76.47\times1000\times2257.6+20\times1000\times1.26\times25+3.53\times1000\times4.187\times25+76.47\times1000\times4.187\times25+4051\times1.09\times57=1.82\times10^8(\text{kJ})$$

(3) 能量平衡

干化热源采用品质为 250℃、0.8MPa 的过热蒸汽，经过饱和后达到 175℃进入污泥干化生产单元，考虑热能回收，实际用量较理论用量低。冬季进泥温度以 15℃考虑，达到 85%干度污泥干化需要的饱和蒸汽量理论计算值约 91.7t/d，能量平衡如图 8-20 所示。

(4) 污泥干化系统

最大蒸发能力 3792kg/h；设计物料通量 975kgDS/h。

污泥干化系统共包含：薄层干化机、切碎机、带式干化机、热量回收系统、冷凝水收集系统、颗粒污泥冷却及输送系统 7 个主要部分。热量回收系统由空气冷却器、冷凝器、再加热器、水冷却器和风机组成。薄层干化机安装在带式干化机上部，具体布置如图 8-21 所示。

(5) 废气、废液处理系统

臭气按照其来源可分为两类：第一类臭气主要来自湿污泥接收区域、贮存区、二段干化机外部空间等；第二类臭气来自干化工艺尾气、切碎机隔离间空气、湿污泥接收料仓和贮存仓内臭气、废液池。第一类臭气采用生物滤池进行处理；第二类臭气采用化学除臭进行处理，处理工艺为水洗冷却＋一级酸/碱洗涤＋二级水洗涤。

废液主要来自污泥干化中蒸发产生的废水及各种冲洗废水，处理工艺采用“调节池＋冷却池＋A^2/O 生化处理”工艺，同时预留重金属去除设施位置。

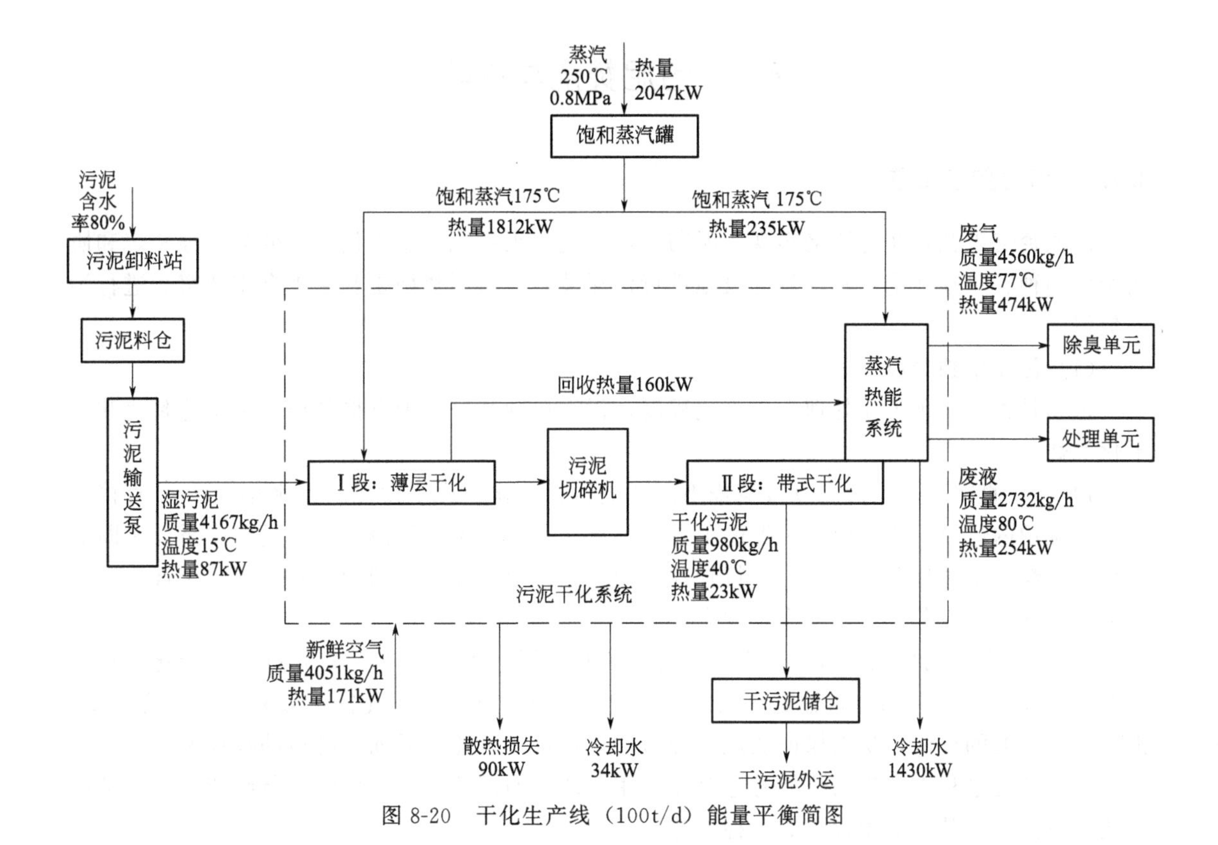

图 8-20　干化生产线（100t/d）能量平衡简图

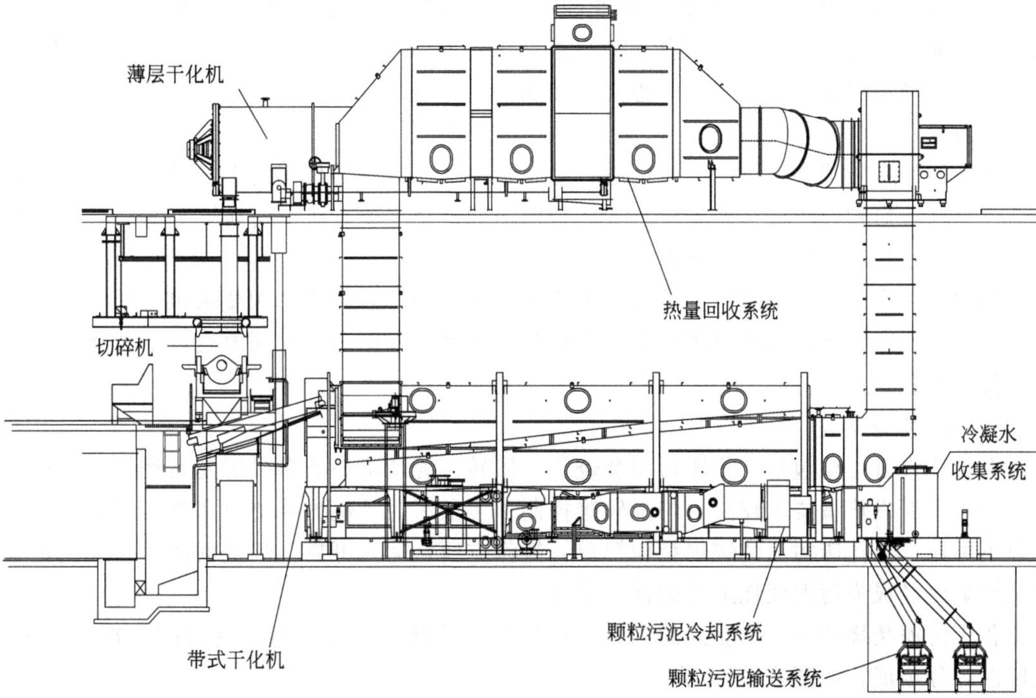

图 8-21　干化系统布置示意

8.7 污泥焚烧与热解

8.7.1 污泥焚烧工艺

污泥焚烧工艺是通过燃烧实现污泥彻底减量化、无害化、稳定化的，分为单独焚烧和协同焚烧两种。单独焚烧是新建焚烧设施进行污泥焚烧，协同焚烧是利用现有工业窑炉进行污泥焚烧。

（1）污泥单独焚烧

根据是否需要预干化处理和预干化程度，污泥单独焚烧分为直接焚烧、半干化焚烧和全干化焚烧。

1）污泥直接焚烧　污泥直接焚烧不需要进行预干化，脱水污泥（含水率80%）直接输送至焚烧炉内进行焚烧，由于污泥的干基热偏低，不足以保证污泥自燃，过程中需要不断加入辅助燃料。该焚烧系统简单，运行管理方便，但需要消耗大量辅助燃料，同时焚烧后尾气量大，烟气处理设备庞大，操作难度大。

2）污泥半干化焚烧　污泥半干化焚烧是脱水污泥（含水率80%）先进行预干化，将含水率降至35%～60%后，再输送至焚烧炉内进行焚烧。通过预干化能有效降低污泥含水率，提高入炉污泥的热值，从而保证焚烧过程自动进行，尽可能降低辅助燃料的投加量，节约燃料；同时焚烧过程中产生的热能通过余热利用系统可回用于污泥干化中，节约能耗。该焚烧工艺是目前污泥焚烧应用较多的一种工艺。

3）污泥全干化焚烧　污泥全干化焚烧是脱水污泥（含水率80%）先进行预干化，将含水率降至15%以下，再输送至焚烧炉内进行焚烧。相对于半干化焚烧工艺而言，该工艺需要额外增加能源来进一步降低污泥含水率，因此投资和运行成本较高，并且全干化过程中，随着污泥含固率的提高，系统安全隐患大大增加。

（2）污泥协同焚烧

相比于污泥单独焚烧，协同焚烧可省去自建焚烧炉、烟气处理系统等的费用，是一种投资较低、对环境影响较小的污泥处置方式。目前协同焚烧主要有水泥窑协同处置、热电厂协同处置和与生活垃圾协同处置三种方式。

不同的工业窑炉，对掺烧污泥的含水率要求不同，同时对掺烧比例要求也不同，污泥协同焚烧应尽可能减少污泥掺烧对锅炉燃烧系统和尾气系统的影响，保证原焚烧炉焚烧性能和污染物排放控制。

（3）污泥焚烧设备

污泥焚烧设备主要包括流化床污泥焚烧炉、回转污泥焚烧炉和多段污泥焚烧炉。回转污泥焚烧炉对污泥发热量要求较高，炉温较难控制；多段污泥焚烧炉焚烧效率低，产生的污染物排放不可控；流化床污泥焚烧炉结构简单，操作方便，运行可靠，燃烧彻底。目前流化床污泥焚烧炉已经成为污泥焚烧工艺的首选设备。

流化床污泥焚烧炉是一个立式的钢壳，内衬耐火绝热层，由风箱、耐火配气拱、砂床、干舷区四部分组成，如图8-22所示。

流化床焚烧炉分为鼓泡流化床焚烧炉和循环流化床焚烧炉。鼓泡式流化床以其能耗低、燃烧完全、负荷调节范围大、操作简单、运行可靠灵活等特点成为目前最主要的焚烧设备。

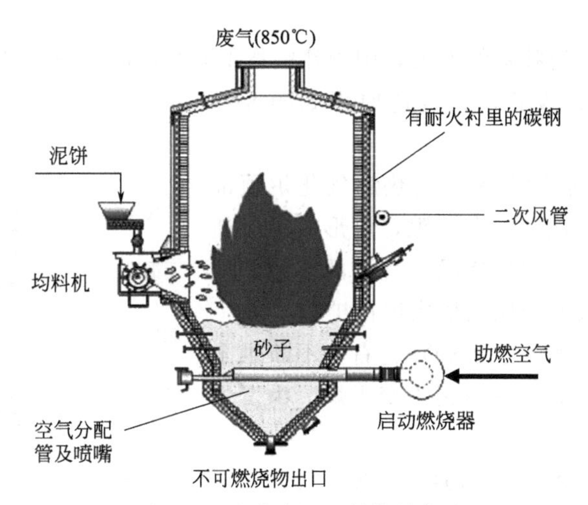

图 8-22　流化床污泥焚烧炉构造

(4) 计算参数

流化床焚烧炉热平衡可通过专业软件进行计算，需要输入的基础数据如下：

① 待处理污泥的质量流量，kg/h；

② 待处理污泥的干固体含量，%；

③ 有机物含量，%；

④ 有机物的净热值，kJ/kg。

流化床焚烧炉典型技术指标如下：

① 污泥处理量波动范围为65%～125%；

② 焚烧炉密相区温度宜为850～950℃；

③ 焚烧炉排烟温度宜>180℃；

④ 焚烧炉出口烟气中氧气含量达到6%～10%；

⑤ 必须配备自动控制和监测系统，在线显示运行工况和尾气排放参数；

⑥ 焚烧炉应设置防爆门或其他防爆设施。

8.7.2　污泥热解工艺

(1) 工艺概述

污泥热解工艺在无氧或缺氧条件下，对污泥进行高温热分解，从而实现污泥彻底减量化、无害化、稳定化。污泥热解过程中，有机物发生热裂解，形成可燃挥发性气体和热解结束后残留的固体残渣，可燃挥发性气体通过完全燃烧回用能量，用于污泥干化阶段，残留的固体残渣可进行资源化利用。

与污泥焚烧工艺相比，污泥热解工艺具有如下优势：

① 热解过程中产生可用能源，提高系统能量利用率，减少系统能耗，节约运行费用；

② 最终形成的产物可进行建材利用，实现污泥处置资源化的目标；

③ 有机物热分解与可燃气燃烧分开进行，产生的氮氧化物少，烟气量少，无飞灰产生，无二噁英产生，烟气处理系统简便；

④ 污泥中的重金属实现固定化，环境安全性高。

(2) 工艺原理

近年来随着污泥热解技术的发展，国内热解技术研究已取得一定进展，热解气化炉是目前污泥热解工艺的首选设备，其构造原理如图 8-23 所示。

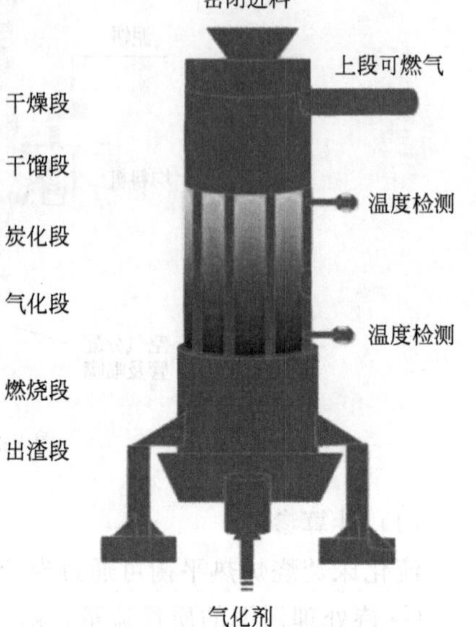

图 8-23　热解气化炉构造

1) 进料段　造粒后污泥颗粒由热解气化炉顶部密闭进料，颗粒状的污泥之间有缝隙，可形成导流通道，通过这些导流通道，在燃烧段所产生的热量向气化段、炭化段、干馏段和干燥段依次进行扩散。

2) 干燥段　该阶段温度为 80℃左右，不断烘干脱去污泥颗粒的部分水分，污泥逐步变干燥，为发生干馏反应做准备。

3) 干馏段　逐步变干燥的污泥在 200～450℃下烘烤，其中大分子有机物具有热不稳定性，发生干馏反应，裂解生成大量烷类（C_mH_n）气体和少量焦油等可燃气体及水蒸气，这些气体从上出气端口逸出。

4) 炭化段　经过干馏的污泥在 450～1000℃和无氧状态下其有机质发生炭化反应，生成游离碳。

5) 气化段　炭化后污泥主要残留物是游离碳和少量黏土等，其在 1100℃左右和水蒸气的作用下，发生氧化还原反应产生 CO、H_2 等可燃气体。

6) 燃烧段　通过初始化点火（使用燃料）使装置内部温度达到 1100℃左右，经过干馏、炭化、气化和燃烧后，生成可燃气体和无机熔渣，半焦态污泥燃烧为热解气化整个过程持续不断地提供热量。

经过上述过程后，污泥中各类病原菌被彻底杀灭，熔融残渣最后通过排渣设备从气化装置底部排出。

通过测温系统检测燃烧段的温度，当温度低于 850℃后启动排渣设备进行排渣，同时启动鼓风系统增加进风量。这样装置内污泥逐步下移，污泥会随着渣的排出而依次经历干燥段、干馏段、炭化段、气化段和燃烧段。造粒后的污泥从第二步开始，周而复始进行处理，实现连续化生产。

(3) 工艺系统

污泥热解气化系统主要包含加料系统、气化系统、气化剂系统、排渣系统、除尘系统、制氮系统、脱盐水制备系统及开车蒸汽系统。其中气化剂由蒸汽和空气组成，按一定比例混合后，经安装在气化炉下部的旋转炉篦喷入气化炉内，在燃烧区燃烧一部分，为吸热的气化反应提供所需的热量。

【例题 8-10】 我国北方某城市污泥处理处置项目设计规模为 600t/d（含水率 80%），采用工艺为“两段干化＋热解气化”，生产线配置为 6 条干化生产线＋4 条热解气化生产线＋1 条烟气净化处理线。

【解】 (1) 干化系统

该项目接收污泥按含水率划分为两类，80%含水率污泥共计 500t/d，60%含水率污泥共计 50t/d。干化机总蒸发能力 10208kg/h，高峰蒸发能力 12250kg/h，设置 6 条生产线，两段式单条生产线最大蒸发能力为 2812kg/h。蒸汽来自余热锅炉，蒸汽不足时，利用垃圾焚烧发电厂产生的热蒸汽作为热源。湿污泥由两段式干化机干燥后含水率降至 15%，之后由皮带输送机输送至热解气化系统。

(2) 热解气化系统

热解气化系统包括干污泥贮存系统、污泥造粒系统、污泥气化系统、热风炉系统、余热锅炉系统和烟气净化系统。

1) 干污泥贮存系统　该系统负责对来自污泥干化车间的颗粒污泥进行转输、贮存、出料。上接干化车间皮带输送机，下接造粒系统。系统分两条生产线，单线包括悬斗输送机、仓顶刮板输送机、干污泥料仓、应急出料刮板输送机等。

2) 污泥造粒系统　污泥造粒系统主要功能是将干化后的污泥破碎和造粒成型。成型后污泥通过皮带输送至成品料仓贮存，成品料仓底部各设置一条出料皮带，经提升机提升至筛分机筛分后，提升至气化炉顶部皮带，再经过犁式卸料器进入气化炉加料缓冲仓，供热解气化使用。

3) 污泥气化系统　整个污泥气化系统总污泥（含水率 15%）处理量为 142t/d，单炉处理能力均为 1.5t/h，直径 $\phi=2400$mm，高 $H=8700$mm，配置 4 台污泥气化炉，连续生产。污泥气化装置从上至下依次为成型污泥料仓、自动加料机、气化炉、排渣系统。装置运行时，成型污泥料仓中的成型污泥经过油压系统控制的自动加料机加入气化炉中，加料机下部带有氮封，通过氮气吹扫控制加料时燃气向加料机逸散。污泥气化炉设有联锁停车系统，出口燃气进行氧含量在线分析，当燃气中氧气含量达到高高联锁值时，出口燃气管道控制阀关闭，停止进料，气化炉停车。出渣采用湿式出渣，每台气化炉设 2 个出渣口，对应 2 条输送皮带，每条皮带末端分别设有 1 套破渣装置，破碎后的灰渣进入渣仓。

4) 热风炉系统　每台气化炉对应一台热风炉，共设置 4 台热风炉，单台热风炉炉膛容积为 $30m^3$，需要处理的最大气化气量为 $2600m^3/h$（标），设备尺寸为 8.0m×4.1m×5.2m。设置 1 台天然气燃烧器，点炉前采用天然气热炉，确保燃烧完全。天然气最大用量为 $150m^3/h$，最大烟气产量为 $9000m^3/h$（标）。

5) 余热锅炉系统　每一台热风炉对应一台余热锅炉，共 4 台。热风炉产生的高温烟气进入余热锅炉进行换热，进口烟气量按照热风炉产生高温烟气最大量 $9000m^3/h$（标）设计，锅炉按过热蒸汽设计，进口烟气温度 1000℃，出口烟气温度约 200℃，换热后产生的过热蒸汽主要送回干化车间用于污泥干化。

余热锅炉设计为双烟道单锅筒横置式的自然循环水管锅炉，含尘烟气经由膜式水冷壁上升烟道、蒸发器Ⅰ、过热器、蒸发器Ⅱ、蒸发器Ⅲ和省煤器后进入后端的烟气处理系统。额定蒸发量为 4.6t/h，去往干化车间最大蒸汽量为 19.34t/h（220℃，1.0MPa）。

6) 烟气净化系统　烟气处理系统处理污泥热解气焚烧后的烟气，烟气处理流程为：SNCR(氨水)＋活性炭喷射＋布袋除尘(含螯合)＋脱硫板式换热器(气气换热器)＋湿法脱硫(钙法)＋脱硝板式换热器(气气换热器)＋烟气补燃升温＋SCR(氨水)＋引风机＋烟囱达标排放。经过烟气处理系统后，颗粒物降至 $20mg/m^3$(标)，SO_2 浓度降至 $35mg/m^3$(标)，NO_x 浓度降至 $150mg/m^3$(标)。布袋除尘器中收集分离的灰渣通过螺旋输送机输送至飞灰螯合系统，处理达标后外运处置。

两段干化＋热解气化工艺流程如图 8-24 所示。

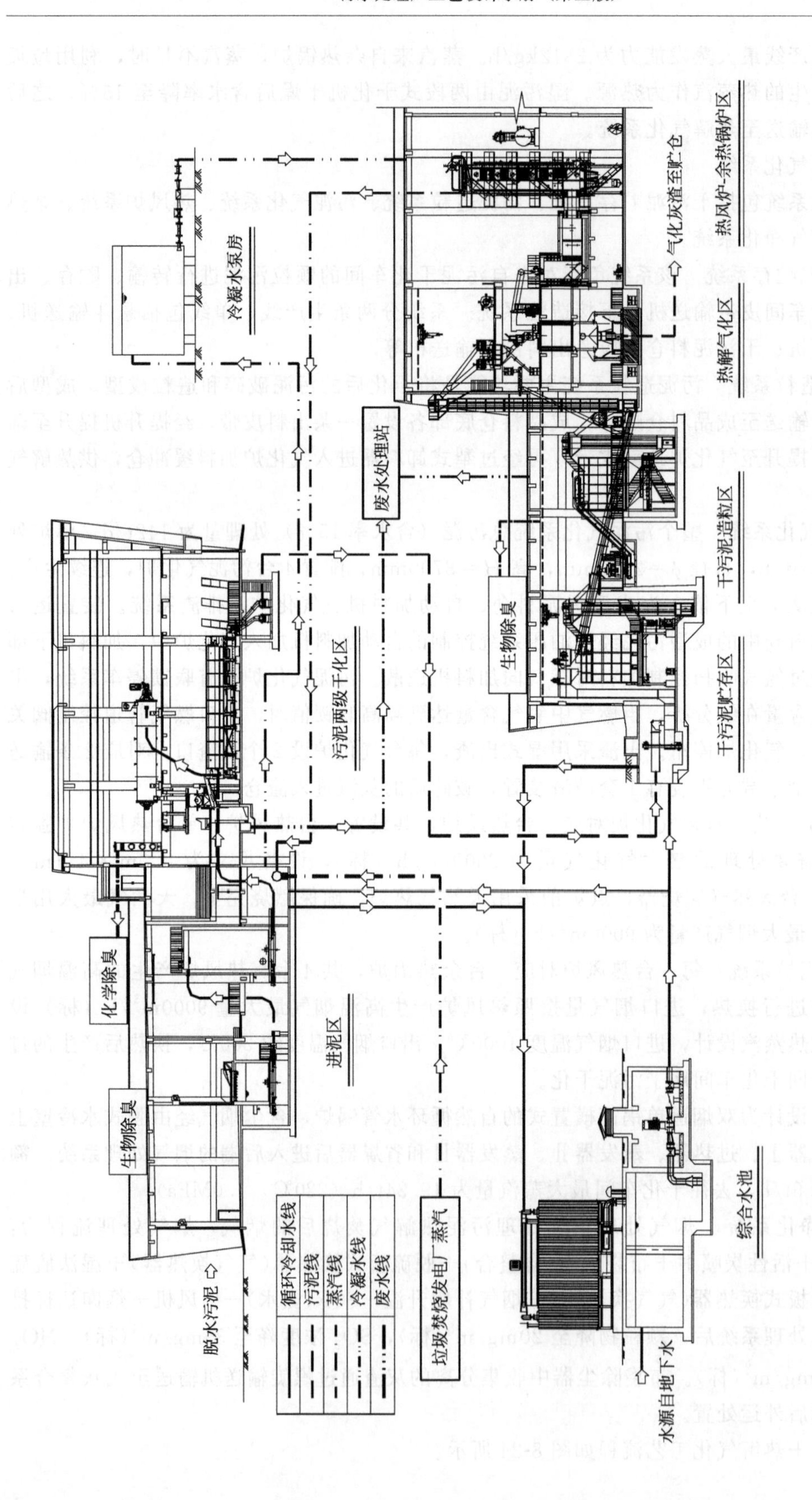

图 8-24　两段干化＋热解气化工艺流程

第 9 章　臭气处理单元工艺设计计算

污水厂在运行过程中会散发出浓度较高的恶臭废气。这些废气包括硫化氢等恶臭污染物，对污水厂厂内及周边环境的影响十分恶劣。近年来，污水厂的臭气污染及其治理已逐渐引起行业的重视。为了提高污水厂和周边区域的环境卫生质量、减少二次污染，对臭气进行有效处理并做到达标排放已势在必行。

9.1　臭气来源及排放标准

9.1.1　污水厂臭气来源

污水处理厂各处理构筑物产生的臭气的主要成分有硫化氢、氨、甲烷、有机硫化物、有机胺和其他含苯、含氮化合物。臭气产生源主要分为污水收集系统、污水处理系统和污泥处理系统。恶臭气体的主要排放点如表 9-1 所列。

表 9-1　污水处理中的臭气产生源

位置		臭气源/原因
污水收集系统	排气阀	污水中产生的臭气的积聚
	清洗口	污水中产生的臭气的积聚
	检查孔	污水中产生的臭气的积聚
	工业废水接入	致臭污染物排入污水管道系统
	污水泵站	集水井中污水、沉淀物和浮渣的腐化
污水处理系统	进水部分	由于紊流作用在水流渠道和配水设施中释放臭气
	格栅	栅渣的腐烂
	预曝气	污水中臭气释放
	沉砂池	沉砂中的有机成分腐烂
	调节池	池表面浮渣堆积造成腐烂
	粪便纳入和处理	化粪池粪便的输送
	污泥回流	污泥处理的上清液、滤出液回流
	初沉池	出水堰紊流释放臭气，浮渣浮泥的腐烂
	生物膜工艺	由于高负荷、填料堵塞导致生物膜缺氧腐化
	曝气池	混合液，回流污泥腐化，含臭的回流液，高有机负荷，混合效果差，DO 不足，污泥沉积
	二沉池	浮泥，停留时间过长

续表

位置		臭气源/原因
污泥处理系统	污泥浓缩池	浮泥，堰和槽的浮渣和污泥腐化，温度高，水流紊动
	好氧消化池	反应器内不完全混合，运行不正常
	厌氧消化池	硫化氢气体，污泥中硫酸盐含量高
	储泥池	混合不足
	机械脱水	泥饼易腐烂物质，化学药剂，氨气释放
	污泥外运	污泥在储存和运输过程中释放臭气
	堆肥	堆肥污泥，充氧和通风不足，处于厌氧状态
	加碱稳定	稳定污泥，与石灰反应产生氨气
	干化床	干化污泥的不完全稳定产生大量易腐烂物质

城镇污水处理厂臭气污染物浓度应根据实测数据确定；当无实测数据时，可采用经验数据或按表 9-2 的规定取值。

表 9-2　污水处理厂臭气污染物浓度

处理区域	硫化氢/(mg/m^3)	氨/(mg/m^3)	臭气浓度(无量纲)
污水预处理和污水处理区域	1～10	0.5～5.0	1000～5000
污泥处理区域	5～30	1～10	5000～100000

9.1.2　臭气排放标准

污水厂的臭气排放浓度应满足《城镇污水处理厂污染物排放标准》(GB 18918) 中的规定，城镇污水处理厂废气的排放标准按表 9-3 的规定执行。其中位于《环境空气质量标准》(GB 3095) 一类区的所有（包括现有和新建、改建、扩建）城镇污水处理厂，执行一级标准；位于二类区和三类区的城镇污水处理厂，分别执行二级标准和三级标准。

表 9-3　厂界（防护带边缘）废气排放最高浓度

序号	控制项目	一级	二级	三级
1	氨/(mg/m^3)	1.0	1.5	4.0
2	硫化氢/(mg/m^3)	0.03	0.06	0.32
3	臭气浓度(无量纲)	10	20	60
4	甲烷(厂区最高浓度)/%	0.5	1	1

9.2　臭气源加盖

对于新建污水厂来讲，在设计建设过程中就涵盖了臭气的收集处理，然而对于大多数现有污水厂，加盖收集系统往往是后期改造的。对于现有项目的改造，往往根据臭气源构筑物的种类、臭气源的水面面积选择最合适的加盖方式。

臭气源加盖的方式有两种：一种是加高盖；另一种是加低盖。加高盖的具体做法是在需加盖的构筑物上加一个高度 1～5m 的大盖，将所有的池面、设备均罩在里面（走道板外挑可以不罩在里面）；加低盖的具体做法是在构筑物水面上加一个高度不超过 2m 的盖，所有的走道、设备均露在盖外，仅将污水水面罩住。

池体采用加高盖，如图 9-1(a) 所示，可以给内部设备预留足够的检修空间，对于内部移动设备较多、检修任务重的区域，宜采用加高盖的形式。池体采用加低盖方式密闭，如图 9-1(b) 所示，可以减少废气气量，减少设备投资，节约运行费用。

(a) 池体加高盖

(b) 池体加低盖

图 9-1　污水处理厂玻璃钢加盖

加盖的材料种类很多，比较适用于污水池密闭的轻型加盖材料有阳光板＋钢骨架、玻璃钢＋钢骨架、膜材料、全 PP 材料、全玻璃钢材料。对于投资大、池体跨度大的城市污水处理厂采用新型的防腐膜材料较好，而工业企业采用全 PP 或者全玻璃钢较为适宜。而采用其他材质时由于钢骨架支撑部分不可避免地放在顶盖内部，而池顶加罩后其内部腐蚀性气体浓度成倍增加，在阳光辐射下温度很高，内部的钢结构极易腐蚀，一般寿命为 2～3 年，即在短时间内就将面临整个结构的二次建设。实践证明即使是钢结构采用不锈钢材质，在腐蚀性环境中其耐久性仍得不到保证，而且成本非常高。

各种加盖材料比较如表 9-4 所列。

表 9-4　各种加盖材料比较

项目	阳光板＋钢骨架	全 PP	全玻璃钢	膜材料
加盖形式	阳光板覆面，钢质骨架	纯 PP 板覆面，内部采用改性 PP 加强	整体采用玻璃钢结构	钢支撑反吊氟碳纤维膜结构
跨度限制	1～10m	1～10m	1～15m	1～30m
投资	投资省，耐腐蚀性差	投资一般	投资比 PP 全塑结构稍高	投资相对较高
防腐蚀性	差	好	好	最好
安装	较复杂，费用高	施工简单，周期长	施工简单	投资较高
使用寿命	2 年内更换	4～6 年	8～10 年	10 年以上
美观	差	好	好	最好

9.3 臭气收集及输送系统

9.3.1 臭气风量计算

除臭设施收集的臭气风量按经常散发臭气的构筑物和设备的风量计算：

$$Q=Q_1+Q_2+Q_3 \tag{9-1}$$

$$Q_3=K(Q_1+Q_2) \tag{9-2}$$

式中 Q——除臭设施收集的臭气风量，m^3/h；

Q_1——需除臭的构筑物收集的臭气风量，m^3/h；

Q_2——需除臭的设备收集的臭气风量，m^3/h；

Q_3——收集系统漏失风量，m^3/h；

K——漏失风量系数，%，可按10%计。

污水处理构筑物的臭气风量宜根据构筑物的种类、散发臭气的水面面积、臭气空间体积等因素综合确定；设备臭气风量宜根据设备的种类、封闭程度、封闭空间体积等因素综合确定。污水处理构筑物及设备的臭气风量可按表9-5确定。

表 9-5　污水处理构筑物及设备臭气风量

构筑物及设备名称	臭气风量
进水泵吸水井、沉砂池	按单位水面积 $10m^3/(m^2 \cdot h)$计算，增加1～2次/h的空间换气量
初沉池、浓缩池等构筑物	按单位水面积 $3m^3/(m^2 \cdot h)$计算，增加1～2次/h的空间换气量
曝气处理构筑物	按曝气量的110%计算
封闭设备	按封闭空间换气次数6～8次/h计
半封口设备	按机盖内换气次数8次/h和机盖开口处抽气流速0.6m/s两种计算结果的较小者取值

9.3.2 臭气收集系统设计

臭气收集系统可将粉尘及气态污染物导入净化系统，可防止污染物向大气扩散造成污染。除臭收集系统包括集气罩、管道系统和动力设备3部分。

(1) 集气罩的设计

大多数收集装置呈罩子形状，故称为集气罩。集气罩的性能对整个气体净化系统的技术、经济效果有很大的影响。污染物收集装置按气流流动的方式分为吸气式集气装置和吹息式集气装置（吹气罩）两类。

(2) 管道系统设计

风管宜采用玻璃钢、UPVC、不锈钢等耐腐蚀材料制作。风管的制作与安装应符合现行国家标准《通风与空调工程施工质量验收规范》（GB 50243—2016）的有关规定。风管内的风速可按表9-6的规定确定。

表 9-6　风管内的风速　　单位：m/s

风管类别	钢管和非金属支管	砖和混凝土风道
干管	6～14	4～12
支管	2～8	2～4

在已知流量和预先选取流速时，风管内径可按下式计算：

$$D=\sqrt{\frac{4Q}{3600\pi v}} \tag{9-3}$$

式中　D——风管内径，m；

Q——空气流量，m^3/h；

v——管内平均流速，m/s。

（3）动力设备

风机可分为离心式、轴流式和贯流式三种。在工程应用中选择风机时应考虑系统网的漏风以及风机运行工况与标准工况不一致等情况，因此对计算确定的风量和风压，必须考虑一定的附加系数和气体状态的修正。

1）风量计算　在确定管网抽风量的基础上，考虑到风管、设备的漏风，选用风机的风量应大于管网计算确定的风量。风量计算公式如下：

$$Q_0=K_QQ \tag{9-4}$$

式中　Q_0——选择风机时的计算风量，m^3/h；

Q——管网计算确定的抽风量，m^3/h；

K_Q——风量附加安全系数，一般管道系统取值 1～1.1。

2）风压计算　考虑到风机的性能波动、管网阻力计算的误差，风机的风压应大于管网计算确定的风压：

$$\Delta P_0=(1+K_P)\Delta P\frac{\rho_0}{\rho} \tag{9-5}$$

$$\Delta P=\Delta P_1+h_{f1}+h_{f2}+h_{f3}+\Delta H \tag{9-6}$$

式中　ΔP_0——选择风机时的计算风压，Pa；

K_P——考虑系统压损计算误差等所采用的安全系数，可取 0.10～0.15；

ΔP——管网计算确定的风压，Pa；

ρ_0——风机性能表中给出的空气密度，kg/m^3；

ρ——运行工况下系统总压力损失计算采用的空气密度，kg/m^3；

ΔP_1——除臭空间的负压，Pa；

h_{f1}——臭气收集风管沿程压力损失和局部损失，Pa；

h_{f2}——臭气处理装置阻力，包括使用后增加的阻力，Pa；

h_{f3}——臭气排放管风压损失，Pa；

ΔH——安全余量，Pa，宜为 300～500Pa。

3）电机的选择　所需电机功率可按下式进行计算：

$$N_e=\frac{Q_0\Delta P_0K_d}{3600\times1000\eta_1\eta_2} \tag{9-7}$$

式中　N_e——电机功率，kW；

Q_0——风机的总风量，m^3/h；

ΔP_0——风机的风压，Pa；

K_d——电机备用系数，电机功率为2～5kW时取1.2，电机功率大于5kW时取1.3；

η_1——风机全压效率，可从风机样本中查到，一般为0.5～0.7；

η_2——机械传动效率，对于直联传动 $\eta_2=1$，联轴器传动 $\eta_2=0.98$，三角皮带传动 $\eta_2=0.95$。

9.4 常见的除臭方法

随着城市化进程的推进和居民生活水平的不断提高，污水厂恶臭投诉事件近年屡见报道。但臭气的处理技术难度较大，具体表现为：

① 恶臭物质成分复杂，而且嗅阈值极低，对恶臭治理的技术要求高；

② 许多污水收集和处理构筑物为已建构筑物，无法在设计阶段就开始预防抑制恶臭的产生；

③ 污水构筑物和周围居民的防护距离较小，空气自然扩散稀释可能性小；

④ 恶臭处理不但要求处理效果好，而且要求运行简单可靠，投资和运行费用均不能太高。

在此背景下，除臭技术得到迅速的应用和发展，从最初采用的水洗法已逐步发展到生物脱臭法、化学吸附法、活性炭吸附法、土壤脱臭法、高能离子脱臭技术、UV光解法、天然植物提取液脱臭等。目前除臭技术主要可分为物理法、化学法和生物法三大类。

9.4.1 物理法

物理法并没有真正去除恶臭气体和改变恶臭气体的本质，只是通过稀释扩散、掩蔽、吸附等物理手段，将恶臭气体稀释、掩蔽或转移的一类方法（见表9-7）。

表9-7 常见物理法对比

工艺	优点	缺点	应用范围
掩蔽法	能够很快地消除臭味；灵活性较高；费用较低	易受气象条件限制；恶臭物质依然存在	适用于需立即、暂时消除低浓度恶臭气体影响的场合
稀释扩散法	费用低；设备简单	易受气象条件限制；恶臭物质依然存在	适用于中、低浓度的有组织排放的恶臭气体
活性炭吸附法	可有效去除VOCs；对低浓度恶臭物质的去除经济、有效、可靠；维护简单；运行方便，可间歇运行	对 NH_3、H_2S 等去除率有限；不能用于大气量和高浓度的情况；活性炭需再生与替换；再生后的活性炭吸附能力明显降低	适用于中、低浓度的气量不大的恶臭气体

掩蔽法通过喷洒具有芳香气味或者令人愉快气味的掩蔽气体来掩盖臭味。稀释扩散法通过设置高空排气筒将臭气排向大气进行稀释，此法易受气象条件限制，恶臭物质依然存在。吸附法通过分子间引力，使得吸附材料和臭气结合在一起。

9.4.2 化学法

化学法改变了恶臭气体的本质，利用化学药剂或化学方法将恶臭气体组分转变成无臭物质。目前，常用的化学方法有湿式化学吸收法、臭氧氧化法、焚烧法和植物液法等（见表9-8）。

表9-8 常见化学法对比

工艺	优点	缺点	应用范围
湿式化学吸收法	去除效率较高且可靠，可高达95%以上，甚至达99%；多级洗涤可去除各种混合的恶臭污染物；占地面积小，土建投资小；运行稳定，停机后可迅速恢复到稳定的工作状态	维修要求高；对操作人员素质要求较高；运行费用（能耗、药耗）稍高；能有效去除 NH_3 和 H_2S 等主要污染物，但对臭气浓度的去除率较生物法低	可处理气量大、浓度高的恶臭污染物
臭氧氧化法	简单易行；占地面积小；维护量小；运行方便，可间歇运行	臭氧本身为污染物，经处理后仍有轻微恶臭味；适应工况变化能力差，因而工艺控制困难；功率要求高；对残余臭氧分解处理的费用昂贵；残余的臭氧会腐蚀金属构件，且后续处理费用大	中度污染以上
焚烧法	可分解各种类型的高浓度臭气；运行方便，可间歇运行	会向大气排放 SO_2、CO_2 等气体；应用方面需研究，有待完善	仅适用于浓度高、气量适中的臭气
植物液法	设备简单、维护量小；占地面积小；经济；运行方便，可间歇运行	因恶臭浓度和大气是不断变化的，这种方法的除臭稳定性相对较差	中度污染以上

① 湿式化学吸收法是一种广泛应用的除臭方法，在该工艺中恶臭气体首先被化学溶液吸收，然后被氧化。

② 臭氧氧化法的除臭原理实际上跟臭氧杀菌机理一样，都是利用臭氧具有的强氧化性这一特性。

③ 焚烧法通过在高温下恶臭物质与燃料充分混合，实现完全燃烧，彻底分解恶臭物质。

④ 植物药液会与废气间内的废气分子充分接触反应，将废气分子降解成 CO_2、H_2O 等无害物质，从而达到除废气除尘的目的。

9.4.3 生物法

生物除臭利用固相和固液相反应器中微生物的生命活动降解气流中所携带的恶臭成分，将其转化为臭气浓度比较低或无臭的简单无机物，如二氧化碳、水和其他无机物等。恶臭气体成分不同，微生物种类不同，分解代谢的产物也不同。

对常见恶臭成分的生物降解转化过程分析如下：

① 当恶臭气体为氨时，氨先溶于水，然后在有氧的条件下经亚硝酸细菌和硝酸细菌的硝化作用转化为硝酸盐，在兼性厌氧的条件下硝酸盐还原细菌将硝酸盐还原为氮气。

② 当恶臭气体为 H_2S 时，自养型硫化细菌会在一定的条件下将 H_2S 氧化成 SO_4^{2-}；当恶臭气体为有机硫（如甲硫醇）时，则首先需要异养型微生物将有机硫转化成 H_2S，然后 H_2S 再由自养型微生物氧化成 SO_4^{2-}，其反应式为：

$$H_2S + O_2 + \text{自养型硫化细菌} + CO_2 \longrightarrow \text{合成细胞物质} + SO_4^{2-} + H_2O$$

$$CH_3SH \longrightarrow CH_4 + H_2S \longrightarrow CO_2 + H_2O + SO_4^{2-}$$

常用的生物法对比见表 9-9。

表 9-9　常用生物处理技术特点比较

工艺	优点	缺点	应用范围
生物滤池	气/液表面积比值高；设备简单；运行费用低	反应条件不易控制；进气浓度发生变化时适应慢；占地面积大	适用于处理化肥厂、污水处理厂以及农业与工业产生的污染物浓度介于 $0.5 \sim 1.0g/m^3$ 的废气
生物洗涤塔	设备紧凑；低压力损失；反应条件易于控制	传质表面积低；需大量提供氧才能维持高降解率；需处理剩余污泥；投资和运行费用高	适用于处理工业产生的污染物浓度介于 $1 \sim 5g/m^3$ 的废气
生物滴滤池	与生物洗涤塔相比设备简单	传质表面积低；需处理剩余污泥；运行费用高	适用于处理化肥厂、污水处理厂以及农业产生的污染物浓度低于 $0.5g/m^3$ 的废气

生物滤池和生物滴滤池填料层有效体积和高度应按下列公式计算：

$$V = \frac{Q_d t}{3600} \tag{9-8}$$

或

$$V = \frac{CQ_d}{1000F} \tag{9-9}$$

$$H = \frac{vt}{3600} \tag{9-10}$$

式中　V——填料层有效体积，m^3；

Q_d——臭气流量，m^3/h；

C——臭气物质浓度，mg/m^3；

F——填料处理负荷，$g/(m^3 \cdot d)$；

t——空塔停留时间，s；

H——填料高度，m；

v——空塔流速，m/s。

生物滤池和生物滴滤池工艺应符合下列规定：

① 空塔停留时间不宜小于 15s，严寒和寒冷地区宜根据进气温度情况延长空塔停留时间；

② 空塔气速不宜大于 300m/h；

③ 单层填料层高度不宜大于 3m；

④ 单位填料负荷宜根据臭气浓度和去除要求确定，硫化氢负荷不宜高于 $5g/(m^3 \cdot h)$。

9.4.4　其他技术

污水处理厂除臭技术还有高能离子除臭法、联合处理法等。等离子除臭法工作原理是置于室内的离子发生装置发射出高能正、负离子，它可以与室内空气当中的有机挥发性气体分子（VOCs）接触，打开 VOCs 分子化学键，将其分解成二氧化碳和水，对 H_2S、NH_3 同样具有分解作用。联合技术有洗涤-吸附法、生物-吸附法、吸收-氧化-吸附法、生物-掩蔽剂法、生物-光催化法、等离子体-光催化法等，比较适用于处理成分复杂的臭气（见表 9-10）。

表 9-10　其他处理技术特点比较

工艺	优点	缺点	应用范围
等离子除臭法	净化效率高；几乎可以和所有的恶臭气体分子作用；运行费用低；反应快	一次性投资较高	可处理气量大、浓度高的恶臭污染物
联合法（以生物除臭为主）	标准高，针对性和适应性强；安全性高，运行稳定，效果显著；技术优势明显；高效可靠，处理率可高达 95%～99%以上；技术可行，经济合理；基本不产生二次污染	占地面积稍大；技术含量高，处理流程较为复杂；投资和运行费用较一般工艺稍高	可处理气量大、浓度高、成分复杂的恶臭污染物
联合法（以物化除臭为主）	标准高，针对性和适应性强；安全性高，运行稳定，效果显著；技术优势明显；高效可靠，处理率可高达 95%～99%以上；占地面积较小；运行方便，可间歇运行	仍存在二次污染的问题；技术含量高，处理流程较为复杂；投资和运行费用较一般工艺稍高；与以生物除臭为主体的组合法比较，适应性较差	可处理气量大、浓度高、成分复杂的恶臭污染物

9.5　除臭设计算例

【例题 9-1】 某污水处理厂进水泵房和粗格栅车间面积 $90m^2$，车间净高度 4.5m，因环境要求需要安装除臭设施。本设计要求进行进水泵房和粗格栅车间除臭计算，采用生物滤池工艺。

【解】（1）臭气源加盖

根据已知条件，进水泵房和粗格栅车间不需要加盖。

（2）除臭气量

进水泵房和粗格栅车间按封闭空间换气次数 6～8 次/h 计，由于该车间有人值守，但时间不长，故换风量按 4 次/h 考虑。

$$Q=\text{空间体积}\times\text{换气次数}=90m^2\times4.5m\times4\text{次}/h=1620m^3/h$$

（3）生物滤池面积

生物滤池臭气负荷一般为 $100\sim250m^3/(m^2\cdot h)$，本设计选用 $q=150m^3/(m^2\cdot h)$，则生物滤池面积 A 为：

$$A=Q/q=1620/150=10.8(m^2)$$

（4）生物滤池高度

设生物滤池接触时间 $t=30s$，则填料高度 H 为：

$$H=qt/3600=150\times30/3600=1.25(m)$$

（5）风管计算

取流速 5m/s，在已知流量和预先选取流速时，风管内径为：

$$D=\sqrt{\frac{4Q}{3600\pi v}}=\sqrt{\frac{4\times1620}{3600\times3.14\times5}}=0.34(m)$$

则风管内径选择350mm。

(6) 风机选用

根据管道布置，计算管道风压损失为500～800Pa，生物滤池损失为800～1000Pa，再考虑20%其他损失，设计出口压力为2400Pa。可采用风机风压为5000Pa，风量为$30m^3/min=1800m^3/h(Q')$，选用2台风机，其中1台备用。

(7) 按实际风量计算滤池面积

$$A=Q'/q=1800/150=12(m^2)$$

设计两座生物滤池，则单座面积$A'=A/2=12/2=6(m^2)$。

(8) 滤池总填料体积V

$$V=AH=12\times1.25=15(m^3)$$

(9) 预洗池（臭气的加温加湿）

设空塔流速$v=0.25m/s$，接触时间$t=3s$，则塔内填料高H'为：

$$H'=0.25\times3=0.75(m)$$

总面积同样选$12m^2$，设计两座，则单座面积$A''=6m^2$。这样可与滤池组成一体，也可选用定型产品。

【例题9-2】 某污水处理厂有两座初沉池，每座直径$D=16m$，因环境要求，需安装除臭设施。要求进行初沉池高能离子除臭计算。

【解】 (1) 臭气源加盖

现计划给初沉池加盖封闭，采用PC耐力板+SUS304骨架，加盖高度2m。

(2) 除臭风量

初沉池按1～2次/h的空间换气量计算，由于该池为无人值守，因此换风量按2次/h考虑。单座初沉池面积A：

$$A=\frac{\pi D^2}{4}=\frac{3.14\times16^2}{4}=200.96(m^2)$$

单池空间臭气量为：

$$Q_1=vn=AHn=200.96\times2\times2=803.84(m^3/h)$$

取初沉池单位水面产臭风量为$3.0m^3/(m^2\cdot h)$，则单池面积臭气风量为：

$$Q_2=Aq=200.96\times3.0=602.88(m^3/h)$$

取漏失风量系数为10%，2座初沉池臭气风量Q为：

$$Q=2(Q_1+Q_2)\times(1+0.1)=2\times1406.72\times1.1=3094.78(m^3/h)$$

(3) 选择离子发生器

选用毅阳环保DLZ-2000低温等离子除臭设备2台，其单台风量为$600\sim2000m^3/h$ (Q_s)，选用排风机YZE-30 1台，采用负压安装方式。

(4) 风管管径计算

每座初沉池罩盖顶端安装1根风管，然后连接高能离子发生器。一般钢管和非金属风管支管内气体流速为2～8m/s，干管为6～14m/s。

本设计干管流速选取 8m/s，支管流速选取 5m/s，则高能离子发生器干管管径 D 为：

$$D=\sqrt{\frac{4Q_s}{\pi v}}=\sqrt{\frac{4\times 0.83}{3.14\times 8}}=0.36(\mathrm{m})\approx 350(\mathrm{mm})$$

支管管径 D_s' 为：

$$D_s'=\sqrt{\frac{4\frac{Q_s}{2}}{\pi v}}=\sqrt{\frac{4\times 0.83/2}{3.14\times 8}}=0.33(\mathrm{m})\approx 300(\mathrm{mm})$$

【例题 9-3】 已知某污水处理厂因环境要求需要安装除臭设施。本设计要求进行粗细格栅、厌氧池、氧化沟、反冲洗排水池、C/N 曝气生物滤池、DN 曝气生物滤池、脱水机房和均质池的除臭计算，采用生物滤池工艺。构筑物、设备以及车间的长、宽和密封高度已给出，具体见表 9-11 与表 9-12。

【解】 (1) 系统工艺流程

如图 9-2 所示。

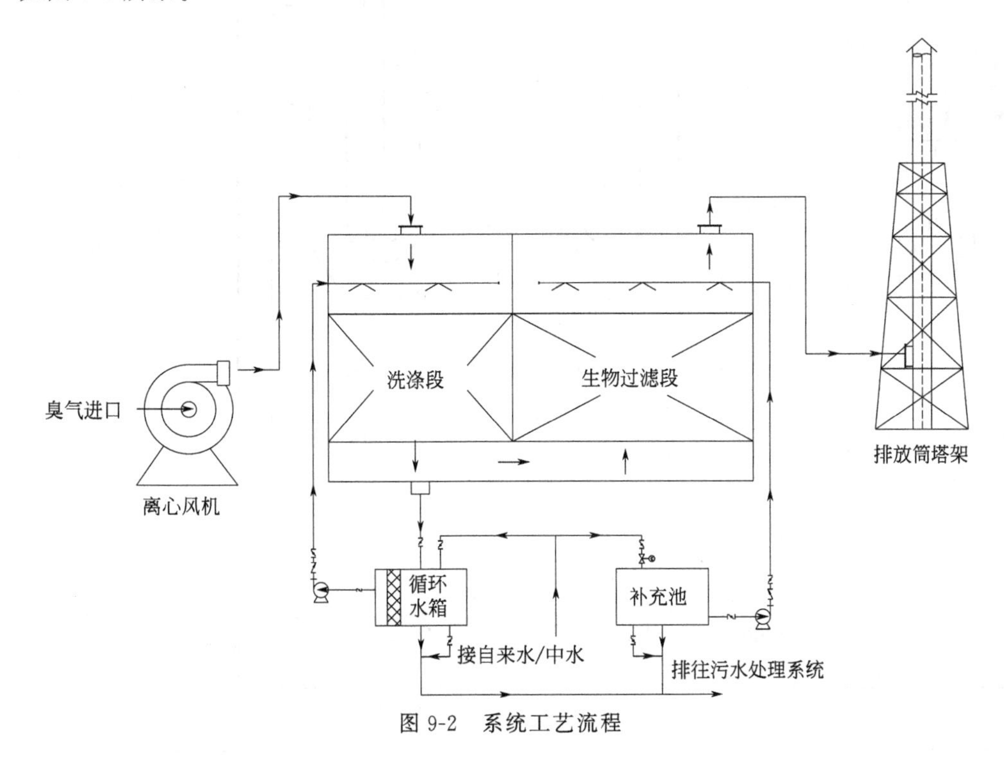

图 9-2　系统工艺流程

(2) 平面布置图

如图 9-3 所示。

(3) 设计计算

① 臭气源加盖。根据甲方提供资料，确定厌氧池、氧化沟缺氧段、反冲洗排水池、C/N 曝气生物滤池、DN 曝气生物滤池和均质池需要加盖，本设计选用 PC 耐力板和 304 钢骨架作为加盖材料，加盖高度 2m。

② 除臭气量。本设计需进行粗细格栅、厌氧池、氧化沟、反冲洗排水池、C/N 曝气生

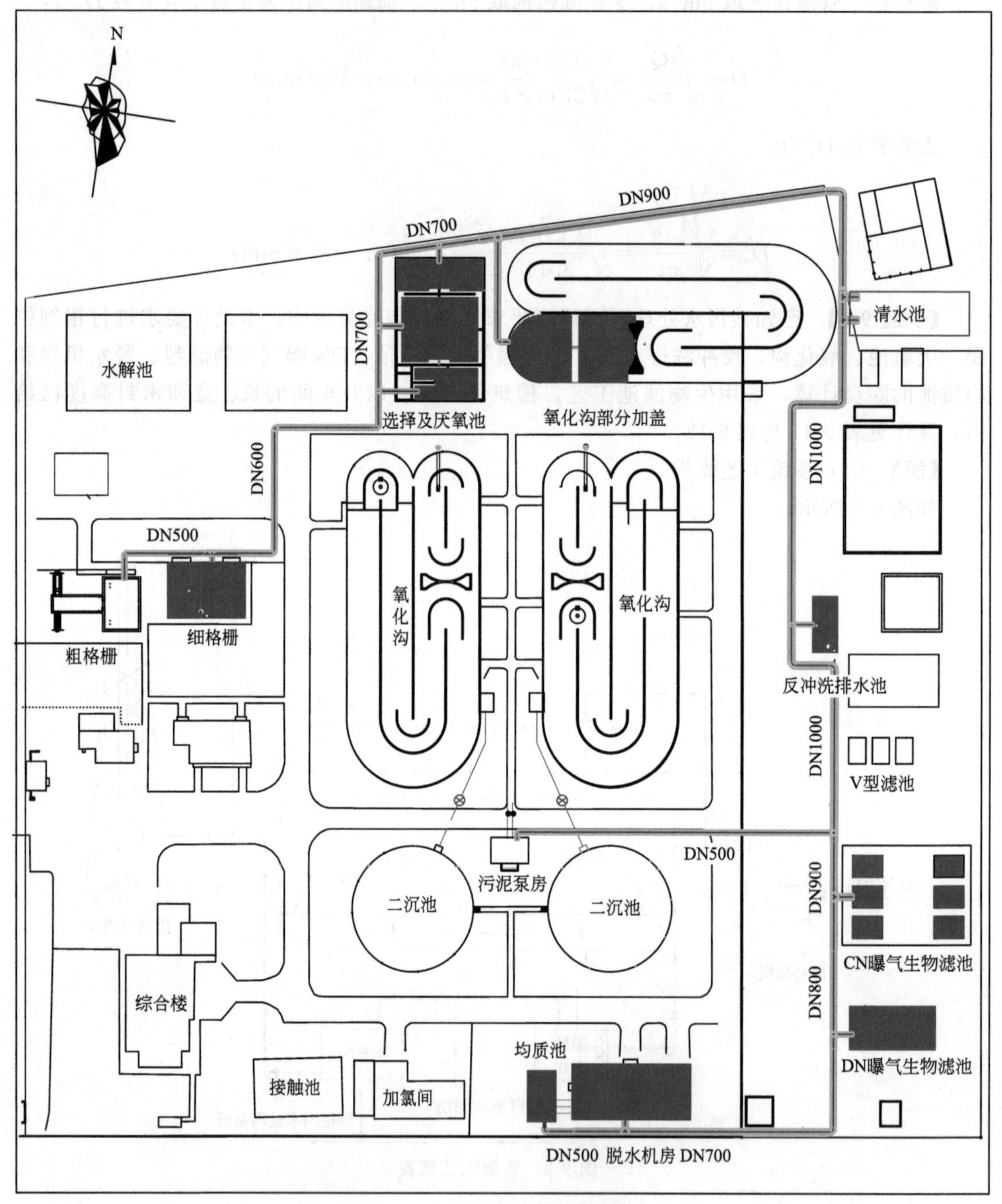

图 9-3　污水处理厂除臭布置图

物滤池、DN 曝气生物滤池、脱水机房和均质池的臭气风量计算。

臭气风量，应按下列公式计算：

$$Q=Q_1+Q_2+Q_3$$

$$Q_3=K(Q_1+Q_2)$$

计算结果见表 9-11。

表 9-11 某污水厂臭气风量计算

序号	区域	长/m	宽/m	密封空间高度/m	体积/m^3	水域面积/m^2	单体数量/座	换气次数/(次/h)	空间臭气量/(m^3/h)	单位面积臭气散发量指标/[m^3/(m^2·h)]	面积臭气量/(m^3/h)	曝气风量(110%)/(m^3/h)	计算风量/(m^3/h)	渗入风量系数/%	计算风量/(m^3/h)	备注
1	粗格栅密闭罩	12	10.6	2.8	356.16	127	1	8	2849.28	0	0	0	2849.28	10	3134.208	
2	细格栅密闭罩	10.8	8	2.8	241.92	86	1	8	1935.36	0	0	0	1935.36	10	2128.896	
3	厌氧池	22.8	16	2.00	730	365	3	1.5	1095	3	1095	0	6570	10	7227	
4	氧化沟	40.4	24.8	2.00	2004	1002	3	1.5	3006	3	3006	0	18036	10	19839.6	
5	反冲洗排水池	12.8	7.8	2.00	200	100	1	1.5	300	3	300	0	600	10	660	
6	C/N 曝气生物滤池						1					3300	3300	10	3630	按曝气风量1.1计算
7	DN 曝气生物滤池						1					2200	2200	10	2420	
8	污泥泵房	16.8	10.8	2.00	363	181	1	8	2903.04	0	0	0	2903.04	10	3193.344	
9	脱水机房	27.7	12.6	2.00	698	349	1	8	5584.32	0	0	0	5584.32	10	6142.752	
10	均质池	11.6	6.6	2.00	153	77	1	1.5	229.68	10	765.6	0	995.28	10	1094.808	
合计															49470.608	
设计除臭风量															50000	

注：设计依据为《城镇污水处理厂臭气处理技术规程》（CJJ/T 243—2016）、《城镇地下污水处理设施通风与臭气处理技术标准》（DBJ/T 15-202—2020）。

③ 生物滤池面积。生物滤池臭气负荷一般为 $100\sim250m^3/(m^2 \cdot h)$，本设计选用 $q=200m^3/(m^2 \cdot h)$，则生物滤池面积 $A=Q/q=50000/200=25(m^2)$。

④ 生物滤池高度。设生物滤池接触时间 $t=25s$，则填料高度 $H=qt/3600=200\times25/3600=1.39(m)$。

⑤ 滤池总填料体积 $V=AH=25\times1.39=34.8(m^3)$。

⑥ 预洗池（臭气的加温加湿）。设空塔流速 $v=0.25m/s$，接触时间 $t=3s$，则塔内填料高 $H'=0.25\times3=0.75(m)$。

总面积同样选 $25m^2$，这样可与滤池组成一体，也可选用定型产品。

⑦ 风管计算。每座处理构筑物罩盖顶端安装 1 根风管支管收集臭气，然后通过干管连接生物滤池。一般钢管和非金属风管支管气体流速为 2～8m/s，干管为 6～14m/s。

本设计支管流速选取 5m/s，在已知流量和预先选取流速时，风管内径可按下式计算：

$$D=\sqrt{\frac{4Q}{3600\pi v}}$$

计算结果见表 9-12。

表 9-12　某污水厂臭气风管设计计算

序号	区域	区域臭气风量/(m^3/h)	支管流速(2～8m/s)/干管(6～14m/s)/(m/s)	支管数/个	支管管径 DN /mm	选用风管 DN /mm
1	粗格栅密闭罩	3134.208	5	1	471.0	500
2	细格栅密闭罩	2128.896	5	1	388.2	400
3	厌氧池	7227	5	3	412.9	450
4	氧化沟	19839.6	5	3	684.1	700
5	反冲洗排水池	660	5	1	216.1	250
6	C/N 曝气生物滤池	3630	5	1	506.9	500
7	DN 曝气生物滤池	2420	5	1	413.8	400
8	污泥泵房	3193.344	5	1	475.4	500
9	脱水机房	6142.752	5	1	659.3	700
10	均质池	1094.808	5	1	278.4	300

⑧ 风机选用。根据计算所得风量，选用合适的风机。一般选 2 台风机，其中 1 台备用。

⑨ 排放筒高度。根据《恶臭污染物排放标准》(GB 14554—1993) 相关要求，排放筒高度 $h=15m$。

第10章 污水处理厂物料平衡计算

10.1 污泥量计算

10.1.1 初沉池污泥量

初沉池污泥量可根据污水中SS浓度、流量、SS去除率和污泥含水率计算，即：

$$V=\frac{Q_{max}(c_1-c_2)T}{K_Z\gamma(1-P)} \tag{10-1}$$

式中 V——初沉池污泥量，m^3；

Q_{max}——最大日设计流量，m^3/d；

c_1——进水SS浓度，t/m^3；

c_2——出水SS浓度，t/m^3；

K_Z——总变化系数；

γ——污泥密度，t/m^3，一般为$1.0t/m^3$；

P——污泥含水率，%；

T——两次排泥时间间隔，d。

初沉池污泥量也可按下列公式计算：

$$V=\frac{Q_{平}(c_1-c_2)\eta_{ss}}{X_0} \tag{10-2}$$

式中 V——初沉池污泥量，m^3；

$Q_{平}$——平均日污水量，m^3/d；

η_{ss}——初沉池SS去除率，%，一般为40%～60%；

X_0——初沉池污泥浓度，t/m^3，一般为$0.02\sim0.05t/m^3$。

10.1.2 二沉池污泥量

二沉池排泥量可按污泥产率系数、衰减系数及不可生物降解和惰性悬浮物计算：

$$\Delta X=YQ(S_o-S_e)-K_dVX_V+fQ(SS_o-SS_e) \tag{10-3}$$

式中 ΔX——二沉池每日排泥量，kg/d；

Y——污泥产率系数，$kgVSS/kgBOD_5$，20℃时宜为$0.3\sim0.8kgVSS/kgBOD_5$；

Q——设计平均日污水量，m^3/d；

S_o——生物反应池进水五日生化需氧量，kg/m^3；

S_e——生物反应池出水五日生化需氧量，kg/m^3；

K_d——衰减系数，d^{-1}，20℃时为$0.04\sim0.075d^{-1}$；

X_V——生物反应池内混合液挥发性悬浮固体平均浓度，gMLVSS/L；

f——SS的污泥转换率，gMLSS/gSS，宜根据试验资料确定，无试验资料时可取0.5～0.7gMLSS/gSS；

SS_o——生物反应池进水悬浮物浓度，kg/m³；

SS_e——生物反应池进水悬浮物浓度，kg/m³；

其余符号意义同前。

也可按式(10-4) 计算，即：

$$\Delta X = Y_{ob} Q L_r + fQ(SS_o - SS_e) \tag{10-4}$$

也可按式(10-5) 计算，即：

$$\Delta X = \frac{Q_{平} L_r}{1 + K_d Q_c} + fQ(SS_o - SS_e) \tag{10-5}$$

式中 L_r——去除的BOD浓度，kg/m³；

Q_c——污泥龄，d；

Y_{ob}——污泥净产率系数，kgMLSS/kgBOD$_5$。

湿污泥体积为：

$$Q_s = \frac{\Delta X}{1000(1-P)} \tag{10-6}$$

10.1.3 化学污泥量

$$S_{ci} = k_{ci} C_i \tag{10-7}$$

式中 S_{ci}——某种絮凝剂产生的化学污泥量，t/a；

k_{ci}——化学污泥产率系数；

C_i——无机絮凝剂用量（以Fe或Al计），t/a。

10.1.4 日本指针推荐方法

10.1.4.1 每日产泥量

每日产泥量可按式(10-8) 计算，即：

$$S = Q_i \times \left\{ SS_i \times \frac{R_1}{100} + \left[SS_i \times \left(1 - \frac{R_1}{100}\right) - SS_e \right] \times \frac{R_2}{100} \right\} \times \frac{1}{10^3} \tag{10-8}$$

式中 S——每日产泥量，kg/d；

Q_i——最大日污水量，m³/d；

SS_i——进水SS浓度，mg/L；

SS_e——出水SS浓度，mg/L，一般按10～30mg/L考虑；

R_1——初沉池SS去除率，%；

R_2——反应池内去除单位SS量的产泥率，%。

不同水处理工艺的初沉池SS去除率、反应池内去除单位SS量的产泥率与污泥浓度见表10-1。

湿污泥体积：

$$Q_s(\mathrm{m^3/d}) = S \times \frac{100(\%)}{污泥浓度(\%)} \times \frac{1(\mathrm{m^3})}{1000(\mathrm{kg})} \tag{10-9}$$

表 10-1 初沉池 SS 去除率、反应池去除单位 SS 量产泥率与污泥浓度

水处理工艺	初沉池 SS 去除率/%	反应池内去除单位 SS 产泥率/%	污泥浓度/%		
			初沉污泥	剩余活性污泥	混合污泥
氧化沟		75		0.5～1.0	
延时曝气法		75		0.5～1.0	
SBR 法		75		0.5～1.0	
好氧生物滤池	40～60	100	2		
接触氧化法	40～60	85	2	0.8	1.0
生物转盘法	40～60	85	2	0.8	1.0

10.1.4.2 固体物料平衡计算

各设施的固体物回收率见表 10-2。

表 10-2 各设施的固体物回收率

设施	混合污泥/%	仅为剩余活性污泥/%
重力浓缩池	80	90
污泥脱水设备	90～95	90～95

(1) 设有初沉池工艺的污泥固体物料平衡

设有初沉池工艺的污泥固体物料平衡（接触氧化法等工艺）如图 10-1 所示。

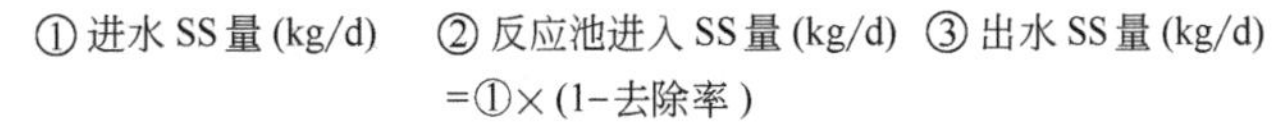

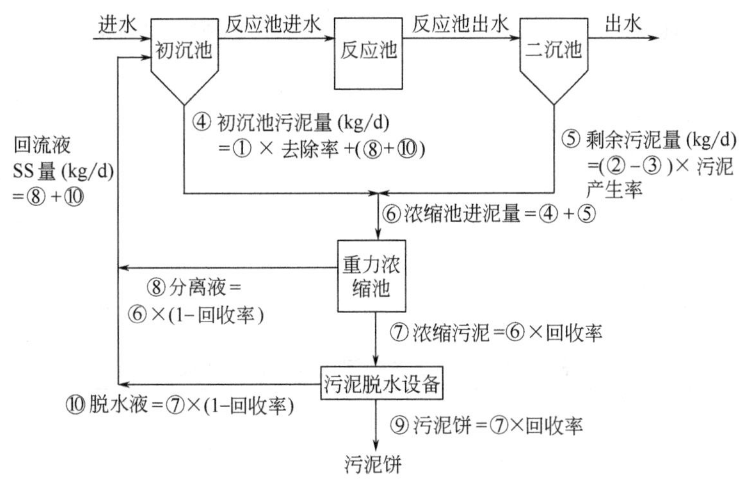

图 10-1 设有初沉池工艺的污泥固体物料平衡（接触氧化法等工艺）

(2) 无初沉池工艺的污泥固体物料平衡

无初沉池工艺的污泥固体物料平衡（氧化沟等工艺）如图 10-2 所示。

(3) 固体物料平衡计算顺序

固体物料平衡计算顺序见表 10-3。

(4) 污泥生成量计算案例

按表 10-3 计算顺序，以图 10-1、图 10-2 为依据，计算氧化沟和接触氧化法两种代表工艺的污泥量，计算条件及结果见表 10-4。

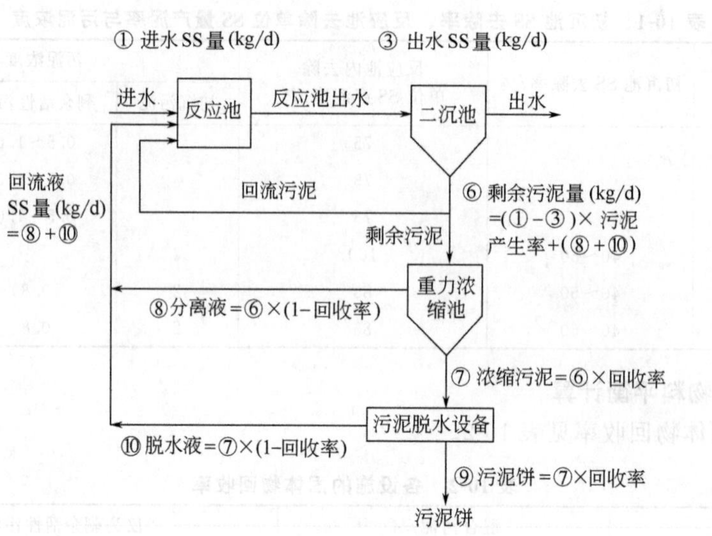

图 10-2　无初沉池工艺的污泥固体物料平衡（氧化沟等工艺）

表 10-3　固体物料平衡计算顺序

项目		计算式	
		有初沉池场合	无初沉池场合
计算顺序	(1)污泥饼	⑨＝污泥干质量	
	(2)浓缩污泥	⑦＝⑨÷脱水工艺回收率	
	(3)脱水液	⑩＝⑦－⑨	
	(4)浓缩池进泥	⑥＝⑦÷浓缩工艺回收率	
	(5)浓缩池分离液	⑧＝⑥－⑦	
	(6)回流液 SS 量	⑧＋⑩	
	(7)反应池进入 SS 量	②＝①×(1－初沉池 SS 去除率)	
	(8)出水 SS 量	③＝SS_e	
	(9)初沉池污泥量	④＝①×去除率＋(⑧＋⑩)	
	(10)剩余污泥量	⑤＝(②－③)×污泥产生率	⑥

注：表中○内数字与图 10-1、图 10-2 对应一致。

表 10-4　不同工艺污泥生成量计算比较

项目＼处理工艺			OD 法	接触氧化法
计算条件	进水流量/(m^3/d)		1000	1000
	进水 SS 浓度/(mg/L)		200	200
	初沉池 SS 去除率/%			50
	反应池内去除单位 SS 污泥产生率/%		75	85
	初沉污泥 SS 浓度/%			2.0
	剩余污泥 SS 浓度/%		1.0	0.8
	浓缩污泥	SS 浓度/%	1.5	2.5
		回收率/%	90	80
	污泥饼	SS 浓度/%	16	16
		回收率/%	90	90

续表

项目 \ 处理工艺			OD法	接触氧化法
计算值	去除单位SS污泥产生率/%		75	93[①]
	进入浓缩池污泥	污泥量/(m^3/d)	18	18
		固体物量/(kg/d)	175.9	245.2
	浓缩污泥	污泥量/(m^3/d)	8	8
		固体物量/(kg/d)	158.3	196.1
	污泥饼	污泥量/(m^3/d)	0.89	1.10
		固体物量/(kg/d)	142.5	176.5

10.2　物料平衡算例

【例题10-1】 已知条件如图10-3所示，试计算污水处理厂内SS物料平衡。

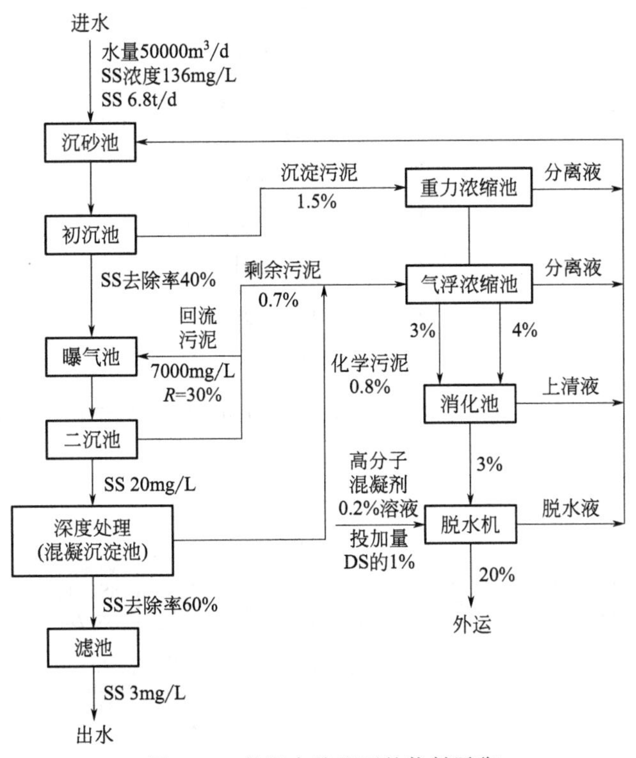

图10-3　某污水处理厂的物料平衡

此外，假设构筑物其他污染物去除率如表10-5所列。

表10-5　构筑物其他污染物去除率　　单位：%

项目	COD	BOD	TN	TP	氨氮
初沉池	10	20	—	—	—
曝气池	90	85	70	60	80

续表

项目	COD	BOD	TN	TP	氨氮
二沉池	10	20	—	—	—
混凝沉淀池	30	40	10	50	—
滤池	20	30	10	35	—

① 污泥设施 SS 的回收率：重力浓缩 80%；气浮浓缩 90%；消化 80%；脱水 90%。

② 消化池：投加污泥有机成分含量 70%，消化率 50%。

③ 高分子混凝剂投加量：消化污泥（DS）的 1%；溶液浓度 0.2%。

【解】 由于来自各污泥处理设施回流水的水量、水质未知，因此在计算 SS 物料平衡时，先假设回流水为 0，水量按 2%增加，SS 浓度按 36%增加，反复试算，直到试算结果较为接近为止。

（1）当回流水为 0 时各池平衡计算

① 初沉池物料平衡

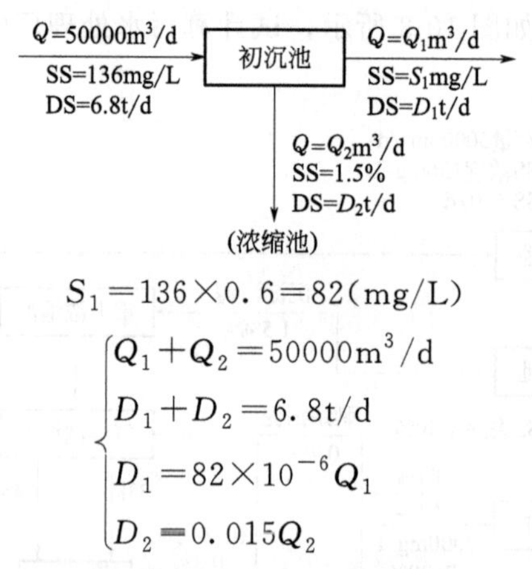

$$S_1=136\times 0.6=82(\mathrm{mg/L})$$

$$\begin{cases}Q_1+Q_2=50000\mathrm{m^3/d}\\ D_1+D_2=6.8\mathrm{t/d}\\ D_1=82\times 10^{-6}Q_1\\ D_2=0.015Q_2\end{cases}$$

解上述方程组，得：$Q_1=49819\mathrm{m^3/d}$；$Q_2=181\mathrm{m^3/d}$；$D_1=4.08\mathrm{t/d}$；$D_2=2.72\mathrm{t/d}$。

② 曝气池和二沉池物料平衡

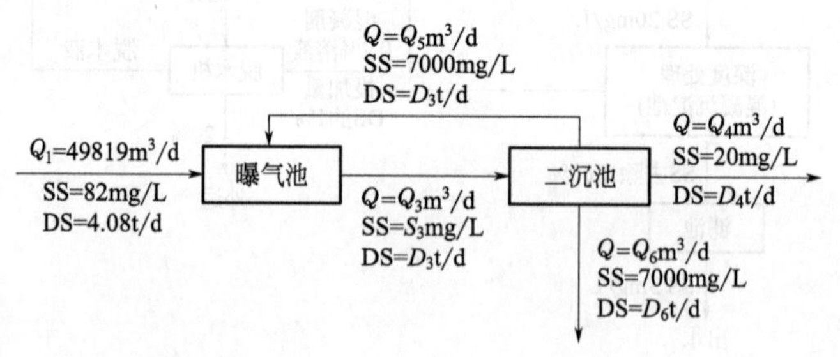

因为回流污泥为 30%，所以有：

$$Q_5=0.3Q_1=0.3\times 48919=14946(\mathrm{m^3/d})$$

$$D_5=7000\times 10^{-6}\times Q_5=104.62(\mathrm{t/d})$$

因此：

$$Q_3=Q_1+Q_5=49819+14946=64765(\mathrm{m^3/d})$$

$$D_3=D_1+D_5=4.08+104.62=108.7(\mathrm{t/d})$$

$$S_3=\frac{D_3}{Q_3}\times 10^6=\frac{108.7}{64765}\times 10^6=1678(\mathrm{mg/L})$$

二沉池物料平衡为：

$$\begin{cases}Q_4+Q_6=Q_3-Q_5=64765-14946=49819(\mathrm{m^3/d})\\D_4+D_6=D_3-D_5=108.7-104.62=4.08(\mathrm{t/d})\\D_4=20\times10^{-6}Q_4\\D_6=7000\times10^{-6}Q_6\end{cases}$$

解得：$Q_4=49377\mathrm{m^3/d}$；$Q_6=442\mathrm{m^3/d}$；$D_4=0.99\mathrm{t/d}$；$D_6=3.09\mathrm{t/d}$。

③ 混凝沉淀池物料平衡

Q_4=49377m³/d
SS=20mg/L
DS=0.99t/d
混凝沉淀池
$Q=Q_7$m³/d
SS=S_7mg/L
DS=D_7t/d
$Q=Q_8$m³/d
SS=0.8%
DS=D_8t/d

$$S_7=20\times0.4=8(\mathrm{mg/L})$$

$$Q_7+Q_8=49377(\mathrm{m^3/d})$$

$$D_7+D_8=0.99(\mathrm{t/d})$$

$$D_7=8\times10^{-6}Q_7$$

$$D_8=0.008Q_8$$

解上述方程组，得 $Q_7=49302\mathrm{m^3/d}$；$Q_8=75\mathrm{m^3/d}$；$D_7=0.39\mathrm{t/d}$；$D_8=0.6\mathrm{t/d}$。

④ 浓缩池物料平衡

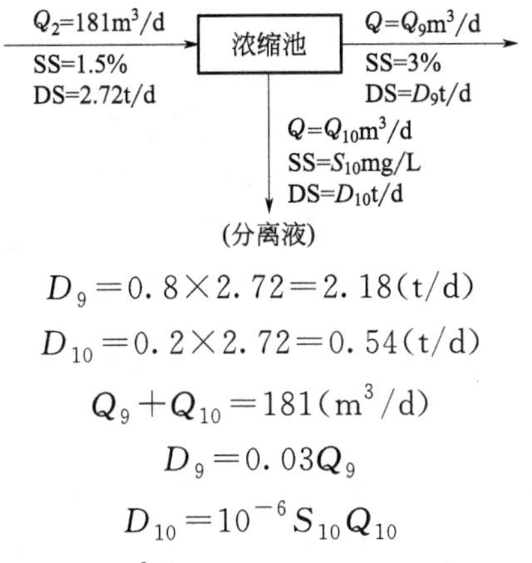

$$D_9=0.8\times2.72=2.18(\mathrm{t/d})$$

$$D_{10}=0.2\times2.72=0.54(\mathrm{t/d})$$

$$Q_9+Q_{10}=181(\mathrm{m^3/d})$$

$$D_9=0.03Q_9$$

$$D_{10}=10^{-6}S_{10}Q_{10}$$

解得：$Q_9=73\mathrm{m^3/d}$；$Q_{10}=108\mathrm{m^3/d}$；$S_{10}=5000\mathrm{mg/L}$。

⑤ 气浮池物料平衡

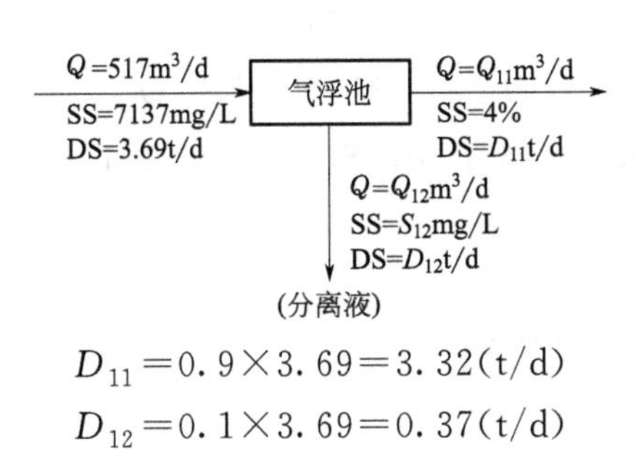

$$D_{11}=0.9\times3.69=3.32(\mathrm{t/d})$$

$$D_{12}=0.1\times3.69=0.37(\mathrm{t/d})$$

$$Q_{11}+Q_{12}=517(\mathrm{m^3/d})$$

$$D_{11}=0.04Q_{11}$$

$$D_{12}=10^{-6}S_{12}Q_{12}$$

解得：$Q_{11}=83\mathrm{m^3/d}$；$Q_{12}=434\mathrm{m^3/d}$；$S_{12}=852\mathrm{mg/L}$。

⑥ 消化池物料平衡

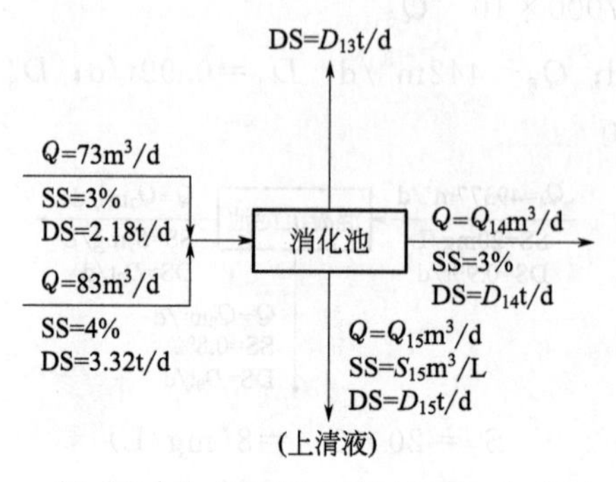

$$D_{13}=(2.18+3.32)\times0.7\times0.5=1.92(\mathrm{t/d})$$

因此物料平衡方程有：

$$Q_{14}+Q_{15}=73+83=156(\mathrm{m^3/d})$$

$$D_{14}=0.8\times3.58=0.03Q_{14}$$

$$D_{15}=0.2\times3.58=10^{-6}S_{15}Q_{15}$$

解得：$Q_{14}=95\mathrm{m^3/d}$；$Q_{15}=61\mathrm{m^3/d}$；$S_{15}=11738\mathrm{mg/L}$。

⑦ 脱水机物料平衡

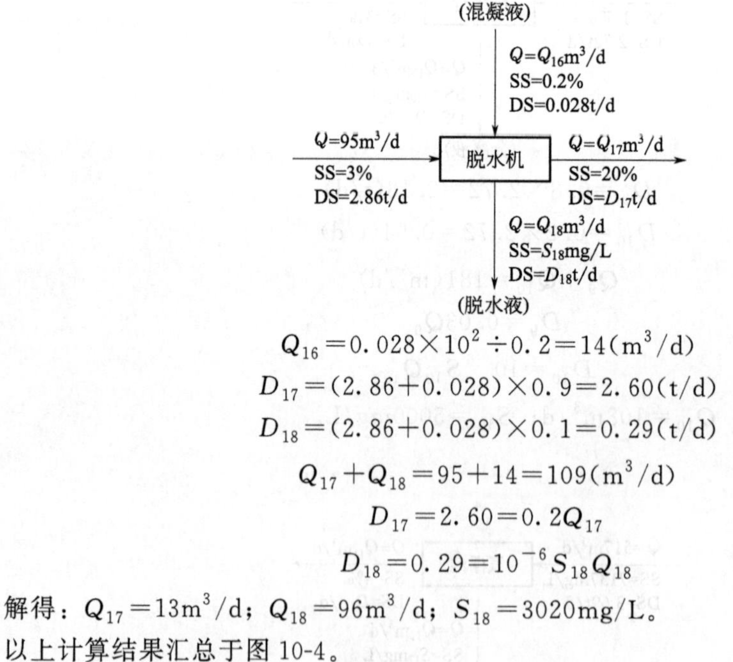

$$Q_{16}=0.028\times10^2\div0.2=14(\mathrm{m^3/d})$$

$$D_{17}=(2.86+0.028)\times0.9=2.60(\mathrm{t/d})$$

$$D_{18}=(2.86+0.028)\times0.1=0.29(\mathrm{t/d})$$

$$Q_{17}+Q_{18}=95+14=109(\mathrm{m^3/d})$$

$$D_{17}=2.60=0.2Q_{17}$$

$$D_{18}=0.29=10^{-6}S_{18}Q_{18}$$

解得：$Q_{17}=13\mathrm{m^3/d}$；$Q_{18}=96\mathrm{m^3/d}$；$S_{18}=3020\mathrm{mg/L}$。

以上计算结果汇总于图 10-4。

(2) 反复试算最终结果

物料平衡计算结果如图 10-5 所示。

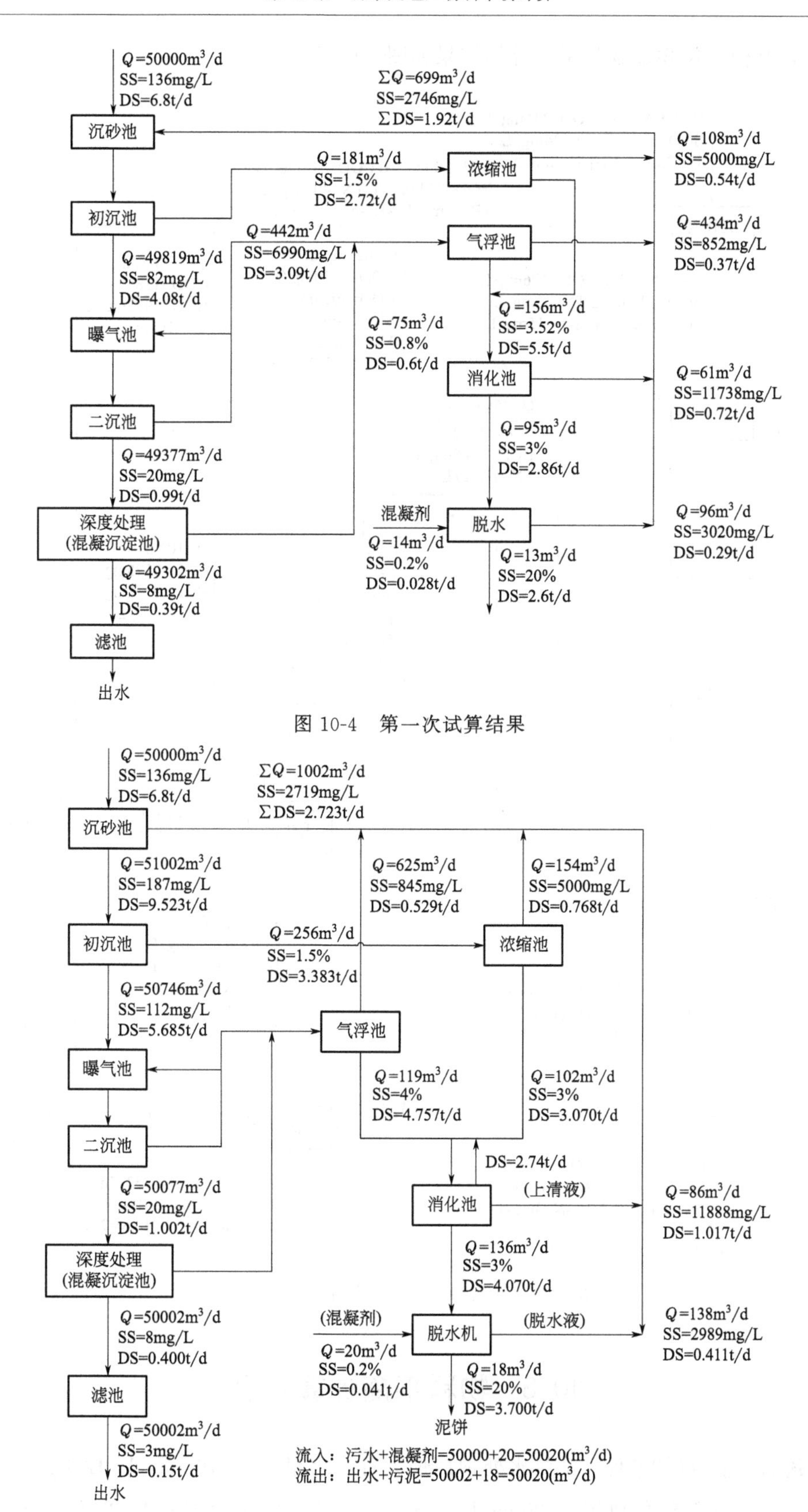

图 10-4　第一次试算结果

图 10-5　物料平衡计算结果

此外，其他污染物的物料平衡计算结果如图 10-6 所示。

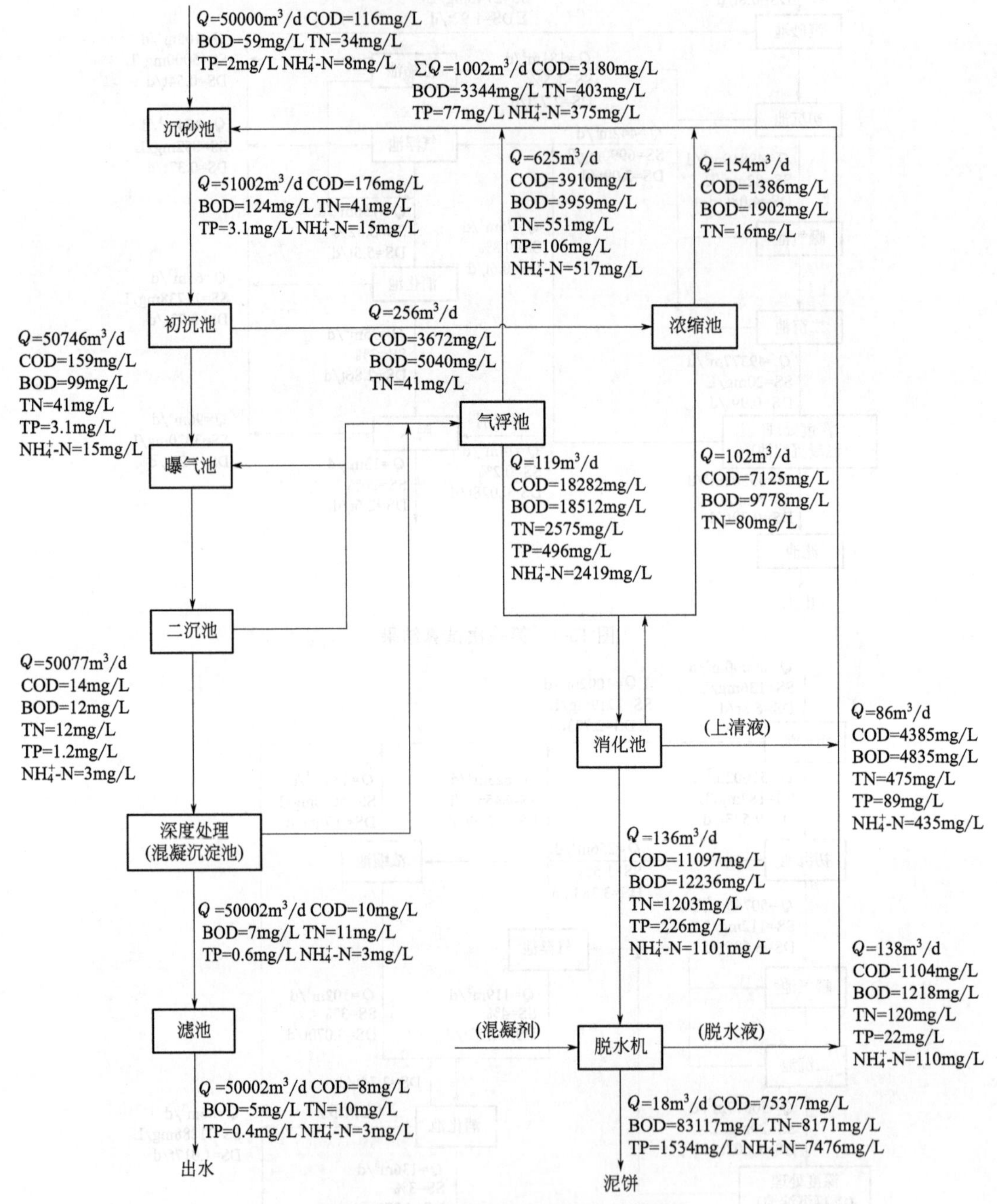

图 10-6　其他污染物的物料平衡计算结果

10.3　物料平衡计算实例

【例题 10-2】 已知条件：某污水处理厂最大日污水量 $Q=5700\text{m}^3/\text{d}$，$BOD_5=220\text{mg/L}$，$SS=170\text{mg/L}$，排放标准 $BOD_5\leqslant20\text{mg/L}$，$SS\leqslant20\text{mg/L}$。污水处理采用 OD 法，污泥处理采

用重力浓缩＋机械脱水方式。试对全厂污泥固体物（SS）进行物料平衡计算。

【解】（1）处理流程

处理工艺流程及物料平衡见图 10-7。

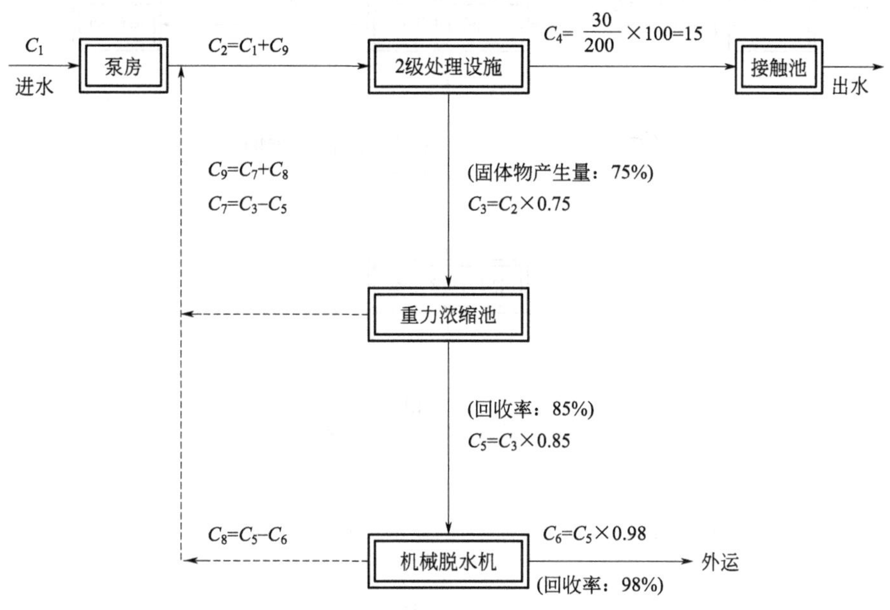

图 10-7　处理工艺流程及物料平衡

（2）固体物（SS）物料平衡计算

固体物（SS）物料平衡计算如表 10-6 所列。

表 10-6　固体物（SS）物料平衡计算

记号	计算式	计算值				最终值	固体物量/(t/d)
		1	2	3	4		
C_1	(100)	100	100	100	100	100	0.969
C_2	C_1+C_9	100	112.5	114.1	114.3	114.3	1.108
C_3	$0.75\times C_2$	75.0	84.4	85.6	85.7	85.7	0.830
C_4	15	15	15	15	15	15	0.145
C_5	$C_3\times0.85$	63.8	71.7	72.8	72.8	72.8	0.705
C_6	$C_5\times0.98$	62.5	70.3	71.3	71.3	71.3	0.691
C_7	C_3-C_5	11.2	12.7	12.8	12.8	12.8	0.124
C_8	C_5-C_6	1.3	1.4	1.5	1.5	1.5	0.015
C_9	C_7+C_8	12.5	14.1	14.3	14.3	14.3	0.139

注：(100) 表示进入泵房时 100%的 SS 量，下同。

【例题 10-3】 已知条件：某污水处理厂最大日污水量 $Q=7000m^3/d$，原水水质 $BOD_5=200mg/L$，SS＝150mg/L，排放标准 BOD≤20mg/L，SS≤30mg/L。水处理采用氧化沟法，污泥处理采用造粒浓缩＋机械脱水工艺。试对全厂 SS 进行物料平衡计算。

【解】(1) 处理工艺流程

处理流程及物料平衡如图 10-8 所示。

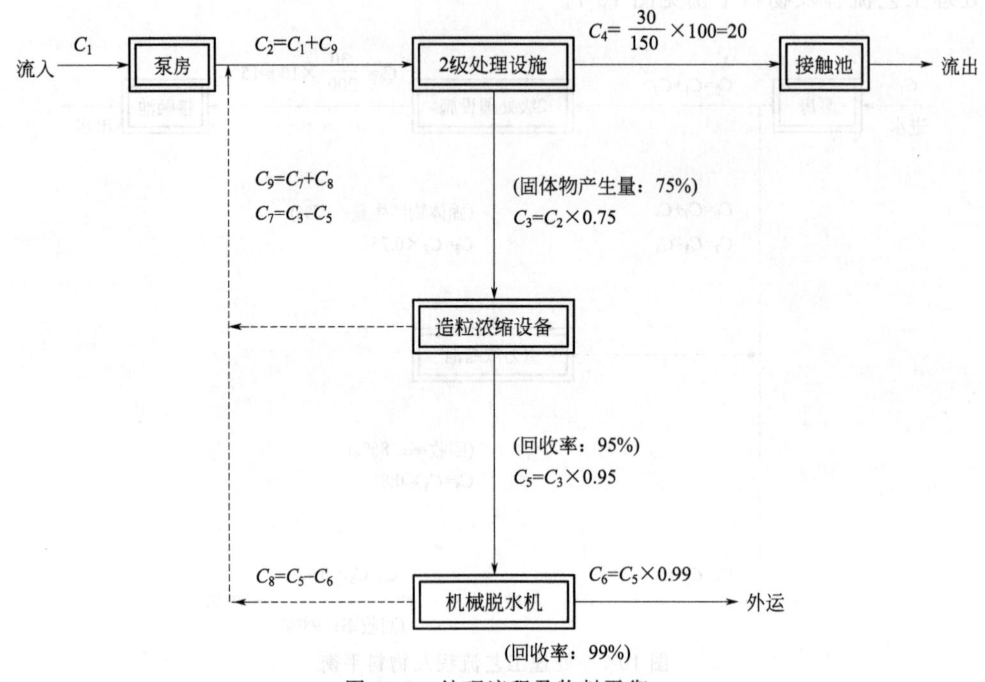

图 10-8 处理流程及物料平衡

(2) 固体物（SS）物料平衡计算

固体物（SS）物料平衡计算如表 10-7 所列。

表 10-7 固体物（SS）物料平衡计算

记号	计算式	计算值			最终值	固体物/(t/d)
		1	2	3		
C_1	(100)	100	100	100	100	1.050
C_2	C_1+C_9	100	104.4	104.6	104.6	1.098
C_3	$C_2\times0.75$	75.0	78.3	78.5	78.5	0.824
C_4	20.0	20.0	20.0	20.0	20.0	0.210
C_5	$C_3\times0.95$	71.3	74.4	74.6	74.6	0.783
C_6	$C_5\times0.99$	70.6	73.7	73.9	73.9	0.776
C_7	C_3-C_5	3.7	3.9	3.9	3.9	0.041
C_8	C_5-C_6	0.7	0.7	0.7	0.7	0.007
C_9	C_7+C_8	4.4	4.6	4.6	4.6	0.048

(3) 水量平衡计算

水量平衡计算如图 10-9 所示。

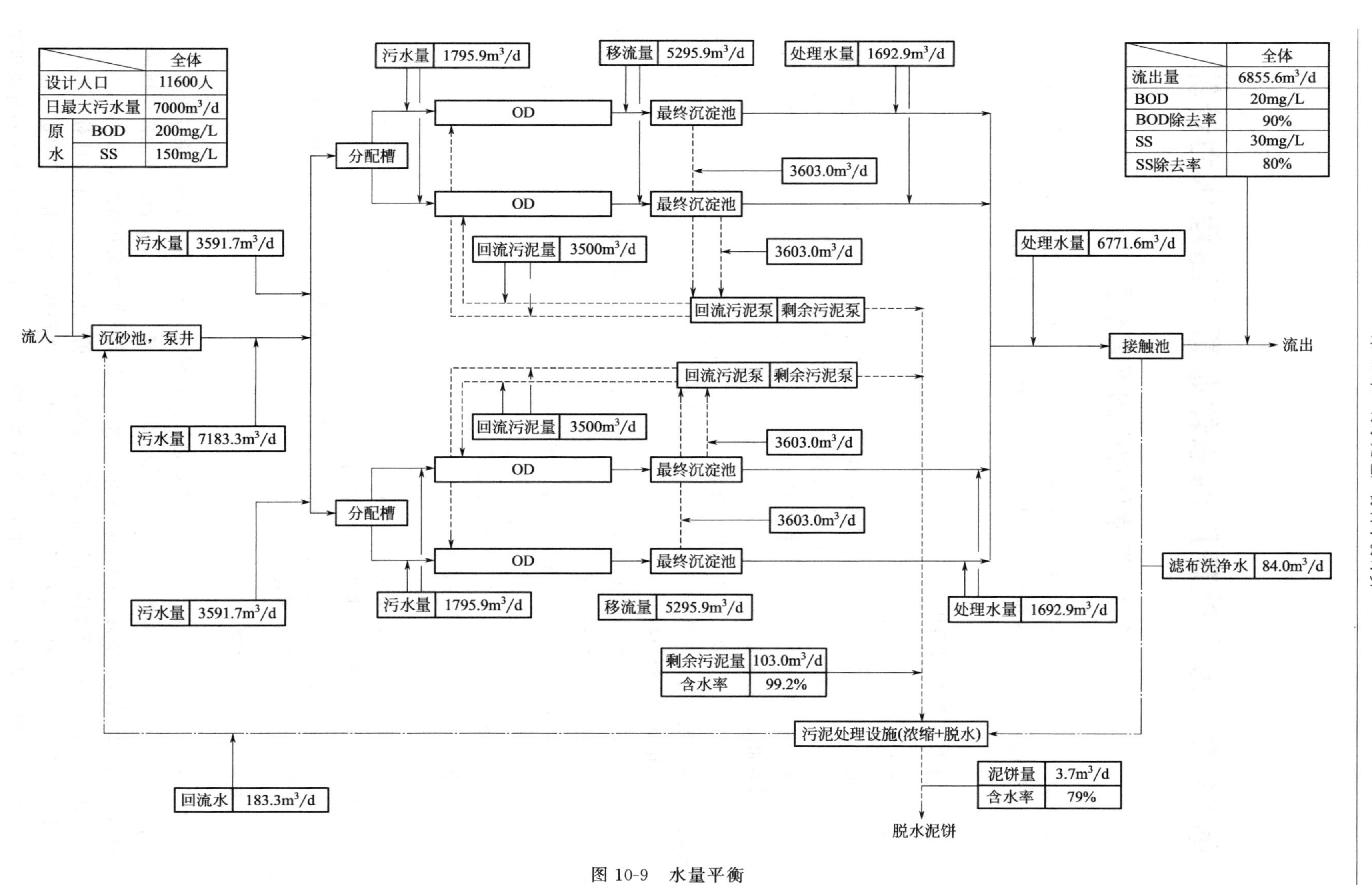

全体
设计人口 11600人
日最大污水量 7000m³/d
原水 BOD 200mg/L
SS 150mg/L
流入
沉砂池，泵井
污水量 3591.7m³/d
污水量 7183.3m³/d
污水量 3591.7m³/d
分配槽
分配槽
污水量 1795.9m³/d
污水量 1795.9m³/d
OD
OD
OD
OD
回流污泥量 3500m³/d
回流污泥量 3500m³/d
移流量 5295.9m³/d
移流量 5295.9m³/d
最终沉淀池
最终沉淀池
最终沉淀池
最终沉淀池
3603.0m³/d
3603.0m³/d
3603.0m³/d
3603.0m³/d
回流污泥泵
剩余污泥泵
回流污泥泵
剩余污泥泵
处理水量 1692.9m³/d
处理水量 1692.9m³/d
处理水量 6771.6m³/d
接触池
流出
全体
流出量 6855.6m³/d
BOD 20mg/L
BOD除去率 90%
SS 30mg/L
SS除去率 80%
滤布洗净水 84.0m³/d
剩余污泥量 103.0m³/d
含水率 99.2%
污泥处理设施(浓缩+脱水)
泥饼量 3.7m³/d
含水率 79%
脱水泥饼
回流水 183.3m³/d

图 10-9　水量平衡

第 11 章 污水处理厂的总体布置与高程水力计算

11.1 污水处理厂的平面布置

在污水处理厂厂区内有各处理单元构筑物，连通各处理构筑物之间的管、渠及其他管线，辅助性建筑物，道路以及绿地等。现就在进行处理厂厂区平面规划、布置时应考虑的一般原则阐述如下。

11.1.1 污水厂平面布置原则

(1) 按功能分区，配置得当

主要是指对生产、辅助生产、生产管理、生活福利等各部分布置，要做到分区明确、配置得当而又不过分独立分散，既有利于生产，又避免非生产人员在生产区通行或逗留，确保安全生产。在有条件时（尤其建新厂时），最好把生产区和生活区分开，但两者之间不必设置围墙。

(2) 功能明确，布置紧凑

首先应保证生产的需要，结合地形、地质、土方、结构和施工等因素全面考虑。布置时力求减少占地面积，减少连接管（渠）的长度，便于操作管理。

(3) 顺流排列，流程简捷

指处理构（建）筑物尽量按流程方向布置，避免与进（出）水方向相反安排；各构筑物之间的连接管（渠）应以最短路线布置，尽量避免不必要的转弯和用水泵提升，严禁将管线埋在构（建）筑物下面。目的在于减少能量（水头）损失、节省管材、便于施工和检修。

(4) 充分利用地形，平衡土方，降低工程费用

某些构筑物放在较高处，便于减少土方，便于放空、排泥，可减少工程量，而另一些构筑物放在较低处，可使水按流程按重力顺畅输送。

(5) 预留余地

必要时应预留适当余地，考虑扩建和施工可能（尤其是对大中型污水处理厂而言）。

(6) 构（建）筑物布置应注意风向和朝向

将排放异味、有害气体的构（建）筑物布置在居住与办公场所的下风向；为保证良好的自然通风条件，建筑物布置应考虑主导风向。

11.1.2 污水厂的平面布置

污水厂的平面布置是在工艺设计计算之后进行的，根据工艺流程、单体功能要求及单体平面图形进行，污水厂总平面图上应有风向玫瑰图、构（建）筑物一览表、占地面积指标表及必要的说明，比例尺一般为 1∶(200～500)，图上应有坐标轴线或方格控制网。

1) 对处理构筑物和建筑物进行组合安排（可按比例剪成硬纸块） 布置时对其平面位置、方位、操作条件、走向、面积等通盘考虑；安排时应对高程、管线和道路等进行协调。

为了便于管理和节省用地、避免平面上的分散和零乱，往往可以考虑把几个构筑物和建

筑物在平面、高程上组合起来，进行组合布置。构筑物的组合原则如下。

① 对工艺过程有利或无害，同时从结构、施工角度看也是允许的，可以组合，如曝气池与沉淀池的组合、反应池与沉淀池的组合、调节池与浓缩池的组合。

② 从生产上看，关系密切的构筑物可以组合成一座构筑物，如调节池和泵房、变配电室与鼓风机房、投药间与药剂仓库等。

③ 为了集中管理和控制，有时对小型污水厂还可以进一步扩大组合范围。

构筑物间的净距离，按它们中间的道路宽度和铺设管线所需要的宽度，或者按其他特殊要求来定，一般为5～20m。

布置管线时，管线之间及其他构（建）筑物之间，应留出适当的距离，给水管或排水管距构（建）筑物不小于3m；给水管和排水管的水平距离，当$d\leqslant 200$mm时，不应小应于1.5m，当$d>200$mm时不应小于3m。管道离构（建）筑物最小距离如表11-1所列。

表11-1　管道离构（建）筑物最小距离　　单位：m

项目	构(建)筑物	围墙和篱栅	公路边缘	高压电线杆支座	照明电讯杆柱	上水干管(>300m)	污水管	雨水管
上水干管(>300mm)	3～5	2.5	1.5～2	2	3	2～3	2～3	2～3
污水管	3	1.5	1.5～2	3	1.5	2～3	1.5	1.5
雨水管	3	1.5	1.5～2	3	1.5	2～3	1.5	0.8

2）生产辅助建筑物的布置　应尽量考虑组合布置，如机修间与材料库的组合，控制室、值班室、化验室、办公室的组合等。

3）预留面积的考虑　必要时预留生产设施的扩建用地。

4）生活附属建筑物的布置　宜尽量与处理构筑物分开单独设置，可能时应尽量放在厂前区。应避免处理构（建）筑物与附属生活设施的风向干扰。

5）道路、围墙及绿化带的布置　通向一般构（建）筑物应设置人行道，宽度1.5～2.0m；通向仓库、检修间等应设车行道，其路面宽为3～4m，转弯半径为6m，厂区主要车行道宽5～6m；车行道边缘至房屋或构筑物外墙面的最小距离为1.5m。道路纵坡一般为1%～2%，不大于3%。

污水厂布置除应保证生产安全和整洁卫生外，还应注意美观、充分绿化，在构（建）筑物处理上，应因地制宜，与周围情况相称；在色调上做到活泼、明朗和清洁。应合理规划花坛、草坪、林荫等，使厂区景色园林化，但曝气池、沉淀池等露天水池周围不宜种植乔木，以免落叶入池。

6）污泥区的布置　由于污泥的处理和处置一般与污水处理相互独立，且污泥处理过程卫生条件比污水处理差，一般将污泥处理放在厂区后部；若污泥处理过程中产生沼气，则应按消防要求设置防火间距。由于污泥来自污水处理部分，而污泥处理脱出的水分又要送到调节池或初沉池中，必要时，可考虑某些污泥处理设施与污水处理设施的组合。

7）管(渠)的平面布置　在各处理构筑物之间应有连通管(渠)，还应有使各处理构筑物独立运行的管(渠)。当某一处理构筑物因故停止工作时，应使其后接处理构筑物仍能够保持正常的运行。污水厂应设超越全部或部分处理构筑物的、直接排放至水体的超越管。此外，还应设有给水管、空气管、消化气管、蒸汽管及输配电线路等，这些管线有的敷设在地下，但大部分在地上，对它们的安排，既要便于施工和维护管理，也要紧凑，少占用地。

A市污水处理厂总平面图如图11-1所示，B市第一污水处理厂总平面图如图11-2所示。

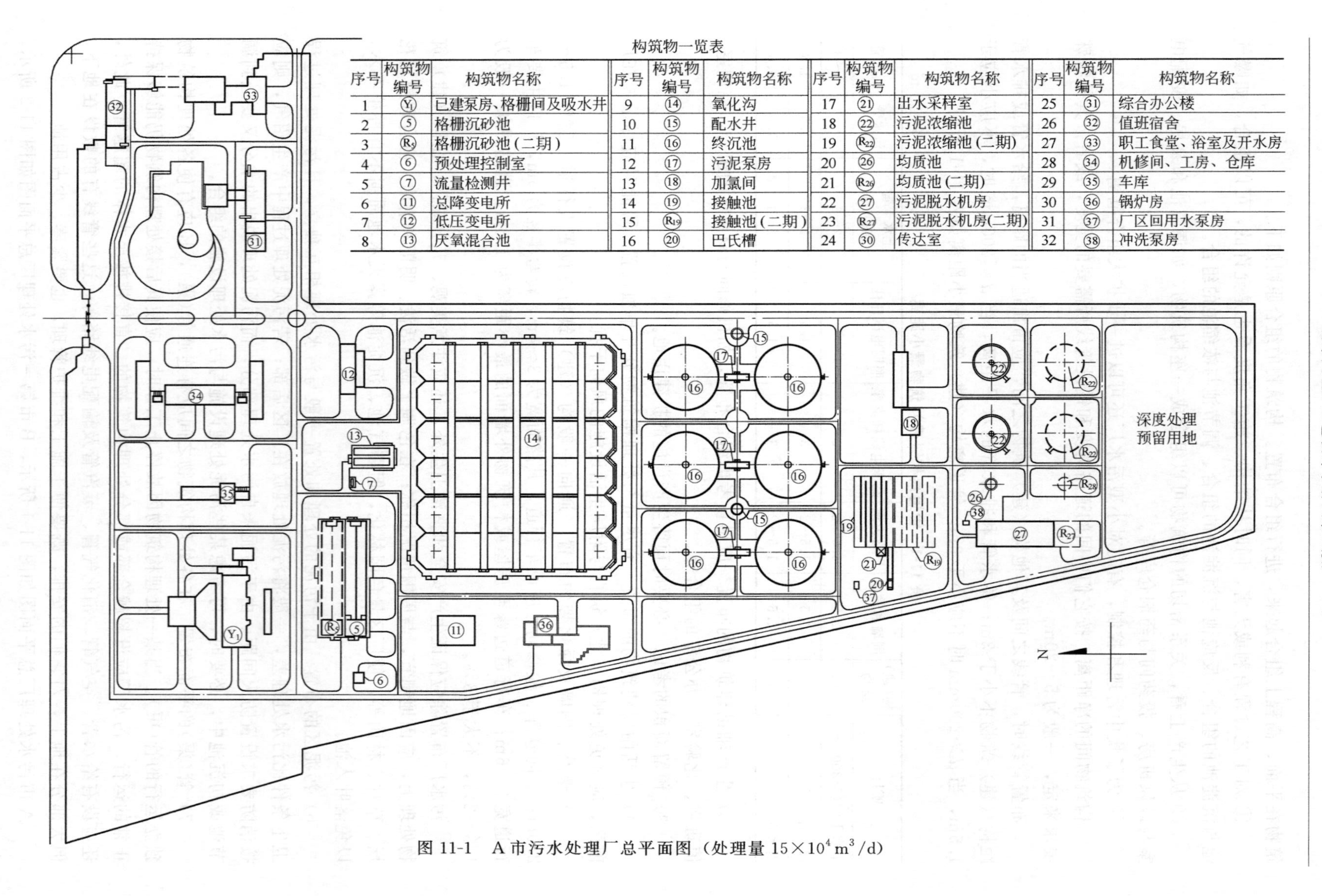

构筑物一览表

序号	构筑物编号	构筑物名称	序号	构筑物编号	构筑物名称	序号	构筑物编号	构筑物名称	序号	构筑物编号	构筑物名称
1	Y_1	已建泵房、格栅间及吸水井	9	⑭	氧化沟	17	㉑	出水采样室	25	㉛	综合办公楼
2	⑤	格栅沉砂池	10	⑮	配水井	18	㉒	污泥浓缩池	26	㉜	值班宿舍
3	R_5	格栅沉砂池（二期）	11	⑯	终沉池	19	R_{22}	污泥浓缩池（二期）	27	㉝	职工食堂、浴室及开水房
4	⑥	预处理控制室	12	⑰	污泥泵房	20	㉖	均质池	28	㉞	机修间、工房、仓库
5	⑦	流量检测井	13	⑱	加氯间	21	R_{26}	均质池（二期）	29	㉟	车库
6	⑪	总降变电所	14	⑲	接触池	22	㉗	污泥脱水机房	30	㊱	锅炉房
7	⑫	低压变电所	15	R_{19}	接触池（二期）	23	R_{27}	污泥脱水机房（二期）	31	㊲	厂区回用水泵房
8	⑬	厌氧混合池	16	⑳	巴氏槽	24	㉚	传达室	32	㊳	冲洗泵房

图 11-1　A 市污水处理厂总平面图（处理量 $15\times10^4\,m^3/d$）

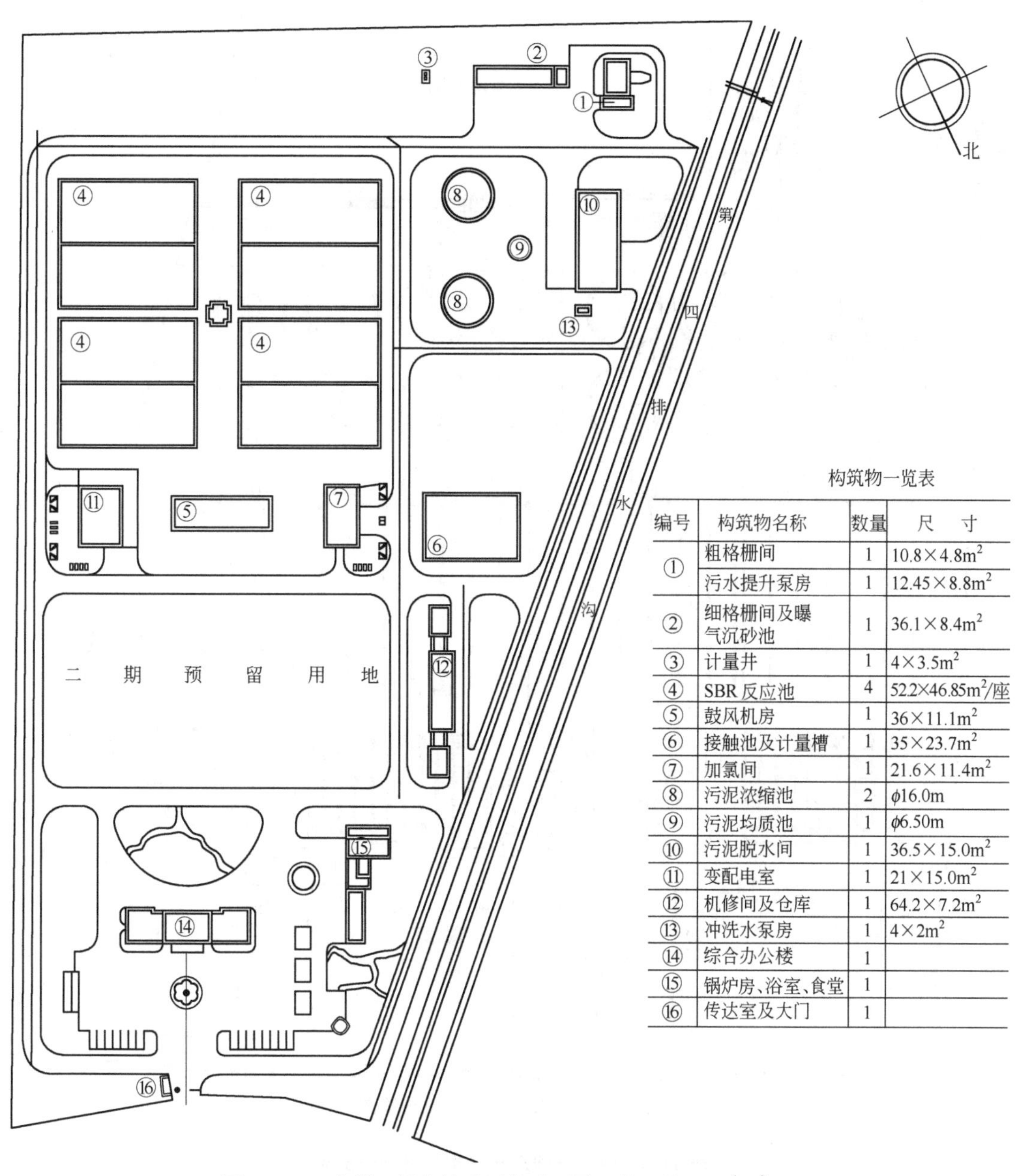

构筑物一览表

编号	构筑物名称	数量	尺　寸
①	粗格栅间	1	10.8×4.8m²
	污水提升泵房	1	12.45×8.8m²
②	细格栅间及曝气沉砂池	1	36.1×8.4m²
③	计量井	1	4×3.5m²
④	SBR 反应池	4	52.2×46.85m²/座
⑤	鼓风机房	1	36×11.1m²
⑥	接触池及计量槽	1	35×23.7m²
⑦	加氯间	1	21.6×11.4m²
⑧	污泥浓缩池	2	φ16.0m
⑨	污泥均质池	1	φ6.50m
⑩	污泥脱水间	1	36.5×15.0m²
⑪	变配电室	1	21×15.0m²
⑫	机修间及仓库	1	64.2×7.2m²
⑬	冲洗水泵房	1	4×2m²
⑭	综合办公楼	1	
⑮	锅炉房、浴室、食堂	1	
⑯	传达室及大门	1	

图 11-2　B 市第一污水处理厂总平面图（处理量 $10\times^{4}m^{3}/d$）

西北地区 C 市某城镇污水处理厂总设计规模 $4.0\times10^{5}m^{3}/d$，近、远期各 $2.0\times10^{5}m^{3}/d$，总占地面积为 400.659 亩（合 $26.71hm^{2}$）。污水处理采用“预处理＋A^{2}/O 生物池＋二沉池沉淀外消毒”工艺，出水执行《城镇污水处理厂污染物排放标准》（GB 18918—2002）一级 B 标准；污泥采用“重力浓缩＋中温厌氧消化＋离心脱水”工艺。厂区东北角预留再生水处理用地。该污水处理厂平面布置如图 11-3 所示，图中建（构）筑物一览表见表 11-2。

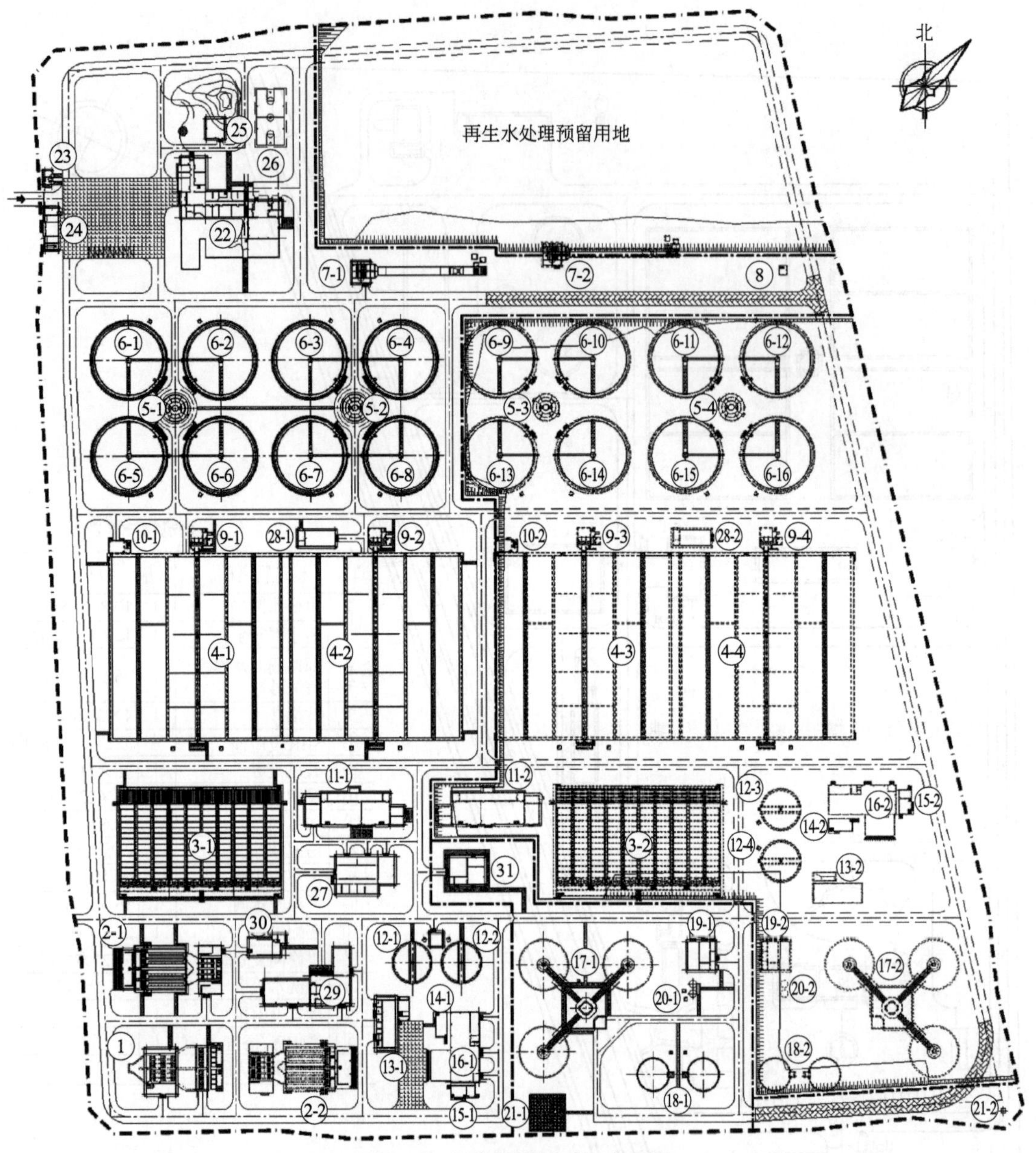

图 11-3 污水处理厂平面布置图

表 11-2 污水处理厂建（构）筑物一览表

序号	建(构)筑物名称	序号	建(构)筑物名称
①	粗格栅间、进水泵房	④	④-3～4 远期 A^2/O 生物池
②	②-1 近期砂水分离间、曝气沉砂池及细格栅间	⑤	⑤-1～2 近期二沉池配水井
			⑤-3～4 近期二沉池配水井
	②-2 远期砂水分离间、曝气沉砂池及细格栅间	⑥	⑥-1～8 近期二沉池
③	③-1 近期平流式初沉池		⑥-9～16 远期二沉池
	③-2 远期平流式初沉池	⑦	⑦-1 近期紫外线消毒车间及巴氏计量槽
④	④-1～2 近期 A^2/O 生物池		⑦-2 远期紫外线消毒车间及巴氏计量槽

续表

序号	建(构)筑物名称	序号	建(构)筑物名称
⑧	总出水井	⑱	⑱-1 近期沼气柜
⑨	⑨-1～2 近期回流及剩余污泥泵房		⑱-2 远期沼气柜
	⑨-3～4 远期回流及剩余污泥泵房	⑲	⑲-1 近期湿式脱硫间
⑩	⑩-1 近期水区化学除磷加药间		⑲-2 远期湿式脱硫间
	⑩-2 远期水区化学除磷加药间	⑳	⑳-1 近期干式脱硫系统
⑪	⑪-1 近期鼓风机房		⑳-2 远期干式脱硫系统
	⑪-2 远期鼓风机房	㉑	㉑-1 近期废气燃烧装置
⑫	⑫-1～2 近期污泥浓缩池		㉑-2 远期废气燃烧装置
	⑫-3～4 远期污泥浓缩池	㉒	综合办公楼
⑬	⑬-1 近期泥区化学处理间及污泥调节池	㉓	传达室
	⑬-2 远期泥区化学处理间及污泥调节池	㉔	车库
⑭	⑭-1 近期贮泥池Ⅰ	㉕	热泵机房
	⑭-2 远期贮泥池Ⅰ	㉖	篮球场
⑮	⑮-1 近期贮泥池Ⅱ	㉗	总变电室
	⑮-2 远期贮泥池Ⅱ	㉘	㉘-1 近期分变电室
⑯	⑯-1 近期污泥脱水机房及贮运间		㉘-2 远期分变电室
	⑯-2 远期污泥脱水机房及贮运间	㉙	机修间及仓库
⑰	⑰-1 近期消化池及控制塔	㉚	花房
	⑰-2 近期消化池及控制塔	㉛	锅炉房

11.2　污水厂的高程布置

高程布置的内容主要包括各处理构（建）筑物的标高（如池顶、池底、水面等）、处理构筑物之间连接管渠的尺寸及其标高，高程布置的目的是使污水能够沿流程在处理构筑物之间通畅地流动，保证污水处理厂的正常运行。高程图上的垂直和水平方向的比例尺一般不相同，一般垂直的比例大（取 1∶100），而水平的比例小些（1∶500）。

11.2.1　污水厂高程布置原则

① 污水厂高程布置时，所依据的主要技术参数是构筑物高度和水头损失。在处理流程中，相邻构筑物的相对高差取决于两个构筑物之间的水面高差，这个水面高差的数值就是流程中的水头损失；它主要由三部分组成，即构筑物本身的、连接管（渠）的及计量设备的水头损失等。因此进行高程布置时应首先计算这些水头损失，而且计算所得的数值应考虑一些安全因素，以便留有余地。

初步设计时，可按表 11-3 所列数据估算。污水流经处理构筑物的水头损失，主要产生在进口、出口和需要的跌水处，而流经处理构筑物本身的水头损失则较小。

② 考虑远期发展，考虑水量增加的预留水头。

③ 避免处理构筑物之间跌水等浪费水头的现象，充分利用地形高差，实现自流。

表 11-3 污水流经各处理构筑物的水头损失

构筑物名称	水头损失/m	构筑物名称	水头损失/m
格栅	0.1～0.25	污水潜流入池	0.25～0.5
沉砂池	0.1～0.25	污水跌水入池	0.5～1.5
沉淀池		生物滤池(工作高度为 2m 时)	
平流式	0.2～0.4	装有旋转式布水器	2.7～2.8
竖流式	0.4～0.5	装有固定喷洒布水器	4.5～4.75
辐流式	0.5～0.6	混合池或接触池	0.1～0.3
双层沉淀池	0.1～0.2	污泥干化场	2～3.5
曝气池			

④ 在计算并留有余量的前提下，力求缩小全程水头损失及提升泵站的流程，以降低运行费用。

⑤ 需要排放的处理水，常年大多数时间里能够自流排放。注意排放水位一定不选取每年最高水位，因为其出现时间较短，易造成常年水头浪费，而应选取经常出现的高水位作为排放水位。

⑥ 应尽可能使污水处理工程的出水管渠高程不受洪水顶托，并能自流。

⑦ 构筑物连接管（渠）的水头损失，包括沿程与局部水头损失，可按下列公式计算确定：

$$h(\mathrm{m})=h_1+h_2=\sum iL+\sum \xi \frac{v^2}{2g} \tag{11-1}$$

式中 h_1——沿程水头损失，m；

h_2——局部水头损失，m；

i——单位管长的水头损失（水力坡度），根据流量、管径和流速等查阅《给水排水设计手册》获得；

L——连接管段长度，m；

ξ——局部阻力系数，查阅《给水排水设计手册》获得；

g——重力加速度，9.81m/s^2；

v——连接管中流速，m/s。

连接管中流速一般取 0.7～1.5m/s；进入沉淀池时流速可以低些；进入曝气池或反应池时，流速可以高些。流速太低时，会使管径过大，相应管件及附属构筑物规格亦增大；流速太高时，则要求管（渠）坡度较大，水头损失增大，会增加填、挖土方量等。在确定连接管（渠）时，可考虑留有水量发展的余地。

⑧ 计量设施的水头损失。污水处理厂中计量槽、薄壁计量堰、流量计的水头损失应通过计量设施有关计算公式、图表或者设备说明书来确定。一般污水厂进、出水管上计量仪表的水头损失可按 0.2m 计算。

11.2.2 高程布置时的注意事项

在对污水处理厂污水处理流程的高程布置时应考虑下列事项。

① 选择一条距离最长、水头损失最大的流程进行水力计算，并应适当留有余地，以保

证在任何情况下处理系统能够正常运行。

② 污水尽量经一次提升就应能靠重力通过处理构筑物，而中间不应再经加压提升。

③ 计算水头损失时，一般应以近期最大流量作为处理构筑物和管（渠）的设计流量。

④ 污水处理后应能自流排入下水道或者水体，包括洪水季节（一般按二十五年一遇防洪标准考虑）。

⑤ 高程的布置既要考虑某些处理构筑物（如沉淀池、调节池、沉砂池等）的排空，但构筑物的挖土深度又不宜过大，以免土建投资过大和增加施工的难度。

⑥ 高程布置时应注意污水流程和污泥流程的结合，尽量减少需提升的污泥量。污泥浓缩池、消化池等构筑物高程的确定，应注意其污泥能排入污水井或者其他构筑物的可能性。

⑦ 进行构筑物高程布置时，应与厂区的地形、地质条件相联系。当地形有自然坡度时，有利于高程布置；当地形平坦时，既要避免二沉池埋入地下过深，又应避免沉砂池在地面上架得很高，这样会导致构筑物造价的增加，尤其是地质条件较差、地下水位较高时。

11.3　污水厂高程流程中水力计算

为了使污水和污泥能在各处理构筑物之间通畅流动，以保证处理厂正常运行，必须进行高程布置，以确保各处理构筑物、泵房以及各连接管渠的高程；同时计算确定各部分水面标高。

污水厂高程水力计算时，应选择一条距离最长、水头损失最大的流程，并按最大设计流量计算。水力计算常以接受处理后污水水体的最高水位作为起点，逆污水流程向上倒推计算，以使处理后的污水在洪水季节也能自流排出，而水泵需要的扬程则较小，运行费用也较低。但同时应考虑土方平衡，并考虑有利于排水。

污水厂污水的水头损失主要包括：水流经过各处理构筑物的水头损失；水流经过连接前后两构筑物的管渠的水头损失，包括沿程损失与局部损失；水流经过量水设备的损失。

11.3.1　污水高程水力计算

11.3.1.1　各处理构筑物的水头损失计算

（1）格栅水头损失计算

$$h_f = kh_0 \tag{11-2}$$

$$h_0 = \xi \frac{v^2}{2g}\sin\alpha \tag{11-3}$$

式中　h_f——过栅水头损失，m；

h_0——计算水头损失，m；

g——重力加速度，9.81m/s^2；

k——系数，格栅受污染物堵塞后，水头损失增大的倍数，一般 $k=3$；

ξ——阻力系数，与栅条断面形状有关，$\xi=\beta(s/e)^{4/3}$（当为矩形断面时 $\beta=2.42$；s 为格条宽度，mm；e 为栅条净间隙，粗格栅 $e=50\sim100$mm，中格栅 $e=10\sim40$mm，细格栅 $e=3\sim10$mm）；

v——过栅流速，m/s，最大设计流量时为 0.8～1.0m/s，平均设计流量时为 0.3m/s；

α——格栅的安装角度。

（2）集水槽水头损失计算

集水槽系平底，且为均匀集水、自由跌落水流，故按下列公式计算：

$$B=0.9Q^{0.4} \tag{11-4}$$

$$h_0=1.25B \tag{11-5}$$

式中　Q——集水槽设计流量，为确保安全常对设计流量乘以1.2～1.5的安全系数，m^3/s；

B——集水槽宽，m；

h_0——集水槽起端水深，m。

集水槽水头损失为：

$$h_f=h_1+h_2+h_0 \tag{11-6}$$

式中　h_f——集水槽水头损失，m；

h_1——堰上水头，m；

h_2——自由跌落水头，m；

h_0——集水槽起端水深，m。

集水槽水头损失计算如图11-4所示。

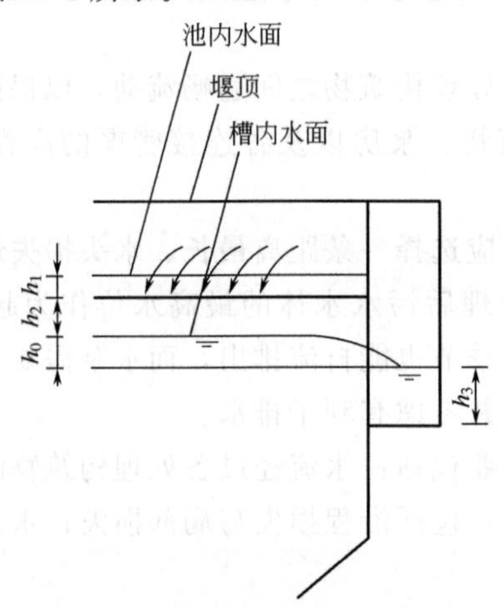

图11-4　集水槽水头损失计算

h_1—堰上水头；h_2—自由跌落水头；h_0—集水槽起端水深；h_3—总渠起端水深

（3）堰流损失计算

堰是一种流量计量工具，在污水处理工程中常采用的堰有薄壁三角堰、矩形堰及可调节堰。在水处理构筑物中，出流堰还具有控制出水流量和出水水质稳定的作用。堰的使用和计算因用途、堰上水深不同而不同。

1）三角堰　堰的缺口为三角形的称为三角堰，图11-5为三角堰，当$\theta=90°$时，称为直角三角薄壁堰。污水厂通常采用自由出流的非淹没薄壁堰，其流量公式为如下。

当$h=0.021～0.200$m时：

$$Q(m^3/s)=1.4h^{5/2} \tag{11-7}$$

当$h=0.301～0.350$m时：

$$Q(m^3/s)=1.343h^{2.47} \tag{11-8}$$

当$h=0.201～0.300$m时：

$$Q(m^3/s)=\frac{1}{2}(1.4h^{2.5}+1.343h^{2.47}) \tag{11-9}$$

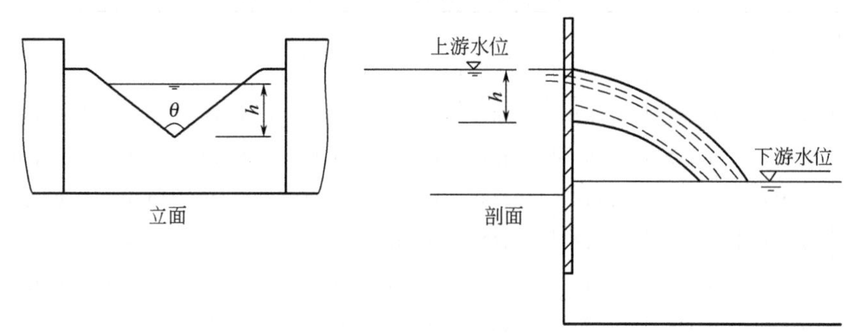

图 11-5　薄壁三角堰

式中　h——堰上水头，m；

Q——过堰流量，m^3/s。

2）矩形堰

① 不淹没式矩形堰（即当堰后水深 H_0 小于堰壁高度 P 时）如图 11-6 所示。

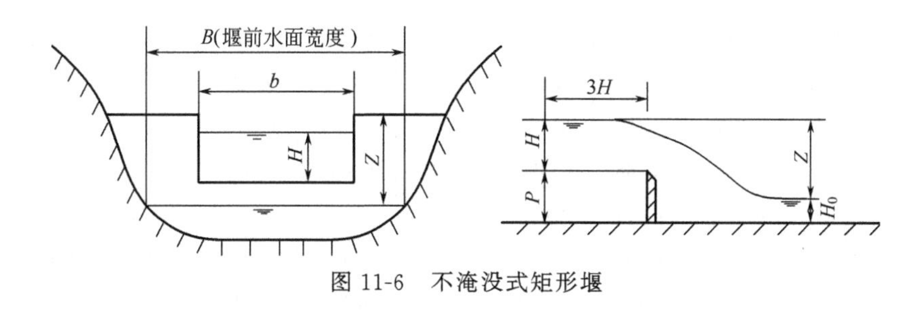

图 11-6　不淹没式矩形堰

堰宽 b 与堰前水面宽度 B 相等，则称无侧面收缩；若 $b<B$，则称为有侧面收缩。通过堰口的流量为：

$$Q(m^3/s)=mb\sqrt{2g}H^{3/2} \tag{11-10}$$

式中　b——堰宽，m；

H——堰上水头，m；

g——重力加速度，$9.81m/s^2$；

m——流量系数。

m 可按下列三种情况计算。

a. 当无侧面收缩，且来水流速小得可忽略不计时：

$$m=0.405+\frac{0.0027}{H} \tag{11-11}$$

式中　H——堰上水头，m。

b. 当无侧面收缩，但有显著的来水流速时：

$$m=\left(0.405+\frac{0.0027}{H}\right)\left[1+0.55\frac{H^2}{(H+P)^2}\right] \tag{11-12}$$

式中　P——堰壁高度，m。

根据式(11-12) 算得的流量系数 m 值做成表 11-4。

表 11-4　无侧面收缩不淹没式矩形堰的流量系数 m 值

堰上水头 H/m \ 堰高/m	0.2	0.3	0.4	0.5	0.6	0.8	1.0	1.5	2.0	∞
0.05	0.469	0.464	0.462	0.461	0.461	0.460	0.460	0.459	0.459	0.459
0.06	0.463	0.457	0.454	0.453	0.452	0.451	0.451	0.450	0.450	0.450
0.08	0.458	0.449	0.446	0.443	0.442	0.441	0.440	0.439	0.439	0.439
0.10	0.458	0.447	0.442	0.439	0.437	0.435	0.434	0.433	0.433	0.432
0.12	0.461	0.447	0.440	0.436	0.434	0.432	0.430	0.429	0.428	0.428
0.14	0.464	0.448	0.440	0.436	0.433	0.430	0.428	0.426	0.425	0.424
0.16	0.468	0.450	0.441	0.436	0.432	0.428	0.426	0.424	0.423	0.422
0.18	0.472	0.453	0.442	0.436	0.432	0.428	0.425	0.423	0.422	0.420
0.20	0.476	0.455	0.444	0.437	0.433	0.428	0.425	0.422	0.420	0.419
0.22	0.480	0.459	0.446	0.439	0.434	0.428	0.425	0.421	0.420	0.417
0.24	0.484	0.462	0.443	0.440	0.435	0.428	0.425	0.421	0.419	0.416
0.26	0.488	0.467	0.451	0.442	0.436	0.429	0.425	0.420	0.418	0.415
0.28	0.492	0.468	0.453	0.444	0.438	0.430	0.426	0.420	0.418	0.415
0.30	0.496	0.471	0.456	0.446	0.439	0.431	0.426	0.420	0.418	0.414
0.35		0.479	0.462	0.451	0.444	0.434	0.428	0.421	0.418	0.413
0.40		0.486	0.468	0.457	0.448	0.437	0.430	0.422	0.418	0.412
0.45		0.492	0.474	0.462	0.452	0.440	0.433	0.423	0.419	0.411
0.50		0.499	0.480	0.467	0.457	0.444	0.436	0.425	0.419	0.410
0.60			0.491	0.472	0.466	0.451	0.441	0.428	0.421	0.410
0.70			0.500	0.485	0.474	0.458	0.447	0.432	0.421	0.409

c. 当有侧面收缩时：

$$m=\left[0.405+\frac{0.0027}{H}-0.03\frac{(B-b)}{B}\right]\times\left[1+0.55\left(\frac{b}{B}\right)^2\frac{H^2}{(H+P)^2}\right] \tag{11-13}$$

式中　b——堰宽，m；

B——堰前水面宽度，m；

其余符号意义同前。

② 淹没式矩形堰，如图 11-7 所示。

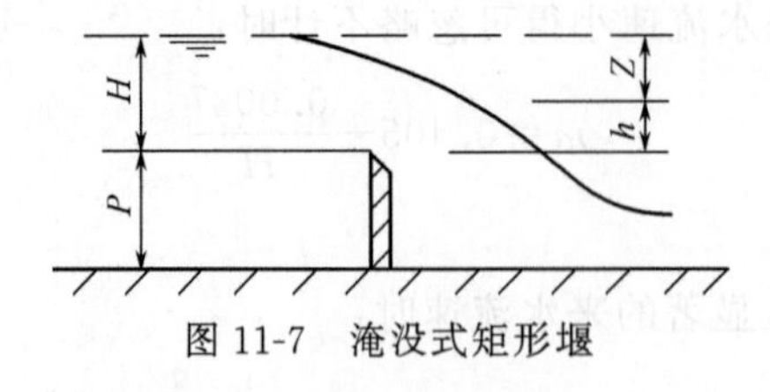

图 11-7　淹没式矩形堰

同时满足下列两条件即为淹没堰：

落差小于堰上水头，即 $Z<H$；

相对落差小于其临界值，即 $Z/P<(Z/P)_e$。

相对落差的临界值 $(Z/P)_e$ 取决于相对水头 H/P 值，见表 11-5。

表 11-5　$(Z/P)_e$ 与 H/P 的关系

H/P	0.00	0.25	0.5	0.75	1.00	1.25	1.50	1.75	2.00	2.25	2.50	2.75	3.00
$(Z/P)_e$	1.00	0.80	0.72	0.68	0.66	0.66	0.67	0.69	0.70	0.73	0.76	0.80	0.85

通过堰口的流量为：

$$Q(\mathrm{m^3/s})=m\delta b\sqrt{2g}H^{3/2} \tag{11-14}$$

$$\delta=1.05\left(1+0.2\frac{h}{P}\right)\sqrt[3]{\frac{Z}{P}} \tag{11-15}$$

式中　δ——淹没系数；

Z——落差（堰前后的水头差），m；

P——堰壁高度，m；

m、b、g——见式(11-10)；

H、h——见图 11-7。

3）可调节堰

$$Q(\mathrm{m^3/s})=C\times\sqrt{2g}\times b\times H^{3/2} \tag{11-16}$$

式中　Q——过堰流量，$\mathrm{m^3/s}$；

b——堰长，m；

H——堰上水头，m；

C——自由出流流量系数。

自由出流流量系数 C 可按下列不同情况分别取值。

当调节堰位于低位时（见图 11-8）：$C\times\sqrt{2g}=1.69$；

当调节堰位于高位时（见图 11-9）：$C\times\sqrt{2g}=2.00$；

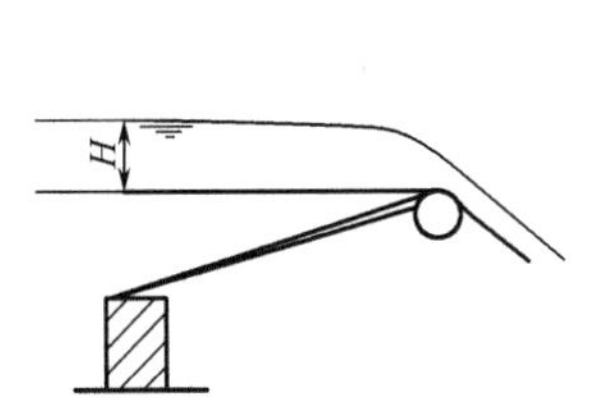

图 11-8　调节堰位于低位

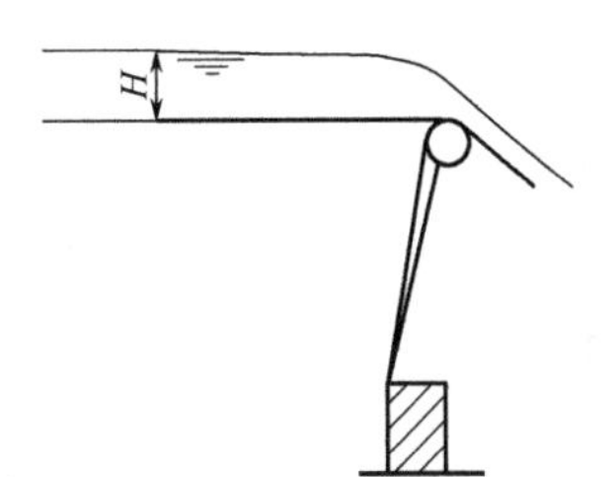

图 11-9　调节堰位于高位

当调节堰转到“相反”方向，位于低位时（见图 11-10）：$C\times\sqrt{2g}=1.55$；

当调节堰转到“相反”方向，位于高位时（见图 11-11）：$C\times\sqrt{2g}=1.77$。

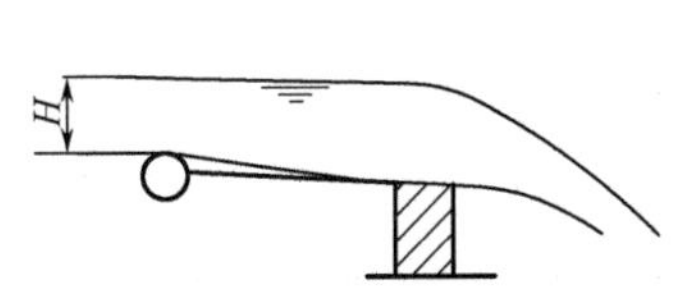

图 11-10　调节堰转到相反方向（低位）

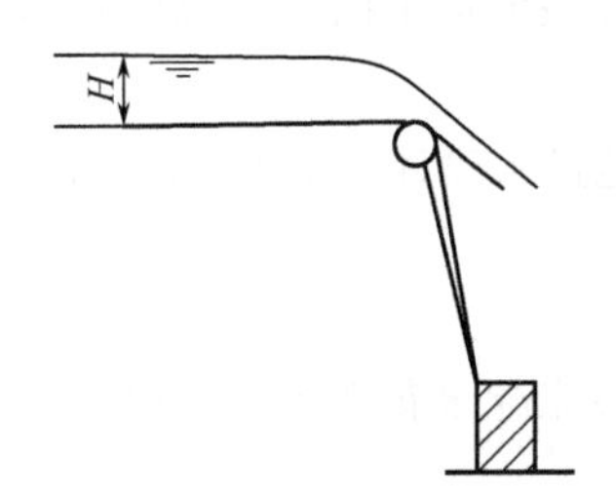

图 11-11　调节堰转到相反方向（高位）

（4）处理构筑物中集水、配水渠道的水头损失计算

在污水处理工程中，为配合各处理构筑物的正常运行，需要修建一些集水、配水渠道以及集水、配水设备，它们的水头损失主要为局部水头损失。这些设施的种类有多种，但损失主要包括堰流损失、进口损失及出口损失。

1）堰流损失

$$h_f = H + h \tag{11-17}$$

式中 h_f——堰流局部水头损失，m；

H——堰前水头，m；

h——跌落水头，m。

2）进口损失

$$h_f = \xi \frac{v^2}{2g} \tag{11-18}$$

式中 h_f——局部水头损失，m；

ξ——局部阻力系数；

v——水流流速，m/s；

g——重力加速度，9.81m/s^2。

对于不同的连接方式，局部阻力系数也不尽相同，如图 11-12 所示。

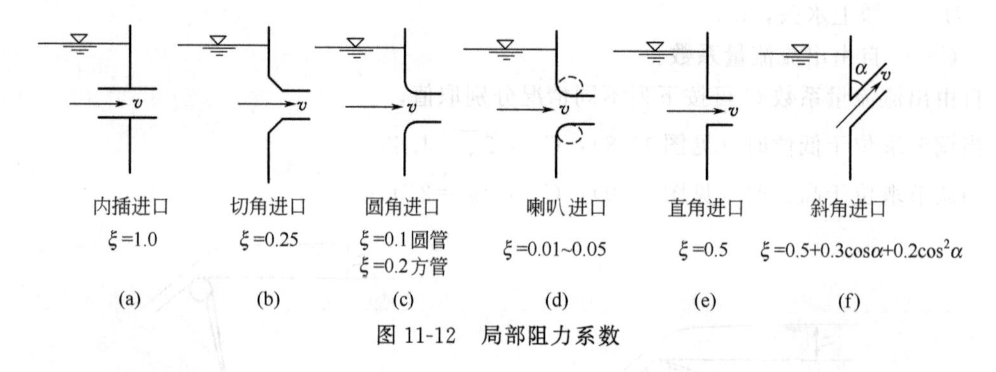

图 11-12 局部阻力系数

3）出口损失

$$h_f = \frac{v^2}{2g} \tag{11-19}$$

式中 符号意义同前。

（5）沉淀池整流配水花墙水头损失计算

沉淀池是污水处理厂主要构筑物之一，通常在沉淀池入口设置多孔整流墙，使污水均匀分布，有孔整流墙上的开孔总面积为池横断面积的 6%～20%，污水流经整流配水花墙会产生水头损失。

沉淀池进水设计流量为 Q，沉淀池横断面为 ω，有孔整流墙的开孔率为 a，则孔内流速为：

$$v = \frac{Q}{\omega a} \tag{11-20}$$

那么整流配水花墙水头损失为：

$$h_f = mn\xi \times \frac{v^2}{2g} \tag{11-21}$$

式中　h_f——局部水头损失，m；

m——孔口收缩值，在 2.52～2.44 间取值；

n——孔的个数；

ξ——局部阻力系数；

v——孔内流速，m/s；

g——重力加速度，9.81m/s^2。

(6) 消毒池水头损失计算

消毒池内水头损失包括沿程水头损失及弯管水头损失，其计算水头公式可采用：

$$h_f = n\xi \frac{v_0^2}{2g} + \frac{v_n^2}{C^2 R_n} L_n \tag{11-22}$$

式中　h_f——总水头损失，m；

ξ——隔板转弯处的局部阻力系数，往复式隔板取 3，回转式隔板取 1（与转弯角度有关）；

n——水流转弯次数；

L_n——该段廊道总长度，m；

C——谢才系数，其计算见式(11-24)；

R_n——该廊道过水断面水力半径，m；

v_n——廊道中水流流速，m/s；

v_0——转弯处水流流速，m/s。

11.3.1.2　连接管渠水头损失计算

在污水处理工程中，为简化计算，一般认为水流为均匀流。管渠水头损失主要有沿程水头损失和局部水头损失。

(1) 沿程水头损失计算

$$h_f = \frac{v^2}{C^2 R} \times L \tag{11-23}$$

式中　h_f——沿程水头损失，m；

L——管段长，m；

R——水力半径，m；

v——管内流速，m/s；

C——谢才系数。

C 值一般按曼宁公式来计算：

$$C = \left(\frac{1}{n}\right) R^{1/6} \tag{11-24}$$

式中　n——管壁粗糙系数，该值根据管渠材料而定，见表 11-6。

表 11-6　连接管渠管壁粗糙系数

管渠种类	n 值	管渠种类	n 值
陶土管、铸铁管	0.013	浆砌砖渠道	0.015
混凝土和钢筋混凝土管水泥砂浆抹面渠道	0.013～0.014	浆砌块石渠道	0.017
塑料管		干砌块石渠道	0.020～0.025
石棉水泥管、钢管	0.012	土明渠(带或不带草皮)	0.020～0.030

对于不同材质的绝对粗糙系数 k，谢才系数 C 亦可按下式计算。

$$C(\mathrm{m}^{1/3}/\mathrm{s})=\frac{25.4}{k^{1/6}} \tag{11-25}$$

常用材料计算结果如表 11-7 所列。

表 11-7　连接管渠谢才系数 C 值

管渠种类	绝对粗糙系数 k/m	谢才系数 $C/(\mathrm{m}^{1/3}/\mathrm{s})$	管渠种类	绝对粗糙系数 k/m	谢才系数 $C/(\mathrm{m}^{1/3}/\mathrm{s})$
混凝土渠道	0.0025	70	离心法铸造的混凝土管道	0.0005	90
普通混凝土管道	0.0015	75	镀锌钢管	0.00035	95
表面光滑混凝土管道	0.0010	80	PVC 管道	0.00025	100

(2) 局部水头损失计算

局部水头损失主要包括不同管径连接处的水头损失、闸门水头损失以及弯管的水头损失，其计算公式为：

$$h_f=\xi\frac{v^2}{2g} \tag{11-26}$$

式中　h_f——局部水头损失，m；

ξ——局部阻力系数，可参考《给水排水设计手册》取值；

v——管内流速，m/s；

g——重力加速度，9.81m/s²。

(3) 连接管渠设计参数规定

1) 明渠连接设计流速规定　为防止污水中悬浮物及活性污泥在渠道内沉淀，污水在明渠内必须保持一定的流速。在最大流量时，流速为 1.0～1.5m/s；在最小流量时，流速为 0.4～0.6m/s。

2) 连接管道设计规定

① 连接管道设计采用污水量标准见表 11-8。

表 11-8　连接管道设计污水量

连接管道	设计污水量
提升泵出口至初沉池	分流到下水道：最大时污水量 合流到下水道：雨天设计污水量
初沉池至反应池	最大时污水量
反应池至二沉池	最大时污水量＋回流污泥量
二沉池至排放口	最大时污水量

② 平均流速为 0.6～1.0m/s。流速过小，易沉淀；流速过大，水头损失增大，增加水泵扬程，不经济。需要注意的是，从反应池到二沉池之间的连接管道，为防止活性污泥沉淀以及破碎，流速宜为 0.6m/s 左右。

③ 连接管道可采用钢筋混凝土管或铸铁管道等。

④ 连接管道应尽可能短，且不能迂回。初沉池、反应池、二沉池等主要处理单元之间的连接管道应尽可能设置成复数，以保证安全运行。

11.3.1.3　计量设备的水头损失计算

大污水处理厂中，测量进、出水水量的设备是必不可少的。计量设备一般安装在沉砂池与初次沉淀池之间的渠道上或者处理厂总出水管渠上。常见的计量设备有电磁流量计、巴氏计量槽和淹没式薄壁堰装置。

非淹没式薄壁堰流量计算可参考本章前述。巴氏计量槽在自由流的条件下，计量槽的流量按下列公式计算：

$$Q=0.372b(3.28H_1)^{1.569b^{0.026}} \tag{11-27}$$

式中　Q——过堰流量，m^3/s；

b——喉宽，m；

H_1——上游水深，m。

对于巴氏计量槽只考虑跌落水头。

巴氏计量槽的精确度可达 95%～98%，其优点是水头损失小，底部洗刷力大，不易沉积杂物。但对施工技术要求高，施工质量不好会影响量测精度。为保证施工质量，国外通常采用预制好的搪瓷或不锈钢衬里，在现场埋置于钢筋混凝土槽内，使用效果良好。计量槽颈部有一坡底较大的底（$i=0.375$），颈部后的扩大部分则具有较大的反坡；当水流至颈部时产生临界水深的急流，而当流至后面的扩大部分时，便产生水跃。因此，在所有其他条件相同时，水深仅随流量而变化。量得水深后，便可按有关公式求得其流量。如图 11-13 所示，巴氏计量槽主要部位尺寸为：

$$L_1(\mathrm{m})=0.5b+1.2$$

$$L_2(\mathrm{m})=0.6$$

$$L_3(\mathrm{m})=0.9$$

$$B_1(\mathrm{m})=1.2b+0.48$$

$$B_2(\mathrm{m})=b+0.3$$

式中　b——喉宽，m。

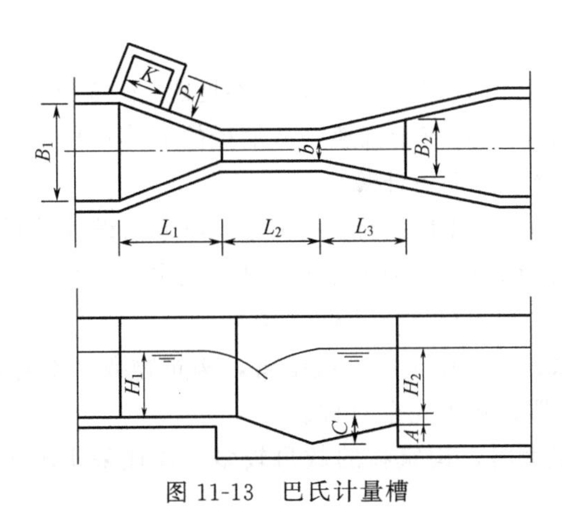

图 11-13　巴氏计量槽

不同喉宽（b 值）的流量计算公式列于表 11-9。

表 11-9　不同喉宽 b 的流量计算公式

喉宽 b/m	计算公式/(m^3/s)	喉宽 b/m	计算公式/(m^3/s)
0.15	$Q=0.329H_1^{1.494}$	0.60	$Q=1.406H_1^{1.549}$
0.20	$Q=0.445H_1^{1.505}$	0.75	$Q=1.777H_1^{1.558}$
0.25	$Q=0.562H_1^{1.514}$	0.90	$Q=2.152H_1^{1.566}$
0.30	$Q=0.680H_1^{1.522}$	1.00	$Q=2.402H_1^{1.570}$
0.40	$Q=0.920H_1^{1.533}$	1.25	$Q=3.036H_1^{1.579}$
0.50	$Q=1.162H_1^{1.542}$	1.50	$Q=3.676H_1^{1.587}$

电磁流量计是根据法拉第电磁感应原理量测流量的仪表，由电磁流量变送器和电磁流量转换器组成；前者安装于需量测的管道上（见图 11-14），当导电液体流过变送器时，切割磁力线而产生感应电势，并以电信号输至交换器进行放大、输出。由于感应电势的大小仅与流体的平均流速有关，因而可测得管中的流量。电磁流量计可与其他仪表配套，进行记录、指示、计算、调节控制等。其优点为：a. 变送器结构简单可靠，内部无活动部件，维护清洗方便；b. 压力损失小，不易堵塞；c. 量测精度不受被测污水各项物理参数的影响；d. 无机械惯性，反应灵敏，可量测脉动流量；e. 安装方便，无严格的前置直管段的要求。

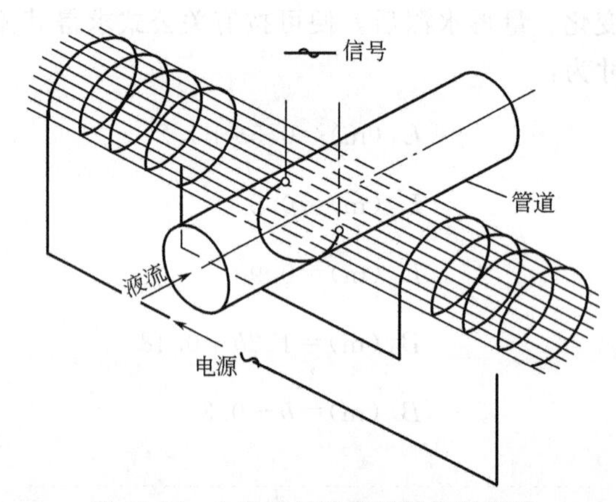

图 11-14　电磁流量计变送器作用原理

计量流体通过电磁流量计的水头损失时，可参见图 11-15 所示的曲线。计算时，可先计算出 d/D 值，然后从图上找出对应于流速（从缩径的下游）和 d/D 值的压力损失。

11.3.1.4　配水设施形式及水头损失计算

污水处理厂各处理单元设施的均匀配水（泥）是工艺设计的重要内容之一。只有配水（泥）均匀，才能使处理单元达到理想的处理效果，配水（泥）均匀是保证污水处理厂正常运行的基本条件之一。配水方式有以下几种形式。

① 图 11-16 所示配水方式可用于明渠或暗管，构筑物数目不超过 4 座，否则层次过多，管线占地过大。这种配水形式必须完全对称。

② 当污水厂的规模较大时，构筑物的数目较多，往往采用配水渠道向一侧进行配水的方式。如图 11-17 所示。

在这种情况下，由于配水渠道很长，渠中水面坡降可能很大，而渠道终端又可能出现壅

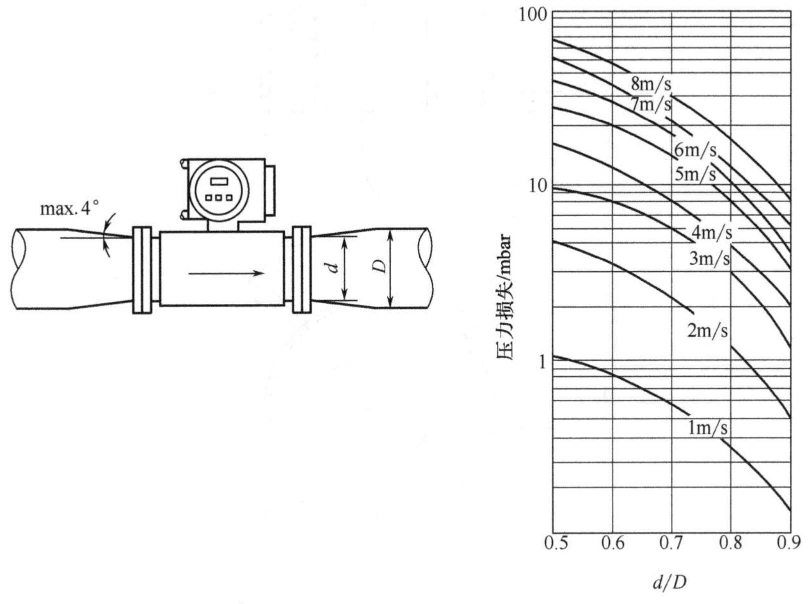

图 11-15　电磁流量计的水头损失（1mbar＝100Pa，后同）

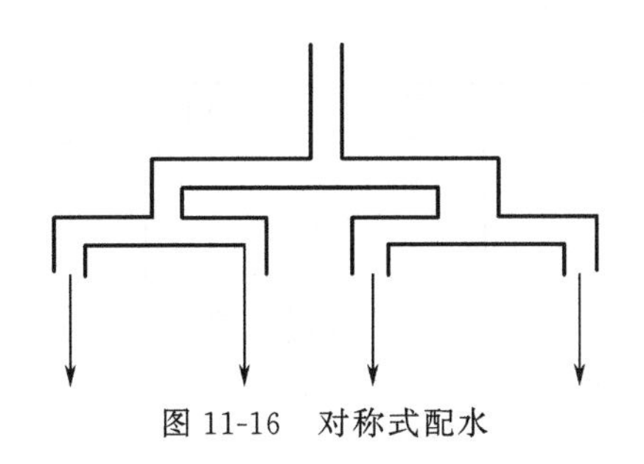

图 11-16　对称式配水

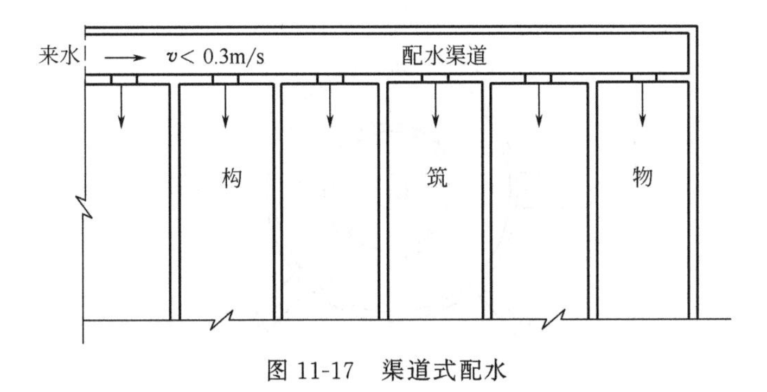

图 11-17　渠道式配水

水，故配水很难均匀。解决的办法是适当加大配水渠道断面，使其中水流流速小于 0.3m/s，以降低沿程水头损失，这样渠中水面坡降极小，较易达到均匀配水的目的。为了避免渠中出现沉淀，可在渠底设曝气管搅动。对于大中型污水厂，此种配水方式更为适用。

③ 为了均匀配水，辐流沉淀池一般采用如图 11-18 及图 11-19 所示的中心配水井配水，前者水头损失较大，但配水均匀度较高。

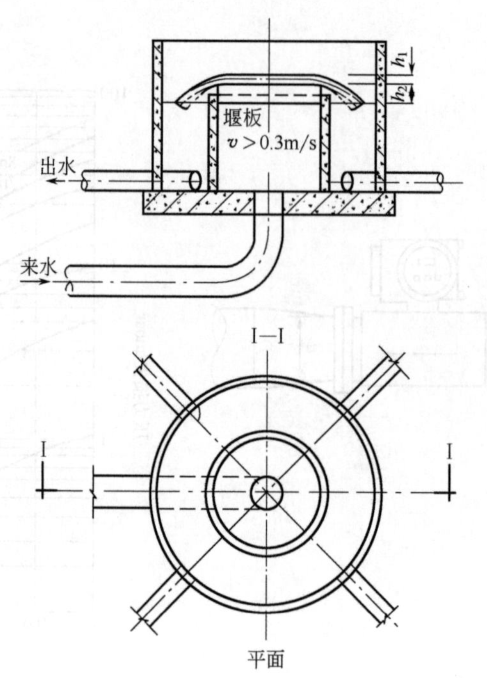

图 11-18　中心配水井（有堰板）配水

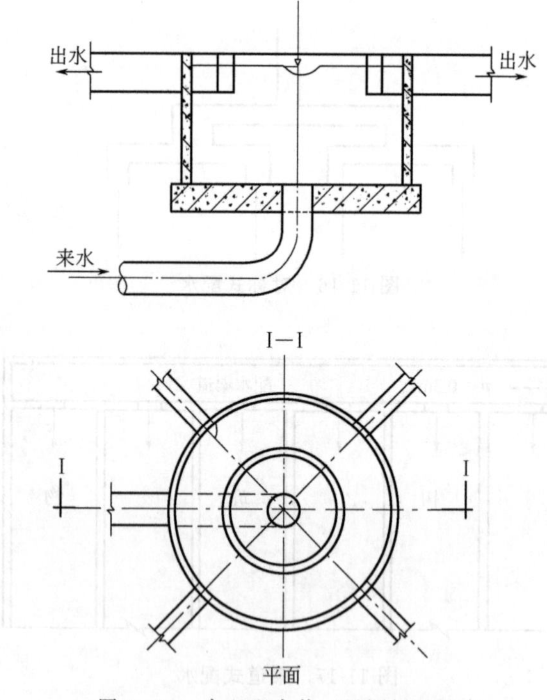

图 11-19　中心配水井（无堰板）配水

④ 各种配水设备的水头损失可按一般水力学公式计算。

11.3.2　污泥处理流程高程计算

在污水处理厂中，经沉淀或处理后的污泥经污泥管道流动，所以应计算污泥流动中水头损失，进而计算污泥处理流程高程。污泥高程计算顺序与污水相同，即从控制性标高点开始。

污泥在管道中的水头损失包括沿程水头损失和局部水头损失。由于目前有关污泥水力特征的研究还不够，因此污泥管道水力计算主要是采用经验公式或实验资料。

（1）污泥的水力特性

通常污泥都用管道输送。污泥的水力特性与含水率有直接关系，当含水率为 99%～99.5%时，污泥在管道中的水力特性与污水相似；当含水率为 90%～92%时，与污水相比污泥水头损失增加很多；当污泥管径为 100mm 和 150mm 时，污泥管道的水头损失是污水管道的 6～8 倍。在污泥含水率一定的情况下，污泥中固体的相对密度越小，则污泥的黏度越大。污泥的黏度与污泥浓度以及挥发物的含量成正比，与温度成反比。而它与流速的关系比较复杂：当污泥在管道内以低流速（1.0～1.5m/s）流动时，处于层流状态，污泥黏度大，流动阻力比水大；当流速增至 1.5m/s 以上时，处于紊流状态，流动阻力比水小。在设计输泥管道时，应采用较大流速，使污泥处于紊流状态。

（2）污泥管道水力计算

1）重力输泥管道　设计坡度采用 0.01～0.02。

2）压力输泥管道　根据污泥含水率以及管径的不同，一般采用如表 11-10 所列的最小设计流速。

表 11-10　压力输泥管道最小设计流速

污泥含水率/%	最小设计流速		污泥含水率/%	最小设计流速	
	管径 150～200mm	管径 300～400mm		管径 150～200mm	管径 300～400mm
90	1.5	1.6	95	1.0	1.1
91	1.4	1.5	96	0.9	1.0
92	1.3	1.4	97	0.8	0.9
93	1.2	1.3	98	0.7	0.8
94	1.1	1.2			

当污泥在紊流流动时沿程水头损失（h_f）按下式计算：

$$h_f = 6.82\left(\frac{L}{D^{1.17}}\right)\left(\frac{v}{C_H}\right)^{1.85} \tag{11-28}$$

式中　C_H——海森-威廉系数，其值与污泥浓度有关，见表 11-11；

L——输送距离，m；

D——污泥管径，m。

表 11-11　污泥浓度与 C_H 值的关系

污泥浓度/%	C_H	污泥浓度/%	C_H	污泥浓度/%	C_H
0	100	4	61	8.5	32
2	81	6	45	10.1	25

污泥管道的局部水头损失用下式计算：

$$h_f = \xi \frac{v^2}{2g} \tag{11-29}$$

式中 h_f——局部水头损失，m；

ξ——局部阻力系数，见表 11-12 及表 11-13。

表 11-12 各种管件的局部阻力系数

管件名称	局部阻力系数 ξ 值		
	水	含水率 98%的污泥	含水率 96%的污泥
承插接头	0.4	0.27	0.43
三通	0.8	0.60	0.73
90°弯头	1.46(r/R=0.9)	0.85(r/R=0.7)	1.14(r/R=0.8)
四通		2.5	

表 11-13 各种阀门的局部阻力系数

h/d[①]	局部阻力系数 ξ 值		h/d[①]	局部阻力系数 ξ 值	
	水	含水率 96%的污泥		水	含水率 96%的污泥
0.9	0.93	0.04	0.5	2.03	2.57
0.8	0.05	0.12	0.4	5.27	6.30
0.7	0.20	0.32	0.3	11.42	13.0
0.6	0.70	0.90	0.2	28.70	27.7

① h/d 表示阀门的开启度，其中 h 为阀门开启部分的高度，d 为阀门内径。

【例题 11-1】 已知初次沉淀污泥含水率为 96%，污泥管径 $D=0.2$m，输送距离 $L=50$m，管内污泥流速 $v=2.5$m/s。试求污泥输送管道中的水头损失。

【解】 污泥在管中流速 $v=2.5\text{m/s}>1.5\text{m/s}$，故污泥在管道中的流动状态为紊流。由含水率 $P=96\%$，查表 11-11 得 $C_H=61$，则：

$$h_f=6.82\left(\frac{L}{D^{1.17}}\right)\left(\frac{V}{C_H}\right)^{1.85}=6.82\left(\frac{50}{0.2^{1.17}}\right)\left(\frac{2.5}{61}\right)^{1.85}=6.08(\text{m})$$

(3) 污泥提升设备

污泥提升应根据污泥种类不同选择不同的泵型。各种污泥应用的提升设备见表 11-14。

表 11-14 污泥泵的选择

污泥种类	优先选择的泵型
初沉污泥	隔膜泵，柱塞泵，螺杆泵，无堵塞离心泵
活性污泥	离心泵，螺旋泵，潜污泵，混流泵，空气提升泵
浓缩污泥	隔膜泵，柱塞泵，无堵塞离心泵
消化污泥	柱塞泵，无堵塞离心泵，螺杆泵
浮渣	隔膜泵，柱塞泵，带破碎装置的潜污泵
脱水滤饼	带破碎装置的隔膜泵，皮带运输机

另外，污泥倒虹吸管水头损失采用下式计算：

$$h=\left(h_f+\sum\xi\frac{v^2}{2g}\right)e \tag{11-30}$$

式中 h——倒虹吸管水头损失，m；

h_f——倒虹吸管沿程水头损失，m；

$\sum\xi$——所有管件的局部阻力系数之和；

v——管内流速，m/s；

e——安全系数，一般为 1.05～1.15。

污泥管道的水头损失也按清水计算，乘以比例系数。这种方法最为简便，按照污泥流量及选用的设计流速，即可计算水头损失、选定管径，设计流速一般为 1～1.5m/s；当污泥管道较长时，为了不使水头损失过大，一般采用 1.0m/s。当污泥含水率大于 98%时，其污泥流速均大于临界流速，污泥管道的水头损失可定为清水的 2～4 倍。丹麦 Kruger 公司设计指南中对污泥管道的计算是这样规定的：污泥管道的水头损失，可按输水管道水头损失计算，再依不同类型的污泥和干物质含量增加一定的百分数，对于干物质含量为 1%～4%的初沉池污泥，水头损失增加 100%～150%；对于干物质含量为 0.1%～0.4%的活性污泥，水头损失增加 50%～100%。

11.4　污水厂高程布置设计实例

11.4.1　某城市污水处理高程水力计算

某城市污水处理厂工程为国外贷款项目，主要设备及工艺技术为引进，污水处理采用 DE 型氧化沟工艺，污泥采用重力浓缩后进行机械脱水。工程建设分两期进行，处理厂的设计负荷如下。

11.4.1.1　污水系统高程水力计算

一期工程：日流量（旱季）150000m^3/d；小时流量（高峰值）8250m^3/h（2.292m^3/s）；污泥回流量（最大值），即 100%的小时流量（8250m^3/h）=2.292m^3/s。

二期工程：日流量（旱季）300000m^3/d；小时流量（旱季高峰值）16500m^3/h（4.584m^3/s）；雨季高峰流量 22500m^3/h；格栅、沉砂池前溢流水量=22500－16500=6000（m^3/h）；污泥回流量（最大值），即 100%的小时流量（16500m^3/h）=4.584m^3/s。

一期工程各构筑物的水位标高，根据水力计算确定，计算时考虑二期工程的水力负荷。

一、二期工程建造的构筑物，其高峰流量均为 8250m^3/h。

依据远期扩建计划，选择池和氧化沟按二期工程最大负荷 16500m^3/h+100%污泥回流量确定。

巴氏计量槽和出水管道按二期工程最大负荷 16500m^3/h 设计。

一期工程、二期工程建造的终沉池、配水井均按同一标高设计，这意味着要按最远（水流线最长）的终沉池进行水力计算。

一期工程各构筑物和管线的水力高程（水力负荷条件也与二期工程相匹配）按倒推计算，即起点为接纳水体—— 浥河。

(1) 接纳水体浥河→巴氏计算槽

WL_0（浥河最高洪水位）：396.87m；

出水管：DN1800，钢筋混凝土管道；

管底坡度：i=0.003；

管长度：约 30m；

流量：Q_1=16500m^3/h=4.584m^3/s；

L_1=排出管出口管底标高：396.87m；

L_2＝排出管进口管底标高：396.96m。

可编程序控制器计算（PLC）如表11-15所列。

表11-15　可编程序控制器计算（PLC）

名称	污水处理厂				命令号
Node	说明	底标高/m	水力坡度高/m	流量/(m^3/s)	流体分类：水 温度：10℃ 固体量（%）：0.0 因素：1.0
1 2		0.090 0.000	1.219 1.196	4.583 4.583	
管长/m 管型：1＝圆管 2＝矩形管 3＝V形管 管径/宽度/mm 高度（矩形管）/mm		30000 1 1800,0 0,0	表面粗糙度/mm 底坡/‰ 深度1/m 深度2/m		0.500 3.000 1.129 1.196
			水力坡度线变化值/m		−0.023

计算工况点：正常深度＝1.185m，而临界水深＝1.087m，管中水为非满流，自由出流至浥河。虽然正常水深1.185m＞临界水深，但已非常接近于水跃发生极限点。

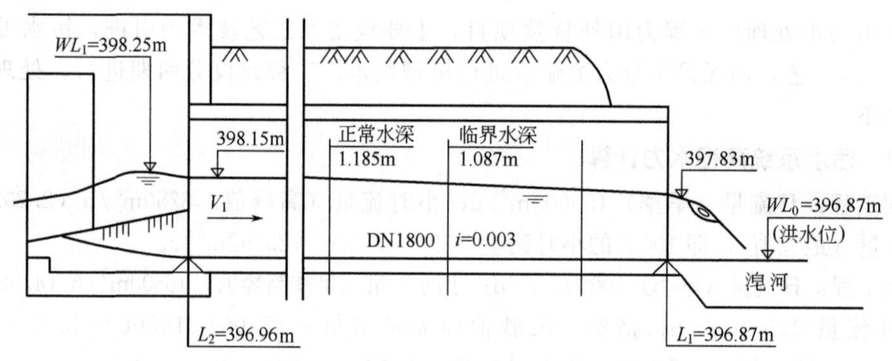

图11-20　浥河→巴氏计量槽水力高程

流速 V_1 计算：

$$A=\pi/4\times1.8^2=2.55(m^2)$$

$$R=1.8/4=0.45(m)$$

$$i=0.003=(V_{满流}/80\times0.45^{0.687})2\rightarrow V_{满流}=2.57(m/s)$$

正常水深/管径＝1.185/1.8＝0.658→$V_1/V_{满流}=V_1/2.57=0.97$（见图11-20）

$$V_1=2.49m/s$$

WL_1＝巴氏计量槽下游水面标高(L_2)396.96＋(正常水深)1.185＋(管道进口)$0.30\times V_1/2g$＝398.25(m)

（2）巴氏计量槽→加氯接触池

$$V_2=渠道下游端流速=4.584/3.25=1.4(m/s)$$

巴氏喉管由不锈钢制作，并浇铸于巴氏计量槽中。巴氏计量槽水力高程如图11-21所示。

$$L_3(根据巴氏槽几何尺寸)=L_5-0.076=397.374(m)$$

$$L_4(根据巴氏槽几何尺寸)=L_5-0.0229=397.221(m)$$

$$L_5(固定值)=397.450m$$

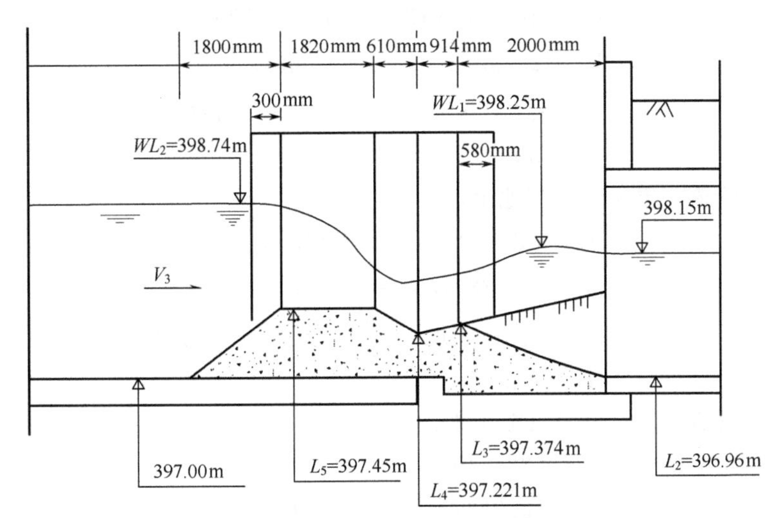

图 11-21　巴氏计量槽水力高程

$$渠道宽度=2700mm$$

$$B=巴氏槽喉管宽度=50in=1270mm$$

$$Q_1(L/s)=371.6\times B(m)\times(3.28H)^{1.57}\times B^{0.026}(m)$$

$$4587=371.6\times1.27\times(3.28\times H)\times1.57\times1.27^{0.026}$$

则：

$$H=1.2853\approx1.29(m)$$

$$(一期工程：Q=2.292m^3/s，H=0.80m)$$

$$淹没度=H_b/H=(398.25-397.45)/1.29=0.62<0.7$$

则可以满足自由出流。

$$WL_2=巴氏计量槽上游水面标高=L_5+H=397.45+1.29=398.74(m)$$

$$V_3=巴氏槽上游渠中流速=4.584/[(398.74-397.00)\times2.70]=0.98(m/s)$$

$$WL_3=加氯接触池出水堰下游水面标高$$

能量方程式：

$$WL_3+0.0^2/2g=WL_2+0.98^2/2g+\Delta H(渠道等约为0.10m)$$

$$WL_3=398.74+0.05+0.10=398.89(m)$$

$$L_5=加氯接触池出水堰堰顶标高=WL_3+自由落水到WL_3=398.89+0.05=398.94(m)$$

$$堰长=7.3m$$

流量：$Q_2=Q_1/2=4.584/2=2.292(m^3/s)=1.82\times7.3\times h^{1.5}$

则：

$$h=0.31m$$

$$WL_4=出口处最高水位=L_5+h=398.94+0.31=399.25(m)$$

（3）加氯接触池→终沉池（按二期工程最远沉淀池计算）

$$\begin{aligned}WL_5&=加氯接触池进口处最大水位标高\\&=WL_4+\Delta H\ 渠道+\Delta H\ 转弯\\&=399.25+(\sim0.01)+(\sim0.01)=399.27(m)\end{aligned}$$

二期工程 6 座终沉池出水到接触池集水管道水力计算如下。

1）DN1600 管道，集 6 座终沉池出水：

$Q_3=16.000/(12\times3.6)\times6=2292(L/s)$

$V_4=2.292/2.01=1.14(m/s)$

$i=(1.14/80\times0.40^{0.667})^2=0.0007$

$L=130m$

2）DN1400 管道，集 4 座终沉池出水：

$Q_4=2292/6\times4=1528(L/s)$

$V_5=1.528/1.54=1.0(m/s)$

$i=[1.10/(80\times0.35^{0.667})]^2=0.00065$

$L=50m$

3）DN1000 管道，集 2 座终沉池出水：

$q_5=2292/6\times2=764(L/s)$

$v_6=0.764/0.785=0.98(m/s)$

$i=[0.98/(80\times0.25^{0.667})]^2=0.0010$

$L=32m$

4）DN800 管道，1 座终沉池出水：

$Q_6=2292/6\times4=382(L/s)$

$V_7=0.382/0.503=0.76(m/s)$

$i=[0.76/(80\times0.20^{0.667})]^2=0.0008$

$L=35m$

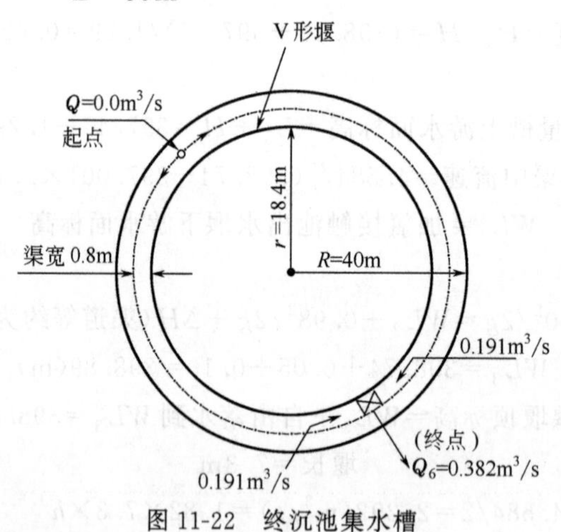

图 11-22　终沉池集水槽

WL_6＝终沉池出水井最大水位标高

$=WL_5$＋出水进接触池$[1.1\times(1-2.01/9.75)^2\times1.14^2/2g]$＋2 个 45°进入口$(2\times0.5\times1.14^2/2g)+130\times0.007$＋汇流入口$(1.5\times1.14^2/2g)+50\times0.00065$＋汇流入口$(1.5\times1.0^2/2g)+32\times0.0010$＋汇流入口$(1.5\times0.98^2/2g)+35\times0.0008$＋转弯和进入管道$(0.5\times0.76^2/2g)$

$=399.27+0.46+0.066+0.091+0.099+0.033+0.077+0.032+0.074+0.028+0.015$

$=399.84(m)$

L_6 =终沉池周边集水槽末端渠底标高

=WL_6+自由落水至 WL_6

=399.84+0.11=399.95(m)

L_7=集水槽始端标高=400.00m

集水槽宽度=0.8m(见图 11-22)

三角堰周长=$\pi\times(40-2\times1.6)=116$(m)

Q_8=三角堰过堰流量=0.382m^3/s

集水槽为矩形断面，半边渠道中流量由 0 增加到 $Q=0.191m^3/s$，I. Kruger-HYDPAC q00115 PLC 计算结果如图 11-23 所示及表 11-16 所列。

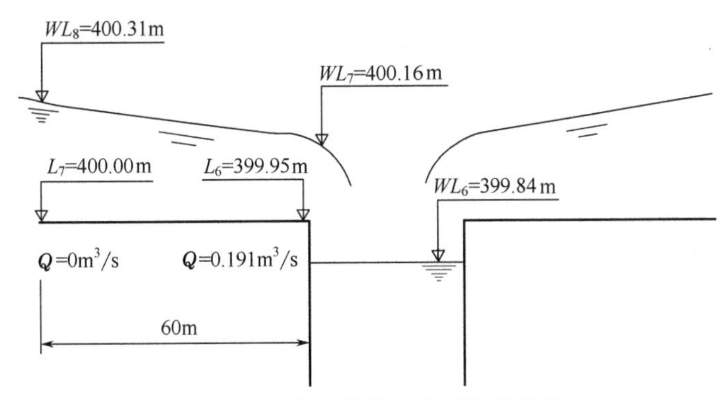

图 11-23　集水槽水力高程计算结果

表 11-16　PLC 计算结果

HYDPACq00115		I. Kruger 明渠管流量			MENE3.0
名称：污水处理厂					命令号
Node	说明	底标高/m	水力坡度高/m	流量/(m^3/s)	流体分类：水 温度：10℃ 固体量(%)：0.0 因素：1.0
1 2	上游 下游	400.000 399.950	WL8400.303 WL7400.154	0.001 0.191	
出水槽尺寸 出水槽长度/m 槽壁与槽底的夹角/(°) 槽壁与槽底的夹角/(°) 出水槽转弯尺寸 转弯角度/(°) 转弯半径/mm 转槽长度/m		 60.000 90.000 90.000 0.000 0.000 0.000	宽度/mm 普通混凝土 粗糙度/mm 底坡度/‰ 深度 1/m 深度 2/m 高程弯化量/m		800.000 1.000 0.833 0.303 0.204 0.149

WL_7=出水槽末端水面标高=400.16m

WL_8=出水槽起始端最大水面标高=400.31m

周边三角形出水堰长度为 116m，每米有 8 个三角形（90°）出水堰，则：

$$流量=Q_6/(116\times8)=0.382/(116\times8)=0.00042(m^3/s)$$

由 $0.00042=1.341\times h^{2.48}$ 计算得：h=过堰水头=0.0379≈0.04m。

L_8 ＝三角堰堰底标高＝WL_8＋自由出流至标高 WL_8

＝400.31＋0.10

＝400.41(m)（见图 11-24）

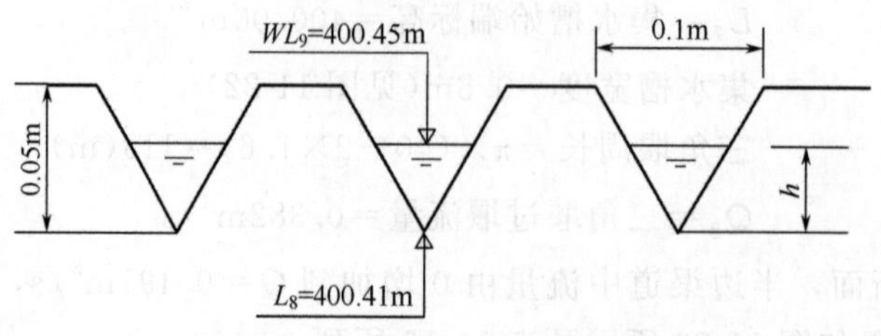

图 11-24　三角堰水力高程示意图

WL_9 ＝终沉池最大水位标高＝L_8＋h

＝400.41＋0.04

＝400.45(m)

(4) 终沉池→配水井

终沉池到配水井管线：

Q_7 ＝Q_6＋100%×Q_6(回流量)

＝0.382＋0.382

＝0.764(m^3/s)

DN1000 镀锌钢管长 7m，混凝土管长约 95m（最长管线），A＝0.785m^2，R＝1.0/4＝0.25(m)，则：

$$V_8=0.764/0.785=0.98(m/s)$$

$$i_{钢管}=[0.98/(95\times0.25^{0.667})]^2=0.007$$

$$i_{混凝土管}=[0.98/(80\times0.25^{0.667})^2]=0.00095$$

终沉池出水钢管加工成变径管，使管径由 DN1000 变至 DN1400。

终沉池配水井水力高程如图 11-25 所示。

$$V_9=(0.76\times4)/(\pi\times1.4^2)=0.50(m/s)$$

WL_{10} ＝配水井内堰后水面标高＝WL_9＋局部水头损失＋沿程水头损失

＝400.45＋0.014＋0.006＋0.020＋0.005＋0.090＋0.025＝400.61(m)

L_9 ＝配水井溢流堰顶标高

＝WL_{10}＋自由出流至 WL_{10} 标高

＝400.61＋0.09

＝400.70(m)

每个终沉池配水堰堰长＝(π×3.6－4×0.25)/4

＝2.58(m)

流量 Q_7 ＝0.764m^3/s＝1.82×2.58×$h^{1.5}$

则：　h＝0.298≈0.30(m)

WL_{11} ＝配水井堰上水面标高＝L_9＋h

＝400.70＋0.30

＝401.00(m)

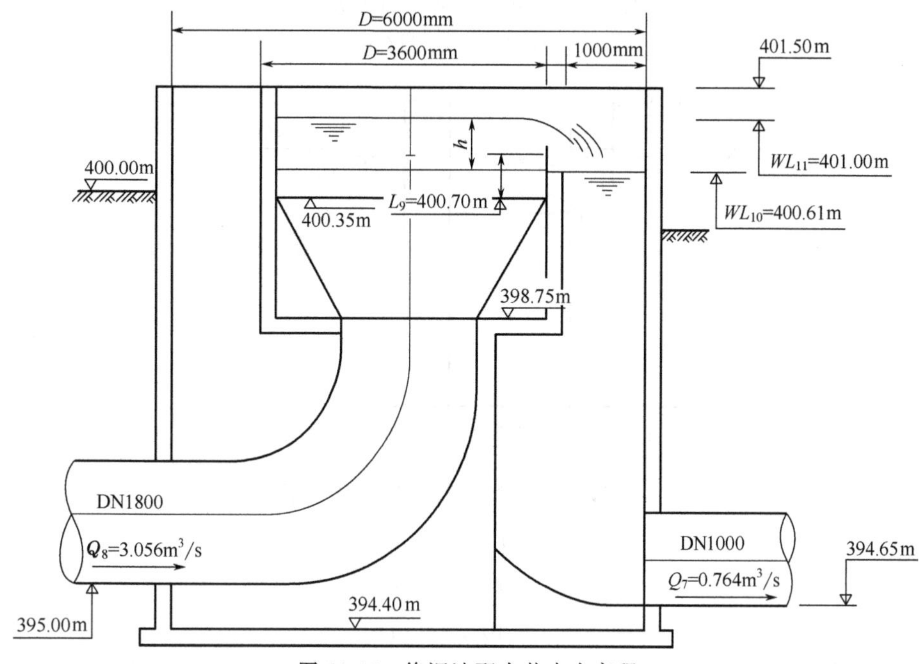

图 11-25　终沉池配水井水力高程

(5) 配水井→曝气池（氧化沟）

配水井到曝气池管线：

流量 Q_8（至 4 座终沉池，包括回流污泥量）$=4\times Q_7=4\times 0.764=3.056(\mathrm{m^3/s})$

DN1800 钢筋混凝土管道，$L=225\mathrm{m}$（最大管线长），$A=2.55\mathrm{m^2}$，则：

$$R=1.8/4=0.45(\mathrm{m})$$

$$V_{10}=3.056/2.55=1.20(\mathrm{m/s})$$

$$i=(1.10/80\times 0.45^{0.667})^2=0.00065$$

出水渠道 $B=0.80\mathrm{m}$，$H=3.25\mathrm{m}$，$L=45\mathrm{m}$，$A=2.6\mathrm{m^2}$，则：

$$R=2.6/(2\times 3.25+0.8)=0.356(\mathrm{m})$$

$$V_{11}=3.056/2.6=1.18(\mathrm{m/s})$$

$$i=[1.18/(70\times 0.356^{0.667})]^2=0.0012$$

WL_{12} = 曝气池下游出水渠道最末出水调节堰末端水面标高

$=WL_{11}+$ 渐扩 $1.2(\beta=30°)\times[(1.2-0.3)^2/2g]+$（$1\times 90°$弯头 $0.4+5\times 45°$入口或转弯 0.5）$2.9\times(1.2^2/2g)+225\times 0.00065+$ 弯头和出水渠道进入管道$[0.4\times(1.2^2/2g)]+45\times 0.0012+$（6 个 45°弯头）$6\times 1.1\times(45°/90°)^2\times(1.18^2/2g)$

$=401.00+0.050+0.213+0.147+0.030+0.054+0.117=401.62(\mathrm{m})$（见图 11-26）

L_{10} = 出水调节堰堰顶标高

$=WL_{12}+$ 自由落水至 WL_{12} 标高

$=401.62+0.16$

$=401.78(\mathrm{m})$

调节堰长 $=4\times 5=20(\mathrm{m})$

$$Q_3 = 3.056 = 1.69 \times 20 \times h^{1.5}$$

则：

$$h = 0.202 \approx 0.21(\text{m})$$

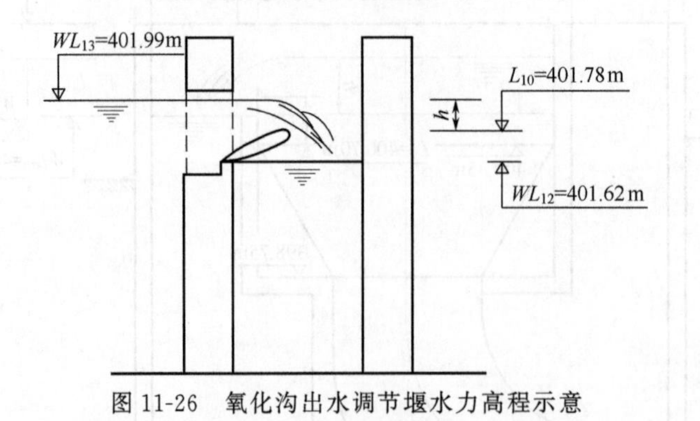

图 11-26　氧化沟出水调节堰水力高程示意

$$\begin{aligned} WL_{13} &= 2\text{ 号曝气池水面标高} \\ &= L_{10} + h \\ &= 401.78 + 0.21 \\ &= 401.99(\text{m}) \end{aligned}$$

1 号曝气池（进口）和 2 号曝气池（出口）之间开孔隔墙上开孔的面积为：

$$4 \times 1.6 \times 1.6 = 10.24\text{m}^2$$

$$V_{12} = 3.056/10.24 = 0.30(\text{m/s})$$

$$\begin{aligned} WL_{14} &= 1\text{ 号曝气池水面标高} \\ &= WL_{13} + 2.23 \times 0.30^2/2g \\ &= 401.99 + 0.010 \\ &= 402.00(\text{m}) \end{aligned}$$

(6) 曝气池→选择池

从选择池到曝气池之间连接管道如下（见图 11-27）。

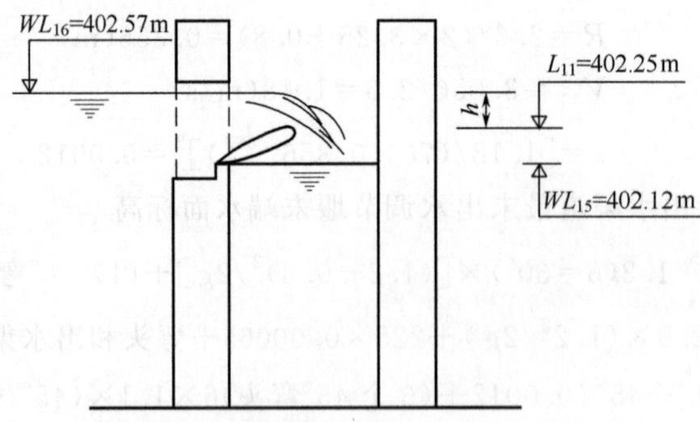

图 11-27　选择池出水调节堰水力高程示意

一期工程 6 根 DN1400 管道，二期工程再增加 1 倍，即 2×6 根 DN1400 管道；一期工程管道按二期工程流量的 50%计算。

二期工程污水量 $16500\text{m}^3/\text{h}$，二期工程回流量 $16500\text{m}^3/\text{h}$，则一期工程流量为：

$$33000\text{m}^3/\text{h} \times 50\% = 16500\text{m}^3/\text{h}$$

一期工程，3 根管道，每根管中流量：

$Q_9=16500/(3\times3.6\times1000)=1.528(m^3/s)$

DN1400 钢筋混凝土管，管长 $L=55m$（最长管线），$A=1.54m^2$，$R=0.35m^2$，则：

$$V_{13}=1.528/1.54=1.0(m/s)$$

$$i=[1.0/(80\times0.35^{0.667})]^2=0.00064$$

WL_{15}＝选择池出水渠道调节堰末端水面标高

＝WL_{14}＋出水至曝气池$(1.1\times1.0^2/2g)+55\times0.00065+$

转弯和从渠道进入管道$(0.5\times1.0^2/2g)$

$=402.00+0.056+0.036+0.26$

$\approx402.12(m)$

L_{11}＝出水调节堰堰顶标高

＝WL_{12}＋自由落水至 WL_{12} 标高

$=402.12+0.13$

$=402.25(m)$

调节堰长＝5m

流量 $Q_9=1.528=1.69\times5\times h^{1.5}$

则：

$$h=0.32m$$

WL_{16}＝选择池第二格水面标高＝$L_{11}+h$

$=402.25+0.32$

$=402.57(m)$

WL_{17}＝选择池第一格水面标高

＝WL_{16}＋选择池底部隔墙孔损失

$=402.57+0.024$

$=402.6(m)$

开孔面积＝$12\times0.8=9.6(m^2)$

$$Q_{10}=3\times Q_9=4.584(m^3/s)$$

$$V_{14}=4.584/9.6=0.48(m/s)$$

（7）选择池→沉砂撇油池

选择池→流量检测室→沉砂撇油池为管线连接。

流量 Q_{10}＝二期工程流量的 50%

$=16500/(2\times3.6\times1000)=2.292(m^3/s)$

DN1600 混凝土管，$L=50m$，$A=2.01m^2$，$R=0.40m$，则：

$$V_{15}=2.292/2.01=1.14(m/s)$$

$$i=(1.14\times80\times0.4^{0.667})^2=0.0007$$

DN1000 电磁流量计，$d/D=1000/1600=0.625$（见图 11-28）

$$A=\pi/4\times1.02=0.785(m^2)$$

$$V_{16}=2.292/0.785=2.92(m/s)$$

由图 11-28 可知，ϕ1000mm 电磁流量计和渐缩管段（1600/1000，锥角 $\alpha=8°$）的水头损失 $\Delta H=0.07mH_2O$。

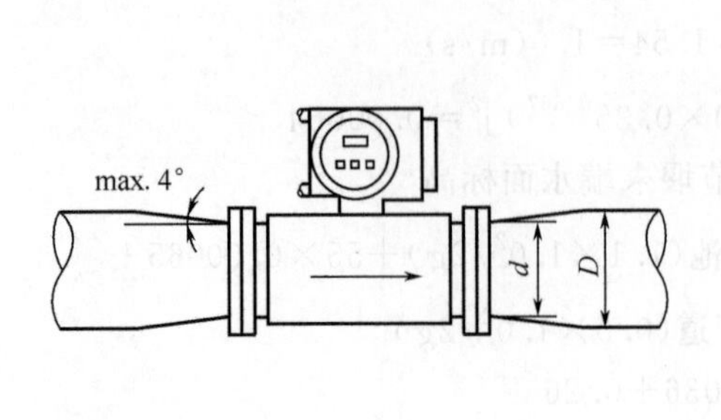

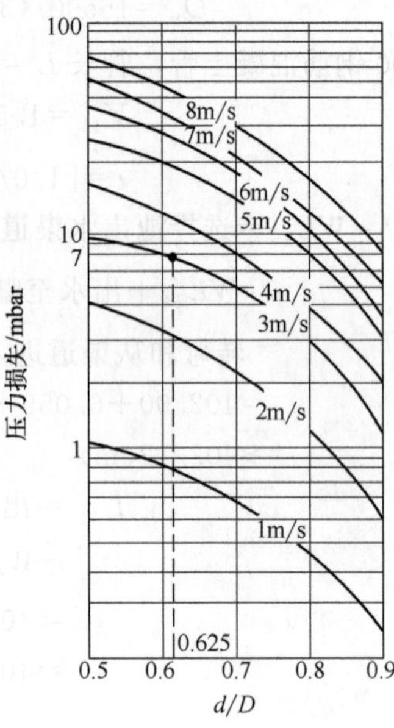

图 11-28　电磁流量计水头损失计算

WL_{18} ＝沉砂池出水堰下端出水井水面标高

＝WL_{17}＋出口$(1.1\times1.14^2/2g)$＋4 个 45°弯头或入口$(2\times1.14^2/2g)$＋流量计损失

ΔH（包括管道损失）$0.07+50\times0.0007$＋转弯和出水井进入管道$(0.5\times1.14^2/2g)$

＝402.60＋0.073＋0.133＋0.07＋0.035＋0.033＝402.95(m)

L_{12} ＝沉砂池出水溢流堰堰顶标高

＝WL_{18}＋自由落水至 WL_{18}

＝402.95＋0.15

＝403.10（m）

堰长＝2×2.5＝5(m)

$Q_{10}=2.292=1.82\times5\times h^{1.5}$

则：　$h=0.399\approx0.40$(m)

WL_{19} ＝沉砂池最高水位标高

＝$L_{12}+h$

＝403.10＋0.40＝403.50(m)

（8）沉砂撇油池→格栅

WL_{20}＝格栅后最高水位标高

＝WL_{19}＋2 个沉砂池闸板孔损失

其中：

2 个闸板孔面积＝2×1.2×1.2＝2.88(m^2)

$V_{17}=2.292/2.88=0.80$(m/s)

过闸板孔损失＝$2.23\times0.80^2/2g$＋水流减速转弯和格栅后涡流等（大约 0.02m）

＝0.073＋0.02

＝0.093(m)

则：　　　$WL_{20}=WL_{19}+0.093=403.50+0.093=403.60(m)$

L_{13}＝格栅处渠道底标高＝403.00(m)

6 套 I. K501 型弧型格栅，通过每个格栅流量：

$$Q_{11}=Q_{10}/6=2.292/6=0.382m^3/s$$

格栅渠道宽＝1100mm，格栅宽＝1050mm，栅条宽＝8mm，栅距＝12mm。

通过格栅的水头损失取决于格栅清除之前的筛余物量，通过格栅的水头损失为：

$$\Delta H_{格栅}<K(格栅常数)\times(Q_{11}/格栅净栅距之和)^{0.667}$$

$$\Delta H_{格栅}<0.32\times(0.382/0.60)^{0.667}=0.237(m)$$

则 $\Delta H_{格栅}$定值为 0.20m。

V_{18}＝格栅后渠道中水流速＝0.382/(1.1×0.60)＝0.58(m/s)

V_{19}＝过栅流速＝0.382/(0.60×0.80)＝0.80(m/s)

V_{20}＝格栅前渠道中水流速＝0.382/(1.1×0.80)＝0.44(m/s)

WL_{21}＝栅前最高水位标高＝$WL_{20}+\Delta H_{格栅}$＋进入格栅的水头损失

＝403.60＋0.20＋0.02＝403.82 (m)（见图 11-29）

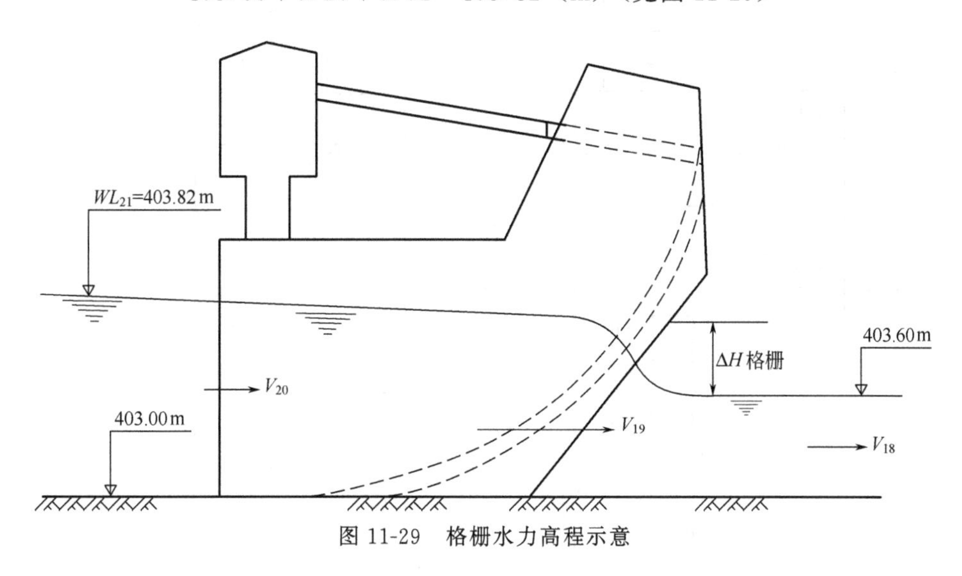

图 11-29　格栅水力高程示意

本实例最终污水系统高程水力计算结果如图 11-30 所示。

11.4.1.2　污泥回流系统水力计算

(1) 污泥回流量和污泥泵

一期工程：8250m³/h，要求 100%回流，(8250m³/h)/6台泵＝1375m³/(h·台)。

二期工程：16500/2＝8250m³/h，要求 100%回流，(8250m³/h)/6台泵＝1375m³/(h·台)。

安装的 6 台污泥泵，流量为 1500m³/h（约 416L/s）。

(2) 从终沉池中部到污泥泵站之间的污泥管线（见图 11-30）

DN800 污泥管 $R=0.8/4=0.2$ (m)，$A=0.503m^2$。

污泥量＝1500m³/h(回流量)＋63m³/h(剩余污泥量)＝1563m³/h≈0.434L/s

$$V=0.434/0.503=0.86(m/s)$$

$$i=[0.86/(80\times0.20^{0.667})]^2=0.00099\approx0.001$$

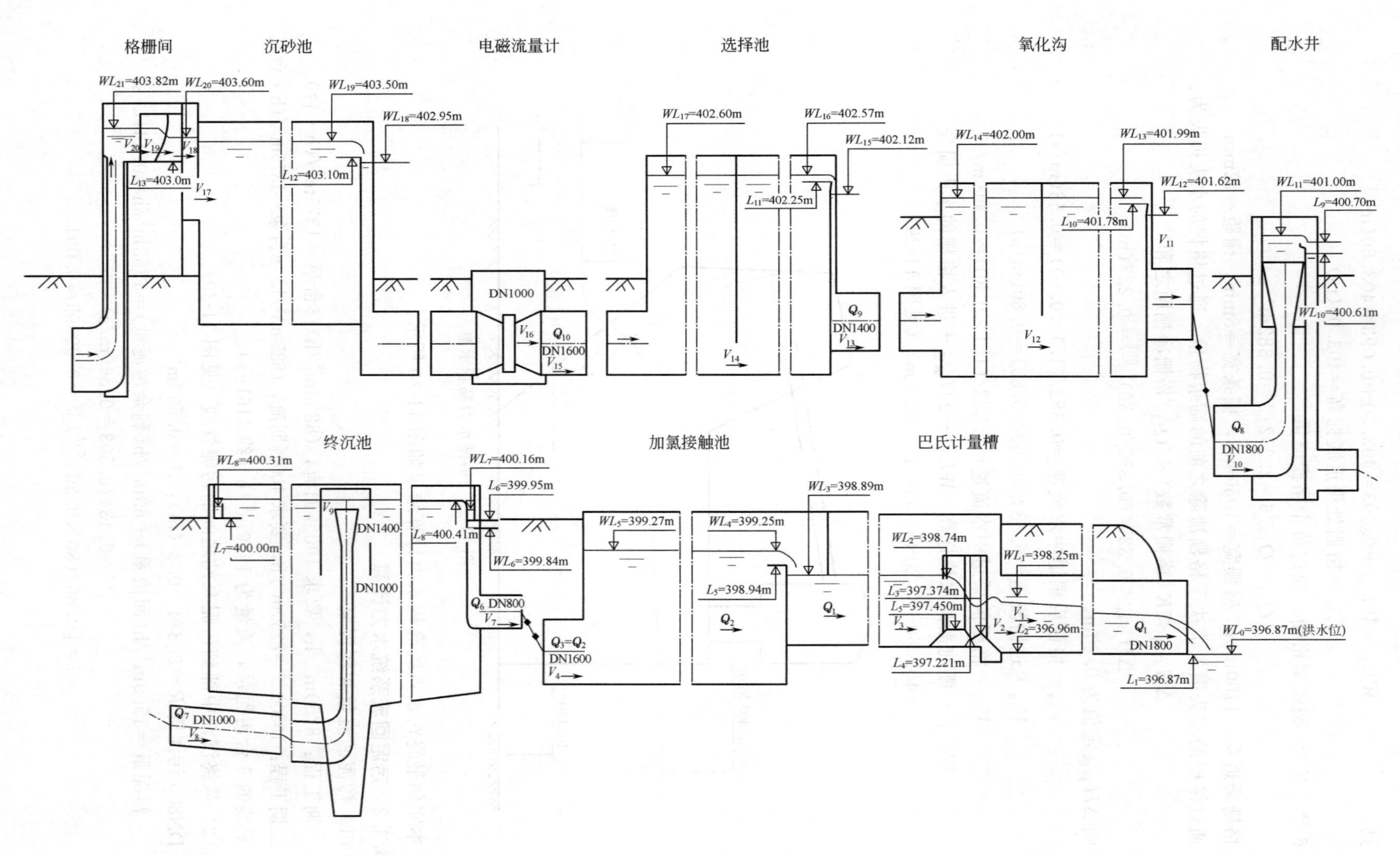

图 11-30 污水系统高程水力计算示意

WLS_1 =污泥泵站中污泥液面

$=400.45(WL_9)-[$进口 $0.5\times(0.86^2/2g)+$弯头 $0.2\times(0.86^2/2g)+$出口 $1.1\times(0.86^2/2g)+22\times0.001]\times1.04$(约 1%活性污泥)

$=400.45-0.094$

$=400.35$(m)

(3) 回流污泥泵和从污泥泵站到选择池之间的污泥管线（见图 11-31）

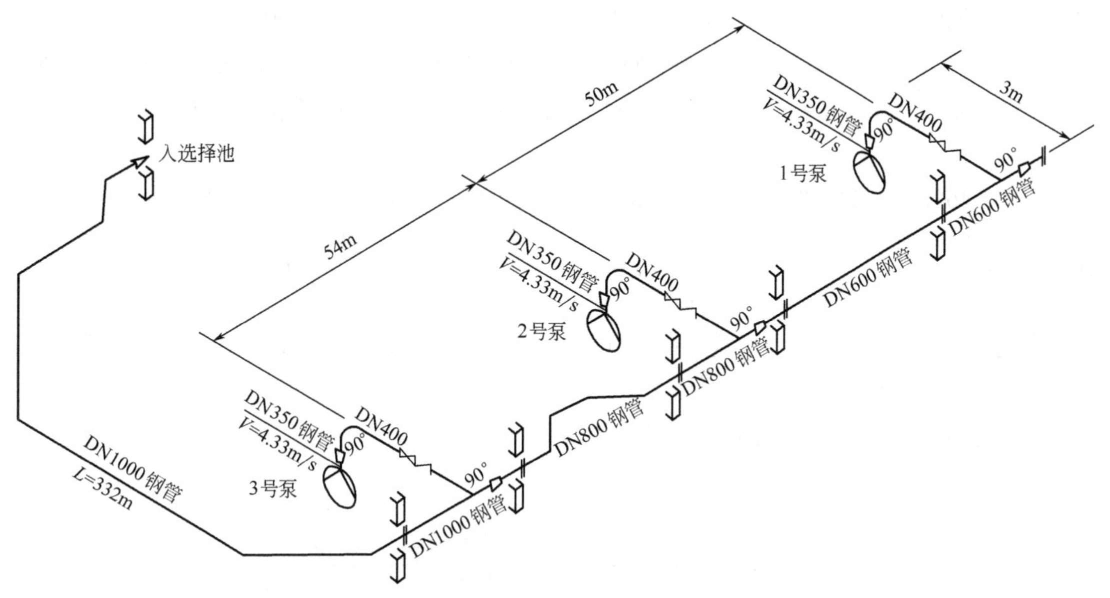

图 11-31　回流污泥管线示意

（选择池水面标高 402.60m；1～3 号污泥泵集泥池水面标高 400.35m）

污泥泵出口管径 DN350，$A=0.096m^2$，流量$=0.416m^3/s$，则：

$$V=0.416/0.096=4.33(m/s)$$

DN400 钢管，$R=0.10m$，$A=0.126m^2$，$L=6m$，流量$=0.416m^3/s$，则：

$$V=0.416/0.126=3.3(m/s)$$

$$i=[3.3/(96\times0.10^{0.667})]^2=0.0261$$

DN600 钢管，$R=0.15m$，$A=0.283m^2$，$L=50m$，流量$=0.416m^3/s$，则：

$$V=0.416/0.283=1.47(m/s)$$

$$i=[1.47/(95\times0.15^{0.667})]^2=0.0030$$

DN800 钢管，$R=0.20m$，$A=0.503m^2$，$L=50m$，则：

$$\text{流量}=2\text{台污泥泵}\times0.416=0.832(m^3/s)$$

$$V=0.832/0.503=1.66(m/s)$$

$$i=[1.66/(95\times0.20^{0.667})]^2=0.0026$$

DN1000 钢管，$R=0.25m$，$A=0.785m^2$，$L\approx332m$，则：

$$\text{流量}=3\text{台泵}\times0.416=1.248(m^3/s)$$

$$V=1.248/0.785=1.59(m/s)$$

$$i=[1.59/(95\times0.25^{0.667})]^2=0.0018$$

污泥泵扬程：

（计算从最远 1 台泵开始，主管管线为 DN400/600/800/1000，末端为选择池，见图 11-31）

$$H_{泵压力计}=H_{几何高差}+\sum\Delta H_{管线+局部损失}$$

$=WL_{17(选择池)}-WLS_1+$[弯头 $0.3\times(4.33^2/2g)+$渐扩 $0.85(4.33-3.3)^2/2g+$（弯头 0.3，闸阀 0.2，止回阀 1.0）$1.5\times(3.3^2/2g)+6\times0.0261+$DN400 90°急弯进入 DN600：$4.5$① $\times1.47^2/2g$]$\times1.04+$[$50\times0.003+$渐扩 $0.85\times(1.47-0.83)^2/2g+$汇流点 DN400/1000：$0.67$① $\times1.66^2/2g$]$\times1.04+$[$54\times0.0026+$45°弯头 4 个$\times0.2\times1.66^2/2g$]$\times1.04+$[渐扩 $0.85\times(1.66-1.06)^2/2g+$汇流点 DN400/1000：$0.49$① $\times(1.59^2/2g)$]$\times1.04+$[弯头 4 个$\times0.3\times(1.59^2/2g)+300\times0.0018+$出口 $1.1\times(1.59^2/2g)$]$\times1.04$

$=402.60-400.35+1.85+0.28+0.35+0.87=5.64(m)\approx5.7(mH_2O)$

注：本计算为近似计算，实际中，3 台泵同时运行时，并不会有同样的流量；平衡发生在最远的泵出流量最少，而最近泵的出泥量最大；由于泵出泥量差别很小，因而并不会影响计算结果；上式中①表示水头损失数字摘自“丹麦 Kruger 公司设计指导书”；$1mH_2O=9806.65Pa$。

管道中最大压力/最小压力为 $18mH_2O/-1.5mH_2O$，因此，管道、阀门等的承压必须大于 2×10^5Pa（2bar）。

（4）剩余污泥泵和从污泥泵站到浓缩池之间的污泥管线

如图 11-32 所示。

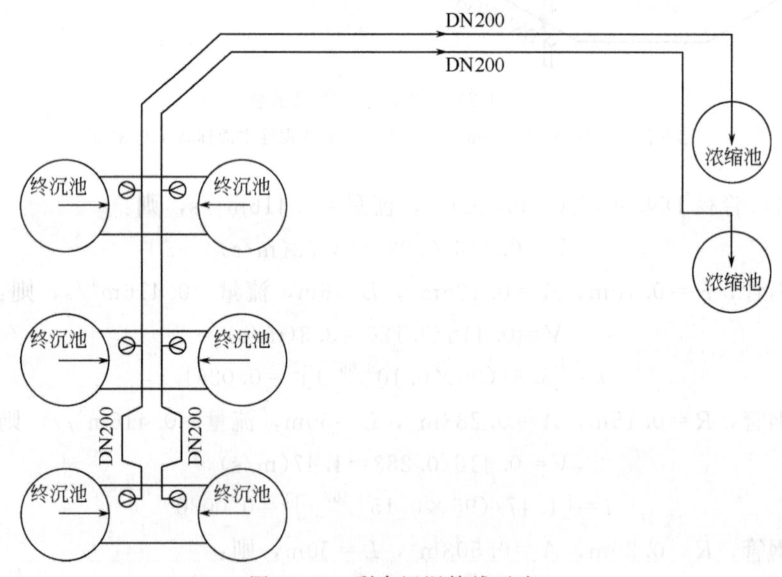

图 11-32　剩余污泥管线示意

（5）剩余污泥量和污泥泵

$$剩余污泥产量=26000kgSS/d$$

剩余污泥浓度假定为 $9kgSS/m^3$，则

$$剩余污泥量=26000/9\approx3000(m^3/d)$$

$$剩余污泥泵数量=6\ 台$$

$$每台污泥泵的输送量=3000/6=500m^3/d$$

污泥浓缩池 2 座，每座浓缩池是由单独的管线与 3 台剩余污泥泵相连。每次 1 座池仅 1 台污泥泵运行。

$$运行时间=24/3=8h/(d\cdot 台)$$

$$每台泵能力=(500m^3/d)/(8h/d)=62.5m^3/h\approx 0.018m^3/s$$

(6) 污泥管线

DN100 钢管，$A=0.0079m^2$，流量$=0.018m^3/s$，则：

$$V=0.018/0.0079=2.28(m/s)$$

DN150 钢管，$R=0.0375m$，$A=0.0177m^2$，$L=5m$，流量$=0.018m^3/s$，则：

$$V=0.018/0.0177=1.0(m/s)$$

$$i=[1.0/(95\times 0.0375^{0.667})]^2=0.0089$$

DN200 钢管，$R=0.05m$，$A=0.031m^2$，$L\approx 200m$，流量$=0.018m^3/s$，则：

$$V=0.018/0.031=0.58(m/s)$$

$$i=[0.58/(95\times 0.05^{0.667})]^2=0.0020$$

(7) 剩余污泥泵扬程

$$\begin{aligned}H_{剩余污泥泵压力计}&=H_{几何高差}+\sum\Delta H_{管线+局部损失}\\&=(WL_{浓缩池}-WLS_2 400.60-WLS_1 400.35)+\{弯头\ 0.3\times(2.28^2/2g)+渐扩\\&\quad 0.85\times[(2.28-1)^2/2g]+弯头\ 0.3,闸阀\ 0.2,止回阀 1.0:1.5\times(1.0^2/2g)\\&\quad +5\times 0.009+DN150\ 90°急弯进入\ DN200:2.9\times(0.58^2/2g)+45°弯头\ 6\ 个\\&\quad \times 0.2,90°弯头\ 4\ 个\times 0.3,出口\ 1\ 个\times 1.1:3.5\times(0.58^2/2g)+350\times 0.002\}\\&\quad \times 1.04\\&=(400.60-400.35)+(0.080+0.071+0.077+0.045+0.050+0.060+0.700)\\&\quad \times 1.04\\&=0.25+1.13=1.13\approx 1.4(mH_2O)\end{aligned}$$

(8) 浓缩后污泥泵和从浓缩池到均质池之间的管线

① 浓缩后的污泥量和污泥泵

浓缩后污泥产量=26000kgSS/d，浓缩后污泥浓度假定为 3%～3.5% (SS)。

浓缩后污泥量 (按 3%计)$=26000/30=870(m^3/d)$。

共有 2 座浓缩池，每座池配有 1 台污泥泵，则：

$$污泥量=870/2=435[m^3/(d\cdot 台)]$$

每次仅 1 台泵运行，按 25%时间运行（每小时运行 15min)，每台泵容量为：

$$(435m^3/d)/(25\%\times 24h/d)=73m^3/h\approx 0.020m^3/s$$

② 从浓缩池中部到池边污泥泵站的污泥管线

DN200 钢管，$R=0.2/4=0.05m$，$A=0.031m^2$，$L=11m$，浓缩后污泥量$=0.020m^3/s$，则：

$$V=0.020/0.031=0.65(m/s)$$

$$i=(0.65/95\times 0.05^{0.667})^2=0.0025$$

WLS_3 ＝泵站中污泥液面

＝400.60(WLS_2)－(进口 0.5,弯头 0.2,出口 1.1:1.8×

$0.65^2/2g$＋11×0.0025)×1.35(约 3.5%活性污泥)

＝400.60－0.090

＝400.51m

③ 从浓缩池到均质池之间的污泥管线，如图 11-33 所示。

DN100 钢管（污泥泵出口），流量＝$0.020m^3/s$

$$V=\frac{0.020}{0.008}=2.5\text{m/s}$$

DN150 钢管，$R=0.0375$m，$A=0.0177m^2$，$L=85$m

浓缩后污泥量＝$0.020m^3/s$

$$V=\frac{0.020}{0.0177}=1.13(\text{m/s})$$

$$i=\left(\frac{1.13}{95\times0.0375^{0.667}}\right)^2=0.012$$

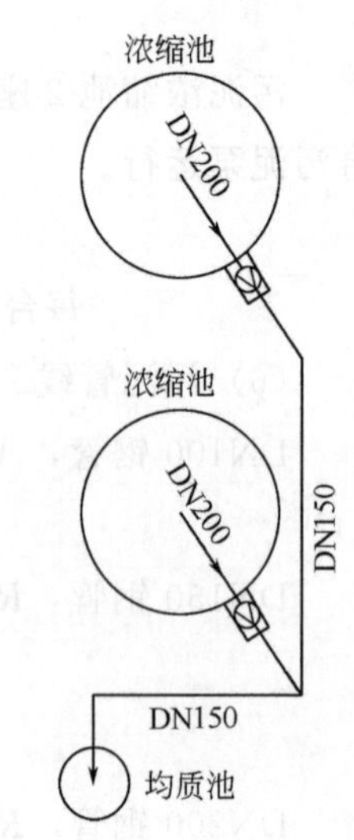

图 11-33 浓缩池到均质池之间管线示意

(9) 污泥泵扬程（压力）

$H_{污泥泵压力计}=H_{几何高差}+\sum\Delta H_{管线+局部水头损失}$

＝402.90(管道顶端)－400.45WLS_3＋[弯头 $0.3\times\frac{2.52^2}{2g}$＋渐扩 0.85×

$\frac{(2.5-1.13)^2}{2g}$＋90°弯头 6 个×0.3,45°弯头 6 个×0.2,止回阀 1.0,闸阀

5 个×0.2;$3.2\times\frac{1.13^2}{2g}$＋85m×0.012×1.35(约 3.5%活性污泥)]

＝3.45＋(0.096＋0.082＋0.209＋1.02)×1.35

＝3.45＋1.90

＝5.35(mH_2O)

污泥系统高程水力计算示意如图 11-34 所示。

11.4.2 日本某城市污水处理厂污水系统高程水力计算

(1) 设计污水量

日平均污水量 $Q_1=6800m^3/d=283.3m^3/h=0.079m^3/s$；

日最大污水量 $Q_2=8200m^3/d=341.7m^3/h=0.095m^3/s$；

时最大污水量 $Q_3=12700m^3/d=529.2m^3/h=0.147m^3/s$。

(2) 接纳水体及水位

接纳水体：守江湾；

最高水位：2.08m。

(3) 设计水厂地面高程

水厂地面高程 3.0m。

(4) 设计污水厂进水管

管径：$D=600$mm；

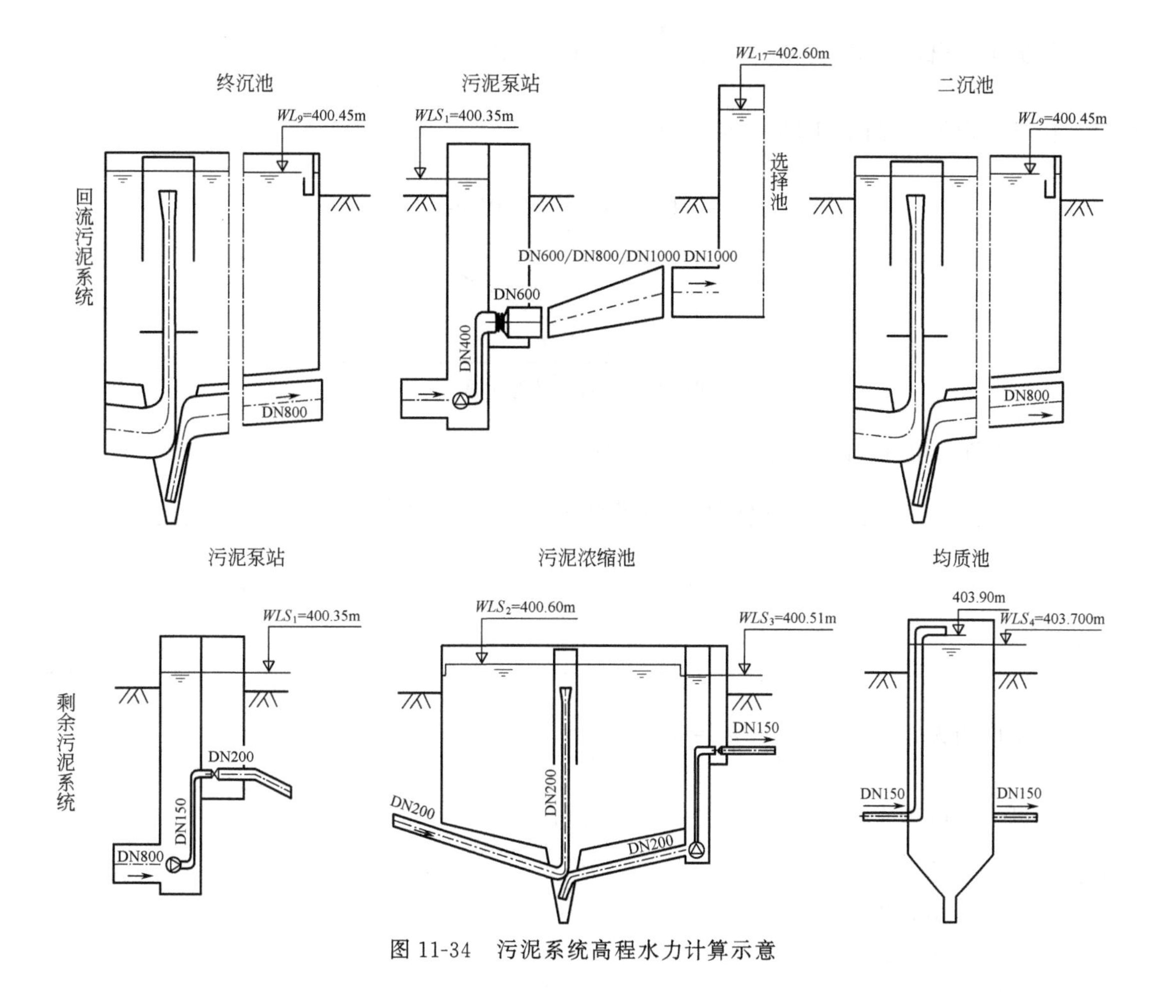

图 11-34　污泥系统高程水力计算示意

管底坡度：$i=2.0‰$；

管底高程：−8.300m。

（5）水力计算主要参数及符号

1）流量与接纳水体水位

QHW：时最大污水量。

QDW：日最大污水量。

HWL：最高水位。

2）损失

① 沿程摩擦损失：

$$h_f=il$$

$$i=\frac{n^2V^2}{R^{4/3}}$$

式中　l——管线长度，m；

n——管道粗糙系数，$n=0.013$；

V——管道中水流速度，m/s；

R——管道水力半径，m。

② 流入（入口）损失：　$h_e=0.5\times\frac{V^2}{2g}=0.02551V^2$

③ 流出（出口）损失：$h_0=1.0\times\frac{V^2}{2g}=0.05102V^2$

④ 转弯损失（见图 11-35）：$h_{be}=f_{be}\times\frac{V^2}{2g}$

$$f_{be}=0.946\sin^2\frac{\theta}{2}+2.05\sin^4\frac{\theta}{2}$$

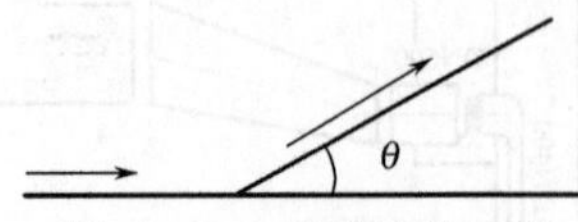

图 11-35　管道转弯示意

不同转角 θ 相对应的 f_{be} 值如表 11-17 所列。

表 11-17　转角 θ 与阻力系数 f_{be} 对应表

转角(θ)/(°)	15	30	45	60	75	90
f_{be}	0.0167	0.0726	0.1825	0.3646	0.6321	0.9855
$h_{be}=f_{be}\times\frac{V^2}{2g}$	$0.00085V^2$	$0.00370V^2$	$0.00931V^2$	$0.01860V^2$	$0.03225V^2$	$0.05028V^2$

⑤ 闸门损失：$h_g=1.5\times\frac{V^2}{2g}=0.07653V^2$

⑥ 渐扩管段损失：$h_{ge}=f_{ge}f_{se}\times\frac{V_1^2}{2g}$

式中　f_{ge}——渐扩损失系数；

f_{se}——急扩损失系数；

V_1——渐扩前平均水流速度，m/s。

渐扩损失系数如图 11-36 所示。急扩损失系数如表 11-18 所列。

表 11-18　急扩损失系数

D_1/D_2	0	0.1	0.2	0.3	0.4	0.5	0.6	0.7	0.8	0.9	1.0
f_{se}	1.00	0.98	0.92	0.82	0.70	0.56	0.41	0.26	0.13	0.04	0

⑦ 渐缩管段损失：

$$h_{gc}=f_{gc}f_{se}\cdot\frac{V_2^2}{2g}$$

式中　f_{gc}——渐缩损失系数；

V_2——渐缩后的平均流速。

渐缩损失系数 f_{gc} 如图 11-37 所示。

3）越流水深

① 矩形堰（见图 11-38、图 11-39）

$$h=\left(\frac{1}{CB}\right)^{2/3}\times q^{2/3}\text{（自由出流）}$$

$$q=q_0\left[1-\left(\frac{h}{h_o}\right)^{3/2}\right]^{0.385}\text{（淹没出流）}$$

$$q_0=CBh_o^{3/2}$$

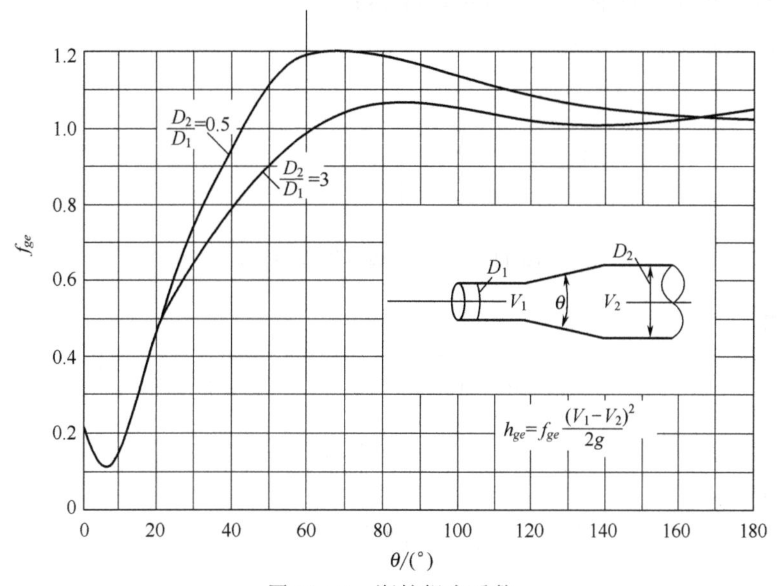

图 11-36　渐扩损失系数

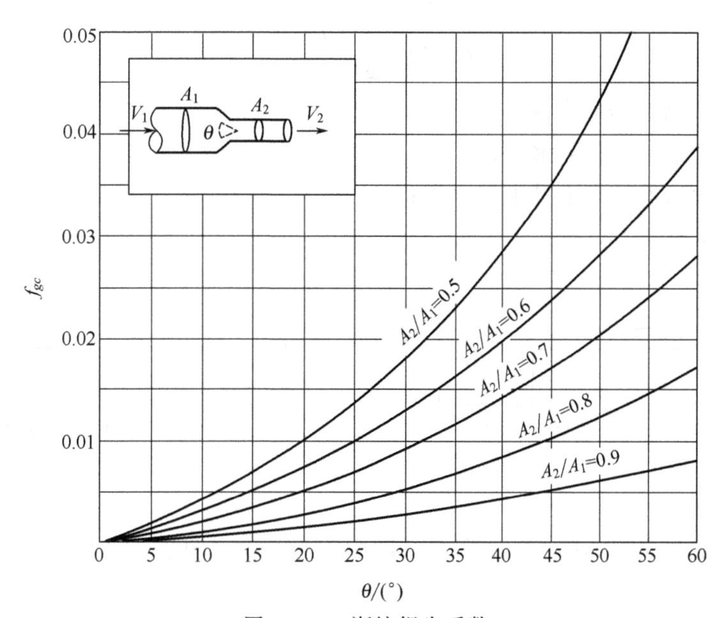

图 11-37　渐缩损失系数

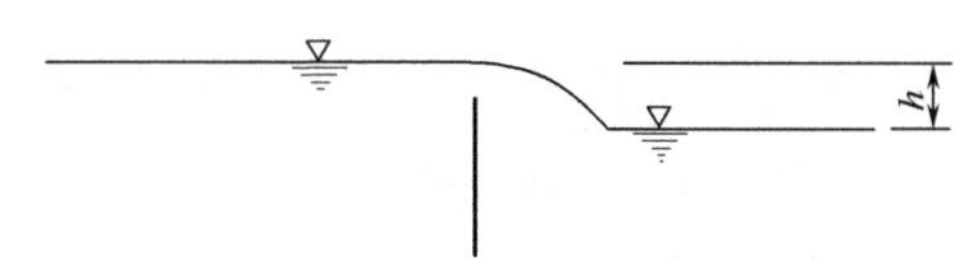

图 11-38　矩形堰（自由出流）

式中　C——常数，取值 1.84；

B——堰长，m；

q——淹没出流矩形堰的过堰流量，m^3/s；

q_0——自由出流矩形堰的过堰流量，m^3/s；

h_o——堰上水头。

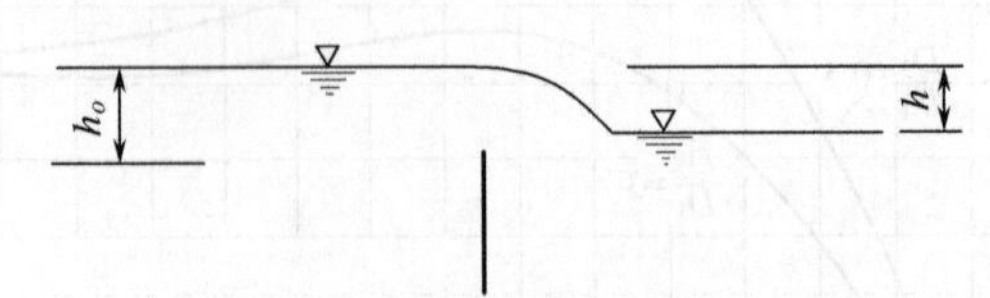

图 11-39　矩形堰（淹没出流）

② 三角堰

$$h=\left(\frac{1}{C}\right)^{2/5}q^{2/5}(C=1.42)$$

$$=0.86913q^{2/5}$$

③ 出水槽

$$h_o=\sqrt{3}h_c\text{（自由出流，见图 11-40）}$$

$$h_o=\left(\frac{2\times h_c^3}{h_e}+h_e^2\right)^{1/2}\text{（淹没出流，见图 11-41）}$$

$$h_c=\left(\frac{1.1\times q^2}{gB^2}\right)^{1/3}$$

式中　h_o——出水槽起始端水深；

h_c——出水槽末端临界水深；

h_e——淹没出流时出水槽末端水深；

B——出水槽槽宽，m。

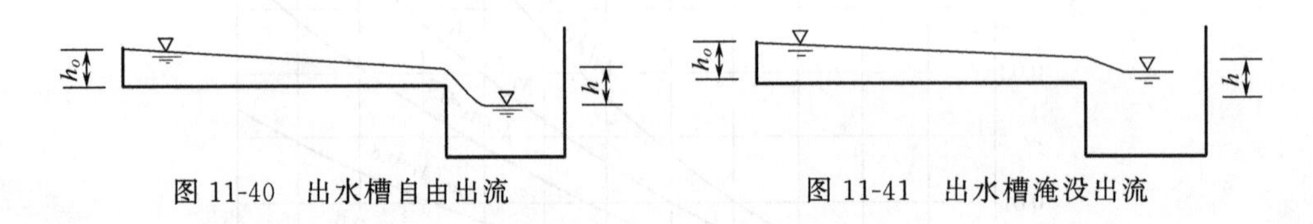

图 11-40　出水槽自由出流　　　图 11-41　出水槽淹没出流

(6) 污水处理厂工艺流程

污水处理厂工艺流程如图 11-42 所示。图中①～⑨含义见表 11-19。

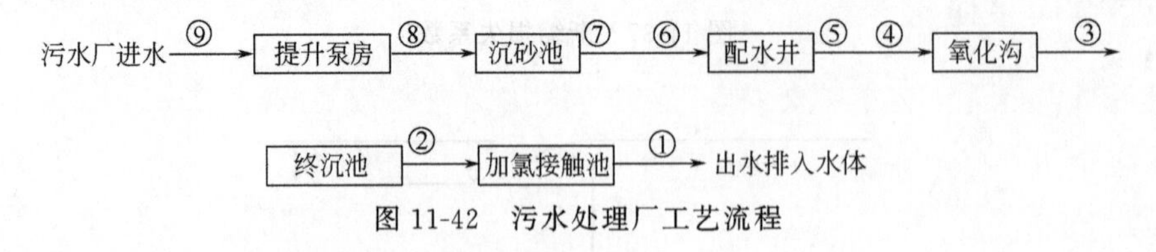

图 11-42　污水处理厂工艺流程

(7) 各处理构筑物设计水量

各处理构筑物设计水量如表 11-19 所列。

(8) 各处理设施水力计算及水力高程计算

各处理设施水力计算如表 11-20 所列。高程水力计算如图 11-43 所示。

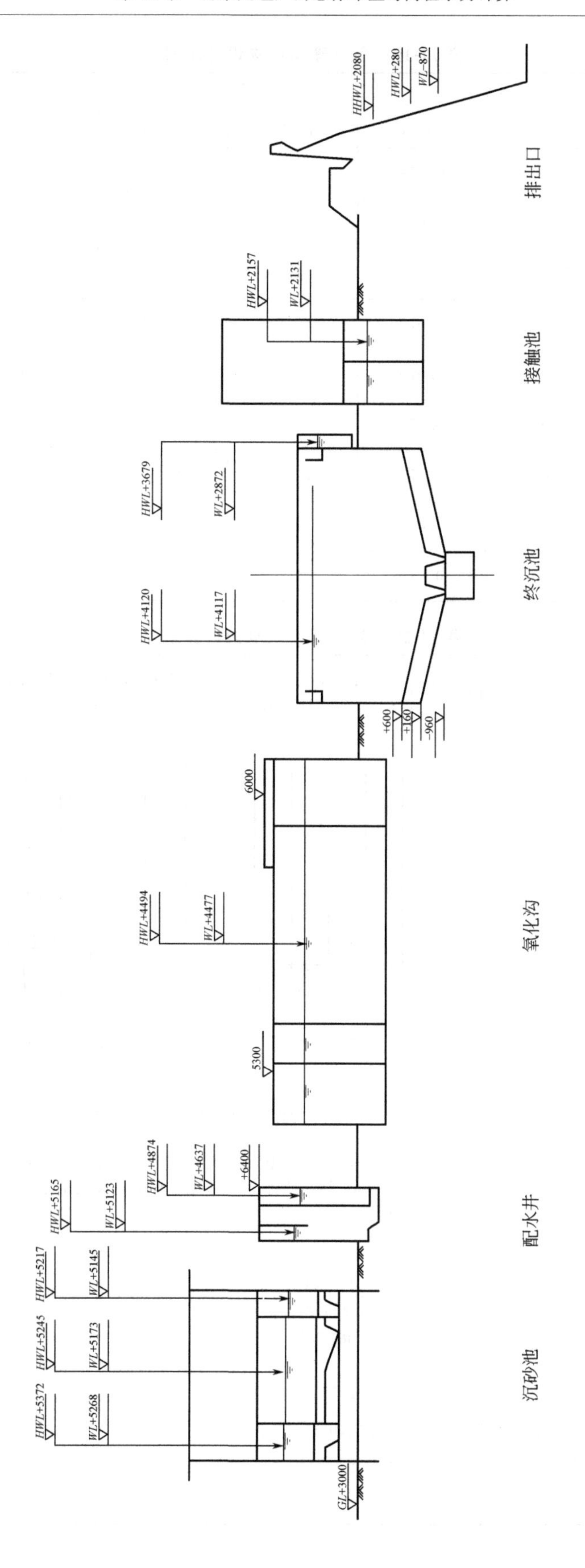

图 11-43　污水系统高程水力计算示意（单位：mm）

GL—地平线

表 11-19　各处理构筑物设计水量

项目	日平均		日最大		时最大	
	m^3/d	m^3/s	m^3/d	m^3/s	m^3/d	m^3/s
①加氯接触池出水	6800	0.079	8200	0.095	12700	0.147
②终沉池出水	6800	0.079	8200	0.095	12700	0.147
③氧化沟出水	20400	0.236	24600	0.285	38100	0.441
④氧化沟进水	6800	0.079	8200	0.095	12700	0.147
⑤配水井出水	6800	0.079	8200	0.095	12700	0.147
⑥配水井进水	6800	0.079	8200	0.095	12700	0.147
⑦沉砂池出水	6800	0.079	8200	0.095	12700	0.147
⑧沉砂池进水	6800	0.079	8200	0.095	12700	0.147
⑨提升泵房进水	6800	0.079	8200	0.095	12700	0.147

表 11-20　各处理设施水力计算表

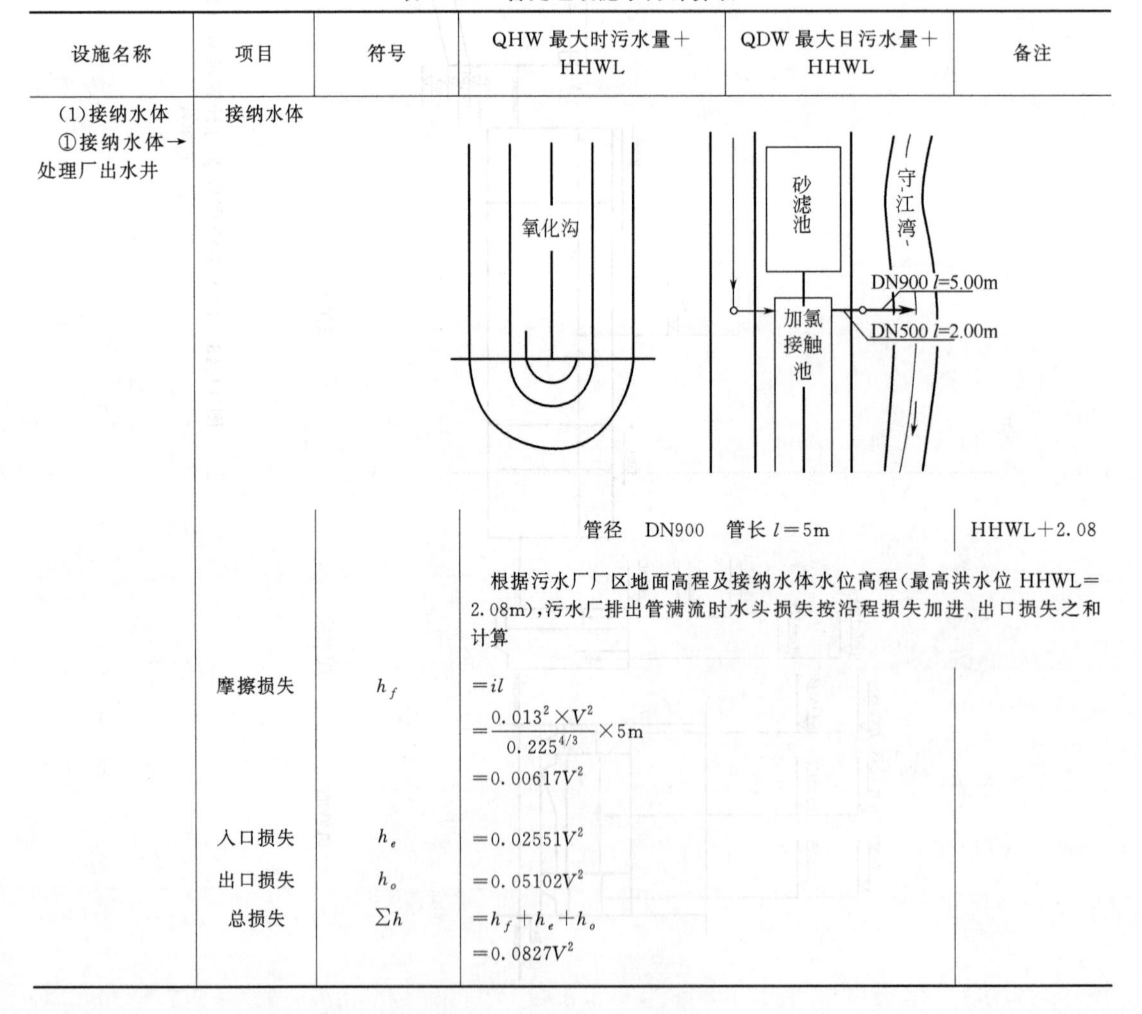

设施名称	项目	符号	QHW 最大时污水量＋HHWL	QDW 最大日污水量＋HHWL	备注
(1)接纳水体 ①接纳水体→处理厂出水井	接纳水体				
			管径　DN900　管长 $l=5m$		HHWL＋2.08
			根据污水厂厂区地面高程及接纳水体水位高程(最高洪水位 HHWL＝2.08m)，污水厂排出管满流时水头损失按沿程损失加进、出口损失之和计算		
	摩擦损失	h_f	$=il$ $=\frac{0.013^2 \times V^2}{0.225^{4/3}} \times 5m$ $=0.00617V^2$		
	入口损失	h_e	$=0.02551V^2$		
	出口损失	h_o	$=0.05102V^2$		
	总损失	$\sum h$	$=h_f+h_e+h_o$ $=0.0827V^2$		

续表

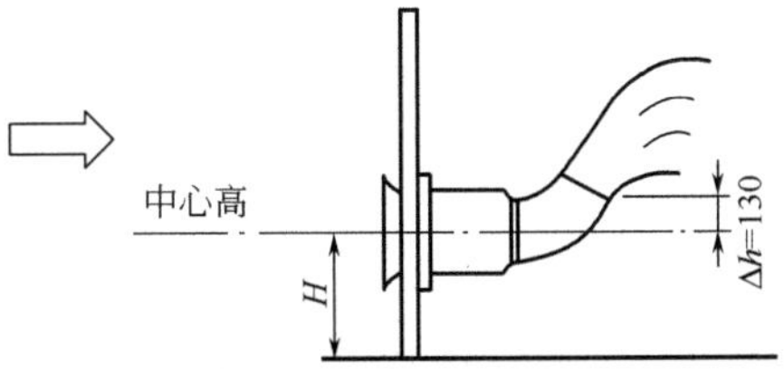

设施名称	项目	符号	QHW 最大时污水量+HHWL	QDW 最大日污水量+HHWL	备注
		$Q/(m^3/s)$	0.446	0.394	雨水量 $q_1=0.299m^3/s$
		W_A/m^2	0.636	0.636	
		$V/(m/s)$	0.701	0.619	
		h/m	0.041	0.032	
		处理水出口/m	+2.121	+2.112	
②处理后水出口→加氯接触池出水井			管径　DN500　管长 $l=2m$		
	摩擦损失	h_f	$=il$ $=\frac{0.013^2\times V^2}{0.125^{4/3}}\times 2m$ $=0.0054V^2$		
	入口损失	h_e	$=0.02551V^2\times$(1 个入口) $=0.02551V^2$		
	出口损失	h_o	$=0.05102V^2\times$(1 个出口) $=0.05102V^2$		
	总损失	Σh	$=h_f+h_e+h_o$ $=0.08193V^2$		
		$Q/(m^3/s)$	0.147	0.095	
		W_A/m^2	0.196	0.196	
		$V/(m/s)$	0.750	0.485	
		h/m	0.046	0.019	
		接触池出水井/m	+2.167	+2.131	
(2)接触混合池			流量计　ϕ200×4 个 中心高　+2.200m		
			中心高　H　$\Delta h=130$		
			$q=\frac{1}{4}Q$		
	流量计损失				
	①入口损失	h_e	$=0.02551V^2$		
	②出口损失	h_o	$=0.05102V^2$		
	③转弯损失(45°)	h_{be}	$=0.18250V^2$		
	④总损失	Σh	$=h_e+h_o+h_{be}$ $=0.25903V^2$		

续表

设施名称	项目	符号	QHW 最大时污水量＋HHWL	QDW 最大日污水量＋HHWL	备注
（2）接触混合池		$Q/(m^3/s)$	0.147	0.095	
		$q(m^3/s)=Q/4$	0.037	0.024	
		W_A/m^2	0.0314	0.0314	
		$V/(m/s)$	1.178	0.764	
		$\Sigma h/m$	0.359	0.151	
		出口 $\Delta h/m$	0.130	0.130	
		混合池/m	＋2.689	＋2.481	
		底高	＋2.481m－1.000m＝＋1.481m→＋1.400m		
	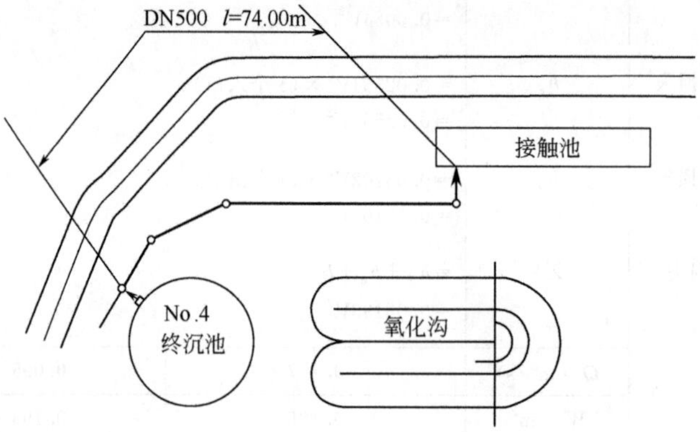	DN500 l=74.00m 接触池 No.4 终沉池 氧化沟			
（3）接触混合池→终沉池	接触混合池→终沉池（No. 4）				
	管渠损失		管径 DN500　管长 $l=74.0m$ （90° 1 个） （45° 2 个）		
	①摩擦损失	h_f	$=il$ $=\frac{0.013^2\times V^2}{0.125^{4/3}}\times 74.0m$ $=0.200V^2$		
	②转弯损失	h_{b1}	$=f_{b1}f_{b2}\frac{V^2}{2g}$ $=0.01532V^2\times 1$ 个(90°) $=0.01532V^2$		
		h_{b2}	$=f_{b1}f_{b2}\frac{V^2}{2g}$ $=0.01083V^2\times 2$ 个(45°) $=0.02166V^2$		
	③入口损失	h_e	$=0.02551V^2\times 3$ 个 $=0.07653V^2$		
	④出口损失	h_o	$=0.05102V^2\times 4$ 个 $=0.20408V^2$		

续表

设施名称	项目	符号	QHW 最大时污水量+HHWL	QDW 最大日污水量+HHWL	备注
(3)接触混合池→终沉池	⑤总损失	$\Sigma h/\mathrm{m}$	$=h_f+h_b+h_e+h_o$ $=0.51759V^2$		
		$Q/(\mathrm{m^3/s})$	0.147	0.095	
		$W_A/\mathrm{m^2}$	0.196	0.196	
		$V/(\mathrm{m/s})$	0.750	0.485	
		$\Sigma h/\mathrm{m}$	0.291	0.122	
		终沉池出水井(No. 4)/m	+2.980	+2.603	
(4)终沉池	终沉池 (1)No. 4 终沉池→No. 3 终沉池		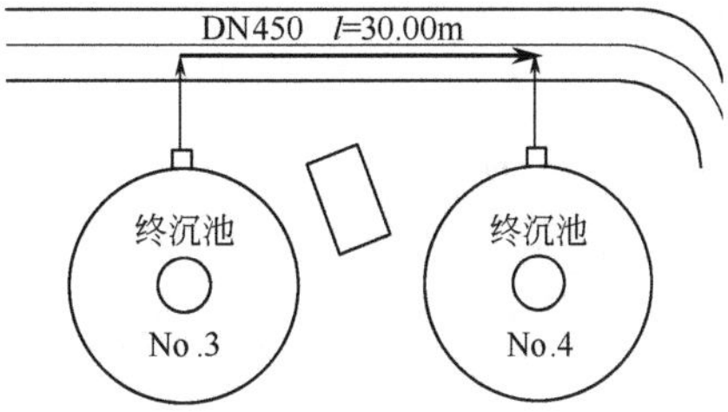 DN450 l=30.00m 终沉池 No.3 终沉池 No.4 管径DN450　管长 l=30.0m		
	①摩擦损失	h_f	$=il$ $=\frac{0.013^2\times V^2}{0.1125^{4/3}}\times 30\mathrm{m}$ $=0.09335V^2$		
	②入口损失	h_e	$=0.02551V^2\times 1$ 个 $=0.02551V^2$		
	③出口损失	h_o	$=0.05102V^2\times 1$ 个 $=0.05102V^2$		
	④总损失	Σh	$=h_f+h_e+h_o$ $=0.16988V^2$		
		$Q/(\mathrm{m^3/s})$	0.147	0.095	
		$q/(\mathrm{m^3/s})=3Q/4$	0.110	0.071	
		$W_A/\mathrm{m^2}$	0.159	0.159	
		$V/(\mathrm{m/s})$	0.692	0.447	
		$\Sigma h/\mathrm{m}$	0.081	0.034	
		终沉池出水井(No. 3)/m	+3.061	+2.637	
	(2)No. 3 终沉池→No. 2 终沉池	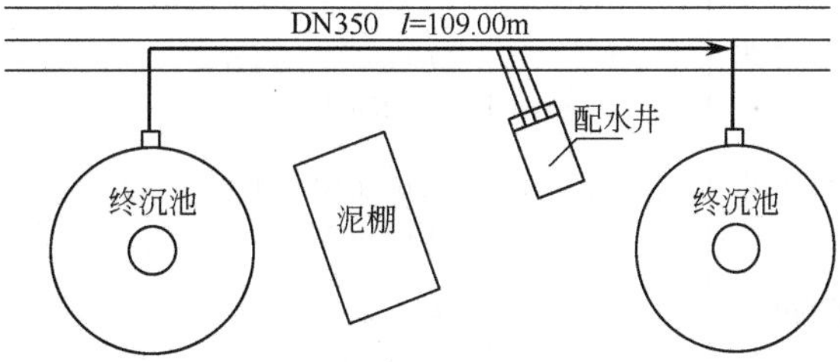 DN350 l=109.00m 配水井 终沉池 泥棚 终沉池 管径DN350　管长 l=109.0m			

续表

设施名称	项目	符号	QHW 最大时污水量＋HHWL	QDW 最大日污水量＋HHWL	备注
	①摩擦损失	h_f	$=il$ $=\frac{0.013^2\times V^2}{0.0874^{4/3}}\times 109\text{m}$ $=0.47455V^2$		
	②入口损失	h_e	$=0.02551V^2\times 2$ 个 $=0.05102V^2$		
	③出口损失	h_o	$=0.05102V^2\times 2$ 个 $=0.10204V^2$		
	④总损失	Σh	$=h_f+h_e+h_o$ $=0.62761V^2$		
		$Q/(\text{m}^3/\text{s})$	0.147	0.095	
		$q/(\text{m}^3/\text{s})=2Q/4$	0.074	0.048	
		W_A/m^2	0.096	0.096	
		$V/(\text{m/s})$	0.771	0.500	
		$\Sigma h/\text{m}$	0.373	0.157	
		终沉池出水井(No.2)/m	＋3.434	＋2.794	
(4)终沉池	(3) No.2 终沉池→No.1 终沉池		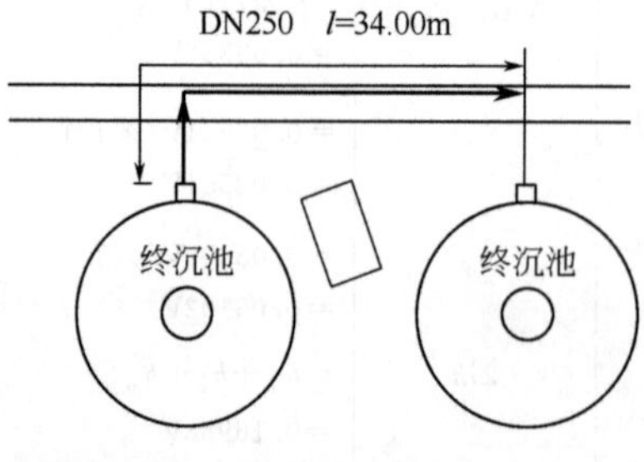 DN250 l=34.00m 终沉池 终沉池 管径DN250 管长 l=34.0m		
	①摩擦损失	h_f	$=il$ $=\frac{0.013^2\times V^2}{0.0624^{4/3}}\times 34\text{m}$ $=0.23194V^2$		
	②转弯损失	h_b	$=f_{b1}f_{b2}\cdot\frac{V^2}{2g}$(90° 1 个) $=0.01532V^2$		
	③入口损失	h_e	$=0.02551V^2\times 1$ 个 $=0.02551V^2$		
	④出口损失	h_o	$=0.05102V^2\times 1$ 个 $=0.05102V^2$		
	⑤总损失	Σh	$=h_f+h_b+h_e+h_o$ $=0.32379V^2$		

续表

设施名称	项目	符号	QHW 最大时污水量＋HHWL	QDW 最大日污水量＋HHWL	备注
(4)终沉池		$Q/(m^3/s)$	0.147	0.095	
		$q(m^3/s)=Q/4$	0.037	0.024	
		W_A/m^2	0.049	0.049	
		$V/(m/s)$	0.755	0.490	
		$\Sigma h/m$	0.185	0.078	
		终沉池出水井(No. 1)/m	＋3.619	＋2.872	
(5)出水槽	出水槽		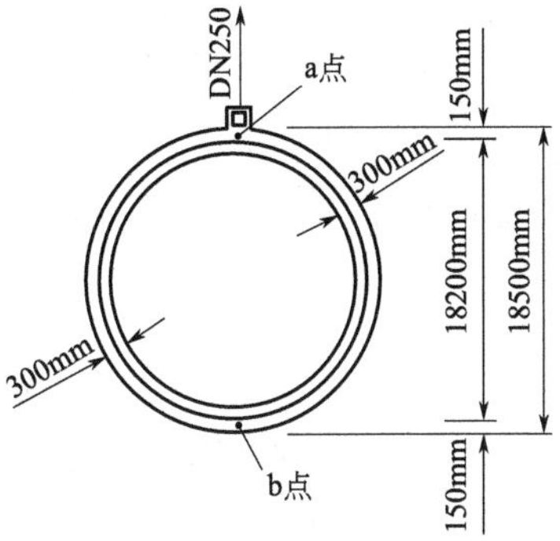 出水槽长 $l=18.2\times\pi=57.5$(m) 出水槽宽 $B=0.30$m 出水槽底高＋3.750m 流量 $q=1/4\times1/2\times Q=Q/8$		
	a 点的临界水深	h_c	$=[1.1\times q^2/(gB^2)]^{1/3}$ $=\left(\dfrac{1.1\times q^2}{9.8\times0.30^2}\right)^{1/3}$ $=1.07640q^{2/3}$		
	b 点的临界水深	h_o	$=\sqrt{3}h_c$(自由出流)		
		$Q/(m^3/s)$	0.147	0.095	
		$q(m^3/s)=Q/8$	0.018	0.012	
		$q^{2/3}$	0.0686	0.0523	
		h_c/m	0.074	0.056	
		h_o/m	0.128	0.097	
		a 点/m	＋3.824	＋3.806	
		b 点/m	＋3.878	＋3.847	
(6)三角堰	三角堰		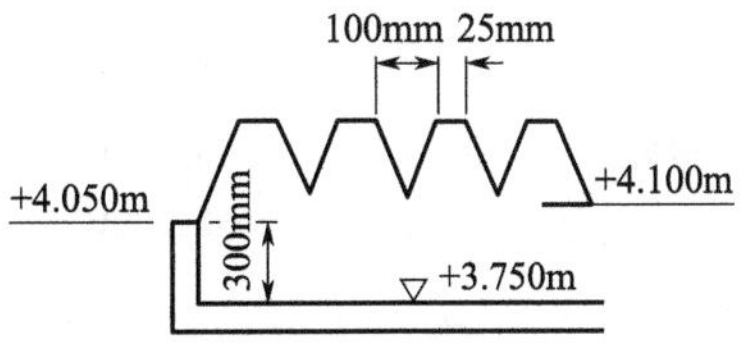 三角堰数量:57.5m×8 个/m＝460 个		

续表

设施名称	项目	符号	QHW 最大时污水量＋HHWL	QDW 最大日污水量＋HHWL	备注
(6)三角堰	单位堰上水量	q	$=1/4\times\frac{1}{460}\times Q$ $=\frac{1}{1840}Q$		
	堰上水头	h	$=\left(\frac{1}{C}\right)^{2/5}\cdot q^{2/5}$ $=0.86913q^{2/5}$		
		$Q/(m^3/s)$	0.147	0.095	
		$q(m^3/s)=Q/1840$	7.99×10^{-5}	5.16×10^{-5}	
		$q^{2/5}$	0.0230	0.0193	
		h/m	0.020	0.017	
		终沉池/m	＋4.120	＋4.117	
(7)终沉池→氧化沟	终沉池→氧化沟出水管		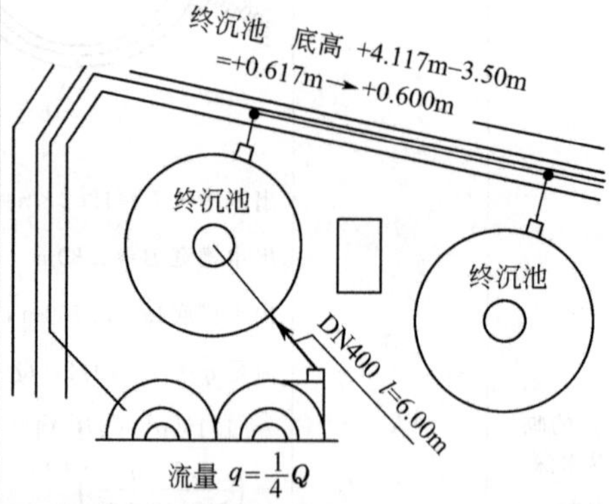 终沉池　底高 +4.117m−3.50m =+0.617m→+0.600m 终沉池 终沉池 DN400 l=6.00m 流量 $q=\frac{1}{4}Q$ 管径 DN400　管长 $l=6$m (90°弯头 1 个，垂直安装) (45°弯头 1 个，水平安装)		
	①摩擦损失	h_f	$=il$ $=\frac{0.013^2\times V^2}{0.10^{4/3}}\times6$ $=0.02183V^2$		
	②转弯损失	h_b	$=f_{b1}f_{b2}\cdot\frac{V^2}{2g}$(90°，1 个；45°，1 个) $=0.01532\times1+0.01083\times1$ $=0.02615V^2$		
	③入口损失	h_e	$=0.02551V^2\times1$ 个 $=0.02551V^2$		
	④出口损失	h_o	$=0.05102V^2\times1$ 个 $=0.05102V^2$		
	⑤总损失	Σh	$=h_f+h_b+h_e+h_o$ $=0.12451V^2$		

续表

设施名称	项目	符号	QHW 最大时污水量+HHWL	QDW 最大日污水量+HHWL	备注
(7)终沉池→氧化沟		$Q/(m^3/s)$	0.380	0.285	
		$q(m^3/s)=Q/4$	0.095	0.071	
		W_A/m^2	0.126	0.126	
		$V/(m/s)$	0.754	0.563	
		$\Sigma h/m$	0.071	0.039	
		氧化沟出水井(No. 1)/m	+4.191	+4.156	
	出水可调节堰 堰上水头	h	最大时设计水量为污水厂进水量+回流污泥量(4Q); 最大日设计水量(3Q) 注:Q 为最大日污水量 堰宽 $B=1.80m$(调节范围 40cm) 堰顶高　+4.250m 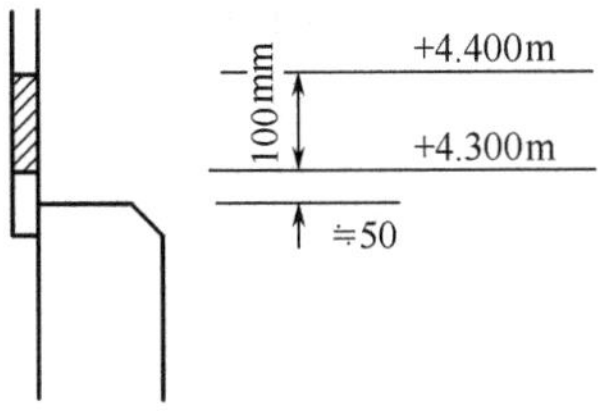 +4.400m 100mm +4.300m ≒50 $=(1/C\times B)^{2/3}\times q^{2/3}$ $=\left(\frac{1}{1.84\times1.80}\right)^{2/3}\times q^{2/3}$ $=0.44988q^{2/3}$		
		$Q/(m^3/s)$	0.380	0.285	
		$q(m^3/s)=Q/4$	0.095	0.071	
		$q^{2/3}$	0.208	0.171	
		h/m	0.094	0.077	
		氧化沟/m	+4.494	+4.477	
(8)氧化沟	氧化沟	底高	+4.477m−2.50m=+1.977m→+1.900m		
(9)氧化沟~配水井	氧化沟至配水井		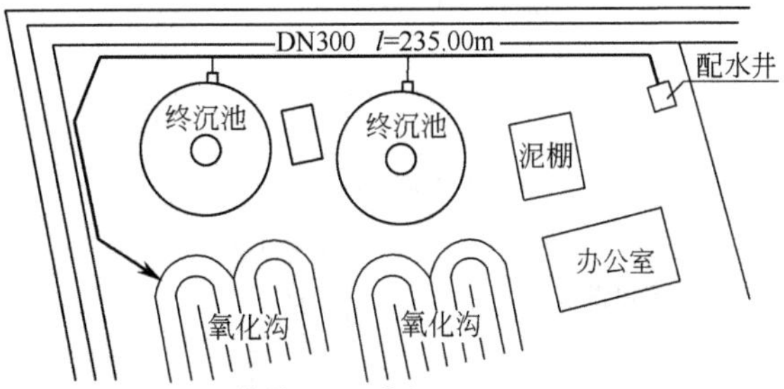 DN300　l=235.00m 配水井 终沉池 终沉池 泥棚 办公室 氧化沟 氧化沟 流量　$q=Q/4$ 管径 DN300　管长 $l=235.00m$ (90°转弯 1 个,水平安装) (45°转弯 5 个,水平安装)		

续表

设施名称	项目	符号	QHW 最大时污水量＋HHWL	QDW 最大日污水量＋HHWL	备注
(9)氧化沟→配水井	(1)摩擦损失	h_f	$=il$ $=\frac{0.013^2\times V^2}{0.0751^{4/3}}\times 235$ $=1.2528V^2$		
	(2)转弯损失	h_{b1}	$=f_{b1}f_{b2}\frac{V^2}{2g}$(90°,1个) $=0.01532V^2\times 1$个 $=0.01532V^2$		
		h_{b2}	$=f_{b1}f_{b2}\frac{V^2}{2g}$(45°,5个) $=0.01083V^2\times 5$个 $=0.05415V^2$		
	(3)入口损失	h_e	$=0.02551V^2\times 1$个 $=0.02551V^2$		
	(4)出口损失	h_o	$=0.05102V^2\times 1$个 $=0.05102V^2$		
	(5)总损失	Σh	$=h_f+h_{b1}+h_{b2}+h_e+h_o$ $=1.3988V^2$		
		$Q/(m^3/s)$	0.147	0.095	
		$q(m^3/s)=Q/4$	0.037	0.024	
		W_A/m^2	0.071	0.071	
		$V/(m/s)$	0.521	0.338	
		$\Sigma h/m$	0.380	0.160	
		配水井出口/m	＋4.874	＋4.637	
(10)配水井	出水可调节堰		堰长 $B=0.3$m(调节范围 30cm) 堰顶高 ＋5.000m		
	堰上水头	h	$=(1/CB)^{2/3}\times q^{2/3}$ $=\left(\frac{1}{1.84\times 0.3}\right)^{2/3}\times q^{2/3}$ $=1.4861q^{2/3}$		
		$Q/(m^3/s)$	0.147	0.095	
		$q(m^3/s)=Q/4$	0.037	0.024	
		$q^{2/3}$	0.111	0.083	
		h/m	0.165	0.123	
		配水井入口/m	＋5.165	＋5.123	
	(1)摩擦损失	h_f	管径 DN500,管长 $l=29$m $=il$ $=\frac{0.013^2\times V^2}{0.1963^{4/3}}\times 29$m $=0.0429V^2$		
	(2)入口损失	h_e	$=0.02551V^2\times 1$个 $=0.02551V^2$		

续表

<table>
<tr><th>设施名称</th><th>项目</th><th>符号</th><th>QHW 最大时污水量＋HHWL</th><th>QDW 最大日污水量＋HHWL</th><th>备注</th></tr>
<tr><td rowspan="8">(10)配水井</td><td>(3)出口损失</td><td>h_o</td><td colspan="2">$=0.05102V^2\times1$ 个
$=0.05102V^2$</td><td rowspan="8"></td></tr>
<tr><td>(4)转弯损失</td><td>h_{b1}</td><td colspan="2">$=f_{b1}f_{b2}\frac{V^2}{2g}(90°,3$ 个)
$=0.01532V^2\times3$ 个
$=0.0766V^2$</td></tr>
<tr><td>(5)总损失</td><td>Σh</td><td colspan="2">$=h_f+h_e+h_{b1}+h_o$
$=0.1960V^2$</td></tr>
<tr><td rowspan="5"></td><td>$Q/(m^3/s)$</td><td>0.147</td><td>0.095</td></tr>
<tr><td>W_A/m^2</td><td>0.1963</td><td>0.1963</td></tr>
<tr><td>$V/(m/s)$</td><td>0.749</td><td>0.484</td></tr>
<tr><td>$\Sigma h/m$</td><td>0.110</td><td>0.046</td></tr>
<tr><td>沉砂池出水/m</td><td>+5.275</td><td>+5.169</td></tr>
<tr><td rowspan="9">(11)沉砂池</td><td>沉砂池</td><td></td><td colspan="2">闸门尺寸:0.8m(长)×0.5m(宽)
闸门数量:2 个
通过流速 $V=\frac{设计污水量(m^3/s)}{通过水深\times闸门长\times个数}$
$=\frac{0.147}{0.153\times0.8\times2}$
$=0.6(m/s)$</td><td rowspan="9"></td></tr>
<tr><td>①沉砂池前闸门损失</td><td>h_{g1}</td><td colspan="2">$1.5\times\frac{V^2}{2g}=0.0765V^2$</td></tr>
<tr><td>②格栅损失</td><td>h_i</td><td colspan="2">0.10m</td></tr>
<tr><td>③沉砂池后闸门损失</td><td>h_{g2}</td><td colspan="2">$1.5\cdot\frac{V^2}{2g}=0.0765V^2$</td></tr>
<tr><td>④总损失</td><td>Σh</td><td colspan="2">$=h_{g1}+h_i+h_{g2}$
$=0.0765V^2+0.10+0.0765V^2$
$=0.153V^2+0.10$</td></tr>
<tr><td rowspan="4"></td><td>$Q/(m^3/s)$</td><td>0.147</td><td>0.095</td></tr>
<tr><td>$V/(m/s)$</td><td>0.60</td><td>0.388</td></tr>
<tr><td>$\Sigma h/m$</td><td>0.155</td><td>0.123</td></tr>
<tr><td>沉砂池入水/m</td><td>+5.430</td><td>+5.292</td></tr>
<tr><td>(12)提升泵房</td><td>提升泵房
流入管径
流入管底高
满管流量($n=0.013$)
流入水位</td><td></td><td colspan="2">DN600　P
DN600　2.0‰
−8.300m
$Q=0.275m^3/s$</td><td></td></tr>
</table>

续表

<table>
<tr><th>设施名称</th><th>项目</th><th>符号</th><th colspan="2">QHW 最大时污水量＋HHWL</th><th>QDW 最大日污水量＋HHWL</th><th>备注</th></tr>
<tr><td rowspan="7">(12)提升泵房</td><td>项目</td><td>单位</td><td>日平均</td><td>日最大</td><td>时最大</td><td rowspan="7"></td></tr>
<tr><td>流入水量</td><td>m^3/s</td><td>0.079</td><td>0.095</td><td>0.147</td></tr>
<tr><td>流量比</td><td></td><td>0.287</td><td>0.345</td><td>0.535</td></tr>
<tr><td>水深比</td><td></td><td>0.366</td><td>0.408</td><td>0.520</td></tr>
<tr><td>水深</td><td>m</td><td>0.220</td><td>0.245</td><td>0.312</td></tr>
<tr><td>水位</td><td>m</td><td>−8.080</td><td>−8.055</td><td>−7.988</td></tr>
<tr><td></td><td colspan="4">圆形管特性曲线（Manning式） 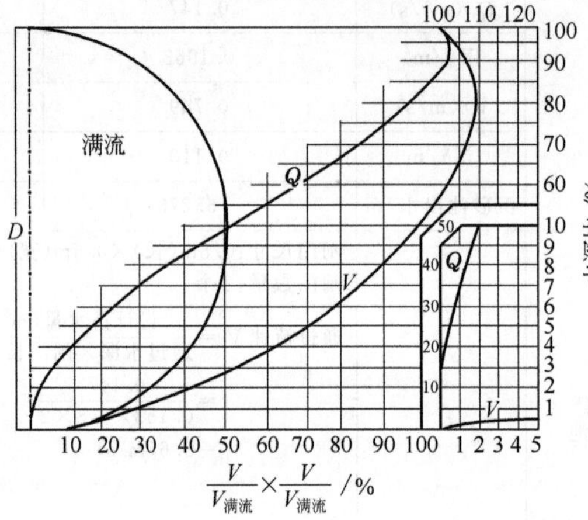
满流　D　Q　V
水深比/%
$\frac{V}{V_{满流}}\times\frac{V}{V_{满流}}$ /%</td></tr>
</table>

第 12 章　污水处理厂的技术经济分析

12.1　工程投资估算的编制

12.1.1　投资估算编制的基本要求

① 污水处理工程建设项目可行性研究投资估算的编制，现阶段遵照住建部发布施行的《市政工程投资估算编制办法》（以下简称《编制办法》）及《市政公用工程设计文件编制深度规定》（2013 年版）的要求进行编制。利用国际金融机构、外国政府和政府金融机构贷款的工程建设项目，还应根据贷款方的评估要求补充必要的编制内容。

② 建设项目可行性研究报告中的投资估算，应对总造价起控制作用，作为工程造价的最高限额，不得任意突破。在投资估算编制工作中，必须严格执行国家的方针、政策和有关法规制度，在调查研究的基础上如实反映工程项目建设规模、标准、工期、建设条件和所需投资，既不能高估冒算，也不能故意压低、留有缺口。

③ 建设项目的投资估算是可行性研究报告的重要组成部分，也是项目决策的基本依据之一，为此可行性研究报告的编制单位要对技术方案和投资估算全面负责，将以此考核编制单位的技术资质级别和经济责任。当由几个单位共同编制可行性研究报告时，主管部门应指定主体编制单位负责统一制定估算编制原则，并汇编总估算，其他单位负责编制各自所承担部分的工程估算。

④ 可行性研究报告的编制单位和参加人员必须树立经济核算的观念，克服重技术轻经济的倾向，各专业之间应密切配合，做好多方案的技术经济比较，努力降低工程造价，提高投资效益。

⑤ 估算编制人员应深入现场，搜集工程所在地有关的基础资料，包括人工工资、材料供应和价格、运输和施工条件、各项费用标准等，并全面了解建设项目的资金筹措、实施计划、水电供应、配套工程、征地拆迁赔偿等安排落实情况。对于引进技术和设备、中外合作经营的建设项目，估算编制人员应参加对外洽商，要求外商提供能满足编制投资估算的有关资料，以提高投资估算的质量。

⑥ 预可行性研究的投资估算，可按照《编制办法》要求的编制深度，在满足投资决策需要的前提下适当简化。

12.1.2　投资估算文件的组成

① 估算编制说明。主要包括工程概况、编制依据、征地拆迁、供电供水、考察咨询及其他有关问题的说明。

② 建设项目总投资估算及使用外汇额度。

③ 主要技术经济指标分析。包括投资、用地、主要材料用量和劳动定员指标等。各项技术经济指标计算方法按住建部《市政工程设计技术管理标准》中“市政工程技术经济指标

计算规定”的要求计算。

④ 钢材、水泥（或商品混凝土）、木料、管材等主要材料总需要量，道路工程还应计算沥青及其沥青制品等的需要量。

⑤ 如果采用引进设备，应计算主要引进设备的内容、数量和费用。

⑥ 费用组成及投资比例分析。包括各单项工程费用占第一部分工程总费用的比例；工程费用、工程建设其他费用、预备费用占固定资产投资的比例；建筑工程费、安装工程费、设备购置费、其他费用占建设项目总投资的比例。

⑦ 资金筹措、资金总额组成及年度用款安排。

12.1.3 投资估算的编制办法

污水处理厂投资估算是在对项目的建设规模、产品方案、技术方案、设备方案、选址方案和工程建设方案等进行研究的基础上对项目总投资数额进行的估算。常用的估算方法有以下几种。

12.1.3.1 指标估算法

采用国家或部门、地区制定的技术经济指标为估算依据，或以已经建设的同类工程的造价指标为基础，结合工程的具体条件，考虑时间、地点、材料差价等可变因素做必要的调整。

参照住建部颁发的《市政工程投资估算指标》和 2017 年中国建筑工业出版社《给水排水设计手册：第 10 册技术经济》，并结合近年来各地市政设施建设项目的实际施工结算情况，对污水处理厂基本建设投资进行估算，综合列于表 12-1，供项目建议书或预可研阶段估算时参考。

表 12-1 污水处理厂单位水量投资估算和主要材料消耗的综合指标

规模 $/(10^4 m^3/d)$		单位投资 $/(元/m^3)$	主要材料				
			钢材/kg	水泥/kg	木材/m^3	金属管/kg	非金属管/kg
一级污水处理厂	20 以上	1866～2199	13～15	95～100	0.01～0.02	3.15～5.25	5.25～7.35
	10～20	2199～2508	15～17	100～110	0.02～0.02	5.25～6.30	7.35～8.40
	5～10	2508～2910	17～19	110～121	0.02～0.02	6.30～8.40	8.40～10.50
	2～5	2910～3401	19～21	121～137	0.02～0.03	8.40～9.45	10.50～11.55
	1～2	3401～4188	21～26	137～168	0.03～0.03	9.45～11.55	11.55～12.60
二级污水处理厂	20 以上	2620～3057	17～20	100～121	0.01～0.02	8.93～11.55	10.50～14.70
	10～20	3057～3452	20～23	121～147	0.02～0.02	11.55～13.13	14.70～15.75
	5～10	3542～4049	23～25	147～168	0.02～0.02	13.13～16.28	15.75～18.90
	2～5	4049～4882	25～29	168～189	0.02～0.03	16.28～19.95	18.90～21.00
	1～2	4882～5673	29～34	189～252	0.03～0.03	19.95～24.15	21.00～26.25
三级污水处理厂（深度处理）	20 以上	3468～4013	25～29	116～147	0.02～0.02	10.50～13.65	9.45～10.50
	10～20	4013～4581	29～38	147～179	0.02～0.03	13.65～15.75	10.50～11.55
	5～10	4581～5253	38～44	179～210	0.03～0.03	15.75～19.43	11.55～12.60

续表

规模 /($10^4m^3/d$)		单位投资 /(元/m^3)	主要材料				
			钢材/kg	水泥/kg	木材/m^3	金属管/kg	非金属管/kg
三级污水处理厂(深度处理)	2～5	5253～6379	44～55	210～273	0.03～0.03	19.43～22.68	12.60～13.65
	1～2	6379～7501	55～65	273～326	0.03～0.03	22.68～26.46	13.65～14.70

注：1. 一级污水处理厂工艺流程大体为除渣、提升、沉砂、初次沉淀、污泥浓缩及脱水；二级污水处理厂工艺流程大体为除渣、提升、沉砂、初次沉淀、活性污泥处理（或生物膜处理）、二次沉淀及污泥浓缩干化处理、消毒等。三级污水处理厂（深度处理）工艺流程大体为除渣、提升、沉砂、初次沉淀、活性污泥处理（或生物膜处理）、二次沉淀及污泥浓缩干化处理、深度处理、消毒、污泥处理等；其中，深度处理工艺有活性炭吸附、高级氧化、膜分离等；污泥处理工艺流程大体为污泥提升、浓缩、消化、脱水、沼气利用等。

2. 综合指标不包括征地拆迁、外部供电、供水、供气、供热、厂外管道等费用。

3. 综合指标未考虑湿陷性黄土区、地震设防、永久性冻土和地质情况十分复杂等地区的特殊要求。设备均按国产设备考虑，未考虑进口设备。

4. 综合指标的上限一般适用于工程地质条件复杂、技术要求较高、施工条件差等情况。下限适用于工程地质条件较好、技术要求一般、施工条件较好等情况。

5. 综合指标按 2022 年材料价格计算，应用时可按建设当年与 2022 年的材料价格指数进行调整。

12.1.3.2 费用模型估算法

费用模型通过数学关系式来描述工程费用特征及其内在联系。目前国内外污水处理费用模型通式为 $C=aQ^b$，其中 b 值通常范围为 0.7～0.9，主要与机械化和自控程度有关。土建工程的 b 值较高，约为 0.9；机械设备为 0.75 左右；电气设备为 0.5～0.6。国内城市污水处理厂的建设费用中，在 20 世纪 70～80 年代，建筑安装工程费用比例较高，占 75%～80%，设备购置费用仅占 20%～25%；20 世纪 90 年代随着机械化和自动化控制水平的提高，设备购置费用的比例已提高到工程费用的 1/3 左右。而在西方国家污水厂的费用构成中，土建工程仅占 25%～30%，机械和电气设备费用却高达 60%左右。表 12-2 为国内外研究的模型参数 b 值，从表 12-2 可以看出，国内污水处理厂的 b 值较国外的高，大致为 0.80。

表 12-2 国内外研究的模型参数 b 值

资料来源	b 值	资料来源	b 值
上海市政工程设计院(20 世纪 80 年代)	0.90	Fraas 和 Munleg	0.89
上海市政工程设计院(20 世纪 90 年代)	0.80	威拉米特河(美国)	0.771
上海市环境保护局	0.788	流总指南(日本)	0.718
龟田大武、明石哲也	0.727	土研(日本)	0.772
Smith(一级处理)	0.67	琵琶湖调查	0.742
Smith(二级处理)	0.69		

根据住建部发布的《市政工程投资估算指标》污水处理厂综合指标，结合西安市近几年建设的污水处理厂实际案例进行回归分析，得出污水处理厂总造价估算模型、主要处理单元构筑物造价估算模型和污水处理厂年运行（经营成本）估算模型如下，可供污水处理厂运行管理和设计人员投资估算时参考。

(1) 污水处理厂总造价估算模型

一级污水处理厂： $C=3500\sim4500Q^{0.81}$

二级污水处理厂： $C=4500\sim6000Q^{0.79}$

三级污水处理厂（深度处理）： $C=6000\sim7500Q^{0.80}$

式中 C——污水处理厂总造价，万元，但不包括征地拆迁费、涨价预备费和建设期贷款利息，设备采用国产设备；

Q——设计平均日处理污水量，$10^4 m^3/d$。

(2) 主要处理单元构筑物造价估算模型

本书仅对传统处理工艺中的单元处理构筑物建立费用函数，包括污水泵房、沉砂池、一次沉淀池、曝气池、二次沉淀池、接触池、浓缩池和消化池等。统计分析了处理水量在 $(0.07\sim50)\times10^4 m^3/d$ 范围内部分污水厂实际造价数据，并进行回归分析，得到费用模型表达式（C 表示造价，Q 表示流量），如表 12-3 所列。

表 12-3 污水处理厂单元构筑物费用模型

构筑物	费用模型/万元	主要特点	规模/$(10^4 m^3/d)$
粗格栅及污水提升泵房	$C=138.83Q^{0.815}$	污水提升泵房与粗格栅和集水井合建，矩形半地下式钢筋混凝土结构	0.5～50
沉砂池（平流）	$C=36.181Q^{0.719}$	矩形钢筋混凝土结构	0.08～6
细格栅与曝气沉砂池	$C=50.163Q^{0.819}$	矩形钢筋混凝土结构	0.5～50
一沉池（平流）	$C=209.54Q^{0.726}$	矩形钢筋混凝土结构	0.07～6
一沉池（辐流）	$C=90.195Q^{1.079}$	圆形钢筋混凝土结构	0.5～50
曝气池	$C=903.9Q^{0.82}$	矩形钢筋混凝土结构	0.5～50
二沉池（辐流）	$C=421.54Q^{0.796}$	圆形钢筋混凝土结构	0.5～50
二沉池配水井及污泥泵房（合建）	$C=10.165Q^{1.348}$	圆形钢筋混凝土结构	0.5～50
接触池	$C=119.06Q^{0.438}$	矩形钢筋混凝土结构	0.5～50
污泥泵房	$C=109.24Q^{1.174}$	矩形半地下式混合结构，地下为钢筋混凝土结构	0.4～5.5
污泥浓缩池	$C=1.395Q^2+15.885Q+38.777$	圆形钢筋混凝土结构	0.08～6
污泥消化池	$C=994.28Q^{0.633}$	圆形钢筋混凝土结构，配有污泥搅拌机	0.5～50
污泥脱水机房	$C=92.086Q^{0.358}$	矩形半地下式混合结构	0.5～50

(3) 污水处理厂年运行（经营成本）估算模型

三级污水处理厂（深度处理）：$C_0=540\sim1050Q^{0.79}$

式中 C_0——污水处理厂年运行费用，万元；

Q——设计平均日处理污水量，$10^4 m^3/d$，设备采用国产设备。

指标估算法和费用模型估算法具有快速实用优点，但由于工艺设计标准、结构形式、水文地质条件等种种因素对工程投资的影响难以在其中得到反映，其精确度较差，一般只能用来粗估投资或作为确定指导性的投资控制数的粗略估算。

12.1.3.3 主要造价构成估算法

估算时着重于造价构成的主要方面，次要方面则按主、次两者的比例关系进行估算。利用污水处理厂的造价分析成果（表 12-4），着重估算初沉池、曝气池、二沉池、消化池、脱水机房及厂区平面布置六项费用，在得出这六项工程费用的基础上增加 30%～35%，就能估算出整个污水处理厂的工程费用。

表 12-4　污水处理厂的造价构成

构筑物名称	各构筑物占污水处理厂总造价的比例/%		构筑物名称	各构筑物占污水处理厂总造价的比例/%	
	幅度范围	通常比例		幅度范围	通常比例
进水泵房及格栅房	5～12	6～9	沼气柜	2～5	2～4
沉砂池	1～2	1～2	脱水机房	4～10	4～8
初次沉淀池	5～11	6～10	其他构筑物	3～5	3～5
曝气池及鼓风机房	17～25	19～23	综合楼及辅助建筑	3～8	4～6
二次沉淀池	8～16	9～14	总平面布置	11～17	12～16
消化池及控制室	7～11	8～10	机修、化验、通信及运输设备	4～8	5～7
污泥浓缩池	2～4	2～3	家属宿舍	3～6	4～5

在进行单项构筑物造价估算时，同样可以利用造价构成的比例关系，重点估算比例较大的方面。如在估算辐流式二沉池的造价时，首先认真估算土建工程费用，因为土建费用占沉淀池总造价的 80%左右。

12.1.3.4　参照同类工程的造价或根据概算定额进行估算

利用过去已建成的同类工程或同一类型构筑物的造价资料作为估算基础，分析两个工程项目的不同特征对造价可能产生的影响。根据工程环境的具体条件、主体工程量、施工条件、材料价格等因素的差异，对造价做出必要的调整。如按各单项构筑物造价分析估算，就能使造价比较和调整工作更为细致，估算精确性亦随之提高。

在缺乏同类工程造价资料的情况下，必须按概算指标或概算定额的分项要求，计算出主要工程数量，然后按概算定额单价进行估算。

12.1.3.5　分项详细估算法

（1）工程费用的估算

1）建筑工程费估算的编制

① 主要构筑物或单项工程可套用估算指标或类似工程造价指标进行编制。按照可行性研究报告所确定的主要构筑物或单项工程的设计规模、工艺参数、建设标准和主要尺寸套用《市政工程投资估算指标》中相适应的构筑物估算指标或类似工程的造价指标和经济分析资料，并应结合工程的具体条件，考虑时间、地点、材料价格等可变因素进行调整。

② 室外管道铺设工程估算的编制应首先采用当地的管道铺设概（估）算指标或综合定额，当地无此类定额或指标时则可采用《市政工程投资估算指标》内相应的管道铺设指标，但应根据工程所在地的水文地质和施工机具设备条件，对沟槽支撑、排水、管道基础等费用项目做必要的调整，并考虑增列临时便道、建成区的路面修复、土方暂存等项费用。

③ 辅助构筑物和生活设施的房屋建筑工程，可参照估算指标或类似工程容积指标及“平方米造价指标”进行编制。

2）安装工程费估算的编制

① 管配件安装工程可套用估算指标或类似工程技术经济指标进行估算，也可按照概（预）算定额进行编制。

② 工艺设备、机械设备、工艺管道、变配电设备、动力设备和自控仪表的安装费用可按不同工程性质以主要设备和主要材料费用的百分比进行估算。百分比可根据有关指标或同

类工程的测算资料取定。

3）设备购置费估算的编制

① 主要设备费用采用制造厂现行出厂价格（含设备包装费）。

② 备品备件购置费可按主要设备费用的1%估算。设备原价内如包含备品备件时，则不应重复计算。

③ 次要设备费用可按主要设备总价的百分比计算，一般应掌握在10%以内。

④ 成套设备服务费：设备由设备成套公司承包供应时，可计列此项费用，按设备总价（包括主要设备、次要设备和备品备件费用）的1%估算。

⑤ 设备运杂费：根据工程所在地区以设备价格为计算基础，按表12-5设备运杂费费率估算。

表12-5　设备运杂费费率

序号	工程所在地区	费率/%
1	辽宁、吉林、河北、北京、天津、山西、上海、江苏、浙江、山东、安徽	6～7
2	河南、陕西、湖北、湖南、江西、黑龙江、海南、广东、四川、重庆、福建	7～8
3	内蒙古、甘肃、宁夏、广西、海南	8～10
4	贵州、云南、青海、新疆	10～11

注：西藏和厂址距离铁路或水运码头超过50km时可适当提高运杂费费率。

⑥ 超限设备运输措施费：按预计情况计入运杂费用内。

⑦ 备品备件购置费：可暂按设备原价的1%估算。

4）工器具及生产家具购置费估算的编制　可按第一部分工程费用内设备购置费总值的1%～2%估算。

（2）工程建设其他费用（第二部分费用）的估算

① 建设用地费。指按照《中华人民共和国土地管理法》等规定，建设项目征用土地或租用土地应支付的费用和管线搬迁及补偿费。

② 建设管理费。建设管理费指建设单位从项目筹建开始直至办理竣工决算为止发生的项目建设管理费用，包括建设单位管理费、建设工程监理费和工程质量监督费三部分，应分别按相应标准计算。计取代建费的项目不再计取建设单位管理费，代建费原则上限额不能超过建设单位管理费。

③ 建设项目前期工作咨询费。

④ 勘察设计费，包括工程勘察费、工程设计费、施工图预算编制费、竣工图编制费等。

⑤ 工程监理费。

⑥ 招标代理服务费。

⑦ 工程造价咨询服务费。

⑧ 技术经济评估审查费。

⑨ 劳动安全卫生评审费。

⑩ 场地准备及临时设施费，包括场地平整及建设单位临时设施费两部分。

⑪ 工程保险费。

⑫ 环境影响咨询服务费。

⑬ 研究试验费。

⑭ 基坑监测费。

⑮ 特殊设备安全监督检验费。

⑯ 生产准备费及开办费，包括生产职工培训费及提前进厂费、办公和生活家具购置费等。

⑰ 联合试运转费。

⑱ 专利及专有技术使用费。

⑲ 市政公用设施费。不发生或按规定免征项目不计取。

⑳ 引进技术和进口设备项目的其他费用。

（3）预备费的估算

① 基本预备费：应以第一部分工程费用与第二部分工程建设其他费用的总值之和为基数，乘以基本预备费费率 8%～10%估算。

② 涨价预备费：指项目建设期间由于价格可能发生上涨而预留的费用，目前按零计算。

（4）固定资产投资方向调节税

根据《中华人民共和国固定资产投资方向调节税暂行条例》及其实施细则、补充规定等文件，污水处理厂工程投资方向调节税为零。

（5）建设期贷款利息

应根据资金来源、建设期年限和借款利率分别计算。目前污水处理厂工程贷款利率可按照中国人民银行五年以上利率计取。借款除利息支付外，借款的其他费用（管理费、代理费、承诺费等）按贷款条件如实计算。

（6）铺底流动资金

铺底流动资金即自有流动资金，按流动资金总额的 30%估算。

污水处理厂项目投资估算可参照表 12-6 中内容分别计列估算值。

表 12-6　某城市污水处理厂项目投资估算

序号	工程或费用名称	估算价值/万元					技术经济指标		
		土建工程费	安装工程费	设备及工器具购置费	其他费用	合计	单位	数量	指标/元
一	工程费用								
1	预处理单元								
(1)	粗格栅进水泵房						m^3		
(2)	细格栅						m^3		
(3)	旋流沉砂池						m^3		
2	污水处理单元								
(1)	生物池						m^3		
(2)	空压机房						m^2		
(3)	除磷、碳源加药间						m^2		
(4)	回流及剩余污泥泵房						m^2		
(5)	二沉池						m^3		
(6)	活性砂滤池						m^3		
3	污泥处理单元								

续表

序号	工程或费用名称	估算价值/万元					技术经济指标		
		土建工程费	安装工程费	设备及工器具购置费	其他费用	合计	单位	数量	指标/元
（1）	脱水机房及污泥储运间						m^2		
（2）	储水池						m^3		
（3）	污泥浓缩池						m^3		
4	附属建筑物						m^2		
（1）	综合办公楼						m^2		
（2）	宿舍、食堂						m^2		
（3）	仓库及机修间						m^2		
（4）	门房、传达室						m^2		
5	电气设备						m^3/d		
6	仪表、化验设备						m^3/d		
7	除臭通风设备						m^3/d		
8	平面布置								
（1）	厂区土石方						m^3		
（2）	道路						m^2		
（3）	工艺管道						m		
（4）	给排水管道						m		
（5）	绿化						m^2		
（6）	围墙						m		
（7）	大门						座		
9	厂外工程								
（1）	厂外道路						m^2		
（2）	厂外管线						m		
（3）	厂外供电						m		
10	工器具及生产家具购置费								
11	备品备件								
二	工程建设其他费用								
（1）	征地拆迁费用								
（2）	建设单位管理费								
（3）	工程监理费								
（4）	工程勘察费								
（5）	工程设计费								
（6）	项目前期费								
（7）	招标代理服务费								
（8）	技术经济评估审查费								
（9）	工程造价咨询服务费								

续表

序号	工程或费用名称	估算价值/万元					技术经济指标		
		土建工程费	安装工程费	设备及工器具购置费	其他费用	合计	单位	数量	指标/元
(10)	环境影响评价费								
(11)	研究试验费								
(12)	基坑监测费								
(13)	特殊设备安全监督检验费								
(14)	劳动安全卫生评审费								
(15)	场地准备及临时设施费								
(16)	工程保险费								
(17)	生产职工培训费								
(18)	办公及生活家具购置费								
(19)	联合试运转费								
(20)	高可靠性供电费								
三	基本预备费								
四	静态总投资								
五	建设期贷款利息								
六	动态总投资								
七	铺底流动资金								
八	建设项目总投资								

12.2　工程概、预算的编制

12.2.1　概、预算编制依据及主要基础资料

① 批准的建设项目可行性研究报告和主管部门的有关规定。

② 设计文件（初步设计或施工图设计及施工组织设计文件）。

③ 各省市地区或国家现行的市政工程、建筑安装工程概预算定额、工程量清单定额、间接费定额及其取费标准等有关费用的规定等文件。

④ 现行有关的设备原价及运杂费费率。

⑤ 现行的有关其他工程费用定额和指标。

⑥ 建设地点的地质资料、土壤类别、地下水位、一般性气象资料等。

⑦ 类似工程的概、预算及技术经济指标资料。

12.2.2　一般资料调查收集内容

① 定额。当地现行的市政工程和建筑安装工程概算定额、综合预算定额或工程量清单定额以及单位估价表、类似工程的概预算及技术经济指标，如附属建（构）筑物造价指标等。

② 人工及材料价格。包括土建材料预算价格、机械台班费、人工工资、设备原价和运杂费费率等。

③ 费率标准。施工管理费和各项工程费用的费率，工程所在地的土地征购、租用、青苗赔偿等拆迁价格和费用，建设单位管理费、培训费、办公和生产家具购置费、预备费等其他费用费率规定。当地“三通一平”的费用标准，冬雨季施工、郊区补贴、远征费等方面的规定。

④ 当地的施工条件及习惯做法。施工组织设计文件，挖、运土方式和运距，基坑或沟槽开挖边坡支撑方式，降水方法。

⑤ 供电、电费及外部条件等。供电贴费，供电外线每公里的费用情况，电费单价。外部条件主要包括厂外道路、自来水、天然气、供热等接入情况。

⑥ 资金情况。投资来源（自筹资金、国家拨款或贷款、国外贷款）；贷款利率（单利还是复利，月息还是年息）、偿还期、偿还方式；预计建设年限；建设期间利息的支付方法；现有污水处理厂成本分析（包括平均年工资、药剂的单耗及单价、折旧计算等）。

总之，要深入调查研究、收集、鉴定并正确采用概、预算基础资料，做到正确反映设计内容、施工条件和方法，使收集的有关概预算资料符合工程所在地的实际情况，从而保证概预算的质量，使其起到控制投资的作用。

12.2.3 概、预算文件的组成

① 编制说明。包括工程概况、编制依据、资金来源等。

② 由各单项工程综合概、预算及工程建设其他费用组成的建设项目概、预算汇总表。

③ 由各专业的单位工程概预算书组成的单项工程综合概、预算书。

④ 单位工程概、预算书。

⑤ 主要材料用量计算，包括钢材、木材、水泥、管材等。

⑥ 技术经济指标计算，应按各枢纽工程分别计算投资、用地及主要材料用量和劳动定员等各项指标。

12.3 污水处理成本的计算

污水处理成本的计算，通常包括污泥处理部分。构成成本计算的费用项目有以下几项。

12.3.1 能源消耗费

包括在污水处理过程中所消耗的电力、自来水、汽油费、煤或天然气等能源消耗费。电耗计算依据处理厂实际用电负荷（kW），不包括备用设备。

12.3.2 其他费用

药剂费、职工工资福利费、固定资产折旧费、无形及递延资产摊销费、大修理基金提存、行政管理费和间接费用的计算，一般按日平均处理量（m^3/d）计算。

12.3.3 日常检修维护费

日常检修维护费对一般生活污水可参照类似工程的比率按固定资产总值的1%提取，但

工业废水由于对设备及构筑物的腐蚀较严重，应按废水性质及维修要求分别提取。

12.3.4 污水、污泥综合利用的收入

在市场经济的形势下，污水处理已逐步过渡到收费制，污水排出要收排污费，而污水作为一种资源也将收费。例如处理后的污水用于农业灌溉，污水深度处理后用于工业冷却，以节省资源，都应收取一定的费用作为补偿，这样污水处理有望作为产品销售，收取一定的费用，减去成本后作为盈利收入。另外，如污泥处理产生的沼气，可以作为动力机械的能源，也可以发电以减少处理厂的动力消耗，污泥进一步加工作为农业肥料可在处理成本中抵消部分成本，这就使得污水处理成本得以下降。

12.3.5 年成本费用与单位处理成本的计算

年成本是指污水处理厂的运行费用，包括污水处理厂运行的电费、资源费、药剂费、职工工资福利、大修理基金、日常检修维护费、折旧费、摊销费、管理费等，其总和被处理水量除，即得出单位处理成本。

【例题12-1】 某城市污水处理厂，设计处理规模为$2\times10^5m^3/d$。污水处理工艺：预处理＋A^2/O生物脱氮除磷工艺＋砂滤池微絮凝过滤＋次氯酸钠消毒＋尾水排放。污泥处理工艺：重力浓缩＋离心脱水至80%以下后外运处置。项目总投资为93111.75万元（其中静态总投资89485.88万元，建设期贷款利息3218.72万元，动态总投资92704.20万元，铺底流动资金407.15万元），资金筹措方式为银行贷款和自筹，其中银行贷款64893.22万元（动态总投资的70%），自筹27811.38万元（动态总投资的30%），建设期两年。

（1）外购原材料

① 年乙酸钠用量为360t，单价为1750元/t；

② 年PAC用量为1777t，单价为700元/t；

③ 年PAM用量为73t，单价为30000元/t；

④ 年次氯酸钠用量为7300t，单价为1000元/t。

（2）外购燃料及动力

① 全年耗电$3.011\times10^7kW\cdot h$，电价0.69元/($kW\cdot h$)；

② 年耗水量为$40290m^3$，单价为3.50元/m^3。

（3）污泥外运费

年污泥外运120633t，单价为80元/t。

（4）工资及福利费

本污水厂设计86人，60000元/(人·年)。

（5）日常检修维护费

按固定资产原值的1%计取，固定资产原值92149.82万元。

（6）修理费

按固定资产原值的2%计取，固定资产原值92149.82万元。

（7）固定资产折旧费

折旧费采用平均年限法计算，折旧年限20年，净残值率4%，项目的固定资产原值为92149.82万元，年折旧额4423.19万元，净残值3685.99万元。

（8）无形及递延资产摊销

摊销费采用平均年限法，摊销年限10年，净残值率0，项目无形及递延资产为147.23万元，年摊销额14.72万元。

(9) 其他费用

其他费用是除制造费用、销售费用、工资及福利费、折旧费、摊销费、修理费外的费用，采用总成本前8项之和的10%计取。其他费用合计1191.16万元。

(10) 财务费用

财务费用是项目运营期利息支出，项目平均年财务费用为1144.35万元。

【解】 外购原材料：$E_1=360\times0.175+1777\times0.07+73\times3+7300\times0.1=1136.39$(万元)；

外购燃料及动力：$E_2=3011\times0.69+4.0290\times3.5=2091.69$(万元)；

污泥外运处置费：$E_3=120633\times0.008=965.06$(万元)；

工资及福利费：$E_4=86\times6=516.00$(万元)；

日常检修维护费：$E_5=92149.82\times1\%=921.50$(万元)；

修理费：$E_6=92149.82\times2\%=1843.00$(万元)；

固定资产折旧费：$E_7=92149.82\times(1-4\%)\div20=4423.19$(万元)；

无形及递延资产摊销：$E_8=147.23\div10=14.72$(万元)；

其他费用：$E_9=(E_1+E_2+E_3+E_4+E_5+E_6+E_7+E_8)\times10\%=1191.16$(万元)；

财务费用：$E_{10}=1144.35$(万元)；

年总成本费用：$YC_{总}=E_1+E_2+E_3+E_4+E_5+E_6+E_7+E_8+E_9+E_{10}=14247.06$(万元)；

年经营成本费用：$YC_{经营}=E_1+E_2+E_3+E_4+E_5+E_6+E_9+E_{10}=9809.15$(万元)；

单位水处理总成本费用：$AC_{总}=14247.06\div(365\times20)=1.95$(元/$m^3$)。

单位水处理经营成本费用：$AC_{经营}=9809.15\div(365\times20)=1.34$(元/$m^3$)。

12.4 污水处理厂项目经济评价

建设项目经济评价是可行性研究的有机组成部分和重要内容，是项目和方案决策科学化的重要手段。

经济评价的目的是根据国民经济发展规划的要求，在做好需求预测及厂址选择、工艺流程选择等工程技术研究的基础上，计算项目的投入费用和产生的效益，通过各种方案比较，对拟建项目的经济可行性和合理性进行论证分析，做出全面的经济评价，经比较后推荐最佳方案，为项目决策提供科学依据。

污水处理厂建设项目经济评价依据国家发改委、建设部《建设项目经济评价方法与参数》第三版（2006）和建设部《市政公用设施建设项目经济评价方法与参数》(2008)，包括财务评价和国民经济评价两部分。污水处理厂企业化后，项目方案的取舍应综合考虑财务评价和国民经济评价的结果。

12.4.1 财务评价

财务评价是根据现行的财税制度，从财税角度来分析计算项目的费用、效益、盈利状况及借款偿还能力。财务评价只计算项目本身的直接费用和直接效益，即项目的内部效果，以考察项目本身的财务可行性。

财务评价一般是通过财务现金流量计算表、损益表、资产负债表和借款偿还平衡表等进行计算。在国家发改委、建设部《建设项目经济评价方法与参数》第三版（2006）、建设部《市政公用设施建设项目经济评价方法与参数》（2008）及中国勘察设计协会《给水排水建设项目经济评价细则》中，对现金流量表和损益表等基本表式已做了统一规定。

污水处理厂财务评价的主要内容通常包括：

① 投资成本及资金来源。

② 投资分年度用款计划。

③ 污水处理成本的计算。

④ 单位水量成本及理论污水排污费的测算。实际污水排放收费标准由地区主管部门根据当地经济水平和有关政策确定，考虑到正常运转且略有盈余，前期阶段可采用理论水价（元/m^3）：$d=AC/\sum Q$。其中，等额年总成本 AC＝建设总投资×$(A/P、I、N)$＋年经营成本，可维持正常运行的情况下，污水收费价格为理论水价适当上浮后的价格。式中，P 为建设投资额；A 为等额年值；I 为折现率；N 为分摊年数。

⑤ 编制基本财务报表。包括财务现金流量表、损益表、资金来源与运用表、资产负债表及借款偿还平衡表等。

⑥ 计算财务评价的主要评价指标。以财务内部收益率、投资回收期和借款偿还期等作为主要评价指标。根据项目的特点及实际需要，也可计算财务净现值、财务净现值率、投资利润率等辅助指标。

⑦ 污水项目财务分析参数：是按现行财税价格条件，根据近几年来各地排水项目的统计数据及行业的综合统计资料，按统一方法估计测算，在取值时考虑国家产业政策、行业技术进步、资源配置、价格结构、银行利率等因素后综合研究测定。使用时应注意财税、价格等条件，当条件发生较大变化时应做相应调整。

参考基准参数：税前财务基准内部收益率 IRR＝5%；

财务净现值 NPV≥0；

基准投资回收期 P_t＝15～18a；

平均投资利润率＝2.5%。

12.4.2　不确定性分析与风险分析

项目评价所采用的数据，大部分来自预测和估算，有一定程度的不确定性。为了分析不确定性因素对经济评价指标的影响，需进行不确定性分析，估算项目可能承担的风险，确定项目在经济上的可靠性。

12.4.2.1　不确定性分析

不确定性分析包括盈亏平衡分析和敏感性分析。盈亏平衡分析只用于财务评价，敏感性分析可同时用于财务评价和国民经济评价。

(1) 盈亏平衡分析

盈亏平衡分析是通过盈亏平衡点（BEP，即项目的盈利与亏损的转折点，在该点处销售处入等于生产成本，项目刚好盈亏平衡），分析拟建项目对市场需求变化的适应能力。盈亏平衡点越低，表明项目盈利的可能性越大，抗风险能力越强。

① 盈亏平衡点可根据正常生产年份的处理水量、可变成本、固定成本、排水收费标准和销售税金等数据计算。

盈亏平衡点可以用生产能力利用率或产量等表示。其计算公式为：

BEP(生产能力利用率)＝年固定总成本/(年销售收入－年可变总成本－年销售税金及附加)×100％

BEP(产量)＝年固定总成本/(单位水量价格－单位水量可变成本－单位水量销售税金及附加)

BEP(产量)＝设计生产能力×BEP(生产能力利用率)

② 盈亏平衡图的绘制：盈亏平衡分析也可通过绘制盈亏平衡图进行。以年产水量（或年处理水量）作为横坐标，成本与收入金额作为纵坐标，将销售总成本方程式和税后销售总收入方程式作图，两线交点对应的坐标值，即表示相应的盈亏平衡点。如图 12-1 所示。

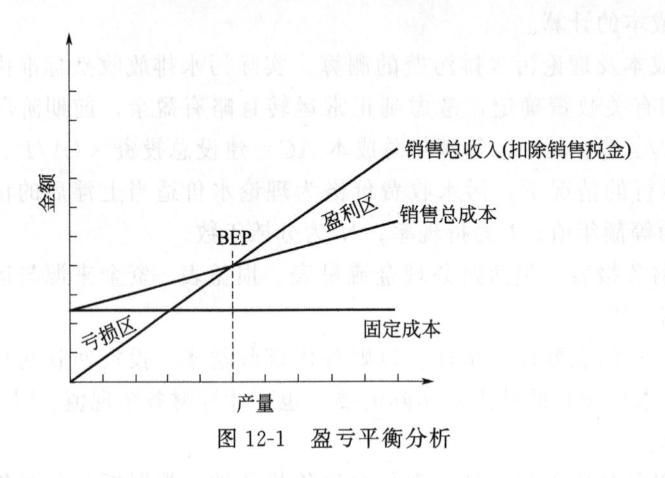

图 12-1　盈亏平衡分析

(2) 敏感性分析

敏感性分析是通过分析、预测项目主要因素发生变化对经济评价指标的影响，从中找出敏感因素，并确定其影响程度。

在敏感性分析中通常设定的变化因素是总投资、经营成本、排污收费价格和生产能力等，也可根据项目特点和实际需要确定。

敏感性分析各主要参数或指标的浮动幅度，应根据各项工程的具体情况确定，也可参照以下数据选定：

① 固定资产投资：±(10％～20％)；

② 排污费收费单价：±(10％～20％)；

③ 年经营成本：±(10％～20％)。

12.4.2.2　风险分析

风险分析是不确定性分析的补充和延伸，是指由于不确定性的存在导致项目实施后偏离预期财务和经济效益目标的可能性。经济风险分析通过识别风险因素，采用定性与定量相结合的方法估计各风险因素发生变化的可能性，以及这些变化对项目的影响程度，揭示影响项目的关键风险因素，提出项目风险的预警、预报和相应的对策。可通过风险分析的信息反馈，改进或优化设计方案，降低项目风险。

污水处理厂项目的风险因素主要应考虑污水量、进水水质、收费价格、工期、建设内容变化、投资增加、质量降低、汇率变化、成本变化及自然灾害风险等。

12.4.3　国民经济评价

国民经济评价是项目经济评价的核心部分，是从国民经济综合平衡的角度，分析计算项目需要国家付出的代价和对国家的贡献。国民经济评价除了计算项目本身的直接费用和直接效益外，还应计算间接费用和间接效益，即应计算项目的全部效果，据此判别项目的经济合理性。

城市污水处理厂的经济效益，除部分可以定量计算外，大部分效益表现为难以用货币量化的社会效益和环境效益。有些以外在形式表现的效益，如污水治理对工农业生产发展的影响，对城市河湖水系、旅游事业创造的收益等，究竟有多少比例可归属于该项目，也很难确定。此外，排污收费标准往往采取政府补贴政策，并不能反映其真实价值，只能用假设的计算价格（或影子价格）来估算其收益。因此，污水处理厂的国民经济评价比一般工业企业项目难度更大，目前通常仅进行工程效益分析，来做各项国民经济报表的编制和评价指标的计算。

污水处理项目的效益计算：污水处理项目的效益可按工程项目实施后，对促进地区经济发展、改善环境、减少国民经济损失、改善人民生活卫生条件、提高人民健康水平、提高社会劳动生产率等方面实现国民经济净增效益来计算。主要内容包括：

① 减轻水质污染对工业产品质量的影响，促进地区工业经济的发展。

河道水质的严重污染，不仅影响工业产品的质量，而且威胁到某些工厂的生存。污水治理工程可改变投资环境，促进工业项目的建设和工业产值的增长。

污水治理工程在这方面的效益，可按最优等效替代工程所需的费用计算，或用因水体严重污染使工业生产遭受的损失计算。

② 农业灌溉用水水体的污染，对农作物的产量和质量均造成不良的影响，通过污水治理，可改善耕植条件，提高蔬菜、粮食等农作物产量。

③ 水质污染对养殖业所造成经济损失的减免。

④ 由于环境条件的改善而使地价增值。计算此项效益时应只限于实施本项目后所产生的增量效益。

⑤ 自来水厂药剂等运营费用的减少和水源改造工程费用的减免。

⑥ 减少疾病，增进健康，提高城市卫生水平，提高社会劳动生产率，降低医疗费用。

⑦ 对于旅游城市，洁净的河道可改善城市环境，增添自然风光，提高旅游收入。

⑧ 工业污水处理过程中综合利用所产生的国民经济净增值。

附　录

附录1　城镇污水处理厂污染物排放标准（GB 18918—2002）

1.1　范围

本标准规定了城镇污水处理厂出水、废气排放和污泥处置（控制）的污染物限值。

本标准适用于城镇污水处理厂出水、废气排放和污泥处置（控制）的管理。

居民小区和工业企业内独立的生活污水处理设施污染物的排放管理，也按本标准执行。

1.2　规范性引用文件

下列标准中的条文通过本标准的引用即成为本标准的条文，与本标准同效。

GB 3838　地表水环境质量标准

GB 3097　海水水质标准

GB 3095　环境空气质量标准

GB 4284　农用污泥中污染物控制标准

GB 8978　污水综合排放标准

GB 12348　工业企业厂界噪声标准

GB 16297　大气污染物综合排放标准

HJ/T 55　大气污染物无组织排放监测技术导则

当上述标准被修订时，应使用其最新版本。

1.3　术语和定义

1.3.1　城镇污水（municipal wastewater）

指城镇居民生活污水，机关、学校、医院、商业服务机构及各种公共设施排水，以及允许排入城镇污水收集系统的工业废水和初期雨水等。

1.3.2　城镇污水处理厂（municipal wastewater treatment plant）

指对进入城镇污水收集系统的污水进行净化处理的污水处理厂。

1.3.3　一级强化处理（enhanced primary treatment）

在常规一级处理（重力沉降）基础上，增加化学混凝处理、机械过滤或不完全生物处理等，以提高一级处理效果的处理工艺。

1.4　技术内容

1.4.1　水污染物排放标准

（1）控制项目及分类

① 根据污染物的来源及性质，将污染物控制项目分为基本控制项目和选择控制项目两

类：基本控制项目主要包括影响水环境和城镇污水处理厂一般处理工艺可以去除的常规污染物，以及部分一类污染物，共19项。选择控制项目包括对环境有较长期影响或毒性较大的污染物，共计43项。

② 基本控制项目必须执行。选择控制项目，由地方环境保护行政主管部门根据污水处理厂接纳的工业污染物的类别和水环境质量要求选择控制。

（2）标准分级

根据城镇污水处理厂排入地表水域环境功能和保护目标，以及污水处理厂的处理工艺，将基本控制项目的常规污染物标准值分为一级标准、二级标准、三级标准。一级标准分为A标准和B标准。一类重金属污染物和选择控制项目不分级。

① 一级标准的A标准是城镇污水处理厂出水作为回用水的基本要求。当污水处理厂出水引入稀释能力较小的河湖作为城镇景观用水和一般回用水等用途时，执行一级标准的A标准。

② 城镇污水处理厂出水排入GB 3838地表水Ⅲ类功能水域（划定的饮用水水源保护区和游泳区除外）、GB 3097海水二类功能水域和湖、库等封闭水域或半封闭水域时，执行一级标准的B标准。

③ 城镇污水处理厂出水排入GB 3838地表水Ⅳ、Ⅴ类功能水域或GB 3097海水三、四类功能海域，执行二级标准。

④ 非重点控制流域和非水源保护区的建制镇的污水处理厂，根据当地经济条件和水污染控制要求，采用一级强化处理工艺时，执行三级标准，但必须预留二级处理设施的位置，分期达到二级标准。

（3）标准值

① 城镇污水处理厂水污染物排放基本控制项目，执行表1和表2的规定。

② 选择控制项目按表3的规定执行。

表1 基本控制项目最高允许排放浓度(日均值) 单位:mg/L

序号	基本控制项目		一级标准		二级标准	三级标准
			A标准	B标准		
1	化学需氧量(COD)		50	60	100	120①
2	生化需氧量(BOD_5)		10	20	30	60①
3	悬浮物(SS)		10	20	30	50
4	动植物油		1	3	5	20
5	石油类		1	3	5	15
6	阴离子表面活性剂		0.5	1	2	5
7	总氮(以N计)		15	20	—	—
8	氨氮(以N计)②		5(8)	8(15)	25(30)	—
9	总磷(以P计)	2005年12月31日前建设的	1	1.5	3	5
		2006年1月1日起建设的	0.5	1	3	5
10	色度(稀释倍数)		30	30	40	50
11	pH值		6～9			
12	粪大肠菌群数/(个/L)		10^3	10^4	10^4	—

① 下列情况下按去除率指标执行：当进水COD>350mg/L时，去除率应大于60%；BOD>160mg/L时，去除率应>50%。
② 括号外数值为水温>12℃时的控制指标，括号内数值为水温≤12℃时的控制指标。

表 2 部分一类污染物最高允许排放浓度(日均值) 单位:mg/L

序号	项目	标准值	序号	项目	标准值
1	总汞	0.001	5	六价铬	0.05
2	烷基汞	不得检出	6	总砷	0.1
3	总镉	0.01	7	总铅	0.1
4	总铬	0.1			

表 3 选择控制项目最高允许排放浓度(日均值) 单位:mg/L

序号	选择控制项目	标准值	序号	选择控制项目	标准值
1	总镍	0.05	23	三氯乙烯	0.3
2	总铍	0.002	24	四氯乙烯	0.1
3	总银	0.1	25	苯	0.1
4	总铜	0.5	26	甲苯	0.1
5	总锌	1.0	27	邻二甲苯	0.4
6	总锰	2.0	28	对二甲苯	0.4
7	总硒	0.1	29	间二甲苯	0.4
8	苯并[a]芘	0.00003	30	乙苯	0.4
9	挥发酚	0.5	31	氯苯	0.3
10	总氰化物	0.5	32	1,4-二氯苯	0.4
11	硫化物	1.0	33	1,2-二氯苯	1.0
12	甲醛	1.0	34	对硝基氯苯	0.5
13	苯胺类	0.5	35	2,4-二硝基氯苯	0.5
14	总硝基化合物	2.0	36	苯酚	0.3
15	有机磷农药(以P计)	0.5	37	间甲酚	0.1
16	马拉硫磷	1.0	38	2,4-二氯酚	0.6
17	乐果	0.5	39	2,4,6-三氯酚	0.6
18	对硫磷	0.05	40	邻苯二甲酸二丁酯	0.1
19	甲基对硫磷	0.2	41	邻苯二甲酸二辛酯	0.1
20	五氯酚	0.5	42	丙烯腈	2.0
21	三氯甲烷	0.3	43	可吸附有机卤化物(AOX以Cl^-计)	1.0
22	四氯化碳	0.03			

(4) 取样与监测

① 水质取样在污水处理厂处理工艺末端排放口。在排放口应设污水水量自动计量装置、自动比例采样装置，pH 值、水温、COD 等主要水质指标应安装在线监测装置。

② 取样频率至少为 1 次/2h，取 24h 混合样，以日均值计。

③ 监测分析方法按表 4 或国家环境保护总局认定的替代方法、等效方法执行。

表 4 水污染物监测分析方法[①]

序号	控制项目	测定方法	测定下限/(mg/L)	方法来源
1	化学需氧量(COD)	重铬酸盐法	30	GB 11914—89
2	生化需氧量(BOD)	稀释与接种法	2	GB 7488—87

续表

序号	控制项目	测定方法	测定下限/(mg/L)	方法来源
3	悬浮物(SS)	重量法		GB 11901—89
4	动植物油	红外光度法	0.1	GB/T 16488—1996
5	石油类	红外光度法	0.1	GB/T 16488—1996
6	阴离子表面活性剂	亚甲蓝分光光度法	0.05	GB 7497—87
7	总氮	碱性过硫钾-消解紫外分光光度法	0.05	GB 11894—89
8	氨氮	蒸馏和滴定法	0.2	GB 7478—87
9	总磷	钼酸铵分光光度法	0.01	GB 11893—89
10	色度	稀释倍数法		GB 11903—89
11	pH 值	玻璃电极法		GB 6920—86
12	粪大肠菌群数	多管发酵法		②
13	总汞	冷原子吸收分光光度法	0.0001	GB 7468—87
		双硫腙分光光度法	0.002	GB 7469—87
14	烷基汞	气相色谱法	10ng/L	GB/T 14204—93
15	总镉	原子吸收分光光度法(螯合萃取法)	0.001	GB 7475—87
		双硫腙分光光度法	0.001	GB 7471—87
16	总铬	高锰酸钾氧化-二苯碳酰二肼分光光度法	0.004	GB 7466—87
17	六价铬	二苯碳酰二肼分光光度法	0.004	GB 7467—87
18	总砷	二乙基二硫代氨基甲酸银分光光度法	0.007	GB 7485—87
19	总铅	原子吸收分光光度法(螯合萃取法)	0.01	GB 7475—87
		双硫腙分光光度法	0.01	GB 7470—87
20	总镍	火焰原子吸收分光光度法	0.05	GB 11912—89
		丁二酮肟分光光度法	0.25	GB 11910—89
21	总铍	活性炭吸附-铬天菁 S 光度法		②
22	总银	火焰原子吸收分光光度法	0.03	GB 11907—89
		镉试剂 2B 分光光度法	0.01	GB 11908—89
23	总铜	原子吸收分光光度法	0.01	GB 7475—87
		二乙基二硫氨基甲酸钠分光光度法	0.01	GB 7474—87
24	总锌	原子吸收分光光度法	0.05	GB 7475—87
		双硫腙分光光度法	0.005	GB 7472—87
25	总锰	火焰原子吸收分光光度法	0.01	GB 11911—89
		高碘酸钾分光光度法	0.02	GB 11906—89
26	总硒	2,3-二氨基萘荧光法	0.25μg/L	GB 11902—89
27	苯并[a]芘	高压液相色谱法	0.001μg/L	GB 13198—91
		乙酰化滤纸层析荧光分光光度法	0.004μg/L	GB 11895—89
28	挥发酚	蒸馏后 4-氨基安替比林分光光度法	0.02	GB 7490—87
29	总氰化物	硝酸银滴定法	0.25	GB 7486—87
		异烟酸-吡唑啉酮比色法	0.004	GB 7486—87
		吡啶-巴比妥酸比色法	0.002	GB 7486—87

续表

序号	控制项目	测定方法	测定下限/(mg/L)	方法来源
30	硫化物	亚甲基蓝分光光度法	0.005	GB/T 16789—1996
		直接显色分光光度法	0.004	GB/T 17133—1997
31	甲醛	乙酰丙酮分光光度法	0.05	GB 13197—91
32	苯胺类	*N*-(1-萘基)乙二胺偶氮分光光度法	0.03	GB 11889—89
33	总硝基化合物	气相色谱法	5μg/L	GB 4919—85
34	有机磷农药(以P计)	气相色谱法	0.5μg/L	GB 13192—91
35	马拉硫磷	气相色谱法	0.64μg/L	GB 13192—91
36	乐果	气相色谱法	0.57μg/L	GB 13192—91
37	对硫磷	气相色谱法	0.54μg/L	GB 13192—91
38	甲基对硫磷	气相色谱法	0.42μg/L	GB 13192—91
39	五氯酚	气相色谱法	0.04μg/L	GB 8972—88
		藏红T分光光度法	0.01	GB 9803—88
40	三氯甲烷	顶空气相色谱法	0.30μg/L	GB/T 17130—1997
41	四氯化碳	顶空气相色谱法	0.05μg/L	GB/T 17130—1997
42	三氯乙烯	顶空气相色谱法	0.50μg/L	GB/T 17130—1997
43	四氯乙烯	顶空气相色谱法	0.2μg/L	GB/T 17130—1997
44	苯	气相色谱法	0.05	GB 11890—89
45	甲苯	气相色谱法	0.05	GB 11890—89
46	邻二甲苯	气相色谱法	0.05	GB 11890—89
47	对二甲苯	气相色谱法	0.05	GB 11890—89
48	间二甲苯	气相色谱法	0.05	GB 11890—89
49	乙苯	气相色谱法	0.05	GB 11890—89
50	氯苯	气相色谱法		HJ/T 74—2001
51	1,4-二氯苯	气相色谱法	0.005	GB/T 17131—1997
52	1,2-二氯苯	气相色谱法	0.002	GB/T 17131—1997
53	对硝基氯苯	气相色谱法		GB 13194—91
54	2,4-二硝基氯苯	气相色谱法		GB 13194—91
55	苯酚	液相色谱法	1.0μg/L	②
56	间甲酚	液相色谱法	0.8μg/L	②
57	2,4-二氯酚	液相色谱法	1.1μg/L	②
58	2,4,6-三氯酚	液相色谱法	0.8μg/L	②
59	邻苯二甲酸二丁酯	气相、液相色谱法		HJ/T 72—2001
60	邻苯二甲酸二辛酯	气相、液相色谱法		HJ/T 72—2001
61	丙烯腈	气相色谱法		HJ/T 73—2001
62	可吸附有机卤化物(AOX)(以Cl^-计)	微库仑法	10μg/L	GB/T 15959—1995
		离子色谱法		HJ/T 83—2001

① 暂采用下列方法，待国家方法标准发布后，执行国家标准；

② 资料来源于水和废水监测分析方法（第三版、第四版），中国环境科学出版社。

1.4.2 大气污染物排放标准

(1) 标准分级

根据城镇污水处理厂所在地区的大气环境质量要求和大气污染物治理技术和设施条件，将标准分为三级。

① 位于 GB 3095 一类区的所有（包括现有和新建、改建、扩建）城镇污水处理厂，自本标准实施之日起，执行一级标准。

② 位于 GB 3095 二类区和三类区的城镇污水处理厂，分别执行二级标准和三级标准。其中 2003 年 6 月 30 日之前建设（包括改、扩建）的城镇污水处理厂，实施标准的时间为 2006 年 1 月 1 日；2003 年 7 月 1 日起新建（包括改、扩建）的城镇污水处理厂，自本标准实施之日起开始执行。

③ 新建（包括改、扩建）城镇污水处理厂周围应建设绿化带，并设有一定的防护距离，防护距离的大小由环境影响评价确定。

(2) 标准值

城镇污水处理厂废气的排放标准值按表 5 的规定执行。

表 5　厂界(防护带边缘)废气排放最高允许浓度　单位：mg/m^3

序号	控制项目	一级标准	二级标准	三级标准
1	氨	1.0	1.5	4.0
2	硫化氢	0.03	0.06	0.32
3	臭气浓度(无量纲)	10	20	60
4	甲烷(厂区最高体积浓度)/%	0.5	1	1

(3) 取样与监测

① 氨、硫化氢、臭气浓度监测点设于城镇污水处理厂厂界或防护带边缘的浓度最高点；甲烷监测点设于厂区内浓度最高点。

② 监测点的布置方法与采样方法按 GB 16297 中附录 C 和 HJ/T 55 的有关规定执行。

③ 采样频率，每 2h 采样 1 次，共采集 4 次，取其最大测定值。

④ 监测分析方法按表 6 执行。

表 6　大气污染物监测分析方法

序号	控制项目	测定方法	方法来源
1	氨	次氯酸钠-水杨酸分光光度法	GB/T 14679—93
2	硫化氢	气相色谱法	GB/T 14678—93
3	臭气浓度	三点比较式臭袋法	GB/T 14675—93
4	甲烷	气相色谱法	CJ/T 3037—95

1.4.3 污泥控制标准

(1) 城镇污水处理厂的污泥应进行稳定化处理，稳定化处理后应达到表 7 的规定。

表 7　污泥稳定化控制指标

稳定化方法	控制项目	控制指标
厌氧消化	有机物降解率/%	>40
好氧消化	有机物降解率/%	>40

续表

稳定化方法	控制项目	控制指标
好氧堆肥	含水率/%	<65
	有机物降解率/%	>50
	蠕虫卵死亡率/%	>95
	粪大肠菌群菌值	>0.01

（2）城镇污水处理厂的污泥应进行污泥脱水处理，脱水后污泥含水率应小于 80%。

（3）处理后的污泥进行填埋处理时应达到安全填埋的相关环境保护要求。

（4）处理后的污泥农用时，其污染物含量应满足表 8 的要求。其施用条件须符合 GB 4284 的有关规定。

表 8　污泥农用时污染物控制标准限值

序号	控制项目	最高允许含量/(mg/kg 干污泥)	
		在酸性土壤上(pH<6.5)	在中性和碱性土壤上(pH≥6.5)
1	总镉	5	20
2	总汞	5	15
3	总铅	300	1000
4	总铬	600	1000
5	总砷	75	75
6	总镍	100	200
7	总锌	2000	3000
8	总铜	800	1500
9	硼	150	150
10	石油类	3000	3000
11	苯并[a]芘	3	3
12	多氯代二苯并二噁英/多氯代二苯并呋喃(PCDD/PCDF 单位:ng 毒性单位/kg 干污泥)	100	100
13	可吸附有机卤化物(AOX)(以 Cl^- 计)	500	500
14	多氯联苯(PCB)	0.2	0.2

（5）取样与监测

① 取样方法，采用多点取样，样品应有代表性，样品质量不小于 1kg。

② 监测分析方法按表 9 执行。

表 9　污泥特性及污染物监测分析方法①

序号	控制项目	测定方法	方法来源
1	污泥含水率	烘干法	②
2	有机质	重铬酸钾法	②
3	蠕虫卵死亡率	显微镜法	GB 7959—87
4	粪大肠菌群菌值	发酵法	GB 7959—87
5	总镉	石墨炉原子吸收分光光度法	GB/T 17141—1997
6	总汞	冷原子吸收分光光度法	GB/T 17136—1997

续表

序号	控制项目	测定方法	方法来源
7	总铅	石墨炉原子吸收分光光度法	GB/T 17141—1997
8	总铬	火焰原子吸收分光光度法	GB/T 17137—1997
9	总砷	硼氢化钾-硝酸银分光光度法	GB/T 17135—1997
10	硼	姜黄素比色法	③
11	矿物油	红外分光光度法	③
12	苯并[a]芘	气相色谱法	③
13	总铜	火焰原子吸收分光光度法	GB/T 17138—1997
14	总锌	火焰原子吸收分光光度法	GB/T 17138—1997
15	总镍	火焰原子吸收分光光度法	GB/T 17139—1997
16	多氯代二苯并二噁英/多氯代二苯并呋喃(PCDD/PCDF)	同位素稀释高分辨毛细管气相色谱/高分辨质谱法	HJ/T 77—2001
17	可吸附有机卤化物(AOX)		待定
18	多氯联苯(PCB)	气相色谱法	待定

① 暂采用下列方法，待国家方法标准发布后，执行国家标准。
② 资料来源于城镇垃圾农用监测分析方法；
③ 资料来源于农用污泥监测分析方法。

1.4.4 城镇污水处理厂噪声控制按 GB 12348 执行。

1.4.5 城镇污水处理厂的建设（包括改、扩建）时间以环境影响评价报告书批准的时间为准。

1.5 其他规定

城镇污水处理厂出水作为水资源用于农业、工业、市政、地下水回灌等方面不同用途时，还应达到相应的用水水质要求，不得对人体健康和生态环境造成不利影响。

1.6 标准的实施与监督

① 本标准由县级以上人民政府环境保护行政主管部门负责监督实施。

② 省、自治区、直辖市人民政府对执行国家污染物排放标准不能达到本地区环境功能要求时，可以根据总量控制要求和环境影响评价结果制定严于本标准的地方污染物排放标准，并报国家环境保护行政主管部门备案。

附录 2　污水排入城镇下水道水质标准（GB/T 31962—2015）

2.1 范围

本标准规定了污水排入城镇下水道的水质、取样与监测要求。

本标准适用于向城镇下水道排放污水的排水户和个人的排水安全管理。

2.2 规范性引用文件

下列文件对于本文件的应用是必不可少的。凡是注日期的引用文件，仅注日期的版本适用于本文件。凡是不注日期的引用文件，其最新版本（包括所有的修改单）适用于本文件。

GB/T 6920　水质　pH 值的测定　玻璃电极法

GB/T 7466　水质　总铬的测定

GB/T 7467　水质　六价铬的测定　二苯碳酰二肼分光光度法

GB/T 7469　水质　总汞的测定　高锰酸钾-过硫酸钾消解法　双硫腙分光光度法

GB/T 7470　水质　铅的测定　双硫腙分光光度法

GB/T 7471　水质　镉的测定　双硫腙分光光度法

GB/T 7472　水质　锌的测定　双硫腙分光光度法

GB/T 7475　水质　铜、锌、铅、镉的测定　原子吸收分光光度法

GB/T 7484　水质　氟化物的测定　离子选择电极法

GB/T 7485　水质　总砷的测定　二乙基二硫代氨基甲酸银分光光度法

GB/T 7494　水质　阴离子表面活性剂的测定　亚甲蓝分光光度法

GB 8978　污水综合排放标准

GB/T 9803　水质　五氯酚的测定　藏红 T 分光光度法

GB/T 11889　水质　苯胺类化合物的测定　*N*-(1-萘基）乙二胺偶氮分光光度法

GB/T 11890　水质　苯系物的测定　气相色谱法

GB/T 11893　水质　总磷的测定　钼酸铵分光光度法

GB/T 11896　水质　氯化物的测定　硝酸银滴定法

GB/T 11899　水质　硫酸盐的测定　重量法

GB/T 11901　水质　悬浮物的测定　重量法

GB/T 11903　水质　色度的测定

GB/T 11906　水质　锰的测定　高碘酸钾分光光度法

GB/T 11907　水质　银的测定　火焰原子吸收分光光度法

GB/T 11910　水质　镍的测定　丁二酮肟分光光度法

GB/T 11911　水质　铁、锰的测定　火焰原子吸收分光光度法

GB/T 11912　水质　镍的测定　火焰原子吸收分光光度法

GB/T 11914　水质　化学需氧量的测定　重铬酸盐法

GB/T 13192　水质　有机磷农药的测定　气相色谱法

GB/T 13195　水质　水温的测定　温度计或颠倒温度计测定法

GB/T 15505　水质　硒的测定　石墨炉原子吸收分光光度法

GB/T 15959　水质　可吸附有机卤素（AOX）的测定　微库仑法

GB/T 16489　水质　硫化物的测定　亚甲基蓝分光光度法

CJ/T 51　城市污水水质检验方法标准

HJ/T 59　水质　铍的测定　石墨炉原子吸收分光光度法

HJ/T 60　水质　硫化物的测定　碘量法

HJ/T 83　水质　可吸附有机卤素（AOX）的测定　离子色谱法

HJ/T 84　水质　无机阴离子的测定　离子色谱法

HJ/T 399　水质　化学需氧量的测定　快速消解分光光度法

HJ 484　水质　氰化物的测定　容量法和分光光度法

HJ 488　水质　氟化物的测定　氟试剂分光光度法
HJ 489　水质　银的测定　3,5-Br_2-PADAP 分光光度法
HJ 493　水质　样品的保存和管理技术规定
HJ 502　水质　挥发酚的测定　溴化容量法
HJ 503　水质　挥发酚的测定　4-氨基安替比林分光光度法
HJ 505　水质　五日生化需氧量（BOD_5）的测定　稀释与接种法
HJ 535　水质　氨氮的测定　纳氏试剂分光光度法
HJ 537　水质　氨氮的测定　蒸馏-中和滴定法
HJ 585　水质　游离氯和总氯的测定　*N*,*N*-二乙基-1,4-苯二胺滴定法
HJ 586　水质　游离氯和总氯的测定　*N*,*N*-二乙基-1,4-苯二胺分光光度法
HJ 591　水质　五氯酚的测定　气相色谱法
HJ 592　水质　硝基苯类化合物的测定　气相色谱法
HJ 597　水质　总汞的测定　冷原子吸收分光光度法
HJ 601　水质　甲醛的测定　乙酰丙酮分光光度法
HJ 620　水质　挥发性卤代烃的测定　顶空气相色谱法
HJ 636　水质　总氮的测定　碱性过硫酸钾消解紫外分光光度法
HJ 637　水质　石油类和动植物油的测定　红外分光光度法
HJ 639　水质　挥发性有机物的测定　吹扫捕集/气相色谱-质谱法
HJ 648　水质　硝基苯类化合物的测定　液液萃取/固相萃取-气相色谱法
HJ 665　水质　氨氮的测定　连续流动-水杨酸分光光度法
HJ 666　水质　氨氮的测定　流动注射-水杨酸分光光度法
HJ 667　水质　总氮的测定　连续流动-盐酸萘乙二胺分光光度法
HJ 668　水质　总氮的测定　流动注射-盐酸萘乙二胺分光光度法
HJ 670　水质　磷酸盐和总磷的测定　连续流动-钼酸铵分光光度法
HJ 671　水质　总磷的测定　流动注射-钼酸铵分光光度法
HJ 676　水质　酚类化合物的测定　液液萃取/气相色谱法
HJ 677　水质　金属总量的消解　硝酸消解法
HJ 678　水质　金属总量的消解　微波消解法
HJ 686　水质　挥发性有机物的测定　吹扫捕集/气相色谱法
HJ 694　水质　汞、砷、硒、铋和锑的测定　原子荧光法
HJ 700　水质　65 种元素的测定　电感耦合等离子体质谱法

2.3　术语和定义

下列术语和定义适用于本文件。

（1）污水（wastewater）

在生活和生产过程中受污染的排出水。

（2）城镇下水道（municipal sewers）

城镇收集与输送污水及雨水的管道和沟渠。

（3）排水户（wastewater discharger）

从事工业、建筑、医疗、餐饮等活动向城镇下水道排放污水的企业事业单位、个体工

商户。

（4）一级处理（primary treatment）

在格栅、沉砂等预处理基础上，通过沉淀等去除污水中悬浮物的过程。包括投加混凝剂或生物污泥以提高处理效果的一级强化处理。

（5）二级处理（secondary treatment，biological treatment）

在一级处理基础上，用生物等方法进一步去除污水中胶体和溶解性有机物的过程。包括增加除磷脱氮功能的二级强化处理。

（6）再生处理（reclamation treatment）

以污水为再生水源，使水质达到利用要求的深度处理过程。

2.4 要求

2.4.1 一般规定

（1）严禁向城镇下水道倾倒垃圾、粪便、积雪、工业废渣、餐厨废物、施工泥浆等造成下水道堵塞的物质。

（2）严禁向城镇下水道排入易凝聚、沉积等导致下水道淤积的污水或物质。

（3）严禁向城镇下水道排入具有腐蚀性的污水或物质。

（4）严禁向城镇下水道排入有毒、有害、易燃、易爆、恶臭等可能危害城镇排水与污水处理设施安全和公共安全的物质。

（5）本标准未列入的控制项目，包括病原体、放射性污染物等，根据污染物的行业来源，其限值应按国家现行有关标准执行。

（6）水质不符合本标准规定的污水，应进行预处理。不得用稀释法降低浓度后排入城镇下水道。

2.4.2 水质标准

（1）根据城镇下水道末端污水处理厂的处理程度，将控制项目限值分为A、B、C三个等级，见表1。

① 采用再生处理时，排入城镇下水道的污水水质应符合A级的规定。

② 采用二级处理时，排入城镇下水道的污水水质应符合B级的规定。

③ 采用一级处理时，排入城镇下水道的污水水质应符合C级的规定。

表1 污水排入城镇下水道水质控制项目限值

序号	控制项目名称	单位	A级	B级	C级
1	水温	℃	40	40	40
2	色度	倍	64	64	64
3	易沉固体	mL/(L·15min)	10	10	10
4	悬浮物	mg/L	400	400	250
5	溶解性总固体	mg/L	1500	2000	2000
6	动植物油	mg/L	100	100	100
7	石油类	mg/L	15	15	10
8	pH值	—	6.5～9.5	6.5～9.5	6.5～9.5

续表

序号	控制项目名称	单位	A级	B级	C级
9	五日生化需氧量(BOD_5)	mg/L	350	350	150
10	化学需氧量(COD)	mg/L	500	500	300
11	氨氮(以N计)	mg/L	45	45	25
12	总氮(以N计)	mg/L	70	70	45
13	总磷(以P计)	mg/L	8	8	5
14	阴离子表面活性剂(LAS)	mg/L	20	20	10
15	总氰化物	mg/L	0.5	0.5	0.5
16	总余氯(以Cl_2计)	mg/L	8	8	8
17	硫化物	mg/L	1	1	1
18	氟化物	mg/L	20	20	20
19	氯化物	mg/L	500	800	800
20	硫酸盐	mg/L	400	600	600
21	总汞	mg/L	0.005	0.005	0.005
22	总镉	mg/L	0.05	0.05	0.05
23	总铬	mg/L	1.5	1.5	1.5
24	六价铬	mg/L	0.5	0.5	0.5
25	总砷	mg/L	0.3	0.3	0.3
26	总铅	mg/L	0.5	0.5	0.5
27	总镍	mg/L	1	1	1
28	总铍	mg/L	0.005	0.005	0.005
29	总银	mg/L	0.5	0.5	0.5
30	总硒	mg/L	0.5	0.5	0.5
31	总铜	mg/L	2	2	2
32	总锌	mg/L	5	5	5
33	总锰	mg/L	2	5	5
34	总铁	mg/L	5	10	10
35	挥发酚	mg/L	1	1	0.5
36	苯系物	mg/L	2.5	2.5	1
37	苯胺类	mg/L	5	5	2
38	硝基苯类	mg/L	5	5	3
39	甲醛	mg/L	5	5	2
40	三氯甲烷	mg/L	1	1	0.6
41	四氯化碳	mg/L	0.5	0.5	0.06

续表

序号	控制项目名称	单位	A 级	B 级	C 级
42	三氯乙烯	mg/L	1	1	0.6
43	四氯乙烯	mg/L	0.5	0.5	0.2
44	可吸附有机卤化物(AOX,以 Cl 计)	mg/L	8	8	5
45	有机磷农药(以 P 计)	mg/L	0.5	0.5	0.5
46	五氯酚	mg/L	5	5	5

(2) 下水道末端无城镇污水处理设施时，排入城镇下水道的污水水质，应根据污水的最终去向符合国家和地方现行污染物排放标准，且应符合 C 级的规定。

2.5 取样与监测

2.5.1 取样

(1) GB 8978 规定的第一类污染物总汞、总镉、总铬、六价铬、总砷、总铅、总镍、总铍和总银应采用车间或车间预处理设施排水口的监测浓度，其他污染物控制项目采用排水户排水口的监测浓度。

(2) 排水户排水口应设置专用采样检测设施，并满足污水量离线计量需求。

2.5.2 监测

(1) 采样频率和采样方式（瞬时样或混合样）可由城镇排水监测机构根据排水户类别和排水量确定。样品保存和管理应按 HJ 493 执行。

(2) 控制项目及检测方法应符合表 2 的规定。

表 2 控制项目及检测方法

序号	控制项目	检测方法	执行标准
1	水温	温度计或颠倒温度计测定法①	GB/T 13195
		温度计法	CJ/T 51
2	色度	稀释倍数法①	GB/T 11903
		稀释倍数法	CJ/T 51
3	易沉固体	体积法	CJ/T 51
4	悬浮物	重量法①	GB/T 11901
		重量法	CJ/T 51
5	溶解性总固体	重量法	CJ/T 51
6	动植物油	红外分光光度法①	HJ 637
		重量法	CJ/T 51
7	石油类	红外分光光度法①	HJ 637
		紫外分光光度法	CJ/T 51
8	pH 值	玻璃电极法①	GB/T 6920
		电位计法	CJ/T 51
9	五日生化需氧量(BOD_5)	稀释与接种法①	HJ 505
		稀释与接种法	CJ/T 51

续表

序号	控制项目	检测方法	执行标准
10	化学需氧量(COD)	重铬酸盐法[①]	GB/T 11914
		快速消解分光光度法	HJ/T 399
		重铬酸钾法	CJ/T 51
11	氨氮(以 N 计)	纳氏试剂分光光度法[①]	HJ 535
		蒸馏-中和滴定法	HJ 537
		连续流动-水杨酸分光光度法	HJ 665
		流动注射-水杨酸分光光度法	HJ 666
		纳氏试剂分光光度法	CJ/T 51
		容量法	CJ/T 51
12	总氮(以 N 计)	碱性过硫酸钾消解紫外分光光度法[①]	HJ 636
		连续流动-盐酸萘乙二胺分光光度法	HJ 667
		流动注射-盐酸萘乙二胺分光光度法	HJ 668
		蒸馏后滴定法	CJ/T 51
		蒸馏后分光光度法	CJ/T 51
		碱性过硫酸钾消解紫外分光光度法	CJ/T 51
13	总磷(以 P 计)	钼酸铵分光光度法[①]	GB/T 11893
		连续流动-钼酸铵分光光度法	HJ 670
		流动注射-钼酸铵分光光度法	HJ 671
		抗坏血酸还原钼蓝分光光度法	CJ/T 51
		氯化亚锡还原分光光度法	CJ/T 51
		过硫酸钾高压消解-氯化亚锡分光光度法	CJ/T 51
14	阴离子表面活性剂(LAS)	亚甲蓝分光光度法[①]	GB/T 7494
		亚甲蓝分光光度法	CJ/T 51
		高效液相色谱法	CJ/T 51
15	总氰化物	容量法和分光光度法[①]	HJ 484
		银量法	CJ/T 51
		吡啶-巴比妥酸分光光度法	CJ/T 51
		异烟酸-吡唑啉酮分光光度法	CJ/T 51
16	总余氯(以 Cl_2 计)	*N*,*N*-二乙基-1,4-苯二胺分光光度法[①]	HJ 586
		N,*N*-二乙基-1,4-苯二胺滴定法	HJ 585
17	硫化物	亚甲基蓝分光光度法[①]	GB/T 16489
		碘量法	HJ/T 60
		对氨基-*N*,*N*-二甲基苯胺分光光度法	CJ/T 51
		容量法	CJ/T 51
18	氟化物	离子选择电极法[①]	GB/T 7484
		离子色谱法	HJ/T 84
		氟试剂分光光度法	HJ 488

续表

序号	控制项目	检测方法	执行标准
18	氟化物	离子色谱法	CJ/T 51
		离子选择电极法	CJ/T 51
19	氯化物	硝酸银滴定法①	GB/T 11896
		离子色谱法	HJ/T 84
		离子色谱法	CJ/T 51
		银量法	CJ/T 51
20	硫酸盐	离子色谱法①	HJ/T 84
		重量法	GB/T 11899
		离子色谱法	CJ/T 51
		铬酸钡容量法	CJ/T 51
		重量法	CJ/T 51
21	总汞	原子荧光法①	HJ 694
		冷原子吸收分光光度法	HJ 597
		高锰酸钾-过硫酸钾消解法　双硫腙分光光度法	GB/T 7469
		原子荧光光度法	CJ/T 51
		冷原子吸收光度法	CJ/T 51
22	总镉②	石墨炉原子吸收分光光度法①	CJ/T 51
		原子吸收分光光度法	GB/T 7475
		双硫腙分光光度法	GB/T 7471
		双硫腙分光光度法	CJ/T 51
		直接火焰原子吸收光谱法	CJ/T 51
		螯合萃取火焰原子吸收光谱法	CJ/T 51
		电感耦合等离子体发射光谱法	CJ/T 51
		电感耦合等离子体质谱法	HJ 700
23	总铬②	火焰原子吸收分光光度法①	CJ/T 51
		高锰酸钾氧化-二苯碳酰二肼分光光度法	GB/T 7466
		二苯碳酰二肼分光光度法	CJ/T 51
		电感耦合等离子体发射光谱法	CJ/T 51
		电感耦合等离子体质谱法	HJ 700
24	六价铬	二苯碳酰二肼分光光度法①	GB/T 7467
		二苯碳酰二肼分光光度法	CJ/T 51
25	总砷	原子荧光法①	HJ 694
		二乙基二硫代氨基甲酸银分光光度法	GB/T 7485
		二乙基二硫代氨基甲酸银分光光度法	CJ/T 51
		原子荧光光度法	CJ/T 51
		电感耦合等离子体发射光谱法	CJ/T 51
		电感耦合等离子体质谱法	HJ 700

续表

序号	控制项目	检测方法	执行标准
26	总铅②	原子吸收分光光度法①	GB/T 7475
		双硫腙分光光度法	GB/T 7470
		螯合萃取火焰原子吸收光谱法	CJ/T 51
		原子荧光光度法	CJ/T 51
		石墨炉原子吸收分光光度法	CJ/T 51
		双硫腙分光光度法	CJ/T 51
		电感耦合等离子体发射光谱法	CJ/T 51
		电感耦合等离子体质谱法	HJ 700
27	总镍②	火焰原子吸收分光光度法①	GB/T 11912
		丁二酮肟分光光度法	GB/T 11910
		直接火焰原子吸收光度法	CJ/T 51
		电感耦合等离子体发射光谱法	CJ/T 51
		电感耦合等离子体质谱法	HJ 700
28	总铍②	石墨炉原子吸收分光光度法①	HJ/T 59
		电感耦合等离子体质谱法	HJ 700
29	总银②	火焰原子吸收分光光度法①	GB/T 11907
		3,5-Br_2-PADAP 分光光度法	HJ 489
		电感耦合等离子体质谱法	HJ 700
30	总硒	原子荧光法①	HJ 694
		石墨炉原子吸收分光光度法	GB/T 15505
		原子荧光光度法	CJ/T 51
		电感耦合等离子体发射光谱法	CJ/T 51
		电感耦合等离子体质谱法	HJ 700
31	总铜②	原子吸收分光光度法①	GB/T 7475
		二乙基二硫代氨基甲酸钠分光光度法	CJ/T 51
		直接火焰原子吸收光谱法	CJ/T 51
		螯合萃取火焰原子吸收光谱法	CJ/T 51
		电感耦合等离子体发射光谱法	CJ/T 51
		电感耦合等离子体质谱法	HJ 700
32	总锌②	原子吸收分光光度法①	GB/T 7475
		双硫腙分光光度法	GB/T 7472
		直接火焰原子吸收光谱法	CJ/T 51
		螯合萃取火焰原子吸收光谱法	CJ/T 51
		电感耦合等离子体发射光谱法	CJ/T 51
		电感耦合等离子体质谱法	HJ 700
33	总锰②	火焰原子吸收分光光度法①	GB/T 11911
		高碘酸钾分光光度法	GB/T 11906

续表

序号	控制项目	检测方法	执行标准
33	总锰②	直接火焰原子吸收光谱法	CJ/T 51
		电感耦合等离子体发射光谱法	CJ/T 51
		电感耦合等离子体质谱法	HJ 700
34	总铁②	火焰原子吸收分光光度法①	GB/T 11911
		直接火焰原子吸收光谱法	CJ/T 51
		电感耦合等离子体发射光谱法	CJ/T 51
		电感耦合等离子体质谱法	HJ 700
35	挥发酚	4-氨基安替比林分光光度法①	HJ 503
		溴化容量法	HJ 502
		液液萃取/气相色谱法	HJ 676
		蒸馏后4-氨基安替比林分光光度法	CJ/T 51
36	苯系物	气相色谱法①	GB/T 11890
		吹扫捕集/气相色谱-质谱法	HJ 639
		吹扫捕集/气相色谱法	HJ 686
		气相色谱法	CJ/T 51
37	苯胺类	*N*-(1-萘基)乙二胺偶氮分光光度法①	GB/T 11889
		偶氮分光光度法	CJ/T 51
38	硝基苯类	还原-偶氮分光光度法①	CJ/T 51
		气相色谱法	HJ 592
		液液萃取/固相萃取-气相色谱法	HJ 648
39	甲醛	乙酰丙酮分光光度法	HJ 601
40	三氯甲烷	顶空气相色谱法	HJ 620
41	四氯化碳	顶空气相色谱法	HJ 620
42	三氯乙烯	顶空气相色谱法	HJ 620
43	四氯乙烯	顶空气相色谱法	HJ 620
44	可吸附有机卤化物(AOX,以Cl计)	离子色谱法①	HJ/T 83
		微库仑法	GB/T 15959
45	有机磷农药(以P计)	气相色谱法	GB/T 13192
46	五氯酚	气相色谱法①	HJ 591
		藏红T分光光度法	GB/T 9803

① 为仲裁方法。

② 为采用 HJ 677、HJ 678 作为前处理方法。

附录3 城市污水再生利用 城市杂用水水质（GB/T 18920—2020）

3.1 范围

本标准规定了城市污水再生利用城市杂用水的术语和定义、水质指标、采样与监测、安全利用。

本标准适用于冲厕、车辆冲洗、城市绿化、道路清扫、消防、建筑施工等杂用的再生水。

3.2 规范性引用文件

下列文件对于本文件的应用是必不可少的。凡是注日期的引用文件，仅注日期的版本适用于本文件。凡是不注日期的引用文件，其最新版本（包括所有的修改单）适用于本文件。

GB/T 5750.4 生活饮用水标准检验方法 感官性状和物理指标

GB/T 5750.5 生活饮用水标准检验方法 无机非金属指标

GB/T 5750.6 生活饮用水标准检验方法 金属指标

GB/T 5750.11 生活饮用水标准检验方法 消毒剂指标

GB/T 5750.12 生活饮用水标准检验方法 微生物指标

GB/T 7488 水质 五日生化需氧量（BOD_5）的测定 稀释与接种法

GB/T 7489 水质 溶解氧的测定 碘量法

GB/T 11913 水质 溶解氧的测定 电化学探头法

GB/T 12997 水质 采样方案设计技术规定

GB/T 12998 水质 采样技术指导

GB/T 12999 水质 采样 样品的保存和管理技术规定

GB 50084 自动喷水灭火系统设计规范

CJ/T 158 城市污水处理厂管道和设备色标

HJ 505 水质 五日生化需氧量（BOD_5）的测定 稀释与接种法

HJ 506 水质 溶解氧的测定 电化学探头法

JGJ 63 混凝土用水标准

3.3 术语和定义

下列术语和定义适用于本文件。

(1) 再生水（reclaimed water）

城市污水经适当再生工艺处理后，达到一定水质要求，满足某种使用功能要求，可以进行有益使用的水。

[GB/T 19923—2005，定义 3.2]

(2) 城市杂用水（urban miscellaneous use）

用于冲厕、车辆冲洗、城市绿化、道路清扫、消防、建筑施工等非饮用的再生水。

(3) 冲厕用水（toilet flushing use）

用于公共及住宅卫生间便器冲洗的再生水。

(4) 城市绿化用水（urban landscaping use）

用于除特种树木及特种花卉以外的庭院、公园、道边树及道路隔离绿化带、场馆及公共草坪，以及相似地区绿化的用水。

(5) 道路清扫用水（street sweeping use）

用于道路灰尘抑制、道路扫除用水源的再生水。

(6) 消防用水（fire protection use）

用于市政、住宅小区及厂区消防的再生水。

（7）建筑施工用水（construction site and concrete production use）

用于建筑施工现场的土壤压实、灰尘抑制，以及混凝土用水。

3.4 水质指标

（1）城市杂用水的水质基本控制项目及限值应符合表1的规定。

（2）城市杂用水用户宜根据当地再生水厂水源情况，有针对性地选择表2的项目。

（3）混凝土用水还应符合JGJ 63的有关规定。

（4）用于自动喷淋消防系统用水，除应符合表1的规定外，悬浮物还应符合GB 50084的规定。

表1 城市杂用水水质基本控制项目及限值

序号	项目		冲厕、车辆冲洗	城市绿化、道路清扫、消防、建筑施工
1	pH值		6.0～9.0	6.0～9.0
2	色度，铂钴色度单位	≤	15	30
3	嗅		无不快感	无不快感
4	浊度/NTU	≤	5	10
5	五日生化需氧量(BOD_5)/(mg/L)	≤	10	10
6	氨氮/(mg/L)	≤	5	8
7	阴离子表面活性剂/(mg/L)	≤	0.5	0.5
8	铁/(mg/L)	≤	0.3	—
9	锰/(mg/L)	≤	0.1	—
10	溶解性总固体/(mg/L)	≤	1000(2000)①	1000(2000)①
11	溶解氧/(mg/L)	≥	2.0	2.0
12	总氯/(mg/L)	≥	1.0(出厂)，0.2(管网末端)	1.0(出厂)，0.2②(管网末端)
13	大肠埃希氏菌/(MPN/100mL或CFU/100mL)		无③	无③

① 括号内指标值为沿海及本地水源中溶解性固体含量较高的区域的指标。
② 用于城市绿化时，不应超过2.5mg/L。
③ 大肠埃希氏菌不应检出。
注：“—”表示对此项无要求。

表2 城市杂用水选择性控制项目及限值 单位：mg/L

序号	项目	限值
1	氯化物(Cl^-)	不大于350
2	硫酸盐(SO_4^{2-})	不大于500

3.5 采样与监测

3.5.1 采样及保管

（1）水质采样的设计、组织应按GB/T 12997、GB/T 12998的规定执行。水样为24h混合样，应至少每2h取样一次，以日均值计。

（2）样品的保管应按GB/T 12999的规定执行。

（3）再生水厂供水出口处宜设再生水水质监测取样点。

3.5.2 分析方法

基本控制项目的分析方法应按表 3 执行，选择性控制项目的分析方法应按表 4 执行。

表 3 基本控制项目分析方法

序号	项目	测定方法	执行标准
1	pH 值	玻璃电极法、标准缓冲溶液比色法	GB/T 5750.4
2	色度	铂-钴标准比色法	GB/T 5750.4
3	浊度(浑浊度)	散射法-福尔马肼标准、目视比浊法-福尔马肼标准	GB/T 5750.4
4	五日生化需氧量(BOD_5)	稀释与接种法	GB/T 7488①
		稀释与接种法	HJ 505
5	氨氮	纳氏试剂比色法	GB/T 5750.5
6	阴离子表面活性剂(阴离子合成洗涤剂)	亚甲蓝分光光度法、二氮杂菲萃取分光光度法	GB/T 5750.4
7	铁	二氮杂菲分光光度法、原子吸收分光光度法	GB/T 5750.6
8	锰	过硫酸铵分光光度法、原子吸收分光光度法、甲醛肟分光光度法	GB/T 5750.6
9	溶解性总固体	称量法(烘干温度 180℃±3℃)	GB/T 5750.4
10	溶解氧	碘量法	GB/T 7489①
		电化学探头法	GB/T 11913
		电化学探头法	HJ 506
11	总氯(总余氯)	*N*,*N*-二乙基对苯二胺(DPD)分光光度法、3,3′,5,5′-四甲基联苯胺比色法	GB/T 5750.11
12	大肠埃希氏菌	多管发酵法、滤膜法	GB/T 5750.12

① 裁定方法。

表 4 选择性控制项目分析方法

序号	项目	测定方法	执行标准
1	氯化物	硝酸银容量法、硝酸汞容量法、离子色谱法	GB/T 5750.5
2	硫酸盐	硫酸钡比浊法、离子色谱法、铬酸钡分光光度法	GB/T 5750.5

3.5.3 检测频率

城市杂用水的基本控制项目采样检测频率不应低于表 5 规定的频率。

表 5 城市杂用水采样检测频率

序号	项目	采样检测频率,不低于
1	pH 值	每日 1 次
2	色	每日 1 次
3	浊度	每日 1 次
4	嗅	每日 1 次
5	五日生化需氧量(BOD_5)	每周 1 次
6	氨氮	每周 1 次
7	阴离子表面活性剂	每周 1 次

续表

序号	项目	采样检测频率，不低于
8	铁	每周1次
9	锰	每周1次
10	溶解氧	每日1次
11	总氯	每日1次
12	溶解性总固体	每周1次
13	大肠埃希氏菌	每周1次

3.6 安全利用

3.6.1 水源及管道连接

(1) 用于再生水厂的水源宜优先选用生活污水，或不含重污染、有毒有害工业废水的城市污水。

(2) 再生水管道不应与饮用水管道、设施直接连接。

3.6.2 标识

(1) 城市杂用水的管道、设备、设施的外部应于显著位置设置明显的警示标识及说明。

(2) 下列场所应设置标识：

① 供水点；

② 水箱、闸门井等设备、设施外部；

③ 管道的直管段、起始点、交叉点、转弯处和终点及管道穿过楼板、墙等处。

(3) 管道标识应符合以下规定：

① 管道涂色应符合 CJ/T 158 回用水管道的规定；

② 标识符应包括“再生水”“不得饮用”字样及流向箭头。“再生水”字样的字体高度宜符合表6的规定，宽高比宜为0.6～1.0；管道内介质流向应以箭头表示，当管道内介质流向为双向时，应以双向箭头表示。

表6 标识字体高度 单位：mm

管道直径①	≤50	50～200	200～300	300～500	>500
字体高度	15～30	45	60	75	90

① 管道直径应含上限，不应含下限。

(4) 城市杂用水的水箱、用水器具的标识应按3.6.2中（3）的规定执行，大小应醒目。当涂刷或缠绕标识有困难或不够醒目时，可采用悬挂标志牌的方式。

(5) 闸门井井盖应设置“再生水”和“不得饮用”字样标识。

附录4 城市污水再生利用 景观环境用水水质（GB/T 18921—2019）

4.1 范围

本标准规定了城市污水再生利用景观环境用水的水质指标、利用要求、安全要求、取样与监测。

本标准适用于景观环境用水的再生水。

4.2 规范性引用文件

下列文件对于本文件的应用是必不可少的。凡是注日期的引用文件，仅注日期的版本适用于本文件。凡是不注日期的引用文件，其最新版本（包括所有的修改单）适用于本文件。

GB/T 6920 水质 pH值的测定 玻璃电极法

GB/T 11893 水质 总磷的测定 钼酸铵分光光度法

GB/T 11903 水质 色度的测定

GB/T 13200 水质 浊度的测定

GB 18918 城镇污水处理厂污染物排放标准

GB/T 25499—2010 城市污水再生利用 绿地灌溉水质

HJ/T 347 水质 粪大肠菌群的测定 多管发酵法和滤膜法（试行）

HJ 493 水质 样品的保存和管理技术规定

HJ 505 水质 五日生化需氧量（BOD_5）的测定 稀释与接种法

HJ 535 水质 氨氮的测定 纳氏试剂分光光度法

HJ 537 水质 氨氮的测定 蒸馏-中和滴定法

HJ 586 水质 游离氯和总氯的测定 *N*,*N*-二乙基-1,4-苯二胺分光光度法

HJ 636 水质 总氮的测定 碱性过硫酸钾消解紫外分光光度法

4.3 术语和定义

GB/T 25499—2010 界定的以及下列术语和定义适用于本文件，为了便于使用，以下重复列出了 GB/T 25499—2010 中的一些术语和定义。

（1）再生水（reclaimed water）

城市污水经适当再生工艺处理后，达到一定水质要求，满足某种使用功能要求，可以进行有益使用的水。

[GB/T 25499—2010，定义 3.1]

（2）景观环境用水（recycling water for scenic environment use）

满足景观环境功能需要的用水，即用于营造和维持景观水体，湿地环境和各种水景构筑物的水的总称。

（3）观赏性景观环境用水（aesthetic environment use）

以观赏为主要使用功能的、人体非直接接触的景观环境用水，包括不设娱乐设施的景观河道、景观湖泊及其他观赏性景观用水。

注：全部或部分由再生水组成。

（4）娱乐性景观环境用水（recreational environment use）

以娱乐为主要使用功能的、人体非全身性接触的景观环境用水，包括设有娱乐设施的景观河道，景观湖泊及其他娱乐性景观用水。

注：全部或部分由再生水组成。

（5）景观湿地环境用水（aesthetic wetland environment use）

为营造城市景观而建造或恢复的湿地的环境用水。

注：全部或部分由再生水组成。

（6）河道类水体（watercourse）

景观河道类连续流动水体。

（7）湖泊类水体（impoundment）

景观湖泊类非连续流动水体。

（8）水景类用水（waterscape）

用于人造瀑布、喷泉等水景设施的用水。

（9）水力停留时间（hydraulic retention time）

再生水在湖泊类水体中的平均滞留时间（缓速或非连续流动）或平均换水周期（无流动出水）。

4.4 水质指标

作为景观环境用水的再生水，其水质除应符合表1的规定外，还应符合GB 18918的规定。

表1 景观环境用水的再生水水质

序号	项目	观赏性景观环境用水			娱乐性景观环境用水			景观湿地环境用水
		河道类	湖泊类	水景类	河道类	湖泊类	水景类	
1	基本要求	无漂浮物，无令人不愉快的嗅和味						
2	pH值(无量纲)	6.0～9.0						
3	五日生化需氧量(BOD_5)/(mg/L)	≤10	≤6		≤10	≤6		≤10
4	浊度/NTU	≤10	≤5		≤10	≤5		≤10
5	总磷(以P计)/(mg/L)	≤0.5	≤0.3		≤0.5	≤0.3		≤0.5
6	总氮(以N计)/(mg/L)	≤15	≤10		≤15	≤10		≤15
7	氨氮(以N计)/(mg/L)	≤5	≤3		≤5	≤3		≤5
8	粪大肠菌群/(个/L)	≤1000			≤1000		≤3	≤1000
9	余氯/(mg/L)	—					0.05～0.1	—
10	色度/度	≤20						

注：1. 未采用加氯消毒方式的再生水，其补水点无余氯要求。

2. “—”表示对此项无要求。

4.5 利用要求

（1）再生水厂水源宜选用生活污水，或不含重污染、有毒有害工业废水的城市污水。

（2）完全使用再生水，水体温度大于25℃时，景观湖泊类水体水力停留时间不宜大于10d；水体温度不大于25℃或再生水补水实际总磷浓度低于表1限值时，水体水力停留时间可延长。

（3）设置人工曝气或水力推动等装置增强水体扰动与流动能力，或大型水面因风力等自然作用具有较强流动和交换能力时，可结合运行过程监测，延长景观湖泊类水体的水力停留时间。

(4) 使用再生水的景观水体和景观湿地中宜培育适宜的水生植物并定期收获处置。

(5) 以再生水作为景观湿地环境用水，应考虑盐度及其累积作用对植物生长的潜在影响，选择耐盐植物或采取控盐降咸措施。

(6) 利用过程中，应注意景观水体的底泥淤积和水质变化情况，并应进行定期底泥清淤。

4.6 安全要求

(1) 使用再生水的景观水体和景观湿地，应在显著位置设置“再生水”标识及说明。

(2) 使用再生水的景观水体和景观湿地中的水生动、植物不应被食用。

(3) 使用再生水的景观环境用水，不应用于饮用、生活洗涤及可能与人体有全身性直接接触的活动。

4.7 取样与监测

4.7.1 取样要求

(1) 再生水水质监测取样点宜设在再生水厂总出水口或再生水补水点。样品的保存和管理应按 HJ 493 执行。水体易发藻华季节宜在景观水体中加设监测点。

(2) 水样应为 24h 混合样，至少每 2h 取样一次，以日均值计。

4.7.2 监测频率

每日应监测浊度、余氯、pH 值、总磷、氨氮、粪大肠菌群 1 次，每周应监测总氮、色度 1 次，每月应监测 BOD_5 1 次。

4.7.3 监测分析方法

再生水水质指标的监测分析方法见表 2。

表 2 监测分析方法

序号	监测项目	监测方法	依据
1	pH 值	玻璃电极法	GB/T 6920
2	五日生化需氧量(BOD_5)	稀释与接种法	HJ 505
3	浊度	目视比浊法	GB/T 13200
4	总磷(以 P 计)	钼酸铵分光光度法	GB/T 11893
5	总氮(以 N 计)	碱性过硫酸钾消解紫外分光光度法	HJ 636
6	氨氮(以 N 计)	蒸馏-中和滴定法 纳氏试剂分光光度法	HJ 537 HJ 535
7	粪大肠菌群	多管发酵法	HJ/T 347
8	余氯	*N*,*N*-二乙基-1,4-苯二胺分光光度法	HJ 586
9	色度	铂钴比色法	GB/T 11903

4.7.4 跟踪监测

(1) 以再生水作为景观环境用水时，用户宜根据当地再生水厂水源情况，有针对性地跟踪监测再生水内分泌干扰物（EDCs）、药品和个人护理品（PPCPs）等新兴微量污染物。

(2) 以再生水作为景观环境用水时，宜对使用再生水的景观水体和景观湿地进行水体水质、底泥及周围空气、地下水的跟踪监测，及时发现再生水景观环境利用中的问题。

附录 5 水泵

5.1 WQ 型潜水排污泵

（1）用途

WQ 型潜水排污泵适用于市政工程排污系统、公共设施污水排放、厂矿企业排污、生活污水排放、临时排涝、其他无腐蚀小黏度介质的输送、其他各种排水系统。

（2）型号意义说明

见图 1。

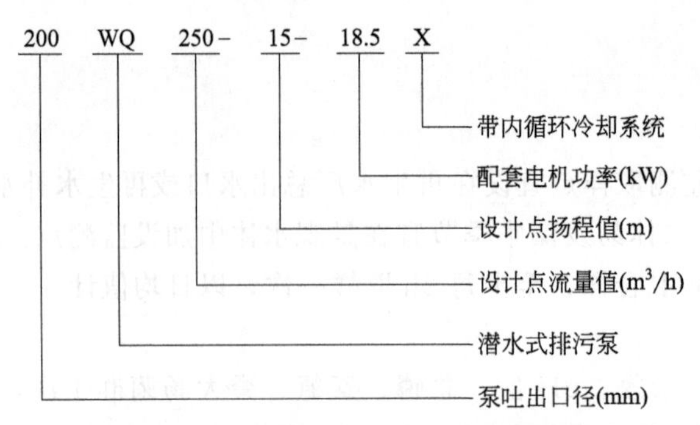

图 1 WQ 型潜水排污泵型号意义说明

（3）性能、外形及安装尺寸

WQ 型潜水排污泵性能、外形及安装尺寸见图 2、表 1～表 10。

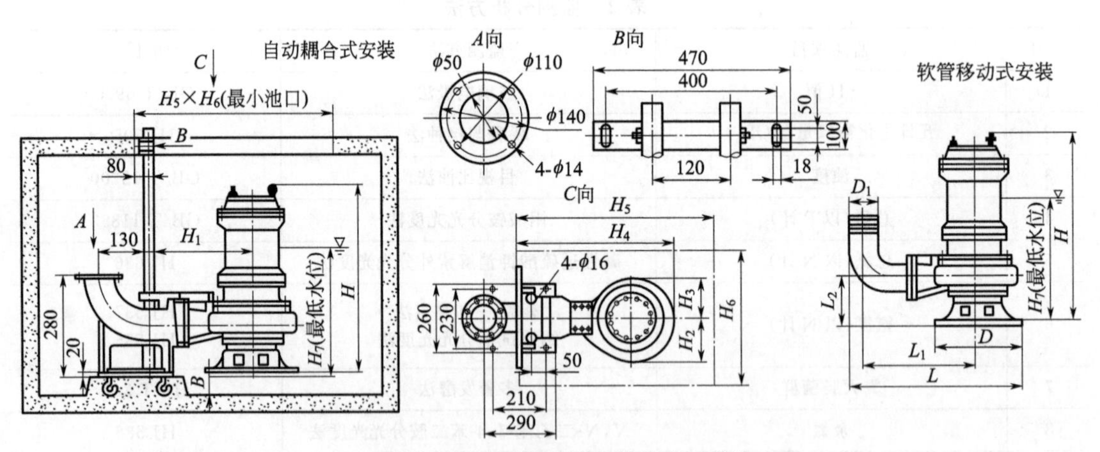

图 2 WQ 型潜水排污泵外形及安装尺寸（单位：mm）

表 1 WQ 型潜水排污泵性能、外形及安装尺寸（一）

泵型号	流量 Q /(m³/h)	扬程 H/m	效率 η/%	电机功率 /kW	转速 n /(r/min)	耦合器型号	尺寸/mm												
							H	H_1	H_2	H_3	H_4	H_5	H_6	H_7	L	L_1	L_2	D	D_1
50WQ12-15-1.5	8.4 12 14.4	16 15 14	41 48 47	1.5	2900	GAK-50	555	258	105	105	443	550	550	360	345	217	118	ϕ210	ϕ45

续表

泵型号	流量 Q /(m^3/h)	扬程 H/m	效率 η/%	电机功率 /kW	转速 n /(r/min)	耦合器型号	尺寸/mm												
							H	H_1	H_2	H_3	H_4	H_5	H_6	H_7	L	L_1	L_2	D	D_1
50WQ10-10-0.75	7 10 12	11.5 10 8	48 54 52	0.75	1450	GAK-50	570	286	132	128	494	650	600	360	400	245	150	ϕ255	ϕ50
50WQ20-7-0.75	14 20 24	7.8 7 6.2	53 62 61	0.75	1450	GAK-50	570	286	132	128	494	650	600	360	400	245	150	ϕ255	ϕ50
50WQ15-15-1.5	10.5 15 18	16.5 15 14	42 51 50	1.5	2900	GAK-50	555	258	105	105	443	550	550	360	350	217	118	ϕ210	ϕ50
50WQ25-10-1.5	17.5 25 30	11.5 10 8	55 67 65	1.5	2900	GAK-50	555	258	105	105	443	550	550	360	350	217	118	ϕ210	ϕ50
50WQ15-20-2.2	10.5 15 18	22.5 20 17.3	47 51 51	2.2	2900	GAK-50	605	291	128	128	499	650	600	380	410	250	144	ϕ255	ϕ50

表 2　WQ 型潜水排污泵性能、外形及安装尺寸（二）

泵型号	流量 Q /(m^3/h)	扬程 H /m	效率 η /%	电机功率 /kW	转速 n /(r/min)	耦合器型号	尺寸/mm											
							H	H_1	H_2	H_3	H_4	H_5	H_6	H_7	L	L_1	L_2	D
50WQ27-15-2.2	18.9 27 32.4	16.5 15 14	61 70 68	2.2	2900	GAK-50	605	291	128	128	499	650	600	380	410	250	144	ϕ255
50WQ42-9-2.2	38 42 44	10 9 7	54 58 56	2.2	2900	GAK-50	590	295	131	115	495	650	600	365	410	254	126	ϕ230
50WQ17-25-3	11.9 17 20.4	26 25 23.8	44 53 61	3	2900	GAK-50	615	258	132	128	466	650	600	3690	410	245	150	ϕ255
50WQ24-20-4	22 24 28	23 20 17	56 67 61	4	2900	GAK-50	670	258	163	163	501	650	600	420	440	245	157	ϕ325
50WQ10-15-4	28 40 48	16.5 15 14	56 67 64	4	2900	GAK-50	670	258	163	163	501	650	600	420	440	245	157	ϕ325
50WQ25-32-5.5	17.5 25 30	36 32 27.5	42 49 51	5.5	2900	GAK-50	790	301	163	163	544	750	600	495	450	260	179	ϕ325

表 3　WQ 型潜水排污泵性能、外形及安装尺寸（三）

泵型号	流量 Q /(m^3/h)	扬程 H /m	效率 η /%	电机功率 /kW	转速 n /(r/min)	耦合器型号	尺寸/mm											
							H	H_1	H_2	H_3	H_4	H_5	H_6	H_7	L	L_1	L_2	D
65WQ25-15-2.2	17.5 25 30	17.2 15 13	46 52 54	2.2	2900	GAK-65	590	303	128	128	511	750	600	375	420	250	140	ϕ255
65WQ37-13-3	25.9 37 44.4	14.5 13 11	52 60 58	3	2900	GAK-65	620	316	136	128	524	750	600	395	430	263	144	ϕ255
65WQ25-28-4	17.5 25 30	30.2 28 26	47 58 62	4	2900	GAK-65	675	313	163	163	556	750	600	425	465	260	154	ϕ325
80WQ29-8-2.2	20.3 29 34.8	9.5 8 6.5	39 45 43	2.2	2900	GAK-80	600	344	130	128	52	750	600	385	500	323	141	ϕ255
80WQ40-7-2.2	28 40 48	9.5 7 5.7	49 50 47	2.2	2900	GAK-80	600	344	130	128	552	750	600	385	500	323	141	ϕ255
80WQ43-13-3	30.1 43 51.6	15.2 13 9	58 65 53	3	2900	GAK-80	620	344	130	128	552	750	600	395	500	323	141	ϕ255

表 4　WQ 型潜水排污泵性能、外形及安装尺寸（四）

泵型号	流量 Q /(m^3/h)	扬程 H /m	效率 η /%	电机功率 /kW	转速 n /(r/min)	耦合器型号	尺寸/mm											
							H	H_1	H_2	H_3	H_4	H_5	H_6	H_7	L	L_1	L_2	D
80WQ50-10-3	35 50 60	11.5 10 8	58 65 53	3	2900	GAK-80	620	344	130	128	552	750	600	395	500	323	141	ϕ255
80WQ40-15-4	28 40 48	17 15 12.3	52 57 60	4	2900	GAK-80	675	346	140	128	554	750	600	425	500	325	148	ϕ255
80WQ60-13-4	42 60 72	14.5 13 11	64 72 70	4	2900	GAK-80	675	346	140	128	554	750	600	425	500	325	148	ϕ255
80WQ50-25-7.5	35 50 60	27.5 25 22.5	45 56 61	7.5	2900	GAK-80	800	368	163	163	611	750	600	505	560	347	186	ϕ325
100WQ70-7-3	49 70 84	9.5 7 5.7	64 75 73	3	1450	GAK-100	710	416	210	210	706	900	750	485	680	410	213	ϕ420
100WQ80-9-4	56 80 96	11 9 7	55 62 57	4	1450	GAK-100	755	416	210	210	706	900	750	505	680	410	213	ϕ420

表 5　WQ 型潜水排污泵性能、外形及安装尺寸（五）

泵型号	流量 Q /(m^3/h)	扬程 H /m	效率 η /%	电机功率 /kW	转速 n /(r/min)	耦合器型号	尺寸/mm											
							H	H_1	H_2	H_3	H_4	H_5	H_6	H_7	L	L_1	L_2	D
100WQ100-7-4	70 100 120	9.4 7 5.6	66 75 72	4	1450	GAK-100	755	416	210	210	706	900	750	505	680	410	213	ϕ420
100WQ65-15-5.5	45.5 65 78	17.5 15 12	51 59 58	5.5	1450	GAK-100	840	426	210	210	726	900	750	545	690	420	220	ϕ420
100WQ110-10-5.5	77 110 132	11.5 10 7	60 67 65	5.5	1450	GAK-100	840	426	210	210	726	900	750	545	690	420	220	ϕ420
100WQ80-20-7.5	56 80 96	22.5 20 17	64 71 70	7.5	1450	GAK-100	835	426	210	210	726	900	750	545	690	420	215	ϕ420
100WQ100-15-7.5	70 100 120	17.5 15 12.5	59 70 68	7.5	1450	GAK-100	835	426	210	210	726	900	750	545	690	420	215	ϕ420
100WQ87-28-15	60.9 87 104.4	31 28 25.3	59 69 67	15	1450	GAK-100	1015	506	260	260	846	1000	800	670	690	420	215	ϕ420

表 6　WQ 型潜水排污泵性能、外形及安装尺寸（六）

泵型号	流量 Q /(m^3/h)	扬程 H /m	效率 η /%	电机功率 /kW	转速 n /(r/min)	耦合器型号	尺寸/mm											
							H	H_1	H_2	H_3	H_4	H_5	H_6	H_7	L	L_1	L_2	D
100WQ100-22-15	70 100 120	23.3 22 20.5	49 61 63	15	1450	GAK-100	1015	506	260	260	846	1000	800	670	690	420	215	ϕ420
150WQ110-15-7.5	77 110 132	17.5 15 12.5	64 75 72	7.5	1450	GAK-150	855	495	210	210	785	1000	800	565	820	535	235	ϕ420
150WQ145-9-7.5	101.5 145 174	11 9 6.6	57 63 64	7.5	1450	GAK-150	855	495	210	210	785	1000	800	565	820	535	235	ϕ420
150WQ210-7-7.5	147 210 252	8.3 7 5.5	72 80 78	7.5	1450	GAK-150	855	495	210	210	785	1000	800	565	820	535	235	ϕ420
150WQ160-15-15	112 160 192	18 15 12.6	64 67 66	15	1450	GAK-150	985	560	260	260	900	1300	900	650	935	600	269	ϕ520
150WQ200-10-15	140 200 240	11.5 10 7	56 64 62	15	1450	GAK-150	985	560	260	260	900	1300	900	650	935	600	269	ϕ520

表7　WQ型潜水排污泵性能、外形及安装尺寸（七）

泵型号	流量 Q /(m^3/h)	扬程 H /m	效率 η /%	电机功率 /kW	转速 n /(r/min)	耦合器型号	尺寸/mm											
							H	H_1	H_2	H_3	H_4	H_5	H_6	H_7	L	L_1	L_2	D
150WQ70-40-18.5	49 70 84	44.5 40 36	46 54 52	18.5	1450	GAK-150	1075	565	182	182	827	1000	800	705	865	605	281	ϕ364
150WQ150-26-18.5	105 150 180	28.5 26 23.7	60 72 70	18.5	1450	GAK-150	1075	565	182	182	827	1000	800	705	865	605	281	ϕ364
150WQ180-22-18.5	126 180 216	25 22 17	68 74 72	18.5	1450	GAK-150	1075	565	182	182	827	1000	800	705	865	605	281	ϕ364
150WQ130-30-22	91 130 156	35 30 24	63 69 63	22	1450	GAK-150	1330	565	260	260	905	1300	900	710	940	605	285	ϕ520
150WQ250-22-30	175 250 300	23.5 22 19.8	64.7 73.5 71	30	1450	GAK-150	1330	613	315	315	1008	1500	1000	910	1045	653	427	ϕ630
150WQ150-35-37	105 150 180	40 35 30	57 63 64	37	1450	GAK-150	1500	613	315	315	1008	1500	1000	1035	1045	653	427	ϕ630

表8　WQ型潜水排污泵性能、外形及安装尺寸（八）

泵型号	流量 Q /(m^3/h)	扬程 H /m	效率 η /%	电机功率 /kW	转速 n /(r/min)	耦合器型号	尺寸/mm											
							H	H_1	H_2	H_3	H_4	H_5	H_6	H_7	L	L_1	L_2	D
150WQ200-30-37	140 200 240	35 30 24	60 65 62	37	1450	GAK-150	1500	613	315	315	1008	1500	1000	1035	1045	653	427	ϕ630
200WQ300-7-11	210 300 360	8.2 7 5.9	68 75 72	11	1450	GAK-200	1005	553	260	260	893	1300	900	660	905	537	258	ϕ520
200WQ250-11-15	175 250 300	13.2 11 9	68 73 68	15	1450	GAK-200	1005	553	260	260	893	1300	900	660	905	537	258	ϕ520
200WQ400-7-15	280 400 480	9 7 5.5	68 70 63	15	1450	GAK-200	1040	636	328	275	1016	1500	1000	680	1025	620	275	ϕ550
200WQ250-15-18.5	175 250 300	17.7 15 13	60 72 71	18.5	1450	GAK-200	1070	716	258	258	1054	1500	1000	700	1065	700	265	ϕ515
200WQ310-13-22	217 310 372	16 13 11	64 71 67	22	1450	GAK-200	1070	716	258	258	1054	1500	1000	700	1065	700	265	ϕ515

表 9　WQ 型潜水排污泵性能、外形及安装尺寸（九）

泵型号	流量 Q /(m^3/h)	扬程 H /m	效率 η /%	电机功率 /kW	转速 n /(r/min)	耦合器型号	尺寸/mm											
							H	H_1	H_2	H_3	H_4	H_5	H_6	H_7	L	L_1	L_2	D
200WQ400-10-22	280 400 480	12.6 10 8	68 75 69	22	1450	GAK-200	1070	716	258	258	1054	1500	1000	700	1065	700	265	ϕ515
200WQ250-22-30	175 250 300	24.8 22 19.5	62 71 72	30	1450	GAK-200	1120	716	258	258	1054	1500	1000	730	1065	700	265	ϕ515
200WQ360-15-30	250 360 432	17.5 15 12.6	65 78 75	30	1450	GAK-200	1120	716	258	258	1054	1500	1000	730	1065	700	265	ϕ515
200WQ400-13-30	280 400 480	16 13 11	69 76 72	30	1450	GAK-200	1120	716	258	258	1054	1500	1000	730	1065	700	265	ϕ515
200WQ350-25-37	245 350 420	27.8 25 22.7	63 73 76	37	1450	GAK-200	1490	706	315	315	1101	1500	1000	950	1110	690	407	ϕ630
200WQ250-35-45	175 250 300	41 35 29.5	59 69 69	45	1450	GAK-200	1490	706	315	315	1101	1500	1000	950	1110	690	407	ϕ630

表 10　WQ 型潜水排污泵性能、外形及安装尺寸（十）

泵型号	流量 Q /(m^3/h)	扬程 H /m	效率 η /%	电机功率 /kW	转速 n /(r/min)	耦合器型号	尺寸/mm											
							H	H_1	H_2	H_3	H_4	H_5	H_6	H_7	L	L_1	L_2	D
200WQ400-25-45	280 400 480	28 25 22	67 77.5 75	45	1450	GAK-200	1490	706	258	315	1101	1500	1000	950	1110	690	407	ϕ630
200WQ250-40-55	175 250 300	44.5 40 35.7	58 71 70	55	1450	GAK-200	1465	706	258	320	1106	1500	1000	950	1115	690	325	ϕ640
200WQ400-30-55	280 400 480	35 30 27	59 72 75	55	1450	GAK-200	1465	706	258	320	1106	1500	1000	950	1115	690	325	ϕ640

5.2　ZQB 型潜水轴流泵

（1）用途

ZQB 型潜水轴流泵和 HQB 型潜水混流泵是传统的水泵-电动机组的更新换代产品，机泵一体可长期潜入水中运行，具有一系列突出的优点。

① 由于泵潜入水中运行，大大简化了泵站的土工及建筑结构工程，减少了安装面积，可节省工程总价的30%～40%。

② 由于水泵和电机一体，无需在现场进行轴对中心的装配工序，安装方便、快速。

③ 噪声低，泵站内无高温，改善了工作条件。也可按要求建成全地下泵站，保持地面的环境风貌。

④ 操作方便，无需在开机前润滑水泵的橡胶轴承，而且可实现遥控和自动控制。

⑤ 可解决在水位涨落大的沿江、湖泊地区建泵站的电机防洪问题。

⑥ ZQB、HQB型潜水电泵可供农田排灌、工矿船坞、城市建设、电站给水排水用。ZQB型潜水轴流泵适用于低扬程、大流量场合；HQB型潜水混流泵效率高、汽蚀性能好，适用于水位变动较大及扬程要求较高的场合。输送介质为水或物理化学性质类似于水的其他液体，其最高被输送液体温度为40℃。

（2）型号意义说明

见图3。

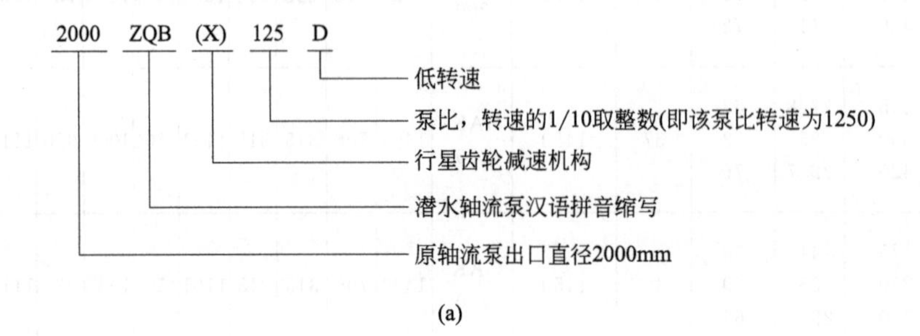

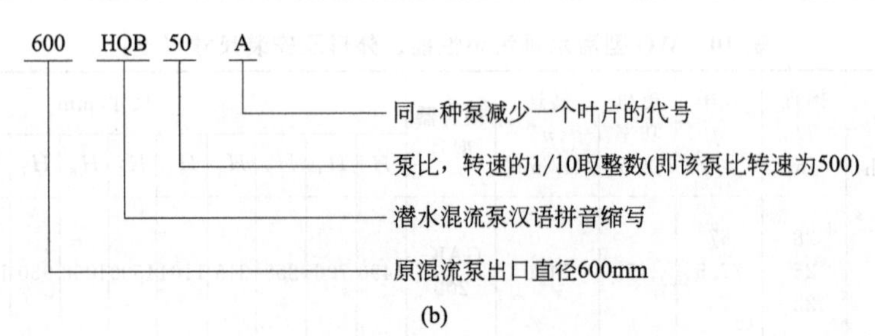

图3 ZQB型潜水轴流泵及HQB型潜水混流泵型号意义说明

（3）性能参数

潜水轴流泵性能参数见表11～表14。

表11 350ZQB-70（D）型潜水轴流泵性能

叶片安装角度	流量 Q		扬程 H /m	转速 n /(r/min)	泵效率 η /%	功率/kW		叶轮直径 /mm
	m^3/h	L/s				轴功率	电机功率	
−6°	810	225	5.4	1450	76.5	15.6	18.5	300
	900	250	4.03		78.4	12.6		
	972	270	3.2		76.5	11.1		

续表

叶片安装角度	流量Q		扬程 H /m	转速 n /(r/min)	泵效率 η /%	功率/kW		叶轮直径 /mm
	m^3/h	L/s				轴功率	电机功率	
−4°	878	244	5.8	1450	76.5	18.1	18.5	300
	1008	280	4.1		79.6	14.1		
	1080	300	3.2		76.5	12.3		
−2°	954	265	5.83		77.5	19.6	22	
	1080	300	4.5		80.2	15.4		
	1188	330	2.9		77.5	12.1		
0°	1033	287	6.0		77.5	21.8		
	1188	330	4.21		80.5	16.9		
	1285	357	2.89		77.5	13.1		
+2°	1091	303	6.0		79.7	23.3	30	
	1260	350	4.43		81	18.8		
	1368	380	3.2		76.5	15.6		
+4°	1170	325	6.4		75.5	27.0		
	1350	375	4.45		80.7	20.3		
	1440	400	3.4		76.5	17.4		
−4°	791	220	3.78		79.1	10.3	11	
	896	249	2.72		81.1	8.2		
	1005	279	1.39		70.2	5.4		
−2°	900	250	4.6		78	14.5	15	
	1113	309	2.84		81.7	10.5		
	1262	351	1.18		65.3	6.2		
0°	1111	309	5.02		75.6	20.1	22	
	1304	362	3.35		80.1	14.9		
	1534	426	1.22		64.6	7.9		
+2°	1163	323	5.89		70	26.7	30	
	1453	404	3.8		78.6	19.1		
	1649	458	2.05		70.3	13.1		
+4°	1440	400	5.35		72	29.2		
	1651	459	3.91		72.9	24.1		
	1782	495	2.84		70.9	19.5		

表 12　500ZQB-70（D）型潜水轴流泵性能

叶片安装角度	流量 Q		扬程 H /m	转速 n /(r/min)	泵效率 η /%	功率/kW		叶轮直径 /mm
	m³/h	L/s				轴功率	电机功率	
−6°	1522	423	9.78	980	75.6	53.7	55	450
	1843	512	8		80.2	50.1		
	1981	550	6.85		78.3	47.2		
−4°	1600	444	10.12		75.6	58.4	65	
	1987	552	8.25		81	55.1		
	2183	606	6.65		78.3	50.5		
−2°	1698	472	10.48		75.6	64.1	75	
	2131	592	8.5		81	60.9		
	2368	658	6.61		78.3	54.5		
0°	1801	500	10.82		75.6	70.2		
	2300	639	8.54		81	66.1		
	2536	704	6.67		78.3	58.9		
+2°	2212	614	10.02		81	74.6	90	
	2430	675	8.7		81.5	70.7		
	2683	745	6.8		78.3	63.5		
+4°	2170	603	11.06		75.6	86.5		
	2556	710	9		81.5	76.9		
	2826	785	7.04		78.3	69.2		
−6°	1115	310	5.32	730	74.7	21.6	22	
	1373	381	4.44		79.4	20.9		
	1476	410	3.8		77.5	19.7		
−4°	1192	331	5.62		74.7	24.4	30	
	1480	411	4.58		80.3	23.0		
	1626	452	3.69		77.5	21.1		
−2°	1265	351	5.82		74.7	26.9		
	1588	441	4.72		80.3	25.4		
	1764	490	3.68		77.5	22.8		
0°	1342	373	6		74.7	29.4		
	1716	477	4.74		80.3	27.6		
	1889	525	3.7		77.5	24.6		
+2°	1675	465	5.56		80.3	31.1	37	
	1810	503	4.83		80.7	29.5		
	1999	555	3.77		77.5	26.5		
+4°	1617	449	6.15		74.7	36.2		
	1904	529	4.99		80.7	32.1		
	2105	585	3.9		77.5	28.9		

表 13　700ZQB-50D（70）型潜水轴流泵性能

叶片安装角度	流量 Q		扬程 H /m	转速 n /(r/min)	泵效率 η /%	功率/kW		叶轮直径 /mm
	m³/h	L/s				轴功率	电机功率	
−6°	2246	624	6.99	590	71.9	59.5	75	600
	2952	820	5.52		80.9	54.9		
	3285	913	2.68		64.0	37.5		
−4°	3093	859	5.93		81.4	61.4		
	3186	885	5.68		81.8	60.3		
	3733	1037	3.54		71.9	50.1		
−2°	2465	685	7.39		71.9	69.0		
	3444	957	5.68		81.9	65.1		
	4062	1128	3.31		70.0	52.3		
0°	2730	758	7.15		76.2	69.8		
	3697	1027	5.83		81.5	72.1		
	4124	1146	3.04		71.9	47.5		
+2°	3082	856	7.61		76.2	83.9	90	
	3890	1081	6.00		82.4	77.5		
	4559	1266	3.69		71.9	63.8		
+4°	3773	1048	6.99		81.4	88.3		
	4102	1139	6.15		82.4	83.4		
	4781	1328	3.88		71.9	70.3		
−4°	3038	844	10.80	730	72.1	124.0	132	650
	3908	1086	8.04		82.0	104.1		
	4563	1268	4.99		81.0	76.6		
−2°	3828	1063	9.41		76.5	128.3		
	4467	1241	7.58		81.4	113.4		
	4995	1388	5.63		75.4	101.6		
0°	4595	1276	8.04		81.3	123.8		
	4795	1332	7.25		82.5	114.8		
	5562	1545	4.48		78.6	86.4		
+2°	5195	1443	7.58		82.6	129.9		
	5682	1578	6.31		83.5	117.0		
	5922	1645	5.36		82.8	104.5		
+4°	5760	1600	7.20		83.2	135.8	160	
	5994	1665	6.43		84.2	124.7		
	6340	1761	5.05		80.3	108.7		

表 14　900ZQB-70 型潜水轴流泵性能

叶片安装角度	流量 Q		扬程 H /m	转速 n /(r/min)	泵效率 η /%	功率/kW		叶轮直径 /mm
	m^3/h	L/s				轴功率	电机功率	
−4°	4500	1250	8.06	490	74.0	133.6	160	850
	5800	1611	5.98		82.3	114.8		
	6770	1881	3.72		81.4	84.3		
−2°	5190	1442	7.82		77.5	142.7		
	6620	1839	5.49		82.7	119.8		
	7410	2058	4.19		77.0	109.9		
0°	6510	1808	6.41		81.8	139.0		
	7200	2000	5.40		83.6	126.7		
	8250	2292	3.33		80.1	93.5		
+2°	7560	2100	5.99		84.0	146.9		
	8420	2339	4.70		84.4	127.8		
	8790	2442	4.00		84.0	114.1		
+4°	7740	2150	6.50		82.7	165.8	185	
	8650	2403	5.33		85.6	147.3		
	9300	2583	4.27		84.8	127.6		
−4°	8748	2430	6.80		83.0	95.3	220	
	9288	2580	6.00		83.0	183.0		
	9839	2733	5.00		80.5	166.5		
−2°	8350	2319	7.73		80.5	218.5	250	
	9648	2680	6.50		83.8	203.9		
	10620	2950	4.87		80.5	175.1		
0°	8640	2400	8.17		80.5	238.9		
	10080	2800	6.70		84.5	217.8		
	11268	3130	4.77		80.5	181.9		
+2°	8964	2490	8.40		80.5	254.9	280	
	10656	2960	7.00		84.5	240.5		
	11988	3330	4.77		80.5	193.6		
+4°	9720	2700	8.50		82.1	274.2	300	
	11124	3090	7.33		85.3	260.5		
	12816	3560	4.93		80.5	213.9		

附录 6　格栅除污机

6.1　回转式格栅除污机

（1）用途

回转式格栅除污机（也称回转式固液分离机），它是一种先进的水处理固液分离设备，主要用于城镇污水处理厂、住宅小区污水预处理装置、市政雨污水泵站、自来水厂和电厂冷却水等进水口处，该设备也广泛用于纺织、印染、食品、水产、造纸、酿酒、屠宰、制革等各个行业的水处理工程，是水处理行业中理想的固液分离设备。

（2）结构和工作原理

该设备采用回转式，由一种特殊形状的犁形耙齿按一定的装配顺序及数量排列在横轴上组成耙齿链，根据过水流量，装配成不同的间隙，安装在泵站或水处理系统的入口处，当驱动装置带动耙齿链自下向上运动时水中的杂物被耙齿链捞起，液体则在栅隙中流过，设备转动到上部顶点后，耙齿链改变运行方向，由上向下运动，物料依靠自重从耙齿上自行脱落；当耙齿从反面转到设备底部时，又开始另一循环往复的连续运行，从而不断地从水中清捞杂物，达到固液分离的目的。

（3）主要技术参数和安装尺寸

见表 1。

表 1　主要技术参数和安装尺寸

参数＼型号		YF-500	YF-600	YF-700	YF-800	YF-900	YF-1000	YF-1100	YF-1200	YF-1300	YF-1400	YF-1500
设备宽度 B/mm		500	600	700	800	900	1000	1100	1200	1300	1400	1500
渠道宽度 B_1/mm		$B+100$										
有效栅宽 B_2/mm		$B-157$										
基础螺栓间距 B_3/mm		$B+200$										
设备总宽 B_5/mm		$B+350$										
耙齿间隙 b/mm	$t=100$mm	$1\leqslant b\leqslant 10$										
	$t=150$mm	$10<b\leqslant 50$										
安装角度 a/(°)		60～85										
渠道深度 H/mm		800～12000										
卸料口至平台高度 H_1/mm		600～1200										
设备总高 H_2/mm		$H+H_1+1500$										
后箱架高 H_3/mm	$t=100$mm	约 1000										
	$t=150$mm	约 1100										

续表

型号 参数		YF-500	YF-600	YF-700	YF-800	YF-900	YF-1000	YF-1100	YF-1200	YF-1300	YF-1400	YF-1500
耙齿运行速度 v/(m/min)		约 2.1										
电机功率 N/kW		0.55～1.1			0.75～1.5			1.1～2.2		1.5～3.0		
水头损失/mm		≤20(无堵塞时)										
土建载荷	P_1/kN	20						25				
	P_2/kN	8						10				
	ΔP/kN	1.5						2.0				

注：P 以 $H=5.0$m 计，H 每增加 1m，则 $P_{总}=P_1$（P_2）$+\Delta P$；t 为耙齿链节距。

（4）主要特点

① 驱动装置采用摆线针轮或斜齿轮式减速电机直接驱动，具有噪声低、结构紧凑、运行平稳等特点；

② 机架为整体框架结构，刚性强，安装简便，日常维修工作量少；

③ 耙齿规格两种，粗格栅耙齿节距 $t=150$mm，细格栅耙齿节距 $t=100$mm；

④ 设备操作简便，可直接就地/远程控制设备的运行；

⑤ 为防止意外过载，设有机械剪切销和过电流双重保护，可使设备运行安全可靠；

⑥ 当设备宽≥1500mm 时，为保证设备的整体强度，将采用并联机的形式。

（5）过水流量表

见表 2。

表 2　过水流量

型号 参数			YF-500	YF-600	YF-700	YF-800	YF-900	YF-1000	YF-1100	YF-1200	YF-1300	YF-1400	YF-1500
栅前水深 H_3/m			1.0										
过栅流速 V/(m/s)			0.8										
间隙 b /mm	1	过水流量 Q /(m^3/s)	0.03	0.04	0.05	0.06	0.07	0.08	0.08	0.09	0.10	0.11	0.12
	3		0.07	0.09	0.10	0.12	0.14	0.16	0.18	0.20	0.22	0.24	0.26
	5		0.09	0.11	0.14	0.16	0.18	0.21	0.23	0.26	0.28	0.31	0.33
	10		0.11	0.14	0.17	0.21	0.24	0.27	0.30	0.33	0.37	0.40	0.43
	15		0.13	0.16	0.20	0.24	0.27	0.31	0.34	0.38	0.42	0.45	0.49
	20		0.14	0.17	0.21	0.25	0.29	0.33	0.37	0.41	0.45	0.49	0.53
	25		0.14	0.18	0.22	0.27	0.31	0.35	0.39	0.43	0.47	0.51	0.55
	30		0.15	0.19	0.23	0.27	0.32	0.36	0.40	0.45	0.49	0.53	0.57
	40		0.15	0.20	0.24	0.29	0.33	0.38	0.42	0.46	0.51	0.55	0.60
	50		0.16	0.20	0.25	0.29	0.34	0.39	0.43	0.48	0.52	0.57	0.61

(6) 外形及安装尺寸图

见图 1。

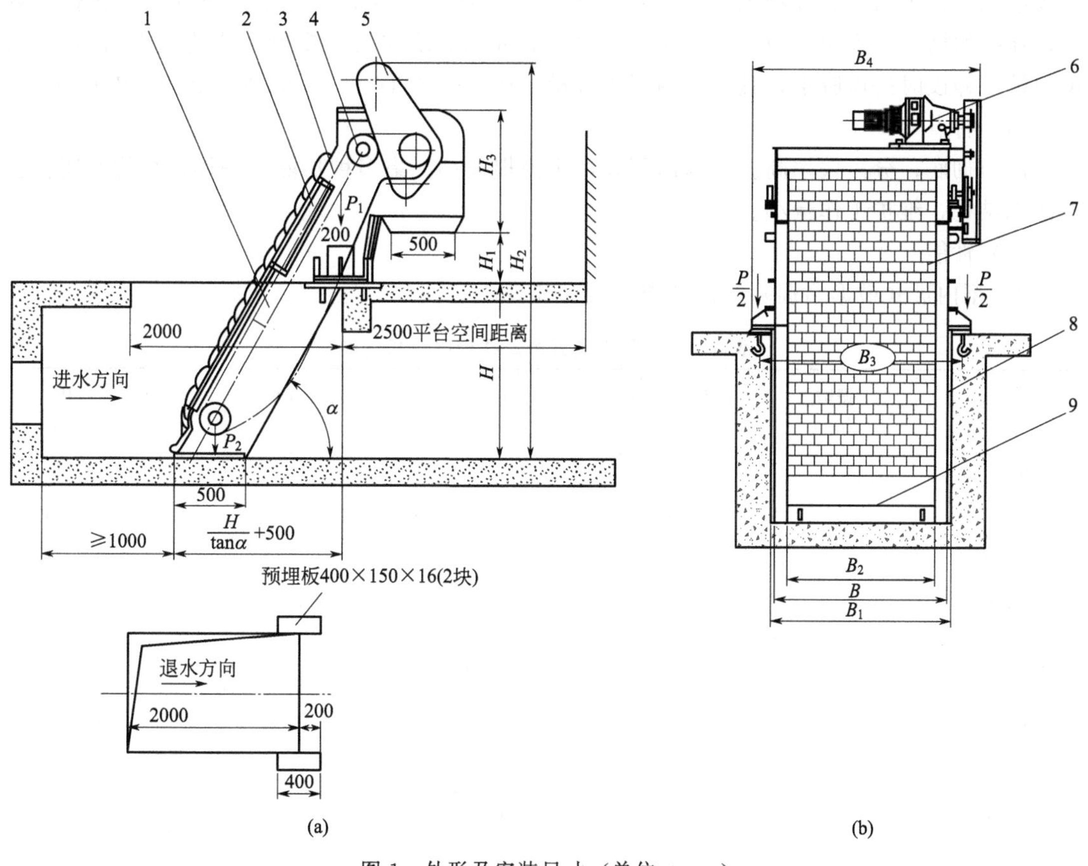

图 1　外形及安装尺寸（单位：mm）

1—机架；2—检修孔盖板；3—牵引链；4—导向装置；5—电机护罩；6—驱动装置；7—耙齿；8—两侧挡板；9—底部挡板

6.2　内进式鼓形格栅除污机

(1) 适用范围

ZG 型内进式鼓形格栅除污机主要用于市政污水及工业废水处理工程中，去除水中的漂浮物，该机集截污、齿耙除渣、螺旋提升、压榨脱水四种功能于一体，是一种新型高效的格栅除污机。

(2) 型号意义说明

见图 2。

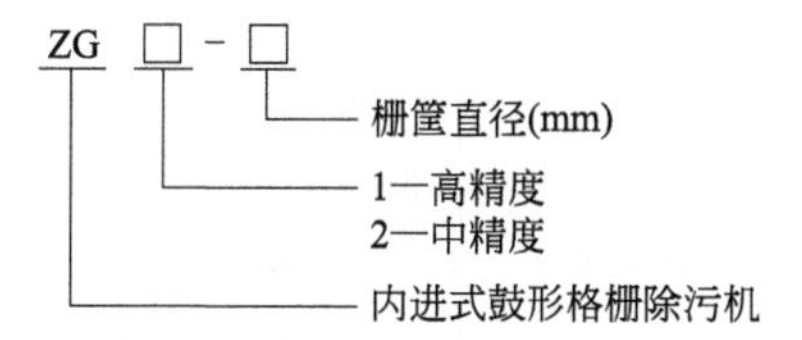

图 2　ZG 型内进式鼓形格栅除污机型号意义说明

（3）工作原理

处理水中的漂浮物经栅筐过滤后截留于筐内、栅面上，随着截留污物量的增多，过滤面积逐渐减小、水头损失逐渐增大，当筐内外水位差达到设定值时。除污耙自动回转梳除栅渣，梳除的栅渣卸入栅筐中的集渣斗内，由斗底部的螺旋输送机提升，栅渣边上行边沥水，至顶端压榨段时挤压脱水，脱水后的固体含量可达40%左右，送入贮渣容器中，外运处理。

（4）特点

清渣彻底，分离效率高。过滤面积大，水力损失小。集多种功能于一体，结构紧凑。全不锈钢结构，维护工作量小。

（5）性能

ZG型内进式鼓形格栅除污机性能见表3和表4。

表3　ZG_1型内进式鼓形格栅除污机性能

<table>
<tr><th rowspan="2">型号</th><th rowspan="2">栅隙/mm</th><th rowspan="2">过水流量/(m^3/h)</th><th rowspan="2">质量/kg</th><th rowspan="2">电机功率/kW</th><th colspan="2">外形尺寸/mm</th></tr>
<tr><th>L</th><th>D</th></tr>
<tr><td>ZG_1-600</td><td rowspan="12">0.2～5</td><td>125</td><td>680</td><td rowspan="2">1.1</td><td rowspan="2">6000</td><td>600</td></tr>
<tr><td>ZG_1-800</td><td>220</td><td>880</td><td>800</td></tr>
<tr><td>ZG_1-1000</td><td>370</td><td>980</td><td rowspan="3">1.5</td><td rowspan="2">7000</td><td>1000</td></tr>
<tr><td>ZG_1-1200</td><td>510</td><td>1080</td><td>1200</td></tr>
<tr><td>ZG_1-1400</td><td>730</td><td>1680</td><td rowspan="2">8000</td><td>1400</td></tr>
<tr><td>ZG_1-1600</td><td>1010</td><td>2150</td><td rowspan="4">2.2</td><td>1600</td></tr>
<tr><td>ZG_1-1800</td><td>1340</td><td>2450</td><td rowspan="2">9000</td><td>1800</td></tr>
<tr><td>ZG_1-2000</td><td>1600</td><td>3650</td><td>2000</td></tr>
<tr><td>ZG_1-2200</td><td>2000</td><td>4100</td><td rowspan="2">10000</td><td>2200</td></tr>
<tr><td>ZG_1-2400</td><td>2400</td><td>4750</td><td rowspan="3">3</td><td>2400</td></tr>
<tr><td>ZG_1-2600</td><td>3000</td><td>6250</td><td rowspan="2">11000</td><td>2600</td></tr>
<tr><td>ZG_1-3000</td><td>3700</td><td>9250</td><td>3000</td></tr>
</table>

注：过水流量为2mm栅隙时的过水量。表中质量为5mm栅隙时质量。

表4　ZG_2型内进式鼓形格栅除污机性能

<table>
<tr><th rowspan="2">型号</th><th rowspan="2">栅隙/mm</th><th rowspan="2">过水流量/(m^3/h)</th><th rowspan="2">质量/kg</th><th rowspan="2">电机功率/kW</th><th colspan="4">外形尺寸/mm</th></tr>
<tr><th>L</th><th>A</th><th>H</th><th>D</th></tr>
<tr><td rowspan="2">ZG_2-600</td><td>5</td><td>115</td><td rowspan="2">1125</td><td rowspan="6">1.5</td><td rowspan="2">3000～7000</td><td rowspan="2">2600～6100</td><td rowspan="2">2000～4200</td><td rowspan="2">600</td></tr>
<tr><td>10</td><td>185</td></tr>
<tr><td rowspan="2">ZG_2-800</td><td>5</td><td>290</td><td rowspan="2">1365</td><td rowspan="2">3500～7000</td><td rowspan="2">2600～6100</td><td rowspan="2">2000～4200</td><td rowspan="2">800</td></tr>
<tr><td>10</td><td>380</td></tr>
<tr><td rowspan="2">ZG_2-1000</td><td>5</td><td>500</td><td rowspan="2">1650</td><td rowspan="2">3500～7000</td><td rowspan="2">3200～6200</td><td rowspan="2">2700～4600</td><td rowspan="2">1000</td></tr>
<tr><td>10</td><td>630</td></tr>
<tr><td rowspan="2">ZG_2-1200</td><td>5</td><td>725</td><td rowspan="2">2000</td><td rowspan="4">2.2</td><td rowspan="2">3500～7000</td><td rowspan="2">3100～6200</td><td rowspan="2">2700～4600</td><td rowspan="2">1200</td></tr>
<tr><td>10</td><td>930</td></tr>
<tr><td rowspan="2">ZG_2-1400</td><td>5</td><td>1300</td><td rowspan="2">2630</td><td rowspan="2">4000～8000</td><td rowspan="2">4000～7200</td><td rowspan="2">3400～4900</td><td rowspan="2">1400</td></tr>
<tr><td>10</td><td>1750</td></tr>
</table>

续表

型号	栅隙/mm	过水流量/(m^3/h)	质量/kg	电机功率/kW	外形尺寸/mm			
					L	A	H	D
ZG_2-1600	5	1830	2900	3	4500～8000	3900～7200	3400～4950	1600
	10	2200						
ZG_2-1800	5	2430	3150		4500～8000	4000～7200	3500～5250	1800
	10	2920						
ZG_2-2000	5	3400	4600	4	5000～9000	4400～8800	3800～6500	2000
	10	3850						
ZG_2-2200	5	4270	5100		5000～9000	4400～8800	3900～6600	2200
	10	4800						
ZG_2-2500	5	5350	5850	5.5	5500～9500	4800～9200	4400～6900	2500
	10	6030						

注：1. 并联机时过水流量按以上规格乘所并联的机数即可，“L”可根据需要加长。

2. 整机就位安装时用 M12 或 M16 的膨胀螺栓在沟渠侧面、上面固定即可，无需预埋件。

（6）外形尺寸

ZG 型内进式鼓形格栅除污机外形尺寸见图 3 和表 3、表 4。

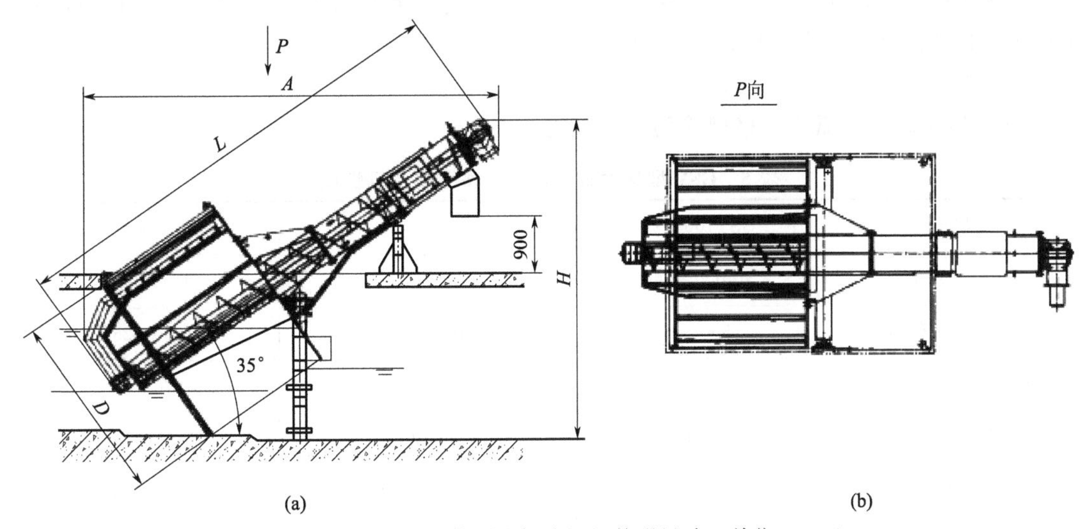

图 3　ZG 型内进式鼓形格栅除污机外形尺寸（单位：mm）

6.3　移动式（抓斗）格栅除污机

（1）适用范围

GSY 型移动式（抓斗）格栅除污机主要用于拦截、清除水中粗大的漂浮物，如杂草、树枝、垃圾、纤维等。该型格栅除污机适用于大、中型取水构筑物的进水口处或并列多个取水口（井）处，如污水和雨水提升泵站、污水处理厂、自来水厂、电厂等取（进）水口处，用于去除杂物、保护水质及后续设备的安全运行。

（2）型号意义说明

见图 4。

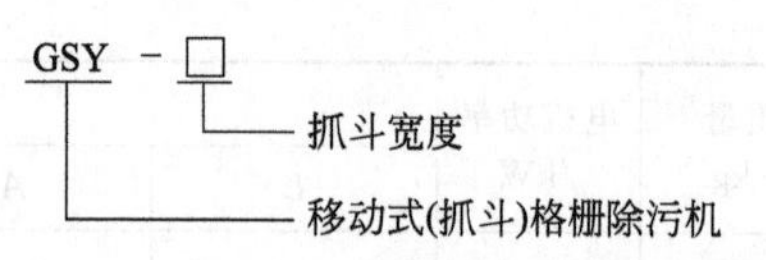

图 4　移动式（抓斗）格栅除污机型号意义说明

（3）结构与特点

GSY 型移动式（抓斗）格栅除污机主要由移动式抓斗体和固定拦污栅两大部分组成。移动式抓斗体主要包括支撑柱、轨道、移动车、抓斗及电控柜等部件，移动车中含有行走机构、提升装置、液压站和油管收放装置等；拦污栅是固定在水中的用以拦截水中漂浮物的用栅条和横撑组成的结构件。

工作时，抓斗在移动车的带动下在导轨内移动，移至需要清除漂浮物的拦污栅处；抓斗在提升装置和液压系统的控制下完成下耙、下耙到位、闭耙、闭耙到位、提耙、提耙到位等一个组合过程；抓斗在移动车的带动下移至堆放漂浮物的栅箱处；抓斗进行开耙，卸栅到开耙到位后数秒完成一个全工作过程。下一步循环进行。移动车的移动速度和抓斗的升降速度都是变速可调的。一台清污小车能清除多组格栅井的垃圾；抓斗的设计制造充分考虑了大量污物处理情况以及各种水生植物的特点，抓斗处理量大，污物的去除率高；导轨的长度延伸至杂物排放区，抓斗直接将污物排放到收集处，无需二次处理；清污小车的移动和抓斗的升降采用快速移动、慢速定位，并采用制动电机，确保行程到位和定位精确；可实现液位差、计时器全自动控制，或人工启动，自动完成。

（4）性能

GSY 型移动式（抓斗）格栅除污机性能见表 5。

表 5　GSY 型移动式（抓斗）格栅除污机性能

型号	GSY1000～2000	GSY2100～3000	GSY3100～5000
抓斗宽度/mm	1000～2000	2100～3000	3100～5000
抓斗工作负荷/kg	500～1000	1000～1500	1500～2500
格栅安装角度/(°)	70～90	70～90	70～90
格栅最大深度/m	15	20	30
栅条间隙/mm	20～200	30～200	40～200
提升电机功率/kW	1.5～5.5	2.2～5.5	4～7.5
提升速度/(m/min)	5～20	5～20	5～20
行走电机功率/kW	0.37～1.1	0.55～1.5	0.75～1.5
行走速度/(m/min)	<25	<25	<25
液压电机功率/kW	1.1	1.1～1.5	1.5
油缸压力/bar	120	120	120

注：1bar=10^5Pa。

（5）外形尺寸

GSY 型移动式（抓斗）格栅除污机外形尺寸见图 5。

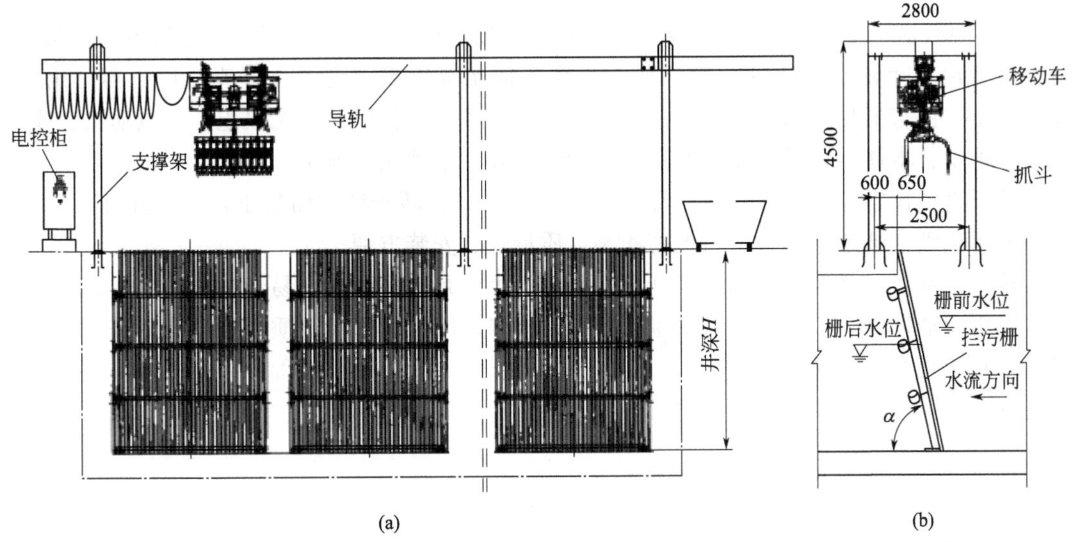

图 5 GSY 型移动式（抓斗）格栅除污机外形尺寸（单位：mm）

附录 7 鼓风机

7.1 SB 单级高速离心鼓风机

（1）适用范围

SB 单级高速离心鼓风机叶轮采用三元流动逆命题设计，即输入内部全部流体质点的“涡（速度环量）”分布，通过数值计算直接得到三元叶片型面坐标，从而实现对叶轮内部全部流体质点速度分布的有效控制。“全可控涡”设计不仅大大缩短了用于叶轮设计的计算时间，而且可以确保宽叶片或小轴向尺寸条件下设计计算的收敛。采用“全可控涡”三元叶轮技术，产品压力高、效率高。

采用三元扭曲叶片半开式叶轮，鼓风机出口压力可达 0.147～0.196MPa，压缩机出口压力可达 0.247MPa。

具有可靠的气动性能，效率比国外直线元素三元叶轮提高 2%以上，较国内常规（二元）设计叶轮提高 8%～10%，整机效率可达 82%～87%，节能 2%～10%。

采用进口导叶调节，流最可调范围可达 40%～105%，机组效率曲线平坦，即使在偏离设计工况下运转也能取得良好的节能效果。

① 石油化工、炼铁装置：可用于原料空气源、燃烧处理、化学反应、转炉鼓风、硫黄回收装置、酞酸装置、顺丁烯二酸装置、丙烯酸装置等。

② 压送、抽吸各种气体：可用于二氧化碳、氨气、天然气、氯气、焦炉煤气、废气等流程气循环。

③ 食品、医药行业：可用于反应、发酵、原料空气输送、废气和废水处理等。

④ 公共事业：可用于城市污水曝气，城市气体输送，火力发电排烟、脱硫压送气体，沉箱压送气体，隧道工程送气、土沙输送等。

⑤ 其他作业：可用于空气幕、气刀、干燥等。

（2）结构与特点

SB单级高速离心鼓风机为单支撑结构，鼓风机本体由定子、转子、增速箱等部件组成。转子由主轴、叶轮、平衡盘、滑动轴承和半联轴器等组成，定子由蜗壳、扩压器等组成。大、中型本体与电机采用分置底座。小型本体与电机为整体组装结构机组：将电动机、联轴器及防护罩、本体（含增速箱）及调节机构组装在一个共用底座上。

转子直径比常规（二元）离心叶轮小30%～40%，转子转动惯量小，易于启动。

采用单级组装整体结构，占地面积小、质量轻、安装方便。

转子质量轻，平衡精度高，振动小，并且产生的是高频噪声，易于消除。

采用滑动轴承，可长时间无需维修。即便维修，因结构简单、质量轻也易于操作。

（3）型号意义说明

见图1。

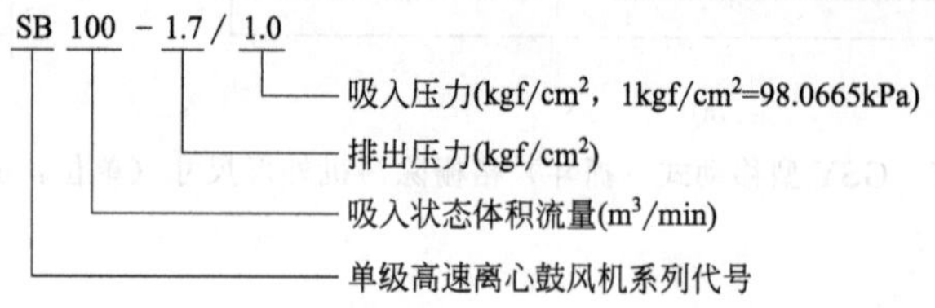

图1 SB单级高速离心鼓风机型号意义说明

（4）性能

SB单级高速离心鼓风机性能见表1。

表1 SB单级高速离心鼓风机性能

序号	型号	介质	进口工况				出口压力/kPa	轴功率/kW	配套电机		
			流量/(m³/min)	温度/℃	压力/kPa	进气密度/(kg/m³)			型号	功率/kW	电压/V
1	SB50-1.7/1.0	空气	50	20	98.07(1.0)	1.16	166.7(1.7)	63.4	Y280S-2	75	380
2	SB80-1.7/1.0	空气	80	20	98.07(1.0)	1.16	166.7(1.7)	101.5	Y315M-2	132	380
3	SB100-1.7/1.0	空气	100	20	98.07(1.0)	1.16	166.7(1.7)	126.9	Y315L1-2	160	380
4	SB125-1.7/1.0	空气	125	20	98.07(1.0)	1.16	166.7(1.7)	158.6	Y315L2-2	200	380
5	SB150-1.7/1.0	空气	150	20	98.07(1.0)	1.16	166.7(1.7)	187.7	Y355M1-2	220	380
6	SB200-1.7/1.0	空气	200	20	98.07(1.0)	1.16	166.7(1.7)	250.3	Y355L1-2	280	380
7	SB250-1.7/1.0	空气	250	20	98.07(1.0)	1.16	166.7(1.7)	312.9	YKK4002-2	355	6000
8	SB300-1.7/1.0	空气	300	20	98.07(1.0)	1.16	166.7(1.7)	366.5	YKK4004-2	450	6000
9	SB350-1.7/1.0	空气	350	20	98.07(1.0)	1.16	166.7(1.7)	427.6	YKK4005-2	500	6000
10	SB400-1.7/1.0	空气	400	20	98.07(1.0)	1.16	166.7(1.7)	488.7	YKK4501-2	560	6000
11	SB450-1.7/1.0	空气	450	20	98.07(1.0)	1.16	166.7(1.7)	542.6	YKK4502-2	630	6000
12	SB500-1.7/1.0	空气	500	20	98.07(1.0)	1.16	166.7(1.7)	602.9	YKK4503-2	710	6000
13	SB550-1.7/1.0	空气	550	20	98.07(1.0)	1.16	166.7(1.7)	663.1	YKK4504-2	800	6000

续表

序号	型号	介质	进口工况				出口压力/kPa	轴功率/kW	配套电机		
			流量/(m^3/min)	温度/℃	压力/kPa	进气密度/(kg/m^3)			型号	功率/kW	电压/V
14	SB600-1.7/1.0	空气	600	20	98.07(1.0)	1.16	166.7(1.7)	723.4	YKK4504-2	800	6000
15	SB700-1.7/1.0	空气	700	20	98.07(1.0)	1.16	166.7(1.7)	844.0	YKK5002-2	1000	6000
16	SB800-1.7/1.0	空气	800	20	98.07(1.0)	1.16	166.7(1.7)	964.6	YKK5003-2	1120	6000
17	SB900-1.7/1.0	空气	900	20	98.07(1.0)	1.16	166.7(1.7)	1085.1	YKK5004-2	1250	6000
18	SB1000-1.7/1.0	空气	1000	20	98.07(1.0)	1.16	166.7(1.7)	1205.7	YKK5601-2	1400	6000
19	SB1200-1.7/1.0	空气	1200	20	98.07(1.0)	1.16	166.7(1.7)	1446.9	YKK5603-2	1800	6000
20	SB1400-1.7/1.0	空气	1400	20	98.07(1,0)	1.16	166.7(1.7)	1688.0	YKK6301-2	2000	6000

注：( ) 内单位为 kgf/cm^2，$1kgf/cm^2=98.0665kPa$。

(5) 外形及安装尺寸

SB 单级高速离心鼓风机外形及安装尺寸见表 2 和图 2。

表 2 SB 单级高速离心鼓风机外形及安装尺寸 单位：mm

序号	A	B	C	DN_1	D_1	m-ϕd_1	E	F	S_1	S_2	N	L	h	h_1	H	M	DN_2	D_2	n-ϕd_2
SB-B	1330	2640	415	300	400	12-22	590	2420	50	40	1100	125	1470	1020	1765	350	250	350	12-22
SB-C	1485	3350	490	400	515	16-26	655	2620	50	40	1200	125	1545	1045	2000	425	300	400	12-22
SB-D	1625	3905	570	500	620	20-26	745	2560	50	40	1200	125	1870	1270	2400	555	400	515	16-26
SB-E	1770	4480	680	600	725	20-30	810	3020	50	40	1300	135	2230	1430	2650	685	500	620	20-26
SB-F	1795	4500	705	700	810	20-30	835	3050	50	40	1300	135	2230	1430	2650	805	600	725	20-30

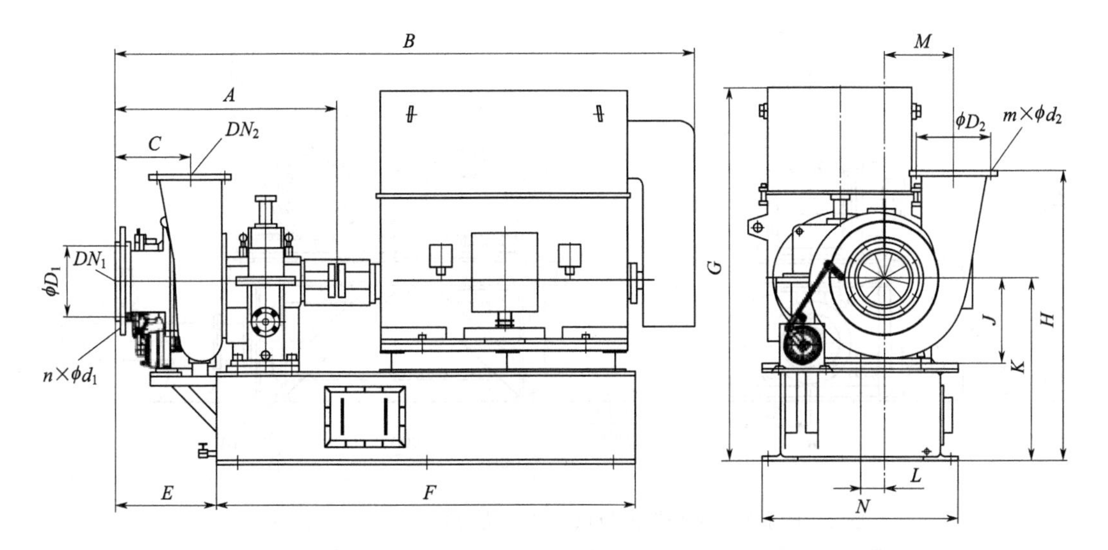

图 2 SB 单级高速离心鼓风机外形及安装尺寸

7.2 R系列标准型罗茨鼓风机

（1）适用范围

R系列标准型罗茨鼓风机用于输送洁净空气。其进口流量0.45～458.9m³/min，出口升压9.8～98kPa。可广泛用在电力、石油、化工、港口、轻纺、水产养殖、污水处理、气力输送等部门。

（2）型号意义说明

见图3。

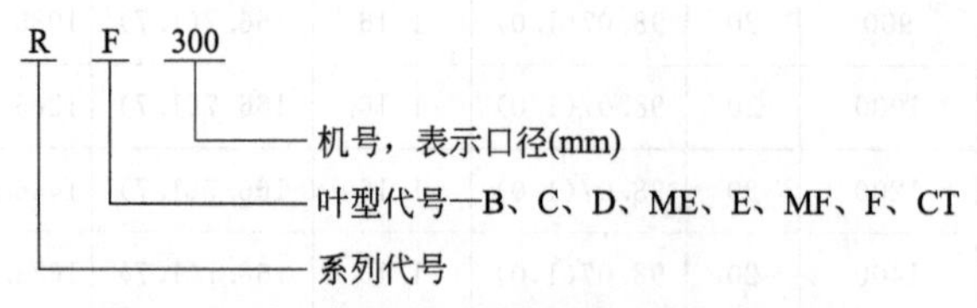

图3　R系列标准型罗茨鼓风机型号意义说明

（3）结构及特点

R系列标准型罗茨鼓风机系引进日本先进技术设计制造而成。1993年以前采用国际标准通过了验收。其结构采用摆线叶型和最新气动设计理论，高效节能；转子平衡精度高、振动小；齿轮精度高、噪声低、寿命长；输送气体不受油污染。传动方式分直联和带联两种。带联传动选用强力窄V形皮带，传动平稳，单根传动功率大，所需根数少，传递空间小。

（4）性能规格

R系列标准型罗茨鼓风机性能规格见表3。

（5）外形及安装尺寸

R系列标准型罗茨鼓风机外形及安装尺寸见图4及表4～表8。

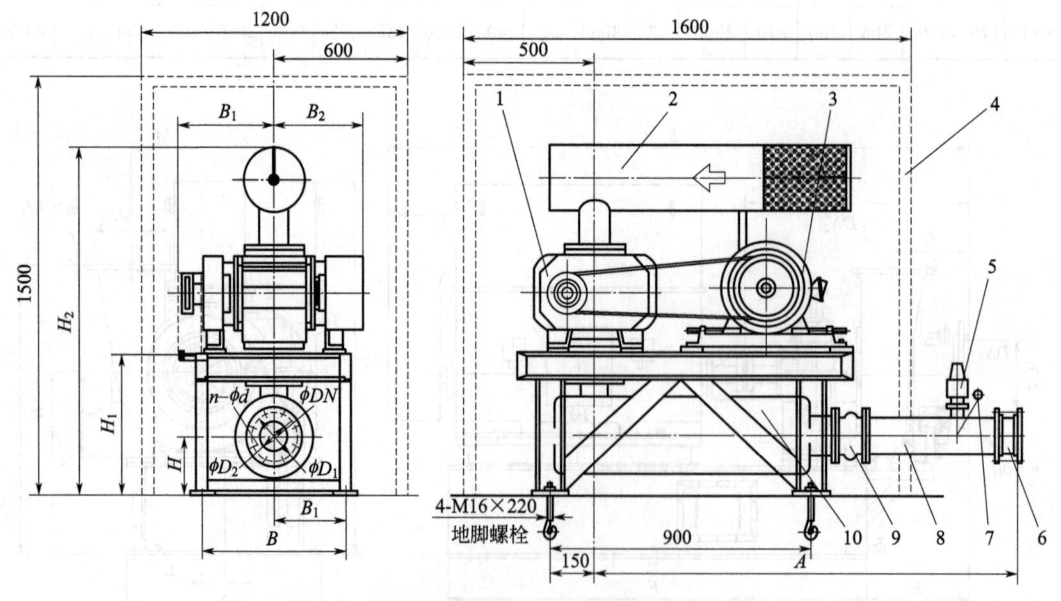

图4　R系列标准型罗茨鼓风机外形及安装尺寸（单位：mm）

1—罗茨主机；2—进口消声器；3—电机；4—隔音罩；5—安全阀；6—风机出口；

7—压力表；8—风机出口管道；9—柔性接头；10—出口消声器

表 3　R 系列标准型罗茨鼓风机性能规格

型号	口径/mm	转速/(r/min)	各排气压力下的进口流量 Q_s(m^3/min)，所需轴功率 L_a(kW)及所配电机功率 P_o(kW)																														电机极数
			9.8kPa			19.6kPa			29.4kPa			39.2kPa			49kPa			58.8kPa			68.6kPa			78.4kPa			88.2kPa			98kPa			
		n	Q_s	L_a	P_o	Q_s	L_a	P_o	Q_s	L_a	P_o	Q_s	L_a	P_o	Q_s	L_a	P_o	Q_s	L_a	P_o	Q_s	L_a	P_o	Q_s	L_a	P_o	Q_s	L_a	P_o	Q_s	L_a	P_o	P
RB11	80	1200	3.71	1.4	2.2	3.4	2.3	3	3.0	2.9	4	2.68	3.7	5.5	2.4	4.6	7.5	2.2	5.5	7.5													
		1500	4.9	1.7	2.2	4.45	2.69	4	4.14	3.62	5.5	3.79	4.66	7.5	3.52	5.69	7.5	3.27	6.93	11	3.07	7.86	11										4
		1800	6.3	2.1	3	5.8	3.2	4	5.4	4.6	5.5	5.1	5.8	7.5	4.9	6.8	11	4.6	8.3	11	4.4	9.8	15										4
		2100	7.5	2.3	3	7.0	3.8	5.5	6.6	5.3	7.5	6.3	6.6	7.5	6.0	8.1	11	5.8	9.7	15	5.6	11.6	15	5.4	12.4	15							2
		2500	9.2	2.9	4	8.8	4.5	7.5	8.5	6.3	7.5	8.20	8.0	11	7.80	9.8	15	7.60	11.5	15	7.4	13.2	15	7.2	14.8	18.5							2
RB12	100	1200	5.6	2.0	3	5.2	3.1	4	4.8	4.3	5.5	4.60	5.3	7.5	4.20	6.4	7.5	3.90	7.6	11	3.65	8.7	11										
		1500	7.3	2.48	3	6.8	3.83	5.5	6.5	5.38	7.5	6.10	6.62	7.5	5.80	8.07	11	5.60	9.52	15	5.34	11	15										4
		1800	9.17	2.8	4	8.7	4.5	5.5	8.3	6.4	7.5	7.93	8.0	11	7.64	9.7	15	7.38	11.4	15	7.13	13.2	15										4
		2100	11.1	3.3	4	10.5	5.4	7.5	10.1	7.4	11	9.73	9.3	11	9.44	11.3	15	9.18	13.3	15	8.93	15.3	18.5										2
		2500	13.6	3.9	5.5	12.9	6.3	7.5	12.4	8.7	11	12.0	11.1	15	11.7	13.5	18.5	11.5	15.9	18.5	11.2	18.3	22										2
RB21	125	970	11.1	3.3	4	10.4	5.5	7.5	9.81	7.7	11	9.3	9.9	15	8.9	12.1	15	8.5	14.4	18.5	8.15	16.5	22	7.81	18.8	22							6
		1170	14.1	3.9	5.5	13.6	6.7	7.5	12.8	9.3	11	12.3	12.0	15	11.8	14.6	18.5	11.5	17.3	22	11.1	19.9	22	10.7	22.5	30	10.3	25.3	55				4
		1470	17.8	4.9	7.5	17.2	8.3	11	16.6	11.5	15	16.1	14.8	18.5	15.6	18.1	22	15.2	21.4	30	14.9	24.6	30	14.5	28.0	37	14.1	30.7	37	13.7	34.6	45	4
		1800	22.9	6.0	7.5	21.9	10.2	15	21.3	14.3	18.5	20.8	18.4	22	20.4	22.4	30	20.0	26.5	30	19.6	30.7	37	19.3	34.8	45	16.5	38.8	45				4
		2000	25.6	6.8	11	24.6	11.3	15	24	15.8	18.5	23.5	20.3	30	23.1	25.0	30	22.7	29.5	37	22.3	34.0	45	22	38.5	45	21.7	47.6	55				2
		2200	27.9	7.5	11	27.4	12.4	15	26.9	17.4	22	26.2	22.4	30	25.8	26.5	30	25.4	32.4	37	25	37.4	45	24.7	42.5	55	24.3	46.3	55				2
RB22	150	970	14.5	4.4	5.5	13.4	7.5	11	12.7	10.4	15	12.1	13.3	18.5	11.5	16.3	18.5	10.9	19.3	22	10.4	22.3	30										6
		1170	18.2	5.4	7.5	17.6	8.8	11	16.7	12.3	15	16.0	15.8	18.5	15.3	19.3	22	14.8	22.9	30	14.2	26.4	30	13.7	31.1	37							4
		1470	24.3	6.6	7.5	23.1	11.3	15	22.3	15.5	18.5	21.6	19.9	30	20.9	24.4	30	20.4	28.8	37	19.8	33.3	37	19.4	37.7	45							4
		1800	30.4	8.2	11	28.8	13.9	18.5	27.8	19.2	22	27.1	24.8	30	26.4	30.2	37	25.9	35.8	45	25.4	41.4	55	24.9	46.8	55							4

续表

型号	口径/mm	转速/(r/min)	各排气压力下的进口流量 Q_s(m^3/min)，所需轴功率 L_a(kW)及所配电机功率 P_o(kW)																														电机极数
			9.8kPa			19.6kPa			29.4kPa			39.2kPa			49kPa			58.8kPa			68.6kPa			78.4kPa			88.2kPa			98kPa			
		n	Q_s	L_a	P_o	Q_s	L_a	P_o	Q_s	L_a	P_o	Q_s	L_a	P_o	Q_s	L_a	P_o	Q_s	L_a	P_o	Q_s	L_a	P_o	Q_s	L_a	P_o	Q_s	L_a	P_o	Q_s	L_a	P_o	P
RB22	150	2000	34	9.2	11	32.8	15.4	18.5	32.1	21.4	30	31.4	27.5	37	30.7	33.6	45	30.2	39.8	45	29.6	45.9	55										2
		2200	37.8	10.1	15	36.5	17	22	35.8	23.5	30	35.0	30.3	37	34.4	37.0	45	33.8	43.7	55	33.3	50.5	75										2
RB23	150	970	18.4	5.4	7.5	17	9	11	16	12.7	15	15.2	16.3	18.5	14.5	20.0	30	13.8	23.6	30	13.2	27.3	30										6
		1170	22.9	6.4	7.5	21.6	10.7	15	20.7	15.0	18.5	19.9	19.4	22	19.1	23.7	30	18.5	28.0	37	17.9	32.3	37										4
		1470	30.2	8.1	11	28.5	13.8	18.5	27.5	19.0	22	26.6	24.4	30	25.8	29.9	37	25.2	35.3	45	24.6	40.8	45	24.1	46.2	55							4
		1800	37.3	10.0	15	35.8	16.8	18.5	34.9	23.6	30	34	30.3	37	33.3	37.1	45	32.6	43.8	55	32	50.6	75										4
		2000	41.8	11.1	15	40.4	18.6	22	39.5	26.2	30	38.8	33.7	45	38.1	41.2	55	37.4	48.7	55	36.7	56.3	75										2
RB31	200	740	23.8	6.7	11	22.2	11.4	15	21	16.1	18.5	20.1	20.8	30	19.2	25.5	30	18.4	30.1	37	17.8	34.8	45	17.3	39.5	45	16.7	44.2	55				6
		980	33.5	8.9	11	31.9	15.1	18.5	30.8	21.4	30	29.8	27.6	37	28.9	33.8	45	28.1	40.1	45	27.5	46.3	55	26.8	52.5	75	26.1	58.7	75	25	65	75	6
		1180	41.6	10.7	15	40	18.2	22	38.9	25.8	30	37.9	33.3	45	37.1	40.8	45	36.2	48.3	55	35.5	55.8	75	34.8	63.3	75	34.2	70.9	90	33.6	78.4	90	4
		1280	45.1	11.8	15	43.5	20.0	30	42.4	28.2	37	41.4	36.4	45	40.5	44.6	55	39.7	52.8	75	39	61.0	75	38.3	69.3	90	37.6	77.5	90	37	85.7	110	4
		1380	48.8	12.7	15	47.3	21.5	30	46.1	30.4	37	45.1	39.3	45	44.2	48.1	55	43.4	56.9	75	42.7	65.8	75	42	74.7	90	41.4	83.6	110	40.8	92.4	110	4
		1470	51.9	13.3	18.5	50.2	22.6	30	49.4	31.9	37	48.5	41.2	45	47.6	50.6	75	46.8	59.9	75	46.1	69.2	90	45.4	78.5	90	44.7	87.8	110	44.1	97.1	110	4
RB32	200	740	30.3	8.3	11	28.6	14.1	18.5	27.2	20.0	30	26.1	25.9	30	25.1	31.7	37	24.2	37.6	45	23.4	43.4	55	22.6	49.3	55	21.9	55.2	75	21.2	61	75	6
		980	42.5	11.0	15	40.7	18.8	22	39.3	26.6	30	38.2	34.3	45	37.2	42.1	55	36.3	49.9	55	35.4	57.7	75	34.7	65.5	75	33.9	73.3	90	33.2	81.1	90	6
		1180	52.1	13.2	18.5	50.3	22.6	30	49	32.0	37	47.8	41.4	55	46.8	50.8	75	45.9	60.2	75	45.1	69.6	90	44.3	79	90	43.6	88.4	110	42.9	97.8	110	4
		1280	56.8	14.4	18.5	55	24.8	30	53.6	35.0	45	52.5	45.4	55	51.5	55.6	75	50.6	65.8	75	49.7	76.1	90	49	86.4	110	48.2	96.8	110	47.5	106	132	4
		1380	61.8	15.6	18.5	60	26.7	30	58.7	37.8	45	57.6	48.9	55	56.6	59.9	75	55.7	71.0	90	54.9	82.1	90	54.1	93.2	110	53.3	104	132	52.6	116	132	4
		1470	65.6	16.4	22	63.8	28.1	37	62.5	39.7	45	61.3	51.3	75	60.3	63.0	75	59.4	74.6	90	58.6	86.3	110	57.8	97.9	110	57.1	110	132	56.4	121	160	4
RB33	250	740	37.5	10.0	15	35.6	17.1	22	34.1	24.3	30	32.9	31.5	37	31.8	38.6	45	30.8	45.8	55	29.9	53	75	29	60.1	75	28.2	67.3	75				6

续表

型号	口径/mm	转速/(r/min)	各排气压力下的进口流量 Q_s(m^3/min)，所需轴功率 L_a(kW)及所配电机功率 P_o(kW)																														电机极数
			9.8kPa			19.6kPa			29.4kPa			39.2kPa			49kPa			58.8kPa			68.6kPa			78.4kPa			88.2kPa			98kPa			
		n	Q_s	L_a	P_o	Q_s	L_a	P_o	Q_s	L_a	P_o	Q_s	L_a	P_o	Q_s	L_a	P_o	Q_s	L_a	P_o	Q_s	L_a	P_o	Q_s	L_a	P_o	Q_s	L_a	P_o	Q_s	L_a	P_o	P
RB33	250	980	52.4	13.2	18.5	50.4	22.8	30	48.9	32.3	37	47.7	41.8	55	46.6	51.3	75	45.6	60.8	75	44.6	70.4	90	43.8	79.9	90	43	89.4	110	42.2	98.9	110	6
		1180	64.2	16.0	18.5	62.2	27.5	37	60.7	38.9	45	59.5	50.4	75	58.3	61.9	75	57.3	73.4	90	56.4	84.9	110										4
		1280	69.1	17.5	22	67.5	30.0	37	66.2	42.6	45	65	55.2	75	64	67.7	75	63	80.3	90	62.1	91.0	110	61.3	103	132							4
		1380	74.8	18.8	22	73.2	32.4	37	71.9	45.9	55	70.7	59.5	75	69.7	73.0	90	68.7	86.6	110	67.8	97.1	110	67	110								4
		1470	80.7	19.8	30	78.7	34	45	77.2	48.3	75	75.9	62.5	75	74.8	76.7	90	73.8	91.0	110	72.9	105	132	72	119	132	71.2	134	160	70.5	148	160	4
RB34	300	740	48.3	12.1	15	45.8	21.2	30	44	30.4	37	42.4	39.5	45	41.0	48.6	55	39.8	57.7	75	38.6	66.8	75										6
		980	66.8	16.1	18.5	64.3	28.2	37	62.4	40.3	45	60.8	52.5	75	59.4	64.6	751	58.2	76.7	90													6
		1180	81.8	19.4	22	79.3	34	45	77.4	48.7	55	75.8	63.3	75	74.4	77.9	90	73.2	90.3	110													4
		1280	88.3	21.3	30	86.3	37.3	45	84.5	53.2	75	83	69.2	90	81.7	85.2	110	80.4	98.9	110													4
		1380	95.4	22	30	93.4	39	45	91.6	56	75	90.1	73	90	88.8	90	110	87.6	107	132													4
		1450	102	24.1	30	100	42.2	55	98.4	60.3	75	96.8	78.4	90	95.4	96.5	110	94.1	115	132	93	133	160										4
RB71	600	490	428	99	110	417	175	200	408	251	280	400	327	355	394	402	450	388	478	560	383	554	630	378	630	710							12
		590	521	119	132	509	210	250	501	302	355	493	393	450	487	485	560	481	576	630	476	667	710	471	759	800							10
RB72	700	490	536	122	160	522	217	250	511	312	355	310	406	450	494	501	560	487	596	630	480	691	800										12
		590	652	147	185	638	261	315	627	375	400	381	489	560	610	604	710	603	718	800	596	832	900										10
RB73	600	490	559	127	160	545	225	250	533	324	355	524	423	450	515	522	560	507	620	710	500	719	800	494	818	900	488	917	1000				12
		590	681	153	185	666	271	315	655	390	450	645	509	560	637	628	710	629	747	800	622	866	1000	615	985	1120	609	1104	1250				10
RB81	700	490	744	162	185	724	293	315	709	424	450	697	555	630	686	686	800	676	817	900	667	948	1000										12
		590	905	195	220	886	353	400	871	511	560	858	669	710	847	826	900	837	984	1120	828	1142	1250										10
RB82	800	490	869	187	220	847	341	400	831	494	560	817	647	710	804	800	900																12
		590	1057	225	250	1036	410	450	1019	594	630	1005	779	900	992	963	1120																10

表4　R系列标准型罗茨鼓风机外形及安装尺寸（一）　　单位：mm

型号	A	B	B_1	B_2	B_3	DN	D_1	D_2	n-ϕd	H	H_1	H_2
RS11	1215/1365	450	225	295	325	80	160	200	8-18	170	460	1200
RS12	1405/1520	480	240	335	365	100	180	220	8-18	200	480	1200

表5　R系列标准型罗茨鼓风机外形及安装尺寸（二）　　单位：mm

型号	A	A_1	B	B_1	B_2	B_3	DN	D_1	D_2	n-ϕd	H	H_1	H_2
RS21	1580/1730	2000	590	325	375	440	125	210	250	8-18	250	580	1490
RS22	1750/1890	2200	690	360	420	515	150	240	285	8-22	250	610	1550
RS23	1750/1890	2200	800	400	460	555	150	240	285	8-22	305	680	1670

表6　R系列标准型罗茨鼓风机外形及安装尺寸（三）　　单位：mm

型号	A	A_1	A_2	A_3	DN	D_1	D_2	n-ϕd	H	H_1	H_2
RS21	1100	155	1580/1850	2200	125	210	250	8-18	285	620	1500
RS22	1200	250	1750/2000	2400	150	240	285	8-22	300	750	1650
RS23	1300	285	1750/2000	2400	200	240	285	8-22	335	750	1700

表7　R系列标准型罗茨鼓风机外形及安装尺寸（四）　　单位：mm

型号	A_1	A_2	B	B_1	B_2	B_3	B_4	B_5	DN	D_1	D_2	n-ϕd	H	H_1	H_2	H_3
RS31	1920/2070	2500	720	360	540	575	900	1680	200	295	340	8-22	315	690	1850	2200
RS32	1920/2070	2500	780	390	585	620	1000	1850	200	295	340	8-22	315	690	1850	2200
RS33	2080/2230	2650	890	445	635	705	1100	2000	250	350	395	12-22	325	780	1965	2200
RS34	2105/2255	2650	1050	525	710	780	1200	2200	300	460	505	12-22	495	980	2250	2500

表8　R系列标准型罗茨鼓风机外形及安装尺寸（五）　　单位：mm

型号	A	A_1	A_2	A_3	A_4	A_5	DN	D_1	D_2	n-ϕd	H	H_1	H_2
RS31	1200	95	1920/2390	540	850	2900	200	295	340	8-22	380	960	2150
RS32	1300	160	1920/2390	585	1000	3200	200	295	340	8-22	380	960	2150
RS33	1350	90	2080/2650	635	1000	3400	250	350	395	12-22	400	1000	2250
RS34	1500	220	2250/2750	710	1000	3600	3001	460	505	12-22	400	1000	2300

附录8　搅拌推流设备

8.1　混合搅拌设备

（1）可调式（移动式）搅拌机

①适用范围：可调式（移动式）搅拌机主要用于各种混凝剂、消毒剂的溶解、混合搅拌。

②结构与特点：可调式（移动式）搅拌机采用活动支架，可根据需要在一定范围内进行调节（上、下100mm，倾角在30°内），由电动机直联驱动，为夹壁式安装，适用于有挡板的水池。

③ 性能、规格及外形尺寸：可调式（移动式）搅拌机技术性能、规格及外形尺寸见表 1 和图 1。

表 1　可调式（移动式）搅拌机技术性能、规格

型号	桨板长度/mm	转速/(r/min)	功率/kW	适用池体尺寸（水深 1100mm)/mm	生产厂
YJ-105	105	1420	0.55	方池 800×800	江苏天雨环保集团有限公司
				圆池 800	
TJB	—	910	0.75	方池 1200×1200	
				圆池 1200	

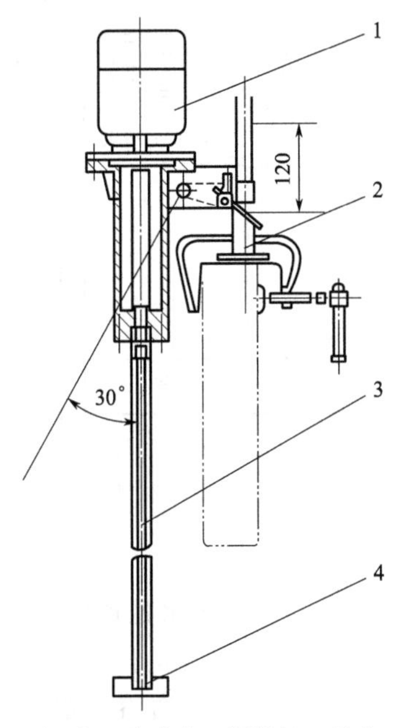

图 1　可调式（移动式）搅拌机（单位：mm）

1—电动机；2—活动支架；3—搅拌轴；4—桨叶

（2）ZJ 型折桨式搅拌机

① 适用范围：ZJ 型折桨式搅拌机其功能同可调式（移动式）搅拌机，区别是桨叶形状不同，转速不一，主要用于较大型水池，适用于无挡板水池。

② 性能及外形尺寸：ZJ 型折桨式搅拌机技术性能及外形尺寸见表 2 和图 2。

表 2　ZJ 型折桨式搅拌机技术性能及外形尺寸

型号	功率/kW	池形尺寸/mm		桨叶底距池底高 E/mm	转速/(r/min)
		A×B	H		
ZJ-470	1.1	800×800	800	130	130
		1000×1000	1100	180	
	2.2	1200×1200			
		1400×1400	1300	230	

续表

型号	功率/kW	池形尺寸/mm		桨叶底距池底高 E/mm	转速/(r/min)
		$A \times B$	H		
ZJ-700	3	1500×1500	1500	250	85
		1600×1600		300	
	4	2000×2000	2000	300	
	5.5	2100×2400	2500	300	

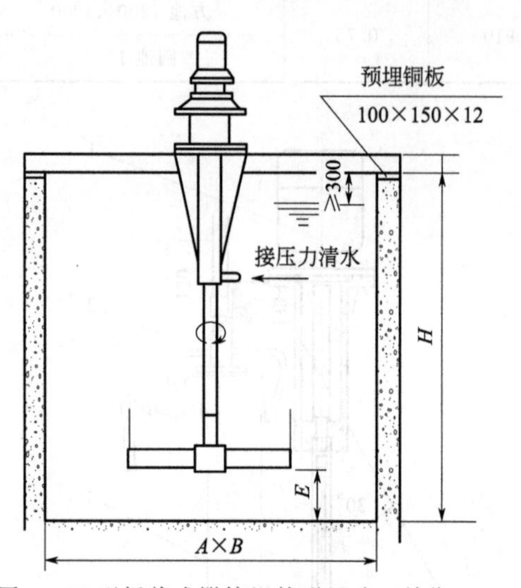

图 2　ZJ 型折桨式搅拌机外形尺寸（单位：mm）

（3）JB 型搅拌机

① 适用范围：主要用于大、中型水厂或污水处理厂中混凝剂等药剂的溶解，以及在池内或容器内进行各种相对密度的有机或无机液相的搅拌混合。

平直叶水流特性为径向流，一般适用于普通溶液混合，通常池内设置挡流板，池深不深。

折桨式既具有径向流也具有环向流特性，一般用于水深较深的场合，通常也要设置挡流板。

② 型号意义说明：见图 3。

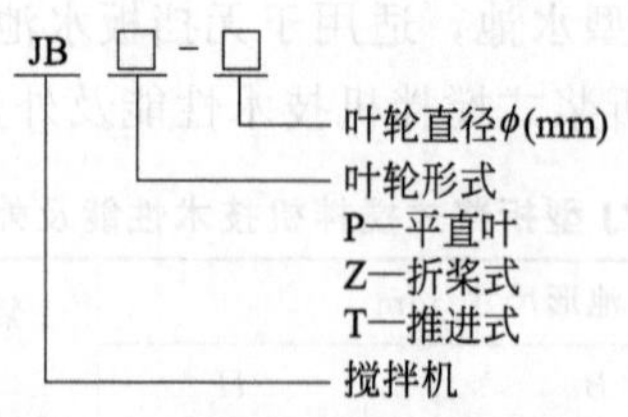

图 3　JB 型搅拌机型号意义说明

③ 特点：桨叶形状适应水体所需流态，能适应水量的变化；搅拌机系列全，能适应各种药剂的溶解或混合；材质及防腐可针对水质选用。

④ 性能：JB 型搅拌机性能详见表 3。

表 3　JB 型搅拌机性能

型号＼参数	搅拌器外缘线速度 /(m/s)	搅拌功率 /kW	转速 /(r/min)	混合时间 /s	适用容积 /m^3
JBZ-200	1.0～5.0	0.75	125	10～30	约 10
JBZ-350		0.75	125		
JBZ-470		1.5	125		
JBZ-700		3.0	84		约 40
JBZ-800		3.0	84		
JBZ-1000		4.0	84		约 60
JBZ-1200		4.0	84		
JBZ-1800		4.0	65		约 100
JBZ-2600		7.5	17		
JBT-300	3～15	2.2	136		约 10
JBT-500		3.0	136		约 22
JBT-700		5.5	136		55

⑤ 外形尺寸：JB 型搅拌机外形尺寸见图 4 和表 4。

表 4　JB 型搅拌机外形尺寸

型号＼参数	叶轮直径 ϕ/mm	H /mm	H_1 /mm	B /mm	Φ_1 /mm	L /mm
JBZ-200	200	1300～2400（每 200 一档）	～1017	500	460	用户自定
JBZ-350	350		～1032	500	460	
JBZ-470	470		～1119	500	460	
JBZ-700	700		～1216	550	500	
JBZ-800	800		～1216	550	500	
JBZ-1000	1000		～1216	550	500	
JBZ-1200	1200		～1195	550	500	
JBZ-1800	1800		～1275	600	550	
JBZ-2600	2600	请联系厂家索要详细资料				
JBT-300	300	1800～3000（每 200 一档）	～1166	500	560	
JBT-500	500		～1216	550	500	
JBT-700	700		～1216	550	550	

8.2　潜水搅拌推进器

（1）DQT 型低速潜水推流器

① 适用范围：DQT 型低速潜水推流器适用于给水排水工程中的各类水池及氧化沟。

② 结构及特点：DQT 型低速潜水推流器通过水下电机、减速机带动螺旋桨转动，产生大面积推流作用，以增加池底水体流动，防止污泥沉积。

③ 性能、外形及安装尺寸：DQT 型低速潜水推流器性能曲线见图 5，性能及外形尺寸

见表5。该机外形及安装方式类似于QJB型潜水搅拌器，安装基础尺寸见图6。

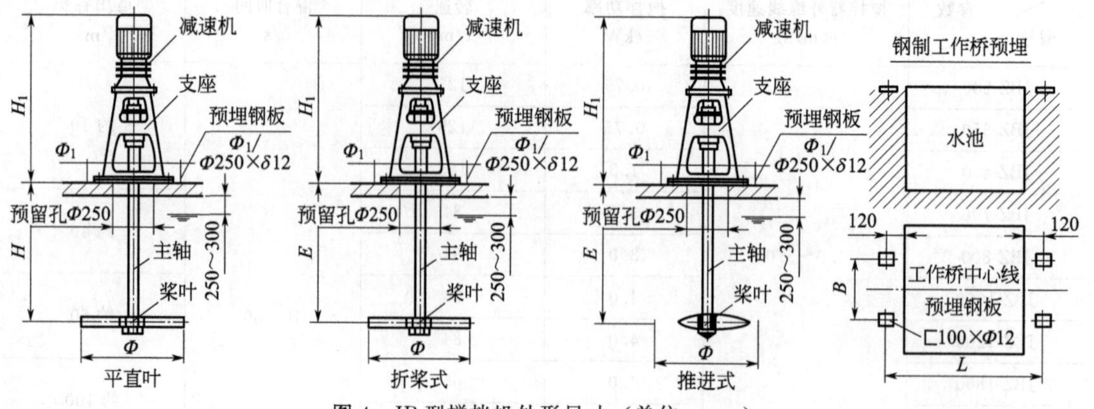

图4　JB型搅拌机外形尺寸（单位：mm）

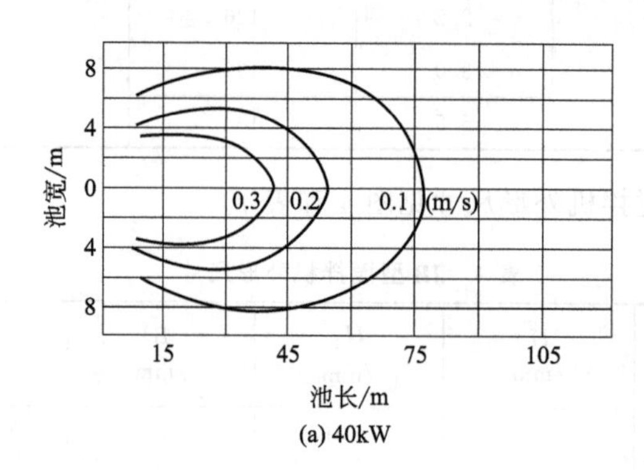

(a) 40kW

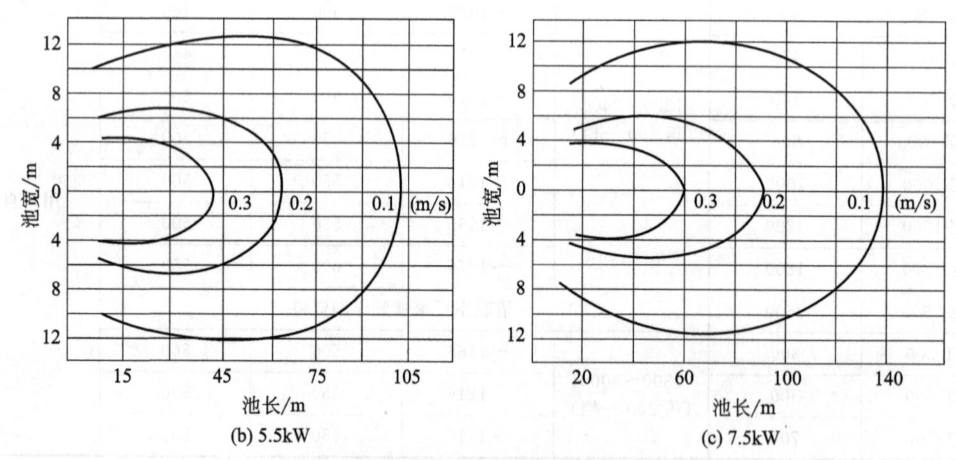

(b) 5.5kW　(c) 7.5kW

图5　DQT型低速潜水推流器性能曲线

表5　DQT型低速潜水推流器性能及外形尺寸

型号	叶轮直径/mm	电动机功率/kW	转速/(r/min)	外形尺寸(长×宽×高)/mm	质量/kg
DQT040	1800	1.0	38	1300×1800×1800	300
DQT055	1800	5.5	42	1300×1800×1800	320
DQT075	1800	7.5	47	1300×1800×1800	325

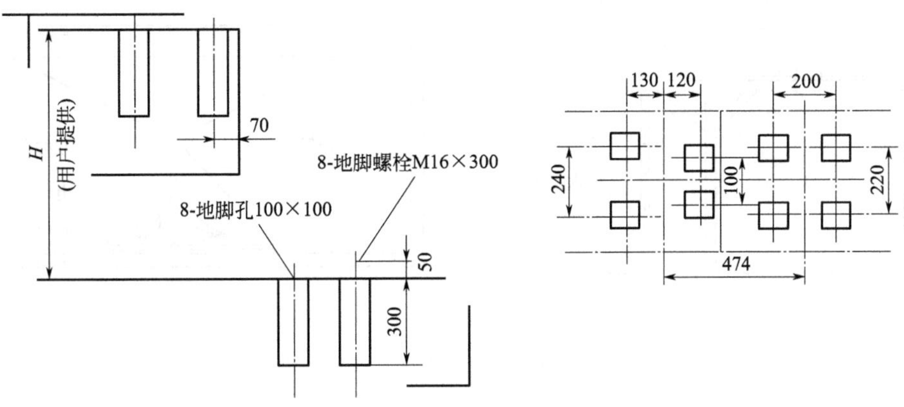

图 6　DQT 型低速潜水推流器安装基础尺寸（单位：mm）

（2）GSJ/QSJ 型双曲面搅拌机

① 适用范围：GSJ/QSJ 型双曲面搅拌机运用在环保、化工、能源、轻工等行业需要对液体进行固、液、气搅拌混合的场合，尤其适用于污水处理工艺中的混凝池、调节池、厌氧池、硝化和反硝化池。

② 型号意义说明：见图 7。

③ 结构与特点：GSJ/QSJ 型双曲面立轴式搅拌机由减速电机、减振座、搅拌轴、叶轮、电控五大部分组成；主要特点是搅拌流态好，叶轮的特殊形状迎合了流体在轴向和径向上的分流要求，借助离心力的作用从而获得在轴向和径向上的两个流场，使功率消耗少。双曲面叶轮结构见图 8。

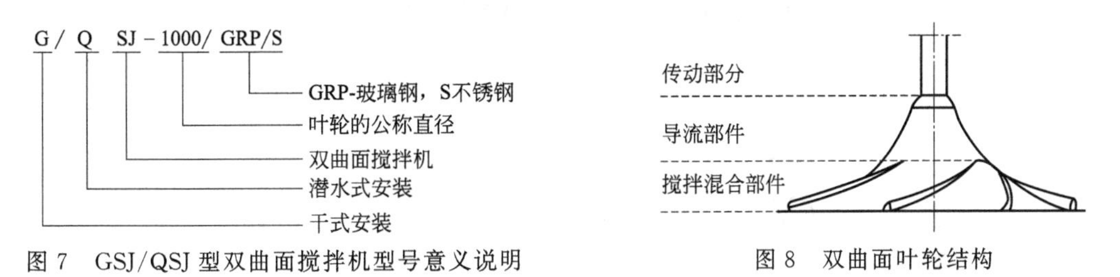

图 7　GSJ/QSJ 型双曲面搅拌机型号意义说明

图 8　双曲面叶轮结构

④ 性能及外形尺寸：GSJ/QSJ 型双曲面立轴式搅拌机性能参数及外形尺寸见图 9～图 11 及表 6。

表 6　GSJ/QSJ 型双曲面立轴式搅拌机性能参数

型号	叶轮直径/mm	转速/(r/min)	功率/kW	服务范围/m	质量/kg
GSJ/QSJ	500	80～200	0.75～1.5	1～3	320/300
	1000	50～70	1.1～2.2	2～5	480/710
	1500	30～50	1.5～3	3～6	510/850
	2000	20～36	2.2～3	6～14	560/1050
	2500	20～32	3～5.5	10～18	640/1150
	2800	20～28	4～7.5	12～22	860/1180

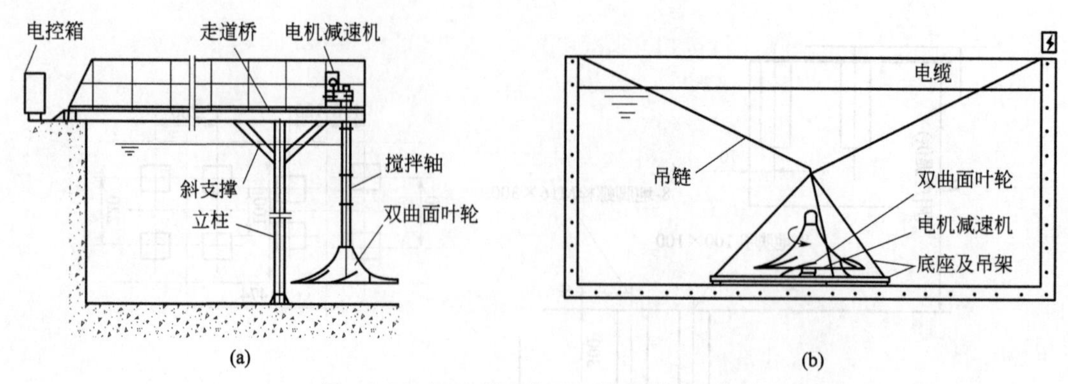

图 9　GSJ/QSJ 型双曲面立轴式搅拌机外形

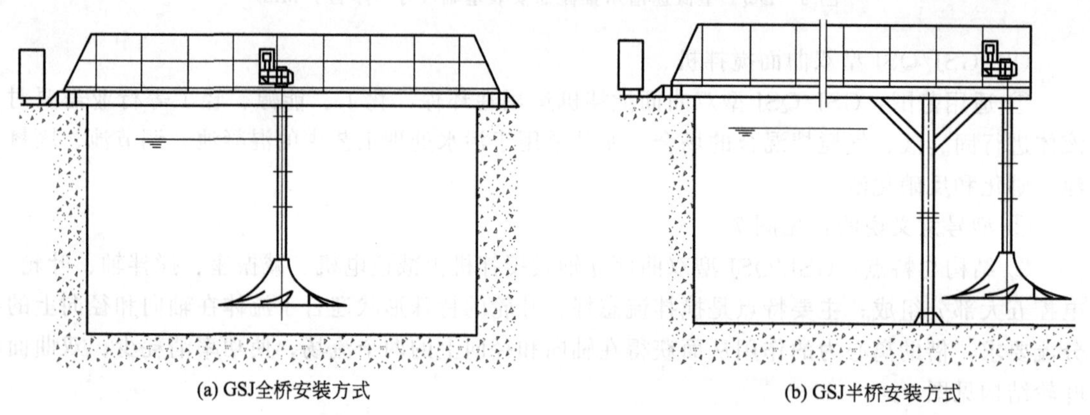

图 10　GSJ 型双曲面立轴式搅拌机安装方式

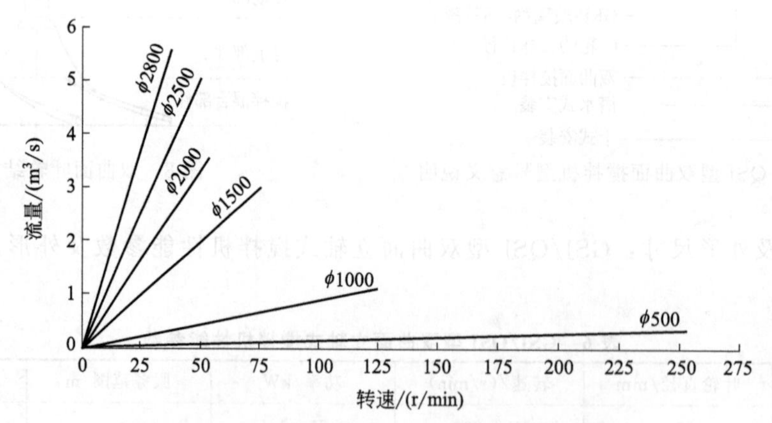

图 11　GSJ/QSJ 型双曲面立轴式搅拌机特性曲线

8.3　反应搅拌设备

（1）SJB 型双桨搅拌机

① 适用范围：SJB 型双桨搅拌机适用于较深罐体的药剂搅拌或絮凝反应搅拌。

② 性能及外形尺寸：SJB 型双桨搅拌机性能及外形尺寸见表 7 和图 12。

表 7　SJB 型双桨搅拌机性能及外形尺寸

型号	减速机型号	功率/kW	搅拌桨转速/(r/min)	外形尺寸(长×宽×高)/mm	质量/kg
SJBⅠ	BLD0.75-2-71	0.75	20.2	1400×910×4940	541
SJBⅡ	XLED0.37-63	0.37	8	1400×910×5200	754
SJBⅢ	XLED0.37-63	0.37	3.9	1400×910×5200	751

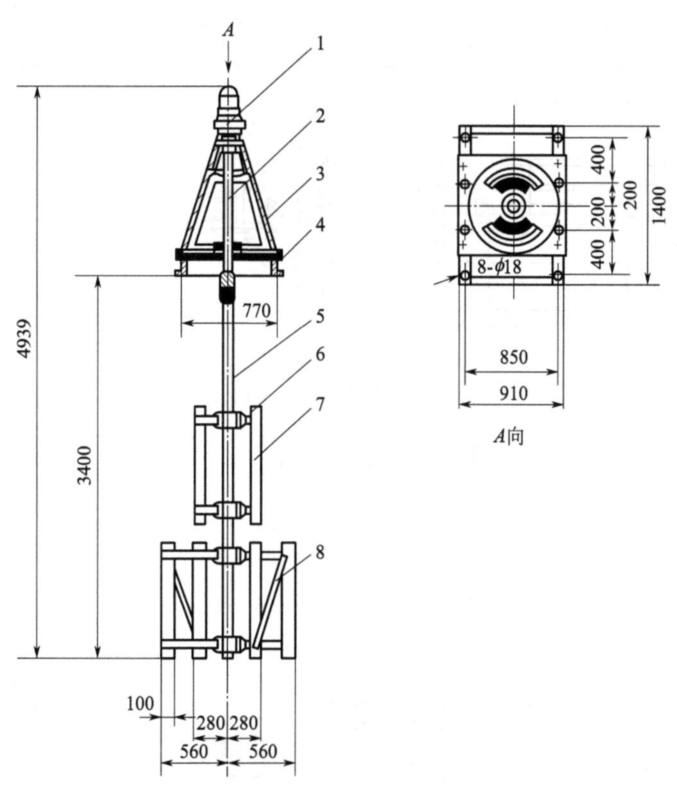

图 12　SJB 型双桨搅拌机外形尺寸（单位：mm）

1—行星摆线针轮减速机；2—上端轴；3—机座；4—架子；

5—下端轴；6—架铁；7—桨板；8—撑铁

（2）WFJ、LFJ 型反应搅拌机

① 适用范围：WFJ、LFJ 型反应搅拌机适用于给水排水工艺混凝过程的反应阶段。

② 型号意义说明：见图 13。

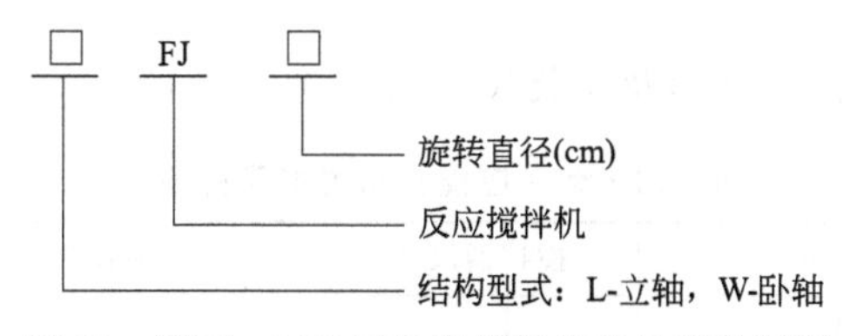

图 13　WFJ、LFJ 型反应搅拌机型号意义说明

③ 结构与特点：WFJ（卧式）和 LFJ（立式）型反应搅拌机均采用多档转速，可使反应过程中各阶段具有所需要的搅拌强度，以适应水质水量的变化。

④ 性能、外形及安装尺寸

WFJ 型反应搅拌机性能、外形及安装尺寸见表 8 和图 14。

表 8 WFJ 型反应搅拌机性能、外形及安装尺寸

参数 型号	功率/kW				转速/(r/min)				L_1/mm				桨叶直径 D /mm	桨板长度 L_2 /mm	H_4 /mm	反应池尺寸/m		
	Ⅰ	Ⅱ	Ⅲ	Ⅳ	Ⅰ	Ⅱ	Ⅲ	Ⅳ	Ⅰ	Ⅱ	Ⅲ	Ⅳ				L	H	B
WFJ-290	1	1.5	0.75	0.75	5.2	3.8	2.5	1.8	1130	930	890	890	2900	3500	1700	11.8	1.3	3
WFJ-300	7.5	3	1.5	1.5	5.2	3.8	2.5	1.8	1360	1100	1060	1150	3000	1000	1750	13.5	1.2	3.6

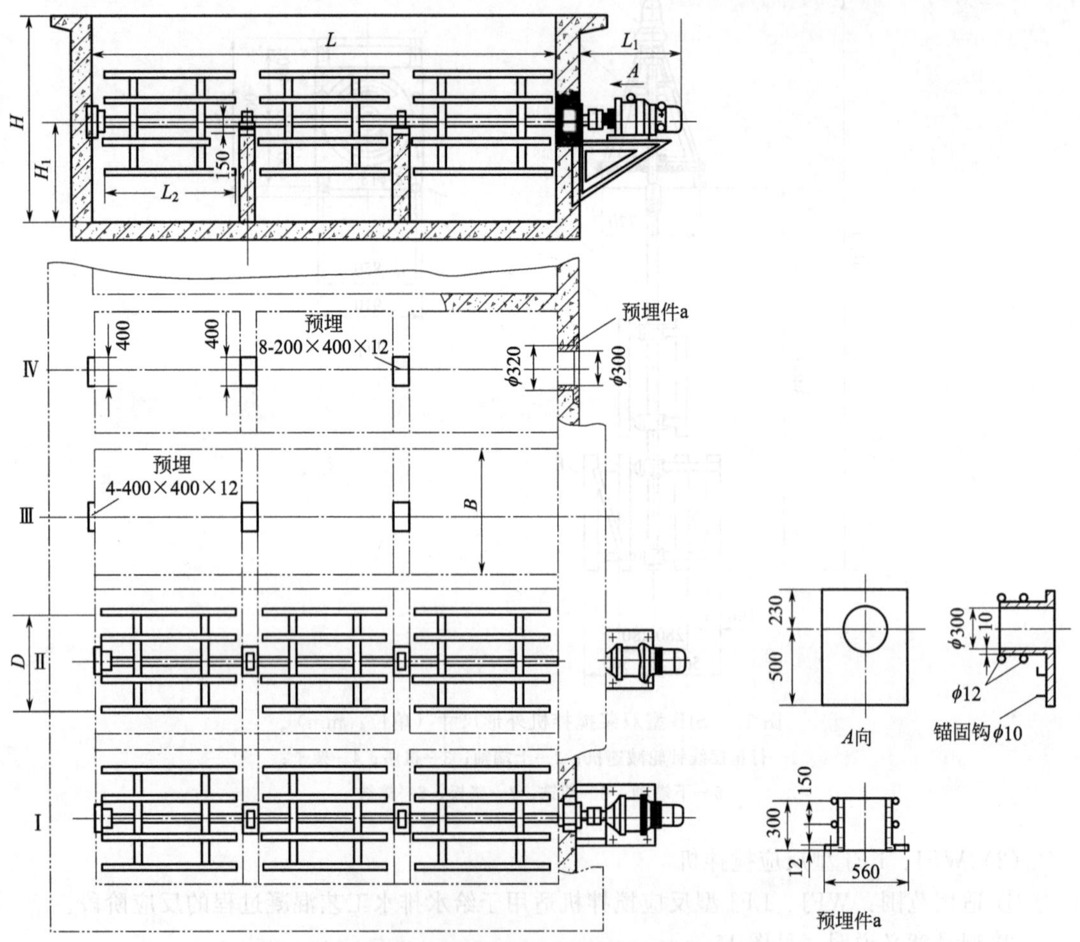

图 14 WFJ 型反应搅拌机外形及安装尺寸（单位：mm）

LFJ 型反应搅拌机性能、外形及安装尺寸见表 9 和图 15。

表 9 LFJ 型反应搅拌机性能及外形尺寸

参数 型号规格	池子尺寸/m		搅拌器尺寸/mm			搅拌功率/kW			搅拌器转速/(r/min)		
	(长×宽) A×B	H	D	h_0	h_1	Ⅰ	Ⅱ	Ⅲ	Ⅰ	Ⅱ	Ⅲ
LFJ-170	2.2×2.2	3.4	1700	2600	400	0.75	0.37	0.37	8	5.2	3.9
LFJ-280	3.25×3.25	4.0	2800	3500	350	0.75	0.37	0.37	5.2	3.9	3.2

续表

参数 / 型号规格	池子尺寸/m		搅拌器尺寸/mm			搅拌功率/kW			搅拌器转速/(r/min)		
	(长×宽) $A\times B$	H	D	h_0	h_1	Ⅰ	Ⅱ	Ⅲ	Ⅰ	Ⅱ	Ⅲ
LJF-300	3.5×3.5	3.55	3000	2200	550	0.37	0.25	0.18	3.9	2.5	1.8
LFJ-350	4.3×4.3	3.1	3500	1200	550	1.1	0.75	0.55	3.9	2.5	1.5
	4.7×4.7	4	3500	1400	550	1.1	0.75	0.55	3.9	3.2	2.5

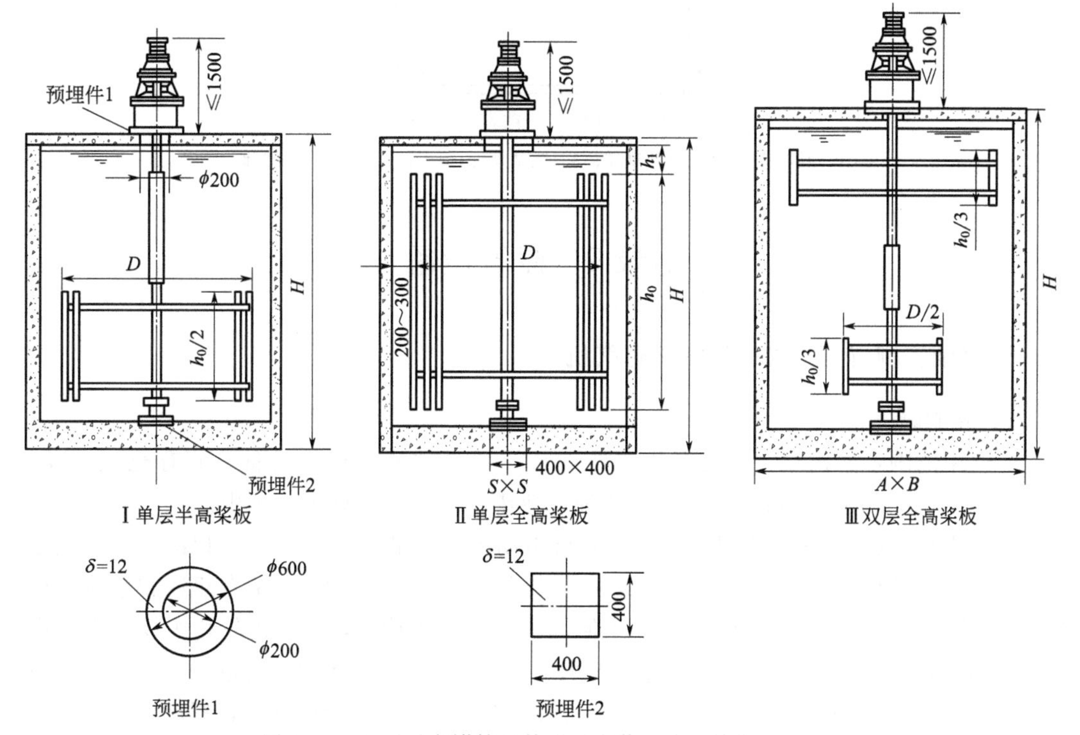

图 15 LFJ 型反应搅拌机外形及安装尺寸（单位：mm）

（3）JBRC 型溶药储药搅拌机

① 适用范围：JBRC 型溶药储药搅拌机主要应用于各行业中药剂的稀释、溶解、混合与反应。该设备将搅拌及储存集于一体，更加有利方便，为较理想的污水处理设备。

② 性能：JBRC 型溶药储药搅拌机性能见表 10。

③ 外形尺寸：JBRC 型溶药储药搅拌机外形示意见图 16。

表 10 JBRC 型溶药储药搅拌机性能

参数 / 型号	溶药体积 V_1/m^3	储药体积 V_2/m^3	电机功率 /kW
JBRC-0.4×1.0	0.4	1.0	0.37
JBRC-0.6×1.5	0.6	1.5	0.55
JBRC-0.8×1.8	0.8	1.8	0.55
JBRC-1.0×2.5	1.0	2.5	0.75
JBRC-1.5×3.5	1.5	3.5	0.75

注：该搅拌机其溶药、储药体积可根据用户要求设计。

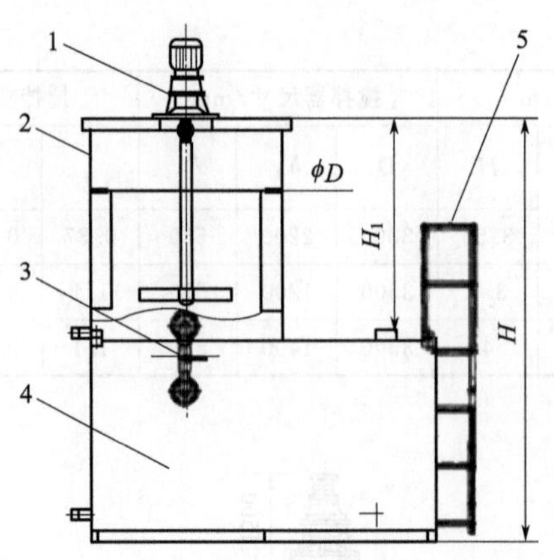

图 16　JBRC 型溶药储药搅拌机外形示意

1—搅拌装置；2—溶药罐体；3—联结管件；4—储药装置；5—爬梯

附录 9　曝气设备

9.1　水平轴、刷（盘）式表面推流曝气机

（1）转刷曝气机

① 适用范围：转刷曝气机是氧化沟处理系统中最主要的机械设备，兼有充氧、混合、推进等功能，广泛用于城市生活污水和各种工业废水的氧化沟处理工艺中。

② 结构与特点：转刷曝气机采用立式户外电动机，下端距液面近 1m，以减少转刷溅起的水雾对电动机的影响。其中为满足三沟式氧化沟的工艺需要，YHG 型配有双速和单速两种立式三相异步电动机可供选择。减速机为圆锥-圆柱齿轮二级传动，所有齿轮均为硬齿面，齿轮精度 6 级，承载能力大，结构紧凑。连接支承采用柔性联轴器直接将动力输入转刷，传递扭矩大，体积小，允许一定的径向和角度误差，安装简单。刷片为组合抱箍式，螺旋状排布，入水均匀，安装维修方便。尾部采用调心轴承及游动支座，可以克服安装误差，自动调心，能补偿刷轴因温差引起的伸缩，保证正常运行。负荷及充氧量可随调节浸没水位而改变。

③ 性能：转刷曝气机性能见表 1，转刷浸没深度与充氧量及单位输入功率的关系曲线见图 1。

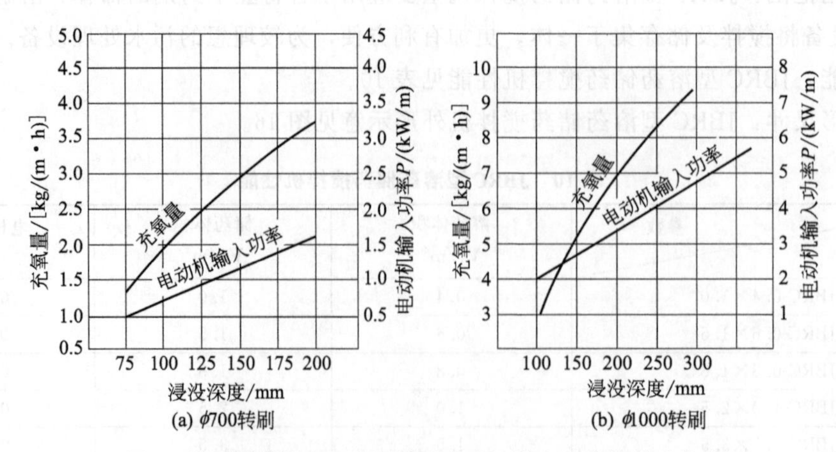

图 1　转刷浸没深度与充氧量及电动机输入功率的关系曲线

表 1　转刷曝气机性能

转刷曝气机		电动机		减速机型号	输出转速 /(r/min)	叶片浸深 /cm	充氧能力 /[kg /(m·h)]	动力效率 /[kgO_2 /(kW·h)]	氧化沟设计有效深 /m	氧化沟宽度 B /m
直径 ϕ/mm	有效长度 L/mm	型号	功率 /kW							
700	1500	Y132S-4	5.5	XW5.5-5	70	15～25	4.0～4.5	2.0～3.0	2.0～2.5	2.0
	2500	Y132M-4	7.5	XW7.5-6	70					3.0
	3000	JZT2-51-4			40～80					3.5
1000	4500	Y180L-4	22	XW22-9	72	25～30	6.5～8.5		3.0～3.5	5.0
		JZT2-61-4	15	XW15-8	40～80	15～20				
	6000	YD200-L2-6/4	17/26	WG30-20	48/72	25～30				7.0
		Y200L-4	30		72					
	7500	YD225M-6/4	24/34	WG37-20	48/72					8.5
		Y225S-4	37		72					
	9000	YD250M-6/4	32/40	WG45-20	48/72					10.0
		Y225M-4	45		72					

④ 外形及安装尺寸：转刷曝气机外形结构见图 2，1000/6.0～9.0 型转刷曝气机安装基础尺寸见图 3 和图 4。

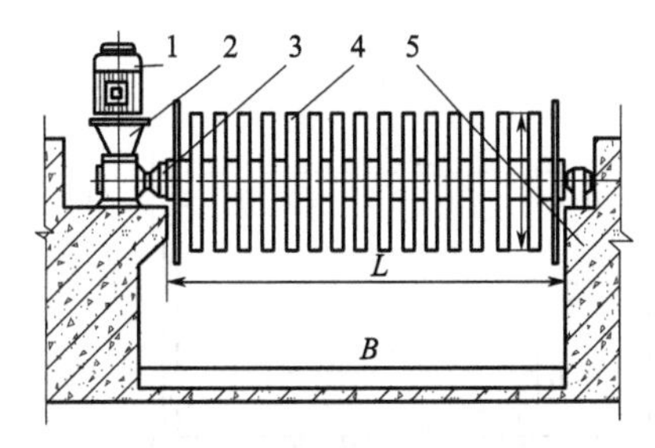

图 2　转刷曝气机外形结构

1—电动机；2—减速装置；3—柔性联轴器；4—转刷主体；5—氧化沟池壁

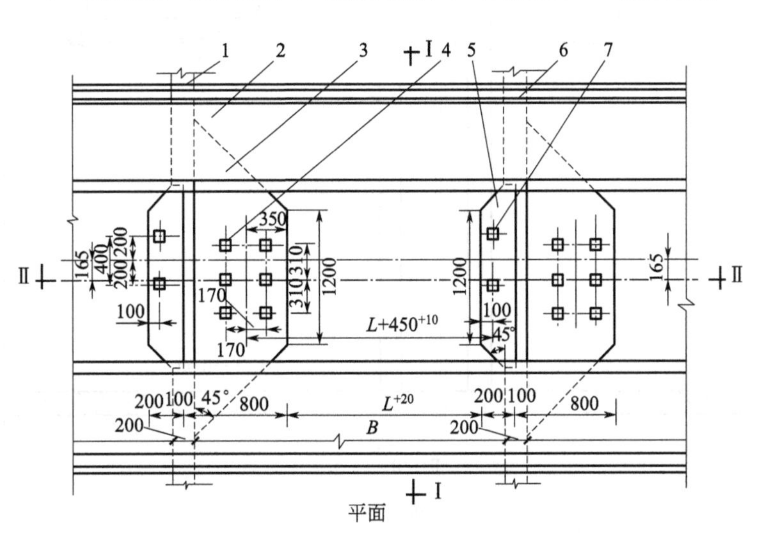

图 3　1000/6.0～9.0 型转刷曝气机安装基础尺寸（一）（单位：mm）

1—氧化沟池壁；2—走道；3—大牛腿；4—预留安装孔（100mm×100mm×300mm）；5—小牛腿；6—氧化沟池壁；7—预留安装孔（100mm×100mm×300mm）

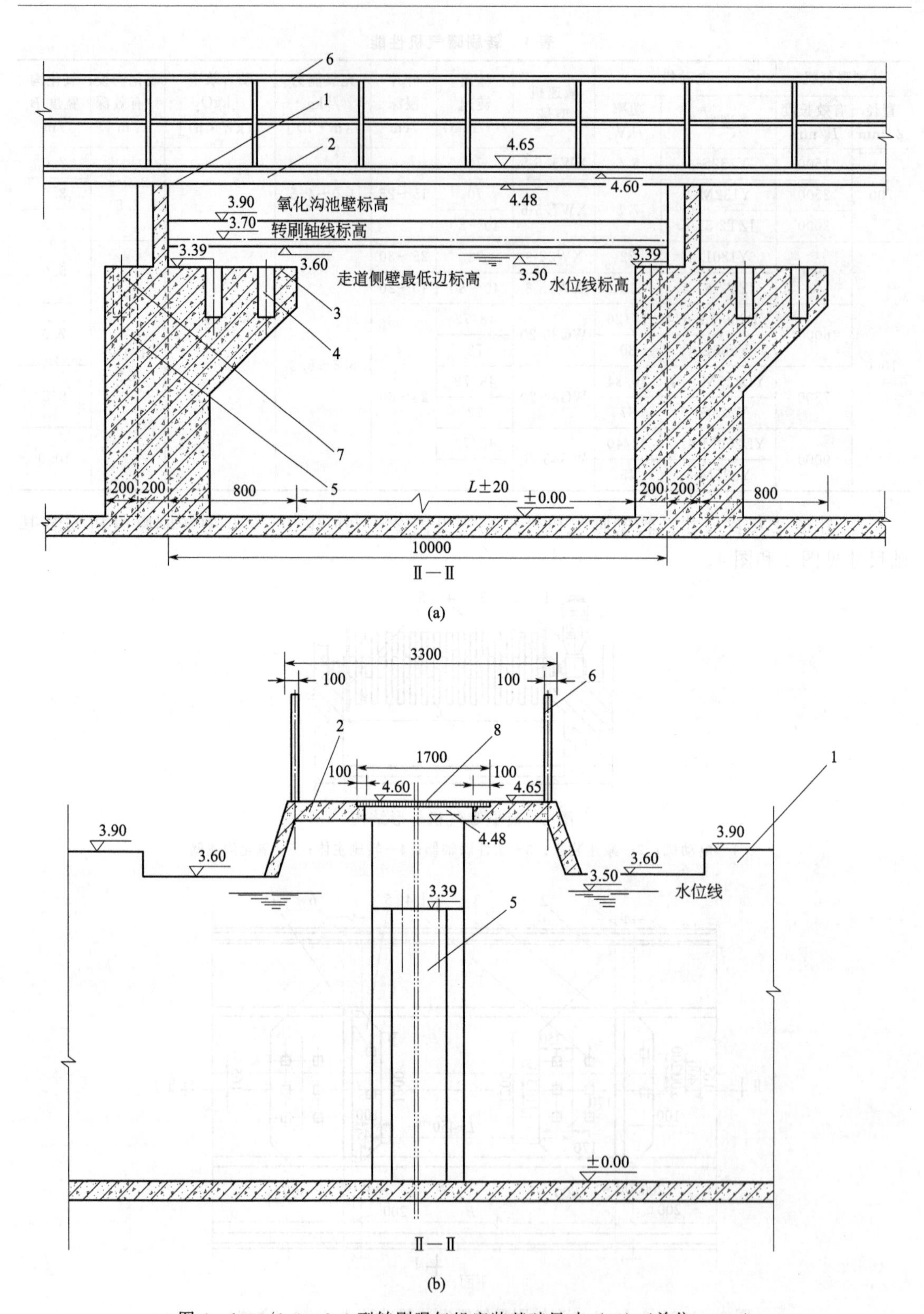

图4 1000/6.0～9.0型转刷曝气机安装基础尺寸（二）（单位：mm）

1—氧化沟池壁；2—走道；3—大牛腿；4—减速箱底座预留孔（100mm×100mm×300mm）；5—小牛腿；6—栏杆；7—轴承座预留孔（100mm×100mm×300mm）；8—走道盖板

（2）AD型剪切式转盘曝气机

① 适用范围：AD型剪切式转盘曝气机主要用于由多个同心沟渠组成的Orbal型氧化沟。

② 型号意义说明：见图5。

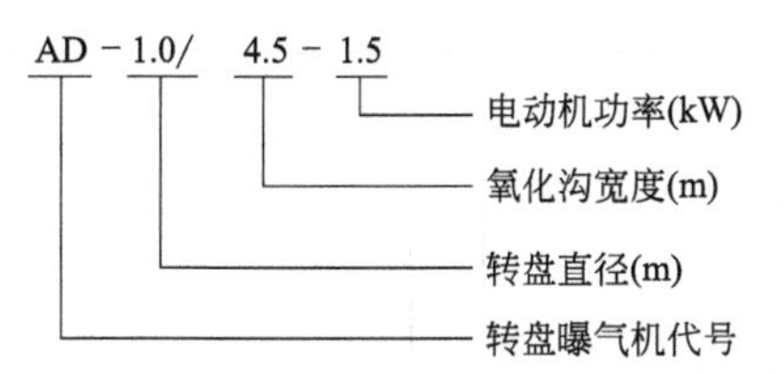

图5 AD型剪切式转盘曝气机型号意义说明

③ 结构与特点：AD型剪切式转盘曝气机主要由电动机、减速装置、柔性联轴节、主轴、转盘、轴承和轴承座等部件组成。电动机为立式户外型。减速装置采用圆锥-圆柱齿轮减速。齿轮均为硬齿面，承载力大，结构紧凑，运行平稳。主轴由无缝钢管及端法兰组成，用螺栓和轴头或联轴器连接。钢管经调质处理，外表镀锌或沥青清漆防腐。连接支承采用柔性联轴器直接将动力输入转刷，允许一定的径向和角度误差，方便安装。剪切式曝气盘片见图6，它由两个半圆形圆盘以半法兰与主轴相连接，盘片两侧开有不穿透的曝气孔，表面设有剪切式叶片。与传统盘片相比，提高了充氧能力和推动力。转盘采用轻质高强度、耐腐蚀玻璃钢压铸而成。轴承和轴承座采用调心式，提供带调整板的游动支座，保证轴承座在三维方向上的自由调节定位。

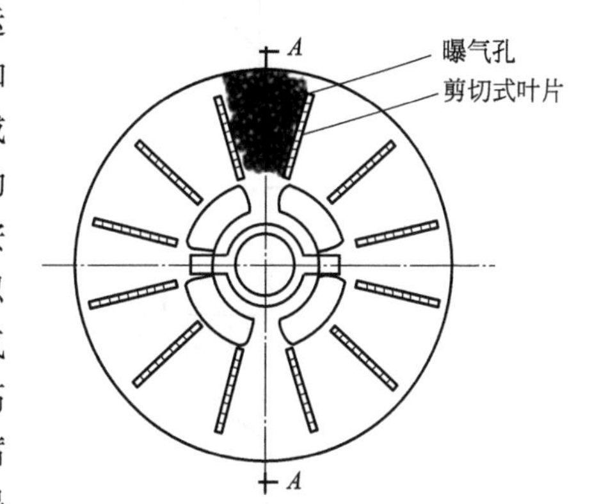

图6 剪切式曝气盘片示意

④ 性能、外形及安装尺寸：AD型剪切式转盘曝气机性能见表2。其外形见图7，其安装尺寸见图8。

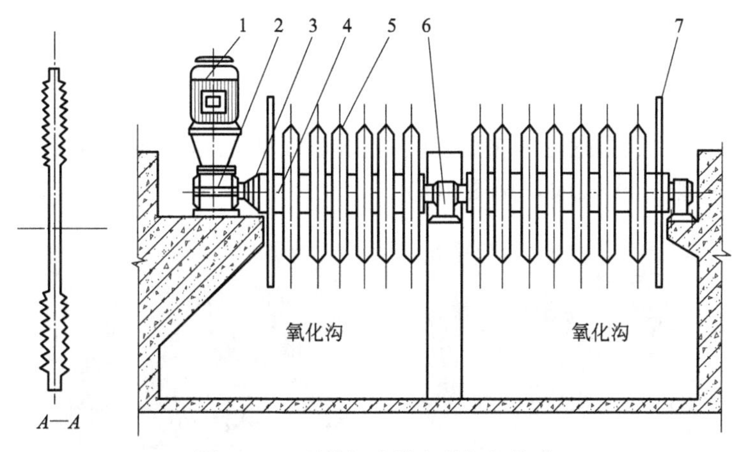

图7 AD型剪切式转盘曝气机外形

1—电动机；2—减速装置；3—柔性联轴节；4—主轴；5—转盘；6—轴承及轴承座；7—挡水盘

表 2　AD 型剪切式转盘曝气机性能

转盘				充氧能力/[kg/(h·片)]	动力效率/[kgO_2/(kW·h)]	电动机功率/(kW/片)	单轴长度/m	氧化沟设计有效水深/m
直径/mm	转速/(r/min)	浸没深度/mm	安装密度/(片/m)					
1000～1400	40～60	300～550	3～5	0.5～2.0	1.5～1.0	约 1.0	≤6	2.5～5.0

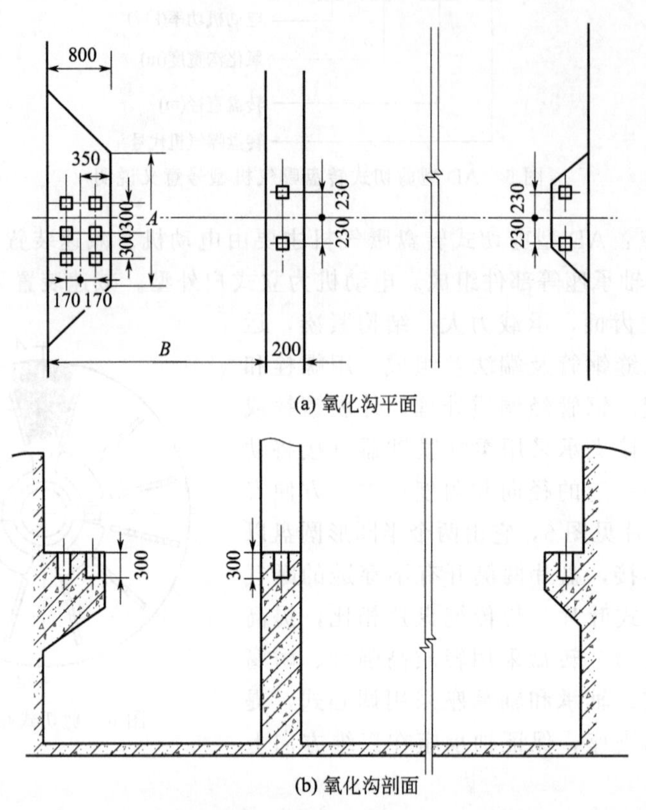

(a) 氧化沟平面

(b) 氧化沟剖面

图 8　AD 型剪切式转盘曝气机安装尺寸（单位：mm）

A、*B* 尺寸由设计人员根据具体情况决定

9.2　微孔曝气器

（1）规格型号

① ZBK-B 型⊄200、ZBK-260 型⊄260、ZBK-300 型⊄300，见图 9(a)。

② YEM 板条型 1060×200，见图 9(b)。

(a) 三种规格的橡胶膜曝气器

(b) YEM板条型橡胶膜曝气器

图 9　微孔曝气器规格型号

（2）性能

见表3～表5。

表3 ZBK-B型⊄200的性能

序号	检验项目	标准或指标要求	检验结果		
			标准通气量		
			1.5m³/(h·个)	2m³/(h·个)	3m³/(h·个)
1	充氧能力/(kg/h)	≥0.13	0.152	0.197	0.279
2	氧利用率/%	≥20	36.212	35.207	33.173
3	理论动力效率/[kg/(kW·h)]	≥4.5	8.008	7.775	7.301
4	阻力损失/Pa	≤3500	2860	3000	3350
5	外观质量	曝气器布气均匀	布气均匀，符合要求		
6	密封性能	正常曝气时，非曝气孔部位不得漏气	符合要求		

注：实际使用服务面积0.4～0.5m²/个。

表4 ZBK-260型⊄260的性能

序号	检验项目	标准或指标要求	检验结果		
			标准通气量		
			1.3m³/(h·个)	1.8m³/(h·个)	2.5m³/(h·个)
1	充氧能力/(kg/h)	≥0.13	0.139	0.185	0.249
2	氧利用率/%	≥20	38.214	36.742	35.607
3	理论动力效率/[kg/(kW·h)]	≥4.5	9.856	9.429	9.119
4	阻力损失/Pa	≤3500	2750	2920	3130
5	外观质量	曝气器布气均匀	布气均匀，符合要求		
6	密封性能	正常曝气时，非曝气孔部位不得漏气	符合要求		

注：实际使用服务面积0.5～0.7m²/个。

表5 ZBK-300型⊄300的性能

序号	检验项目	标准或指标要求	检验结果		
			标准通气量		
			1.5m³/(h·个)	2m³/(h·个)	3m³/(h·个)
1	充氧能力/(kg/h)	≥0.13	0.161	0.206	0.293
2	氧利用率/%	≥20	38.344	36.741	34.929
3	理论动力效率/[kg/(kW·h)]	≥4.5	9.902	9.499	8.952
4	阻力损失/Pa	≤3500	2420	2500	2710
5	外观质量	曝气器布气均匀	布气均匀，符合要求		
6	密封性能	正常曝气时，非曝气孔部位不得漏气	符合要求		

注：实际使用服务面积0.6～0.8m²/个。

（3）微孔曝气器的平面布置

见图 10。

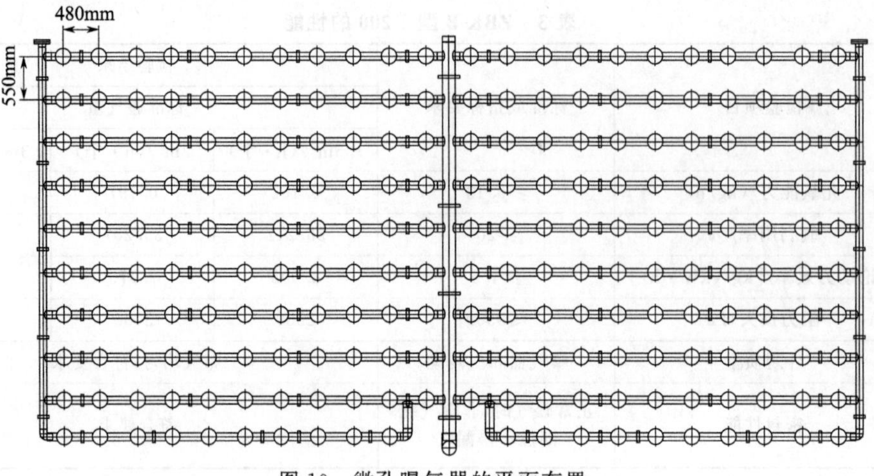

图 10　微孔曝气器的平面布置

附录 10　除砂设备

10.1　旋流沉砂除砂机

（1）用途

YXC 型除砂机主要用于城镇污水处理厂旋流沉砂池，该设备利用水力旋流，使泥砂和有机物有效分开，是一种理想的除砂设备。

（2）结构及工作原理

旋流沉砂除砂机包含带锥底的圆形池体和池内的桨叶分离机。进水从池体侧壁内沿切向入流，回旋 270°后，污水从排放渠排出，砂砾由于进水切向流动的作用沿圆形池体内壁做切线运动，形成旋流，同时通过桨叶搅拌，加速旋流和轴向涡流，带动砂砾快速沉降实现砂砾高效分离。

（3）主要技术参数和安装尺寸

见表 1。

表 1　主要技术参数和安装尺寸

<table>
<tr><th colspan="2">型号
参数</th><th>YXC-1830</th><th>YXC-2130</th><th>YXC-2430</th><th>YXC-3050</th><th>YXC-3650</th><th>YXC-4870</th><th>YXC-5480</th><th>YXC-5800</th><th>YXC-6100</th></tr>
<tr><td colspan="2">池径 ϕ/mm</td><td>1830</td><td>2130</td><td>2430</td><td>3050</td><td>3650</td><td>4870</td><td>5480</td><td>5800</td><td>6100</td></tr>
<tr><td colspan="2">处理量 $Q/(m^3/h)$</td><td>180</td><td>360</td><td>720</td><td>1080</td><td>1980</td><td>3170</td><td>4750</td><td>6300</td><td>7200</td></tr>
<tr><td rowspan="3">桨叶分离机</td><td>桨叶直径 Φ_1/mm</td><td colspan="4">1000</td><td colspan="5">1500</td></tr>
<tr><td>叶轮转速 v/(r/min)</td><td colspan="9">12～20</td></tr>
<tr><td>电机功率 N/kW</td><td colspan="2">0.75</td><td colspan="2">1.1</td><td colspan="5">1.5</td></tr>
<tr><td rowspan="3">鼓风机</td><td>风量 $Q_1/(m^3/min)$</td><td>1.43</td><td>1.79</td><td>1.75</td><td>1.75</td><td>2.03</td><td>1.98</td><td>1.98</td><td>2.01</td><td>2.01</td></tr>
<tr><td>风压 P_1/kPa</td><td>34.3</td><td>34.3</td><td>39.2</td><td>39.2</td><td>44.1</td><td>53.9</td><td>53.9</td><td>58.8</td><td>58.8</td></tr>
<tr><td>功率 N_1/kW</td><td>1.5</td><td colspan="2">2.2</td><td></td><td>3.0</td><td></td><td colspan="3">40</td></tr>
</table>

续表

参数 \ 型号		YXC-1830	YXC-2130	YXC-2430	YXC-3050	YXC-3650	YXC-4870	YXC-5480	YXC-5800	YXC-6100
泵	流量 Q_2/(m^3/min)	25			30			40		
	扬程 h/m	2～3								
	功率 N_2/kW	2.2			3.0			4.0		
安装尺寸/mm	A	1830	2130	2430	3050	3650	4870	5480	5800	6100
	B		1000			1500				
	C	305	380	450	610	750	1000	1100	1200	1200
	D	610	760	900	1200	1500	2000	2200	2400	2400
	E		300			400				
	F	1400	1400	1550	1550	1700	2200	2200	2500	2500
	G	300	300	400	450	600	1000	1000	1300	1300
	H		300			510		610	760	
	J	300	300	400	450	580	600	630	700	750
	K		1000							
	L	1100	1100	1150	1350	1450	1850	1850	1950	1950
工作桥集中载荷 P/kN		30								
最大工作扭矩 M/(N·m)		600		850		1195				

注：1. 水力表面负荷 200m^3/(m^2·h)。

2. 水力停留时间 20～30s。

3. 进水流速 $Q=Q_{max}$(40%～80%) 时，v=0.6～0.9m/s；$Q=Q_{max}$ 时，v>0.15m/s。

4. 进出水渠道夹角不小于 270°。

(4) 主要特点

① 提砂方式有气提式和泵提式两种，其中气提处理效果相对较好，泵提成本相对较低；

② 使用效果好，粒径在 0.2mm 以上的颗粒去除率大于 85%；

③ 处理量 Q<1080m^3/h 的池体可采用钢制，Q≥1080m^3/h 的池体一般为混凝土结构；

④ 系统采用 PLC 自动控制洗砂、排砂周期，运行安全、可靠。

(5) 外形安装尺寸图

① 气提式，布置示意见图 1。

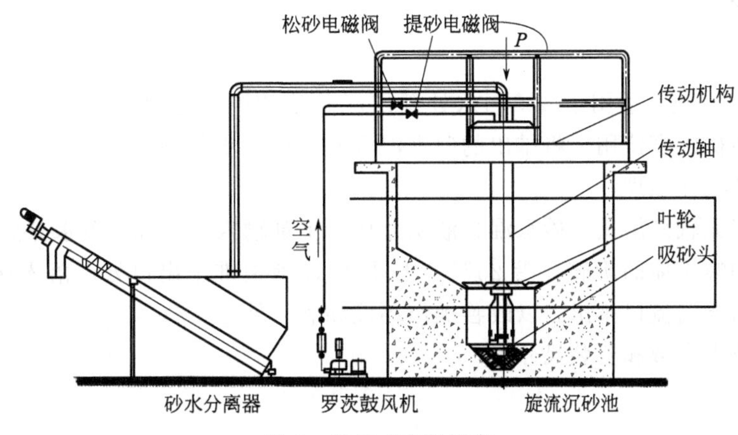

图 1　气提式布置示意

② 泵提式，布置示意见图 2。

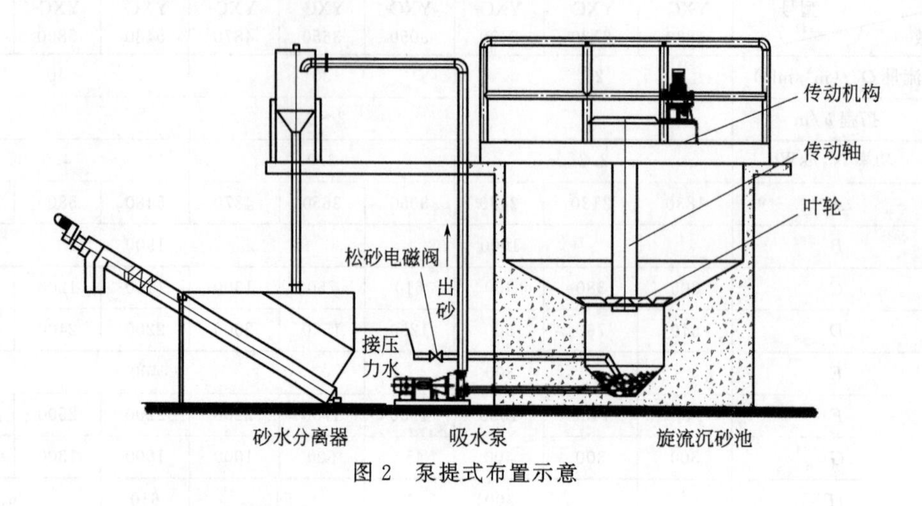

图 2 泵提式布置示意

③ 土建图，外形安装尺寸见图 3。

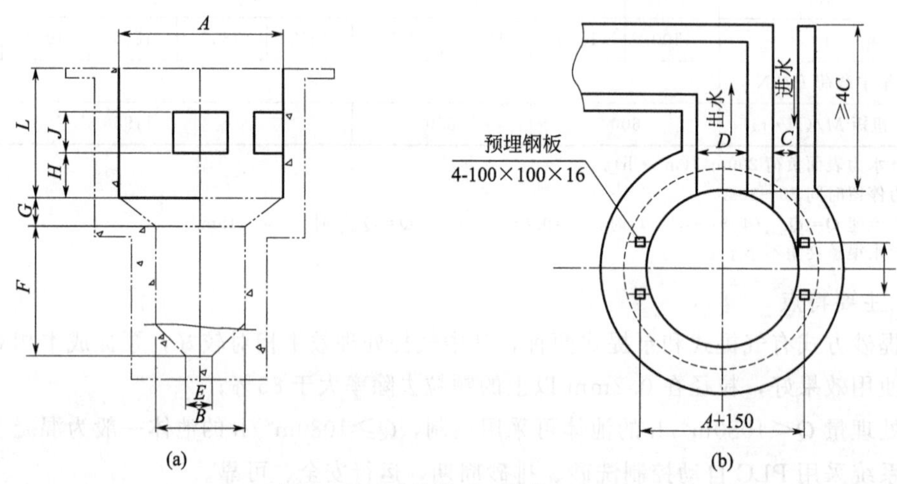

图 3 外形安装尺寸（单位：mm）

10.2 砂水分离器

（1）用途

YSF 型砂水分离器适用于城镇污水处理厂沉砂池的沉砂处理，它主要与旋流沉砂池除砂机或桥式吸砂机配套使用，将排出的砂水混合液做进一步分离。

（2）结构及工作原理

该设备采用无轴螺旋式，砂水混合液从分离器上部输入，砂砾在砂水分离槽内靠重力沉降，并利用无轴螺旋体的旋转，沿 25% 的 U 形槽逐渐被推至出口处，落入接料筒后外运，分离水则从分离槽溢流口排出，以改善操作环境和利于外运。

（3）主要技术参数和安装尺寸表

见表 2。

表 2　主要技术参数和安装尺寸

参数 \ 型号		YSF-260	YSF-300	YSF-350	YSF-400
螺旋公称直径 D/mm		260	300	350	400
螺旋直径 ϕ/mm		235	285	320	385
处理量 Q/(L/s)		5～12	12～20	20～27	27～35
安装角度 α/(°)		25			
螺旋转速 n/(r/min)		约 4.8			
电机功率 N/kW		0.37		0.55	0.75
回收率(颗粒度≥0.2mm)/%		≥96			
砂分离后含水率/%		<65			
安装尺寸/mm	ϕA	220	270	320	390
	B	260	310	345	410
	B_1		710		
	B_2	1200	1360	1500	1800
	B_3	B_2+80			
	DN_1	100	150	200	250
	DN_2	150	200	250	300
	L	2800	3000	3200	
	L_1	3840	4380	5760	6150
	L_2	2800	2800	3800	3800
	H	1550	1750	2400	2550
	H_1	1600	1700	2150	2150

(4) 主要特点

① 驱动装置采用轴装式平行轴斜齿轮式减速机，结构紧凑，运行平稳安全；

② 粒径大于 0.2mm 的颗粒分离后的回收率可达 96%；

③ U 形槽内设有内衬，耐磨性能强，使用寿命长，更换简便；

④ 整机为全封闭操作，环境条件较好，机架采用膨胀螺栓固定，无需预埋件。

(5) 外形及安装尺寸

LEF 型螺旋砂水分离器结构示意如图 4 所示。

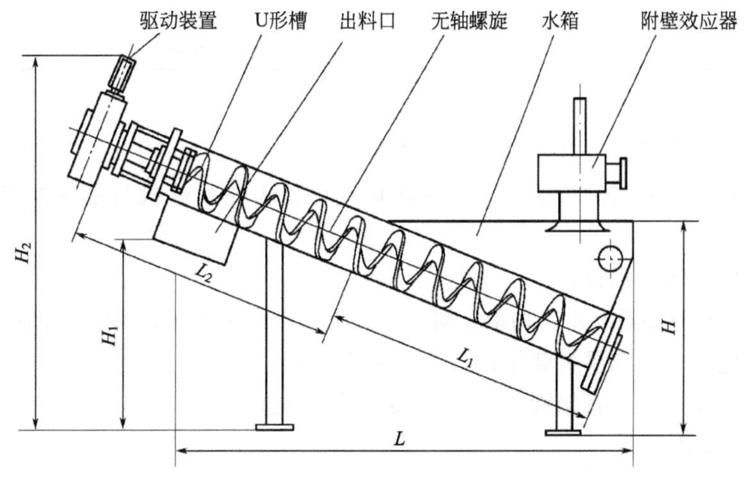

图 4　LEF 型螺旋砂水分离器结构示意

附录11 刮泥机

11.1 悬挂式中心传动刮泥机

（1）用途

悬挂式中心传动刮泥机适用于中心进水、周边出水、中心排泥的小、中型池径的辐流式沉淀池，主要用于城镇污水处理厂或工业废水处理工程沉淀池排泥。

（2）结构及工作原理

该设备采用中心传动，污水从工作桥下流入水管，经导流筒扩散后均匀地向周边呈辐射状流出，呈悬浮状的污泥经沉淀后沉积于池底，驱动装置带动中心立轴旋转，并带动刮臂及刮泥机板转动；刮板将污泥刮集后由吸泥管依靠池内静水压抽吸至集泥槽内排入中心泥缸，再通过中心排泥管排出池外，水面的浮渣通过旋转撇渣装置导入排渣斗内排出池外；而上清液则通过三角形出水堰板溢入出水槽内排出。

（3）主要技术参数和安装尺寸

见表1。

表1 主要技术参数和安装尺寸

<table>
<tr><th colspan="2">型号
参数</th><th>YZG-5</th><th>YZG-6</th><th>YZG-8</th><th>YZG-10</th><th>YZG-12</th><th>YZG-14</th><th>YZG-16</th></tr>
<tr><td colspan="2">池径 ϕ/m</td><td>5</td><td>6</td><td>8</td><td>10</td><td>12</td><td>14</td><td>16</td></tr>
<tr><td colspan="2">周边池深 H/m</td><td colspan="7">3.5～4.5(根据用户要求定)</td></tr>
<tr><td colspan="2">池边水深 H_1/m</td><td colspan="7">3.0～4.0(根据用户要求定)</td></tr>
<tr><td colspan="2">外缘线速度 V/(m/min)</td><td colspan="7">2.0～3.0</td></tr>
<tr><td colspan="2">电机功率 N/kW</td><td colspan="2">0.37</td><td colspan="3">0.55</td><td colspan="2">0.75</td></tr>
<tr><td rowspan="5">安装尺寸/mm</td><td>B</td><td colspan="3">1050</td><td colspan="4">1250</td></tr>
<tr><td>ϕ_1</td><td colspan="3">1000</td><td colspan="4">1200</td></tr>
<tr><td>ϕ_2</td><td colspan="3">500</td><td colspan="4">800</td></tr>
<tr><td>H_2</td><td colspan="3">700</td><td colspan="4">1000</td></tr>
<tr><td>B_1</td><td colspan="7">根据用户要求而定</td></tr>
</table>

（4）主要特点

① 工作桥采用全桥式，其材质可采用碳钢、不锈钢或混凝土；

② 驱动装置采用立式三级摆线针轮减速机或由斜齿轮减速机与蜗轮减速机组合，保证输出扭矩及转速；

③ 刮板采用直线型刮板；

④ 刮泥机立轴下端设有水下轴承和刮刀，可避免立轴转动时的偏摆及集泥槽内污泥积实；

⑤ 设置机械和电气双重过载保护，运转安全可靠；

⑥ 设备操作简单，可直接就地/远程控制设备的运行。

（5）外形及安装尺寸

见图1。

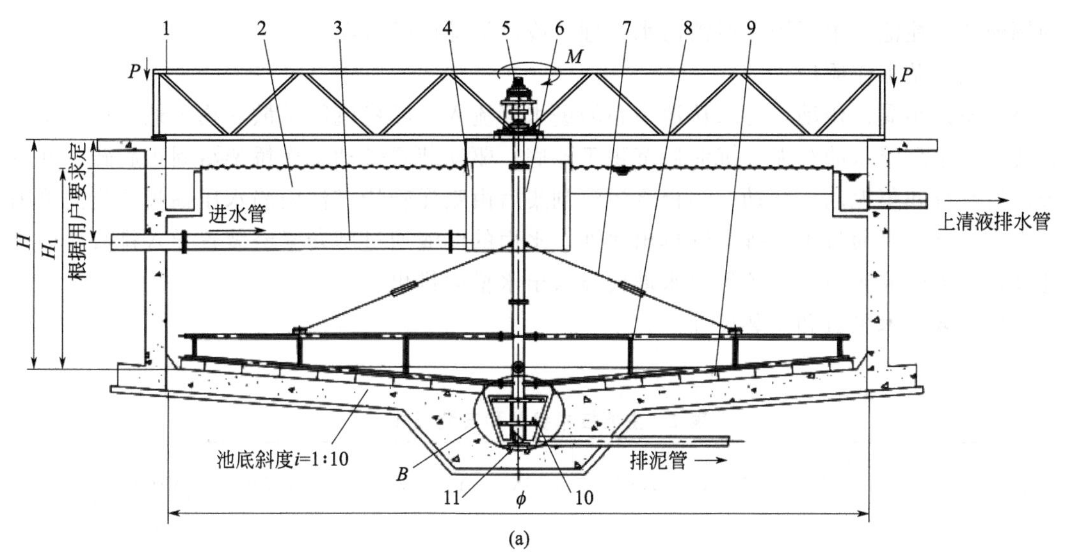

(a)

1—工作桥；2—出水堰板；3—进水管；4—导流筒；5—驱动装置；6—中间立轴；7—拉杆；8—刮臂；9—刮板；10—底刮板；11—底轴承

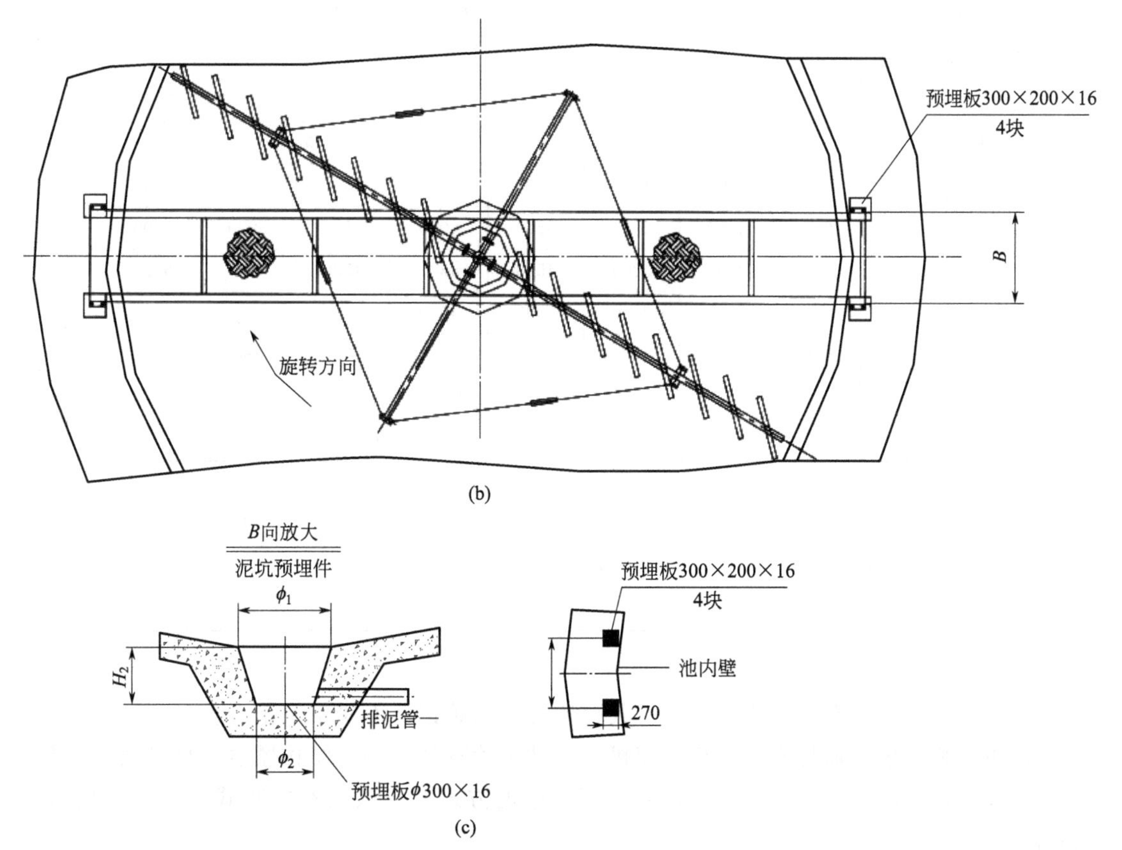

(b)

(c)

图 1　悬挂式中心传动刮泥机外形及安装尺寸（单位：mm）

11.2　周边传动刮吸泥机

（1）用途

YZGX 型周边传动刮吸泥机适用于中心进水，周边出水、中心排泥的大、中、小型池径的辐流式沉淀池，主要用于城镇污水处理厂或沉淀池内吸排泥。

（2）结构及工作原理

该设备采用周边传动，污水从池中心的进水管流入，经稳流筒扩散后均匀地向周边呈辐射状流出，呈悬浮状的污泥经沉淀后沉积于池底，驱动装置带动工作桥架沿周边旋转，并带动吸泥管系统和集泥刮板转动；刮板将污泥刮集后由吸泥管依靠池内静水压抽吸至集泥槽内排入中心泥缸，再通过中心排泥管排出池外，水面的浮渣通过旋转撇渣装置导入排渣斗内排出池外；而上清液则通过三角形出水堰板溢入出水槽内排出。

（3）主要技术参数和安装尺寸

见表 2。

表 2　主要技术参数和安装尺寸

参数＼型号		YZGX-16	YZGX-20	YZGX-25	YZGX-30	YZGX-35	YZGX-40	YZGX-45	YZGX-50	YZGX-55
池径 ϕ/m		16	20	25	30	35	40	45	50	55
周边池深 H/m		3.5～4.5(根据用户要求定)								
池边水深 H_2/m		3.0～4.0(根据用户要求定)								
周边线速度 v/(m/min)		1.8～2.2								
行走轮尺寸/mm		ϕ420×120					ϕ420×150			
电机功率 N/kW		0.37					0.55		0.75	
安装尺寸/mm	ϕ_1	1100	1100	1200	1200	1500	1500	1800	1800	1800
	ϕ_2	2500	2500	2500	3500	4000	4500	5000	5500	6000
	ϕ_3	2600	3000	3800	4500	4500	4500	5000	6000	6000
	ϕ_4	2100	2300	3500	4000	4000	4000	4500	4500	4500
	H_2	500	500	600	760	760	760	760	760	760
	B	根据用户要求定								
	H_3	根据用户要求定								
	L	根据用户要求定								
周边轮压 P_1/kN		9.0	11.5	15	19	22	25	28	30	32
中心平台垂直载荷 P_2/kN		17	23	30	37	82	100	112	122	175
中心平台水平载荷 P_3/kN		9.5	13	17	22	28	28	30	32	40

（4）主要特点

① 工作桥可采用半桥式或全桥式，其材质可采用碳钢、不锈钢及铝合金等；

② 驱动装置采用轴装式斜齿轮减速机与主动滚轮直联传动，结构紧凑，机械效率较高；

③ 吸泥管采用喇叭口形式，吸泥效果好；吸泥方式有自吸式和虹吸式（常规采用自吸式）两种；

（5）外形及安装尺寸

① 半桥式（单边驱动）工作桥，见图 2(a)。

② 全桥式（双边驱动）工作桥，见图 2(b)。

③ 土建图见图 2(c)。

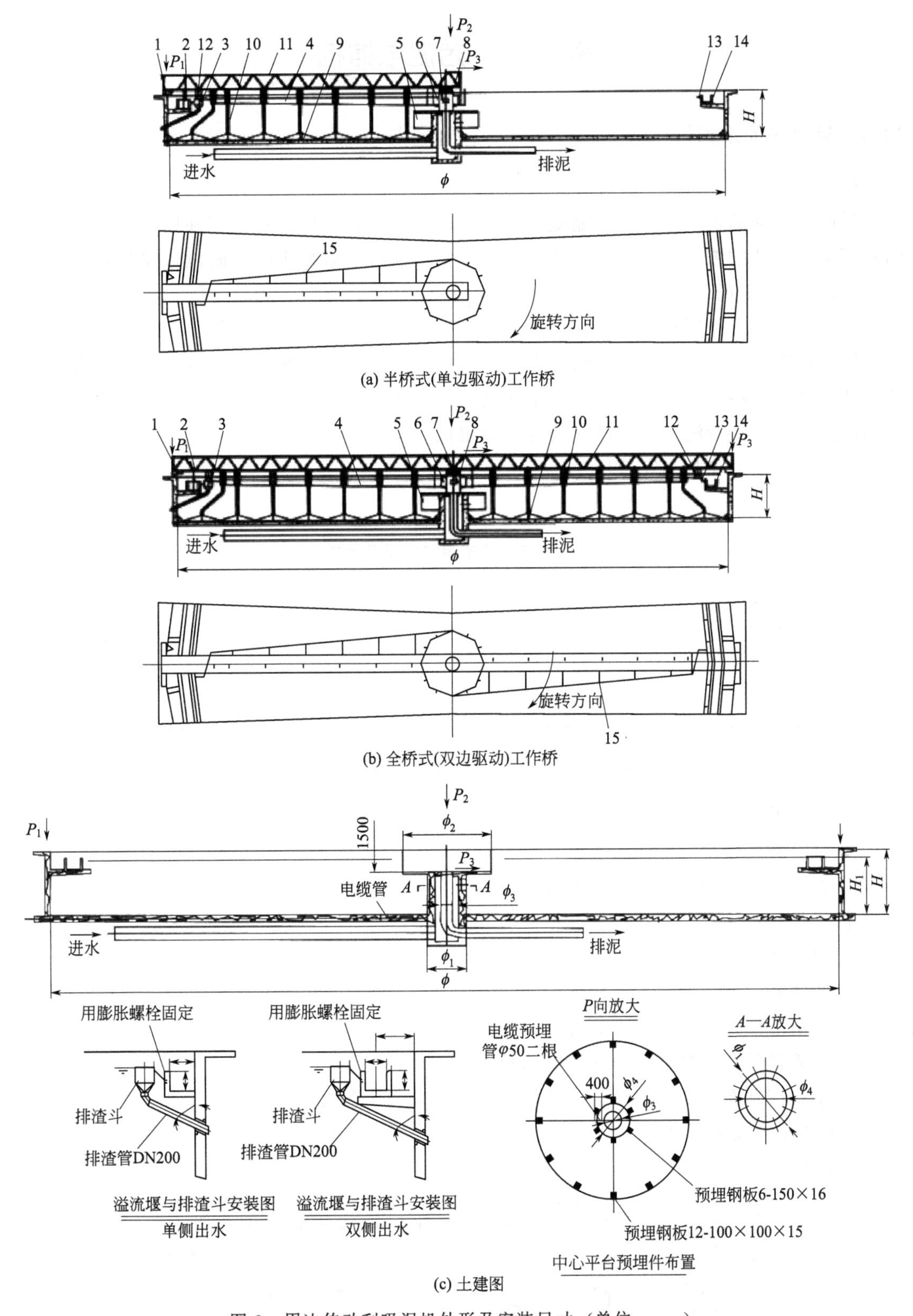

图 2　周边传动刮吸泥机外形及安装尺寸（单位：mm）

1—端梁驱动装置；2—水槽清水刷；3—排渣斗；4—集泥槽；5—稳流筒；6—中心泥缸；7—中心支座；8—集电装置；9—吸口及集泥板；10—吸泥管；11—工作桥；12—刮渣耙；13—浮渣挡板；14—出水堰板；15—撇渣板

附录 12　污泥浓缩机

12.1　转筛污泥浓缩机

（1）用途

转筛污泥浓缩机用于污泥浓缩处理。通过调整进泥量、聚合物类型和用量、转速和喷水间隔可实现最佳的浓缩效果。最佳的絮凝效果则可通过在浓缩机的上游位置安装絮凝反应器和/或混合阀来实现。

（2）结构及工作原理

转筛浓缩机工作原理是将经聚合电解处理的污泥（亦称絮状污泥）输送至一个缓慢转动的鼓式过滤器，污泥便留在转筒中，水相则流过滤袋。由于可使用自来水、排出的水或处理后的滤液进行间接清洗，整个过程的耗水量很低。

（3）主要技术参数和安装尺寸

见表 1。

表 1　主要技术参数和安装尺寸

尺寸	大型号	最大值
长	待定	6425mm/253in
宽	待定	1110mm/44in
高	待定	1750mm/69in
重(干燥状态)	待定	1300mm/2870lb
处理能力	15～45m^3/h	30～90m^3/h

注：1in＝0.0254m；1lb＝0.45359237kg。

（4）主要特点

① 出色的处理能力；

② 聚合物用量少，操作成本低；

③ 相同的占地面积，更高的处理能力；

④ 操作简单，易于维护；

⑤ 可安装于室外（如要求）；

⑥ 封闭式设计，确保工作环境的清洁、无异味；

⑦ 自清洁设计，清洗维护更容易；

⑧ 带盖板开关，且采用防撞击的盖板，更安全；

⑨ 多种控制面板和辅助设备供选择，能满足任何工艺处理需求。

（5）外形及安装尺寸

见图 1。

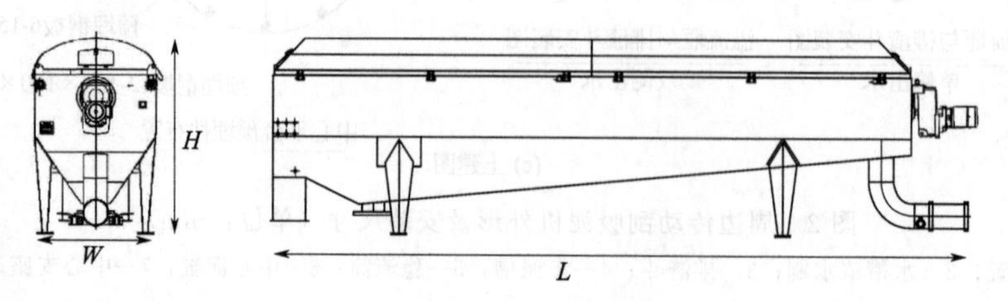

图 1　转筛浓缩机外形及安装尺寸

12.2 叠螺浓缩机

(1) 用途

针对低浓度(通常在1%以下)的污泥，能够在节水省电的情况下，实现对污泥稳定高效的浓缩(通常浓缩到4%～6%)。

(2) 结构及工作原理

叠螺污泥浓缩机是一种搭载了叠螺浓缩本体，通过本体内螺旋轴较快的旋转，推送污泥前进并带动活动环保持过滤通畅，将较低浓度的污泥浓缩到较高浓度的固液分离设备。

其主要由电控柜、大容量絮凝混合槽、叠螺浓缩本体和滤液收集槽构成。

(3) 主要技术参数和安装尺寸

见表2。

表2 主要技术参数和安装尺寸

常规处理量/(m^3/h)	整体尺寸/mm			总功率/kW			质量/kg	
	L	W	H	絮凝混合槽	叠螺本体	总功率	空载	运行
约1	1797	840	1250	0.1	0.2	0.3	260	390
约3	1797	840	1250	0.1	0.2	0.3	270	400
约10	2451	901	1737	0.4	0.75	1.15	540	860
约20	2801	1148	1737	0.4	1.5	1.9	780	1320
约30	3508	1320	2116	1.5	1.5	3	1030	1840
约60	4135	1627	2116	2.2	3	5.2	1540	3100
约90	4244	1866	2116	2.2	4.5	6.7	2100	5130

(4) 主要特点

① 污泥输送。污泥池内经过均质搅拌的污泥，通过污泥输送泵被输送到计量槽，过量的污泥从槽内的回流管溢流回污泥池。

② 絮凝混合。污泥在絮凝混合槽内与注入的经过熟化的絮凝剂搅拌混合凝集，形成结实稳定的絮团。

③ 浓缩过滤。絮团通过进泥口进入叠螺浓缩本体，进行重力浓缩，滤液汇集到滤液收集槽并回流到原水池。

④ 泥团排出。本体的末端设置有导泥口，污泥以流动性较差的泥团形式从导泥口排出。

(5) 外形及安装尺寸

见图2。

12.3 中心传动悬挂式浓缩刮泥机

(1) 用途

中心浓缩刮泥机用于污水处理厂浓缩池内，将沉降在池底上的污泥刮集至池心的中心集泥坑，以便进一步做污泥脱水处理。

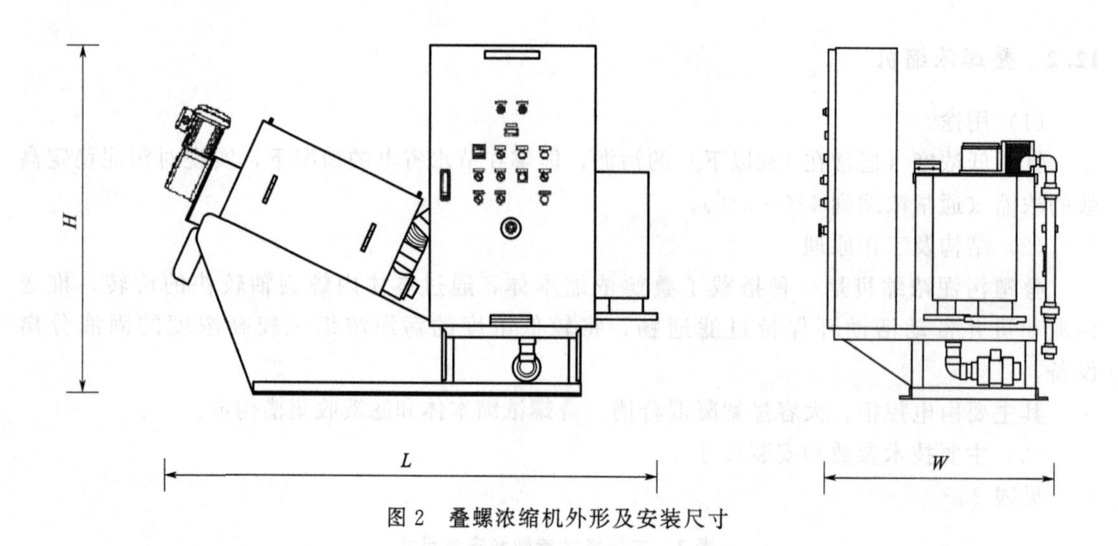

图 2　叠螺浓缩机外形及安装尺寸

（2）结构及工作原理

浓缩机由立式电动减速机、回转轴承、主轴、刮臂、刮板、浓集栅条、稳流筒、控制柜等组成。刮臂在驱动装置带动下绕中心轴旋转，刮臂上的刮泥板将沉积在池底的污泥由外向内推向池心集泥坑。在运行过程中，由于刮板、刮臂受异物卡塞或积泥过多等意外原因导致传动过扭，过扭保护机构动作，切断电源，自动报警停机。

（3）主要技术参数和安装尺寸

见表 3。

表 3　主要技术参数和安装尺寸

<table>
<tr><th>型号
参数</th><th>JSZNG-4</th><th>JSZNG-6</th><th>JSZNG-8</th><th>JSZNG-10</th><th>JSZNG-12</th><th>JSZNG-14</th><th>JSZNG-16</th><th>JSZNG-18</th></tr>
<tr><td>池直径 D/m</td><td>4</td><td>6</td><td>8</td><td>10</td><td>12</td><td>14</td><td>16</td><td>18</td></tr>
<tr><td>刮臂直径 D_1/m</td><td>3.6</td><td>5.6</td><td>7.6</td><td>9.6</td><td>11.6</td><td>13.6</td><td>15.6</td><td>17.6</td></tr>
<tr><td>池坑宽度 D_2/m</td><td colspan="2">0.8</td><td colspan="4">1.0</td><td colspan="2">1.2</td></tr>
<tr><td>池坑深度 H/m</td><td>3.0</td><td colspan="2">3.6</td><td colspan="3">4.0</td><td>4.4</td><td>4.8</td></tr>
<tr><td>池底坡度(i)</td><td colspan="3">1∶10</td><td colspan="5">1∶12</td></tr>
<tr><td>刮臂外缘线
速度/(m/min)</td><td colspan="8">1.2～2.0</td></tr>
<tr><td>电动机功率/kW</td><td colspan="8">0.75</td></tr>
</table>

（4）主要特点

① 浓缩机为中心传动悬挂式结构，不需中心支墩，可简化土建结构。常用于池体直径在 4～18m 范围内时。传递扭矩大，稳定性好，安装方便，维修简单。有扭矩保护，工作可靠。能进一步分离浓缩污泥中的自由水分，以减少污泥体积，提高污泥浓缩效果，有利于提高沉淀效率。

② 中心传动浓缩机工作时，固定于刮臂上的垂直栅条在驱动机构的动力作用下缓慢转动、均匀搅拌泥水，促使泥水分离，促进污泥颗粒的凝集，加快污泥的沉淀与浓缩，再通过刮板将浓缩的污泥刮入浓缩池中心的泥斗。

③ 由于主轴采用刚度大的管式构造，池底不设轴承，避免了环境极坏的池底维护工作。

(5) 外形及安装尺寸

见图 3。

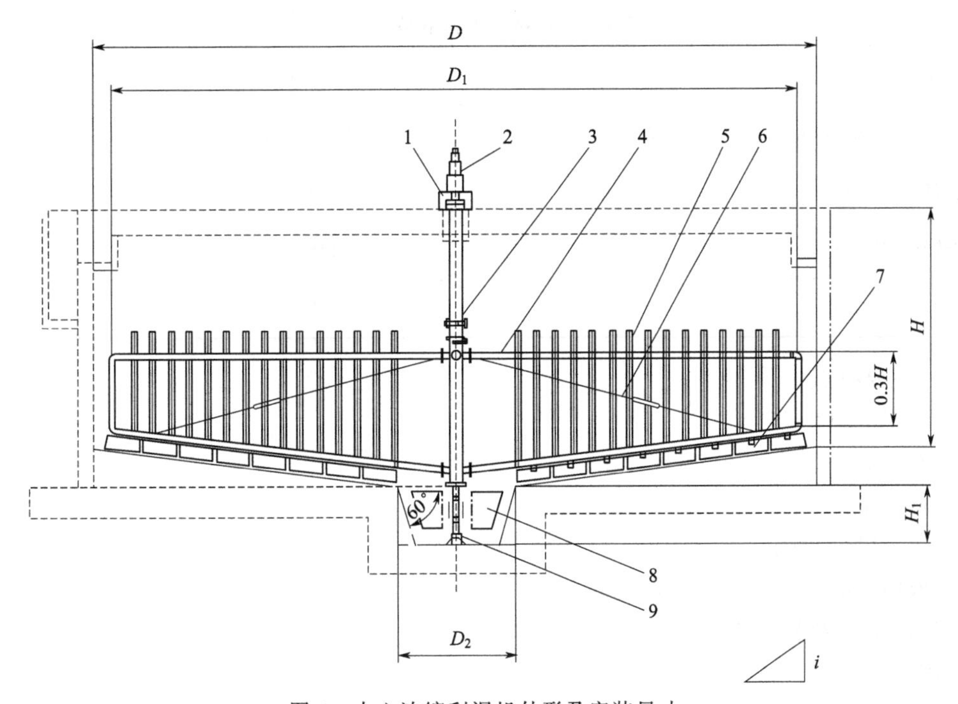

图 3 中心浓缩刮泥机外形及安装尺寸

1—机架；2—驱动装置；3—主轴；4—刮臂；5—栅条；6—拉杆；7—刮板；8—搅拌刮板；9—牵引装置

附录 13 污泥脱水机

13.1 污泥离心脱水机

(1) 用途

沉降式离心机是污泥浓缩和脱水的理想选择，可广泛应用于市政污水、工业废水以及自来水。对于那些处理量和固体负荷适中，且关注高可靠性、高性价比以及运行方便的用户尤其适用。

(2) 结构及工作原理

分离发生在装备有螺旋输送口的水平圆柱形转鼓内。进料通过固定的进料管进入转鼓，然后再由进料分配器平稳加速。旋转所产生的离心力迫使固体沉降在转鼓壁上。

螺旋输送口的旋转方向与转鼓一致，但速度稍慢，因此能将固体推移至转鼓的圆锥形端。螺旋输送口上特殊的锁液环设计（专利）在排放前对细小颗粒进行加速，可实现最佳分离，同时还有助于减少占用空间。

分离过程在转鼓的圆柱形部分进行。相对较低的重力加速度使得沉降式离心机在达到出色的处理量和泥饼干度的同时，实现了低能耗。

澄清的液体通过特殊的专利设计的节能堰板（可低速排放污水）流出转鼓；而泥饼则通

过固体排放口离开转鼓，进入机罩。

(3) 主要技术参数和安装尺寸

见表 1。

表 1 主要技术参数和安装尺寸

产能/(m^3/h)	10～25	15～40	22～60
尺寸(长×宽×高)/mm	3057×870×1016	3450×960×1703	3796×1050×1319
主要转速/(r/min)	3400	2900	2500
主传动马达/kW	18.5～30	22～37	37～55
背驱动马达/kW	5.5	11	15

(4) 主要特点

① 占用空间小；

② 能耗低；

③ 总成本低；

④ 工艺段全封闭；

⑤ 采用锁液环设计，因此性能高。

(5) 外形及安装尺寸

见图 1。

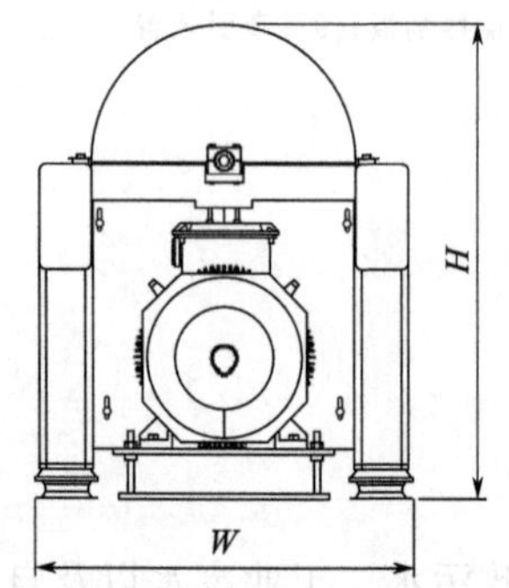

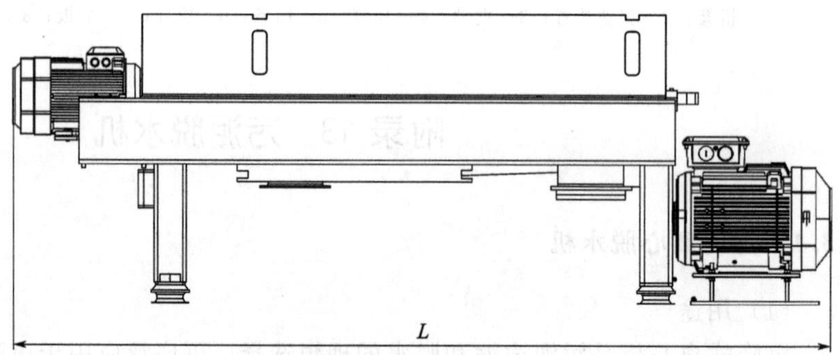

图 1 沉降式离心机外形及安装尺寸

13.2 污泥高压压榨机

(1) 工作原理

① 进泥与高压压榨耦合，一体设计；

② 脉冲式压榨，产生瞬间高压及压力递减梯度；

③ 刚性耐高压滤板，达 2.0MPa；

④ 新型气吹洗饼方式。

(2) 主要技术参数和安装尺寸

见表 2。

表 2　主要技术参数和安装尺寸

型号	TCYZ-40-KS	TCYZ-60-KS	TCYZ-100-KS	TCYZ-150-KS	TCYZ-200-KS
绝干泥(T)/批	0.16	0.24	0.4	0.6	0.8
原生污泥处理量 80%/(m^3/批)	0.8	1.2	2	3	4
运行周期/min	80～90	80～90	80～90	85～95	90～100
滤室容积/m^3	0.4	0.6	1	1.5	2
泥饼厚度/mm	20	20	20	20	20
滤板数量	24	36	60	57	78
滤板尺寸/mm	1000×1000×70	1000×1000×70	1000×1000×70	1250×1250×70	1250×1250×70
主机质量/t	9.5	10	12	18	20
液压站功率/kW	5.5	5.5	5.5	7.5	7.5
过滤面积/m^2	40	60	100	150	200
设备尺寸(无自清洗)/mm	5280×1970×1765	6140×1970×1765	7850×1970×1765	8070×2350×2050	9600×2350×2050
滤板形式	快开式高压滤框	快开式高压滤框	快开式高压滤框	快开式高压滤框	快开式高压滤框
压榨压力/MPa	1.6～2.0	1.6～2.0	1.6～2.0	1.6～2.0	1.6～2.0
高压柱塞泵	YBH140-10	YBH200-19	YBH200-19	YBH250-25	YBH250-30
进泥柱塞泵功率/kW	5.5	7.5	7.5	11	11

(3) 主要特点

① 压榨压力达 1.6～2.0MPa；

② 效率高，高压进泥，快拉式卸料，工作周期 1～1.5h/次；

③ 附属设备少，可省去压榨泵、进泥水箱、进泥泵等设备；

④ 占地可减少 30%；

⑤ 自动化程度高，运行安全稳定；

⑥ 暗流设计，现场环境良好；

⑦ 运营费用低，能耗小，只需更换滤布。

13.3　板框压滤机

(1) 主要特点

① 滤板、滤框采用增强聚丙烯一次模压成型，相对尺寸和化学性能稳定，强度高，质量轻，耐酸碱，无毒无味，所有过流面均为耐腐介质。

② 机架大多采用高强度钢结构件，安全可靠，功能稳定，经久耐用。

③ 大多机型采用液压机构压紧和放松滤板。最大压紧力高达 25MPa，采用电气控制实现保压。

④ 设备最大工作压力厢式为 2.5MPa，板框式为 1MPa，确保了各类用户能够选择到适合自身工艺要求的产品。

⑤ 设备的操作简单可靠，设备大多采用按钮控制，亦可采用非接触式的触摸屏控制，特殊工况可配备各种类型安全装置保证操作人员安全。

⑥ 自动机型采用液压执行、PLC控制的模式，提高了设备控制的可靠性、稳定性和安全性。

（2）主要技术参数表

见表3～表6。

表3　厢式 X_M^AYJ4-12/500-U_K^B 压滤机

型号	过滤面积/m²	滤室总容量/L	外框尺寸/mm	滤板厚度/mm	滤板数量/个	滤饼厚度/mm	外形尺寸（长×宽×高）/mm	电机功率/kW	过滤压力/MPa	整机质量/kg
X_M^AYJ4/420-U_K^B	4	50	500×500	50	11	25	1345×705×835	—	0.6	400
X_M^AYJ6/420-U_K^B	6	75	500×500	50	16	25	1595×705×835	—	0.6	450
X_M^AYJ8/420-U_K^B	8	100	500×500	50	21	25	1845×705×835	—	0.6	500
X_M^AYJ10/420-U_K^B	10	125	500×500	50	26	25	2095×705×835	—	0.6	550
X_M^AYJ12/420-U_K^B	12	150	500×500	50	31	25	2345×705×835	—	0.6	600

表4　厢式 X_M^ASJ5-25/630-U_K^B 压滤机

型号	过滤面积/m²	滤室总容量/L	外框尺寸/mm	滤板厚度/mm	滤板数量/个	滤饼厚度/mm	外形尺寸（长×宽×高）/mm	电机功率/kW	过滤压力/MPa	整机质量/kg
X_M^ASJ5/630-U_K^B	5	70	630×630	50	8	25	1850×840×1000	—	0.6	690
X_M^ASJ10/630-U_K^B	10	140	630×630	50	15	25	2250×840×1000	—	0.6	620
X_M^ASJ15/630-U_K^B	15	210	630×630	50	23	25	2600×840×1000	—	0.6	950
X_M^ASJ20/630-U_K^B	20	260	630×630	50	30	25	2950×840×1000	—	0.6	1080
X_M^ASJ25/630-U_K^B	25	350	630×630	50	37	25	3950×840×1000	—	0.6	1210

表5　厢式 X_M^AZ200-560/1500-U_K^B 压滤机

型号	过滤面积/m²	滤室总容量/L	外框尺寸/mm	滤板厚度/mm	滤板数量/个	滤饼厚度/mm	外形尺寸（长×宽×高）/mm	电机功率/kW	过滤压力/MPa	整机质量/kg
X_M^AY200/1500-U_K^B	200	3025	1500×1500	75	48	30	7214×2140×2150	4	0.6	15650
X_M^AY224/1500-U_K^B	224	3340	1500×1500	75	53	30	7594×2140×2150	4	0.6	16500
X_M^AY250/1500-U_K^B	250	3780	1500×1500	75	60	30	8126×2140×2150	4	0.6	17560
X_M^AY280/1500-U_K^B	280	4220	1500×1500	75	67	30	8658×2140×2150	4	0.6	18690
X_M^AY315/1500-U_K^B	315	4720	1500×1500	75	75	30	9266×2140×2150	4	0.6	19900
X_M^AY340/1500-U_K^B	340	5100	1500×1500	75	81	30	9722×2140×2150	4	0.6	20760
X_M^AY400/1500-U_K^B	400	5985	1500×1500	75	95	30	10786×2140×2150	4	0.6	23000
X_M^AY450/1500-U_K^B	450	6740	1500×1500	75	107	30	11696×2140×2150	4	0.6	24810
X_M^AY500/1500-U_K^B	500	7500	1500×1500	75	119	30	12610×2140×2150	4	0.6	26720
X_M^AY560/1500-U_K^B	560	8380	1500×1500	75	133	30	13674×2140×2150	4	0.6	28860

表 6　厢式 X_M^AYZ560/2000-U_K^B 压滤机

型号	过滤面积/m^2	滤室总容量/L	外框尺寸/mm	滤板厚度/mm	滤板数量/个	滤饼厚度/mm	外形尺寸(长×宽×高)/mm	电机功率/kW	过滤压力/MPa	整机质量/kg
X_M^AYZ560/2000-U_K^B	560	840	2000×2000	70	82	30	1230×2620×2610	5.5	1.0	40390
X_M^AYZ630/2000-U_K^B	630	945	2000×2000	70	94	30	2070×2620×2610	5.5	1.0	42790
X_M^AYZ710/2000-U_K^B	710	1065	2000×2000	70	106	30	2910×2620×2610	5.5	1.0	45490
X_M^AYZ750/2000-U_K^B	750	1128	2000×2000	70	112	30	3330×2620×2610	5.5	1.0	46720
X_M^AYZ800/2000-U_K^B	800	1200	2000×2000	70	118	30	3750×2620×2610	5.5	1.0	48580
X_M^AYZ900/2000-U_K^B	900	1350	2000×2000	70	136	30	6010×2620×2610	5.5	1.0	53010
X_M^AYZ1000/2000-U_K^B	1000	1500	2000×2000	70	148	30	6850×2620×2610	5.5	1.0	55720
X_M^AYZ1080/2000-U_K^B	1080	1770	2000×2000	70	178	30	7950×2620×2610	5.5	1.0	62440

附录 14　污泥干燥机

14.1　桨叶式污泥干燥机

（1）用途

能够把含水率 75%～85%的脱水污泥干燥到含水率 20%～50%。

适用于：市政污水污泥，石油精炼厂、化学工厂的排水污泥，食品工厂的排水污泥，造纸、纸管工厂的排水污泥，其他工厂的排水污泥，粪便污泥，食品废弃物（如咖啡渣、茶渣、酒渣、酱油渣）等。

（2）结构及工作原理

污泥通过旋转的桨叶被混合、搅拌、并通过桨叶、轴、夹套的热传导被间接干燥，其工艺流程如图 1 所示。

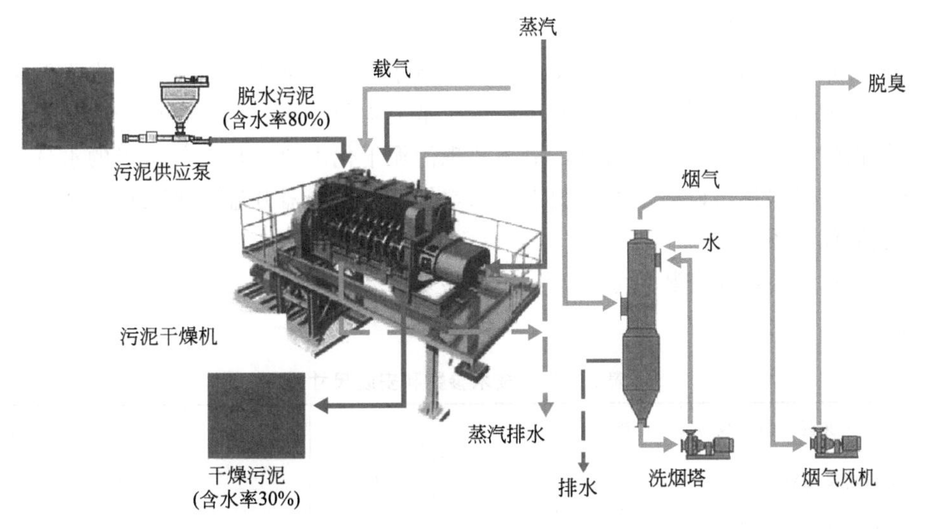

图 1　桨叶式污泥干燥机工艺流程

（3）主要技术参数和安装尺寸

主要技术参数：

① 蒸汽压力 0.5～1.0MPa；

② 蒸汽温度 159～184℃；

③ 材质：污泥接触部位不锈钢，其他部位钢铁。

主要安装尺寸见表 1。

表 1 主要安装尺寸

型号		MSD-20	MSD-50	MSD-100	MSD-150	MSD-200	MSD-240
尺寸概况	全长 L/mm	4900	7700	10800	12800	10800	12000
	全宽 W/mm	2100	2500	3100	3500	5200	5200
	全高 H/mm	2900	3900	4600	5100	4600	4600
质量/t		7	17	34	60	67	75

（4）主要特点

① 高水准的低燃耗。通过独有的节能设计，实现了高水准的低能耗。如果能够把剩余蒸汽作为干燥热源利用，还能进一步大幅度降低运行成本。

② 不易阻塞的桨叶式。采用了应对黏性高的，不易发生污泥阻塞的双轴（四轴）桨叶式。

（5）外形及安装尺寸

见图 2。

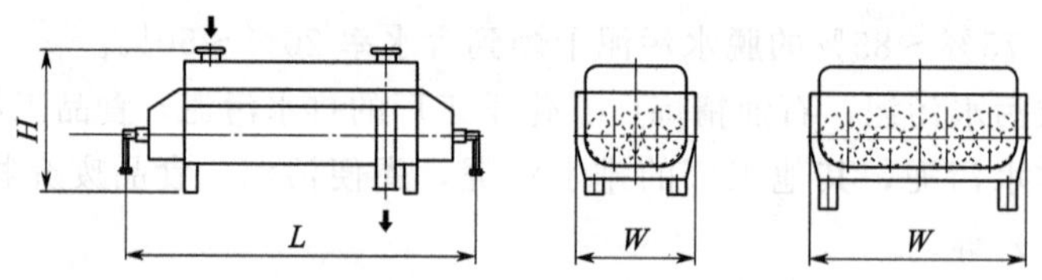

图 2 桨叶式污泥干燥机外形及安装尺寸

14.2 带式污泥干燥机

（1）结构及工作原理

经过前端脱水后的湿污泥由输送设备输送至挤条机，挤条成型的湿污泥进入低温干化设备。设备内设置污泥分布器能让湿污泥在输送履带上均匀分布。污泥在履带上行走的同时由循环风机提供的流动热空气带走水分，最终实现污泥干化出料；热空气带走的水分经过蒸发器冷凝下来，冷凝水排出设备。冷凝脱水后的空气经过冷凝器升温再进入烘箱工作，依次循环。其工艺流程见图 3。

（2）主要技术参数和安装尺寸

见表 2。

表 2 主要技术参数和安装尺寸

除湿能力(80%～30%)/(kg/24h)	2000	4000	6000	8000	10000	15000
运行功率/kW	5	10	15	20	26	39
标准供热功率/kW	80	160	240	320	400	600

续表

标准供热工况($\Delta t=20℃$)	90℃/70℃(热水)					
热水流量/(m^3/h)	3.5	7	10.5	14	17.2	25.8
标准冷却功率/kW	72	144	216	288	360	540
冷却工况($\Delta t=10℃$)	32℃/42℃(冷却水)					
冷却水流量/(m^3/h)	6.2	12.4	18.6	24.8	31	46.5
外形尺寸(长×宽×高)/mm	3710×2235×2520	5960×2235×2640	8210×2235×2640	10460×2235×2680	7455×2950×3015	10375×2950×3035
干燥温度/℃	70～85					
电源制式	380V/3N/50Hz					
控制系统	触摸屏＋PLC可编程控制器					
湿泥适用范围	含水率40%～82%(不同含水率适用性不同)					
干泥含水	含水率10%～60%可调(进泥含水率不同,干泥含水率调节范围不同)					
结构形式	整装	整装	整装	整装	整装	整装
质量/kg	2850	5060	7270	9480	9020	11720
除湿能力(80%～30%)/(kg/24h)	20000	25000	30000	35000	40000	45000
运行功率/kW	52	65	78	91	104	117
标准供热功率/kW	800	1000	1200	1400	1600	1800
标准供热工况($\Delta t=20℃$)	90℃/70℃(热水)					
热水流量/(m^3/h)	34.4	43	51.6	60.2	68.8	77.4
标准冷却功率/kW	720	900	1080	1260	1440	1620
冷却工况($\Delta t=10℃$)	32℃/42℃(冷却水)					
冷却水流量/(m^3/h)	62	77.5	93	108.5	124	139.5
外形尺寸(长×宽×高)/mm	13295×2950×3055	16275×2950×3055	19955×2950×3055	22875×2950×3055	25795×2950×3055	28775×2950×3055
干燥温度/℃	70～85					
电源制式	380V/3N/50Hz					
控制系统	触摸屏＋PLC可编程控制器					
湿泥适用范围	含水率40%～82%(不同含水率适用性不同)					
干泥含水	含水率10%～60%可调(进泥含水率不同,干泥含水率调节范围不同)					
结构形式	整装	整装	整装	组装	组装	组装
质量/kg	14420	17120	19820	22520	25220	27920

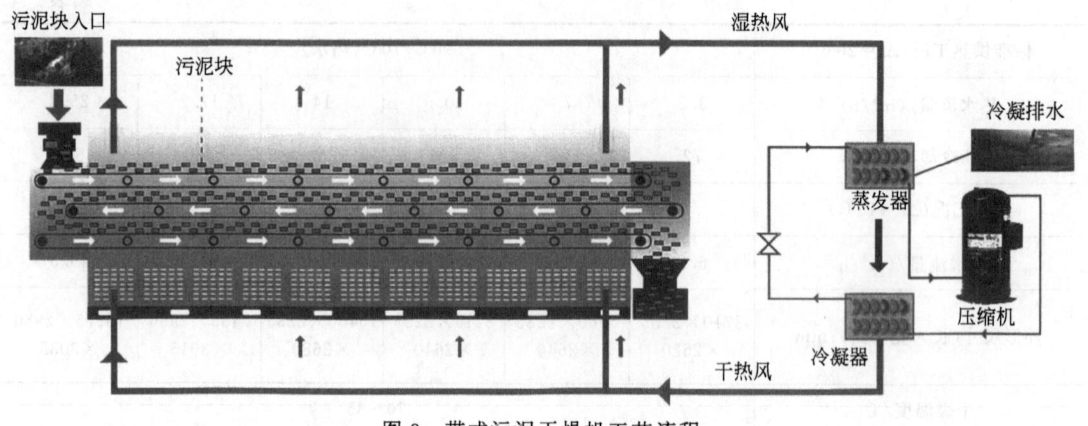

图3　带式污泥干燥机工艺流程

附录15　空气管沿程阻力损失值

空气管沿程阻力损失值[流速 U(m/s)，阻力损失 i(mmH_2O/m)]

Q		DN/mm					
		25		40		50	
m^3/h	m^3/s	v	i	v	i	v	i
5.76	0.0016	3.26	1.038				
6.48	0.0018	3.67	1.300				
7.20	0.0020	4.08	1.600				
8.10	0.00225	4.59	1.980				
9.00	0.00250	5.10	2.450				
9.90	0.00275	5.61	2.930				
10.80	0.00300	6.12	3.460				
12.60	0.00350	7.14	4.680				
14.40	0.0040	8.16	6.070	3.18	0.5420		
16.20	0.0045	9.18	7.650	3.58	0.7000		
18.00	0.0050	10.20	9.300	3.97	0.8400		
21.60	0.0060	12.24	13.100	4.76	1.1900	3.06	0.3760
25.20	0.0070	14.28	17.800	5.57	1.6000	3.57	0.5080
28.80	0.0080	16.30	22.700	6.38	2.0600	4.08	0.6560
32.40	0.0090	18.35	29.000	7.18	2.7100	4.59	0.8230
36.00	0.0100	20.40	35.300	7.96	3.1700	5.10	1.0070

Q		DN/mm									
		40		50		75		100		150	
m^3/h	m^3/s	v	i	v	i	v	i	v	i	v	i
43.20	0.0120	9.54	4.4200	6.12	1.4260						
50.40	0.0140	11.20	6.3000	7.14	1.9250	3.17	0.2400				
57.60	0.0160	12.80	8.130	8.16	2.480	3.62	0.3080				
64.80	0.0180	14.30	10.000	9.18	3.110	4.08	0.3920				

续表

Q		DN/mm									
		40		50		75		100		150	
m^3/h	m^3/s	v	i	v	i	v	i	v	i	v	i
72.00	0.0200	15.96	12.100	10.20	3.810	4.53	0.4770				
81.00	0.0225	17.90	15.300	11.50	4.770	5.09	0.5950				
90.00	0.0250	19.90	18.800	12.75	5.910	5.66	0.7330	3.18	0.1680		
99.00	0.0275			14.04	7.05	6.23	0.875	3.50	0.202		
108.00	0.0300			15.30	8.32	6.80	1.045	3.82	0.239		
126.00	0.0350			17.85	11.25	7.93	1.405	4.45	0.320		
144.00	0.0400			20.40	14.45	9.06	1.830	5.09	0.414		
162.00	0.0450			22.95	18.10	10.20	2.270	5.72	0.518		
180.00	0.050					11.32	2.790	6.36	0.635		
216.00	0.060					13.60	3.970	7.64	0.905	3.40	0.114
252.00	0.070					15.85	5.270	8.91	1.213	3.96	0.152
288.00	0.080					18.11	6.910	10.18	1.580	4.53	0.197
324.00	0.090					20.35	8.600	11.45	1.955	5.09	0.247

Q		DN/mm													
		100		150		200		250		300		350		400	
m^3/h	m^3/s	v	i	v	i	v	i	v	i	v	i	v	i	v	i
360.00	0.100	12.72	2.390	5.66	0.301	3.18	0.0692								
482.00	0.120	15.27	3.440	6.79	0.430	3.82	0.0985								
504.00	0.140	17.81	4.600	7.93	0.577	4.46	0.1320								
576.00	0.160	20.35	5.970	9.06	0.741	5.09	0.1700	3.27	0.0544						
648.00	0.180			10.19	0.930	5.73	0.2150	3.68	0.0683						
720.00	0.200			11.32	1.150	6.36	0.262	4.08	0.084						
810.00	0.225			12.75	1.440	7.16	0.328	4.59	0.104	3.19	0.0410				
900.00	0.250			14.15	1.750	7.96	0.404	5.10	0.129	3.54	0.0502				
990.00	0.275			15.55	2.110	8.78	0.488	5.61	0.154	3.90	0.0608				
1080.00	0.300			16.98	2.495	9.55	0.578	6.12	0.179	4.25	0.0714	3.12	0.0327		
1260.00	0.350			19.80	3.520	11.13	0.768	7.14	0.246	4.96	0.0950	3.64	0.0438		
1440.00	0.400					12.73	0.991	8.16	0.317	5.66	0.1235	4.16	0.0570	3.19	0.0286
1620.00	0.450					14.32	1.252	9.18	0.400	6.36	0.1545	4.68	0.0712	3.59	0.0360
1800.00	0.500					15.91	1.530	10.20	0.487	7.08	0.1900	5.20	0.0870	3.99	0.0440
2160.00	0.600					19.10	2.170	12.24	0.688	8.50	0.2720	6.24	0.1237	4.78	0.0628
2520.00	0.700							14.28	0.940	9.91	0.366	7.28	0.1655	5.58	0.0847
2830.00	0.800							16.30	1.193	11.31	0.471	8.32	0.2155	6.38	0.1084

Q		DN/mm													
		250		300		350		400		450		500		600	
m^3/h	m^3/s	v	i	v	i	v	i	v	i	v	i	v	i	v	i
1800.00	0.500									3.15	0.0240				
2160.00	0.600									3.78	0.0335	3.06	0.0916		
2520.00	0.700									4.40	0.0456	3.57	0.0265		

续表

Q		DN/mm													
		250		300		350		400		450		500		600	
m³/h	m³/s	v	i	v	i	v	i	v	i	v	i	v	i	v	i
2880.00	0.800									5.03	0.0591	4.08	0.0342		
3240.00	0.900	18.35	1.53	12.75	0.590	9.35	0.2700	7.18	0.1365	5.66	0.0742	4.59	0.0428	3.19	0.0170
3600.00	1.000	20.40	1.850	14.15	0.719	10.40	0.3320	7.96	0.1670	6.29	0.0910	5.10	0.0524	3.54	0.0209
3960.00	1.100			15.57	0.863	11.42	0.3940	8.77	0.2000	6.92	0.0995	5.61	0.0631	3.89	0.0250
4320.00	1.200			17.00	1.022	12.47	0.467	9.56	0.237	7.55	0.1295	6.12	0.0743	4.24	0.0296
5040.00	1.400			19.80	1.445	14.55	0.635	11.17	0.317	8.80	0.1730	7.14	0.1002	4.96	0.0395
5760.00	1.600					16.61	0.810	12.75	0.410	10.06	0.2250	8.16	0.1280	5.66	0.0512
6430.00	1.800					18.70	1.020	14.35	0.515	11.32	0.2820	9.18	0.1630	6.37	0.0643
7200.00	2.000					20.80	1.260	15.95	0.638	12.58	0.3460	10.20	0.1980	7.08	0.0789
3100.00	2.250							17.90	0.795	14.15	0.430	11.50	0.248	7.96	0.0988
9000.00	2.500							19.95	0.980	15.71	0.530	12.75	0.303	8.85	0.1220
9900.00	2.750									17.30	0.638	14.04	0.367	9.75	0.1460
10800.00	3.000									18.87	0.755	15.30	0.433	10.61	0.1700
12600.00	3.500											17.85	0.586	12.40	0.2320
14400.00	4.000											20.40	0.752	14.15	0.298

Q		DN/mm									
		600		700		800		900		1000	
m³/h	m³/s	v	i	v	i	v	i	v	i	v	i
4320.00	1.200			3.12	0.014						
5040.00	1.400			3.64	0.0180						
5760.00	1.600			4.16	0.0234	3.19	0.01180				
6480.00	1.800			4.68	0.0292	3.58	0.01485				
7200.00	2.000			5.20	0.0357	3.98	0.01825	3.14	0.00985		
8100.00	2.250			5.85	0.0450	4.48	0.0227	3.64	0.0130		
9000.00	2.500			6.50	0.0550	4.98	0.0279	3.93	0.0153	3.18	0.00873
9900.00	2.750			7.15	0.0660	5.47	0.0336	4.32	0.0182	3.50	0.01055
10800.00	3.000			7.80	0.0780	5.97	0.0395	4.71	0.0213	3.82	0.01240
12600.00	3.500			9.10	0.1050	6.97	0.0530	5.50	0.0288	4.46	0.01670
14400.00	4000			10.40	0.1370	7.97	0.0686	6.28	0.0372	5.09	0.0216
16200.00	4.500	15.93	0.379	11.70	0.1695	8.96	0.0864	7.07	0.0466	5.73	0.0270
18000.00	5.000	17.70	0.461	13.00	0.2080	9.95	0.1055	7.85	0.0569	6.37	0.0331
19600.00	5.500	19.47	0.556	14.30	0.2520	10.45	0.1170	8.64	0.0685	7.00	0.0397
21600.00	6.000			15.59	0.2970	11.95	0.1510	9.42	0.0811	7.64	0.0472

Q		DN/mm							
		700		800		900		1000	
m³/h	m³/s	v	i	v	i	v	i	v	i
25200.00	7.000	18.19	0.397	13.93	0.202	11.00	0.111	8.91	0.0635
28800.00	8.000	20.78	0.517	15.91	0.263	12.57	0.142	10.20	0.0821
32400.00	9.000			17.90	0.328	14.13	0.177	11.45	0.1020
36000.00	10.000			19.90	0.404	15.70	0.216	12.70	0.1250

续表

Q		DN/mm							
		700		800		900		1000	
m^3/h	m^3/s	v	i	v	i	v	i	v	i
39600.00	11.000					17.30	0.262	14.00	0.1510
43200.00	12.000					18.85	0.310	15.28	0.180
46800.00	13.000					20.42	0.360	16.53	0.205
50400.00	14.000							17.81	0.240
54000.00	15.000							19.06	0.274
57600.00	16.000							20.35	0.312

注：$1mmH_2O=9.807Pa$。

参 考 文 献

[1] GB 55027—2022.
[2] GB 50014—2021.
[3] 张自杰．排水工程．4版．北京：中国建筑工业出版社，2000.
[4] 彭党聪．水污染控制工程．3版．北京：冶金工业出版社，2010.
[5] 顾夏声．废水生物处理数学模式．北京：清华大学出版社，1982.
[6] 沈耀良，王宝贞．废水生物处理新技术——理论与实践．北京：中国环境科学出版社，2000.
[7] 姚重华．废水处理计量学导论．北京：化学工业出版社，2002.
[8] 王晓莲，彭永臻．A^2/O法污水生物脱氮除磷处理技术与应用．北京：科学出版社，2009.
[9] 滋贺县琵琶湖环境部，日本下水道事业团．琵琶湖流域下水道における超高度处理に関する調查報告書，平成12年3月．
[10] 日本下水道協會．下水道施設計曆・設計指標と解説，1994.
[11] 松尾友矩．水環境工學．东京：オーム社出版局，1999.
[12] 张统．间歇式活性污泥法污水处理技术及工程实例．北京：化学工业出版社，2002.
[13] 贺永华，沈东升．卡鲁塞尔氧化沟处理城市污水的设计计算．环境工程，2002.
[14] 高俊发，周艳，吕平海，等．改良倒置A^2/O工艺脱氮效率的研究与分析．应用化工，2005，34（8）：487-489.
[15] 黄宁俊，王社平，王小林，等．西安市第四污水处理厂工艺设计介绍．给水排水，2007，33（11）：27-31.
[16] 杭世珺，张大群，宋桂杰．净水厂、污水厂工艺与设备手册．2版．北京：化学工业出版社，2019.
[17] 韩洪军，徐春艳，刘硕．城市污水处理构筑物设计计算与运行管理．哈尔滨：哈尔滨工业大学出版社，2011.
[18] 高俊发，田海燕，高伟，等．OCO工艺设计计算研究与分析．水处理技术，2007，33（5）：85-87.
[19] 王社平，彭党聪，朱海荣，等．城市污水分段进水A/O脱氮工艺试验研究．环境科学研究，2006，19（3）：75-80.
[20] 鞠兴华，王社平，彭党聪，等．城市污水处理厂设计进水水质的确定方法．中国给水排水，2007，23（14）：48-51.
[21] 高俊发，王骊，关江，等．分段进水多级A/O生物脱氮工艺设计研究．环境工程，2007，25（6）：11-13.
[22] HJ 576—2010.
[23] HJ 577—2010.
[24] HJ 578—2010.
[25] CECS 112：2000.
[26] CECS 149：2003.
[27] CJJ/T 54—2017.
[28] HJ 2005—2010.
[29] CJJ 131—2009.
[30] 北京市市政工程设计研究总院有限公司．给水排水设计手册：第5册城镇排水．3版．北京：中国建筑工业出版社，2017.
[31] 苏伊士水务工程有限责任公司．得利满水处理手册．北京：化学工业出版社，2020.
[32] 张辰．污水厂设计．北京：中国建筑工业出版社，2010.
[33] 毛梦梅，刘嘉南．薄层干化机污泥干化过程能耗及污染物特性研究．环境卫生工程，2019，27（3）：37-40.
[34] 朱明行，胡文韬．卧式薄层干化两段法工艺在污泥掺烧发电领域的应用现状和实例分析．2019全国污泥处理、处置与资源化利用交流研讨会报告，2019.
[35] 姬爱民，等．城市污泥热解转化机理及经济性评价．北京：冶金工业出版社，2016.